GONGLU GONGCHENG
CHANGYONG CAILIAO
SHIYAN SHOUCE

公路工程常用材料试验手册

《公路工程常用材料试验手册》编委会　编

人民交通出版社

内 容 提 要

本手册主要以现行国家标准、公路工程行业标准为依据，介绍了公路工程常用材料的概念、分类、技术性能要求和试验方法等。所涉及的公路工程材料包括土、无机结合料稳定材料、水泥、砂石料、水泥混凝土、水泥砂浆、沥青及沥青混合料、钢材、土工合成材料等。

本手册内容丰富，实用性强，可作为公路工程材料试验人员、工程技术人员、工程质量监督人员和从事材料研究工作的科研人员的常备工具书。

图书在版编目(CIP)数据

公路工程常用材料试验手册/《公路工程常用材料试验手册》编委会编. —北京：人民交通出版社，2009.7

ISBN 978-7-114-07774-6

I. 公…　II. 公…　III. 道路工程－建筑材料－材料试验－手册　IV. U414－62

中国版本图书馆 CIP 数据核字(2009)第 084461 号

书　　名：公路工程常用材料试验手册
著 作 者：《公路工程常用材料试验手册》编委会
责任编辑：李　农
出版发行：人民交通出版社
地　　址：(100011)北京市朝阳区安定门外外馆斜街 3 号
网　　址：http://www.ccpress.com.cn
销售电话：(010)59757969，59757973
总 经 销：北京中交盛世书刊有限公司
经　　销：各地新华书店
印　　刷：北京凯通印刷厂
开　　本：787×1092　1/16
印　　张：48.25
字　　数：1229 千
版　　次：2009 年 7 月　第 1 版
印　　次：2009 年 7 月　第 1 次印刷
书　　号：ISBN 978－7－114－07774－6
印　　数：0001～4000 册
定　　价：98.00 元

《公路工程常用材料试验手册》

编　委　会

主　　　　编：申全军

副　主　编：杨　杰　凌　晨　刘　伟　王晓青

主要参编人员：(排名不分先后)

许　军　张吉顺　李　镇　徐懋刚

胡未艾　艾鸿华　刘保国　张顺生

张　涛　吴　军　刘明德　成　禹

卢振伟　王家琪　段瑞华　高　华

前　言

随着我国公路工程建设的快速发展，各类工程材料的应用水平不断提高，材料试验工作越来越体现出其在理论研究和工程实践中的重要作用。近几年，与公路工程材料有关的国家和行业技术规范、技术标准进行了大面积的修订，为了满足广大读者的需要，我们组织多位专家编写了这本《公路工程常用材料试验手册》，力求通过本书反映近几年公路工程领域在材料试验方面的新成果和新经验，从而更好地为我国的公路工程建设服务。

公路工程材料试验对于公路工程科研、设计、施工等各项工作具有举足轻重的作用。在工程实践中，涉及公路工程材料试验的各种规范、规程、标准很多，且分散于各个行业，给工程技术人员及时而系统地了解材料试验信息带来了很大困难。如何从纷繁复杂的规范、规程、标准中提取出公路工程材料试验方面的内容，方便工程技术人员查阅，这便是本书所要解决的问题。通过阅读本书，读者可以详细地了解公路工程常用材料的技术要求、试验方法等内容，以提高公路工程材料的应用技术水平。

本手册所涉及的公路工程材料包括：土、无机结合料稳定材料、水泥、砂石料、水泥混凝土、水泥砂浆、沥青及沥青混合料、钢材和土工合成材料等。本手册详细介绍了这些公路工程常用材料的基本知识、技术性质和要求、试验方法，内容详尽，条理清晰，适合作为从事公路工程材料研究、工程设计与施工等工程技术人员的常备工具书。

本手册主要取材于相关国家标准、行业标准和技术工具书，编者在此特别致谢！

编委会虽花费大量时间编写本手册，但由于水平有限，不当之处甚至错误在所难免，恳请广大读者批评指正。

编委会

2009 年 5 月

前　言

目　　录

第一章　绪　论

公路工程材料泛指用于公路路基、路面、桥梁结构、隧道及其附属构造物的各类建筑材料，它们是公路工程建设的物质基础。

公路工程材料在工程结构中均要承受一定的荷载并受到周围环境的影响，其费用占公路工程总造价的比重很大。材料选取是否合适、材料质量是否合格，均直接影响工程结构物的质量、使用寿命及工程造价，这就要求公路工程材料具备满足工程结构物需要的综合性质和足够的耐久性。材料是否能满足这种要求，需要从它的物理性质、力学性质和化学性质等方面进行综合分析，并通过试验的方式来判别。

随着我国公路工程建设的快速发展，各类材料的应用水平迅速提高，新材料不断涌现，材料试验工作越来越体现出其在理论研究和工程实践中的重要作用。

一、公路工程材料的分类

公路工程材料种类繁多，其分类方法也多种多样，见表1-1。

公路工程材料的分类　　表1-1

分类方法	材料类别和名称		
按工程部位分类	路基材料		土、石、粉煤灰等
	路面材料		水泥、石灰、集料、沥青等
	桥梁材料		钢筋、水泥、集料、混凝土外加剂等
	隧道材料		钢筋、水泥、集料、混凝土外加剂等
按使用功能分类	结构材料		承受荷载作用的材料，如构成桥梁基础、墩柱、梁板的材料
	防护材料		起防护作用的材料，如构成路基护坡、护面墙的材料
	交通工程设施材料		护栏波形钢板、立柱钢管，交通标志板等
按化学成分分类	无机材料	金属材料	钢、铁、铝、各类合金等
		非金属材料	砂、石料、石灰、水泥等
	有机材料	沥青材料	石油沥青、煤沥青等
		高分子合成材料	橡胶、土工格栅、土工布等

本书所讲述的材料包括：土、石灰、水泥、砂石料、水泥混凝土、水泥砂浆、沥青及沥青混合料、钢材、土工合成材料等。

二、公路工程材料的基本技术性质

公路工程材料的基本技术性质包括：物理性质、力学性质、化学性质和工艺性质等。

1. 物理性质

物理性质是材料内部组成结构的反映，并与力学性质存在一定的相依性，可以用于推断材料的力学性质。公路工程材料的物理性质主要包括三个方面：

(1)与质量有关的性质;

(2)与水有关的性质;

(3)与热有关的性质。

公路工程材料常用的物理性质指标有:密度、密实度、空隙率、孔隙率、吸水率、渗透系数、热膨胀系数等。材料的物理常数,如密度、空隙率等可用于混合料配合比设计、材料体积与质量的换算等。材料的物理常数取决于材料的基本结构和化学组成,既与材料的吸水性、抗渗性和抗冻性有关,也与材料的力学性质、化学性质有关。

2. 力学性质

力学性质是材料抵抗各种荷载复杂力系综合作用的性能。对公路工程材料力学性质的测定,主要是采用各种试验机测定其各种静态的强度,如抗压、弯、拉、剪等强度;抗变形能力;或某些特殊设计的经验指标,如磨耗、冲击等。有时假定材料的各种强度之间存在一定的关系,以抗压强度为基准,按抗压强度换算其他强度。

公路工程材料常用的力学性质包括:各种强度、弹性、塑性、冲击韧性、脆性、耐磨性、硬度等。材料的各项力学性质指标是选择材料、进行组成设计和结构分析的重要参数。

3. 化学性质

大部分公路工程结构物暴露在自然环境中,可能受到化学侵蚀作用(如酸碱腐蚀)和自然因素(如温度变化、氧化作用)综合作用,引起材料性质变化即材料的老化。应根据材料所处的结构部位和环境条件,综合考虑引起材料老化的外部因素和内在因素,全面了解材料抵抗老化的能力,保证材料的使用性能。

对于材料的化学性质,通常只进行简单的化合物(如石灰中的 CaO 和 MgO)含量分析或有害物质(如集料的碱值)含量分析。更进一步,可做某些材料(如沥青)的组分分析,以初步了解材料组成与性能的内在关系。

4. 工艺性质

工艺性质指材料适合于按一定工艺要求进行加工、操作的性能。例如,水泥混凝土拌合物需要一定的流动性,以便于在不同条件下浇筑成型。水泥混凝土拌合物的流动性用坍落度表示。

三、公路工程材料的技术标准

为了保证材料的质量,需要对各种材料制定专门的技术标准。根据标准的发布单位和适用范围,公路工程材料的技术标准分为国家标准、行业标准、地方标准和企业标准。本书只涉及国家标准和行业标准。国家标准和行业标准是全国通用标准,又分为强制性标准和推荐性标准两类。国家标准的代号是 GB,交通行业标准的代号是 JTG、JTJ、JT。

此外,由于国际交流与合作的需要,工程中有时采用国际标准(国际标准化组织标准,代号 ISO),以及其他国家的标准,如美国国家标准(代号 ANSI)、德国工业标准(代号 DIN)、日本工业标准(代号 JIS)等。

第二章　土

第一节　概　　述

在公路工程建设中，土既是一种建筑材料（如作为路基填料），也是工程结构物周围的介质或环境（如作为建筑地基）。土是由岩石经风化而形成的。它的最大特点是分散性，同时也具有复杂性和易变性等特点。土工试验是一项非常重要的工作，在公路工程设计、施工和科研等方面均占有重要地位。

土是一种分散体，一种多孔材料。在土的孔隙中除了空气以外，还存在有部分水，有时孔隙中会完全充满水。当土的孔隙中含有空气和水时，土就是由固相、气相和液相组成的三相体系；当土的孔隙中只充满空气或水时，土就是二相体系。由于土体周围环境的影响，尤其是荷载的变化，土的三相结构会发生变化。这种变化会对土的工程性质产生影响。

土的分布极为广泛，组成成分十分复杂，性质千差万别。为了便于对土的工程性质进行研究，必须对其进行工程分类。土的分类依据不同的指标，方法有多种。在公路工程领域，对土进行分类一般依据的指标是土的颗粒组成特征、塑性指标和有机质存在情况，将其分为巨粒土、粗粒土、细粒土和特殊土。根据《公路土工试验规程》（JTG E40—2007）的规定，土的分类总体系如图 2-1 所示。

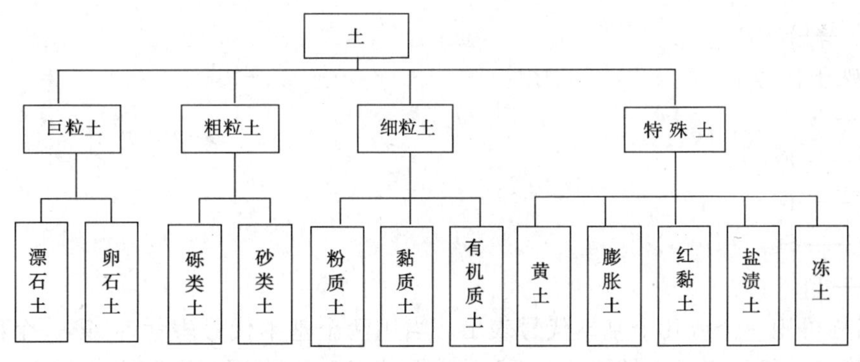

图 2-1　土的分类总体系

巨粒土、粗粒土和细粒土是依据土的颗粒大小划分的，各粒组划分范围如图 2-2 所示。

200　60　20　5　2　0.5　0.25　0.075　0.002 (mm)

<table>
<tr><td colspan="2">巨粒组</td><td colspan="6">粗粒组</td><td colspan="2">细粒组</td></tr>
<tr><td rowspan="2">漂石
（块石）</td><td rowspan="2">卵石
（小块石）</td><td colspan="3">砾（角砾）</td><td colspan="3">砂</td><td rowspan="2">粉粒</td><td rowspan="2">黏粒</td></tr>
<tr><td>粗</td><td>中</td><td>细</td><td>粗</td><td>中</td><td>细</td></tr>
</table>

图 2-2　土的粒组划分图

土颗粒组成特征以土的两个级配指标——不均匀系数 C_u 和曲率系数 C_c 表示。不均匀系数 C_u 反映粒径分布曲线上的土粒分布范围，$C_u = d_{60}/d_{10}$；曲率系数 C_c 反映粒径分布曲线上的土粒分布形状，$C_c = d_{30}^2/(d_{10} \times d_{60})$。$d_{10}$、$d_{30}$、$d_{60}$ 为土的特征粒径(mm)，表示在土的粒径分布曲线上，小于该粒径的土粒质量分别为总土质量的10%、30%、60%。

土的成分、级配、液限和特殊土等基本代号如下：

(1)土的成分代号

漂石——B

块石——B_a

卵石——Cb

小块石——Cb_a

砾——G

角砾——G_a

砂——S

粉土——M

黏土——C

细粒土(C和M合称)——F

(混合)土(粗、细粒土合称)——Sl

有机质土——O

(2)土的级配代号

级配良好——W

级配不良——P

(3)土的液限高低代号

高液限——H

低液限——L

(4)特殊土代号

黄土——Y

膨胀土——E

红黏土——R

盐渍土——St

冻土——Ft

土类名称可用一个或几个基本代号表示。当用两个基本代号表示时，第一个代号表示土的主成分，第二个代号表示土的副成分(土的液限或级配)；当用三个基本代号表示时，第一个代号表示土的主成分，第二个代号表示液限的高低或级配的好坏，第三个代号表示土中所含次要成分。土类的名称和代号见表2-1。

土类的名称和代号 表2-1

名　称	代号	名　称	代号	名　称	代号
漂石	B	级配良好砂	SW	含砾低液限黏土	CLG
块石	B_a	级配不良砂	SP	含砂高液限黏土	CHS
卵石	Cb	粉土质砂	SM	含砂低液限黏土	CLS

续上表

名　称	代号	名　称	代号	名　称	代号
小块石	Cb_a	黏土质砂	SC	有机质高液限黏土	CHO
漂石夹土	BSl	高液限粉土	MH	有机质低液限黏土	CLO
卵石夹土	CbSl	低液限粉土	ML	有机质高液限粉土	MHO
漂石质土	SlB	含砾高液限粉土	MHG	有机质低液限粉土	MLO
卵石质土	SlCb	含砾低液限粉土	MLG	黄土(低液限黏土)	CLY
级配良好砾	GW	含砂高液限粉土	MHS	膨胀土(高液限黏土)	CHE
级配不良砾	GP	含砂低液限粉土	MLS	红土(高液限粉土)	MHR
细粒质砾	GF	高液限黏土	CH	红黏土	R
粉土质砾	GM	低液限黏土	CL	盐渍土	St
黏土质砾	GC	含砾高液限黏土	CHG	冻土	Ft

1. 巨粒土

巨粒土的分类体系如图 2-3 所示。

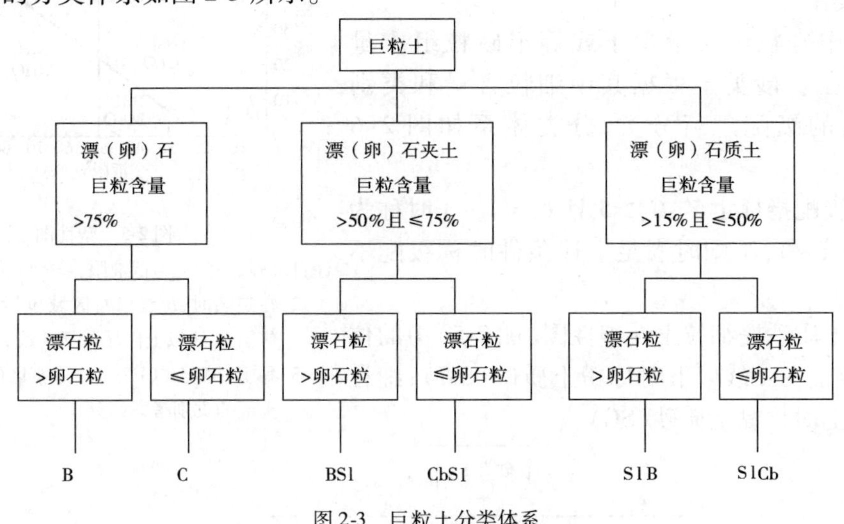

图 2-3　巨粒土分类体系

注:1. 巨粒土的分类体系中,漂石换成块石,B 换成 B_a,即构成相应的块石分类体系。

2. 巨粒土的分类体系中,卵石换成小块石,即 Cb 换成 Cb_a,即构成相应的小块石分类体系。

3. 如有必要,漂(卵)石质土可按砾、砂、细粒土含量定名。

2. 粗粒土

试样中巨粒组土粒质量少于或等于总质量的 15%,且巨粒组土粒与粗粒组土粒质量之和多于总土质量 50% 的土称粗粒土。

(1)砾类土

粗粒土中砾粒组质量多于砂粒组质量的土称砾类土。砾类土根据其中细粒含量和类别以及粗粒组的级配进行分类,分类体系如图 2-4 所示。

①砾按级配指标定名:$C_u \geq 5$ 且 $C_c = 1 \sim 3$ 时称为级配良好砾(GW);不同时满足上述条件时称级配不良砾(GP)。

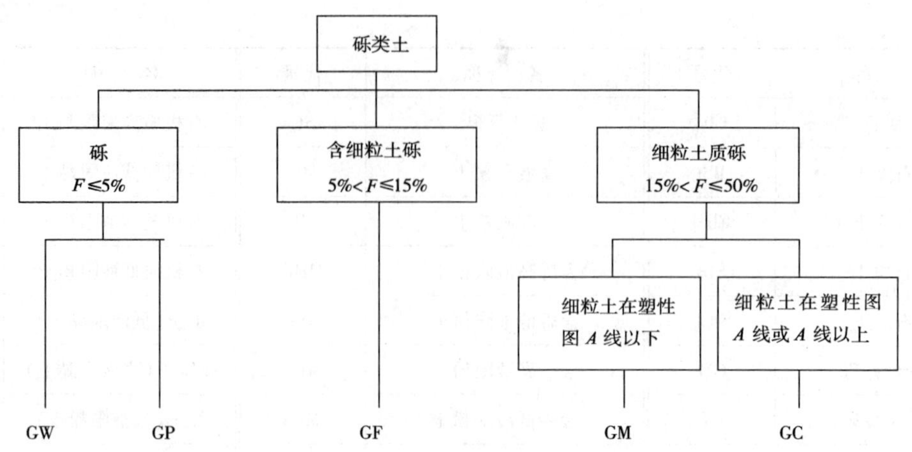

图 2-4 砾类土分类体系

注:砾类土分类体系中的砾石换成角砾,G 换成 G_a,即构成相应的角砾土分类体系。

②细粒土质砾按细粒土在塑性图(图 2-5)中的位置定名:细粒土在 A 线以下时称粉土质砾(GM);细粒土在 A 线以上时称黏土质砾(GC)。

(2)砂类土

粗粒土中砾粒组质量少于或等于砂粒组质量的土称砂类土。砂类土根据其中细粒含量和类别以及粗粒组的级配进行分类,分类体系如图 2-6 所示。

①砂按级配指标定名:$C_u \geq 5$ 且 $C_c = 1 \sim 3$ 时称为级配良好砂(SW);不同时满足上述条件时称级配不良砂(SP)。

②细粒土质砂按细粒土在塑性图(图 2-5)中的位置定名:细粒土在 A 线以下时称粉土质砂(SM);细粒土在 A 线以上时称黏土质砂(SC)。

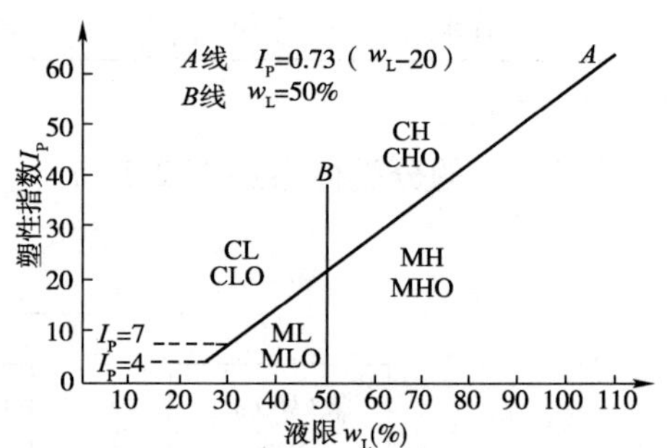

图 2-5 塑性图

注:1. 液限<50% 为低液限,≥50% 为高液限。

2. 在定名时,B 线以右区域包括 B 线,以左不包括;A 线以上区域包括 A 线,以下不包括。

3. 黏土~粉土(CL~ML)过渡区的土可按相邻土层的类别考虑细分。

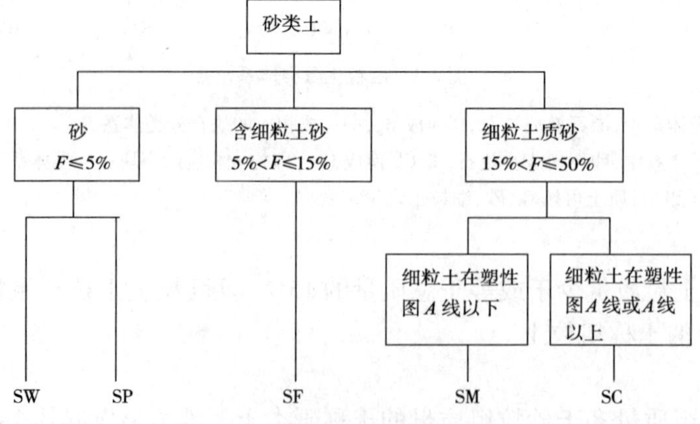

图 2-6 砂类土分类体系

注:1. 根据粒径分组由大到小,以首先符合者命名。

2. 需要时,砂可进一步细分为粗砂、中砂和细砂:粗砂——粒径大于 0.5mm 的颗粒质量多于总质量的 50%;中砂——粒径大于 0.25mm 的颗粒质量多于总质量的 50%;细砂——粒径大于 0.075mm 的颗粒质量多于总质量的 75%。

3. 细粒土

试样中细粒组土粒质量多于或等于总质量 50% 的土称细粒土。细粒土分类体系如图 2-7 所示。

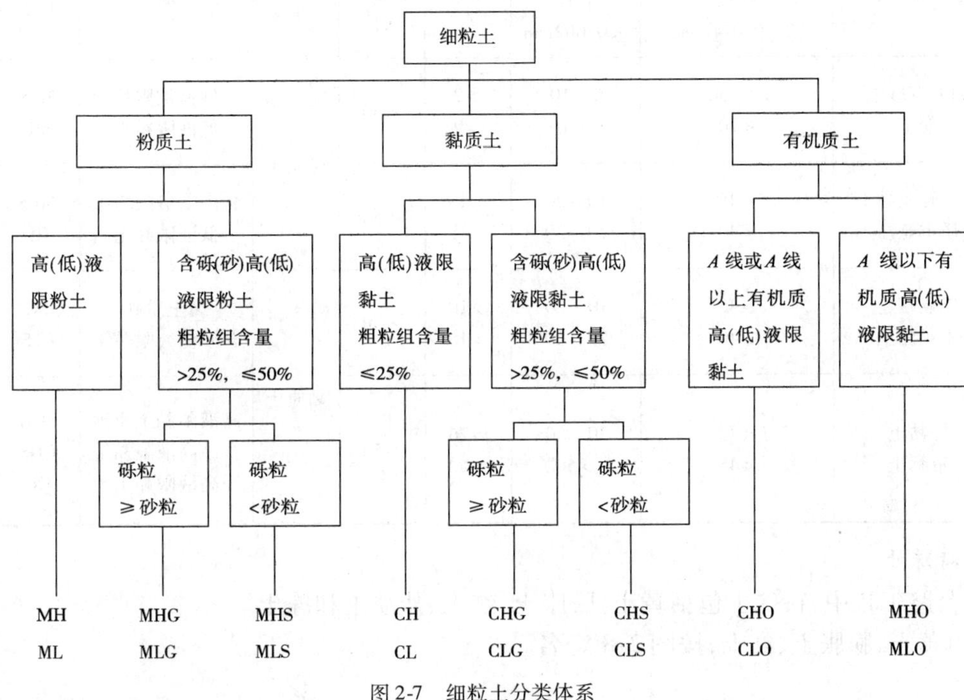

图 2-7 细粒土分类体系

有机质土指试样中有机质含量多于或等于总质量的 5% 且少于 10% 的细粒土。若试样中有机质含量多于 10%，则称有机土。

土中有机质包括未完全分解的动植物残骸和完全分解的无定形物质。后者多呈黑色、青黑色或暗色，有臭味，有弹性和海绵感，可凭目测、手摸及嗅感判别。当不能判定时，可将试样置于 105 ~ 110℃ 的烘箱中烘烤。烘烤 24h 后，若试样的液限小于烘烤前的 3/4，则该试样为有机质土。

为了便于大家掌握新的土分类体系，下面列出《公路土工试验规程》(JTJ 051—1993)老土名与现分类土名的对照表，见表 2-2。需要说明的是，老土名系按颗粒组成机械地划分，不同于新的分类体系，老土名不能完全套用新的土名和代号，两者只能大致对照，一个老土名有可能对应两个新土名。

新老土名对照表 表 2-2

老土组	老土名	颗粒组成(按质量% 计)		塑性指数 I_P	液限(%) w_L	新土名		土名代号	砂粒含量(%)
		砂粒(2 ~ 0.074mm)	黏粒(<0.002mm)						
砂土	砂土	>80	0 ~ 3	—	—	—	砂 含细粒土砂	S SF	—
砂性土	粉质砂土 粗亚砂土 细亚砂土	50 ~ 80 >50 粗砂多于细砂 >50 细砂多于粗砂	0 ~ 3 3 ~ 10 3 ~ 10	—	—	细粒土质砂	粉土质砂	SM	—

续上表

老土组	老土名	颗粒组成(按质量%计) 砂粒(2~0.074mm)	黏粒(<0.002mm)	塑性指数 I_P	液限(%) w_L	新土名		土名代号	砂粒含量(%)
粉性土	粉质亚砂土 粉土	20~50 <20	0~10 0~10	>2 >2	<50	粉质土	含砂低液限粉土 低液限粉土	MLS ML	—
	粉质轻亚黏土 粉质重亚黏土	<45 <40	10~20 20~30	>10 >18	<50		含砂低液限粉土 低液限黏土	MLS CL	>25
黏性土	轻亚黏土 重亚黏土	>45 >40	10~20 20~30	>10 >18	<50	黏质土	黏土质砂 含砂低液限黏土	SC CLS	>50 >25
	轻黏土 重黏土	<70 <45	30~50 >50	>26 >50	>50		高液限黏土质砂 含砂高液限黏土 高液限黏土	SCH CHS CH	>50 >25

4. 特殊土

在公路工程中,特殊土包括黄土、膨胀土、红土、盐渍土和冻土。

(1)黄土、膨胀土、红土,按图2-8定名。

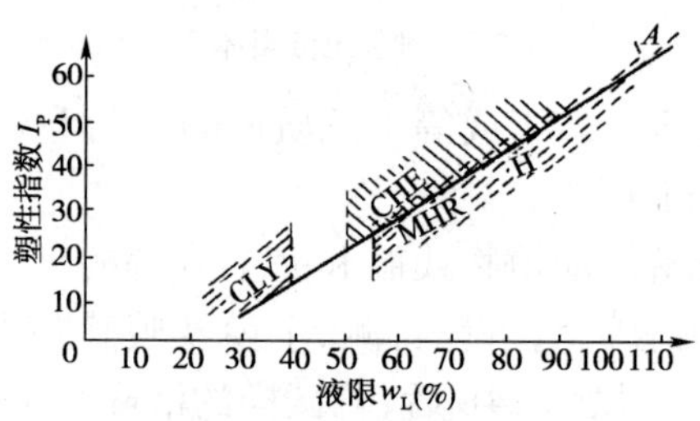

图2-8　特殊土塑性图

注:图中虚线表示该区域不包括此线。

(2)盐渍土的工程分类见表2-3。

盐渍土的工程分类　　表2-3

土层中平均总盐量(质量%) / Cl^-/SO_4^{2-} 值 / 名称	氯盐渍土	亚氯盐渍土	亚硫酸盐渍土	硫酸盐渍土
	>2.0	1.0~2.0	0.3~1.0	<0.3
弱盐渍土	0.3~1.5	0.3~1.0	0.3~0.8	0.3~0.5
中盐渍土	1.5~5.0	1.0~4.0	0.8~2.0	0.5~1.5
强盐渍土	5.0~8.0	4.0~7.0	2.0~5.0	1.5~4.0
过盐渍土	>8.0	>7.0	>5.0	>4.0

(3)根据冻土冻结状态持续时间的长短,我国冻土可分为多年冻土、隔年冻土和季节冻土,见表2-4。

冻土根据冻结状态持续时间长短的分类　　表 2-4

类　型	冻结状态持续时间 t(年)	地面温度(℃)特征	冻 融 特 征
多年冻土	$t \geqslant 2$	年平均地面温度≤0	季节融化
隔年冻土	$2 > t \geqslant 1$	最低月平均地面温度≤0	季节冻结
季节冻土	$t < 1$	最低月平均地面温度≤0	季节冻结

第二节　土的基本性质

一、土作为三相体的物理性质

为了能够直观地反映土的三相比例关系,我们把土体中的固相、液相和气相抽象地分别集合在一起,如图 2-9。在三相图中,可清楚地看到三相之间在体积和质量方面的比例关系。通过这种比例关系来描述土的物理性质。

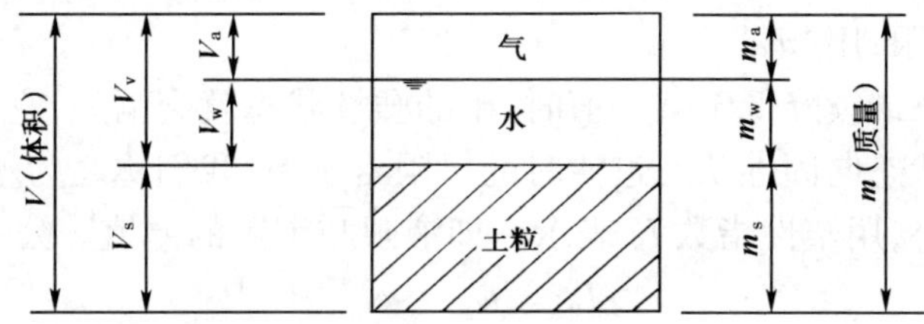

图 2-9　土的三相图

(1)土的湿密度 ρ:是指湿土单位体积的质量。

$$\rho = \frac{m}{V} \quad (\mathrm{g/cm^3}) \tag{2-1}$$

(2)土的干密度 ρ_d:是指干土单位体积的质量。

$$\rho_d = \frac{m_s}{V} \quad (\mathrm{g/cm^3}) \tag{2-2}$$

(3)土粒密度 ρ_s:是指土固体颗粒单位体积的质量。

$$\rho_s = \frac{m_s}{V_s} \quad (\mathrm{g/cm^3}) \tag{2-3}$$

(4)土粒比重 G_s:是指土颗粒质量与同体积 4℃时蒸馏水的质量的比值。

$$G_s = \rho_s/\rho_w \tag{2-4}$$

(5)含水率 w:是指土中水和固体颗粒的质量之比,以百分率表示。

$$w = \frac{m_w}{m_s} \times 100 \quad (\%) \tag{2-5}$$

(6)孔隙比 e:是指土中孔隙的体积与固体颗粒的体积之比。

$$e = V_v/V_s \tag{2-6}$$

(7)孔隙率 n:是指土中孔隙体积与总体积之比。

$$n = V_v/V \tag{2-7}$$

孔隙率与孔隙比之间存在着如下换算关系:

$$n = e/(1 + e) \tag{2-8}$$

(8)饱和度 S_r:是指土的孔隙中水的体积与孔隙体积之比。

$$S_r = V_w / V_v \tag{2-9}$$

饱和度是用来评价土中水充满孔隙程度的指标。$S_r = 0$ 表示土完全干燥;$S_r = 1$ 表示土完全饱和。按饱和度可以把砂土划分为三种状态:

$0 < S_r \leqslant 0.5$　　稍湿的

$0.5 < S_r \leqslant 0.8$　　潮湿的(很湿的)

$0.8 < S_r < 1$　　饱和的

二、黏性土的液、塑限指数

在各类土当中,黏性土具有一个非常显著的特点:含水率的变化会对它的工程性质(如强度、压缩性等)产生特别大的影响。

当黏性土的含水率很高时,土成为泥浆,呈现为黏滞的液态。在此状态下,土的抗剪强度和压缩性均非常小。当含水率逐渐减小至某一值时,土就会表观出塑性体的特征,具有一定的抗剪强度,在外力作用下,可产生并保持任意的变形。土从液体状态向塑性状态过渡时的界限含水率,我们称之为液限,用"w_L"表示。

当黏性土的含水率继续降低至某一值时,土的塑性状态就会消失,它会呈现出具有脆性的固态特征。土由塑性状态向固性状态过渡时的界限含水率,我们称之为塑限,用"w_P"表示。

黏性土的塑性大小,用塑性指数 I_P 表示。即液限与塑限的差值。公式如下:

$$I_P = w_L - w_P \tag{2-10}$$

黏性土在不同的含水率状态下,会表现出不同的物理状态。我们用液性指数 I_L 来反映土的含水率与界限含水率(即物理状态的变化)之间的关系。

$$I_L = \frac{w - w_P}{w_L - w_P} \tag{2-11}$$

式中:w——土的含水率;

w_P——塑限;

w_L——液限。

所以,可根据 I_L 的大小区分土所处的物理状态。《公路桥涵地基与基础设计规范》(JTG D63—2007)中的规定如图 2-10。

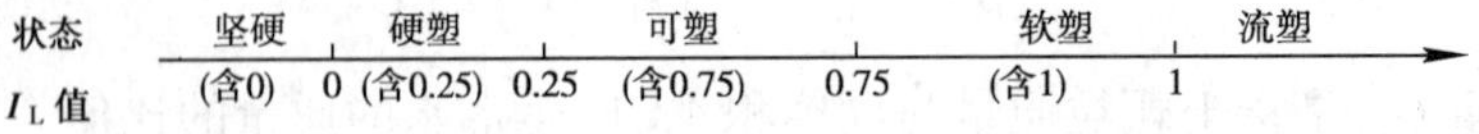

状态	坚硬	硬塑	可塑	软塑	流塑
I_L 值	(含0) 0	(含0.25) 0.25	(含0.75) 0.75	(含1) 1	

图 2-10　土的 I_L 与物理状态对照图

当土的含水率达塑限后继续降低,土的体积随含水率的降低而收缩。当达到某一含水率时,土的体积将不再收缩,这时的界限含水率称为缩限,用"w_s"表示。当土的含水率低于缩限时,土将是不饱和的。

三、砂土的密实度

《公路土工试验规程》(JTG E40—2007)中规定用相对密度 D_r 来表示砂土的密实程度。

$$D_r = \frac{e_{max} - e}{e_{max} - e_{min}} \tag{2-12}$$

式中：e——砂土的天然孔隙比；

e_{max}——砂土在最疏松状态时，最大孔隙比；

e_{min}——砂土在最紧密状态时，最小孔隙比；

D_r——相对密度。

D_r 一般用小数或百分数表示。当 $D_r=0$ 时，即 $e=e_{max}$，表示砂土处于最疏松状态；当 $D_r=1$ 时，即 $e=e_{min}$，表示砂土处于最紧密状态。

目前，由于测定 e_{max}、e_{min} 的试验方法缺乏统一标准，所测得的结果相差很大，并且取得砂土原状土样也存在很大困难，因此，砂土的天然孔隙比也是不容易测定的。基于以上两点，用相对密度 D_r 评价砂土的密实度是很粗略的。

在实际工程中，多采用标准贯入试验或静力触探试验等原位测试手段来评定砂土的密实度。

《公路桥涵地基与基础设计规范》(JTG D63—2007)规定，砂土的密实度可根据标准贯入锤击数分为松散($N\leqslant10$)、稍密($10<N\leqslant15$)、中密($15<N\leqslant30$)和密实($N>30$)四级。

四、土的力学性质

1. 土的抗剪强度

土的抗剪强度是指土体对于外界荷载所产生的剪应力的极限抵抗能力。当土中某点由外力所产生的剪应力达到土的抗剪强度，土体的一部分相对于另一部分产生位移时，便认为该点发生了剪切破坏。

在公路工程实践中，与土的强度有关的工程问题有以下三个方面：①土作为材料构成的土工构筑物的稳定性问题，如填方路基边坡及天然土坡的稳定性问题；②土作为工程构筑物的环境时，对构筑物产生的土压力问题，如挡土墙周围土体的稳定性问题；③土作为构筑物地基的承载力问题。

(1)土的强度规律

在试验室中，我们通常用直剪试验的方法来研究土的强度规律，仪器为应变式直剪仪。首先，对土样施加不同的法向应力 $\sigma=P/F$(F——土样截面积)；然后，再施加水平剪力 T，推动下盒，使土样在侧限条件下沿人为规定的剪切面受剪。按给定的破坏标准确定其破坏状态。图2-11是通过直剪试验得到的剪应力—剪切位移关系曲线。通常取曲线峰值剪应力为土样破坏时的剪应力 τ_f；当曲线无峰值时，取对应于剪切位移 $\lambda=2$mm 或 4mm 时的剪应力作为 τ_f。图2-12是土样抗剪强度 τ_f 与法向应力 σ 的关系曲线。从图中可以看出随着法向应力 σ 的增大，抗剪强度 τ_f 在不断提高，二者的关系在一般情况下是线性的。因此，我们得出：

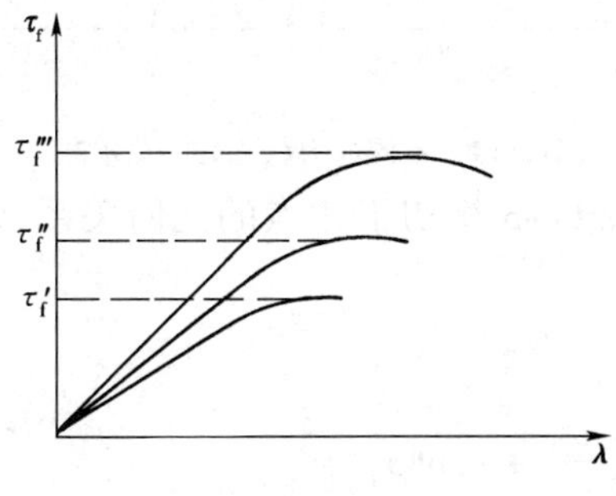

图2-11　剪应力—剪切位移关系

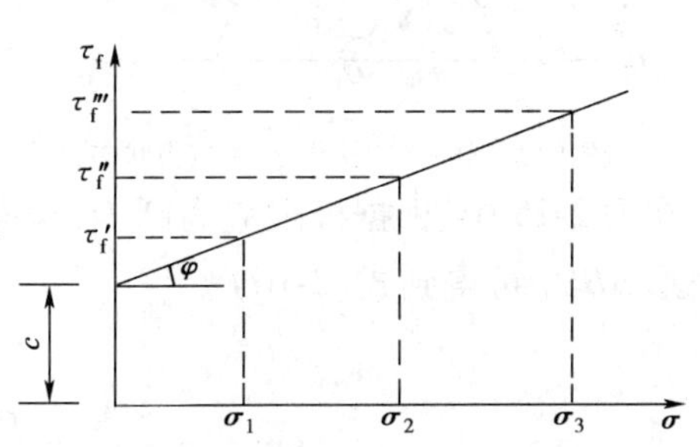

图2-12　抗剪强度—法向应力关系

$$\tau_f = \sigma\tan\varphi + c \tag{2-13}$$

式中：c——土的黏聚力(kPa)，砂土的黏聚力接近于零；

φ——土的内摩擦角(°)；

$\tan\varphi$——直线的斜率。

式(2-13)就是土体的强度规律的数学表达式，称为库仑定律。

(2)土的强度理论

根据库仑定律和强度破坏线(图2-12)可以看出，它是代表着土体的一种受剪破坏的极限状态。如果已知在某一平面上作用着法向应力 σ 和剪应力 τ，则由 τ 与抗剪强度 τ_f 的对比，可能有下列三种情况：

①$\tau < \tau_f$(在破坏线以下)　　土体安全(处于弹性平衡状态)

②$\tau = \tau_f$(在破坏线上)　　临界状态(处于极限平衡状态)

③$\tau > \tau_f$(在破坏线以上)　　土体破坏(塑性破坏)

土体中某点的应力状态可用莫尔应力圆方法来表示。在平面问题中，设某个土体单元上作用着大、小主应力 σ_1 和 σ_3，则在任一与大主应力面间的夹角为 α 的平面 a—a 上的应力状态可以用莫尔应力圆上的一点(图2-13中 A 点)的应力坐标来表示。平面 a—a 上的法向应力 τ_a 和剪应力 σ_a 表示如式(2-14)和式(2-15)：

$$\sigma_a = \frac{\sigma_1 + \sigma_3}{2} + \frac{\sigma_1 - \sigma_3}{2}\cos2\alpha \tag{2-14}$$

$$\tau_a = \frac{\sigma_1 - \sigma_3}{2}\sin2\alpha \tag{2-15}$$

在同一个 τ—σ 坐标系中，单元土体的莫尔应力圆与强度破坏线之间存在着相割、相切和不相交三种位置关系，如图2-14。实际上，这三种位置关系表明单元体的三种状态，即塑性破坏、极限平衡和弹性平衡状态。

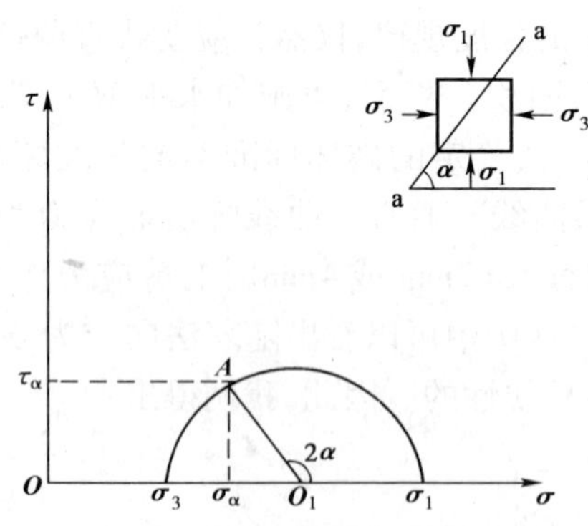

图2-13　莫尔圆表示一点的应力状态

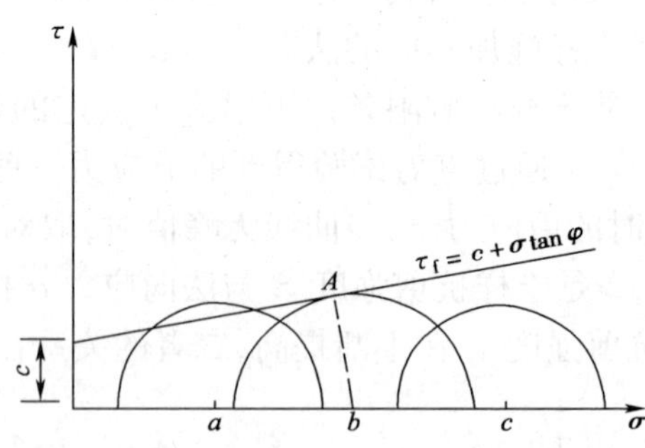

图2-14　不同应力状态时的莫尔圆

在图2-15中，根据极限应力圆 O，与强度线 $\tau_f = c + \sigma\tan\varphi$ 相切于 A 点的几何关系，由直角三角形 ABO_1 可得到式(2-16)。

$$\sin\varphi = \frac{\overline{AO_1}}{\overline{BO_1}} = \frac{\sigma_1 - \sigma_3}{2} \Big/ \left(\frac{\sigma_1 + \sigma_3}{2} + c\cot\varphi\right) \tag{2-16}$$

由此得：

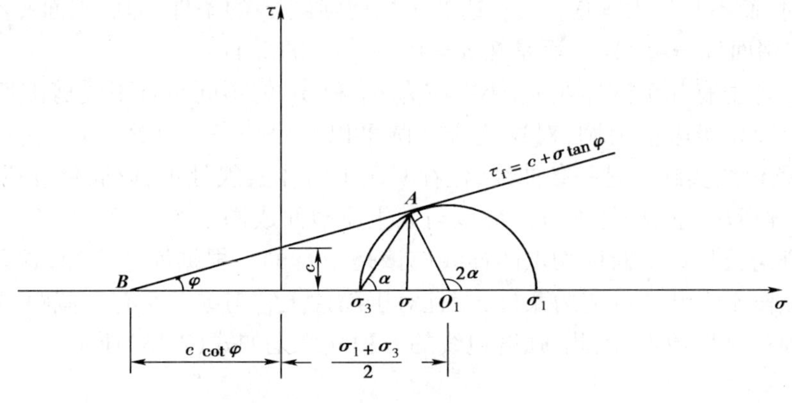

图 2-15　极限平衡条件时的应力圆

$$\sigma_1 - \sigma_3 = \sigma_1\sin\varphi + \sigma_3\sin\varphi + 2c\cos\varphi$$

$$\sigma_1(1 - \sin\varphi) = \sigma_3(1 - \sin\varphi) + 2c\cos\varphi \tag{2-17}$$

再通过三角函数间的换算关系，可得土体单元处于极限平衡状态时主应力之间的关系，如式(2-18)和式(2-19)：

$$\sigma_1 = \sigma_3\tan^2\left(45° + \frac{\varphi}{2}\right) + 2c\tan\left(45° + \frac{\varphi}{2}\right) \tag{2-18}$$

或

$$\sigma_3 = \sigma_1\tan^2\left(45° - \frac{\varphi}{2}\right) - 2c\tan\left(45° - \frac{\varphi}{2}\right) \tag{2-19}$$

由此可以看出，必须同时掌握 σ_1 和 σ_3 的大小和关系，才能判断土体单元是否处于极限平衡状态。

从上述关系式以及图 2-15 可以看到：

①土中某点处于剪切破坏时，剪破面与大主应力 σ_1 作用面间的夹角 α 值是

$$2\alpha = 90° + \varphi$$

因此

$$\alpha = 45° + \frac{\varphi}{2}$$

剪破面与小主应力 σ_3 作用面夹角将是

$$90 - \left(45° + \frac{\varphi}{2}\right) = 45° - \frac{\varphi}{2} \tag{2-20}$$

②式(2-16)～式(2-19)可以用来判断土体是否达到剪切破坏。例如，已知土中一点的主应力及强度指标分别为 σ_1、σ_3、c 和 φ，如果用式(2-18)、式(2-19)判断该点是否被剪破，可将已知的主应力值及土的强度标值代入式(2-18)、式(2-19)的右侧，求得主应力 σ_1、σ_3 的计算值，它表示土中该点处于极限平衡状态时所能承受的最大主应力值。将此主应力计算值与已知的主应力值比较，就可判别该点是否会剪切破坏。如 σ_1 或 σ_3 的计算值小于已知值，表示该点已被剪破；反之，则没有发生破坏；若相等，说明正处于极限平衡状态。如果把上述的已知值作出莫尔应力圆及库仑强度线，则根据它们之间的相互位置亦可作出同样的判断。

③土中某点濒于剪破状态时的应力条件必须是法向应力 σ 和剪应力 τ 的某种组合符合

库仑破坏准则时,而不是最大剪应力 τ_{max} 达到了抗剪强度 τ_f 的条件,即剪破面并不发生在最大剪应力 τ_{max} 的作用面($\alpha=45°$)上,而是在 $\alpha=45°+\varphi/2$ 的平面上。

④如果同一种土有几个试样在大、小主应力 σ_1 和 σ_3 的不同组合下受剪破坏,则在 $\tau—\sigma$ 图上将得到几个莫尔极限应力圆,对这些应力圆可以作出一条公切线,称为包线或强度包线(图 2-16)。这条包线实际上是一条曲线,但在实用上常作直线处理,以简化分析。同时,不难理解,这几个土样所出现的破坏面方向应该与大主应力面成同一个夹角,即 $45°+\varphi/2$,或者说各个应力圆圆心与公切线上对应切点的连线应该是平行的。根据库仑定律,这条包线代表着这一土体到达极限平衡状态的应力条件,而且对于黏性土它与纵轴交有一截距(即黏聚力 c),对于砂性土则通过坐标原点,因此,强度包线的方程同样是如式(2-13)所示。

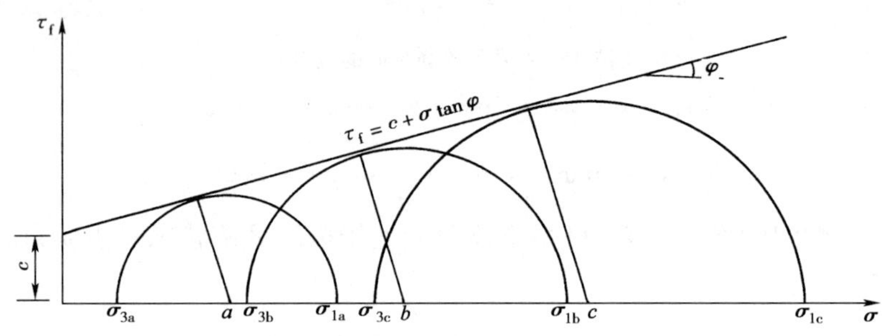

图 2-16　强度包线

2. 土的压缩性

(1)土体压缩性概述

土体的压缩性是指土体受力后变形,土颗粒压缩,孔隙水和空气的排出,体积减小的过程中所表观出的特性。土的压缩性包含两方面的内容:第一,土体压缩变形量的大小;第二,土体压缩变形随时间的变化,即土体固结。

土体的压缩在公路工程实践中主要表现为构筑物地基以及土质路堤的沉降。地基的适量的均匀沉降对构筑物的使用和安全影响不大;过大的均匀沉降有时会影响结构的正常使用。不均匀沉降会导致构筑物的开裂、倾斜,严重的影响到使用的安全性。通过研究土的压缩性,能够确定地基土变形的大小,并预测随时间的推进,沉降趋于稳定的发展趋势。

(2)土的压缩性规律

在试验室中用压缩仪(也称固结仪)进行土的压缩性试验。这是研究土的压缩性的最基本的方法(图 2-17)。

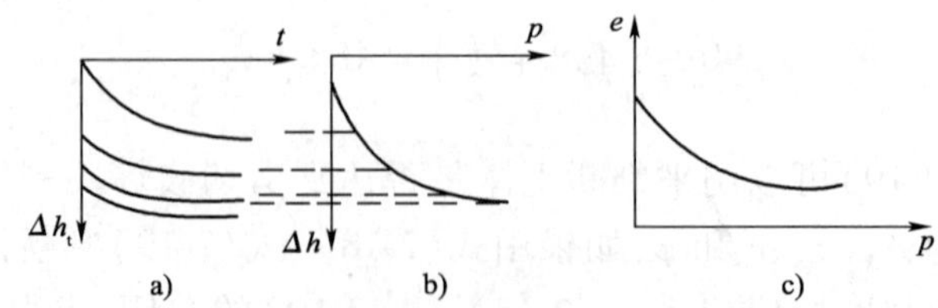

图 2-17　压缩试验曲线

a) $\Delta h_1—t$ 关系曲线;b) $\Delta h—p$ 关系曲线;c) $e—p$ 关系曲线

土样在无侧胀条件下被分级施加竖向力,记录每级压力下不同时间的土样的竖向变形 Δh_t 以及压缩稳定时的变形量 Δh。计算并绘制 $\Delta h_t—t$ 曲线、$\Delta h—p$ 曲线和 $e—p$ 曲线(图 2-17)。

在假定土体为各向同性的线弹性体的前提下,压缩曲线所反映的非线性的压缩规律被简化成线性关系,即在一般的压力变化范围内,用一段割线近似地代替上述曲线,见图2-18。由此可得:

$$\Delta e = a\Delta p \tag{2-21}$$

式中:a——土的压缩系数,即割线的斜率(1/kPa)。

该式即为土的压缩定律的数学表达式。它的含义为:当压力变化不大时,孔隙比变化(Δe)与压力变化(Δp)成正比。

公路工程实践中常用$p = 100 \sim 200$kPa时的压缩系数$a_{1\text{-}2}$作为评价土体压缩性的标准。土的压缩性分级标准见表2-4。

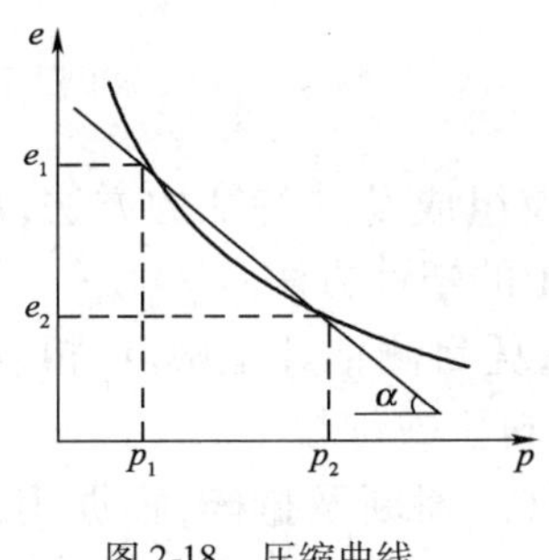

图2-18　压缩曲线

土的压缩性　　表2-4

压　缩　性	$a_{1\text{-}2}$(1/kPa)
高压缩性	$>0.05\times10^{-2}$
中压缩性	$0.05\times10^{-2}\sim0.01\times10^{-2}$
低压缩性	$<0.01\times10^{-2}$

3. 土的压实性

在公路工程中,经常遇到填土压实的问题,如土方路堤的压实,结构物基底的夯实等。土的压实是指采用人工或机械对土施加夯实能量,使土体在一定的含水率状态下,土的颗粒重新排列紧密,土的结构强度增强。

土的压实程度与施予其的夯实能量有关,同时还受土体的含水率的影响。图2-19表示某种土样在不同击实功作用下所得到的压实曲线。

从图中可以看出,随着压实功的增大,压实曲线形态不变,但位置却向左上方移动了,即γ_d增大了而w却在减小。

土的压实机理是非常复杂的,同土的组成与结构、土粒的表面现象、毛细管压力、孔隙水和孔隙气压力等均有密切关系。我们可以简要地理解为:

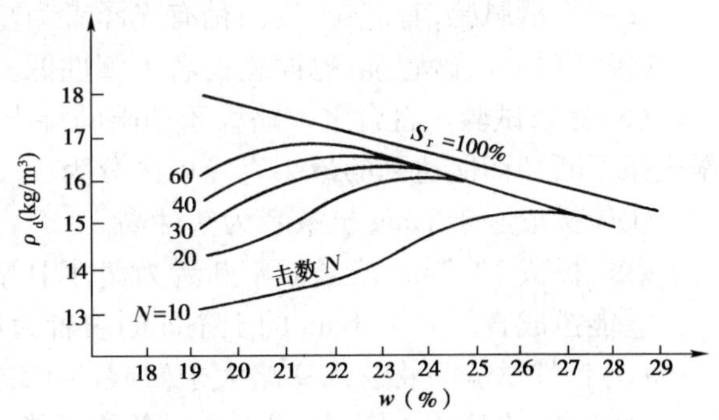

图2-19　压实功能对压实曲线的影响

压实的作用是使土块变形和结构调整以致密实。在松散湿土的含水率处于偏干状态时,由于粒间引力(可能还包括了毛细管压力)使土保持着比较疏松的状态或凝聚结构,土中孔隙大都相互连通,水少而气多,在一定的外部压实功能作用下,虽然土孔隙中气体易被排出,密度可以增大,但由于水膜润滑作用不明显以及外部功能也不足以克服粒间引力,土粒相对移动便不显著,因之压实效果比较差;含水率逐渐加大时,水膜变厚、土块变软,引力也减弱,施以外部压实功能则土粒移动(加以水膜之润滑)而挤密,压实效果渐佳;在最佳含水率附近时,虽然土中孔隙更少连通或不连通,孔隙中的水和气处于封闭状态而不能排出以及击实时土内产生的孔隙水压力和孔隙气压力虽也减低了击实功的作用,但试验结果却证明,这时土中所含的水量最有利于土粒受击实时发生相对移动使土变密,以致能被击实至最大干密度,或者说,在最佳含水率时土的密度达到了该压实功能下的极限值，干密度不再提高；当含水率再增加到偏湿状态时，孔隙中出现了自由水，击实时不可能使土中气体排出而孔隙压力却更为显著，抵消了部分击实功，所以击实功效反而下降。

在试验室中，我们通过击实试验对土施加一定的机械功，使土密实。土的击实试验方法在本章第三节中详细介绍。

第三节　土工试验方法

一、土的简易鉴别、分类和描述

1. 土的简易鉴别

(1)土的简易鉴别方法是指用目测法代替筛分法确定土粒组成及其特征的方法；用干强度、手捻、韧性和摇振反应等定性方法代替用液限仪测定细粒土的塑性方法。

(2)确定土粒组含量时，可将研散的风干试样摊成一薄层，凭目测估计土中巨、粗、细粒组所占的比例。再按本章第一节的有关规定确定其为巨粒土、粗粒土或细粒土。

(3)干强度试验。将一小块土捏成土团，风干后用手指捏碎、掰断及捻碎，根据用力大小区分为：

①很难或用力才能捏碎或掰断者为干强度高。

②稍用力即可捏碎或掰断者为干强度中等。

③易于捏碎和捻成粉末者为干强度低。

(4)手捻试验。将稍湿或硬塑的小土块在手中揉捏，然后用拇指和食指将土捻成片状，根据手感和土片光滑度可分为：

①手感滑腻，无砂，捻面光滑者为塑性高。

②稍有滑腻感，有砂粒，捻面稍有光泽者为塑性中等。

③稍有黏性，砂感强，捻面粗糙者为塑性低。

(5)搓条试验。将含水率略大于塑限的湿土块在手中揉捏均匀，再在手掌上搓成土条，根据土条不断裂而能达到的最小直径可区分为：

①能搓成小于1mm土条者为塑性高。

②能搓成1～3mm土条而不断者为塑性中等。

③能搓成直径大于3mm的土条即断裂者为塑性低。

(6)韧性试验。将含水率略大于塑限的土块在手中揉捏均匀，然后在手掌中搓成直径为3mm的土条，再揉成土团，根据再次搓条的可能性可区分为：

①能揉成土团，再成条，捏而不碎者为韧性高。

②可再成团，捏而不易碎者为韧性中等。

③勉强或不能揉成团，稍捏或不捏即碎者为韧性低。

(7)摇振反应试验。将软塑至流动的小土块，捏成土球，放在手掌上反复摇晃，并以另一手掌击此手掌，土中自由水渗出，球面呈现光泽；用两手指捏土球，放松后水又被吸入，光泽消失。根据上述渗水和吸水反应快慢可区分为：

①立即渗水和吸水者为反应快。

②渗水和吸水中等者为反应中等。

③渗水吸水慢及不渗不吸者为无反应。

(8)巨粒土和粗粒土可根据(2)目估,按本章第一节中有关规定进行分类定名。

2. 细粒土的简易分类

细粒土可根据干强度、手捻、搓条、韧性、摇振试验结果,按表2-5进行分类定名。

细粒土简易分类 表2-5

半固态时的干强度	硬塑~可塑态时的手捻感和光滑度	土在可塑态时		软塑~流塑态时的摇振反应	土类代号
		可搓成最小直径(mm)	韧性		
低~中	灰黑色,粉粒为主,稍黏,捻面粗糙	3	低	快~中	MLO
中	砂粒稍多,有黏性,捻面较粗糙,无光泽	2~3	低~中	快~中	ML
中~高	有砂粒,稍有滑腻感,捻面稍有光泽,灰黑色者为CLO	1~2	中	无~很慢	CL CLO
中	粉粒较多,有滑腻感,捻面较光滑	1~2	中	无~慢	MH
中~高	灰黑色,无砂,滑腻感强,捻面光滑	<1	中~高	无~慢	MHO
高~很高	无砂感,滑腻感强,捻面有光泽,灰黑色者为CHO	<1	高	无	CH CHO

3. 土的描述

(1)在现场采样和试验开启试样时,应按下列内容描述土的状态。

①巨粒土和粗粒土

通俗名称及当地名称;土粒最大粒径;漂石粒、卵石粒、砾粒、砂粒组的含量;土颗粒形状(圆、次圆、棱角或次棱角);土颗粒的矿物成分;土的颜色和有机质;细粒土(黏土或粉土);土的代号和名称。

②细粒土

通俗名称及当地名称;土颗粒的最大粒径;漂石粒、卵石粒、砾粒、砂粒组的含量;潮湿时土的颜色及有机质;土的湿度(干、湿、很湿或饱和);土的状态(流动、软塑、可塑或硬塑);土的塑性(高、中或低);土的代号和名称。

(2)根据土的不同用途分别描述下列内容:

①当用作填料时,不同土类的分布层次及范围。

②当用作地基时,土的分布层次及范围、结构性和密度。

二、土样采集和试样制备(T 0101、T 0102—2007)

(一)土样的采集、运输和保管(T 0101—2007)

1. 土样要求

(1)采取原状土或扰动土视工程对象而定。凡属桥梁、涵洞、隧道、挡土墙、房屋建筑物的天然地基以及挖方边坡、渠道等,应采取原状土样;如为填土路基、堤坝、取土坑(场)或只要求土的分类试验者,可采取扰动土样。冻土采取原状土样时,应保持原土样温度,保持土样结构和含水率不变。

(2)土样可在试坑、平洞、竖井、天然地面及钻孔中采取。取原状土样时,必须保持土样的原状结构及天然含水率,并使土样不受扰动。用钻机取土时,土样直径不得小于10cm,并使用专门的薄壁取土器;在试坑中或天然地面下挖取原状土时,可用有上、下盖的铁壁取土筒,打开下盖,扣在欲取的土层上,边挖筒周围土,边压土筒至筒内装满土样,然后挖断筒底土层(或左、右摆动即断),取出土筒,翻转削平筒内土样。若周围有空隙,可用原土填满,盖好下盖,密封取土筒。采取扰动土时,应先清除表层土,然后分层用四分法取样。对于盐渍土,一般应分别在0~0.05m、0.05~0.25m、0.25~0.50m、0.50~0.75m、0.75~1.0m垂直深度处分层取样。同时,应记录采样季节、时间和气温。

(3)土样数量按相应试验项目规定采取。原则上扰动土按质量计,原状土按体积计。

(4)取土记录和编号:无论采用什么方法取样,均应用“取样记录簿”记录并撕下其一半作为标签,贴在取土筒上(原状土)或折叠后放入取土袋内。“取样记录簿”宜用韧质纸并必须用铅笔填写各项记录。取样记录簿记录内容应包含工程名称、路线里程(或地点)、记录开始日期、记录完毕日期、取样单位、采取土样的特征、试坑号、取样深度、土样号、取土袋号、土样名、用途、要求试验项目或取样说明、取样者、取样日期等。对取样方法、扰动或原状、取样方向以及取土过程中出现的现象等,应记入取样说明栏内。

2. 土样包装和运输

(1)原状土或需要保持天然含水率的扰动土,在取样之后,应立即密封取土筒,即先用胶布贴封取土筒上的所有缝隙,在两端盖上用红油漆写明“上、下”字样,以示土样层位。在筒壁贴上“取样记录簿”中扯下的标签,然后用纱布包裹,再浇注熔蜡,以防水分散失。原状土样应保持土样结构不变;对于冻土,原状土样还应保持温度不变。

(2)密封后的原状土在装箱之前应放于阴凉处,冻土土样应保持温度不变。不需保持天然含水率的扰动土,最好风干稍加粉碎后装入袋中。

(3)土样装箱时,应与“取样记录簿”对照清点,无误后再装入,并在记录簿存根上注明装入箱号。对原状土应按上、下部位将筒立放,木箱中筒间空隙宜以稻(麦)草或软物填紧,以免在运输过程中受振、受冻。木箱上应编号并写明“小心轻放”、“切勿倒置”、“上”、“下”等字样。对已取好的扰动土样的土袋,在对照清点后可以装入麻袋内,扎紧袋口,麻袋上写明编号并拴上标签(如同行李签)。签上注明麻袋号数、袋内共装的土袋数和土袋号。

(4)盐渍土的扰动土样宜用塑料袋装。为防止取样记录标签在袋内湿烂,可用另一小塑料袋装标签,再放入土袋中;或将标签折叠后放在盛土的塑料袋口,并将塑料袋折叠收口,用橡皮圈绕扎袋口标签以下,再将放标签的袋口向下折叠,然后再以未绕完的橡皮圈绕扎系紧。每一盐渍土剖面所取的5塑料袋土,可以合装于一个稍大的布袋内。同样在装入布袋前要与记录簿存根清点对照,并将布袋号补记在原始记录簿中。

3. 土样的接受与管理

(1)土样运到试验单位,应主动附送“试验委托书”,委托书内各栏根据“取样记录簿”的存根填写清楚,若还有其他试验要求,可在委托书内注明。土样试验委托书应包括试验室名称、委托日期、土样编号、试验室编号、土样编号(野外鉴别)、取样地点或里程桩号、孔(坑)号、取样深度、试验目的、试验项目等,以及责任人(如主管、主管工程师审核、委托单位及联系人等)。

(2)试验单位在接到土样之后,即按照“试验委托书”清点土样,核对编号并检查所送土样是否满足试验项目的需要等。同时,每清点一个土样,即在委托书中的试验室编号栏内进行统一编号,并将此编号记入原标签上,以免与其他工程所送土样编号相重而发生错误。

(3)土样清点验收后,即根据“试验委托书”登记于“土样收发登记簿”内,并将土样交试验负责人员妥善保存,按要求逐项进行试验。土样试验完毕,将余土仍装入原袋内,待试验结果发出,并在委托单位收到报告书一个月后,若仍无人查询,即可将土样处理。若有疑问,尚可用余土复试。试验结果报告书发出时,即在原来“土样收发登记簿”内注明发出日期。

(二)土样和试样制备(T 0102—2007)

1. 细粒土扰动土样的制备程序

(1)对扰动土样进行土样描述,如颜色、土类、气味及夹杂物等;如有需要,将扰动土样充分拌匀,取代表性土样进行含水率测定。

(2)将块状扰动土放在橡皮板上用木碾或粉碎机碾散,但切勿压碎颗粒;如含水率较大不能碾散时,应风干至可碾散时为止。

(3)根据试验所需土样数量,将碾散后的土样过筛。物理性试验如液限、塑限、缩限等试验,需过0.5mm筛;常规水理及力学试验土样,需过2mm筛;击实试验土样的最大粒径必须满足击实试验采用不同击实筒试验时的土样中最大颗粒粒径的要求。按规定过标准筛后,取出足够数量的代表性试样,然后分别装入容器内,标以标签。标签上应注明工程名称、土样编号、过筛孔径、用途、制备日期和人员等,以备各项试验之用。若系含有多量粗砂及少量细粒土(泥砂或黏土)的松散土样,应加水润湿松散后,用四分法取出代表性试样;若系净砂,则可用匀土器取代表性试样。

(4)为配制一定含水率的试样,取过2mm筛的足够试验用的风干土1~5kg,计算所需的加水量,然后将所取土样平铺于不吸水的盘内,用喷雾设备喷洒预计的加水量,并充分拌和;然后装入容器内盖紧,润湿一昼夜备用(砂类土浸润时间可酌量缩短)。

(5)测定湿润土样不同位置的含水率(至少两个以上),要求差值满足含水率测定的允许平行差值。

(6)对不同土层的土样制备混合试样时,应根据各土层厚度,按比例计算相应质量配合,然后按上述(1)~(4)步骤进行扰动土的制备工序。

2. 扰动土样制备的计算

(1)计算干土质量。

$$m_s = \frac{m}{1 + 0.01w_h} \tag{2-22}$$

式中:m_s——干土质量(g);

m——风干土质量(或天然土质量)(g);

w_h——风干含水率(或天然含水率)(%)。

(2)计算制备土样所需加水量。

$$m_w = \frac{m}{1 + 0.01w_h} \times 0.01(w - w_h) \tag{2-23}$$

式中:m_w——土样所需加水量(g);

m——风干含水率时的土样质量(g);

w_h——风干含水率(%);

w——土样所要求的含水率(%)。

(3)计算制备扰动土样所需总土质量。

$$m = (1 + 0.01w_h)\rho_d V \tag{2-24}$$

式中:m——制备土样所需总土质量(g);

ρ_d——制备土样所要求的干密度(g/cm^3);

V——计算出的击实土样或压模土样体积(cm^3);

w_h——风干含水率(%)。

(4)计算制备扰动土样应增加的水量。

$$\Delta m_w = 0.01(w - w_h)\rho_d V \tag{2-25}$$

式中:Δm_w——制备扰动土样应增加的水量(cm^3);

其余符号含义同前。

3. 粗粒土扰动土样的制备程序

(1)无黏聚性的松散砂土、砂砾及砾石等按本试验方法(T 0102—2007)中1(3)制备土样,然后取具有代表性足够试验用的土样做颗粒分析使用,其余过5mm筛,筛上筛下土样分别储存,供做比重及最大、最小孔隙比等试验用,取一部分过2mm筛的土样备力学性质试验之用。

(2)如砂砾土有部分黏土黏附在砾石上,可用毛刷仔细刷尽捏碎过筛,或先用水浸泡,然后用2mm筛将浸泡过的土样在筛上冲洗,取筛上及筛下具有代表性试样做颗粒分析用。

(3)将过筛土样或冲洗下来的土浆风干至碾散为止,再按本试验方法(T 0102—2007)中1的步骤(1)~(4)操作。

4. 扰动土样试件的制备程序

根据工程要求,将扰动土制备成所需的试件进行水理、物理力学等试验之用。

根据试件高度要求分别选用击实法和压样法,高度小的采用单层击实法,高度大的采用压样法。

(1)击实法

①根据工程要求,选用相应的夯击功进行击实。

②按试件所要求的干质量、含水率,按本试验方法(T 0102—2007)中1和3制备湿土样,并称制备好的湿土样质量,准确至0.1g。

③将试验用的切土环刀内壁涂一薄层凡士林,刀口向下,放在试件上,用切土刀将试件削成略大于环刀直径的土柱。然后将环刀垂直向下压,边压边削,至土样伸出环刀上部为止,削平环刀两端,擦净环刀外壁,称环、土合质量,准确至0.1g,并测定环刀两端所削下土样的含水率。

④试件制备应尽量迅速,以免水分蒸发。

⑤试件制备的数量视试验需要而定,一般应多制备1~2组备用,同一组试件或平行试件的密度、含水率与制备标准之差值,应分别在±0.1g/cm^3或2%范围之内。

(2)压样法

对中小型填方工程,一般情况下,当试样的总厚度不大于50mm时,可采用压样法。

①按"击实法"中②的规定,将湿土倒入压模内,拂平土样表面,以静压力将土压至一定高

度,用推土器将土样推出。

②按“击实法”中步骤③~⑤的规定进行操作。

5. 原状土试件制备程序

按土样上下层次小心开启原状土包装皮,将土样取出放正,整平两端。在环刀内壁涂一薄层凡士林,刀口向下,放在土样上。无特殊要求时,切土方向应与天然土层层面垂直。

按扰动土样试件的制备程序“击实法”中操作步骤③切取试件,试件与环刀要密合,否则应重取。

切削过程中,应细心观察并记录试件的层次、气味、颜色,有无杂质,土质是否均匀,有无裂缝等。

如连续切取数个试件,应使含水率不发生变化。

视试件本身及工程要求,决定试件是否进行饱和;如不立即进行试验或饱和时,则将试件暂存于保湿器内。

切取试件后,剩余的原状土样用蜡纸包好置于保湿器内,以备补做试验之用。切削的余土做物理性质试验。平行试验或同一组试件密度差值不大于 $\pm 0.1 g/cm^3$,含水率差值不大于2%。

冻土制备原状土样时,应保持原土样温度,保持土样的结构和含水率不变。

6. 试件饱和

土的孔隙逐渐被水填充的过程称为饱和。孔隙被水充满时的土,称为饱和土。

根据土的性质,决定饱和方法:

(1)砂类土:可直接在仪器内浸水饱和。浸水饱和,费时很多,可考虑使用高水头或负压的方法,以减少饱和时间。

(2)较易透水的黏性土:即渗透系数大于 10^{-4}cm/s 时,采用毛细管饱和法较为方便,或采用浸水饱和法。

(3)不易透水的黏性土:即渗透系数小于 10^{-4}cm/s 时,采用真空饱和法。如土的结构性较弱,抽气可能发生扰动,不宜采用。

渗透系数可以预估,不一定实测。

7. 毛细管饱和法

(1)仪器设备

①饱和器:见图 2-20 ~ 图 2-22。

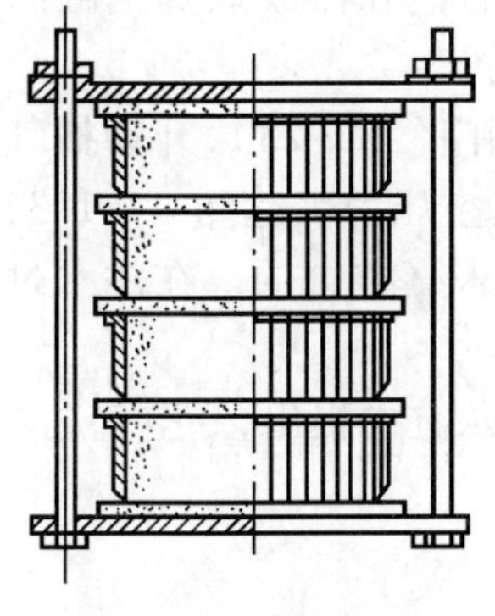

图 2-20　重叠式饱和器

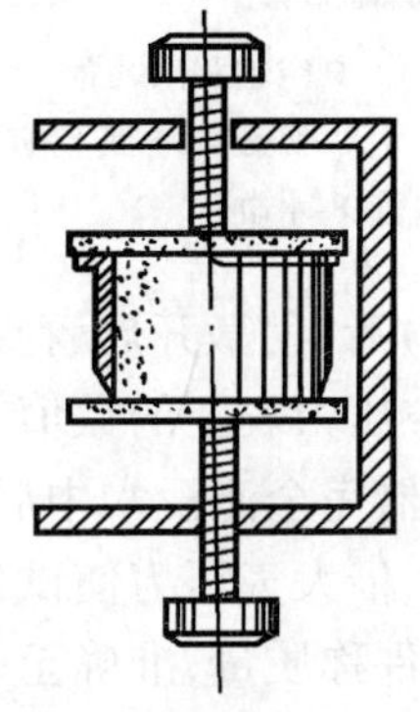

图 2-21　框架式饱和器

②水箱:带盖。

③天平:感量0.1g。

(2)操作步骤

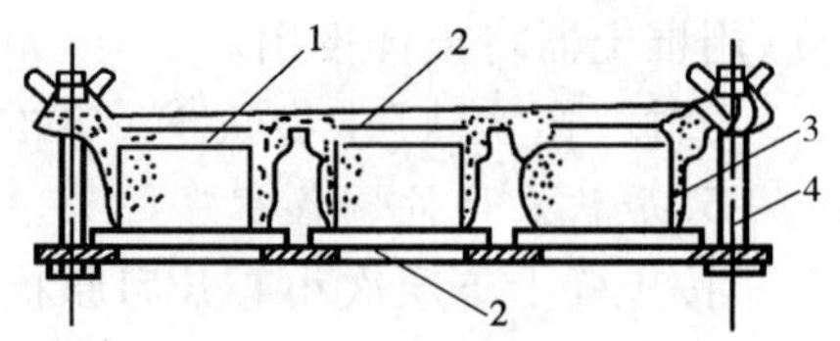

图2-22 平列式饱和器

1-透水石;2-夹板;3-环刀;4-拉杆

①在重叠式饱和器(图2-20)下正中放置稍大于环刀直径的透水石和滤纸,将装有试件的环刀放在滤纸上,试件上面再放一张滤纸和一块透水石。按这样的顺序重复,由下向上重叠至适当高度,将饱和器上板放在最上部透水石上,旋紧拉杆上端的螺丝,将各个环刀在上下板间夹紧。

②如用平列式饱和器(图2-22)时,则将透水石放置于下板各圆孔上,并顺序放置滤纸、装试件的环刀、滤纸、上部透水石及上板,旋紧拉杆上端的螺丝,将各个环刀在上下板间夹紧。

③将装好试件的饱和器,放入水箱中(重叠式和框架式饱和器放倒,平列式则平放),注清水入箱,水面不宜将试件淹没(重叠式和框架式饱和器)或超过试件顶面(平列式饱和器),以便土中气体得以排出。

④关上箱盖,防止水分蒸发,静置数日,借土的毛细管作用,使试件饱和,一般约需3d。

⑤取出饱和器,松开螺丝,取出环刀,擦干外壁,吸去表面积水,取下试件上下滤纸,称环、土合质量,准确至0.1g,并计算饱和度。

⑥如饱和度小于95%时,将环刀装入饱和器,浸入水内,重新延长饱和时间。

8.真空饱和法

(1)仪器设备

①真空饱和法整体装置,如图2-23所示。

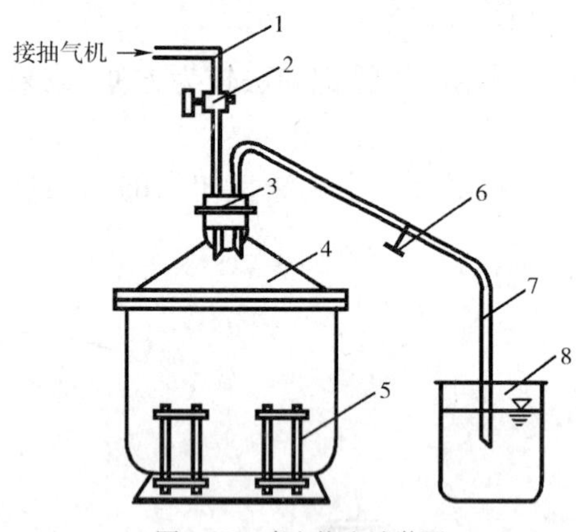

图2-23 真空饱和法装置

1-排气管;2-二通阀;3-橡皮塞;4-真空缸;5-饱和器;6-管夹;7-引水管;8-水缸

②饱和器:尺寸形式见图2-20~图2-22。

③真空缸:金属或玻璃制。

④抽气机。

⑤真空测压表。

⑥其他:天平、硬橡皮管、橡皮塞、管夹、二路活塞、水缸、凡士林等。

(2)操作步骤

①按“毛细管饱和法”步骤①、②将试件装入饱和器。

②将装好试件的饱和器放入真空缸内,盖口涂一薄层凡士林,以防漏气。

③关管夹,开阀门(图2-23),开动抽气机,抽除缸内及土中气体;当真空压力表达到-101.325kPa(一个负大气压力值)后,稍微开启管夹,使清水从引水管徐徐注入真空缸内。在注水过程中,应调节管夹,使真空压力表上的数值基本上保持不变。

④待饱和器完全淹没水中后,即停止抽气,将引水管自水缸中提出,令空气进入真空缸内,静待一定时间,借大气压力使试件饱和。

⑤取出试件称质量,准确至0.1g,计算饱和度。

9.化学试验的土样制备

把土样平铺在搪瓷盘、木板或厚纸上,摊成薄层,放于室内阴凉通风处风干,不时翻拌,并将大块土捏散，促使均匀风干。风干场所力求干燥清洁，并要防止酸碱蒸气的侵蚀和尘埃落入。

风干土样用木棍压碎，仔细检查砂砾，过 2mm 孔径的筛，筛出土块重新压碎，使其全部通过为止。过筛后的土样经四分法缩减至 200g 左右，放在瓷研钵中研细，使其全部通过 1mm 的筛子，取其中 3/4（用两次四分法，每次取一半）供一般化学试验之用。其余 1/4 重又研细，使其全部通过 0.5mm 筛子，由四分法分出 1/2，置于 105 ~ 110℃ 烘箱中烘至恒量，储于干燥器中，供碳酸盐等分析使用。

剩余 1/2，压成扁平薄层，划成许多小方格，用角匙按分格规律均匀挑取样品 10g 左右，放入玛瑙研钵中仔细研碎，使其全部通过 0.1mm 筛子，最后在 105 ~ 110℃ 烘箱中烘 8h，放在干燥器内，供矿质成分全量分析使用。

10. 结果整理

（1）计算饱和度。

$$S_r = \frac{(\rho - \rho_d)G_s}{e\rho_d} \tag{2-26}$$

或

$$S_r = \frac{wG_s}{e} \tag{2-27}$$

式中：S_r——饱和度（%），计算至 0.01；

ρ——饱和后的密度（g/cm^3）；

ρ_d——土的干密度（g/cm^3）；

e——土的孔隙比；

G_s——土粒比重；

w——饱和后的含水率（%）。

（2）试验记录格式如表 2-6。

扰动土试件制备记录　　表 2-6

土样编号	制备日期	制备标准			所需土质量及增加水量的计算					试件制备							备注
		干密度 ρ_d (g/cm^3)	含水率 w (%)	计算的试筒或压模容积 V (cm^3)	干土质量 m_s (g)	含水率 w_h (%)	湿土质量 m (g)	增加的水量 Δm_w (mL)	所需土质量 (g)	制备方法	环刀质量 (g)	环刀加湿土质量 (g)	湿土质量 (g)	密度 (g/cm^3)	含水率 w (g)	干密度 ρ_d (g/cm^3)	
××		1.70	16	81	137.8	5	144.6	15.2	159.8	击样	40	198.7	158.7	1.96	15.4	1.70	应变剪切试验用

三、土的含水率试验(T 0103 ~ T 0105—1993)

(一)烘干法(T 0103—1993)

1. 目的和适用范围

本试验方法适用于测定黏质土、粉质土、砂类土、砂砾石、有机质土和冻土土类的含水率。

2. 仪器设备

(1)烘箱:可采用电热烘箱或温度能保持105 ~ 110℃的其他能源烘箱。

(2)天平:量程200g,感量0.01g;量程1000g,感量0.1g。

(3)其他:干燥器、称量盒[为简化计算手续,可将盒质量定期(3 ~ 6 个月)调整为恒量值]等。

3. 试验步骤

(1)取具有代表性试样,细粒土15 ~ 30g,砂类土、有机质土为50g,砂砾石为1 ~ 2kg,放入称量盒内,立即盖好盒盖,称质量。称量时,可在天平一端放上与该称量盒等质量的砝码,移动天平游码,平衡后称量结果减去称量盒质量即为湿土质量。

(2)揭开盒盖,将试样和盒放入烘箱内,在温度105 ~ 110℃恒温下烘干①。烘干时间对细粒土不得少于8h,对砂类土不得少于6h。对含有机质超过5%的土或含石膏的土,应将温度控制在60 ~ 70℃的恒温下,干燥12 ~ 15h为好。

(3)将烘干后的试样和盒取出,放入干燥器内冷却(一般只需0.5 ~ 1h即可)②。冷却后盖好盒盖,称质量,准确至0.01g。

注①:对于大多数土,通常烘干16 ~ 24h就足够。但是,某些土或试样数量过多或试样很潮湿,可能需要烘更长的时间。烘干的时间也与烘箱内试样的总质量、烘箱的尺寸及其通风系统的效率有关。

注②:如铝盒的盖密闭,而且试样在称量前放置时间较短,可以不放在干燥器中冷却。

4. 结果整理

(1)计算含水率。

$$w = \frac{m - m_s}{m_s} \times 100 \qquad (2\text{-}28)$$

式中:w——含水率(%),计算至0.1;

m——湿土质量(g);

m_s——干土质量(g)。

(2)试验记录格式如表2-7。

含水率试验记录(烘干法、酒精燃烧法)　　表2-7

土样说明__________

盒　号					
盒质量(g)	(1)	22.12	22.32		
盒+湿土质量(g)	(2)	48.67	48.95		
盒+干土质量(g)	(3)	44.40	44.56		
水分质量(g)	(4)=(2)-(3)	4.27	4.39		
干土质量(g)	(5)=(3)-(1)	22.28	22.24		
含水率(%)	(6)=$\frac{(4)}{(5)}$	19.2	19.7		
平均含水率(%)	(7)	19.5			

(3)本试验须进行二次平行测定,取其算术平均值,允许平行差值应符合表 2-8 的规定。

含水率测定的允许平行差值 表 2-8

含水率(%)	≤5	5~40	≥40	对层状和网状构造的冻土
允许平行差值(%)	0.3	≤1	≤2	<3

5. 试验报告

(1)土的鉴别分类和代号。

(2)土的含水率 w(%)值。

(二)酒精燃烧法(T 0104—1993)

1. 目的和适用范围

本试验方法适用于在没有烘箱或土样较少的条件下快速简易测定细粒土(含有机质的土除外)的含水率。

2. 仪器设备

(1)称量盒(定期调整为恒质量)。

(2)天平:感量 0.01g。

(3)酒精:纯度 95%。

(4)其他:滴管、火柴、调土刀等。

3. 试验步骤

(1)取代表性试样(黏质土 5~10g,砂类土 20~30g),放入称量盒内,称湿土质量 m,准确至 0.01g。

(2)用滴管将酒精注入放有试样的称量盒中,直至盒中出现自由液面为止。为使酒精在试样中充分混合均匀,可将盒底在桌面上轻轻敲击。

(3)点燃盒中酒精,燃至火焰熄灭。将试样冷却数分钟,照此方法再重新燃烧两次。

(4)待第三次火焰熄灭后,盖好盒盖,立即称干土质量 m_s,准确至 0.01g。

4. 结果整理(同 T 0103—2007)

5. 试验报告(同 T 0103—2007)

(三)比重法(T 0105—1993)

1. 目的和适用范围

本试验方法仅适用于砂类土。

2. 仪器设备

(1)玻璃瓶:容积 500mL 以上。

(2)天平:量程 1000g,感量 0.5g。

(3)其他:漏斗、小勺、吸水球、玻璃片、土样盘及玻璃棒等。

3. 试验步骤

(1)取代表性砂类土试样 200~300g,放入土样盘内。

(2)向玻璃瓶中注入清水至 1/3 左右,然后用漏斗将土样盘中的试样倒入瓶中,并用玻璃棒搅拌 1~2min,直到所含气体完全排出为止。土内气体若不能充分排出,将会直接影响试验结果的精度。

(3)向瓶中加清水至全部充满,静置 1min 后用吸水球吸去泡沫,再加清水使其充满,盖上玻璃片，擦干瓶外壁，称质量。

(4)倒去瓶中混合液，洗净，再向瓶中加清水至全部充满，盖上玻璃片，擦干瓶外壁，称质量，准确至0.5g。

4. 结果整理

(1)计算含水率。

$$w = \left[\frac{m(G_s - 1)}{G_s(m_1 - m_2)} - 1\right] \times 100 \quad (2\text{-}29)$$

式中：w——砂类土的含水率(%)，计算至0.1；

m——湿土质量(g)；

m_1——瓶、水、土、玻璃片合质量(g)；

m_2——瓶、水、玻璃片合质量(g)；

G_s——砂类土的比重。

(2)试验记录格式如表2-9。

含水率试验记录(比重法)　　表2-9

土样编号	瓶号	湿土质量(g)	瓶、水、土、玻璃片合质量(g)	瓶、水、玻璃片合质量(g)	土样比重	含水率(%)	平均值(%)	备注

(3)本试验须进行二次平行测定，取其算术平均值，允许平行差值应符合表2-8的规定。

5. 试验报告(同T 0103—2007)

四、土的密度试验(T 0107～T 0111—1993)

(一)环刀法(T 0107—1993)

1. 目的和适用范围

本试验方法适用于细粒土。

2. 仪器设备

(1)环刀：内径6～8cm，高2～5.4cm，壁厚1.5～2.2mm。

注：此环刀适合于室内做密度试验，以与剪切、固结等项试验所用环刀相配合，环刀容积为60～150cm³。施工现场检查填土压实密度时，由于每层土压实度上下不均匀，为提高试验结果的精度，可增大环刀容积，一般采用200～500cm³，径高比以1～1.5为宜。

(2)天平：感量0.1g。

(3)其他：修土刀、钢丝锯、凡士林等。

3. 试验步骤

(1)按工程需要取原状土或制备所需状态的扰动土样，整平两端，环刀内壁涂一薄层凡士林，刀口向下放在土样上。

(2)用修土刀或钢丝锯将土样上部削成略大于环刀直径的土柱，然后将环刀垂直下压，边压边削，至土样伸出环刀上部为止。削去两端余土，使土样与环刀口面齐平，并用剩余土样测定含水率。

(3)擦净环刀外壁,称环刀与土合质量 m_1,准确至 0.1g。

4. 结果整理

(1)计算湿密度及干密度。

$$\rho = \frac{m_1 - m_2}{V} \tag{2-30}$$

$$\rho_d = \frac{\rho}{1 + 0.01w} \tag{2-31}$$

式中:ρ——湿密度(g/cm^3),计算至 0.01;

m_1——环刀与土合质量(g);

m_2——环刀质量(g);

V——环刀体积(cm^3);

ρ_d——干密度(g/cm^3),计算至 0.01;

w——含水率(%)。

(2)试验记录格式如表 2-10。

密度试验记录(环刀法、电动取土器法)　　表 2-10

土 样 编 号							
环刀号							
环刀容积(cm^3)	①	100	100				
环刀质量(g)	②						
土 + 环刀质量(g)	③						
土样质量(g)	④=③-②	178.6	181.4				
湿密度(g/cm^3)	$⑤=\frac{④}{①}$	1.79	1.81				
含水率(%)	⑥	13.5	14.2				
干密度(g/cm^3)	⑦=(5)/[1+0.01(6)]	1.58	1.58				
平均干密度(g/cm^3)	⑧	1.58					

(3)本试验须进行二次平行测定,取其算术平均值,其平行差值不得大于 $0.03g/cm^3$。

5. 试验报告

(1)土的鉴别分类和状态描述。

(2)土的含水率 w(%)。

(3)土的湿密度 ρ(g/cm^3)。

(4)土的干密度 ρ_d(g/cm^3)。

(二)电动取土器法(T 0108—1993)

1. 目的和适用范围

本试验方法适用于硬塑土密度的快速测定。

2. 仪器设备

(1)电动取土器由底座、行走轮、立柱、齿轮箱、升降机构、取芯头等组成,如图 2-24 所示。

①底座:由底座平台、定位销(14)、行走轮(15)组成。平台是整个仪器支撑基础;定位销供操作时仪器定位用;行走轮供换点取芯时仪器近距离移动用,当定位时四只轮子可扳起离开地表。

②立柱:由立柱(1)与立柱套(11)组成,装在底座平台上,作为升降机构、取芯机构、动力和传动机构的支架。

③升降机构:由升降手轮(9)、锁紧手柄(8)组成,供调整取芯机构高低用。松开锁紧手柄,转动升降手轮,取芯机构即可升降,到所需位置时拧紧手柄定位。

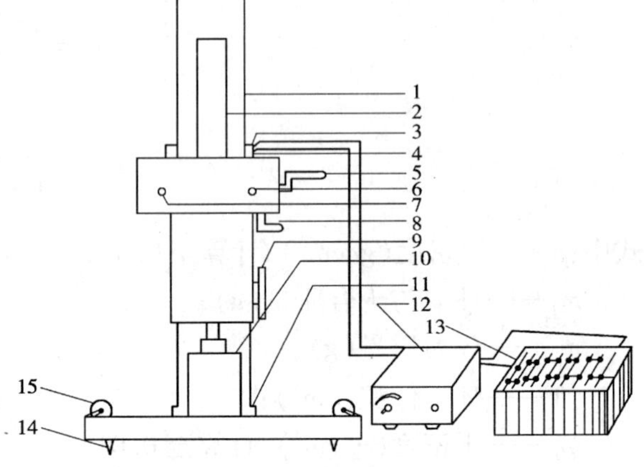

图 2-24　电动取土器

1-立柱;2-升降轴;3-电源输入;4-直流电机;5-升降手柄;6、7-电源指示;8-锁紧手柄;9-升降手轮;10-取芯头;11-立柱套;12-调速器;13-蓄电池;14-定位销;15-行走轮

④取芯机构:由取芯头(10)、升降轴(2)组成,取芯头为金属圆筒,下口对称焊接两个合金钢切削刀头,上端面焊有平盖,其上焊螺母,靠螺旋接于升降轴上。取芯头有三种规格,即 ϕ50mm × 50mm、ϕ70mm × 70mm、ϕ100mm × 100mm,可根据需要选用。取芯头为可换式。另配有相应的取芯套筒、扳手、铝盒等。

⑤动力和传动机构:主要由直流电机(4)、调速器(12)、齿轮箱组成,另配蓄电池和充电器。当电机工作时,通过齿轮箱的齿轮将动力传给取芯机构,升降轴旋转,取芯头进入旋切工作状态。

⑥电动取土器主要技术参数为:工作电压 DC24V(36A · h);转速 50 ~ 70r/min,无级调速;整机质量约 35kg。

(2)天平:量程 1000g,感量 1.0g(用于取芯头内径为 10cm 样品的称量);量程 1000g,感量 0.1g(用于取芯头内径小于 7cm 样品的称量)。

(3)其他:修土刀、钢丝锯及测定含水率的设备等。

3. 试验步骤

(1)装上所需规格的取芯头。在施工现场,取芯前,选择一块平整的路段,将四只行走轮打起,四根定位销钉采用人工加压的方法,压入路基土层中。松开锁紧手柄,旋动升降手轮,使取芯头刚好与土层接触,锁紧手柄。

(2)将蓄电池与调速器接通,调速器的输出端接入取芯机电源插口。指示灯亮,显示电路已通;启动开关,电动机工作,带动取芯机构转动。根据土层含水率调节转速,操作升降手柄、上提取芯机构,停机。移开机器。由于取芯头圆筒外表有几条螺旋状突起,切下的土屑排在筒外顺螺纹上旋抛出地表,因此,将取芯套筒套在切削好的土芯立柱上,摇动即可取出样品。

(3)取出样品,立即按取芯套筒长度用修土刀或钢丝锯修平两端,制成所需规格土芯;如拟进行其他试验项目,装入铝盒,送试验室备用。

(4)用天平称量土芯带套筒质量,从土芯中心部分取试样测定含水率。

4. 结果整理(同 T 0107—1993)

5. 试验报告(同 T 0107—1993)

(三)蜡封法(T 0109—1993)

1. 目的和适用范围

本试验方法适用于易破裂土和形态不规则的坚硬土。不能用环刀切削的坚硬的、含有粗粒、形状不规则的土,可用蜡封法测定密度。

2. 仪器设备

(1)天平:感量0.01g。

(2)石蜡:宜选用55号石蜡。

(3)其他:烧杯、细线、针、削土刀等。

3. 试验步骤

(1)用削土刀切取体积大于30cm^3的试件,削除试件表面的松、浮土以及尖锐棱角,在天平上称量,准确至0.01g。取代表性土样进行含水率测定。

(2)将石蜡加热至刚过熔点,用细线系住试件浸入石蜡中,使试件表面覆盖一薄层严密的石蜡,若试件蜡膜上有气泡,需用热针刺破气泡,再用石蜡填充针孔,涂平孔口。

(3)待冷却后,将蜡封试件在天平上称量,准确至0.01g。

(4)用细线将蜡封试件置于天平一端,使其浸浮在盛有蒸馏水的烧杯中,注意试件不要接触烧杯壁,称蜡封试件的水下质量,准确至0.01g,并测量蒸馏水的温度。

(5)将蜡封试件从水中取出,擦干石蜡表面水分,在空气中称其质量。将其与步骤(3)中所称质量相比,若质量增加,表示水分进入试件中;若浸入水分质量超过0.03g,应重做。

4. 结果整理

(1)计算湿密度及干密度。

$$\rho=\frac{m}{\dfrac{m_1-m_2}{\rho_{wt}}-\dfrac{m_1-m}{\rho_n}} \tag{2-32}$$

$$\rho_d=\frac{\rho}{1+0.01w} \tag{2-33}$$

式中:ρ——土的湿密度(g/cm^3),计算至0.01;

ρ_d——土的干密度(g/cm^3),计算至0.01;

m——试件质量(g);

m_1——蜡封试件质量(g);

m_2——蜡封试件水中质量(g);

ρ_{wt}——蒸馏水在t℃时密度(g/cm^3),准确至0.001;

ρ_n——石蜡密度(g/cm^3),应事先实测,可采用静水力学天平称量法或采用500~1000mL广口瓶比重法,准确至0.01;一般可采用0.92g/cm^3;

w——含水率(%)。

(2)试验记录格式如表2-11。

密度试验记录（蜡封法）　　表 2-11

土样说明＿＿＿＿＿＿

土样编号	试件质量(g)	蜡封试件质量(g)	蜡封试件水中质量(g)	温度(℃)	水的密度(g/cm^3)	蜡封试件体积(cm^3)	蜡体积(cm^3)	试件体积(cm^3)	湿密度(g/cm^3)	备　注
	(1)	(2)	(3)		(4)	$(5)=\frac{(2)-(3)}{(4)}$	$(6)=\frac{(2)-(1)}{\rho_n}$	(7)=(5)-(6)	$(8)=\frac{(1)}{(7)}$	
	62.79	66.41	27.44	32	0.995	39.10	3.94	35.16	1.79	石蜡密度 0.92 g/cm^3
	63.00	66.37	27.60	32	0.995	39.00	3.64	35.36	1.79	
	62.59	65.86	27.84	5	1.000	38.02	3.56	34.46	1.82	
	72.05	76.15	32.00	5	1.000	44.15	4.45	39.70	1.82	
平均	—	—	—	—	—	—	—	—	1.81	

土样编号		
平均湿密度(g/cm^3)	(8)	1.81
平均含水率(%)	(9)	13.5
平均干密度(g/cm^3)	$(10)=\frac{(8)}{1+0.01(9)}$	1.59

（3）本试验须进行二次平行测定，取其算术平均值，其平行差值不得大于 0.03g/cm^3。

5. 试验报告（同 T 0107—1993）

（四）灌水法（T 0110—1993）

1. 目的和适用范围

本试验方法适用于现场测定粗粒土和巨粒土特别是后者的密度。

2. 仪器设备

（1）座板：座板为中部开有圆孔，外沿呈方形或圆形的铁板，圆孔处设有环套，套孔的直径为土中所含最大石块粒径的 3 倍，环套的高度为其粒径的 5%。

（2）薄膜：聚乙烯塑料薄膜。

（3）储水筒：直径应均匀，并附有刻度。

（4）台秤：量程 50kg，感量 5g。

（5）其他：铁镐、铁铲、水准仪等。

3. 试验步骤

（1）根据试样最大粒径宜按表 2-12 确定试坑尺寸。

试 坑 尺 寸　　表 2-12

试样最大粒径(mm)	试坑尺寸	
	直径(mm)	深度(mm)
5～20	150	200
40	200	250
60	250	300
200	800	1000

(2)按确定的试坑直径画出坑口轮廓线。将测点处的地表整平,地表的浮土、石块、杂物等应予清除,坑凹不平处用砂铺整。用水准仪检查地表是否水平。

(3)将座板固定于整平后的地表。将聚乙烯塑料膜沿环套内壁及地表紧贴铺好。记录储水筒初始水位高度,拧开储水筒的注水开关,从环套上方将水缓缓注入,至刚满不外溢为止。记录储水筒水位高度,计算座板部分的体积。在保持座板原固定状态下,将薄膜盛装的水排至对该试验不产生影响的场所,然后将薄膜揭离底板。

(4)在轮廓线内下挖至要求深度,将落于坑内的试样装入盛土容器内,并测定含水率。

(5)用挖掘工具沿座板上的孔挖试坑,为了使坑壁与塑料薄膜易于紧贴,对坑壁需加以整修。将塑料薄膜沿坑底、坑壁密贴铺好。在往薄膜形成的袋内注水时,牵住薄膜的某一部位,一边拉松,一边注水,使薄膜与坑壁间的空气得以排出,从而提高薄膜与坑壁的密贴程度。

(6)记录储水筒内初始水位高度,拧开储水筒的注水开关,将水缓缓注入塑料薄膜中。当水面接近环套的上边缘时,将水流调小,直至水面与环套上边缘齐平时关闭注水管,持续3~5min,记录储水筒内水位高度。

4. 结果整理

(1)细粒土与石料应分开测定含水率,按下式求出整体的含水率。

$$w = w_f p_f + w_c(1 - p_f) \tag{2-34}$$

式中:w——整体含水率(%),计算至0.01;

w_f——细粒土部分的含水率(%);

w_c——石料部分的含水率(%);

p_f——细粒土的干质量与全部材料干质量之比。

注:细粒土与石块的划分以粒径60mm为界。

(2)计算座板部分的容积。

$$V_1 = (h_1 - h_2)A_w \tag{2-35}$$

式中:V_1——座板部分的容积(cm^3),计算至0.01;

A_w——储水筒截面积(cm^2);

h_1——储水筒内初始水位高度(cm);

h_2——储水筒内注水终了时水位高度(cm)。

(3)计算试坑容积。

$$V_p = (H_1 - H_2)A_w - V_1 \tag{2-36}$$

式中:V_p——试坑容积(cm^3),计算至0.01;

H_1——储水筒内初始水位高度(cm);

H_2——储水筒内注水终了时水位高度(cm);

A_w——储水筒断面积(cm^2);

V_1——座板部分的容积(cm^3)。

(4)计算试样湿密度。

$$\rho = \frac{m_p}{V_p} \tag{2-37}$$

式中:ρ——试样湿密度(g/cm^3),计算至0.01;

m_p——取自试坑内的试样质量(g)。

(5)试验记录格式如表2-13。

密度试验记录(灌水法)　　表2-13

试坑深度________m　试样最大粒径________mm

测　点			
座板部分注水前储水筒水位高度 h_1(cm)	(1)		
座板部分注水后储水筒水位高度 h_2(cm)	(2)		
储水筒断面积 A_w(cm^2)	(3)		
座板部分的容积 $V_1=(h_1-h_2)A_w$(cm^3)	(4)=[(1)-(2)]×(3)		
试坑注水前储水筒水位高度 H_1(cm)	(5)		
试坑注水后储水筒水位高度 H_2(cm)	(6)		
试坑容积 $V_p=(H_1-H_2)A_w-V_1$(cm^3)	(7)=[(5)-(6)]×(3)-(4)		
取自试坑内的试样质量 m_p(g)	(8)		
试样湿密度 $\rho=\frac{m_p}{V}$(g/cm^3)	(9)=(8)/(7)		
细粒土部分含水率 w_f(%)	(10)		
石料部分含水率 w_c(%)	(11)		
细粒土干质量与全部干质量之比 p_f	(12)		
整体含水率 $w=w_fp_f+w_c(1-p_f)$(%)	(13)=(10)×(12)+(11)×[1-(12)]		
试样干密度 $\rho_d=\frac{\rho}{1+w}$(g/cm^3)	(14)=(9)/(1+w)		

(6)本试验应进行两次平行测定,两次测定的差值不得大于0.03g/cm^3,取两次测值的平均值。

5.试验报告

(1)试料来源,外观描述。

(2)试样最大粒径(mm)。

(3)试坑尺寸(cm)。

(4)试样干密度ρ_d(g/cm^3)。

(五)灌砂法(T 0111—1993)

1.目的和适用范围

本试验法适用于现场测定细粒土、砂类土和砾类土的密度。试样的最大粒径一般不超过15mm,测定密度层的厚度为150~200mm。

注:①在测定细粒土的密度时,可以采用ϕ100mm的小型灌砂筒。

②如最大粒径超过15mm,则应相应地增大灌砂筒和标定罐的尺寸。例如,粒径达40~60mm的粗粒土,灌砂筒和现场试洞的直径应为150~200mm。

2.仪器设备

(1)灌砂筒:金属圆筒(可用白铁皮制作)的内径为100mm,总高360mm。灌砂筒主要分两部分:上部为储砂筒,筒深270mm(容积约2120cm^3),筒底中心有一个直径10mm的圆孔;下部装一倒置的圆锥形漏斗,漏斗上端开口直径为10mm,并焊接在一块直径100mm的铁板上,铁板中心有一直径10mm的圆孔与漏斗上开口相接。在储砂筒筒底与漏斗顶端铁板之间设有开关。开关为一薄铁板,一端与筒底及漏斗铁板铰接在一起,另一端伸出筒身外,开关铁板上也有一个直径10mm的圆孔。将开关向左移动时,开关铁板上的圆孔恰好与筒底圆孔及漏斗上开口相对,即三个圆孔在平面上重叠在一起,砂就可通过圆孔自由落下。将开关向右移动时,开关将筒底圆孔堵塞,砂即停止下落。

灌砂筒的形式和主要尺寸如图 2-25 所示。

(2)金属标定罐:内径 100mm,高 150mm 和 200mm 的金属罐各一个,上端周围有一罐缘,如图 2-26 所示。

注:如由于某种原因,试坑深度不是 150mm 或 200mm 时,标定罐的深度应该与拟挖试坑深度相同。

(3)基板:一个边长 350mm,深 40mm 的金属方盘,盘中心有一直径 100mm 的圆孔。

(4)打洞及从洞中取料的合适工具,如凿子、铁锤、长把勺、长把小簸箕、毛刷等。

(5)玻璃板:边长约 500mm 的方形板。

(6)饭盒(存放挖出的试样)若干。

(7)台秤:量程 10 ~ 15kg,感量 5g。

(8)其他:铝盒、天平、烘箱等。

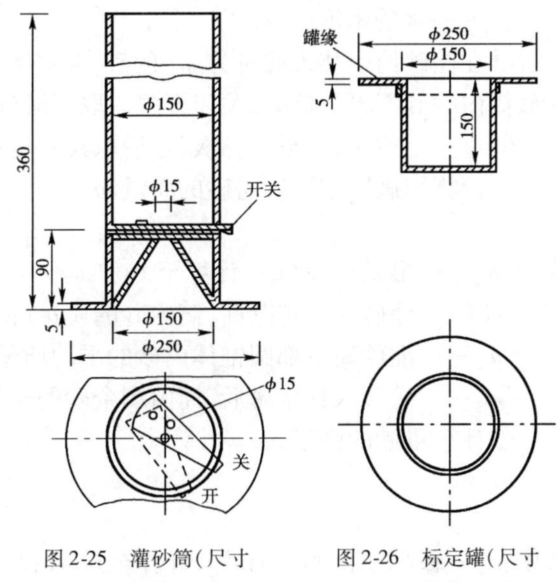

图 2-25 灌砂筒(尺寸单位:mm)

图 2-26 标定罐(尺寸单位:mm)

(9)量砂:粒径 0.25 ~ 0.5mm、清洁干燥的均匀砂,约 20 ~ 40kg。应先烘干,并放置足够时间,使其与空气的湿度达到平衡。

3. 仪器标定

(1)确定灌砂筒下部圆锥体内砂的质量

①在储砂筒内装满砂,筒内砂的高度与筒顶的距离不超过 15mm,称筒内砂的质量 m_1,准确至 1g。每次标定及而后的试验都维持该质量不变。

②将开关打开,让砂流出,并使流出砂的体积与工地所挖试洞的体积相当(或等于标定罐的容积);然后关上开关,并称量筒内砂的质量 m_5,准确至 1g。

③将灌砂筒放在玻璃板上,打开开关,让砂流出,直到筒内砂不再下流时,关上开关,并小心地取走罐砂筒。

④收集并称量留在玻璃板上的砂或称量筒内的砂,准确至 1g。玻璃板上的砂就是填满灌砂筒下部圆锥体的砂。

⑤重复上述测量,至少三次;最后取其平均值 m_2,准确至 1g。

(2)确定量砂的密度

①用水确定标定罐的容积 V。

a. 将空罐放在台秤上,使罐的上口处于水平位置,读记罐质量 m_7,准确至 1g。

b. 向标定罐中灌水,注意不要将水弄到台秤或罐的外壁上。将一直尺放在罐顶,当罐中水面快要接近直尺时,用滴管往罐中加水,直到水面接触直尺。移去直尺,读记罐和水的总质量 m_8。

c. 重复测量时,仅需用吸管从罐中取出少量水,并用滴管重新将水加满到接触直尺。

d. 标定罐的体积 V 按下式计算。

$$V = (m_8 - m_7)/\rho_w \tag{2-38}$$

式中:V——标定罐的容积(cm^3),计算至 0.01;

m_7——标定罐质量(g);

m_8——标定罐和水的总质量(g);

ρ_w——水的密度(g/cm^3)。

②在储砂筒中装入质量为 m_1 的砂,并将罐砂筒放在标定罐上,打开开关,让砂流出,直到储砂筒内的砂不再下流时,关闭开关。取下罐砂筒,称筒内剩余的砂质量,准确至 1g。

③重复上述测量,至少三次,最后取其平均值 m_3,准确至 1g。

④计算填满标定罐所需砂的质量 m_a。

$$m_a = m_1 - m_2 - m_3 \tag{2-39}$$

式中:m_a——砂的质量(g),计算至 1;

m_1——灌砂入标定罐前,筒内砂的质量(g);

m_2——灌砂筒下部圆锥体内砂的平均质量(g);

m_3——灌砂入标定罐后,筒内剩余砂的质量(g)。

⑤计算量砂的密度 ρ_s。

$$\rho_s = \frac{m_a}{V} \tag{2-40}$$

式中:ρ_s——砂的密度(g/cm^3),计算至 0.01;

V——标定罐的体积(cm^3);

m_a——砂的质量(g)。

4. 试验步骤

(1)在试验地点,选一块约 40cm×40cm 的平坦表面,并将其清扫干净。将基板放在此平坦表面上。如此表面的粗糙度较大,则将盛有量砂 m_5 的灌砂筒放在基板中间的圆孔上。打开灌砂筒开关,让砂流入基板的中孔内,直到储砂筒内的砂不再下流时关闭开关。取下罐砂筒,并称筒内砂的质量 m_6,准确至 1g。

(2)取走基板,将留在试验地点的量砂收回,重新将表面清扫干净。将基板放在清扫干净的表面上,沿基板中孔凿洞,洞的直径 100mm。在凿洞过程中,应注意不使凿出的试样丢失,并随时将凿松的材料取出,放在已知质量的塑料袋内,密封。试洞的深度应与标定罐高度接近或一致。凿洞毕,称此塑料袋中全部试样质量,准确至 1g。减去已知塑料袋质量后,即为试样的总质量 m_t。

(3)从挖出的全部试样中取有代表性的样品,放入铝盒中,测定其含水率 w。样品数量:对于细粒土,不少于 100g;对于粗粒土,不少于 500g。

(4)将基板安放在试洞上,将灌砂筒安放在基板中间(储砂筒内放满砂至恒量 m_1),使灌砂筒的下口对准基板的中孔及试洞。打开灌砂筒开关,让砂流入试洞内。关闭开关。小心取走灌砂筒,称量筒内剩余砂的质量 m_4,准确至 1g。

(5)如清扫干净的平坦的表面上,粗糙度不大,则不需放基板,将罐砂筒直接放在已挖好的试洞上。打开筒的开关,让砂流入试洞内。在此期间,应注意勿碰动灌砂筒。直到储砂筒内的砂不再下流时,关闭开关。仔细取走灌砂筒,称量筒内剩余砂的质量 m_4,准确至 1g。

(6)取出试洞内的量砂,以备下次试验时再用。若量砂的湿度已发生变化或量砂中混有杂质,则应重新烘干,过筛,并放置一段时间,使其与空气的湿度达到平衡后再用。

(7)如试洞中有较大孔隙,量砂可能进入孔隙时,则应按试洞外形,松弛地放入一层柔软的纱布。然后再进行灌砂工作。

5. 结果整理

(1)计算填满试洞所需砂的质量。

灌砂时试洞上放有基板的情况

$$m_b = m_1 - m_4 - (m_5 - m_6) \tag{2-41}$$

灌砂时试洞上不放基板的情况

$$m_b = m_1 - m'_4 - m_2 \tag{2-42}$$

式中：m_b——砂的质量(g)；

m_1——灌砂入试洞前筒内砂的质量(g)；

m_2——灌砂筒下部圆锥体内砂的平均质量(g)；

m_4、m'_4——灌砂入试洞后，筒内剩余砂的质量(g)；

$(m_5 - m_6)$——灌砂筒下部圆锥体内及基板和粗糙表面间砂的总质量(g)。

(2)计算试验地点土的湿密度。

$$\rho = \frac{m_t}{m_b} \times \rho_s \tag{2-43}$$

式中：ρ——土的湿密度(g/cm^3)，计算至0.01；

m_t——试洞中取出的全部土样的质量(g)；

m_b——填满试洞所需砂的质量(g)；

ρ_s——量砂的密度(g/cm^3)。

(3)计算土的干密度。

$$\rho_d = \frac{\rho}{1 + 0.01w} \tag{2-44}$$

式中：ρ_d——土的干密度(g/cm^3)，计算至0.01；

ρ——土的湿密度(g/cm^3)；

w——土的含水率(%)。

(4)试验记录格式如表2-14。

密度试验记录(灌砂法)　　表2-14

土样说明 砾类土　　砂的密度1.28g/cm^3

取样桩号	取样位置	试洞中湿土样质量 m_t (g)	灌满试洞后剩余砂质量 m_4 (m'_4)	试洞内砂质量 m_b (g)	湿密度 ρ (g/cm^3)	含水率测定							干密度 ρ_d (g/cm^3)
						盒号	盒+湿土质量(g)	盒+干土质量(g)	盒质量(g)	干土质量(g)	水质量(g)	含水率(%)	
		4031		2233.6	2.31		1211	1108.4	195.4	913.0	102.6	11.2	2.08
		2900		1613.9	2.30		1125	1040.0	195.5	844.1	85.0	10.1	2.09

(5)本试验须进行二次平行测定，取其算术平均值，其平行差值不得大于0.03g/cm^3。

6. 试验报告(同T 0107—1993)

五、土的比重试验(T 0112～T 0114、T 0169)

(一)比重瓶法(T 0112—1993)

1. 目的和适用范围

本试验方法适用于粒径小于5mm的土。

注：土粒比重是土粒在温度105～110℃下烘至恒量时的质量与同体积4℃时纯水质量的比值。

2.仪器设备

(1)比重瓶：容量100(或50)mL。

(2)天平：量程200g，感量0.001g。

(3)恒温水槽：灵敏度±1℃。

(4)砂浴。

(5)真空抽气设备。

(6)温度计：刻度为0～50℃，分度值为0.5℃。

(7)其他：如烘箱、蒸馏水、中性液体(如煤油)、孔径2mm及5mm筛、漏斗、滴管等。

(8)比重瓶校正：

①将比重瓶洗净、烘干，称比重瓶质量，准确至0.001g。

②将煮沸后冷却的纯水注入比重瓶。对长颈比重瓶注水至刻度处，对短颈比重瓶应注满纯水，塞紧瓶塞，多余水分自瓶塞毛细管中溢出。调节恒温水槽至5℃或10℃，然后将比重瓶放入恒温水槽内，直至瓶内水温稳定。取出比重瓶，擦干外壁，称瓶、水总质量，准确至0.001g。

③以5℃级差，调节恒温水槽的水温，逐级测定不同温度下的比重瓶、水总质量，至达到本地区最高自然气温为止。每级温度均应进行两次平行测定，两次测定的差值不得大于0.002g，取两次测值的平均值。绘制温度与瓶、水总质量的关系曲线。

3.试验步骤

(1)将比重瓶烘干，将15g烘干土装入100mL比重瓶内(若用50mL比重瓶，装烘干土约12g)，称量。

(2)为排除土中空气，将已装有干土的比重瓶，注蒸馏水至瓶的一半处，摇动比重瓶，土样浸泡20h以上，再将瓶在砂浴中煮沸，煮沸时间自悬液沸腾时算起，砂及低液限黏土应不少于30min，高液限黏土应不少于1h，使土粒分散。注意沸腾后调节砂浴温度，不使土液溢出瓶外。

(3)如系长颈比重瓶，用滴管调整液面恰至刻度处(以弯月面下缘为准)，擦干瓶外及瓶内壁刻度以上部分的水，称瓶、水、土总质量。如系短颈比重瓶，将纯水注满，使多余水分自瓶塞毛细管中溢出，将瓶外水分擦干后，称瓶、水、土总质量，称量后立即测出瓶内水的温度，准确至0.5℃。

(4)根据测得的温度，从已绘制的温度与瓶、水总质量关系曲线中查得瓶水总质量。如比重瓶体积事先未经温度校正，则立即倾去悬液，洗净比重瓶，注入事先煮沸过且与试验时同温度的蒸馏水至同一体积刻度处，短颈比重瓶则注水至满，按步骤(3)调整液面后，将瓶外水分擦干，称瓶、水总质量。

(5)如系砂土，煮沸时砂粒易跳出，允许用真空抽气法代替煮沸法排除土中空气，其余与步骤(3)、(4)相同。

(6)对含有某一定量的可溶盐、不亲性胶体或有机质的土，必须用中性液体(如煤油)测定，并用真空抽气法排除土中气体。真空压力表读数宜为100kPa，抽气时间1～2h(直至悬液内无气泡为止)，其余同步骤(3)、(4)。

(7)本试验称量应准确至0.001g。

4.结果整理

(1)用蒸馏水测定时，按下式计算比重。

$$G_s = \frac{m_s}{m_1 + m_s - m_2} \times G_{wt} \tag{2-45}$$

式中：G_s——土的比重，计算至0.001；

m_s——干土质量(g)；

m_1——瓶、水总质量(g)；

m_2——瓶、水、土总质量(g)；

G_{wt}——t℃时蒸馏水的比重(水的比重可查相关手册)，准确至0.001。

(2)用中性液体测定时，按下式计算比重。

$$G_s = \frac{m_s}{m'_1 + m_s - m'_2} \times G_{kt} \tag{2-46}$$

式中：G_s——土的比重，计算至0.001；

m'_1——瓶、中性液体总质量(g)；

m'_2——瓶、土、中性液体总质量(g)；

G_{kt}——t℃时中性液体比重(应实测)，准确至0.001。

(3)试验记录格式如表2-15。

比重试验记录(比重瓶法)　　表2-15

试验编号	比重瓶号	温度(℃)	液体比重	比重瓶质量(g)	瓶、干土总质量(g)	干土质量(g)	瓶、液总质量(g)	瓶、液、土总质量(g)	与干土同体积的液体质量(g)	比　重	平均比重值	备注
		(1)	(2)	(3)	(4)	(5) = (4) − (3)	(6)	(7)	(8) = (5) + (6) − (7)	(9) = $\frac{(5)}{(8)}$ × (2)		
		15.2	0.999	34.886	49.831	14.945	134.714	144.225	5.434	2.746	2.75	
		15.2	0.999	34.287	49.227	14.940	134.696	144.191	5.445	2.741		

(4)本试验必须进行二次平行测定，取其算术平均值，以两位小数表示，其平行差值不得大于0.02。

5. 试验报告

(1)土的鉴别分类和代号。

(2)土的比重 G_s 值。

(二)浮力法(T 0169—2007)

1. 目的和适用范围

本试验的目的是测定土颗粒的比重(所测比重为视比重)。本试验方法适用于粒径大于或等于5mm的土，且其中粒径大于或等于20mm的土质量应小于总土质量的10%。

2. 仪器设备

(1)浮力仪(含电子天平)：量程1000g以上，感量0.001g；应附有孔径小于5mm的金属网篮，其直径为10～15cm，高为10～20cm；适合网篮沉入的盛水容器(图2-27)。

(2)其他：烘箱、温度计、孔径5mm及20mm筛等。

3. 试验步骤

(1)取代表性试样 500～1000g(m_s)。彻底冲洗试样,直至颗粒表面无尘土和其他污物。

(2)称烧杯和杯中水的质量 m_1,将金属网篮缓缓浸没于水中,再称烧杯、杯中水和悬没于水中的金属网篮的总质量,并立即测量容器内水的温度,准确至 0.5℃。计算出悬没于水中的金属网篮的浮力质量 m_2。

(3)将试样浸在水中一昼夜取出,立即放入金属网篮,缓缓浸没于水中,并在水中摇晃,至无气泡逸出时为止。

(4)称烧杯、杯中水和悬没于水中的金属网篮及试样的总质量 m_3,并立即测量容器内水的温度,准确至 0.5℃。

(5)取出试样烘干,称量。

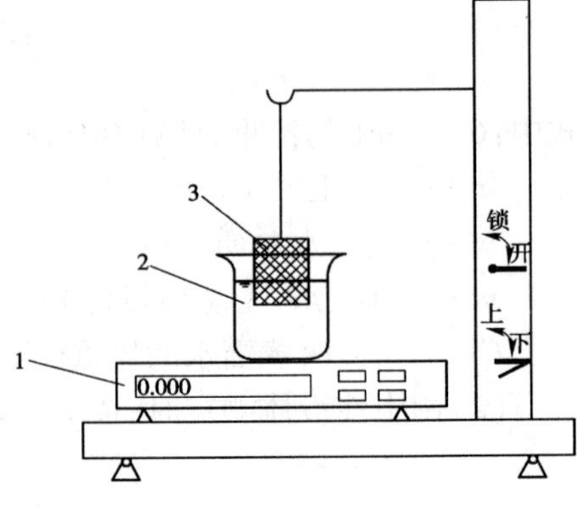

图 2-27 浮力仪

1-电子天平;2-盛水容器;3-盛粗粒土的金属网篮

4. 结果整理

(1)计算土粒比重。

$$G_s = \frac{m_s}{m_3 - m_2 - m_1} \times G_{wt} \tag{2-47}$$

式中:G_s——土粒比重,计算至 0.001;

m_s——干土质量(g);

m_1——烧杯和杯中水的质量(g);

m_2——悬没于水中的金属网篮的浮力质量(g);

m_3——烧杯、杯中水和悬没于水中的金属网篮及试样的总质量(g);

G_{wt}——t℃时水的比重,准确至 0.001。

(2)试验记录格式如表 2-16。

比重试验记录(浮力法)　　表 2-16

野外编号	室内编号	温度(℃)	某一温度下水的比重 G_{wt}	烘干土质量 m_s(g)	烧杯、杯中水和悬没于水中的金属网篮及试样的浮力总质量 m_3(g)	悬没于水中的金属网篮的浮力质量 m_2(g)	烧杯和杯中水的质量 m_1(g)	比　重	平均值
		(1)	(2)	(3)	(4)	(5)	(6)	(7) $=\frac{(3)}{(4)-(5)-(6)}\times(2)$	

(3)计算土粒平均比重。

$$\overline{G}_s = \frac{1}{\frac{P_1}{G_{s1}} + \frac{P_2}{G_{s2}}} \tag{2-48}$$

式中：$\overline{G}_s$——土粒平均比重，计算至0.01；

G_{s1}——大于5mm土粒的比重；

G_{s2}——小于5mm土粒的比重；

P_1——大于5mm土粒占总质量的百分数(%)；

P_2——小于5mm土粒占总质量的百分数(%)。

(4)本试验必须进行二次平行测定，取其算术平均值，以两位小数表示，其平行差值不得大于0.02。

5. 试验报告(同T 0112—1993)

(三)浮称法(T 0113—1993)

1. 目的和适用范围

本试验的目的是测定土颗粒的比重(所测比重为视比重)。本试验方法适用于粒径大于或等于5mm的土，且其中粒径大于或等于20mm的土质量应小于总土质量的10%。

2. 仪器设备

(1)静水力学天平(或物理天平)：量程1000g以上，感量0.001g；应附有孔径小于5mm的金属网篮，其直径为10～15cm，高为10～20cm；适合网篮沉入的盛水容器(图2-28)。

(2)其他：烘箱、温度计、孔径5mm及20mm筛等。

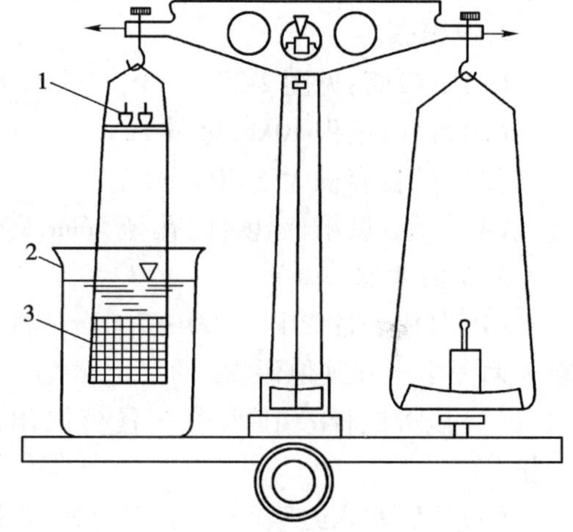

图2-28 静水力学天平

1-调平平衡砝码盘；2-盛水容器；3-盛粗粒土的金属网篮

3. 试验步骤

(1)取代表性试样500～1000g。彻底冲洗试样，直至颗粒表面无尘土和其他污物。

(2)将试样浸在水中一昼夜取出，立即放入金属网篮，缓缓浸没于水中，并在水中摇晃，至无气泡逸出时为止。

(3)称金属网篮和试样在水中的总质量。

(4)取出试样烘干，称量。

(5)称金属网篮在水中质量，并立即测量容器内水的温度，准确至0.5℃。

4. 结果整理

(1)计算土粒比重。

$$G_s = \frac{m_s}{m_s - (m'_2 - m'_1)} \times G_{wt} \tag{2-49}$$

式中：G_s——土粒比重，计算至0.001；

m'_1——金属网篮在水中质量(g)；

m'_2——试样和金属网篮在水中总质量(g)；

m_s——干土质量(g)；

G_{wt}——t℃时水的比重，准确至0.001。

(2)试验记录格式如表2-17。

(3)土粒平均比重计算同T 0169—2007。

(4)本试验必须进行二次平行测定，取其算术平均值，以两位小数表示，其平行差值不得大于0.02。

比重试验记录(浮称法)　　表2-17

野外编号	室内编号	温度(℃)	水的比重 G_{wt}	烘干土质量 m_s (g)	金属网篮加试样在水中质量 m'_2 (g)	金属网篮在水中质量 m'_1 (g)	试样在水中质量(g)	比重	平均值
		(1)	(2)	(3)	(4)	(5)	(6)=(4)-(5)	$(7)=\frac{(3)\times(2)}{(3)-(6)}$	
		15.5	0.999	989.5	717.8	100	617.8	2.659	2.66
		15.5	0.999	989.5	717.7	100	617.7	2.658	

5. 试验报告(同T 0112—1993)

(四)虹吸筒法(T 0114—1993)

1. 目的和适用范围

本试验的目的是测定土颗粒的比重(所测比重为视比重)。本试验法适用于粒径大于或等于5mm的土,且其中粒径大于或等于20mm土的含量大于或等于总土质量的10%。

2. 仪器设备

(1)虹吸筒:见图2-29。

(2)台秤:量程10kg,感量1g。

(3)量筒:容积大于2000mL。

(4)其他:烘箱、温度计、孔径5mm及20mm的筛等。

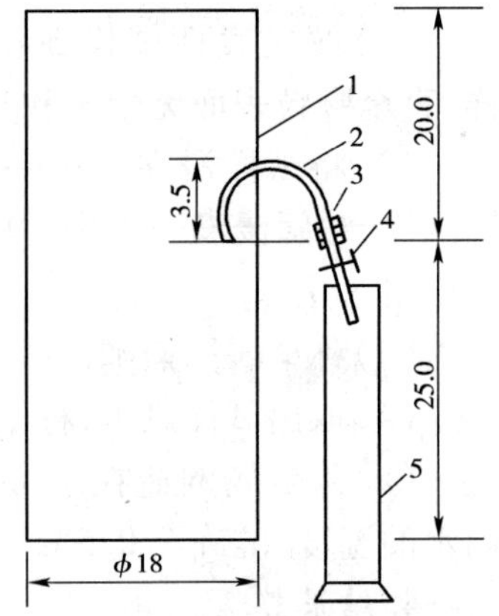

图2-29　虹吸筒(尺寸单位:cm)
1-虹吸筒;2-虹吸管;3-橡皮管;4-管夹;5-量筒

3. 试验步骤

(1)取代表性试样1000~7000g。将试样彻底冲洗,直至颗粒表面无尘土和其他污物。

(2)再将试样浸在水中一昼夜取出,晾干(或用布擦干),称量。

(3)注清水入虹吸筒,至管口有水溢出时停止注水。待管不再有水流出后,关闭管夹,将试样缓缓放入筒中,边放边搅,至无气泡逸出时为止,搅动时勿使水溅出筒外。称量筒质量。

(4)待虹吸筒中水面平静后,开管夹,让试样排开的水通过虹吸管流入筒中。

(5)称量筒与水质量后,测量筒内水的温度,准确至0.5℃。

(6)取出虹吸筒内试样,烘干,称量。

(7)本试验称量准确至1g。

4. 结果整理

(1)计算土粒比重。

$$G_s = \frac{m_s}{(m_1 - m_0) - (m - m_s)} \times G_{wt} \tag{2-50}$$

式中:G_s——土粒比重,计算至0.01;

m_s——干土质量(g);

G_{wt}——t℃时水的比重,准确至0.001;

m——晾干试样质量(g);

m_1——量筒加水总质量(g);

m_0——量筒质量(g)。

(2)试验记录格式如表2-18。

比重试验记录(虹吸筒法) 表2-18

野外编号	室内编号	温度(℃)	水的比重 G_{wt}	烘干土质量 m_s (g)	风干土质量 m (g)	量筒质量 m_0 (g)	量筒加排开水质量 m_1 (g)	排开水质量 (g)	吸着水质量 (g)	比重	平均值
		(1)	(2)	(3)	(4)	(5)	(6)	(7) = (6) - (5)	(8) = (4) - (3)	$(9)=\frac{(3)\times(2)}{(7)-(8)}$	
		15.5	0.999	1979.0	2000	272.4	1040.0	767.7	21.0	2.647	2.65
		15.5	0.999	1979.0	2010	272.4	1049.4	777.0	31.0	2.649	

(3)土粒平均比重计算同T 0169—2007。

(4)本试验必须进行二次平行测定,取其算术平均值,以两位小数表示,其平行差值不得大于0.02。

5. 试验报告(同T 0112—1993)

六、颗粒分析试验(T 0115～T 0117—1993)

(一)筛分法(T 0115—1993)

1. 目的和适用范围

本试验方法适用于分析粒径大于0.075mm的土颗粒组成。当大于0.075mm的颗粒超过试样总质量的15%时,应先进行筛分试验,然后经过洗筛,再用密度计法或移液管法进行试验。对于粒径大于60mm的土样,本试验方法不适用。

2. 仪器设备

(1)标准筛:粗筛(圆孔)孔径为60mm、40mm、20mm、10mm、5mm、2mm;细筛孔径为2.0mm、1.0mm、0.5mm、0.25mm、0.075mm。

(2)天平:量程5000g,感量5g;量程1000g,感量1g;量程200g,感量0.2g。

(3)摇筛机。

(4)其他:烘箱、筛刷、烧杯、木碾、研钵及杵等。

3. 试样

从风干、松散的土样中,用四分法按照下列规定取出具有代表性的试样:

(1)小于2mm颗粒的土100～300g。

(2)最大粒径小于10mm的土300～900g。

(3)最大粒径小于20mm的土1000～2000g。

(4)最大粒径小于40mm的土2000～4000g。

(5)最大粒径大于40mm的土4000g以上。

4. 试验步骤

(1)对于无黏聚性的土

①按规定称取试祥,将试样分批过2mm筛。

②将大于2mm的试样按从大到小的次序,通过大于2mm的各级粗筛。将留在筛上的土分别称量。

③如2mm筛下的土数量过多,可用四分法缩分至100~800g。将试样按从大到小的次序通过小于2mm的各级细筛。可用摇筛机进行振摇。振摇时间一般为10~15min。

④由最大孔径的筛开始,顺序将各筛取下,在白纸上用手轻叩摇晃,至每分钟筛下数量不大于该级筛余质量的1%为止。漏下的土粒应全部放入下一级筛内,并将留在各筛上的土样用软毛刷刷净,分别称量。

⑤筛后各级筛上和筛底土总质量与筛前试样质量之差,不应大于1%。

⑥如2mm筛下的土不超过试样总质量的10%,可省略细筛分析;如2mm筛上的土不超过试样总质量的10%,可省略粗筛分析。

(2)对于含有黏土粒的砂砾土

①将土样放在橡皮板上,用木碾将黏结的土团充分碾散,拌匀、烘干、称量。如土样过多时,用四分法称取代表性土样。

②将试样置于盛有清水的瓷盆中,浸泡并搅拌,使粗细颗粒分散。

③将浸润后的混合液过2mm筛,边冲边洗过筛,直至筛上仅留大于2mm以上的土粒为止。然后,将筛上洗净的砂砾风干称量。按以上方法进行粗筛分析。

④通过2mm筛下的混合液存放在盆中,待稍沉淀,将上部悬液过0.075mm洗筛,用带橡皮头的玻璃棒研磨盆内浆液,再加清水、搅拌、研磨、静置、过筛,反复进行,直至盆内悬液澄清。最后,将全部土粒倒在0.075mm筛上,用水冲洗,直到筛上仅留大于0.075mm净砂为止。

⑤将大于0.075mm的净砂烘干称量,并进行细筛分析。

⑥将大于2mm颗粒及2~0.075mm的颗粒质量从原称量的总质量中减去,即为小于0.075mm颗粒质量。

⑦如果小于0.075mm颗粒质量超过总土质量的10%,有必要时,将这部分土烘干、取样,另作密度计或移液管分析。

5. 结果整理

(1)计算小于某粒径颗粒质量百分数。

$$X = \frac{A}{B} \times 100 \tag{2-51}$$

式中:X——小于某粒径颗粒的质量百分数(%),计算至0.01;

A——小于某粒径的颗粒质量(g);

B——试样的总质量(g)。

(2)当小于2mm的颗粒如用四分法缩分取样时,按下式计算试样中小于某粒径的颗粒质量占总土质量的百分数。

$$X = \frac{a}{b} \times p \times 100 \tag{2-52}$$

式中:X——小于某粒径颗粒的质量百分数(%),计算至0.01;

a——通过2mm筛的试样中小于某粒径的颗粒质量(g);

b——通过2mm筛的土样中所取试样的质量(g);

p——粒径小于2mm的颗粒质量百分数(%)。

(3)在半对数坐标纸上,以小于某粒径的颗粒质量百分数为纵坐标,以粒径(mm)为横坐标,绘制颗粒大小级配曲线,求出各粒组的颗粒质量百分数,以整数(%)表示。

(4)必要时计算不均匀系数。

$$C_u = \frac{d_{60}}{d_{10}} \tag{2-53}$$

式中:C_u——不均匀系数,计算至0.1且含两位以上有效数字;

d_{60}——限制粒径,即土中小于该粒径的颗粒质量为60%的粒径(mm);

d_{10}——有效粒径,即土中小于该粒径的颗粒质量为10%的粒径(mm)。

(5)试验记录格式如表2-19。

颗粒分析试验记录(筛分法) 表2-19

土样说明__________ 筛前总土质量 = 3000g 小于2mm土质量 = 810g 小于2mm取试样质量 = 810g 小于2mm土占总土质量 = 27%

粗筛分析				细筛分析				
孔径(mm)	累积留筛土质量(g)	小于该孔径的土质量(g)	小于该孔径土质量百分比(%)	孔径(mm)	累积留筛土质量(g)	小于该孔径的土质量(g)	小于该孔径土质量百分比(%)	占总土质量百分比(%)
60				2.0	2190	810	100	27.0
40	0	3000	100	1.0	2410	590	72.8	19.7
20	350	2650	88.3	0.5	2740	260	32.1	8.7
10	920	2080	69.3	0.25	2920	80	9.9	2.7
5	1600	1400	46.7	0.075	2980	20	2.5	0.7
2	2190	810	27.0					

(6)筛后各级筛上和筛底土总质量与筛前试样质量之差,不应大于1%。

6. 试验报告

(1)土的鉴别分类和代号。

(2)颗粒级配曲线。

(3)不均匀系数 C_u。

(二)密度计法(T 0116—2007)

1. 目的和适用范围

本试验方法适用于分析粒径小于0.075mm的细粒土。

2. 仪器设备

(1)密度计。

①甲种密度计:刻度单位以20℃时每1000mL悬液内所含土质量的克数表示,刻度为-5~50,最小分度值为0.5。

②乙种密度计:刻度单位以20℃时悬液的相对密度表示,刻度为0.995~1.020,最小分度值为0.0002。

(2)量筒:容积为1000mL,内径为60mm,高度为350mm±10mm,刻度为0~1000mL。

(3)细筛:孔径为2mm、0.5mm、0.25mm;洗筛:孔径为0.075mm。

(4)天平:量程100g,感量0.1g;量程100g(或200g),感量0.01g。

(5)温度计:测量范围0~50℃,精度0.5℃。

(6)洗筛漏斗:上口直径略大于洗筛直径,下口直径略小于量筒直径。

(7)煮沸设备:电热板或电砂浴。

(8)搅拌器:底板直径50mm,孔径约3mm。

(9)其他:离心机、烘箱、三角烧瓶(500mL)、烧杯(400mL)、蒸发皿、研钵、木碾、称量铝盒、秒表等。

3. 试剂

浓度25%氨水、氢氧化钠(NaOH)、草酸钠($Na_2C_2O_4$)、六偏磷酸钠[$(NaPO_3)_6$]、焦磷酸钠($Na_4P_4P_2O_7 \cdot 10H_2O$)等,如须进行洗盐手续,应有10%盐酸、5%氯化钡、10%硝酸、5%硝酸银及6%双氧水等。

4. 试样

密度计分析土样应采用风干土。土样充分碾散,通过2mm筛(土样风干可在烘箱内以不超过50℃鼓风干燥)。

求出土样的风干含水率,并按下式计算试样干质量为30g时所需的风干土质量,准确至0.01g。

$$m = m_s(1 + 0.01w) \tag{2-54}$$

式中:m——风干土质量(g),计算至0.01;

m_s——密度计分析所需干土质量(g);

w——风干土的含水率(%)。

5. 密度计校正

(1)密度计刻度及弯月面校正:按《标准玻璃浮计检定规程》(JJG 86—2001)进行。土粒沉降距离校正方法如下:

①测定密度计浮泡体积。在250mL量筒内倒入约130mL纯水,并保持水温为20℃,测定量筒内水面读数(以弯月面上缘为准)后画一标记。将密度计放入量筒中,使水面达密度计最低分度处(以弯月面上缘为准),同时测记水面在量筒上的读数(以弯月面上缘为准)后再画一标记。两者之差,即为密度计浮泡的体积。读数准确至1mL。

②测定密度计浮泡体积中心。在测定密度计浮泡体积后,将密度计向上缓缓垂直提起,使水面恰落至两标记的正中间,此时水面与浮泡相切(以弯月面上缘为准),即为浮泡体积中心。将密度计固定于三足架上,用直尺准确量出水面至密度计最低分度的垂直距离。

③测定1000mL量筒内径(准确至1mm),并算出量筒面积。

④量出自密度计最低分度至玻璃杆上各分度处的距离,每隔5格或10格量距1次。

⑤按式(2-55)计算土粒有效沉降距离(图2-30)。

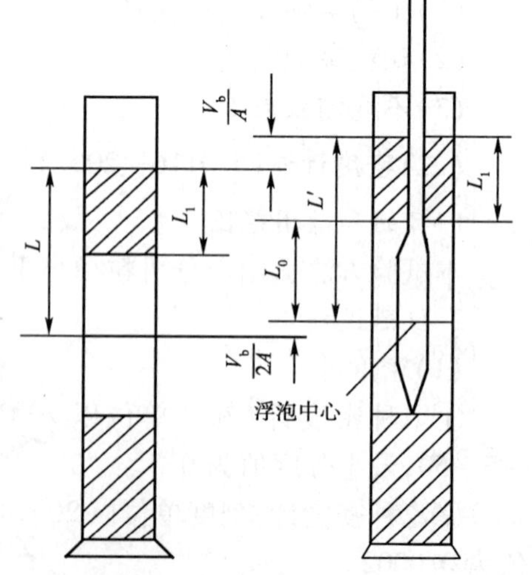

图2-30 土粒有效沉降距离校正

$$L = L' - \frac{V_b}{2A} = L_1 + L_0 - \frac{V_b}{2A} \tag{2-55}$$

式中:L——土粒有效沉降距离(cm);

L_1——自最低刻度至玻璃杆上各分度的距离(cm);

L_0——密度计浮泡中心至最低分度的距离(cm);

V_b——密度计浮泡体积(cm^3);

A——1000mL 量筒面积(cm^2)。

⑥用所量出的不同 L_1 代入式(2-55),计算出如图 2-30 相应的 L 值。

(2)温度校正:当密度计的刻制温度是 20℃,而悬液温度不等于 20℃时,应进行校正,校正值查表 2-20。

温度校正值 表 2-20

悬液温度 t (℃)	甲种密度计温度校正值 m_t	乙种密度计温度校正值 m'_t	悬液温度 t (℃)	甲种密度计温度校正值 m_t	乙种密度计温度校正值 m'_t
10.0	-2.0	-0.0012	20.2	0.0	+0.0000
10.5	-1.9	-0.0012	20.5	+0.1	+0.0001
11.0	-1.9	-0.0012	21.0	+0.3	+0.0002
11.5	-1.8	-0.0011	21.5	+0.5	+0.0003
12.0	-1.8	-0.0011	22.0	+0.6	+0.0004
12.5	-1.7	-0.0010	22.5	+0.8	+0.0005
13.0	-1.6	-0.0010	23.0	+0.9	+0.0006
13.5	-1.5	-0.0009	23.5	+1.1	+0.0007
14.0	-1.4	-0.0009	24.0	+1.3	+0.0008
14.5	-1.3	-0.0008	24.5	+1.5	+0.0009
15.0	-1.2	-0.0008	25.0	+1.7	+0.0010
15.5	-1.1	-0.0007	25.5	+1.9	+0.0011
16.0	-1.0	-0.0006	26.0	+2.1	+0.0013
16.5	-0.9	-0.0006	26.5	+2.2	+0.0014
17.0	-0.8	-0.0005	27.0	+2.5	+0.0015
17.5	-0.7	-0.0004	27.5	+2.6	+0.0016
18.0	-0.5	-0.0003	28.0	+2.9	+0.0018
18.5	-0.4	-0.0003	28.5	+3.1	+0.0019
19.0	-0.3	-0.0002	29.0	+3.3	+0.0021
19.5	-0.1	-0.0001	29.5	+3.5	+0.0022
20.0	-0.0	-0.0000	30.0	+3.7	+0.0023

(3)土粒比重校正:密度计刻度应以土粒比重2.65为准。当试样的土粒比重不等于2.65时,应进行土粒比重校正,校正值查表2-21。

土粒比重校正值 表2-21

土粒比重	甲种密度计 C_G	乙种密度计 C'_G	土粒比重	甲种密度计 C_G	乙种密度计 C'_G
2.50	1.038	1.666	2.70	0.989	1.588
2.52	1.032	1.658	2.72	0.985	1.581
2.54	1.027	1.649	2.74	0.981	1.575
2.56	1.022	1.641	2.76	0.977	1.568
2.58	1.017	1.632	2.78	0.973	1.562
2.60	1.012	1.625	2.80	0.969	1.556
2.62	1.007	1.617	2.82	0.965	1.549
2.64	1.002	1.609	2.84	0.961	1.543
2.66	0.998	1.603	2.86	0.958	1.538
2.68	0.993	1.595	2.88	0.954	1.532

(4)分散剂校正:密度计刻度系以纯水为准,当悬液中加入分散剂时,比重增大,故须加以校正。

注纯水入量筒,然后加分散剂,使量筒溶液达1000mL。用搅拌器在量筒内沿整个深度上下搅拌均匀,恒温至20℃。然后将密度计放入溶液中,测记密度计读数。此时密度计读数与20℃时纯水中读数之差,即为分散剂校正值。

6.土样分散处理

土样的分散处理,采用分散剂。对于使用各种分散剂均不能分散的土样(如盐渍土等),须进行洗盐。

对于一般易分散的土,用25%氨水作为分散剂,其用量为30g土样中加氨水1mL。

对于用氨水不能分散的土样,可根据土样的pH值,分别采用下列分散剂:

(1)酸性土(pH<6.5),30g土样加0.5mol/L氢氧化钠20mL。溶液配制方法:称取20g NaOH(化学纯),加蒸馏水溶解后,定容至1000mL,摇匀。

(2)中性土(pH=6.5~7.5),30g土样加0.25mol/L草酸钠18mL。溶液配制方法:称取33.5g $Na_2C_2O_4$(化学纯),加蒸馏水溶解后,定容至1000mL,摇匀。

(3)碱性土(pH>7.5),30g土样加0.083mol/L六偏磷酸钠15mL。溶液配制方法:称取51g$(NaPO_3)_6$(化学纯),加蒸馏水溶解后,定容至1000mL,摇匀。

(4)若土的pH大于8,用六偏磷酸钠分散效果不好或不能分散时,则30g土样加0.125mol/L焦磷酸钠14mL。溶液配制方法:称取55.8g $Na_4P_2O_7 \cdot 10H_2O$(化学纯),加蒸馏水溶解后,定容至1000mL,摇匀。

对于强分散剂(如焦磷酸钠)仍不能分散的土,可用阳离子交换树脂(粒径大于2mm的)100g放入土样中一起浸泡,不断摇荡约2h,再过2mm筛,将阳离子交换树脂分开,然后加入0.083mol/L六偏磷酸15mL。

对于可能含有水溶盐,采用以上方法均不能分散的土样,要进行水溶盐检验。其方法是:取均匀试样约3g,放入烧杯内,注入4~6mL蒸馏水,用带橡皮头的玻璃棒研散,再加25mL蒸馏水,煮沸5~10min,经漏斗注入30mL的试管中,塞住管口,放在试管架上静置一昼夜。若发现管中悬液有凝聚现象(在沉淀物上部呈松散絮绒状),则说明试样中含有足以使悬液中土粒成团下降的水溶盐,要进行洗盐。

7. 洗盐(过滤法)

(1)将分散用的试样放入调土皿内,注入少量蒸馏水,拌和均匀。将滤纸微湿后紧贴于漏斗上,然后将调土皿中土浆迅速倒入漏斗中,并注入热蒸馏水冲洗过滤。附于皿上的土粒要全部洗入漏斗。若发现滤液混浊,须重新过滤。

(2)应经常使漏斗内的液面保持高出土面约5mm。每次加水后,须用表面皿盖住。

(3)为了检查水溶盐是否已洗干净,可用两个试管各取刚滤下的滤液3~5mL,管中加入数滴10%盐酸及5%氯化钡;另一管加入数滴10%硝酸及5%硝酸盐。若发现任一管中有白色沉淀时,说明土中的水溶盐仍未洗净,应继续清洗,直至检查时试管中不再发现白色沉淀时为止。将漏斗上的土样细心洗下,风干取样。

8. 试验步骤

(1)将称好的风干土样倒入三角烧瓶中,注入蒸馏水200mL,浸泡一夜。按前述规定加入分散剂。

(2)将三角烧瓶稍加摇荡后,放在电热器上煮沸40min(若用氨水分散时,要用冷凝管装置;若用阳离子交换树脂时,则无须煮沸)。

(3)将煮沸后冷却的悬液倒入烧杯中,静置1min。将上部悬液通过0.075mm筛,注入1000mL量筒中。杯中沉土用带橡皮头的玻璃棒细心研磨。加水入杯中,搅拌后静置1min,再将上部悬液通过0.075mm筛,倒入量筒。反复进行,直至静置1min后,上部悬液澄清为止。最后将全部土粒倒入筛内,用水冲洗至仅有大于0.075mm净砂为止。注意量筒内的悬液总量不要超过1000mL。

(4)将留在筛上的砂粒洗入皿中,风干称量,并计算各粒组颗粒质量占总土质量的百分数。

(5)向量筒中注入蒸馏水,使悬液恰为1000mL(如用氨水作分散剂时,这时应再加入25%氨水0.5mL,其数量包括在1000mL内)。

(6)用搅拌器在量筒内沿整个悬液深度上下搅拌1min,往返约30次,使悬液均匀分布。

(7)取出搅拌器,同时开动秒表,测记0.5min、1min、5min、15min、30min、60min、120min、240min及1440min的密度计读数,直至小于某粒径的土重百分数小于10%为止。每次读数前10~20s将密度计小心放入量筒至约接近估计读数的深度。读数以后,取出密度计(0.5min及1min读数除外),小心放入盛有清水的量筒中。每次读数后均须测记悬液温度,准确至0.5℃。

(8)如一次做一批土样(20个),可先做完每个量筒的0.5min及1min读数,再按以上步骤将每个土样悬液重新依次搅拌一次。然后分别测记各规定时间的读数,同时在每次读数后测记悬液的温度。

(9)密度计读数均以弯月面上缘为准。甲种密度计应准确至1,估读至0.1;乙种密度计应准确至0.001,估读至0.0001。为方便读数,采用间读法,即0.001读作1,而0.0001读作0.1。这样既便于读数,又便于计算。

9. 结果整理

(1)小于某粒径的试样质量占试样总质量的百分比按下列公式计算:

①甲种密度计

$$X = \frac{100}{m_s} C_G (R_m + m_t + n - C_D) \tag{2-56}$$

$$C_G = \frac{\rho_s}{\rho_s - \rho_{w20}} \times \frac{2.65 - \rho_{w20}}{2.65}$$

式中：X——小于某粒径的土质量百分数(%)，计算至0.1；

m_s——试样质量(干土质量)(g)；

C_G——比重校正值，查表2-21；

ρ_s——土粒密度(g/cm^3)；

ρ_{w20}——20℃时水的密度(g/cm^3)；

m_t——温度校正值，查表2-20；

n——刻度及弯月面校正值；

C_D——分散剂校正值；

R_m——甲种密度计读数。

②乙种密度计

$$X = \frac{100V}{m_s} C'_G [(R'_m - 1) + m'_t + n' - C'_D] \rho_{w20} \tag{2-57}$$

$$C'_G = \frac{\rho_s}{\rho_s - \rho_{w20}}$$

式中：X——小于某粒径的土质量百分数(%)，计算至0.1；

V——悬液体积，$V = 1000mL$；

m_s——试样质量(干土质量)(g)；

C'_G——比重校正值，查表2-21；

ρ_s——土粒密度(g/cm^3)；

n'——刻度及弯月面校正值；

C'_D——分散剂校正值；

R'_m——乙种密度计读数；

ρ_{w20}——20℃时水的密度(g/cm^3)；

m'_t——温度校正值，查表2-20。

(2)土粒直径按下列公式计算，也可按图2-31确定。

$$d = \sqrt{\frac{1800 \times 10^4 \eta}{(G_s - G_{wt}) \rho_{w4} g} \times \frac{L}{t}} \tag{2-58}$$

式中：d——土粒直径(mm)，计算至0.0001且含两位有效数字；

η——水的动力黏滞系数(10^{-6}kPa·s)(参见渗透试验)；

ρ_{w4}——4℃时水的密度(g/cm^3)；

G_s——土粒比重；

G_{wt}——温度t℃时水的比重；

L——某一时间t内的土粒沉降距离(cm)；

g——重力加速度，$g = 981cm/s^2$；

t——沉降时间(s)。

为了简化计算，公式(2-58)可写成：

$$d = K\sqrt{\frac{L}{t}} \tag{2-59}$$

式中：K——粒径计算系数，$K=\sqrt{\frac{1800\times10^4\eta}{(G_s-G_{wt})\rho_{w4}g}}$，与悬液温度和土粒比重有关，其值见图2-32。

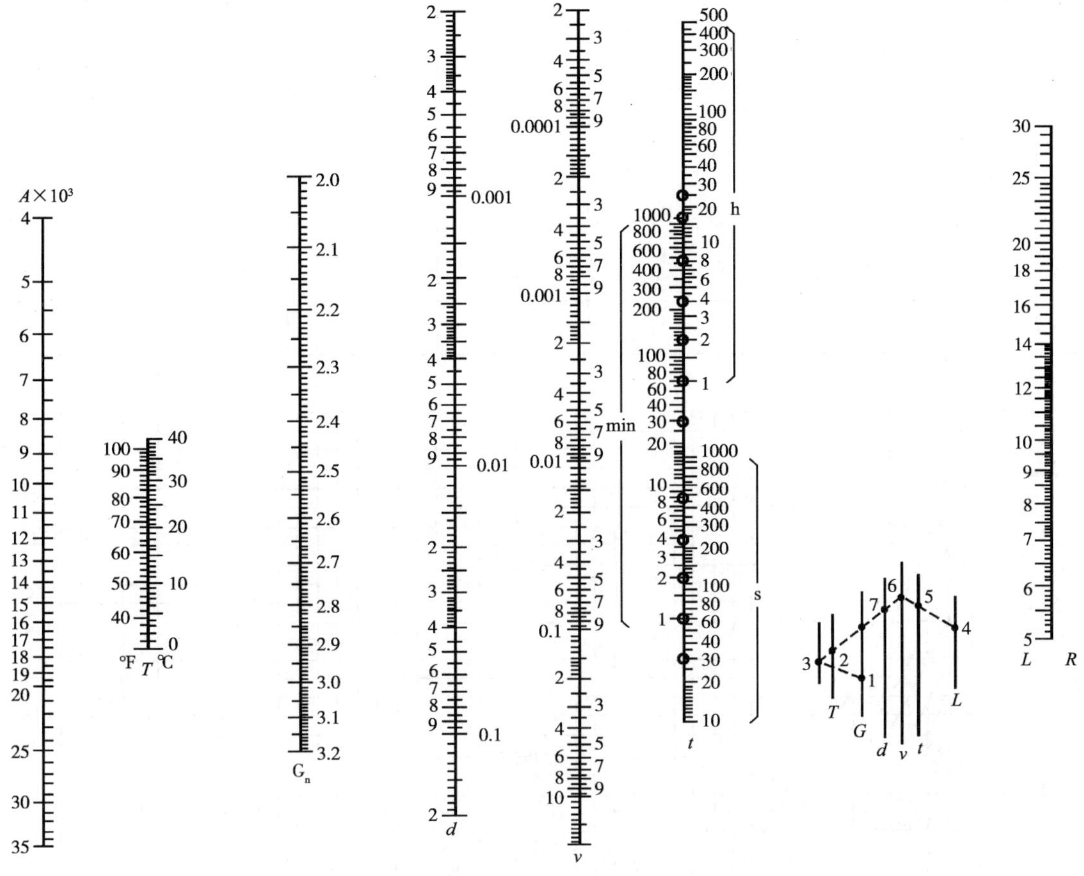

图2-31 土粒直径列线图

（3）以小于某粒径的颗粒百分数为纵坐标，以粒径（mm）为横坐标，在半对数纸上，绘制粒径分配曲线（图2-33）。求出各粒组的颗粒质量百分数，并且不大于 d_{10} 的数据点至少有一个。如系与筛分法联合分析，应将两段曲线绘成一平滑曲线。

（4）试验记录格式如表2-22。

颗粒分析试验记录（甲种密度计） 表2-22

土粒比重 2.74 比重校正值______ 土样说明______

密度计号______ 烘干土质量______g 量筒编号______

下沉时间 t（min）	悬液温度 θ（℃）	密度计读数 R_m	温度校正值 m_t	分散剂校正值 C_D	刻度及弯月面校正 n	$R=R_m+m_t+n-C_D$	$R_H=RC_G$	土粒沉降落距 L（cm）	粒径 d（mm）	小于某粒径的土质量百分数 X（%）
0.5	19.50	29.7	-0.1	1.3	2.06	30.36	29.78	10.49	0.0614	99.3
1	19.50	27.2	-0.1	1.3	2.10	27.90	27.37	12.25	0.0469	91.2

续上表

下沉时间 t (min)	悬液温度 θ (℃)	密度计读数 R_m	温度校正值 m_t	分散剂校正值 C_D	刻度及弯月面校正 n	$R = R_m + m_t + n - C_D$	$R_H = RC_G$	土粒沉降落距 L (cm)	粒径 d (mm)	小于某粒径的土质量百分数 X (%)
5	19.50	23.6	-0.1	1.3	2.03	24.23	23.77	12.43	0.0211	79.2
15	19.50	19.5	-0.1	1.3	2.00	20.10	19.72	12.94	0.0124	65.7
30	20.00	15.7	0.0	1.3	2.08	16.48	16.17	13.23	0.0088	53.9
60	20.00	9.4	0.0	1.3	1.95	10.05	9.86	13.93	0.0064	32.9
120	20.00	4.8	0.0	1.3	2.10	5.60	5.49	14.19	0.0046	18.3
240	20.00	2.4	0.0	1.3	1.92	3.02	2.96	15.74	0.0034	9.9

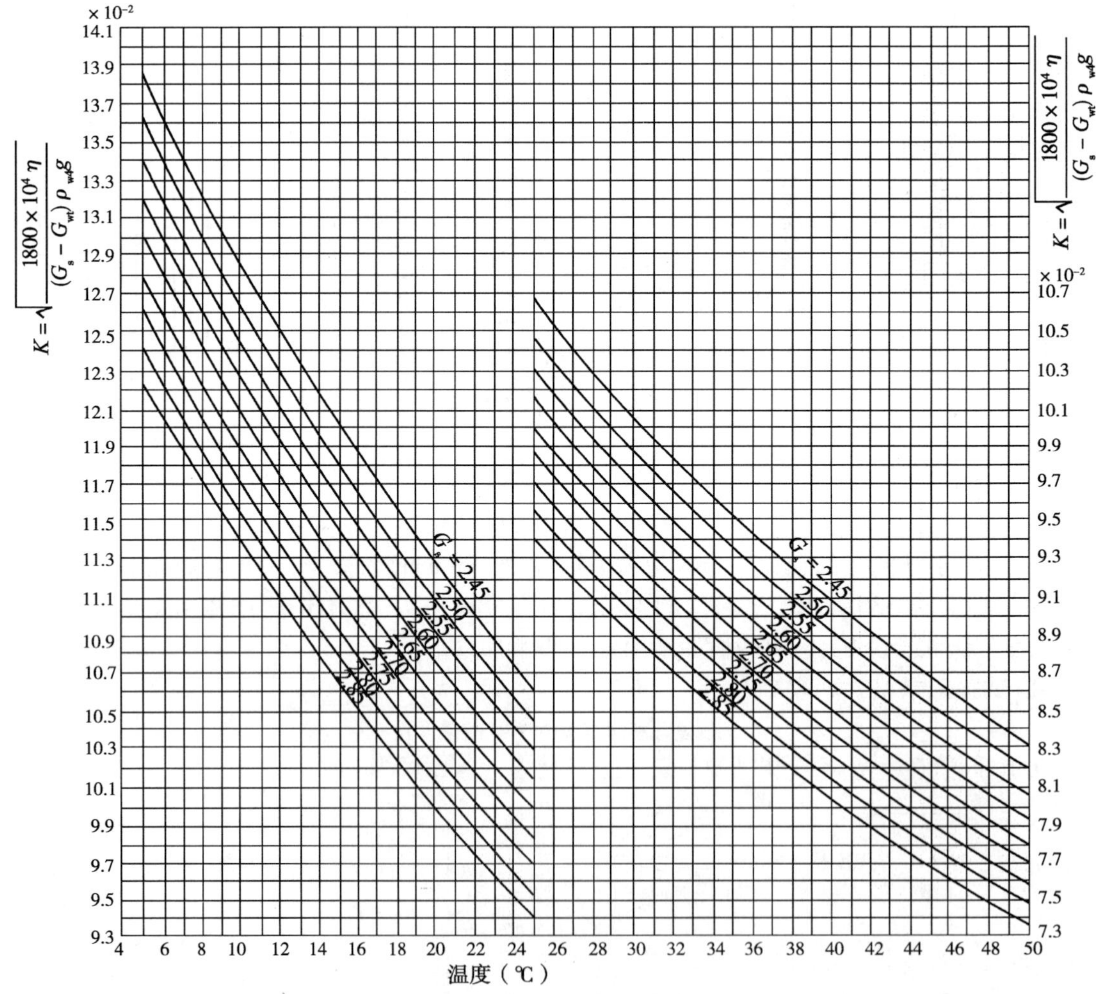

图 2-32　粒径计算系数 K 值图

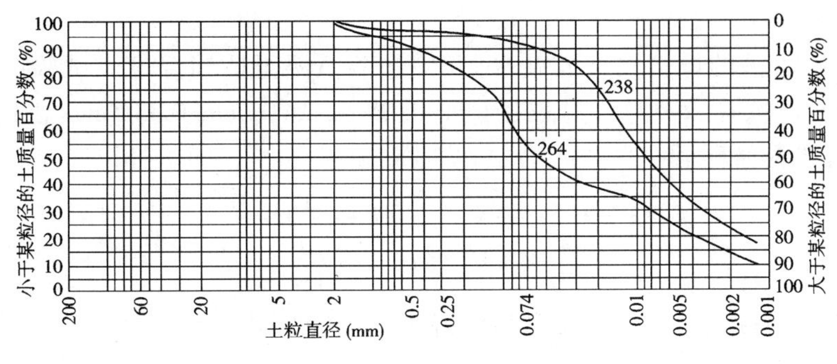

图 2-33　粒径分配曲线

10. 试验报告

(1)土的鉴别分类和代号。

(2)颗粒分析试验记录表。

(3)土的颗粒级配曲线。

(三)移液管法(T 0117—1993)

1. 目的和适用范围

本试验方法适用于分析粒径小于 0.075mm 细粒土的组成。

2. 仪器设备

(1)分析天平:感量 0.001g。

(2)移液管:为土的颗粒分析特制的 25mL 移液管,管端侧面开有四个小孔(图 2-34)。

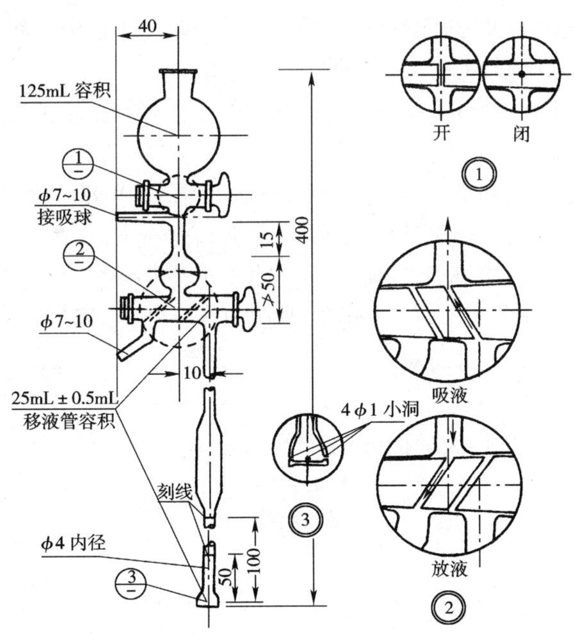

图 2-34　移液管(尺寸单位:mm)

(3)恒温水槽:高度应高于量筒。

(4)1000mL 量筒、50mL 小烧杯(高型)等,其他与密度计分析(T 0116—2007)相同。

3. 试验步骤

(1)取代表性试样,黏质土为 10~15g,砂类土为 20g,按密度计法(T 0116—2007)试验步骤(1)～(5)制取悬液。

(2)将盛土样悬液的量筒放入恒温水槽,使悬液恒温至适当温度。试验中悬液温度变化不得大于±0.5℃。按式(2-60)计算粒径小于0.05mm、0.01mm、0.005mm和其他所需粒径下沉一定深度所需的静置时间。

$$t = \frac{L}{\frac{2}{9} \times 10^{-4} \times g \times r^2 \times \frac{\rho_s - \rho_{wt}}{\eta}} \tag{2-60}$$

式中:t——某粒径土粒下沉一定深度所需的静置时间(s),计算至0.01;

g——重力加速度,$g = 981\text{cm/s}^2$;

r——土粒半径$\left(\frac{d}{2}\right)$(cm)(原以mm表示的粒径在这里须化为cm);

ρ_s——土粒密度(g/cm^3);

ρ_{wt}——t℃时水的密度(g/cm^3);

η——纯水的动力黏滞系数(10^{-6}kPa·s);

L——移液管浸入悬液深度,$L = 10\text{cm}$。

(3)准备好50mL小烧杯,称量,准确至0.001g。

(4)准备好移液管,活塞①应放在关闭位置上,旋转活塞②应放在与移液管及吸球相通的位置上。

(5)用搅拌器将悬液上下搅拌各约30次,时间为1min,使悬液分布均匀。停止搅拌,立即开动秒表。

(6)根据各粒径的静置时间提前约10s,将移液管放入悬液中,浸入深度为10cm,靠连接自来水管所产生的负压或用吸球来吸取悬液。

(7)吸入悬液,至略多于25mL,旋转活塞②180°,使与放液管相通,再将多余悬液从放液口放出。

(8)将移液管下口放入已称量的小烧杯中,再旋转活塞②180°,使与移液管相通。同时用吸球将悬液(25mL)全部注入小烧杯内。在移液管上口预先倒入蒸馏水,此时开活塞①,使水流入移液管中,再将这部分水连同管内剩余颗粒冲入小烧杯内。

(9)将烧杯内悬液浓缩至半干,放入烘箱内在105～110℃温度下烘至恒量。称量小烧杯连同干土的质量,准确至0.001g。

4.结果整理

(1)土中小于某粒径的颗粒含量百分数按下式计算。

$$X = \frac{A \times 1000}{25 \times B} \times 100 \tag{2-61}$$

或

$$X = \frac{C}{B} \times 100, C = \frac{A \times 1000}{25} \tag{2-62}$$

式中:X——小于某粒径的颗粒含量百分数(%),计算至0.1;

A——25mL悬液中小于某粒径的颗粒烘干质量(g);

B——试样总质量(g);

C——1000mL悬液中小于某粒径的颗粒总质量(g)。

如系与筛分法联合分析,应将两段曲线绘成一平滑曲线。

(2)试验记录格式如表2-23。

颗粒分析试验(移液管法)　　表2-23

>0.075mm颗粒含量(%)＿＿＿＿　<0.075mm颗粒含量(%)＿＿＿＿土样说明＿＿＿＿

总干土质量 9.8g　取样深度 10cm　土粒比重 2.65

粒径(mm)	杯+土质量(g)	杯质量(g)	25mL吸管内土质量(g)	1000mL量筒内土质量(g)	小于某粒径土质量百分数(%)	小于某粒径土质量占总土质量百分数(%)
	(1)	(2)	(3)=(1)-(2)	(4)=$\frac{9.8}{100}\times$(5)	(5)	
0.05	30.0324	29.7874	0.2450	9.80	100.0	
0.01	20.3034	20.1686	0.1348	5.39	55.0	
0.005	22.0665	21.9538	0.1127	4.51	46.0	
0.001	23.2475	23.1642	0.0833	3.33	34.0	

5. 试验报告(同T 0116—2007)

七、界限含水率试验(T 0118 ~ T 0120、T 0170)

(一)液限和塑限联合测定法(T 0118—2007)

1. 目的和适用范围

(1)本试验的目的是联合测定土的液限和塑限,用于划分土类,计算天然稠度、塑性指数,供公路工程设计和施工使用。

(2)本试验适用于粒径不大于0.5mm、有机质含量不大于试样总质量5%的土。

2. 仪器设备

(1)圆锥仪:锥质量为100g或76g,锥角为30°,读数显示形式宜采用光电式、数码式、游标式、百分表式。

(2)盛土杯:直径50mm,深度40 ~ 50mm。

(3)天平:量程200g,感量0.01g。

(4)其他:筛(孔径0.5mm)、调土刀、调土皿、称量盒、研钵(附带橡皮头的研杵或橡皮板、木棒)、干燥器、吸管、凡士林等。

3. 试验步骤

(1)取有代表性的天然含水率或风干土样进行试验。如土中含大于0.5mm的土粒或杂物时,应将风干土样用带橡皮头的研杵研碎或用木棒在橡皮板上压碎,过0.5mm的筛。

取0.5mm筛下的代表性土样200g,分开放入三个盛土皿中,加不同数量的蒸馏水,土样的含水率分别控制在液限(a点)、略大于塑限(c点)和二者的中间状态(b点)。用调土刀调匀,盖上湿布,放置18h以上。测定a点的锥入深度,对于100g锥应为20mm ± 0.2mm,对于76g锥应为17mm。测定c点的锥入深度,对于100g锥应控制在5mm以下,对于76g锥应控制在2mm以下。对于砂类土,用100g锥测定c点的锥入深度可大于5mm,用76g锥测定c点的锥入深度可大于2mm。

(2)将制备的土样充分搅拌均匀,分层装入盛土杯,用力压密,使空气逸出。对于较干的土样,应先充分搓揉,用调土刀反复压实。试杯装满后,刮成与杯边齐平。

(3)当用游标式或百分表式液限塑限联合测定仪试验时,调平仪器,提起锥杆(此时游标或百分表读数为零)、锥头上涂少许凡士林。

(4)将装好土样的试杯放在联合测定仪的升降座上,转动升降旋钮,待锥尖与土样表面刚好接触时停止升降,扭动锥下降旋钮,同时开动秒表,经5s时,松开旋钮,锥体停止下落,此时游标读数即为锥入深度 h_1。

(5)改变锥尖与土接触位置(锥尖两次锥入位置距离不小于1cm),重复试验步骤(3)、(4),得锥入深度 h_2。h_1、h_2 允许平行误差为0.5mm,否则,应重做。取 h_1、h_2 平均值作为该点的锥入深度 h。

(6)去掉锥尖入土处的凡士林,取10g以上的土样两个,分别装入称量盒内,称质量(准确至0.01g),测定其含水率 w_1、w_2(计算到0.1%)。计算含水率平均值 w。

(7)重复试验步骤(2)~(6),对其他两个含水率土样进行试验,测其锥入深度和含水率。

(8)用光电式或数码式液限塑限联合测定仪测定时,接通电源,调平机身,打开开关,提上锥体(此时刻度或数码显示应为零)。将装好土样的试杯放在升降座上,转动升降旋钮,试杯徐徐上升,土样表面和锥尖刚好接触,指示灯亮,停止转动旋钮,锥体立刻自行下沉,5s时,自动停止下落,读数窗上或数码管上显示键入深度。试验完毕,按动复位按钮,锥体复位,读数显示为零。

4.结果整理

(1)在双对数坐标上,以含水率 w 为横坐标,锥入深度 h 为纵坐标,点绘 a、b、c 三点含水率的 $h—w$ 图(图2-35),连此三点,应呈一条直线。如三点不在同一直线上,要通过 a 点与 b、c 两点连成两条直线,根据液限(a 点含水率)在 $h_p—w_L$ 图上查得 h_p,以此 h_p 再在 $h—w$ 的 ab 及 ac 两直线上求出相应的两个含水率。当两个含水率的差值小于2%时,以该两点含水率的平均值与 a 点连成一直线。当两个含水率的差值不小于2%时,应重做试验。

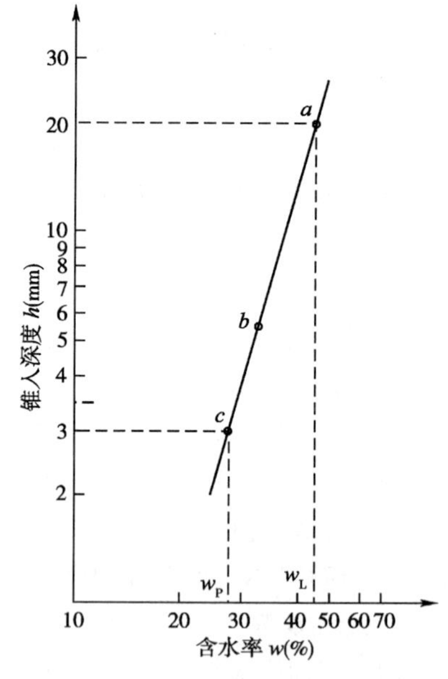

图2-35 锥入深度与含水率($h—w$)关系

(2)液限的确定方法

①若采用76g锥做液限试验,则在 $h—w$ 图上,查得纵坐标入土深度 $h=17$mm 所对应的横坐标的含水率 w,即为该土样的液限 w_L。

②若采用100g锥做液限试验,则在 $h—w$ 图上,查得纵坐标入土深度 $h=20$mm 所对应的横坐标的含水率 w,即为该土样的液限 w_L。

(3)塑限的确定方法

①根据"液限的确定方法①"求出的液限,通过76g锥入土深度 h 与含水率 w 的关系曲线(图2-35),查得锥入土深度为2mm所对应的含水率即为该土样的塑限 w_P。

②根据"液限的确定方法②"求出的液限,通过液限 w_L 与塑限时入土深度 h_P 的关系曲线(图2-36),查得 h_P,再由图2-35求出入土深度为 h_p 时所对应的含水率,即为该土样的塑限 w_P。查 $h_P—w_L$ 关系图时,须先通过简易鉴别法及筛分法(见土的工程分类及T 0115—1993)把砂类土与细粒土区别开来,再按这两种土分别采用相应的 $h_P—w_L$ 关系曲线;对于细粒土,用

双曲线确定 h_P 值；对于砂类土，则用多项式曲线确定 h_P 值。

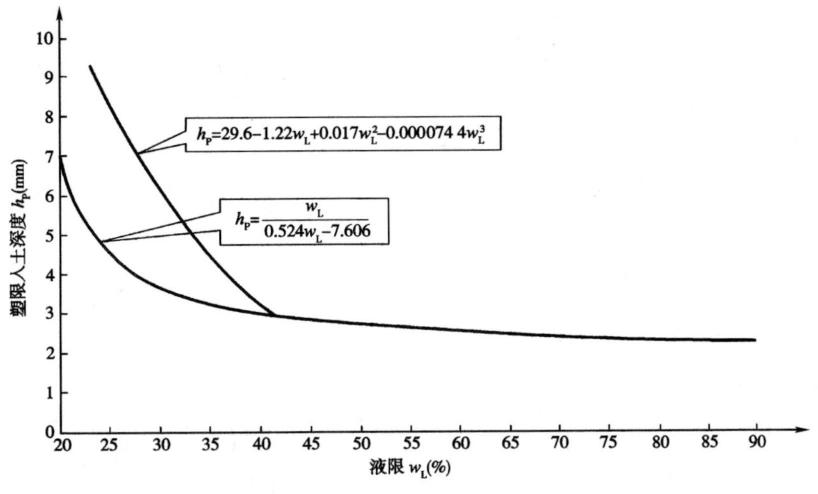

图 2-36　h_P—w_L 关系曲线

若根据"液限的确定方法②"求出的液限，当 a 点的锥入深度在 20mm ±0.2mm 范围内时，应在 ad 线上查得入土深度为 20mm 处相对应的含水率，此为液限 w_L。再用此液限在图 2-36 上找出与之相对应的塑限入土深度 h'_P，然后到 h—w 图 ad 直线上查得 h'_P 相对应的含水率，此为塑限 w_P。

(4)试验记录格式如表 2-24。

液限塑限联合试验记录　　表 2-24

取土深度＿＿＿＿＿＿　　土样设备＿＿＿＿＿＿

试验项目 \ 试验次数		1	2	3	备　注
入土深度	h_1	4.68	9.81	19.88	
	h_2	4.73	9.79	20.12	
	$\frac{1}{2}(h_1+h_2)$	4.71	9.80	20	w_P　I_P 双曲线法 27.2　14.0
含水率	盒号				搓条法 26.2　15.0
	盒质量(g)	20	20	20	
	盒＋湿土质量(g)	25.86	27.49	30.62	
	盒＋干土质量(g)	24.51	25.52	27.53	
	水分质量(g)	1.35	1.97	3.09	液限　w_L=41.2
	干土质量(g)	4.51	5.52	7.53	
	含水率(%)	29.9	35.7	41.04	

(5)本试验须进行两次平行测定，取其算术平均值，以整数(%)表示。其允许差值为：高液限土小于或等于 2%，低液限土小于或等于 1%。

5. 试验报告

(1)土的鉴别分类和代号。

(2)土的液限 w_L、塑限 w_P 和塑性指数 I_P。

(二)液限碟式仪法(T 0170—2007)

1.目的和适用范围

本试验的目的是按碟式液限仪法测定土的液限,适用于粒径小于0.5mm以及有机质含量不大于试样总质量5%的土。

2.仪器设备

(1)碟式液限仪:由土碟和支架组成专用仪器,并有专用划刀,如图2-37,底座应为硬橡胶制成。

(2)天平:量程200g,分度值0.01g。

(3)其他:烘箱、干燥缸、铝盒、调土刀、筛(孔0.5mm)等。

3.试验步骤

(1)取过0.5mm筛的土样(天然含水率的土样或风干土样均可)约100g,放在调土皿中,按需要加纯水,用调土刀反复拌匀。

(2)取一部分试样,平铺于土碟的前半部,如图2-37a)所示。铺土时应防止试样中混入气泡。用调土刀将试样面修平,使最厚处为10mm,多余试样放回调土皿中。以蜗形轮为中心,用划刀自后至前沿土碟中央将试样划成槽缝清晰的两半[图2-38a)]。为避免槽缝边扯裂或试样在土碟中滑动,允许从前至后,再从后至前多划几次,将槽逐步加深,以代替一次划槽,最后一次从后至前的划槽能明显地接触碟底。但应尽量减少划槽的次数。

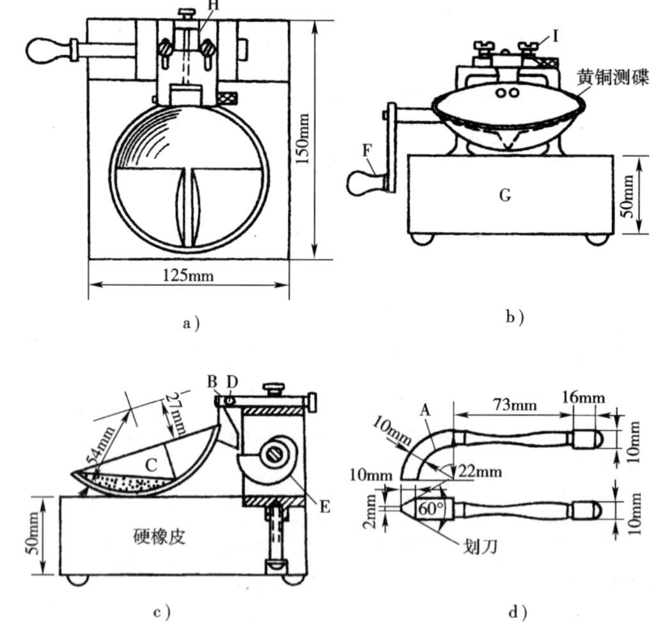

图2-37　碟式液限仪

A-划刀;B-销子;C-土碟;D-支架;E-蜗轮;F-摇柄;G-底座;H-调整板;I-螺丝

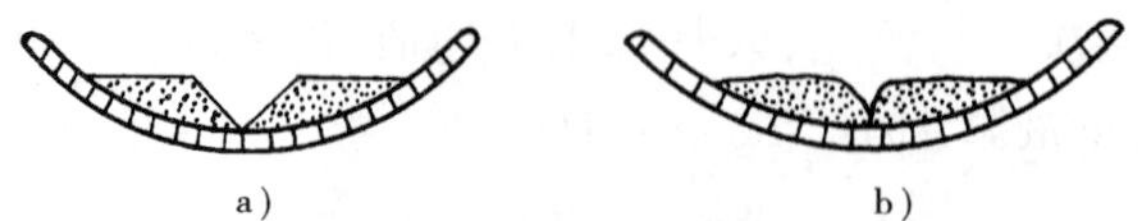

图2-38　划槽及合拢状态

a)试前划成两半;b)试后合拢情况

(3)以每秒2转的速率转动摇柄F,使土碟反复起落,坠击于底座G上,数记击数,直至试样两边在槽底的合拢长度为13mm为止,记录击数,并在槽的两边采取试样10g左右,测定其含水率。

(4)将土碟中的剩余试样移至调土皿中,再加水彻底拌和均匀,按试验步骤(1)~(3)的规定至少再做两次试验。这2次土的稠度应使合拢长度为13mm时所需击数在15~35次之间(25次以上及以下各1次)。然后测定各击次下试样的相应含水率。

4. 结果整理

(1)计算各击次下合拢时试样的相应含水率。

$$w_n = \left(\frac{m_n}{m_s} - 1\right) \times 100 \tag{2-63}$$

式中:w_n——n击下试样的含水率(%),计算至0.01;

m_n——n击下试样的质量(g);

m_s——试样的干土质量(g)。

(2)试验记录格式如表2-25。

液限碟式仪法试验记录　　表2-25

土样说明________

盒　号			
盒质量(g)	(1)	20	20
盒+湿土质量(g)	(2)	38.87	40.54
盒+干土质量(g)	(3)	35.45	36.76
水分质量(g)	(4)=(2)-(3)	3.42	3.78
干土质量(g)	(5)=(3)-(1)	15.45	16.76
液限含水率(%)	$(6)=\frac{(4)}{(5)}$	22.1	22.6
平均液限含水率(%)	(7)	22.4	

(3)根据试验结果,以含水率为纵坐标,以击次的对数为横坐标,绘制曲线,如图2-39。查得曲线上击数25次所对应的含水率,即为该试样的液限。

(4)本试验须进行两次平行测定,取其算术平均值,以整数(%)表示。其允许差值为:高液限土小于或等于2%,低液限土小于或等于1%。

5. 试验报告

(1)土的鉴别分类和代号。

(2)土的液限值。

(三)塑限滚搓法(T 0119—1993)

1. 目的和适用范围

本试验的目的是按滚搓法测定土的塑限,适用于粒径小于0.5mm以及有机质含量不大于试样总质量5%的土。

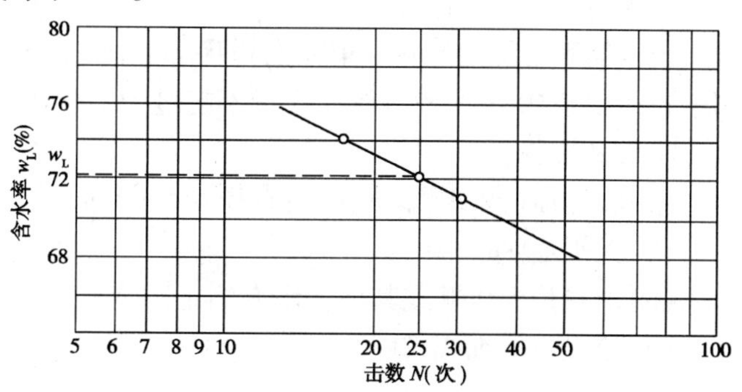

图2-39　含水率与击数关系曲线

2. 仪器设备

(1)毛玻璃板:尺寸宜为200mm×300mm(在无毛玻璃板的情况下,允许用毛橡皮板)。

(2)天平:感量0.01g。

(3)其他:烘箱、干燥器、称量盒、调土皿、直径3mm的铁丝等。

3. 试验步骤

(1)按"液限和塑限联合测定法"(T 0118—1993)试验步骤(1)制备试样,一般取土样约50g备用。为在试验前使试样的含水率接近塑限,可将试样在手中捏揉至不粘手为止,或放在空气中稍为晾干。

(2)取含水率接近塑限的试样一小块,先用手搓成椭圆形,然后再用手掌在毛玻璃板上轻轻搓滚。搓滚时须以手掌均匀施压力于土条上,不得将土条在玻璃板上进行无压力的滚动。土条长度不宜超过手掌宽度,并在滚搓时不应从手掌下任一边脱出。土条在任何情况下不允许产生中空现象。

(3)继续搓滚土条,直至土条直径达3mm时,产生裂缝并开始断裂为止。若土条搓成3mm时仍未产生裂缝及断裂,表示这时试样的含水率高于塑限,则将其重新捏成一团,重新搓滚;如土条直径大于3mm时即行断裂,表示试样含水率小于塑限,应弃去,重新取土加适量水调匀后再搓,直至合格。若土条在任何含水率下始终搓不到3mm即开始断裂,则认为该土无塑性。

(4)收集约3~5g合格的断裂土条,放入称量盒内,随即盖紧盒盖,测定其含水率。

4. 结果整理

(1)计算塑限。

$$w_P = \left(\frac{m_1}{m_2} - 1\right) \times 100 \tag{2-64}$$

式中:w_P——塑限(%),计算至0.1;

m_1——湿土质量(g);

m_2——干土质量(g)。

(2)试验记录格式同T 0170—2007。

(3)本试验须进行两次平行测定,取其算术平均值,以整数(%)表示。其允许差值为:高液限土小于或等于2%,低液限土小于或等于1%。

5. 试验报告(同T 0170—2007)

(四)缩限试验(T 0120—1993)

1. 目的和适用范围

土的缩限是扰动的黏质土在饱和状态下,因干燥收缩至体积不变时的含水率。本试验适用于粒径小于0.5mm和有机质含量不超过5%的土。

2. 仪器设备

(1)收缩皿(或液限试验杯):直径4.5~5cm,高2~3cm。

(2)天平:感量0.01g。

(3)电热恒温烘箱或其他含水率测定装置。

(4)蜡、烧杯、细线、针。

(5)卡尺:分度值0.02mm。

(6)其他:制备含水率大于液限的土样所需的仪器。

3. 试验步骤

(1)制备土样:取具有代表性的土样,制备成含水率大于液限的土膏。

(2)在收缩皿内涂一薄层凡士林,将土样分层装入皿内,每次装入后将皿底拍击试验台,直至驱尽气泡为止。

(3)土样装满后,用刀或直尺刮去多余土样,立即称收缩皿加湿土质量。

(4)将盛满土样的收缩皿放在通风处风干,待土样颜色变淡后,放入烘箱中烘至恒量,然后放在干燥器中冷却。

(5)称收缩皿和干土总质量,准确至0.01g。

(6)用蜡封法测定试样体积。

4. 结果整理

(1)缩限:含水率达液限的土在105~110℃下水分继续蒸发至体积不变时的含水率,叫做缩限,用下式计算。

$$w_s = w - \frac{V_1 - V_2}{m_s} \times \rho_w \times 100 \tag{2-65}$$

式中:w_s——缩限(%),计算至0.1;

w——试验前试样含水率(%);

V_1——湿试件体积(即收皿缩容积)(cm^3);

V_2——干试件体积(cm^3);

m_s——干试件质量(g);

ρ_w——水的密度,$\rho_w = 1g/cm^3$。

(2)收缩指数:液限与缩限之差称收缩指数,按下式计算。

$$I_s = w_L - w_s \tag{2-66}$$

式中:I_s——收缩指数(%),计算至0.1;

w_L——土的液限(%)。

(3)试验记录格式如表2-26所示。

扰动土收缩试验记录 表2-26

土样说明________ 土样制备说明________

室内编号					
收缩皿编号					
液限 w_L(%)	(1)	49		60	
皿+湿土质量 m_1(g)	(2)	116.4	117.2	118.6	119.4
皿+干土质量 m_2(g)	(3)	98.0	98.8	97.5	98.3
皿的质量 m_3(g)	(4)	62.0	63.0	62.0	62.5
含水率 w(%)	$(5)=\frac{(2)-(3)}{(3)-(4)}\times 100$	51.1	51.4	59.4	58.9
皿的容积 V_1(cm^3)	(6)	38.2	38.5	37.6	38.0
干土体积 V_2(cm^3)	(7)	23.4	23.6	20.2	20.6
缩限平均值 w_s(%)	$(8)=\frac{(6)-(7)}{(3)-(4)}\rho_w\times 100$	10.0	9.8	10.4	10.3
		9.9		10.4	
收缩指数 I_s	(9)=(1)-(8)	39.1		49.6	

(4)本试验需进行二次平行测定,取其算术平均值,计算至0.1%。平行差值:高液限土不得大于2%,低液限土不得大于1%。

5.试验报告

(1)土的鉴别分类和代号。

(2)土的缩限 w_s 和收缩指数 I_s。

八、土的收缩试验(T 0121—1993)

1.目的和适用范围

本试验方法适用于原状土和击实黏质土。

2.仪器设备

(1)收缩仪:如图2-40所示。多孔板直径约70mm,厚约4mm,孔的总面积应大于整个板面的50%以上;测板直径10mm,厚约4mm。

(2)环刀:直径61.8mm,高20mm。

(3)卡尺:0.05mm×12.5mm;千分表,最小分度值0.001mm。

(4)其他:推土块、凡士林、干燥缸和蜡封工具等。

3.试样

(1)压样法制备试样

①按试件所要求的干质量、含水率,按"土样和试样制备"(T 0102—2007)中"扰动土样的制备程序"压样法制备湿土样,并称制备好的湿土样质量,准确至0.1g。

②将湿土倒入压模内,拂平土样表面,以静压力将土压至一定高度,用推土器将土样推出。

③将试验用的切土环刀内壁涂一薄层凡士林,刀口向下,放在试件上,用切土刀将试件削成略大于环刀直径的土柱。然后将环刀垂直向下压,边压边削,至土样伸出环刀上部为止,削平环刀两端,擦净环刀外壁,称环土合质量,准确至0.1g,并测定环刀两端所削下土样的含水率。

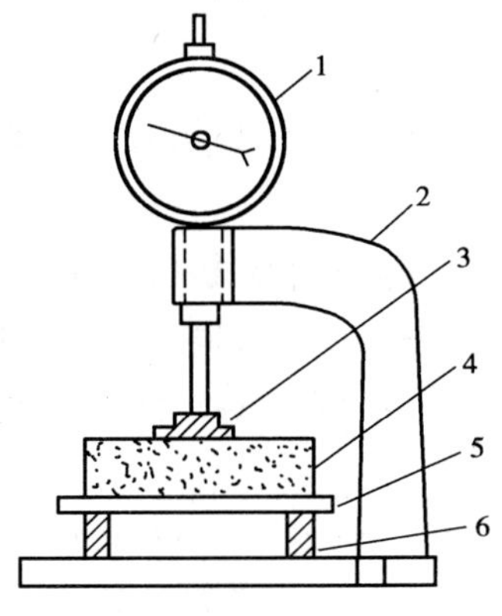

图2-40 收缩仪

1-量表;2-支架;3-测板;4-试样;5-多孔板;6-垫块

④试件制备应尽量迅速,以免水分蒸发。

⑤试件制备的数量视试验需要而定,一般应多制备1~2组备用,同一组试件或平行试件的密度、含水率与制备标准之差值,应分别在±0.1g/cm^{3}或2%范围之内。

(2)原状土试件制备程序

①按土样上下层次小心开启原状土包装皮,将土样取出放正,整平两端。在环刀内壁涂一薄层凡士林,刀口向下,放在土样上,无特殊要求时,切土方向应与天然土层层面垂直。

②按上述压样法操作步骤③切取试件,试件与环刀要密合,否则应重取。

③切削过程中,应细心观察并记录试件的层次、气味、颜色,有无杂质,土质是否均匀,有无裂缝等。

④如连续切取数个试件,应使含水率不发生变化。

⑤视试件本身及工程要求,决定试件是否进行饱和;如不立即进行试验或饱和时,则将试件暂存于保湿器内。

⑥切取试件后,剩余的原状土样用蜡纸包好置于保湿器内,以备补做试验之用。切削的余

土做物理性试验。平行试验或同一组试件密度差值不大于 ±0.1g/cm³，含水率差值不大于2%。

⑦冻土制备原状土样时，应保持原土样温度，保持土样的结构和含水率不变。

(3)试件饱和

土的孔隙逐渐被水填充的过程称为饱和。孔隙被水充满时的土，称为饱和土。

根据土的性质，决定饱和方法：

①砂类土：可直接在仪器内浸水饱和。

②较易透水的黏性土：即渗透系数大于 10^{-4}cm/s 时，采用毛细管饱和法较为方便，或采用浸水饱和法。

③不易透水的黏性土：即渗透系数小于 10^{-4}cm/s 时，采用真空饱和法。如土的结构性较弱，抽气可能发生扰动，不宜采用。

将试样推出环刀(当试样不紧密时，采用风干脱环法)，置于多孔板上，称试样和多孔板的质量，准确至0.1g。

4. 试验步骤

(1)装好百分表，记下初读数。

(2)在室温不高于30℃条件下进行收缩试验。根据试样温度及收缩速度，宜每隔1～4h测记百分表读数，并称整套装置和试样质量，准确至0.1g。两天后，每隔6～24h测记百分表读数，并称质量，至两次百分表读数不变。在收缩曲线的Ⅰ阶段内应取不得少于4个数据。

(3)试验结束，取出试样，并在105～110℃下烘干。称干土质量，准确至0.1g。

(4)按"土的密度试验"蜡封法(T 0109—1993)测定烘干试样体积。

5. 结果整理

(1)计算起始和收缩过程的含水率。

$$w = \left(\frac{m_t}{m_s} - 1\right) \times 100 \tag{2-67}$$

式中：w——起始或某时刻的含水率(%)，计算至0.1；

m_t——某时刻称得的试样质量(g)；

m_s——干土质量(g)。

(2)计算线缩率。

$$e_{sL} = \frac{R_t - R_0}{H_0} \times 100 \tag{2-68}$$

式中：e_{sL}——线缩率(%)，计算至0.01；

H_0——试样原高度(mm)；

R_0——百分表初读数(mm)；

R_t——收缩过程中某时刻百分表读数(mm)。

(3)计算体缩率。

$$e_s = \frac{V_0 - V_1}{V_0} \times 100 \tag{2-69}$$

式中：e_s——体缩率(%)，计算至0.1；

V_0——试样原体积(环刀容积)(cm³)；

V_1——试样烘干后的体积(cm³)。

(4)以线缩率为纵坐标，含水率为横坐标，绘制关系曲线，如图2-41。如Ⅰ和Ⅱ阶段的转折点明显，则与其相应的横坐标值即为原状土的缩限 w'_s。否则，延长Ⅰ、Ⅱ阶段的直线段，两者交点相应的横坐标值即为原状土的近似缩限。

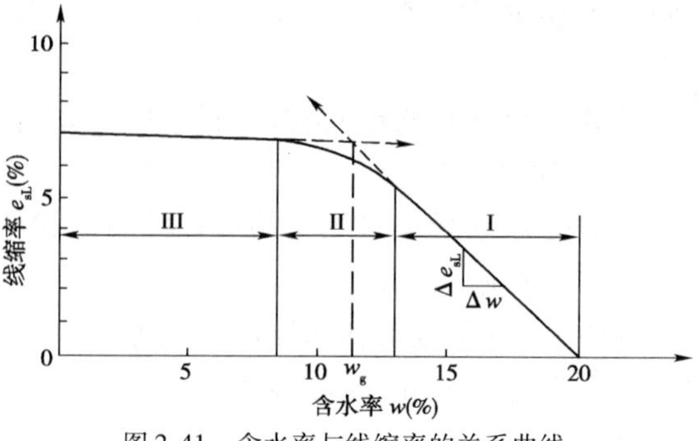

图2-41　含水率与线缩率的关系曲线

(5)试验记录格式如表2-27。

6. 试验报告

(1)土的鉴别分类和代号。

(2)土的体缩率 e_s(%)、线缩率 e_{sL}(%)、缩限 w'_s(%)。

原状土收缩试验记录　　　表2-27

土样说明____________

日期 (d.h)	百分表读数 (1/100)	单向收缩 (mm)	线缩率 (%)	试样质量 (g)	水质量 (g)	含水率 (%)	试验前后状态
14.15	0	0	0	120.12	31.12	35.0	试样原高度 = 20mm 试样面积 = 30cm² 试验前含水率 = 35% 试验前干密度 = 1.48g/cm³ 试验后干土质量 = 89g 试验后试样尺寸： 高度 = 1.71cm 直径 = 5.80cm
15.8	19.3	0.19	0.95	118.3	29.3	32.9	
16.0	50.0	0.50	2.50	113.7	24.7	27.7	
16.8	63.0	0.63	3.15	112.2	23.2	26.1	
16.0	94.5	0.95	4.75	109.3	22.3	22.8	
17.8	97.6	0.98	4.90	108.7	19.7	22.1	
18.0	110.8	1.11	5.55	107.1	18.1	20.3	
18.8	116.6	1.17	5.85	106.6	17.4	19.5	
19.8	124.8	1.25	6.25	105.3	16.3	18.2	
21.8	129.8	1.30	6.50	104.6	15.6	17.6	
23.8	134.0	1.34	6.70	104.0	15.0	16.9	
25.8	139.0	1.39	6.95	103.4	14.4	16.2	
27.8	142.0	1.42	7.10	102.7	14.1	15.8	
29.8	146.0	1.46	7.30	102.4	13.4	5.0	
31.8	155.0	1.55	7.75	101.1	12.1	13.6	
2.8	163.0	1.63	8.15	99.7	10.7	12.0	
4.8	168.0	1.68	8.40	97.9	8.9	10.0	
6.8	168.1	1.68	8.40	95.7	6.7	7.5	
8.8	168.1	1.68	8.40	94.8	5.8	6.5	
体缩(%)24.6			收缩系数0.37			缩限(%)12.3	

九、土的天然稠度试验(T 0122—2007)

1. 目的和适用范围

(1)土的液限与天然含水率之差和塑性指数之比，称为土的天然稠度。

(2)本试验采用直接法和间接法。直接法是按烘干法(T 0103—1993)测定原状土的天然含水率，用稠度公式计算土的天然稠度。间接法是用LP—100型液限塑限联合测定仪测定天然结构土体的锥入深度，并用联合测定结果确定土的天然稠度。

2. 仪器设备

(1)LP—100型液限塑限联合测定仪。

（2）环刀：直径5～6cm，高3～4cm。

（3）其他：削土刀、钢丝锯、凡士林、含水率试验设备等。

3. 试验步骤

（1）按含水率试验中"烘干法"（T 0103—1993）的试验步骤测定原状土的天然含水率。

（2）切削具有天然含水率、土质均匀的试件1块，其长度、宽度（或直径）不小于5cm，厚度不小于3cm。整平上下面。对于软黏土，若能用环刀切入土体时，将环刀切入后的土体上下面整平。

（3）将制备好的试样按"液限塑限联合测定法"（T 0118—2007）测定其液限和塑限。按（T 0118—2007）中试验步骤（3）～（8）测定其锥入深度，填入记录表内。

（4）改变锥尖在试件表面的位置3～5处（锥尖之间的距离不小于1cm），测其锥入深度，并记入记录表内。

4. 结果整理

（1）由联合测定，已知土的液限 w_L 和塑性指数 I_P，由含水率试验，已知土的天然含水率 w，将这些数据代入下式，即可计算该土的天然稠度 w_c。

$$w_c = \frac{w_L - w}{I_P} \tag{2-70}$$

（2）土体的含水率 w 和锥入深度 h 为曲线关系，用下式表示：

$$\lg h = \alpha + \beta \lg w \tag{2-71}$$

或

$$\lg h = \alpha + \beta \lg (w_L - I_P w_c) \tag{2-72}$$

式中：$\beta = \frac{\lg 20 - \lg h_P}{\lg w_L - \lg w_P}$

$\alpha = \lg 20 - \beta \lg w_L$

在联合测定法中，w_L、w_P、h_P 和 I_P 均为已知，测得锥入深度 h 后，由式（2-72）或查由该式绘制的诺谟图，即可求得稠度 w_c。

（3）由测得的多个锥入深度中取占多数的值，或对允许误差范围内的数值求其平均值，作为计算锥入深度。根据联合测定时该土样的塑限入土深度 h_P，由图2-42查得相应的稠度 w_c 值。

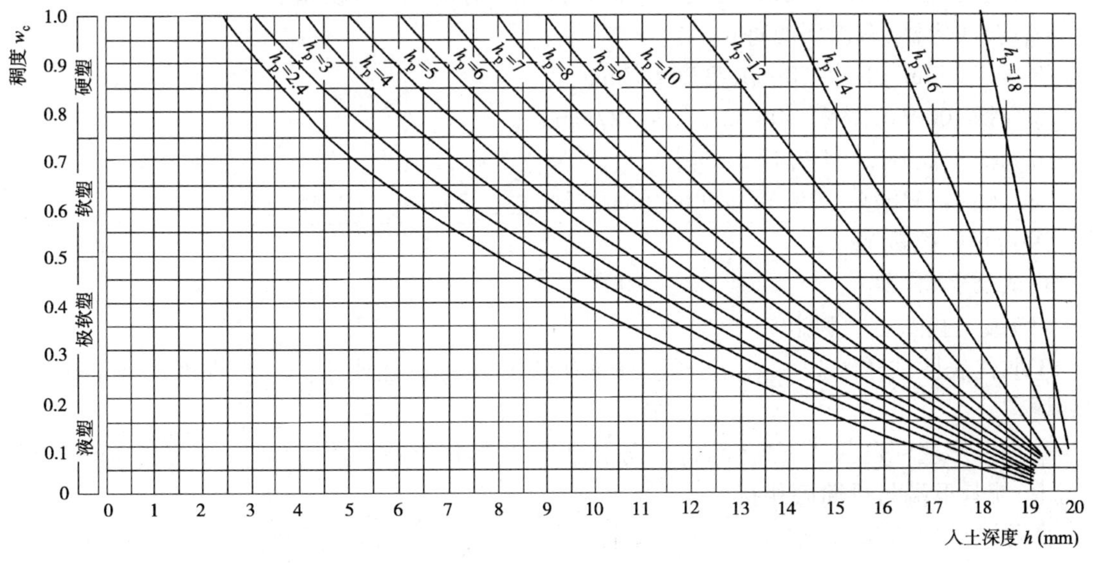

图2-42　入土深度与天然稠度的诺谟图

(4)试验记录格式如表2-28。

天然稠度试验记录　　表2-28

取土深度＿＿＿＿＿＿＿　土样制备说明＿＿＿＿＿＿＿＿＿

试验次数	锥入深度 h(mm)					最后所取读数 h (mm)	塑限锥入深度 h_P (mm)	稠度 w_c	土的状态描述	备　　注
	1	2	3	4	5					
	12.5	12.3	12.5	12.5	12.7	12.5	3	0.36	极软塑	按图2-42

5. 试验报告

(1)土的鉴别分类和代号。

(2)土的天然稠度 w_c 值。

十、砂的相对密度试验(T 0123—1993)

1. 目的和适用范围

(1)相对密度是砂紧密程度的指标,等于其最大孔隙比与天然孔隙比之差和最大孔隙比与最小孔隙比之差的比值。

(2)本试验的目的是求无黏聚性土的最大与最小孔隙比,用于计算相对密度,借此了解该土在自然状态或经压实后的松紧情况和土粒结构的稳定性。

(3)本试验适用于颗粒直径小于5mm的土,且粒径2~5mm的试样质量不大于试样总质量的15%。

2. 仪器设备

(1)量筒:容积为500mL及1000mL两种,后者内径应大于60mm。

(2)长颈漏斗:颈管内径约12mm,颈口磨平(图2-43)。

(3)锥形塞:直径约15mm的圆锥体镶于铁杆上(图2-43)。

(4)砂面拂平器(图2-43)。

(5)电动最小孔隙比仪,如无此种仪器,可用下列(6)~(8)设备。

(6)金属容器,有以下两种:

①容积250mL,内径50mm,高度127mm。

②容积1000mL,内径100mm,高度127mm。

(7)振动仪(图2-44)。

(8)击锤:锤质量1.25kg,高度150mm,锤座直径50mm(图2-45)。

(9)台秤:感量1g。

3. 试验步骤

(1)最大孔隙比的测定

①取代表性试样约1.5kg,充分风干(或烘干),用手搓揉或用圆木棍在橡皮板上碾散,并拌和均匀。

②将锥形塞杆自漏斗下口穿入,并向上提起,使锥体堵住漏斗管口,一并放入容积1000mL量筒中,使其下端与量筒底相接。

③称取试样700g,准确至1g,均匀倒入漏斗中,将漏斗与塞杆同时提高,移动塞杆使锥体略离开管口,管口应经常保持高出砂面约1~2cm,使试样缓缓且均匀分布地落入量筒中。

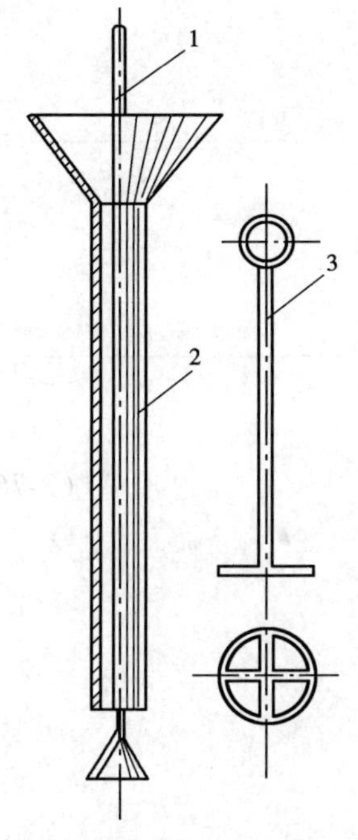

图 2-43 长颈漏斗

1-锥形塞;2-长颈漏斗;3-拂平器

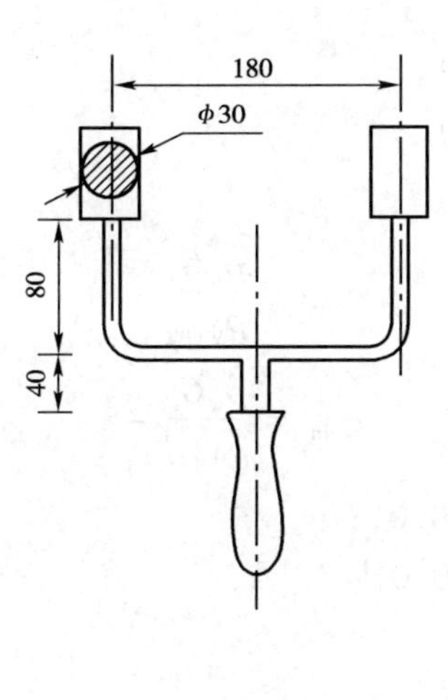

图 2-44 振动仪(尺寸单位:mm)

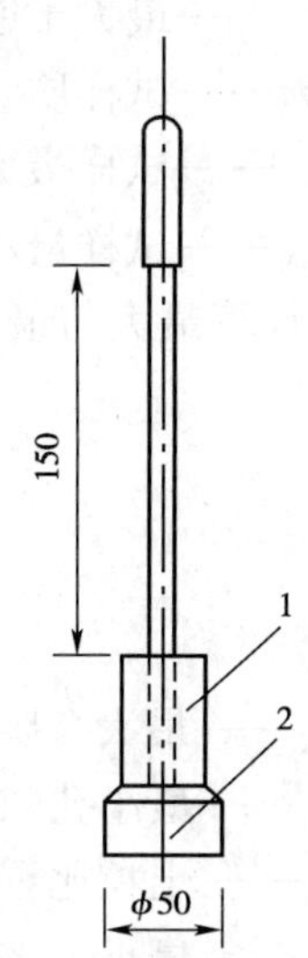

图 2-45 击锤(尺寸单位:mm)

1-击锤;2-锤座

④试样全部落入量筒后取出漏斗与锥形塞,用砂面拂平器将砂面拂平,勿使量筒振动,然后测读砂样体积,估读至 5mL。

⑤以手掌或橡皮塞堵住量筒口,将量筒倒转,缓慢地转动量筒内的试样,并回到原来位置,如此重复几次,记下体积的最大值,估读至 5mL。

⑥取上述两种方法测得的较大体积值,计算最大孔隙比。

(2)最小孔隙比的测定

①取代表性试样约 4kg,按"最大孔隙比的测定"试验步骤①处理。

②分三次倒入容器进行振击,先取上述试样 600 ~ 800g(其数量应使振击后的体积略大于容器容积的 1/3)倒入 $1000cm^3$ 容器内,用振动仪以 150 ~ 200 次/min 的速度敲打容器两侧,并在同一时间内,用击锤于试样表面锤击 30 ~ 60 次/min,直至砂样体积不变为止(一般约 5 ~ 10min)。敲打时要用足够的力量使试样处于振动状态;振击时,粗砂可用较少击数,细砂应用较多击数。

③如用电动最小孔隙比试验仪时,当试样同上法装入容器后,开动电机,进行振击试验。

④按试验步骤③进行后两次加土的振动和锤击,第三次加土时应先在容器口上安装套环。

⑤最后一次振毕,取下套环,用修土刀齐容器顶面削去多余试样,称量,准确至 1g,计算其最小孔隙比。

4. 结果整理

(1)计算最小与最大干密度。

$$\rho_{d\,min} = \frac{m}{V_{max}} \tag{2-73}$$

$$\rho_{d\,max} = \frac{m}{V_{min}} \tag{2-74}$$

式中：$\rho_{d\,min}$——最小干密度（g/cm^3），计算至0.01；

$\rho_{d\,max}$——最大干密度（g/cm^3），计算至0.01；

m——试样质量（g）；

V_{max}——试样最大体积（cm^3）；

V_{min}——试样最小体积（cm^3）。

（2）计算最大与最小孔隙比。

$$e_{max} = \frac{\rho_w G_s}{\rho_{d\,min}} - 1 \tag{2-75}$$

$$e_{min} = \frac{\rho_w G_s}{\rho_{d\,max}} - 1 \tag{2-76}$$

式中：e_{max}——最大孔隙比，计算至0.01；

e_{min}——最小孔隙比，计算至0.01；

G_s——土粒比重；

$\rho_{d\,min}$——最小干密度（g/cm^3）；

$\rho_{d\,max}$——最大干密度（g/cm^3）。

（3）计算相对密度。

$$D_r = \frac{e_{max} - e_0}{e_{max} - e_{min}} \tag{2-77}$$

或

$$D_r = \frac{(\rho_d - \rho_{d\,min})\rho_{d\,max}}{(\rho_{d\,max} - \rho_{d\,min})\rho_d} \tag{2-78}$$

式中：D_r——相对密度，计算至0.01；

$\rho_{d\,min}$——最小干密度（g/cm^3）；

$\rho_{d\,max}$——最大干密度（g/cm^3）；

e_0——天然孔隙比或填土的相应孔隙比；

e_{max}——最大孔隙比；

e_{min}——最小孔隙比；

ρ_d——天然干密度或填土的相应干密度（g/cm^3）。

（4）试验记录格式如表2-29。

相对密度试验记录　　表2-29

试验项目		最大孔隙比		最小孔隙比		备注
试验方法		漏斗法		振击法		
试样+容器质量（g）	（1）			2162	2165	
容器质量（g）	（2）	750				
试样质量（g）	（3）=（1）-（2）	400	420	412	415	
试样体积（cm^3）	（4）	335	350	250		
干密度（g/cm^3）	（5）=（3）/（4）	1.20		1.20		
平均干密度（g/cm^3）	（6）	1.20		1.66		
比重 G_s	（7）	2.65				
孔隙比 e	（8）	1.21		0.59		

续上表

试验项目		最大孔隙比	最小孔隙比	备注
试验方法		漏斗法	振击法	
天然干密度(g/cm^3)	(9)	1.30		
天然孔隙比 e_0	(10)	1.04		
相对密度 D_r	(11)	0.27		

(5)最小与最大干密度，均须进行两次平行测定，取其算术平均值，其平行差值不得超过 $0.03g/cm^3$。

5. 试验报告

(1)砂类土的鉴别分类和代号。

(2)砂的相对密度 D_r 值。

十一、土的湿化试验(T 0171—2007)

1. 目的和适用范围

土的湿化是土体在水中发生崩解的现象。本试验的目的是测定具有结构性的黏质土体在水中的崩解速度，作为湿法填筑路堤选择土料的标准之一。本试验方法适用于粒径不大于10mm 的土。

2. 仪器设备

(1)浮筒：长颈锥体，下有挂钩，颈上有刻度，分度值为5，如图2-46 所示。

(2)网板：10cm×10cm。金属方格网，孔眼 $1cm^2$，可挂在浮筒下端。

(3)玻璃水筒：宽约15cm，高约70cm，长度视需要而定，内盛清水。

(4)天平：量程500g，分度值0.01g。

(5)其他：烘箱、干燥器、时钟、切土刀、调土皿、称量皿等。

3. 试验步骤

(1)按需要取原状土或用扰动土制备成所需状态的土样，用切土刀切取边长为50mm 的立方体试样6个。

注：试样的选用取决于实际工作条件，如为地基土，应取原状土样；如为用于填筑路堤的土，应取扰动土样，并控制一定的密度和含水率。

(2)按含水率试验、密度试验中的规定测定试样的含水率及密度。

(3)将试样放在网板中央，网板挂在浮筒下，然后手持浮筒颈端，迅速地将试样浸入玻璃水筒中，开动秒表。

(4)立即测记开始时浮筒齐水面处刻度的瞬间稳定读数及开始时间。

(5)在试验开始后按1min、3min、10min、30min、60min、2h、3h、4h……测记浮筒齐水面处的刻度读数，并描述各时该试样的崩解情况。根据试样崩解的快慢，可适当缩短或延长测读的时间间隔。

(6)当试样完全通过网板落下后，试验即告结束。如果试样长期不崩解，则记录试样在水中的情况，直到6个试样试验完毕。

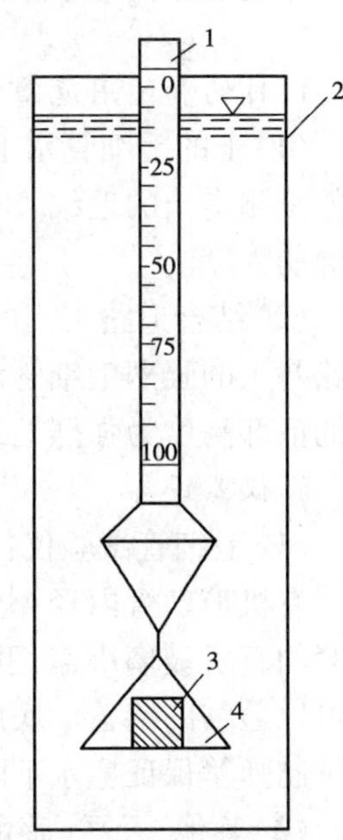

图2-46 湿化仪示意图

1-浮筒；2-玻璃水筒；3-试样；4-网板

4. 结果整理

(1)计算崩解量。

$$A_t = \frac{R_t - R_0}{100 - R_0} \times 100 \tag{2-79}$$

式中:A_t——试样在时间 t 时的崩解量(%),计算至 0.01;

R_t——时间 t 时浮筒齐水面处的刻度读数;

R_0——试验开始时浮筒齐水面处刻度的瞬间稳定读数。

(2)试验记录格式如表 2-30。

(3)若干次平行试验的偏差系数 C_v(%)应不大于 10%。

5. 试验报告

(1)土的鉴别分类和代号。

(2)土的湿化崩解量 A_t 值(%)。

湿化试验记录表　　表 2-30

仪器说明______________　土样说明______________　试验用水______________

密度__________ g/cm³　　含水率________%

观察时间(年 月 日 h:min)	经过时间(h:min)	浮筒读数 R_t	浮筒读数差 $R_t - R_0$	崩解量(%) $A_t = \frac{R_t - R_0}{100 - R_0} \times 100$	崩解情况

十二、土中毛细管水上升高度试验(T 0128—1993)

1. 目的和适用范围

(1)土的毛细管水上升高度是水在土孔隙中因毛细管作用而上升的最大高度。本试验的目的是测定土的毛细管水上升高度和速度,用于估计地下水位升高时路基被浸湿的可能性和浸湿的程度。

(2)结合道路工程的特点,本试验采用直接观测法。本试验适用于测定对道路发生危害的路基土的强烈毛细管水上升高度,即在含水率与上升高度的关系曲线上,取含水率等于塑限时的下部高度为强烈毛细管水上升高度。

2. 仪器设备

(1)毛细管试验仪:包括试验架、有机玻璃试验管、有机玻璃盛水筒、特制挂簧及挂绳等。

有机玻璃管内径 4.0~4.5cm、壁厚 3mm 左右,每 10cm 开一直径 10mm 小洞,洞口配有能拧紧的有机玻璃小盖,下端和有机玻璃底座用丝扣相接,距零点 1cm 处开一排气小孔。管顶有可以通气的铝盖。底座上配有橡皮垫圈和铜丝网。若两根管相接,还有联结接口和螺栓。用特制弹簧保证盛水下降时水面高度始终保持不变,如图 2-47。

(2)其他:天平(感量 0.01g)、烘箱、漏斗、捣棒等。

3. 试验步骤

(1)装好毛细管试验仪,将底座的垫圈和铜丝网垫好,然后与有机玻璃管拧紧,同时将管上排气孔和小孔全部拧上盖。对于毛细管水上升高度较大的土,如需要两根或两根以上的管时,应先准备好接口、螺栓,以便随时拼接。

(2)取具有代表性的风干土样5kg左右(每个管需土2.0~2.5kg),借漏斗分数次装入有机玻璃管中,并用捣棒不断振捣,使其密实度均匀。当装满一根管后,若需要继续拼接时,用胶布将两管包好,外用接口接上,拧紧固定螺栓,继续将土样装入,同时边用捣棒振捣,直至装满为止。顶端盖上铝盖。

(3)将有机玻璃管放入装好的试验架上,固定管身,使其垂直。

(4)将盛水筒装满水,盖上盖子,拧上弹簧,接上塑料管,挂上挂绳。

(5)用水平尺控制盛水筒水面比有机玻璃管零点高出0.5~1.0cm,然后固定挂绳于挂钩上,这时筒内水面高度将始终保持不变。

(6)接通塑料管和有机玻璃管底部的接口,然后开启排气小孔,使空气排出,直到孔内有水流出时,拧紧螺帽。

(7)从小孔有水排出时计起,经30min、60min,以后每隔数小时,根据管中土的颜色,测记该时的毛细管水上升高度,直至上升稳定为止。

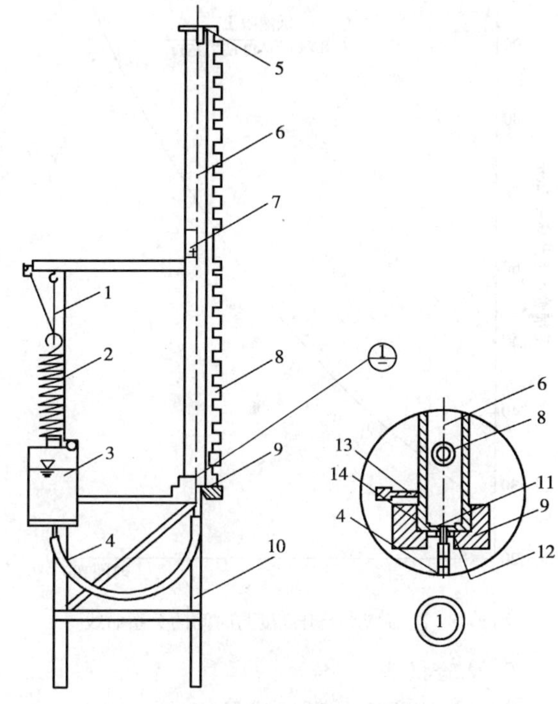

图2-47 毛细管试验

1-挂绳;2-特制弹簧;3-盛水筒;4-塑料管;5-铝盖;6-有机玻璃土样管;7-接口;8-ϕ10mm小洞及螺盖;9-底座(详见①);10-试验架;11-铜丝布;12-多孔圆铜板;13-排气孔;14-橡胶垫圈

(8)若需要了解强烈毛细管水上升高度,可将筒壁小洞盖打开,依次用小勺取出土样,测其含水率。

4. 结果整理

(1)在半对数纸上,以毛细管水上升高度 h 为纵坐标,以时间 t 为横坐标,绘制毛细管水上升高度 h 与时间 t 的关系曲线,如图2-48。

绘制时,应根据实测值的散点分布,确定 h—t 关系的数学模型,一般可表达为:

$$h = \sqrt[n]{mt} \tag{2-80}$$

式中:n、m——试验常数,用最小二乘法求得。

(2)另绘制毛细管水上升高度 h 与含水率 w 的关系曲线,如图2-49。在横坐标上找出含水率等于该土塑限之点,从该点引垂线,交曲线于 A 点,再由 A 点引水平线,交纵坐标于 B 点。B 点的纵坐标即代表该土的强烈毛细管水上升高度 h_c。

(3)试验记录格式如表2-31。

强烈毛细管水上升高度试验记录 表2-31

土样编号________ 土样说明________ 仪器编号________

毛细管水上升高度(cm)	20	40	60	80	100	120	140	160
含水率(%)	34.3	33.2	30.7	27.0	26.2	24.8	23.2	21.0

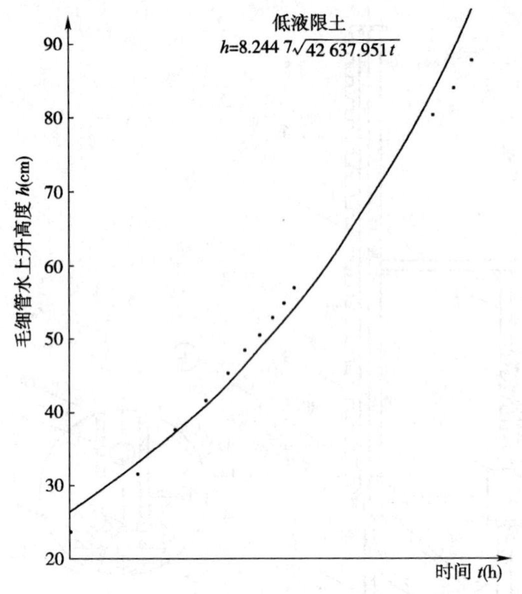

图 2-48　毛细管水上升高度与时间的关系曲线

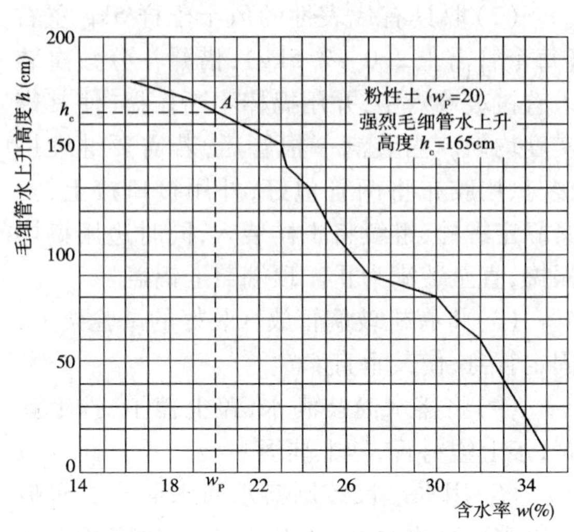

图 2-49　毛细管水上升高度与含水率的关系曲线

5. 试验报告

(1)土的鉴别分类和代号。

(2)土的强烈毛细管水上升高度 h_c 值(cm)。

十三、土的渗透试验(T 0129、T 0130)

(一)常水头渗透试验(T 0129—1993)

1. 目的和适用范围

本试验方法适用于砂类土和含少量砾石的无黏聚性土。试验用水应采用实际作用于土的天然水。如有困难,允许用蒸馏水或一般经过滤的清水,但试验前必须用抽气法或煮沸法脱气。试验时水温宜高于试验室温度 3 ~ 4℃。

2. 仪器设备

(1)常水头渗透仪(70 型渗透仪):如图 2-50,其中有封底圆筒高 40cm,内径 10cm;金属孔板距筒底 6cm。有三个测压孔,测压孔中心间距 10cm,与筒边连接处有铜丝网;玻璃测压管内径为 0.6cm,用橡皮管与测压孔相连。

(2)其他:木锤、秒表、天平等。

3. 试验步骤

(1)按图 2-50 将仪器装好,接通调节管和供水管,使水流到仪器底部,水位略高于金属孔板,关止水夹。

(2)取具有代表性土样 3 ~ 4kg,称量,准确至 1.0g,并测其风干含水率。

(3)将土样分层装入仪器,每层厚 2 ~ 3cm,用木锤轻轻击实到一定厚度,以控制孔隙比。如土样含黏粒比较多,应在金属孔板上加铺约 2cm 厚的粗砂作为缓冲层,以防细粒被水冲走。

(4)每层试样装好后,慢慢开启止水夹,水由筒底向上渗入,使试样逐渐饱和。水面不得高出试样顶面。当水与试样顶面齐平时,关闭止水夹。饱和时水流不可太急,以免冲击试样。

(5)如此分层装入试样、饱和,至高出测压孔 3 ~ 4cm 为止,量出试样顶面至筒顶高度,计算试样高度，称剩余土质量，准确至0.1g，计算装入试样总质量。在试样上面铺1～2cm砾石作缓冲层，放水，至水面高出砾石层2cm左右时，关闭止水夹。

(6)将供水管和调节管分开，将供水管置入圆筒内，开启止水夹，使水由圆筒上部注入，至水面与溢水孔齐平为止。

(7)静置数分钟，检查各测压管水位是否与溢水孔齐平。如不齐平，说明仪器有集气或漏气，需挤压测压管上的橡皮管，或用吸球在测压管上部将集气吸出，调至水位齐平为止。

(8)降低调节管的管口位置，水即渗过试样，经调节管流出。此时调节止水夹，使进入筒内的水量多于渗出水量，溢水孔始终有余水流出，以保持筒中水面不变。

(9)测压管水位稳定后，测记水位，计算水位差。

(10)开动秒表，同时用量筒接取一定时间的渗透水量，并重复一次。接水时，调节管出水口不浸入水中。

(11)测记进水和出水处水温，取其平均值。

(12)降低调节管管口至试样中部及下部1/3高度处，改变水力坡降$\frac{H}{L}$，重复步骤(8)～(11)进行测定。

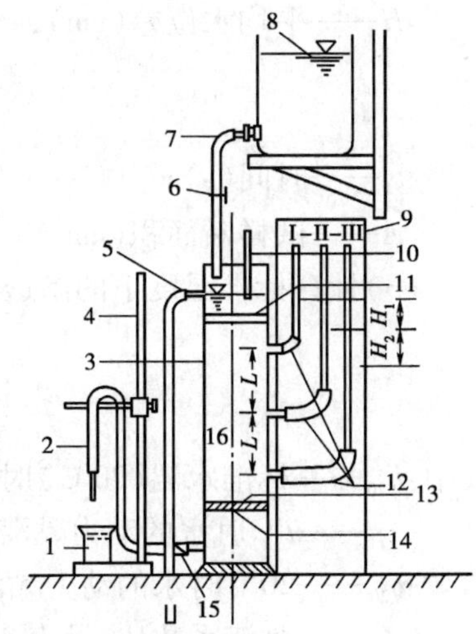

图2-50　常水头渗透仪装置

1-量杯；2-调节管；3-金属圆筒；4-滑动支架；5-溢水孔；6-止水夹；7-供水管；8-供水瓶；9-测压管；10-温度计；11-砾石层；12-测压孔；13-铜丝网；14-金属孔板；15-渗水孔；16-试样

4.结果整理

(1)计算干密度及孔隙比。

$$\rho_d = \frac{m_s}{Ah} \tag{2-81}$$

$$e = \frac{G_s}{\rho_d} - 1 \tag{2-82}$$

式中：ρ_d——干密度(g/cm^3)，计算至0.01；

e——试样孔隙比，计算至0.01；

m_s——试样干质量(g)；

$$m_s = \frac{m}{1 + w_h}$$

m——风干试样总质量(g)；

w_h——风干试样含水率(%)；

A——试样断面积(cm^2)；

h——试样高度(cm)；

G_s——土粒比重。

(2)计算渗透系数。

$$k_t = \frac{QL}{AHt_1} \tag{2-83}$$

式中：k_t——水温t℃时试样渗透系数(cm/s)，计算至3位有效数字；

Q——时间t内的渗透水量(cm^3)；

L——两测压孔中心之间的试样高度(等于测压孔中心间距)，$L = 10$cm；

H——平均水位差(cm),

$$H = \frac{H_1 + H_2}{2}$$

t_1——时间(s);

A——试样断面积(cm^2)。

(3)计算标准温度下的渗透系数。

$$k_{20} = k_t \frac{\eta_t}{\eta_{20}} \tag{2-84}$$

式中:k_{20}——标准水温(20℃)时试样的渗透系数(cm/s),计算至3位有效数字;

η_t——t℃时水的动力黏滞系数(kPa·s);

η_{20}——20℃时水的动力黏滞系数(kPa·s);

η_t/η_{20}——黏滞系数比,见表2-32。

水的动力黏滞系数 η_t、黏滞系数比 $\frac{\eta_t}{\eta_{20}}$ 表2-32

温度 t(℃)	动力黏滞系数 η_t(10^{-6}kPa·s)	$\frac{\eta_t}{\eta_{20}}$	温度 t(℃)	动力黏滞系数 η_t(10^{-6}kPa·s)	$\frac{\eta_t}{\eta_{20}}$
10.0	1.310	1.297	20.0	1.010	1.000
10.5	1.292	1.279	20.5	0.998	0.988
11.0	1.274	1.261	21.0	0.986	0.976
11.5	1.256	1.243	21.5	0.974	0.964
12.0	1.239	1.227	22.0	0.963	0.953
12.5	1.223	1.211	22.5	0.952	0.943
13.0	1.206	1.194	23.0	0.941	0.932
13.5	1.190	1.178	23.5	0.930	0.921
14.0	1.175	1.163	24.0	0.920	0.910
14.5	1.160	1.148	24.5	0.909	0.900
15.0	1.144	1.133	25.0	0.899	0.890
15.5	1.130	1.119	25.5	0.889	0.880
16.0	1.115	1.104	26.0	0.879	0.870
16.5	1.101	1.090	26.5	0.869	0.861
17.0	1.088	1.077	27.0	0.860	0.851
17.5	1.074	1.066	27.5	0.850	0.842
18.0	1.061	1.050	28.0	0.841	0.833
18.5	1.048	1.038	28.5	0.832	0.824
19.0	1.035	1.025	29.0	0.823	0.815
19.5	1.022	1.012	29.5	0.814	0.806

(4)根据需要,可在半对数坐标纸上绘制以孔隙比为纵坐标,渗透系数为横坐标的 e—k 关系曲线。

(5)试验记录格式如表2-33。

表 2-33

常水头渗透试验记录

仪器编号______ 试样高度 $h=30cm$ 孔隙比 $e=0.95$ 测压孔间距 $L=10cm$

试样干质量 $m_s=3200g$ 土样说明______ 试样断面积 $A=78.5cm^2$ 土粒比重 $G_s=2.65$

试验次数	经过时间 t_1 (s)	测压管水位(cm)			水位差(cm)			水力坡降 J	渗透水量 Q (cm^3)	渗透系数 k_t (cm/s)	平均水温 t (℃)	校正系数 $\frac{\eta_t}{\eta_{20}}$	水温20℃时渗透系数 k_{20} (cm/s)	平均渗透系数 $\overline{k_{20}}$
		1管	2管	3管	H_1	H_2	平均 H							
(1)	(2)	(3)	(4)	(5)	(6) = (3) − (4)	(7) = (4) − (5)	(8) = $\frac{(6)+(7)}{2}$	(9) = $\frac{(8)}{(10)}$	(10)	(11) = $\frac{(10)}{A(9)(2)}$	(12)	(13)	(14) = (11) × (13)	(15) = $\frac{\sum(14)}{n}$
1	518	45.0	43.0	41.0	2.0	2.0	2.0	0.20	110	0.0135	13.5	1.176	0.0159	0.016
2	520	45.0	43.0	41.0	2.0	2.0	2.0	0.20	111	0.0135	13.5	1.176	0.0159	
3	200	43.8	39.4	35.0	4.4	4.4	4.4	0.44	92	0.0135	13.5	1.176	0.0159	
4	200	43.6	39.2	34.8	4.4	4.4	4.4	0.44	93	0.0135	13.5	1.176	0.0159	
5	125	44.3	36.5	28.7	7.8	7.8	7.8	0.78	105	0.0137	13.5	1.176	0.0161	
6	125	44.3	36.5	28.7	7.8	7.8	7.8	0.78	105	0.0137	13.5	1.176	0.0161	

(6)一个试样多次测定时,应在所测结果中取 3 ~ 4 个允许差值符合规定的测值,求平均值,作为该试样在某孔隙比 e 时的渗透系数。允许差值不大于 2×10^{-n}。

5. 试验报告

(1)土的鉴别分类和代号。

(2)土的渗透系数 k_{20} 值(cm/s)。

(二)变水头渗透试验(T 0130—2007)

1. 目的和适用范围

本试验方法适用于细粒土。本试验采用的蒸馏水,应在试验前用抽气法或煮沸法进行脱气。试验时的水温,宜高于室温 3 ~ 4℃。

2. 仪器设备

(1)渗透容器:见图 2-51,由环刀、透水石、套环、上盖和下盖组成。环刀内径 61.8mm,高 40mm;透水石的渗透系数应大于 10^{-3}cm/s。

(2)变水头装置:由温度计(分度值 0.2℃)、渗透容器、变水头管、供水瓶、进水管等组成(图 2-52)。变水头管的内径应均匀,管径不大于 1cm,管外壁应有最小分度为 1.0mm 的刻度,长度宜为 2m 左右。

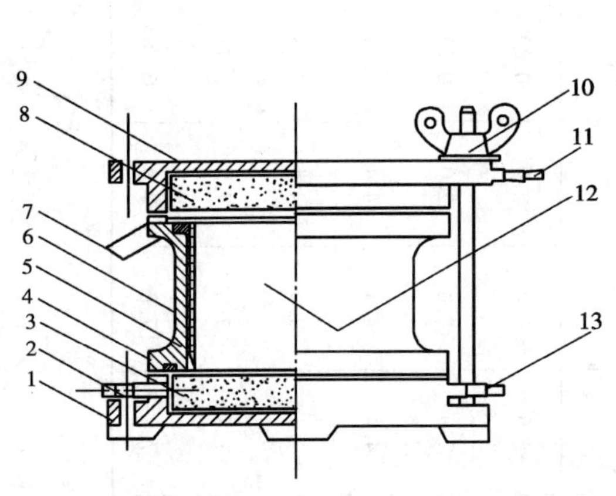

图 2-51 渗透容器

1-下盖;2-排气孔;3-透水石;4-橡皮圈;5-盛土筒;6-环刀;7-橡皮圈;8-透水石;9-上盖;10-固定螺杆;11-出水孔;12-试样;13-进水孔

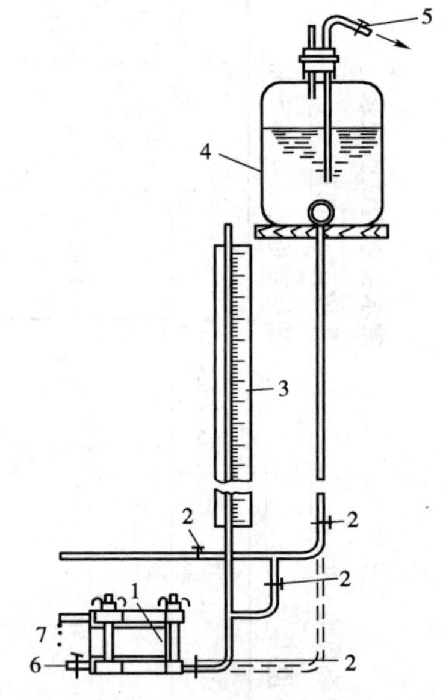

图 2-52 变水头渗透装置

1-渗透容器;2-进水管夹;3-变水头管;4-供水瓶;5-接水源管;6-排气水管; 7-出水管

(3)其他:切土器、温度计、削土刀、秒表、钢丝锯、凡士林。

3. 试样制备

试样制备按 T 0102—2007 的规定进行,并应测定试样的含水率和密度。

4. 试验步骤

(1)将装有试样的环刀装入渗透容器,用螺母旋紧,要求密封至不漏水不漏气。对不易透水的试样,进行抽气饱和;对饱和试样和较易透水的试样,直接用变水头装置的水头进行饱和。

(2)将渗透容器的进水口与变水头管连接,利用供水瓶中的纯净水向进水管注满水,并渗入渗透容器，开排气阀，排除渗透容器底部的空气，直至溢出水中无气泡，关排水阀，放平渗透容器，关进水管夹。

(3)向进水头管注纯净水，使水升至预定高度，水头高度根据试样结构的疏松程度确定，一般不应大于2m，待水位稳定后切断水源，开进水管夹，使水通过试样。当出水口有水溢出时开始测记变水头管中起始水头高度和起始时间，按预定时间间隔测记水头和时间的变化，并测记出水口的温度，准确至0.2℃。

(4)将变水头管中的水位变换高度，待水位稳定再进行测记水头和时间变化，重复试验5~6次。当不同开始水头测定的渗透系数在允许差值范围内时，结束试验。

5. 结果整理

(1)干密度及孔隙比计算同T 0129—1993。

(2)计算变水头渗透系数。

$$k_t = 2.3 \frac{aL}{A(t_2 - t_1)} \lg \frac{H_1}{H_2} \tag{2-85}$$

式中：k_t——水温t℃时的试样渗透系数(cm/s)，计算至3位有效数字；

a——变水头管的内径面积(cm^2)；

2.3——ln和lg的变换因数；

L——渗径，即试样高度(cm)；

t_1、t_2——分别为测读水头的起始和终止时间(s)；

H_1、H_2——起始和终止水头；

A——试样的过水面积。

(3)标准温度下的渗透系数计算同T 0129—1993。

(4)根据需要，可在半对数坐标纸上绘制以孔隙比为纵坐标，渗透系数为横坐标的e—k关系曲线。

(5)试验记录格式见表2-34。

(6)一个试样多次测定e时，应在所测结果中取3~4个允许差值符合规定的测值，求平均值，作为该试样在某孔隙比e时的渗透系数，允许差值不大于2×10^{-n}。

6. 试验报告

(1)土的鉴别分类和代号。

(2)土的变水头渗透系数$\bar{k}_{20}$值(cm/s)。

十四、土的击实试验(T 0131—2007)

1. 目的和适用范围

本试验方法适用于细粒土。本试验分轻型击实和重型击实。内径100mm试筒适用于粒径不大于20mm的土，内径152mm试筒适用于粒径不大于40mm的土。

当土中最大颗粒粒径大于或等于40mm，并且大于或等于40mm颗粒粒径的质量含量大于5%时，则应使用大尺寸试筒进行击实试验，或按第5条(4)进行最大干密度校正。大尺寸试筒要求其最小尺寸大于土样中最大颗粒粒径的5倍以上，并且击实试验的分层厚度应大于土样中最大颗粒粒径的3倍以上。单位体积击实功能控制在2677.2~2687.0kJ/m^3范围内。

表 2-34

变水头渗透试验记录

仪器编号＿＿＿＿　土粒比重 $G_s=2.71$　试样断面积 $A=30cm^2$

孔隙比 $e=0.721$　土样说明 粉性土(原状)　试样高度 $h_i=4cm$　测压管面积 $a=0.224cm^2$

历时			开始水头 h_1 (cm)	终了水头 h_2 (cm)	$2.3\frac{aL}{At}$ (cm/s)	$\lg\frac{H_1}{H_2}$	平均水温 t (℃)	水温 t℃时渗透系数 k_t (cm/s)	校正系数 η_t/η_{20}	水温20℃时渗透系数 k_{20} (cm/s)	平均渗透系数 $\overline{k_{20}}$ (cm/s)
开始 t_1 (日时分)	终了 t_2 (日时分)	历时 t (s)									
(1)	(2)	(3) =(2)-(1)	(4)	(5)	(6)	(7)	(8)	(9)	(10)	(11) =(9)×(10)	(12) $=\frac{\sum(11)}{n}$
4 8 30	4 8 31	60	160	125	1.15×10^{-3}	0.1072	9	1.23×10^{-4}	1.334	1.65×10^{-4}	
4 8 31	4 8 32	60	160	125	1.15×10^{-3}	0.1072	9	1.23×10^{-4}	1.334	1.65×10^{-4}	
4 8 32	4 8 33	60	160	126	1.15×10^{-3}	0.1038	9	1.19×10^{-4}	1.334	1.59×10^{-4}	
4 8 33	4 8 34	60	160	126	1.15×10^{-3}	0.1038	9	1.19×10^{-4}	1.334	1.59×10^{-4}	
4 8 34	4 8 35	60	160	126	1.15×10^{-3}	0.1038	9	1.19×10^{-4}	1.334	1.59×10^{-4}	
4 8 35	4 8 36	60	160	127	1.15×10^{-3}	0.1003	9	1.15×10^{-4}	1.334	1.54×10^{-4}	
4 8 36	4 8 37	60	160	127	1.15×10^{-3}	0.1003	9	1.15×10^{-4}	1.334	1.54×10^{-4}	1.59×10^{-4}

当细粒土中的粗粒土总含量大于40%或粒径大于0.005mm颗粒的含量大于总土质量的70%(即 $d_{30}\leqslant 0.005$mm)时,还应做粗粒土最大干密度试验,其结果与重型击实试验结果比较,最大干密度取两种试验结果的最大值。

2. 仪器设备

(1)标准击实仪(图2-53和图2-54)。击实试验方法和相应设备的主要参数应符合表2-35的规定。

击实试验方法种类 表2-35

试验方法	类别	锤底直径(cm)	锤质量(kg)	落高(cm)	试筒尺寸		试样尺寸		层数	每层击数	击实功(kJ/m³)	最大粒径(mm)
					内径(cm)	高(cm)	高(cm)	体积(cm³)				
轻型	I-1	5	2.5	30	10	12.7	12.7	997	3	27	598.2	20
	I-2	5	2.5	30	15.2	17	12	2177	3	59	598.2	40
重型	II-1	5	4.5	45	10	12.7	12.7	997	5	27	2687.0	20
	II-2	5	4.5	45	15.2	17	12	2177	3	98	2677.2	40

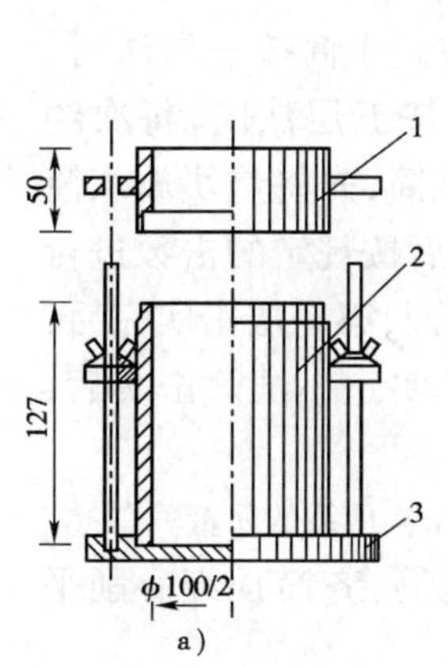

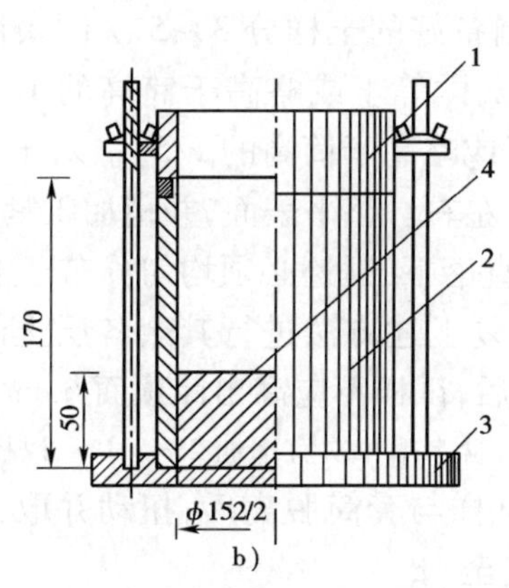

图2-53 击实筒(尺寸单位:mm)

a)小击实筒;b)大击实筒;

1-套筒;2-击实筒;3-底板;4-垫板

图2-54 击锤和导杆(尺寸单位:mm)

a)2.5kg击锤(落高30cm);b)4.5kg击锤(落高45cm)

1-提手;2-导筒;3-硬橡皮垫;4-击锤

(2)烘箱及干燥器。

(3)天平:感量0.01g。

(4)台秤:量程10kg,感量5g。

(5)圆孔筛:孔径40mm、20mm和5mm各1个。

(6)拌和工具:400mm×600mm、深70mm的金属盘,土铲。

(7)其他:喷水设备、碾土器、盛土盘、量筒、推土器、铝盒、修土刀、平直尺等。

3. 试样

(1)本试验可分别采用不同的方法准备试样。各方法可按表2-36准备试料。

试 料 用 量 表 2-36

使用方法	类别	试筒内径(cm)	最大粒径(mm)	试料用量(kg)
干土法,试样不重复使用	b	10	20	至少 5 个试样,每个 3
		15.2	40	至少 5 个试样,每个 6
湿土法,试样不重复使用	c	10	20	至少 5 个试样,每个 3
		15.2	40	至少 5 个试样,每个 6

(2)干土法(土不重复使用)。按四分法至少准备 5 个试样,分别加入不同水分(按 2% ~ 3% 含水率递增),拌匀后闷料一夜备用。

(3)湿土法(土不重复使用)。对于高含水率土,可省略过筛步骤,用手拣除大于 40mm 的粗石子即可。保持天然含水率的第一个土样,可立即用于击实试验。其余几个试样,将土分成小土块,分别风干,使含水率按 3% ~2% 递减。

4. 试验步骤

(1)根据工程要求,按表 2-35 规定选择轻型或重型试验方法。根据土的性质(含易击碎风化石数量多少、含水率高低),选用干土法(土不重复使用)或湿土法。

注:对于高含水率土宜选用湿土法;对于非高含水率土则选用干土法。

(2)将击实筒放在坚硬的地面上,在筒壁上抹一薄层凡士林,并在筒底(小试筒)或垫块(大试筒)上放置蜡纸或塑料薄膜。取制备好的土样分 3 ~ 5 次倒入筒内。小筒按三层法时,每次约 800 ~ 900g(其量应使击实后的试样等于或略高于筒高的 1/3);按五层法时,每次约 400 ~ 500g(其量应使击实后的土样等于或略高于筒高的 1/5)。对于大试筒,先将垫块放入筒内底板上,按三层法,每层需试样 1700g 左右。整平表面,并稍加压紧,然后按规定的击数进行第一层土的击实,击实时击锤应自由垂直落下,锤迹必须均匀分布于土样面,第一层击实完后,将试样层面"拉毛"然后再装入套筒,重复上述方法进行其余各层土的击实。小试筒击实后,试样不应高出筒顶面 5mm;大试筒击实后,试样不应高出筒顶面 6mm。

注:此试验步骤应严格掌握。对于干土法,含水率每次宜增加 2% ~3%,以提高击实曲线的质量。

(3)用修土刀沿套筒内壁削刮,使试样与套筒脱离后,扭动并取下套筒,齐筒顶细心削平试样,拆除底板,擦净筒外壁,称量,准确至 1g。

(4)用推土器推出筒内试样,从试样中心处取样测其含水率,计算至 0.1%。测定含水率用试样的数量按表 2-37 规定取样(取出有代表性的土样)。两个试样含水率的精度应符合规定。

测定含水率用试样的数量 表 2-37

最大粒径(mm)	试样质量(g)	个 数
<5	15 ~ 20	2
约 5	约 50	1
约 20	约 250	1
约 40	约 500	1

(5)对于干土法(土不重复使用)和湿土法(土不重复使用),将试样搓散,然后按"试样"中的方法进行洒水、拌和,每次约增加 2% ~3% 的含水率,其中有两个大于和两个小于最佳含水率,所需加水量按下式计算。

$$m_w = \frac{m_i}{1 + 0.01w_i} \times 0.01(w - w_i) \tag{2-86}$$

式中：m_w——所需的加水量(g)；

m_i——含水率 w_i 时土样的质量(g)；

w_i——土样原有含水率(%)；

w——要求达到的含水率(%)。

按上述步骤进行其他含水率试样的击实试验。

5. 结果整理

(1)计算击实后各点的干密度。

$$\rho_d = \frac{\rho}{1 + 0.01w} \tag{2-87}$$

式中：ρ_d——干密度(g/cm^3)，计算至0.01；

ρ——湿密度(g/cm^3)；

w——含水率(%)。

(2)以干密度为纵坐标，含水率为横坐标，绘制干密度与含水率的关系曲线(图2-55)，曲线上峰值点的纵、横坐标分别为最大干密度和最佳含水率。如曲线不能绘出明显的峰值点，应进行补点或重做。

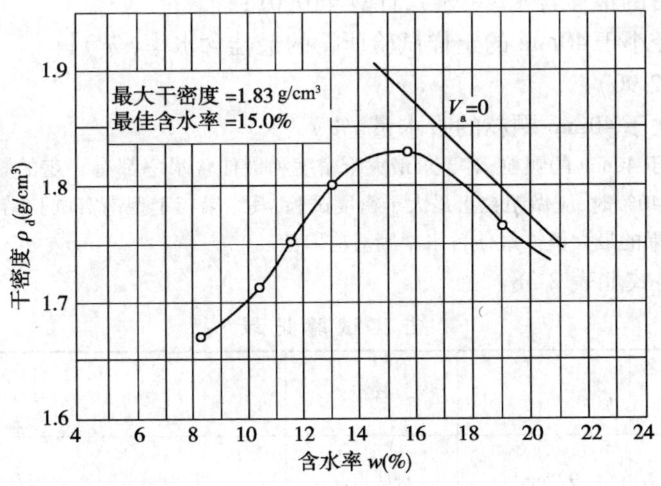

图2-55　含水率与干密度的关系曲线

(3)计算饱和曲线的饱和含水率 w_{max}，并绘制饱和含水率与干密度的关系曲线图。

$$w_{max} = \left[\frac{G_s \rho_w (1 + w) - \rho}{G_s \rho}\right] \times 100 \tag{2-88}$$

或

$$w_{max} = \left(\frac{\rho_w}{\rho_d} - \frac{1}{G_s}\right) \times 100 \tag{2-89}$$

式中：w_{max}——饱和含水率(%)，计算至0.01；

ρ——试样的湿密度(g/cm^3)；

ρ_w——水在4℃时的密度(g/cm³);

ρ_d——试样的干密度(g/cm³);

G_s——试样土粒比重,对于粗粒土,则为土中粗细颗粒的混合比重;

w——试样的含水率(%)。

(4)当试样中有大于40mm的颗粒时,应先取出大于40mm的颗粒,并求得其百分率p,把小于40mm部分做击实试验,按下面公式分别对试验所得的最大干密度和最佳含水率进行校正(适用于大于40mm颗粒的含量小于30%时)。

最大干密度按下式校正:

$$\rho'_{dm} = \frac{1}{\frac{1-0.01p}{\rho_{dm}} + \frac{0.01p}{\rho_w G'_s}} \tag{2-90}$$

式中:ρ'_{dm}——校正后的最大干密度(g/cm³),计算至0.01;

ρ_{dm}——用粒径小于40mm的土样试验所得的最大干密度(g/cm³);

p——试料中粒径大于40mm颗粒的百分率(%);

G'_s——粒径大于40mm颗粒的毛体积比重,计算至0.01。

最佳含水率按下式校正:

$$w'_0 = w_0(1-0.01p) + 0.01pw_2 \tag{2-91}$$

式中:w'_0——校正后的最佳含水率(%),计算至0.01;

w_0——用粒径小于40mm的土样试验所得的最佳含水率(%);

p——同式(2-90);

w_2——粒径大于40mm颗粒的吸水量(%)。

注:试样中粒径大于40mm的颗粒,对于求最大干密度和最佳含水率都有一定的影响。当细粒土中的粗粒土含量大于40%时,应做粗粒土最大干密度试验,其结果与重型击实试验结果相比较,最大干密度取两种试验结果的最大值。最佳含水率则对应取值。

(5)试验记录格式如表2-38。

击实试验记录 表2-38

土样编号		筒号		落距	45cm	
土样来源		筒容积	997cm³	每层击数	27	
试验日期		击锤质量	4.5kg	大于5mm颗粒含量		
干密度	试验次数		1	2	3	4	5
	筒+土质量(g)		2981.8	3057.1	3130.9	3215.8	3191.1
	筒质量(g)		1103	1103	1103	1103	1103
	湿土质量(g)		1878.8	1954.1	2027.9	2112.8	2088.1
	湿密度(g/cm³)		1.88	1.96	2.03	2.12	2.09
	干密度(g/cm³)		1.71	1.75	1.80	1.83	1.76

续上表

含水率	盒号										
	盒 + 湿土质量(g)	35.60	35.44	33.93	33.69	32.88	33.16	33.13	34.09	36.96	38.31
	盒 + 干土质量(g)	34.16	34.02	32.45	32.26	31.40	31.64	31.36	32.15	24.28	35.36
	盒质量(g)	20	20	20	20	20	20	20	20	20	20
	水质量(g)	1.44	1.42	1.48	1.43	1.48	1.52	1.77	1.94	2.68	2.95
	干土质量(g)	14.16	14.02	12.45	12.26	11.40	11.64	11.36	12.15	14.28	15.36
	含水率(%)	10.3	10.1	11.9	11.7	13.0	13.0	15.6	16.0	18.8	19.2
	平均含水率(%)	10.2		11.8		13.0		15.8		19.0	
	最佳含水率 = 15.0%			最大干密度 = 1.83g/cm^3							

(6)本试验含水率须进行两次平行测定,取其算术平均值,允许平行差值应符合表 2-39 规定。

含水率测定的允许平行差值　　表 2-39

含水率(%)	允许平行差值(%)	含水率(%)	允许平行差值(%)	含水率(%)	允许平行差值(%)
5 以下	0.3	5 ~40	≤1	40 以上	≤2

6. 试验报告

(1)土的鉴别分类和代号。

(2)土的最佳含水率 w_0(%)。

(3)土的最大干密度 ρ_{dm}(g/cm^3)。

十五、土的承载比(CBR)试验(T 0134—1993)

1. 目的和适用范围

本试验方法只适用于在规定的试筒内制件后,对各种土和路面基层、底基层材料进行承载比试验。试样的最大粒径宜控制在 20mm 以内,最大不得超过 40mm 且含量不超过 5%。

2. 仪器设备

(1)圆孔筛:孔径 40mm、20mm 及 5mm 筛各 1 个。

(2)试筒:内径 152mm、高 170mm 的金属圆筒;套环,高 50mm;筒内垫块,直径 151mm、高 50mm;夯击底板,同击实仪。试筒的形式和主要尺寸如图 2-56 所示,也可用 T 0131—2007“土的击实试验”的大击实筒。

(3)夯锤和导管:夯锤的底面直径 50mm,总质量 4. 5kg。夯锤在导管内的总行程为 450mm,夯锤的形式和尺寸与重型击实试验法所用的相同。

(4)贯入杆,端面直径 50mm、长约 100mm 的金属柱。

(5)路面材料强度仪或其他载荷装置:能量不小于 50kN,能调节贯入速度至每分钟贯入 1mm,可采用测力计式,如图 2-57 所示。

(6)百分表:3 个。

(7)试件顶面上的多孔板(测试件吸水时的膨胀量),如图 2-58 所示。

(8)多孔底板(试件放上后浸泡水中)。

(9)测膨胀量时支承百分表的架子,如图 2-59 所示。或采用压力传感器测试。

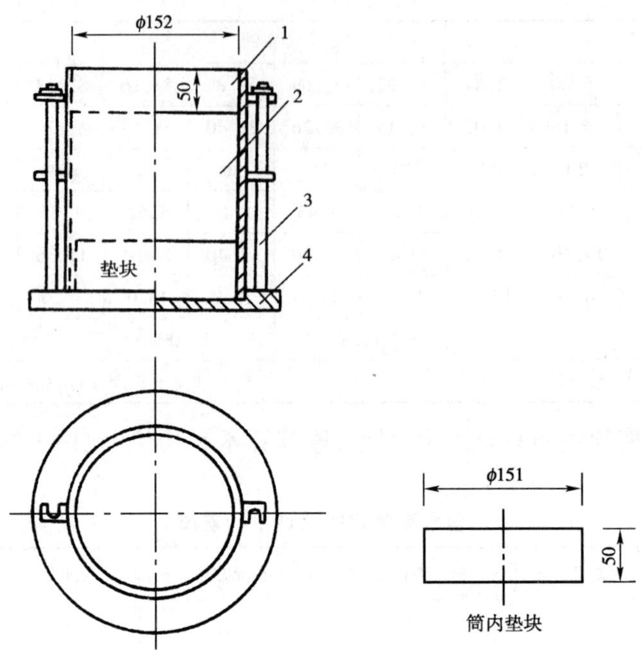

图 2-56　承载比试筒（尺寸单位:mm）

1-套环;2-试筒;3-拉杆;4-夯击底板

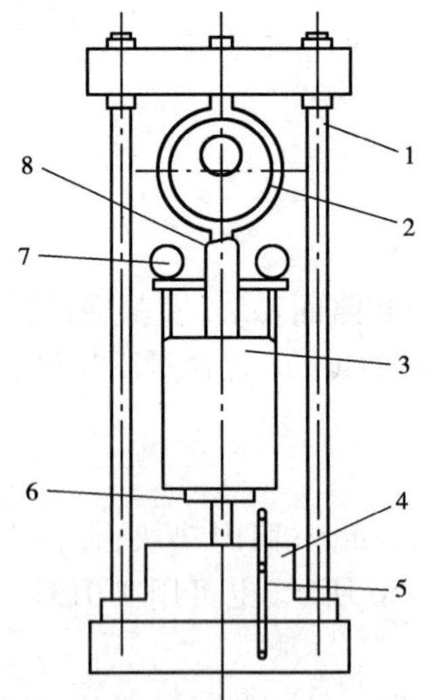

图 2-57　手摇测力计式载荷装置示意图

1-框架;2-量力环;3-试件;4-蜗轮蜗杆箱;5-摇把;6-升降台;7-百分表;8-贯入杆

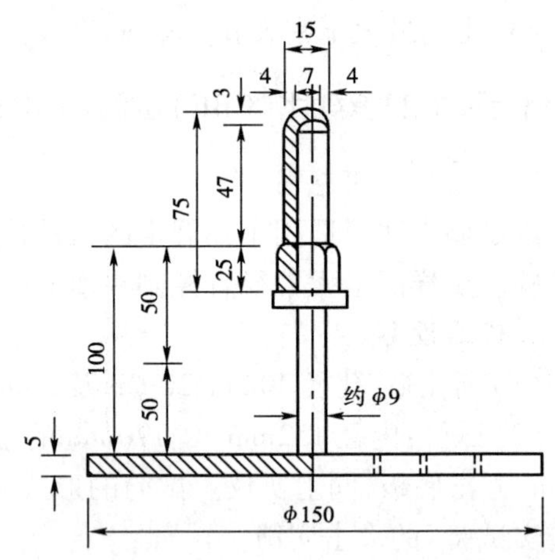

图 2-58　带调节杆的多孔板（尺寸单位:mm）

(10)荷载板:直径 150mm,中心孔眼直径 52mm,每块质量 1.25kg,共 4 块,并沿直径分为两个半圆块,如图 2-60 所示。

(11)水槽:浸泡试件用,槽内水面应高出试件顶面 25mm。

(12)其他:台秤,感量为试件用量的 0.1%;拌和盘、直尺、滤纸;脱模器等与击实试验相同。

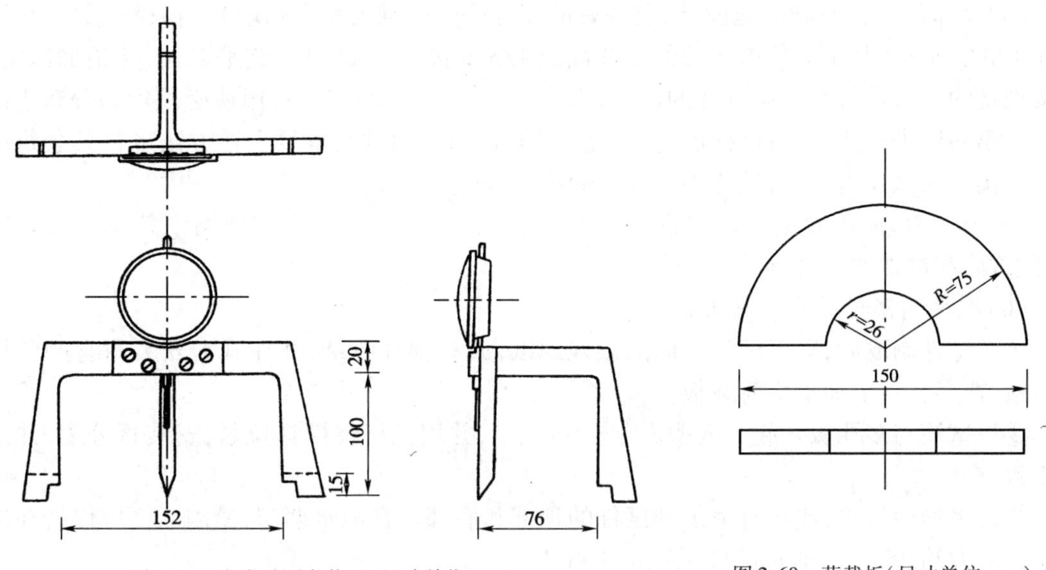

图 2-59 膨胀量测定装置(尺寸单位:mm)

图 2-60 荷载板(尺寸单位:mm)

3. 试样

将具有代表性的风干试料(必要时可在 50℃ 烘箱内烘干),用木碾捣碎,但应尽量注意不使土或粒料的单个颗粒破碎。土团均应捣碎到通过 5mm 的筛孔。

采取有代表性的试料 50kg,用 40mm 筛筛除大于 40mm 的颗粒,并记录超尺寸颗粒的百分数。将已过筛的试料按四分法取出约 25kg。再用四分法将取出的试料分成 4 份,每份质量 6kg,供击实试验和制试件之用。

在预定做击实试验的前一天,取有代表性的试料测定其风干含水率。测定含水率用的试样数量可参照表 2-40 采取。

测定含水率用试样的数量 表 2-40

最大粒径(mm)	试样质量(g)	个数	最大粒径(mm)	试样质量(g)	个数
<5	15~20	2	约 20	约 250	1
约 5	约 50	1	约 40	约 500	1

注:本试验采用风干试料。先按击实试验求得试料的最佳含水率,再按此最佳含水率制备所需试件。

4. 试验步骤

(1)称试筒本身质量(m_1),将试筒固定在底板上,将垫块放入筒内,并在垫块上放一张滤纸,安上套环。

(2)将试料按 T 0131—2007"土的击实试验"表 2-35 中 II-2 规定的层数和每层击数进行击实,求试料的最大干密度和最佳含水率。

(3)将其余 3 份试料,按最佳含水率制备 3 个试件。将一份试料平铺于金属盘内,将事先按式(2-86)计算得的该份试料应加的水量均匀地喷洒在试料上。用小铲将试料充分拌和到均匀状态,然后装入密闭容器或塑料口袋内浸润备用。浸润时间:重黏土不得少于 24h,轻黏土可缩短到 12h,砂土可缩短到 1h,天然砂砾可缩短到 2h 左右。制每个试件时,都要取样测定试料的含水率。

注:需要时,可制备三种干密度试件。如每种干密度试件制 3 个,则共制 9 个试件。每层击数分别为 30、50 和 98 次,使试件的干密度从低于 95% 到等于 100% 的最大干密度。这样,9 个试件共需试料约 55kg。

(4)将试筒放在坚硬的地面上,取备好的试样分3次倒入筒内(视最大料径而定),每层需试样1700g左右(其量应使击实后的试样高出1/3筒高1~2mm)。整平表面,并稍加压紧,然后按规定的击数进行第一层试样的击实,击实时锤应自由垂直落下,锤迹必须均匀分布于试样面上。第一层击实完后,将试样层面"拉毛",然后再装入套筒,重复上述方法进行其余每层试样的击实。大试筒击实后,试样不宜高出筒高10mm。

(5)卸下套环,用直刮刀沿试筒顶修平击实的试件,表面不平整处用细料修补。取出垫块,称试筒和试件的质量(m_2)。

(6)泡水测膨胀量的步骤如下:

①在试件制成后,取下试件顶面的破残滤纸,放一张好滤纸,并在其上安装附有调节杆的多孔板,在多孔板上加4块荷载板。

②将试筒与多孔板一起放入槽内(先不放水),并用拉杆将模具拉紧,安装百分表,并读取初读数。

③向水槽内放水,使水自由进到试件的顶部和底部。在泡水期间,槽内水面应保持在试件顶面以上大约25mm。通常试件要泡水4昼夜。

注:CBR试验应模拟材料在使用过程中处于最不利状态。一般情况下,可按饱水4昼夜作为设计状态。但是在干燥地区,结合地区、地形、排水、路面排水构造和路面结构等因素,如经论证认为土基潮湿程度和土试件饱水4昼夜的含水率有明显差异时,可适当改变试件饱水方法和饱水时间,使CBR试验更符合实际状况。

④泡水终了时,读取试件上百分表的终读数,并用下式计算膨胀量。

$$\text{膨胀量} = \frac{\text{泡水后试件高度变化}}{\text{原试件高}(=120\text{mm})} \times 100 \tag{2-92}$$

⑤从水槽中取出试件,倒出试件顶面的水,静置15min,让其排水,然后卸去附加荷载和多孔板、底板和滤纸,并称量(m_3),以计算试件的湿度和密度的变化。

(7)贯入试验的步骤如下:

①将泡水试验终了的试件放到路面材料强度试验仪的升降台上,调整偏球座,对准、整平并使贯入杆与试件顶面全面接触,在贯入杆周围放置4块荷载板。

②先在贯入杆上施加45N荷载,然后将测力和测变形的百分表指针均调整至整数,并记读起始读数。

③加荷使贯入杆以1~1.25mm/min的速度压入试件,同时测记三个百分表的读数。记录测力计内百分表某些整读数(如20、40、60)时的贯入量,并注意使贯入量为250×10^{-2}mm时,能有5个以上的读数。因此,测力计内的第一个读数应是贯入量30×10^{-2}mm左右。

5. 结果整理

(1)以单位压力(p)为横坐标、贯入量(l)为纵坐标,绘制p—l关系曲线,如图2-61所示。图上曲线1是合适的。曲线2开始段是凹曲线,需要进行修正。修正时在变曲率点引一切线,与纵坐标交于O'点,O'即为修正后的原点。

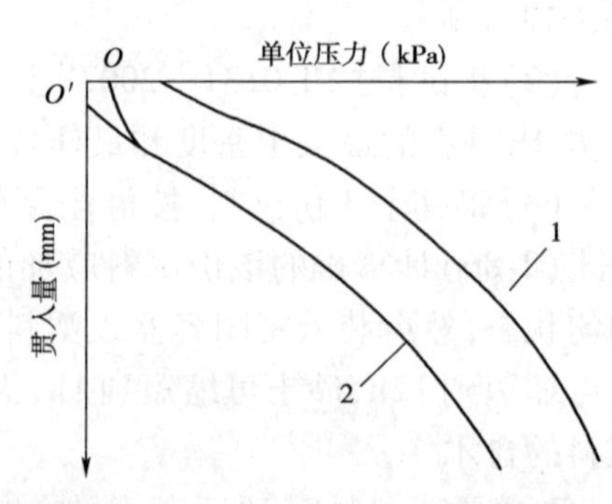

图2-61 单位压力与贯入量的关系曲线

(2)一般采用贯入量为2.5mm时的单位压力与标准压力之比作为材料的承载比(CBR)。

即:

$$CBR = \frac{p}{7000} \times 100 \tag{2-93}$$

式中：CBR——承载比（%），计算至0.1；

p——单位压力（kPa）。

同时计算贯入量为5mm时的承载比：

$$CBR = \frac{p}{10500} \times 100 \tag{2-94}$$

如贯入量为5mm时的承载比大于2.5mm时的承载比，则试验应重做。如结果仍然如此，则采用5mm时的承载比。

（3）计算试件的湿密度。

$$\rho = \frac{m_2 - m_1}{2177} \tag{2-95}$$

式中：ρ——试件的湿密度（g/cm^3），计算至0.01；

m_2——试筒和试件的合质量（g）；

m_1——试筒的质量（g）；

2177——试筒的容积（cm^3）。

（4）计算试件的干密度。

$$\rho_d = \frac{\rho}{1 + 0.01w} \tag{2-96}$$

式中：ρ_d——试件的干密度（g/cm^3），计算至0.01；

w——试件的含水率（%）。

（5）计算泡水后试件的吸水量。

$$w_a = m_3 - m_2 \tag{2-97}$$

式中：w_a——泡水后试件的吸水量（g）；

m_3——泡水后试筒和试件的合质量（g）；

m_2——试筒和试件的合质量（g）。

（6）试验记录格式如表2-41和表2-42。

（7）如根据3个平行试验结果计算得的承载比变异系数C_v大于12%，则去掉一个偏离大的值，取其余两个结果的平均值。如C_v小于12%，且3个平行试验结果计算的干密度偏差小于0.03g/cm^3，则取3个结果的平均值。如3个试验结果计算的干密度偏差超过0.03g/cm^3，则去掉一个偏离大的值，取其两个结果的平均值。

承载比小于100，相对偏差不大于5%；承载比大于100，相对偏差不大于10%。

6.试验报告

（1）材料的颗粒组成、最佳含水率（%）和最大干密度（g/cm^3）。

（2）材料的承载比（%）。

（3）材料的膨胀量（%）。

注：当制备三种干密度试件时，对应所需压实度的CBR求取方法如图2-62，其膨胀量求取方法相同。

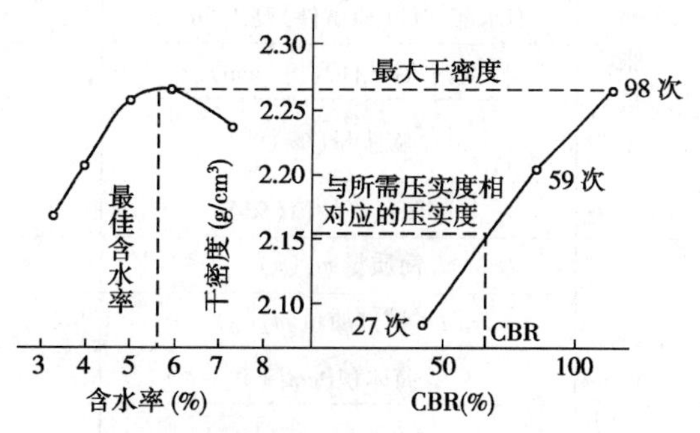

图2-62 对应于所需压实度的CBR求取方法

贯入试验记录 表2-41

最大干密度 $1.69g/cm^3$ 最佳含水率 18%

每层击数 98

量力环校正系数 $C=\underline{0.2398}kN/0.01mm$ 贯入杆面积 $A=\underline{1.9635\times10^{-3}}m^2$

$$p=\frac{C\times R}{A}$$

$$l=2.5mm时,p=611kPa\quad CBR=\frac{p}{7000}\times100=8.7\%$$

$$l=5.0mm时,p=690kPa\quad CBR=\frac{p}{10500}\times100=6.6\%$$

荷载测力计百分表		单位压力 p (kPa)	贯入量百分表读数					贯入量 l (mm)
			左表		右表		平均值 $R_1=\frac{1}{2}(R_1+R_2)$ (0.01mm)	
读数 R'_i (0.01mm)	变形值 $R=R'_{i+1}-R'_i$ (0.01mm)		读数 R_{1i} (0.01mm)	位移值 $R_1=R_{1i+1}-R_{1i}$ (0.01mm)	读数 R_{2i} (0.01mm)	位移值 $R_2=R_{2i+1}-R_{2i}$ (0.01mm)		
0.0			0.0		0.0			
	0.9	110		60.4		60.6	60.5	0.61
0.9			60.4		60.6			
	1.8	220		106.5		106.5	106.5	1.07
1.8			106.5		106.5			
	2.9	354		151.1		150.9	151.0	1.51
2.9			151.1		150.9			
	4.0	489		193.9		194.1	194.0	1.94
4.0			193.9		194.1			
	4.8	586		240.4		240.6	240.5	2.41
4.8			240.4		240.6			
	5.1	623		286.1		285.9	286.0	2.86
5.1			286.1		285.9			
	5.4	660		335.0		335.0	335.0	3.34
5.4			335.0		335.0			
	5.6	684		383.0		383.0	383.0	3.83
5.6			383.0		383.0			
	5.6	684		488.0		488.0	488.0	4.88
5.6			488.0		488.0			

膨胀量试验记录 表2-42

	试验次数		1	2	3
膨胀量	筒号	(1)			
	泡水前试件(原试件)高度(mm)	(2)	120	120	120
	泡水后试件高度(mm)	(3)	128.6	136.5	133
	膨胀量(%)	$(4)=\frac{(3)-(2)}{(2)}\times100$	7.167	13.75	10.83
	膨胀量平均值(%)		10.58		
密度	筒质量 m_1(g)	(5)	6660	4640	5390
	筒+试件质量 m_2(g)	(6)	10900	8937	9790
	筒体积(cm^3)	(7)	2177	2177	2177
	湿密度 ρ(g/cm^3)	$(8)=\frac{(6)-(5)}{(7)}$	1.948	1.974	2.021

续上表

	试验次数		1	2	3
密度	含水率 w(%)	(9)	16.93	18.06	26.01
	干密度 ρ_d(g/cm^3)	$(10)=\frac{(8)}{1+0.01w}$	1.666	1.672	1.604
	干密度平均值(g/cm^3)		1.647		
吸水量	泡水后筒+试件合质量 m_3(g)	(11)	11530	9537	10390
	吸水量 w_a(g)	(12)=(11)-(6)	630	600	600
	吸水量平均值(g)		610		

十六、土的回弹模量试验(T 0135、T 0136—1993)

(一)承载板法(T 0135—1993)

1. 目的和适用范围

本试验方法适用于不同湿度和密度的细粒土。

注:当压力较大时,加卸载比较烦琐,因此本试验方法主要适用于含水率较大、硬度较小的土。

2. 仪器设备

(1)杠杆压力仪:最大压力 1500N,如图 2-63 所示。

(2)承载板:直径 50mm,高 80mm,见 T 0136—1993。

注:采用原非标准规格设备时,必须保证加压球座在承载板上居中放置,避免发生偏心。

(3)试筒:内径 152mm、高 170mm 的金属圆筒;套环,高 50mm;筒内垫块,直径 151mm;高 50mm;夯击底板与击实仪相同。如图 2-56 所示。

(4)量表:千分表两块。

(5)秒表一只。

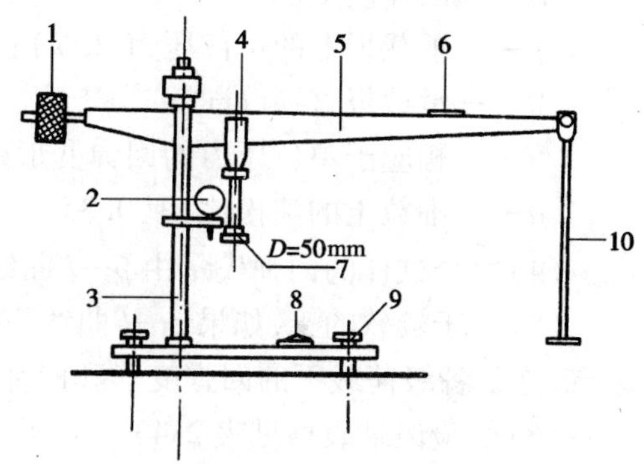

图 2-63　杠杆压力仪

1-调平砝码;2-千分表;3-立柱;4-加压杆;5-水平杠杆;6-水平气泡;7-加压球座;8-底座气泡;9-调平脚螺丝;10-加载架

3. 试样

(1)本试验可分别采用不同的方法准备试样。各方法可按表 2-36 准备试料。

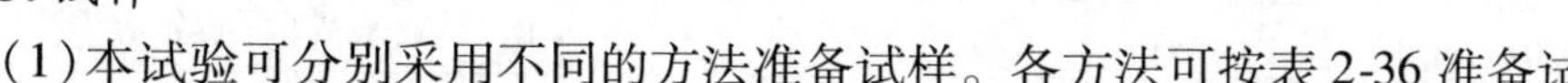

(2)干土法(土不重复使用)按四分法至少准备 5 个试样,分别加入不同水分(按 2% ~ 3% 含水率递增),拌匀后闷料一夜备用。

(3)湿土法(土不重复使用)对于高含水率土,可省略过筛步骤,用手拣除大于 40mm 的粗石子即可。保持天然含水率的第一个土样,可立即用于击实试验。其余几个试样,将土分成小土块,分别风干,使含水率按 2% ~3% 递减。

(4)根据工程要求选择轻型或重型法,视最大粒径用小筒或大筒进行击实试验,得出最佳含水率和最大干密度。然后按最佳含水率用上述试筒击实制备试件。

4. 试验步骤

(1)安装试样:将试件和试筒放在杠杆压力仪的底盘上;将承载板放在试件中央(位置)并与杠杆压力仪的加压球座对正;将千分表固定在立柱上,将表的测头安放在承载板的表架上。

(2)预压:在杠杆仪的加载架上施加砝码,用预定的最大单位压力 p 进行预压。含水率大于塑限的土，$p=50\sim100$kPa；含水率小于塑限的土，$p=100\sim200$kPa。预压进行1～2次，每次预压1min。预压后调正承载板位置，并将千分表调到接近满量程的位置，准备试验。

(3)测定回弹量：将预定最大单位压力分成4～6份，作为每级加载的压力。每级加载时间为1min时，记录千分表读数，同时卸载，让试件恢复变形。卸载1min时，再次记录千分表读数，同时施加下一级荷载。如此逐级进行加载卸载，并记录千分表读数，直至最后一级荷载。为使试验曲线开始部分比较准确，第一、二级荷载可用每份的一半。试验的最大压力也可略大于预定压力。

5. 结果整理

(1)计算每级荷载下的回弹变形 l。

$$l = 加载读数 - 卸载读数 \quad (2\text{-}98)$$

(2)以单位压力 p 为横坐标(向右)、回弹变形 l 为纵坐标(向下)，绘制 $p—l$ 曲线，如图2-64。

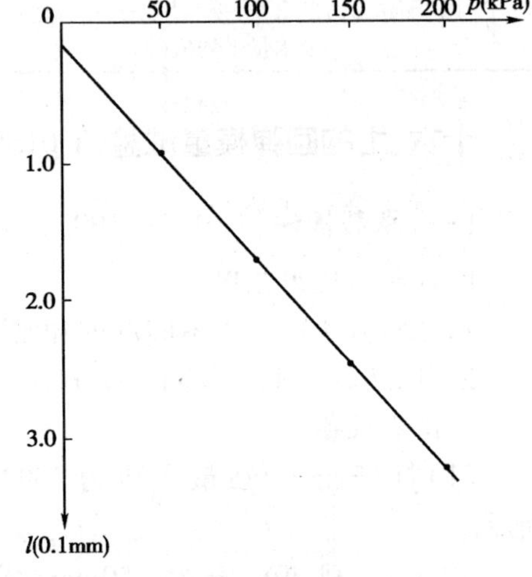

图2-64 单位压力与回弹变形($p—l$)的关系曲线

(3)计算每级荷载下的回弹模量。

$$E = \frac{\pi p D}{4l}(1-\mu)^2 \quad (2\text{-}99)$$

式中：E——回弹模量(kPa)；

p——承载板上的单位压力(kPa)；

D——承载板直径(cm)；

l——相应于单位压力的回弹变形(cm)；

μ——细粒土的泊松比，取0.35。

(4)每个试样的回弹模量由 $p—l$ 曲线上直线段的数值确定。

(5)对于较软的土，如果 $p—l$ 曲线不通过原点，允许用初始直线段与纵坐标轴的交点当作原点，修正各级荷载下的回弹变形和回弹模量。

(6)试验记录表格见表2-43。

回弹模量试验记录　　表2-43

压力计__________　土样说明__________　试验方法__________

加载级数	单位压力(kPa)	砝码重量(N)或压力计读数(0.01mm)	量表读数(0.1mm)						回弹变形 l(0.1mm)		回弹模量(kPa)
			加载			卸载					
			左	右	平均	左	右	平均	读数值	修正值	

(7)土的回弹模量由3个平行试验的平均值确定，每个平行试验结果与均值回弹模量相差均应不超过5%。

6. 试验报告

(1)土的鉴别分类和代号。

(2)试验方法。

(3)土的回弹模量 E 值(kPa)。

(二)强度仪法(T 0136—1993)

1. 目的和适用范围

本试验方法适用于不同湿度、密度的细粒土及其加固土。

注:对于硬度较大的土,本试验方法尤为适用。

2. 仪器设备

(1)路面材料强度仪:能量不小于50kN,能调节贯入速度至每分钟贯入1mm,可采用测力计式,如图2-65。

注:为使读数时不挡视线,可将贯入杆上的量表支架用螺丝孔与贯入杆相连,做CBR试验时将支架拧上,进行本试验时将支架取下。

(2)试筒:内径152mm,高170mm的金属圆筒;套环,高50mm;筒内垫块,直径151mm,高50mm;夯击底板同击实仪。试筒的形式和尺寸与击实试验相同,仅在与夯击底板的立柱联结的缺口板上多一个内径5mm、深5mm的螺丝孔,用来安装千分表支架,如图2-65。

(3)承载板;直径50mm、高80mm的用钢板制成的空心圆柱体,两侧带有量表支架,如图2-66。

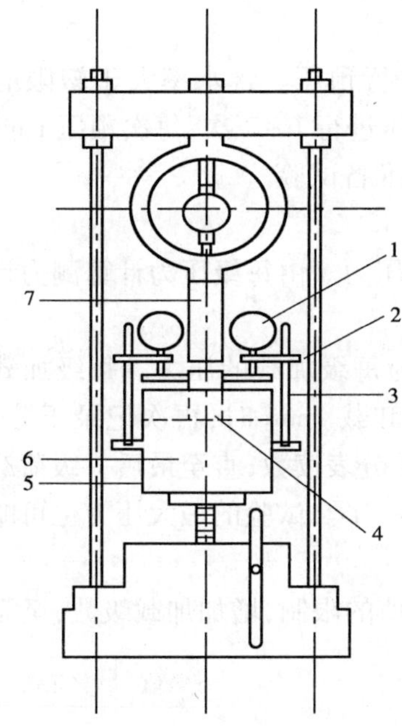

图2-65 路面材料强度仪及试样安装方法

1-千分表;2-表夹;3-千分表支杆;4-承载板;5-试筒;6-土样;7-贯入杆

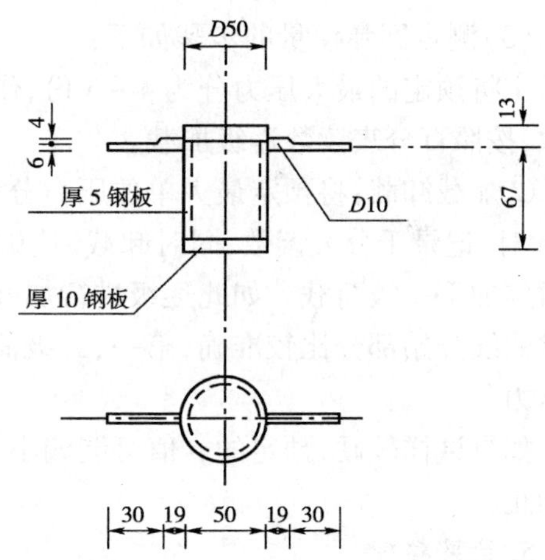

图2-66 承载板(尺寸单位:mm)

(4)量表支杆及表夹:支杆长200mm,直径10mm,一端带有长5mm的与试筒上螺丝孔联结的螺丝杆,如图2-67。表夹的各部尺寸如图2-68。表夹可用钢制,也可用硬塑料制成。

(5)量表:千分表两块。

(6)秒表一只。

3. 试样

用带螺丝孔的试筒采用不同的方法击实制备试件。其余同T 0135—1993。

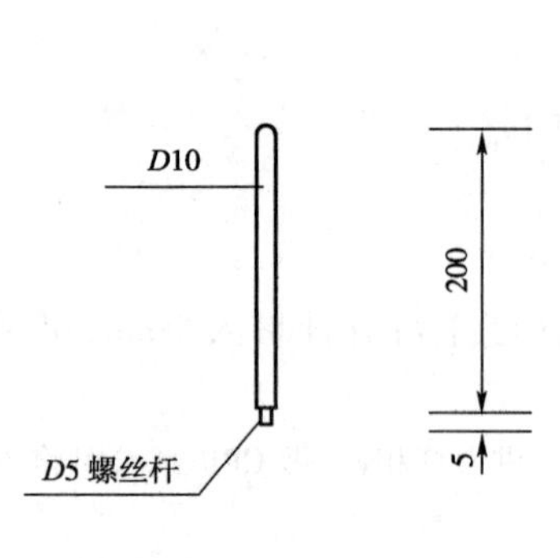

图 2-67　千分表支杆(尺寸单位:mm)

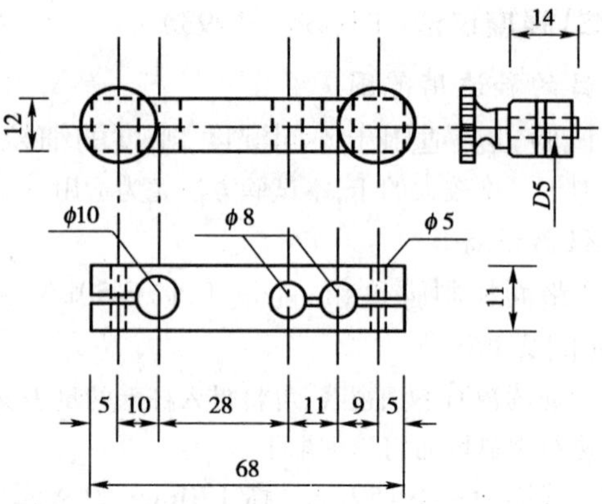

图 2-68　表夹(尺寸单位:mm)

4. 试验步骤

(1)安装试样:将试件和试筒放在强度仪的升降台上;将千分表支杆拧在试筒两侧的螺丝孔上,将承载板放在试件表面中央位置,并与强度仪的贯入杆对正;将千分表和表夹安装在支杆上,并将千分表测头安放在承载板两侧的支架上。

(2)预压:摇动摇把,用预定的试验最大单位压力进行预压。含水率大于塑限的土,$p=50\sim100$kPa;含水率小于塑限的土,$p=100\sim200$kPa。预压进行 1 ~2 次,每次预压 1min。预压后调正承载板位置,并将千分表调到接近满量程的位置,准备试验。

(3)测定回弹模量的步骤如下:

①将预定的最大压力分为 4 ~6 份,作为每级加载的压力。由每级压力计算测力计百分表读数,按照百分表读数逐级加载。

②加载卸载:将预定最大单位压力分成 4 ~6 份,作为每级加载的压力。每级加载时间为 1min 时,记录千分表读数,同时卸载,让试件恢复变形。卸载 1min 时,再次记录千分表读数,同时施加下一级荷载。如此逐级进行加载卸载,并记录千分表读数,直至最后一级荷载。为使试验曲线开始部分比较准确,第一、二级荷载可用每份的一半。试验的最大压力也可略大于预定压力。

如果试样较硬,预定的 p 值可能偏小,此时可不受 p 值的限制,增加加载级数,至需要的压力为止。

5. 结果整理

与 T 0135—1993“承载板法”唯一不同的是,在计算每级荷载下的回弹模量时,细粒土的泊松比 μ 对于具有一定龄期的加固土取 0.25 ~0.30。

6. 试验报告(同 T 0135—1993)

十七、土体固结试验(T 0137、T 0138—1993)

(一)单轴固结仪法(T 0137—1993)

1. 目的和适用范围

本试验的目的是测定土的单位沉降量、压缩系数、压缩模量、压缩指数、回弹指数、固结系数以及原状土的先期固结压力等。本试验方法适用于饱和的黏质土。当只进行压缩时,允许用非饱和土。

2. 仪器设备

(1)固结仪:见图2-69,试样面积30cm^{2}和50cm^2,高2cm。

(2)环刀:直径为61.8mm和79.8mm,高度为20mm。环刀应具有一定的刚度,内壁应保持较高的光洁度,宜涂一薄层硅脂或聚四氟乙烯。

(3)透水石:由氧化铝或不受土腐蚀的金属材料组成,其透水系数应大于试样的渗透系数。用固定式容器时,顶部透水石直径小于环刀内径0.2~0.5mm;当用浮环式容器时,上下部透水石直径相等。

(4)变形量测设备:量程10mm,最小分度为0.01mm的百分表或零级位移传感器。

(5)其他:天平、秒表、烘箱、钢丝锯、刮土刀、铝盒等。

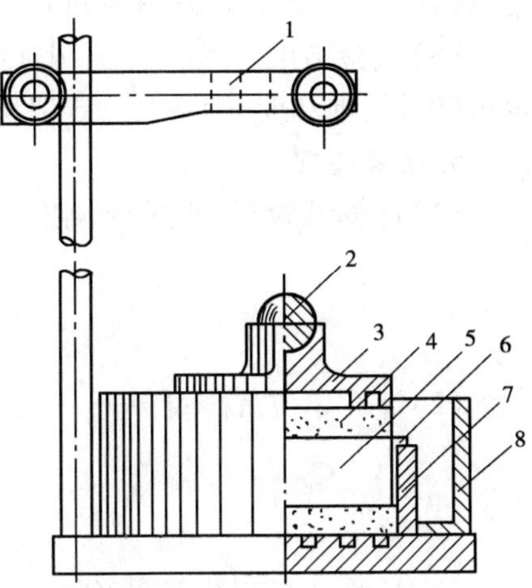

图2-69　固结仪

1-量表架;2-钢珠;3-加压上盖;4-透水石;5-试样;6-环刀;7-护环;8-水槽

3. 试样

(1)根据工程需要切取原状土样或制备所需湿度密度的扰动土样。切取原状土样时,应使试样在试验时的受压情况与天然土层受荷方向一致。

(2)用钢丝锯将土样修成略大于环刀直径的土柱。然后用手轻轻将环刀垂直下压,边压边修,直至环刀装满土样为止。再用刮刀修平两端,同时注意刮平试样时,不得用刮刀往复涂抹土面。在切削过程中,应细心观察试样并记录其层次、颜色和有无杂质等。

(3)擦净环刀外壁,称环刀与土总质量,准确至0.1g,并取环刀两面修下的土样测定含水率。试样需要饱和时,应进行抽气饱和。

4. 试验步骤

(1)在切好土样的环刀外壁涂一薄层凡士林,然后将刀口向下放入护环内。

(2)将底板放入容器内,底板上放透水石、滤纸,借助提环螺丝将土样环刀及护环放入容器中,土样上面覆滤纸、透水石,然后放下加压导环和传压活塞,使各部密切接触,保持平稳。

(3)将压缩容器置于加压框架正中,密合传压活塞及横梁,预加1.0kPa压力,使固结仪各部分紧密接触,装好百分表,并调整读数至零。

(4)去掉预压荷载,立即加第一级荷载。加砝码时应避免冲击和摇晃,在加上砝码的同时,立即开动秒表。荷载等级一般规定为50kPa、100kPa、200kPa、300kPa和400kPa。有时根据土的软硬程度,第一级荷载可考虑用25kPa。

(5)如系饱和试样,则在施加第一级荷载后,立即向容器中注水至满。如系非饱和试样,须以湿棉纱围住上下透水面四周,避免水分蒸发。

(6)如需确定原状土的先期固结压力时,荷载率宜小于1,可采用0.5或0.25倍,最后一级荷载应大于1000kPa,使e—lg$p$曲线下端出现直线段。

(7)如需测定沉降速率、固结系数等指标,一般按0s、15s、1min、2min、4min、6min、9min、12min、16min、20min、25min、35min、45min、60min、90min、2h、4h、10h、23h、24h,至稳定为止。固结稳定的标准是最后1h变形量不超过0.01mm。

当不需测定沉降速度时,则施加每级压力后24h,测记试样高度变化作为稳定标准。当试

样渗透系数大于 10^{-5}cm/s 时,允许以主固结完成作为相对稳定标准。按此步骤逐级加压至试验结束。

注:测定沉降速率仅适用于饱和土。

(8)试验结束后拆除仪器,小心取出完整土样,称其质量,并测定其终结含水率(如不需测定试验后的饱和度,则不必测定终结含水率),并将仪器洗干净。

5. 结果整理

(1)计算试验开始时的孔隙比。

$$e_0 = \frac{\rho_s(1 + 0.01w_0)}{\rho_0} - 1 \tag{2-100}$$

(2)计算单位沉降量。

$$S_i = \frac{\sum \Delta h_i}{h_0} \times 1000 \tag{2-101}$$

(3)计算各级荷载下变形稳定后的孔隙比 e_i。

$$e_i = e_0 - (1 + e_0) \times \frac{S_i}{1000} \tag{2-102}$$

(4)计算某一荷载范围的压缩系数 a_v。

$$a_v = \frac{e_i - e_{i+1}}{p_{i+1} - p_i} = \frac{(S_{i+1} - S_i)(1 + e_0)/1000}{p_{i+1} - p_i} \tag{2-103}$$

(5)计算某一荷载范围内的压缩模量 E_s 和体积压缩系数 m_v。

$$E_s = \frac{p_{i+1} - p_i}{(S_{i+1} - S_i)/1000} \tag{2-104}$$

$$m_v = \frac{1}{E_s} = \frac{a_v}{1 + e_0} \tag{2-105}$$

以上各式中:E_s——压缩模量(kPa),计算至0.01;

m_v——体积压缩系数(kPa^{-1}),计算至0.01;

a_v——压缩系数(kPa^{-1}),计算至0.01;

e_0——试验开始时试样的孔隙比,计算至0.01;

ρ_s——土粒密度(数值上等于土粒比重)(g/cm^3);

w_0——试验开始时试样的含水率(%);

ρ_0——试验开始时试样的密度(g/cm^3);

S_i——某一级荷载下的沉降量(mm/m),计算至0.1;

$\sum \Delta h_i$——某一级荷载下的总变形量,等于该荷载下百分表读数(即试样和仪器的变形量减去该荷载下的仪器变形量)(mm);

h_0——试样起始时的高度(mm);

e_i——某一荷载下压缩稳定后的孔隙比,计算至0.01;

p_i——某一荷载值(kPa)。

(6)以单位沉降量 S_i 或孔隙比 e 为纵坐标、压力 p 为横坐标,作单位沉降量或孔隙比与压力的关系曲线,如图2-70所示。

(7)计算压缩指数 C_c 及回弹指数 C_s。

$$C_c(\text{或 } C_s) = \frac{e_i - e_{i+1}}{\lg p_{i+1} - \lg p_i} \tag{2-106}$$

(8)求固结系数 C_v。

①求某一压力下固结度为90%的时间 t_{90}。

以百分数表读数 d(mm)为纵坐标、时间平方根$\sqrt{t}$(min)为横坐标,作 d—$\sqrt{t}$曲线,如图2-71。延长 d—$\sqrt{t}$曲线开始段的直线,交纵坐标轴于 d_s(理论零点)。过 d_s 作另一直线,令其横坐标为前一直线横坐标的1.15倍,则后一直线与 d—$\sqrt{t}$曲线交点所对应的时间平方即为固结度达90%所需的时间 t_{90},C_v 按下式计算:

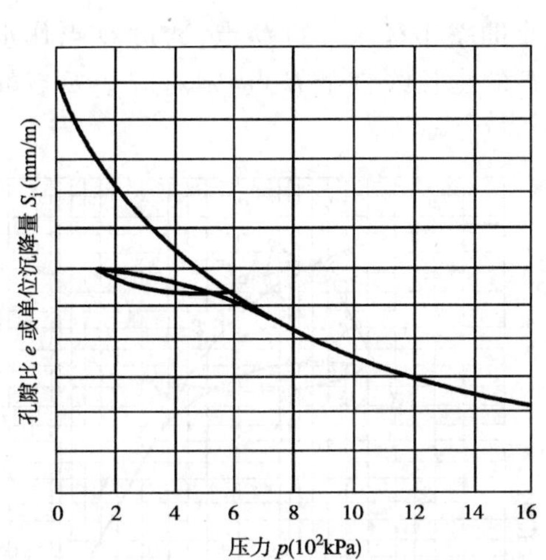

图2-70 S_i(或 e)—p 关系曲线

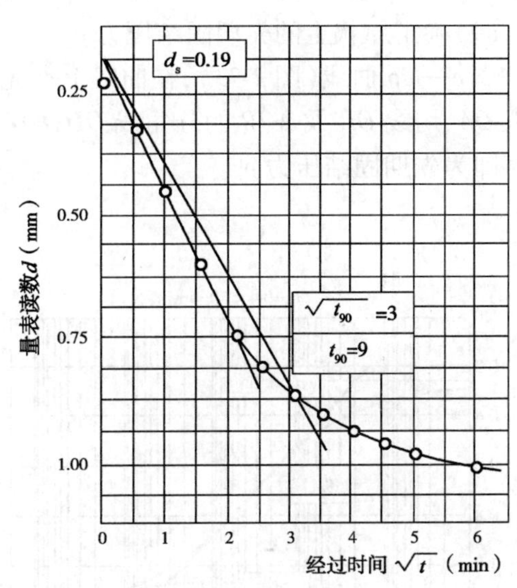

图2-71 用时间平方根法求 t_{90}

$$C_v = \frac{0.848\bar{h}^2}{t_{90}} \tag{2-107}$$

$$\bar{h} = \frac{h_1 + h_2}{4}$$

式中:C_v——固结系数(cm^2/s),计算至0.01;

$\bar{h}$——计算至0.01,即等于某一荷载下试样初始与终了高度的平均值之半。

②求某一荷载下固结度为68%的 t_{68}。

以百分表读数 d(mm)为纵坐标、时间的常用对数 $\lg t$(min)为横坐标,在半对数纸上作 d—$\lg t$ 曲线,如图2-72所示。在曲线开始部分选择任意时间 t_1,查到相应的百分数读数 d_1,又在 $t_2 = \frac{t_1}{4}$处查得另一相应的百分表读数 d_2,$2d_2 - d_1$ 之值为 d_{s1}。如此另在曲线开始部分以同法求得 d_{s2}、d_{s3}、d_{s4}等,取其平均值,得理论零点 d_s。通过 d_s 作一水平线,然后向上延长曲线中的直线段,两直线交点的横坐标乘以10即得 t_{68},则:

$$C_v = \frac{0.380\bar{h}^2}{t_{68}} \tag{2-108}$$

式中:C_v——固结系数(cm^2/s),计算至0.01。

③求某一荷载下固结度为 50% 的 t_{50}。

同上法求得理论零点 d_s 后，延长 d—lg$t$ 曲线的中部直线段和通过曲线尾部数点作一切线的交点即为理论终点为 d_{100}，则

$$d_{50} = \frac{d_0 + d_{100}}{2}$$

对应于 d_{50} 的时间即为固结度等于 50% 的时间 t_{50}，则

$$C_v = \frac{0.197\bar{h}^2}{t_{50}} \tag{2-109}$$

式中：C_v——固结系数（cm^2/s），计算至 0.01。

（9）确定原状土的先期固结压力 p_c。

作 e—lg$p$ 曲线（图 2-73），在曲线上首先找出最小曲率半径 R_{min} 的 O 点，通过 O 点作水平线以 OA、切线 OB 及 AOB 的分角线 OD，OD 与曲线 C 的延长线交于 E 点，则对应于 E 点的压力值即为先期固结压力 p_c。

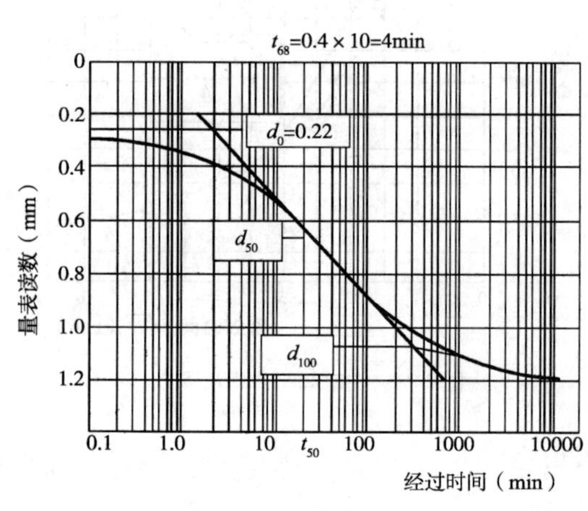

图 2-72　用时间对数坡度法求 t_{68}

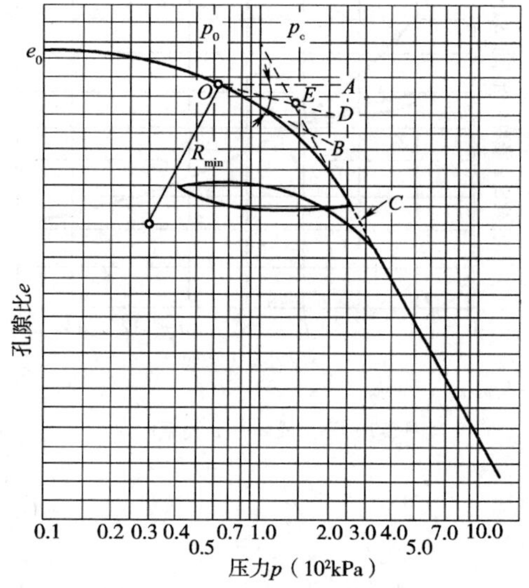

图 2-73　e—lg$p$ 曲线先期固结压力示意

（10）试验记录格式如表 2-44 ~ 表 2-46。

固结试验记录（一）　　表 2-44

土样编号______________　取土深度______________　土样说明______________

含水率试验

试样情况		盒号	盒+湿土质量（g）	盒+干土质量（g）	盒质量（g）	水质量（g）	干土质量（g）	含水率（%）
			(1)	(2)	(3)	(4) = (1) − (2)	(5) = (2) − (3)	(6) = $\frac{(4)}{(5)}$ × 100
试验前	饱和前							
	饱和后（或饱和土）		22.17 17.50	17.94 14.61	7.0 7.0	4.23 2.89	10.94 7.61	38.7　平均 38.0　38.4
试验后			127.8	102.6	16.2	25.2	86.4	29.2

续上表

密度试验						
试样情况		环刀＋土质量(g)	环刀质量(g)	土质量(g)	试样体积(cm^3)	密度(g/cm^3)
		(1)	(2)	(3)=(1)-(2)	(4)	(5)=(3)/(4)
试验前	饱和前					
	饱和后(或饱和土)	166.3	46.5	119.8	64.4	1.86
试验后		158.1	46.5	111.6	57.0	1.96

孔隙比及饱和度计算($G_s=2.75$)

试样情况	试验前	试验后
含水率(%)	38.4	29.2
密度(g/cm^3)	1.86	1.96
孔隙比	1.046	0.813
饱和度(%)	100	100

固结试验记录(二) 表2-45

土样说明______________

经过时间(min)	压力(kPa)							
	50		100		200		400	
	时间	读数	时间	读数	时间	读数	时间	读数
0.00	10:20	0	10:20	0.964	10:20	1.358	10:20	2.355
0.25		0.410		1.014		1.445		2.335
1.00		0.510		1.062		1.522		2.405
2.25		0.602		1.107		1.590		2.423
4.00		0.632		1.140		1.644		2.438
6.25		0.749		1.168		1.688		2.450
9.00		0.800		1.192		1.722		2.460
12.25		0.834		1.208		1.748		2.470
16.00		0.854		1.228		1.766		2.480
20.25		0.869		1.232		1.782		2.488
25.00		0.897		1.240		1.792		2.495
30.25		0.886		1.247		1.806		2.500
36.00		0.891		1.253		1.813		2.508
42.25		0.896		1.258		1.820		2.515
60.00	11:20	0.906		1.331		1.836		2.530
23h		0.962		1.355		1.945		2.636
24h		0.964		1.358		1.948		2.640
总变形量(mm)		0.964		1.358		1.948		2.640
仪器变形量(mm)		0.040		0.050		0.062		0.074
试样总变形量(mm)		0.924		1.308		1.886		2.564

固结试验记录(三)

表 2-46

试样原始高度 $h_0=20\text{mm}$　　$C_v=\frac{0.848\bar{h}^2}{t_{90}}$　　$C_v=\frac{0.197\bar{h}^2}{t_{50}}$　　$C_v=\frac{0.380\bar{h}^2}{t_{68}}$

试验前孔隙比 $e_0=1.04$

加荷时间(h)	压力(kPa) p	试样总变形量(mm) $\sum\Delta h_i$	压缩后试样高度(mm) $h=h_0-\sum\Delta h_i$	单位沉降量(mm/m) $S_i=\frac{\sum\Delta h_i}{h_0}\times1000$	孔隙比 $e_i=e_0-\frac{S_i(1+e_0)}{1000}$	平均试样高度(mm) $\bar{h}=\frac{h_1+h_2}{2}$	单位沉降量差(mm/m) S_2-S_1	压缩模量(MPa) E_s	压缩系数(MPa^{-1}) a_v	排水距离(cm) $\bar{h}=\frac{h_1+h_2}{4}$	固结系数($10^{-3}cm^2/s$) C_v
0	0	0	20.000	0	1.04						
24	50	0.926	19.074	46.3	0.95	19.537	46.3	1.03	1.80	0.977	2.18
24	100	1.308	18.692	65.4	0.91	18.883	19.1	2.45	0.80	0.944	2.02
24	200	1.886	18.114	94.3	0.85	18.403	28.9	3.14	0.60	0.920	1.90
24	400	2.564	17.436	128.2	0.78	17.775	33.9	5.15	0.35	0.896	1.62
24	800	3.330	16.670	166.5	0.70	17.053	38.3	8.70	0.20	0.889	1.61

6. 试验报告

(1)土的鉴别分类和代号。

(2)土的压缩系数 a_v(MPa^{-1})。

(3)土的压缩模量 E_s(MPa)。

(4)土的压缩指数 C_c。

(5)土的回弹指数 C_s。

(6)土的固结系数 C_v(cm^{-2}/s)。

(7)原状土的先期固结压力 p_c(kPa)。

(二)快速试验法(T 0138—1993)

1. 目的和适用范围

本试验方法采用快速方法确定饱和黏质土的各项土性指标,是一种近似试验方法。

2. 仪器设备(同 T 0137—1993)

3. 试验步骤

与 T 0137—1993 相比,唯一不同的是,在测定沉降速率、固结系数等指标时,一般按 0s、15s、1min、2min、4min、6min、9min、12min、16min、20min、25min、35min、45min、60min 测记试样高度变化,至稳定为止。各级荷载下的压缩时间规定为 1h,最后一级荷载下加读到稳定沉降时的读数。

4. 结果整理

与 T 0137—1993 相比,唯一不同的是试验记录格式(三),如表 2-47。

快速法固结试验记录 表 2-47

试样原始高度 $h_0=20$mm　　$K=\frac{(h_n)_T}{(h_n)_t}=1.031$

加荷时间(h)	压力(kPa) p	校正前试样总变形量(mm) $(h_i)_t$	校正后试样总变形量(mm) $\sum\Delta h_i=K(h_i)_t$	压缩后试样高度(mm) $h=h_0-\sum\Delta h_i$	单位沉降量(mm/m) $S_i=\frac{\sum\Delta h_i}{h}\times1000$	备注
1	50	1.20	1.24	18.76	62	
1	100	1.98	2.04	17.96	102	
1	200	2.76	2.85	17.15	142	
1	400	3.53	3.64	16.36	182	
1	800	4.24	4.37	15.63	219	
稳定	800	4.37				

5. 试验报告(同 T 0137—1993)

十八、土的标准吸湿含水率试验(T 0172—2007)

1. 目的和适用范围

本试验方法适用于在温度为 20℃ ±2℃、相对湿度为 60% ±5% 标准条件下,进行土样标准吸湿含水率的测定,同时也可间接确定土样或水泥等细粒材料比表面等性质。

2. 仪器设备

（1）烘箱：可采用电热烘箱或温度能保持在 105～110℃下的其他能源烘箱，也可用红外线烘箱。

（2）天平：感量 0.001g。

（3）称量盒：采用铝盒。土样水分蒸发速度与铝盒的直径成正相关，与铝盒的高度成反相关。以直径不大于 6cm，高度不大于 1.5cm 为宜。

（4）试验装置：盛有氯化钙或其他干燥剂的干燥缸，或恒温恒湿箱等。

3. 试剂

用蒸馏水配置溴化钠饱和盐溶液 1000mL。溴化钠饱和盐溶液中可以略有结晶，充分保证盐溶液处于饱和状态。

4. 试验步骤

（1）干燥缸法

①将洁净的铝盒置于 105～110℃恒温下烘 3～4h，取出在干燥缸中冷却至室温，立即称量。如此反复操作，直至恒量为止（前后两次质量相差不大于 0.001g），记下铝盒质量。

②取具有代表性的天然土体试样约 4g，土样应用小刀切削为薄片状，置于已知质量（m_0）的小铝盒中，将土样平铺盒底，盖紧盒盖称量盒与湿土总质量（m_1）。

③揭开盒盖，直接将装有土样的小铝盒放置在饱和盐溶液上的多孔板上。

④每天取出土样测读一次读数，记下盒与湿土总质量，直到试样恒量为止，测记吸湿后盒与恒定湿土总质量（m_2），准确至 0.001g。

⑤将恒量的土样放入烘箱中，在温度 105～110℃恒温下烘焙 8h。

⑥取出铝盒，将盒盖盖好，放入盛有 $CaCl_2$ 的干燥器中放置冷却至室温（一般只需 0.5～1h 即可），立即称量。

⑦再将铝盒放入烘箱中，在温度 105～110℃恒温下烘焙 3～4h。取出铝盒，将盒盖盖好，放入盛有 $CaCl_2$ 的干燥器中放置冷却至室温，立即称量。如此反复操作直至恒量为止，记下质量（m_3），准确至 0.001g。

（2）恒温恒湿箱法

①将溴化钠饱和盐溶液 1000mL 放置于恒温恒湿箱底部。

②将洁净的铝盒置于 105～110℃恒温下烘 3～4h，取出在干燥缸中冷却至室温，立即称量。如此反复操作，直至恒量为止（前后两次质量相差不大于 0.001g），记下铝盒质量。

③取具有代表性的天然土体试样约 4g，土样应用小刀切削为薄片状，置于已知质量（m_0）的小铝盒中，将土样平铺盒底，盖紧盒盖称量盒与湿土总质量（m_1）。

④揭开盒盖，将装有土样的铝盒放入恒温恒湿箱中。

⑤盖上恒湿箱盖板，使之密封。

⑥每天取出土样测读一次读数，记下盒与湿土总质量，直到试样恒量为止，测记吸湿后盒与恒定湿土总质量（m_2），准确至 0.001g。

⑦将恒量的土样放入烘箱中，在温度 105～110℃恒温下烘焙 8h。

⑧取出铝盒，将盒盖盖好，放入盛有 $CaCl_2$ 的干燥器中放置冷却至室温（一般只需 0.5～1h 即可），立即称量。

⑨再将铝盒放入烘箱中，在温度 105～110℃恒温下烘焙 3～4h。取出铝盒，将盒盖盖好，放入盛有 $CaCl_2$ 的干燥器中放置冷却至室温，立即称量。如此反复操作直至恒量为止，记下质

量(m_3),准确至0.001g。

5. 结果整理

(1)计算标准吸湿含水率。

$$w_a = \frac{m_2 - m_3}{m_3 - m_0} \times 100 \tag{2-110}$$

式中:w_a——标准吸湿含水率(%),计算至0.01;

m_0——铝盒质量(g);

m_2——吸湿后盒与湿土总质量(g);

m_3——烘干后的盒与土总质量(g);

$m_2 - m_3$——最大吸湿水质量(g);

$m_3 - m_0$——试验干土质量(g)。

(2)试验记录格式如表2-48。

标准吸湿含水率记录表　　表2-48

取土深度＿＿＿＿＿＿　土样说明＿＿＿＿＿＿

盒　号		
吸湿后盒+湿土总质量 m_2(g)	35.605	35.451
烘干后盒+干土总质量 m_3(g)	34.162	34.023
盒质量 m_0(g)	20.000	20.000
最大吸水质量 $m_2 - m_3$(g)	1.443	1.428
干土质量 $m_3 - m_0$(g)	14.162	14.023
标准吸湿含水率 w_a(%)	10.19	10.18
平均标准吸湿含水率 $\overline{w}_a$(%)	10.19	

(3)本试验需要进行平行测定,平行试验容许误差0.2%,取算术平均值。

6. 试验报告

(1)土的鉴别分类和代号。

(2)土的标准吸湿含水率 w_a(%)值。

十九、黄土湿陷试验(T 0139、T 0173 ~ T 0175)

(一)相对下沉系数试验(T 0139—2007)

1. 目的和适用范围

本试验的目的是测定黄土(黄土类土)的大孔隙比和相对下沉系数。

注:单线法符合黄土变形的实际情况,为标准方法。双线法简便,工作量小,但与变形的实际情况不完全符合。

2. 仪器设备

(1)固结仪(图2-69):试样面积30cm^{2}和50cm^2,高2cm。

(2)环刀:直径为61.8mm和79.8mm,高度为20mm。环刀应具有一定的刚度,内壁应保持较高的光洁度,宜涂一薄层硅脂或聚四氟乙烯。

(3)透水石:由氧化铝或不受土腐蚀的金属材料组成,其透水系数应大于试样的渗透系数。用固定式容器时,顶部透水石直径小于环刀内径0.2~0.5mm;当用浮环式容器时,上下部透水石直径相等。

(4)变形量测设备:量程 10mm,最小分度为 0.01mm 的百分表或零级位移传感器。

(5)其他:天平、秒表、烘箱、钢丝锯、刮土刀、铝盒等。

3. 试样

为判定黄土(黄土类土)的下沉性质,应切取三个原状土样。切土时应使土样受荷方向与天然土层受荷方向一致,并记录和描述土样的层次、颜色和有无杂质等。各试样间的密度差值不得大于 0.03g/cm^3,并测定试样含水率。

注:一个试样用于测定孔隙比或垂直变形与压力的关系,另两个试样用于测定大孔隙比与压力的关系。

4. 试验步骤

(1)单线法

①切取 5 个环刀试样,分别将切好的原状土样的环刀外壁涂一薄层凡士林,然后将刀口向下放入护环内。

②将底盘放入容器内,底盘上放透水石和滤纸,借助提环螺丝将护环放入容器中,土样上面覆以滤纸和透水石,然后放下加压导环和传压活塞,使各部密切接触,保持平衡。

③将加压容器置于加压框架正中,密合传压活塞及横梁,预加 1.0kPa 的压力,使固结仪各部密切接触,装好百分表,并调整读数至零。

④对 5 个试样均在天然湿度下分级加压,分别加至不同的规定压力,按下述步骤进行试验,直至试样湿陷变形稳定为止。

a. 去掉预加荷载,立即加上第一级荷载 50kPa,在加上砝码的同时开动秒表,按下述时间读百分表读数:10min、20min、30min,以后每 1h 读数一次,直至达到稳定沉降为止。然后加第二级荷载。沉降稳定的标准是每小时变形量不超过 0.01mm。

b. 第二级荷载为 100kPa,以后顺次为 150kPa、200kPa、400kPa,加压间隔为 50kPa。荷载加上后,按步骤 a 规定的时间记录百分表读数至沉降稳定为止。

c. 5 个试样分别在最后一级压力下,达到沉降稳定,稳定标准为每小时变形不大于0.01mm。而后自试样顶面加水,按步骤 a 规定的时间间隔记录百分表读数至再度达沉降稳定。稳定标准为每 3d 变形不大于 0.01mm。

⑤记读最后一级荷载下达到假定沉降后的百分表读数。拆除仪器,取下试样,测定其含水率和干密度。

⑥如须测定大孔隙比与压力的关系,用从同一块土切取的另外两个性质相同土样,测定其密度和含水率。并按上述步骤安装仪器并进行试验。但第一个试样在整个过程中应保持其天然含水率。为此,需用湿棉花覆盖在传压活塞周围。第二个试样在 50kPa 压力下达到沉降稳定,稳定标准为每小时变形不大于 0.01mm。而后自试样顶面加水,直至试样分别在各级压力下浸水变形稳定。稳定标准为每 3d 变形不大于 0.01mm。

⑦为求实际压力下的大孔隙比及相对下沉系数,可按步骤④中 b、c 和步骤⑤进行试验,并在加荷至计算压力下浸水,求其在该荷载下的大孔隙比及相对下沉系数,或在不同荷载下进行试验,求大孔隙比及相对下沉系数的实际最大值。

⑧试验完毕,放掉容器的积水,拆除仪器,取出土样。在试样中心处取土测定其含水率。

(2)双线法

①切取两个环刀试样,分别将切好的原状土样的环刀外壁涂一薄层凡士林,然后将刀口向下放入护环内。

②将底盘放入容器内,底盘上放透水石和滤纸,借助提环螺丝将护环放入容器中,土样上面覆以滤纸和透水石,然后放下加压导环和传压活塞,使各部密切接触,保持平衡。

③将加压容器置于加压框架正中,密合传压活塞及横梁,预加 1.0kPa 的压力,使固结仪各部密切接触,装好百分表,并调整读数至零。

④一个试样在天然湿度下按下述分级加压,直至湿陷变形稳定为止。

a. 去掉预加荷载,立即加上第一级荷载 50kPa,在加上砝码的同时开动秒表,按下述时间读百分表读数:10min、20min、30min,以后每 1h 读数一次,直至达到稳定沉降为止。然后加第二级荷载。沉降稳定的标准是每小时变形量不超过 0.01mm。

b. 第二级荷载为 100kPa,以后顺次为 150kPa、200kPa、400kPa,加压间隔为 50kPa。荷载加上后,按上述 a 中规定的时间记录百分表读数至沉降稳定为止。

c. 试样在最后一级压力下,达到沉降稳定,稳定标准为每小时变形不大于 0.01mm。再自试样顶面加水,按上述 a 中规定的时间间隔记录百分表读数至再度达浸水沉降稳定。稳定标准为每 3d 变形不大于 0.01mm。

⑤另一个试样在天然湿度下施加第一级压力 50kPa,按步骤④中 a 规定的时间间隔记录百分表读数,直至变形稳定,稳定标准为每小时变形不大于 0.01mm。而后浸水,再分级加压、记录百分表读数,直至试样在各级压力下浸水变形稳定为止。稳定标准为每 3d 变形不大于 0.01mm。

⑥记读最后一级荷载下达到假定沉降后的百分表读数。拆除仪器,取下试样,测定其含水率和干密度。

⑦为求实际压力下的大孔隙比及相对下沉系数,可按步骤④中 b 和 c 以及步骤⑥进行试验,并在加荷至计算压力下浸水,求其在该荷载下的大孔隙比及相对下沉系数,或在不同荷载下进行试验,求大孔隙比及相对下沉系数的实际最大值。

⑧试验完毕,放掉容器的积水,拆除仪器,取出土样。在试样中心处取土测定其含水率。

5. 结果整理

(1)计算试样的孔隙比。

$$e = \frac{h}{h_s} - 1 \tag{2-111}$$

$$h_s = \frac{h_0}{1 + e_0} \tag{2-112}$$

式中:e——试样的孔隙比,计算至 0.001;

e_0——试验开始时试样的孔隙比;

h_s——试样土粒体积高度(mm),计算至 0.001;

h——试样高度(mm);

h_0——试验开始时试样的高度(mm)。

(2)计算大孔隙比(图 2-74)。

$$e_m = e_p - e'_p \tag{2-113}$$

式中:e_m——大孔隙比,计算至 0.001;

e_p——p(kPa)压力时浸水前试样的稳定孔隙比;

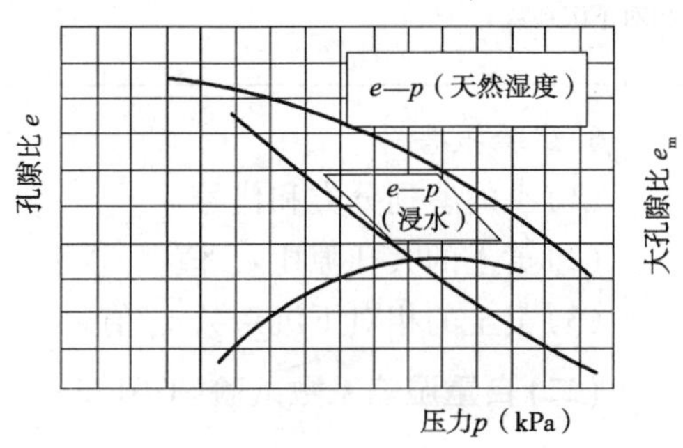

图 2-74　e—p 和 e_m—p 关系曲线

e'_p——p(kPa)压力时浸水后试样的稳定孔隙比。

(3)计算相对下沉系数。

$$i_m = \frac{e_m}{1 + e_0} \tag{2-114}$$

式中:i_m——相对下沉系数,计算至0.01;

e_m——大孔隙比,计算至0.001;

e_0——试验开始时孔隙比。

(4)试验记录格式如表2-49。

黄土湿陷试验记录(相对下沉系数) 表2-49

取土深度________ 土样描述________

试样原始高度 h = 20mm 试样原始孔隙比 e_0 = 1.114 试样土粒体积高度 $h_s = \frac{h_0}{1+e_0}$ = 9.461mm

压力(kPa)	50		100		150		200		200(在浸水下)	
	时间	读数	时间	读数	时间	读数	时间	读数	时间	读数
测值	9:30 9:40 9:50 10:00 10:30 11:00	0.000 0.223 0.240 0.242 0.247 0.250	11:00 11:10 11:20 11:30 12:00 12:30 13:00	0.250 0.378 0.389 0.391 0.400 0.405 0.408	13:00 13:10 13:20 13:30 14:00 14:30 15:00 15:30	0.408 0.527 0.541 0.549 0.558 0.563 0.568 0.570	15:30 15:40 15:50 16:00 16:30 17:00 17:30 18:00	0.570 0.700 0.720 0.730 0.749 0.756 0.761 0.766	18:00 18:10 18:20 18:30 19:00 19:30 20:00 20:30 21:00 23:00	0.766 2.030 2.070 2.090 2.118 2.135 2.143 2.150 2.157 2.160
总变形量(mm)	0.250		0.408		0.570		0.766		2.160	
仪器变形量(mm)	0.021		0.029		0.034		0.037		0.037	
试样变形量(mm)	0.229		0.279		0.536		0.729		2.123	
试样高度 h(mm)	19.771		19.621		19.464		19.271		17.877	
孔隙比 e	1.090		1.074		1.057		1.037		0.89	
大孔隙比 e_m	$e_m = e_p - e'_p = 1.037 - 0.89 = 0.147$									
相对下沉系数 i_m	$i_m = \frac{e_m}{1+e_0} = \frac{0.147}{1+1.114} = 0.07$									

6. 试验报告

(1)土的鉴别分类和代号。

(2)黄土的大孔隙比 e_m 值。

(3)黄土的相对下沉系数 i_m 值。

(二)自重湿陷系数试验(T 0173—2007)

1. 目的和适用范围

本试验的目的是测定黄土(黄土类土)的自重湿陷系数。

2. 仪器设备(同 T 0139—2007)

3. 原状土试件制备

(1)按土样上下层次小心开启原状土包装皮,将土样取出放正,整平两端。在环刀内壁涂一薄层凡士林,刀口向下,放在土样上。无特殊要求时,切土方向应与天然土层层面垂直。

(2)将试验用的切土环刀内壁涂一薄层凡士林,刀口向下,放在试件上,用切土刀将试件削成略大于环刀直径的土柱。然后将环刀垂直向下压,边压边削,至土样伸出环刀上部为止,削平环刀两端,擦净环刀外壁,称环土合质量,准确至 0.1g,并测定环刀两端所削下土样的含水率。试件与环刀要密合,否则应重取。

切削过程中,应细心观察并记录试件的层次、气味、颜色,有无杂质,土质是否均匀,有无裂缝等。

如连续切取数个试件,应使含水率不发生变化。

视试件本身及工程要求,决定试件是否进行饱和。如不立即进行试验或饱和时,则将试件暂存于保湿器内。

切取试件后,剩余的原状土样用蜡纸包好置于保湿器内,以备补做试验之用。切削的余土做物理性试验。平行试验或同一组试件密度差值不大于 ±0.1g/cm^3,含水率差值不大于2%。

4. 试验步骤

(1)单线法

①切取 5 个环刀试样,分别将切好的原状土样的环刀外壁涂一薄层凡士林,然后将刀口向下放入护环内。

②将底盘放入容器内,底盘上放透水石和滤纸,借助提环螺丝将护环放入容器中,土样上面覆以滤纸和透水石,然后放下加压导环和传压活塞,使各部密切接触,保持平衡。

③将加压容器置于加压框架正中,密合传压活塞及横梁,预加 1.0kPa 的压力,使固结仪各部密切接触,装好百分表,并调整读数至零。

④将土的饱和自重压力大致均分规定为 5 级压力,分别施加在 5 个试样上。当施加的压力小于或等于 50kPa 时,可一次施加;当压力大于 50kPa 时,应分级施加,每级压力不大于 50kPa,每级压力时间不少于 15min,如此连续加至规定压力。加压后每隔 1h 测记一次变形读数,直到每小时试样变形量不超过 0.01mm 为止。

⑤向容器内注入纯水,水面应高出试样顶面,每隔 1h 测记一次变形读数,分别测记 5 个试样浸水变形稳定读数后的百分表读数。直至试样浸水变形稳定为止。稳定标准为每 3d 变形不大于 0.01mm。

⑥拆除仪器,取下试样,测定其含水率和干密度。

(2)双线法

①切取两个环刀试样,分别将切好的原状土样的环刀外壁涂一薄层凡士林,然后将刀口向下放入护环内。

②将底盘放入容器内,底盘上放透水石和滤纸,借助提环螺丝将护环放入容器中,土样上面覆以滤纸和透水石,然后放下加压导环和传压活塞,使各部密切接触,保持平衡。

③将加压容器置于加压框架正中,密合传压活塞及横梁,预加 1.0kPa 的压力,使固结仪各部密切接触,装好百分表,并调整读数至零。

④在一个试样上施加土的饱和自重压力,当饱和自重压力小于或等于 50kPa 时,可一次施

加；当压力大于 50kPa 时，应分级施加，每级压力不大于 50kPa，每级压力时间不少于 15min，如此连续加至饱和自重压力。加压后每隔 1h 测记一次变形读数，直到每小时试样变形量不超过 0.01mm 为止。再自试样顶面加水，每隔 1h 测记一次变形读数。测记浸水沉降稳定百分表读数。稳定标准为每 3d 变形不大于 0.01mm。

⑤在另一个试样上施加第一个 50kPa 压力，每隔 1h 测记一次变形读数，直至试样每小时试样变形量不超过 0.01mm 为止。再向容器内注入纯水，水面应高出试样顶面，当饱和自重压力小于或等于 50kPa 时，可一次施加；当压力大于 50kPa 时，应分级施加，每级压力不大于 50kPa，每级压力时间不少于 15min，如此连续加至饱和自重压力。加压后每隔 1h 测记一次变形读数，直到试样浸水变形稳定为止。稳定标准为每 3d 变形不大于 0.01mm。

⑥试验完毕，放掉容器的积水，拆除仪器，取出土样。在试样中心处取土测定其含水率和干密度。

5. 结果整理

(1) 计算自重湿陷系数。

$$\delta_{zs} = \frac{h_z - h'_z}{h_0} \tag{2-115}$$

式中：δ_{zs}——自重湿陷系数，计算至 0.001；

h_z——在饱和自重压力下，试样变形稳定后的高度(mm)；

h'_z——在饱和自重压力下，试样浸水湿陷变形稳定后的高度(mm)；

h_0——试样的初始高度(mm)。

(2) 试验记录格式如表 2-50。

黄土湿陷试验记录(自重湿陷系数) 表 2-50

试样编号__________ 环刀号__________

仪 器 号__________ 试样初始高度__________(mm)

饱和自重压力计算								试验测试		
层数	密度(g/cm^3)	含水率(%)	比重	孔隙率(%)	饱和密度(g/cm^3)	层厚(m)	土层自重压力(kPa)	经过时间(min)	百分表读数	
									自重压力(kPa)	浸水(mm)
	(1)	(2)	(3)	$(4)=1-\frac{(1)}{(3)\times[1+(2)]}$	$(5)=\frac{(1)}{1+(2)}+0.85\times(4)$	(6)	$(7)=9.81\times(6)\times(5)$			
								稳定读数		
自重压力(kPa) ∑(7)								自重湿陷系数		

6. 试验报告

(1) 土的鉴别分类和代号。

(2) 黄土的自重湿陷系数 δ_{zs} 值。

(三) 溶滤变形系数试验(T 0174—2007)

1. 目的和适用范围

本试验的目的是测定黄土(黄土类土)的湿陷变形系数和溶滤变形系数。

2. 仪器设备(同 T 0139—2007)

3. 原状土试件制备(同 T 0173—2007)

4. 试验步骤

(1)单线法

①切取 5 个环刀试样,分别将切好的原状土样的环刀外壁涂一薄层凡士林,然后将刀口向下放入护环内。

②将底盘放入容器内,底盘上放透水石和滤纸,借助提环螺丝将护环放入容器中,土样上面覆以滤纸和透水石,然后放下加压导环和传压活塞,使各部密切接触,保持平衡。

③将加压容器置于加压框架正中,密合传压活塞及横梁,预加 1.0kPa 的压力,使固结仪各部密切接触,装好百分表,并调整读数至零。

④对 5 个试样均在天然湿度下分级加压,分别加至不同的规定压力,按下述步骤进行试验,直至试样湿陷变形稳定为止。

a. 去掉预加荷载,立即加上第一级荷载 50kPa,在加上砝码的同时开动秒表,按下述时间读百分表读数:10min、20min、30min,以后每 1h 读数一次,直至达到稳定沉降为止。然后加第二级荷载。沉降稳定的标准是每小时变形量不超过 0.01mm。

b. 第二级荷载为 100kPa,以后顺次为 150kPa、200kPa、400kPa,加压间隔为 50kPa。荷载加上后,按步骤 a 规定的时间记录百分表读数至沉降稳定为止。

c. 5 个试样分别在最后一级压力下,达到沉降稳定后,自试样顶面加水,按步骤 a 规定的时间间隔记录百分表读数至再度达沉降稳定。

⑤继续用水渗透,每隔 2h 测记一次变形读数,24h 后每天测记 1 ~ 3 次,直至每 3d 变形不大于 0.01mm 为止。

⑥测记试样溶滤变形稳定的百分表读数。拆除仪器,取下试样,测定其含水率和干密度。

(2)双线法

①切取两个环刀试样,分别将切好的原状土样的环刀外壁涂一薄层凡士林,然后将刀口向下放入护环内。

②将底盘放入容器内,底盘上放透水石和滤纸,借助提环螺丝将护环放入容器中,土样上面覆以滤纸和透水石,然后放下加压导环和传压活塞,使各部密切接触,保持平衡。

③将加压容器置于加压框架正中,密合传压活塞及横梁,预加 1.0kPa 的压力,使固结仪各部密切接触,装好百分表,并调整读数至零。

④一个试样在天然湿度下按下述分级加压,直至湿陷变形稳定为止。

a. 去掉预加荷载,立即加上第一级荷载 50kPa,在加上砝码的同时开动秒表,按下述时间读百分表读数:10min、20min、30min,以后每 1h 读数一次,直至达到稳定沉降为止。然后加第二级荷载。沉降稳定的标准是每小时变形量不超过 0.01mm。

b. 第二级荷载为 100kPa,以后顺次为 150kPa、200kPa、400kPa,加压间隔为 50kPa。荷载加上后,按步骤 a 规定的时间记录百分表读数至沉降稳定为止。

c. 试样在最后一级压力下,达到沉降稳定后,自试样顶面加水,按上述 a 规定的时间间隔记录百分表读数至再度达沉降稳定。

⑤另一个试样在天然湿度下施加第一级压力 50kPa,按步骤④中 a 规定的时间间隔记录百分表读数,待变形稳定后浸水。按步骤④中 a 规定的时间间隔记录百分表读数,直至第一级压力下湿陷稳定后,再分级加压、记录百分表读数,直至试样在各级压力下浸水变形稳定为止。

⑥继续用水渗透，每隔2h测记一次变形读数，24h后每天测记1～3次，直至每3d变形不大于0.01mm为止。

⑦测记试样溶滤变形稳定的百分表读数。拆除仪器，取下试样，测定其含水率和干密度。

5. 结果整理

（1）计算溶滤变形系数。

$$\delta_{wt} = \frac{h_z - h_s}{h_0} \tag{2-116}$$

式中：δ_{wt}——溶滤变形系数，计算至0.001；

h_z——在某级压力下，试样浸水湿陷变形稳定后的高度（mm）；

h_s——在某级压力下，长期渗透而引起的溶滤变形稳定后的试样高度（mm）；

h_0——试样的初始高度（mm）。

（2）试验记录格式如表2-51。

黄土湿陷试验记录（溶滤变形系数）　　表2-51

试样含水率________　试样密度________　土粒比重________

试验方法________　试样初始高度________ mm

压力（kPa） 变形读数（mm）	浸水湿陷		浸水溶滤	
	时间	读数	时间	读数
总变形量				
仪器变形量				
试样变形量				
试样高度				
溶滤变形系数 $\delta_{wt} = \frac{h_z - h_s}{h_0}$				

6. 试验报告

（1）土的鉴别分类和代号。

（2）黄土的溶滤变形系数 δ_{wt} 值。

（四）湿陷起始压力试验（T 0175—2007）

1. 目的和适用范围

本试验的目的是测定黄土（黄土类土）的湿陷起始压力。

2. 仪器设备（同T 0139—2007）

3. 原状土试件制备（同T 0173—2007）

4. 试验步骤

（1）单线法

①切取5个环刀试样，分别将切好的原状土样的环刀外壁涂一薄层凡士林，然后将刀口向下放入护环内。

②将底盘放入容器内，底盘上放透水石和滤纸，借助提环螺丝将护环放入容器中，土样上

面覆以滤纸和透水石，然后放下加压导环和传压活塞，使各部密切接触，保持平衡。

③将加压容器置于加压框架正中，密合传压活塞及横梁，预加 1.0kPa 的压力，使固结仪各部密切接触，装好百分表，并调整读数至零。

④对 5 个试样均在天然湿度下分级加压，分别加至不同的规定压力，按下述步骤进行试验，直至试样湿陷变形稳定为止。

a. 去掉预加荷载，立即加上第一级荷载 50kPa，在加上砝码的同时开动秒表，按下述时间读百分表读数：10min、20min、30min，以后每 1h 读数一次，直至达到稳定沉降为止。然后加第二级荷载。沉降稳定的标准是每小时变形量不超过 0.01mm。

b. 第二级荷载为 100kPa，以后顺次为 150kPa、200kPa、400kPa，加压间隔为 50kPa。荷载加上后，按步骤 a 规定的时间记录百分表读数至沉降稳定为止。

c. 5 个试样分别在最后一级压力下，达到沉降稳定后，自试样顶面加水，按步骤 a 规定的时间间隔记录百分表读数至再度达变形稳定。稳定标准为 72h 变形不大于 0.01mm。

⑤记读最后一级荷载下达到假定沉降后的百分表读数。拆除仪器，取下试样，测定其含水率和干密度。

(2) 双线法

①切取两个环刀试样，分别将切好的原状土样的环刀外壁涂一薄层凡士林，然后将刀口向下放入护环内。

②将底盘放入容器内，底盘上放透水石和滤纸，借助提环螺丝将护环放入容器中，土样上面覆以滤纸和透水石，然后放下加压导环和传压活塞，使各部密切接触，保持平衡。

③将加压容器置于加压框架正中，密合传压活塞及横梁，预加 1.0kPa 的压力，使固结仪各部密切接触，装好百分表，并调整读数至零。

④一个试样在天然湿度下按下述分级加压，直至湿陷变形稳定为止。

a. 去掉预加荷载，立即加上第一级荷载 50kPa，在加上砝码的同时开动秒表，按下述时间读百分表读数：10min、20min、30min，以后每 1h 读数一次，直至达到稳定沉降为止。然后加第二级荷载。沉降稳定的标准是每小时变形量不超过 0.01mm。

b. 第二级荷载为 100kPa，以后顺次为 150kPa、200kPa、400kPa，加压间隔为 50kPa。荷载加上后，按步骤 a 规定的时间记录百分表读数至沉降稳定为止。

c. 试样在最后一级压力下，达到沉降稳定，稳定标准为每小时变形不大于 0.01mm。而后自试样顶面加水，按步骤 a 规定的时间间隔记录百分表读数至再度达沉降稳定，稳定标准为每 3d 变形不大于 0.01mm。

⑤另一个试样在天然湿度下施加第一级压力 50kPa，按步骤④中 a 规定的时间间隔记录百分表读数，待变形稳定，稳定标准为每小时变形不大于 0.01mm。而后浸水，按步骤④中 a 规定的时间间隔记录百分表读数，直至第一级压力下浸水变形稳定，再分级加压、记录百分表读数，直至试样在各级压力下浸水变形稳定为止。稳定标准为每 3d 变形不大于 0.01mm。

⑥记读最后一级荷载下达到假定沉降后的百分表读数。拆除仪器，取下试样，测定其含水率和干密度。

5. 结果整理

(1) 计算各级压力下的湿陷系数。

$$\delta_{sp} = \frac{h_{pn} - h_{pw}}{h_0} \tag{2-117}$$

式中：δ_{sp}——各级压力下的湿陷系数，计算至0.001；

h_{pw}——在各级压力下试样浸水变形稳定后的高度(mm)；

h_{pn}——在各级压力下试样变形稳定后的高度(mm)；

h_0——试样的初始高度(mm)。

以压力为横坐标、湿陷系数为纵坐标，绘制压力与湿陷系数关系曲线(图2-75)，湿陷系数为0.015所对应的压力即为湿陷起始压力。

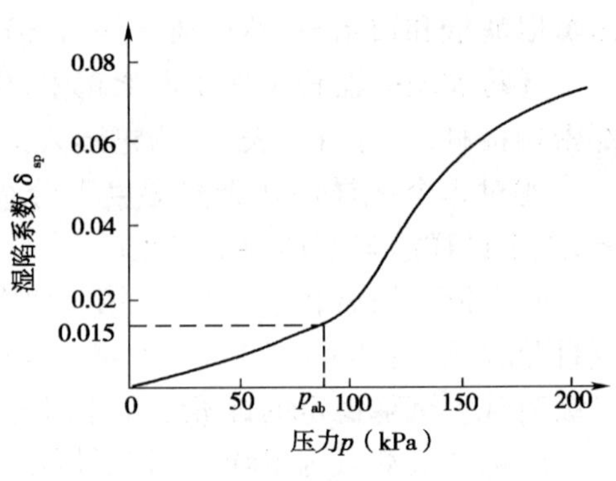

图2-75　湿陷系数与压力关系曲线

(2)试验记录格式如表2-52。

黄土湿陷试验记录(湿陷起始压力)　　表2-52

试样编号______ 环刀号______ 试样初始高度______(mm)								环刀号______ 试样初始高度______(mm)						
经过时间(min)	天然状态　仪器号______							浸水状态　仪器号______						
	50(25)(kPa)	100(50)(kPa)	150(75)(kPa)	200(100)(kPa)	250(150)(kPa)	300(200)(kPa)	浸水	50(25)(kPa)	浸水	100(50)(kPa)	150(75)(kPa)	200(100)(kPa)	250(150)(kPa)	300(200)(kPa)
	百分表读数(mm)							百分表读数(mm)						
仪器变形量														
试样变形量														
湿陷系数														

6. 试验报告

(1)土的鉴别分类和代号。

(2)黄土的各级压力下的湿陷系数δ_{sp}值。

二十、土的直接剪切试验(T 0140～T 0143、T 0176)

(一)黏质土的慢剪试验(T 0140—1993)

1. 目的和适用范围

本试验方法适用于测定黏质土的抗剪强度指标。

注：慢剪试验是在试样上施加垂直压力及水平剪切力的过程中均匀地使试样排水固结。如在施工期和工程使用期有充分时间允许排水固结，则可采用慢剪试验。

2. 仪器设备

(1)应变控制式直剪仪：由剪切盒、垂直加荷设备、剪切传动装置、测力计和位移量测系统组成，如图2-76所示。

(2)环刀：内径61.8mm，高20mm。

(3)位移量测设备：百分表或传感器。百分表量程为10mm，分度值为0.01mm；传感器的精度应为零级。

3. 试样

(1)原状土试样制备

①每组试样制备不得少于4个。

②按土样上下层次小心开启原状土包装皮，将土样取出放正，整平两端。在环刀内壁涂一薄层凡士林，刀口向下，放在土样上。无特殊要求时，切土方向应与天然土层层面垂直。

③将试验用的切土环刀内壁涂一薄层凡士林，刀口向下，放在试件上，用切土刀将试件削成略大于环刀直径的土柱。然后将环刀垂直向下压，边压边削，至土样伸出环刀上部为止，削平环刀两端，擦净环刀外壁，称环土合质量，准确至0.1g，并测定环刀两端所削下土样的含水率。试件与环刀要密合，否则应重取。

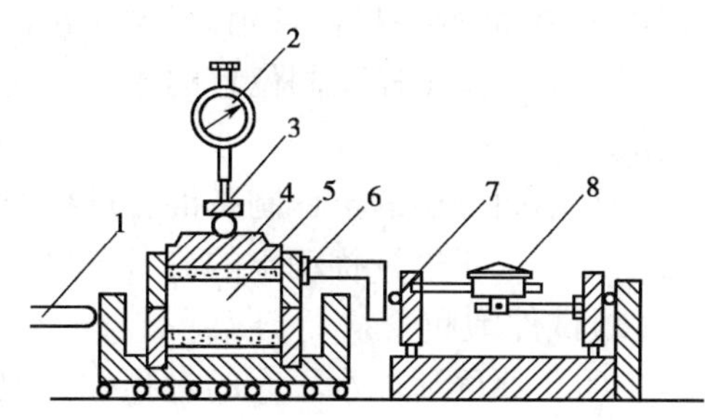

图2-76　应变控制式直剪仪示意图

1-推动座；2-垂直位移百分表；3-垂直加荷框架；4-活塞；5-试样；6-剪切盒；7-测力计；8-测力百分表

切削过程中，应细心观察并记录试件的层次、气味、颜色，有无杂质，土质是否均匀，有无裂缝等。

如连续切取数个试件，应使含水率不发生变化。

视试件本身及工程要求，决定试件是否进行饱和。如不立即进行试验或饱和时，则将试件暂存于保湿器内。

切取试件后，剩余的原状土样用蜡纸包好置于保湿器内，以备补做试验之用。切削的余土做物理性试验。平行试验或同一组试件密度差值不大于$\pm 0.1 g/cm^3$，含水率差值不大于2%。

(2)细粒土扰动土样的制备程序

①将扰动土样进行土样描述，如颜色、土类、气味及夹杂物等。如有需要，将扰动土样充分拌匀，取代表性土样进行含水率测定。

②将块状扰动土放在橡皮板上用木碾或粉碎机碾散，但切勿压碎颗粒。如含水率较大不能碾散时，应风干至可碾散时为止。

③根据试验所需土样数量，将碾散后的土样过筛。物理性试验如液限、塑限、缩限等试验，需过0.5mm筛；常规水理及力学试验土样，需过2mm筛；击实试验土样的最大粒径必须满足击实试验采用不同击实筒试验时的土样中最大颗粒粒径的要求。按规定过标准筛后，取出足够数量的代表性试样，然后分别装入容器内，标以标签。标签上应注明工程名称、土样编号、过筛孔径、用途、制备日期和人员等，以备各项试验之用。若系含有多量粗砂及少量细粒土(泥砂或黏土)的松散土样，应加水润湿松散后，用四分法取出代表性试样；若系净砂，则可用匀土器取代表性试样。

④为配制一定含水率的试样，取过2mm筛的足够试验用的风干土1～5kg。按下式计算制备土样所需加水量。

$$m_w = \frac{m}{1 + 0.01 w_h} \times 0.01(w - w_h) \tag{2-118}$$

式中：m_w——土样所需加水量(g)；

m——风干含水率时的土样质量(g)；

w_h——风干含水率(%)；

w——土样所要求的含水率(%)。

将所取土样平铺于不吸水的盘内，用喷雾设备喷洒预计的加水量，并充分拌和；然后装入容器内盖紧,润湿一昼夜备用(砂类土浸润时间可酌量缩短)。

⑤测定湿润土样不同位置的含水率(至少两个以上),要求差值满足含水率测定的允许平行差值。

⑥对不同土层的土样制备混合试样时,应根据各土层厚度,按比例计算相应质量配合,然后按步骤①~④进行扰动土的制备工序。

(3)试件饱和

土的孔隙逐渐被水填充的过程称为饱和。孔隙被水充满时的土,称为饱和土。

根据土的性质,决定饱和方法:

砂类土:可直接在仪器内浸水饱和。

较易透水的黏性土:即渗透系数大于 10^{-4}cm/s 时,采用毛细管饱和法较为方便,或采用浸水饱和法。

不易透水的黏性土:即渗透系数小于 10^{-4}cm/s 时,采用真空饱和法。如土的结构性较弱,抽气可能发生扰动,不宜采用。

4. 试验步骤

(1)对准剪切容器上下盒,插入固定销,在下盒内放透水石和滤纸,将带有试样的环刀刃向上,对准剪盒口,在试样上放滤纸和透水石,将试样小心地推入剪切盒内。

(2)移动传动装置,使上盒前端钢珠刚好与测力计接触,依次加上传压板、加压框架,安装垂直位移量测装置,测记初始读数。

(3)根据工程实际和土的软硬程度施加各级垂直压力,然后向盒内注水;当试样为非饱和试样时,应在加压板周围包以湿棉花。

(4)施加垂直压力,每 1h 测记垂直变形一次。试样固结稳定时的垂直变形值为:黏质土垂直变形每 1h 不大于 0.005mm。

(5)拔去固定销,以小于 0.02mm/min 的速度进行剪切,并每隔一定时间测记测力计百分表读数,直至剪损。

(6)估算试样剪损时间。

$$t_{\mathrm{f}} = 50t_{50} \tag{2-119}$$

式中:t_{f}——达到剪损所经历的时间(min);

t_{50}——固结度达到 50% 所需的时间(min)。

(7)当测力计百分表读数不变或后退时,继续剪切至剪切位移为 4mm 时停止,记下破坏值。当剪切过程中测力计百分表无峰值时,剪切至剪切位移达 6mm 时停止。

(8)剪切结束,吸去盒内积水,退掉剪切力和垂直压力,移动压力框架,取出试样,测定其含水率。

5. 结果整理

(1)计算剪切位移。

$$\Delta l = 20n - R \tag{2-120}$$

式中:Δl——剪切位移(0.01mm),计算至 0.1;

n——手轮转数;

R——百分表读数。

(2)计算剪应力。

$$\tau = CR \tag{2-121}$$

式中：τ——剪应力(kPa)，计算至0.1；

R——相应于最大剪应力的百分表读数；

C——测力计校正系数(kPa/0.01mm)。

(3)以剪应力 τ 为纵坐标、剪切位移 Δl 为横坐标，绘制 τ—Δl 关系曲线，如图2-77。

(4)以垂直压力 p 为横坐标、抗剪强度 S 为纵坐标，将每一试样的抗剪强度点绘在坐标纸上，并连成一直线。此直线的倾角为内摩擦角 φ，纵坐标上的截距为黏聚力 c，如图2-78所示。

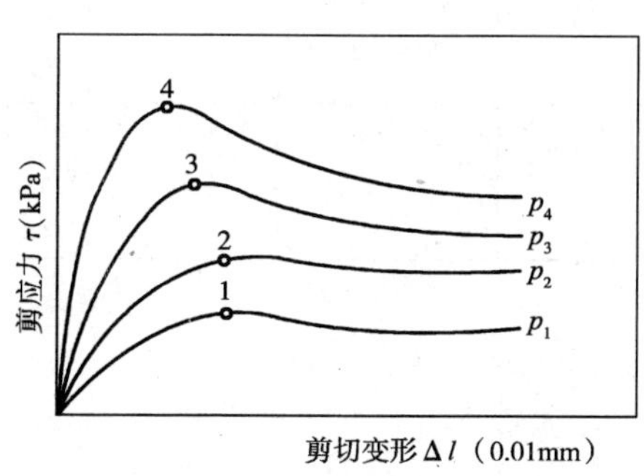

图2-77 剪应力 τ 与剪切位移 Δl 的关系曲线

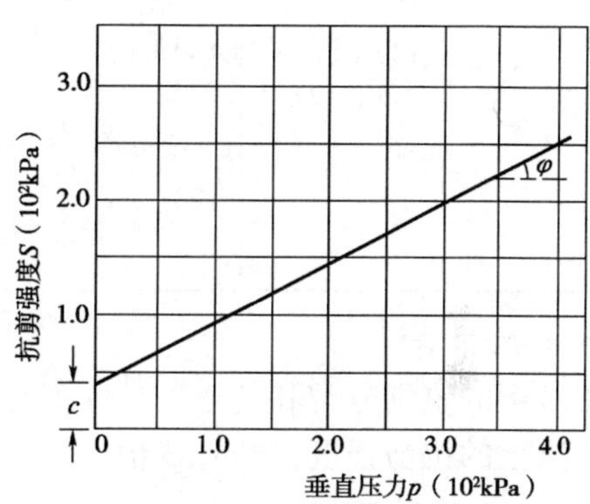

图2-78 抗剪强度与垂直压力的关系曲线

(5)试验记录格式见表2-53和表2-54。

直接剪切试验记录(一) 表2-53

试样编号		1			2			3			4			5		
		起始	饱和后	剪后	起始	饱和后	剪后	起始	饱和后	剪后	起始	饱和后	剪后	起始	饱和后	剪后
湿密度 ρ (g/cm³)	(1)															
含水率 w (%)	(2)															
干密度 ρ_d (g/cm³)	$(3)=\frac{(1)}{1+\frac{(2)}{100}}$															
孔隙比 e	$(4)=\frac{10G_s}{(3)}-1$															
饱和度 S_r (%)	$(5)=\frac{G_s(2)}{(4)}$															
试样描述：		注：①试样系用抽气饱和。 ②饱和后的饱和度：$S_r=\frac{\rho-\rho_d}{\rho_d e}G_s$ ③土粒比重 G_s =________														

直接剪切试验记录(二) 表 2-54

试验方法________ 试样编号________
仪器编号________ 手轮转速________ r/min
垂直压力________ kPa
测力计校正系数 C = ________ kPa/0.01mm

剪切前固结时间________ h 剪切历时____ min ____ s
剪切前压缩量________ mm 抗剪强度________ kPa

手轮转数	测力计百分表读数(0.01mm)	剪切位移(0.01mm)	剪应力(kPa)	垂直位移(0.01mm)	手轮转数	测力计百分表读数(0.01mm)	剪切位移(0.01mm)	剪应力(kPa)	垂直位移(0.01mm)
(1)	(2)	(3) = (1) × 20 − (2)	(4) = (2) × C		(1)	(2)	(3) = (1) × 20 − (2)	(4) = (2) × C	

6. 试验报告

(1)土的鉴别分类和代号。

(2)土的抗剪强度指标 c、φ 值。

(二)黏质土的固结快剪试验(T 0141—1993)

1. 目的和适用范围

本试验方法的目的是测定黏质土的抗剪强度指标,适用于渗透系数小于 10^{-6}cm/s 的黏质土。

注:对于公路高填方边坡,土体有一定湿度,施工中逐步压实固结,可以采用固结快剪试验。

2. 仪器设备(同 T 0140—1993)

3. 试样(同 T 0140—1993)

4. 试验步骤

固结快剪试验的剪切速度为 0.8mm/min,在 3 ~ 5min 内剪损,以尽量避免试样出现排水现象。其余同 T 0140—1993。

5. 结果整理(同 T 0140—1993)

6. 试验报告(同 T 0140—1993)

(三)黏质土的快剪试验(T 0142—1993)

1. 目的和适用范围

本试验方法的目的是测定黏质土的抗剪强度指标,适用于渗透系数小于 10^{-6}cm/s 的黏质土。

注:快剪试验用于在土体上施加荷载和剪切过程中均不发生固结和排水作用的情况。如公路挖方边坡,一般比较干燥,施工期边坡不发生排水固结作用,可以采用快剪试验。对于渗透系数大于 10^{-6}cm/s 的土类,应在三轴仪中进行。

2. 仪器设备(同 T 0140—1993)

3. 试样(同 T 0140—1993)

4. 试验步骤

(1)对准剪切容器上下盒,插入固定销,在下盒内放透水石和滤纸,将带有试样的环刀刃向上，对准剪盒口，在试样上放滤纸和透水石，将试样小心地推入剪切盒内。

(2)移动传动装置，使上盒前端钢珠刚好与测力计接触，依次加上传压板、加压框架，安装垂直位移量测装置，测记初始读数。

(3)根据工程实际和土的软硬程度施加各级垂直压力，然后向盒内注水；当试样为非饱和试样时，应在加压板周围包以湿棉花。

(4)施加垂直压力，拨出固定销立即开动秒表，以0.8mm/min的剪切速度进行。

(5)当测力计百分表读数不变或后退时，继续剪切至剪切位移为4mm时停止，记下破坏值。当剪切过程中测力计百分表无峰值时，剪切至剪切位移达6mm时停止。

(6)剪切结束，吸去盒内积水，退掉剪切力和垂直压力，移动压力框架，取出试样，测定其含水率。

5. 结果整理(同T 0140—1993)

6. 试验报告(同T 0140—1993)

(四)砂类土的直剪试验(T 0143—1993)

1. 目的和适用范围

本试验方法的目的是测定砂类土在不同干密度下的抗剪强度指标，适用于砂类土。

2. 仪器设备(同T 0140—1993)

3. 试样

(1)取过2mm筛的风干砂1200g。

(2)将扰动土样进行土样描述，如颜色、土类、气味及夹杂物等。如有需要，将扰动土样充分拌匀，取代表性土样进行含水率测定。

(3)将块状扰动土放在橡皮板上用木碾或粉碎机碾散，但切勿压碎颗粒。如含水率较大不能碾散时，应风干至可碾散时为止。

(4)根据试验所需土样数量，将碾散后的土样过筛。物理性试验如液限、塑限、缩限等试验，需过0.5mm筛；常规水理及力学试验土样，需过2mm筛；击实试验土样的最大粒径必须满足击实试验采用不同击实筒试验时的土样中最大颗粒粒径的要求。按规定过标准筛后，取出足够数量的代表性试样，然后分别装入容器内，标以标签。标签上应注明工程名称、土样编号、过筛孔径、用途、制备日期和人员等，以备各项试验之用。若为含有多量粗砂及少量细粒土(泥砂或黏土)的松散土样，应加水润湿松散后，用四分法取出代表性试样。若系净砂，则可用匀土器取代表性试样。

(5)为配制一定含水率的试样，取过2mm筛的足够试验用的风干土1～5kg，按T 0102—2007“扰动土样制备的计算”方法计算所需的加水量，然后将所取土样平铺于不吸水的盘内，用喷雾设备喷洒预计的加水量，并充分拌和，然后装入容器内盖紧，润湿一昼夜备用(砂类土浸润时间可酌量缩短)。

(6)测定湿润土样不同位置的含水率(至少两个以上)，要求差值满足含水率测定的允许平行差值。

(7)对不同土层的土样制备混合试样时，应根据各土层厚度，按比例计算相应质量配合，然后按T 0102—2007“细粒土扰动土样的制备程序”进行扰动土的制备。

(8)根据预定的试样干密度称取每个试样的风干砂质量，准确至0.1g。每个试样的质量按下式计算。

$$m = V\rho_d \tag{2-122}$$

式中：V——试样体积(cm^3)；

ρ_d——规定的干密度(g/cm^3)；

m——每一试件所需风干砂的质量(g)。

4. 试验步骤

(1)对准剪切容器上下盒，插入固定销，放入透水石。

(2)将试样倒入剪切容器内，放上硬木块，用手轻轻敲打，使试样达到预定干密度，取出硬木块，拂平砂面。

(3)拔去固定销，进行剪切试验。剪切速度为0.8mm/min，在3～5min内剪损。并每隔一定时间测记测力计百分表读数，直至剪损。

(4)试样剪损时间可按式(2-119)估算。

(5)当测力计百分表读数不变或后退时，继续剪切至剪切位移为4mm时停止，记下破坏值。当剪切过程中测力计百分表无峰值时，剪切至剪切位移达6mm时停止。

(6)剪切结束，吸去盒内积水，退掉剪切力和垂直压力，移动压力框架，取出试样，测定其含水率。

(7)试验结束后，顺次卸除垂直压力、加压框架、钢珠、传压板。清除试样，并擦洗干净，以备下次使用。

5. 结果整理

(1)剪切位移计算、剪应力计算同T 0140—1993。

(2)如欲求砂类土在某一垂直压力下的抗剪强度，则以抗剪强度为纵坐标、垂直压力为横坐标，绘制在一定干密度下的抗剪强度与垂直压力的关系曲线，如图2-79。

(3)如欲求砂类土在某一干密度下的抗剪强度，则以干密度为横坐标、抗剪强度为纵坐标，绘制一定垂直压力下的抗剪强度与干密度的关系曲线，如图2-80。

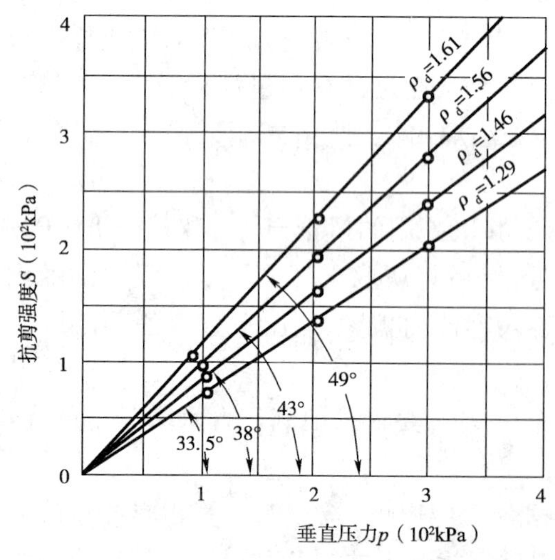

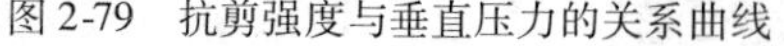
图2-79　抗剪强度与垂直压力的关系曲线

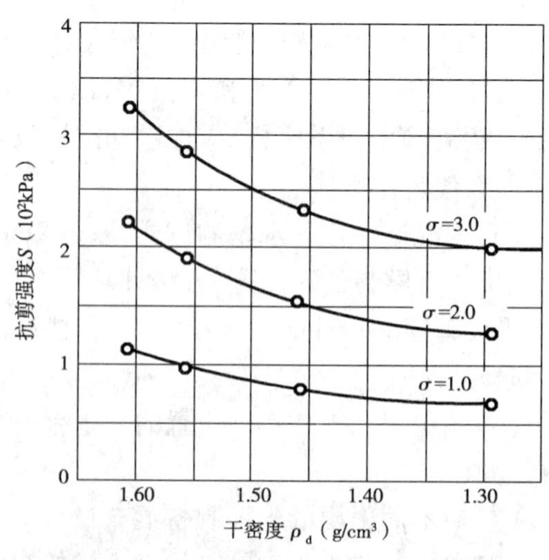

图2-80　抗剪强度与干密度的关系曲线

(4)试验记录格式同 T 0140—1993。

6. 试验报告(同 T 0140—1993)

(五)排水反复直接剪切试验(T 0176—2007)

1. 目的和适用范围

反复直接剪切试验是用应变控制式直剪仪在慢速(排水)条件下,对试样反复剪切至剪应力达到稳定值,以测求土的残余抗剪强度指标 c'_r 和 φ'_r。本试验方法适用于超固结黏性土及软弱岩石夹层的黏性土。

2. 仪器设备

(1)应变控制式反复直剪仪:包括变速设备、可逆电动机和反推夹具,见图 2-81。

(2)位移计(百分表):量程 5 ~ 10mm,分度值 0.01mm。

(3)天平:量程 500g,分度值 0.1g。

(4)环刀:内径 6.18cm,高 2cm。

(5)其他:饱和器、削土刀、秒表、滤纸等。

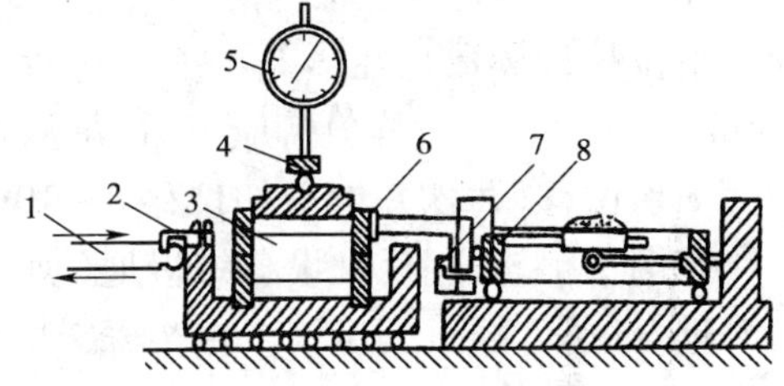

图 2-81　反复直剪仪示意图

1-推动轴;2-连接杆;3-试样;4-加压框架;5-垂直变形百分表;6-剪切盒;7-限制连接杆;8-测力计

3. 试验步骤

(1)试样制备

①对有软弱面的原状土样,先要分清软弱面的天然滑动方向,整平土样两端,使土样顶面平行于软弱面。在环刀内涂一薄层凡士林。切土时,使软弱面位于环刀高度一半处,然后在试样面上标出软弱面的天然滑动方向。

②对无软弱面的完整原状黏土或原状的超固结黏土,可用环刀按 T 0102—2007 原状试样的制备方法切成试样,然后将试样放入剪切盒内。先在小于 50kPa 的垂直压力下,以较快的剪切速率进行预剪,使试样形成破裂面。如试样坚硬,也可用刀、锯等工具先切割成一个剪切面,然后加垂直荷载,待固结稳定后进行剪切。

③对泥化带较厚的软弱夹层、滑坡层面,取靠近滑裂面 1 ~ 2mm 的土;对泥化带软薄的滑动面,取泥化的土;对无泥化带的裂隙面,取靠裂隙面两边的土。将所刮取的土样用纯水浸泡 24h 后调制均匀,制备成液限状态的土膏,将其填入环刀内。装填时,先沿环刀四周填入,然后填中部。应排除试样内的气体。

④原状试样应取破裂面上的土测求含水率;对于扰动土试样可取切下的余土测求含水率。

⑤试样应达到饱和。饱和方法一般用抽气饱和法。

⑥每组试验应制备 4 个试样,同组试样的密度差值不大于 $0.03g/cm^3$。

(2)试样剪切

①先对仪器进行检查。然后将上、下剪切盒对准,插入固定销,顺次放入饱和透水板、滤纸,将试样推入剪切盒内。再放上滤纸、透水板及加压盖板、钢珠、加压框架等,并安装垂直百分表(位移计)。在活塞周围包以湿棉花,防止水分蒸发。然后测记测力计和垂直位移计的初始读数。

②每组试验应取 4 个试样,在 4 种不同垂直压力下进行剪切试验。一个垂直压力相当于现场预期的最大压力,一个垂直压力要大于现场预期的最大垂直压力,其他垂直压力均小于现场预期的最大垂直压力。但垂直压力的各级差值要大致相等。也可以取垂直压力分别为

100kPa、200kPa、300kPa、400kPa，各个垂直压力一次轻轻施加，若土质松软也可分级施加以防试样挤出。

在试样上施加规定的垂直压力后，测记垂直变形读数。如每小时垂直变形读数变化不超过0.005mm，认为已达到固结稳定。试样也可在其他仪器上固结，然后移至剪切盒内，继续固结至稳定，再进行剪切。

③除含水率相当于液限试样的剪切外，一般原状土、硬黏土的试验，在剪切时，剪切盒应开缝，缝宽保持在0.3～1.0mm。

④转动手轮，使剪切盒前端的钢珠与测力计刚好接触，再调整测力计读数至零位。

⑤拔出固定销，调节变速箱。对一般粉质土、粉质黏土及低塑性黏土的剪切速度不宜超0.06mm/min；对高塑性黏土的剪切速度，不宜超过0.02mm/min。开动电机，测读垂直位移计和水平位移计读数。在第1次剪切过程中，达到峰值剪应力之前，一般水平位移每隔0.2～0.4mm测记1次；过峰值剪应力后，每隔0.5mm测记1次。每次剪切时，试验不能中断，直至最大剪切位移（每次正向剪切位移8～10mm）停止剪切。

⑥倒转手轮，用反推设备缓慢地（剪切速度不大于0.6mm/min）将下剪盒反向推至与上剪切盒重合位置，插入固定销。按步骤⑤的规定进行第2次剪切。如此，继续反复进行剪切至剪应力达到稳定值为止。

⑦剪切结束，测记垂直位移计读数，吸去剪切盒中积水，尽快卸除位移计、垂直压力、加压框架、加压盖板及剪切盒等，并描述剪切面的破坏情况。取剪切面附近的土样测定剪后含水率。

4. 结果整理

（1）计算残余抗剪强度 S_r。

$$S_r = \frac{CR}{A_0} \times 10 \tag{2-123}$$

式中：C——测力计率定系数（N/0.01mm）；

R——测力计读数（0.01mm）；

A_0——试样面积（cm^2）；

10——单位换算系数。

（2）绘制剪应力与剪切位移关系曲线，见图2-82。取每个试验曲线上第1次剪切时峰值作为破坏强度 S；取曲线上最后稳定值作为残余强度 S_r，并绘制抗剪强度（峰值强度与残余强度）与垂直压力关系曲线，见图2-83。

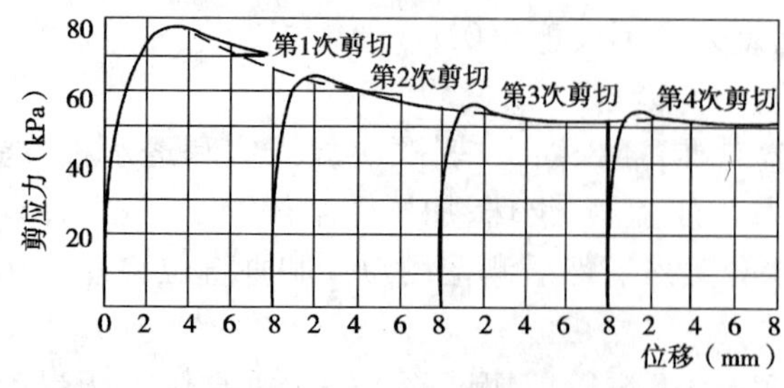

图2-82 剪应力与剪切位移曲线

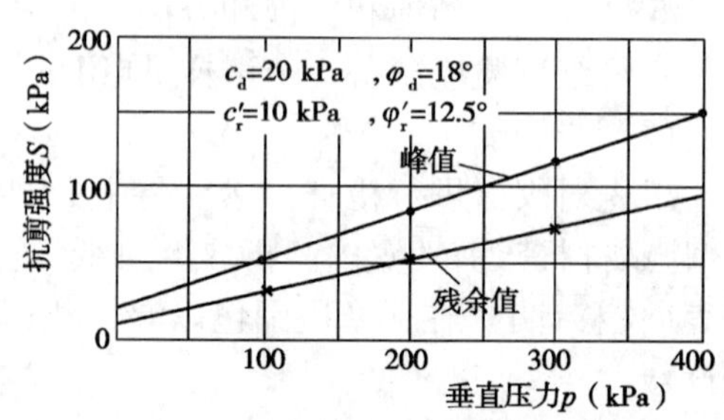

图2-83 抗剪强度与垂直压力关系曲线

(3)试验记录格式如表2-55。

排水反复直接剪切试验　　表2-55

仪器编号＿＿＿＿＿　　剪前固结时间＿＿＿＿＿min

测力计率定系数＿＿＿＿＿N/0.01mm　　剪前固结沉降量＿＿＿＿＿min

剪切速度＿＿＿＿＿mm/min　　剪切次数＿＿＿＿＿

垂直压力＿＿＿＿＿kPa　　抗剪强度＿＿＿＿＿kPa

剪切位移 (0.01mm)	垂直位移计读数 (0.01mm)	测力计读数 (0.01mm)	剪应力 (kPa)
30			
60			
100			
130			
160			
200			
230			
260			
300			
350			
400			
⋮			
800			

注:“+”为剪胀,“-”为剪缩。

5.试验报告(同T 0140—1993)

二十一、土的三轴压缩试验(T 0144～T 0146—1993)

(一)不固结不排水试验(T 0144—1993)

1.目的和适用范围

不固结不排水(UU)试验是在施加周围压力和增加轴向压力直至破坏过程中均不允许试样排水。本试验方法适用于测定细粒土和砂类土的总抗剪强度参数 c_u、φ_u。

2.仪器设备

(1)三轴压缩仪:应变控制式(图2-84),由周围压力系统、反压力系统、孔隙水压力量测系统和主机组成。

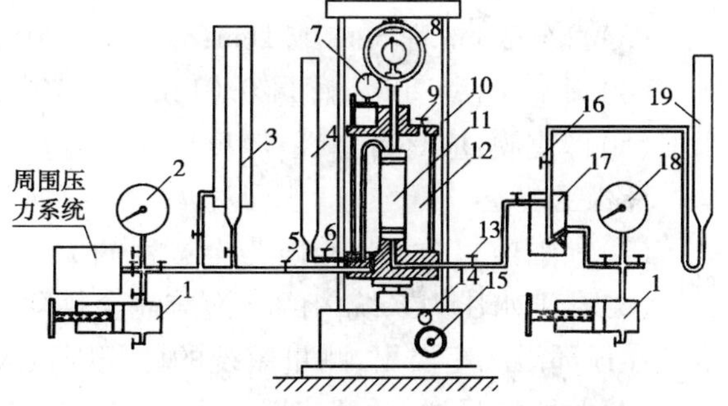

图2-84　应变控制式三轴压缩仪示意图

1-调压筒;2-周围压力表;3-体变管;4-排水管;5-周围压力阀;6-排水阀;7-变形量表;8-量力环;9-排气孔;10-轴向加压设备;11-试样;12-压力室;13-孔隙压力阀;14-离合器;15-手轮;16-量管阀;17-零位指示器;18-孔隙压力表;19-量管

(2)附属设备:包括击实器、饱和器、切土器、分样器、切土盘、承膜筒和对开圆模,应符合下列各图要求:

①击实器(图2-85)和饱和器(图2-86)。

②切土盘(图2-87)、切土器(图2-88)和原状土分样器(图2-89)。

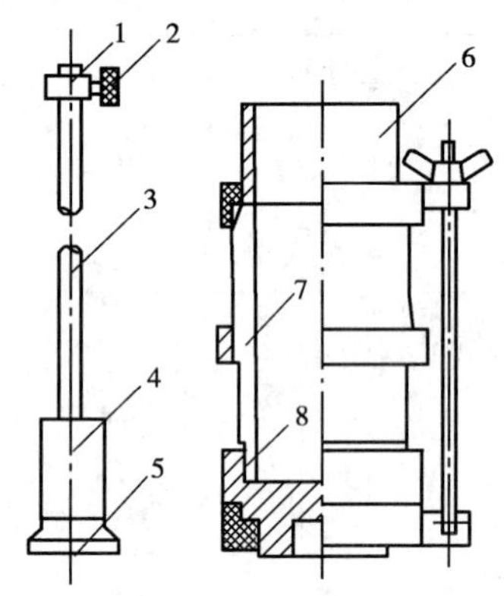

图2-85　击实器

1-套环;2-定位螺丝;3-导杆;4-击锤;5-底板;6-套筒;7-饱和器;8-底板

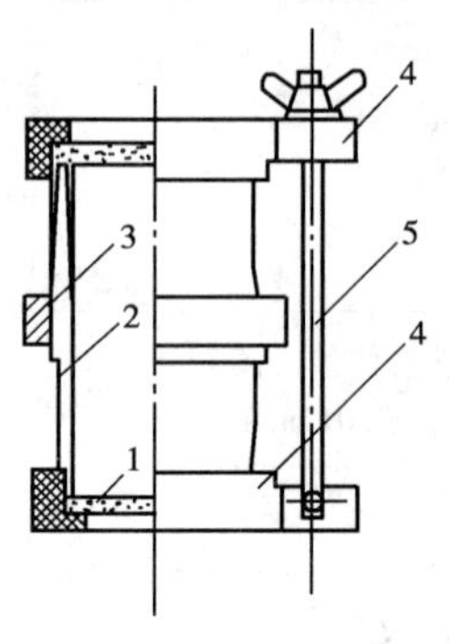

图2-86　饱和器图

1-透水石;2-土样筒;3-紧箍;4-夹板;5-拉杆

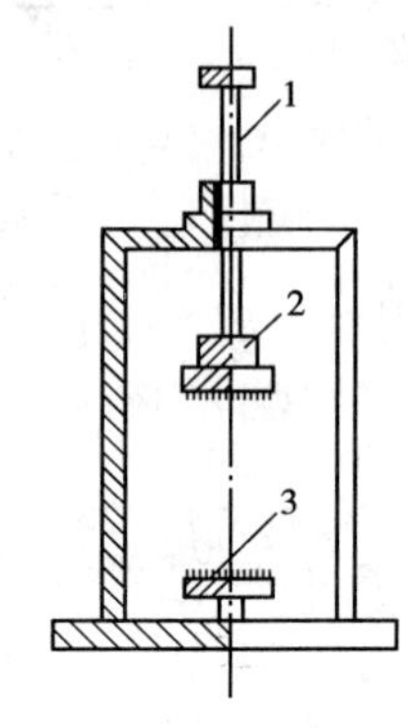

图2-87　切土盘

1-转轴;2-上盘;3-下盘

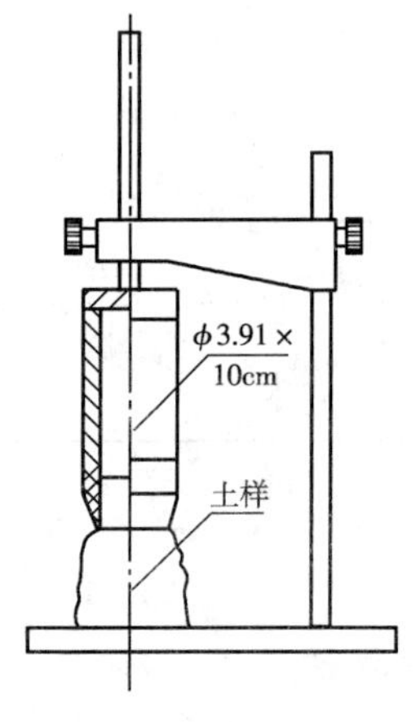

图2-88　切土器

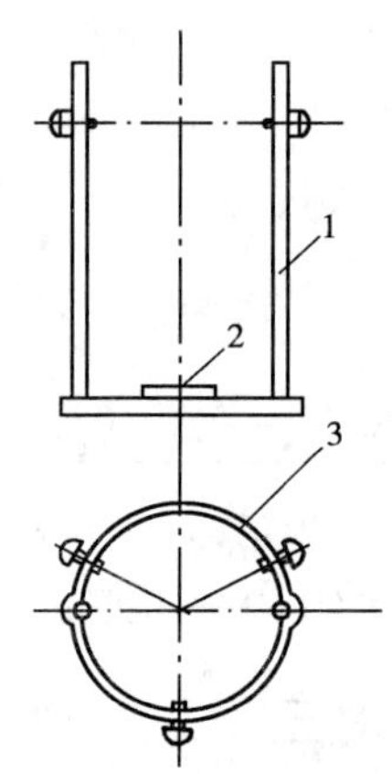

图2-89　原状土分样器(适用于软黏土)

1-滑杆;2-底座;3-钢丝架

③承膜筒(图2-90)及对开圆模(图2-91)。

(3)百分表:量程3cm或1cm,分度值0.01mm。

(4)天平:量程200g,感量0.01g;量程1000g,感量0.1g。

(5)橡皮膜:应具有弹性,厚度应小于橡皮膜直径的1/100,不得有漏气孔。

3.仪器检查

(1)周围压力的测量精度为全量程的1%,测读分值为5kPa。

(2)孔隙水压力系统内的气泡应完全排除。系统内的气泡可用纯水施加压力使气泡上升至试样顶部沿底座溢出,测量系统的体积因数应小于$1.5\times10^{-5}cm^3/kPa$。

(3)管路应畅通,活塞应能滑动,各连接处应无漏气。

(4)橡胶膜在使用前应仔细检查,方法是在膜内充气,扎紧两端,然后在水下检查有无漏气。

4.试样制备

(1)本试验需3~4个试样,分别在不同周围压力下进行试验。

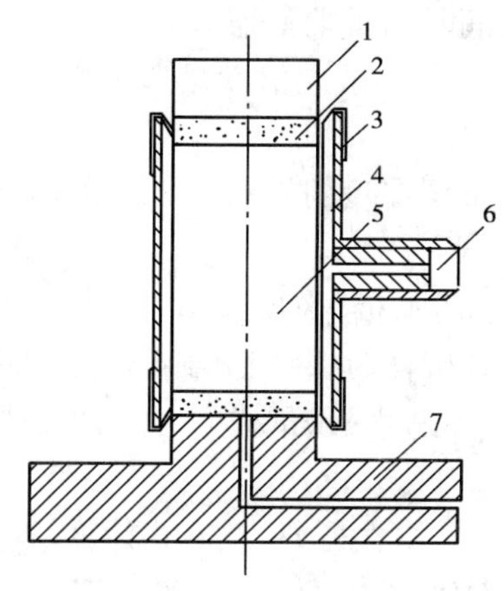

图 2-90　承膜筒

注：橡皮膜借承膜筒套在试样外。

1-上帽；2-透水石；3-橡皮膜；4-承膜筒身；5-试样；6-吸气孔；7-三轴仪底座

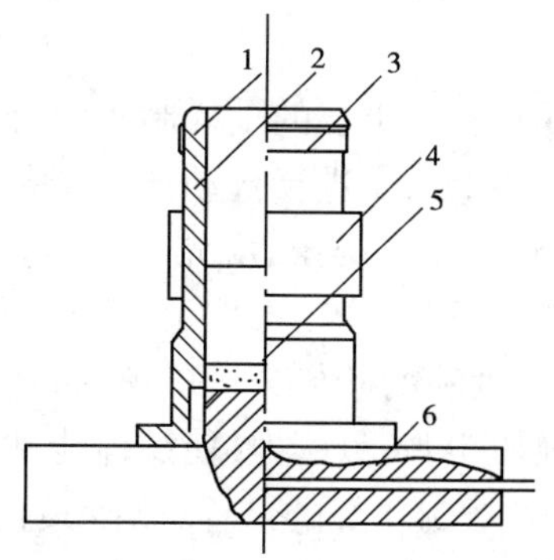

图 2-91　对开圆模（制备饱和的砂样）

1-橡皮膜；2-制样圆模（两片组成）；3-橡皮圈；4-圆箍；5-透水石；6-仪器底座

（2）试样尺寸：最小直径为 35mm，最大直径为 101mm，试样高度宜为试样直径的 2～2.5 倍，试样的最大粒径应符合表 2-56 规定。对于有裂缝、软弱面和构造面的试样，试样直径宜大于 60mm。

试样的土粒最大粒径　表 2-56

试样直径（mm）	允许最大粒径（mm）	试样直径（mm）	允许最大粒径（mm）
<100	试样直径的 1/10	≥100	试样直径的 1/5

（3）原状土试样的制备：根据土样的软硬程度，分别用切土盘和切土器按（2）的规定切成圆柱形试样，试样两端应平整，并垂直于试样轴。当试样侧面或端部有小石子或凹坑时，允许用削下的余土修整。试样切削时应避免扰动，并取余土测定试样的含水率。

（4）扰动土试样制备：根据预定的干密度和含水率，按下述方法备样后，在击实器内分层击实，粉质土宜为 3～5 层，黏质土宜为 5～8 层，各层土样数量相等，各层接触面应刨毛。

①将扰动土样进行土样描述，如颜色、土类、气味及夹杂物等。如有需要，将扰动土样充分拌匀，取代表性土样进行含水率测定。

②将块状扰动土放在橡皮板上用木碾或粉碎机碾散，但切勿压碎颗粒。如含水率较大不能碾散时，应风干至可碾散时为止。

③根据试验所需土样数量，将碾散后的土样过筛。如做液限、塑限、缩限等物理性试验，需过 0.5mm 筛；常规水理及力学试验土样，需过 2mm 筛；击实试验土样的最大粒径必须满足击实试验采用不同击实筒试验时的土样中最大颗粒粒径的要求。按规定过标准筛后，取出足够数量的代表性试样，然后分别装入容器内，标以标签。标签上应注明工程名称、土样编号、过筛孔径、用途、制备日期和人员等，以备各项试验之用。若系含有多量粗砂及少量细粒土（泥砂或黏土）的松散土样，应加水润湿松散后，用四分法取出代表性试样。若系净砂，则可用匀土器取代表性试样。

④为配制一定含水率的试样，取过 2mm 筛的足够试验用的风干土 1～5kg，按式（2-118）计算所需的加水量。将所取土样平铺于不吸水的盘内，用喷雾设备喷洒预计的加水量，并充分拌

和;然后装入容器内盖紧,润湿一昼夜备用(砂类土浸润时间可酌量缩短)。

⑤测定湿润土样不同位置的含水率(至少两个以上),要求差值满足含水率测定的允许平行差值。

⑥对不同土层的土样制备混合试样时,应根据各土层厚度,按比例计算相应质量配合,然后按步骤①~④进行扰动土的制备工序。

(5)对于砂类土,应先在压力室底座上依次放上不透水板、橡皮膜和对开圆膜。将砂料填入对开圆膜内,分三层按预定干密度击实。当制备饱和试样时,在对开圆膜内注入纯水至1/3高度,将煮沸的砂料分三层填入,达到预定高度。放上不透水板、试样帽、扎紧橡皮膜。对试样内部施加5kPa负压力,使试样能站立,拆除对开膜。

(6)对制备好的试样,测量其直径和高度。试样的平均直径 D_0 按下式计算。

$$D_0 = \frac{D_1 + 2D_2 + D_3}{4} \tag{2-124}$$

式中:D_1、D_2、D_3——分别为上、中、下部位的直径。

5. 试样饱和

(1)真空饱和

①仪器设备

a. 真空饱和法整体装置如图2-92所示。

b. 饱和器:形式见图2-93~图2-95。

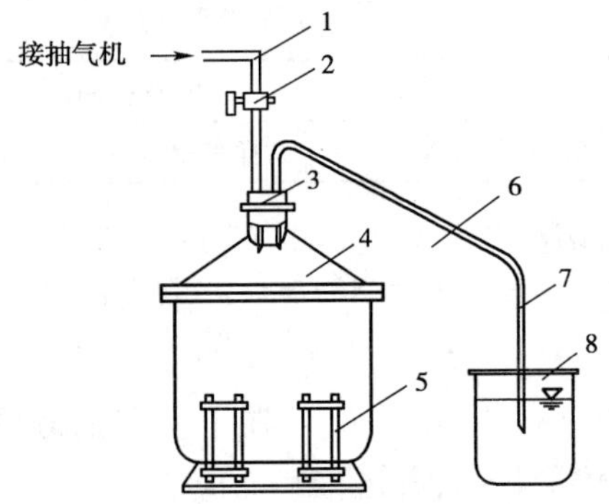

图2-92 真空饱和法装置

1-排气管;2-二通阀;3-橡皮塞;4-真空缸;5-饱和器;6-管夹;7-引水管;8-水缸

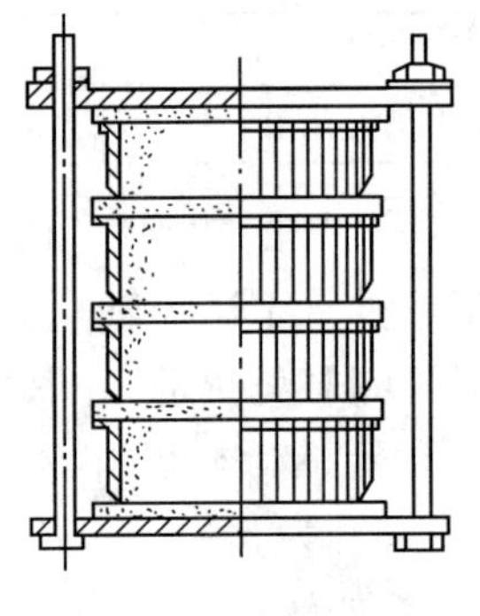

图2-93 重叠式饱和器

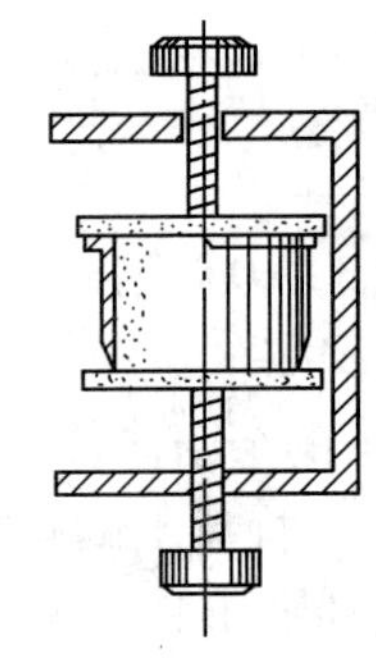

图2-94 框架式饱和器

c. 真空缸:金属或玻璃制。

d. 抽气机。

e. 真空测压表。

f. 其他:天平、硬橡皮管、橡皮塞、管夹、二路活塞、水缸、凡士林等。

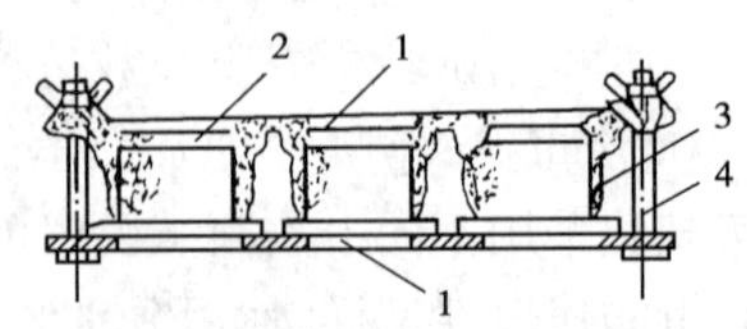

图2-95 平列式饱和器

1-夹板;2-透水石;3-环刀;4-拉杆

②操作步骤

a. 将试件削入环刀,而后装入饱和器。

b. 将装好试件的饱和器放入真空缸内,盖口涂一薄层凡士林,以防漏气。

c. 关管夹,开阀门(图2-92),开动抽气机,抽除缸内及土中气体。当真空压力表达到

-101.325kPa(一个负大气压力值)后,稍微开启管夹,使清水从引水管徐徐注入真空缸内。在注水过程中,应调节管夹,使真空压力表上的数值基本上保持不变。

d.待饱和器完全淹没水中后,即停止抽气,将引水管自水缸中提出,令空气进入真空缸内,静待一定时间,借大气压力,使试件饱和。

e.取出试件称质量,准确至0.1g,计算饱和度。

(2)水头饱和

将试样装于压力室内,施加20kPa周围压力。水头高出试样顶部1m,使纯水从底部进入试样,从试样顶部溢出,直至流入水量和溢出水量相等为止。当需要提高试样的饱和度时,宜在水头饱和前,从底部将二氧化碳气体通入试样,置换孔隙中的空气,再进行水头饱和。

(3)反压力饱和

试样要求完全饱和时,应对试样施加反压力。反压力系统与周围压力相同,但应用双层体变管代替排水量管。试样装好后,调节孔隙水压力等于101.325kPa(大气压力),关闭孔隙水压力阀、反压力阀、体变管阀,测记体变管读数。开周围压力阀,对试样施加10~20kPa的周围压力,开孔隙压力阀,待孔隙压力变化稳定,测记读数。关空隙压力阀。开体变管阀和反压力阀,同时施加周围压力和反压力,每级增量30kPa,缓慢打开空隙压力阀,检查孔隙水压力增量,待孔隙水压力稳定后测记空隙水压力和体变管读数,再施加下一级周围压力和反压力。每施加一级压力都测定孔隙水压力。当孔隙水压力增量与周围压力增量之比 $\Delta u/\Delta\sigma_3>0.98$ 时,认为试样达到饱和。

6.试验步骤

(1)在压力室底座上依次放上不透水板、试样及试样帽,将橡皮膜套在试样外,并将橡皮膜两端与底座入试样帽分别扎紧。

(2)装上压力室罩,向压力室内注满纯水,关排气阀,压力室内不应有残留气泡。并将活塞对准测力计和试样顶部。

(3)关排水阀,开周围压力阀,施加周围压力,周围压力值应与工程实际荷载相适应,最大一级周围压力应与最大实际荷载大致相等。

(4)转动手轮,使试样帽与活塞及测力计接触,装上变形百分表,将测力计和变形百分表读数调至零位。

(5)试样剪切:

①剪切应变速率宜为每分钟0.5%~1%。

②开动电动机,接上离合器,开始剪切。试样每产生0.3%~0.4%的轴向应变,测记一次测力计读数和轴向应变。当轴向应变大于3%时,每隔0.7%~0.8%的应变值测记一次读数。

③当测力计读数出现峰值时,剪切应继续进行至超过5%的轴向应变为止。当测力计读数无峰值时,剪切应进行到轴向应变为15%~20%。

④试验结束后,先关闭周围压力阀,关闭电动机,拨开离合器。倒转手轮,然后打开排气孔,排除受压室内的水,拆除试样,描述试样破坏形状,称试样质量,并测定含水率。

7.结果整理

(1)计算轴向应变。

$$\varepsilon_1=\frac{\Delta h_i}{h_0} \tag{2-125}$$

式中:ε_1——轴向应变值(%);

Δh_i——剪切过程中的高度变化(mm);

h_0——试样起始高度(mm)。

(2)计算试样的校正断面积。

$$A_a = \frac{A_0}{1 - \varepsilon_1} \tag{2-126}$$

式中:A_a——试样的校正断面积(cm^2);

A_0——试样的初始断面积(cm^2)。

(3)计算主应力差。

$$\sigma_1 - \sigma_3 = \frac{CR}{A_a} \times 10 \tag{2-127}$$

式中:σ_1——大主应力(kPa);

σ_3——小主应力(kPa);

C——测力计校正系数(N/0.01mm);

R——测力计读数(0.01mm)。

(4)在直角坐标纸上绘制轴向应变与主应力差的关系曲线。

以$(\sigma_1 - \sigma_3)$的峰值为破坏点,无峰值时,取15%轴向应变时的主应力差值作为破坏点。以法向应力为横坐标,剪应力为纵坐标,在横坐标上以$\frac{\sigma_{1f} + \sigma_{3f}}{2}$为圆心、$\frac{\sigma_{1f} - \sigma_{3f}}{2}$为半径($f$注脚表示破坏),在$\tau$—$\sigma$应力平面图上绘制破损应力图,并绘制不同周围压力下破损应力圆的包线。求出不排水强度参数(图2-96)。

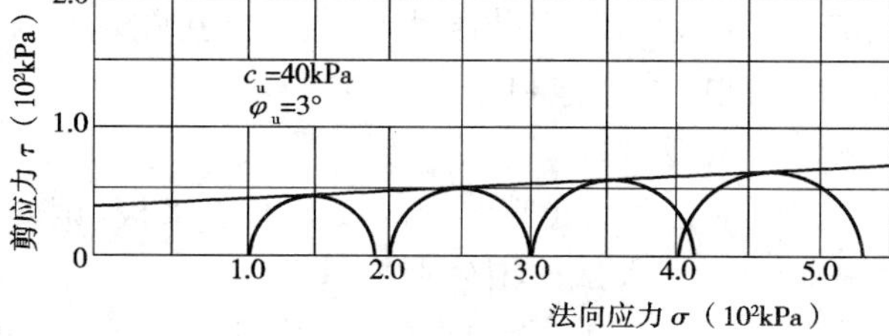

图2-96 不固结不排水剪强度包线

(5)试验记录格式如表2-57~表2-59。

三轴压缩试验记录(一) 表2-57

土样说明__________ 试验方法__________

试样状态记录				周围压力(kPa)	350
项目	起始的	固结后	剪切后	反压力 u_0(kPa)	
直径 D(cm)	3.91			周围压力下的孔隙水压力	
高度 h_L(cm)	8.00	7.96	6.80	孔隙水压力系数 $B=\frac{u}{\sigma_3}$	
面积 A(cm^2)	12.00	11.76	6.9		
体积 V(cm^3)	96.00	93.60		破坏应变 ε_f(%)	6.9
质量 m(g)	188.54	192.50	193.21	破坏主应力差$(\sigma_1-\sigma_3)$(kPa)	101
密度(g/cm^3)	1.96	2.06		破坏大主应力 σ_{1f}(kPa)	201
干密度 ρ_d(g/cm^3)	1.60			破坏孔隙水压力系数 $\bar{B}_f=\frac{u_f}{\sigma_{1f}}$	0.53
试样含水率记录					
项目	起始的		剪切后	相应的有效大主应力 σ'_1(kPa)	148
盒号				相应的有效小主应力 σ'_3(kPa)	47

续上表

盒质量(g)	10	10		最大有效主应力比$\left[\frac{\sigma'_1}{\sigma'_3}\right]_{max}$ 破坏点选值准则$\left[\frac{\sigma'_1}{\sigma'_3}\right]_{max}$	3.15
盒+湿土质量(g)	21.86	22.43			
湿土质量(g)	11.86	12.43	193.21		
盒+干土质量(g)	19.63	20.12			
干土质量(g)	9.63	10.12	153.90	孔隙水压力系数 $A_f=\frac{u_f}{B(\sigma_1-\sigma_3)_f}$	
水质量(g)	2.23	2.31	39.31		
饱和度 S_r	86.3			试样破坏情况描述　呈鼓状破坏	

三轴压缩试验记录(二)——反压力和固结过程　　表 2-58

固结周围压力 100kPa

加反压力过程							说明	固结过程						
时间(h:min)	周围压力 σ_3 (kPa)	反压力 u_0 (kPa)	孔隙水压力 u (kPa)	孔隙水压力增量 Δu (kPa)	试验体积变化(cm^3)			时间(min)	排水量管		孔隙水压力(kPa)		体积变量(cm^3)	
					读数	体变量			读数	排水量	读数	压力值	读数	体变量
20:30	30	10	17	17	25.8	0.2	检	0.1			328	78	27.7	0
20:55	60	40	38	21	26.0	0	查	0.5			328	78	27.2	0.5
21:20	90	70	67	29	26.9	+0.9	未	1			328	78	27.05	0.65
7:38	120	100	93	26	27.0	+1.0	达	5			325	75	26.8	0.9
8:08	150	130	122	29	27.2	+1.2	饱	9			322	72	26.7	1.0
8:58	180	160	152	30	27.3	+1.3	和	16			317	67	26.6	1.1
9:58	210	160						25			311	61	26.5	1.2
10:08			181	29				36			306	56	26.4	1.3
10:08	210	190	185		27.4	+1.4		64			299	49	26.2	1.5
12:08	240	220	215	30	27.5	+1.5		105			289	39	26.0	1.7
14:08	270	220						144			280	30	25.9	1.8
14:18			244	29				220			272	22	25.7	2.0
15:08	270	250	250		27.7	+1.7		300			263	13	25.55	2.15
17:30	300	250						420			256	6	25.4	2.30
								490			255	5	25.35	2.35

注:①体变量(-)号表示排水,(+)号表示吸水。

②本试验因加反压力,故固结时不用排水量管。

三轴压缩试验记录(三)　　表 2-59

试验方法＿＿＿＿　周围压力 100kPa　固结下沉量 $h=0.04$cm

测力计校正系数 $C=7.455$N/0.01mm　剪切速度 0.08mm/min

固结后高度 $h_c=7.96$cm　固结后面积 $A_c=11.76cm^2$

轴向变形读数(0.01mm)	轴向应变 $\varepsilon_1=\frac{\Delta h_i}{h_c}$ (%)	试样校正后面积 $A_a=\frac{A_c}{1-\varepsilon_1}$ (cm^2)	测力计百分表读数 R (0.01mm)	主应力差 $(\sigma_1-\sigma_3)=\frac{RC}{A_a}\times100$ (kPa)	大主应力 $\sigma_1=(\sigma_1-\sigma_3)+\sigma_3$ (kPa)	孔隙水压力(kPa)		有效大主应力 σ'_1 (kPa)	有效小主应力 σ'_3 (kPa)	有效主应力比 $\frac{\sigma'_1}{\sigma'_3}$
						读数(kPa)	压力值(kPa)			
0	0	11.76	0	0		255	5			
20	0.25	11.79	0.9	6	106	256	6	100	94	1.06
60	0.75	11.85	8.0	50	150	286	36	114	64	1.78

续上表

轴向变形读数 (0.01mm)	轴向应变 $\varepsilon_1=\frac{\Delta h_i}{h_c}$ (%)	试样校正后面积 $A_a=\frac{A_c}{1-\varepsilon_1}$ (cm^2)	测力计百分表读数 R (0.01mm)	主应力差 $(\sigma_1-\sigma_3)$ $=\frac{RC}{A_a}\times100$ (kPa)	大主应力 $\sigma_1=$ $(\sigma_1-\sigma_3)+\sigma_3$ (kPa)	孔隙水压力 (kPa) 读数 (kPa)	孔隙水压力 (kPa) 压力值 (kPa)	有效大主应力 σ'_1 (kPa)	有效小主应力 σ'_3 (kPa)	有效主应力比 $\frac{\sigma'_1}{\sigma'_3}$
100	1.25	11.91	11.6	72	172	297	37	125	53	2.36
170	2.14	12.02	13.2	82	182	303	53	129	47	2.75
210	2.64	12.08	13.8	85	185	306	56	129	44	2.94
300	3.77	12.22	14.9	90	190	307	57	133	45	3.09
350	4.40	12.30	15.3	92	192	307	57	135	43	3.14
420	5.27	12.41	15.9	95	195	308	58	137	42	3.26
500	6.28	12.55	16.5	98	198	308	58	138	42	3.28
550	6.91	12.63	17.1	101	201	308	58	143	42	3.40
600	7.55	12.72	17.9	105	205	306	56	149	44	3.39
700	8.80	12.89	18.4	106	206	305	55	151	45	3.36
850	10.65	13.16	19.9	112	212	301	51	161	49	3.28
1000	12.57	13.45	21.3	118	218	298	48	170	52	3.26
1160	14.59	13.77	22.2	120	220	296	46	174	54	3.22
1250	15.70	13.95	23.0	123	223	294	44	179	56	3.20

8. 试验报告

(1)土类(细粒土或砂类土)。

(2)总抗剪强度参数:黏聚力 c_u(kPa);内摩擦角 φ_u(°)。

(二)固结不排水试验(T 0145—1993)

1. 目的和适用范围

固结不排水(CU 或 $\overline{\mathrm{CU}}$)试验是使试样先在某一周围压力作用下排水固结,然后在保持不排水的情况下,增加轴向压力直至破坏。本试验适用于测定黏质土和砂类土的总抗剪强度参数 c_{cu}、φ_{cu}或有效抗剪强度参数 c'、φ'和孔隙压力系数。

2. 仪器设备(同 T 0144—1993)

3. 仪器检查(同 T 0144—1993)

4. 试样制备(同 T 0144—1993)

5. 试样饱和(同 T 0144—1993)

6. 试验步骤

(1)试样安装

①开孔隙水压力阀和排水阀,对孔隙水压力系统及压力室底座充水排气后,关孔隙水压力阀和排水阀。压力室底座上依次放上透水板、滤纸、试样及试样帽。试样周围贴浸湿的滤纸条,套上橡皮膜,将橡皮膜下端与底座扎紧。从试样底部充水,排除试样与橡皮膜之间的气泡,并将橡皮膜上部与试样帽扎紧。降低排水管,使管内水面位于试样中心以下 20~40cm,吸除余水,关排水阀。需要测定应力应变时,应在试样与透水板之间放置中间夹有硅脂的两层圆形橡皮膜,膜中间应留直径为 1cm 的圆孔排水。

②安装压力室罩,充水,关排气阀,压力室内不应有残留气泡。并将活塞对准测力计和试

样顶部。提高排水管,使管内水面与试样高度的中心齐平,测记排水面读数。

③开孔隙水压力阀,使孔隙水压力值等于大气压力,关闭孔隙水压力阀。

④在压力室底座上依次放上不透水板、试样及试样帽,将橡皮膜套在试样外,并将橡皮膜两端与底座入试样帽分别扎紧。

⑤装上压力室罩,向压力室内注满纯水,关排气阀,压力室内不应有残留气泡。并将活塞对准测力计和试样顶部。

⑥关排水阀,开周围压力阀,施加周围压力,周围压力值应与工程实际荷载相适应,最大一级周围压力应与最大实际荷载大致相等。

⑦转动手轮,使试样帽与活塞及测力计接触,装上变形百分表,将测力计和变形百分表读数调至零位。

⑧调整轴向压力、轴向应变和孔隙水压力为零点,并记下体积变化量管的读数。当需施加反压力时,按本试验"反压力饱和"方法施加。

(2)试样排水固结

①开孔隙水压力阀,测定孔隙水压力。开排水阀。当需要测定排水过程时,按0s、15s、1min、2min、4min、6min、9min、12min、16min、20min、25min、35min、45min、60min、90min、2h、4h、10h、23h、24h,测记排水管水面及孔隙水压力值,直至孔隙水压力消散95%以上。固结稳定的标准是最后1h变形量不超过0.01mm。固结完成后,关排水阀,测记排水管读数和孔隙水压力读数。

②微调压力机升降台,使活塞与试样接触,此时轴向变形百分表的变化值为试样固结时高度变化。

(3)试样剪切

①将轴向测力计、轴向变形百分表和孔隙水压力读数均调整至零。

②选择剪切应变速率,进行剪切。黏质土每分钟应变为0.05%~0.1%;粉质土每分钟应变为0.1%~0.5%。

③轴向压力、孔隙水压力和轴向变形,按下述测记。

a.开动电动机,接上离合器,开始剪切。试样每产生0.3%~0.4%的轴向应变,测记一次测力计读数和轴向应变。当轴向应变大于3%时,每隔0.7%~0.8%的应变值测记一次读数。

b.当测力计读数出现峰值时,剪切应继续进行至超过5%的轴向应变为止。当测力计读数无峰值时,剪切应进行到轴向应变为15%~20%。

④试验结束,关电动机和各阀门,开排气阀,排除压力室内的水,拆除试样,描述试样破坏形状。称试样质量,并测定含水率。

7.结果整理

(1)计算试样固结后的高度。

按实测固结下沉计算试样的固结后高度

$$h_c = h_0 - \Delta h_c \tag{2-128}$$

按等应变简化式计算试样的固结后高度

$$h_c = h_0\left(1 - \frac{\Delta V}{V_0}\right)^{\frac{1}{3}} \tag{2-129}$$

式中:h_c——试样固结后的高度(cm);

ΔV——试样固结后与固结前的体积变化(cm^3)。

(2)计算试样固结后的面积。

按实测固结下沉计算试样的固结后面积

$$A_c = \frac{V_0 - \Delta V}{h_c} \tag{2-130}$$

按等应变简化式计算试样的固结后面积

$$A_c = A_0\left(1 - \frac{\Delta V}{V_0}\right)^{\frac{2}{3}} \tag{2-131}$$

式中:A_c——试样固结后的断面积(cm^2)。

(3)计算剪切时试样的校正面积。

$$A_a = \frac{A_c}{1 - \varepsilon_1} \tag{2-132}$$

(4)计算主应力差。

$$\sigma_1 - \sigma_3 = \frac{CR}{A_a} \times 10 \tag{2-133}$$

式中:σ_1——大主应力(kPa);

σ_3——小主应力(kPa);

C——测力计校正系数(N/0.01mm);

R——测力计读数(0.01mm)。

(5)计算有效主应力比。

①有效大主应力:

$$\sigma'_1 = \sigma_1 - u \tag{2-134}$$

式中:σ'_1——有效大主应力(kPa);

u——孔隙水压力(kPa)。

②有效小主应力:

$$\sigma'_3 = \sigma_3 - u \tag{2-135}$$

③有效主应力比:

$$\frac{\sigma'_1}{\sigma'_3} = 1 + \frac{\sigma'_1 - \sigma'_3}{\sigma'_3} \tag{2-136}$$

(6)孔隙水压力系数按下列公式计算。

①初始孔隙水压力系数:

$$B = \frac{u_0}{\sigma_3} \tag{2-137}$$

式中:B——初始孔隙水压力系数;

u_0——初始周围压力产生的孔隙水压力(kPa)。

②破坏时孔隙水压力系数:

$$A_f = \frac{u_f}{B(\sigma_1 - \sigma_3)_f} \tag{2-138}$$

式中:A_f——破坏时的孔隙水压力系数;

u_f——试样破坏时,主应力差产生的孔隙水压力(kPa)。

(7)轴向应变与主应力差的关系曲线按图 2-97 绘制。

(8)轴向应变与有效主应力比的关系曲线按图 2-98 绘制。

(9)轴向应变与孔隙水压力的关系曲线按图 2-99 绘制。

(10)有效应力路径曲线按图 2-100 绘制,并计算有效摩擦角和有效黏聚力。

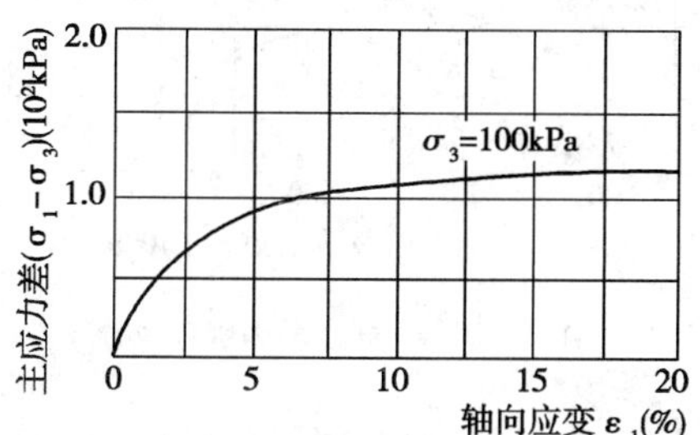

图 2-97 主应力差与轴向应变的关系曲线

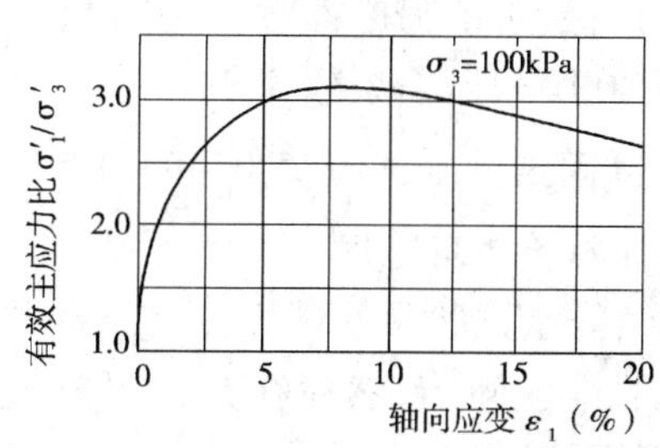

图 2-98 有效主应力比与轴向应变的关系曲线

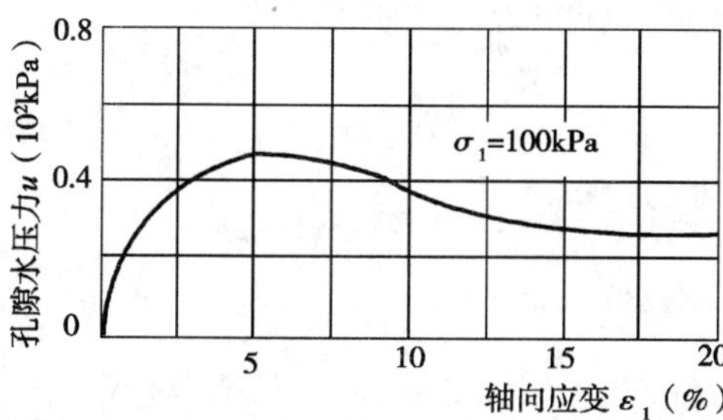

图 2-99 孔隙水压力与轴向应变的关系曲线

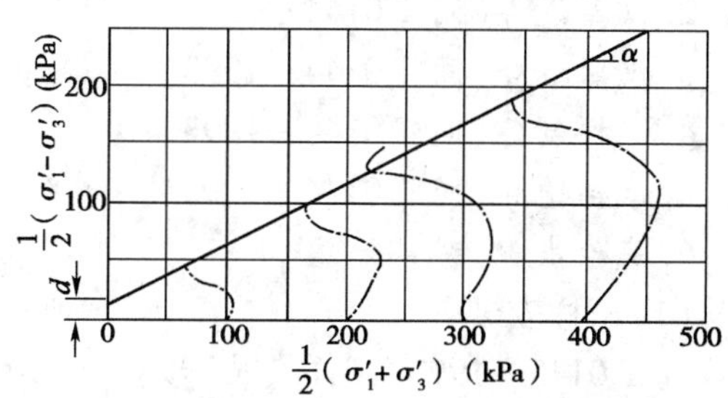

图 2-100 有效应力路径曲线

有效摩擦角按下式计算:

$$\varphi' = \sin^{-1}\tan\alpha \tag{2-139}$$

式中:φ'——有效摩擦角;

α——应力路径图上破坏点连线的倾角。

有效黏聚力按下式计算:

$$c' = \frac{d}{\cos\varphi'} \tag{2-140}$$

式中:c'——有效黏聚力(kPa);

d——应力路径图上破坏点连续在纵坐标轴上的截距(kPa)。

(11)破坏应力圆、摩擦角和黏聚力的确定,根据轴向应变与主应力差的关系曲线在直角坐标纸上绘制。

以$(\sigma_1 - \sigma_3)$的峰值为破坏点,无峰值时,取 15% 轴向应变时的主应力差值作为破坏点。以法向应力为横坐标,剪应力为纵坐标,在横坐标上以$\frac{\sigma_{1f}+\sigma_{3f}}{2}$为圆心、$\frac{\sigma_{1f}-\sigma_{3f}}{2}$为半径($f$下脚标表示破坏),在 τ—σ 应力平面图上绘制破损应力图,并绘制不同周围压力下破损应力圆的包线。求出不排水强度参数(图 2-96)。

(12)有效摩擦角和有效黏聚力,应以$\frac{\sigma'_{1f}+\sigma'_{3f}}{2}$为圆心、$\frac{\sigma'_{1f}-\sigma'_{3f}}{2}$为半径绘制有效破损应力圆确定(图 2-101)。

(13)试验记录格式同 T 0144—1993。

8. 试验报告

(1)土类(黏质土、砂类土)。

(2)总抗剪强度参数 c_{cu}、φ_{cu}。

(3)有效抗剪强度参数 c'、φ'。

(4)孔隙水压力系数 A_f。

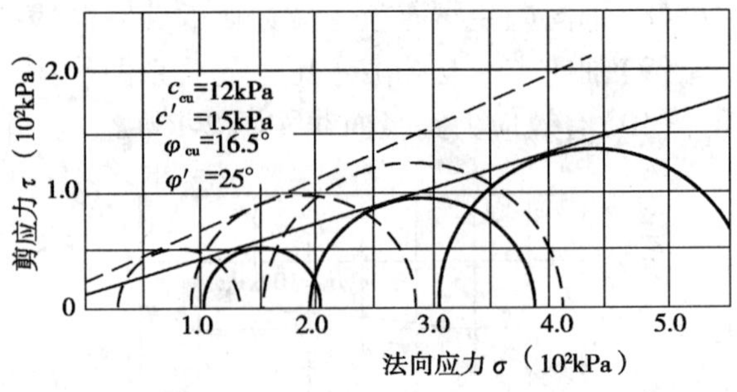

图 2-101 固结不排水剪强度包线

(三)固结排水试验(T 0146—1993)

1. 目的和适用范围

固结排水试验是使试样先在某一周围压力作用下排水固结,然后在允许试样充分排水的情况下增加轴向压力直至破坏。本试验适用于测定黏质土和砂类土的抗剪强度参数 c_d、φ_d。

2. 仪器设备(同 T 0144—1993)

3. 仪器检查(同 T 0144—1993)

4. 试样制备(同 T 0144—1993)

5. 试样饱和(同 T 0144—1993)

6. 试验步骤

(1)试样安装

同 T 0145—1993"试样安装"步骤①、②、③、⑥、⑦、⑧。

(2)试样排水固结

①开孔隙水压力阀,测定孔隙水压力。开排水阀。当需要测定排水过程时,测记排水管水面及孔隙水压力值,直至孔隙水压力消散 95% 以上。固结完成后,关排水阀,测记排水管读数和孔隙水压力读数。

②微调压力机升降台,使活塞与试样接触,此时轴向变形百分表的变化值为试样固结时高度变化。

(3)试样剪切

①将轴向测力计、轴向变形百分表和孔隙水压力读数均调整至零。打开排水阀。

②选择剪切应变速率,进行剪切。剪切速度采用每分钟应变 0.003% ~0.012%。

③轴向压力和轴向变形,按下述测记。

a. 开动电动机,接上离合器,开始剪切。试样每产生 0.3% ~0.4% 的轴向应变,测记一次测力计读数和轴向应变。当轴向应变大于 3% 时,每隔 0.7% ~0.8% 的应变值测记一次读数。

b. 当测力计读数出现峰值时,剪切应继续进行至超过 5% 的轴向应变为止。当测力计读数无峰值时,剪切应进行到轴向应变为 15% ~20%。

c. 在剪切过程中试样始终排水,孔隙水压力为零。

④试验结束,关电动机和各阀门,开排气阀,排除压力室内的水,拆除试样,描述试样破坏形状。称试样质量,并测定含水率。

7. 结果整理

(1)计算试样固结后的高度。

按实测固结下沉计算试样的固结后高度

$$h_c = h_0 - \Delta h_c \tag{2-141}$$

按等应变简化式计算试样的固结后高度

$$h_c = h_0\left(1 - \frac{\Delta V}{V_0}\right)^{\frac{1}{3}} \tag{2-142}$$

式中：h_c——试样固结后的高度（cm）；

ΔV——试样固结后与固结前的体积变化（cm^3）。

（2）计算试样固结后的面积。

按实测固结下沉计算试样的固结后面积

$$A_c = \frac{V_0 - \Delta V}{h_c} \tag{2-143}$$

按等应变简化式计算试样的固结后面积

$$A_c = A_0\left(1 - \frac{\Delta V}{V_0}\right)^{\frac{2}{3}} \tag{2-144}$$

式中：A_c——试样固结后的断面积（cm^2）。

（3）计算剪切时试样的校正面积。

$$A_a = \frac{V_c - \Delta V_i}{h_c - \Delta h_i} \tag{2-145}$$

式中：ΔV_i——剪切过程中试样的体积变化（cm^3）；

Δh_i——剪切过程中试样的高度变化（cm）。

①轴向应变的计算：

$$\varepsilon_1 = \frac{\Delta h_i}{h_0} \tag{2-146}$$

式中：ε_1——轴向应变值（%）；

Δh_i——剪切过程中的高度变化（mm）；

h_0——试样起始高度（mm）。

②试样面积的校正：

$$A_a = \frac{A_0}{1 - \varepsilon_1} \tag{2-147}$$

式中：A_a——试样的校正断面积（cm^2）；

A_0——试样的初始断面积（cm^2）。

③主应力差的计算：

$$\sigma_1 - \sigma_3 = \frac{CR}{A_a} \times 10 \tag{2-148}$$

式中：σ_1——大主应力（kPa）；

σ_3——小主应力（kPa）；

C——测力计校正系数（N/0.01mm）；

R——测力计读数（0.01mm）。

（4）计算有效主应力比和孔隙水压力系数。

①有效主应力比的计算：

a. 有效大主应力：

$$\sigma'_1 = \sigma_1 - u \tag{2-149}$$

式中：σ'_1——有效大主应力（kPa）；

u——孔隙水压力(kPa)。

b. 有效小主应力:

$$\sigma'_3 = \sigma_3 - u \tag{2-150}$$

c. 有效主应力比:

$$\frac{\sigma'_1}{\sigma'_3} = 1 + \frac{\sigma'_1 - \sigma'_3}{\sigma'_3} \tag{2-151}$$

②计算孔隙水压力系数:

a. 初始孔隙水压力系数:

$$B = \frac{u_0}{\sigma_3} \tag{2-152}$$

式中:B——初始孔隙水压力系数;

u_0——初始周围压力产生的孔隙水压力(kPa)。

b. 破坏时孔隙水压力系数:

$$A_f = \frac{u_f}{B(\sigma_1 - \sigma_3)_f} \tag{2-153}$$

式中:A_f——破坏时的孔隙水压力系数;

u_f——试样破坏时,主应力差产生的孔隙水压力(kPa)。

(5)绘制轴向应力 σ_1 与主应力差($\sigma_1 - \sigma_3$)的关系曲线。

(6)绘制轴向应变 ε_1 与主应力比$\frac{\sigma_1}{\sigma_3}$的关系曲线。

(7)破损应力圆、摩擦角和黏聚力的确定(图 2-102)。

以($\sigma_1 - \sigma_3$)的峰值为破坏点,无峰值时,取15%轴向应变时的主应力差值作为破坏点。以法向应力为横坐标、剪应力为纵坐标,在横坐标上以$\frac{\sigma_{1f}+\sigma_{3f}}{2}$为圆心、$\frac{\sigma_{1f}-\sigma_{3f}}{2}$为半径($f$ 下脚标表示破坏),在 τ—σ 应力平面图上绘制破损应力图,并绘制不同周围压力下破损应力圆的包线。求出不排水强度参数。

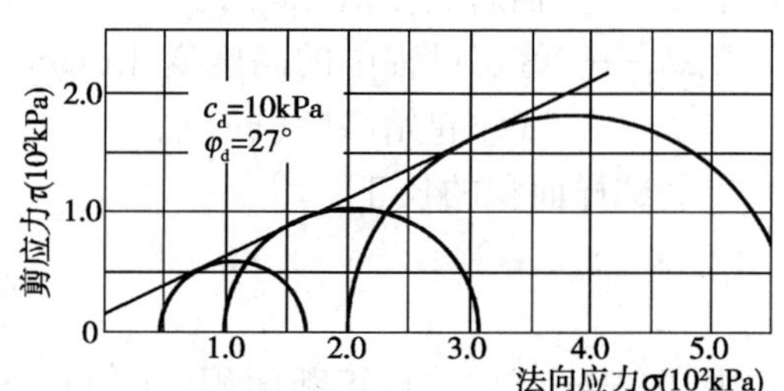

图 2-102 固结水排强度包线

(8)试验记录格式同 T 0144—1993。

8. 试验报告

(1)土类(黏质土、砂类土)。

(2)抗剪强度参数 c_d、φ_d。

二十二、细粒土无侧限抗压强度试验(T 0148—1993)

1. 目的和适用范围

无侧限抗压强度是试件在无侧向压力的条件下,抵抗轴向压力的极限强度。本试方法验适用于测定饱和软黏土的无侧限抗压强度及灵敏度。

2. 仪器设备

(1)应变控制式无侧限抗压强度仪:如图 2-103,包括测力计、加压框架及升降螺杆,根据土的软硬程度,选用不同量程的测力计。

(2)切土盘:见图2-87。

(3)重塑筒:筒身可拆为两半,内径40mm,高100mm,如图2-104。

(4)百分表:量程10mm,分度值0.01mm。

(5)其他:天平(感量0.1g)、秒表、卡尺、直尺、削土刀、钢丝锯、塑料布、金属垫板、凡士林等。

3. 试样

(1)将原状土样按天然层次方向放在桌上,用削土刀或钢丝锯削成稍大于试件直径的土柱,放入切土盘的上下盘之间,再用削土刀或钢丝锯沿侧面自上而下细心切削。同时边转动圆盘,直至达到要求的直径为止。取出试件,按要求的高度削平两端。端面要平整,且与侧面垂直,上下均匀。如试件表面因有砾石或其他杂物而成空洞时,允许用土填补。

(2)试件直径和高度应与重塑筒直径和高度相同,一般直径为40~50mm,高为100~120mm。试件高度与直径之比应大于2,按软土的软硬程度采用2.0~2.5。

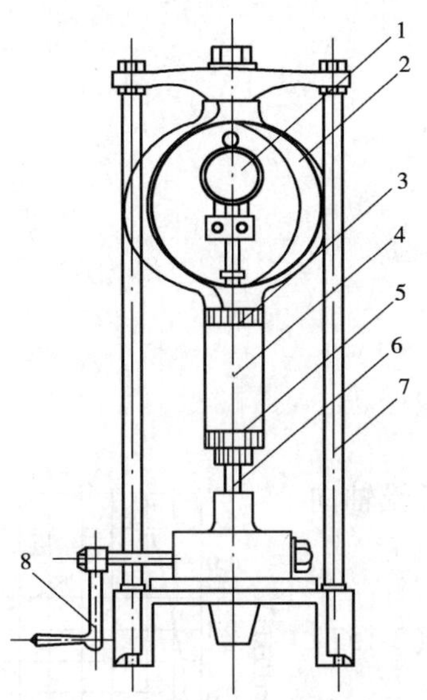

图2-103 应变控制式无侧限抗压强度仪
1-百分表;2-测力计;3-上加压杆;4-试样;5-下加压板;6-升降螺杆;7-加压框架;8-手轮

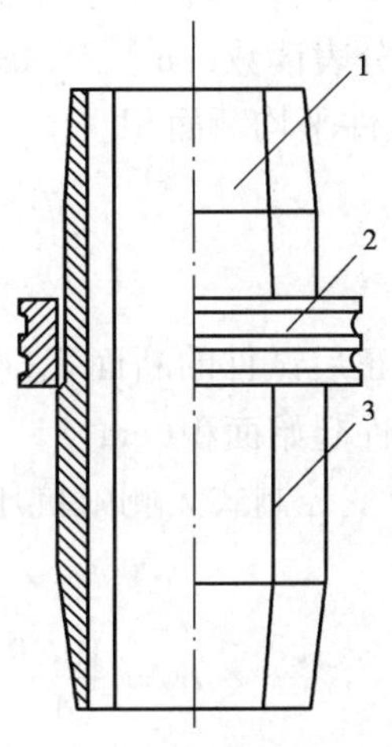

图2-104 重塑筒
1-重塑筒(筒身可以拆成两半);2-钢箍;3-接缝

4. 试验步骤

(1)将切削好的试件立即称量,准确至0.1g。同时取切削下的余土测定含水率。用卡尺测量其高度及上、中、下各部位直径,按式(2-124)计算其平均直径D_0。

(2)在试件两端抹一薄层凡士林;如为防止水分蒸发,试件侧面也可抹一层薄凡士林。

(3)将制备好的试件放在应变控制式无侧限抗压强度仪下加压板上,转动手轮,使其与上加压板刚好接触,调测力计百分表读数为零点。

(4)以轴向应变(1%~3%)/min的速度转动手轮(0.06~0.12mm/min),使试验在8~20min内完成。

(5)应变在3%以前,每0.5%应变记读百分表读数一次;应变达3%以后,每1%应变记读百分表读数一次。

(6)当百分表达到峰值或读数达到稳定,再继续剪3%~5%应变值即可停止试验。如读数无稳定值,则轴向应变达20%时即可停止试验。

(7)试验结束后,迅速反转手轮,取下试件,描述破坏情况。

(8)若需测定灵敏度,则将破坏后的试件去掉表面凡士林,再加少许土,包以塑料布,用手捏搓,破坏其结构,重塑为圆柱形,放入重塑筒内,用金属垫板挤成与筒体积相等的试件,即与重塑前尺寸相等,然后立即重复步骤(3)~(7)进行试验。

5.结果整理

(1)计算轴向应变。

$$\varepsilon_1 = \frac{\Delta h}{h_0} \tag{2-154}$$

$$\Delta h = n\Delta L - R \tag{2-155}$$

式中:ε_1——轴向应变(%);

h_0——试件起始高度(cm);

Δh——轴向变形(cm);

n——手轮转数;

ΔL——手轮每转一转,下加压板上升高度(cm);

R——百分表读数(cm)。

(2)计算试件平均断面积。

$$A_a = \frac{A_0}{1 - \varepsilon_1} \tag{2-156}$$

式中:A_a——校正后试件的断面积(cm^2);

A_0——试件起始面积(cm^2)。

(3)计算应变控制式无侧限抗压强度仪上试件所受轴向应力。

$$\sigma = \frac{10CR}{A_a} \tag{2-157}$$

式中:σ——轴向应力(kPa);

C——测力计校正系数(N/0.01mm);

R——百分表读数(0.01mm);

A_a——校正后试件的断面积(cm^2)。

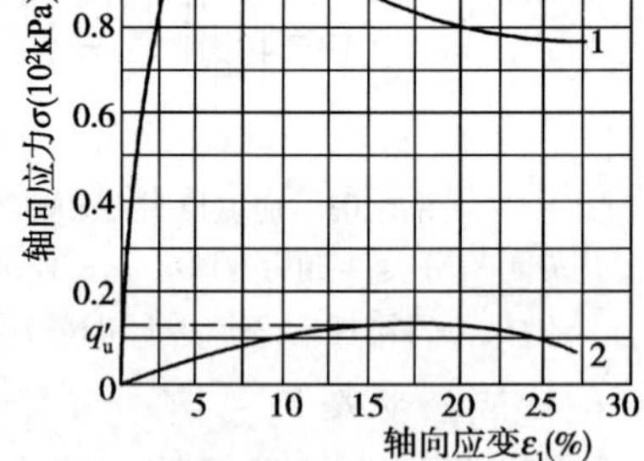

图2-105 轴向应力与应变的关系曲线

1-原状试样;2-重塑试样

(4)以轴向应力为纵坐标、轴向应变为横坐标,绘制应力—应变曲线(图2-105)。以最大轴向应力作为无侧限抗压强度。若最大轴向应力不明显,取轴向应变15%处的应力作为该试件的无侧限抗压强度 q_u。

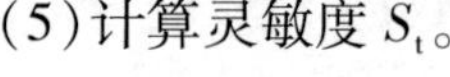

(5)计算灵敏度 S_t。

$$S_t = \frac{q_u}{q'_u} \tag{2-158}$$

式中:q_u——原状试件的无侧限抗压强度(kPa);

q'_u——重塑试件的无侧限抗压强度(kPa)。

(6)试验记录格式如表2-60。

无侧限抗压强度试验记录 表 2-60

取土深度________ 土样说明________

试验前试件高度 h_0 = ____cm　试验前试件直径 D_0 = ____cm　无侧限抗压强度 q_u = ____kPa

试验试件面积 A_0 = ____ cm^2　试件质量 m = ____g　灵敏度 S_t = ____　q'_u = ____kPa

试件密度 ρ = ____g/cm^3　测力计校正系数 C = ____N/0.01mm　试件破坏时情况________

测力计百分表读数 R (0.01mm)	下压板上升高度 ΔL (cm)	轴向变形 Δh (cm)	轴向应变 ε_1 (%)	校正后面积 A_a (cm^2)	轴向荷载 P (N)	轴向应力 σ (kPa)	备注
(1)	(2)	(3) = (2) − (1)	$(4)=\frac{(3)}{h}$	$(5)=\frac{A_0}{1-(4)}$	(6) = (1) × C	$(7)=\frac{(6)}{(5)}$	

6. 试验报告

(1) 土的鉴别分类和代号。

(2) 土的无侧限抗压强度 q_u(kPa)。

(3) 土的灵敏度 S_t。

二十三、粗粒土和巨粒土的最大干密度试验——表面振动压实仪法(T 0133—1993)

1. 目的和适用范围

本试验方法的目的是测定粗粒土和巨粒土最大干密度,规定采用表面振动压实仪法测定无黏性自由排水粗粒土和巨粒土(包括堆石料)的最大干密度。本试验方法适用于通过0.075mm标准筛的土颗粒质量百分数不大于15%的无黏性自由排水粗粒土和巨粒土。对于最大颗粒尺寸大于60mm的巨粒土,因受试筒允许最大粒径的限制,宜按本试验相关规定处理。

2. 仪器设备

(1) 振动器:见图 2-106,功率 0.75 ~ 2.2kW,振动频率 30 ~ 50Hz,激振力 10 ~ 80kN。钢制夯:可固定于振动电机上,且有一厚 15 ~ 40mm 夯板。夯板直径应略小于试筒内径 2 ~ 5mm。夯与振动电机总重在试样表面产生 18kPa 以上的静压力。

(2) 试筒:见表 2-61 或根据土体颗粒级配选用较大试筒。但固定试筒的底板须固定于混凝土基础上或至少质量为 450kg 混凝土块上。试筒容积宜用灌水法每年标定一次。

试样质量及仪器尺寸 表 2-61

土粒最大尺寸 (mm)	试样质量 (kg)	试筒尺寸		套筒高度 (mm)	装料工具
		容积(cm^3)	内径(mm)		
60	34	14200	280	250	小铲或大勺
40	34	14200	280	250	小铲或大勺
20	11	2830	152	305	小铲或大勺
10	11	2830	152	305	ϕ25mm 漏斗
5 或 <5	11	2830	152	305	ϕ3mm 漏斗

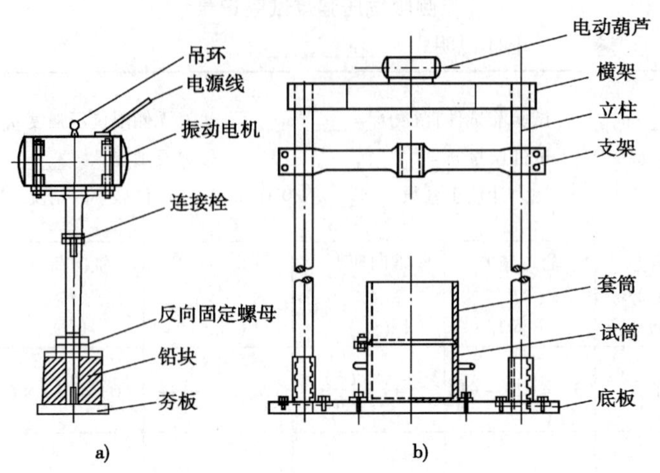

图 2-106 表面振动压实仪试验装置

(3)套筒:内径应与试筒配套,高度为 170 ~ 250mm;与试筒固定后内壁须成直线连接。

(4)台秤、电动葫芦、标准筛(圆孔筛:60mm、40mm、20mm、10mm、5mm、2mm、0.075mm)。

(5)直钢条:尺寸宜为 350mm × 25mm × 3mm(长 × 宽 × 厚)。

(6)深度仪或钢尺:量测精度要求至 0.5mm。

(7)大铁盘:其尺寸宜为 600mm × 500mm × 80mm(长 × 宽 × 高)。

(8)其他:烘箱、小铲、大勺及漏斗、橡皮锤、秒表、试筒布套等。

3. 试验步骤

(1)干土法

①充分拌匀烘干试样,即使其颗粒分离程度尽可能小;然后大致分成三份。测定并记录空试筒质量。

②用小铲或漏斗将任一份试样徐徐装填入试筒,并注意使颗粒分离程度最小(装填量宜使振毕密实后的试样等于或略低于筒高的 1/3);抹平试样表面。然后可用橡皮锤或类似物敲击几次试筒壁,使试料下沉。

③将试筒固定于底板上,装上套筒,并与试筒紧密固定。

④放下振动器,振动 6min。吊起振动器。

⑤按步骤② ~ ④进行第二层、第三层试样振动压实。

⑥卸去套筒。将直钢条放于试筒直径位置上,测定振毕试样高度。读数宜从四个均布于试样表面至少距筒壁 15mm 的位置上测得并精确至 0.5mm,记录并计算试样高度 H_0。

⑦卸下试筒,测定并记录试筒与试样质量。扣除试筒质量即为试样质量。计算最大干密度 $\rho_{d\,max}$。

⑧重复步骤① ~ ⑦,直至获得一致的最大干密度。但须制备足够的代表性试料,不得重复振动压实单个试样。

(2)湿土法

①按湿法试验时,可对烘干试料加足量水,或用现场湿土料进行。拌匀试料颗粒级配及含水率(使颗粒分离程度尽可能小),然后大致分成三份。如果向干料中加水,则需最小饱和时间约 1/2h;加水量宜加到足够分量,即在拌和盘中无自由水滞积,且在振密过程中基本保持饱和状态。

对于估算向烘干试料中的加水量,起初可尝试每4.5kg试料约加1000mL的水量,或按下式估算:

$$m_w = m_s\left(\frac{\rho_w}{\rho_d} - \frac{1}{G_s}\right) \tag{2-159}$$

式中:m_w——加水量(g);

ρ_d——由起初振密结果所估算的干密度(g/cm^3);

m_s——试样质量(g);

ρ_w——水的密度,$\rho_w = 1g/cm^3$;

G_s——土粒比重。

②将试筒固定于底板上。用小铲或大勺将任一份湿料徐徐填入试筒(装填量宜使振毕试样等于或略低于筒高的1/3)。

③放下振动器,振动6min。吊起振动器,吸去试样表面自由水。

④按步骤②、③进行第二层、第三层试样振动压实。

⑤卸下试筒。吸去加重底板上及边缘的所有自由水。将百分表架支杆插入每个试筒导向瓦套孔中;刷净试筒顶沿面上及加重底板上位于试筒导向瓦两侧测量位置所积落的细粒土,并尽量避免将这些细粒土刷进试筒内。然后分别测读并记录试筒导向瓦每侧试筒顶沿面(中心线处)各三个百分表读数,共12个读数(其平均值即为百分表初始读数 R_i);再从加重底板上测读并记录出相应读数(其平均值即为终了百分表读数 R_f)。

⑥测定振毕试样含水率后。计算最大干密度 $\rho_{d\,max}$。

⑦同"干土法"步骤⑧。

(3)对于粒径大于60mm的巨粒土,因受试筒允许最大粒径的限制,应按相似级配法制备缩小粒径的系列模型试料。相似级配法粒径及级配按以下公式及图2-107计算。

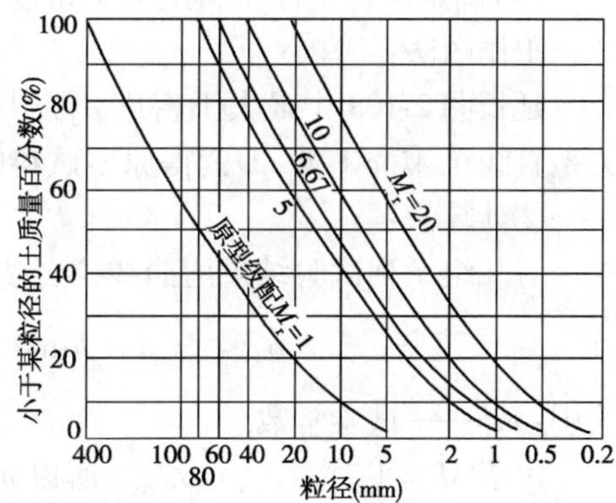

图2-107 原型料与模型料级配关系

相似级配模型试料粒径:

$$d = \frac{D}{M_r} \tag{2-160}$$

式中:D——原型试料级配某粒径(mm);

d——原型试料级配某粒径缩小后的粒径,即模型试料相应粒径(mm);

M_r——粒径缩小倍数,通常称为相似级配模比:

$$M_r = \frac{D_{max}}{d_{max}} \tag{2-161}$$

D_{max}——原型试料级配最大粒径(mm);

d_{max}——试样允许或设定的最大粒径,即60mm、40mm、20mm、10mm等。

相似级配模型试料级配组成与原型级配组成相同,即:

$$P_{M_r} = P_p \tag{2-162}$$

式中:P_{M_r}——原型试料粒径缩小 M_r 倍后(即为模型试料)相应的小于某粒径 d 含量百分数(%);

P_p——原型试料级配小于某粒径 D 的含量百分数(%)。

4. 结果整理

(1)干土法,计算最大干密度。

$$\rho_{d\max} = \frac{m_d}{V} \tag{2-163}$$

$$V = A_c H$$

式中:$\rho_{d\max}$——最大干密度(g/cm^3),计算至0.001;

m_d——干试样质量(g);

V——振毕密实试样体积(cm^3);

A_c——标定的试筒横断面积(cm^2);

H——振毕密实试样高度(cm)。

(2)湿土法,计算最大干密度。

$$\rho_{d\max} = \frac{m_m}{V(1+0.01w)} \tag{2-164}$$

式中:$\rho_{d\max}$——最大干密度(g/cm^3),计算至0.001;

V——振毕密实试样体积(cm^3);

m_m——振毕密实湿试样质量(g);

w——振毕密实湿试样含水率(%)。

(3)确定巨粒土原型料最大干密度。

①作图法:

延长图2-108中最大干密度$\rho_{d\max}$与相似级配模比M_r的关系直线至$M_r=1$处,即读得原型试料的$\rho_{D\max}$值。

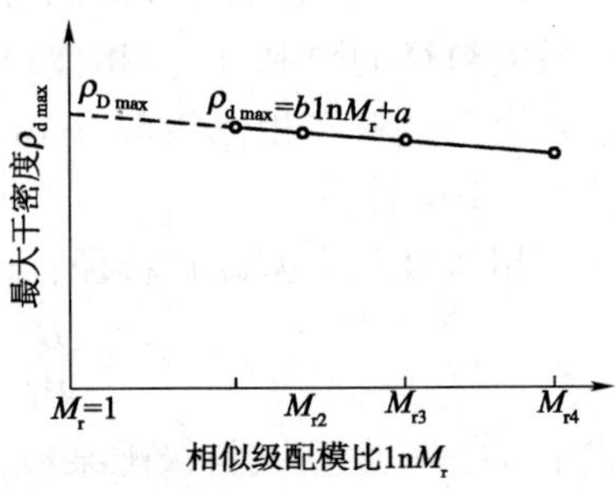

图2-108 模型料$\rho_{d\max}$—$\ln M_r$关系

②计算法:

对几组系列试验结果用曲线拟合法可整理出下式:

$$\rho_{d\max} = a + b\ln M_r \tag{2-165}$$

式中:a、b——试验常数。

由于$M_r=1$时,$\rho_{d\max}=\rho_{D\max}$,所以$a=\rho_{D\max}$。

即

$$\rho_{d\max} = \rho_{D\max} + b\ln M_r \tag{2-166}$$

令$M_r=1$时,即得原型试料$\rho_{D\max}$的值。

(4)计算干土法所测定的最大干密度试验结果的平均值作为试验报告的最大干密度值,当湿土法结果比干土法高时,采用湿土法试验结果的平均值。

(5)计算压实指标。

如果已测定最小干密度$\rho_{d\min}$[采用测定$\rho_{d\max}$的试筒及装料工具以干土样松填法试验测定,或采用(T 0123—1993)的方法],且已知土料的沉积或填筑干密度ρ_d,则相对密度D_r可按下式计算:

$$D_r = \frac{e_{\max} - e_0}{e_{\max} - e_{\min}} \tag{2-167}$$

或

$$D_r = \frac{(\rho_d - \rho_{d\,min})\rho_{d\,max}}{(\rho_{d\,max} - \rho_{d\,min})\rho_d} \tag{2-168}$$

式中：D_r——相对密度，计算至0.01；

$\rho_{d\,min}$——最小干密度(g/cm^3)；

$\rho_{d\,max}$——最大干密度(g/cm^3)；

e_0——天然孔隙比或填土的相应孔隙比；

e_{max}——最大孔隙比；

e_{min}——最小孔隙比；

ρ_d——天然干密度或填土的相应干密度(g/cm^3)。

如果粒径大于60mm的巨粒土难以测定其最小干密度，但当已知土料的沉积或填筑干密度ρ_D时，则压实度K可按下式计算：

$$K = \frac{\rho_D}{\rho_{D\,max}} \times 100 \tag{2-169}$$

(6)试验记录格式如表2-62。

最大干密度试验记录 表2-62

试料来源________ 试料最大粒径______mm 相似级配模比________

振动频率______Hz 全振幅________mm 振动历时______min

试验方法			
平行测定次数			
试样＋试筒质量(g)			
试筒质量(g)			
试样质量	干土法 m_d(g)		
	湿土法 m_m(g)		
试筒容积 V_c(g)			
试筒横断面积 A_c(cm^2)			
百分表初读数 R_i(mm)			
百分表终读数 R_f(mm)			
试样表面至试筒顶面距离 $\Delta H = \lvert R_i - R_f \rvert + T_p^*$ (mm)			
试样体积 $V = [V_c - A_c(\Delta H/10)]$($cm^3$)			
试样干密度	干土法 m_d/V (g/cm^3)		
	湿土法 $m_m/[V(1+0.01w^{**})]$ (g/cm^3)		
最大干密度(即平均值)ρ_{dmax} (g/cm^3)			
任意两个试验值的偏差范围(以平均值百分数表示)(%)			
标准差 S(g/cm^3)			
＊T_p——加重底板厚度，T_p＝12mm ＊＊w——振毕湿试样含水率(%)		试验异常情况：	

(7)最大干密度试验结果精度要求如表2-63所列。最大干密度$\rho_{d\,max}$(kg/m^3)，取3位有效数字。

最大干密度试验结果精度 表 2-63

试料粒径 (mm)	标准差 S (g/cm^3)	两个试验结果的允许范围(以平均值百分数表示) (%)
<5	±0.013	2.7
5~60	±0.022	4.1

5. 试验报告

(1)试料来源,外观描述。

(2)试筒尺寸及方法。

(3)任何反常现象,如试料损失、分离,加重底板过分倾斜等。

二十四、粗粒土的直接剪切试验(T 0178—2007)

1. 目的和适用范围

本试验采用应力控制式或应变控制式大型直接剪切仪测定粗、巨粒土的抗剪强度参数。试验描述以应力控制式大型直接剪切试验为例。本试验方法适用于最大粒径为 60mm 的粗颗粒土。

2. 仪器设备

(1)应力控制式大型直剪仪:由上剪切盒、下剪切盒、传压板、滚珠排、垂直加压框架和水平加压支座等组成,如图 2-109。

①剪切盒:形状宜采用圆形,尺寸:$D/d_{max}=8\sim12$,$H/d_{max}=4\sim8$。

②加荷设备:双向油压千斤顶 2 台和稳压装置。

(2)百分表:量程 30mm,分度值 0.01mm。

(3)其他设备:真空泵(附真空测压表)、饱和器(附金属真空缸)、粗筛一套(筛孔孔径分别 60mm、40mm、20mm、10mm、5mm、2mm)、磅秤(分度值 250g)、台秤、托盘天平、水平尺、拌和工具、恒湿设备与击实锤。

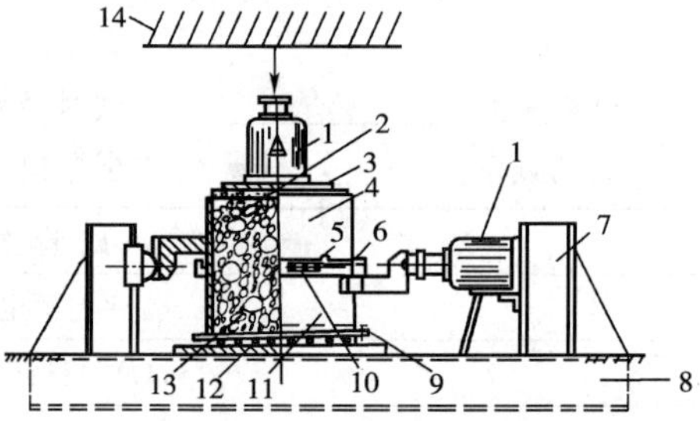

图 2-109 大型直剪仪示意图

1-千斤顶;2-试样;3-传压板;4-上剪切盒;5-固定销;6-水槽;7-水平加荷支座;8-下反力横梁;9-进水孔;10-开缝装置;11-下剪切盒;12-滚轴排;13-透水板;14-上反力横梁

3. 试验步骤

(1)试样制备和安装

①试样按 T 0102—2007 的规定进行备料。根据试验要求的干密度、含水率和试样尺寸,计算并称取试验所需的土样数量。对无黏性粗颗粒土,为防止颗粒分离,也可根据装填层数,分层称取试验所需的土样。

②将下剪切盒吊放在滚轴排上,并在下剪切盒上安放开缝环及钢珠[控制剪切开缝尺寸为$(1/3\sim1/4)d_{max}$],然后将上剪切盒放上,务使上、下盒同心,并用固定插销定位。

③将称好的试样拌匀后分层装入剪切盒内(层次可根据高度与层缝错开的原则而定,一般为 3 或 5 层)。每一层应击实至要求的高度。对黏质粗颗粒土,每层表面刨毛后,再填第二层。重复上述步骤至最后一层,整平表面。

注:试样制备方法应尽可能与现场施工情况一致。对于含黏质土粗颗粒土,可采用击实法制备试样。对于无黏性粗颗粒土,可采用振捣法制备,接近振动碾施工情况。

④试样如需饱和,对无黏性粗颗粒土,宜用水头饱和法;对黏质粗颗粒土宜用真空饱和法。

⑤在试样面上依次放上透水板、传压板、垂直千斤顶和传压板等,并与液压稳定器管路连接。要求安装对中,传压板应用水平尺校平。上、下反力钢梁应水平。然后安装 2 ~4 个垂直百分表,徐徐开动垂直千斤顶,使各部接触。记录变形起始读数。

⑥安装水平千斤顶和水平百分表,务使水平千斤顶的着力线通过剪切面的中心。徐徐开动水平千斤顶,使其与下剪切盒的着力点接触(即水平百分表开始微动)即停止。

⑦每组试验应制备 4 或 5 个试样,其密度差值不得大于 0.03g/cm^3,含水率差值不得大于 1%。在不同压力下进行试验,各级垂直压力级差大致相同。

(2)快剪试验(Q)

①按“试样制备和安装”步骤⑤的规定安装试样和定位,但在试样上、下面接触处,安放与透水板厚度相等的不透水钢板。在试样上一次施加额定的垂直荷载,使其在整个试验过程中保持恒定。

②拔除上、下剪切盒的固定销并取掉开缝环。记录垂直、水平千斤顶、百分表等的读数。随即开动水平千斤顶,施加水平荷载,每 30s 加一级,并测读一次水平百分表和垂直百分表的读数。起始水平荷载按垂直荷载的 7% ~10% 施加。当某级水平荷载下的剪切位移超过前一级剪切位移的 1.5 ~2.0 倍时,改为按 5% 施加。每施加一级水平荷载,测读垂直和水平百分表各一次。

当水平荷载读数不再增加或剪切变形急骤增长时,即认为已剪损。若无上述两种情况出现,应控制剪切变形达试样直径的 1/15 ~1/10,方可停止试验。应控制试样在 5 ~10min 内达到剪切破坏。

③试验结束后,尽快卸去百分表、水平荷载、垂直荷载和加荷设备。视需要对剪切面作简要描述。取剪切面附近的试样,测定其剪切后含水率与颗粒级配。

(3)固结快剪试验(R)

①按“快剪试验”步骤①的规定进行试样安装和定位。但试样上、下两面的不透水板改放细铜丝布和透水钢板。

②在试样上施加垂直荷载后,如每小时垂直变形小于 0.03mm,则认为变形稳定。测记此时垂直百分表读数。

③试样达到固结稳定后,按“快剪试验”步骤②、③的规定进行剪切。

(4)慢剪试验(S)

①按“快剪试验”步骤①的规定进行试样安装和定位。但试样上、下两面的不透水板改放细铜丝布和透水钢板。

②在试样上施加垂直荷载后,如每小时垂直变形小于 0.03mm,则认为变形稳定。测记此时垂直百分表读数。

③试样达到固结稳定,拔除上、下剪切盒固定销并取掉开缝环。检查垂直千斤顶、水平千斤顶、百分表等,记录其读数。开动水平千斤顶,施加水平荷载,每隔 1min 测记一次水平百分表读数和垂直百分表读数。若 1min 内剪切变形不超过 0.01mm,则施加下一级水平荷载。起始水平荷载每级按垂直荷载的 7% ~10% 施加。当某级水平荷载下的剪切位移超过前一级剪切位移的 1.5 ~2.0 倍时,改为按 5% 施加。

当水平荷载读数不再增加或剪切变形急骤增长,即认为已剪损。若无上述两种情况出现,应控制剪切变形达试样直径的 1/5 ~1/10,方可停止试验。

④试验结束后,尽快卸去百分表、水平荷载、垂直荷载和加荷设备,并测定其剪切后含水率

与颗粒级配。

4. 结果整理

(1)按下列公式计算垂直压力和剪应力。

$$P = \frac{P_v + \Delta P}{A} \tag{2-170}$$

$$\tau = \frac{P_h - F}{A} \tag{2-171}$$

$$P_v = C_v R_v \tag{2-172}$$

$$P_h = C_h R_h \tag{2-173}$$

式中:P、τ——分别为垂直压力和剪应力(kPa);

P_v、P_h——分别为垂直荷载和水平荷载(kN);

C_v、C_h——分别为垂直千斤顶和水平千斤顶上压力表的率定系数(kN/kPa);

R_v、R_h——分别为垂直和水平千斤顶压力表读数(kPa);

F——某垂直压力下仪器摩擦力(kN);

ΔP——附加垂直荷载,包括透水板、传压板和千斤顶的重力,千斤顶以上的设备重力不计在内(kN);

A——试样面积(m^2)。

(2)以剪应力和垂直变形为纵坐标、水平位移为横坐标,分别绘制某级垂直压力下剪应力 τ 与水平位移 ΔL 关系曲线和垂直变形 Δs 与水平位移 ΔL 关系曲线。

(3)取剪应力 τ 与水平位移 ΔL 关系曲线上峰值或稳定值作为抗剪强度。如无明显峰值,则取水平位移达到试样直径 1/15 ~ 1/10 处的剪应力作为抗剪强度 S。

(4)以抗剪强度 S 为纵坐标、垂直压力 P 为横坐标,绘制抗剪强度 S 与垂直压力 P 的关系曲线。直线的倾角为粗颗粒土的内摩擦角 φ,直线在纵坐标轴上的截距为粗颗粒土的黏聚力 c。

(5)试验记录格式如表 2-64。

粗颗粒土直接剪切试验记录表 表 2-64

试样方法 快剪(Q) 固结快剪(R) 慢剪(S)

垂直压力 P = ________ kPa　　试样面积 A = ________ m^2

固结时间 t = ________ h　　开缝尺寸 t_1 = ________ mm

剪切速率 S = ________ mm/min　　摩擦力 F = ________ kN

起始干密度 ρ_d = ________ g/cm^3　　千斤顶率定系数:

风干含水率 w = ________ %　　C_v = ________ kN/kPa

破坏剪应力 τ = ________ kPa　　C_h = ________ kN/kPa

水平压力表读数(kPa)	剪应力 τ (kPa)	垂直压力表读数(kPa)	水平位移(0.01mm)				垂直变形(0.01mm)			
			百分表读数 ΔL			累计增量 $\sum\Delta L$	百分表读数 ΔL			累计增量 $\sum\Delta L$
			1	2	平均		1	2	平均	
备注										

5. 试验报告

(1)土的鉴别分类和代号。

(2)粗粒土的抗剪强度指标 c、φ 值。

二十五、粗粒土的三轴压缩试验(T 0147—1993)

1. 目的和适用范围

根据路面基层的受力状态和使用条件，本试验方法采用应变控制式试验，试样在不饱水、不固结和不排水情况下测定抗剪强度参数。本试验方法适用于测定最大粒径为60mm粗粒土的抗剪强度指标参数。试件尺寸为 ϕ30cm×60cm 和 ϕ30cm×75cm 两种规格。

2. 仪器设备

(1)粗粒土三轴压缩试验仪(图2-110)包括：

①试验主机：由主机架、油缸、压力室和压力移动滑车组成。仪器轴向最大允许使用荷载为500kN。

②操作控制屏：由侧压力(或称周围压力)恒定系统、体变量测装置、电器控制组件等组成。

③液压站：由液压油箱、液压泵和无级调速系统组成。

④空气压缩机(简称：空压机)。

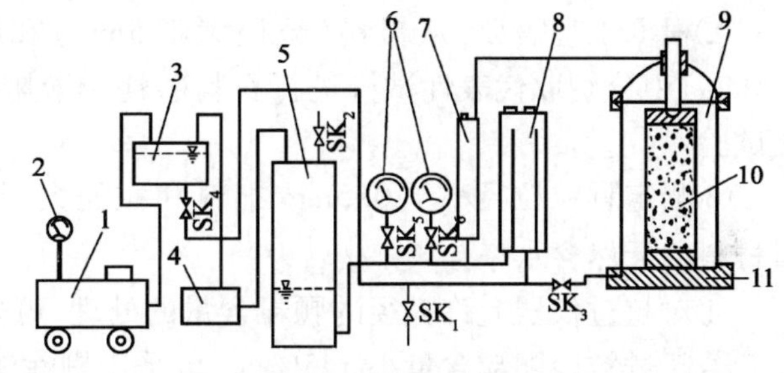

图2-110　三轴压缩仪控制系统

1-空压机；2-电接点压力表；3-水罐；4-定值器；5-蓄能器；6-标准压力表；7-油封管；8-体变管；9-压力室；10-试件；11-放水口

(2)附属设备包括：

①压力室起吊装置(电动葫芦)。

②标准测力计(量程为10t、30t各一套)。

③轴向应变测量装置(表架和量程为5cm的百分表)。

④对开成型筒(图2-111)及承膜筒。

⑤击实设备。

⑥磅秤：量程100kg，感量50g。

⑦托盘秤：量程5kg，感量1.0g。

⑧托盘天平：量程100g，感量0.1g。

⑨烘箱、瓷盘(盆)、铝盒各若干。

⑩橡皮膜若干。

⑪扭力扳手和活动扳手等工具。

⑫圆孔筛(孔径按试验要求确定)。

3. 仪器检查

(1)检查轴向加压系统及侧压力恒压系统等运行是否正常。

(2)检查体变测量系统运行是否正常。

(3)检查压力室的密封性、传压活塞在轴套内滑动是否正常，管路、接头、阀门等是否畅通、不漏气。

(4)检查橡皮膜是否完好。

(5)标定无级调速阀上的刻度与油缸上升速度的关系。

(6)检查蓄能器水位高度,其高度不应高于蓄能器高度的1/3,亦不得低于水面指示管。水罐内水位应高于罐高的3/4。

(7)测力计使用超过半年或温差过大时,应重新标定。

(8)安装测力计时,应根据试件最大破坏荷载,选用适当量程。

4. 试样

(1)试样准备

①取样进行筛分。筛的孔径按试验材料类型不同分别选用。经筛分的试料分组称量,堆放备用;并计算通过各级筛孔的质量百分数。如果需要准确控制试样的级配组成时,对含黏土的粒料材料,黏着的细粒土不易分散,可将粗料中的各级粒料用水洗过筛烘干备用。对不含黏土的粒料材料,则将全部试料依次过筛备用。

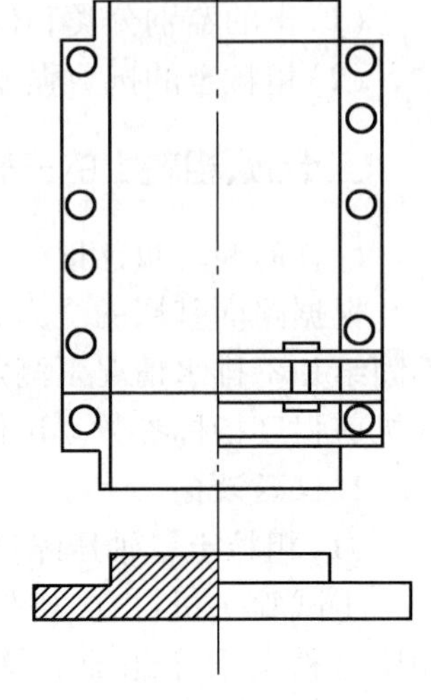

图2-111 对开成型筒

②根据工程需要,从粗料(粒径大于5mm)和细料(粒径小于0.5mm)中分别取代表性试样进行石料磨耗和液限、塑限等物理性质试验。

③测定颗粒粒径小于0.5mm细料和粒径大于0.5mm各级粒料材料的天然含水率。

④对超过仪器允许粒径的颗粒含量的处理,可采用下述方法:

若超过粒径颗粒含量小于5%时,可采用剔除法,即把超径颗粒剔除。

若超过粒径颗粒含量大于5%时,则采用等质量代换法处理,方法是按仪器允许的全部粗料(从粒径为5mm至最大粒径之间的粗料)按比例等质量代换超径颗粒含量。新的级配组成可按下式计算。

$$p_i = \frac{100 - p_m}{p_m - p_5}(p_{0i} - p_5) + p_{0i} \tag{2-174}$$

式中:p_i——代换后某粒径的粒料通过百分数(%);

p_5——原级配中粒径为5mm的粒料通过百分数(%);

p_m——原级配中粒径为60mm的粒料通过百分数(%);

p_{0i}——原级配中某粒径粒料的通过百分数(%)。

⑤分级确定粒径为0.5~60mm的某级粒料的饱和吸水率(w_a),即将粒径为0.5~60mm的风干后的某级粒径(质量为m_s)浸泡至吸水饱和,再把表面揩干,然后称湿质量(m)。某级粒料的饱和吸水率为:

$$w_a(\%) = \frac{m - m_s}{m_s} \times 100 \tag{2-175}$$

(2)试件制备

①试件尺寸:试件直径为30cm,高度60cm;若试件压缩量较大时,试件高度可采用75cm。

②根据试件体积和密度要求,计算每个试件需要材料的干质量。为防止试样粗细颗粒分离,要求试件密实度均匀一致,试样应分层装填(一般分6层)。按材料组成要求分层计算所需的试料,分层配料。粒径小于0.5mm的细粒另置。大于0.5mm的各级粒料可放一堆。

③计算试件每层装填试料的需要加水量。

$$m_w = (w_d - w_1)m_s + \sum_{i=1}^{n}(w_{id} - w_{i1})m_i \tag{2-176}$$

式中：m_w——试件需要的加水量(kg)；

w_d——细料的设计含水率(%)；

w_1——细料的天然含水率(%)；

w_{id}、w_{i1}——0.5～60mm 粒料中某级粒料的设计含水率和天然含水率(%)；

m_s——细料的干质量(kg)；

m_i——0.5～60mm 粒料中某级粒料的干质量(kg)；

n——0.5～60mm 粒料按相邻筛孔孔径划分的级数。

④把水加到粒径大于 0.5mm 的粒料中，充分拌和，然后掺入细粒继续拌和，直至拌匀为止。

⑤将拌好的试料放入盘(盆)内，用塑料薄膜盖严，待用。为避免差错，应任意抽查复称其中一份，每份试料质量应为试件总湿质量的 1/6。

⑥在压力室试样底座上加盖板，扎好橡皮膜，安装成型筒。将橡皮膜外翻套在成型筒上，让橡皮膜顺直，使之与成型筒壁紧贴。

⑦逐层装入试料，每装一层，先用细钢钎捣实，再用击实法使试料达到要求的密实度(用高度控制其密实度)。然后将表面刨松，再装第二层。依此类推，直至最后一层。

⑧整平试件顶面，加上盖板和试件帽，卸除对开成型筒，脱去橡皮膜，用钢尺量测试件的实际高度。测量误差不得大于 ±2mm。再套上完好的橡皮膜，并将两头扎紧。

⑨制件结束后，扫清底盘。

⑩安装压力室，用扭力扳手旋紧和底盘连接的螺栓，然后往压力室内加满水，旋紧加水孔螺帽，置压力室于剪切试验仪机座上，静置 24h，使试件内水分充分渗润。

5. 试验步骤

(1)合上电源开关，接通电源。总电源指示灯亮，指示电源接通。

(2)将钮子开关扳向油缸上升位置。按油缸起动按钮，逆时针旋转无级调速阀，压力室在油缸推动下快速上升。当与测力计下端接近时，顺时针旋动调速阀，使油缸缓慢上升，直到测力计百分表指针微动即关机。调整测力计百分表指针为零。

(3)将电接点压力表调至高于所需周围压力 200kPa 左右，定值器旋至截止位置(逆时针方向)，其余阀门处于关闭状态。按空压机按钮，压力上升到调定压力后，自动停止。此时打开标准侧压力表开关 SK_5，缓缓调整定值器至所需侧压力为止(侧压力分别采用 100kPa、150kPa、200kPa、250kPa)。稳定后，记录体变管读数。

(4)逆时针旋开加压截止阀 SK_3，压力便自动加入压力室，可见体变管内油液面下降(表示试件压缩)。与此同时，逆时针旋开油封开关。

(5)待侧压力稳定后(即体变管液面不动)，此时记录测力计百分表读数，重新调整测力计百分表为零，并记录体变管读数。

(6)按下油缸起动按钮，然后旋动(逆时针方向)无级调速阀到规定位置，使剪切速度为 1.5mm/min。此时试件开始剪切。

(7)剪切开始阶段，试件每产生 1.0mm 的垂直变形，测记轴向压力和垂直变形、体变各一次。当应力—应变曲线接近峰值时，应适当加密读数。一般应按每产生 0.5mm 的垂直变形记录一次读数。当轴向测力计百分表数读不再上升或有明显减小时，表明已出现峰值，继续测读 1～2 次读数，即可停机。若没有出现峰值，则当相邻两级的应力差小于 5kPa 时，即可关机。

(8)当采用一个试件做四级侧压力的剪切试验时，侧压力由小到大，分级进行。在第一级侧压力作用下，施加轴向压力进行剪切，当轴向测力计百分表不再上升或相邻两级应力差小于5kPa时关机。立刻施加第二级侧压力。稳定10min后，再施加轴向压力进行剪切，当轴向测力计百分表不再上升或相邻两级应力差小于5kPa时关机。如此继续进行第三、第四级侧压力作用下的剪切试验，直至试件剪损为止。

(9)试验进行中，若因试件剪胀，体变管内油液面向上推至顶点时，应将内管水排除，才能继续剪切。排除内管水时，首先关闭SK_3，后再开SK_1，让内管水经SK_1阀排出。当内管水面达到所需的位置，再关阀SK_1。待压力稳定后，再旋开SK_3，继续剪切。（注意：排水时，应停止剪切，并使试件悬停于原处）。

(10)试验进行中，若体积压缩很大，致使体变管内管油液面下降至底部，此时应先关闭SK_3，后旋开SK_4。水罐内压力大于周围压力，罐内水自动加入体变管内，将外管之水压回蓄能器。此时恒压系统压力升高，然后将放水阀SK_2适当旋开放气，补水到所需位置。先关闭SK_4，后关闭SK_2，待恒压系统压力平衡稳定后，再旋开SK_3，继续剪切。（注意：在补水时，应停止剪切，并使试件悬停于原处。）

(11)剪切试验结束后，关闭侧压力阀SK_3及油封阀。把钮子开关扳向油缸下降位置，按下油缸起动按钮，使油缸迅速下降。打开排气阀放气。打开压力室加水孔和排水孔螺帽，排除压力室内的水。卸除压力室与底座的连接螺栓。吊起压力室，揩干试件周围的余水。脱去橡皮膜，描述试件的破坏情况。卸下试件，从中部取样，测定含水率。必要时，结合含水率试验，取烘干后试样进行颗粒分析，以了解颗粒的剪损情况。

6. 结果整理

(1)计算试件的最大主应力σ_1和应变ε_1。

①计算轴向荷载P。

$$P = CR \tag{2-177}$$

式中：P——轴向荷载(N)；

C——测力计校正系数(10N/0.01mm)；

R——测力计百分表读数(0.01mm)。

②计算轴向应变ε_1。

$$\varepsilon_1 = \frac{\Delta h}{h_0} \tag{2-178}$$

式中：Δh——试件的轴向变形(cm)；

h_0——试件的初始高度(cm)。

③计算试件剪切过程中的体积变化ΔV。

$$\Delta V = \Delta V_1 + \Delta V_2 \tag{2-179}$$

式中：ΔV_1——从体变管测读的体积变化量(压缩为负，膨胀为正)(cm^3)；

ΔV_2——柱塞在剪切过程中伸入压力室而引起的体积变化量(为负值)(cm^3)，$\Delta V_2 = \frac{\pi d^2}{4}\Delta h = 44.2\Delta h$(其中柱塞直径$d = 7.5$cm)。

④计算校正后的试件截面积A_a。

$$A_a = \frac{V_0 + \Delta V}{h_0 - \Delta h} \tag{2-180}$$

式中：V_0——试件的初始体积(cm^3)。

⑤计算应力差。

$$\sigma_1 - \sigma_3 = \frac{P}{A_a} \tag{2-181}$$

式中：σ_3——侧压力(kPa)；

⑥计算最大主应力 σ_1。

$$\sigma_1 = \frac{P}{A_a} + \sigma_3 \tag{2-182}$$

(2)计算抗剪强度指标 c、φ 值。

①确定试件剪切破坏极限值 σ_{1max}。

②c、φ 可分别采用作图法、计算法求解。

a. 作图法

以主应力为纵坐标、剪应力 τ 为纵坐标。在横坐标上，以$\frac{\sigma_{1max}+\sigma_3}{2}$点为圆心、$\frac{\sigma_{1max}-\sigma_3}{2}$为半径，画莫尔圆。再作这几个莫尔圆的包线。包线的倾角即为摩擦角 φ，包线与纵坐标的截距即为黏聚力 c，如图 2-112 所示。

b. 计算法

$$\varphi = \arcsin\frac{m-1}{m+1} \tag{2-183}$$

$$c = \frac{b}{2\sqrt{m}}$$

注：相关系数要求达到 0.99 以上。

$$m = \frac{\sum(\sigma_3\sigma_{1max}) - \frac{1}{n}(\sum\sigma_3)(\sum\sigma_{1max})}{\sum\sigma_3^2 - \frac{1}{n}(\sum\sigma_3)^2}$$

式中：n——试件的个数或侧压力的级数；

$$b = \sigma_{1max} - m\sigma_3$$

σ_{1max}——各级侧压力作用时，最大主应力极限值的平均值；

σ_3——四级侧压力的平均值。

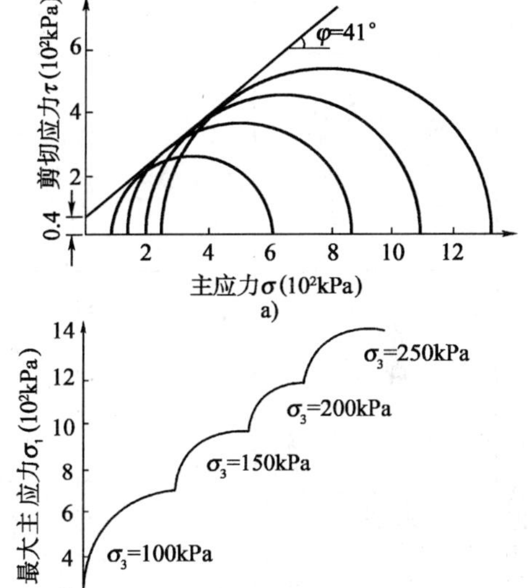

图 2-112　应力应变曲线和莫尔包线

a)莫尔包线；b)应力应变曲线

(3)试验记录格式如表 2-65 和表 2-66。

粗粒土大三轴试验记录(一)　　　　表 2-65

土样说明________

试件编号		试验时试件状态	
材料配比	粗料 70% 细料 30%	质　量(kg)	93.3
成型条件	分层击实	高度 h_0(cm)	59.9
细粒设计相对含水率(w/w_L)	0.5	直径 d(cm)	30
加荷速度(mm/min)	1.5	面积 A_0(cm^2)	706.86
侧压力 σ_3(kPa)	50→100→150→200	体积 V_0(cm^3)	42340.82
测力计标定系数 C(10N/0.01mm)	11.9048	干密度 ρ_d(g/cm^3)	2.2

粗粒土大三轴试验记录(二)

表 2-66

轴向荷载		轴向应变		试件体积变化				校正后面积 (cm^2) $A_Q=\frac{V_0+\Delta V}{h_0-\Delta h}$	应力差 (10^2kPa) $\sigma_1-\sigma_2=\frac{P}{A_a}$	主应力 (10^2kPa) σ_1
测力计百分表读数 (0.01mm) R	轴向荷载 (10N) $P=CR$	百分表读数 (0.01mm) Δh	应变 $\varepsilon=\frac{\Delta h}{h_0}$	体变管读数 (cm^3) ΔV	体变管读数差 (cm^3) $\Delta V_i=\Delta V_1-\Delta V_0$	柱塞进入压力室体积 (cm^3) $\Delta V_2=44.2\times\Delta h$	体变 (cm^3) ΔV			
0		0		-300						
$\sigma_3=100$kPa		-4=0		-660						
106	1261.91	100	0.0017	-690	-390	-4.42	-394.42	701.44	1.80	2.80
168	2000.00	200	0.0033	-680	-380	-8.84	-388.84	702.71	2.85	3.85
211	2511.91	300	0.0050	-650	-350	-13.26	-363.26	704.32	3.57	4.57
239	2845.26	400	0.0067	-605	-305	-17.68	-322.68	706.19	4.03	5.03
259	3083.34	500	0.0083	-560	-260	-22.10	-282.10	708.06	4.35	5.35
274	3261.92	600	0.0100	-515	-215	-26.52	-241.52	709.94	4.59	5.59
285	3392.87	700	0.0117	-460	-160	-30.94	-190.94	711.99	4.77	5.77
294	3500.01	800	0.0134	-410	-110	-35.36	-145.36	713.97	4.90	5.90
301	3583.35	900	0.0150	-360	-60	-39.78	-99.78	715.95	5.01	6.01
304	3619.06	1000	0.0167	-310	-10	-44.20	-54.20	717.94	5.04	6.04
$\sigma_3=150$kPa										
304	3619.06	1015	0.0169	-555	-255	-44.86	-399.86	713.95	5.07	6.57

7. 试验报告

(1)土的鉴别分类和代号。

(2)土的抗剪强度指标 c、φ 值。

二十六、土的膨胀性试验(T 0124～T 0127—1993)

(一)自由膨胀率试验(T 0124—1993)

1. 目的和适用范围

自由膨胀率为松散的烘干土粒在水中和空气中分别自由堆积的体积之差与在空气中自由堆积的体积之比,以百分数表示,用以判定无结构力的松散土粒在水中的膨胀特性。本试验方法适宜用于膨胀土。

2. 仪器设备

(1)玻璃量筒:容积 50mL,最小刻度 1mL。

(2)量土杯:容积 10mL,内径 20mm,高度 32.8mm。

(3)无颈漏斗:上口直径 50～60mm,下口直径 4～5mm。

(4)搅拌器:由直杆和带孔圆盘构成(图 2-113)。

(5)天平:量程 200g,感量 0.01g。

(6)其他:烘箱、平口刀、支架、干燥器、0.5mm 筛等。

3. 试剂

5% 纯氯化钠溶液:5mL,作为凝聚剂,以加速试验。

4. 试验步骤

(1)取代表性风干土样碾碎,使其全部通过 0.5mm 筛。混合均匀后,取约 50g 放入盛土盒内,移入烘箱,在 105～110℃温度下烘至恒量,取出,放在干燥器内冷却至室温。

(2)将无颈漏斗装在支架上,漏斗下口对正量土杯中心,并保持距杯口 10mm 距离,如图 2-114 所示。

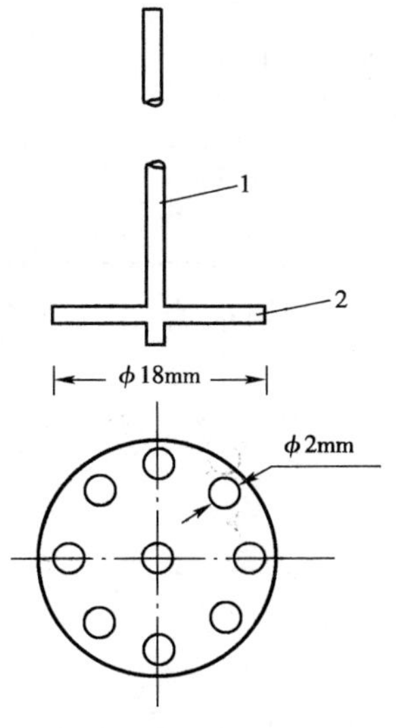

图 2-113 搅拌器示意图

1-直杆;2-圆盘

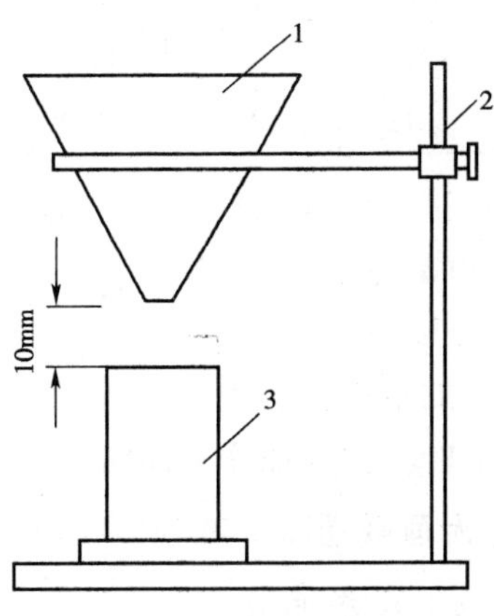

图 2-114 量样装置

1-漏斗;2-支架;3-量土杯

(3)从干燥器内取出土样,用匙将土样倒入量土杯中,盛满后沿杯口刮平土面,再将量土杯中土样倒入匙中,将量土杯按图2-114所示仍放在漏斗下口正中处。将匙中土样一次倒入漏斗,用细玻璃棒或铁丝轻轻搅动漏斗中土样,使其全部漏下,然后移开漏斗,用平口刀垂直于杯口轻轻刮去多余土样(严防振动),称记杯中土质量。

(4)按本试验步骤(3)的规定,称取第二个试样,进行平行测定,两次质量差值不得大于0.1g。

(5)将量筒置于试验台上,注入蒸馏水30mL,并加入5mL 5%的分析纯氯化钠溶液,然后将量土杯中的土样倒入量筒内。

(6)用搅拌器搅拌量筒内悬液,搅拌器应上至液面下至底,搅拌10次(时间约10s)取出搅拌器,将搅拌器上附着的土粒冲洗入量筒,并冲洗量筒内壁,使量筒内液面约至50mL刻度处。

(7)量筒中土样沉积后约每隔5h,记录一次试样体积,体积估读至0.1mL。读数时要求视线与土面在同一平面上,如土面倾斜,取高低面读数的平均值。当两次读数差值不大于0.2mL时,即认为膨胀稳定。用此稳定读数计算自由膨胀率。

5. 结果整理

(1)计算土样的自由膨胀率。

$$\delta_{ef} = \frac{V - V_0}{V_0} \times 100 \tag{2-184}$$

式中:δ_{ef}——自由膨胀率(%),计算至整数;

V——土样在量筒中膨胀稳定后的体积(mL);

V_0——量土杯容积(mL),即干土自由堆积体积。

(2)试验记录格式如表2-67。

自由膨胀率试验记录 表2-67

土样说明 过0.5mm筛 量筒型号 50cm^3 量土杯容积 10cm^3

土样编号	干土质量(g)	量筒编号	不同时间(h)体积读数(cm^3)					自由膨胀率	
			2	4	6	8	10	δ_{ef}(%)	平均值(%)
1	9.64	1	16.2	16.5	16.7	16.8	16.8	68	69
	9.65	2	16.4	16.6	16.8	16.9	16.9	69	
2	9.70	3	18.0	18.3	18.5	18.7	18.7	87	88
	9.72	4	18.2	18.4	18.6	18.8	18.8	88	

(3)本试验应做两次平行测定,取其算术平均值,其平行差值应为:$\delta_{ef} \geq 60\%$时不大于8%;$\delta_{ef} < 60\%$时不大于5%。

6. 试验报告

(1)土的鉴别分类和代号。

(2)土的自由膨胀率δ_{ef}值(%)。

(二)无荷载膨胀率试验(T 0125—1993)

1. 目的和适用范围

本试验用于测定试样在无荷载有侧限条件下,浸水后在高度方向上的单向膨胀与原高度的比值,这一比值称膨胀率,以百分数表示。本试验方法适用于测定原状土和击实土样的无荷载膨胀率,供评价黏质土膨胀势能时参考。

2. 仪器设备

(1)膨胀仪:见图 2-115,其环刀内径 58mm,高 35mm,顶土块高 15mm。

(2)固结仪。

(3)百分表:量程 10mm,分度值 0.01mm。

(4)天平:量程 200g,感量 0.01g。

(5)其他:烘箱、干燥器、磁钵(附橡皮研杵)、修土刀、秒表、表面皿等。

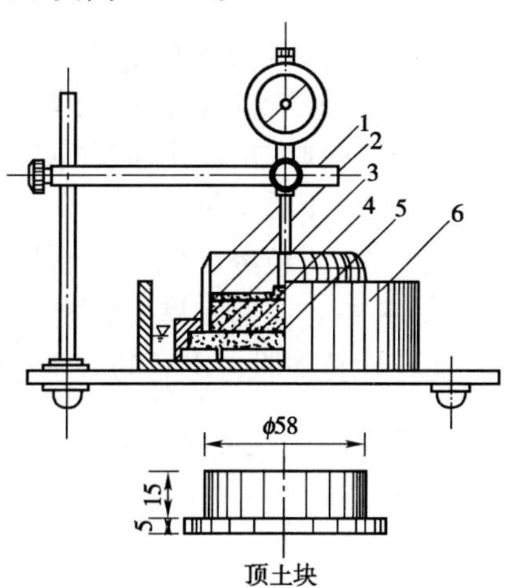

图 2-115　膨胀仪(尺寸单位:mm)

1-环刀;2-底座;3-有孔活塞板;4-土样;5-透水石;6-水盆

3. 试验步骤

(1)按工程需要取原状土或制备成所需状态的扰动土样,整平其两端;在环刀内壁涂一薄层凡士林,刀口向下,放在土样上。用修土刀将土样修成略大于环刀直径的土柱,将环刀垂直下压,边压边修,直至土样进入环刀内的厚度超过 1cm 时为止。

(2)齐环刀刀口将土样修平,用顶土块从刀口端顶入,齐环刀钝口将顶出的余土修去,制成厚度宜为 20mm 的试样,取出顶土块,擦净环刀外壁,称环、土总质量,准确至 0.01g。

(3)在底座中置湿润的透水石 1 块,将环刀钝口端旋在底座上,使试样底面与透水石顶面接触,然后一并放到水盆中。

(4)将有孔活塞板放在试样顶面上,对准活塞中心,将百分表装好,并记录百分表读数。

(5)注纯水入盆,盆内水面须经常保持约与试样底面高度齐平。

(6)记下开始注水时间,按 5min、10min、20min、30min、1h、2h、3h、24h 及以后第隔 24h 测记百分表读数,直至试样不再膨胀为止。

(7)移去百分表,将试样从环刀内推出,放入表面皿中,称皿土合质量,准确至 0.01g。

(8)将试样入烘箱,烘至恒量。取出,放在干燥器内,等冷却后称量,准确至 0.01g。

4. 结果整理

(1)计算任一时间的无荷载膨胀率。

$$\delta_e = \frac{\Delta H}{H_0} \times 100 \tag{2-185}$$

$$\Delta H = R_t - R_0 \tag{2-186}$$

式中:δ_e——时间 t 时土的无荷载膨胀率(%),计算至 0.1;

ΔH——时间 t 时试样膨胀的增量(mm);

H_0——试样起始高度(mm);

R_t——时间 t 时百分表读数(mm);

R_0——试验开始时百分表读数(mm)。

(2)计算试验前的含水率 w_i 及孔隙比 e_0。

$$w_i = \frac{m - m_s}{m_s} \times 100 \tag{2-187}$$

$$e_0 = \frac{\rho_s}{\rho_{d0}} - 1 \tag{2-188}$$

式中：w_i——试验前含水率(%)，计算至0.1；

e_0——试验前孔隙比，计算至0.01；

m——试验前湿土质量(g)；

m_s——干质土量(g)；

ρ_s——土粒密度(g/cm^3)，数值上等于土粒比重；

ρ_{d0}——试验前试样干密度(g/cm^3)。

(3)计算膨胀稳定后的含水率 w_H 及孔隙比 e_H。

$$w_H = \frac{m_H - m_s}{m_s} \times 100 \tag{2-189}$$

$$e_H = \frac{\rho_s}{\rho_{dH}} - 1 \tag{2-190}$$

式中：w_H——膨胀稳定后含水率(%)，计算至0.1；

e_H——膨胀稳定后孔隙比，计算至0.01；

m_H——膨胀稳定后湿土质量(g)；

ρ_{dH}——膨胀稳定后干密度(g/cm^3)。

(4)如有需要，可以时间为横坐标、膨胀率为纵坐标，绘制膨胀率与经过时间的关系曲线。

(5)试验记录格式如表2-68。

无荷载膨胀试验记录 表2-68

土样说明________ 土样体积 $V_1 = 53cm^3$

膨胀含水率测定

环 刀 编 号		
环刀+湿土质量(g)	(1)	181.4
环刀+干土质量(g)	(2)	161.2
环刀质量(g)	(3)	56.3
湿土质量(g)	(4)=(1)-(3)	125.1
干土质量(g)	(5)=(2)-(3)	104.9
水的质量(g)	(6)	20.2
含水率(%)	$(7)=\frac{(6)}{(5)}\times 100$	19.3
土体积(cm^3)	$(8)=V_1(1+V_H)$	60
密度(g/cm^3)	$(9)=\frac{(4)}{(8)}$	2.09
干密度(g/cm^3)	$(10)=\frac{(5)}{(8)}$	1.75
土粒比重	(11)	
孔隙比	$(12)=\frac{(11)}{(10)}-1$	0.55

无荷载膨胀率测定 续上表

测定时间			经过时间			百分表读数 R (mm)	膨胀率 $\delta_e = \frac{R_t - R_0}{H_0} \times 100$ (%)
d	h	min	d	h	min		
15	8	30				0	
	9				30	0.10	0.5
	10			1	30	0.40	2.0
	12			3	30	0.50	2.5
	18			9	30	1.00	5.0
16	8			23	30	1.60	8.0
18	15		3	6	30	1.90	9.5
19	8		3	23	30	2.2	11.0
	18		4	9	30	2.4	12.0
20	8		4	23	30	2.5	12.5
22	8		6	23	30	2.6	13.0
23	8		7	23	30	2.6	13.0

(6)本试验应做两次平行测定,取其算术平均值,其平行差值应为:$\delta_e \geqslant 10\%$ 时不大于 1%;$\delta_e < 10\%$ 时不大于 0.5%。

5. 试验报告

(1)土的鉴别分类和代号。

(2)土的无荷载膨胀率 δ_e 值(%)。

(三)有荷载膨胀率试验(T 0126—1993)

1. 目的和适用范围

为了模拟覆盖压力或某一特定荷载条件,可按实际荷载大小做有荷载有侧限的膨胀率试验,或做不同荷载下的膨胀率试验。本试验方法适用于测定原状土或击实黏质土在特定荷载下的膨胀率,或测定荷载与膨胀的关系曲线。

2. 仪器设备

(1)膨胀仪:见图 2-115,其环刀内径 58mm,高 35mm,顶土块高 15mm。

(2)主要仪器为固结仪:备一个等直径的环刀接环,接高 10mm。

(3)百分表:量程 10mm,分度值 0.01mm。

(4)天平:量程 200g,感量 0.01g。

(5)其他:烘箱、干燥器、磁钵(附橡皮研杵)、修土刀、秒表、表面皿等。

注:试验前,固结仪应在不同压力下进行变形校正。以膨胀仪容器代替压缩容器时,也应事先做好联合变形校正,并检查仪器的平衡状况和注水通路。

3. 试验步骤

(1)按工程需要取原状土或制备成所需状态的扰动土样,整平其两端;在环刀内壁涂一薄层凡士林，刀口向下，放在土样上。用修土刀将土样修成略大于环刀直径的土柱，将环刀垂直下压，边压边修，直至土样进入环刀内的厚度超过1cm时为止。

(2)齐环刀刀口将土样修平，用顶土块从刀口端顶入，齐环刀钝口将顶出的余土修去，制成厚度宜为20mm的试样，取出顶土块，擦净环刀外壁，称环、土总质量，准确至0.01g。

(3)试样放入容器后，放上透水石和盖板，安装百分表，施加1kPa的压力，使仪器各部分接触。百分表短针对准整数3或4，长针对零，记下初读数。

(4)一次或分级连续施加所要求的荷载。待每小时变形不超过0.01mm时，即认为变形稳定，随后向容器注入蒸馏水，并始终保持水面超过土顶面约5mm，使试样自下而上浸水。

(5)浸水后每隔2h测记百分表读数一次，至两次差值不超过0.01mm时为止。

(6)放水，解除荷载，取出试样，擦干环壁及其他表面水，称量，烘干，计算膨胀后含水率和孔隙比。

(7)需要时，可在膨胀稳定后，按砝码的具体情况，分3~4个等级，逐次退荷到零，并测定各级荷载下的膨胀稳定值。

4.结果整理

(1)计算有荷载膨胀率。

$$\delta_{ep} = \frac{R_t + R_p - R_0}{H_0} \times 100 \tag{2-191}$$

式中：δ_{ep}——荷载P(kPa)作用下的膨胀率(%)，计算至0.1；

H_0——试样的初始高度(mm)；

R_t——荷载P作用下膨胀稳定后的百分表读数(mm)；

R_P——P荷载下仪器压缩变形量(mm)；

R_0——试样加荷前百分表读数(mm)。

(2)试验记录格式同T 0125—1993，只需表名作相应修改。

(3)本试验应做两次平行测定，取其算术平均值，其平行差值应为：$\delta_{ep} \geq 10\%$时不大于1%；$\delta_{ep} < 10\%$时不大于0.5%。

5.试验报告

(1)土的鉴别分类和代号。

(2)土的有荷载膨胀率δ_{ep}值(%)。

(四)膨胀力试验(T 0127—1993)

1.目的和适用范围

膨胀力是土体在吸水膨胀时所产生的内应力。本试验方法用于测定试样在体积不变时由于膨胀所产生的最大内应力。本试验方法适用于原状土和击实土试样，采用加荷平衡法。

2.仪器设备

(1)单轴固结仪：见图2-69，试样面积$30cm^2$和$50cm^2$，高2cm。附杠杆式加压设备。为了加荷方便准确，宜用铁砂和盛砂桶代替砝码和吊盘。

(2)环刀：直径为61.8mm和79.8mm，高度为20mm。环刀应具有一定的刚度，内壁应保持较高的光洁度，宜涂一薄层硅脂或聚四氟乙烯。

(3)透水石：由氧化铝或不受土腐蚀的金属材料组成，其透水系数应大于试样的渗透系数。用固定式容器时，顶部透水石直径小于环刀内径0.2~0.5mm；当用浮环式容器时，上下部透水石直径相等。

(4)变形量测设备:量程10mm,最小分度为0.01mm的百分表或零级位移传感器。

(5)其他:天平、秒表、烘箱、钢丝锯、刮土刀、铝盒等。

3. 试验步骤

(1)试样制备:

①根据工程需要切取原状土样或制备所需湿度密度的扰动土样。切取原状土样时,应使试样在试验时的受压情况与天然土层受荷方向一致。

②用钢丝锯将土样修成略大于环刀直径的土柱。然后用手轻轻将环刀垂直下压,边压边修,直至环刀装满土样为止。再用刮刀修平两端,同时注意刮平试样时,不得用刮刀往复涂抹土面。在切削过程中,应细心观察试样并记录其层次、颜色和有无杂质等。

③擦净环刀外壁,称环刀与土总质量,准确至0.1g,并取环刀两面修下的土样测定含水率。试样需要饱和时,应进行抽气饱和。

(2)试样安装:

①在切好土样的环刀外壁涂一薄层凡士林,然后将刀口向下放入护环内。

②将底板放入容器内,底板上放透水石、滤纸,借助提环螺丝将土样环刀及护环放入容器中,土样上面覆滤纸、透水石,然后放下加压导环和传压活塞,使各部密切接触,调整杠杆平衡系统,使之水平,保持平稳。

(3)施加1kPa的预压力,使试样与仪器各部接触。安好百分表,调节指针位置,记下初读数。随后自下而上地向容器注入蒸馏水,并始终保持水面足够低,而不致使试样受到太大的上浮力。

(4)当百分表指针顺时针转动时,说明土体开始膨胀,立即往盛砂桶加适量铁砂,使百分表指针仍回到初读数。加铁砂要避免冲击盛砂桶。

(5)及时称余砂重(铁砂总重－余砂重＝平衡荷重)。当平衡荷重足以产生仪器变形时,在加下一级平衡荷重时,百分表指针应反方向转动以扣除与该级平衡荷重相应的仪器变形量。

(6)当测试时间过长需要中断试验时,可用杠杆上下的固定螺旋或磅秤上的制动栓,在维持百分表指针不变的条件下,将其固定,以保证中断期间试样不发生膨胀变形。

(7)维持某级平衡荷重达2h或更长而得到恒定试样高度时,则试样在该级平衡荷重下达到稳定。

(8)试验结束后,吸去容器内水,卸除荷重,取出试样,称试样质量,并测定含水率。

4. 结果整理

(1)计算膨胀力。

$$p_e = \frac{W \times m}{A} \tag{2-192}$$

式中:p_e——膨胀力(kPa),计算至0.1;

W——总平衡荷重(N);

A——试样面积(cm^2);

m——加压设备的杠杆比。

(2)试验记录格式如表2-69。

膨胀力试验记录 表 2-69

仪器编号__________ 土样说明 击实土样

日期 (d h min)	荷重(铁砂总重力 50N)			仪器变形量 (mm)	试验前后状态
	余砂重 (N)	平衡荷重 (N)	压力 (kPa)		
4 8(浸水)					
10	48.2	1.8	7	0.01	试样面积 = $30cm^3$
16	46.0	4.0	16	0.03	环 + 湿土质量 = 172g
26	40.5	9.5	38	0.04	环 + 试验后湿土质量 = 175.8g
50	35.7	14.7	57	0.06	环 + 干土质量 = 159g
10 14	33.1	16.9	68	0.07	环的质量 = 57g
58	31.1	18.9	76	0.08	起始含水率 = 12.8%
11 44	30.2	19.8	80	0.09	试验后含水率 = 16.2%
12 36	29.7	20.3	82	0.09	干密度 = $1.7g/cm^3$
14 42	29.5	20.5	82	0.09	比重 = 2.72
16 42	29.5	20.5	82	0.09	孔隙比 = 0.6

膨胀力(kPa) 82 杠杆比 1:12

(3)本试验应做两次平行测定,取其算术平均值,其平行差值应为:$p_e \geq 30kPa$ 时不大于 5kPa;$p_e < 30kPa$ 时不大于 2kPa。

5. 试验报告

(1)土的鉴别分类和代号。

(2)土的膨胀力 p_e 值(kPa)。

二十七、冻土试验(T 0179 ~ T 0188—2007)

(一)冻土密度试验——浮称法(T 0179—2007)

1. 目的和适用范围

冻土密度是冻土单位体积的质量,是冻土的基本物理特性指标之一。冻土密度试验应根据冻土的特点和试验条件选用不同的试验方法。浮称法适用于表面无显著孔隙的原状冻土和人工冻土。

2. 仪器设备

(1)天平(图 2-116):量程 1000g,分度值 0.1g。

(2)液体密度计:分度值 $0.001g/cm^3$。

(3)温度计:测量范围 -30℃ ~ +20℃,分度值 0.1℃。

(4)量筒:容积 1000mL。

(5)盛液筒:容积 1000 ~ 2000mL。

3. 试验步骤

(1)调整天平,将盛液筒置于天平一端。

(2)切取质量为 300 ~ 1000g 的冻土试样,用细线捆

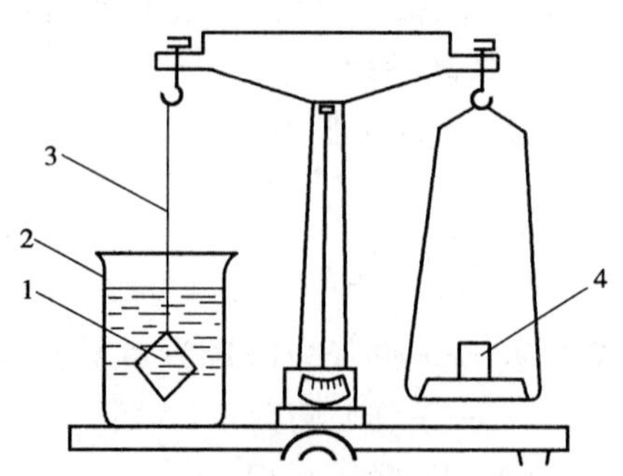

图 2-116 天平

1-试样;2-盛液筒;3-细线;4-砝码

紧,放入盛液筒中并悬吊在天平挂钩上称量,准确至0.1g。

(3)将事先预冷接近冻土试样温度的煤油缓慢注入盛液筒,液面宜超过试样顶面2cm,并用温度计量测煤油温度,准确至0.1℃。

(4)称取试样在煤油中的质量,准确至0.1g。

(5)从煤油中取出冻土试样,削去表层带煤油的部分,然后按规定取样测定冻土的含水率。

(6)采用0℃水时,应快速测定,试样表面不得发生融化。

4. 结果整理

(1)计算冻土密度ρ_f。

$$\rho_f = \frac{m_1}{V} \tag{2-193}$$

$$V = \frac{m_1 - m_2}{\rho_m}$$

式中:ρ_f——冻土密度(g/cm^3),计算至0.01;

V——冻土试样体积(cm^3);

m_1——冻土试样质量(g);

m_2——冻土试样在煤油中的质量(g);

ρ_m——试验温度下煤油的密度(g/m^3),可由煤油密度与温度关系曲线查得。

(2)计算冻土干密度ρ_{fd}。

$$\rho_{fd} = \frac{\rho_f}{1 + 0.01w} \tag{2-194}$$

式中:ρ_{fd}——冻土干密度(g/cm^3),计算至0.01;

ρ_f——冻土密度(g/cm^3),计算至0.01;

w——冻土的含水率(%)。

(3)试验记录格式如表2-70。

冻土密度试验记录表(浮称法) 表2-70

试样编号	土样描述	煤油温度(℃)	煤油密度(g/cm^3)	试样质量(g)	试样在油中质量(g)	试样体积(cm^3)	密度(g/cm^3)	平均值(g/cm^3)
		(1)	(2)	(3)	(4)	$(5)=\frac{(3)-(4)}{(2)}$	$(6)=\frac{(3)}{(5)}$	(7)

(4)本试验应进行不少于两组平行试验。对于整体状构造的冻土,两次测定的差值不应大于0.03g/cm^3,并取其算术平均值;对于层状和网状构造和其他富冰冻土,宜提供两次测定值。

5. 试验报告

(1)冻土的鉴别分类和代号。

(2)冻土的密度ρ_f值。

(3)冻土的干密度 ρ_{fd} 值。

(二)冻土密度试验——浮力法(T 0180—2007)

1.目的和适用范围

浮力法适用于表面无显著孔隙的原状冻土和人工冻土。

2.仪器设备

(1)浮力仪(含电子天平)(图 2-117):量程 1000g 以上,感量 0.001g。

(2)液体密度计:分度值 0.001g/cm^3。

(3)温度计:测量范围 -30℃ ~ +20℃,分度值 0.1℃。

(4)量筒:容积 1000mL。

(5)盛液筒:容积 1000 ~2000mL。

3.试验步骤

(1)调整天平,将盛液筒置于天平上。

(2)切取质量为 300 ~1000g 的冻土试样,称重量 m_1,准确至 0.1g。用细线捆紧,放入盛液筒中并悬吊在挂钩上。

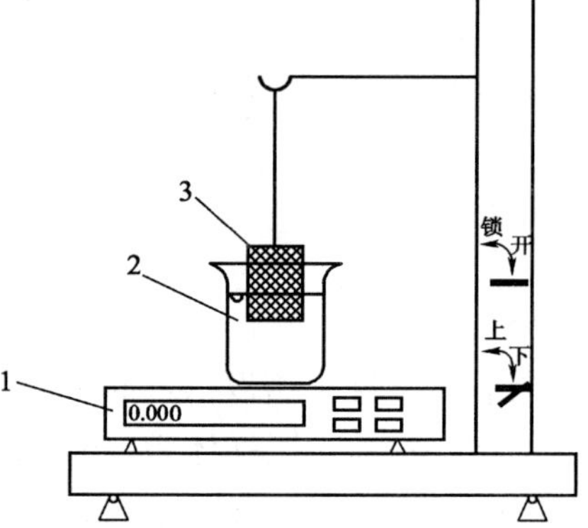

图 2-117 浮力仪

1-电子天平;2-盛液筒;3-盛粗粒土的铁丝筐

(3)将事先预冷接近冻土试样温度的煤油缓慢注入盛液筒,液面宜超过试样顶面 2cm,并用温度计量测煤油温度,准确至 0.1℃。

(4)称烧杯、杯中煤油和悬没煤油中的试样的总质量 m_2,准确至 0.1g。

(5)从煤油中取出冻土试样,削去表层带煤油的部分,然后按规定取样测定冻土的含水率 w。

4.结果整理

(1)计算冻土密度。

$$\rho_f = \frac{m_1}{V} \tag{2-195}$$

$$V = \frac{m_2 - m_3}{\rho_m}$$

式中:ρ_f——冻土密度(g/cm^3),计算至 0.001;

V——冻土试样体积(cm^3);

m_1——冻土试样质量(g);

m_2——烧杯、杯中煤油和悬没煤油中的冻土试样的总质量 m_2(g);

m_3——烧杯、杯中煤油的质量 m_3(g);

ρ_m——试验温度下煤油的密度(g/m^3),可由煤油密度与温度关系曲线查得。

(2)计算冻土干密度。

$$\rho_{fd} = \frac{\rho_f}{1 + 0.01w} \tag{2-196}$$

式中:ρ_{fd}——冻土干密度(g/cm^3),计算至 0.001;

ρ_f——冻土密度(g/cm^3);

w——冻土含水率(%)。

(3)试验记录格式如表2-71。

冻土密度试验记录表(浮力法)　　表2-71

野外编号	室内编号	温度 t (℃)	某一温度下煤油的比重	冻土质量 m_1 (g)	烧杯、杯中煤油和悬没煤油中的冻土试样的总质量 m_2 (g)	烧杯和杯中水的质量 m_3 (g)	冻土密度 ρ_f (g/cm³)	冻土密度平均值 $\overline{\rho_f}$ (g/cm³)
		(1)	(2)	(3)	(4)	(5)	(6)	(7)

(4)本试验应进行不少于两组平行试验。对于整体状构造的冻土,两次测定的差值不应大于0.03g/cm³,并取其算术平均值;对于层状和网状构造和其他富冰冻土,宜提供两次测定值。

5. 试验报告(同T 0179—2007)

(三)冻土密度试验——联合测定法(T 0181—2007)

1. 目的和适用范围

联合测定法适用于砂质土和层状、网状结构的黏质原状冻土和人工冻土。

2. 仪器设备

(1)排液筒:见图2-118。

(2)台秤:量程5kg,分度值1g。

(3)量筒:容量1000mL,分度值10mL。

3. 试验步骤

(1)将排液筒置于台秤上,拧紧虹吸管止水夹。排液筒在台秤上的位置,在试验过程中不得移动。

(2)取1000~1500g的冻土试样,并称质量。

(3)将接近0℃的清水缓慢倒入排液筒,使水面超过虹吸管顶。

(4)松开虹吸管的止水夹,使排液筒中的水面徐徐下降,待水面稳定和虹吸管不再出水时,拧紧止水夹,称排液筒和水的质量。

(5)将冻土试样轻轻放入排液筒中,随即松开止水夹,使排液筒中的水流入量筒内。

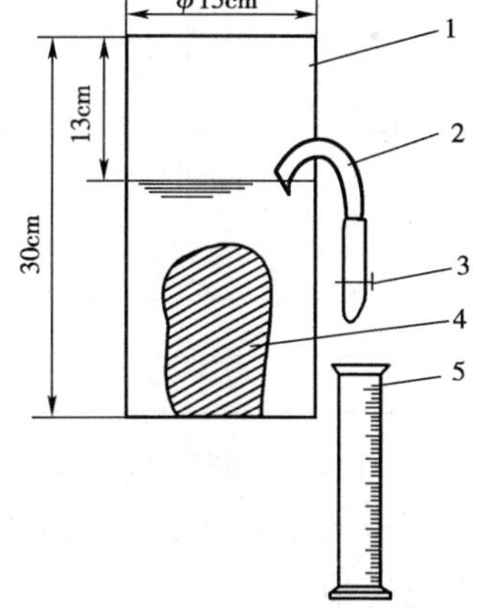

图2-118　排液筒

1-排液筒;2-虹吸管;3-止水夹;4-冻土试样;5-量筒

(6)水流停止后,拧紧止水夹,立即称排液筒、水和试样质量。同时测读量筒中水的体积,用以校核冻土试样的体积。

(7)使冻土试样在排液筒内充分融化成松散状态,澄清。补加清水使水面超过虹吸管顶。

(8)松开止水夹,排水。当水流停止后,拧紧止水夹,并称排液筒、水和土颗粒质量。

(9)在试验过程中应保持水面平稳,在排水和放入冻土试样时排液筒不得上下剧烈晃动。

4. 结果整理

(1)计算冻土密度。

$$\rho_f = \frac{m}{m + m_1 - m_2}\rho_w \tag{2-197}$$

式中：ρ_f——冻土密度（g/cm^3），计算至 0.01；

m——冻土试样质量（g）；

m_1——筒加水的质量（g）；

m_2——筒、水和试样的质量（g）；

ρ_w——水的密度（g/cm^3）。

（2）计算冻土含水率。

$$w = \left[\frac{m(G_s - 1)}{(m_3 - m_1)G_s} - 1\right] \times 100 \tag{2-198}$$

式中：w——冻土含水率（%），计算至 0.1；

m——冻土试样质量（g）；

m_1——筒加水的质量（g）；

m_3——筒、水和土颗粒的质量（g）；

G_s——土颗粒的比重，可实测也可采用经验值。

（3）试验记录格式如表 2-72。

冻土密度和含水率试验记录表（联合测定法）　　表 2-72

试样编号	试样质量 m (g)	筒加水质量 m_1 (g)	筒加水加土样质量 m_2 (g)	筒加水加土颗粒质量 m_3 (g)	土粒比重 G_s	土样体积 V (cm^3)	密度 ρ_f (g/cm^3)	含水率 w (%)
	(1)	(2)	(3)	(4)	(5)	(6) = $\frac{(1)+(2)+(3)}{\rho_w}$	(7) = $\frac{(1)}{(6)}$	(8) = $\frac{(1)\times[(5)-1]}{[(4)-(2)]\times(5)} - 1$

（4）冻土密度试验应进行不少于两组平行试验。对于整体状构造的冻土，两次测定的差值不应大于 0.03g/cm^3，并取其算术平均值；对于层状和网状构造和其他富冰冻土，宜提供两次测定值。

（5）冻土含水率试验须进行二次平行测定，取其算术平均值。允许平行差值应符合表2-73规定。

冻土含水率测定的允许平行差值　　表 2-73

含水率（%）	≤5	5～40	≥40
允许平行差值（%）	0.3	≤1	≤2

5. 试验报告

（1）冻土的鉴别分类和代号。

（2）冻土的密度 ρ_f 值。

（3）冻土的含水率 w 值。

（四）冻土密度试验——环刀法（T 0182—2007）

1. 目的和适用范围

环刀法适用于温度高于 -3℃的黏质、砂质原状冻土和人工冻土。

2. 仪器设备

（1）环刀：容积应大于或等于 500cm^3。

（2）天平：量程 2000g，分度值 0.2g。

（3）其他：切土器、钢丝锯等。

3. 试验步骤

（1）本试验宜在负温环境中进行。无负温环境时，必须快速进行。切样和试验过程中的试样表面不得发生融化。

（2）取原状土样，整平其两端，将环刀刀口向下放在土样上。

（3）用切土刀（或钢丝锯）将土样削成略大于环刀直径的土柱，然后将环刀垂直下压，边压边削，至土样伸出环刀为止。将两端余土削去修平，取剩余的代表性土样测定含水率。

（4）擦净环刀外壁称量环刀加湿土质量 m_1 和环刀质量 m_2，计算出湿土质量 m，准确至 0.2g。

4. 结果整理

（1）计算冻土密度和干密度。

$$\rho_f = \frac{m}{V} \tag{2-199}$$

$$\rho_{fd} = \frac{\rho_f}{1 + 0.01w} \tag{2-200}$$

$$m = m_1 - m_2$$

式中：ρ_f——冻土密度（g/cm^3），计算至 0.01；

ρ_{fd}——冻土干密度（g/cm^3），计算至 0.01；

V——湿土体积（cm^3）；

m_1——环刀加湿土质量（g），准确至 0.2；

m_2——环刀质量（g），准确至 0.2；

m——湿土质量（g）；

w——冻土含水率（%）。

（2）试验记录格式如表 2-74。

冻土密度试验记录表（环刀法）　　表 2-74

试样编号	土样描述	试样体积（cm^3）	湿土质量（g）	湿密度（g/cm^3）	含水率（%）	干密度（g/cm^3）	平均干密度（g/cm^3）
		(1)	(2)	$(3)=\frac{(2)}{(1)}$	(4)	$(5)=\frac{(3)}{1+0.01\times(4)}$	(6)

(3)本试验应进行两次平行试验。其平行差值不应大于0.03g/cm³,取算术平均值。

5.试验报告(同T 0179—2007)

(五)冻土密度试验——充砂法(T 0183—2007)

1.目的和适用范围

充砂法适用于表面有明显孔隙的原状冻土和人工冻土。

2.仪器设备

(1)金属测筒:内径宜为15cm,高度宜为13cm。

(2)量砂:粒径0.25~0.5mm的干净标准砂。

(3)漏斗:上口直径可为15cm,下口直径为1.5cm,高度10cm。

(4)天平:量程5000g,分度值1g。

3.试验步骤

(1)切取冻土试样。试样宜取直径为8~10cm的圆柱体或$l \times b \times h$[(8~10cm)×(8~10cm)×(8~10cm)]的长方体。试样底面必须削平。称试样质量。

(2)将试样平面朝下放入测筒内。试样底面与测筒底面必须接触紧密。

(3)用标准砂充填冻土试样与筒壁之间的空隙和试样顶面。

①取一定量的清洗干净校准后的干燥标准砂。标准砂的温度应接近冻土试样的温度。

②用漏斗架将漏斗置于测筒上方。漏斗下口与测筒上口应保持5~10cm的距离。

③用薄板挡住漏斗下口,并将标准砂充满漏斗后移开挡板,使砂充入测筒。与此同时,不断向漏斗补充标准砂,使砂面始终保持与漏斗上口齐平。在充砂过程中不得敲击或振动漏斗和测筒。

④当测筒充满标准砂后,移开漏斗,轻轻刮平砂面,使之与测筒上口齐平。在刮砂过程中不应将砂压密。

(4)称测筒、试样和充砂的总质量。

4.结果整理

(1)计算冻土密度。

$$\rho_f = \frac{m}{V} \tag{2-201}$$

$$V = V_0 - \left(\frac{m_3 - m_1 - m}{\rho_s}\right)$$

$$\rho_s = \frac{m_2 - m_1}{V_0}$$

式中:ρ_f——冻土密度(g/cm³),计算至0.01;

m——冻土试样质量(g);

V——试样体积(cm³);

V_0——测筒容积(cm³);

m_1——测筒质量(g);

m_2——筒、砂总质量(g);

m_3——测筒、试样和量砂的总质量(g);

ρ_s——量砂的密度(g/cm³)。

(2)试验记录格式如表2-75。

冻土密度试验记录表(充砂法) 表 2-75

试样编号	测筒质量(g)	试样质量(g)	测筒、试样加量砂质量(g)	量砂质量(g)	量砂密度(g/cm^3)	测筒容积(cm^3)	试样体积(cm^3)	冻土密度(g/cm^3)	平均密度(g/cm^3)
	(1)	(2)	(3)	(4)=(3)-(1)-(2)	(5)	(6)	$(7)=(6)-\frac{(4)}{(5)}$	$(8)=\frac{(2)}{(7)}$	(9)

(3)本试验需进行两次平行测定,其平行差值不大于 $0.03g/cm^3$,取算术平均值。

5. 试验报告

(1)冻土的鉴别分类和代号。

(2)冻土的密度 ρ_f 值。

(六)冻结温度试验(T 0184—2007)

1. 目的和适用范围

本试验的目的是用量热法测定土体的冻结温度。本试验方法适用于黏质的和砂质的原状冻土和扰动冻土。

2. 仪器设备

(1)零温瓶(图 2-119):容积 3.57L,内盛冰水混合物(其温度应为 0℃ ±0.1℃)。

(2)低温瓶(图 2-119):容积 3.57L,内盛低融冰晶混合物,其温度宜为 -7.6℃。

(3)测温设备(图 2-119):由热电偶和数字电压表组成。热电偶宜用 0.2mm 的铜和康铜线材制成。数字电压表:量程 2mV,分度值 1μV。

(4)试样杯(图 2-119):用黄铜制成,直径 3.5cm,高 5cm,带有杯盖。

(5)其他:用于配制低融冰晶混合物的氯化钠、氯化钙,硬质聚氯乙烯管(直径 5cm,长 25cm),切土刀等。

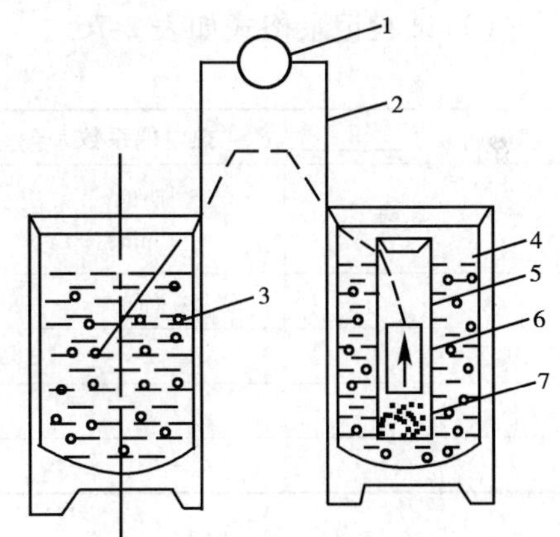

图 2-119 冻结温度试验装置示意图

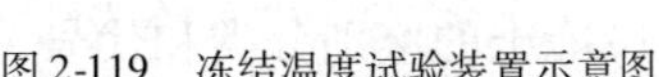
1-数字电压表;2-热电偶;3-零温瓶;4-低温瓶;5-塑料管;6-试样杯;7-干砂

3. 试验步骤

(1)原状冻土试验

①土样应按自然沉积方向放置。剥去蜡封和胶带,开启土样筒取出土样。

②试样杯内壁涂一薄层凡士林,杯口向下放在土样上。将试样杯垂直下压,并用切土刀沿杯外壁切削土样。边压边削至土样达到试样杯高度,用钢丝锯整平杯口,擦净外壁,盖上杯盖,并取余土测定含水率。

③将热电偶的测温端插入试样中心,杯盖周侧用硝基漆密封。

④零温瓶内装入用纯水制成的冰块,冰块直径应小于 2cm,再倒入纯水,使水面与冰块面相平,然后插入热电偶零温端。

⑤低温瓶内装入用浓度2mo1/L氯化钠等溶液制成的盐冰块，其直径应小于2cm，再倒入相同浓度的氯化物溶液，使之与冰块面相平。

⑥将封好底且内装5cm高干砂的塑料管插入低温瓶内，再把试样杯放入塑料管内。然后，塑料管口和低温瓶口分别用橡皮塞和瓶盖密封。

⑦将热电偶测定端与数字电压表相连，每分钟测量一次热电势；当电势值突然减少并连续3次稳定在某一数值（相应的温度即为冻结温度），试验结束。

（2）扰动冻土试验

①称取风干土样，平铺于搪瓷盘内，按所需的加水量将纯水均匀喷洒在土样上，充分拌匀后装入盛土器内盖紧，润湿24h（砂质土的润湿时间可酌减）。

②将制配好的土样装入试样杯中，以装实装满为止。杯口加盖。将热电偶测温端插入试样中心。杯盖周侧用硝基漆密封。

③按"原状冻土试验"步骤④～⑦的规定进行试验。

4. 结果整理

（1）计算冻结温度。

$$t = \frac{V}{K} \tag{2-202}$$

式中：t——冻结温度（℃），计算至0.1；

V——热电势跳跃后的电压稳定值（μV）；

K——热电偶的标定系数（℃/μV）。

（2）以时间为横坐标、温度为纵坐标，绘制土的冻结过程曲线。

（3）试验记录格式如表2-76。

冻结温度试验记录表　　表2-76

热电偶编号________　　热电偶系数 K = ________ ℃/μV

序号	历时（min）	电压表示值（μV）	实际温度（℃）	备注
	（1）	（2）	（3）=（2）/K	

5. 试验报告

（1）冻土的鉴别分类和代号。

（2）冻土的冻结温度 t 值。

（七）冻土导热系数试验（T 0185—2007）

1. 目的和适用范围

导热系数是表示土体导热能力的指标。本试验的目的是用稳态比较法测定冻土的导热系数。本试验适用于黏质的和砂质的扰动冻土。

2. 仪器设备

（1）恒温系统（图2-120）：由两个尺寸 $l \times b \times h = 50\text{cm} \times 20\text{cm} \times 50\text{cm}$ 的恒温箱和两台低温循环冷浴组成。恒温箱与试样盒接触面应采用5mm厚的平整铜板。两个恒温箱分别提供两个不同的负温环境（$-10^{\circ}C$和$-25^{\circ}C$）。恒温准确度应为$\pm0.1^{\circ}C$。

（2）测温系统（图2-120）：由热电偶、零温瓶和量程为2mV、分度值1μV的数字电压表组成。

（3）试样盒（图2-120）：两只，其外形尺寸$l \times h \times b$ = 25cm × 25cm × 25cm，盒的两侧为厚5mm的平整铜板。试样盒的另两侧、底面和上端盒盖应采用尺寸25cm × 25cm、厚3mm的胶木板。

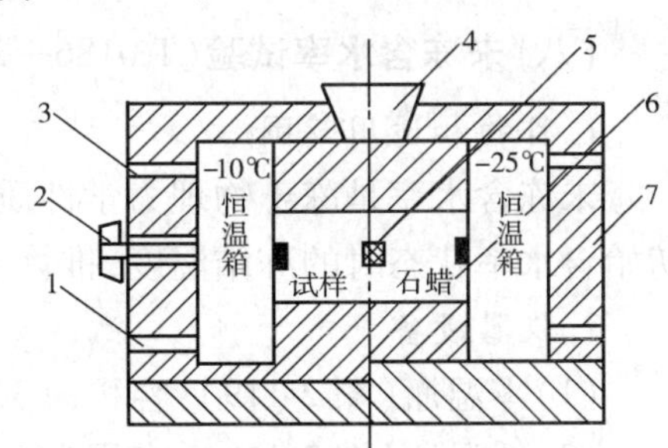

图2-120 导热系数试验装置示意图

1-冷浴循环液进口；2-夹紧螺杆；3-冷浴循环液出口；4-保温盖；5-热电偶；6-试样盒；7-保温材料

3. 试验步骤

（1）将风干试样平铺在搪瓷盘内，按所需的含水率和土样制备要求制备土样。

（2）将制备好的土样按要求的密度装入一个试样盒，装实装满后加盒盖。装土时，将两支热电偶的测温端放置在试样两侧铜板内壁的中心位置。

（3）另一个试样盒装入石蜡，作为标准试样。装石蜡时，按要求安放两支热电偶。

（4）将分别装好石蜡和试样的两个试样盒按图2-120的方式安装好，驱动夹紧螺杆使试样盒和恒温箱的各铜板面紧密接触。

（5）接通测温系统。

（6）开动两个低温循环冷浴，分别设定冷浴循环液温度为$-10^{\circ}C$和$-25^{\circ}C$。

（7）冷浴循环液达到要求温度后再运行8h，开始测温。每隔10min测定一次标准试样和冻土试样两侧壁面的温度，并记录。当各点的温度连续3次测得的差值小于0.1℃时，试验结束。

（8）取出冻土试样，测定其含水率和密度。

4. 结果整理

（1）计算导热系数。

$$\lambda = \frac{\lambda_0 \Delta\theta_0}{\Delta\theta} \tag{2-203}$$

式中：λ——冻土导热系数[W/(m·K)]，计算至0.001；

λ_0——石蜡的导热系数，$\lambda_0 = 0.279$W/(m·K)；

$\Delta\theta_0$——石蜡样品盒内两壁面温差，(℃)；

$\Delta\theta$——待测试样盒两壁面温差(℃)。

（2）试验记录表格式如表2-77。

冻土导热系数试验记录表 表2-77

试样含水率 w = ______% 石蜡导热系数 λ_0 = 0.279W/(m·K) 试样密度 ρ = ______g/cm³

序号	时间(min)	石蜡样温差(℃)	试样温差(℃)	导热系数[W/(m·K)]	备注
	(1)	(2)	(3)	(4) = λ_0(2)/(3)	

5. 试验报告

（1）冻土的鉴别分类和代号。

(2)冻土的导热系数 λ 值。

(八)未冻含水率试验(T 0186—2007)

1.目的和适用范围

未冻含水率是冻土物理力学性质变化的主导因素之一。本试验的目的是测定试样在不同初始含水率状态时的冻结温度,推算未冻含水率。本试验方法适用于黏质土和砂质土。

2.仪器设备

(1)零温瓶(图2-119):容积为3.57L,内盛冰水混合物(其温度应为0℃ ±0.1℃)。

(2)低温瓶(图2-119):容积为3.57L,内盛低融冰晶混合物,其温度宜为 -7.6℃。

(3)测温设备(图2-119):由热电偶和数字电压表组成。热电偶宜用0.2mm的铜和康铜线材制成。数字电压表:量程2mV,分度值为1μV。

(4)试样杯(图2-119):用黄铜制成,直径3.5cm,高5cm,带有杯盖。

(5)其他:用于配制低融冰晶混合物的氯化钠、氯化钙,硬质聚氯乙烯管(直径5cm,长25cm),切土刀等。

3.试验步骤

(1)称取风干土样,平铺于搪瓷盘内,按所需的加水量将纯水均匀喷洒在土样上,充分拌匀后装入盛土器内盖紧,润湿24h(砂质土的润湿时间可酌减)。按上述方法制备3个试样。其中1个试样按所需的加水量加纯水制备;另两个试样的加水量宜使试样处于液限和塑限状态作为初始含水率。

(2)将制配好的土样装入试样杯中,以装实装满为止。杯口加盖。将热电偶测温端插入试样中心。杯盖周侧用硝基漆密封。

(3)零温瓶内装入用纯水制成的冰块,冰块直径应小于2cm,再倒入纯水,使水面与冰块面相平,然后插入热电偶零温端。

(4)低温瓶内装入用浓度2mol/L氯化钠等溶液制成的盐冰块,其直径应小于2cm,再倒入相同浓度的氯化物溶液,使之与冰块面相平。

(5)将封好底且内装5cm高干砂的塑料管插入低温瓶内,再把试样杯放入塑料管内。然后,塑料管口和低温瓶口分别用橡皮塞和瓶盖密封。

(6)将热电偶测定端与数字电压表相连,每分钟测量一次热电势,当电势值突然减小并连续3次稳定在某一数值(相应的温度即为冻结温度),试验结束。

4.结果整理

(1)计算未冻含水率。

$$w_n = At_f^{-B} \tag{2-204}$$

$$A = w_L t_L^B$$

$$B = \frac{\ln w_L - \ln w_P}{\ln t_P - \ln t_L}$$

式中:w_n——未冻含水率(%),计算至0.1;

w_L——液限(%);

w_P——塑限(%);

A、B——与土的性质有关的常数;

t_f——冻结温度(冰点)绝对值(℃);

t_L——液限试样的冻结温度绝对值(℃);

t_P——塑限试样的冻结温度绝对值(℃)。

(2)以含水率(w_L、w_P)为纵坐标、冻结温度为横坐标,在双对数纸上绘制未冻含水率与冻结温度关系曲线。从曲线上查得需测试样的冻结温度 T_f 相对应的含水率,即为未冻含水率。

(3)试验记录格式如表2-78。

未冻含水率试验记录表　　表2-78

序　号	历时(min)	电压表示值(μV)	实际温度(℃)	B	A	未冻含水率 w_n(%)
	(1)	(2)	(3)=(2)/K	(4)	(5)	(6)
冻结温度(冰点)绝对值 t_f(℃)						
液限试样的冻结温度绝对值 t_L(℃)						
塑限试样的冻结温度绝对值 t_P(℃)						

(4)未冻含水率两次平行试验的差值,在0~-3℃范围内不超过2%;低于-3℃不超过1%。

5. 试验报告

(1)冻土的鉴别分类和代号。

(2)冻土的未冻含水率 w_n 值。

(九)冻胀率试验(T 0187—2007)

1. 目的和适用范围

本试验的目的是测定土冻结过程的冻胀率,从而计算表征土冻胀性的冻胀率。本试验方法适用于原状的及扰动的黏质土和砂质土。

2. 仪器设备

(1)试样盒:由外径120mm、壁厚10mm、高100mm的有机玻璃筒作为侧壁,沿高度每隔10mm设热敏电阻温度计插入孔,底板和顶盖结构能提供恒温液循环和外界水源补充通道,如图2-121。

(2)恒温箱:容积不小于0.8m^3,内设冷液循环管路和加热器(功率为500W),通过热敏电阻温度计与温度控制仪相连,使试验期间箱温保持在1℃±0.5℃。

(3)温度控制系统:由低温循环浴和温度控制仪组成,提供试验所需的顶、底板温度。

(4)温度监测系统:由热敏电阻温度计、数字电压表组成,监测试验过程中土样、顶、底板温度和箱温变化。

(5)补水系统:由恒定水位装置(图2-121)通过塑料管与顶板相连,水位应低于顶板与土样接触面10mm。

(6)变形监测系统:百分表或位移传感器(量程30mm,分度值0.01mm)。

(7)加压系统:由加压框架和砝码组成。

3. 试验步骤

(1)原状土

①土样应按自然沉积方向放置,剥去蜡封和胶带,开启土样筒取出土样。

②用切土器将原状土样削成直径为100mm、高为50mm的试样,称量确定密度并取余土测定初始含水率。

③在有机玻璃试样盒内壁涂上一薄层凡士林,放在底板上并放一张滤纸,然后将试样从顶装入盒内,让其自由滑落在底板上。

④在试样顶面上放一张滤纸,然后放上顶板,并稍稍加力,以使土柱与顶、底板接触紧密。

⑤将盛有试样的试样盒放入恒温箱内,试样周侧、顶、底板内插入热敏电阻温度计。试样周侧包裹50mm厚的泡沫塑料保温。连接顶、底板冷液循环管路及底板补水管路,供水并排除底板内气泡,调节供水装置水位(若考虑无水源补充状态,可切断供水)。安装百分表或位移传感器。

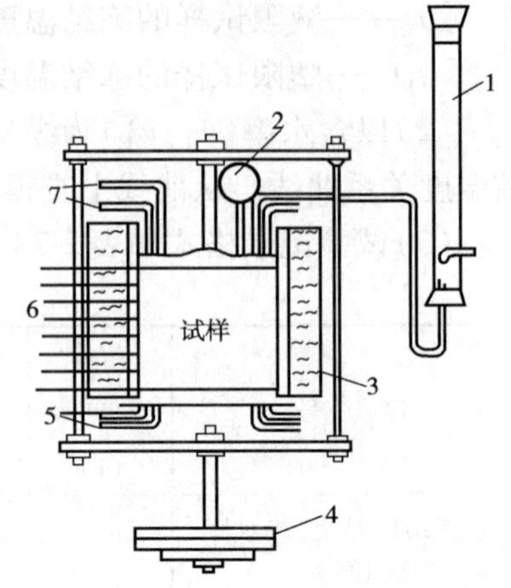

图2-121　试样盒结构示意图

1-供水装置;2-百分表;3-保温材料;4-加压装置;5-负温循环液进出口;6-热敏电阻测温点;7-正温循环液进出口

⑥若需模拟原状土天然受力状态,可施加相应的荷载。

⑦开启恒温箱、试样顶、底板冷浴,设定恒温箱冷浴温度为-15℃,箱内温度为1℃;顶、底板冷浴,设定冷浴温度为1℃。

⑧试样恒温6h,并监测温度和变形。待试样初始温度均匀达到1℃以后,开始试验。

⑨底板温度调节到-15℃并持续0.5h,让试样迅速从底面冻结,然后将底板温度调节到-2℃。黏质土以0.3℃/h,砂质土以0.2℃/h速度下降。保持箱温和顶板温度均匀为1℃,记录初始水位。每隔1h记录水位、温度和变形量各1次。试验持续72h。

⑩试验结束后,迅速从试样盒中取出试样,量测试样高度并测定冻结深度。

(2)扰动土

①称取风干土样约700g,加纯水拌和呈稀泥浆,装入内径为100mm的有机玻璃筒内,加压固结,直至达到所需初始含水率要求后,将土样从有机玻璃筒中推出,并将土样高度切削到50mm。

②在有机玻璃试样盒内壁涂上一薄层凡士林,放在底板上并放一张滤纸,然后将试样从顶装入盒内,让其自由滑落在底板上。

③在试样顶面上放一张滤纸,然后放上顶板,并稍稍加力,以使土柱与顶、底板接触紧密。

④将盛有试样的试样盒放入恒温箱内,试样周侧、顶、底板内插入热敏电阻温度计。试样周侧包裹50mm厚的泡沫塑料保温。连接顶、底板冷液循环管路及底板补水管路,供水并排除底板内气泡,调节供水装置水位(若考虑无水源补充状态,可切断供水)。安装百分表或位移传感器。

⑤若需模拟原状土天然受力状态,可施加相应的荷载。

⑥开启恒温箱、试样顶、底板冷浴,设定恒温箱冷浴温度为-15℃,箱内温度为1℃;顶、底板冷浴,设定冷浴温度为1℃。

⑦试样恒温6h,并监测温度和变形。待试样初始温度均匀达到1℃以后,开始试验。

⑧底板温度调节到-15℃并持续0.5h,让试样迅速从底面冻结,然后将底板温度调节到-2℃。黏质土以0.3℃/h,砂质土以0.2℃/h速度下降。保持箱温和顶板温度均匀为1℃,记录初始水位。每隔1h记录水位、温度和变形量各1次。试验持续72h。

⑨试验结束后，迅速从试样盒中取出试样，量测试样高度并测定冻结深度。

4. 结果整理

(1)计算冻胀率。

$$\eta_f = \frac{\Delta h}{H_f} \times 100 \tag{2-205}$$

式中：η_f——冻胀率(%)，计算至0.01；

Δh——试样总冻胀率(mm)；

H_f——冻结深度(不包括冻胀量)(mm)。

(2)试验记录格式如表2-79。

冻胀率试验记录表　　表2-79

试样含水率 w = ______%　　土样结构______　　试样密度 ρ = ______g/cm³

序号	时间(h)	测温数字电压表读数(mV)					变形量(mm)	备　注
		1	2	3	4	5		

5. 试验报告

(1)土的鉴别分类和代号。

(2)土的冻胀率 η_f 值。

(十)冻土融化压缩试验(T 0188—2007)

1. 目的和适用范围

本试验的目的是测定冻土的融沉系数和融化压缩系数，供冻土地基的融化和压缩沉降计算用。本试验方法适用于冻结黏质土和粒径小于2mm的冻结砂质土。

2. 仪器设备

(1)融化压缩仪(图2-122)：加热传压板应采用导热性能好的金属材料制成。试样环应采用有机玻璃或其他导热性低的非金属材料制成，其尺寸宜为：内径79.8mm，高40.0mm。保温外套可用聚苯乙烯或聚氨酯泡沫塑料。

(2)加荷设备：可采用量程2000kPa的杠杆式、磅秤式和其他相同量程的加荷设备。杠杆平衡后，灵敏度为其最大输出力值的0.02%。当杠杆输出力为最大值的2.5%时，相对误差不超过±1%，在2.5%以下时，不考虑。

(3)变形测量设备：量程10mm，分度值0.01mm的百分表或位移传感器。

(4)恒温供水设备。

(5)原状冻土取样器：钻具开口内径79.8mm。

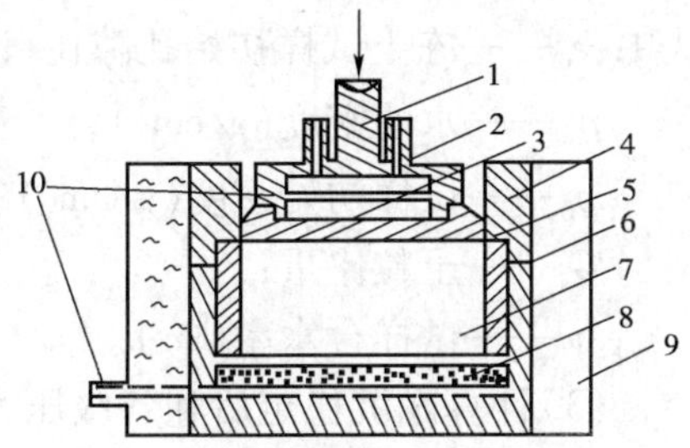

图2-122　融化压缩仪示意图

1-加热传压板；2-热循环水进出口；3-透水板；4-导环；5-滤纸；6-试样环；7-试样；8-透水板；9-保温外套；10-上下排水口

3. 试验步骤

(1)试验宜在负温环境下进行。在切样和装样过程中不得使试样表面发生融化。

(2)用冻土取样器钻取冻土试样,其高度应大于试样环高度。将钻样剩余的冻土取样测定含水率。钻样时必须保持试样的层面与原状土一致,且不得上、下倒置。

(3)将冻土样装入试样环,使之与环壁紧密接触。刮平上、下面,但不得造成试样表面发生融化。测定冻土试样的密度。

(4)在融化压缩容器内先放透水板,其上放一张润湿滤纸。将装有试样的试样环放在滤纸上,套上护环。在试样上放滤纸和透水板,再放上加热传压板。然后装上保温外套。放置融化压缩容器位于加压框架正中。安装百分表或位移传感器。

(5)施加1kPa的压力,调平加压杠杆。调整百分表或位移传感器到零位。

(6)用胶管连接加热传压板的热循环水进出口与事先装有温度为40~50℃水的恒温水槽,并打开开关和开动恒温器,以保持水温。

(7)试样开始融沉时即开动秒表,分别记录1min、2min、5min、10min、30min、60min时的变形量。以后每2h观测记录一次,直至变形量在两小时内小于0.05mm时为止,并测记最后一次变形量。

(8)融沉稳定后,停止热水循环,并开始加荷进行压缩试验。加荷等级视实际工程需要确定,宜取50kPa、100kPa、200kPa、400kPa、800kPa,最后一级荷载应比土层的计算压力大100~200kPa。

(9)施加每级荷载后24h为稳定标准,并测记相应的压缩量。直至施加最后一级荷载压缩稳定为止。

(10)试验结束后,迅速拆卸仪器各部件,取出试样,测定含水率。

4.结果整理

(1)计算冻土融沉系数。

$$a_0 = \frac{\Delta h_0}{h_0} \times 100 \qquad (2\text{-}206)$$

式中:a_0——冻土融沉系数(%),计算至0.01;

Δh_0——冻土融化下沉量(cm);

h_0——冻土试样初始高度(cm)。

(2)计算冻土试样初始孔隙比。

$$e_0 = \frac{\rho_w G_s(1 + 0.01w)}{\rho_0} - 1 \qquad (2\text{-}207)$$

式中:e_0——冻土试样初始孔隙比,计算至0.01;

ρ_w——水的密度(g/cm^3);

ρ_0——试样初始密度(g/cm^3);

G_s——土粒比重;

w——试样含水率(%)。

(3)计算融沉稳定后和各级压力下压缩稳定后的孔隙比。

$$e = e_0 - (h - \Delta h_0)\frac{1 + e_0}{h_0} \qquad (2\text{-}208)$$

$$e_i = e - (h - \Delta h)\frac{1 + e}{h} \qquad (2\text{-}209)$$

式中:e、e_i——分别为融沉稳定后和压力作用下压缩稳定后的孔隙比,计算至0.01;

e_0——冻土试样初始孔隙比；

h、h_0——分别为融沉稳定后和初始试样高度(cm)；

Δh、Δh_0——分别为压力作用下稳定后的下沉量和融沉下沉量(cm)。

(4)计算某一压力范围内的冻土融化压缩系数。

$$a = \frac{e_i - e_{i+1}}{p_{i+1} - p_i} \tag{2-210}$$

式中：a——某一压力范围内的融化压缩系数(MPa^{-1})，计算至0.01；

p_{i+1}、p_i——分级压力值(kPa)；

e_{i+1}、e_i——与分级压力相应的孔隙比。

(5)以孔隙比 e 为纵坐标、压力 p 为横坐标，绘制孔隙比与压力关系曲线。

(6)试验记录格式如表2-80。

冻土融化压缩试验记录表　　表2-80

融沉后试样高度 h = ________ cm　　融沉后试样孔隙比 e = ________

加压历时 t (h:min)	压力 p (kPa)	试样总变形量 $\sum \Delta h_i$ (mm)	压缩后试样高度 $h = h - \sum \Delta h_i$ (mm)	孔隙比 $e_i = \frac{\sum \Delta h_i (1+e)}{h}$	融化压缩系数 a (MPa^{-1})

5. 试验报告

(1)冻土的鉴别分类和代号。

(2)冻土融沉系数 a_0 值。

(3)某一压力范围内的冻土融化压缩系数 a 值。

二十八、土中化学成分试验(T 0149～T 0153—1993)

(一)酸碱度试验(T 0149—1993)

1. 目的和适用范围

本试验方法适用于各类土。

2. 仪器设备

(1)酸度计：附玻璃电极、甘汞电极或复合电极，以及电磁搅拌器等。

(2)电动振荡器。

(3)天平：量程100g，感量0.01g。

3. 试剂

(1)pH4.01标准缓冲溶液：称10.21g经105～110℃烘干的苯二甲酸氢钾($KHC_8H_4O_4$ 分析纯)溶于水后定容至1L。

(2)pH6.87标准缓冲溶液：称3.53g经105～110℃烘干的 Na_2HPO_4(分析纯)和3.39gKH_2PO_4(分析纯)溶于水中，定容至1L。

(3)pH9.18标准缓冲溶液3.8g硼砂($Na_2B_4O_7 \cdot 10H_2O$ 分析纯)溶于无 CO_2 的冷水中，定容至1L。此溶液的pH值易于变化，所以应储存于密闭的塑料瓶中(宜保存使用两个月)。

(4)饱和氯化钾(KCl)溶液:向少量纯水中加入 KCl,边加入边搅拌,直至不继续溶解为止。

4. 试验步骤

(1)酸度计的校正:在测定土样前应按照所用仪器的使用说明书校正酸度计。

(2)土悬液的制备:称取通过 1mm 筛的风干土样 10g,放入具塞的广口瓶中,加水 50mL(土水比为 1:5)。在振荡器上振荡 3min。静置 30min。

(3)土悬液 pH 值的测定:将 25 ~ 30mL 的土悬液盛于 50mL 烧杯中,将该烧杯移至电磁搅拌器上。再向该烧杯中加一只搅拌子。然后将已校正完毕的玻璃电极、甘汞电极(或复合电极)插入杯中,开动电磁搅拌器搅拌 2min,从酸度计的表盘(或数字显示器)上直接测定出 pH 值,准确至 0.01。测记土悬液温度。进行温度补偿操作。

(4)测定完毕,应关闭酸度计和电磁搅拌器的电源,用水冲洗电极,并用滤纸吸干电极上沾附的水。若一批试验测完后第二天仍继续测定的话,可将玻璃电极部分浸泡在纯水中。

5. 结果整理

酸碱度试验 pH 值的测定结果要求两次称样平行测定结果允许偏差为 0.1。

6. 试验报告

(1)土的鉴别分类和代号。

(2)土的 pH 值。

(二)烧失量试验(T 0150—1993)

1. 目的和适用范围

本试验方法适用于各类土。

2. 仪器设备

(1)高温炉:自动控温,温度可达 1300℃。

(2)分析天平:量程 100g,感量 0.0001g。

(3)瓷坩埚、干燥器、坩埚钳等。

3. 试验步骤

(1)先将空坩埚放入已升温至 950℃的高温炉中灼烧 0.5h,取出稍冷(0.5 ~ 1min),放入干燥器中冷却 0.5h,称量。

注:坩埚放入干燥器中的平衡时间要尽量一致,称量越快越好,以免样品吸湿。称量时切不可用手直接拿取坩埚,可戴上干净的汗布手套,也可使用坩埚夹。

(2)称取通过 1mm 筛孔的烘干土(在 100 ~ 105℃烘干 8h)1 ~ 2g(称准到 0.0001g),放入已灼烧至恒量的坩埚中,把坩埚放入未升温的高温炉内,斜盖上坩埚盖。徐徐升温至 950℃,并保持恒温 0.5h,取出稍冷,盖上坩埚盖。放入干燥器内,冷却 0.5h 后称量。重复灼烧称量,至前后两次质量相差小于 0.5mg,即为恒量。至少做一次平行试验。

注:①确系中性和酸性土时,灼烧温度可采用 700℃。

②对于有机质含量高的土,可将其先放在四孔小电炉上碳化,然后再放入高温炉中灼烧。

4. 结果整理

(1)烧失量计算,计算至 0.001。

$$烧失量(\%) = \frac{m - (m_2 - m_1)}{m} \times 100 \tag{2-211}$$

式中：m——烘干土样质量(g)；

m_1——空坩埚质量(g)；

m_2——灼烧后土样+坩埚质量(g)。

(2)试验记录格式如表2-81。

烧失量试验记录 表2-81

灼烧温度(℃)	950	
试验次数	1	2
土样质量 m(g)	1.790	2.103
灼烧残渣+坩埚质量 m_2(g)	21.602	20.395
空坩埚质量 m_1(g)	19.876	18.366
烧失量(%)	3.536	3.537
平均烧失量(%)	3.5365	

(3)烧失量试验结果精度应符合表2-82的规定。

矿质全量分析及烧失量测定结果允许偏差 表2-82

测定值(%)	绝对偏差(%)	相对偏差(%)
>50	<0.9	1.0~1.5
50~30	<0.7	1.5~2.0
30~10	<0.5	2.0~3.0
10~5	<0.3	3.0~4.0
5~1	<0.2	4.0~5.0
1~0.1	<0.05	5.0~6.0
0.1~0.05	<0.006	6.0~8.0
0.05~0.01	<0.004	8.0~10.0
0.01~0.005	<0.001	10.0~12.0
0.005~0.001	<0.0006	12~15.0
<0.001	<0.00015	15.0~20.0

5. 试验报告

(1)土的鉴别分类和代号。

(2)土的烧失量。

(三)有机质含量试验——重铬酸钾容量法(T 0151—1993)

1. 目的和适用范围

本试验的目的在于了解土中有机质的含量。本试验方法适用于有机质含量不超过15%的土。

注：若土样中含有 Cl^-、Fe^{2+}、Mn^{2+} 等还原性物质，则须去除或经校正，否则本试验方法不适用。

2. 仪器设备

(1)分析天平：量程200g，感量0.0001g。

(2)电炉：带自动控温调节器。

(3)油浴锅：带铁丝笼。

(4)温度计：量程0~250℃，精度1℃。

3. 试剂

(1)0.0750mol/L $\frac{1}{6}K_2Cr_2O_2$—H_2SO_4 溶液:用分析天平称取经 105 ~110℃烘干并研细的重铬酸钾 44.1231g,溶于 800mL 蒸馏水中(必要时可加热),缓缓加入浓硫酸 1000mL,边加入边搅拌,冷却至室温后用水定容至 2L。

(2)0.2mol/L 硫酸亚铁(或硫酸亚铁铵)溶液:称取硫酸亚铁($FeSO_4 \cdot 7H_2O$ 分析纯)56g 或硫酸亚铁铵[$(NH_4)_2SO_4FeSO_4 \cdot 6H_2O$]80g,溶于蒸馏水中,加 15mL 浓硫酸(密度 1.84g/mL 化学纯)。然后加蒸馏水稀释至 1L,密封储于棕色瓶中。

(3)邻菲咯啉指示剂:称取邻菲咯啉($C1_2N_8N_2 \cdot H_2O$)1.485g,硫酸亚铁($FeSO_4 \cdot 7H_2O$)0.695g,溶于 100mL 蒸馏水中,此时试剂与 Fe^{2+} 形成红棕色络合物,即$[Fe(C_{12}H_8N_2)_3]^{2+}$。储于棕色滴瓶中。

(4)石蜡(固体)或植物油 2kg。

(5)浓硫酸(H_2SO_4)(密度 1.84g/mL,化学纯)。

(6)灼烧过的浮石粉或土样:取浮石或矿质土约 200g,磨细并通过 0.25mm 筛,分散装入数个瓷蒸发皿中,在 700 ~800℃的高温炉内灼烧 1 ~2h,把有机质完全烧尽后备用。

4. 硫酸亚铁(或硫酸亚铁铵)溶液的标定

准确吸取 $K_2Cr_2O_7$ 标准溶液 3 份,每份 20mL 分别注入 150mL 锥形瓶中,用蒸馏水稀释至 60mL 左右,滴入邻菲咯啉指示剂 3 ~5 滴,用硫酸亚铁(或硫酸亚铁铵)溶液进行滴定,使锥形瓶中的溶液由橙黄经蓝绿色突变至橙红色为止。按用量计算硫酸亚铁(或硫酸亚铁铵)溶液的浓度,准确至 0.0001mol/L,取 3 份计算结果的算术平均值即为硫酸亚铁(或硫酸亚铁铵)溶液的标准浓度。

5. 试验步骤

(1)用分析天平准确称取通过 100 目筛的风干土样 0.1000 ~0.5000g,放入一干燥的硬质试管中,用滴定管准确加入 0.0750mol/L $\frac{1}{6}K_2Cr_2O_7$—H_2SO_4 标准溶液 10mL(在加入 3mL 时摇动试管使土样分散),并在试管口插入一小玻璃漏斗,以冷凝蒸出其水汽。

(2)将 8 ~10 个已装入土样和标准溶液的试管插入铁丝笼中(每笼中均有 1 ~2 个空白试管),然后将铁丝笼放入温度为 185 ~190℃的石蜡油浴锅中,试管内的液面应低于油面。要求放入后油浴锅内油温下降至 170 ~180℃,以后应注意控制电炉,使油温维持在 170 ~180℃,待试管内试液沸腾时开始计时,煮沸 5min,取出试管稍冷,并擦净试管外部油液。

(3)将试管内试样倾入 250mL 锥形瓶中,用水洗净试管内部及小玻璃漏斗,使锥形瓶中的溶液总体积达 60 ~70mL,然后加入邻菲咯琳指示剂 3 ~5 滴,摇匀,用硫酸亚铁(或硫酸亚铁铵)标准溶液滴定,溶液由橙黄色经蓝绿色突变为橙红色时即为终点,记下硫酸亚铁(或硫酸亚铁铵)标准溶液的用量,精确至 0.01mL。

(4)空白标定:即用灼烧土代替土样,取两份灼烧土试样,其他操作均与土样试验相同,记录硫酸亚铁用量。

6. 结果整理

(1)有机质含量计算,计算至 0.001。

$$有机质含量(\%) = \frac{G_{FeSO_4}(V'_{FeSO_4} - V_{FeSO_4}) \times 0.003 \times 1.724 \times 1.1}{m_s} \tag{2-212}$$

式中：C_{FeSO_4}——硫酸亚铁标准溶液的浓度(mol/L)；

V'_{FeSO_4}——空白标定时用去的硫酸亚铁标准溶液的量(mL)；

V_{FeSO_4}——测定土样时所用去的硫酸亚铁标准溶液的量(mL)；

m_s——土样质量(将风干土换算为烘干土)(g)；

0.003——$\frac{1}{4}$碳原子的摩尔质量(g/mmol)；

1.724——有机碳换算成有机质的系数(本试验仅测定土中的有机碳)；

1.1——氧化校正系数。

(2)试验记录格式如表2-83。

有机质含量试验记录 表2-83

硫酸亚铁标准液浓度 0.1434 mol/L			
试验次数		1	2
土样质量 m_s(g)		0.3992	0.4016
空白标定消耗硫酸亚铁标准液的量 V'_{FeSO_4}(mL)	滴定前读数	0.00	0.00
	滴定后读数	24.87	24.87
	滴定消耗	24.87	24.87
滴定土样消耗标准液的量 V_{FeSO_4}(mL)	滴定前读数	0.00	0.00
	滴定后读数	19.20	19.20
	滴定消耗	19.20	19.20
有机质含量(%)		1.16	1.15
有机质含量平均值(%)		1.15	

注：①如滴定消耗硫酸亚铁铵标准液少于10mL，应适当减少土样量，重做试验。

②如用邻苯氨基苯甲酸为指示剂滴定时，瓶内溶液不宜超过60～70mL，滴定前溶液呈棕红色，终点为暗绿色(或灰蓝绿色)。

③本法氧化有机质程度平均约90%，故应乘以1.1才为土的有机质含量。

(3)有机质含量试验结果精度应符合表2-84的规定。

有机质测定的允许偏差 表2-84

测定值(%)	绝对偏差(%)	相对偏差(%)
10～5	<0.3	3～4
5～1	<0.2	4～5
1～0.1	<0.05	5～6
0.1～0.05	<0.004	6～7
0.05～0.01	<0.006	7～9
<0.01	<0.008	9～15

7.试验报告

(1)有机质土代号。

(2)土的有机质含量。

(四)易溶盐试验待测液的制备(T 0152—1993)

1.目的和适用范围

本试验方法适用于各类土。

2.仪器设备

(1)过滤设备：包括真空泵、平底瓷漏斗、抽滤瓶。

(2)离心机:转速4000r/min。

(3)天平:量程200g,感量0.01g。

(4)广口塑料瓶:1000mL。

(5)往复式电动振荡机。

3. 制备步骤

(1)称取通过1mm筛孔的烘干土样50~100g(视土中含盐量和分析项目而定),精确至0.01g,放入干燥的1000mL广口塑料瓶中(或1000mL三角瓶内)。按土水比例1:5加入不含二氧化碳的蒸馏水(即把蒸馏水煮沸10min,迅速冷却),盖好瓶塞,在振荡机上振荡(或用手剧烈振荡)3min,立即进行过滤。

(2)采用抽气过滤时,滤前须将滤纸剪成与平底瓷漏底部同样大小,并平放在漏斗底上,先加少量蒸馏水抽滤,使滤纸与漏斗底密接。然后换上另一个干洁的抽滤瓶进行抽滤。抽滤时要将土悬浊液摇匀后倾入漏斗,使土粒在漏斗底上铺成薄层,填塞滤纸孔隙,以阻止细土粒通过,在往漏斗内倾入土悬浊液前须先行打开抽气设备,轻微抽气,可避免滤纸浮起,以致滤液浑浊。漏斗上要盖一表皿,以防水汽蒸发。如发现滤液浑浊,须反复过滤至澄清为止。

(3)过滤问题是本试验成败的关键。当发现抽滤方式不能达到滤液澄清时,应用离心机分离。所得的透明滤液,即为水溶性盐的浸出液。

(4)水溶性盐的浸出液不能久放。pH、CO_3^{2-}离子、HCO_3^-离子等项测定,应立即进行,其他离子的测定最好都能在当天做完。

(五)易溶盐总量的测定——质量法(T 0153—1993)

1. 目的和适用范围

本试验方法适用于各类土。

2. 仪器设备

(1)分析天平:量程200g,感量0.0001g;

(2)水浴锅、瓷蒸发皿、干燥器。

3. 试剂

(1)15%的H_2O_2。

(2)2%的Na_2CO_3溶液:称取2.0g无水Na_2CO_3溶于少量水中,稀释至100mL。

4. 试验步骤

(1)用移液管吸取浸出液50mL或100mL(视易溶盐含量多少而定),注入已经在105~110℃烘至恒量(前后两次质量之差不大于1mg)的瓷蒸发皿中,盖上表皿,架空放在沸腾水浴上蒸干(若吸取溶液太多时,可分次蒸干)。蒸干后残渣如呈现黄褐色时(有机质所致),应加入15% H_2O_2 1~3mL,继续在水浴锅上蒸干,反复处理至黄褐色消失。

(2)将蒸发皿放入105~110℃的烘箱中烘干4~8h,取出后放入干燥器中冷却0.5h,称量。再重复烘干2~4h,冷却0.5h,用分析天平称量、反复进行至前后两次质量差值不大于0.0001g。

5. 结果整理

(1)易溶盐总量计算。

$$\text{易溶盐总量}(\%) = \frac{m_2 - m_1}{m_s} \times 100 \tag{2-213}$$

式中：m_2——蒸发皿加蒸干残渣质量(g)，计算至0.001；

m_1——蒸发皿质量(g)；

m_s——相当于50mL或100mL浸出液的干土样质量(g)。

(2)试验记录格式如表2-85。

易溶盐总量试验记录表　　表2-85

吸取浸出液体积 V(mL)	50	
试验次数	1	2
残渣+蒸发皿的质量(g)	57.3974	57.4828
蒸发皿的质量(g)	57.3850	57.4700
残渣的质量(g)	0.0124	0.0128
易溶盐总量(%)	0.124	0.128
易溶盐总量平均值(%)	0.126	

注：①残渣中如果 $CaSO_4 \cdot 2H_2O$ 或 $MgSO_4 \cdot 7H_2O$ 的含量较高时，105~110℃不能除尽这些水合物中所含的结晶水，在称量时较难达到"恒量"，遇此情况应在180℃烘干。但潮湿盐土含 $CaCl_2 \cdot 6H_2O$ 和 $MgCl_2 \cdot 6H_2O$ 的量较高，这类化合物极易吸湿、水解，即使在180℃干燥，也不能得到满意结果。遇到这样土样，可在浸出液中先加入10mL 2% Na_2CO_3 溶液，蒸干时即生成NaCl、Na_2SO_4、$CaCO_3$、$MgCO_3$ 等沉液，再在180℃烘干2h，即可达到"恒量"，加入的 Na_2CO_3 量应从盐分总量中减去。

②由于盐分(特别是镁盐)在空气中容易吸水，故在相同的时间和条件下冷却称量。

(3)易溶盐总量试验结果精度应符合表2-86的规定。

易溶盐总量(质量法)两次测定的允许偏差　　表2-86

全盐量范围(%)	允许相对偏差(%)	全盐量范围(%)	允许相对偏差(%)
<0.05	15~20	0.2~0.4	5~10
0.05~0.2	10~15	>0.5	<5

6.试验报告

(1)土的鉴别分类和代号。

(2)土的易溶盐总量。

第三章　无机结合料稳定材料

第一节　概　　述

在公路工程中,无机结合料稳定材料广泛用于路面的基层和底基层。无机结合料稳定材料可分为水泥稳定类、石灰稳定类、综合稳定类、工业废渣稳定类,具体包括水泥稳定土、石灰稳定土、水泥石灰综合稳定土、石灰粉煤灰稳定土、水泥粉煤灰稳定土、水泥石灰粉煤灰稳定土等。其中,土是无机结合料稳定材料的骨架,水泥、石灰、粉煤灰等无机结合材料则是胶凝材料。

本章主要介绍水泥稳定土、石灰稳定土、石灰工业废渣稳定土等三类常用的无机结合料稳定材料。

第二节　常用的无机结合料稳定材料

一、水泥稳定土

1.简介

水泥稳定土是用水泥作结合料所得混合料的一个广义的名称,它既包括用水泥稳定各种细粒土,也包括用水泥稳定各种中粒土和粗粒土。在经过粉碎的或原来松散的土中,掺入足量的水泥和水,经拌和得到的混合料再经压实和养生后,当其抗压强度符合规定的要求时,称为水泥稳定土。

用水泥稳定细粒土得到的强度符合要求的混合料,视所用土的类别,可分别简称为水泥土、水泥砂、水泥石屑等。

用水泥稳定中粒土和粗粒土得到的强度符合要求的混合料,视所用原材料,可分别简称为水泥碎石、水泥砂砾等。

2.材料及技术要求

1)水泥

普通硅酸盐水泥、矿渣硅酸盐水泥、火山灰质硅酸盐水泥都可用于稳定土,但要求初凝时间在3h以上且终凝时间较长(宜在6h以上)。用于稳定土的水泥不应采用快硬水泥、早强水泥,以及受潮变质的水泥。水泥的强度等级宜为32.5或42.5。

2)水

凡是饮用水(含牲畜饮用水)均可用于水泥稳定土。

3)土

(1)对于二级及二级以下的公路,水泥稳定土所用的粗、中、细粒土应满足如下要求:

①水泥稳定土用于底基层时，颗粒组成范围见表3-1，土的均匀系数应大于5。细粒土的液限不应超过40%，塑性指数不应超过17。对于中粒土和粗粒土，如土中小于0.6mm的颗粒含量在30%以下，塑性指数可稍大。在实际工作中，宜选用均匀系数大于10、塑性指数小于12的土。塑性指数大于17的土，宜采用石灰稳定，或用水泥和石灰综合稳定。

用于底基层时水泥稳定土的颗粒组成范围　　表3-1

筛孔尺寸（mm）	53	4.75	0.6	0.075	0.002
通过质量百分率（%）	100	50～100	17～100	0～50	0～30

注：表中所列用筛为方孔筛。在无相应尺寸方孔筛的情况下，可先将颗粒组成在半对数坐标纸上画出两根级配曲线，然后在对数坐标上查找所需筛孔的位置或点，从此点引一垂直线向上与两根曲线相交。从此两交点画水平线与垂直坐标相交，即可得到所需颗粒尺寸的通过百分率。

②水泥稳定土用于基层时，颗粒组成范围见表3-2。集料中不宜含有塑性指数的土。对于二级公路，宜按接近级配范围的下限组配混合料或采用表3-3中的2号级配。

用于基层时水泥稳定土的颗粒组成范围　　表3-2

筛孔尺寸（mm）	37.5	26.5	19	9.5	4.75	2.36	1.18	0.6	0.075
通过质量百分率（%）	90～100	66～100	54～100	39～100	28～84	20～70	14～57	8～47	0～30

水泥稳定土的颗粒组成范围　　表3-3

项目 \ 通过质量百分率（%） \ 编号		1	2	3
筛孔尺寸（mm）	37.5	100	100	
	31.5		90～100	100
	26.5			90～100
	19		67～90	72～89
	9.5		45～68	47～67
	4.75	50～100	29～50	29～49
	2.36		18～38	17～35
	0.6	17～100	8～22	8～22
	0.075	0～30	0～7①	0～7①
液限（%）				<28
塑性指数				<9

注：①集料中0.5mm以下细粒土有塑性指数时，小于0.075mm的颗粒含量不应超过5%；细粒土无塑性指数时，小于0.075mm的颗粒含量不应超过7%。

③级配碎石、未筛分碎石、砂砾、碎石土、砂砾土、煤矸石和各种粒状矿渣均适宜用水泥稳定。碎石包括岩石碎石、矿渣碎石、破碎砾石等。

（2）对于高速公路和一级公路，水泥稳定土所用的粗、中、细粒土应满足如下要求：

①水泥稳定土用于底基层时，颗粒组成应在表3-3所列1号级配范围内，土的均匀系数应大于5。细粒土的液限不应超过40%，塑性指数不应超过17。对于中粒土和粗粒土，如土中小于0.6mm的颗粒含量在30%以下，塑性指数可稍大。在实际工作中，宜选用均匀系数大于10、塑性指数小于12的土。塑性指数大于17的土，宜采用石灰稳定，或采用水泥和石灰综合

稳定。对于中粒土和粗粒土,宜采用表 3-3 中的 2 号级配,但小于 0.075mm 的颗粒含量和塑性指数可不受限制。

②水泥稳定土用于基层时,颗粒组成应在表 3-3 所列 3 号级配范围内。对所用的碎石或砾石,应预先筛分成 3 ~4 个不同粒级,然后配合,使颗粒组成符合表 3-3 所列级配范围。

(3)水泥稳定粒径较均匀的砂时,宜在砂中添加少部分塑性指数小于 10 的黏性土或石灰土,也可添加部分粉煤灰,加入比例按可使混合料的标准干密度接近最大值确定,一般约为 20% ~40%。

(4)水泥稳定土中碎石或砾石的压碎值应符合下列规定:

基　层:高速公路和一级公路　不大于 30%

　　　　二级及二级以下公路　不大于 35%

底基层:高速公路和一级公路　不大于 30%

　　　　二级及二级以下公路　不大于 40%

(5)有机质含量超过 2% 的土,必须先用石灰进行处理,闷料一夜后再用水泥稳定。

(6)硫酸盐含量超过 0.25% 的土,不应用水泥稳定。

4)强度要求

各级公路水泥稳定土的 7d 浸水抗压强度应符合表 3-4 的规定。

水泥稳定土的抗压强度标准　　表 3-4

公路等级 层位	高速公路和一级公路①	二级及二级以下公路②
基层(MPa)	3 ~5	2.5 ~3
底基层(MPa)	1.5 ~2.5	1.5 ~2

注:①设计累计标准轴次小于 12×10^6 的公路可采用低限值,设计累计标准轴次超过 12×10^6 的公路可采用中值,主要行驶重载车辆的公路应用高限制。某一具体公路应采用一个值,而不是某一范围。

②二级以下公路可取低限值,行驶重载车辆的公路应取较高的值,二级公路可取中值,行驶重载车辆的二级公路应取高限值。某一具体公路应采用一个值,而不是某一范围。

5)最小水泥剂量

水泥稳定土的最小水泥剂量应符合表 3-5 的规定。

水泥稳定土的最小水泥剂量(%)　　表 3-5

拌和方法 土类	路　拌　法	集中厂拌法
中粒土和粗粒土	4	3
细粒土	5	4

二、石灰稳定土

1. 简介

在粉碎的或原来松散的土(包括各种粗、中、细粒土)中,掺加足量的石灰和水,经拌和、压实及养生后得到的混合料,当其抗压强度符合规定的要求时,称为石灰稳定土。

用石灰稳定细粒土得到的强度符合要求的混合料,称为石灰土。

用石灰稳定中粒土和粗粒土得到的强度符合要求的混合料,视所用原材料的不同,原材料为天然砂砾土或级配砾石时,称为石灰砂砾土;原材料为碎石土或级配碎石时,称为石灰碎石土。

用石灰稳定原中级路面，使其适应做沥青路面或水泥混凝土路面的基层时，属于石灰砂砾土或石灰碎石土。

2. *材料及技术要求*

1）石灰

（1）石灰是以碳酸盐类岩石（石灰岩、白云岩、白垩和贝壳等）为原料，在立窑或回转窑中经过900～1300℃高温煅烧，分解并排出二氧化碳后所得到的一种胶凝材料。其主要化学成分是氧化钙（CaO）和氧化镁（MgO）。

（2）根据成品加工方法的不同，石灰一般可分为以下四类：

①生石灰块：由原料煅烧而成的原产品，主要成分是 CaO。

②生石灰粉：由生石灰块经磨细而得到的细粉。

③消石灰：将生石灰加适量的水消化而成的粉末，也称熟石灰，主要成分是 $Ca(OH)_2$。

④石灰浆：将生石灰加多量的水（约为石灰体积的3～4倍）消化而得的可塑性浆体，也称石灰膏，主要成分是 $Ca(OH)_2$ 和水。如果再加水，则呈白色悬浮液，称为石灰乳。

（3）石灰稳定土中，石灰的技术指标应符合表3-6的规定。石灰应尽量缩短存放时间，在野外堆放时间较长时应覆盖防潮。

石灰的技术指标 表3-6

类别／指标／项目	钙质生石灰			镁质生石灰			钙质消石灰			镁质消石灰		
	等级											
	I	II	III	I	II	III	I	II	III	I	II	III
有效钙加氧化镁含量（%）	≥85	≥80	≥70	≥80	≥75	≥65	≥65	≥60	≥55	≥60	≥55	≥50
未消化残渣（5mm圆孔筛筛余，%）	≤7	≤11	≤17	≤10	≤14	≤20						
含水率（%）							≤4	≤4	≤4	≤4	≤4	≤4
细度：0.71mm方孔筛筛余（%）							0	≤1	≤1	0	≤1	≤1
细度：0.125mm方孔筛累计筛余（%）							≤13	≤20	—	≤13	≤20	—
钙镁石灰分类界限，氧化镁含量（%）	≤5			>5			≤4			>4		

注：硅、铝、镁氧化物含量之和大于5%的生石灰，有效钙加氧化镁含量指标，I等≥75%，II等≥70%，III等≥60%；未消化残渣含量指标与镁质生石灰指标相同。

使用等外石灰、贝壳石灰、珊瑚石灰等，应进行试验，如混合料的强度符合相应的标准，即可使用。

对于高速公路和一级公路，宜采用磨细生石灰粉。

2）水

凡是饮用水（含牲畜饮用水）均可用于石灰稳定土。

3）土

（1）塑性指数为15～20的黏性土以及含有一定数量黏性土的中粒土和粗粒土均适宜用石灰稳定。

(2)用石灰稳定无塑性指数的级配砂砾、级配碎石和未筛分碎石时,应添加15%左右的黏性土。

(3)塑性指数在15%以上的黏性土更适宜用石灰和水泥综合稳定。

(4)塑性指数在10以下的亚砂土和砂土用石灰稳定时,应采取适当的措施或采用水泥稳定。

(5)塑性指数偏大的黏性土,应加强粉碎,粉碎后土块的最大尺寸不应大于15mm。可以采用两次拌和法,第一次加部分石灰拌和后,闷放1~2d,再加入其余石灰,进行第二次拌和。

(6)使用石灰稳定土时,应遵守下列规定:

①石灰稳定土用于高速公路和一级公路的底基层时,颗粒的最大粒径不应超过37.5mm;用于其他等级公路的底基层时,颗粒的最大粒径不应超过53mm。

②石灰稳定土用于基层时,颗粒的最大粒径不应超过37.5mm。

级配碎石、未筛分碎石、砂砾、碎石土、砂砾土、煤矸石和各种粒状矿渣等均适宜用作石灰稳定土的材料。石灰稳定土中碎石、砂砾或其他粒状材料的含量应在80%以上,并应有良好的级配。

③石灰稳定土中碎石或砾石的压碎值应符合下列规定:

基层:二级公路　　不大于30%

　　二级以下公路　不大于35%

底基层:高速公路和一级公路　　不大于35%

　　二级及二级以下公路　　不大于40%

④硫酸盐含量超过0.8%的土和有机质含量超过10%的土,不宜用石灰稳定。

4)强度要求

各级公路石灰稳定土的7d浸水抗压强度应符合表3-7的规定。

石灰稳定土的抗压强度标准　　表3-7

公路等级 / 层位	二级及二级以下公路	高速公路和一级公路
基层(MPa)	≥0.8①	—
底基层(MPa)	0.5~0.7②	≥0.8

注:①在低塑性土(塑性指数小于7)地区,石灰稳定砂砾土和碎石土的7d浸水抗压强度应大于0.5MPa(100g平衡锥测限仪)。

②低限用于塑性指数小于7的黏性土,且低限值宜仅用于二级以下公路。高限值用于塑性指数大于7的黏性土。

三、石灰工业废渣稳定土

1. 简介

一定数量的石灰和粉煤灰,一定数量的石灰、粉煤灰和土,以及一定数量的石灰、粉煤灰和砂相配合,加入适量的水(通常为最佳含水率),经拌和、压实及养生后得到的混合料,当其抗压强度符合规定要求时,分别简称二灰、二灰土、二灰砂。

用石灰和粉煤灰稳定级配碎石或级配砾石得到的混合料,当其抗压强度符合要求时,分别称为石灰粉煤灰级配碎石和石灰粉煤灰级配砾石。这两种混合料又统称石灰粉煤灰级配集料,或分别简称二灰级配碎石、二灰级配砾石、二灰级配集料。

用石灰、煤渣和土以及石灰、煤渣和集料得到的抗压强度符合要求的混合料,分别称为石灰煤渣土和石灰煤渣集料。

2. 材料及技术要求

1）石灰

石灰工业废渣稳定土所用石灰质量应表 3-6 规定的 III 级消石灰或 III 级生石灰的技术指标，应尽量缩短石灰的存放时间，如存放时间较长，应采取覆盖封存措施，妥善保管。

有效钙含量在 20% 以上的等外石灰、贝壳石灰、珊瑚石灰、电石渣等，当其混合料抗压强度通过试验符合规定标准时，可以应用。

2）工业废渣

粉煤灰中 SiO_2、Al_2O_3 和 Fe_2O_3 的总含量应大于 70%，粉煤灰的烧失量不应超过 20%，粉煤灰的比表面积宜大于 2500cm^2/g（或 90% 通过 0.3mm 筛孔，70% 通过 0.075mm 筛孔）。

干粉煤灰和湿粉煤灰都可以使用。湿粉煤灰的含水率不宜超过 35%。

煤渣的最大粒径不应大于 30mm，颗粒组成具有一定级配，且不宜含杂质。

3）水

凡是饮用水（含牲畜饮用水）均可用于石灰工业废渣稳定土。

4）土

（1）宜采用塑性指数 12 ~ 20 的黏性土（亚黏土）。土块的最大粒径不应大于 15mm。有机质含量超过 10% 的土不宜选用。

（2）二灰稳定的中粒土和粗粒土不宜含有塑性指数的土。

（3）用于二级及二级以下公路的二灰稳定土应符合下列要求：

①二灰稳定土用做底基层时，石料颗粒的最大粒径不应超过 53mm。

②二灰稳定土用做基层时，石料颗粒的最大粒径不应超过 37.5mm；碎石、砾石或其他粒状材料的质量宜占 80% 以上，并应符合表 3-8 或表 3-9 的级配范围。

二灰级配砂砾中集料的颗粒组成范围

表 3-8

筛孔尺寸(mm) \ 通过质量百分率(%) \ 编号	1	2
37.5	100	
31.5	85 ~ 100	100
19.0	65 ~ 85	85 ~ 100
9.50	50 ~ 70	55 ~ 75
4.75	35 ~ 55	39 ~ 59
2.36	25 ~ 45	27 ~ 47
1.18	17 ~ 35	17 ~ 35
0.60	10 ~ 27	10 ~ 25
0.075	0 ~ 15	0 ~ 10

二灰级配碎石中集料的颗粒组成范围

表 3-9

筛孔尺寸(mm) \ 通过质量百分率(%) \ 编号	1	2
37.5	100	
31.5	90 ~ 100	100
19.0	72 ~ 90	81 ~ 98
9.50	48 ~ 68	50 ~ 70
4.75	30 ~ 50	30 ~ 50
2.36	18 ~ 38	18 ~ 38
1.18	10 ~ 27	10 ~ 27
0.60	6 ~ 20	6 ~ 20
0.075	0 ~ 7	0 ~ 7

（4）用于高速公路和一级公路的二灰稳定土应符合下列要求：

①二灰稳定土用做底基层时，土中碎石、砾石颗粒的最大粒径不应超过 37.5mm。各种细粒土、中粒土和粗粒土都可用二灰稳定后用做底基层。

②二灰稳定土用做基层时，二灰的质量应占15%，最多不超过20%，石料颗粒的最大粒径不应超过31.5mm，其颗粒组成宜符合表3-8或表3-9中2号级配的范围[①]，粒径小于0.075mm的颗粒含量宜接近0。

注：①表中所列级配的颗粒组成范围是根据强度高、干缩性小和抗冲刷能力强提出的。此颗粒组成范围可做改变，但改变后的二灰级配集料的强度，特别是干缩性和抗冲刷能力，应优于按表列颗粒组成范围配合的二灰级配集料的性质。

③对所用的砾石或碎石，应预先筛分成3～4个不同粒级，然后再配合成颗粒组成符合表3-8或表3-9所列级配范围的混合料。

(5)碎石或砾石的压碎值应符合下列要求：

基　层：高速公路和一级公路　　　不大于30%

　　　　二级及二级以下公路　　　不大于35%

底基层：高速公路和一级公路　　　不大于35%

　　　　二级及二级以下公路　　　不大于40%

5)强度要求

各级公路石灰工业废渣稳定土的7d浸水抗压强度应符合表3-10的规定。

二灰混合料的抗压强度标准　　　表3-10

公路等级 / 层位	二级及二级以下公路	高速公路和一级公路
基层(MPa)	0.6～0.8	0.8～1.1*
底基层(MPa)	≥0.5	≥0.6

注：*设计累计标准轴次小于12×10^6的公路可采用低限值，设计累计标准轴次超过12×10^6的公路可采用中值，主要行驶重载车辆的公路应用高限制。某一具体公路应采用一个值，而不是某一范围。

第三节　无机结合料稳定材料试验方法

一、无机结合料稳定土的含水率试验(T 0801～T 0803—1994)

(一)烘干法(T 0801—1994)

1.目的和适用范围

本法是测定无机结合料稳定土含水率的标准方法。在105～110℃的条件下烘干到恒量的稳定土称为干稳定土，湿稳定土和干稳定土的质量之差与干稳定土的质量之比的百分率称为稳定土的含水率。

2.仪器设备

(1)对于稳定细粒土：

①能够维持105～110℃的自动控制的烘箱。

②铝盒(大致的尺寸是直径50mm，高25～30mm)或带有毛玻璃盖的玻璃量瓶。

③量程100g以上的天平1架，感量0.01g。

④干燥器(直径200～250mm)1个以上，并用硅胶做干燥剂[①]。

注①：用指示硅胶做干燥剂，而不用氯化钙。因为许多黏土烘干后能从氯化钙中吸收水分。

（2）对于稳定中粒土：

①能够维持105～110℃的自动控制的烘箱。

②铝盒（能放样品500g以上）。

③称量1000g的天平1架，感量0.2g。

（3）对于稳定粗粒土：

①能够维持105～110℃的自动控制的烘箱。

②大铝盒（能放样品2000g以上）。

③量程2000g以上的天平1架，感量1g。

3．试验步骤

（1）对于稳定细粒土，其步骤如下：

①取清洁干燥的铝盒或玻璃量瓶，称其质量并精确至0.01g（m_1）①。取50g试样（至少30g）经粉碎后松松地放在铝盒中，盖上盒盖，称其质量并精确至0.01g（m_2）。

②取下盒盖，并将盛有试样的铝盒放在盒盖上，然后一起放到温度已达110℃的烘箱内进行烘干②，需要的烘干时间随土类和试样数量而改变。当冷却试样[参看下述（3）和（4）]连续两次称量的差（每次间隔4h）不超过原试样质量的0.1%③时，即认为样品已烘干。

③烘干后，从烘箱中取出盛有试样的铝盒，并将盒盖盖紧。

④将盛有烘干试样的铝盒放入干燥器内冷却④。然后称铝盒和烘干试样的质量，并精确至0.01g（m_3）。

注：①事先把铝盒的质量都校正成标准质量（即各铝盒的质量都相等），称量时可在天平一端放上等质量的铝盒，使用比较方便。

②某些含有石膏的土在烘干时会损失其结晶水，用此方法测定其含水率有影响。每1%石膏对含水率的影响约为0.2%。如果土中有石膏，则试样应该在不超过80℃的温度下烘干，并可能要烘更长的时间。

③对于大多数土，通常烘干16～24h就足够。但是，某些土或试样数量过多或试样很潮湿，可能需要烘更长的时间。烘干的时间也与烘箱内试样的总质量、烘箱的尺寸及其通风系统的效率有关。

④如铝盒的盖密闭，而且试样在称量前放置时间较短，可以不需要放在干燥器中冷却。

（2）对于稳定中粒土，其步骤如下：

①铝盒应该是清洁干燥的，称其质量并精确至0.2g（m_1）。取500g试样（至少300g）经粉碎后松松地放在铝盒中，盖上盒盖，称其质量并精确至0.2g（m_2）。

②取下盒盖，并将盛有试样的铝盒放到温度已达110℃的烘箱内进行烘干，需要的烘干时间随土类和试样数量而变。当冷却试样连续两次称量的差（每次间隔4h）不超过原试样质量的0.1%时，即认为已经烘干。

③烘干后，从烘箱中取出盛有试样的铝盒，并将盒盖盖紧，放置冷却。

④称铝盒和烘干试样的质量，并精确至0.2g（m_3）。

（3）对于稳定粗粒土，其步骤如下：

①铝盒应该是清洁干燥的，称其质量并精确至1g（m_1）。取2000g试样经粉碎后松松地放在铝盒中，盖上盒盖，称其质量并精确至1g（m_2）。

②取下盒盖，并将盛有试样的铝盒放到温度已达110℃的烘箱内进行烘干，需要的烘干时间，随土类和试样数量而变。当冷却试样连续两次称量的差（每次间隔4h）不超过原试样质量的0.1%时，即认为已经烘干。

③烘干后，从烘箱中取出盛有试样的铝盒，并将盒盖盖紧，放置冷却。

④将铝盒和烘干试样称其质量并精确至1g(m_3)。

4. 结果整理

(1)计算无机结合料稳定土的含水率w(%)。

$$w = \frac{(m_2 - m_3) \times 100}{m_3 - m_1} \tag{3-1}$$

式中:m_1——铝盒的质量(g);

m_2——铝盒和湿稳定土的合计质量(g);

m_3——铝盒和干稳定土的合计质量(g)。

(2)试验记录格式如表3-11。

无机结合料稳定土含水率试验 表3-11

试样位置________________ 试验方法________________

盒　　号					
盒+湿试样的质量 m_2(g)					
盒+干试样的质量 m_3(g)					
盒的质量 m_1(g)					
水的质量 m_2-m_3(g)					
干试样的质量 m_3-m_1(g)					
含水率(%)					

5. 试验报告

无机结合料稳定土的含水率w,用两位有效数字表示。

(二)砂浴法(T 0802—1994)

1. 目的和适用范围

本方法适用于在工地快速测定无机结合料稳定土的含水率。稳定土的含水率以湿稳定土和干稳定土的质量之差与干稳定土的质量之比的百分率表示。当土中含有大量石膏、碳酸钙或有机质时,不应使用本方法。

2. 仪器设备

(1)对于稳定细粒土:

①铝盒,直径约50mm,高25~30mm。

②量程100g以上的天平1架,感量0.1g。

③直径约200mm、深至少25mm的砂浴1个,其中放有清洁的砂。也可以使用更大的砂浴,一次烘干几个试样。

④加热砂浴的设备1套。

⑤刀片长100mm、宽20mm的调土刀1把。

(2)对于稳定中粒土:

①量程500g以上的天平1架,感量0.5g。

②边长约200mm、深约50mm的白铁皮方盘1个。

③能放入方盘的砂浴1个,砂深至少25mm。

④加热砂浴的设备1套。

⑤刀片长100mm、宽20mm的调土刀1把。

⑥长 200mm、宽 100mm 的长方盘 1 个。

(3)对于稳定粗粒土：

①量程 5kg 以上的台秤 1 个,感量 5g。

②边长约 250mm、深 50 ~ 70mm 的白铁皮方盘 1 个。

③能放入方盘的砂浴 1 个,砂深至少 25mm。

④加热砂浴的设备 1 套。

⑤刀片长 200mm、宽 30mm 的调土刀 1 把。

⑥长 200mm、宽 100mm 的长方盘 1 个。

3. 试验步骤

(1)对于稳定细粒土,其步骤如下：

①铝盒应该是清洁干燥的,称其质量并精确到 0.1g(m_1)。至少取 30g 试样,经粉碎后松松地放在铝盒中,盖上盒盖,称其质量并精确到 0.01g(m_2)。

②取下盒盖,将盛有试样的铝盒放在正在加热的砂浴内,但需注意勿使砂浴温度太高①。在加热过程中,应该经常用调土刀搅拌试样,以促使水分蒸发。

③当加热一段时间(通常 1h 足够②)使试样干燥后,从砂浴中取出铝盒,盖上盒盖,并放置冷却。

④将铝盒和烘干试样称其质量并精确到 0.1g(m_3)。

注:①避免稳定土过分加热。用一张小的白纸片放在土中拌和,如纸变成焦黄色,就表示加热过分。

②烘干时间随土类、试样的数量及野外条件而变。当对某种土要大量做含水率测定时,应使用不同的干燥时间,以确定烘干所需要的最短时间。如将试样再烘 1min 后,其质量损失不超过 0.1g(对于细粒土)、0.5g(对于中粒土)以及 5g(对于粗粒土)时,即认为土已被烘干。

(2)对于稳定中粒土和粗粒土,其步骤如下：

①方盘应该是清洁干燥的,称其质量并精确到 0.5g(m_1)。稳定中粒土的试样至少要 300g,稳定粗粒土的试样至少要 2000g。将试样弄碎并均匀地撒布在方盘内。将有试样的方盘称量,对于稳定中粒土称量到 0.5g(m_2),对于稳定粗粒土称量到 5g(m_2)。

②将方盘放在正在加热的砂浴内,应注意砂浴温度不要过高。在加热过程中,应该经常用调土刀搅拌试样,以促使水分蒸发。

③当加热一段时间(通常 1h 足够)后,从砂浴中取出方盘,并让其冷却。

④当方盘冷到可以用手拿时,立即称其质量:对于中粒土,准确到 0.5g(m_3);对于粗粒土,准确到 5g(m_3)。

4. 结果整理

(1)计算稳定土的含水率 w(%)。

$$w = \frac{(m_2 - m_1) \times 100}{m_3 - m_1} \tag{3-2}$$

式中:m_1——铝盒或方盘的质量(g);

m_2——铝盒或方盘与湿稳定土的合质量(g);

m_3——铝盒或方盘与干稳定土的合质量(g)。

(2)试验记录格式同 T 0801—1994。

5. 试验报告

无机结合料稳定土的含水率圆整至 1%。

(三)酒精法(T 0803—1994)

1. 目的和适用范围

本方法适用于在工地快速测定无机结合料稳定土的含水率。稳定土的含水率以干土和结合料合质量的百分率表示。对于粗粒土,因为需要大量酒精,而且火大有危险,所以不宜使用本方法。如果土中含有大量黏土、石膏、石灰质或有机质,不能使用本方法。

2. 仪器设备

(1)蒸发皿,最好是硅石的。对于细粒土,用直径 100mm 的;对于中粒土,用直径 150mm 的(1 个)。

(2)长 100mm、宽 20mm 的刮土刀 1 把。

(3)长约 200 ~ 250mm、直径约 3mm 的搅拌棒(金属棒)1 根。

(4)量程 100g 以上的天平 1 架(用于细粒土),感量 0.1g。

(5)量程 500g 以上的天平 1 架(用于中粒土),感量 0.5g。

(6)纯度高的酒精。

3. 试验步骤

(1)将蒸发皿洗净、烘干,称其质量并精确到 0.1g(对于细粒土)或 0.5g(对于中粒土)(m_1)。

(2)对于细粒土,取试样 30g 左右放在蒸发皿内;对于中粒土,取试样 300g 左右放在蒸发皿内。称蒸发皿和试样的合质量,准确到 0.1g(对于细粒土)或 0.5g(对于中粒土)(m_2)。

(3)对于细粒土,取 20 ~ 30mL 左右的酒精;对于中粒土,取 200mL 左右的酒精。将酒精倒在试样上,使其浸没试样。用刮土刀拌和酒精和土样,并将大土块破碎。

(4)将蒸发皿放在不怕热的表面上,点火燃烧。

(5)在酒精燃烧过程中,用金属棒经常搅拌试样,但应注意勿使试样损失。一般需烧 2 ~ 3 次。

(6)酒精烧完后,让蒸发皿冷却。当蒸发皿冷却到可以用手拿时,即称蒸发皿和试样的合质量,准确到 0.1g(对于细粒土)或 0.5g(对于中粒土)(m_3)。

4. 结果整理

(1)计算以干土和结合料合质量的百分率表示的含水率 w(%)。

$$w = \frac{(m_2 - m_3) \times 100}{m_3 - m_1} \tag{3-3}$$

式中:m_1——蒸发皿的质量(g);

m_2——蒸发皿和湿稳定土的合质量(g);

m_3——蒸发皿和干稳定土的合质量(g)。

(2)试验记录格式同 T 0801—1994。

5. 试验报告

稳定土的含水率圆整至 1%。

二、无机结合料稳定土的击实试验(T 0804—1994)

1. 目的和适用范围

(1)本试验法适用于在规定的试筒内,对水泥稳定土(在水泥水化前)、石灰稳定土及石灰(或水泥)粉煤灰稳定土进行击实试验,以绘制稳定土的含水率-干密度关系曲线,从而确定其最佳含水率和最大干密度。

(2)试验集料的最大粒径宜控制在25mm以内,最大不得超过40mm(圆孔筛)。

(3)试验方法类别。本试验方法分三类,各类击实方法的主要参数列于表3-12。

试验方法类别　表3-12

类别	锤的质量(kg)	锤击面直径(cm)	落高(cm)	试筒尺寸			锤击层数	每层锤击次数	平均单位击实功(J)	容许最大粒径(mm)
				内径(cm)	高(cm)	容积(cm^3)				
甲	4.5	5.0	45	10	12.7	997	5	27	2.687	25
乙	4.5	5.0	45	15.2	12.0	2 177	5	59	2.687	25
丙	4.5	5.0	45	15.2	12.0	2 177	3	98	2.677	40

2. 仪器设备

(1)击实筒:小型,内径100mm、高127mm的金属圆筒,套环高50mm,底座;中型,内径152mm、高170mm的金属圆筒,套环高50mm,直径151mm和高50mm的筒内垫块,底座。

(2)击锤和导管:击锤的底面直径50mm,总质量4.5kg。击锤在导管内的总行程为450mm。

(3)天平:感量0.01g。

(4)台秤:量程15kg,感量5g。

(5)圆孔筛:孔径40mm、25mm或20mm以及5mm的筛各1个。

(6)量筒:50mL、100mL和500mL的量筒各1个。

(7)直刮刀:长200~250mm、宽30mm和厚3mm,一侧开口的直刮刀,用以刮平和修饰粒料大试件的表面。

(8)刮土刀:长150~200mm、宽约20mm的刮刀。用以刮平和修饰小试件的表面。

(9)工字形刮平尺:30mm×50mm×310mm,上下两面和侧面均刨平。

(10)拌和工具:约400mm×600mm×70mm的长方形金属盘,拌和用平头小铲等。

(11)脱模器。

(12)测定含水率用的铝盒、烘箱等其他用具。

3. 试料准备

将具有代表性的风干试料(必要时,也可以在50℃烘箱内烘干)用木锤或木碾捣碎。土团均应捣碎到能通过5mm的筛孔。但应注意不使粒料的单个颗粒破碎或不使其破碎程度超过施工中拌和机械的破碎率。

如试料是细粒土,将已捣碎的具有代表性的土过5mm筛备用(用甲法或乙法做试验)。

如试料中含有粒径大于5mm的颗粒,则先将试料过25mm的筛,如存留在筛孔25mm筛的颗粒的含量不超过20%,则过筛料留作备用(用甲法或乙法做试验)。

如试料中粒径大于25mm的颗粒含量过多,则将试料过40mm的筛备用(用丙法试验)。

每次筛分后,均应记录超尺寸颗粒的百分率。

在预定做击实试验的前一天,取有代表性的试料测定其风干含水率。对于细粒土,试样应不少于100g;对于中粒土(粒径小于25mm的各种集料),试样应不少于1000g;对于粗粒土的各种集料，试样应不少于2000g。

4. 试验步骤

(1)甲法

①将已筛分的试样用四分法逐次分小，至最后取出约10~15kg试料。再用四分法将已取出的试料分成5~6份，每份试料的干质量为2.0kg(对于细粒土)或2.5kg(对于各种中粒土)。

②预定5~6个不同含水率，依次相差1%~2%[①]，且其中至少有两个大于和两个小于最佳含水率。对于细粒土，可参照其塑限估计素土的最佳含水率。一般其最佳含水率较塑限约小3%~10%，对于砂性土接近3%，对于黏性土约为6%~10%。天然砂砾土，级配集料等的最佳含水率与集料中细土的含量和塑性指数有关，一般变化在5%~12%之间。对于细土少的、塑性指数为0的未筛分碎石，其最佳含水率接近5%。对于细土偏多的、塑性指数较大的砂砾土，其最佳含水率约在10%左右。水泥稳定土的最佳含水率与素土的接近，石灰稳定土的最佳含水率可能较素土大1%~3%。

注：①对于中粒土，在最佳含水率附近取1%，其余取2%。对于细粒土，取2%，但对于黏土，特别是重黏土，可能需要取3%。

③按预定含水率制备试样。将1份试料平铺于金属盘内，将事先计算得的该份试料中应加的水量均匀地喷洒在试料上，用小铲将试料充分拌和到均匀状态(如为石灰稳定土和水泥、石灰综合稳定土，可将石灰和试料一起拌匀)，然后装入密闭容器或塑料口袋内浸润备用。

浸润时间：黏性土12~24h，粉性土6~8h，砂性土、砂砾土、红土砂砾、级配砂砾等可以缩短到4h左右，含土很少的未筛分碎石、砂砾和砂可缩短到2h。

应加水量可按下式计算。

$$Q_w = \left(\frac{Q_n}{1+0.01w_n} + \frac{Q_c}{1+0.01w_c}\right)\times 0.01w - \frac{Q_n}{1+0.01w_n}\times 0.01w_n - \frac{Q_c}{1+0.01w_c}\times 0.01w_c \tag{3-4}$$

式中：Q_w——混合料中应加的水量(g)；

Q_n——混合料中素土(或集料)的质量(g)，其原始含水率为w_n，即风干含水率(%)；

Q_c——混合料中水泥或石灰的质量(g)，其原始含水率为w_c(%)；

w——要求达到的混合料的含水率(%)。

④将所需要的稳定剂水泥加到浸润后的试料中，并用小铲、泥刀或其他工具充分拌和到均匀状态。加有水泥的试样拌和后，应在1h内完成下述击实试验，拌和后超过1h的试样，应予作废(石灰稳定土和石灰粉煤灰除外)。

⑤试筒套环与击实底板应紧密联结。将击实筒放在坚实地面上，取制备好的试样(仍用四分法)400~500g(其量应使击实后的试样等于或略高于筒高的1/5)倒入筒内，整平其表面并稍加压紧，然后按所需击数进行第一层试样的击实。击实时，击锤应自由铅直落下，落高应为45cm，锤迹必须均匀分布于试样面。第一层击实完后，检查该层高度是否合适，以便调整以后几层的试样用量。用刮土刀或改锥将已击实层的表面"拉毛"，然后重复上述做法，进行其余四层试样的击实。最后一层试样击实后，试样超出试筒顶的高度不得大于6mm，超出高度过大的试件应该作废。

⑥用刮土刀沿套环内壁削挖(使试样与套环脱离)后，扭动并取下套环。齐筒顶细心刮平

试样，并拆除底板。如试样底面略突出筒外或有孔洞，则应细心刮平或修补。最后用工字形刮平尺齐筒顶和筒底将试样刮平。擦净试筒的外壁，称其质量并准确至5g。

⑦用脱模器推出筒内试样。从试样内部从上到下取两个有代表性的样品（可将脱出试件用锤打碎后，用四分法采取），测定其含水率，计算至0.1%。两个试样的含水率的差值不得大于1%。所取样品的数量见表3-13（如只取一个样品测定含水率，则样品的质量应为表列数值的两倍）。

测稳定土含水率的样品数量　　表3-13

最大粒径（mm）	样品质量（g）	最大粒径（mm）	样品质量（g）
2	约50	25	约500
5	约100	—	—

烘箱的温度应事先调整到110℃左右，以使放入的试样能立即在105～110℃的温度下烘干。

⑧按步骤③～⑦进行其余含水率下稳定土的击实和测定工作。

注：凡已用过的试样，一律不再重复使用。

（2）乙法

在缺乏内径10cm的试筒时，以及在需要与承载比等试验结合起来进行时，采用乙法进行击实试验。本法更适宜于粒径达25mm的集料。

①将已过筛的试料用四分法逐次分小，至最后取出约30kg试料。再用四分法将取出的试料分成5～6份，每份试料的干质量约为4.4kg（细粒土）或5.5kg（中粒土）。

②以下各步的做法与甲法第②～⑧项相同，但应该先将垫块放入筒内底板上，然后加料并击实。所不同的是，每层需取制备好的试样约900g（对于水泥或石灰稳定细粒土）或1 100g（对于稳定中粒土），每层的锤击次数为59次。

（3）丙法

①将已过筛的试料用四分法逐次分小，至最后取出约33kg试料。再用四分法将取出的试料分成6份（至少要5份），每份质量约5.5kg（风干质量）。

②预定5～6个不同含水率，依次相差1%～2%。在估计的最佳含水率左右可只差1%，其余差2%。

③同甲法步骤③。

④同甲法步骤④。

⑤将试筒、套环与夯击实板紧密地联结在一起，并将垫块放在筒内底板上。击实筒应放在坚实（最好是水泥混凝土）地面上，取制备好的试样1.8kg左右［其量应使击实后的试样略高于（高出1～2mm）筒高的1/3］倒入筒内，整平其表面，并稍加压紧。然后按所需击数进行第一层试样的击实（共击98次）。击实时，击锤应自由铅直落下，落高应为45cm，锤迹必须均匀分布于试样面。第1层击实完后检查该层的高度是否合适，以便调整以后两层的试样用量。用刮土刀或改锥将已击实的表面“拉毛”，然后重复上述做法，进行其余两层试样的击实。最后一层试样击实后，试样超出试筒顶的高度不得大于6mm。超出高度过大的试件应该作废。

⑥用刮土刀沿套环内壁削挖（使试样与套环脱离）后，扭动并取下套环。齐筒顶细心刮平试样，并拆除底板，取走垫块。擦净试筒的外壁，称量，准确至5g。

⑦用脱模器推出筒内试样。从试样内部从上到下取两个有代表性的样品（可将脱出试件用锤打碎后，用四分法采取），测定其含水率，计算至0.1%。两个试样的含水率的差值不得大

于1%。所取样品的数量应不少于700g,如只取一个样品测定含水率,则样品的数量应不少于1400g。烘箱的温度应事先调整到110℃左右,以使放入的试样能立即在105~110℃的温度下烘干。

⑧按步骤③~⑦进行其余含水率下稳定土的击实和测定。

注:凡已用过的试料,一律不再重复使用。

5.结果整理

(1)计算每次击实后稳定土的湿密度。

$$\rho_w = \frac{Q_1 - Q_2}{V} \tag{3-5}$$

式中:ρ_w——稳定土的湿密度(g/cm^3);

Q_1——试筒与湿试样的合质量(g);

Q_2——试筒的质量(g);

V——试筒的容积(cm^3)。

(2)计算每次击实后稳定土的干密度。

$$\rho_d = \frac{\rho_w}{1 + 0.01w} \tag{3-6}$$

式中:ρ_d——试样的干密度(g/cm^3);

w——试样的含水率(%)。

(3)以干密度为纵坐标、含水率为横坐标,在普通直角坐标纸上绘制干密度与含水率的关系曲线,驼峰形曲线顶点的纵横坐标分别为稳定土的最大干密度和最佳含水率。最大干密度用两位小数表示。如最佳含水率的值在12%以上,则用整数表示(即精确到1%);如最佳含水率的值在6%~12%,则用一位小数"0"或"5"表示(即精确到0.5%);如最佳含水率的值小于6%,则取一位小数,并用偶数表示(即精确到0.2%)。

如试验点不足以连成完整的驼峰形曲线,则应该进行补充试验。

(4)超尺寸颗粒的校正:

当试样中大于规定最大粒径的超尺寸颗粒的含量为5%~30%时,按下式对试验所得最大干密度和最佳含水率进行校正(超尺寸颗粒的含量小于5%时,可以不进行校正)①。

注①:超尺寸颗粒的含量少于5%时,它对最大干密度的影响位于平行试验的误差范围内。

①最大干密度按下式校正,计算精确至0.01g/cm^3。

$$\rho'_{dm} = \rho_{dm}(1 - 0.01p) + 0.9 \times 0.01pG'_{\alpha} \tag{3-7}$$

式中:ρ'_{dm}——校正后的最大干密度(g/cm^3);

ρ_{dm}——试验所得的最大干密度(g/cm^3);

p——试样中超尺寸颗粒的百分率(%);

G'_{α}——超尺寸颗粒的毛体积相对密度。

②最佳含水率按下式校正。

$$w'_0 = w_0(1 - 0.01p) + 0.01pw_{\alpha} \tag{3-8}$$

式中:w'_0——校正后的最佳含水率(%);

w_0——试验所得的最佳含水率(%);

p——试样中超尺寸颗粒的百分率(%)；

w_{α}——超尺寸颗粒的吸水量(%)。

(5)试验记录格式如表3-14。

稳定土击实试验　　表3-14

结合料含水率(%)________　　试验方法________

混合料名称________　　结合料剂量(%)________

集料含水率(%)________

试验序号		1		2		3		4		5		6	
干密度	加水量(g)												
	筒+湿试样的质量(g)												
	筒的质量(g)												
	湿试样质量(g)												
	湿密度(g/cm³)												
	干密度(g/cm³)												
盒号													
含水率	盒+湿试样的质量(g)												
	盒+干试样的质量(g)												
	盒的质量(g)												
	水的质量(g)												
	干试样的质量(g)												
	含水率(%)												
平均含水率(%)													

(6)应做二次平行试验，两次试验最大干密度的差不应超过0.05g/cm³(稳定细粒土)和0.08g/cm³(稳定中粒土和粗粒土)，最佳含水率的差不应超过0.5%(最佳含水率小于10%)和1.0%(最佳含水率大于10%)。

6.试验报告

(1)试样的最大粒径、超尺寸颗粒的百分率。

(2)水泥的种类和强度等级或石灰中有效氧化钙和氧化镁的含量(%)。

(3)水泥和石灰的剂量(%)或石灰粉煤灰土(粒料)的配合比。

(4)所用试验方法类别。

(5)最大干密度(g/cm³)。

(6)最佳含水率(%)并附击实曲线。

三、无机结合料稳定土的无侧限抗压强度试验(T 0805—1994)

1.目的和适用范围

本试验方法适用于测定无机结合料稳定土(包括稳定细粒土、中粒土和粗粒土)试件的无侧限抗压强度。本试验方法包括：按照预定干密度用静力压实法制备试件以及用锤击法制备试件。试件都是高：直径＝1∶1的圆柱体。应该尽可能用静力压实法制备等干密度的试件[①]。

注①：用击锤制备最大干密度的试件往往会遇到困难。

其他稳定材料或综合稳定土的抗压强度试验应参照本法。

2. 仪器设备

(1)圆孔筛:孔径40mm、25mm(或20mm)及5mm的筛各一个。

(2)试模,适用于下列不同土的试模尺寸为:

①细粒土(最大粒径不超过10mm):试模的直径×高=50mm×50mm;

②中粒土(最大粒径不超过25mm):试模的直径×高=100mm×100mm;

③粗粒土(最大粒径不超过40mm):试模的直径×高=150mm×150mm。

(3)脱模器。

(4)反力框架:规格为400kN以上。

(5)液压千斤顶:200~1000kN。

(6)夯锤和导管:同T 0804—1994。

(7)密封湿气箱或湿气池:放在能保持恒温的小房间内①。

(8)水槽:深度应大于试件高度50mm。

(9)路面材料强度试验仪或其他合适的压力机:后者的规格应不大于200kN。

(10)天平:感量0.01g。

(11)台秤:量程10kg,感量5g。

(12)量筒、拌和工具、漏斗、大小铝盒、烘箱等。

注:①约6~8m^2,高2m。热天用空调保持恒温,冷天用温度控制器和电炉保持恒温。

3. 试料准备

将具有代表性的风干试料(必要时,也可以在50℃烘箱内烘干)用木锤和木碾捣碎,但应避免破碎粒料的原粒径。将土过筛并进行分类。如试料为粗粒土,则除去大于40mm的颗粒备用;如试料为中粒土,则除去大于25mm或20mm的颗粒备用;如试料为细粒土,则除去大于10mm的颗粒备用。

在预定做试验的前一天,取有代表性的试料测定其风干含水率。对于细粒土,试样应不少于100g;对于粒径小于25mm的中粒土,试样应不少于1000g;对于粒径小于40mm的粗粒土,试样的质量应不少于2000g。

按T 0804—1994确定无机结合料混合料的最佳含水率和最大干密度。

4. 试件制作

(1)对于同一无机结合料剂量的混合料,需要制相同状态的试件数量(即平行试验的数量)与土类及操作的仔细程度有关。对于无机结合料稳定细粒土,至少应该制6个试件;对于无机结合料稳定中粒土和粗粒土,至少分别应该制9个和13个试件。

(2)称取一定数量的风干土并计算干土的质量,其数量随试件大小而变。对于50mm×50mm的试件,1个试件约需干土180~210g;对于100mm×100mm的试件,1个试件约需干土1700~1900g;对于150mm×150mm的试件,1个试件约需干土5700~6000g。

对于细粒土,可以一次称取6个试件的土;对于中粒土,可以一次称取3个试件的土;对于粗粒土,一次只称取一个试件的土。

(3)将称好的土放在长方盘(约400mm×600mm×70mm)内。向土中加水,对于细粒土

(特别是黏性土)使其含水率较最佳含水率小3%,对于中粒土和粗粒土可按最佳含水率加水[①]。将土和水拌和均匀后放在密闭容器内浸润备用。如为石灰稳定土和水泥、石灰综合稳定土,可将石灰和土一起拌匀后进行浸润。

浸润时间:黏性土12~24h,粉性土6~8h,砂性土、砂砾土、红土砂砾、级配砂砾等可以缩短到4h左右;含土很少的未筛分碎石、砂砾及砂可以缩短到2h。

注:①应加的水量可按下式计算。

$$Q_w=\left(\frac{Q_n}{1+0.01w_n}+\frac{Q_c}{1+0.01w_c}\right)\times 0.01w-\frac{Q_n}{1+0.01w_n}\times 0.01w_n-\frac{Q_c}{1+0.01w_c}\times 0.01w_c$$

式中:Q_w——混合料中应加的水量(g);

Q_n——混合料中素土(或集料)的质量(g);其含水率为w_n(风干含水率)(%);

Q_c——混合料中水泥或石灰的质量(g);其原始含水率为w_c(%)(水泥的w_c通常很小,也可以忽略不计);

w——要求达到的混合料的含水率(%)。

(4)在浸润过的试料中,加入预定数量的水泥或石灰[①]并拌和均匀。在拌和过程中,应将预留的3%的水(对于细粒土)加入土中,使混合料的含水率达到最佳含水率。拌和均匀的加有水泥的混合料应在1h内按下述方法制成试件,超过1h的混合料应该作废。其他结合料稳定土,混合料虽不受此限,但也应尽快制成试件。

注:①水泥或石灰剂量按干土(即干集料)质量的百分率计。

(5)用反力框架和液压千斤顶制件。制备一个预定干密度的试件,需要的稳定土混合料数量m_1(g)随试模的尺寸而变。

$$m_1=\rho_d V(1+w) \tag{3-9}$$

式中:V——试模的体积;

w——稳定土混合料的含水率(%);

ρ_d——稳定土试件的干密度(g/cm^3)。

将试模的下压柱放入试模的下部[①],但外露2cm左右。将称量的规定数量m_2(g)的稳定土混合料分2~3次灌入试模中(利用漏斗),每次灌入后用夯棒轻轻均匀插实。如制的是50mm×50mm的小试件,则可以将混合料一次倒入试模中。然后将上压柱放入试模内。应使其也外露2cm左右(即上下压柱露出试模外的部分应该相等)。

将整个试模(连同上下压柱)放到反力框架内的千斤顶上(千斤顶下应放一扁球座),加压直到上下压柱都压入试模为止。维持压力1min。解除压力后,取下试模,拿去上压柱,并放到脱模器上将试件顶出[②](利用千斤顶和下压柱)。称试件的质量m_2,小试件准确到1g;中试件准确到2g;大试件准确到5g[③]。然后用游标卡尺量试件的高度h,准确到0.1mm。

用击锤制件,步骤同前。只是用击锤(可以利用做击实试验的锤,但压柱顶面需要垫一块牛皮或胶皮,以保护锤面和压柱顶面不受损伤)将上下压柱打入试模内。

注:①事先在试模的内壁及上下压柱的底面涂一薄层机油。

②用水泥稳定有黏结性的材料时,制件后可以立即脱模,用水泥稳定无黏结性材料时,最好过几小时再脱模。

③小试件指50mm×50mm的试件,中试件指100mm×100mm的试件,大试件指150mm×150mm的试件。下同。

5. 养生

试件从试模内脱出并称量后,应立即放到密封湿气箱和恒温室内进行保温保湿养生。但中试件和大试件应先用塑料薄膜包覆。有条件时,可采用蜡封保湿养生。养生时间视需要而定,作为工地控制,通常都只取7d,整个养生期间的温度,在北方地区应保持20℃ ±2℃,在南方地区应保持25℃ ±2℃。

养生期的最后一天,应该将试件浸泡在水中,水的深度应使水面在试件顶上约2.5cm。在浸泡水中之前,应再次称试件的质量 m_3。在养生期间,试件质量的损失应该符合下列规定:小试件不超过1g;中试件不超过4g;大试件不超过10g。质量损失超过此规定的试件,应该作废。

6. 试验步骤

(1)将已浸水一昼夜的试件从水中取出,用软的旧布吸去试件表面的可见自由水,并称试件的质量 m_4。

(2)用游标卡尺量试件的高度 h_1,准确到0.1mm。

(3)将试件放到路面材料强度试验仪的升降台上(台上先放一扁球座),进行抗压试验。试验过程中,应使试件的形变等速增加,并保持速率约为1mm/min。记录试件破坏时的最大压力 P(N)。

(4)从试件内部取有代表性的样品(经过打破)测定其含水率 w_1。

7. 结果整理

(1)试件的无侧限抗压强度 R_c 用下列相应的公式计算。

对于小试件:
$$R_c=\frac{P}{A}=0.00051P \quad (\mathrm{MPa}) \tag{3-10}$$

对于中试件:
$$R_c=\frac{P}{A}=0.000127P \quad (\mathrm{MPa}) \tag{3-11}$$

对于大试件:
$$R_c=\frac{P}{A}=0.000057P \quad (\mathrm{MPa}) \tag{3-12}$$

式中:P——试件破坏时的最大压力(N);

A——试件的截面积$\left(A=\frac{\pi}{4}D^2, D\text{——试件的直径,单位 mm}\right)$。

(2)若干次平行试验的偏差系数 C_v(%)应符合下列规定:

小试件　　不大于10%
中试件　　不大于15%
大试件　　不大于20%

(3)试验记录格式如表3-15。

无侧限抗压强度试验　　表3-15

混合料名称________________　　试件尺寸(cm)________________
结合料剂量(%)________________　　养生龄期(d)________________
最大干密度(g/cm³)________________　　加载速度(mm/min)________________
试件压实度(%)________________

试 件 号					
试件制备方法					
制件日期					
试验日期					

续上表

养生前试件质量 m_2	(g)					
浸水前试件质量 m_3	(g)					
浸水后试件质量 m_4	(g)					
养生期间的质量损失①m_2-m_3	(g)					
吸水量 m_4-m_3	(g)					
养生前试件的高度 h	(cm)					
浸水后试件的高度 H	(cm)					
试验的最大压力 P	(N)					
无侧限抗压强度 R_c	(MPa)					

注:①指水分损失。如养生后试件掉粒或掉块,不作为水分损失。

8.试验报告

(1)材料的颗粒组成。

(2)水泥的种类和强度等级或石灰的等级。

(3)确定最佳含水率时的结合料用量以及最佳含水率(%)和最大干密度(g/cm^3)。

(4)水泥或石灰剂量(%)或石灰(或水泥)、粉煤灰和集料的比例。

(5)试件干密度(准确到0.01g/cm^3)或压实度。

(6)吸水量以及测抗压强度时的含水率(%)。

(7)抗压强度:小于2.0MPa时,采用两位小数,并用偶数表示;大于2.0MPa时,采用1位小数。

(8)若干个试验结果的最小值和最大值、平均值 $\overline{R}_c$、标准差 S、偏差系数 C_v 和95%概率的值 $R_{c0.95}$($=\overline{R}_c-1.645S$)。

四、无机结合料稳定土的间接抗拉强度试验(劈裂试验)(T 0806—1994)

1.目的和适用范围

本试验方法适用于测定无机结合料稳定土(包括稳定细粒土、中粒土和粗粒土)试件的间接抗拉强度。本试验方法包括:按预定干密度用静力压实法制备试件以及用击锤法制备试件。试件都是高:直径=1:1的圆柱体。应该尽可能用静力压实法制备等干密度的试件。

其他综合稳定材料的间接抗拉强度试验应参照本试验方法。

2.仪器设备

(1)试模,适用于下列不同土的试模尺寸为:

①细粒土(最大粒径不超过10mm),试模的直径×高=50mm×50mm;

②中粒土(最大粒径不超过25mm),试模的直径×高=100mm×100mm;

③粗粒土(最大粒径不超过40mm),试模的直径×高=150mm×150mm。

(2)路面材料强度试验仪或其他测力环式压力机,须备有能量2kN及20kN的测力环。

(3)压条①:采用半径与试件半径相同的弧面压条,其长度应大于试件的高度。不同尺寸试件采用的压条宽度和弧面半径为:

注:①由于龄期三个月的水泥稳定土和龄期半年的其他稳定土是半刚性材料,试验时也可以不用压条。

试件尺寸(mm)	宽度(mm)	弧面半径(mm)
50×50	6.35	25
100×100	12.70	50
150×150	18.75	75

(4)其余试验设备:均与T 0805—1994第2条相同。

3. 试料准备

与T 0805—1994第3条相同。

按T 0804—1994确定无机结合料混合料的最佳含水率和最大干密度。

4. 试件制作

与T 0805—1994第4条和第5条相同。

5. 养生

养生方法与T 0805—1994第5条相同。作为应力检验用时,水泥稳定土、水泥粉煤灰稳定土的养生时间应是90d,石灰稳定土和石灰粉煤灰稳定土的养生时间应是六个月。整个养生期间的温度,在北方地区应该保持20℃±2℃,在南方地区应该保持25℃±2℃。

养生期的最后一天,应该将试件浸泡水中,水的深度应使水面在试件顶上约2.5cm。在浸泡水中之前,应再次称试件的质量。在养生期间,试件的质量损失应该符合下列规定:小试件不超过1g;中试件不超过4g;大试件不超过10g。质量损失超过此规定的试件,应该作废。

6. 试验步骤

(1)将已浸水一昼夜的试件从水中取出,用软的旧布吸去试件表面的可见自由水,并称试件的质量。

(2)用游标卡尺量试件的高度 H,准确到0.1mm。

(3)在压力机的升降台上置一压条,将试件横置在压条上,在试件的顶面也放一压条(上下压条与试件的接触线必须位于试件直径的两端,并与升降台垂直)。

试验过程中,应使试验的形变等速增加,并保持速率约为1mm/min。记录试件破坏时的最大压力 P(N)。

(4)从试件内部取有代表性的样品(经过打碎)测定其含水率。

7. 结果整理

试件的间接抗拉强度用下列相应的公式计算。

(1)无压条时

对于小试件:
$$R_{\mathrm{i}}=\frac{2P}{\pi dH}=0.012732\frac{P}{H}\quad(\mathrm{MPa})\tag{3-13}$$

对于中试件:
$$R_{\mathrm{i}}=\frac{2P}{\pi dH}=0.006366\frac{P}{H}\quad(\mathrm{MPa})\tag{3-14}$$

对于大试件:
$$R_{\mathrm{i}}=\frac{2P}{\pi dH}=0.004244\frac{P}{H}\quad(\mathrm{MPa})\tag{3-15}$$

式中:P——试件破坏时的最大压力(N);

d——试件的直径(mm);

H——浸水后试件的高度(mm)。

(2)有加载压条时

$$R_i = \frac{2P}{\pi a H}\left(\sin 2\alpha - \frac{a}{d}\right) \tag{3-16}$$

式中:a——压条的宽度(mm);

α——半压条宽对应的圆心角;

其余符号同前。

对于小试件:　$R_i = 0.012526\,\frac{P}{H}$　(MPa)

对于中试件:　$R_i = 0.006263\,\frac{P}{H}$　(MPa)

对于大试件:　$R_i = 0.004178\,\frac{P}{H}$　(MPa)

(3)试验记录格式如表3-16。

间接抗拉强度试验　　表3-16

混合料名称＿＿＿＿＿＿＿＿　　试件尺寸(cm)＿＿＿＿＿＿＿＿

结合料剂量(%)＿＿＿＿＿＿＿＿　　养生龄期(d)＿＿＿＿＿＿＿＿

最大干密度(g/cm^3)＿＿＿＿＿＿＿＿　　加载速度(mm/min)＿＿＿＿＿＿＿＿

试件压实度(%)＿＿＿＿＿＿＿＿

试　件　号						
试件制备方法						
制件日期						
试验日期						
养生前试件质量 m_2	(g)					
浸水前试件质量 m_3	(g)					
浸水后试件质量 m_4	(g)					
养生期间的质量损失①$m_2 - m_3$	(g)					
吸水量 $m_4 - m_3$	(g)					
养生前的试件高度	(mm)					
浸水后的试件高度 H	(mm)					
破坏载荷 P	(N)					
间接抗拉强度	(MPa)					

注:①指水分损失。如养生后试件掉粒或掉块,不作为水分损失。

(4)若干次平行试验的偏差系数 C_v(%)应符合下列规定:

小试件　　不大于10%

中试件　　不大于15%

大试件　　不大于20%

8. 试验报告

(1)集料的颗粒组成。

(2)水泥的种类和强度等级或石灰的有效钙和氧化镁含量(%)。

(3)确定最佳含水率时的结合料剂量以及最佳含水率(%)和最大干密度(g/cm^3)。

(4)水泥或石灰剂量(%)或石灰(或水泥)粉煤灰和集料的比例。

(5)试件干密度(准确到$0.01g/cm^3$)或压实度。

(6)吸水量以及测间接抗拉强度时的含水率(%)。

(7)间接抗拉强度(MPa),用两位小数表示。

(8)若干个试验结果的最小值和最大值、平均值$\overline{R}_i$、标准差S、偏差系数C_v和95%概率的值$R_{i0.95}$($=\overline{R}_i-1.645S$)。

五、室内抗压回弹模量试验(T 0807、T 0808—1994)

(一)承载板法(T 0807—1994)

1. 目的和适用范围

本试验方法适用于在室内对无机结合料稳定细粒土和中粒土试件进行抗压回弹模量试验。

2. 仪器设备

(1)杠杆式压力仪或其他合适的仪器:加载能量大于1.5kN。

(2)承载板:直径37.4mm,面积$11cm^2$。

(3)试模:试模的直径×高=150mm×150mm。

(4)千分表:1/1000mm:两只。

(5)其他:与T 0805—1994第2条中(1)、(3)~(8)以及(10)~(12)相同。

3. 试料准备

同T 0805—1994第3条。

按T 0804—1994确定无机结合料混合料的最佳含水率和最大干密度。

4. 试件数量

对于同一无机结合料剂量的混合料需要制相同状态的试件数量(即平行试验的数量)与土类及操作的仔细程度有关。对于稳定细粒土和中粒土的试件,分别应做13和19个试件,并使试验结果的偏差系数分别不超过20%和25%。如不能保证偏差系数小于上述规定,则还应按允许误差10%和90%概率重新计算增加试件数量。

5. 试件制作

试件的制作方法与T 0805—1994第4条相同。

6. 养生

试件的养生方法与T 0805—1994第5条相同。

7. 逐级加荷卸荷试验步骤

(1)承载板上的计算单位压力的选定值:对于无机结合料稳定基层材料,用0.5~0.7MPa;对于无机结合料稳定底基层材料,用0.2~0.4MPa。实际加载的最大单位压力应略大于选定值。

(2)将试件浸水24h后从水中取出并用布擦干后放在杠杆式压力仪上,用小圆板将试件中心部分磨平(必要时用0.25~0.5mm的细砂填充表面细小孔隙)后,安置承载板。调平杠杆,使加砝码端略向下倾。安置千分表。

(3)预压:先用拟施加的最大荷载的一半进行两次加荷卸荷预压试验,使承载板与试件顶面紧密接触。第 2 次卸载后等待 1min，然后将千分表的短指针约调到中间位置，长指针调到 0。记录千分表的原始读数。

(4)回弹形变测量：将预定的单位压力分成 5 ~ 6 等份，作为每次施加的压力值。实际施加的荷载应较预定级数增加一级。施加第 1 级荷载（如为预定最大荷载的 1/6），待荷载作用达 1min 时，记录千分表的读数。同时卸去荷载[①]，让试件的弹性变形恢复，到 0.5min 时记录千分表的读数。施加第 2 级荷载（为预定最大荷载的 2/6），同前，待荷载作用 1min 并记录千分表的读数，卸去荷载。卸荷后达0.5min时，记录千分表的读数，并施加第 3 级荷载。如此逐级进行，直至记录下最后一级荷载下的回弹变形。

注：①卸除荷载时，一手扶住杠杆，轻轻取下砝码，不使杠杆弹起脱离承载板。

8. 结果整理

(1)计算每级荷载下的回弹变形 l。

$$l = 加荷时平均读数 - 卸荷后平均读数 \tag{3-17}$$

(2)以单位压力 P 为横坐标（向右），回弹变形 l 为纵坐标（向下），绘制 P 与 l 的关系曲线。若曲线开始段出现上凹现象，需进行修正。修正时，一般情况下将第 1 和第 2 个试验点取成直线，并延长此直线与纵坐标轴相交，此交点即为新原点。

(3)计算回弹模量 E。

$$E = \frac{\pi PD}{4l}(1 - \mu^2) \tag{3-18}$$

式中：P——单位压力（MPa）；

D——承载板直径（mm）；

l——相应于单位压力 P 的回弹变形（mm）；

μ——泊松系数，可取 0.25。

(4)用承载板上的计算单位压力 P 以及与其相应的回弹变形 l，按式(3-18)计算拟采用的回弹模量。

(5)计算全部试件的算术平均值、标准差和偏差系数。

(6)试验记录格式如表 3-17。

室内回弹模量试验　　表 3-17

材料名称__________　　承载板直径__________

试样编号__________　　试验方法__________

最大粒径__________

荷载级数	单位压力 P (MPa)	千分表读数(1/1000mm)						回弹变形 l (1/1000mm)	回弹模量 E (MPa)
		加　荷			卸　荷				
		左	右	平均	左	右	平均		
1									
2									
3									
4									
5									
6									

9. 试验报告

(1)集料的颗粒组成。

(2)水泥的种类和强度等级或石灰的有效钙和氧化镁含量(%)。

(3)确定最佳含水率时的结合料剂量以及最佳含水率(%)和最大干密度(g/cm^3)。

(4)水泥或石灰剂量(%)或石灰(或水泥)粉煤灰和集料的比例。

(5)试件干密度或压实度。

(6)吸水量以及测回弹模量时的含水率(%)。

(7)回弹模量(MPa),用整数表示。

(8)n 个试验结果的最小值和最大值、平均值 $\overline{E}$、标准差 S 和偏差系数 C_v(%)。

(二)顶面法(T 0808—1994)

1. 目的和适用范围

本试验方法适用于在室内对无机结合料稳定材料试件进行抗压回弹模量的试验。

2. 仪器设备

(1)加载主机:路面材料强度试验仪或其他类似仪器。

(2)测形变的装置:圆形金属平面加载顶板和圆形金属平面加载底板,板的直径应大于试件的直径,底板直径线两侧有立柱,立柱上装有千分表夹。也可以直接利用直径 152mm 击实筒的底座。

(3)千分表:1/1000mm,2 只。

(4)其他设备:同 T 0805—1994 第 2 条,但不含 50mm×50mm 的试模。

3. 试料准确

同 T 0805—1994 第 3 条。

按 T 0804—1994 确定无机结合料混合料的最佳含水率和最大干密度。

4. 试件制作

(1)试件数量

对于同一无机结合料剂量的混合料需要制相同状态的试件数量(即平行试验的数量)与土类及操作的仔细程度有关。对于无机结合料稳定细粒土,应该制 13 个试件,并要求模量试验结果的偏差系数不超过 20%①。对于无机结合料稳定中粒土和粗粒土,应该制 19 个试件,并要求模量试验结果的偏差系数不超过 25%①。

注:①如不能保证试验结果的偏差系数小于规定的值,则应按允许误差 10% 和 90% 概率重新计算所需的试件数量。

(2)称量一定数量的风干土并计算干土的质量,其数量随试件大小而变。对于 1 个 100mm×100mm 的稳定细粒土试件约需干土 1400~1600g;对于 1 个 100mm×100mm 的稳定中粒土试件约需 1700~1900g;对于 1 个 150mm×150mm 的稳定粗粒土试件约需5700~6000g。

(3)将称量的土放在长方盘(400mm×600mm×70mm)内。向土中加水,将土和水拌和均匀后放在密封容器内浸润备用。如为石灰稳定土、水泥石灰综合稳定土或石灰粉煤灰稳定土,则可将石灰和土或石灰粉煤灰和土一起拌匀后放在密封容器浸润备用。

浸润时间同 T 0805—1994 第 4 条(3)。

(4)在浸润过的试料中,加入预定数量的水泥或石灰并拌和均匀。拌和均匀的加有水泥的混合料应在 1h 内按下述方法制成试件。超过 1h 的混合料应该作废,其他结合料稳定土混合料虽不受此限,但也应尽快制成试件。

(5)按预定的干密度制件。

同 T 0805—1994 第 4 条(5)。

5. 养生

同 T 0805—1994 第 5 条。

6. 试件准备

(1)圆柱形试件的两个端面应用水泥净浆彻底抹平。将试件直立于桌上，在上端面用早强高强水泥净浆薄涂一层后，在表面撒少量 0.25 ~ 0.5mm 的细砂，用直径大于试件的平面圆形钢板放在顶面，加压旋转圆钢板，使顶面齐平。边旋转边平移并迅速取下钢板。如有净浆被钢板粘去，则重新用净浆补平，并重复上述步骤。一个端面整平后，放置 4h 以上，然后将另一端面同样整平。整平应该达到：加载板放在试件顶面后，在任一方向都不会翘动。试件整平后放置 8h 以上。

(2)将端面已经处理平整的试件浸水一昼夜。

7. 逐级加荷卸荷试验步骤

(1)加载板上的计算单位压力的选定值：对于无机结合料稳定基层材料，用 0.5 ~ 0.7MPa；对于无机结合料稳定底基层材料，用 0.2 ~ 0.4MPa。实际加载的最大单位压力应略大于选定值。

(2)将试件浸水 24h 后从水中取出并用布擦干后放在加载底板上，在试件顶面稀撒少量 0.25 ~ 0.5mm 的细砂，并手压加载顶板在试件顶面边加压边旋转，使细砂填补表面微观的不平整，并使多余的砂流出，以增加顶板与试件的接触面积。

(3)安置千分表，使千分表的脚支在加载顶板直径线的两侧并离试件中心距离大致相等。

(4)将带有试件的测形变装置放到路面材料强度试验仪的升降台上(也可以先将测形变装置放在升降台上再安置试件和千分表)，调整升降台的高度，使加载顶板与测力环下端的压头中心与加载顶板的中心接触。

(5)预压：先用拟施加的最大载荷的一半进行两次加荷卸荷预压试验，使加载顶板与试件表面紧密接触。第 2 次卸载后等待 1min，然后将千分表的短指针约调到中间位置，并将长指针调到 0，记录千分表的原始读数。

(6)回弹形变测量：将预定的单位压力分成 5 ~ 6 等份，作为每次施加的压力值。实际施加的荷载应较预定级数增加一级。施加第 1 级荷载(如为预定最大荷载的 1/5)，待荷载作用达 1min 时，记录千分表的读数，同时卸去荷载，让试件的弹性变形恢复。到 0.5min 时记录千分表的读数。施加第 2 级荷载(为预定最大荷载的 2/5)，同前待荷载作用 1min，记录千分表的读数，卸去荷载。卸荷后达 0.5min 时，再记录千分表的读数，并施加第 3 级荷载。如此逐级进行，直至记录下最后一级荷载下的回弹变形。

8. 结果整理

(1)计算每级荷载下的回弹变形 l。

$$l = 加荷时读数 - 卸荷时读数 \tag{3-19}$$

(2)以单位压力 p 为横坐标(向右)，以回弹变形 l 为纵坐标(向下)，绘制 p 与 l 的关系曲线。修正曲线开始段的虚假变形。

(3)用加载板上的计算单位压力 p 以及与其相应的回弹变形 l 按下式计算回弹模量 E。

$$E = \frac{pH}{l} \tag{3-20}$$

式中：p——单位压力(MPa)；

H——试件高度(mm)；

l——试件回弹变形(mm)。

(4)试验记录格式同T 0807—1994。

9.试验报告

本试验的报告内容同T 0807—1994。

六、水泥或石灰稳定土中水泥或石灰剂量的测定(T 0809、T 0810—1994)

(一)EDTA滴定法(T 0809—1994)

1.目的和适用范围

(1)本试验方法适用于在工地快速测定水泥和石灰稳定土中水泥和石灰的剂量，并可用以检查拌和的均匀性。用于稳定的土可以是细粒土，也可以是中粒土和粗粒土。本方法不受水泥和石灰稳定土龄期(7d以内)的影响。工地水泥和石灰稳定土含水率的少量变化(±2%)，实际上不影响测定结果。用本方法进行一次剂量测定，只需10min左右。

(2)本方法也可以用来测定水泥和石灰综合稳定土中结合料的剂量。

2.仪器设备

(1)滴定管(酸式)：50mL，1支。

(2)滴定台：1个。

(3)滴定管夹：1个。

(4)大肚移液管：10mL，10支。

(5)锥形瓶(即三角瓶)：200mL，20个。

(6)烧杯：2000mL(或1000mL)，1只；300mL，10只。

(7)容量瓶：1000mL，1个。

(8)搪瓷杯：容量大于1200mL，10只。

(9)不锈钢棒(或粗玻璃棒)：10根。

(10)量筒：100mL和5mL，各一只；50mL，2只。

(11)棕色广口瓶：60mL，1只(装钙红)。

(12)托盘天平：量程500g、感量0.5g和量程100g、感量0.1g，各一台。

(13)秒表：1只。

(14)表面皿：ϕ9cm，10个。

(15)研钵：ϕ12~13cm，1个。

(16)土样筛：筛孔2.0mm或2.5mm，1个。

(17)洗耳球：50g或100g，1个。

(18)精密试纸：pH12~14。

(19)聚乙烯桶：20L，1个(装蒸馏水)；10L，2个(装氯化铵及EDTA二钠标准液)；5L，1个(装氢氧化钠)。

(20)毛刷、去污粉、吸水管、塑料勺、特种铅笔、厘米纸。

(21)洗瓶(塑料)：500mL，1只。

3.试剂

(1)0.1mol/m^{3}乙二胺四乙酸二钠(简称EDTA二钠)标准液：准确称取EDTA二钠(分析

纯)37.226g,用微热的无二氧化碳蒸馏水溶解,待全部溶解并冷至室温后,定容至1000mL。

(2)10%氯化铵(NH_4Cl)溶液:将500g氯化铵(分析纯或化学纯)放在10L的聚乙烯桶内,加蒸馏水4500mL,充分振荡,使氯化铵完全溶解。也可以分批在1000mL的烧杯内配制,然后倒入塑料桶内摇匀。

(3)1.8%氢氧化钠(内含三乙醇胺)溶液:用100g架盘天平称18g氢氧化钠(NaOH)(分析纯),放入洁净干燥的1000mL烧杯中,加1000mL蒸馏水使其全部溶解,待溶液冷至室温后,加入2mL三乙醇胺(分析纯),搅拌均匀后储于塑料桶中。

(4)钙红指示剂:将0.2g钙试剂羟酸钠(分子式$C_{21}H_{13}O_7N_2SHa$,分子量460.39)与20g预先在105℃烘箱中烘1h的硫酸钾混合。一起放入研钵中,研成极细粉末,储于棕色广口瓶中,以防吸潮。

4.准备标准曲线

(1)取样:取工地用石灰和集料。风干后分别过2.0或2.5mm筛,用烘干法或酒精法测其含水率(如为水泥可假定其含水率为0%)。

(2)混合料组成的计算:

①公式

$$\text{干料质量} = \frac{\text{湿料质量}}{(1+\text{含水率})} \tag{3-21}$$

②计算步骤

a. 干混合料质量 $= \dfrac{300\text{g}}{(1+\text{最佳含水率})}$

b. 干土质量 = 干混合料质量/[1 + 石灰(或水泥)剂量]

c. 干石灰(或水泥)质量 = 干混合料质量 - 干土质量

d. 湿土质量 = 干土质量 ×(1 + 土的风干含水率)

e. 湿石灰质量 = 干石灰 ×(1 + 石灰的风干含水率)

f. 石灰土中应加入的水 = 300g - 湿土质量 - 湿石灰质量

(3)准备5种试样,每种2个样品(以水泥集料为例),如下:

1种:称2份300g集料①分别放在2个搪瓷杯内,集料的含水率应等于工地预期达到的最佳含水率。集料中所加的水应与工地所用的水相同(300g为湿质量)。

2种:准备2份水泥剂量为2%的水泥土混合料试样,每份均为300g,并分别放在2个搪瓷杯内。水泥土混合料的含水率应等于工地预期达到的最佳含水率。混合料中所加的水应与工地所用的水相同。

3种、4种、5种:各准备2份水泥剂量分别为4%、6%、8%②的水泥土混合料试样,每份均为300g,并分别放在6个搪瓷杯内,其他要求同1种。

注:①如为细粒土,则每份的质量可以减为100g。

②在此,准备标准曲线的水泥剂量为:0%、2%、4%、6%和8%,实际工作中应使工地实际所用水泥或石灰的剂量位于准备标准曲线时所用剂量的中间。

(4)取一个盛有试样的搪瓷杯,在杯内加600mL 10%氯化铵溶液①,用不锈钢搅拌棒充分搅拌3min(每分钟搅110~120次)。如水泥(或石灰)土混合料中的土是细粒土,则也可以用1000mL具塞三角瓶代替搪瓷杯,手握三角瓶(瓶口向上)用力振荡3min(每分钟120次±5次),以代替搅拌棒搅拌。放置沉淀4min[如4min后得到的是混浊悬浮液,则应增加放置沉淀时间,直到出现澄清悬浮液为止,并记录所需的时间,以后所有该种水泥(或石灰)土混合料的试验，均应以同一时间为准]，然后将上部清液转移到300mL烧杯内，搅匀，加盖表面皿待测。

注：①当仅用100g混合料时，只需200mL 10%氯化铵溶液。

(5)用移液管吸取上层(液面下1~2cm)悬浮液10.0mL放入200mL的三角瓶内，用量筒量取50mL 1.8%氢氧化钠(内含三乙醇胺)溶液倒入三角瓶中，此时溶液pH值为12.5~13.0(可用pH12~14精密试纸检验)，然后加入钙红指示剂(体积约为黄豆大小)，摇匀，溶液呈玫瑰红色。用EDTA二钠标准液滴定到纯蓝色为终点，记录EDTA二钠的耗量(以mL计，读至0.1mL)。

(6)对其他几个搪瓷杯中的试样，用同样的方法进行试验，并记录各自的EDTA二钠的耗量。

(7)以同一水泥或石灰剂量混合料消耗EDTA二钠毫升数的平均值为纵坐标，以水泥或石灰剂量(%)为横坐标制图。两者的关系应是一根顺滑的曲线，如图3-1所示。如素集料或水泥或石灰改变，必须重做标准曲线。

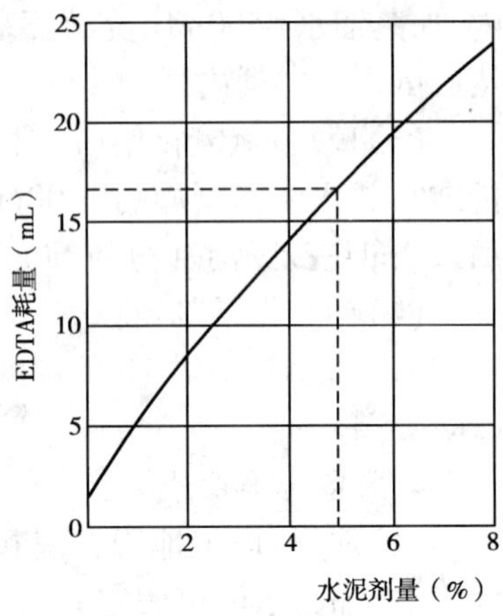

图3-1 标准曲线

5.试验步骤

(1)选取有代表性的水泥土或石灰土混合料，称300g放在搪瓷杯中，用搅拌棒将结块搅散，加600mL 10%氯化铵溶液，然后如前述步骤那样进行试验。

(2)利用所绘制的标准曲线，根据所消耗的EDTA二钠毫升数，确定混合料中的水泥或石灰剂量(参看图3-1)。

6.记录格式

本试验的记录格式如表3-18。

水泥或石灰剂量的测定　　　表3-18

结构层名称________　　试验方法________

稳定剂种类________

试样编号	1	2	3	4	5	6	7
EDTA耗量(mL)							
结合料剂量(%)							

注：①每个样品搅拌的时间、速度和方式应力求相同，以提高试验的精度。

②做标准曲线时，如工地实际水泥剂量较大，素集料和低剂量水泥的试样可以不做，而直接用较高的剂量做试验，但应有两种剂量大于实用剂量，以及两种剂量小于实用剂量。

③配制的氯化铵溶液最好当天用完，不要放置过久，以免影响试验的精度。

7.试验报告

(1)混合料名称。

(2)试验方法名称。

(3)试验数量n。

(4)试验结果极小值和极大值。

(5)试验结果平均值$\bar{x}$。

(6)试验结果标准差S。

(7)试验结果偏差系数C_v。

(二)直读式测钙仪测定石灰土中石灰剂量的方法(T 0810—1994)

1. 目的和适用范围

本试验方法适用于测定新拌石灰土中石灰的剂量。

2. 仪器设备

(1)钙离子选择性电极(PVC 薄膜):1 支。

(2)饱和甘汞电极:232(或 330)型,1 支。

(3)直读式测钙仪:1 台。

(4)架盘天平:感量 0.1g 及 0.5g,各 1 台。

(5)量筒:1000mL、200mL、50mL,各 1 只。

(6)具塞三角瓶:1000mL,10 个(或搪瓷杯 10 个);500mL,4 个。

(7)烧杯:2000mL,1 个;300mL,10 个;50mL,15 个。

(8)容量瓶:1000mL,1 个。

(9)塑料瓶(桶):10L,2 个;1000mL,3 个;250mL,2 个。

(10)土壤筛:2mm 或 2.5mm 筛孔,1 个。

(11)大肚移液管:100mL,1 支。

(12)干燥器:1 个

(13)表面皿:ϕ90mm,10 个;ϕ50mm,15 个。

(14)计时器:1 只。

(15)搅拌子:20 只。

(16)电炉、石棉网:各 1 个。

(17)洗瓶:500mL,1 个。

(18)其他:吸水管,洗耳球,粗、细玻璃棒,试剂勺。

3. 制备溶液

(1)10% 氯化铵溶液

将 100g 氯化铵放入大烧杯中,加水(饮用水即可)900mL①,搅拌均匀后,存放于塑料桶内保存。

注:①配制体积可根据待测样品数量确定。

(2)10^{-1}mol/m^3 氯化钙标准溶液

将分析纯碳酸钙($CaCO_3$)在 180℃烘箱中烘 2h 后,取出放入干燥器内冷却 45min。用万分之一天平或千分之一天平准确称取已冷却的碳酸钙 10.009g 放入 300mL 烧杯中,盖上表面皿。用少许蒸馏水润湿后,从杯口用吸水管沿杯壁逐滴滴入 1∶5稀盐酸(18mL 盐酸加 90mL 蒸馏水)并轻摇杯子,使碳酸钙全部溶解。然后用洗瓶吹洗表面皿和杯壁,移至电炉上加热并保持微沸 5min,以驱除二氧化碳。冷却后转移至 1000mL 容量瓶中,用蒸馏水多次沿杯壁冲洗烧杯,将冲洗的水一并倒入容量瓶中。当蒸馏水加到约 950mL 左右时,再用 20% 氢氧化钠调至中性,使 pH 值为 7。最后用蒸馏水稀释至刻度,反复摇匀,静置后倒入 1000mL 塑料瓶① 中备用。

注:①装有各种溶液的塑料瓶(桶)均应贴上标签,写明浓度、溶液名称和配制日期。

(3)10^{-2}mol/m^3 氯化钙标准溶液

用大肚移液管吸取 100m L10^{-1}mol/m^3 氯化钙标准溶液放入 1000mL 容量瓶中,加蒸馏水稀释到刻度后,充分摇匀,转入 1000mL 塑料瓶中备用。

(4) 10^{-3} mol m^3 氯化钙标准溶液

用大肚移液管吸取 100mL 10^{-2} mol/m^3 氯化钙标准溶液放入 1000mL 容量瓶中，加蒸馏水稀释到刻度，充分摇匀，转入 1000mL 塑料瓶中备用。

(5) 氯化钾饱和溶液

用感量为 0.1g 的架盘天平称分析纯氯化钾（KCl）70g，放入 300mL 烧杯中，用量筒取 200mL 蒸馏水倒入烧杯内，用玻璃棒充分搅动，溶液中应留有结晶（溶液呈过饱和状态），转入塑料瓶中备用。

(6) 20% 氢氧化钠溶液

用感量 0.1g 的架盘天平迅速称取 40g 分析纯氢氧化钠（NaOH）放入 300mL 烧杯中，加入 160mL 新煮沸并已冷却的蒸馏水。用玻璃棒充分搅匀后，转入塑料瓶中备用（若用玻璃瓶装，瓶塞应改用橡皮塞，避免因久放瓶塞打不开）。

4. 准备仪器和电极

(1) 钙电极（图 3-2）：在测定的前一天，应将内参比电极从套管中取出，向管中滴入 10^{-1} mol/m^3 氯化钙标准溶液 15 滴左右。再将内参比电极装回管内。在每天进行测定之前，将钙电极有薄膜的一端放在 10^{-2} mol/m^3 氯化钙标准溶液中浸泡 2h，使电极活化。使用前取出电极，用水冲洗并以软纸吸干电极上的水分。

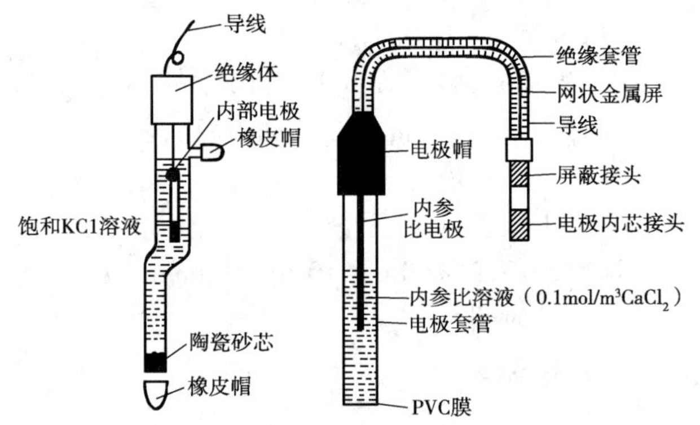

图 3-2 钙电极和甘汞电极

(2) 甘汞电极：检查内液面是否与上部加液口平，若内液面低时，拔去加液口橡皮帽并用滴管添加氯化钾饱和溶液。测定时拔去上端加液口橡皮帽和下端橡皮帽。用水冲洗并以软纸吸干水分。

(3) 仪器：在测定前接通测钙仪电源，使仪器预热 20min。

5. 准备石灰土标准剂量浸提液

(1) 土样：将现场土通过孔径 2mm 或 2.5mm 筛。

(2) 石灰：将现场所用石灰通过孔径 2mm 或 2.5mm 的筛后，装入具塞的容器内备用。

(3) 测定土和石灰的风干含水率。

(4) 确定石灰土的最佳含水率。

(5) 计算 6%、14% 石灰土中石灰、土和水的质量。

(6) 石灰土标准剂量浸提液的制备：

用准备好的土和石灰配制 6%、14%① 的石灰土标准剂量浸提液供标定仪器用。用感量为 0.1g 和 0.5g 的架盘天平按本条(5)中计算得的量分别称取准备好的土样和石灰，制备以上两种剂量的石灰土混合料各 300g，分别放入 1000mL 具塞三角瓶（或搪瓷杯）中，混匀。用刻度吸管（或量筒）加入本条(5)中计算得的水量。再用量筒加入 10% 氯化铵溶液 600mL②。盖紧塞子用手振荡（或用不锈钢棒搅拌）2min，保持每分钟 120 次 ±5 次，静止 4min 后将上部清液倒入干燥、洁净的 500mL 具塞三角瓶中，摇匀，瓶外加贴标签，供以后标定仪器时用。

当石灰品种、土质和水质相同时，制备的 6%、14% 石灰土标准剂量浸提液可供连续标定 10d 之用。

注：①可以根据设计剂量选择石灰土标准浸提液剂量的上限。如果剂量高时，标定所用剂量的上限可以是16%或18%等。此时，标定仪器过程中调节旋钮II应使之显示16.0或18.0等。

②对于细粒土，也可以用100g混合料。此时可将混合料放入500ml具塞三角瓶中，并加200mL 10%氯化铵溶液。

6. 标定仪器

将上述制备好的标准液分别倒出25～30mL于干燥、洁净的50mL烧杯中，各加入一只搅拌子。先将6%标准液放在直读式测钙仪上，待仪器开始搅拌后放入钙电极和甘汞电极（图3-3），停止搅拌后，调整校正I旋钮，使之显示6.0；采样读数结束。将电极提起，取下6%标准液。用水冲洗电极并用软纸吸干电极上的水。再将装有14%标准液的烧杯放在直读式测钙仪上，开始搅拌后，放入钙电极和甘汞电极。停止搅拌后，调整校正II旋钮，使之显示14.0。如此重复2～3次。每次用6%和14%标准液校正均能显示6.0和14.0时，仪器标定即完毕。

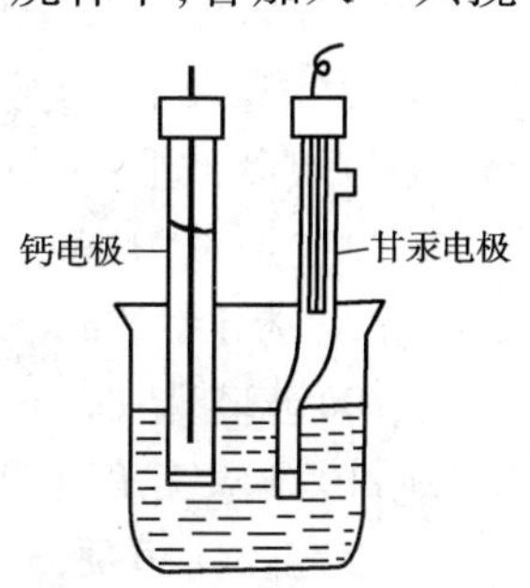

图3-3　测试示意图

7. 试验步骤

（1）从施工现场同一位置取约1000g具有代表性的石灰土试样，经进一步拌匀之后，使其全部通过2mm或2.5mm筛孔。

（2）用感量0.5g的架盘天平称取两份石灰土试样各300g，并分别放入两个1000mL具塞三角瓶中，每个三角瓶中加10%氯化铵溶液600mL。盖紧塞子用手振荡（或用不锈钢棒搅拌）2min，保持每分钟120次±5次。静止4min后将25～30mL待测液倒入干燥、洁净的50mL烧杯中。加入一只搅拌子并放在直读式测钙仪上，仪器开始搅拌后，放入钙电极和甘汞电极，待停止搅拌后，仪器显示的数值即为该样品的石灰剂量。再重复测试一次，取两次测试结果的平均值。

8. 记录格式

同T 0809—1994第7条，但除去EDTA耗量。

注：①在计算6%和14%混合料的组成时，应使混合料的最佳含水率与施工碾压时的最佳含水率相近。

②若土、石灰或水质有变化时，必须重新配置6%和14%（或16%、18%）石灰土标准剂量浸提液，并用它标定仪器。

③制备每个样品的浸提液时，搅拌的时间、速度和方式应力求相同。配制的氯化铵溶液当天用完，不宜放置过久。

④所用器具必须用水冲洗干净。

⑤每测完一个样品应用蒸馏水或自来水冲洗电极，并用软纸吸干后再测下一个样品。

⑥若进行全天测试，午间休息时可将钙电极薄膜端浸泡在10^{-3}mol氯化钙标准溶液中，下午测定前不必进行活化。下午测定结束后应用水冲洗电极，并用软纸将水吸干，套上橡皮帽，然后挂起干放保存，次日用前再进行活化。

⑦在连续使用时，钙电极的内参比液应每周更换一次，以保证试验的稳定性。

9. 试验报告（同T 0809—1994）

七、石灰的化学分析（T 08011～T 08013—1994）

（一）有效氧化钙的测定（T 08011—1994）

1. 目的和适用范围

本方法适用于测定各种石灰的有效氧化钙含量。

2. 仪器设备

(1)筛子:0.15mm,1个。

(2)烘箱:50~250℃,1台。

(3)干燥器:ϕ25cm,1个。

(4)称量瓶:ϕ30mm×50mm,10个。

(5)瓷研钵:ϕ12~13cm,1个。

(6)分析天平:万分之一,1台。

(7)架盘天平:感量0.1g,1台。

(8)电炉:1500W,1个。

(9)石棉网:20cm×20cm,1块。

(10)玻璃珠:ϕ3mm,一袋(0.25kg)。

(11)具塞三角瓶:250mL,20个。

(12)漏斗:短颈,3个。

(13)塑料洗瓶:1个。

(14)塑料桶:20L,1个。

(15)下口蒸馏水瓶:5000mL,1个。

(16)三角瓶:300mL,10个。

(17)容量瓶:250mL、1000mL,各1个。

(18)量筒:200mL、100mL、50mL、5mL,各1个。

(19)试剂瓶:250mL、1000mL,各5个。

(20)塑料试剂瓶:1L,1个。

(21)烧杯:50mL,5个;250mL(或300mL),10个。

(22)棕色广口瓶:60mL,4个;250mL,5个。

(23)滴瓶:60mL,3个。

(24)酸滴定管:50mL,2支。

(25)滴定台及滴定管夹:各一套。

(26)大肚移液管:25mL、50mL,各1支。

(27)表面皿:7cm,10块。

(28)玻璃棒:8mm×250mm及4mm×180mm各10支。

(29)试剂勺:5个。

(30)吸水管:8mm×150mm,5支。

(31)洗耳球:大、小各1个。

3. 试剂

(1)蔗糖(分析纯)。

(2)酚酞指示剂:称取0.5g酚酞溶于50mL 95%乙醇中。

(3)0.1%甲基橙水溶液:称取0.05g甲基橙溶于50mL蒸馏水中。

(4)0.5N盐酸标准溶液:将42mL浓盐酸(相对密度1.19)稀释至1L,按下述方法标定其当量浓度后备用。

称取约0.800~1.000g(准确至0.0002g)已在180℃烘干2h的碳酸钠,置于250mL三角瓶中,加100mL水使其完全溶解;然后加入2~3滴0.1%甲基橙指示剂,用待标定的盐酸标准溶液滴定，至碳酸钠溶液由黄色变为橙红色；将溶液加热至沸，并保持微沸3min，然后放在冷水中冷却至室温，如此时橙红色变为黄色，则再用盐酸标准溶液滴定，至溶液出现稳定橙红色时为止。

盐酸标准溶液的当量浓度按下式计算：

$$N = Q/V \times 0.053 \tag{3-22}$$

式中：N——盐酸标准溶液当量浓度；

Q——称取碳酸钠的质量(g)；

V——滴定时消耗盐酸标准溶液的体积(mL)。

4. 试样准备

(1)生石灰试样：将生石灰样品打碎，使颗粒不大于2mm。拌和均匀后用四分法缩减至200g左右，放入瓷研钵中研细。再经四分法缩减几次至剩下20g左右。研磨所得石灰样品，使通过0.10mm的筛。从此细样中均匀挑取10余克，置于称量瓶中在100℃烘干1h，储于干燥器中，供试验用。

(2)消石灰试样：将消石灰样品用四分法缩减至10余克左右。如有大颗粒存在须在瓷研钵中磨细至无不均匀颗粒存在为止。置于称量瓶中在105～110℃烘干1h，储于干燥器中，供试验用。

5. 试验步骤

称取约0.5g(用减量法称准至0.0005g)试样，放入干燥的250mL具塞三角瓶中，取5g蔗糖覆盖在试样表面，投入干玻璃珠15粒，迅速加入新煮沸并已冷却的蒸馏水50mL，立即加塞振荡15min(如有试样结块或粘于瓶壁现象，则应重新取样)。打开瓶塞，用水冲洗瓶塞及瓶壁，加入2～3滴酚酞指示剂，以0.5N盐酸标准溶液滴定(滴定速度以每秒2～3滴为宜)，至溶液的粉红色显著消失并在30s内不再复现即为终点。

6. 结果整理

(1)有效氧化钙的百分含量(X_1)按下式计算。

$$X_1 = \frac{V \times N \times 0.028}{G} \times 100 \tag{3-23}$$

式中：V——滴定时消耗盐酸标准溶液的体积(mL)；

0.028——氧化钙毫克当量；

G——试样质量(g)；

N——盐酸标准溶液当量浓度。

(2)试验记录格式如表3-19。

石灰有效氧化钙的测定　　表3-19

石灰来源＿＿＿＿＿＿＿＿　试验方法＿＿＿＿＿＿＿＿

试样编号	
试样质量(g)	
盐酸溶液当量浓度	
盐酸溶液耗量(mL)	
有效氧化钙含量(%)	

(3)对同一石灰样品至少应做两个试样和进行两次测定,并取两次结果的平均值代表最终结果。

7. 试验报告

(1)石灰来源。

(2)试验方法名称。

(3)单个试验结果。

(4)试验结果平均值 $\overline{X}$。

(二)氧化镁的测定(T 08012—1994)

1. 目的和适用范围

本试验方法适用于测定各种石灰的总氧化镁含量。

2. 仪器设备(同 T 08011—1994)

3. 试剂

(1)1∶10 盐酸:将 1 体积盐酸(相对密度 1.19)以 10 体积蒸馏水稀释。

(2)氢氧化铵—氯化铵缓冲溶液(pH = 10):将 67.5g 氯化铵溶于 300mL 无二氧化碳蒸馏水中,加浓氢氧化钠(相对密度为 0.90)570mL,然后用水稀释至 1000mL。

(3)酸性铬兰 K—萘酚绿 B(1∶2.5)混合指示剂:称取 0.3g 酸性铬兰 K 和 0.75g 萘酚绿 B 与 50g 已在 105℃烘干的硝酸钾混合研细,保存于棕色广口瓶中。

(4)EDTA 二钠标准溶液:将 10 克 EDTA 二钠溶于温热蒸馏水中,待全部溶解并冷至室温后,用水稀释至 1000mL。

(5)氧化钙标准溶液:精确称取 1.7848g 在 105℃烘干(2h)的碳酸钙(优级纯),置于 250mL 烧杯中,盖上表面皿,从杯嘴缓慢滴加 1∶10 盐酸 100mL,加热溶解,待溶液冷却后,移入 1000mL 的容量瓶中,用新煮沸冷却后的蒸馏水稀释至刻度摇匀。此溶液每毫升相当于一毫克氧化钙。

(6)20% 的氢氧化钠溶液:将 20g 氢氧化钠溶于 80mL 蒸馏水中。

(7)钙指示剂:将 0.2g 钙试剂羟酸钠和 20g 已在 105℃烘干的硫酸钾混合研细,保存于棕色广口瓶中。

(8)10% 酒石酸钾钠溶液:将 10g 酒石酸钾钠溶于 90mL 蒸馏水中。

(9)三乙醇胺(1∶2)溶液:将 1 体积三乙醇胺以 2 体积蒸馏水稀释摇匀。

4. EDTA 标准溶液与氧化钙和氧化镁关系的标定

精确吸取 50mL 氧化钙标准溶液放于 300mL 三角瓶中,用水稀释至 100mL 左右,然后加入钙指示剂约 0.1g,以 20% 氢氧化钠溶液调整溶液碱度到出现酒红色,再过量加 3 ~ 4mL,然后以 EDTA 二钠标准液滴定,至溶液由酒红色变成纯蓝色时为止。

EDTA 二钠标准溶液对氧化钙滴定度按式(3-24)计算。

$$T_{CaO} = CV_1/V_2 \tag{3-24}$$

式中:T_{CaO}——EDTA 标准溶液对氧化钙的滴定度,即 1mL EDTA 标准溶液相当于氧化钙的毫克数;

C——1mL 氧化钙标准溶液含有氧化钙的毫克数,等于 1;

V_1——吸取氧化钙标准溶液体积(mL);

V_2——消耗 EDTA 标准溶液体积(mL)。

EDTA 二钠标准溶液对氧化镁的滴定度(T_{MgO}),即 1mL EDTA 二钠标准液相当于氧化镁的毫克数按式(3-25)计算。

$$T_{MgO} = T_{CaO} \times \frac{40.31}{56.08} = 0.72T_{CaO} \tag{3-25}$$

5. 试验步骤

称取约 0.5g(准确至 0.0005g)试样,放入 250mL 烧杯中,用水湿润,加 30mL 1:10 盐酸,用表面皿盖住烧杯,加热近沸并保持微沸 8~10min。用水把表面皿洗净,冷却后把烧杯内的沉淀及溶液移入 250mL 容量瓶中,加水至刻度摇匀。待溶液沉淀后,用移液管吸取 25mL 溶液,放入 250mL 三角瓶中,加 50mL 水稀释后,加酒石酸钾钠溶液 1mL、三乙醇胺溶液 5mL,再加入铵—铵缓冲溶液 10mL、酸性铬兰 K—萘酚绿 B 指示剂约 0.1g。用 EDTA 二钠标准溶液滴定至溶液由酒红色变为纯蓝色时即为终点,记下耗用 EDTA 标准溶液体积 V_1。

再从同一容量瓶中,用移液管吸取 25mL 溶液,置于 300mL 三角瓶中,加水 150mL 稀释后,加三乙醇胺溶液 5mL 及 20% 氢氧化钠溶液 5mL,放入约 0.1g 钙指示剂。用 EDTA 二钠标准溶液滴定,至溶液由酒红色变为纯蓝色即为终点,记下耗用 EDTA 二钠标准溶液体积 V_2。

6. 结果整理

(1)氧化镁的百分含量(X_2)按下式计算。

$$X_2 = \frac{T_{MgO}(V_1 - V_2) \times 10}{G \times 1000} \times 100 \tag{3-26}$$

式中:T_{MgO}——EDTA 二钠标准溶液对氧化镁的滴定度;

V_1——滴定钙、镁合量消耗 EDTA 二钠标准溶液体积(mL);

V_2——滴定钙消耗 EDTA 二钠标准溶液体积(mL);

10——总溶液对分取溶液的体积倍数;

G——试样质量(g)。

(2)试验记录格式如表 3-20。

石灰氧化钙的测定　　表 3-20

石灰来源＿＿＿＿＿＿　　试验方法＿＿＿＿＿＿

试 样 编 号		
试样质量(g)		
EDTA 对 CaO 的滴定度		
EDTA 对 MgO 的滴定度		
EDTA 耗量	滴定钙镁合量(mL)	
	滴定钙(mL)	
氧化镁含量(%)		

(3)对同一石灰样品至少应做两个试样和进行两次测定。取两次测定结果的平均值代表最终结果。

7. 试验报告(同 T 08011—1994)

(三)有效氧化钙和氧化镁合量的简易测定方法(T 08013—1994)

1. 适用范围

本试验方法适用于氧化镁含量在 5% 以下的低镁石灰①。

注:①氧化镁被水分解的作用缓慢,如果氧化镁含量高,到达滴定终点的时间很长,从而增加了与空气中二氧化碳的作用时间,影响测定结果。

2. 仪器设备

同 T 08013—1994 第 2 条,(11)、(17)中的 250mL、(18)中的 100 及 50mL、(19)中的 250mL,(20)、(21)、(22)、(25)、(27)项所列仪器除外。

3. 试剂

(1)1N 盐酸标准液:取 83mL(相对密度 1.19)浓盐酸以蒸馏水稀释至 1000mL,溶液当量浓度的标定与 T 08011 第 3 条所述 0.5N 盐酸溶液的标定方法同,但无水碳酸钠的称量应为1.5 ~2g。

(2)1% 酚酞指示剂。

4. 试验步骤

迅速称取石灰试样 0.8 ~1.0g(准确至 0.0005g)放入 300mL 三角瓶中。加入 150mL 新煮沸并已冷却的蒸馏水和 10 颗玻璃珠。瓶口上插一短颈漏斗,加热 5min,但勿使沸腾,迅速冷却。滴入酚酞指示剂 2 滴,在不断摇动下以盐酸标准液滴定,控制速度为每秒 2 ~3 滴,至粉红色完全消失,稍停,又出现红色,继续滴入盐酸,如此重复几次,直至 5min 内不出现红色为止。如滴定过程持续半小时以上,则结果只能作参考。

5. 结果整理

(1)计算石灰有效钙和氧化镁含量:

$$(CaO + MgO)\% = \frac{V \times N \times 0.028}{G} \times 100 \tag{3-27}$$

试中:V——滴定消耗盐酸标准液的体积(mL);

N——盐酸标准液的当量浓度;

G——样品质量(g);

0.028——氧化钙的毫克当量;因氧化镁含量甚少,并且两者之毫克当量相差不大,故有效(CaO + MgO)% 的毫克当量都以 CaO 的毫克当量计算。

(2)试验记录格式如表 3-21。

石灰有效钙和氧化镁的合量 表 3-21

石灰来源__________ 试验方法__________

试 样 编 号	
试样质量(g)	
盐酸的当量浓度	
盐酸耗量 (mL)	
有效钙和氧化镁合量(%)	

(3)对同一石灰样品至少应做两个试样和进行两次测定,并取两次测定结果的平均值代表最终结果。

6. 试验报告(同 T 08011—1994)

第四章　水　泥

第一节　概　述

1. 概念

水泥作为一种重要的建筑材料，在公路工程中被广泛应用。水泥是由石灰质原料、黏土质原料和少量校正原料，经破碎后按比例配合、磨细并调配成为成分合适的生料，再经高温煅烧（1450℃）至部分熔融制成熟料，最后加入适量的调凝剂（石膏）、混合材料共同磨细而成的一种多组分的人造矿物粉料。水泥与水拌和后成为塑性胶体，既能在空气中硬化，也能在水中硬化，并能将砂、石等材料胶结成具有一定强度的整体——水泥混凝土。

2. 水泥的分类

工程用水泥通常有两种分类方法。

(1)按矿物组成成分分类

水泥按矿物组成成分可分为：硅酸盐类水泥、铝酸盐类水泥和无熟料（少熟料）水泥。

(2)按用途和性能分类

水泥按用途和性能可分为：通用水泥、专用水泥和特性水泥。

第二节　通用水泥

本节介绍通用硅酸盐水泥，主要内容引自《通用硅酸盐水泥》(GB 175—2007)。

1. 简介

通用硅酸盐水泥是以硅酸盐水泥熟料和适量的石膏及规定的混合材料制成的水硬性胶凝材料。通用硅酸盐水泥熟料是由主要含 CaO、SiO_2、Al_2O_3、Fe_2O_3 的原料，按适当比例磨成细粉烧至部分熔融所得以硅酸钙为主要矿物成分的水硬性胶凝物质。按混合材料的品种和掺量，通用硅酸盐水泥分为硅酸盐水泥、普通硅酸盐水泥、矿渣硅酸盐水泥、火山灰质硅酸盐水泥、粉煤灰硅酸盐水泥和复合硅酸盐水泥。各品种的组分和代号应符合表 4-1 的规定。

通用硅酸盐水泥的组分和代号　　表 4-1

品　种	代　号	组　分				
		熟料＋石膏	粒化高炉矿渣	火山灰质混合材料	粉煤灰	石灰石
硅酸盐水泥	P·Ⅰ	100	—	—	—	—
	P·Ⅱ	≥95	≤5	—	—	—
		≥95	—	—	—	≤5

续上表

品种	代号	组分				
		熟料+石膏	粒化高炉矿渣	火山灰质混合材料	粉煤灰	石灰石
普通硅酸盐水泥	P·O	≥80且<95	>5且≤20①			—
矿渣硅酸盐水泥	P·S·A	≥50且<80	>20且≤50②	—	—	—
	P·S·B	≥30且<50	>50且≤70②	—	—	—
火山灰质硅酸盐水泥	P·P	≥60且<80	—	>20且≤40③	—	—
粉煤灰硅酸盐水泥	P·F	≥60且<80	—	—	>20且≤40④	—
复合硅酸盐水泥	P·C	≥50且<80	>20且≤50⑤			

注:①本组分材料为符合表4-2要求的活性混合材料,其中允许用不超过水泥质量8%且符合表4-2要求的非活性混合材料或不超过水泥质量5%且符合表4-2要求的窑灰代替。

②本组分材料为符合现行GB/T 203或GB/T 18046的活性混合材料,其中允许用不超过水泥质量8%且符合表4-2要求的活性混合材料或符合表4-2要求的非活性混合材料或符合表4-2要求的窑灰中的任一种材料代替。

③本组分材料为符合现行GB/T 2847的活性混合材料。

④本组分材料为符合现行GB/T 1596的活性混合材料。

⑤本组分材料为由两种(含)以上符合表4-2要求的活性混合材料或(和)符合表4-2要求的非活性混合材料组成,其中允许用不超过水泥质量8%且符合表4-2要求的窑灰代替。掺矿渣时混合材料掺量不得与矿渣硅酸盐水泥重复。

2. 材料要求

通用硅酸盐水泥的材料要求见表4-2。

通用硅酸盐水泥的材料要求 表4-2

材料名称		基本要求
硅酸盐水泥熟料		其中硅酸钙矿物不小于66%,氧化钙和氧化硅质量比不小于2.0
石膏	天然石膏	应符合现行GB/T 5483中规定的G类或M类二级(含)以上的石膏或混合石膏
	工业副产石膏	以硫酸钙为主要成分的工业副产物。采用前应经过试验证明对水泥性能无害
活性混合材料		符合现行GB/T 203、GB/T 18046、GB/T 1596、GB/T 2847标准要求的粒化高炉矿渣、粒化高炉矿渣粉、粉煤灰、火山灰质混合材料
非活性混合材料		活性指标分别低于现行GB/T 203、GB/T 18046、GB/T 1596、GB/T 2847标准要求的粒化高炉矿渣、粒化高炉矿渣粉、粉煤灰、火山灰质混合材料;石灰石和砂岩,其中石灰石中的三氧化二铝含量应不大于2.5%
窑灰		符合现行JC/T 742的规定
助磨剂		水泥粉磨时允许加入助磨剂,其加入量应不大于水泥质量的0.5%,助磨剂应符合现行JC/T 667的规定

3. 技术要求

普通硅酸盐水泥的化学、物理指标应分别符合表4-3、表4-4的规定。

普通硅酸盐水泥的化学指标(%) 表 4-3

品 种	代 号	不溶物(质量百分数)	烧失量(质量百分数)	三氧化硫(质量百分数)	氧化镁(质量百分数)	氯离子(质量百分数)
硅酸盐水泥	P·I	≤0.75	≤3.0	≤3.5	≤5.0①	≤0.06③
	P·Ⅱ	≤1.50	≤3.5			
普通硅酸盐水泥	P·O	—	≤5.0			
矿渣硅酸盐水泥	P·S·A	—	—	≤4.0	≤6.0②	
	P·S·B	—	—		—	
火山灰质硅酸盐水泥	P·P	—	—	≤3.5	≤6.0②	
粉煤灰硅酸盐水泥	P·F	—	—	—	—	
复合硅酸盐水泥	P·C	—	—			

注:①如果水泥压蒸试验合格,则水泥中氧化镁的含量(质量分数)允许放宽至6.0%。

②如果水泥中氧化镁的含量(质量分数)大于6.0%时,需进行水泥压蒸安定性试验并合格。

③当有更低要求时,该指标由买卖双方协商确定。

④水泥中碱含量按 $Na_2O+0.658K_2O$ 计算值表示。若使用活性骨料,用户要求提供低碱水泥时,水泥中的碱含量应不大于0.60%或由买卖双方协商确定。

普通硅酸盐水泥的物理指标 表 4-4

指标名称	基本要求					
凝结时间	硅酸盐水泥初凝不小于45min,终凝不大于390min; 普通硅酸盐水泥、矿渣硅酸盐水泥、火山灰质硅酸盐水泥、粉煤灰硅酸盐水泥和复合硅酸盐水泥初凝不小于45min,终凝不大于600min					
安定性	沸煮法合格					
细度	硅酸盐水泥和普通硅酸盐水泥以比表面积表示,不小于300m²/kg; 矿渣硅酸盐水泥、火山灰质硅酸盐水泥、粉煤灰硅酸盐水泥和复合硅酸盐水泥以筛余表示,80μm方孔筛筛余不大于10%或45μm方孔筛筛余不大于30%					
强度(MPa)	品种	强度等级	抗压强度		抗折强度	
			3d	28d	3d	28d
	硅酸盐水泥	42.5	≥17.0	≥42.5	≥3.5	≥6.5
		42.5R	≥22.0		≥4.0	
		52.5	≥23.0	≥52.5	≥4.0	≥7.0
		52.5R	≥27.0		≥5.0	
		62.5	≥28.0	≥62.5	≥5.0	≥8.0
		62.5R	≥32.0		≥5.5	
	普通硅酸盐水泥	42.5	≥17.0	≥42.5	≥3.5	≥6.5
		42.5R	≥22.0		≥4.0	
		52.5	≥23.0	≥52.5	≥4.0	≥7.0
		52.5R	≥27.0		≥5.0	
	矿渣硅酸盐水泥、火山灰质硅酸盐水泥、粉煤灰硅酸盐水泥、复合硅酸盐水泥	32.5	≥10.0	≥32.5	≥2.5	≥5.5
		32.5R	≥15.0		≥3.5	
		42.5	≥15.0	≥42.5	≥3.5	≥6.5
		42.5R	≥19.0		≥4.0	
		52.5	≥21.0	≥52.5	≥4.0	≥7.0
		52.5R	≥23.0		≥4.5	

第三节　专用水泥

本节以道路硅酸盐水泥为例来介绍专用水泥，主要内容引自《道路硅酸盐水泥》(GB 13693—2005)。

1.简介

道路硅酸盐水泥是以适当成分的生料烧至部分熔融，所得到的以硅酸钙为主要成分和较多的铁铝酸钙的硅酸盐水泥熟料，加入不超过10%活性混合材料和适量石膏磨细制成的水硬性胶凝材料。

道路硅酸盐水泥具有较高的抗压和抗折强度，具有较高的耐磨性和抗冻性，收缩变形小，适用于机场跑道和公路路面等工程。

2.材料要求

道路硅酸盐水泥的材料要求见表4-5。

道路硅酸盐水泥的材料要求　表4-5

项目		具体要求
水泥熟料	铝酸三钙($3CaO \cdot Al_2O_3$)含量	应不超过5.0%
	铁铝酸四钙($4CaO \cdot Al_2O_3 \cdot Fe_2O_3$)含量	应不低于16.0%
	游离氧化钙含量	旋窑生产应不大于1.0%；立窑生产应不大于1.8%
石膏	天然石膏	符合现行GB/T 5483的规定
	工业副产石膏	应经过试验，证明对水泥性能无害
混合材料	粉煤灰	应为符合现行GB/T 1596表1的F类粉煤灰
	粒化高炉矿渣	应为符合现行GB/T 203的粒化高炉矿渣
	粒化电炉磷渣	应为符合现行GB/T 6645的粒化电炉磷渣
	钢渣	应为符合现行YB/T 022的钢渣
助磨剂		应符合现行JC/T 667的规定，其加入量应不超过水泥质量的1%

3.技术要求

道路硅酸盐水泥的技术要求见表4-6。

道路硅酸盐水泥的技术要求　表4-6

项目		技术要求
物理性质	烧失量	应不大于3.0%
	比表面积	300～450m^2/kg
	凝结时间	初凝应不早于1.5h，终凝不得迟于10h
	安定性	用沸煮法检验必须合格
	干缩率	28d干缩率应不大于0.10%
	耐磨性	28d磨耗量应不大于3.00kg/m^2

续上表

项目			技术要求			
物理性质	强度(MPa)	强度龄期 强度等级	抗压强度		抗折强度	
			3d	28d	3d	28d
		32.5	16.0	32.5	3.5	6.5
		42.5	21.0	42.5	4.0	7.0
		52.5	26.0	52.5	5.0	7.5
化学性质	氧化镁含量		应不大于5.0%			
	二氧化硫含量		应不大于3.5%			
	碱含量		由供需双方商定。若使用活性骨料,用户要求提供低碱水泥时,按 $w(Na_2O)+0.658w(K_2O)$ 计算应不超过0.60%			

第四节 特性水泥

一、快凝快硬硅酸盐水泥(JC/T 314—1982)(1996)

1. 简介

快凝快硬硅酸盐水泥是以适当成分的生料,烧至部分熔融,所得以硅酸三钙、氟铝酸钙为主的熟料,加入适量硬石膏、粒化高炉矿渣、无水硫酸钠,经磨细制成的一种凝结快、小时强度增长快的水硬性胶凝材料。

2. 技术要求

快凝快硬硅酸盐水泥的技术要求见表4-7。

快凝快硬硅酸盐水泥的技术要求 表4-7

项目			技术要求					
物理性质	比表面积		不得低于450m^2/kg					
	凝结时间		初凝不得早于10min,终凝不得迟于1h					
	安定性		用沸煮法检验必须合格					
	强度(MPa)	强度和龄期 标号	抗压强度			抗折强度		
			4d	7d	28d	4d	7d	28d
		双快—150	15	19	32.5	2.8	3.5	5.5
		双快—200	20	25	42.5	3.4	4.6	6.4
化学性质	氧化镁含量		熟料中不得超过5.0%					
	三氧化硫含量		水泥中不得超过9.5%					

3. 使用要求

快凝快硬硅酸盐水泥适用于机场道面、桥梁、涵洞和隧道等紧急抢修工程和铸造工业中的型砂黏结剂。使用这种水泥拌制混凝土时,应注意如下要求:

(1)拌和好的混凝土拌合物应尽快浇注,尽量缩短放置时间。

(2)必须根据施工时的气温高低掺加适量的缓凝剂。常用的缓凝剂有酒石酸和柠檬酸,掺量要求见表4-8。

缓凝剂的掺量要求 表4-8

气温(℃)	缓凝剂掺量(水泥质量的%)	气温(℃)	缓凝剂掺量(水泥质量的%)
低于5	0	15~25	0.15~0.25
5~15	0~0.15	高于25	0.25~0.3

二、抗硫酸盐硅酸盐水泥(GB 748—2005)

1. 简介

抗硫酸盐硅酸盐水泥是以特定矿物组成的硅酸盐水泥熟料,加入适量石膏磨细制成的具有一定抗硫酸盐侵蚀性能的水硬性胶凝材料,简称抗硫酸盐水泥。

抗硫酸盐硅酸盐水泥依据其抵抗硫酸根离子侵蚀性能的高低,分为中抗硫酸盐硅酸盐水泥和高抗硫酸盐硅酸盐水泥两类。

2. 材料要求

抗硫酸盐硅酸盐水泥的材料要求见表4-9。

抗硫酸盐硅酸盐水泥的材料要求 表4-9

项目		材料要求
硅酸盐水泥熟料		以适当成分的生料,烧至部分熔融,所得的以硅酸钙为主的特定矿物组成的硅酸盐水泥熟料
石膏	天然石膏	符合现行GB/T 5483中规定的G类或A类二级(含)以上的石膏或硬石膏
	工业副产石膏	应经过试验,证明对水泥性能无害
助磨剂		应符合现行JC/T 667的规定,其加入量应不超过水泥质量的1%

3. 技术要求

抗硫酸盐硅酸盐水泥的技术要求见表4-10。

抗硫酸盐硅酸盐水泥的技术要求 表4-10

<table>
<tr><td colspan="3">项目</td><td colspan="4">技术要求</td></tr>
<tr><td rowspan="10">物理性质</td><td colspan="2">烧失量</td><td colspan="4">应不大于3.0%</td></tr>
<tr><td colspan="2">不溶物含量</td><td colspan="4">应不大于1.5%</td></tr>
<tr><td colspan="2">比表面积</td><td colspan="4">应不小于280m²/kg</td></tr>
<tr><td colspan="2">凝结时间</td><td colspan="4">初凝应不早于45min,终凝不得迟于10h</td></tr>
<tr><td colspan="2">安定性</td><td colspan="4">用沸煮法检验必须合格</td></tr>
<tr><td colspan="2">抗硫酸盐性</td><td colspan="4">中抗硫酸盐硅酸盐水泥14d线膨胀率应不大于0.060%;高抗硫酸盐硅酸盐水泥14d线膨胀率应不大于0.040%</td></tr>
<tr><td rowspan="4">强度(MPa)</td><td>强度和龄期</td><td colspan="2">抗压强度</td><td colspan="2">抗折强度</td></tr>
<tr><td>强度等级</td><td>3d</td><td>28d</td><td>3d</td><td>28d</td></tr>
<tr><td>32.5</td><td>10.0</td><td>32.5</td><td>2.5</td><td>6.0</td></tr>
<tr><td>42.5</td><td>15.0</td><td>42.5</td><td>3.0</td><td>6.5</td></tr>
</table>

续上表

项　目		技术要求
化学性质	硅酸三钙含量	中抗硫酸盐硅酸盐水泥应不大于55.0%;高抗硫酸盐硅酸盐水泥应不大于50.0%
	铝酸三钙含量	中抗硫酸盐硅酸盐水泥应不大于5.0%;高抗硫酸盐硅酸盐水泥应不大于3.0%
	氧化镁含量	应不大于5.0%。如果经压蒸安定性试验合格,则允许放宽到6.0%
	三氧化硫含量	应不大于2.5%
	碱含量	由供需双方商定。若使用活性骨料,用户要求提供低碱水泥时,按 $w(Na_2O)+0.658w(K_2O)$ 计算应不超过0.60%

第五节　混合材料

一、粉煤灰(GB/T 1596—2005)

1. 简介

粉煤灰是从电厂煤粉炉烟道气体中收集的粉末。粉煤灰可作为水泥中的混合材料,也可用于拌制混凝土和砂浆。按煤种不同,粉煤灰分为两类:F类粉煤灰——由无烟煤或烟煤煅烧收集的粉煤灰;C类粉煤灰——由褐煤或次烟煤煅烧收集的粉煤灰,其氧化钙含量一般大于10%。

2. 技术要求

水泥活性混合材料用粉煤灰的技术要求应符合表4-11的规定。

水泥活性混合材料用粉煤灰的技术要求　　表4-11

项　目		技术要求
烧失量(%)　不大于	F类粉煤灰	8.0
	C类粉煤灰	
含水率(%)　不大于	F类粉煤灰	1.0
	C类粉煤灰	
三氧化硫含量(%)　不大于	F类粉煤灰	3.5
	C类粉煤灰	
游离氧化钙含量(%)　不大于	F类粉煤灰	1.0
	C类粉煤灰	4.0
安定性雷氏夹沸煮后增加距离(mm)　不大于	C类粉煤灰	5.0
强度活性指数(%)　不小于	F类粉煤灰	70.0
	C类粉煤灰	

二、粒化高炉矿渣粉(GB/T 18046—2000)

1. 简介

粒化高炉矿渣粉指符合现行 GB/T 203 规定的粒化高炉矿渣经干燥、粉磨(或添加少量石膏一起粉磨)达到相当细度且符合相应活性指数的粉体,简称矿渣粉。矿渣粉磨时允许加入助磨剂,加入量不得大于矿渣粉质量的1%。石膏应符合现行 GB/T 5483 中规定的 G 类或 A 类二级(含)以上的石膏或硬石膏。助磨剂应符合现行 JC/T 667 的规定,但该标准中的基准水泥用50%的硅酸盐水泥和50%的矿渣粉组成。

2. 技术要求

粒化高炉矿渣粉的技术要求应符合表 4-12 的规定。

粒化高炉矿渣粉的技术要求　　表 4-12

项　目		级　别		
		S105	S95	S75
密度(g/cm^3) 不小于		2.8		
比表面积(m^2/kg) 不小于		350		
活性指数(%) 不小于	7d	95	75	55①
	28d	105	95	75
流动度比(%) 不小于		85	90	95
含水率(%) 不大于		1.0		
三氧化硫含量(%) 不大于		4.0		
氯离子含量②(%) 不大于		0.02		
烧失量②(%) 不大于		3.0		

注:①可根据需方要求协商提高。
②选择性指标,根据需方要求提供。

三、火山灰质混合材料(GB/T 2847—2005)

1. 简介

火山灰质混合材料,指具有火山灰性的天然的或人工的矿物质材料。用于水泥中的火山灰质混合材料分两种:一种是具有火山灰性或潜在水硬性,或兼有火山灰性和水硬性的矿物质材料,称为活性混合材料;另一种是在水泥中主要起填充作用而又不损害水泥性能的矿物质材料,称为非活性混合材料。

火山灰质混合材料按其成因分为天然火山灰质混合材料和人工火山灰质混合材料两类,见表 4-13。

火山灰质混合材料的分类　　表 4-13

名　称		具体描述
天然火山灰质混合材料	火山灰	火山喷发的细粒碎屑的疏松沉积物
	凝灰岩	由火山灰沉积形成的致密岩石
	沸石岩	凝灰岩经环境介质作用而形成的一种以碱或碱土金属的含铝硅酸盐矿物为主的岩石
	浮石	火山喷出的多孔的玻璃质岩石
	硅藻土或硅藻石	由极细致的硅藻介壳聚集、沉积形成的生物岩石,一般硅藻土呈松土状

续上表

名　称		具体描述
人工火山灰质混合材料	煤矸石	煤层中炭质页岩自燃或煅烧后的产物
	烧页岩	页岩或油母岩经自燃或煅烧后的产物
	烧黏土	黏土经煅烧后的产物
	煤渣	煤炭经燃烧后的产物
	硅质渣	由矾土提取硫酸铝的残渣

2. 技术要求

用于水泥中的火山灰质混合材料的技术要求见表4-14。

用于水泥中的火山灰质混合材料的技术要求　　表4-14

项　目	具体要求
烧失量(%)　不大于	10.0(人工火山灰质混合材料)
三氧化硫含量(%)　不大于	3.5
火山灰性	合格
水泥胶砂28d抗压强度比(%)　不小于	65
放射性	符合现行GB 6566的规定

第六节　水泥试验方法

一、水泥取样(T 0501—2005)

1. 目的和适用范围

本方法规定了水泥取样的工具、部位、数量及步骤等。

本方法适用于硅酸盐水泥、普通硅酸盐水泥、矿渣硅酸盐水泥、粉煤灰硅酸盐水泥、火山灰质硅酸盐水泥、复合硅酸盐水泥、道路硅酸盐水泥及指定采用本方法的其他品种水泥。

2. 仪器设备

(1)袋装水泥取样器(图4-1)。

(2)散装水泥取样器(图4-2)。

3. 取样步骤

(1)取样数量

应符合各相应水泥标准的规定。

(2)分割样

①袋装水泥:每1/10编号从一袋中取至少6kg。

②散装水泥:每1/10编号在5min内取至少6kg。

(3)袋装水泥取样器:采用图4-1的取样管取样。随机选择20个以上不同的部位,将取样管插入水泥适当深度,用大拇指按住气孔,小心抽出取样管。将所取样品放入洁净、干燥、不易受污染的容器中。

(4)散装水泥取样器:采用图4-2的槽形管式取样器取样,通过转动取样器内管控制开关,在适当位置插入水泥一定深度，关闭后小心抽出。将所取样品放入洁净、干燥、不易受污染的容器中。

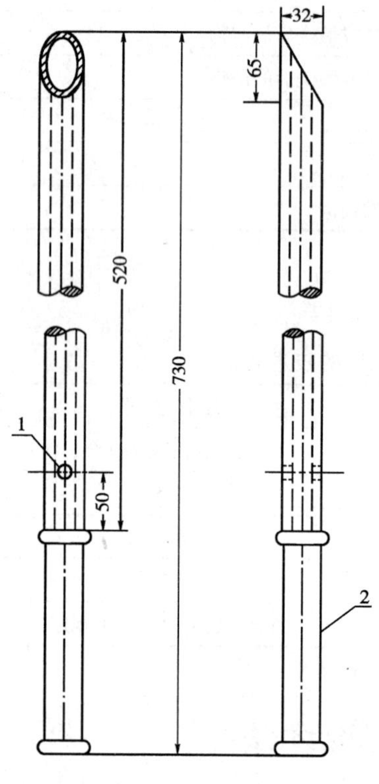

图 4-1　袋装水泥取样管(尺寸单位:mm)
1-气孔;2-手柄

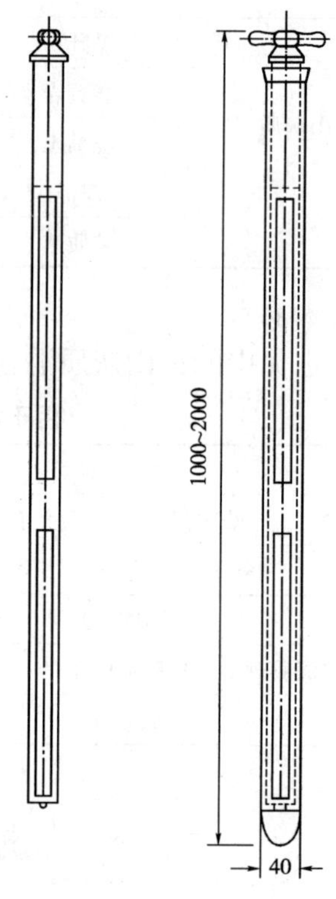

图 4-2　散装水泥取样管
(尺寸单位:mm)

4. 样品制备

(1)样品缩分

样品缩分可采用二分器，一次或多次将样品缩分到标准要求的规定量。

(2)试验样及封存样

将每一编号所取水泥混合样通过 0.9mm 方孔筛，均分为试验样和封存样。

(3)分割样

每一编号所取 10 个分割样应分别通过 0.9mm 方孔筛，不得混杂。

5. 样品的包装与储存

(1)样品取得后应存放在密封的金属容器中，加封条。容器应洁净、干燥、防潮、密闭、不易破损、不与水泥发生反应。

(2)封存样应密封保管 3 个月。试验样与分割样亦应妥善保管。

(3)在交货与验收时，水泥厂和用户共同取实物试样，封存样由买卖双方共同签封。以抽取实物试样的检验结果为验收依据时，水泥厂封存样保存期为 40d；以同编号水泥的检验报告为验收依据时，水泥厂封存样保存期为 3 个月。

(4)存放样品的容器应至少在一处加盖清晰、不易擦掉的标有编号、取样时间、地点、人员的密封印，如只在一处标志应在器壁上。

(5)封存样应储存于干燥、通风的环境中。

6. 取样单

样品取得后，均应由负责取样操作人员填写如表 4-15 所示的取样单。

××水泥厂取样单　　表 4-15

水泥编号	水泥品种及强度等级	取样人签字	取样日期	备　注

二、水泥细度检验——80μm 筛筛析法（T 0502—2005）

1. 目的和适用范围

本方法规定用 80μm 筛检验水泥细度。

本方法适用于硅酸盐水泥、普通硅酸盐水泥、矿渣硅酸盐水泥、粉煤灰硅酸盐水泥、火山灰质硅酸盐水泥、复合硅酸盐水泥、道路硅酸盐水泥及指定采用本方法的其他品种水泥。

2. 仪器设备

（1）试验筛

①试验筛由圆形筛框和筛网组成，分负压筛和水筛两种，其结构尺寸见图 4-3 和图 4-4。负压筛应附有透明筛盖，筛盖与筛上口应有良好的密封性。

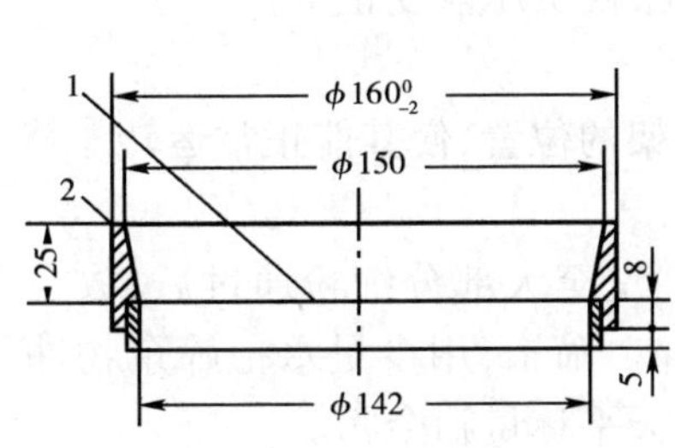

图 4-3　负压筛（尺寸单位：mm）
1-筛网；2-筛框

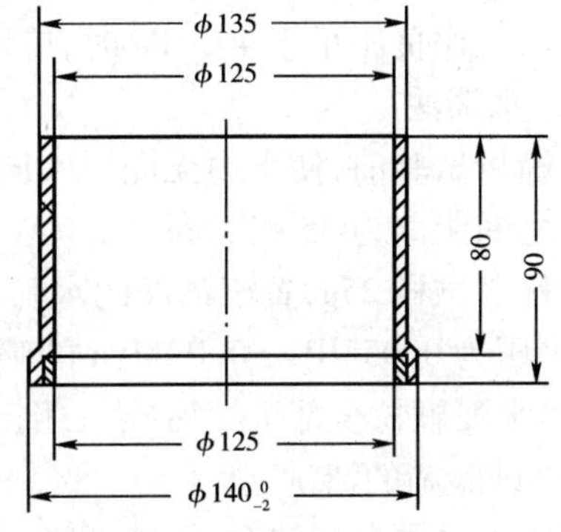

图 4-4　水筛（尺寸单位：mm）
1-筛网；2-筛框

②筛网应紧绷在筛框上，筛网和筛框接触处，应用防水胶密封，防止水泥嵌入。

（2）负压筛析仪

①负压筛析仪由筛座、负压筛、负压源及收尘器组成，其中筛座由转速为 30r/min ± 2r/min 的喷气嘴、负压表、控制板、微电机及壳体等部分构成，见图 4-5。

②筛析仪负压可调范围为 4000 ~ 6000Pa。

③喷气嘴上口平面与筛网之间距离为2 ~ 8mm。

④喷气嘴的上开口尺寸见图 4-6。

⑤负压源和收尘器，由功率≥600W 的工业吸尘器和小型旋风收尘筒等组成或用其他具有相当功能的设备。

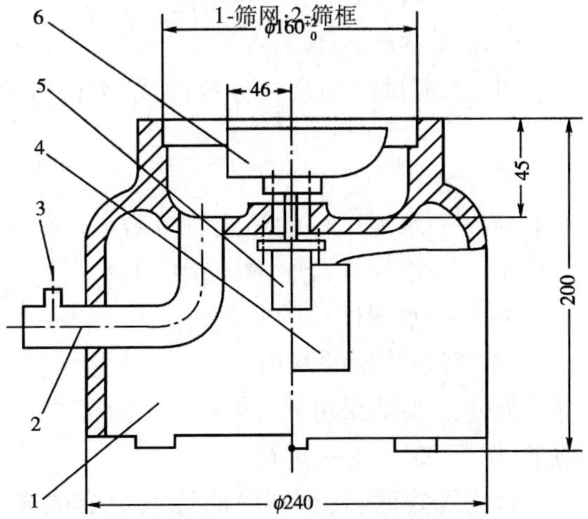

图 4-5　筛座（尺寸单位：mm）
1-壳体；2-负压源及收尘器接口；3-负压表接口；4-控制板开口；5-微电机；6-喷气嘴

(3)水筛架和喷头

水筛架和喷头的结构尺寸应符合《水泥物理检验仪器　标准筛》(JC/T 728—1996)的规定,但其中水筛架上筛座内径为 $140\,_{-3}^{\,0}$mm。

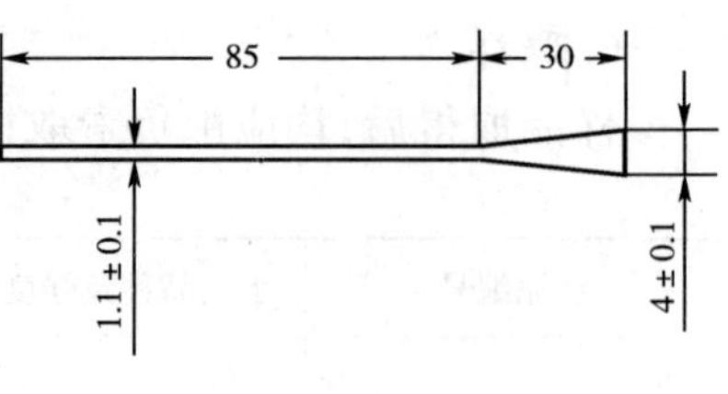

图 4-6　喷气嘴上开口
(尺寸单位:mm)

(4)天平

量程应大于 100g,感量不大于 0.05g。

3. 样品处理

水泥样品应充分拌匀,通过 0.9mm 方孔筛,记录筛余物情况,要防止过筛时混进其他水泥。

4. 试验步骤

(1)负压筛法

①筛析试验前,应把负压筛放在筛座上,盖上筛盖,接通电源,检查控制系统,调节负压至 4000 ~ 6000Pa 范围内。

②称取试样 25g,置于洁净的负压筛中,放在筛座上,盖上筛盖,开动筛析仪连续筛析 2min。在此期间如有试样附着在筛盖上,可轻轻地敲击筛盖使试样落下。筛毕,用天平称量筛余物。

③当工作负压小于 4000Pa 时,应清理吸尘器内水泥,使负压恢复正常。

(2)水筛法

①筛析试验前,使水中无泥、砂,调整好水压及水筛架的位置,使其能正常运转。喷头底面和筛网之间距离为 35 ~ 75mm。

②称取试样 25g,置于洁净的水筛中,立即用淡水冲洗至大部分细粉通过后,放在水筛架上,用水压为 0.05MPa ± 0.02MPa 的喷头连续冲洗 3min。筛毕,用少量水把筛余物冲至蒸发皿中,等水泥颗粒全部沉淀后,小心倒出清水,烘干并用天平称量筛余物。

(3)试验筛的清洗

试验筛必须保持洁净,筛孔通畅,使用 10 次后要进行清洗。金属筛框、铜丝网筛洗时应用专门的清洗剂,不可用弱酸浸泡。

5. 结果整理

(1)水泥试样筛余百分数按式(4-1)计算。

$$F = \frac{R_s}{m} \times 100 \tag{4-1}$$

式中:F——水泥试样的筛余百分数(%),计算结果精确到 0.1%;

R_s——水泥筛余物的质量(g);

m——水泥试样的质量(g)。

(2)筛余结果的修正

为使试验结果可比,应采用试验筛修正系数方法来修正(1)中的计算结果。修正系数的测定,按 T 0502 附录进行。

合格评定时,每个样品应称取两个试样分别筛析,取筛余平均值为筛析结果。若两次筛余结果绝对误差大于 0.5% 时(筛余值大于 5.0% 时可放至 1.0%),应再做一次试验,取两次相近结果的算术平均值作为最终结果。

(3)负压筛法与水筛法测定的结果发生争议时,以负压筛法为准。

6. 试验报告

(1)试样编号。

(2)要求检测的项目名称。

(3)原材料的品种、规格和产地。

(4)试验日期及时间。

(5)仪器设备的名称、型号及编号。

(6)环境温度和湿度。

(7)试验采用方法。

(8)执行标准。

(9)水泥试样的筛余百分数。

(10)要说明的其他内容。

T 0502 附录 水泥试验筛的标定方法

1. 原理

用标准样品在试验筛上的测定值,与标准样品的标准值的比值来反映试验筛孔的准确度。

2. 水泥细度标准样品

应符合 GSB 14-1511 要求,或相同等级的标准样品。有争议时以 GSB 14-1511 标准样品为准。

3. 标定操作

将标准样装入干燥洁净的密闭广口瓶内,盖上盖子摇动 2min,消除结块。静置 2min 后,用一根干燥洁净的搅棒搅匀样品。按本方法第 4 条试验步骤测定标准样在试验筛上的筛余百分数。每个试验筛的标定应称取两个标准样品连续进行,中间不得插做其他样品试验。

4. 标定结果

两个样品结果的算术平均值为最终值,但当两个样品筛余结果相差大于 0.3% 时,应称第三个样品进行试验,并取接近的两个结果进行平均作为最终结果。

5. 试验筛修正系数计算

$$C = F_n / F_t \tag{4-2}$$

式中:C——试验筛修正系数,计算精确至 0.01;

F_n——标准样品的筛余标准值(%);

F_t——标准样品在试验筛上的筛余值(%)。

注:修正系数 C 在 0.80 ~ 1.20 范围内时,试验筛可继续使用,C 可作为结果修正系数;当 C 值超出 0.80 ~ 1.20 范围时,试验筛应予淘汰。

6. 水泥试样筛余百分数结果修正

$$F_C = C \cdot F \tag{4-3}$$

式中:F_C——水泥试样修正后的筛余百分数(%);

C——试验筛修正系数;

F——水泥试样修正前的筛余百分数(%)。

三、水泥密度测定(T 0503—2005)

1. 目的和适用范围

本方法规定了水泥密度的测量方法。

本方法适用于硅酸盐水泥、普通硅酸盐水泥、矿渣硅酸盐水泥、粉煤灰硅酸盐水泥、火山灰质硅酸盐水泥、复合硅酸盐水泥、道路硅酸盐水泥的密度及指定采用本方法的其他粉状物料密度的测定。

2. 仪器设备

(1)李氏瓶。检定水泥密度用的李氏瓶应符合关于公差、符号、长度以及均匀刻度的要求,容积为 220 ~ 250mL,带有长 180 ~ 200mm、直径约 10mm 的细颈,细颈上刻度读数由 0mL 至 24mL,且 0 ~ 1mL 和 18 ~ 24mL 之间应具有0.1mL刻度线,见图 4-7。

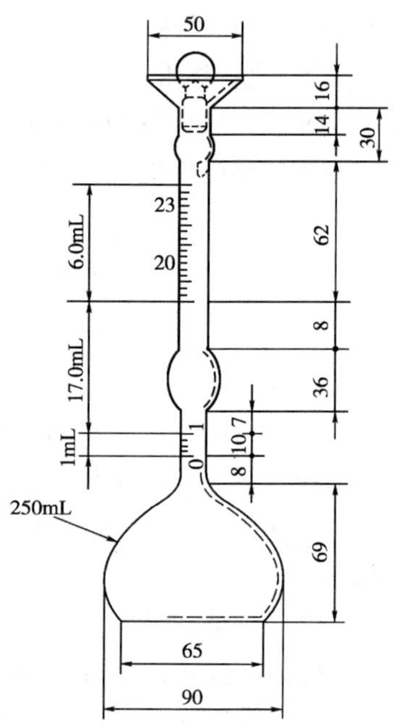

图 4-7　李氏瓶(尺寸单位:mm)

(2)恒温水槽或其他能保持恒温的盛水玻璃容器。

(3)天平:量程大于 100g,感量不大于 0.01g。

(4)温度计:分度值不大于 0.1℃。

(5)滤纸。

3. 试验方法

(1)将无水煤油注入李氏瓶中,液面至 0mL 到 1mL 刻度线内(以弯月液面的下部为准)。盖上瓶塞并放入恒温水槽内,使刻度部分浸入水中(水温应控制在李氏瓶刻度上的温度),恒温 30min,记下第一次读数。

(2)从恒温水槽中取出李氏瓶,用滤纸将李氏瓶内零点以上没有煤油的部分仔细擦净。

(3)水泥预先通过 0.9mm 的方孔筛,在 110℃ ±5℃温度下干燥 1 h,并且在干燥器内冷却至室温。称取水泥 60g,精确至 0.01g,用小匙借助洗净烘干的玻璃漏斗装入李氏瓶中,反复摇动,直至没有气泡排出,再次放入恒温水槽,在相同温度下恒温 30min,记下第二次读数。

注:在将水泥装入李氏瓶中时,水泥的温度应与瓶内液体的温度一致。

(4)两次读数时,恒温水槽温差不大于 0.2℃。

4. 结果整理

(1)水泥密度按式(4-4)计算。

$$\rho = 1000 \times \frac{P}{V} \tag{4-4}$$

式中:ρ——水泥的密度(kg/m^3);

P——装入密度瓶的水泥质量(g);

V——在试验所确定温度条件下被水泥所排出的液体体积,即李氏瓶第二次读数减去第一次读数(cm^3)。

(2)密度须以两次试验结果的平均值确定,计算精确至$10kg/m^3$。两次试验结果之差不得超过 $20kg/m^3$。

5. 试验报告

(1)原材料的品种、规格和产地。

(2)试验日期及时间。

(3)仪器设备的名称、型号及编号。

(4)环境温度和湿度。

(5)执行标准。

(6)水泥试样的密度。

(7)要说明的其他内容。

四、水泥比表面积测定——勃氏法(T 0504—2005)

1. 目的和适用范围

本方法规定采用勃氏法进行水泥比表面积测定。

本方法适用于硅酸盐水泥、普通硅酸盐水泥、矿渣硅酸盐水泥、粉煤灰硅酸盐水泥、火山灰质硅酸盐水泥、复合硅酸盐水泥、道路硅酸盐水泥以及指定采用本方法的其他粉状物料。本方法不适用于测定多孔材料及超细粉状物料的比表面积。

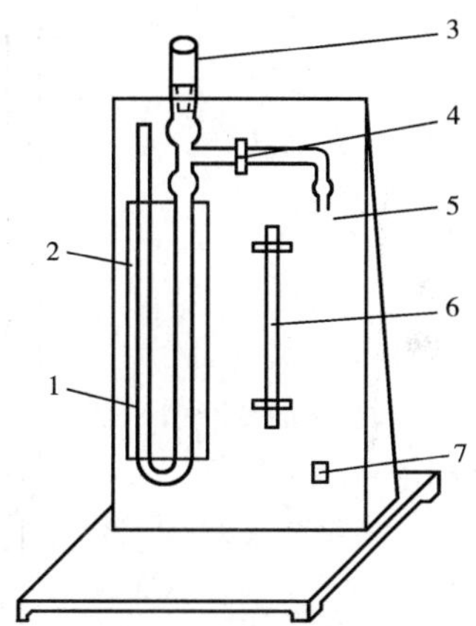

图 4-8　Blaine 透气仪

1-U 形压力计;2-平面镜;3-透气圆筒;4-活塞;5-背面接微型电磁泵;6-温度计;7-开关

2. 仪器设备

(1)Blaine 透气仪:如图 4-8、图 4-9 所示,由透气圆筒、压力计、抽气装置等三部分组成。

(2)透气圆筒:内径为 $12.70^{+0.05}_{0}$mm,由不锈钢制成。圆筒内表面的粗糙度 Ra1.60μm,圆筒的上口边应与圆筒主轴垂直,圆筒下部锥度应与压力计上玻璃磨口锥度一致,两者应严密连接。在圆筒内壁,距离圆筒上口边 55mm ± 10mm 处有一突出的宽度为 0.5 ~ 1mm 的边缘,以放置金属穿孔板。

(3)穿孔板:由不锈钢或其他不受腐蚀的金属制成,厚度为 $1.0^{0}_{-0.1}$mm。在其面上,等距离地打有 35 个直径 1 mm 的小孔,穿孔板应与圆筒内壁密合。穿孔板两平面应平行。

(4)捣器:用不锈钢制成,插入圆筒时,其间隙不大于 0.1mm。捣器的底面应与主轴垂直,侧面有一个扁平槽,宽度 3.0mm ± 0.3mm。捣器的顶部有一个支持环,当捣器放入圆筒时,支持环与圆筒上口边接触,这时捣器底面与穿孔圆板之间的距离为 15.0mm ± 0.5mm。

(5)压力计:U 形压力计尺寸如图 4-9a)所示,由外径为 9mm 的具有标准厚度的玻璃管制成。压力计一个臂的顶端有一锥形磨口与透气圆筒紧密连接,在连接透气圆筒的压力计臂上刻有环形线。从压力计底部往上 280 ~ 300mm 处有一个出口管,管上装有一个阀门,连接抽气装置。

(6)抽气装置:用小型电磁泵,也可用抽气球。

(7)滤纸:采用中速定量滤纸。

(8)天平:感量为 1mg。

(9)秒表:分度值为 0.5s。

(10)其他:烘干箱、干燥箱和毛刷等。

3. 材料

(1)压力计液体

压力计液体采用带有颜色的蒸馏水。

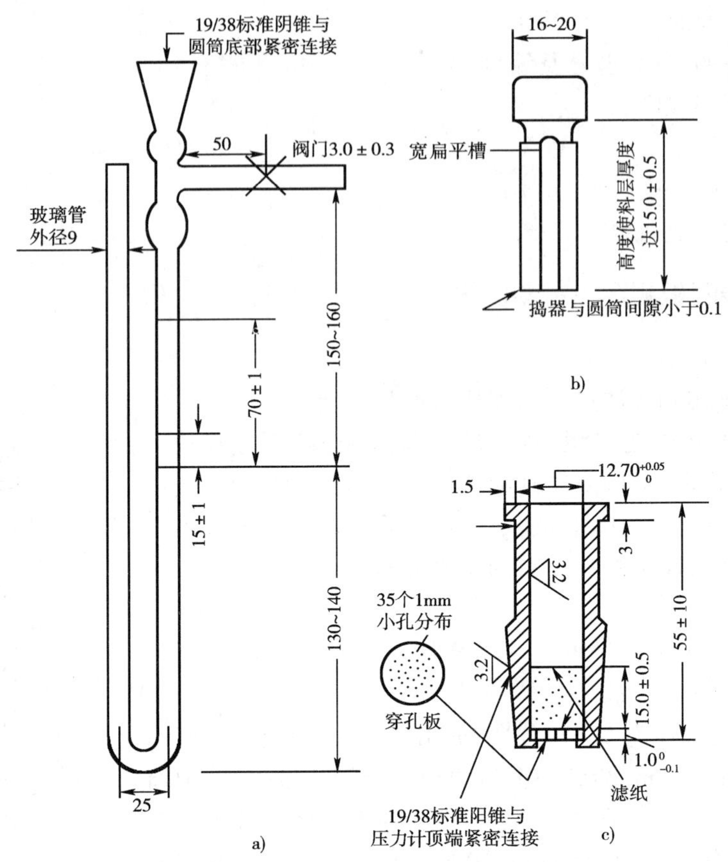

图 4-9 Blaine 透气仪结构及主要尺寸(尺寸单位:mm)

a)U 形压力计;b)捣器;c)透气圆筒

(2)基本材料

基本材料采用中国水泥质量监督检验中心制备的标准试样。

4. 仪器校准

(1)漏气检查

将透气圆筒上口用橡皮塞塞紧,接到压力计上。用抽气装置从压力计一臂中抽出部分气体,然后关闭阀门,观察是否漏气。如发现漏气,用活塞油脂加以密封。

(2)试料层体积的测定

①水银排代法:将两片滤纸沿圆筒壁放入透气圆筒内,用一个直径略比透气圆筒小的细长棒往下按,直到滤纸平整放在金属的穿孔板上。然后装满水银,用一小块薄玻璃板轻压水银表面,使水银面与圆筒口平齐,并须保证在玻璃板和水银表面之间没有气泡或空洞存在。从圆筒中倒出水银,称量,精确至 0.05g。重复几次测定,到数值基本不变为止。然后从圆筒中取出一片滤纸,试用约 3.3g 的水泥,按照本方法“试料层制备”的要求压实水泥层[①]。再在圆筒上部空间注入水银,同上述方法除去气泡、压平、倒出水银称量,重复几次,直到水银称量值相差小于 0.05g 为止。

注:①应制备坚实的水泥层,如水泥太松或不能压到要求体积时,应调整水泥的试用量。

②圆筒内试料层体积 V 按式(4-5)计算,精确到 $5\times10^{-9}\mathrm{m}^3$。

$$V=10^{-6}\times(P_1-P_2)/\rho_{水银} \tag{4-5}$$

式中：V——试料层体积(m^3)；

P_1——未装水泥时，充满圆筒的水银质量(g)；

P_2——装水泥后，充满圆筒的水银质量(g)；

$\rho_{水银}$——试验温度下水银的密度(g/cm^3)，见表4-16。

在不同温度下水银密度、空气黏度 η 和 $\sqrt{\eta}$　　表4-16

室温(℃)	水银密度(g/cm^3)	空气黏度 η(Pa·s)	$\sqrt{\eta}$
8	13.58	0.0001749	0.01322
10	13.57	0.0001759	0.01326
12	13.57	0.0001768	0.01330
14	13.56	0.0001778	0.01333
16	13.56	0.0001788	0.01337
18	13.55	0.0001798	0.01341
20	13.55	0.0001808	0.01345
22	13.54	0.0001818	0.01348
24	13.54	0.0001828	0.01352
26	13.53	0.0001837	0.01355
28	13.53	0.0001847	0.01359
30	13.52	0.0001857	0.01363
32	13.52	0.0001867	0.01366
34	13.51	0.0001876	0.01370

③试料层体积的测定，至少应进行两次。每次应单独压实，若两次数值相差不超过 $5\times10^{-9}m^3$，则取两者的平均值，精确至 $10^{-10}m^3$，并记录测定过程中圆筒附近的温度。每隔一季度至半年应重新校正试料层体积。

5. 试验步骤

(1)试样准备

①将110℃±5℃下烘干并在干燥器中冷却到室温的标准试样，倒入100mL的密闭瓶内，用力摇动2min，将结块成团的试样振碎，使试样松散。静置2min后，打开瓶盖，轻轻搅拌，使在松散过程中落到表面的细粉，分布到整个试样中。

②水泥试样，应先通过0.9mm方孔筛，再在110℃±5℃下烘干，并在干燥器中冷却至室温。

(2)确定试样量

校正试验用的标准试样量和被测定水泥的质量，应达到在制备的试料层中的空隙率为0.500±0.005(50.0%±0.5%)，计算式为：

$$W=\rho V(1-\varepsilon) \tag{4-6}$$

式中：W——需要的试样量(kg)，精确至1mg；

ρ——试样密度(kg/m^3)；

V——按本方法第4条(2)测定的试料层体积(m^3)；

ε——试料层空隙率。

注:空隙率是指试料层中孔的体积与试料层总的体积之比,一般水泥采用0.500±0.005(50.0%±0.5%)。如有些粉料按式(4-6)算出的试样量在圆筒的有效体积中容纳不下或经捣实后未能充满圆筒的有效体积,则允许适当地改变空隙率。在测定需要相互比较的试料时,空隙率不宜改变太多。

(3)试料层制备

将穿孔板放入透气圆筒的突缘上,用一根直径比圆筒略小的细棒把一片滤纸送到穿孔板上,边缘压紧。称取按上述(2)确定的水泥量,精确到0.001g,倒入圆筒。轻敲圆筒的边,使水泥层表面平坦。再放入一片滤纸,用捣器均匀捣实试料直至捣器的支持环紧紧接触圆筒顶边并旋转两周,慢慢取出捣器。

注:①穿孔板上的滤纸,应是与圆筒内径相同、边缘光滑的圆片。穿孔板上滤纸片如比圆筒内径小时,会有部分试样粘于圆筒内壁高出圆板上部;当滤纸直径大于圆筒内径时会引起滤纸片皱起使结果不准。每次测定需用新的滤纸片。

②试料层内空隙分布均匀程度对试验结果有影响,捣实试料工作应按相关规定统一操作。

(4)透气试验

①把装有试料层的透气圆筒连接到压力计上,要保证紧密连接不致漏气,并不振动所制备的试料层。

注:为避免漏气,可先在圆筒下锥面涂一薄层活塞油脂,然后把它插入压力计顶端锥形磨口处,旋转两周。

③打开微型电磁泵慢慢从压力计一臂中抽出空气,直到压力计内液面上升到扩大部下端时关闭阀门。当压力计内液体的弯月液面下降到第一个刻度线时开始计时,当液体的弯月面下降到第二条刻度线时停止计时,记录液面从第一条刻度线下降到第二刻度线所需的时间,以秒表记录,并记下试验时的温度(℃)。

6.结果整理

(1)当被测物料的密度、试料层中空隙率与标准试样相同,试验时温差不大于±3℃时,可按式(4-7)计算。

$$S_c = \frac{S_s\sqrt{T}}{\sqrt{T_s}} \tag{4-7}$$

如试验时温差大于±3℃时,则按式(4-8)计算。

$$S_c = \frac{S_s\sqrt{T}\sqrt{\eta_s}}{\sqrt{T_s}\sqrt{\eta}} \tag{4-8}$$

式中:S_c——被测试样的比表面积(m^2/kg);

S_s——标准试样的比表面积(m^2/kg);

T——被测试样试验时,压力计中液面降落测得的时间(s);

T_s——标准试样试验时,压力计中液面降落测得的时间(s);

η——被测试样试验温度下的空气黏度(Pa·s);

η_s——标准试样试验温度下的空气黏度(Pa·s)。

(2)当被测试样的试料层中空隙率与标准试样试料层中空隙率不同,试验时温差不大于±3℃时,可按式(4-9)计算。

$$S_c = \frac{S_s\sqrt{T}(1-\varepsilon_s)\sqrt{\varepsilon^3}}{\sqrt{T_s}(1-\varepsilon)\sqrt{\varepsilon_s^3}} \tag{4-9}$$

如试验时温差大于 ±3℃时，则按式(4-10)计算。

$$S_c = \frac{S_s\sqrt{T}(1-\varepsilon_s)\sqrt{\varepsilon^3}\sqrt{\eta_s}}{\sqrt{T_s}(1-\varepsilon)\sqrt{\varepsilon_s^3}\sqrt{\eta}} \tag{4-10}$$

式中：ε——被测试样试料层中的空隙率；

ε_s——标准试样试料层中的空隙率。

(3)当被测试样的密度和空隙率均与标准试样不同，试验时温差不大于 ±3℃时，可按式(4-11)计算。

$$S_c = \frac{S_s\sqrt{T}(1-\varepsilon_s)\sqrt{\varepsilon^3}\rho_s}{\sqrt{T_s}(1-\varepsilon)\sqrt{\varepsilon_s^3}\rho} \tag{4-11}$$

如试验时温差大于 ±3℃时，则按式(4-12)计算。

$$S_c = \frac{S_s\sqrt{T}(1-\varepsilon_s)\sqrt{\varepsilon^3}\rho_s\sqrt{\eta_s}}{\sqrt{T_s}(1-\varepsilon)\sqrt{\varepsilon_s^3}\rho\sqrt{\eta}} \tag{4-12}$$

式中：ρ——被测试样的密度(kg/m^3)；

ρ_s——标准试样的密度(kg/m^3)。

(4)比表面积值的单位为 m^2/kg，精确至 $1m^2/kg$。

(5)水泥比表面积应由两次透气试验结果的平均值确定，精确至 $1m^2/kg$。如两次试验结果相差 2% 以上时，应重新试验。

7. 试验报告

(1)原材料的品种、规格和产地。

(2)试验日期及时间。

(3)仪器设备的名称、型号及编号。

(4)环境温度和湿度。

(5)水泥试样的比表面积。

(6)执行标准。

(7)要说明的其他内容。

五、水泥标准稠度用水量、凝结时间、安定性检验(T 0505—2005)

1. 目的和适用范围

本方法规定了水泥标准稠度用水量、凝结时间和体积安定性的测试方法。

本方法适用于硅酸盐水泥、普通硅酸盐水泥、矿渣硅酸盐水泥、粉煤灰硅酸盐水泥、火山灰质硅酸盐水泥、复合硅酸盐水泥、道路硅酸盐水泥及指定采用本方法的其他品种水泥。

2. 仪器设备

(1)水泥净浆搅拌机：符合 JC/T 729 的要求。

(2)标准法维卡仪：如图 4-10 所示，标准稠度测定用试杆[见图 4-10c)]有效长度为50mm ± 1mm，由直径为 ϕ10mm ± 0.05mm 的圆柱形耐腐蚀金属制成。测定凝结时间时取下试杆，用试针[见图 4-10d)、4-10e)]代替试杆。试杆由钢制成，其有效长度初凝针为 50mm ± 1mm、终凝针为 30mm ± 1mm、直径为 ϕ1.13mm ± 0.05mm 的圆柱体。滑动部分的总质量为 300g ± 1g。

与试杆、试针联结的滑动杆表面应光滑,能靠重力自由下落,不得有紧涩和旷动现象。

盛装水泥净浆的试模[图4-10a)]应由耐腐蚀的、有足够硬度的金属制成。试模深40mm ±0.2mm、顶内径 ϕ65mm ±0.5mm、底内径 ϕ75mm ±0.5mm 的截顶圆锥体,每只试模应配备一个大于试模、厚度大于或等于2.5mm的平板玻璃底板。

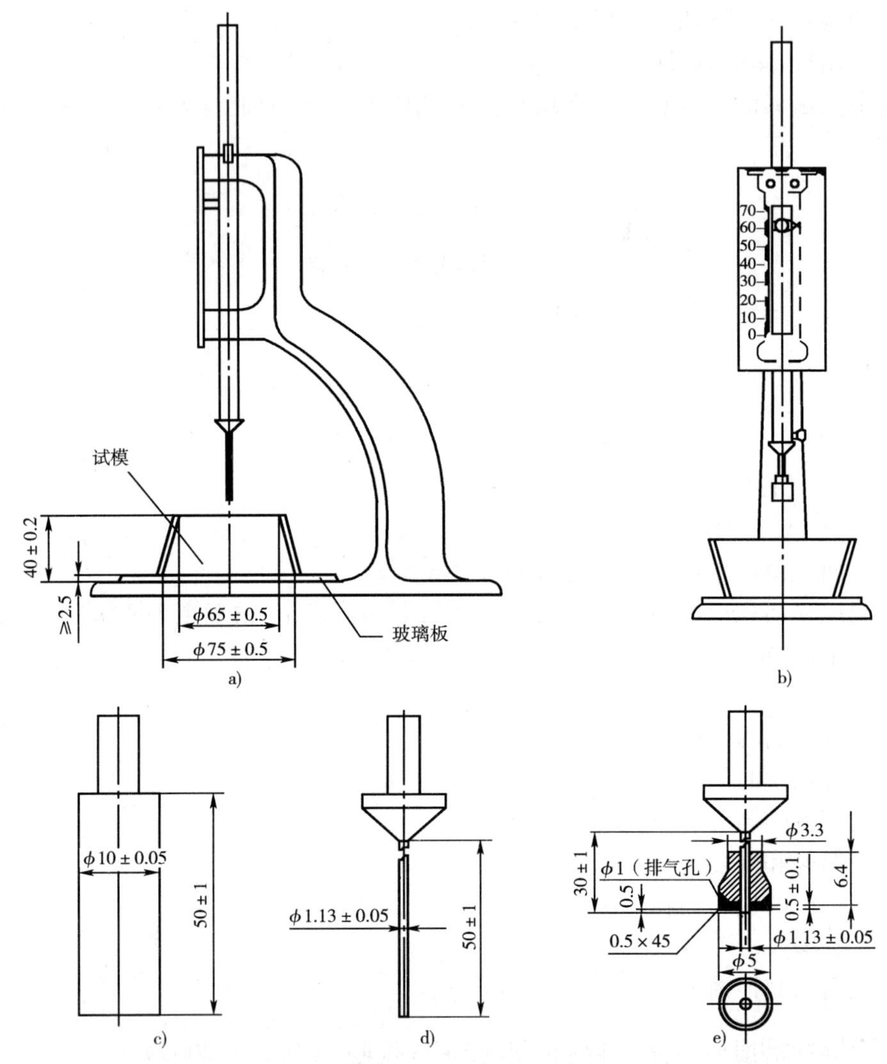

图4-10　测定水泥标准稠度和凝结时间用的维卡仪(尺寸单位:mm)

a)初凝时间测定用立式试模侧视图;b)终凝时间测定用反转试模前视图;c)标准稠度试杆;d)初凝用试针;e)终凝用试针

(3)代用法维卡仪:符合JC/T 727的要求。

(4)沸煮箱:有效容积约为410mm×240mm×310mm,箅板结构应不影响试验结果,箅板与加热器之间的距离大于50mm。箱的内层由不易锈蚀的金属材料制成,能在30min±5min内将箱内的试验用水由室温升至沸腾并可保持沸腾状态3h以上,整个试验过程中不需补充水量。

(5)雷氏夹膨胀仪:由铜质材料制成,其结构如图4-11a)。当一根指针的根部先悬挂在一根金属丝或尼龙丝上,另一根指针的根部再挂上300g质量的砝码时,两根指针的针尖距离增加应在17.5mm±2.5mm范围以内,即 $2x$ = 17.5mm ±2.5mm,当去掉砝码后针尖的距离能恢复至挂砝码前的状态。雷氏夹受力示意图如图4-11b)。

(6)量水器:分度值为0.1mL,精度1%。

(7)天平:量程1000g,感量1g。

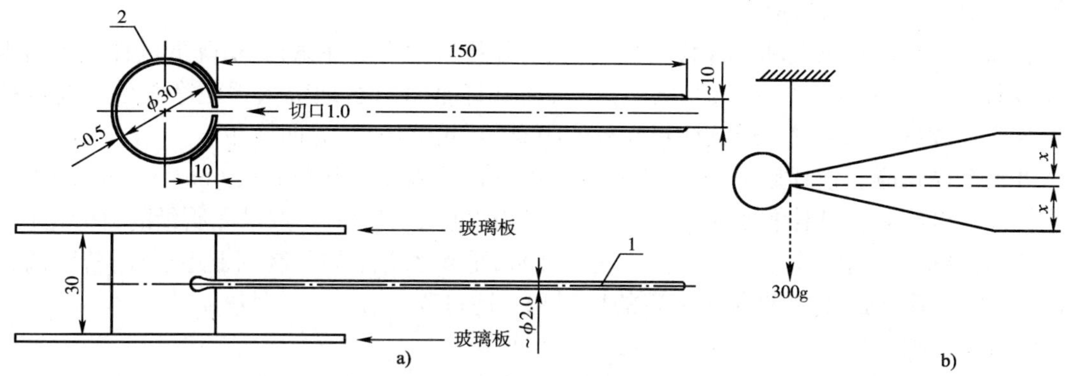

图4-11　雷氏夹及受力示意图(尺寸单位:mm)

1-指针;2-环模

(8)湿气养护箱:应能使温度控制在20℃±1℃,相对湿度大于90%。

(9)雷氏夹膨胀值测定仪:如图4-12所示,标尺最小刻度0.5mm。

(10)秒表:分度值1s。

3.试样及用水

(1)水泥试样应充分拌匀,通过0.9mm方孔筛并记录筛余物情况,但要防止过筛时混进其他水泥。

(2)试验用水必须是洁净的淡水,如有争议时可用蒸馏水。

4.实验室温度、相对湿度

(1)实验室的温度为20℃±2℃,相对湿度大于50%。

(2)水泥试样、拌和水、仪器和用具的温度应与实验室内室温一致。

5.标准稠度用水量测定(标准法)

(1)试验前必须做到

①维卡仪的金属棒能够自由滑动。

②调整至试杆接触玻璃板时指针对准零点。

③水泥净浆搅拌机运行正常。

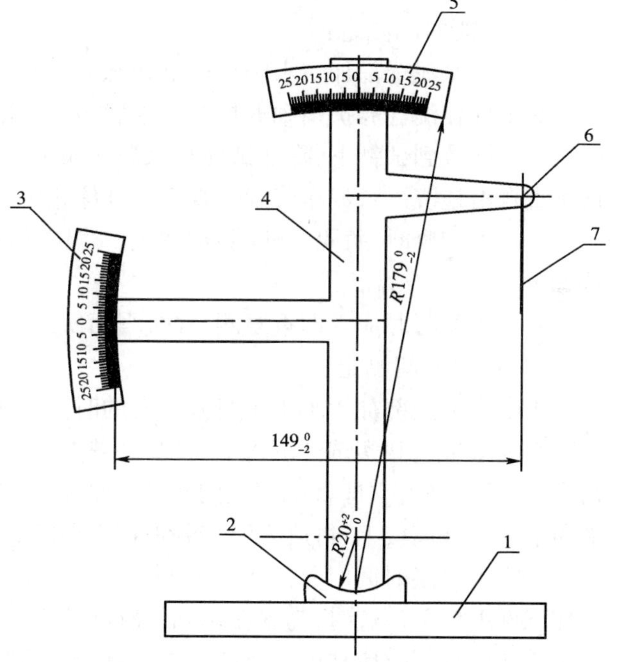

图4-12　雷氏膨胀值测量仪(尺寸单位:mm)

1-底座;2-模子座;3-测弹性标尺;4-立柱;5-测膨胀值标尺;6-悬臂;7-悬丝

(2)水泥净浆拌制

用水泥净浆搅拌机搅拌,搅拌锅和搅拌叶片先用湿布擦过,将拌和水倒入搅拌锅中,然后5~10s内小心将称好的500g水泥加入水中,防止水和水泥溅出;拌和时,先将锅放在搅拌机的锅座上,升至搅拌位置,启动搅拌机,低速搅拌120s,停15s,同时将叶片和锅壁上的水泥浆刮入锅中间，接着高速搅拌120s停机。

(3)标准稠度用水量测定步骤

①拌和结束后，立即将拌制好的水泥净浆装入已放在玻璃板上的试模中，用小刀插捣，轻轻振动数次，刮去多余的净浆。

②抹平后迅速将试模和底板移到维卡仪上，并将其中心定在试杆下，降低试杆直到与水泥净浆表面接触，拧紧螺丝1～2s后，突然放松，使试杆垂直自由地沉入水泥净浆中。在试杆停止沉入或释放试杆30s时记录试杆到底板的距离，升起试杆后，立即擦净。

③整个操作应在搅拌后1.5min内完成。以试杆沉入净浆并距底板6mm±1mm的水泥净浆为标准稠度净浆。其拌和水量为该水泥的标准稠度用水量(P)，按水泥质量的百分比计。

④当试杆距玻璃板小于5mm时，应适当减水，重复水泥浆的拌制和上述过程；若距离大于7mm时，则应适当加水，并重复水泥浆的拌制和上述过程。

6. 凝结时间测定

(1)测定前准备工作：调整凝结时间测定仪的试针接触玻璃板，使指针对准零点。

(2)试件的制备：以标准稠度用水量按第5条(2)制成标准稠度净浆(记录水泥全部加入水中的时间作为凝结时间的起始时间)一次装满试模，振动数次刮平，立即放入湿气养护箱中。

(3)初凝时间测定：

①记录水泥全部加入水中至初凝状态的时间作为初凝时间，用"min"计。

②试件在湿气养护箱中养护至加水后30min时进行第一次测定。测定时，从湿气养护箱中取出试模放到试针下，降低试针与水泥净浆表面接触。拧紧螺丝1～2s后，突然放松，使试杆垂直自由地沉入水泥净浆中。观察试针停止沉入或释放试针30s时指针的读数。

③临近初凝时，每隔5min测定一次。当试针沉至距底板4mm±1mm时，为水泥达到初凝状态。

④达到初凝时应立即重复测一次，当两次结论相同时才能定为达到初凝状态。

(4)终凝时间测定：

①由水泥全部加入水中至终凝状态的时间为水泥的终凝时间，用"min"计。

②为了准确观察试件沉入的状况，在终凝针上安装了一个环形附件[图4-10e)]。在完成初凝时间测定后，立即将试模连同浆体以平移的方式从玻璃板下翻转180°，直径大端向上、小端向下放在玻璃板上，再放入湿气养护箱中继续养护。

③临近终凝时间时每隔15min测定一次，当试针沉入试件0.5mm时，即环形附件开始不能在试件上留下痕迹时，为水泥达到终凝状态。

④达到终凝时应立即重复测一次，当两次结论相同时才能定为达到终凝状态。

(5)测定时应注意，在最初测定的操作时应轻轻扶持金属柱，使其徐徐下降，以防止试针撞弯，但结果以自由下落为准；在整个测试过程中试针沉入的位置至少要距试模内壁10mm。每次测定不能让试针落入原针孔，每次测试完毕须将试针擦净并将试模放回湿气养护箱内，整个测试过程要防止试模振动。

注：使用能得出与标准中规定方法结果的自动测试仪器时，不必翻转试件。

7. 标准稠度用水量测定(代用法)

(1)标准稠度用水量的测定可用调整水量法和不变水量法两种方法中的任一种，如发生争议时，以调整水量法为准。采用调整水量法测定标准稠度用水量时，拌和水量应按经验确定加水量;采用不变水量法测定时,拌和水量为 142.5mL,水量精确到 0.5 mL。

(2)试验前须检查项目:仪器金属棒应能自由滑动;试锥降至锥模顶面位置时,指针应对准标尺零点;搅拌机运转应正常等。

(3)水泥净浆拌制同第 5 条(2)。

(4)标准稠度用水量测定:

①拌和结束后,立即将拌好的净浆装入锥模内,用小刀插捣,振动数次后,刮去多余净浆,抹平后迅速放到试锥下面固定位置上。将试锥降至净浆表面处,拧紧螺丝 1 ~ 2s 后,突然放松,让试锥垂直自由沉入净浆中,到试锥停止下沉或释放试锥 30s 时记录试锥下沉深度。整个操作应在搅拌后 1.5min 内完成。

②用调整水量法测定时,以试锥下沉深度 28mm ± 2mm 时的净浆为标准稠度净浆。其拌和水量为该水泥的标准稠度用水量(P),按水泥质量的百分比计。如下沉深度超出范围,须另称试样,调整水量,重新试验,直至达到 28mm ± 2mm 时为止。

③用不变水量法测定时,根据测得的试锥下沉深度 S(mm),按式(4-13)(或仪器上对应标尺)计算得到标准稠度用水量 P(%)。

$$P = 33.4 - 0.185S \tag{4-13}$$

当试锥下沉深度小于 13mm 时,应改用调整水量法测定。

8. 安定性测定(标准法)

(1)测定前的准备工作

每个试样需要两个试件,每个雷氏夹需配备质量约 75 ~ 80g 的玻璃板两块。凡与水泥净浆接触的玻璃板和雷氏夹表面都要稍稍涂上一层隔离剂。

(2)雷氏夹试件的制备方法

将预先准备好的雷氏夹放在已稍擦油的玻璃板上,并立刻将已制好的标准稠度净浆装满雷氏夹。装浆时一只手轻轻扶持雷氏夹,另一只手用宽约 10mm 的小刀插捣数次然后抹平,盖上稍涂油的玻璃板,接着立刻将雷氏夹移至湿气养护箱内养护 24h ± 2h。

(3)沸煮

①调整好沸煮箱内的水位,使之在整个沸煮过程中都能没过试件,不需中途添补试验用水,同时保证在 30min ± 5min 内水能沸腾。

②脱去玻璃板取下试件,先测量雷氏夹指针尖端间的距离 A,精确到 0.5mm,接着将试件放入水中箅板上,指针朝上,试件之间互不交叉,然后在 30min ± 5min 内加热水至沸腾,并恒沸 3h ± 5min。

(4)结果判别

沸煮结束后,即放掉箱中的热水,打开箱盖,待箱体冷却至室温,取出试件进行判别。

测量雷氏夹指针尖端间的距离 C,精确至 0.5mm,当两个试件煮后增加距离($C - A$)的平均值不大于 5.0mm 时,即认为该水泥安定性合格;当两个试件的($C - A$)值相差超过 4.0mm 时,应用同一样品立即重做一次试验。再如此,则认为该水泥为安定性不合格。

9. 安定性测定(代用法)

(1)测定前的准备工作

每个样品需准备两块约 100mm × 100mm 的玻璃板。凡与水泥净浆接触的玻璃板都要稍稍涂上一层隔离剂。

(2)试饼的成型方法

将制好的净浆取出一部分分成两等份，使之呈球形，放在预先准备好的玻璃板上，轻轻振动玻璃板并用湿布擦净的小刀由边缘向中央抹动，做成直径 70～80mm、中心厚约 10mm、边缘渐薄、表面光滑的试饼，接着将试饼放入湿气养护箱内养护 24h ±2h。

(3)沸煮

①调整好沸煮箱内的水位，使之在整个沸煮过程中都能没过试件，不需中途添补试验用水，同时保证水在 30min ±5min 内能沸腾。

②脱去玻璃板取下试件，先检查试饼是否完整(如已开裂、翘曲，要检查原因，确定无外因时，该试饼已属不合格品，不必沸煮)，在试饼无缺陷的情况下将试饼放在沸煮箱的水中箅板上，然后在 30min ±5min 内加热至水沸腾，并恒沸 3h ±5min。

(4)结果判别

沸煮结束后，即放掉箱中的热水，打开箱盖，待箱体冷却至室温，取出试件进行判别。目测试饼未发现裂缝，用钢直尺检查也没有弯曲(使钢直尺和试饼底部紧靠，以两者间不透光为不弯曲)的试饼为安定性合格；反之为不合格。当两个试饼判别结果有矛盾时，该水泥的安定性为不合格。

10. 试验报告

(1)要求检测的项目名称。

(2)试样编号。

(3)试验日期及时间。

(4)仪器设备的名称、型号及编号。

(5)环境温度和湿度。

(6)执行标准。

(7)使用检测方法。

(8)水泥试样的标准稠度用水量、凝结时间、安定性。

(9)要说明的其他内容。

六、水泥胶砂强度检验——ISO 法(T 0506—2005)

1. 目的和适用范围

本方法规定水泥胶砂强度检验基准方法的仪器、材料、胶砂组成、试验条件、操作步骤和结果计算。其抗压强度结果与 ISO 679:1989 结果等同。

本方法适用于硅酸盐水泥、普通硅酸盐水泥、矿渣硅酸盐水泥、粉煤灰硅酸盐水泥、复合硅酸盐水泥、道路硅酸盐水泥以及石灰石硅酸盐水泥的抗折与抗压强度检验。采用其他水泥时必须研究本方法的适用性。

2. 仪器设备

(1)胶砂搅拌机

胶砂搅拌机属行星式，其搅拌叶片和搅拌锅作相反方向的转动。叶片和锅由耐磨的金属材料制成，叶片与锅底、锅壁之间的间隙为叶片与锅壁最近的距离。制造质量应符合 JC/T 681—1997 的规定。

(2)振实台

振实台(图 4-13)应符合 JC/T 682—1997 的规定。由装有两个对称偏心轮的电动机产生振动，使用时固定于混凝土基座上。基座高约 400mm，混凝土的体积约 $0.25m^3$，质量约 600kg。

为防止外部振动影响振实效果,可在整个混凝土基座下放一层厚约 5mm 天然橡胶弹性衬垫。

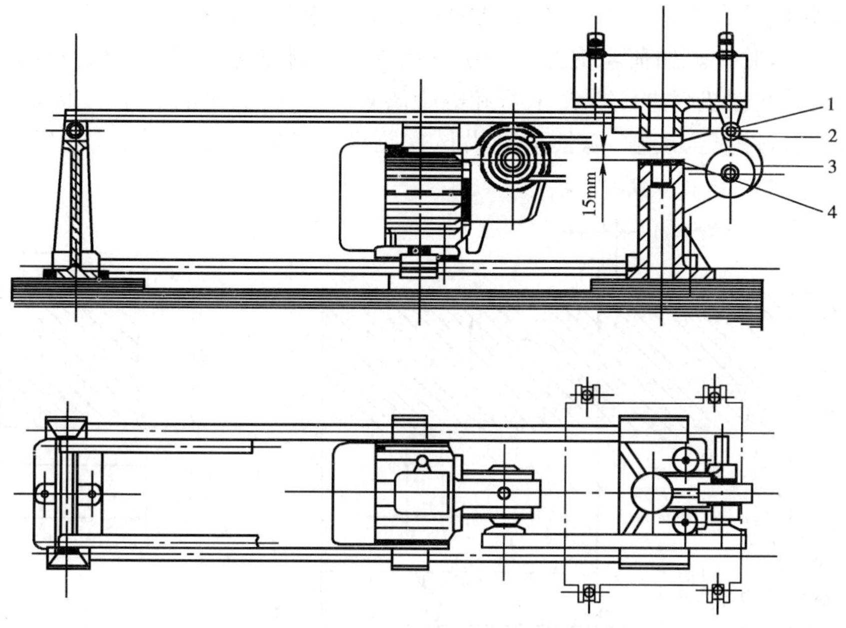

图 4-13　典型振实台

1-突头;2-随动器;3-凸轮;4-止动器

将仪器用地脚螺丝固定在基座上,安装后设备成水平状态,仪器底座与基座之间要铺一层砂浆以确保它们完全接触。

(3)代用振动台

使用该设备最终得到的 28d 抗压强度与按 ISO 679 规定方法得到的强度之差在 5% 内为合格。使用代用振动台,其频率为 2800 ~ 3000 次/min, 振动台为全波振幅0.75mm ±0.02mm。代用胶砂振动台(图 4-14)应符合 JC/T 723—1996 的规定和 GB/T 17671—1999 中第 11 章的要求。

(4)试模及下料漏斗

①试模为可装卸的三联模,由隔板、端板、底座等部分组成,制造质量应符合《水泥胶砂试模》(JC/T 726—1997)的规定。可同时成型三条尺寸为 40mm ×40mm ×160mm 的棱柱体试件。

②下料漏斗(图 4-15)由漏斗和模套两部分组成。漏斗用厚为 0.5mm 的白铁皮制作,下料口宽度一般为 4 ~5mm。模套高度为 20mm,用金属材料制作。套模壁与模型内壁应重叠,超出内壁不应大于 1mm。

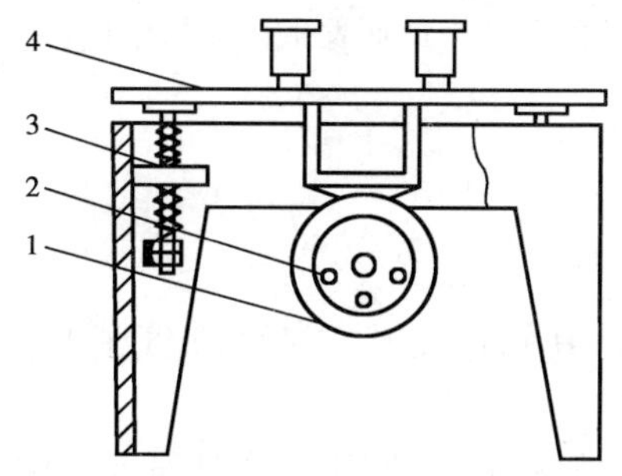

图 4-14　代用胶砂振动台

1-电动机;2-偏重轮;3-弹簧;4-台面

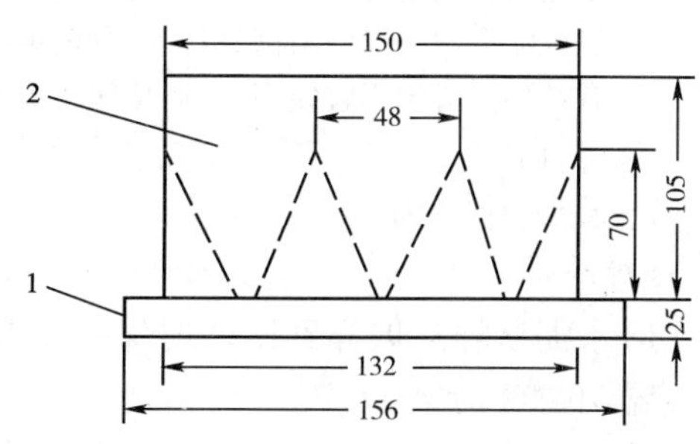

图 4-15　下料漏斗(尺寸单位:mm)

1-模套;2-漏斗

(5)抗折试验机和抗折夹具

抗折试验机应符合 JC/T 724—1982(1996)中的要求,一般采用双杠杆式,也可采用性能符合要求的其他试验机。加荷与支撑圆柱必须用硬质钢材制造。通过三根圆柱轴的三个竖向平面应该平行,并在试验时继续保持平行和等距离垂直试件的方向,其中一根支撑圆柱能轻微地倾斜使圆柱与试件完全接触,以便荷载沿试件宽度方向均匀分布,同时不产生任何扭转应力,如图 4-16。

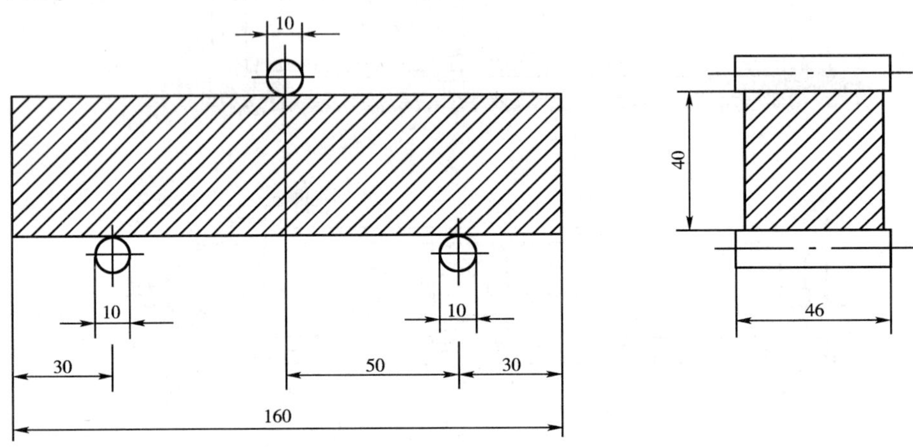

图 4-16　抗折强度测定加荷图(尺寸单位:mm)

抗折夹具应符合 JC/T 724—1996 中的要求。

抗折强度也可用抗压强度试验机(如下所述)来测定,此时应使用符合上述规定的夹具。

(6)抗压试验机和抗压夹具

①抗压试验机的吨位以 200 ~ 300kN 为宜。抗压试验机,在较大的 4/5 量程范围内使用时,记录的荷载应有 ±1.0% 的精度,并具有按 2400N/s ±200N/s 速率的加荷能力,应具有一个能指示试件破坏时荷载的指示器。

压力机的活塞竖向轴应与压力机的竖向轴重合,而且活塞作用的合力要通过试件中心。压力机的下压板表面应与该机的轴线垂直并在加荷过程中一直保持不变。

②当试验机没有球座,或球座已不灵活或直径大于 120mm 时,应采用抗压夹具,由硬质钢材制成,受压面积为 40mm ×40mm,并应符合 JC/T 683—1997 的规定。

注:①试验机的最大荷载以 200 ~ 300kN 为佳,可以有两个以上的荷载范围,其中最低荷载范围的最大值大致为最高范围里的最大值的 1/5。

②采用具有加荷速度自动调节方法和具有结果记录装置的压力机是合适的。

③可以润滑球座以便与试件接触更好,但应确保在加荷期间不致因此而发生压板的位移。在高压下有效的润滑剂不宜使用,以避免压板的移动。

④"竖向"、"上"、"下"等术语是对传统的试验机而言。

(7)天平:感量为 1g。

3. 材料

(1)水泥试样从取样到试验要保持 24h 以上时,应将其储存在基本装满和气密的容器中,这个容器不能和水泥反应。

(2)ISO 标准砂。各国生产的 ISO 标准砂都可以用来按本方法测定水泥强度。中国 ISO 标准砂符合 ISO 679 中 5.1.3 要求,其质量控制按 GB/T 17671—1999 第 11 章进行。

(3)试验用水为饮用水。仲裁试验时用蒸馏水。

4. 温度与相对湿度

(1)试件成型试验室应保持试验室温度为 20℃ ±2℃(包括强度试验室),相对湿度大于 50%。水泥试样、ISO 砂、拌和水及试模等的温度应与室温相同。

(2)养护箱或雾室温度 20℃ ±1℃,相对湿度大于 90%,养护水的温度 20℃ ±1℃。

(3)试件成型试验室的空气温度和相对湿度在工作期间每天应至少记录一次。养护箱或雾室温度和相对湿度至少每 4h 记录一次。

5. 试件成型

(1)成型前将试模擦净,四周的模板与底座的接触面上应涂黄油,紧密装配,防止漏浆,内壁均匀地刷一薄层机油。

(2)水泥与 ISO 砂的质量比为 1∶3,水灰比 0.5。

(3)每成型三条试件需称量的材料及用量为:水泥 450g ± 2g;ISO 砂 1350g ± 5g;水 225mL ±1mL。

(4)将水加入锅中,再加入水泥,把锅放在固定架上并上升至固定位置。然后立即开动机器,低速搅拌 30s 后,在第二个 30s 开始的同时均匀将砂子加入。当砂是分级装时,应从最粗粒级开始,依次加入,再高速搅拌 30s。

停拌 90s。在停拌中的第一个 15s 内用胶皮刮具将叶片和锅壁上的胶砂刮入锅中。在高速下继续搅拌 60s。各个阶段时间误差应在 ±1s 内。

(5)用振实台成型时,将空试模和模套固定在振实台上,用适当的勺子直接从搅拌锅中将胶砂分为两层装入试模。装第一层时,每个槽里约放 300g 砂浆,用大播料器垂直架在模套顶部,沿每个模槽来回一次将料层播平,接着振实 60 次。再装入第二层胶砂,用小播料器播平,再振实 60 次。移走模套,从振实台上取下试模,并用刮尺以 90°的角度架在试模顶的一端,沿试模长度方向以横向锯割动作慢慢向另一端移动,一次将超出试模的胶砂刮去。并用同一直尺在近乎水平的情况下将试件表面抹平。

(6)当用代用振动台成型时,在搅拌胶砂的同时将试模及下料漏斗卡紧在振动台台面中心。将搅拌好的全部胶砂均匀地装于下料漏斗中,开动振动台 120s ±5s 停车。振动完毕,取下试模,用刮平尺按上述(5)的方法刮去多余胶砂并抹平试件。

(7)在试模上作标记或加字条标明试件的编号和试件相对于振实台的位置。两个龄期以上的试件,编号时应将同一试模中的三条试件分在两个以上的龄期内。

(8)试验前或更换水泥品种时,须将搅拌锅、叶片和下料漏斗等抹擦干净。

6. 养护

(1)编号后,将试模放入养护箱养护,养护箱内箅板必须水平。水平放置时刮平面应朝上。对于 24h 龄期的,应在破型试验前 20min 内脱模;对于 24h 以上龄期的,应在成型后 20 ~ 24h 内脱模。脱模时要非常小心,应防止试件损伤。硬化较慢的水泥允许延期脱模,但须记录脱模时间。

(2)试件脱模后即放入水槽中养护,试件之间间隙和试件上表面的水深不得小于 5mm。每个养护池中只能养护同类水泥试件,并应随时加水,保持恒定水位,不允许养护期间全部换水。

(3)除 24h 龄期或延迟 48h 脱模的试件外,任何到龄期的试件应在试验(破型)前 15min 从水中取出。抹去试件表面沉淀物,并用湿布覆盖。

7. 强度试验

各龄期(试件龄期从水泥加水搅拌开始算起)的试件应在下列时间内进行强度试验:

龄期	试验时间
24h	24h ±15min
48h	48h ±30min
72h	72h ±45min
7d	7d ±2h
28d	28d ±8h

(1)抗折强度试验

①以中心加荷法测定抗折强度。

②采用杠杆式抗折试验机试验时,试件放入前,应使杠杆成水平状态,将试件成型侧面朝上放入抗折试验机内。试件放入后调整夹具,使杠杆在试件折断时尽可能地接近水平位置。

③抗折试验加荷速度为 50 N/s ±10N/s,直至折断,并保持两个半截棱柱试件处于潮湿状态直至抗压试验。

④抗折强度按式(4-14)计算。

$$R_f = \frac{1.5F_f \cdot L}{b^3} \tag{4-14}$$

式中:R_f——抗折强度(MPa),计算值精确到 0.1MPa;

F_f——破坏荷载(N);

L——支撑圆柱中心距(mm);

b——试件断面正方形的边长,为 40mm。

⑤抗折强度结果取三个试件平均值,精确至 0.1 MPa。当三个强度值中有超过平均值 ±10% 的,应剔除后再平均,以平均值作为抗折强度试验结果。

(2)抗压强度试验

①抗折试验后的断块应立即进行抗压试验。抗压试验须用抗压夹具进行,试件受压面为试件成型时的两个侧面,面积为 40mm ×40mm。试验前应清除试件受压面与加压板间的砂粒或杂物。试件的底面靠紧夹具定位销,断块试件应对准抗压夹具中心,并使夹具对准压力机压板中心,半截棱柱体中心与压力机压板中心差应在 ±0.5mm 内,棱柱体露在压板外的部分约为 10mm。

②压力机加荷速度应控制在 2400N/s ±200N/s 速率范围内,在接近破坏时更应严格掌握。

③抗压强度按式(4-15)计算。

$$R_c = \frac{F_c}{A} \tag{4-15}$$

式中:R_c——抗压强度(MPa),计算值精确到 0.1MPa;

F_c——破坏荷载(N);

A——受压面积,40mm ×40mm =1600mm^2。

④抗压强度结果为一组 6 个断块试件抗压强度的算术平均值,精确至 0.1 MPa。如果 6 个强度值中有一个值超过平均值 ±10% 的,应剔除后以剩下的 5 个值的算术平均值作为最后

结果。如果5个值中再有超过平均值±10%的,则此组试件无效。

8.试验报告

(1)要求检测的项目名称。

(2)原材料的品种、规格和产地。

(3)试验日期及时间。

(4)仪器设备的名称、型号及编号。

(5)环境温度和湿度。

(6)执行标准。

(7)不同龄期对应的水泥试样的抗折强度、抗压强度,报告中应包括所有单个强度结果(包括舍去的试验结果)和计算出的平均值。

(8)要说明的其他内容。

七、水泥胶砂流动度测定(T 0507—2005)

1.目的和适用范围

本方法规定水泥胶砂流动度测定方法的仪器和操作步骤。

本方法适用于火山灰质硅酸盐水泥、复合硅酸盐水泥和掺有火山灰的普通硅酸盐水泥、矿渣硅酸盐水泥及指定采用本方法的其他品种水泥的胶砂流动度测定。

2.仪器设备

(1)胶砂搅拌机:应符合JC/T 681—1997的有关规定。

(2)水泥胶砂流动度测定仪(简称跳桌):技术要求及其安装方法应符合T 0507附录的规定。

(3)试模:用金属材料制成,由截锥圆模和模套组成。

截锥圆模内壁须光滑,尺寸为:高度60 mm±0.5mm,上口内径70 mm±0.5mm,下口内径100 mm±0.5mm,下口外径120mm,模壁厚度大于5mm。模套与截锥圆模配合使用。

(4)捣棒:用金属材料制成,直径为20 mm±0.5mm,长度约200mm,捣棒底面与侧面成直角,其下部光滑,上部手柄滚花。

(5)卡尺:量程不小于300mm,分度值不大于0.5mm。

(6)小刀:刀口平直,长度大于80mm。

(7)秒表:分度值为1s。

3.试样制备

(1)材料准备

胶砂材料用量按相应标准要求或试验设计确定。水泥试样、标准砂和试验用水及试验条件应符合GB/T 17671—1999中第4条的有关规定。

(2)胶砂制备

按GB/T 17671—1999中有关规定进行。

4.试验步骤

(1)如跳桌在24h内未被使用,先空跳一个周期25次。

(2)在制备胶砂的同时,用潮湿棉布擦拭跳桌台面、试模内壁、捣棒以及与胶砂接触的用具,将试模放在跳桌台面中央并用潮湿棉布覆盖。

(3)将拌好的胶砂分两层迅速装入流动试模,第一层装至截锥圆模高度约2/3处,用小刀在相互垂直的两个方向上各划5次，用捣棒由边缘至中心均匀捣压15次，之后装第二层胶砂，装至高出截锥圆模约20mm，用小刀在相互垂直的两个方向上各划5次，再用捣棒由边缘至中心均匀捣压10次。捣压后应使胶砂略高于截锥圆模。捣压深度，第一层捣至胶砂高度的1/2，第二层捣实不超过已捣实底层表面。捣压顺序见图4-17、图4-18。装胶砂和捣压时，用手扶稳试模，不要使其移动。

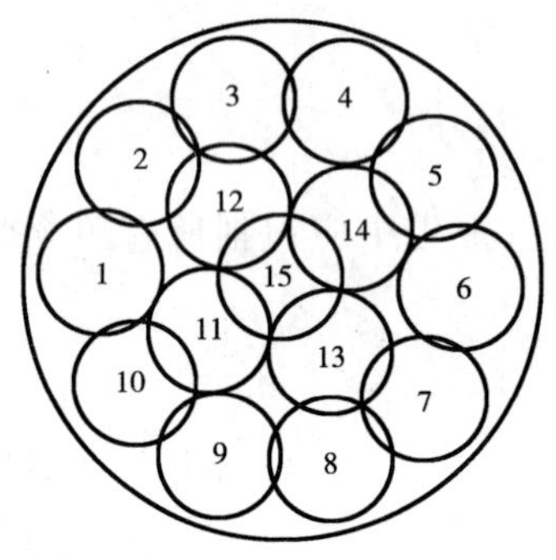

图4-17　第一层捣压顺序

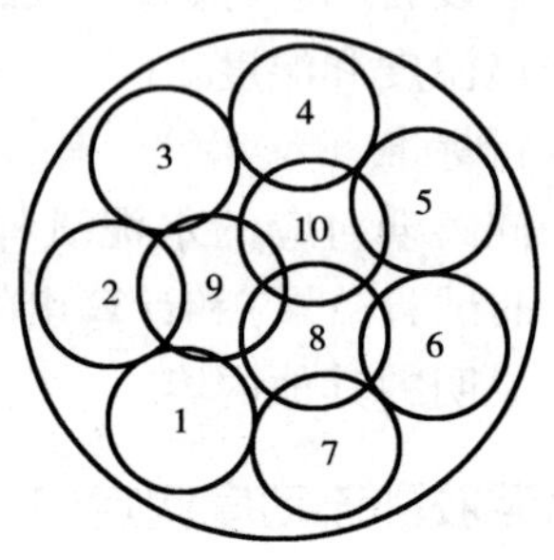

图4-18　第二层捣压顺序

(4)捣压完毕，取下模套，用小刀由中间向边缘分两次以近水平的角度将高出截锥圆模的胶砂刮去并抹平，擦去落在桌面上的胶砂。将截锥圆模垂直向上轻轻提起，立刻开动跳桌，每秒钟一次，在25s±1s内完成25次跳动。

(5)跳动完毕，用卡尺测量胶砂底面最大扩散直径及与其垂直方向的直径，计算平均值，精确至1mm，即为该水量下的水泥胶砂流动度。

流动度试验，从胶砂拌和开始到测量扩散直径结束，须在6min内完成。

(6)电动跳桌与手动跳桌测定的试验结果发生争议时，以电动跳桌为准。

5. 试验报告

(1)要求检测的项目名称。

(2)原材料的品种、规格和产地。

(3)试样编号。

(4)试验日期及时间。

(5)仪器设备的名称、型号及编号。

(6)环境温度和湿度。

(7)执行标准。

(8)使用砂的类型。

(9)水泥胶砂流动度。

(10)要说明的其他内容。

T 0507 附录　跳桌及其安装

本附录规定了跳桌的技术要求和安装方法，适用于跳桌的结构设计和性能检定。

1. 技术要求

(1)跳桌(图4-19)主要由跳动部分和机架部分组成。

(2)跳动部分是由圆盘桌面和推杆构成。总质量为4.35kg±0.15kg，且以推杆为中心均匀分布。圆盘桌面直径 300mm ± 1mm，是由硬度不低于 HB200 的铸钢制成，边缘厚约 5mm。其上表面应光滑平整，并镀硬铬。表面粗糙度在 Ra0.8 ~ 1.6μm 之间。桌面中心有直径为 125mm 的刻圆，用以确定锥形试模的位置。从圆盘外缘指向中心有 8 条线，相隔 45°分布。桌面有 6 根辐射状筋，相隔 60°均匀分布。圆盘表面的平面度不超过 0.10mm。跳动部分下落瞬间，托轮不应与凸轮接触。跳桌落距为 10.0mm ± 0.2mm。推杆与机架孔的公差间隙为0.05 ~ 0.10mm。

（3）凸轮（图 4-20）由钢制成，其外表面轮廓应符合等速螺旋线，表面硬度不低于洛氏 HRC55。当推杆和凸轮接触时不应察觉出有跳动，上升过程中保持圆盘桌面平稳，不抖动。

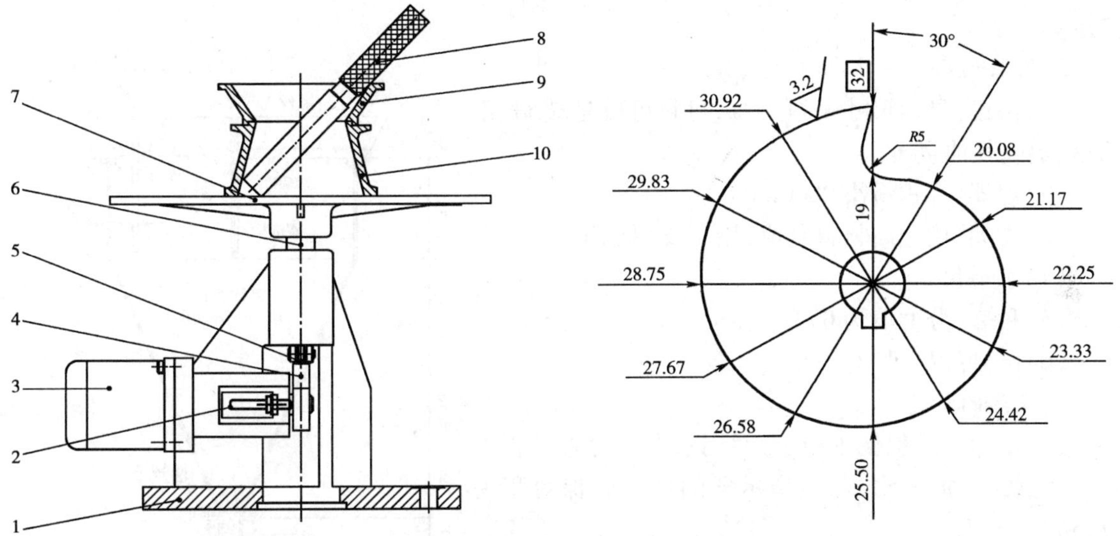

图 4-19　跳桌

1-机架；2-接近开关；3-电机；4-凸轮；5-滑轮；6-推杆；7-圆盘桌面；8-捣棒；9-模套；10-截锥圆模

图 4-20　凸轮示意图（尺寸单位：mm）

（4）机架是由铸铁制成的坚固整体，有三根相隔 120°分布的增强筋延伸整个机架高度。机架孔周围环状精磨。机架孔的轴线应与圆盘上表面垂直。当圆盘下落和机架接触时，接触面应保持光滑，并与圆盘上表面成平行状态，同时在 360°范围内完全接触。

（5）转动轴与转速为 60r/min 的同步电机连接，其转动机构能保证跳桌在 25s ± 1s 内完成 25 次跳动。

（6）跳桌底座有 3 个直径为 12mm 的孔，以便与混凝土基座连接，三个孔均匀分布在直径为 200mm 的圆上。

2. 安装和保养

（1）跳桌宜通过膨胀螺栓安装在已硬化的水平混凝土基座上。基座由密度至少 $2240kg/m^3$ 的混凝土浇筑而成，基部约为 400mm × 400mm 见方，高约 690mm。

（2）推杆应保持清洁，并稍涂润滑油。圆盘与机架接触面不应有油。凸轮表面上涂油可减少操作的摩擦。

3. 检定

安装好的跳桌用流动度标准样（JBW 01-1-1）进行检定，测得的流动度值与标准样给定流动度相差在规定范围内，则跳桌的使用性能合格。

八、水泥浆体流动度测定(T 0508、T 0509—2005)

(一)倒锥法(T 0508—2005)

1. 目的和适用范围

本方法规定公称最大粒径小于2.36mm的水泥浆体流动度测定方法的仪器和操作步骤。本方法适于流出时间小于35s的水泥浆体。

本方法适用于硅酸盐水泥、普通硅酸盐水泥、矿渣硅酸盐水泥、粉煤灰硅酸盐水泥、火山灰质硅酸盐水泥、复合硅酸盐水泥、道路硅酸盐水泥浆体及指定采用本方法的其他浆体流动度的测定。

2. 仪器设备

(1)倒锥:具体尺寸见图4-21,材料可以是玻璃、不锈钢、铝或其他金属。

(2)容器:容积最小2000mL。

(3)支架:用金属材料制成,用于支撑倒锥。

(4)水平尺。

(5)秒表:分度值为0.2s。

(6)胶砂搅拌机。

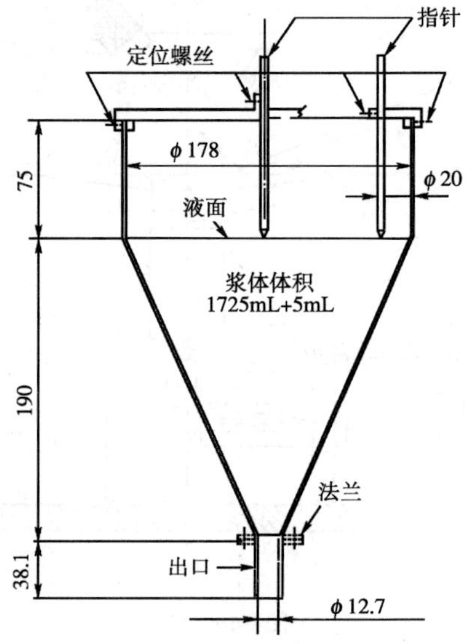

图4-21 倒锥示意图(尺寸单位:mm)

3. 仪器的标定

(1)试验前确保倒锥稳定,并用水准仪检查是否垂直。往倒锥中加入水,调整指示器的位置确保容积为1725mL±5mL。

(2)用手指堵住倒锥的出口,在手指松开的同时,按下秒表,在流出水流变得间断的同时再次按下秒表。如果在20℃±2℃的温度下,流出时间为8.0s±0.2s,则倒锥可以使用。

4. 试验步骤

(1)室内温度应保持在20℃±2℃。

(2)使用前1min,用水润湿倒锥。用手指或其他塞子堵住出口。

(3)徐徐将浆体加入倒锥中,在接近指针时要减慢速度,直到体积为1725mL±5mL。

(4)在松开手指或塞子的同时按下秒表,在流出浆体变得间断的同时再次按下秒表。此时间为浆体流出时间。最后观察出口,如果出口透亮的话,则说明倒锥方法可用;否则不可用。

(5)同一种材料至少进行两次试验,且浆体不得重复使用。

(6)试验应在搅拌结束1min内完成。

(7)使用完成后应将倒锥清洗干净。

5. 试验结果

试验结果以两次以上试验结果的平均值为准,平均值修约到最近的0.2s上。每次试验的结果应在平均值±1.8s以内。

6. 试验报告

(1)要求检测的项目名称。

(2)原材料的品种、规格和产地。

(3)试验日期及时间。

(4)仪器设备的名称、型号及编号。

(5)环境温度和湿度。

(6)执行标准。

(7)材料配合比。

(8)水泥浆体流动度。

(9)要说明的其他内容。

(二)筒球法(T 0509—2005)

1. 目的和适用范围

本方法规定水泥浆体流动度测定方法的仪器和操作步骤。

本方法适用于硅酸盐水泥、普通硅酸盐水泥、矿渣硅酸盐水泥、粉煤灰硅酸盐水泥、火山灰质硅酸盐水泥、复合硅酸盐水泥、道路硅酸盐水泥浆体及指定采用本方法的其他浆体流动度的测定。

2. 仪器设备

(1)流动度筒:具体尺寸见图 4-22,材料可以为透明的有机玻璃。长方体透明塑料容器的内壁尺寸为 102.4mm×102.4mm×500mm,壁厚 8mm,容器内装直径为 25.6mm 的玻璃球 160 个,如图所示共 10 层,其空隙率为 44.4%。

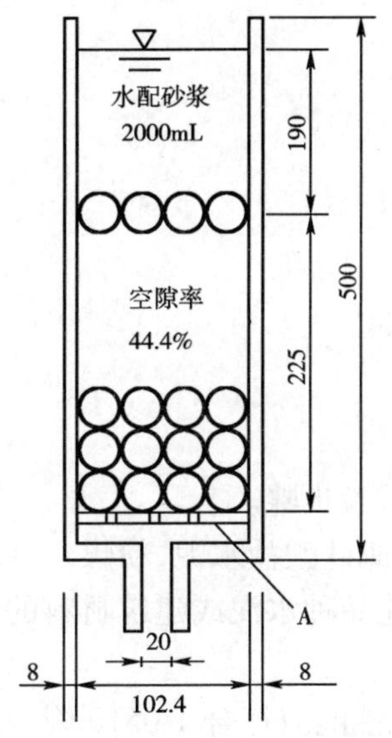

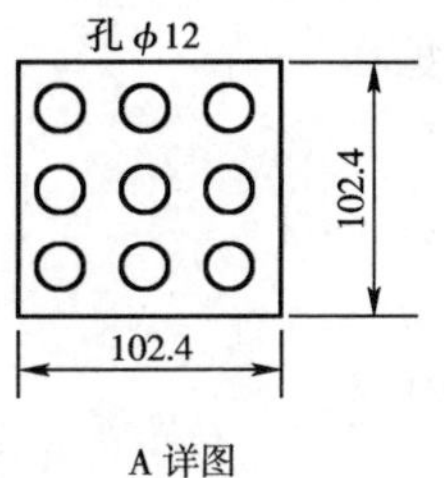

A 详图

玻璃球层数	10
玻璃球个数	160
玻璃球直径	25.6

图 4-22 砂浆筒球流动仪示意图(尺寸单位:mm)

(2)容器:容积最小 2000mL,分度值不大于 5mL。

(3)支架:用金属材料制成,用于支撑流动度筒。

(4)水平尺。

(5)秒表:分度值不大于 0.2s。

(6)胶砂搅拌机。

3. 仪器的标定

试验前确保流动度筒稳定,并用水准仪检查是否垂直。

4. 试验步骤

(1)室内温度应保持在20℃ ±2℃。

(2)在使用前,将筒和球用水润湿。

(3)快速将2000mL ±5mL浆体加入筒中,同时按下秒表。

(4)当灌入浆体中部出现明显分层时再次按下秒表,此时间为砂浆流动度。

(5)同一种材料至少进行两次试验,浆体不得重复使用。

(6)试验应在搅拌结束1min内完成。

(7)使用完成后应将筒、球清洗干净。

5. 试验结果

(1)试验结果以两次以上试验结果的平均值为准,平均值修约到最近的0.2s上。每次试验的结果应在平均值 ±2s以内。

(2)压力灌浆时,浆体出现上、下层分离,即砂粒下沉,水泥浆上浮。为了区分浆体的保水性和均匀性,可采用上、下分层差值来表征,精确至1mm。

6. 试验报告

(1)要求检测的项目名称、执行标准。

(2)原材料的品种、规格和产地。

(3)试验日期及时间。

(4)仪器设备的名称、型号及编号。

(5)环境温度和湿度。

(6)材料配合比。

(7)水泥浆体流动度。

(8)分层差值。

(9)要说明的其他内容。

九、水泥胶砂耐磨性试验(T 0510—2005)

1. 目的和适用范围

本方法规定水泥胶砂耐磨性试验的仪器设备、试验步骤。

本方法适用于硅酸盐水泥、普通硅酸盐水泥、矿渣硅酸盐水泥、粉煤灰硅酸盐水泥、道路硅酸盐水泥、复合硅酸盐水泥及指定采用本方法的其他品种水泥或建筑材料的耐磨性试验。

2. 仪器设备

(1)水泥胶砂耐磨试验机:水泥胶砂耐磨试验机性能应符合T 0510附录的要求。

(2)试模:

①水泥胶砂耐磨性试验用试模由侧板、端板、底座、紧固装置及定位销组成,如图4-23所示。各组件可以拆卸组装。试模模腔有效容积为150mm ×150mm ×30mm。

②侧板与端板由45号钢制成,表面粗糙度不大于Ra6.3μm,组装后模框上下面的平行度不大于0.02mm,模框应有成组标记。

③底座用HT20-40灰口铸铁加工,底座上表面粗糙度不大于Ra6.3μm,平面度不大于0.03mm,底座非加工面经涂漆无流痕。

④侧板、端板与底座紧固后,最大翘起量应不大于0.05mm,其模腔对角线长度误差不大于0.1mm。

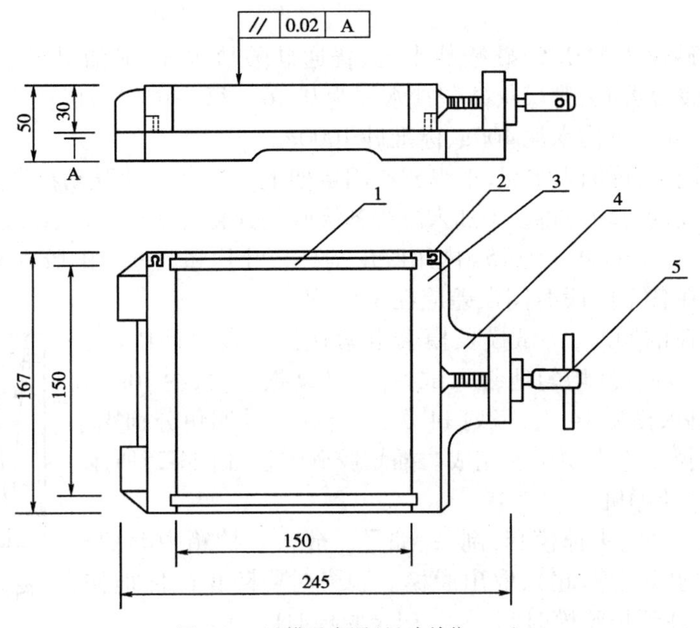

图 4-23　试模示意图(尺寸单位:mm)

1-侧板;2-端板;3-底座;4-紧固装置;5-定位销

⑤紧固装置应灵活,放松螺旋时侧板应能方便地从端板中取出或装入。

⑥试模总质量:6~6.5kg。

(3)模套:结构与尺寸如图 4-24 所示。

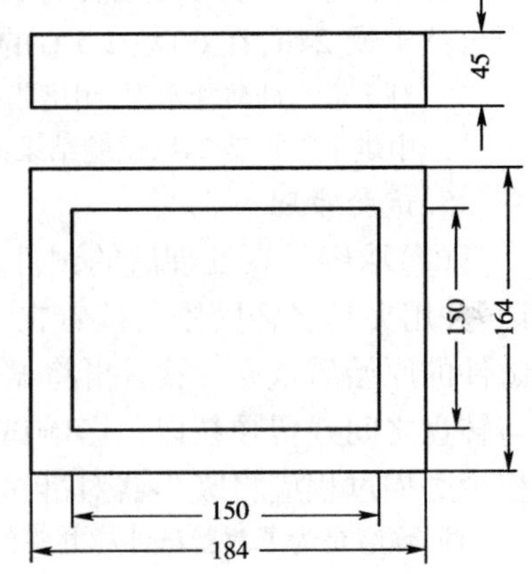

图 4-24　模套(尺寸单位:mm)

(4)干燥箱:温度不低于 105℃且带有鼓风装置。

(5)胶砂搅拌机:应符合《行星式胶砂搅拌机》(JC/T 681—1997)的规定。

(6)胶砂振动台:应符合《水泥胶砂强度检验方法(ISO 法)》(GB/T 17671—1999)中 11.7 条代用振动台的规定。

(7)天平:量程不小于 2000g,感量不大于 2g。

3. 试样制备

(1)水泥试样应充分拌匀,通过 0.9mm 方孔筛,在试验前一天送到试验室储存。

(2)试验用砂采用符合《水泥胶砂强度检验方法(ISO 法)》(GB/T 17671—1999)规定的粒度范围在 0.5~1.0mm的标准砂。

(3)试验用水应是洁净的饮用水。

4. 试件成型及养护

(1)成型室及养护箱的温度、湿度要求:

成型室:20℃ ±2℃,相对湿度 >50%;

养护箱:20℃ ±1℃,相对湿度 >90%;

养护水:20℃ ±1℃。

试样、标准砂和试验用水以及试模的温度应与室温相同。

(2)成型前将试模擦净,模板与底座的接触面应涂黄油,紧密装配,防止漏浆,内壁均匀刷上一薄层机油。

(3)试件的灰砂比为1∶2.5,硅酸盐水泥、普通硅酸盐水泥、矿渣硅酸盐水泥的水灰比为0.44;火山灰质硅酸盐水泥、粉煤灰硅酸盐水泥为0.46。每一试样需成型3块试件,分别搅拌成型。每成型1块试件应称水泥400g、标准砂1000g。

(4)将水加入锅中,再加入水泥,把锅放在固定架上。然后立即开动机器,低速搅拌30s后,在第二个30s开始的同时均匀将砂子加入。当各级砂是分装时,应从最粗粒级开始依次加入。

停拌90s,在停拌中的第一个15s内用胶皮刮具将叶片和锅壁上的胶砂刮入锅中。在高速下继续搅拌60s。在各个阶段时间误差应在±1s内。

(5)在胶砂搅拌的同时,将试模及模套卡紧在振动台台面中心位置,并将拌和好的全部胶砂均匀地装入试模内,开动振动台,约10s时,开始用小刀插划胶砂,横划14次,竖划14次,另外在试件四角分别用小刀插10次,整个插捣工作在90s内完成。插划胶砂方法如图4-25所示。振动120s±5s后自动停机。

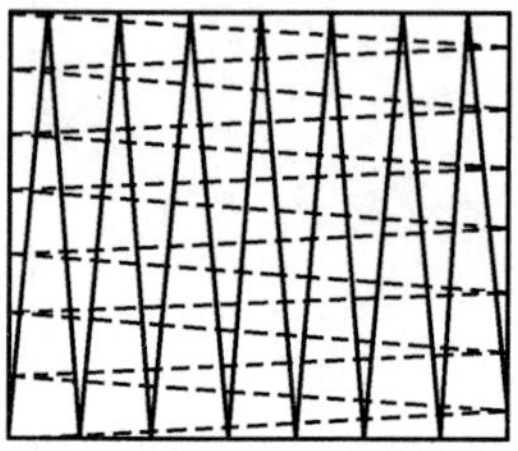

图4-25 胶砂插划方法

(6)振毕,取下试模,去掉模套,刮平、编号。放入养护箱中养护至24 h±0.25h(从加水开始算起),取出脱模。脱模时应防止试件损伤,硬化较慢的水泥允许延长脱模时间,但需记录脱模时间。

(7)脱模后,立即将试件放入20℃±1℃水中养护,试件间应留有间隙,水面至少高出试件20mm,养护水应每两周更换一次,试件在水槽中养护到27d龄期取出,立即擦干立放,在空气中自然干燥24h,在60℃±5℃的烘箱中烘干4h,然后冷却至室温。

注:对于道路硅酸盐水泥,耐磨指标是一个极为重要的指标。经过试验验证将试件在60℃±5℃的烘箱中烘干延长至24h,试验结果的重复性更好。

5.试验步骤

(1)取经干燥处理后的试件,将刮平面朝下,放至耐磨试验机的水平转盘上,做好定位标记,并用夹具轻轻固紧。接着在300N负荷下预磨30转,取下试件扫净粉粒称量,该质量作为试件的原始质量m_1;然后再将试件放回到水平转盘的原来位置上放平、固紧(注意不要在试件与转盘之间残留颗粒以免影响试件与磨头的接触),再磨40转,取下试件扫净粉粒称质量m_2。整个磨损过程应将吸尘器对准试件磨损面,使磨下的粉尘及时从磨损面上被吸走。

注:预磨是为了改善试件与磨头的接触情况和去掉表层净浆,所以预磨转数可以视试件的强度及表面的平整度而改变。

(2)花轮磨头与水平转盘作相反方向转动,磨头沿着试件表面环形轨迹磨削,使试件表面产生一个内径约为30mm,外径约为130mm的环形磨损面。

(3)花轮片磨损质量损失0.5g时,应将同一组的花轮片内外调换位置,再磨损0.5g时,应予淘汰。

6.结果整理

(1)每一试件单位面积的磨损量按式(4-16)计算,精确至0.001kg/m²。

$$G=\frac{m_1-m_2}{0.0125} \tag{4-16}$$

式中:G——单位面积的磨损量(kg/m²);

m_1——试件的原始质量(kg);

m_2——试件磨损后的质量(kg);

0.0125——磨损面积(m²)。

(2)取三块试件结果的平均值作为试件的磨损量。其中磨损量超过平均值15%的应予以剔除,剔除一块时,取余下两块试件结果的平均值,剔除两块时,应重新做试验。

7. 试验报告

(1)要求检测的项目名称。

(2)原材料的品种、规格和产地。

(3)试验日期及时间。

(4)仪器设备的名称、型号及编号。

(5)环境温度和湿度。

(6)执行标准。

(7)水泥胶砂的磨损量。

(8)要说明的其他内容。

T 0510 附录 水泥胶砂耐磨性试验机

1. 结构

水泥胶砂耐磨性试验机由直立主轴、水平转盘、传动机构和控制系统组成。主轴和转盘不在同一轴线上,主轴和转盘同时按相反方向转动,主轴下端配有磨头联结装置,可以装卸磨头。

2. 技术要求

(1)主轴与水平转盘垂直度,测量长度80mm时偏离度不大于0.04mm。

(2)水平转盘转速17.5r/min ±0.5r/min,主轴与转盘转速比为35:1。

(3)主轴与转盘的中心距为40mm ±0.2mm。

(4)负荷分为200N、300N、400N三档,误差不大于±1%。

(5)主轴升降行程不小于80mm,磨头最低点距水平转盘工作面不大于25mm。

(6)水平转盘上配有能夹紧试件的卡具,卡头单向行程为150^{+4}_{-1}mm。卡夹宽度不小于50mm。夹紧试件后应保证试件不上浮或翘起。

(7)花轮磨头(如图4-26)由三组花轮组成,按星形排列成等分三角形,花轮与轴心最小距离为16mm,最大距离为25mm。每组花轮由两片花轮片装配而成,其间隔为2.6 ~2.8mm。

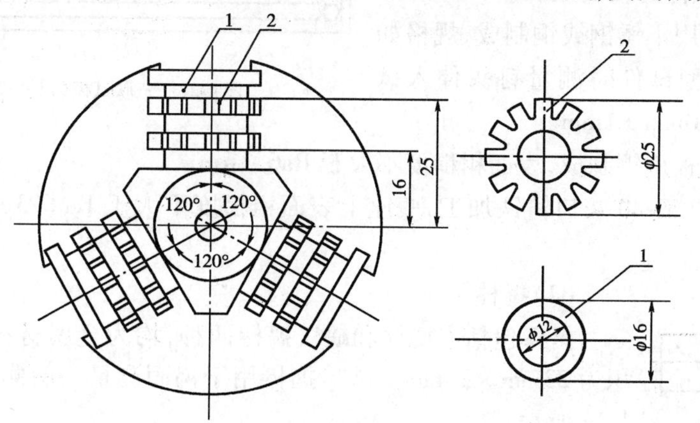

图4-26 花轮磨头示意图(尺寸单位:mm)

1-垫片;2-刀片

花轮片直径为 $\phi25_0^{+0.02}$mm,厚度为 $3_0^{+0.02}$mm,边缘上均匀分布 12 个矩形齿,齿宽为 3.3mm,齿高为 3mm,由硬度不小于 HRC 60 硬质钢制成。

(8)机器上装有必要的电器控制器,具有 0 ~ 999 转盘数字自动控制显示装置,其转数误差小于 1/4 转,并装有电源电压监测表及自动停车报警装置,电器绝缘性能良好,噪声小于 90dB。

(9)吸尘器装置:随时将磨下的粉尘吸走。

十、水泥胶砂干缩试验(T 0511—2005)

1. 目的和适用范围

本方法规定水泥胶砂干缩试验的胶砂组成、仪器设备及试验步骤。

本方法适用于硅酸盐水泥、普通硅酸盐水泥、矿渣硅酸盐水泥、粉煤灰硅酸盐水泥、复合硅酸盐水泥、道路硅酸盐水泥及指定采用本方法的其他品种水泥。

2. 方法原理

本方法是采用上端装有球形钉头的 25mm × 25mm × 280mm、灰砂比为 1:2的胶砂试件,在一定温度、一定湿度的空气中养护后,用比长仪测量不同龄期试件的长度变化来确定水泥胶砂的干缩性能。

3. 仪器设备

(1)胶砂搅拌机符合 JC/T 681—1997 的规定。

(2)流动度试验用跳桌、截锥圆模、模套、圆柱捣棒、游标卡尺符合 T 0507—2005"水泥胶砂流动度测定方法"的规定。

(3)试模

试模为三联模,由互相垂直的隔板、端板、底座以及定位用螺丝组成,结构如图4-27所示。各组件可以拆卸,组装后每联内壁尺寸为 25mm × 25mm × 280mm。端板有 3 个安置测量钉头的小孔,其位置应保证成型后试件的测量钉头在试件的轴线上。

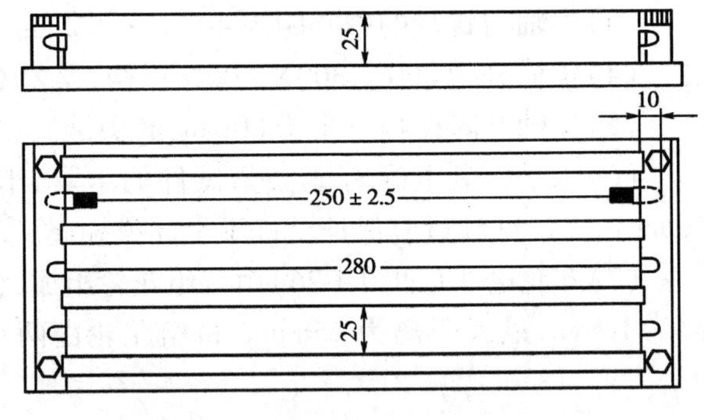

图 4-27 三联试模(尺寸单位:mm)

(4)测量钉头用不锈钢或铜制成,规格如图 4-28 所示。成型试件时测量钉头伸入试模端板的深度为 10mm ± 1mm。

(5)隔板和端板用钢制成,表面粗糙度不大于 Ra6.3μm。

(6)底座用 HT20-40 灰口铸铁加工,底座上表面粗糙度不大于 Ra 6.3μm,底座非加工面经涂漆无流痕。

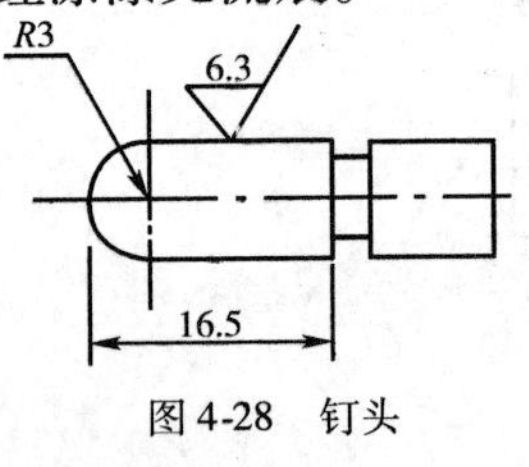

图 4-28 钉头
(尺寸单位:mm)

(7)捣棒

捣棒包括方捣棒和缺口捣棒两种,均为金属材料。方捣棒受压面积为 23mm × 23mm。缺口捣棒用于捣固测量头两侧的胶砂,规格如图 4-29 所示。

(8)刮板

用不易锈蚀和不被水泥浆腐蚀的金属材料制成,规格见图 4-30。

(9)水泥胶砂干缩养护湿度控制箱

用不易被药品腐蚀的塑料制成,其最小单元能养护6条试件并自成密封系统,最小单元的结构如图4-31所示。有效容积为340mm×220mm×200mm,有5根放置试件的箅条,分为上、下两部分,箅条宽10mm,高15mm,相互间隔45mm,箅条上部放置试件的空间高为65mm,箅条下部用于放置控制单元湿度用的药品盘,药品盘由塑料制成,大小应能从单元下部自由进出,容积约2.5L。

(10)测长设备

①比长仪

由百分表、支架及校正杆组成,百分表分度值为0.01mm,最大基长不小于300mm,量程为10mm,校正杆中部与手接触部分应套上绝热层。

②允许用其他形式的测长仪,但精度必须符合上述要求,在仲裁检验时,应以比长仪为准。

4. 试验材料

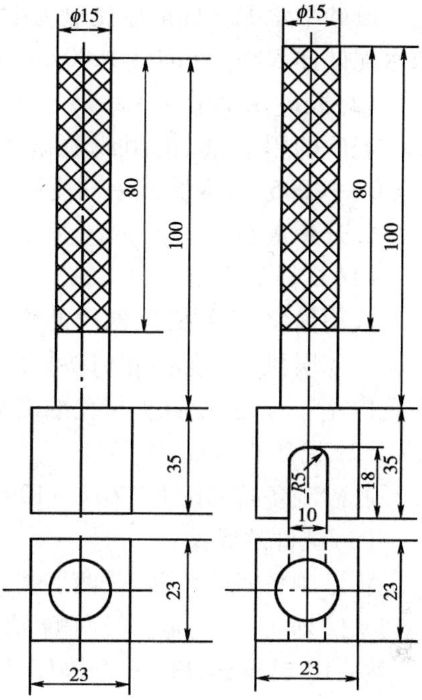

图4-29 捣棒(尺寸单位:mm)

(1)试验用砂采用符合《水泥胶砂强度检验方法(ISO法)》(GB/T 17671—1999)规定的粒度范围在0.5~1.0mm的标准砂。试验用水应是洁净的饮用水。

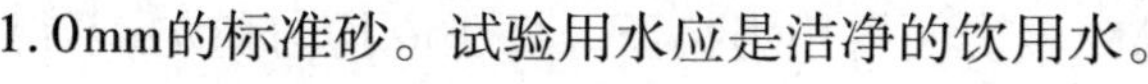

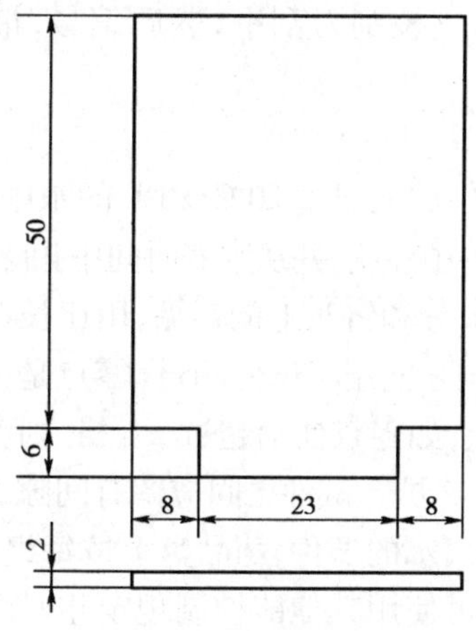

图4-30 刮板(尺寸单位:mm)

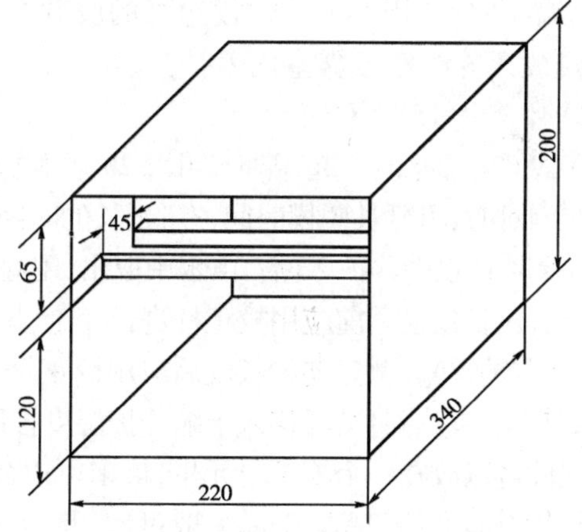

图4-31 干缩养护湿度控制箱单元示意图(尺寸单位:mm)

(2)试件成型室温度为20℃±2℃,相对湿度大于50%。

(3)水泥试样、拌和水、标准砂、仪器和用具的温度应与试验室一致。

(4)带模养护的养护箱或雾室温度保持在20℃±1℃,相对湿度大于90%。

(5)养护池水温度应在20℃±1℃范围内。

(6)试件干缩养护箱温度20℃±3℃,相对湿度50%±4%。

注:水泥在相对湿度50%条件下收缩最明显,而水泥混凝土进行干缩试验的湿度条件为相对湿度60%。

5. 胶砂组成

(1)灰砂比

胶砂中水泥与标准砂比例为1∶2。水泥胶砂的干缩性测定应成型3条试件,成型时应称取水泥试样500g、标准砂1000g。

(2)胶砂用水量

胶砂的用水量,按制成胶砂流动度达到130~140mm来确定。胶砂流动度的测定按T 0507—2005“水泥胶砂流动度测定方法”进行,但灰砂比应按上述(1)的要求。

6. 试件成型

(1)试模的准备

成型前将试模擦净,四周的模板与底座的接触面上应涂黄油,紧密装配,防止漏浆,内壁均匀刷一薄层机油。然后将钉头擦净,在钉头的圆头端沾上少许黄油,将钉头嵌入试模孔中,并在孔内左右转动,使钉头与孔准确配合。

(2)胶砂的制备

胶砂制备按GB/T 17671—1999中6.3条规定进行。

(3)试件的成型

将已制备好的胶砂,分两层装入两端已装有钉头的试模内。第一层胶砂装入试模后,先用小刀来回划实,尤其是钉头两侧,必要时可多划几次,再用刮砂板刮去多于试模高度3/4的胶砂,然后用23mm×23mm方捣棒从钉头内侧开始,从一端向另一端顺序捣10次,返回捣10次,共捣压20次,再用缺口捣棒在钉头两侧各捣压2次,然后将余下胶砂装入模内,同样用小刀划匀,刀划之深度应透过第一层胶砂表面,再用23mm×23mm捣棒从一端开始顺序捣压12次,往返捣压24次(每次捣压时,先将捣棒接触胶砂表面再用力捣压。捣压应均匀稳定,不得冲压)。捣压完毕,用小刀将试模边缘的胶砂拨回试模内,用三棱刮刀刮平,然后编号,最后将试件带模放入养护箱或雾室内养护。

7. 试件养护、存放和测量

(1)试件自加水时算起,养护24h±2h后脱模。然后将试件放入温度20℃±1℃的水中养护。如脱模有困难时,可延长脱模时间。所延长的时间应在试验报告中注明,并从水养时间中扣除。

(2)试件在水中养护2d后,由水中取出,用湿布擦去表面水分和钉头上的污垢,用比长仪测定初始长度。比长仪使用前应用校正杆进行校准,确认其零点无误才能用于试件测量(零点是一个基准数,不一定是零)。测完初始长度后应用校正杆重新检查零点,如零点变动超过±1格,则整批试件应重新测定。然后将试件移入干缩养护湿度控制箱的箅条上养护。试件之间应留有间隙。同一批出水试件可以放在一个养护单元里,最多可以放置两组同时出水的试件,药品盘上按每组0.5kg放置控制相对湿度的药品。药品一般可使用硫氰酸钾固体,也可使用其他能控制规定相对湿度的盐,但不能用对人体与环境有害的物质。关紧单元门闩使其密闭与外部隔绝。箱体周围环境温度控制在20℃±3℃,此时药品应能使单元内相对湿度为50%±4%。

干缩试件也可放在能满足规定相对湿度和温度的条件下养护,但应在试验报告中作特别说明,在结论有矛盾时以干缩养护湿度控制箱养护的结果为准。

(3)从试件放入箱中时算起,在放置4d、11d、18d、25d时,(即从成型时算起为7d、14d、21d、28d时),分别取出测量长度。

注:测量龄期可以根据不同品种水泥干缩率随龄期变化的曲线图作必要的增减或变动。

(4)试件长度测量应在17~25℃的试验室里进行,比长仪应在试验室温度下恒温后才能使用。

(5)每次测量时试件在比长仪中的上、下位置都应相同。读数时应左右旋转试件,使试件钉头和比长仪正确接触，指针摆动不得大于0.02mm。读数应记录至0.001mm。

测量结束后，应用校正杆校准零点，当零点变动超过0.01mm，整批试件应重新测量。

8.结果整理

(1)水泥胶砂试件各龄期干缩率S_t(%)按式(4-17)计算，计算精确至0.001%。

$$S_t = \frac{L_0 - L_r}{250} \times 100 \tag{4-17}$$

式中：L_0——初始测量读数(mm)；

L_r——某龄期的测量读数(mm)；

250——试件有效长度(mm)。

(2)以三条试件的干缩率的平均值作为试件的干缩结果，计算精确至0.001%，如有一条干缩率超过中间值15%时取中间值作为试样的干缩结果；当有两条试件超过中间值15%时应重新做试验。

9.试验报告

(1)要求检测的项目名称。

(2)原材料的品种、规格和产地。

(3)试验日期及时间。

(4)仪器设备的名称、型号及编号。

(5)环境温度和湿度。

(6)原材料的品种、规格、产地。

(7)执行标准。

(8)指定龄期的水泥胶砂试件干缩率。

(9)要说明的其他内容。

十一、水泥胶砂强度快速试验——1.5h促凝压蒸法(T 0512—2005)

1.目的和适用范围

本方法规定了促凝压蒸1.5h的水泥胶砂快硬强度的仪器设备及试验步骤。在事先已有满足精度要求的强度推定经验式的条件下，可通过本方法快速推定水泥胶砂28d龄期(抗压、抗折)强度。

本方法适用于硅酸盐水泥、普通硅酸盐水泥、矿渣硅酸盐水泥、粉煤灰硅酸盐水泥、复合硅酸盐水泥、道路硅酸盐水泥以及石灰石硅酸盐水泥的抗折与抗压强度检验。

本方法不能用于评定水泥强度等级。

2.仪器设备

(1)抗压试验机或万能试验机应与T 0506—2005“水泥胶砂强度检验方法(ISO法)”第2条(6)相同。

(2)压蒸仪：采用电热手提式高压消毒器，如图4-32所示。主体和盖为优质铸铝合金制成，盖上装有安全阀和压力表，铝质内桶的尺寸为ϕ280mm×280mm(本试验不用内桶，另加工制作1个高度不低于150mm的箅架)，电热

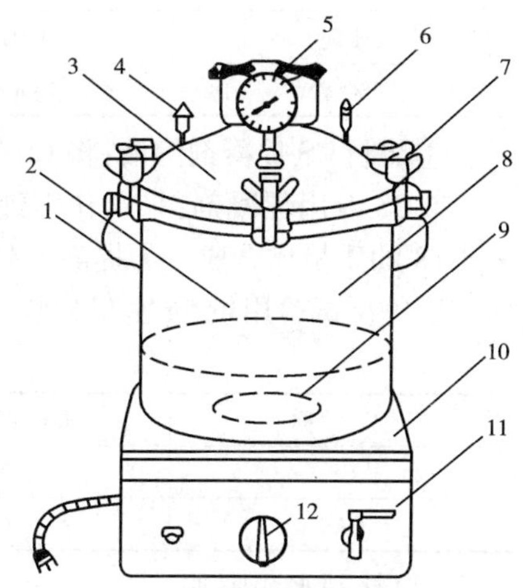

图4-32　压蒸仪

1-提手；2-箅架；3-盖；4-放汽阀；5-压力表；6-安全阀；7-紧固螺栓；8-主体；9-电热管；10-电流控制箱；11-放水龙头；12-开关

管额定功率为2kW,工作蒸汽压力为140~160kPa,相应温度约为126~128℃。当采用外加热型高压消毒器时,配用2kW电炉。将试件带模放入盛有沸水的压蒸仪中压蒸养护时,从加盖、压阀后至蒸汽压力升至工作压力的时间为20~30min。

如采用其他规格的压蒸设备,需在试验报告中注明。

(3)台秤:量程5kg,感量为5g。

(4)天平:量程不小于100g,感量不大于0.1g。

(5)试模盖板:由钢板制成,200mm×150mm×10mm,上下板面光洁、平整。

(6)秒表,分度值为1s。

(7)0.9mm方孔筛。

(8)水泥胶砂搅拌机、胶砂振动台、规格为40mm×40mm×160mm的三联钢模、下料漏斗、刮平刀及40mm×40mm抗压夹具等,均应符合T 0506—2005“水泥胶砂强度检验方法(ISO法)”的要求。

3.材料和试剂

(1)水泥:水泥试样应充分拌匀,通过0.9mm方孔筛并记录筛余物。

(2)砂:采用ISO标准砂。应符合GB/T 17671—1999的质量要求。

(3)水:必须是洁净的淡水。

4.试验步骤

(1)试验准备

①把试模擦净,四周的模板与底座的接触面应涂上黄油,紧密装配,防止漏浆,内壁均匀刷一薄层机油。将准备好的试模连同下料漏斗一起固定在水泥胶砂振动台上。

②将压蒸仪中的水加至离箅约50mm的高度并烧开,检查压蒸仪是否漏气,如有漏气现象,必须采取相应的改善措施(更换密封胶圈或采取其他措施)。

③称取试验材料:一组三个试件的材料用量如表4-17所示。

三个试件的材料用量 表4-17

材料名称	用　　量	材料名称	用　　量
水泥	450g±2g	CS促凝剂	5g±0.1g
ISO砂	1350g±5g	水	225mL±1mL

④配制CS促凝剂溶液:将CS促凝剂5g加入规定量的拌和水中,充分搅拌使之溶化。

⑤CS专用促凝剂:采用化学纯或分析纯的无水碳酸钠Na_2CO_3和无水硫酸钠Na_2SO_4按表4-18的质量比合成。为提高促凝剂的分散均匀性,宜事先将所用化学试剂研细,再采用塑料袋按每次试验用量5g密封分装,于阴凉干燥处保存,防止受潮结块。

促凝剂配方(质量比例) 表4-18

名　　称	Na_2CO_3(%)	Na_2SO_4(%)	$NaAlO_2$(%)
CS	75	25	—
CAS	60	25	15

(2)拌制水泥胶砂

将称好的水泥与ISO砂倒入砂浆搅拌锅内,开动搅拌机,拌和5s后徐徐加入促凝剂溶液,25~30s内加完。自开动机器搅拌3min±5s后停车。将粘在叶片上的胶砂刮下,取下搅拌锅,准备成型试件。

(3)成型试件

按 T 0506—2005“水泥胶砂强度检验方法(ISO 法)”的有关规定进行。

(4)试件压蒸养护

①试件成型后即加盖事先刷过机油的钢盖板,并将试件带模放至水已烧沸的压蒸仪中压蒸养护。加盖、压阀后立即记录压蒸养护的始、末时间。试件的压蒸养护时间从压蒸仪加盖、压安全阀时起计为 1.5h,允许偏差为 ±2min。

②压蒸过程中应经常观察压力表示值,记录自压蒸仪加盖、压阀至蒸汽压力达到 140 ~ 160kPa 并开始释放蒸汽的时间。每次试验时的升压时间应基本相同,为 25min ±5min。压蒸过程中如发生漏汽或安全阀座堵塞等致使蒸汽压力产生异常现象时,应及时处理,且所做试验无效;当试验室的电压变化较大致使升压时间不稳定时,应采用稳压电源。

③压蒸养护到规定时间时,将压蒸仪从电炉上搬下,提阀放汽,在确认压蒸仪内无蒸汽压力后,开盖取出试模,立即拆模,待试件冷却约 10min 后,即测定快硬胶砂的抗压强度。

(5)测定快硬胶砂抗压强度

①检查压力机和抗压夹具的球座,必须转动灵活,防止试件偏心受压。

②清除试件受压面与抗压夹具加压板上的砂粒或杂物,并使夹具对准压力机中心。

③将试件两端轮流进行抗压试验。试验时,以试件的侧面为受压面,试件端头伸出夹具约 10mm,加荷速度约为 2400 N/s ±200 N/s,均匀加荷直至试件破坏。

(6)抗折试验

见 T 0506—2005“水泥胶砂强度检验方法(ISO 法)”中的第 7 条(2)。

5.结果整理

(1)抗折试验

抗折强度结果取三块试件平均值,精确至 0.1MPa。当三个强度值中有超过平均值 ±10% 的,应剔除后再平均,以平均值作为抗折强度试验结果。

(2)快硬水泥胶砂抗压强度

$$f_{1.5h}=\frac{F_c}{A} \tag{4-18}$$

式中:$f_{1.5h}$——快硬水泥胶砂抗压强度(MPa);

F_c——试件的破坏荷载(N);

A——试件受压面积(mm^2),即 40mm ×40mm。

抗压强度计算值精确至 0.1MPa。抗压强度结果为 6 个抗压强度测定值的算术平均值,如果 6 个强度值中有一个值超过平均值 ±10% 的,应剔除后再以剩下的 5 个结果平均。如果 5 个值中再有超过平均值 ±10% 的,则此组试件无效。

(3)推定标准养护 28d 龄期的水泥胶砂抗压、抗折强度

①采用事先通过试验建立的强度推定经验式,根据快硬水泥胶砂抗压强度试验结果,推算出标准养护 28d 龄期的水泥胶砂抗压强度和抗折强度。

注:进行预备试验建立强度推定经验式及推定精度校核的方法应符合 T 0512 附录的规定。

②推定标准养护 28d 龄期的水泥胶砂抗压强度 R_c 和抗折强度 R_f 时,所测快硬水泥胶砂强度 $f_{1.5h}$ 的测值应在建立强度推定经验式试验所得 $R_{28}=a+bf_{1.5h}$ 或 $R_{28}=A\cdot f_{1.5h}^{B}$ 回归线的范围内,不得外推;快速试验的水泥样品,其品种、牌名须与事先建立强度推定式试验所用水泥相同。

6. 试验报告

(1)要求检测的项目名称。

(2)试验日期及时间。

(3)仪器设备的名称、型号及编号。

(4)环境温度和湿度。

(5)执行标准。

(6)1.5h 的水泥胶砂抗压、抗折强度。

(7)推定 28d 的水泥胶砂抗压、抗折强度。

(8)要说明的其他内容。

T 0512 附录　水泥胶砂强度推定经验式的建立方法及精度要求

1. 目的和适用范围

建立水泥胶砂 28d 龄期强度推定经验式,用于 1.5h 促凝压蒸法快速测定水泥胶砂强度试验。

2. 仪器设备

(1)符合 T 0506(水泥胶砂强度检验——ISO 法)所用仪器设备要求。

(2)符合 T 0512(水泥胶砂强度快速试验——1.5h 促凝压蒸法)所用仪器设备要求。

3. 材料与试剂

(1)水泥、ISO 砂、水、促凝剂,其技术要求与 T 0512 相同。

(2)预备试验采用的水泥样品数不宜少于 30 个,不同样品的水泥胶砂 28d 抗压强度最高、最低值之差不宜小于 20MPa。

4. 试验步骤

(1)试验准备,与 T 0512 相同。

(2)每种水泥样品均同时取两份试样,分别按照 T 0506、T 0512 的有关规定测定水泥胶砂 28d 龄期抗压强度 R_{c28}、抗折强度 R_{f28} 及促凝压蒸 1.5h 的快硬强度 $f_{1.5h}$。

5. 试验结果计算

(1)建立 28d 水泥胶砂强度推定经验式

将各个水泥样品的 R_{c28}、R_{f28}、$f_{1.5h}$ 试验结果汇总,进行数据回归分析,建立直线型($y = a + bx$)或幂函数型($y = Ax^B$)的水泥胶砂抗压、抗折强度推定经验式。所建强度推定式的相关性必须高度显著(一般情况下相关系数不小于 0.85,水泥样品等级单一时不作规定),偏差系数 C_v 不宜超过 8%,最大不应超过 10%。

(2)验证强度经验式的推定精度

预备试验建立的强度经验式须经试用验证其推定精度,确认推定精度满足实用要求后方可正式采用。采用中的推定式,也须经常进行推定精度校核。在试验数据不少于 20 ~ 30 组的条件下,根据经验式得出的 28d 强度推定值($\hat{R}_{c28}$ 或 $\hat{R}_{f28}$)与试验实测值(R_{c28} 或 R_{f28})的平均误差百分率 $\overline{V}$ 不宜超过 8%,最大不应超过 10%。当发现推定精度有异常变化时,应分析原因,必要时应对此经验式进行适当修正或重新建立新的经验式。

平均误差百分率 $\overline{V}$ 按下式统计。

$$\overline{V}=[\sum_{i=1}^{n}(|Y_i-\hat{Y}_i|/Y_i)/n]\times100 \tag{4-19}$$

式中：$\overline{V}$——平均误差百分率(%)；

Y_i——试验实测的水泥胶砂 28d 强度(R_{c28}或 R_{f28})(MPa)；

$\hat{Y}_i$——根据水泥胶砂快硬强度$f_{1.5h}$推定的 28d 强度(MPa)；

n——试验组数。

(3)统计试验误差

①按下式计算组内试验误差 V_t 及其平均值 $\overline{V}_t$。

$$(V_t)_i=(1/d_2)\times(R_t/\overline{R})\times100 \tag{4-20}$$

$$\overline{V}_t=\sum_{i=1}^{n}(V_t)_i/n \tag{4-21}$$

式中：$(V_t)_i$——任意一组试验的组内试验误差(%)；

$\overline{V}_t$——n 组试验的平均组内试验误差(%)；

d_2——极差系数：一组 3 个数据(R_{f28}及$f_{1.5h}$)时，$d_2=1.693$，$i/d_2=0.591$；一组 6 个数据(R_{c28})时，$d_2=2.534$，$i/d_2=0.395$；

R_t——组内极差(1 组几个试件强度的最大值与最小值之差)(MPa)；

$\overline{R}$——1 组几个试件强度(f_{28}、f_{f28}或$f_{1.5h}$)的平均值(MPa)；

n——试验组数。

②按下式计算多天变异系数 V_d 及其平均值 $\overline{V}_d$。

$$(V_d)_i=(S/\overline{R})\times100 \tag{4-22}$$

$$\overline{V}_d=\sum_{i=1}^{m}(V_d)_i/m \tag{4-23}$$

式中：$(V_d)_i$——任意一个水泥样品的多天试验变异系数(%)；

$\overline{V}_d$——m 个水泥样品的平均多天变异系数(%)；

$\overline{R}$——同一水泥样品不同天 n 次重复试验强度结果的平均值(MPa)；

n——同一水泥样品不同天重复试验的次数；

m——不同水泥样品的个数；

S——同一水泥样品不同天重复试验强度结果的标准差(MPa)；

$$S=\sqrt{\left[[\sum_{i=1}^{n}R_i^2-(\sum_{i=1}^{n}R_i)^2/n]/(n-1)\right]} \tag{4-24}$$

R_i——任意一个水泥样品任意一次试验的强度结果(MPa)。

在试验数据不少于 30 组的条件下，R_{c28}、R_{f28}或$f_{1.5h}$的平均组内试验误差 $\overline{V}_t$ 应小于 5%；平均多天试验变异系数 $\overline{V}_d$ 应小于 10%。否则，应分析原因，采取相应改进措施。

第五章 砂、石材料

第一节 石 料

一、概述

石料是土木工程的主要材料之一,包括块状石料和粗集料。石料的质量主要取决于加工石料所用的岩石。

1. 岩石的分类

石料是由天然岩石经破碎而来。天然岩石俗称石头,是自然界的产物。岩石的分类方法很多,根据岩石成因的分类如图5-1所示。

岩石
- 岩浆岩
  - 深成岩:花岗岩、正长岩、闪长岩、辉长岩、辉岩、橄榄岩
  - 浅成岩:花岗斑岩、正长斑岩、擅长玢岩、辉绿岩
  - 喷出岩:流纹斑岩、粗面岩、安山岩、玄武岩
- 沉积岩
  - 火山碎岩屑:火山集块岩、火山角砾岩、凝灰岩
  - 沉积碎屑岩:砾岩(角砾岩、砾岩)、砂岩(石英砂岩、长石砂岩、岩屑砂岩)粉砂岩
  - 黏土岩:泥岩、页岩(黏土页岩、碳质页岩)
  - 化学及生物化学岩:石灰岩(泥灰岩、石灰岩)、白云岩(灰质白云岩、白云岩)
- 变质岩
  - 片理状岩:片麻岩(花岗片麻岩、角闪石片麻岩)、片岩(云母片岩、滑石片岩、泥绿石片岩)、千枚岩、板岩
  - 块状岩:大理岩、石英岩、蛇纹岩

图5-1 岩石的分类

注:( )中的岩石系主要亚类。

2. 常见岩石的主要物理力学性质

常见岩石的主要物理力学性质见表5-1。

常见岩石的主要物理力学性质 表5-1

岩石分类			视密度(t/m^3)	相对密度	孔隙率(%)	吸水率(%)	抗压强度(MPa)		软化系数	摩擦因数	弹性模量(10^3MPa)
							干	湿			
岩浆岩	花岗岩	新鲜	2.53~2.61	2.90~2.67	0.5~2.0	<0.5	130~210	100~190	0.72~0.95	0.52~0.76	33~65
岩浆岩	花岗岩	半风化	2.50~2.58	2.90~2.64	1.5~4.0	0.5~1.1	100~200	50~150	0.75~0.90	0.57~0.73	7~22
岩浆岩	花岗岩	强风化	2.25~2.56	2.90~2.65	>2.5	>1.0	25~40	12~25	0.48~0.92	0.35~0.60	1~11
岩浆岩	闪长岩(新鲜)		2.49~2.78	2.66~2.84	2.1~3.1	0.4~1.0	130~200	100~160	0.78~0.81	0.56~0.70	35~40
岩浆岩	流纹斑岩(新鲜~半风化)		2.58~2.61	2.62~2.65	0.9~2.3	<0.5	60~290	45~290	0.75~0.95	0.47~0.75	4~23
岩浆岩	玄武岩(新鲜)		2.72~2.92	2.75~2.90	0.5~2.2	0.4~0.8	110~290	100~160	0.85~0.95	0.60~0.79	34~38

续上表

岩石分类		视密度（t/m³）	相对密度	孔隙率（%）	吸水率（%）	抗压强度（MPa）		软化系数	摩擦因数	弹性模量（10^3MPa）
						干	湿			
变质岩	片麻岩（新鲜）	2.65～2.79	2.69～2.82	0.7～2.2	0.1～1.0	80～180	70～180	0.75～0.95	0.64～0.78	22～35
	石英片岩、角闪石片岩	2.68～2.92	2.72～3.02	0.7～3.0	0.1～0.3	75～220	70～160	0.70～0.93	0.55～0.60	45～66
	云母片岩、绿泥石片岩	2.69～2.76	2.75～2.83	0.8～2.1	0.1～0.6	60～130	30～70	0.53～0.69	0.60	<10
	千枚岩	2.71～2.86	2.81～2.96	0.4～3.6	0.5～0.8	30～60	16～40	0.67～0.93	0.48	1～13
	泥质板岩	2.31～2.75	2.68～2.77	2.5～13.5	0.5～5.0	60～140	20～70	0.39～0.52	0.45～0.52	5～5.5
	石英岩	2.65～2.75	2.70～2.75	0.5～0.8	0.1～0.4	150～240	140～230	0.94～0.95	0.56～0.64	17～23
沉积岩	火山集块岩	2.52～2.66	2.94～2.78	2.2～7.0	0.5～1.7	50～140	40～100	0.6～0.8	0.55～0.70	5.6～6.7
	火山角砾岩	2.46～2.87	2.58～2.90	0.4～11.2	0.2～0.5	80～220	60～210	0.57～0.95	0.60～0.81	
	凝灰岩	2.29～2.64	2.61～2.78	2.0～7.4	0.5～3.5	60～170	33～150	0.52～0.86	0.45～0.66	
	石英砂岩	2.42～2.70	2.64～2.77	1.0～9.3	0.2～1.0	100～200	70～150	0.65～0.94	0.50～0.70	13～44
	泥质砂岩、粉砂岩	2.40～2.60	2.60～2.70	5.0～20.0	1.0～9.0	30～80	5～45	0.21～0.75	0.50～0.70	
	泥岩	2.40～2.60	2.70～2.75	3.0～7.0	0.7～3.0	20～45	10～30	0.40～0.66	0.42～0.62	1～37
	页岩	2.47～2.60	2.63～2.75	2.0～7.0	1.8～3.2	50～60	13～40	0.24～0.55	0.40～0.56	1～15
	石灰岩	2.60～2.77	2.70～2.80	1.0～3.5	0.2～3.0	70～160	60～120	0.70～0.90	0.50～0.77	26～55
	泥质灰岩、泥灰岩	2.45～2.65	2.70～2.75	1.0～10.0	1.0～3.0	13～100	8～50	0.44～0.54	0.60～0.70	13～53

注：表中数据仅供一般参考。

3. 公路用石料的技术分级

公路用石料按其造岩矿物的成分、含量及组织结构等技术要求的不同分为四个岩组，即岩浆岩组、石灰岩组、砂岩与片麻岩组和砾石组。每一个岩组按其物理力学性质各分为四个等级，见表5-2。

公路用石料等级及技术标准　　表5-2

岩组	主要岩石名称	石料等级	技术标准		
			饱水极限抗压强度（MPa）	碎石磨耗率（洛杉矶法）（%）	块石磨耗率（狄法尔法）（%）
岩浆岩组	花岗岩 玄武岩 安山岩 辉绿岩	1	>120	<25	<4
		2	100～120	25～30	4～5
		3	80～100	30～45	5～7
		4	—	45～60	7～10
石灰岩组	石灰岩 白云岩	1	>100	<30	<5
		2	80～100	30～35	5～6
		3	60～80	35～50	6～12
		4	30～60	50～60	12～20
砂岩与片麻岩组	石英岩 砂岩 片麻岩 石英片麻岩	1	>100	<30	<5
		2	80～100	30～35	5～7
		3	50～80	35～45	7～10
		4	30～50	45～60	10～15

续上表

岩组	主要岩石名称	石料等级	技术标准		
			饱水极限抗压强度（MPa）	碎石磨耗率（洛杉矶法）（%）	块石磨耗率（狄法尔法）（%）
砾石组	—	1	—	<20	<5
		2	—	20~30	5~7
		3	—	30~50	7~12
		4	—	50~60	12~20

注：磨耗率以洛杉矶法为准，狄法尔法仅供参考。

二、块状石料

公路工程用块状石料，由天然岩石开采加工而成，或选用天然卵石。石料应选取石质均匀、不易风化、无裂纹的硬石。对于具有各向异性和解理的岩石（如花岗岩），正确掌握它的各向异性和解理，对工程用块状石料的开采、加工和使用都是非常重要的。花岗岩中与岩浆流向一致的水平断面（解理面）叫劈面；与岩浆流向一致的纵断面叫涩面；与岩浆流向垂直的横断面叫截面。沿着劈面开劈，不但容易分割，而且表面较平整，加工也不易失误。涩面和截面加工时较易掉棱缺角或呈锯齿状，且容易失误。花岗岩的三向断面抗压强度明显不同，劈面最大，涩面次之，截面最小。

1. 桥涵工程用块状石料

桥涵工程用块状石料主要包括片石、块石、料石、拱石等。其石材强度等级采用边长70mm的含水饱和的立方体试件的抗压强度（三块试件平均值，MPa）表示，分别为：MU120、MU100、MU80、MU60、MU50、MU40、MU30。公路圬工桥涵结构物所使用的块状石料，其石材强度等级要求如下：用于拱圈时不小于MU50；用于大中桥墩台、轻型桥台时不小于MU40；用于小桥涵墩台、基础时不小于MU30；用于片石混凝土中的片石，其强度等级还应不低于混凝土的强度等级。

在累年最冷月平均气温等于或低于－10℃的地区，石材的抗冻性指标应符合表5-3的规定。

石材的抗冻性指标　　表5-3

结构物部位	大、中桥	小桥及涵洞
镶面或表面石材	50	25

注：①抗冻性指标指材料在含水饱和状态下经过－15℃的冻结与20℃融化的循环次数。试验后材料应无明显损伤（裂缝、脱层），其强度应不低于试验前的75%。

②以往实践经验证明材料确有足够抗冻性者，可不做抗冻试验。

石材还应具有耐风化和抗侵蚀性。用于浸水或气候潮湿地区的受力结构的石材，其软化系数（石材在含水饱和状态下与干燥状态下试块极限抗压强度的比值）应不低于0.8。

公路圬工桥涵结构物用石材的强度设计值应符合表5-4的规定。

公路圬工桥涵结构物用石材的强度设计值　　表5-4

强度类别 \ 强度等级	MU120	MU100	MU80	MU60	MU50	MU40	MU30
轴心抗压强度 f_{cd}（MPa）	31.78	26.49	21.19	15.89	13.24	10.59	7.95
弯曲抗拉强度 f_{tmd}（MPa）	2.18	1.82	1.45	1.09	0.91	0.73	0.55

公路圬工桥涵结构物用块状石料的外形要求见表5-5。

公路圬工桥涵结构物用块状石料的外形要求　　表5-5

分　类	石料来源	外形要求	用　途
片石	由爆破法或楔劈法开采而得	厚度不小于150mm，卵形和薄片者不得采用；用做镶面时，选择表面较平整、尺寸较大者，并稍加修整	附属工程、镶面
块石	由岩层或大块岩石开劈而成	形状大致方正，上下面大致平整，厚200～300mm，宽度为厚度的1～1.5倍，长度为厚度的1.5～3倍，没有锋棱锐角；用做镶面时，由外露面四周向内稍加修凿，后部可不修凿，但应略小于修凿部分	附属工程、镶面
粗料石	由岩层或大块岩石开劈并经粗略修凿而成	外形方正，六面体，厚200～300cm，宽度为厚度的1～1.5倍，长度为厚度的2.5～4倍，表面凹陷深度不大于20mm。加工镶面粗料石时，丁石长度比相邻顺石宽度至少大150mm，修凿面每100mm长须有錾路约4～5条，侧面与外露面垂直，正面凹陷深度不超过15mm。外露面如带细凿边缘，其宽度为30～50mm	主要下部结构、镶面
拱石	由片石、块石或粗料石加工而得	立纹破料，岩层面与拱轴垂直，各排拱石沿拱圈内弧的厚度一致	石拱桥

2. 路面铺砌用块状石料

(1)锥形块石

由片石经加工而得的具有平底面、形似截头锥形的粗打石料叫锥形块石。锥形块石的底部面积不小于100cm^2，顶部尺寸不限，但不可为尖形，高与底面积之比不得相差过大，同时不得呈斜锥形。锥形块石按高度分为14cm、16cm、18cm三级，也有分为16cm、20cm、25cm的。锥形块石主要用于路面基层。

(2)铺砌拳石(又称弹石)

形状近似棱柱体，顶面呈四边形或多边形的粗打石料叫铺砌拳石。铺砌拳石顶面与底面应平行，底面不得呈尖楔状，底面投影应在顶面轮廓之内，侧边不得有显著尖锐突出。铺砌拳石按其高度分为矮、中、高、特高四级，见表5-6。

铺砌拳石的分级　　表5-6

分　级	高度(cm)	顶部直径(cm)	底部与顶部面积比(%)不小于
矮	12～14	10～16	40
中	16～18	12～18	60
高	20～22	12～20	60
特高	22～25	15～25	60

(3)铺砌用条石

由劈砍并经粗琢加工而成的形状近似长方六面体，上下面平行，表面平整的石块称条石。条石主要用于铺砌高级路面面层，特别是履带车等通行的道路。条石表面平整，以石面紧靠平板时其间隙不大于10mm；条石边缘的四个边紧靠平板时其间隙一般也不大于10mm(也有规定不大于3mm或5mm的)。条石按高度分为矮、中、高三级，见表5-7。

铺砌用条石的分级　　表5-7

分　级	高度(cm)	长度(cm)	宽度(cm)
矮	7～10	15～30	12～15
中	11～13	15～30	12～15
高	14～16	15～30	12～15

(4)铺砌用方块石

方块石近似于正方体,上下面互相平行,底面积不小于顶面积的3/4。方块石顶面凹凸以平板紧靠时其间隙不大于5mm;顶面边缘以尺紧靠时其间隙也不大于5mm。方块石按高度分为矮、高两种,见表5-8。

铺砌用方块石的分级　　表5-8

分　级	高度(cm)	长度(cm)	宽度(cm)
矮	8~9	7~10	7~10
高	7~11	8~11	8~11

用做高级路面面层的条石和方块石多选用坚硬耐磨的玄武岩、辉绿岩和花岗岩等加工制成,其抗压强度一般不宜低于100MPa。

三、粗集料

粗集料包括经人工轧制而成的碎石和由岩石天然风化而成的砾石(卵石)等,粒径要求在5mm以上。

1. 粗集料的主要力学性质

(1)压碎值

集料压碎值指集料在连续增加的荷载作用下,抵抗压碎的能力。压碎值是衡量石料强度的一个重要指标,用于评价公路路面面层和基层用集料的质量。集料压碎值用被压碎的碎屑质量占集料总质量的百分率表示。

(2)磨耗值

集料磨耗值是用于评价抗滑表层的集料抵抗车轮磨耗能力的指标。按试验规程JTG E42—2005的规定,粗集料的磨耗试验有两种方法——洛杉矶法和道瑞法。

(3)磨光值

作为路面用的集料,在车轮作用下,不仅要求具有高的抗磨耗性,还要求具有高的抗磨光性。集料的抗磨光性用磨光值表示。石料的磨光值越高,表示其抗滑性越好。抗滑面层应选用磨光值高的集料,如玄武岩、安山岩、砂岩和花岗岩等。几种典型集料的磨光值见表5-9。

几种典型集料的磨光值　　表5-9

岩石名称		石灰岩	角页岩	斑岩	石英岩	花岗岩	玄武岩	砂　岩
磨光值(PSV)	平均值	43	45	56	58	59	62	72
	范围	30~70	40~50	43~71	45~67	45~70	45~81	60~82

(4)冲击值

集料抵抗多次连续重复冲击荷载作用的性能,称为抗冲韧性。集料的抗冲韧性用冲击值(AIV)表示。

2. 粗集料的质量标准

(1)桥涵结构用粗集料的质量标准

①桥涵结构用粗集料的级配范围见表5-10。

桥涵结构用粗集料的级配范围　　表 5-10

级配类型	公称粒径(mm)	累计筛余(质量百分率,%) 圆孔筛筛孔尺寸(mm)											
		2.5	5	10	16	20	25	31.5	40	50	63	80	100
连续级配	5～10	95～100	80～100	0～15	0								
	5～16	95～100	90～100	30～60	0～10	0							
	5～20	95～100	90～100	40～70	—	0～10	0						
	5～25	95～100	90～100	—	30～70	—	0～5	0					
	5～31.5	95～100	90～100	70～90	—	15～45	—	0～5	0				
	5～40		95～100	75～90	—	30～60	—	—	0～5	0			
单粒级	10～20		95～100	85～100	—	0～15	0						
	16～31.5		95～100	—	85～100	—	—	0～10	0				
	20～40			95～100	—	80～100	—	—	0～10	0			
	31.5～63				95～100	—	—	75～100	45～75	—	0～10	0	
	40～80					95～100	—	—	70～100	—	30～60	0～10	0

②桥涵结构用粗集料的技术要求及有害物质含量要求见表 5-11 和表 5-12。

桥涵结构用粗集料的技术要求　　表 5-11

项　　目	混凝土强度等级			
	C55～C40	≥C35	≥C30	<C30
石料压碎值(%)	≤12	≤16	—	—
针片状颗粒含量(%)	—	—	≤15	≤25
含泥量(按质量计,%)	—	—	≤1.0	≤2.0
泥块含量(按质量计,%)	—	—	≤0.5	≤0.7
小于 2.5mm 的颗粒含量(按质量计,%)	≤5	≤5	≤5	≤5

注:①混凝土强度等级为 C60 及以上时应进行岩石抗压强度检验,其他情况下,如有必要也应进行该检验。岩石的抗压强度与混凝土强度等级之比对于大于或等于 C30 的混凝土,不应小于 2,其他不应小于 1.5,且火成岩强度不宜低于 80MPa,变质岩不宜低于 60MPa,水成岩不宜低于 30MPa。

②混凝土强度在 C10 以下时,针片状颗粒含量最大可为 40%。

桥涵结构用粗集料的有害物质含量要求　　表 5-12

项　　目	品 质 指 标
硫化物及硫酸盐折算为 SO_3(按质量计,%)　不大于	1
卵石中有机质含量(用比色法试验)	颜色不深于标准色,如深于标准色,则应配制混凝土进行强度试验,抗压强度比应不低于 95%

注:如含有颗粒硫酸盐或硫化物,则要进行混凝土耐久性试验,确认能满足要求时方能用。

③桥涵结构用粗集料的坚固性要求见表 5-13。

桥涵结构用粗集料的坚固性要求　　表 5-13

混凝土所处环境条件	在溶液中循环次数	试验后质量损失(%)不宜大于
寒冷地区,经常处于干湿交替状态	5	5
严寒地区,经常处于干湿交替状态	5	3
混凝土处于干燥条件,但粗集料风化或软弱颗粒过多时	5	12
混凝土处于干燥条件,但抗疲劳、耐磨、抗冲击要求高或强度大于 C40	5	5

注:有抗冻、抗渗要求的混凝土用硫酸钠法进行坚固性试验不合格时,可再进行直接冻融试验。

（2）水泥混凝土路面用粗集料的质量标准

①水泥混凝土路面用粗集料应使用质地坚硬、耐久、洁净的碎石、碎卵石和卵石，并应符合表5-14的规定。高速、一级、二级公路及有抗（盐）冻要求的三级、四级公路混凝土路面使用的粗集料级别应不低于II级，无抗（盐）冻要求的三级、四级公路混凝土路面、碾压混凝土及贫混凝土基层可使用III级粗集料。有抗（盐）冻要求时，I级集料的吸水率应不大于1.0%，II级集料的吸水率应不大于2.0%。

水泥混凝土路面用粗集料的技术要求 表5-14

项　目		技术要求		
		I级	II级	III级
碎石压碎值（%）	小于	10	15	20①
卵石压碎值（%）	小于	12	14	16
坚固性（按质量损失计，%）	小于	5	8	12
针片状颗粒含量（按质量级，%）	小于	5	15	20②
含泥量（按质量计，%）	小于	0.5	1.0	1.5
泥块含量（按质量计，%）	小于	0	0.2	0.5
有机物含量（比色法）		合格	合格	合格
硫化物及硫酸盐含量（按 SO_3 质量计，%）	小于	0.5	1.0	1.0
岩石抗压强度（MPa）		火成岩强度不应低于100，变质岩不应低于80，水成岩不应低于60		
表观密度（kg/m^3）	大于	2500		
松散堆积密度（kg/m^3）	大于	1350		
空隙率（%）	小于	47		
碱集料反应		经碱集料反应后，试件无裂缝、酥裂、胶体外溢等现象，在规定试验龄期的膨胀率应小于0.10%		

注：①III级碎石的压碎值，用于路面时应小于20%，用于基层时可小于25%。

②III级粗集料的针片状颗粒含量，用于路面时应小于20%，用于基层时可小于25%。

②用于路面和桥面混凝土的粗集料不得使用不分级的统料，应按最大公称粒径的不同采用2～4个粒级的集料进行掺配，并应符合表5-15的合成级配要求。卵石、碎卵石最大公称粒径分别宜不大于19mm、26.5mm；碎石最大公称粒径应不大于31.5mm。贫混凝土基层粗集料最大公称粒径应不大于31.5mm；钢纤维混凝土与碾压混凝土粗集料最大公称粒径宜不大于19mm。碎卵石或碎石中粒径小于0.075mm的石粉含量宜不大于1%。

水泥混凝土路面和桥面混凝土用粗集料的级配范围 表5-15

级配类型	公称粒径（mm）	累计筛余（质量百分率，%）							
		方孔筛筛孔尺寸（mm）							
		2.36	4.75	9.5	16	19	26.5	31.5	37.5
合成级配	4.75～16	95～100	85～100	40～60	0～10				
	4.75～19	95～100	85～95	60～75	30～45	0～5	0		
	4.75～26.5	95～100	90～100	70～90	50～70	25～40	0～5	0	
	4.75～31.5	95～100	90～100	75～90	60～75	40～60	20～35	0～5	0

续上表

级配类型	公称粒径(mm)	累计筛余(质量百分率,%)							
		方孔筛筛孔尺寸(mm)							
		2.36	4.75	9.5	16	19	26.5	31.5	37.5
单粒级	4.75~9.5	95~100	80~100	0~15	0				
	9.5~16		95~100	80~100	0~15	0			
	9.5~19		95~100	85~100	40~60	0~15	0		
	16~26.5			95~100	55~70	25~40	0~10	0	
	16~31.5			95~100	85~100	55~70	25~40	0~10	0

(3)沥青混合料用粗集料的质量标准

①沥青混合料用粗集料不仅包括碎石、破碎砾石、筛选砾石,还包括钢渣、矿渣等。其中,筛选砾石和矿渣不得用于高速公路和一级公路。

②沥青混合料用粗集料应洁净、干燥、表面粗糙,质量应符合表5-16的规定。当单一规格集料的质量指标不符合表5-16的规定时,而按照集料配合比计算的质量指标符合规定时,工程上允许使用。对受热易变质的集料,宜采用经拌和机烘干后的集料进行检验。

沥青混合料用粗集料的技术要求 表5-16

项 目		高速公路及一级公路		其他等级公路	试验方法
		表面层	其他层次		
石料压碎值(%)	不大于	26	28	30	T 0316
洛杉矶磨耗率(%)	不大于	28	30	35	T 0317
表观相对密度	不小于	2.60	2.50	2.45	T 0304
吸水率(%)	不大于	2.0	3.0	3.0	T 0304
坚固性(%)	不大于	12	12	—	T 0314
针片状颗粒含量(混合料)	不大于	15	18	20	T 0312
其中粒径大于9.5mm的	不大于	12	15	—	
粒径小于9.5mm的	不大于	18	20	—	
水洗法<0.075mm颗粒含量	不大于	1	1	1	T 0310
软石含量	不大于	3	5	5	T 0320

注:①坚固性试验可根据需要进行。

②用于高速、一级公路时,多孔玄武岩的视密度可放宽至2.45t/m^3,吸水率可放宽至3%,但必须得到建设单位的批准,且不得用于SMA路面。

③对S14即3~5mm规格的粗集料,针片状颗粒含量可不予要求,<0.075mm颗粒含量可放宽至3%。

③沥青混合料用粗集料的粒径规格应按表5-17的规定生产和使用。

沥青混合料用粗集料的粒径规格 表5-17

规格名称	公称粒径(mm)	通过下列筛孔(mm)的质量百分率(%)												
		106	75	63	53	37.5	31.5	26.5	19	13.2	9.5	4.75	2.36	0.6
S1	40~75	100	90~100	—	—	0~15	—	0~5						
S2	40~60		100	90~100	—	0~15	—	0~5						
S3	30~60		100	90~100	—	—	0~15	—	0~5					

续上表

规格名称	公称粒径(mm)	通过下列筛孔(mm)的质量百分率(%)												
		106	75	63	53	37.5	31.5	26.5	19	13.2	9.5	4.75	2.36	0.6
S4	25 ~ 50			100	90 ~ 100	—	—	0 ~ 15	—	0 ~ 5				
S5	20 ~ 40				100	90 ~ 100	—	—	0 ~ 15	—	0 ~ 5			
S6	15 ~ 30					100	90 ~ 100	—	—	0 ~ 15	—	0 ~ 5		
S7	10 ~ 30					100	90 ~ 100	—	—	—	0 ~ 15	0 ~ 5		
S8	10 ~ 25						100	90 ~ 100	—	0 ~ 15	—	0 ~ 5		
S9	10 ~ 20							100	90 ~ 100	—	0 ~ 15	0 ~ 5		
S10	10 ~ 15								100	90 ~ 100	0 ~ 15	0 ~ 5		
S11	5 ~ 15								100	90 ~ 100	40 ~ 70	0 ~ 15	0 ~ 5	
S12	5 ~ 10									100	90 ~ 100	0 ~ 15	0 ~ 5	
S13	3 ~ 10									100	90 ~ 100	40 ~ 70	0 ~ 20	0 ~ 5
S14	3 ~ 5										100	90 ~ 100	0 ~ 15	0 ~ 3

④高速、一级公路沥青路面表面层(或磨耗层)粗集料的磨光值以及粗集料与沥青的黏附性应符合表 5-18 的规定。

粗集料与沥青的黏附性、磨光值的技术要求 表 5-18

雨量气候区	1(潮湿区)	2(湿润区)	3(半干区)	4(干旱区)	试验方法
年降雨量(mm)	>1000	1000 ~ 500	500 ~ 250	<250	
粗集料的磨光值 PSV　　不小于					
高速、一级公路表面层	42	40	38	36	T 0321
粗集料与沥青的黏附性　　不小于					
高速、一级公路表面层	5	4	4	3	T 0616
高速、一级公路其他层次及其他等级公路的各层次	4	4	3	3	T 0663

⑤破碎砾石应采用粒径大于 50mm、含泥量不大于 1% 的砾石轧制,破碎砾石的破碎面应符合表 5-19 的规定。

粗集料对破碎面的要求 表 5-19

路面部位或混合料类型		具有一定数量破碎面颗粒的含量(%)		试验方法
		1 个破碎面	2 个或 2 个以上破碎面	
沥青路面表面层				T 0346
高速、一级公路	不小于	100	90	
其他等级公路	不小于	80	60	
沥青路面中下面层、基层				
高速、一级公路	不小于	90	80	
其他等级公路	不小于	70	50	
SMA 混合料	不小于	100	90	
贯入式路面	不小于	80	60	

第二节　砂

一、概述

在公路工程中,砂指在天然或人工作用下形成的粒径小于5mm的岩石颗粒。

砂按成因分为两类:天然砂和人工砂。

天然砂是由岩石风化等自然条件作用形成的。天然砂按产源可分为河砂、海砂和山砂。河砂、海砂颗粒圆滑、质地坚固,但海砂内常混杂有贝壳及可溶性盐类,会影响混凝土强度。山砂由岩石风化后在原地沉积而成,颗粒多棱角,含有黏土及有机杂质等,坚固性较差。

人工砂是岩石经轧碎筛选而得。人工砂多棱角,比较洁净,但细粉、片状颗粒较多,生产成本较高。

二、砂的主要技术性质

砂作为细集料其技术性质与粗集料的技术性质有许多相似之处,但由于颗粒大小的差别,也有诸多不同之处。颗粒级配和粗度是细集料最重要的两个技术指标。

1. 物理常数

细集料的物理常数主要包括密度、表观密度、堆积密度和空隙率等。与粗集料相比,砂的粒径较小,试验时所需试样数量相应减少,测定精度相应提高。

2. 颗粒级配

颗粒级配指细集料各级粒径的颗粒的分布情况。在混凝土中,细集料之间的空隙由水泥浆所填充。为了节约水泥和提高强度,应尽量减少细集料之间的空隙,也就是要具有良好的颗粒级配。细集料的级配可通过筛分试验来确定。细集料的级配参数计算如下所述。

(1)分计筛余百分率:在某号筛上的筛余质量占试样总质量的百分率,可按式(5-1)求得。

$$a_i = m_i/m \times 100 \tag{5-1}$$

式中:a_i——某号筛的分计筛余(%);

m_i——存留在某号筛上的试样质量(g);

m——试样总质量(g)。

(2)累计筛余百分率:某号筛的分计筛余百分率和大于该号筛的各筛分计筛余百分率之和,可按式(5-2)求得。

$$A_i = a_1 + a_2 + \cdots + a_i \tag{5-2}$$

式中:　A_i——某号筛的累计筛余(%);

a_1、a_2、…、a_i——从5mm、2.5mm……至计算的某号筛的分计筛余(%)。

(3)通过百分率:通过某号筛的质量占试样总质量的百分率,按式(5-3)求得。

$$p_i = 100 - A_i \tag{5-3}$$

式中:p_i——某号筛的通过百分率(%);

A_i——某号筛的累计筛余(%)。

综上所述,分计筛余、累计筛余和通过百分率的关系可参见图5-2和表5-20。

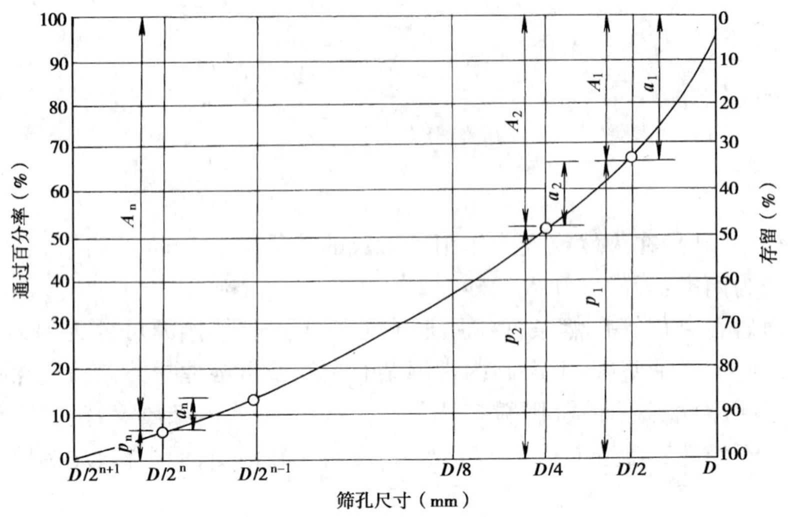

图 5-2　分计筛余、累计筛余和通过百分率的关系图

分计筛余、累计筛余和通过百分率的关系表　　表 5-20

筛孔 d(mm)	存留质量 m_i(g)	分计筛余 a_i(%)	累计筛余 A_i(%)	通过率 p_i(%)
5.0	m_5	a_5	$A_5=a_5$	$p_5=100-A_5$
2.5	$m_{2.5}$	$a_{2.5}$	$A_{2.5}=a_5+a_{2.5}$	$p_{2.5}=100-A_{2.5}$
1.25	$m_{1.25}$	$a_{1.25}$	$A_{1.25}=a_5+a_{2.5}+a_{1.25}$	$p_{1.25}=100-A_{1.25}$
0.63	$m_{0.63}$	$a_{0.63}$	$A_{0.63}=a_5+a_{2.5}+a_{1.25}+a_{0.63}$	$p_{0.63}=100-A_{0.63}$
0.315	$m_{0.315}$	$a_{0.315}$	$A_{0.315}=a_5+a_{2.5}+a_{1.25}+a_{0.63}+a_{0.315}$	$p_{0.315}=100-A_{0.315}$
0.16	$m_{0.16}$	$a_{0.16}$	$A_{0.16}=a_5+a_{2.5}+a_{1.25}+a_{0.63}+a_{0.315}+a_{0.16}$	$p_{0.16}=100-A_{0.16}$
<0.16	$m_{<0.16}$	$a_{<0.16}$	$A_{<0.16}=a_5+a_{2.5}+a_{1.25}+a_{0.63}+a_{0.315}+a_{0.16}+a_{<0.16}$	$p_{<0.16}=100-A_{<0.16}$
	$\sum m_i=m$	$\sum a_i=100$		

3. 粗度

粗度是评价砂粗细程度的一种指标，通常用细度模数表示。细度模数亦称细度模量，是各号筛的累计筛余百分率之和除以 100 之商。细度模数按式(5-4)计算。

$$\mu_f=\sum_{0.16}^{2.5}A_i/100=(A_{2.5}+A_{1.25}+A_{0.63}+A_{0.315}+A_{0.16})/100$$
$$=(5a_{2.5}+4a_{1.25}+3a_{0.63}+2a_{0.31}+a_{0.16})/100 \tag{5-4}$$

当砂中含有大于 5mm 的颗粒时，则按式(5-5)计算。

$$\mu_f=[(A_{2.5}+A_{1.25}+A_{0.63}+A_{0.315}+A_{0.16})-5A_5]/(100-A_5) \tag{5-5}$$

式中：μ_f——细度模数；

$\sum A_i$——各号筛的累计筛余之和(%)；

其余符号含义见表 5-20。

细度模数越大，表示砂越细。砂的粗度按细度模数可分为下列三级：

$\mu_f=3.7\sim3.1$ 为粗砂

$\mu_f=3.0\sim2.3$ 为中砂

$\mu_f=2.2\sim1.6$ 为细砂

细度模数的数值主要取决于0.16～2.5mm筛5个粒径的累计筛余量。由于在累计筛余的总和中，粗颗粒分计筛余的“权”比细颗粒大，所以细度模数的数值在很大程度上取决于粗颗粒含量；另外，细度模数的数值与小于0.16mm的颗粒含量无关，所以细度模数在一定程度上能反映砂的粗细概念，但未能全面反映砂的粒径分布情况，不同级配的砂可以具有相同的细度模数。

三、细集料及其质量标准

1. 桥涵结构混凝土用细集料的质量标准

(1)桥涵结构混凝土的细集料，应采用级配良好、质地坚硬、颗粒洁净、粒径小于5mm的河砂。河砂不易得到时，也可用山砂或用硬质岩石加工而成的机制砂。细集料不宜采用海砂，不得不采用时，其氯离子含量对于钢筋混凝土应符合相关的规定。

(2)桥涵结构混凝土用砂的级配应符合表5-21中某一个级配区所规定的级配范围。

桥涵结构混凝土用砂的分区及级配范围　　表5-21

标准筛筛孔尺寸(mm)	级配区			标准筛筛孔尺寸(mm)	级配区		
	I区	II区	III区		I区	II区	III区
	累计筛余(%)				累计筛余(%)		
10	0	0	0	0.63	85～71	70～41	40～16
5	10～0	10～0	10～0	0.315	95～80	92～70	85～55
2.5	35～5	25～0	15～0	0.16	100～90	100～90	100～90
1.25	65～35	50～10	25～0				

注：①表中除5mm、0.63mm、0.16mm筛孔外，其余各筛孔累计筛余允许超出分界线，但总量不得大于5%。

②I区砂宜提高砂率以配制低流动性混凝土；II区砂宜优先选用以配制不同等级的混凝土；III区砂宜适当降低砂率以保证混凝土的强度。

③高强泵送混凝土用砂宜选用中砂，细度模数为2.9～2.6。2.5mm筛孔的累计筛余不得大于15%，0.315mm筛孔的累计筛余宜在85%～92%范围内。

(3)桥涵结构混凝土用砂的坚固性指标应符合表5-22的规定。

桥涵结构混凝土用砂的坚固性指标　　表5-22

混凝土所处的环境条件	循环后的质量损失(%)
寒冷地区室外，并经常处于潮湿或干湿交替状态下	≤8
其他条件	≤12

注：①寒冷地区指最冷月份的月平均气温为0～－10℃且日平均气温≤5℃的天数不超过145d的地区。

②对同一产源的砂，在类似的气候条件下使用已有可靠经验时，可不做坚固性试验。

③对于有抗疲劳、耐磨、抗冲击要求的混凝土用砂，或有腐蚀介质作用或经常处于水位变化区的地下混凝土结构用砂，其循环后的质量损失应小于或等于8%。

(4)桥涵结构混凝土用砂中杂质的最大含量应符合表5-23的规定。

桥涵结构混凝土用砂中杂质的最大含量　　表5-23

项　目	≥C30的混凝土	<C30的混凝土
含泥量(%)	≤3	≤5
泥块含量(%)	≤1.0	≤2.0

续上表

项　　目	≥C30 的混凝土	<C30 的混凝土
云母含量(%)	<2	
轻物质含量(%)	<1	
硫化物及硫酸盐折算为 SO_3 含量(%)	<1	
有机质含量(比色法)	颜色应不深于标准色,如深于标准色,应以水泥砂浆进行抗压强度对比试验,加以复核	

注:①对有抗冻、抗渗或其他特殊要求的混凝土用砂,总含泥量应不大于3%,其中泥块含量应不大于1.0%,云母含量应不大于1%。

②对有机质含量进行复核时,用原状砂配制的水泥砂浆抗压强度不低于用洗除有机质的砂所配制的水泥砂浆的95%时为合格。

③砂中如有颗粒状的硫酸盐或硫化物,则要进行混凝土耐久性试验,满足要求时方能使用。

④杂质含量均按质量百分率计。

2. 水泥混凝土路面用细集料的质量标准

(1)水泥混凝土路面用细集料应采用质地坚硬、耐久、洁净的天然砂、机制砂或混合砂,各项技术指标应符合表5-24的规定。高速、一级、二级公路及有抗(盐)冻要求的三级、四级公路混凝土路面用砂应不低于II级,无抗(盐)冻要求的三级、四级公路混凝土路面、碾压混凝土路面及贫混凝土基层可使用III级砂。特重、重交通混凝土路面宜使用河砂,砂的硅质含量应不低于25%。

水泥混凝土路面用细集料技术指标　　表5-24

项　　目	技术指标		
	I级	II级	III级
机制砂单粒级最大压碎值(%)	<20	<25	<30
氯化物含量(按氯离子质量计,%)	<0.01	<0.02	<0.06
坚固性(按质量损失计,%)	<6	<8	<10
云母含量(按质量计,%)	<1.0	<2.0	<2.0
天然砂、机制砂含泥量(按质量计,%)	<1.0	<2.0	<3.0①
天然砂、机制砂泥块含量(按质量计,%)	0	<1.0	<2.0
机制砂MB值<1.4或合格石粉含量(按质量计,%)	<1.0	<3.0	<7.0
机制砂MB值≥1.4或不合格石粉含量(按质量计,%)	<1.0	<3.0	<5.0
有机质含量(比色法)	合格	合格	合格
硫化物及硫酸盐含量(按 SO_3 质量计,%)	<0.5		
轻物质含量(按质量计,%)	<1.0		
机制砂母岩抗压强度(MPa)	火成岩应不小于100;变质岩应不小于80;水成岩应不小于60		
表观密度(kg/m^3)	>2500		
松散堆积密度(kg/m^3)	>1350		
空隙率(%)	<47		
碱集料反应	经碱集料反应试验后,由砂配制的试件无裂缝、酥裂、胶体外溢等现象,在规定试验龄期的膨胀率应小于0.10%		

注:天然III级砂用于路面时,含泥量应小于3%;用于贫混凝土基层时,可小于5%。

(2)水泥混凝土路面用细集料的级配应符合表5-25的规定。路面和桥面用天然砂宜为中砂,也可使用细度模数在2.0~3.5之间的砂。同一配合比用砂的细度模数变化范围应不超过0.3,否则应分别堆放,并调整配合比中的砂率后使用。

水泥混凝土路面用细集料级配范围　　表5-25

砂分级	方孔筛筛孔尺寸(mm)					
	0.15	0.30	0.60	1.18	2.36	4.75
	累计筛余(按质量计,%)					
粗砂	90~100	80~95	71~85	35~65	5~35	0~10
中砂	90~100	70~92	41~70	10~50	0~25	0~10
细砂	90~100	55~85	16~40	0~25	0~15	0~10

(3)水泥混凝土路面和桥面混凝土所用的机制砂除应符合表5-24和表5-25的规定外,还应检验砂浆磨光值,其值宜大于35,不宜使用抗磨性较差的泥岩、页岩、板岩等水成岩类母岩品种生产机制砂。配制机制砂混凝土应同时掺引气高效减水剂。

(4)在河砂资源紧缺的沿海地区,二级及二级以下公路混凝土路面和基层可使用淡化海砂,缩缝设传力杆混凝土路面不宜使用淡化海砂;钢筋混凝土及钢纤维混凝土路面和桥面不得使用淡化海砂。淡化海砂除应符合表5-24和表5-25规定外,还应符合下述规定:

①淡化海砂带入每立方米混凝土中的含盐量应不大于1.0kg。

②淡化海砂中贝壳等甲壳类动物残留物含量应不大于1.0%。

③与河砂对比试验,淡化海砂应对砂浆磨光值、混凝土凝结时间、耐磨性、弯拉强度等无不利影响。

3.沥青混合料用细集料的质量标准

(1)沥青混合料用细集料除天然砂、机制砂外,还包括石屑。

(2)沥青混合料用细集料应洁净、无风化、无杂质,并有适当的颗粒级配,其质量应符合表5-26的规定。细集料的洁净程度,天然砂以小于0.075mm含量的百分数表示,石屑和机制砂以砂当量(适用于0~4.75mm)或亚甲蓝值(适用于0~2.36mm或0~0.15mm)表示。

沥青混合料用细集料质量要求　　表5-26

项　目	高速、一级公路	其他等级公路	试验方法
表观相对密度	≥2.50	≥2.45	T 0328
坚固性(>0.3mm部分,%)	≤12	—	T 0340
含泥量(<0.075mm的含量,%)	≤3	≤5	T 0333
砂当量(%)	≥60	≥50	T 0334
亚甲蓝值(g/kg)	≤25	—	T 0349
棱角性(流动时间,s)	≥30	—	T 0345

注:坚固性试验可根据需要进行。

(3)沥青混合料用天然砂可为河砂或海砂,通常宜采用粗、中砂,其规格应符合表5-27的规定。砂的含泥量超过规定时应水洗后使用,海砂中的贝壳类杂质必须筛除。热拌密级配沥青混合料中天然砂的用量通常不宜超过集料总量的20%,SMA、OGFC混合料不宜使用天然砂。

沥青混合料用天然砂规格　　表 5-27

筛孔尺寸(mm)	通过各筛孔的质量百分率(%)		
	粗砂	中砂	细砂
9.5	100	100	100
4.75	90～100	90～100	90～100
2.36	65～95	75～90	85～100
1.18	36～65	50～90	75～100
0.6	15～30	30～60	60～84
0.3	5～20	8～30	15～45
0.15	0～10	0～10	0～10
0.075	0～5	0～5	0～5

(4)沥青混合料用石屑是采石场破碎石料时通过4.75mm或2.36mm的筛下部分，其规格应符合表5-28的规定。高速、一级公路的沥青混合料，宜将S14与S16组合使用，S15可在沥青稳定碎石基层或其他等级公路中使用。

沥青混合料用机制砂或石屑规格　　表 5-28

规　格	公称粒径(mm)	水洗法通过各筛孔的质量百分率(%)							
		9.5	4.75	2.36	1.18	0.6	0.3	0.15	0.075
S15	0～5	100	90～100	60～90	40～75	20～55	7～40	2～20	0～10
S16	0～3		100	80～100	50～80	25～60	8～45	0～25	0～15

注：当生产石屑采用喷水抑制扬尘工艺时，应特别注意含粉量不得超过表中要求。

(5)沥青混合料用机制砂宜采用专用的制砂机制造，并选用优质石料生产，其级配应符合S16的规定。

第三节　岩石试验方法

一、岩石学简易鉴定(T 0201—1994)

1. 目的和适用范围

本方法适用于借助常规工具和试剂做简单试验，通过肉眼观察，鉴定公路工程岩样的岩石特征，其目的在于确定岩石的名称或类别。

2. 仪器设备

(1)铁锤。

(2)硬度计或其他检验硬度用的工具(如手指甲、铁刀刃、钢刀刃、玻璃片等)。

(3)放大镜或显微镜。

3. 试剂

稀盐酸：浓度10%。

4. 试样

为了获得有代表性的岩石样品，野外工作期间要选择的标本数不少于3个。对于不规则试样，样品规格为体积不小于100cm^{3}的近似立方体，并应除掉松动部分和表面附着物。

5. 试验步骤

(1)用铁锤敲击岩石试样，使之出现新鲜断面。

(2)通过肉眼，同时借助放大镜或显微镜仔细观察新鲜断面的岩石结构和构造，注重观察其节理、裂隙、结晶程度、矿粒大小、胶结物等特征结构，并作描述。

(3)用硬度计或其他检验硬度用的工具在新鲜断面上进行划痕试验，以确定岩石的硬度。

硬度对比的标准从软到硬依次由下列10种矿物组成：①滑石；②石膏；③方解石；④萤石；⑤磷灰石；⑥正长石；⑦石英；⑧黄玉；⑨刚玉；⑩金刚石。

注：这10种矿物是摩氏硬度所采用的标准矿物，其硬度值与其序号相对应，如石英的硬度值为7。测定其他矿物的硬度时，用其他矿物与标准矿物相互刻划，通过相互比较来确定。必须在纯净、新鲜的单个矿物晶体(晶粒)上进行刻划。用力缓而均匀，不得刻掘。如有打滑感，表明被刻矿物硬度大；如有阻涩感，则表明被刻矿物硬度小。

(4)在新鲜断面上滴几滴稀盐酸，观察滴酸的岩石部位表面变化，如有无泡沫产生等。

(5)分析岩石的矿物组成和结构，确定岩石名称或类别。

6. 结果整理

按下列岩石学鉴定记录(表5-29)所列项目进行岩相描述，并根据岩相特征确定岩石名称或类别。

岩石学鉴定记录　　表5-29

<table>
<tr><td colspan="3">工程项目</td><td colspan="3"></td></tr>
<tr><td colspan="3">岩石产地</td><td colspan="3"></td></tr>
<tr><td colspan="3">岩石用途</td><td colspan="3"></td></tr>
<tr><td colspan="3">试样编号</td><td></td><td></td><td></td></tr>
<tr><td rowspan="14">岩相描述</td><td colspan="2">颜色</td><td></td><td></td><td></td></tr>
<tr><td colspan="2">构造</td><td></td><td></td><td></td></tr>
<tr><td rowspan="4">结构</td><td>结晶程度</td><td></td><td></td><td></td></tr>
<tr><td>矿粒大小</td><td></td><td></td><td></td></tr>
<tr><td>胶结物</td><td></td><td></td><td></td></tr>
<tr><td>特征结构</td><td></td><td></td><td></td></tr>
<tr><td rowspan="3">矿物成分</td><td>重要的</td><td></td><td></td><td></td></tr>
<tr><td>次要的</td><td></td><td></td><td></td></tr>
<tr><td>次生的</td><td></td><td></td><td></td></tr>
<tr><td rowspan="3">风化情况</td><td>矿物光泽</td><td></td><td></td><td></td></tr>
<tr><td>矿物变化</td><td></td><td></td><td></td></tr>
<tr><td>风化程度</td><td></td><td></td><td></td></tr>
<tr><td colspan="3">结论</td><td></td><td></td><td></td></tr>
</table>

试验：　年　月　日　　　　复核：　年　月　日

注：常用的岩石学鉴定方法如下。

(1)可根据岩石的产状，特殊的结构、构造，主要的或特殊的物质成分来区分岩浆岩、沉积岩和变质岩三大类岩石。

(2)如果确定了是岩浆岩，则可根据颜色(矿物成分)和结构、构造决定岩石名称。因为在岩浆岩中，深色岩石含铁镁矿物多，多属基性或超基性岩类；如果颜色浅，则主要是硅铝矿物，一般为中性岩类或酸性岩类。然后，根据结构、构造，可确定其生成环境，这样就可以把岩浆岩类岩石区分开了。

(3)如果确定了是沉积岩，则先根据胶结物的有无，把碎屑岩和化学岩、生物化学岩区分开。如果是碎屑岩，则应根据碎屑的大小分出砾岩(角砾岩)、砂岩或黏土岩；而如果是化学岩或生物化学岩，则可用稀盐酸鉴别:岩石起泡者为石灰岩,粉末起泡者为白云岩,起泡后留下土状斑点者为泥灰岩。

(4)如果确定是变质岩,则应根据构造进一步划分。在定向构造岩石中,具片理状构造的为片岩或千枚岩,具片麻状构造的为片麻岩,而如果是厚板状的,则为板岩。在块状构造的岩石中,滴稀盐酸起泡者为大理岩,不起泡者为石英岩。

三大类岩石的主要区别见表5-30。表5-31列出了几种典型岩石的鉴定描述示例,供试验人员参考。

三大类岩石的主要区别 表5-30

特征	岩浆岩	沉积岩	变质岩
矿物成分及其特征	组成岩浆岩的矿物以硅酸盐矿物为主,其中最多的是长石、石英、黑云母、角闪石、辉石、橄榄石等,其中颜色较浅的,称浅色矿物,因以二氧化硅和钾、钠的铝硅酸盐类为主,又称硅铝矿物,如石英、长石等;其中颜色较深的,称暗色矿物,因以含铁、镁的硅酸盐类为主,又称铁镁矿物,如黑云母、角闪石、辉石、橄榄石等	组成沉积岩的矿物成分约有160余种,但比较重要的仅有20余种,如石英、长石、云母、黏土矿物、碳酸盐矿物、卤化物及含水氧化铁、锰、铝矿物等。在一般沉积岩中矿物成分不过1~3种,很少超过5~6种	组成变质岩的矿物成分,按其成因可分为: ①新生矿物(变晶矿物):在变质作用过程中新生成的矿物。如黏土岩经过变质后生成的红柱石。 ②原生矿物:在变质作用过程中保留下来的原岩中的稳定矿物。如云英岩中的一部分石英就是花岗岩在云英岩化过程中保留下来的原生矿物。 ③残余矿物:在变质作用过程中残留下来的原岩中的不稳定矿物,如花岗岩在云英岩化过程中残留有不稳定的长石
结构和构造	①具粒状、玻璃、斑状结构,气孔、杏仁、块状等构造; ②除喷出岩外,没有层状、片状等构造	①结构复杂,因形成环境而异; ②具层理,在层面上有波痕	①具有片理; ②板状、片状、片麻状构造,结晶质结构; ③砾石及晶体因受力可能变形

岩石特征描述示例 表5-31

岩相描述	颜色		浅红色	深灰色	冰黄色	浅灰色	灰黑色
	构造		块状	层状	块状	气孔状	气孔状
	结构	结晶程度	全晶质	—	完全	隐晶质	
		矿粒大小	0.2~2.0mm	—	2.0~5.0mm	<1.0mm	<1.0mm
		胶结物	—	碳质	硅质	—	—
		特征结构	花岗状	密致状	—	斑状	密致状
	矿物成分	重要的	正长石、黑云母	方解石	石英	斜长石、角闪石	斜长石、辉石
		次要的	—	—	—	—	—
		次生的	—	—	—	—	—
	风化情况	矿物光泽	光泽		玻璃光泽	玻璃光泽	玻璃光泽(黯淡)
		矿物变化	无显著变化	无变化	—	—	—
		风化程度	新鲜	略经风化	轻度风化	轻度风化	略经风化
结论			细粒花岗岩	微晶石灰岩	中粒石英砂岩	安山岩	玄武岩

二、含水率试验(T 0202—2005)

1.目的和适用范围

岩石含水率试验用于测定岩石在天然状态下的含水率。岩石的含水率可间接地反映岩石中空隙的多少、岩石的致密程度等特性。

本试验采用烘干法。对于不含结晶水矿物的岩石，烘干温度为 105 ~ 110℃；对于含结晶水矿物的岩石，温度宜控制在 60℃ ±5℃下进行测定。

2. 仪器设备

(1)烘箱：能使温度控制在 105 ~ 110℃范围，最低控温能满足 60℃ ±5℃。

(2)干燥器：内装氯化钙或硅胶等干燥剂。

(3)天平：感量 0.01g。

(4)称量盒。

3. 试样制备

(1)保持天然含水率的试样应在现场采取，严禁用爆破或湿钻法。试样在采取、运输、储存和制备过程中，含水率变化不应超过 1%。

(2)试件尺寸应大于组成岩石最大颗粒的 10 倍，每个试件质量一般不小于 40g，不大于 200g。每组试样的数量不宜少于 5 个。

(3)应记录描述岩石名称、颜色、矿物成分、结构、构造、风化程度、胶结物性质及为保持试样含水状态所采取的措施等。

4. 试验步骤

(1)将制备好的试样放入已烘干至恒量的称量盒内，称烘干前的试样和称量盒的合质量(m_1)。本试验所有称量精确至 0.01g。

(2)将称量盒连同试样置于烘箱内。对于不含结晶水的岩石，应在 105 ~ 110℃恒温下烘至恒量，烘干时间一般为 12 ~ 24h。对于含结晶水的岩石，应在 60℃ ±5℃恒温下烘至恒量，烘干时间一般为 24 ~ 48h。

(3)将称量盒从烘箱中取出，放入干燥器内冷却至室温，称烘干后的试样和称量盒的合质量(m_2)。

5. 结果整理

(1)计算岩石含水率。

$$w = \frac{m_1 - m_2}{m_2 - m_0} \times 100 \tag{5-6}$$

式中：w——岩石含水率(%)；

m_0——称量盒的干燥质量(g)；

m_1——试样烘干前的质量与干燥称量盒的质量之和(g)；

m_2——试样烘干后的质量与干燥称量盒的质量之和(g)。

(2)以 5 个试样的算术平均值作为试验结果，计算精确至 0.1%。

(3)含水率试验记录应包括岩石名称、试验编号、试样编号、试样描述、烘干前的试样和称量盒的合质量、烘干后的试样和称量盒的合质量、称量盒的干燥质量。

三、密度试验(T 0203—2005)

1. 目的和适用范围

岩石的密度(颗粒密度)是选择建筑材料、研究岩石风化、评价地基基础工程岩体稳定性及确定围岩压力等必需的计算指标。

本法用洁净水做试液时适用于不含水溶性矿物成分的岩石的密度测定，对含水溶性矿物成分的岩石应使用中性液体如煤油做试液。

注：洁净水一般指不含杂质的纯净水，建议使用蒸馏水。

2. 仪器设备

(1)密度瓶：短颈量瓶，容积100mL。

注：此处的密度瓶，在《公路工程土工试验规程》(JTG E40—2007)中称比重瓶。

(2)天平：感量0.001g。

(3)轧石机、球磨机、瓷研钵、玛瑙研钵、磁铁块和孔径为0.315mm(0.3mm)的筛子。

(4)砂浴、恒温水槽(灵敏度±1℃)及真空抽气设备。

(5)烘箱：能使温度控制在105～110℃。

(6)干燥器：内装氯化钙或硅胶等干燥剂。

(7)锥形玻璃漏斗和瓷皿、滴管、中骨匙和温度计等。

3. 试样制备

取代表性岩石试样在小型轧石机上初碎(或手工用钢锤捣碎)，再置于球磨机中进一步磨碎，然后用研钵研细，使之全部粉碎成能通过0.315mm筛孔的岩粉。

4. 试验步骤

(1)将制备好的岩粉放在瓷皿中，置于温度为105～110℃的烘箱中烘至恒量，烘干时间一般为6～12h，然后再置于干燥器中冷却至室温(20℃±2℃)备用。

注：除本试验外，其他岩石(不含结晶水)试验项目均以在105～110℃下烘12～24h作为试样的烘干标准。

(2)用四分法取两份岩粉，每份试样从中称取15g(m_1)，精确至0.001g(本试验称量精度皆同)，用漏斗灌入洗净烘干的密度瓶中，并注入试液至瓶的一半处，摇动密度瓶使岩粉分散。

(3)当使用洁净水做试液时，可采用沸煮法或真空抽气法排除气体。当使用煤油做试液时，应采用真空抽气法排除气体。采用沸煮法排除气体时，沸煮时间自悬液沸腾时算起不得少于1h；采用真空抽气法排除气体时，真空压力表读数宜为100kPa，抽气时间维持1～2h，直至无气泡逸出为止。

(4)将经过排除气体的密度瓶取出擦干，冷却至室温，再向密度瓶中注入排除气体且同温条件的试液，使其接近满瓶，然后置于恒温水槽(20℃±2℃)内。待密度瓶内温度稳定，上部悬液澄清后，塞好瓶塞，使多余试液溢出。从恒温水槽内取出密度瓶，擦干瓶外水分，立即称其质量(m_3)。

(5)倾出悬液，洗净密度瓶，注入经排除气体并与试验同温度的试液至密度瓶，再置于恒温水槽内。待瓶内试液的温度稳定后，塞好瓶塞，将逸出瓶外试液擦干，立即称其质量(m_2)。

5. 结果整理

(1)计算岩石密度值，精确至0.01g/cm³。

$$\rho_t = \frac{m_1}{m_1 + m_2 - m_3} \times \rho_{wt} \tag{5-7}$$

式中：ρ_t——岩石的密度(g/cm³)；

m_1——岩粉的质量(g)；

m_2——密度瓶与试液的合质量(g)；

m_3——密度瓶、试液与岩粉的总质量(g)；

ρ_{wt}——与试验同温度试液的密度(g/cm³)，洁净水的密度由表5-32查得，煤油的密度按式(5-8)计算；

$$\rho_{wt}=\frac{m_5-m_4}{m_6-m_4}\times\rho_w \tag{5-8}$$

m_4——密度瓶的质量(g)；

m_5——瓶与煤油的合质量(g)；

m_6——密度瓶与经排除气体的洁净水的合质量(g)；

ρ_w——经排除气体的洁净水的密度(表5-32)(g/cm³)。

(2)以两次试验结果的算术平均值作为测定值，如两次试验结果之差大于0.02g/cm³时，应重新取样进行试验。

(3)密度试验记录应包括岩石名称、试验编号、试样编号、试液温度、试液密度、烘干岩粉试样质量、瓶和试液合质量以及瓶、试液和岩粉试样总质量、密度瓶质量。

洁净水的密度(g/cm³)　　表5-32

温度(℃)	0.0	0.1	0.2	0.3	0.4	0.5	0.6	0.7	0.8	0.9
5	0.9999919	0.9999902	0.9999883	0.9999864	0.9999842	0.9999819	0.9999795	0.9999769	0.9999741	0.9999712
6	9681	9649	9616	9581	9544	9506	9467	9426	9384	9340
7	9295	9248	9200	9150	9099	9046	8992	8936	8879	8821
8	8762	8701	8638	8574	8509	8442	8374	8305	8234	8162
9	8088	8013	7936	7859	7780	7699	7617	7534	7450	7364
10	7277	7189	7099	7008	6915	6820	6724	6627	6529	6428
11	6328	6225	6121	6017	5911	5803	5694	5585	5473	5361
12	5247	5132	5016	4898	4780	4660	4538	4415	4291	4166
13	4040	3913	3784	3655	3524	3391	6258	3123	2987	2850
14	2712	2572	2432	2290	2147	2003	1858	1711	1564	1415
15	1265	1113	0961	0608	0653	0497	0340	0182	0023	0.9989862
16	0.9989701	0.9989538	0.9989374	0.9989209	0.9989043	0.9988876	0.9988707	0.9988538	0.9988367	8195
17	8022	7849	7673	7497	7319	7141	6961	6781	6599	6416
18	6232	6046	5861	5673	5485	5295	5105	4913	4720	4326
19	4331	4136	3938	3740	3541	3341	3140	2937	2733	2529
20	2323	2117	1909	1701	1490	1280	1068	0695	0641	0426
21	0210	0.9979993	0.9979775	0.9979556	0.9979043	0.9979114	0.9978892	0.9978669	0.9978444	0.9978219
22	0.9977993	7765	7537	7308	7077	6846	6613	6380	6145	5918
23	5674	5437	5198	4959	4718	4477	4435	3991	3717	3502
24	3256	3009	2760	2511	2261	2010	1758	1505	1250	0995

续上表

温度(℃)	0.0	0.1	0.2	0.3	0.4	0.5	0.6	0.7	0.8	0.9
25	0739	0432	0225	0.9969966	0.9969706	0.9969445	0.9969184	0.9968921	0.9968657	0.9968393
26	0.9968128	0.9967861	0.9967594	7326	7057	6736	6515	6243	5970	5696
27	5241	5146	4869	4591	4313	4033	3753	3472	3190	2907
28	2623	2338	2052	1766	1478	1190	0901	0610	0319	0027
29	0.9959735	0.9959440	0.9959146	0.9958850	0.9958554	0.9958257	0.9957958	0.9957659	0.9957359	0.9957059
30	6756	6454	6151	5846	5541	5235	4928	4620	4312	4002
31	3692	3380	3068	2755	2442	2127	1812	1495	1178	0861
32	0542	0222	0.9949901	0.9949580	0.9949258	0.998935	0.9948612	0.9948286	0.9947961	0.9947635
33	0.9947308	0.9946980	6651	6321	5991	5660	5328	4995	4661	4327
34	3991	3655	3319	2981	2643	2303	1963	1622	1280	0938
35	0594	0251	9906	9560	9214	8867	8518	8170	7820	7470

注:数值不全者,小数点后三位数值与上一行相同。

四、毛体积密度试验(T 0204—2005)

1. 目的和适用范围

岩石的毛体积密度(块体密度)是一个间接反映岩石致密程度、孔隙发育程度的参数,也是评价工程岩体稳定性及确定围岩压力等必需的计算指标。根据岩石含水状态,毛体积密度可分为干密度、饱和密度和天然密度。

岩石毛体积密度试验可分为量积法、水中称量法和蜡封法。

量积法适用于能制备成规则试件的各类岩石;水中称量法适用于除遇水崩解、溶解和干缩湿胀外的其他各类岩石;蜡封法适用于不能用量积法或直接在水中称量进行试验的岩石。

2. 仪器设备

(1)切石机、钻石机、磨石机等岩石试件加工设备。

(2)天平:感量0.01g,量程大于500g。

(3)烘箱:能使温度控制在105~110℃。

(4)石蜡及熔蜡设备。

(5)水中称量装置。

(6)游标卡尺。

3. 试件制备

(1)量积法试件制备,试件尺寸应符合T 0221—2005第3条中(1)的规定。

(2)水中称量法试件制备,试件尺寸应符合下列规定:试件可采用规则或不规则形状,试件尺寸应大于组成岩石最大颗粒粒径的10倍,每个试件质量不宜小于150g。

(3)蜡封法试件制备,试件尺寸应符合下列规定:将岩样制成边长约40~60mm的立方体试件,并将尖锐棱角用砂轮打磨光滑;或采用直径为48~52mm圆柱体试件。测定天然密度的试件,应在岩样拆封后,在设法保持天然湿度的条件下,迅速制样、称量和密封。

(4)试件数量,同一含水状态,每组不得少于3个。

4. 量积法试验步骤

(1)量测试件的直径或边长:用游标卡尺量测试件两端和中间三个断面上互相垂直的两个方向的直径或边长,按截面积计算平均值。

(2)量测试件的高度:用游标卡尺量测试件断面周边对称的四个点(圆柱体试件为互相垂直的直径与圆周交点处;立方体试件为边长的中点)和中心点的五个高度,计算平均值。

(3)测定天然密度:应在岩样开封后,在保持天然湿度的条件下,立即加工试件和称量。测定后的试件,可作为天然状态的单轴抗压强度试验用的试件。

(4)测定饱和密度:试件的饱和过程和称量,应符合 T 0205—2005 相关条款的规定。测定后的试件,可作为饱和状态单轴抗压强度试验用的试件。

(5)测定干密度:将试件放入烘箱内,控制在 105 ~ 110℃温度下烘 12 ~ 24h,取出放入干燥器内冷却至室温,称干试件质量。测定后的试件,可作为干燥状态单轴抗压强度试验用的试件。

(6)本试验称量精确至 0.01g;量测精确至 0.01mm。

5. 水中称量法试验步骤

(1)测天然密度时,应取有代表性的岩石制备试件并称量;测干密度时,将试件放入烘箱,在 105 ~ 110℃下烘至恒量,烘干时间一般为 12 ~ 24h。取出试件置于干燥器内冷却至室温后,称干试件质量。

(2)将干试件浸入水中进行饱和,饱和方法可依岩石性质选用煮沸法或真空抽气法。试件的饱和过程和称量,应符合 T 0205—2005 相关条款的规定。

(3)取出饱和浸水试件,用湿纱布擦去试件表面水分,立即称其质量。

(4)将试样放在水中称量装置的丝网上,称取试样在水中的质量(丝网在水中质量可事先用砝码平衡)。在称量过程中,称量装置的液面应始终保持同一高度,并记下水温。

(5)本试验称量精确至 0.01g。

6. 蜡封法试验步骤

(1)测天然密度时,应取有代表性的岩石制备试件并称量;测干密度时,将试件放入烘箱,在 105 ~ 110℃下烘至恒量,烘干时间一般为 12 ~ 24h,取出试件置于干燥器内冷却至室温。

(2)从干燥器内取出试件,放在天平上称量,精确至 0.01g(本试验称量精度皆同此)。

(3)把石蜡装在干净铁盆中加热熔化,至稍高于熔点(一般石蜡熔点在 55 ~ 58℃)。岩石试件可通过滚涂或刷涂的方法使其表面涂上一层厚度 1mm 左右的石蜡层,冷却后准确称出蜡封试件的质量。

(4)将涂有石蜡的试件系于天平上,称出其在洁净水中的质量。

(5)擦干试件表面的水分,在空气中重新称取蜡封试件的质量,检查此时蜡封试件的质量是否大于浸水前的质量。如超过 0.05g,说明试件蜡封不好,洁净水已浸入试件,应取试件重新测定。

7. 结果整理

(1)量积法岩石毛体积密度按下列公式计算。

$$\rho_0 = \frac{m_0}{V} \tag{5-9}$$

$$\rho_s = \frac{m_s}{V} \tag{5-10}$$

$$\rho_d = \frac{m_d}{V} \tag{5-11}$$

式中：ρ_0——天然密度（g/cm³）；

ρ_s——饱和密度（g/cm³）；

ρ_d——干密度（g/cm³）；

m_0——试件烘干前的质量（g）；

m_s——试件强制饱和后的质量（g）；

m_d——试件烘干后的质量（g）；

V——岩石的体积（cm³）。

（2）水中称量法岩石毛体积密度按下列公式计算。

$$\rho_0 = \frac{m_0}{m_s - m_w} \times \rho_w \tag{5-12}$$

$$\rho_s = \frac{m_s}{m_s - m_w} \times \rho_w \tag{5-13}$$

$$\rho_d = \frac{m_d}{m_s - m_w} \times \rho_w \tag{5-14}$$

式中：m_w——试件强制饱和后在洁净水中的质量（g）；

ρ_w——洁净水的密度（g/cm³），由表 5-32 查得。

（3）蜡封法岩石毛体积密度按下列公式计算。

$$\rho_0 = \frac{m_0}{\dfrac{m_1 - m_2}{\rho_w} - \dfrac{m_1 - m_d}{\rho_N}} \tag{5-15}$$

$$\rho_d = \frac{m_d}{\dfrac{m_1 - m_2}{\rho_w} - \dfrac{m_1 - m_d}{\rho_N}} \tag{5-16}$$

式中：m_1——蜡封试件质量（g）；

m_2——蜡封试件在洁净水中的质量（g）；

ρ_N——石蜡的密度（g/cm³）。

（4）毛体积密度试验结果精确至0.01g/cm³，3 个试件平行试验。组织均匀的岩石，毛体积密度应为 3 个试件测得结果之平均值；组织不均匀的岩石，毛体积密度应列出每个试件的试验结果。

（5）求得岩石的毛体积密度及密度后，用公式（5-17）计算总孔隙率 n，试验结果精确至 0.1%。

$$n = \left(1 - \frac{\rho_d}{\rho_T}\right) \times 100 \tag{5-17}$$

式中：n——岩石总孔隙率（%）；

ρ_t——岩石的密度（g/cm³）。

（6）毛体积密度试验记录应包括岩石名称、试验编号、试件编号、试件描述、试验方法、试件在各种含水状态下的质量、试件水中称量、试件尺寸、洁净水的密度和石蜡的密度等。

五、吸水性试验(T 0205—2005)

1. 目的和适用范围

岩石的吸水性用吸水率和饱和吸水率表示。岩石的吸水率和饱和吸水率能有效地反映岩石微裂隙的发育程度,可用来判断岩石的抗冻和抗风化等性能。

岩石吸水率采用自由吸水法测定,饱和吸水率采用煮沸法或真空抽气法测定。

本试验适用于遇水不崩解、不溶解或不干缩湿胀的岩石。

2. 仪器设备

(1)切石机、钻石机、磨石机等岩石试件加工设备。

(2)天平:感量0.01g,量程大于500g。

(3)烘箱:能使温度控制在105~110℃。

(4)抽气设备:抽气机、水银压力计、真空干燥器、净气瓶。

(5)煮沸水槽。

3. 试件制备

(1)规则试样:试件尺寸应符合本规程T 0221—2005第3条中(1)的规定。

(2)不规则试件宜采用边长或直径为40~50mm的浑圆形岩块。

注:应尽量采用规则试样,不允许采用边角废料。

(3)每组试件至少3个;岩石组织不均匀者,每组试件不少于5个。

4. 试验步骤

(1)将试件放入温度为105~110℃的烘箱内烘至恒量,烘干时间一般为12~24h,取出置于干燥器内冷却至室温(20℃±2℃),称其质量,精确至0.01g(后同)。

(2)将称量后的试件置于盛水容器内,先注水至试件高度的1/4处,以后每隔2h分别注水至试件高度的1/2和3/4处,6h后将水加至高出试件顶面20mm,以利试件内空气逸出。试件全部被水淹没后再自由吸水48h。

(3)取出浸水试件,用湿纱布擦去试件表面水分,立即称其质量。

(4)试件强制饱和,任选如下一种方法。

①用煮沸法饱和试件:将称量后的试件放入水槽,注水至试件高度的一半,静置2h。再加水使试件浸没,煮沸6h以上,并保持水的深度不变。煮沸停止后静置水槽,待其冷却,取出试件,用湿纱布擦去表面水分,立即称其质量。

②用真空抽气法饱和试件:将称量后的试件置于真空干燥器中,注入洁净水,水面高出试件顶面20mm,开动抽气机,抽气时真空压力需达100kPa,保持此真空状态直至无气泡发生时为止(不少于4h)。经真空抽气的试件应放置在原容器中,在大气压力下静置4h,取出试件,用湿纱布擦去表面水分,立即称其质量。

5. 结果整理

(1)分别计算吸水率、饱和吸水率,试验结果精确至0.01%。

$$w_a = \frac{m_1 - m}{m} \times 100 \tag{5-18}$$

$$w_{sa} = \frac{m_2 - m}{m} \times 100 \tag{5-19}$$

式中：w_a——岩石吸水率(%)；

w_{sa}——岩石饱和吸水率(%)；

m——烘至恒量时的试件质量(g)；

m_1——吸水至恒量时的试件质量(g)；

m_2——试件经强制饱和后的质量(g)。

(2)计算饱水系数，试验结果精确至0.01。

$$K_w = \frac{w_a}{w_{sa}} \tag{5-20}$$

式中：K_w——饱水系数，其他符号含意同前。

注：饱水系数用于评价岩石的抗冻性。饱水系数越大，岩石越容易被冻胀破坏，抗冻性就越差。

(3)组织均匀的试件，取3个试件试验结果的平均值作为测定值；组织不均匀的，则取5个试件试验结果的平均值作为测定值。并同时列出每个试件的试验结果。

(4)吸水率试验记录应包括岩石名称、试验编号、试件编号、试件描述、试验方法、干试件质量、试件浸水后质量、试件强制饱和后的质量。

六、膨胀性试验(T 0206—2005)

1. 目的和适用范围

对具有黏土矿物的岩层，必须了解岩石的膨胀特性，以便控制开挖过程中地下水对岩层、岩体的影响。岩石膨胀性试验包括岩石自由膨胀率试验、岩石侧向约束膨胀率试验和岩石膨胀压力试验。

岩石自由膨胀率试验适用于遇水不易崩解的岩石，岩石侧向约束膨胀率试验和岩石膨胀压力试验适用于各类岩石。

2. 仪器设备

(1)钻石机、切石机、磨石机、车床。

(2)测量平台。

(3)自由膨胀率试验仪(图5-3)。

(4)侧向约束膨胀率试验仪(图5-4)。

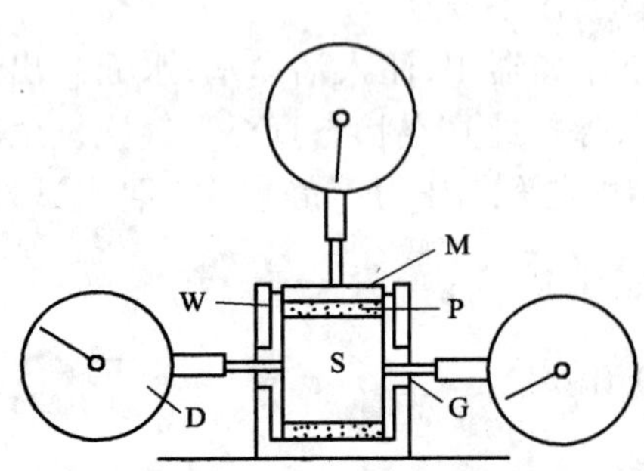

图5-3 自由膨胀率试验仪

M-金属板；P-透水板；S-岩石试件；G-橡胶板；W-水；D-指示表

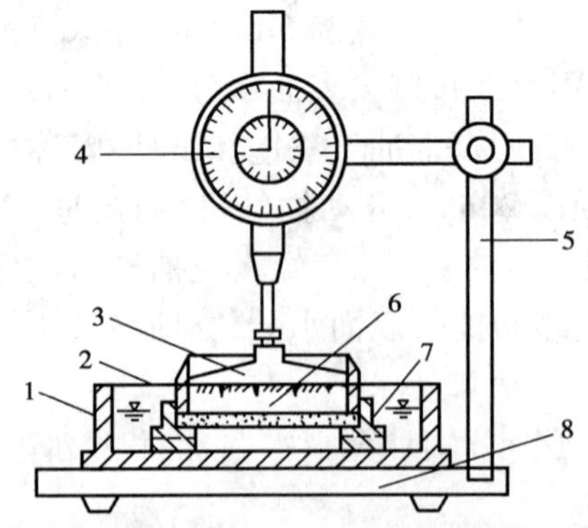

图5-4 侧向约束膨胀率试验仪

1-盛水器；2-环刀；3-传递活塞；4-测微表；5-表架；6-试样；7-底座；8-底盘

(5)膨胀压力试验仪(图5-5)。

(6)干湿温度计。

3. 试件制备

(1)岩石试件应在现场采取,并保持天然含水状态,不得采用爆破或湿钻法取样,而且试件应符合下列要求:

①自由膨胀率试验的试件:圆柱形试件的直径宜为50~60mm,试件高度宜等于直径,两端面应平行;立方形试件的边长宜为50~60mm,各相对面应平行。试件端面的平面度公差应小于0.05mm,端面对于试件轴线垂直度偏差不应超过0.25°。

②侧向约束膨胀率试验的试件应为圆柱体,试件直径宜为50mm,尺寸偏差为0~0.1mm,高度应大于20 mm,且应大于岩石矿物最大颗粒的10倍。两端面平面度公差应小于0.05mm,端面对于试件轴线垂直度偏差不应超过0.25°。

③膨胀压力试验的试件规格和精度应符合本条②款的规定。

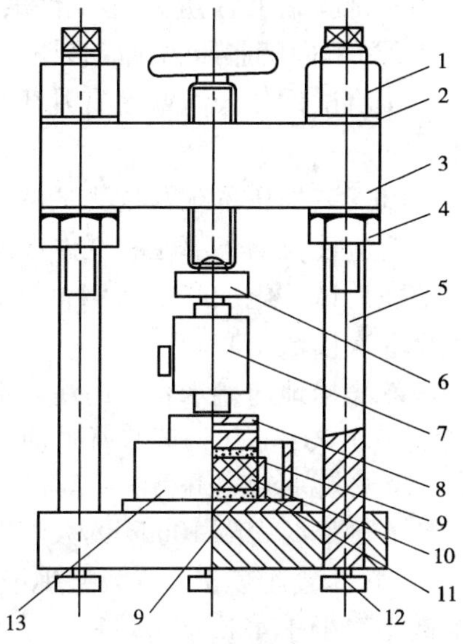

图5-5 岩石膨胀压力试验仪

1-螺母;2-平垫圈;3-横梁;4-螺母;5-摆柱;6-接头;7-压力传感器;8-上压板;9-金属透水板;10-试件;11-套环;12-调整件;13-容器

(2)每组试件数量不得少于3个。

(3)岩石试件应采用干法加工,天然含水率的变化不应超过1%。

(4)进行岩石试件加工时,应注意描述下列内容:

①岩石类别、颜色、矿物成分、结构、风化程度、胶结物性质等。

②膨胀变形的加载方向分别与层理、片理、节理、裂隙之间的关系。

③试件加工方法。

4. 试验步骤

(1)自由膨胀率试验应按下列步骤进行:

①将试件放入自由膨胀率试验仪内,在试件上下分别放置透水板,顶部放置一块金属板。

②在试件上部和四侧对称的中心部位分别安装千分表。四侧千分表与试件接触处,宜放置一块薄铜片。

③读记千分表读数,每隔10min读记1次,直至3次读数不变。

④缓慢地向盛水容器内注入洁净水,直至淹没上部透水板。

⑤在第1h内,每隔10min测读变形1次,以后每隔1h测读变形1次,直至3次读数差不大于0.001mm为止。浸水后试验时间不得小于48h。

⑥试验过程中,应保持水位不变,水温变化不得大于2℃。

⑦试验过程中及试验结束后,应详细描述试件的崩解、掉块、表面泥化或软化等现象。

(2)侧向约束膨胀率试验按下列步骤进行:

①将试件放入内壁涂有凡士林的金属套环内,在试件上下分别放置薄型滤纸和透水板。

注:金属套环的高度不应小于试件高度与两块透水板厚度之和,以免试件浸水饱和后呈现三向变形。

②顶部放上固定金属荷载块并安装垂直千分表。金属荷载块的质量应能对试件产生5kPa的持续压力。

③试验及稳定标准应符合上述自由膨胀率试验方法中步骤③~⑥的规定。

④试验结束后，应描述试件表面的泥化和软化现象。

(3)侧向膨胀压力试验按下列步骤进行：

①将试件放入内壁涂有凡士林的金属套环内，在试件上下分别放置薄型滤纸和金属透水板。

②安装加压系统及量测试件变形的测表。

③应使仪器各部位和试件在同一轴线上，不得出现偏心荷载。

④对试件施加产生0.01MPa压力的荷载，测读试件变形测表读数，每隔10min读数1次，直至3次读数不变。

⑤缓慢地向盛水容器内注入洁净水，直至淹没上部透水板。观测变形测表的变化，当变形量大于0.001mm时，调节所施加的荷载，应保持试件高度在整个试验过程始终不变。

注：必须进行各级压力下仪器自身变形的测定，并在加压时扣除仪器变形，使试件变形始终为零。

⑥开始时每隔10min读数1次，连续3次读数差小于0.001mm时，改为每1h读数1次；当每1h读数连续3次读数差小于0.001mm时，可认为稳定并记录试验荷载。浸水后总试验时间不得少于48h。

⑦试验过程中，应保持水位不变。水温变化不得大于2℃。

⑧试验结束后，应描述试件表面的泥化和软化现象。

5.结果整理

(1)分别计算岩石自由膨胀率、侧向约束膨胀率、膨胀压力。

$$V_{H}=\frac{\Delta H}{H}\times 100 \tag{5-21}$$

$$V_{D}=\frac{\Delta D}{D}\times 100 \tag{5-22}$$

$$V_{HP}=\frac{\Delta H_{1}}{H}\times 100 \tag{5-23}$$

$$P_{S}=\frac{F}{A} \tag{5-24}$$

式中：V_H——岩石轴向自由膨胀率(%)；

V_D——岩石径向自由膨胀率(%)；

V_{HP}——岩石侧向约束膨胀率(%)；

P_S——岩石膨胀压力(MPa)；

ΔH——试件轴向变形值(mm)；

H——试件高度(mm)；

ΔD——试件径向平均变形值(mm)；

D——试件直径或边长(mm)；

ΔH_1——有侧向约束试件的轴向变形值(mm)；

F——轴向荷载(N)；

A——试件截面积(mm^2)。

(2)岩石轴向自由膨胀率、径向自由膨胀率、侧向约束膨胀率试验结果精确至0.1%，岩石膨胀压力试验结果精确至0.001MPa。3个试件平行试验，分别列出每个试件的试验结果，并计算3个试件测试结果的平均值。

(3)膨胀性试验记录应包括岩石名称、试验编号、试件编号、试件描述、试件尺寸、温度、试验时间、轴向变形、径向变形和轴向荷载。

七、耐崩解性试验（T 0207—2005）

1. 目的和适用范围

耐崩解性试验的目的是确定岩石试样在一定条件下的崩解量、崩解指数、崩解时间和崩解状况。崩解指数主要是用于岩石分类。

本试验主要适用于质地疏松岩石、风化岩石、黏土岩类岩石等。

2. 仪器设备

（1）天平：感量0.1g，量程大于5000g。

（2）烘箱：能使温度控制在105～110℃。

（3）耐崩解性试验仪：由动力装置、圆柱形筛筒和水槽组成，其中圆柱形筛筒长100mm、直径140mm、筛孔直径2mm（图5-6）。

（4）温度计、干燥器。

3. 试样制备

（1）耐崩解性岩石试样应符合下列要求：

①在现场采取保持天然含水率的试样并密封。

②试样选取每块质量为40～60g的浑圆块状试件，每组试验试件的数量不应少于10个。

（2）试样描述应包括岩石类别、颜色、矿物成分、结构、风化程度、胶结物性质等。

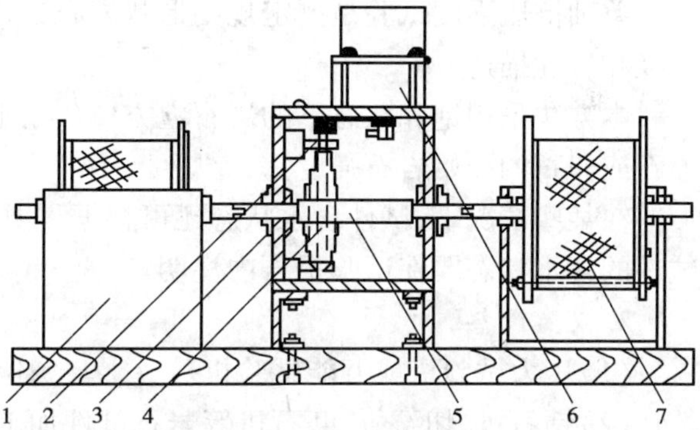

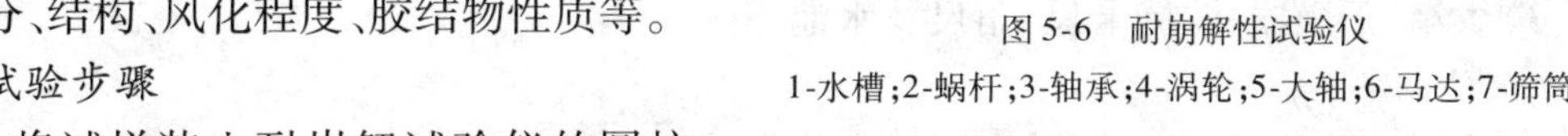

图5-6　耐崩解性试验仪

1-水槽；2-蜗杆；3-轴承；4-涡轮；5-大轴；6-马达；7-筛筒

4. 试验步骤

（1）将试样装入耐崩解试验仪的圆柱形筛筒内，在105～110℃的温度下烘干至恒量后，在干燥器内冷却至室温称量。

（2）将装有试样的圆柱形筛筒放在水槽内，向水槽内注入洁净水，使水位在转动轴下约20mm。圆柱形筛筒以20r/min的转速转动10min后，将圆柱形筛筒和残留试样在105～110℃的温度下烘干至恒量后，在干燥器内冷却至室温称量。

注：如果所用液体不是洁净水，而是自来水、地下水、海水等，则需在试验报告中加以说明。

（3）重复本条（2）项的程序，求得第二次循环后的圆柱形筛筒和残留试件质量。根据需要可进行5次甚至更多次循环试验。

（4）试验过程中，水温应保持在20℃±2℃范围内。

（5）试验结束后，应对残留试样、水的颜色和水中沉积物进行描述。根据需要，可对水中的沉积物进行颗粒分析、界限含水率测定和黏土矿物分析。

（6）称量精确至0.1g。

5. 结果整理

（1）计算岩石耐崩解性指数。

$$I_{d2}=\frac{m_{r2}-m_0}{m_s-m_0}\times 100 \tag{5-25}$$

式中：I_{d2}——岩石（二次循环）耐崩解性指数（%）；

m_0——圆柱筛筒烘干质量（g）；

m_s——圆柱筛筒质量与原试样烘干质量的和（g）；

m_{r2}——圆柱筛筒质量与第二次循环后残留试样烘干质量的和（g）。

（2）每组试验3个试样平行试验，试验结果应为3个试样测得结果之平均值，并同时列出每个试样的试验结果。试验结果精确至0.1%。

（3）耐崩解性试验记录应包括岩石名称、试验编号、试样编号、试样描述及试样在试验前后的烘干质量。

注：对于易崩解的岩石，宜采用现行《公路工程土工试验规程》（JTG E40）中的方法对其进一步进行鉴定，如测定其液限、塑限等。

八、单轴抗压强度试验（T 0221—2005）

1. 目的和适用范围

单轴抗压强度试验是测定规则形状岩石试件单轴抗压强度的方法，主要用于岩石的强度分级和岩性描述。

本方法采用饱和状态下的岩石立方体（或圆柱体）试件的抗压强度来评定岩石强度（包括碎石或卵石的原始岩石强度）。

在某些情况下，试件含水状态还可根据需要选择天然状态、烘干状态或冻融循环后状态。试件的含水状态要在试验报告中注明。

2. 仪器设备

（1）压力试验机或万能试验机。

（2）钻石机、切石机、磨石机等岩石试件加工设备。

（3）烘箱、干燥器、游标卡尺、角尺及水池等。

3. 试件制备

（1）建筑地基的岩石试验，采用圆柱体作为标准试件，直径为50mm±2mm、高径比为2∶1。每组试件共6个。

（2）桥梁工程用的石料试验，采用立方体试件，边长为70mm±2mm。每组试件共6个。

（3）路面工程用的石料试验，采用圆柱体或立方体试件，其直径或边长和高均为50mm±2mm。每组试件共6个。

有显著层理的岩石，分别沿平行和垂直层理方向各取试件6个。试件上、下端面应平行和磨平，试件端面的平面度公差应小于0.05mm，端面对于试件轴线垂直度偏差不应超过0.25°。对于非标准圆柱体试件，试验后抗压强度试验值按（5-26）进行换算。

$$R_e = \frac{8R}{7 + 2D/H} \tag{5-26}$$

式中：R_e——高径比为2∶1的标准抗压强度值（MPa）；

R——任意高径比的抗压强度值（MPa）；

D——直径；

H——高度。

4. 试验步骤

（1）用游标卡尺量取试件尺寸（精确至0.1mm），对立方体试件在顶面和底面上各量取其边长,以各个面上相互平行的两个边长的算术平均值计算其承压面积;对于圆柱体试件在顶面和底面分别测量两个相互正交的直径,并以其各自的算术平均值分别计算底面和顶面的面积,取其顶面和底面面积的算术平均值作为计算抗压强度所用的截面积。

(2)试件的含水状态可根据需要选择烘干状态、天然状态、饱和状态、冻融循环后状态。试件烘干和饱和状态应符合本规程 T 0205—2005 中相关条款的规定,试件冻融循环后状态应符合本规程 T 0241—2005 中相关条款的规定。

(3)按岩石强度性质,选定合适的压力机。将试件置于压力机的承压板中央,对正上、下承压板,不得偏心。

(4)以0.5~1.0MPa/s的速率进行加荷直至破坏,记录破坏荷载及加载过程中出现的现象。抗压试件试验的最大荷载记录以 N 为单位,精度 1%。

5. 结果整理

(1)岩石的抗压强度和软化系数分别按式(5-27)、式(5-28)计算。

$$R=\frac{P}{A} \tag{5-27}$$

式中:R——岩石的抗压强度(MPa);

P——试件破坏时的荷载(N);

A——试件的截面积(mm^2)。

$$K_P=\frac{R_w}{R_d} \tag{5-28}$$

式中:K_P——岩石的软化系数;

R_w——岩石饱和状态下的单轴抗压强度(MPa);

R_d——岩石烘干状态下的单轴抗压强度(MPa)。

(2)单轴抗压强度试验结果应同时列出每个试件的试验值及同组岩石单轴抗压强度的平均值;有显著层理的岩石,分别报告垂直与平行层理方向的试件强度的平均值。计算值精确至 0.1MPa。

软化系数计算值精确至 0.01,3 个试件平行测定,取算术平均值;3 个值中最大与最小之差不应超过平均值的 20%,否则,应另取第 4 个试件,并在 4 个试件中取最接近的 3 个值的平均值作为试验结果,同时在报告中将 4 个值全部给出。

(3)单轴抗压强度试验记录应包括岩石名称、试验编号、试件编号、试件描述、试件尺寸、破坏荷载、破坏形态。

九、单轴压缩变形试验(T 0222—2005)

1. 目的和适用范围

岩石单轴压缩变形试验用于测定岩石试件在单轴压缩应力条件下的轴向及径向应变值,据此算出岩石的弹性模量和泊松比。

弹性模量是轴向应力与轴向应变之比;泊松比是在弹性模量相对应条件下的径向应变与轴向应变之比。

本试验可分为电阻应变仪法和千分表法,适用于能制成规则试件的各类岩石。坚硬和较坚硬的岩石应采用电阻应变仪法,较软岩石应采用千分表法。

2. 仪器设备

(1)钻石机、锯石机、磨石机等岩石试件加工设备。

(2)惠斯顿电桥、万用表、兆欧表、千分表。

(3)电阻应变仪。

(4)电阻应变片(丝栅长度大于15mm)及粘贴电阻应变片用的各种工具及黏结剂等。

(5)压力试验机或万能试验机。

(6)其他设备:金属屏蔽线、恒温烘箱及其他试件加工设备。

3. 试件制备

(1)从岩石试样中制取直径为50mm ±2mm、高径比为2:1的圆柱体试件。

(2)试件含水状态可根据需要选择天然含水状态、烘干状态和饱和状态。试件烘干和饱和状态应符合T 0205—2005第4条中(2)、(4)的规定。

(3)同一含水状态下每组试件数量不应少于6个。

(4)试件上、下端面应平行和磨平。试件端面的平面度公差应小于0.05mm,端面对于试件轴线垂直度偏差不应超过0.25°。

4. 试验步骤

(1)其中3个试件测定单轴抗压强度,试验步骤同T 0221—2005第4条。

(2)电阻应变仪法。

①选择电阻应变片:应变片栅长应大于岩石矿物最大颗粒粒径的10倍,小于试件半径。同一组试件的工作片与温度补偿片的规格和灵敏度系数应相同,电阻值允许偏差为±0.1Ω。

②贴电阻应变片:试件以相对面为一组,分别贴纵向和横向应变片(如只求弹性模量而不求泊松比,则仅需贴纵向的一对即可),数量均不应少于两片,且贴片位置应尽量避开裂隙或斑晶。贴片前先将试件的贴片部位用0号砂纸斜向擦毛,用丙酮擦洗,均匀地涂一层防潮胶液,厚度不应大于0.1mm,面积约为20mm×30mm,再使应变片牢固地贴在试件上。

③焊接导线:将各应变片的线头分别焊接导线,并用白胶布贴在导线上,标明编号。焊接时注意:焊接宜用液态松香和金属屏蔽线,以免产生磁场互相干扰;电阻应变仪应与压力试验机靠近些,减少导线长度;导线焊好后要固定,以免拉脱。系统绝缘电阻值应大于200MΩ。

④按所用的电阻应变仪的使用说明书进行操作,接电源并检查电压,调整灵敏系数;将试件测量导线接好,放在压力试验机球座上;接温度补偿电阻应变片,贴温度补偿电阻应变片的试件应是试验试件的同组试件,并放在试验试件的附近;粘贴温度补偿应变片的操作程序要求尽量与工作应变片相同。

⑤将试件反复预压2~3次,加荷压力约为岩石极限强度的15%。

⑥按规定的加载方式和荷载分级,加荷速度应为0.5~1.0MPa/s,逐级测读荷载与应变值,直至试件破坏。读数不应少于10组测值。

⑦记录加载过程及破坏时出现的现象,对破坏后的试件进行描述。

(3)千分表法。

①采用千分表法测量岩石试件变形时,对于较硬岩,可将测量表架直接安装在试件上测量试件的纵、横向变形。对于变形较大、强度较低的软岩和极软岩,可将测表安装在磁性表架上,磁性表架安装在试验机的下承压板上,纵向测表表头与上承压板边缘接触,横向测表表头直接与试件接触,测读初始读数。两对相互垂直的纵向测表和横向测表应分别安装在试件直径的对称位置上。

②其他步骤应符合上述“电阻应变仪法”中步骤⑤~⑦的规定。

5. 结果整理

(1)计算各级应力。

$$\sigma = \frac{P}{A} \tag{5-29}$$

式中:σ——应力(MPa);

P——与所测各组应变值相应的荷载(N);

A——试件的截面积(mm^2)。

(2)绘制应力与纵向应变及横向应变关系曲线,在应力与纵向应变关系曲线上找出加载最大值的 0.8 倍和 0.2 倍的点,并作割线,以该割线的斜率表示该试件的弹性模量,按式(5-30)计算,试验结果精确至 100MPa。

$$E = \frac{\sigma_{0.8} - \sigma_{0.2}}{\varepsilon_{L0.8} - \varepsilon_{L0.2}} \tag{5-30}$$

式中:　　E——弹性模量(MPa);

$\sigma_{0.8}$、$\sigma_{0.2}$——加载最大值的 0.8 倍和 0.2 倍时的试件应力(MPa);

$\varepsilon_{L0.8}$、$\varepsilon_{L0.2}$——应力为 $\sigma_{0.8}$、$\sigma_{0.2}$时的纵向应变值。

(3)以同一应力下的纵向、横向应变,按式(5-31)计算弹性泊松比 μ,试验结果精确至 0.01。

$$\mu = \frac{\varepsilon_{H0.8} - \varepsilon_{H0.2}}{\varepsilon_{L0.8} - \varepsilon_{L0.2}} \tag{5-31}$$

式中:　　μ——弹性泊松比;

$\varepsilon_{H0.8}$、$\varepsilon_{H0.2}$——应力为 $\sigma_{0.8}$、$\sigma_{0.2}$时的横向应变值。

(4)计算割线模量和相应的泊松比 μ。

$$E_{50} = \frac{\sigma_{50}}{\varepsilon_{L50}} \tag{5-32a}$$

$$\mu_{50} = \frac{\varepsilon_{H50}}{\varepsilon_{L50}} \tag{5-32b}$$

式中:E_{50}——岩石的变形模量,即割线模量(MPa);

μ_{50}——岩石泊松比;

σ_{50}——加载最大值的 0.5 倍时的试件应力(MPa);

ε_{H50}——应力为 σ_{50}时的横向应变值;

ε_{L50}——应力为 σ_{50}时的纵向应变值。

(5)每组试验3个试件平行试验,试验结果应为 3 个试件测得结果之平均值,并同时列出每个试件的试验结果。

(6)单轴压缩变形试验记录应包括岩石名称、试验编号、试件编号、试件描述、试件尺寸、各级荷载下的应力及纵向和横向应变值、弹性模量和泊松比。

十、劈裂强度试验(T 0223—1994)

1. 目的和适用范围

在工程实践中,通常不允许出现拉应力,但拉断破坏仍是工程岩体主要的破坏方式之一,而且岩石抵抗拉应力的能力最低。

测定岩石抗拉强度的方法，有直接拉伸法和间接拉伸法两种。由于直接法的试件制备困难和试验技术的复杂性，目前多采用间接法（即劈裂法），所得到的强度称为劈裂强度。

本试验适用于能制成规则试件的各类岩石。

2. 仪器设备

（1）切石机、钻石机、磨石机等岩石试件加工设备。

（2）压力试验机或万能试验机。

（3）游标卡尺。

3. 试件制备

（1）试件应采用圆柱体，直径为50mm ±2mm、高径比为0.5 ~1.0，试件高度应大于岩石最大颗粒粒径的10倍。

（2）试件上、下端面应平行和磨平。试件端面的平面度公差应小于0.05mm，端面对于试件轴线垂直度偏差不应超过0.25°。

（3）试件的含水状态可根据需要选择，其天然状态、烘干状态和饱和状态应符合本规程相应的规定。

4. 试验步骤

（1）通过试件直径的两端，沿轴线方向画两条相互平行的加载基线，将两根垫条沿加载基线固定在试件两端。对于坚硬和较坚硬岩石应选用直径为1mm钢丝为垫条，对于软弱和较软弱岩石应选用宽度与试件直径之比为0.08 ~0.1的胶木板为垫条。

（2）将试件置于试验机承压板中心，调整球座，使试件均匀受荷，并使垫条与试件在同一加荷轴线上。

（3）以0.3 ~0.5MPa/s的速度连续而均匀地加荷，直至试件破坏为止。试件最终破坏应通过两垫条决定的平面，否则应视为无效试验。

（4）记录破坏荷载，并对破坏后的试件进行描述。

5. 结果整理

（1）计算劈裂强度（间接抗拉强度）。

$$\sigma_t = \frac{2P}{\pi DH} \tag{5-33}$$

式中：σ_t——岩石的劈裂强度（MPa）；

P——破坏时的极限荷载（N）；

D——圆柱体试件的直径（mm）；

H——圆柱体试件的高度（mm）。

（2）岩石的劈裂强度试验结果应同时列出每个试件的试验值和同组3个（视所要求的受力方向或含水状态而定，每种情况下须制备3个）试件试验结果的平均值，试验结果精确至0.1MPa。

（3）劈裂强度试验记录应包括岩石名称、试验编号、试件编号、试件描述、试件尺寸、破坏荷载。

十一、抗剪强度（直剪）试验（T 0224—2005）

1. 目的和适用范围

本试验的目的是求出试件沿滑动面的正应力与剪应力的关系，提供岩石基础计算之依据。

岩石直剪试验是将同一类型的一组岩石试件在不同的法向荷载下进行水平剪切，根据库仑定律表达式确定岩石的抗剪强度参数。本试验适用于岩石结构面（如节理面、层理面、片理面、劈理面等位置）、岩石本身及混凝土或砂浆与岩石胶结面的直剪试验。

2. 仪器设备

（1）钻石机、切石机、磨石机等岩石试件加工设备。

（2）配制混凝土及砂浆设备、养护槽等。

（3）饱和样品设备：水槽、真空抽气设备等。

（4）量测法向和剪切向位移的量表，精度 0.01mm。

（5）游标卡尺。

（6）包括法向和剪切向加压设备的直剪仪，如图 5-7。

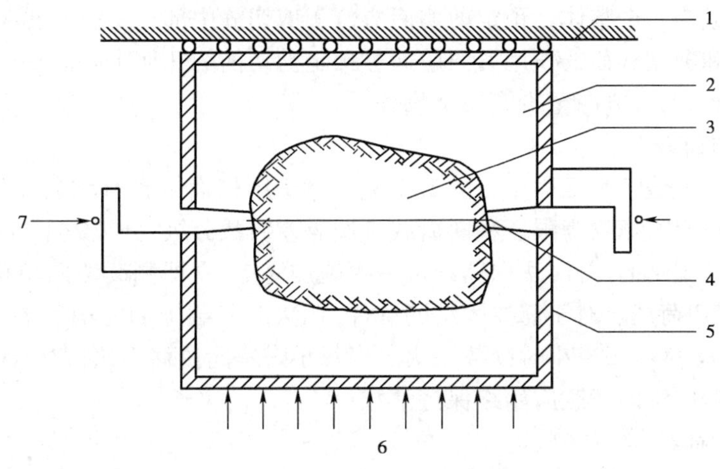

图 5-7　试验室直剪试验布置图

1-低摩擦系统；2-包封材料；3-试件；4-试验层位；5-试件模盒；6-法向荷载系统；7-剪切荷载系统

3. 试件制备

（1）混凝土或砂浆与岩石胶结面试件：

①混凝土或砂浆与岩石胶结面试件规格应为正方体，其边长不小于 150mm，混凝土或砂浆与岩石的接触面应位于试件中部。

②拟浇注混凝土或砂浆的岩面起伏差，应控制在边长或直径的 1% ~2% 以内。

③在浇注混凝土或砂浆的同时，须制备 3 ~6 块混凝土或砂浆强度试件，用于检查抗压强度。

④制备好的混凝土或砂浆与岩石胶结面直剪试件和混凝土或砂浆抗压试件应置于养护室内进行养护，达到规定龄期后进行试验，同组试验宜在同一龄期下进行。

（2）具有结构面试件：

①试件应尽量保持原状结构，防止结构面被扰动。

②岩石结构面直剪试验试件的直径或边长不小于 150mm，试件高度应与直径或边长相等，结构面应位于试件中部。

③对于加工困难的岩样允许采用不规则试件，试件须用高强度的混凝土包裹。在试件与外框之间必须填充密实，剪切缝宜控制在 10mm 左右。

（3）岩石试件：

①试件尺寸的确定应考虑仪器的设备能力和岩石本身强度。岩石直剪试验试件的直径或边长不得小于50mm,试件高度应与直径或边长相等。也可采用不规则试件。

②试件须用高强度的钢筋混凝土或钢制外框包裹。在试件与外框之间必须填充密实,剪切缝宜控制在10mm左右。

(4)根据需要,试件可采用天然、饱和以及干燥状态。

(5)试件数量每组不得少于5个。

4. 试验步骤

(1)试件安装

①将试件置于直剪仪上,试件的受剪方向应与构造物的受力方向大致相同。经论证后,确认剪切参数不受施力方向影响时,可不受此限制。试件与剪切盒内壁之间的间隙以填料填实,使试件与剪切盒成为一个整体。预定剪切面应位于剪切缝中部。

②法向载荷和剪切载荷的作用方向应通过预定剪切面的几何中心。法向位移量表和水平位移量表应对称布置,各方向至少有一个量表。

(2)施加法向荷载

①法向荷载最大值宜为工程压力的1.2倍。对于结构面中含有软弱充填物的试件,最大法向荷载应以不挤出充填物为限。法向荷载宜按等差级数分级,分级数不应少于5级。

②对于不需要固结的试件,法向荷载可一次施加完毕,立即测读法向位移,5min后再测读一次,即可施加剪切荷载。对于需要固结的试件,在法向荷载施加完毕后的第一个小时内,每隔15min读数一次,然后每半小时读数一次。当每小时法向位移不超过0.05mm时,可施加剪切荷载。试验过程中法向荷载应始终保持常数。

(3)施加剪切荷载

①按预估最大剪切荷载分10~12级,每级荷载施加后,立即测读剪切位移和法向位移,5min后再测读一次,即可施加下一级剪切荷载,当剪切位移明显增大时,可适当减小级差。峰值前施加剪切荷载不宜少于10级。

②将剪切荷载退至零。根据需要,待试件充分回弹后,调整量表。按以上步骤,进行摩擦试验。

(4)试验结束后的剪切面描述

①准确量测剪切面面积。

②详细描述剪切面的破坏情况,擦痕的分布、方向和长度。

③测量剪切面的起伏差,绘制沿剪切方向断面高度的变化曲线。

④当结构面内有充填物时,应准确判断剪切面的位置,并记述其组成成分、性质、厚度、构造。根据需要测定充填物的物理性质。

5. 结果整理

(1)计算法向应力和剪应力,试验结果精确至0.01MPa。

$$\sigma = \frac{P}{A} \tag{5-34}$$

$$\tau = \frac{Q}{A} \tag{5-35}$$

式中:σ——法向应力(MPa);

τ——剪应力(MPa);

P——法向载荷(N);

Q——剪切载荷(N);

A——有效剪切面积(mm^2)。

本试验至少用3个以上的试件做平行测定。

(2)绘制各法向应力下的剪应力 τ 与剪切位移 v_s 及法向位移 v_n 的关系曲线,其中法向位移和剪切位移均取所有量测仪表的平均值,确定各剪切阶段特征点的剪应力值。

(3)根据各剪切阶段特征点的剪应力和法向应力值,采用图解法或最小二乘法绘制剪应力 τ 与法向应力 σ 关系曲线,并确定相应的抗剪强度参数。

按式(5-36)、式(5-37)计算摩擦系数 $\tan\varphi$ 和黏聚力 c。

$$\tan\varphi = \frac{\tau_n - \tau_1}{\sigma_n - \sigma_1} \tag{5-36}$$

$$c = \tau_n - \sigma_n \tan\varphi \tag{5-37}$$

式中:$\tan\varphi$——摩擦系数;

c——黏聚力(MPa);

τ_n——σ_n 时的极限剪应力(MPa);

τ_1——σ_1 时的极限剪应力(MPa);

σ_n——大于 σ_1 时的法向应力(MPa);

σ_1——法向应力(MPa)。

(4)直剪试验记录应包括岩石名称、试验编号、试件编号、试件描述、剪切面积、法向荷载下各级剪切荷载时的法向位移及剪切位移。

十二、点荷载强度试验(T 0225—1994)

1. 目的和适用范围

点荷载强度可为岩石分级及按经验公式计算岩石的抗压强度参数提供依据。

本试验适用于除极软岩以外的各类岩石。

2. 仪器设备

(1)点荷载试验仪:如图5-8所示,它包括:

①加载系统:主要包括油压机、承压框架、球端圆锥状压头。油压机出力为50kN,加载框架应有足够的刚度,要保证在最大破坏荷载的反复作用下不产生永久性扭曲;球端圆锥状压板的球端曲率半径为5mm,圆锥体的顶角为60°[图5-8b)],采用坚硬材料制成,如碳化钨等。在试验过程中,上下压板必须保持在同一轴线上,偏差不得超过±0.2mm。

②荷载测量系统:油压表两个,最大量程分别为10MPa、60MPa,其测量精度应保证达到破坏荷载读数 P 的2%。整个荷载测量系统应能抵抗液压冲击和振动,不受反复加载的影响。

③标距测量部分:采用0.2mm刻度钢尺或位移传感器,应保证试样加荷点间距的测量精度达到±0.2mm。

(2)卡尺或钢卷尺:精度为±0.2mm。

(3)地质锤。

3. 试件制备

(1)试样可用钻孔岩芯,或从岩石露头、勘探坑槽、平洞、巷道中采取的岩块。试样在采取和制备过程中,应避免产生人为裂隙。

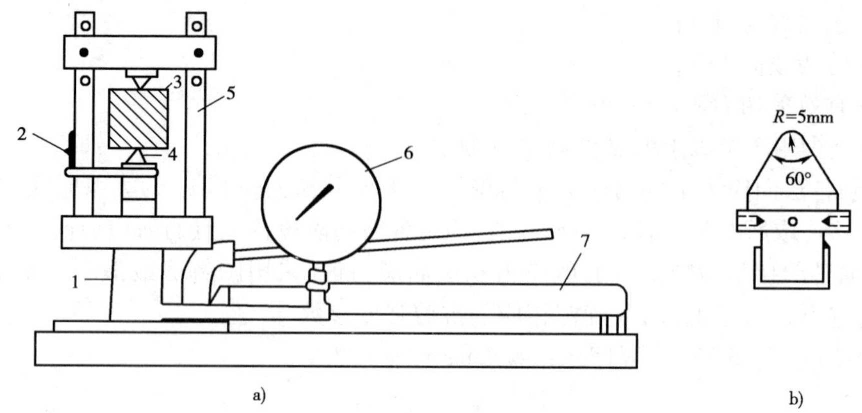

图 5-8 点荷载试验仪

a)携带式点荷载仪示意图;b)球端圆锥状压头示意图

1-千斤顶;2-游标标尺;3-试样;4-球端圆锥状压头(简称加荷锥);5-框架;6-油压表;7-手摇卧式油泵

(2)试样尺寸

①岩芯试样

a. 径向试验:直径 30 ~ 100mm,长度与直径之比应大于 1。

b. 轴向试验:直径与加荷点间距为 30 ~ 100mm,加荷点间距与直径之比为 0.3 ~ 1。

②方块体或不规则块体试样

a. 加荷两点间距为 30 ~ 50mm。

b. 加荷处平均宽度与加荷两点间距之比为 0.3 ~ 1。

c. 试样长应不小于加荷两点间距。岩块试样的长(L)、宽(b)、高(h)应尽可能满足 $L \geqslant b \geqslant h$(图 5-9)。试样高度一般控制在 25 ~ 100mm,使之能满足试验仪加载系统对试样尺寸的要求。试样加荷点附近的岩面不宜过于凸凹不平或倾斜,否则,应加以修整。

③试样含水状态可根据需要选择天然含水状态、烘干状态、饱和状态或其他含水状态。试样烘干和饱和方法应符合本规程 T 0205—2005 中相关条款的规定。

④试样数量应视试验性质、含水状态、岩石均质程度而定:

a. 岩芯试样每组 5 ~ 10 个。

b. 方块体或不规则块体试样每组 15 ~ 20 个。

c. 如果岩石是各向异性的(如层理、片理明显的沉积岩和变质岩),还应再分为平行和垂直层理加荷的两个亚组,每组试样不少于 15 个。

4. 试验步骤

(1)检查试验仪上、下两个加荷锥头是否准确对中,并利用框架立柱上的标尺读出两锥头间的零位移值。

(2)测量试样的长(L)、宽(b)、高(h)尺寸。对不规则试样,应通过试样的中点测量上述尺寸。

(3)描述试样的结构、构造、裂隙及风化程度等特征。

(4)试样安装。

①径向试验:将岩芯试样放入球端圆锥之间,使上、下锥端与试样直径两端紧密接触,量测加荷点间距。接触点距试样自由端的最小距离应不小于加荷两点间距的 2/5。

②轴向试验:将岩芯试样放入球端圆锥之间,使上、下锥端位于岩芯试样的圆心处并与试样紧密接触。量测加荷点间距及垂直于加荷方向的试样宽度。

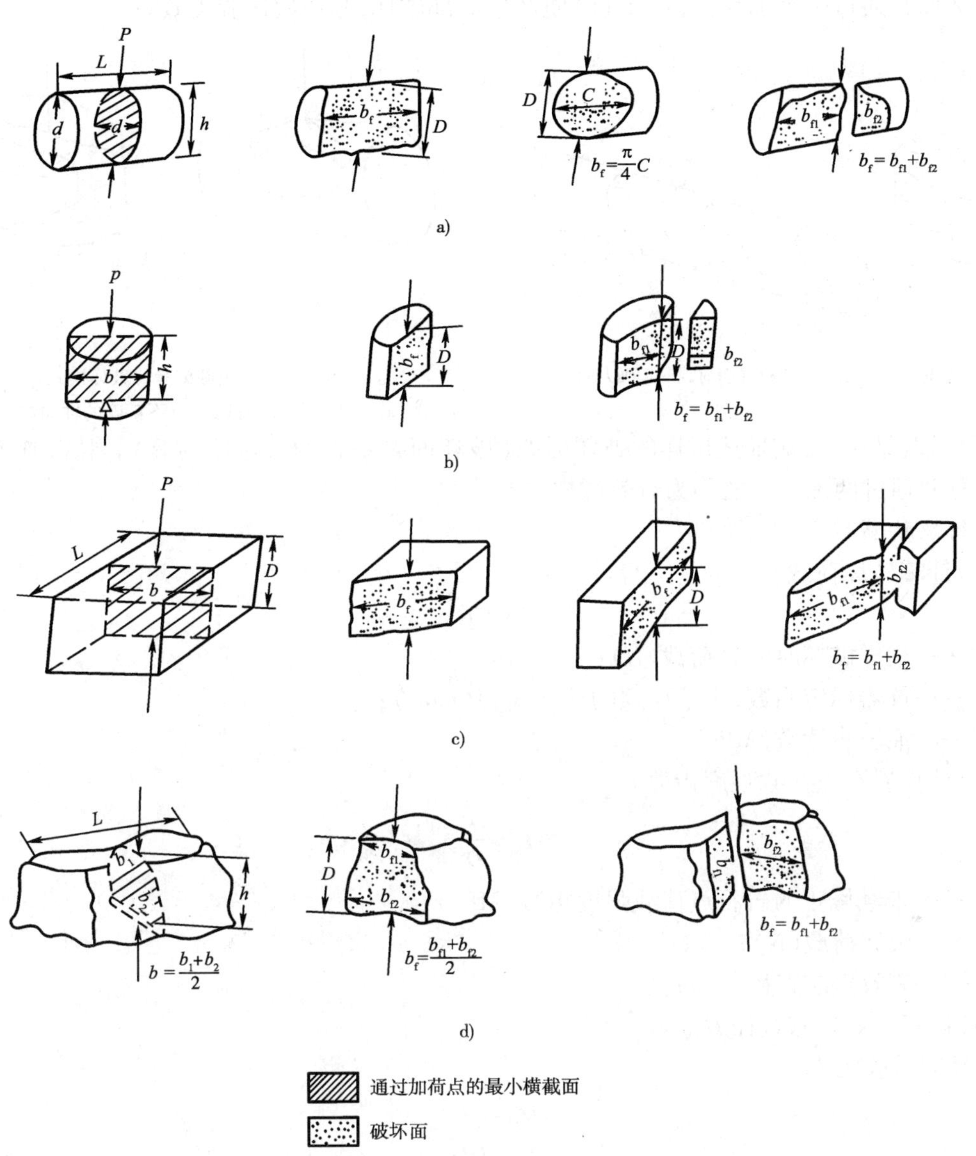

图 5-9 不同形状试样的 L、b、D、b_f 的确定方法及典型的破坏面

a)岩芯径向试验;b)岩芯轴向试验;c)方块体试验;d)不规则块体试验

P-施加于试样上的荷载;L-试样的长度;b_1-加荷点通过试样最小横断面上端宽度;b_2-加荷点通过试样最小横断面下端宽度;b-加荷点通过试样最小横断面平均宽度;h-试样的高度;b_{f1}-试样破坏面最小宽度;b_{f2}-试样破坏面最大宽度;b_f-试样破坏面的近似宽度,视试样破坏面的形状而定,可分别为:$b_f=b_{f1}+b_{f2}$,或 $b_f=(b_{f1}+b_{f2})/2$,或 $b_f=\pi C/4$;C-试样圆或椭圆破坏面的长轴,其与加荷轴线垂直;d-圆柱试样直径;D-试样破坏面上荷载之间的距离($D=h$)

③方块体与不规则块体试验:选择试样最小尺寸方向为加荷方向。将试样放入球端圆锥之间,使上、下锥端位于试样中心处并与试样紧密接触。量测加荷点间距及通过两加荷点最小截面的宽度(或平均宽度)。接触点距试样自由端的距离应不小于加荷点间距的1/2。若测定软弱面强度,则应保证加荷点的连线在同一软弱面中,如图5-10所示。

(5)以在10~60s内能使试样破坏的加荷速度匀速加荷,直至试样破坏,记录破坏荷载。

如果破坏面只通过一个加荷点（图5-11）便产生局部破坏，则该次试验无效。

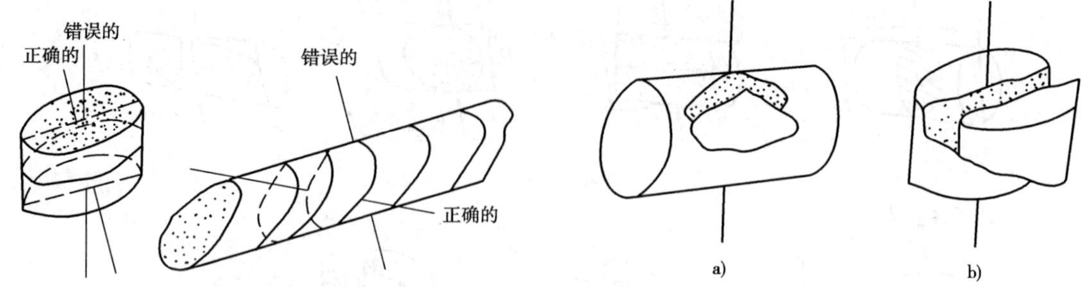

图5-10　对各向异性岩石施加荷载的正确方向

图5-11　不正确试验的破坏模式

a）不正确的径向试验；b）不正确的轴向试验

（6）试验结束后，应描述试样的破坏形态（破坏面是平直的或弯曲的等）。凡破坏面贯穿整个试样并通过两加荷点的均为有效试样。

5．结果整理

（1）计算破坏荷载。

$$P = CR' \tag{5-38}$$

式中：P——试样破坏时的总荷载（N）；

C——仪器标定系数，为千斤顶的活塞面积（mm^2）；

R'——油压表读数（MPa）。

（2）计算岩石点荷载强度指数。

$$I_s = \frac{P}{D_e^2} \tag{5-39}$$

式中：I_s——未经修正的岩石点荷载强度指数（MPa）；

P——破坏荷载（N）；

D_e——等效岩芯直径（mm）。

（3）计算等效岩芯直径 D_e。

①径向试验的 D_e。

$$D_e^2 = D^2 \tag{5-40a}$$

或

$$D_e^2 = DD' \tag{5-40b}$$

式中：D——加荷点间距（mm）；

D'——上下锥端发生贯入后，试样破坏瞬间的加荷点间距（mm）。

②轴向、方块体或不规则块体试验的 D_e 按式（5-41a）或式（5-41b）计算。

$$D_e^2 = \frac{4bD}{\pi} \tag{5-41a}$$

或

$$D_e^2 = \frac{4bD'}{\pi} \tag{5-41b}$$

式中：b——通过两加荷点最小截面的宽度（或平均宽度）（mm）。

（4）当加荷点间距 D 不为50mm时，应对计算值进行修正，以求得岩石点荷载强度指数 $I_{s(50)}$。

①当试验数据较多，且同一组试样中 D_e 具有多种尺寸而不等于50mm时，根据试验结果，

绘制 D_e^2—P 的关系曲线。根据曲线可查找 $D_e^2=2500\text{mm}^2$ 时对应的 P_{50}值,按式(5-42)计算岩石点荷载强度指数。

$$I_{s(50)}=\frac{P_{50}}{2500} \tag{5-42}$$

式中:$I_{s(50)}$——经尺寸修正后的岩石点荷载强度指数(MPa)。

②当试验数据较少,不适宜用上述方法修正时,按式(5-43)计算岩石点荷载强度指数。

$$I_{s(50)}=F\,I_s \tag{5-43}$$

$$F=\left(\frac{D_e}{50}\right)^m$$

式中:F——尺寸修正系数;

m——由同类岩石的经验值确定,一般 m 可取 0.45。

(5)岩石点荷载强度各向异性指数:

①计算岩石点荷载强度各向异性指数。

$$I_{\alpha(50)}=\frac{I'_{s(50)}}{I''_{s(50)}} \tag{5-44}$$

式中:$I_{\alpha(50)}$——岩石点荷载强度各向异性指数;

$I'_{s(50)}$——垂直于软弱面的岩石点荷载强度指数(MPa);

$I''_{s(50)}$——平行于软弱面的岩石点荷载强度指数(MPa)。

②按式(5-42)、式(5-43)方法计算的垂直和平行软弱面岩石点荷载强度指数应取平均值。平均值计算方法是:从一组有效的试验数据中,舍去最高值和最低值,再计算其余数的平均值;当一组有效数据超过 10 个时,可舍去两个高值和两个低值,再计算其余数的平均值。岩石的点荷载强度指数和点荷载强度各向异性指数试验结果分别精确至 0.01MPa 和 0.01。

(6)点荷载试验记录应包括岩石名称、试验编号、试件编号、试件描述、试验类型、破坏荷载、破坏特征。

十三、抗折强度试验(T 0226—1994)

1. 目的和适用范围

抗折强度是评价岩石板材、条石基础、条石路面等建筑材料的主要力学指标。

本试验适用于各类岩石。

2. 仪器设备

(1)切石机、磨石机等岩石试件加工设备。

(2)压力试验机或万能试验机。

(3)游标卡尺、角尺等。

(4)烘箱:能使温度控制在 105 ~ 110℃范围内。

3. 试件制备

用切石机、磨石机将岩石试样制成 50mm × 50mm × 250mm、表面平整、各边互相垂直的试件。石质均匀(无层理或纹理)者,制备 6 个试件,3 个在温度为 105 ~ 110℃的烘箱内烘至恒量,冷却后进行试验;3 个按本规程 T 0205—2005 进行自由饱水处理后试验。若岩石有显著纹理,则须制备与纹理垂直及平行的试件各 6 个,施力方向在与纹理成垂直及平行的情况下,以 3 个为一组,分别在干燥状态下与饱和状态下进行试验。

4. 试验步骤

(1)描述试件并编号。

(2)测量试件中央断面的尺寸,精确至0.1mm。

(3)将试件放在试验机的抗折支架上(图5-12)跨径为200mm,采用跨中单点加荷,然后开动试验机,以15~20MPa/min的应力速度连续均匀地增加荷载,直至试件折断为止,记录破坏荷载并测量其断面尺寸。

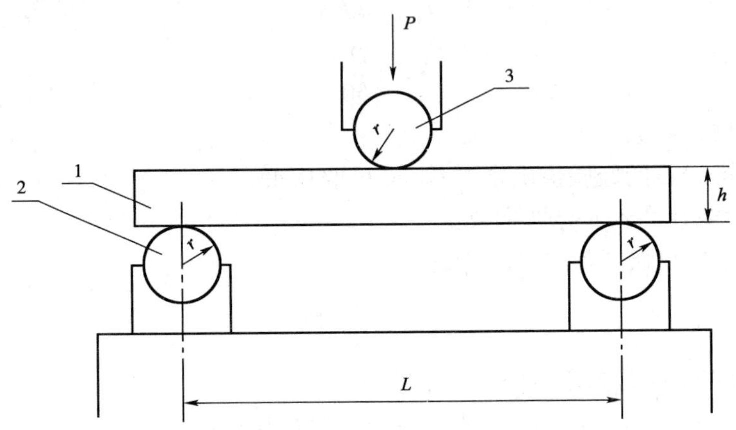

图5-12 抗折装置示意图

L-试样跨度;h-试样高度;P-集中荷载;1-试样;2-下支点;3-上支点;r-支点曲率半径

5. 结果整理

(1)计算抗折强度,试验结果精确至0.1MPa。

$$R_b = \frac{3PL}{2bh^2} \tag{5-45}$$

式中:R_b——抗折强度(MPa);

P——破坏荷载(N);

L——支点跨距,采用200mm;

b——试件断面宽(mm);

h——试件断面高(mm)。

(2)以3个试件的算术平均值作为试验结果,如单个值与平均值之差大于25%时,应予剔除,再计算平均值。

(3)抗折试验记录应包括岩石名称、试验编号、试件编号、试件描述、破坏荷载、抗折强度。

十四、抗冻性试验(T 0241—1994)

1. 目的和适用范围

岩石的抗冻性是用来评估岩石在饱和状态下经受规定次数的冻融循环后抵抗破坏的能力,岩石抗冻性对于不同的工程环境气候有不同的要求。冻融次数规定:在严寒地区(最冷月的月平均气温低于-15℃)为25次;在寒冷地区(最冷月的月平均气温-15~-5℃)为15次。

寒冷地区,均应采用本法进行岩石的抗冻性试验。

2. 仪器设备

(1)切石机、钻石机及磨石机等岩石试件加工设备。

(2)冰箱:温度能控制在 -15 ~ -20℃。

(3)天平:感量0.01g,量程大于500g。

(4)放大镜。

(5)烘箱:能使温度控制在105 ~110℃。

3. 试件制备

(1)试件应符合本规程T 0221—2005第3条中(1)的规定。

(2)每组试件不应少于3个,此外再制备同样试件3个,用于做冻融系数试验。

4. 试验步骤

(1)将试件编号,用放大镜详细检查,并作外观描述。然后量出每个试件的尺寸,计算受压面积。将试件放入烘箱,在105 ~110℃下烘至恒量,烘干时间一般为12 ~24h,待在干燥器内冷却至室温后取出,立即称其质量 m_s,精确至0.01g(以下皆同此)。

(2)按吸水率试验方法,让试件自由吸水饱和,然后取出擦去表面水分,放在铁盘中,试件与试件之间应留有一定间距。

(3)待冰箱温度下降到 -15℃以下时,将铁盘连同试件一起放入冰箱,并立即开始记时。冻结4h后取出试件,放入20℃ ±5℃的水中融解4h,如此反复冻融至规定次数为止。

(4)每隔一定的冻融循环次数(如10次、15次、25次等)详细检查各试件有无剥落、裂缝、分层及掉角等现象,并记录检查情况。

(5)称量冻融试验后的试件饱水质量 m'_f,再将其烘干至恒量,称其质量 m_f。并按本规程抗压强度试验方法测定冻融试验后的试件饱水抗压强度,另取3个未经冻融试验的试件测定其饱水抗压强度。

5. 结果整理

(1)计算岩石冻融后的质量损失率,试验结果精确至0.1%。

$$L = \frac{m_s - m_f}{m_s} \times 100 \tag{5-46}$$

式中:L——冻融后的质量损失率(%);

m_s——试验前烘干试件的质量(g);

m_f——试验后烘干试件的质量(g)。

(2)冻融后的质量损失率取3个试件试验结果的算术平均值。

(3)计算岩石冻融后的吸水率,试验结果精确至0.1%。

$$w'_{sa} = \frac{m'_f - m_f}{m_f} \times 100 \tag{5-47}$$

式中:w'_{sa}——岩石冻融后的吸水率(%);

m'_f——冻融试验后的试件饱水质量(g);

其他符号同前。

(4)计算岩石的冻融系数,试验结果精确至0.01。

$$K_f = \frac{R_f}{R_s} \tag{5-48}$$

式中:K_f——冻融系数;

R_f——经若干次冻融试验后的试件饱水抗压强度(MPa);

R_s——未经冻融试验的试件饱水抗压强度(MPa)。

(5)抗冻性记录应包括岩石名称、试验编号、试件编号、试件描述、冻融循环次数、冻融试验前后的烘干质量、冻融试验后的试件饱水抗压强度、未经冻融试验的试件饱水抗压强度。

十五、坚固性试验(T 0242—1994)

1. 目的和适用范围

坚固性试验是确定岩石试样经饱和硫酸钠溶液多次浸泡与烘干循环后而不发生显著破坏或强度降低的性能,是测定岩石抗冻性的一种简易方法。一般适用于质地坚硬的岩石。有条件者均应采用直接冻融法进行岩石的抗冻性试验。

2. 仪器设备

(1)切石机、钻石机及磨石机等岩石试件加工设备。

(2)天平:感量0.01g,量程大于500g。

(3)烘箱:能使温度控制在105~110℃。

(4)瓷、玻璃或釉盛器:容积不小于5L。

(5)温度计。

(6)密度计。

(7)放大镜、钢针等。

3. 试验材料或试剂

(1)饱和硫酸钠溶液:取约400g的无水硫酸钠(或800g的结晶硫酸钠)溶解于温度为30~50℃的1000mL纯净水中配制而成(溶液总需要量约等于试件体积的5倍)。其配制方法是:边加热洁净水(水温为30~50℃)边慢慢加入硫酸钠,并用玻璃棒不断搅拌,待硫酸钠全部溶解直至饱和并有部分结晶析出为止。让溶液冷至室温(20~25℃)并静置48h后待用。使用时需将溶液充分搅拌,试验过程中应保持溶液密度在1150~1175kg/m^3范围内。

(2)10%氯化钡溶液。

4. 试件制备

同T 0221—2005中试件制备。

5. 试验步骤

(1)将试件放入烘箱,在105~110℃下烘至恒量,烘干时间一般为12~24h,取出置于干燥器内,冷却至室温,称其质量(精确至0.01g,以下皆同此)。

(2)把烘干试件浸入装有硫酸钠溶液的盛器中,溶液应高出试件顶面2cm以上,用盖将盛器盖好,浸置20h。然后将试件取出,再用瓷皿衬住置于105~110℃的烘箱中烘4h。4h后取出试件,将其冷却至室温,再重新浸入硫酸钠溶液中,至硫酸钠结晶溶解后取出试件,用放大镜及钢针仔细观察岩石试件有无破坏现象,并详细描述记录。

(3)按上述方法反复浸烘5次,最后一次循环后,用热洁净水煮洗几遍,直至将试件中硫酸钠溶液全部洗净为止。是否洗净可用10%氯化钡溶液进行检验,具体操作为:取洗试件的水若干毫升,滴入少量氯化钡溶液,如无白色沉淀,则说明硫酸钠已被洗净。将洗净的试件烘至恒量,准确称出其质量。

6. 结果整理

(1)计算岩石的坚固性试验质量损失率,试验结果精确至0.1%。

$$Q = \frac{m_1 - m_2}{m_1} \times 100 \tag{5-49}$$

式中：Q——硫酸钠浸泡质量损失率（%）；

m_1——试验前烘干试件的质量（g）；

m_2——试验后烘干试件的质量（g）。

（2）取3个试件试验结果的算术平均值作为测定值。

（3）坚固性试验记录应包括岩石名称、试验编号、试件编号、试件描述、浸烘试验次数、试验前后的干试件质量。

第四节　粗集料试验方法

一、粗集料取样法（T 0301—2005）

1. 适用范围

本方法适用于对粗集料的取样，也适用于含粗集料的集料混合料如级配碎石、天然砂砾等的取样方法。

2. 取样方法和试样份数

（1）通过皮带运输机的材料如采石场的生产线、沥青拌和楼的冷料输送带、无机结合料稳定集料、级配碎石混合料等，应从皮带运输机上采集样品。取样时，可在皮带运输机骤停的状态下取其中一截的全部材料（图5-13），或在皮带运输机的端部连续接一定时间的料得到，将间隔3次以上所取的试样组成一组试样，作为代表性试样。

图5-13　在皮带运输机上取样方法

（2）在材料场同批来料的料堆上取样时，应先铲除堆脚等处无代表性的部分，再在料堆的顶部、中部和底部，各由均匀分布的几个不同部位，取得大致相等的若干份组成一组试样，务必使所取试样能代表本批来料的情况和品质。

（3）从火车、汽车、货船上取样时，应从各不同部位和深度处，抽取大致相等的试样若干份组成一组试样。抽取的具体份数，应视能够组成本批来料代表样的需要而定。

注：①如经观察，认为各节车皮、汽车或货船的碎石或砾石的品质差异不大时，允许只抽取一节车皮、一部汽车、一艘货船的试样（即一组试样），作为该批集料的代表样品。

②如经观察，认为该批碎石或砾石的品质相差甚远时，则应对品质有怀疑的该批集料，分别取样和验收。

（4）从沥青拌和楼的热料仓取样时，应在放料口的全断面上取样。通常宜将一开始按正式生产的配比投料拌和的几锅（至少5锅以上）废弃，然后分别将每个热料仓放出至装载机上，倒在水泥地上，适当拌和，从3处以上的位置取样，拌和均匀，取要求数量的试样。

3. 取样数量

对每一单项试验，每组试样的取样数量宜不少于表5-33所规定的最小取样量。需做几项试验时,如确能保证试样经一项试验后不致影响另一项试验的结果时,可用同一组试样进行几项不同的试验。

各试验项目所需粗集料的最小取样量　　表 5-33

试验项目	相对于下列公称最大粒径(mm)的最小取样量(kg)										
	4.75	9.5	13.2	16	19	26.5	31.5	37.5	53	63	75
筛分	8	10	12.5	15	20	20	30	40	50	60	80
表观密度	6	8	8	8	8	8	12	16	20	24	24
含水率	2	2	2	2	2	2	3	3	4	4	6
吸水率	2	2	2	2	4	4	4	6	6	6	8
堆积密度	40	40	40	40	40	40	80	80	100	120	120
含泥量	8	8	8	8	24	24	40	40	60	80	80
泥块含量	8	8	8	8	24	24	40	40	60	80	80
针片状含量	0.6	1.2	2.5	4	8	8	20	40	—	—	—
硫化物、硫酸盐含量	1.0										

注:①有机物含量、坚固性及压碎指标值试验,应按规定粒级要求取样,其试验所需试样数量,按本规程有关规定执行。

②采用广口瓶法测定表观密度时,集料最大粒径不大于 40mm 者,其最小取样数量为 8kg。

4. 试样的缩分

(1)分料器法:将试样拌匀后如图 5-14 所示,通过分料器分为大致相等的两份,再取其中的一份分成两份,缩分至需要的数量为止。

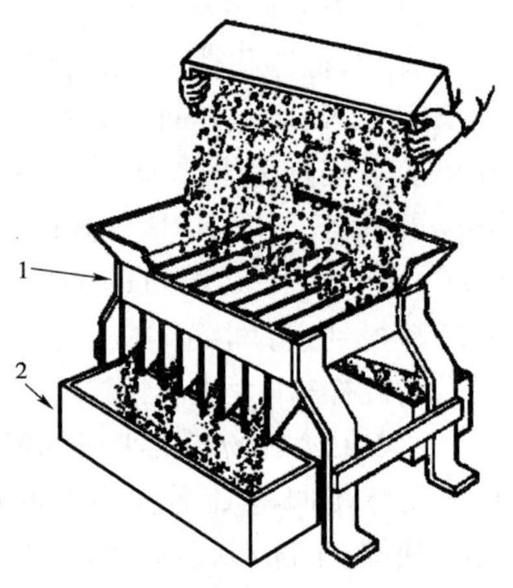

图 5-14　分料器

1-分料漏斗;2-接料斗

(2)四分法:如图 5-15 所示。将所取试样置于平板上,在自然状态下拌和均匀,大致摊平,然后沿互相垂直的两个方向,把试样由中向边摊开,分成大致相等的四份,取其对角的两份重新拌匀,重复上述过程,直至缩分后的材料量略多于进行试验所必需的量。

(3)缩分后的试样数量应符合各项试验规定数量的要求。

5. 试样的包装

每组试样应采用能避免细料散失及防止污染的容器包装,并附卡片标明试样编号、取样时间、产地、规格、试样代表数量、试样品质、要求检验项目及取样方法等。

二、粗集料及集料混合料的筛分试验(T 0302—2005)

1. 目的与适用范围

(1)测定粗集料(碎石、砾石、矿渣等)的颗粒组成。对水泥混凝土用粗集料可采用干筛法筛分,对沥青混合料及基层用粗集料必须采用水洗法进行筛分试验。

(2)本方法也适用于同时含有粗集料、细集料、矿粉的集料混合料筛分试验,如未筛分碎石、级配碎石、天然砂砾、级配砂砾、无机结合料稳定基层材料、沥青拌和楼的冷料混合料、热料仓材料、沥青混合料经溶剂抽提后的矿料等。

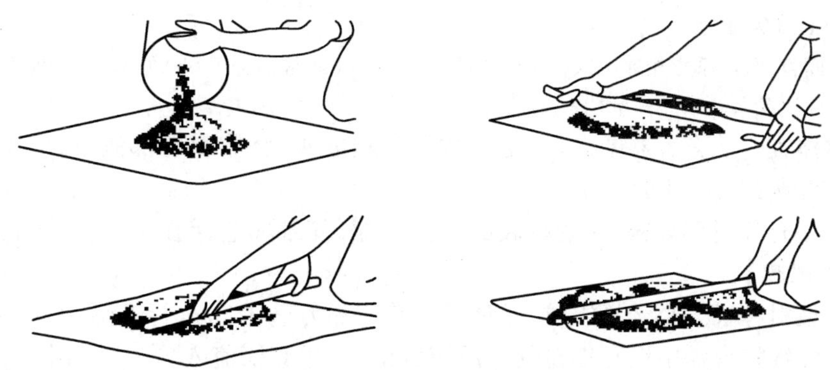

图 5-15　四分法示意图

2. 仪具与材料

(1)试验筛:根据需要选用规定的标准筛。

(2)摇筛机。

(3)天平或台秤:感量不大于试样质量的 0.1%。

(4)其他:盘子、铲子、毛刷等。

3. 试验准备

按规定将来料用分料器或四分法缩分至表 5-34 要求的试样所需量,风干后备用。根据需要可按要求的集料最大粒径的筛孔尺寸过筛,除去超粒径部分颗粒后,再进行筛分。

筛分用的试样质量　　表 5-34

公称最大粒径(mm)	75	63	37.5	31.5	26.5	19	16	9.5	4.75
试样质量(kg)不少于	10	8	5	4	2.5	2	1	1	0.5

4. 水泥混凝土用粗集料干筛法试验步骤

(1)取试样一份置 105℃ ±5℃烘箱中烘干至恒量,称取干燥集料试样的总质量(m_0),准确至 0.1%。

(2)用搪瓷盘作筛分容器,按筛孔大小排列顺序逐个将集料过筛。人工筛分时,需使集料在筛面上同时有水平方向及上下方向的不停顿的运动,使小于筛孔的集料通过筛孔,直至 1min 内通过筛孔的质量小于筛上残余量的 0.1% 为止;当采用摇筛机筛分时,应在摇筛机筛分后再逐个由人工补筛。将筛出通过的颗粒并入下一号筛,和下一号筛中的试样一起过筛,顺序进行,直至各号筛全部筛完为止。应确认 1min 内通过筛孔的质量确实小于筛上残余量的 0.1%。

注:由于 0.075mm 筛干筛几乎不能把粘在粗集料表面的小于 0.075mm 部分的石粉筛过去,而且对水泥混凝土用粗集料而言,0.075mm 通过率的意义不大,所以也可以不筛,且把通过 0.15mm 筛的筛下部分全部作为 0.075mm 的分计筛余,将粗集料的 0.075mm 通过率假设为 0。

(3)如果某个筛上的集料过多,影响筛分作业时,可以分两次筛分。当筛余颗粒的粒径大于 19mm 时,筛分过程中允许用手指轻轻拨动颗粒,但不得逐颗塞过筛孔。

(4)称取每个筛上的筛余量,准确至总质量的 0.1%。各筛分计筛余量及筛底存量的总和与筛分前试样的干燥总质量 m_0 相比,相差不得超过 m_0 的 0.5%。

5. 沥青混合料及基层用粗集料水洗法筛分试验步骤

(1)取一份试样,将试样置 105℃ ±5℃烘箱中烘干至恒量,称取干燥集料试样的总质量

(m_3),准确至0.1%。

注:就本节而言,恒量系指相邻两次称量间隔时间大于3h(通常不少于6h)的情况下,前后两次称量之差小于该项试验所要求的称量精密度。

(2)将试样置一洁净容器中,加入足够数量的洁净水,将集料全部淹没,但不得使用任何洗涤剂、分散剂或表面活性剂。

(3)用搅棒充分搅动集料,使集料表面洗涤干净,使细粉悬浮在水中,但不得破碎集料或有集料从水中溅出。

(4)根据集料粒径大小选择组成一组套筛,其底部为0.075mm标准筛,上部为2.36mm或4.75mm筛。仔细将容器中混有细粉的悬浮液倒出,经过套筛流入另一容器中,尽量不将粗集料倒出,以免损坏标准筛筛面。

注:无需将容器中的全部集料都倒出,只倒出悬浮液。且不可直接倒至0.075mm筛上,以免集料掉出损坏筛面。

(5)重复上述步骤(2)~(4),直至倒出的水洁净为止,必要时可采用水流缓慢冲洗。

(6)将套筛每个筛子上的集料及容器中的集料全部回收在一个搪瓷盘中,容器上不得有黏附的集料颗粒。

注:粘在0.075mm筛面上的细粉很难回收扣入搪瓷盘中,此时需将筛子倒扣在搪瓷盘上用少量的水并助以毛刷将细粉刷落入搪瓷盘中,并注意不要散失。

(7)在确保细粉不散失的前提下,小心泌去搪瓷盘中的积水,将搪瓷盘连同集料一起置105℃±5℃烘箱中烘干至恒量,称取干燥集料试样的总质量(m_4),准确至0.1%。以m_3与m_4之差作为0.075mm的筛下部分。

(8)将回收的干燥集料按干筛方法筛分出0.075mm筛以上各筛的筛余量,此时0.075mm筛下部分应为0,如果尚能筛出,则应将其并入水洗得到的0.075mm的筛下部分,且表示水洗得不干净。

6.计算

(1)干筛法筛分结果的计算

①计算各筛分计筛余量及筛底存量的总和与筛分前试样的干燥总质量m_0之差,作为筛分时的损耗,并计算损耗率,记入表5-35之第(1)栏,若损耗率大于0.3%,应重新进行试验。

$$m_5 = m_0 - \left(\sum m_i + m_{底}\right) \tag{5-50}$$

式中:m_5——由于筛分造成的损耗(g);

m_0——用于干筛的干燥集料总质量(g);

m_i——各号筛上的分计筛余(g);

i——依次为0.075mm、0.15mm……至集料最大粒径的排序;

$m_{底}$——筛底(0.075mm以下部分)集料总质量(g)。

②干筛分计筛余百分率

干筛后各号筛上的分计筛余百分率按式(5-51)计算,记入表5-35之第(2)栏,精确至0.1%。

$$p'_i = \frac{m_i}{m_0 - m_5} \times 100 \tag{5-51}$$

式中：p'_i——各号筛上的分计筛余百分率(%)；

m_5——由于筛分造成的损耗(g)；

m_0——用于干筛的干燥集料总质量(g)；

m_i——各号筛上的分计筛余(g)；

i——依次为0.075mm、0.15mm……至集料最大粒径的排序。

③干筛累计筛余百分率

各号筛的累计筛余百分率为该号筛以上各号筛的分计筛余百分率之和，记入表5-35之第(3)栏，精确至0.1%。

④干筛各号筛的质量通过百分率

各号筛的质量通过百分率P_i等于100减去该号筛累计筛余百分率，记入表5-35之第(4)栏，精确至0.1%。

⑤由筛底存量除以扣除损耗后的干燥集料总质量计算0.075mm筛的通过率。

⑥试验结果以两次试验的平均值表示，记入表5-35之第(5)栏，精确至0.1%。当两次试验结果$P_{0.075}$的差值超过1%时，试验应重新进行。

粗集料干筛法筛分记录　　表5-35

干燥试样总量 m_0(g)	第1组				第2组				平均
	3000				3000				
筛孔尺寸(mm)	筛上质量 m_i(g)	分计筛余(%)	累计筛余(%)	通过百分率(%)	筛上质量 m_i(g)	分计筛余(%)	累计筛余(%)	通过百分率(%)	通过百分率(%)
	(1)	(2)	(3)	(4)	(1)	(2)	(3)	(4)	(5)
19	0	0	0	100	0	0	0	100	100
16	696.3	23.2	23.2	76.8	699.4	23.3	23.3	76.7	76.7
13.2	431.9	14.4	37.6	62.4	434.6	14.5	37.8	62.2	62.3
9.5	801.0	26.7	64.4	35.6	802.3	26.8	64.6	35.4	35.5
4.75	989.8	33.0	97.4	2.6	985.3	32.9	97.4	2.6	2.6
2.36	70.1	2.3	99.7	0.3	68.5	2.3	99.7	0.3	0.3
1.18	8.2	0.3	100.0	0.0	7.9	0.3	100.0	0.0	0.0
0.6	0.5	0.0	100.0	0.0	0.2	0.0	100.0	0.0	0.0
0.3	0.0	0.0	100.0	0.0	0.0	0.0	100.0	0.0	0.0
0.15	0.0	0.0	100.0	0.0	0.0	0.0	100.0	0.0	0.0
0.075	0.0	0.0	100.0	0.0	0.0	0.0	100.0	0.0	0.0
筛底 $m_底$	0.0	0.0	100.0		0.0	0.0	100.0	0.0	
筛分后总量 $\sum m_i$(g)	2997.8	100.0			2998.2	100.0			
损耗 m_5(g)	2.2				1.8				
损耗率(%)	0.07				0.06				

(2)水洗法筛分结果的计算

①按式(5-52)、式(5-53)计算粗集料中0.075mm筛下部分质量$m_{0.075}$和含量$P_{0.075}$，记入

表5-36中,精确至0.1%。当两次试验结果 $P_{0.075}$ 的差值超过1%时,试验应重新进行。

$$m_{0.075}=m_3-m_4 \tag{5-52}$$

$$P_{0.075}=\frac{m_{0.075}}{m_3}=\frac{m_3-m_4}{m_3}\times 100 \tag{5-53}$$

式中:$P_{0.075}$——粗集料中小于0.075mm的含量(通过率)(%);

$m_{0.075}$——粗集料中水洗得到的小于0.075mm部分的质量(g);

m_3——用于水洗的干燥粗集料总质量(g);

m_4——水洗后的干燥粗集料总质量(g)。

②计算各筛分计筛余量及筛底存量的总和与筛分前试样的干燥总质量 m_4 之差,作为筛分时的损耗,并计算损耗率记入表5-36之第(1)栏,若损耗率大于0.3%,应重新进行试验。

$$m_5=m_3-(\sum m_i+m_{0.075}) \tag{5-54}$$

式中:m_5——由于筛分造成的损耗(g);

m_3——用于水筛筛分的干燥集料总质量(g);

m_i——各号筛上的分计筛余(g);

i——依次为0.075mm、0.15mm……至集料最大粒径的排序;

$m_{0.075}$——水洗后得到的0.075mm以下部分质量(g),即(m_3-m_4)。

③计算其他各筛的分计筛余百分率、累计筛余百分率、质量通过百分率,计算方法与干筛法相同。当干筛时筛分有损耗时,应按干筛法从总质量中扣除损耗部分(见试验报告示例),将计算结果分别记入表5-36之第(2)、(3)、(4)栏。

④试验结果以两次试验的平均值表示,记入表5-36之第(5)栏。

粗集料水洗法筛分记录 表5-36

干燥试样总量 m_3(g)		第1组				第2组				平均
		3000				3000				
水洗后筛上总量 m_4(g)		2879				2868				
水洗后0.075mm筛下量 $m_{0.075}$(g)		121				132				
0.075mm通过率 $P_{0.075}$(%)		4.0				4.4				4.2
筛孔尺寸(mm)		筛上质量 m_i(g)	分计筛余(%)	累计筛余(%)	通过百分率(%)	筛上质量 m_i(g)	分计筛余(%)	累计筛余(%)	通过百分率(%)	通过百分率(%)
		(1)	(2)	(3)	(4)	(1)	(2)	(3)	(4)	(5)
水洗后干筛法筛分	19	5.0	0.2	0.2	99.8	0.0	0.0	0.0	100.0	99.9
	16	696.3	23.2	23.4	76.6	680.3	22.7	22.7	77.3	76.9
	13.2	882.3	29.4	52.8	47.2	839.2	28.0	50.7	49.3	48.2
	9.5	713.2	23.8	76.6	23.4	778.5	26.0	76.7	23.3	23.4
	4.75	343.4	11.5	88.1	11.9	348.7	11.6	88.3	11.7	11.8

续上表

筛孔尺寸(mm)		筛上质量 m_i(g)	分计筛余(%)	累计筛余(%)	通过百分率(%)	筛上质量 m_i(g)	分计筛余(%)	累计筛余(%)	通过百分率(%)	通过百分率(%)
		(1)	(2)	(3)	(4)	(1)	(2)	(3)	(4)	(5)
水洗后干筛法筛分	2.36	70.1	2.3	90.4	9.6	68.3	2.3	90.6	9.4	9.5
	1.18	87.5	2.9	93.3	6.7	79.1	2.6	93.2	6.8	6.7
	0.6	67.8	2.3	95.6	4.4	59.3	2.0	95.2	4.8	4.6
	0.3	4.6	0.2	95.7	4.3	4.3	0.1	95.3	4.7	4.5
	0.15	5.6	0.2	95.9	4.1	3.8	0.1	95.5	4.5	4.3
	0.075	2.3	0.1	96.0	4.0	4	0.1	95.6	4.4	4.2
	筛底 $m_{底}^{*}$	0				0				
	干筛后总量 $\sum m_i$(g)	2878.1	96.0			2865.5	95.6			
损耗 m_5(g)		0.9				2.5				
损耗率(%)		0.03				0.09				
扣除损耗后总量(g)		2999.1				2997.5				

注：* 如筛底 $m_{底}$ 的值不是 0，应将其并入 $m_{0.075}$ 中重新计算 $P_{0.075}$。

7. 试验报告

(1)筛分结果以各筛孔的质量通过百分率表示，宜记录为表 5-35 或表 5-36 的格式。

(2)对用于沥青混合料、基层材料配合比设计用的集料，宜绘制集料筛分曲线，其横坐标为筛孔尺寸的 0.45 次方(表 5-37)，纵坐标为普通坐标，如图 5-16 所示。

级配曲线的横坐标(按 $x=d_i^{0.45}$ 计算)　　表 5-37

筛孔 d_i(mm)	0.075	0.15	0.3	0.6	1.18	2.36	4.75
横坐标 x	0.312	0.426	0.582	0.795	1.077	1.472	2.016
筛孔 d_i(mm)	9.5	13.2	16	19	26.5	31.5	37.5
横坐标 x	2.745	3.193	3.482	3.762	4.370	4.723	5.109

(3)同一种集料至少取两个试样平行试验两次，取平均值作为每号筛上筛余量的试验结果，报告集料级配组成通过百分率及级配曲线。

三、含土粗集料筛分试验(T 0303—2005)

1. 目的与适用范围

本方法适用于测定含黏性土的粗集料的颗粒组成。

注：如天然的砂砾土、碎石土以及中低级路面的材料，黏性土颗粒包覆在砾石(碎石)和砂颗粒上，则适用于本方法，而 T 0302 的方法不适用于这类材料。

2. 仪具与材料

(1)试验筛：根据需要选用规定的标准筛。

(2)天平或台秤：感量不大于试样质量的 0.1%。

(3)烘箱：能保持温度 105℃ ±5℃。

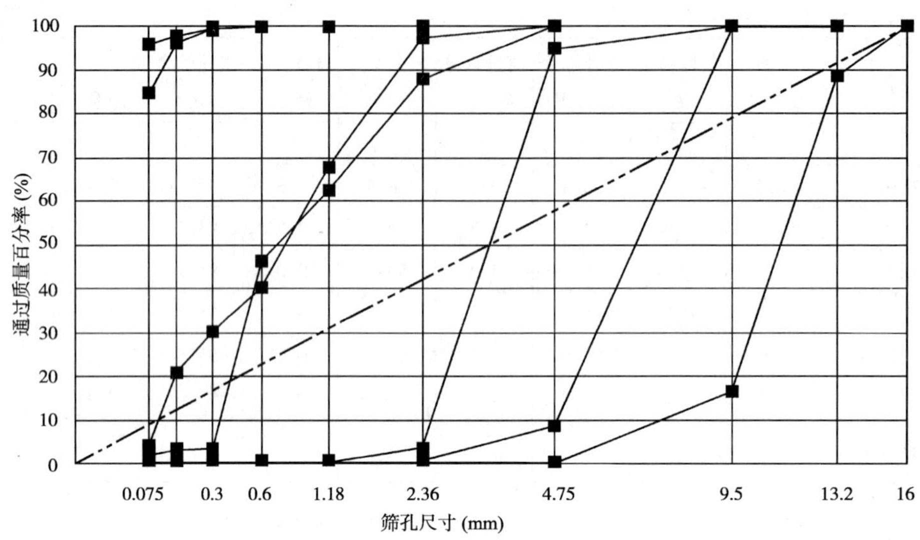

图 5-16 集料筛分曲线与矿料级配设计曲线

(4)容器:能在此容器内剧烈搅动试样而不会使试样或水损失。

(5)其他:盘子、铲子、毛刷等。

3. 试验准备

将来料用分料器或四分法缩分至表 5-38 要求的试样所需量,烘干或风干后备用。

筛分用的试样质量　　表 5-38

公称最大粒径(mm)	75	63	37.5	31.5	26.5	19	16	9.5	4.75
试样质量(kg)不少于	10	8	5	4	2.5	2	1	1	0.5

4. 含土粗集料筛分试验步骤

(1)将试样放在浅盘内,并一起放到温度保持在 105℃ ±5℃的烘箱内烘干 24h ±1h。

(2)从烘箱中取出试样,冷却后称质量,准确至样品质量的 0.1%,用 m_1(g)表示。

(3)将试样放到容器内,向容器内注水,淹没试样。

(4)剧烈搅动容器内的试样和水,使粘在粗颗粒上的小于 0.075mm 的颗粒完全分离下来,并悬浮在水中。

(5)在需要试验细土的液限和塑性指数时,将容器内的悬浮液倒在 0.6mm 筛孔的筛上,筛下放一接受悬浮液的容器。

(6)将筛上剩余料回收到清洗容器内。

(7)重复上述步骤至清洗容器内的水清洁。

(8)将洗净的集料放在浅盘内,并一起放于温度为 105℃ ±5℃的烘箱内烘干 8～12h。

(9)从烘箱中取出试样,冷却后称其质量,准确至原样品质量的 0.1%,用 m_2(g)表示。按 T 0302 的方法对试样进行筛分(干筛)。

(10)将容器内的悬浮液澄清,使细土沉淀。在沉淀过程中分数次将上层的清水细心倒出,注意勿倒出沉淀物。

(11)待容器底部的细土风干后,取出粉碎并拌匀。从中取出一部分做液限和塑性试验。

(12)取部分风干细土放在 105℃ ±5℃的烘箱内烘干 24h ±1h,冷却后,称量 100g,用 m_3(g)表示。

(13)将烘干细土放到一容器内,向容器内注水,并剧烈搅动容器内的水和土,使小于0.075mm的颗粒与0.075~0.6mm的颗粒分离。

(14)将悬浮液倾倒在0.075mm筛孔的筛上,继续清洗筛上的剩余料,直到筛下的洗液清洁为止。

(15)将筛反扣过来用水仔细冲洗入浅盘中,放在105℃±5℃的烘箱内烘干8~12h,冷却并称其质量,用m_4(g)表示。

(16)在不需要试验细土的液限和塑性指数时,可直接将悬浮液倾倒在0.075mm筛孔的筛上,反复清洗容器内的集料,直到容器内的水洁净。

(17)按步骤(15)的方法将筛上的清洁料收回,与容器内的清洁料一起烘干,冷却,并称其质量,用m_5(g)表示。

(18)按T 0302的方法将烘干的集料进行筛分。

5. 集料混合料筛分试验步骤

按T 0302水洗法测定0.075mm筛下部分的含量(通过率)。

6. 计算

(1)计算小于0.6mm的颗粒含量。

$$C=\frac{m_1-m_2}{m_1}\times 100 \tag{5-55}$$

式中:C——小于0.6mm的颗粒含量(%);

m_1——烘干试样的质量(g);

m_2——0.6mm筛孔筛上集料的烘干质量(g)。

(2)计算细土中小于0.075mm的颗粒含量。

$$F'=\frac{m_3-m_4}{m_3}\times 100 \tag{5-56}$$

式中:F'——细土中小于0.075mm的颗粒含量(%);

m_3——细土的烘干质量(g);

m_4——0.075~0.6mm颗粒的烘干质量(g)。

(3)计算整个集料中小于0.075mm的颗粒含量。

$$F=C\times F' \tag{5-57}$$

式中:F——整个集料中小于0.075mm的颗粒含量(%)。

(4)计算集料中小于0.075mm的颗粒含量。

$$G=\frac{m_1-m_5}{m_1}\times 100 \tag{5-58}$$

式中:G——集料中小于0.075mm的颗粒含量(%);

m_5——0.075mm筛上全部集料的烘干质量(g)。

四、粗集料密度及吸水率试验——网篮法(T 0304—2005)

1. 目的与适用范围

本方法适用于测定各种粗集料的表观相对密度、表干相对密度、毛体积相对密度、表观密度、表干密度、毛体积密度,以及粗集料的吸水率。

2. 仪具与材料

(1)天平或浸水天平:可悬挂吊篮测定集料的水中质量,称量应满足试样数量称量要求,感量不大于最大称量值的0.05%。

(2)吊篮:耐锈蚀材料制成,直径和高度为150mm左右,四周及底部用1~2mm的筛网编制或具有密集的孔眼。

(3)溢流水槽:在称量水中质量时能保持水面高度一定。

(4)烘箱:能控温在105℃±5℃。

(5)毛巾:纯棉制,洁净,也可用纯棉的汗衫布代替。

(6)温度计。

(7)标准筛。

(8)盛水容器(如搪瓷盘)。

(9)其他:刷子等。

3. 试验准备

(1)将试样用标准筛过筛除去其中的细集料,对较粗的粗集料可用4.75mm筛过筛,对2.36~4.75mm集料,或者混在4.75mm以下石屑中的粗集料,则用2.36mm标准筛过筛,用四分法或分料器法缩分至要求的质量,分两份备用。对沥青路面用粗集料,应对不同规格的集料分别测定,不得混杂,所取的每一份集料试样应基本上保持原有的级配。在测定2.36~4.75mm的粗集料时,试验过程中应特别小心,不得丢失集料。

(2)经缩分后供测定密度和吸水率的粗集料质量应符合表5-39的规定。

测定密度所需要的试样最小质量 表5-39

公称最大粒径(mm)	4.75	9.5	16	19	26.5	31.5	37.5	63	75
每一份试样的最小质量(kg)	0.8	1	1	1	1.5	1.5	2	3	3

(3)将每一份集料试样浸泡在水中,并适当搅动,仔细洗去附在集料表面的尘土和石粉,经多次漂洗干净至水完全清澈为止。清洗过程中不得散失集料颗粒。

4. 试验步骤

(1)取试样一份装入干净的搪瓷盘中,注入洁净的水,水面至少应高出试样20mm,轻轻搅动石料,使附着在石料上的气泡完全逸出。在室温下保持浸水24h。

(2)将吊篮挂在天平的吊钩上,浸入溢流水槽中,向溢流水槽中注水,水面高度至水槽的溢流孔,将天平调零。吊篮的筛网应保证集料不会通过筛孔流失,对2.36~4.75mm粗集料应更换小孔筛网,或在网篮中加放入一个浅盘。

(3)调节水温在15~25℃范围内。将试样移入吊篮中。溢流水槽中的水面高度由水槽的溢流孔控制,维持不变。称取集料的水中质量(m_w)。

(4)提起吊篮,稍稍滴水后,较粗的粗集料可以直接倒在拧干的湿毛巾上。将较细的粗集料(2.36~4.75mm)连同浅盘一起取出,稍稍倾斜搪瓷盘,仔细倒出余水,将粗集料倒在拧干的湿毛巾上,用毛巾吸走从集料中漏出的自由水。此步骤需特别注意不得有颗粒丢失,或有小颗粒附在吊篮上。再用拧干的湿毛巾轻轻擦干集料颗粒的表面水,至表面看不到发亮的水迹,即为饱和面干状态。当粗集料尺寸较大时,宜逐颗擦干。注意对较粗的粗集料,拧湿毛巾时不要太用劲,防止拧得太干;对较细的含水较多的粗集料,毛巾可拧得稍干些。擦颗粒的表面水时,既要将表面水擦掉,又千万不能将颗粒内部的水吸出。整个过程中不得有集料丢失,且已擦干的集料不得继续在空气中放置,以防止集料干燥。

注:对2.36~4.75mm集料,用毛巾擦拭时容易黏附细颗粒集料从而造成集料损失,此时宜改用洁净的纯棉汗衫布擦拭至表干状态。

(5)立即在保持表干状态下,称取集料的表干质量(m_f)。

(6)将集料置于浅盘中,放入105℃±5℃的烘箱中烘干至恒量。取出浅盘,放在带盖的容器中冷却至室温,称取集料的烘干质量(m_a)。

(7)对同一规格的集料应平行试验两次,取平均值作为试验结果。

5. 计算

(1)表观相对密度γ_a、表干相对密度γ_s、毛体积相对密度γ_B按式(5-59)~式(5-61)计算至小数点后3位。

$$\gamma_a = \frac{m_a}{m_a - m_w} \tag{5-59}$$

$$\gamma_s = \frac{m_f}{m_f - m_w} \tag{5-60}$$

$$\gamma_B = \frac{m_a}{m_f - m_w} \tag{5-61}$$

式中:γ_a——集料的表观相对密度,无量纲;

γ_s——集料的表干相对密度,无量纲;

γ_B——集料的毛体积相对密度,无量纲;

m_a——集料的烘干质量(g);

m_f——集料的表干质量(g);

m_w——集料的水中质量(g)。

(2)集料的吸水率以烘干试样为基准,按式(5-62)计算,精确至0.01%。

$$w_x = \frac{m_f - m_a}{m_a} \times 100 \tag{5-62}$$

式中:w_x——粗集料的吸水率(%)。

(3)粗集料的表观密度(视密度)ρ_a、表干密度ρ_s、毛体积密度ρ_B,按式(5-63)~式(5-65)计算,准确至小数点后3位。不同水温条件下测量的粗集料表观密度需进行水温修正,不同试验温度下水的密度ρ_t及水的温度修正系数α_t按表5-40选用。

$$\rho_a = \gamma_a \times \rho_t \quad 或 \quad \rho_a = (\gamma_a - \alpha_t) \times \rho_w \tag{5-63}$$

$$\rho_s = \gamma_s \times \rho_t \quad 或 \quad \rho_s = (\gamma_s - \alpha_t) \times \rho_w \tag{5-64}$$

$$\rho_B = \gamma_b \times \rho_t \quad 或 \quad \rho_B = (\gamma_b - \alpha_t) \times \rho_w \tag{5-65}$$

式中:ρ_a——粗集料的表观密度(g/cm^3);

ρ_s——粗集料的表干密度(g/cm^3);

ρ_B——粗集料的毛体积密度(g/cm^3);

ρ_t——试验温度t时水的密度(g/cm^3),按表5-40取用;

α_t——试验温度t时的水温修正系数;

ρ_w——水在4℃时的密度,$\rho_w = 1.000g/cm^3$。

不同水温时水的密度 ρ_t 及水温修正系数 α_t 表 5-40

水温(℃)	15	16	17	18	19	20
水的密度 ρ_t(g/cm^3)	0.99913	0.99897	0.99880	0.99862	0.99843	0.99822
水温修正系数 α_t	0.002	0.003	0.003	0.004	0.004	0.005
水温(℃)	21	22	23	24	25	—
水的密度 ρ_t(g/cm^3)	0.99802	0.99779	0.99756	0.99733	0.99702	—
水温修正系数 α_t	0.005	0.006	0.006	0.007	0.007	—

6. 精密度或允许差

重复试验的精密度,对表观相对密度、表干相对密度、毛体积相对密度,两次结果相差不得超过0.02,对吸水率不得超过0.2%。

五、粗集料含水率试验(T 0305—1994)

1. 目的与适用范围

测定碎石或砾石等各种粗集料的含水率。

2. 仪具与材料

(1)烘箱:能使温度控制在105℃ ±5℃。

(2)天平:量程5kg,感量不大于5g。

(3)容器:如浅盘等。

3. 试验步骤

(1)根据最大粒径,按T 0301的方法取代表性试样,分成两份备用。

(2)将试样置于干净的容器中,称量试样和容器的总质量(m_1),并在105℃ ±5℃的烘箱中烘干至恒量。

(3)取出试样,冷却后称取试样与容器的总质量(m_2)。

4. 计算

含水率按式(5-66)计算,精确至0.1%。

$$w = \frac{m_1 - m_2}{m_2 - m_3} \times 100 \tag{5-66}$$

式中:w——粗集料的含水率(%);

m_1——烘干前试样与容器总质量(g);

m_2——烘干后试样与容器总质量(g);

m_3——容器质量(g)。

5. 试验报告

以两次平行试验结果的算术平均值作为测定值。

六、粗集料含水率快速试验——酒精燃烧法(T 0306—1994)

1. 目的与适用范围

快速测定碎石或砾石的含水率。

2. 仪具与材料

(1)天平:量程1000g,感量不大于1.0g。

(2)容器:铁或铝制浅盘。

(3)大于 50mL 的量筒或量杯。

(4)酒精:普通工业酒精。

3. 试验步骤

(1)取洁净容器,称其质量(m_0)。

(2)向干净的容器中加入约 500g 试样,称取试样与容器合质量(m_1)。

(3)向容器中的试样加入酒精约 50mL,拌和均匀点火燃烧,并不断翻拌试样,待火焰熄灭后,过 1min 再加入酒精约 50mL,仍按上述步骤进行。

(4)待第二次火焰熄灭后,称取干试样与容器总质量(m_2)。

注:试样经两次燃烧,表面应呈干燥色,否则须再加酒精燃烧一次。

4. 计算

粗集料含水率按式(5-67)计算,精确至 0.1%。

$$w = \frac{m_1 - m_2}{m_2 - m_0} \times 100 \tag{5-67}$$

式中:w——粗集料含水率(%);

m_0——容器质量(g);

m_1——烧干前试样与容器总质量(g);

m_2——烘干后试样与容器总质量(g)。

5. 试验报告

以两次平行试验结果的算术平均值作为测定值。

七、粗集料吸水率试验(T 0307—2005)

1. 目的与适用范围

测定碎石或砾石的吸水率,即测定以烘干质量为基准的饱和面干状态含水率。

2. 仪具与材料

(1)烘箱:能使温度控制在 105℃ ±5℃。

(2)天平:量程 5kg,感量不大于 5g。

(3)标准筛:孔径为 4.75mm、2.36mm。

(4)其他:容器、浅盘、金属丝刷和毛巾等。

3. 试验准备

将试样过筛,对水泥混凝土用集料采用 4.75mm 筛,沥青混合料用集料用 2.36mm 筛,分别筛去筛孔以下的颗粒。然后按 T 0301 的方法制备试样,分成两份,用金属丝刷子刷净后备用。

4. 试验步骤

(1)取试样 1 份置于盛水的容器中,使水面高出试样表面 5mm 左右,24h 后从水中取出试样,并用拧干的湿毛巾将颗粒表面的水分轻轻拭干,即成饱和面干试样。立即将试样放在浅盘中称量(m_2)。在整个试验过程中,水温须保持在 20℃ ±5℃。

(2)将饱和面干试样连同浅盘置于 105℃ ±5℃的烘箱中烘干至恒量,然后取出,放入带盖的容器中冷却 1h 以上,称取烘干试样与浅盘的总质量(m_1)。

5. 计算

吸水率按式(5-68)计算,精确至0.01%。

$$w_x = \frac{m_2 - m_1}{m_1 - m_3} \times 100 \tag{5-68}$$

式中:w_x——集料的吸水率(%);

m_1——烘干试样与浅盘总质量(g);

m_2——烘干前饱和面干试样与浅盘总质量(g);

m_3——浅盘的质量(g)。

6. 试验报告

以两次平行试验结果的算术平均值作为测定值。

八、粗集料密度及吸水率试验——容量瓶法(T 0308—2005)

1. 目的与适用范围

(1)本方法适用于测定碎石、砾石等各种粗集料的表观相对密度、表干相对密度、毛体积相对密度、表观密度、表干密度、毛体积密度,以及粗集料的吸水率。

(2)本方法测定的结果不适用于仲裁及沥青混合料配合比设计计算理论密度时使用。

2. 仪具与材料

(1)天平或浸水天平:可悬挂吊篮测定集料的水中质量,称量应满足试样数量称量要求,感量不大于最大称量值的0.05%。

(2)容量瓶:1000mL,也可用磨口的广口玻璃瓶代替,并带玻璃片。

(3)烘箱:能控温在105℃ ±5℃。

(4)标准筛:4.75mm、2.36mm。

(5)其他:刷子、毛巾等。

3. 试验准备

(1)将试样过筛,对水泥混凝土用集料采用4.75mm筛,沥青混合料用集料用2.36mm筛,分别筛去筛孔以下的颗粒。然后用四分法或分料器法缩分至表5-39要求的质量,分两份备用。

(2)将每一份集料试样浸泡在水中,仔细洗去附在集料表面的尘土和石粉,经多次漂洗干净至水清澈为止。清洗过程中不得散失集料颗粒。

4. 试验步骤

(1)取试样一份装入容量瓶(广口瓶)中,注入洁净的水(可滴入数滴洗涤灵),水面高出试样,轻轻摇动容量瓶,使附着在石料上的气泡逸出。盖上玻璃片,在室温下浸水24h。

注:水温应在15~25℃范围内,浸水最后2h内的水温相差不得超过2℃。

(2)向瓶中加水至水面凸出瓶口,然后盖上容量瓶塞,或用玻璃片沿广口瓶瓶口迅速滑行,使其紧贴瓶口水面。玻璃片与水面之间不得有空隙。

(3)确认瓶中没有气泡,擦干瓶外的水分后,称取集料试样、水、瓶及玻璃片的总质量(m_2)。

(4)将试样倒入浅搪瓷盘中,稍稍倾斜搪瓷盘,倒掉流动的水,再用毛巾吸干漏出的自由水。需要时可称取带表面水的试样质量(m_4)。

(5)用拧干的湿毛巾轻轻擦干颗粒的表面水,至表面看不到发亮的水迹,即为饱和面干状态。当粗集料尺寸较大时，可逐颗擦干。注意拧湿毛巾时不要太用劲，防止拧得太干。擦颗粒的表面水时，既要将表面水擦掉，又不能将颗粒内部的水吸出。整个过程中不得有集料丢失。

(6)立即称取饱和面干集料的表干质量(m_3)。

(7)将集料置于浅盘中，放入105℃ ±5℃的烘箱中烘干至恒量。取出浅盘，放在带盖的容器中冷却至室温，称取集料的烘干质量(m_0)。

(8)将瓶洗净，重新装入洁净水，盖上容量瓶塞，或用玻璃片紧贴广口瓶瓶口水面。玻璃片与水面之间不得有空隙。确认瓶中没有气泡，擦干瓶外水分后称取水、瓶及玻璃片的总质量(m_1)。

5. 计算

(1)表观相对密度γ_a、表干相对密度γ_s、毛体积相对密度γ_B按式(5-69)~式(5-71)计算至小数点后3位。

$$\gamma_a = \frac{m_0}{m_0 + m_1 - m_2} \tag{5-69}$$

$$\gamma_s = \frac{m_3}{m_3 + m_1 - m_2} \tag{5-70}$$

$$\gamma_B = \frac{m_0}{m_3 + m_1 - m_2} \tag{5-71}$$

式中：γ_a——集料的表观相对密度，无量纲；

γ_s——集料的表干相对密度，无量纲；

γ_B——集料的毛体积相对密度，无量纲；

m_0——集料的烘干质量(g)；

m_1——水、瓶及玻璃片的总质量(g)；

m_2——集料试样、水、瓶及玻璃片的总质量(g)；

m_3——集料的表干质量(g)。

(2)集料的吸水率w_x、含水率w以烘干试样为基准，按式(5-72)、式(5-73)计算，精确至0.1%。

$$w_x = \frac{m_3 - m_0}{m_0} \times 100 \tag{5-72}$$

$$w = \frac{m_4 - m_0}{m_0} \times 100 \tag{5-73}$$

式中：m_4——集料饱和状态下含表面水的湿质量(g)；

w_x——集料的吸水率(%)；

w——集料的含水率(%)。

(3)当水泥混凝土集料需要以饱和面干试样作为基准求取集料的吸水率w_x时，按式(5-74)计算，精确至0.1%，但需在报告中予以说明。

$$w_x = \frac{m_3 - m_0}{m_3} \times 100 \tag{5-74}$$

式中：w_x——集料的吸水率(%)。

(4)粗集料的表观密度ρ_a、表干密度ρ_s、毛体积密度ρ_B按式(5-75)~式(5-77)计算至小数点后3位。

$$\rho_a = \gamma_a \times \rho_t \quad 或 \quad \rho_a = (\gamma_a - \alpha_t) \times \rho_w \tag{5-75}$$

$$\rho_s = \gamma_s \times \rho_t \quad 或 \quad \rho_s = (\gamma_s - \alpha_t) \times \rho_w \tag{5-76}$$

$$\rho_B = \gamma_b \times \rho_t \quad 或 \quad \rho_B = (\gamma_b - \alpha_t) \times \rho_w \tag{5-77}$$

式中：ρ_a——集料的表观密度（g/cm^3）；

ρ_s——集料的表干密度（g/cm^3）；

ρ_B——集料的毛体积密度（g/cm^3）；

ρ_t——试验温度 t 时水的密度（g/cm^3），按表5-40取用；

α_t——试验温度 t 时的水温修正系数，按表5-40取用；

ρ_w——水在4℃时的密度，$\rho_w = 1.000g/cm^3$。

6. 精密度或允许差

重复试验的精密度，两次结果之差对相对密度不得超过0.02，对吸水率不得超过0.2%。

九、粗集料堆积密度及空隙率试验（T 0309—2005）

1. 目的与适用范围

测定粗集料的堆积密度，包括自然堆积状态、振实状态、捣实状态下的堆积密度，以及堆积状态下的间隙率。

2. 仪具与材料

（1）天平或台秤：感量不大于称量值的0.1%。

（2）容量筒：适用于粗集料堆积密度测定的容量筒应符合表5-41的要求。

（3）平头铁锹。

容量筒的规格要求　　表5-41

粗集料公称最大粒径（mm）	容量筒容积（L）	容量筒规格（mm）			筒壁厚度（mm）
		内径	净高	底厚	
≤4.75	3	155±2	160±2	5.0	2.5
9.5~26.5	10	205±2	305±2	5.0	2.5
31.5~37.5	15	255±5	295±5	5.0	3.0
≥53	20	355±5	305±5	5.0	3.0

（4）烘箱：能控温105℃±5℃。

（5）振动台：频率为3000次/min±200次/min，负荷下的振幅为0.35mm，空载时的振幅为0.5mm。

（6）捣棒：直径16mm、长600mm、一端为圆头的钢棒。

3. 试验准备

按T 0301的方法取样、缩分，质量应满足试验要求，在105℃±5℃的烘箱中烘干，也可以摊在清洁的地面上风干，拌匀后分成两份备用。

4. 试验步骤

（1）自然堆积密度

取试样1份，置于平整干净的水泥地（或铁板）上，用平头铁锹铲起试样，使石子自由落入容量筒内。此时，从铁锹的齐口至容量筒上口的距离应保持为50mm左右，装满容量筒并除去凸出筒口表面的颗粒，并以合适的颗粒填入凹陷空隙，使表面稍凸起部分和凹陷部分的体积大致相等，称取试样和容量筒总质量（m_2）。

（2）振实密度

按堆积密度试验步骤，将装满试样的容量筒放在振动台上，振动3min，或者将试样分三层装入容量筒：装完一层后，在筒底垫放一根直径为25mm的圆钢筋，将筒按住，左右交替颠击地面各25下；然后装入第二层，用同样的方法颠实（但筒底所垫钢筋的方向应与第一层放置方向垂直）；然后再装入第三层，如法颠实。待三层试样装填完毕后，加料填到试样超出容量筒口，用钢筋沿筒口边缘滚转，刮下高出筒口的颗粒，用合适的颗粒填平凹处，使表面稍凸起部分和凹陷部分的体积大致相等，称取试样和容量筒总质量（m_2）。

（3）捣实密度

根据沥青混合料的类型和公称最大粒径，确定起骨架作用的关键性筛孔（通常为4.75mm或2.36mm等）。将矿料混合料中此筛孔以上颗粒筛出，作为试样装入符合要求规格的容器中达1/3的高度，由边至中用捣棒均匀捣实25次。再向容器中装入1/3高度的试样，用捣棒均匀地捣实25次，捣实深度约至下层的表面。然后重复上一步骤，加最后一层，捣实25次，使集料与容器口齐平。用合适的集料填充表面的大空隙，用直尺大体刮平，目测估计表面凸起部分与凹陷部分的容积大致相等，称取容量筒与试样的总质量（m_2）。

（4）容量筒容积的标定

用水装满容量筒，测量水温，擦干筒外壁的水分，称取容量筒与水的总质量（m_w），并按水的密度对容量筒的容积作校正。

5. 计算

（1）容量筒的容积按式（5-78）计算。

$$V = \frac{m_w - m_1}{\rho_t} \tag{5-78}$$

式中：V——容量筒的容积（L）；

m_1——容量筒的质量（kg）；

m_w——容量筒与水的总质量（kg）；

ρ_t——试验温度 t 时水的密度（g/cm^3），按表5-40选用。

（2）堆积密度（包括自然堆积状态、振实状态、捣实状态下的堆积密度）按式（5-79）计算至小数点后2位。

$$\rho = \frac{m_2 - m_1}{V} \tag{5-79}$$

式中：ρ——与各种状态相对应的堆积密度（t/m^3）；

m_1——容量筒的质量（kg）；

m_2——容量筒与试样的总质量（kg）；

V——容量筒的容积（L）。

（3）水泥混凝土用粗集料振实状态下的空隙率按式（5-80）计算。

$$V_c = \left(1 - \frac{\rho}{\rho_a}\right) \times 100 \tag{5-80}$$

式中：V_c——水泥混凝土用粗集料的空隙率（%）；

ρ_a——粗集料的表观密度(t/m^3);

ρ——按振实法测定的粗集料的堆积密度(t/m^3)。

(4)沥青混合料用粗集料骨架捣实状态下的间隙率按式(5-81)计算。

$$VCA_{DRC}=\left(1-\frac{\rho}{\rho_B}\right)\times 100 \tag{5-81}$$

式中:VCA_{DRC}——捣实状态下粗集料骨架间隙率(%);

ρ_B——按T 0304确定的粗集料的毛体积密度(t/m^3);

ρ——按捣实法测定的粗集料的自然堆积密度(t/m^3)。

6. 试验报告

以两次平行试验结果的平均值作为测定值。

十、粗集料含泥量及泥块含量试验(T 0310—2005)

1. 目的与适用范围

测定碎石或砾石中小于0.075mm的尘屑、淤泥和黏土的总含量及4.75mm以上泥块颗粒含量。

2. 仪具与材料

(1)台秤:感量不大于称量值的0.1%。

(2)烘箱:能控温105℃±5℃。

(3)标准筛:测含泥量时用孔径为1.18mm、0.075mm的方孔筛各1只;测泥块含量时,则用2.36mm及4.75mm的方孔筛各1只。

(4)容器:容积约10L的桶或搪瓷盘。

(5)其他:浅盘、毛刷等。

3. 试验准备

按T 0301方法取样,将来样用四分法或分料器法缩分至表5-42所规定的量(注意防止细粉丢失并防止所含黏土块被压碎),置于温度为105℃±5℃的烘箱内烘干至恒量,冷却至室温后分成两份备用。

含泥量及泥块含量试验所需试样最小质量 表5-42

公称最大粒径(mm)	4.75	9.5	16	19	26.5	31.5	37.5	63	75
试样最小质量(kg)	1.5	2	2	6	6	10	10	20	20

4. 试验步骤

(1)含泥量试验步骤

①称取试样1份(m_0)装入容器内,加水,浸泡24h,用手在水中淘洗颗粒(或用毛刷洗刷),使尘屑、黏土与较粗颗粒分开,并使之悬浮于水中;缓缓地将浑浊液倒入1.18mm及0.075mm的套筛上,滤去小于0.075mm的颗粒。试验前筛子的两面应先用水湿润,在整个试验过程中,应注意避免大于0.075mm的颗粒丢失。

②再次加水于容器中,重复上述步骤,直到洗出的水清澈为止。

③用水冲洗余留在筛上的细粒,并将0.075mm筛放在水中(使水面略高于筛内颗粒)来回摇动,以充分洗除小于0.075mm的颗粒,而后将两只筛上余留的颗粒和容器中已经洗净的试样一并装入浅盘,置于温度为105℃±5℃的烘箱中烘干至恒量,取出冷却至室温后,称取试

样的质量(m_1)。

(2)泥块含量试验步骤

①取试样1份。

②用4.75mm筛将试样过筛,称出筛去4.75mm以下颗粒后的试样质量(m_2)。

③将试样在容器中摊平,加水使水面高出试样表面,24h后将水放掉,用手捻压泥块,然后将试样放在2.36mm筛上用水冲洗,直至洗出的水清澈为止。

④小心地取出2.36mm筛上试样,置于温度为105℃±5℃的烘箱中烘干至恒量,取出冷却至室温后称量(m_3)。

5.计算

(1)碎石或砾石的含泥量按式(5-82)计算,精确至0.1%。

$$Q_n = \frac{m_0 - m_1}{m_0} \times 100 \tag{5-82}$$

式中:Q_n——碎石或砾石的含泥量(%);

m_0——试验前烘干试样质量(g);

m_1——试验后烘干试样质量(g)。

以两次试验的算术平均值作为测定值,两次结果的差值超过0.2%时,应重新取样进行试验。对沥青路面用集料,此含泥量记为小于0.075mm颗粒含量。

(2)碎石或砾石中黏土泥块含量按式(5-83)计算,精确至0.1%。

$$Q_k = \frac{m_2 - m_3}{m_2} \times 100 \tag{5-83}$$

式中:Q_k——碎石或砾石中黏土泥块含量(%);

m_2——4.75mm筛筛余量(g);

m_3——试验后烘干试样质量(g)。

以两个试样两次试验结果的算术平均值为测定值,两次结果的差值超过0.1%时,应重新取样进行试验。

十一、粗集料针片状颗粒含量试验(T 0311、T 0312—2005)

(一)规准仪法(水泥混凝土用)(T 0311—2005)

1.目的与适用范围

(1)本方法适用于测定水泥混凝土用4.75mm以上的粗集料的针状及片状颗粒含量,以百分率计。

(2)本方法测定的针片状颗粒,是指使用专用规准仪测定的粗集料颗粒的最小厚度(或直径)方向与最大长度(或宽度)方向的尺寸之比小于一定比例的颗粒。

(3)本方法测定的粗集料中针片状颗粒的含量,可用于评价集料的形状及其在工程中的适用性。

2.仪具与材料

(1)水泥混凝土集料针状规准仪和片状规准仪见图5-17和图5-18,片状规准仪的钢板基板厚度3mm,尺寸应符合表5-43的要求。

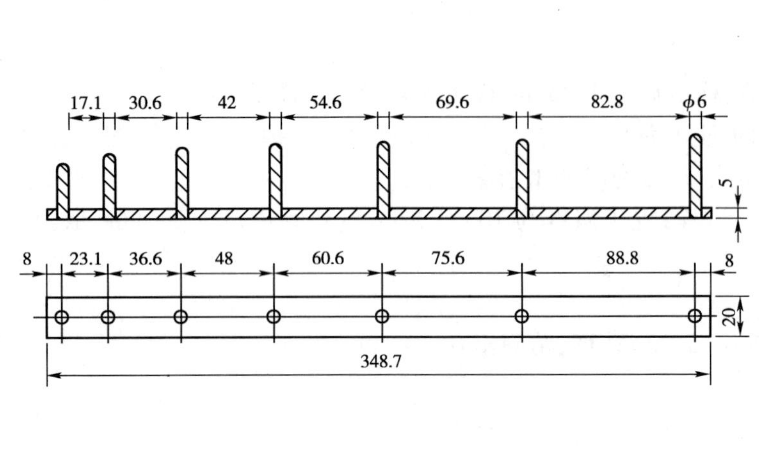

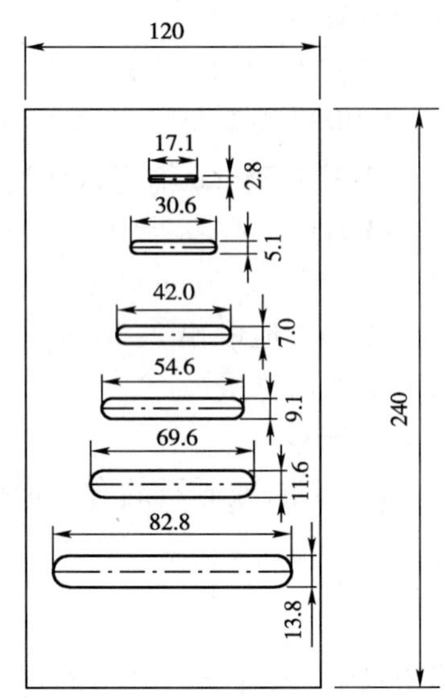

图 5-17　针状规准仪(尺寸单位:mm)

图 5-18　片状规准仪(尺寸单位:mm)

水泥混凝土集料针片状颗粒试验的粒级划分及其相应的规准仪孔宽或间距　　表 5-43

粒级(方孔筛)(mm)	4.75~9.5	9.5~16	16~19	19~26.5	26.5~31.5	31.5~37.5
针状规准仪上相对应的立柱之间的间距宽(mm)	17.1 (B_1)	30.6 (B_2)	42.0 (B_3)	54.6 (B_4)	69.6 (B_5)	82.8 (B_6)
片状规准仪上相对应的孔宽(mm)	2.8 (A_1)	5.1 (A_2)	7.0 (A_3)	9.1 (A_4)	11.6 (A_5)	13.8 (A_6)

(2)天平或台秤:感量不大于称量值的0.1%。

(3)标准筛:孔径分别为4.75mm、9.5mm、16mm、19mm、26.5mm、31.5mm、37.5mm,试验时根据需要选用。

3. 试验准备

将来样在室内风干至表面干燥,并用四分法或分料器法缩分至满足表5-43规定的质量,称量(m_0),然后筛分成表5-44所规定的粒级备用。

针片状颗粒试验所需的试样最小质量　　表 5-44

公称最大粒径(mm)	9.5	16	19	26.5	31.5	37.5
试样最小质量(kg)	0.3	1	2	3	5	10

4. 试验步骤

(1)目测挑出接近立方体形状的规则颗粒,将目测有可能属于针片状颗粒的集料按表5-41所规定的粒级用规准仪逐粒对试样进行针状颗粒鉴定,挑出颗粒长度大于针状规准仪上相应间距而不能通过者,为针状颗粒。

(2)将通过针状规准仪上相应间距的非针状颗粒逐粒对试样进行片状颗粒鉴定,挑出厚度小于片状规准仪上相应孔宽能通过者,为片状颗粒。

(3)称量由各粒级挑出的针状颗粒和片状颗粒的质量,其总质量为m_1。

5. 计算

碎石或砾石中针片状颗粒含量按式(5-84)计算,精确至0.1%。

$$Q_e = \frac{m_1}{m_0} \times 100 \tag{5-84}$$

式中：Q_e——试样的针片状颗粒含量（%）；

m_1——试样中所含针状颗粒与片状颗粒的总质量（g）；

m_0——试样总质量（g）。

注：如果需要可以分别计算针状颗粒和片状颗粒的含量百分数。

（二）游标卡尺法（T 0312—2005）

1. 目的与适用范围

（1）本方法适用于测定粗集料的针状及片状颗粒含量，以百分率计。

（2）本方法测定的针片状颗粒，是指用游标卡尺测定的粗集料颗粒的最大长度（或宽度）方向与最小厚度（或直径）方向的尺寸之比大于3倍的颗粒。有特殊要求采用其他比例时，应在试验报告中注明。

（3）本方法测定的粗集料中针片状颗粒的含量，可用于评价集料的形状和抗压碎能力，以评定石料生产厂的生产水平及该材料在工程中的适用性。

2. 仪具与材料

（1）标准筛：方孔筛4.75mm。

（2）游标卡尺：精密度为0.1mm。

（3）天平：感量不大于1g。

3. 试验步骤

（1）按本规程T 0301方法，采集粗集料试样。

（2）按分料器法或四分法选取1kg左右的试样。对每一种规格的粗集料，应按照不同的公称粒径，分别取样检验。

（3）用4.75mm标准筛将试样过筛，取筛上部分供试验用，称取试样的总质量 m_0，准确至1g，试样数量应不少于800g，并不少于100颗。

注：对2.36～4.75mm级粗集料，由于卡尺量取有困难，故一般不作测定。

（4）将试样平摊于桌面上，首先用目测挑出接近立方体的颗粒，剩下可能属于针状（细长）和片状（扁平）的颗粒。

（5）按图5-19所示的方法将欲测量的颗粒放在桌面上成一稳定的状态。图中颗粒平面方向的最大长度为 L，侧面厚度的最大尺寸为 t，颗粒最大宽度为 w（$t < w < L$），用卡尺逐颗测量石料的 L 及 t，将 $L/t \geq 3$ 的颗粒（即最大长度方向与最大厚度方向的尺寸之比大于3的颗粒）分别挑出作为针片状颗粒。称取针片状颗粒的质量 m_1，准确至1g。

注：稳定状态是指平放的状态，不是直立状态，侧面厚度的最大尺寸 t 为图中状态的颗粒顶部至平台的厚度，是在最薄的一个面上测量的，但并非颗粒中最薄部位的厚度。

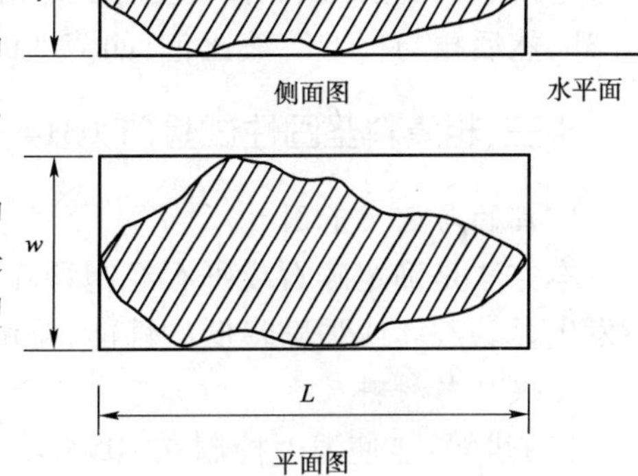

图5-19　针片状颗粒稳定状态

4. 计算

按式（5-85）计算针片状颗粒含量。

$$Q_e = \frac{m_1}{m_0} \times 100 \tag{5-85}$$

式中：Q_e——针片状颗粒含量(%)；

m_0——试验用的集料总质量(g)；

m_1——针片状颗粒的质量(g)。

5. 试验报告

(1)试验要平行测定两次，计算两次结果的平均值。如两次结果之差小于平均值的20%，取平均值为试验值；如大于或等于20%，应追加测定一次，取三次结果的平均值为测定值。

(2)试验报告应报告集料的种类、产地、岩石名称、用途。

十二、粗集料有机物含量试验(T 0313—1994)

1. 目的与适用范围

用比色法测定砾石中的有机物含量。

2. 仪具与材料

(1)天平：感量不大于称量值的0.1%。

(2)量筒：100mL、250mL、1000mL各一个。

(3)氢氧化钠溶液：氢氧化钠与蒸馏水之质量比为3∶97。

(4)其他：鞣酸、酒精、烧杯、玻璃棒和19mm标准筛等。

3. 试验准备

(1)试样制备：筛去试样中19mm以上的颗粒，剩余的用四分法或分料器法缩分约1kg，风干后备用。

(2)标准溶液的配制方法：取2g鞣酸粉溶解于98mL 10%酒精溶液中，即得所需的鞣酸溶液。然后取该溶液2.5mL注入97.5mL浓度为3%的氢氧化钠溶液中，加塞后剧烈摇动，静置24h即得标准溶液。

4. 试验步骤

(1)向1000mL量筒中倒入干试样至600mL刻度处，再注入浓度为3%的氢氧化钠溶液至800mL刻度处，剧烈搅动后静置24h。

(2)比较试样上部溶液和新配制标准溶液的颜色，盛装标准溶液与盛装试样的量筒规格应一致。

5. 结果评定

若试样上部的溶液颜色浅于标准溶液的颜色，则试样的有机质含量鉴定合格；如两种溶液的颜色接近，则应将该试样(包括上部溶液)倒入烧杯中放在温度为60~70℃的水槽中加热2~3h，然后再与标准溶液比色，如溶液的颜色深于标准色，则应配制成混凝土做进一步试验。

十三、粗集料坚固性试验(T 0314—2000)

1. 目的与适用范围

本方法是确定碎石或砾石经饱和硫酸钠溶液多次浸泡与烘干循环，承受硫酸钠结晶压而不发生显著破坏或强度降低的性能，是测定石料坚固性能(也称安定性)的方法。

2. 仪具与材料

(1)烘箱：能使温度控制在105℃±5℃。

(2)天平：量程5kg，感量不大于1g。

(3)标准筛：根据试样的粒级，按表5-45选用。

坚固性试验所需的各粒级试样质量 表5-45

公称粒级(mm)	2.36~4.75	4.75~9.5	9.5~19	19~37.5	37.5~63	63~75
试样质量(g)	500	500	1000	1500	3000	5000

注:①粒级为9.5~19mm的试样中,应含有9.5~16mm粒级颗粒40%,16~19mm粒级颗粒60%。

②粒级为19~37.5mm的试样中,应含有19~31.5mm粒级颗粒40%,31.5~37.5mm粒级颗粒60%。

(4)容器:搪瓷盆或瓷缸,容积不小于50L。

(5)三脚网篮:网篮的外径为100mm,高为150mm,采用孔径不大于2.36mm的铜网或不锈钢丝制成;检验37.5~75mm的颗粒时,应采用外径和高均为250mm的网篮。

(6)试剂:无水硫酸钠和10水结晶硫酸钠(工业用)。

3.试验准备

(1)硫酸钠溶液的配制

取一定数量的蒸馏水(多少取决于试样及容器大小),加温至30~50℃,每1000mL蒸馏水加入无水硫酸钠(Na_2SO_4)300~350g或10水硫酸钠($Na_2SO_4 \cdot 10H_2O$)700~1000g,用玻璃棒搅拌,使其溶解并饱和,然后冷却至20~25℃;在此温度下静置48h,其相对密度应保持在1.151~1.174(波美度为18.9~21.4)范围内。试验时容器底部应无结晶存在。

(2)试样的制备

将试样按表5-45的规定分级,洗净,放入105℃±5℃的烘箱内烘干4h,取出并冷却至室温,然后按表5-45规定的质量称取各粒级试样质量m_i。

4.试验步骤

(1)将所称取的不同粒级的试样分别装入三脚网篮并浸入盛有硫酸钠溶液的容器中,溶液体积应不小于试样总体积的5倍,温度应保持在20~25℃的范围内。三脚网篮浸入溶液时应先上下升降25次以排除试样中的气泡,然后静置于该容器中;此时,网篮底面应距容器底面约30mm(由网篮脚高控制),网篮之间的间距应不小于30mm,试样表面至少应在液面以下30mm。

(2)浸泡20h后,从溶液中提出网篮,放在105℃±5℃的烘箱中烘烤4h,至此,完成了第一个试验循环。待试样冷却至20~25℃后,即开始第二次循环。从第二次循环起,浸泡及烘烤时间均可为4h。

(3)完成五次循环后,将试样置于25~30℃的清水中洗净硫酸钠,再放入105℃±5℃的烘箱中烘干至恒量,待冷却至室温后,用试样粒级下限筛孔过筛,并称量各粒级试样试验后的筛余量m'_i。

注:试样中硫酸钠是否洗净,可按下法检验:取洗试样的水数毫升,滴入少量氯化钡($BaCl_2$)溶液,如无白色沉淀,即说明硫酸钠已被洗净。

(4)对粒径大于19mm的试样部分,应在试验前后分别记录其颗粒数量,并作外观检查,描述颗粒的裂缝、剥落、掉边和掉角等情况及其所占的颗粒数量,以作为分析其坚固性时的补充依据。

5.计算

(1)试样中各粒级颗粒的分计质量损失百分率按式(5-86)计算。

$$Q_i = \frac{m_i - m'_i}{m_i} \times 100 \tag{5-86}$$

式中:Q_i——各粒级颗粒的分计质量损失百分率(%);

m_i——各粒级试样试验前的烘干质量(g);

m'_i——经硫酸钠溶液法试验后各粒级筛余颗粒的烘干质量(g)。

(2)试样总质量损失百分率按式(5-87)计算,精确至1%。

$$Q=\frac{\sum m_i Q_i}{\sum m_i} \tag{5-87}$$

式中:Q——试样总质量损失百分率(%);

m_i——试样中各粒级的分计质量(g);

Q_i——各粒级的分计质量损失百分率(%)。

十四、粗集料压碎值试验(T 0316—2005)

1. 目的与适用范围

集料压碎值用于衡量石料在逐渐增加的荷载下抵抗压碎的能力,是衡量石料力学性质的指标,以评定其在公路工程中的适用性。

2. 仪具与材料

(1)石料压碎值试验仪:由内径150mm、两端开口的钢制圆形试筒、压柱和底板组成,其形状和尺寸见图5-20和表5-46。试筒内壁、压柱的底面及底板的上表面等与石料接触的表面都应进行热处理,使表面硬化,达到维氏硬度65°并保持光滑状态。

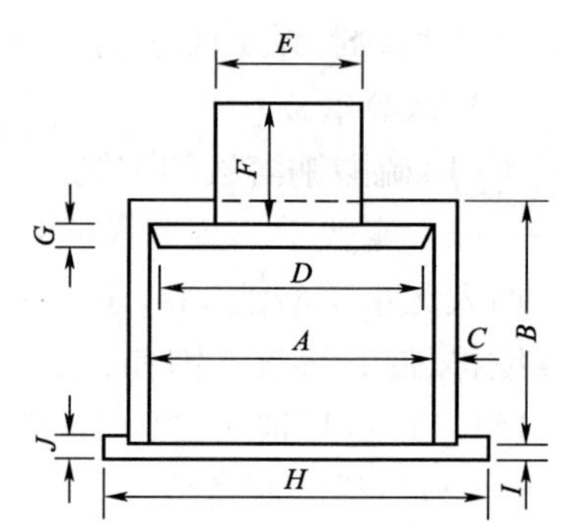

图5-20 压碎值测定仪(尺寸单位:mm)

试筒、压柱和底板尺寸 表5-46

部位	符号	名称	尺寸(mm)
试筒	A	内径	150±0.3
	B	高度	125~128
	C	壁厚	≥12
压柱	D	压头直径	149±0.2
	E	压杆直径	100~149
	F	压柱总长	100~110
	G	压头厚度	≥25
底板	H	直径	200~220
	I	厚度(中间部分)	6.4±0.2
	J	边缘厚度	10±0.2

(2)金属棒:直径10mm,长450~600mm,一端加工成半球形。

(3)天平:量程2~3kg,感量不大于1g。

(4)标准筛:筛孔尺寸13.2mm、9.5mm、2.36mm方孔筛各一个。

(5)压力机:500kN,应能在10min内达到400kN。

(6)金属筒:圆柱形,内径112.0mm,高179.4mm,容积1767cm^3。

3. 试验准备

(1)将风干石料用13.2mm和9.5mm标准筛过筛,取9.5~13.2mm的试样3组各3000g,

供试验用。如过于潮湿需加热烘干时，烘箱温度不得超过100℃，烘干时间不超过4h。试验前，石料应冷却至室温。

（2）每次试验的石料数量应满足按下述方法夯击后石料在试筒内的深度为100mm。

在金属筒中确定石料数量的方法如下：

将试样分3次（每次数量大体相同）均匀装入试模中，每次均将试样表面整平，用金属棒的半球面端从石料表面上均匀捣实25次。最后用金属棒作为直刮刀将表面仔细整平。称取量筒中试样质量（m_0）。以相同质量的试样进行压碎值的平行试验。

4. 试验步骤

（1）将试筒安放在底板上。

（2）将要求质量的试样分3次（每次数量大体相同）均匀装入试模中，每次均将试样表面整平，用金属棒的半球面端从石料表面上均匀捣实25次。最后用金属棒作为直刮刀将表面仔细整平。

（3）将装有试样的试模放到压力机上，同时加压头放入试筒内石料面上，注意使压头摆平，勿楔挤试模侧壁。

（4）开动压力机，均匀地施加荷载，在10min左右的时间内达到总荷载400kN，稳压5s，然后卸荷。

（5）将试模从压力机上取下，取出试样。

（6）用2.36mm标准筛筛分经压碎的全部试样，可分几次筛分，均需筛到在1min内无明显的筛出物为止。

（7）称取通过2.36mm筛孔的全部细料质量（m_1），准确至1g。

5. 计算

石料压碎值按式（5-88）计算，精确至0.1%。

$$Q'_a = \frac{m_1}{m_0} \times 100 \tag{5-88}$$

式中：Q'_a——石料压碎值（%）；

m_0——试验前试样质量（g）；

m_1——试验后通过2.36mm筛孔的细料质量（g）。

6. 试验报告

以3个试样平行试验结果的算术平均值作为压碎值的测定值。

十五、粗集料磨耗试验（T 0317、T 0323）

（一）洛杉矶法（T 0317—2005）

1. 目的与适用范围

（1）测定标准条件下粗集料抵抗摩擦、撞击的能力，以磨耗损失（%）表示。

（2）本方法适用于各种等级规格集料的磨耗试验。

2. 仪具与材料

（1）洛杉矶磨耗试验机：圆筒内径710mm±5mm，内侧长510mm±5mm，两端封闭，投料口的钢盖通过紧固螺栓和橡胶垫与钢筒紧闭密封。钢筒的回转速率为30～33r/min。

（2）钢球：直径约46.8mm，质量为390～445g，大小稍有不同，以便按要求组合成符合要求的总质量。

(3)台秤:感量5g。

(4)标准筛:符合要求的标准筛系列,以及筛孔为1.7mm的方孔筛一个。

(5)烘箱:能使温度控制在105℃±5℃范围内。

(6)容器:搪瓷盘等。

3.试验步骤

(1)将不同规格的集料用水冲洗干净,置烘箱中烘干至恒量。

(2)对所使用的集料,根据实际情况按表5-47选择最接近的粒级类别,确定相应的试验条件,按规定的粒级组成备料、筛分。其中水泥混凝土用集料宜采用A级粒度;沥青路面及各种基层、底基层的粗集料,表中的16mm筛孔也可用13.2mm筛孔代替。对非规格材料,应根据材料的实际粒度,从表5-47中选择最接近的粒级类别及试验条件。

粗集料洛杉矶试验条件 表5-47

粒度类别	粒级组成(mm)	试样质量(g)	试样总质量(g)	钢球数量(个)	钢球总质量(g)	转动次数(转)	适用的粗集料	
							规格	公称粒径(mm)
A	26.5~37.5 19.0~26.5 16.0~19.0 9.5~16.0	1250±25 1250±25 1250±10 1250±10	5000±10	12	5000±25	500	—	—
B	19.0~26.5 16.0~19.0	2500±10 2500±10	5000±10	11	4850±25	500	S6 S7 S8	15~30 10~30 10~25
C	9.5~16.0 4.75~9.5	2500±10 2500±10	5000±10	8	3330±20	500	S9 S10 S11 S12	10~20 10~15 5~15 5~10
D	2.36~4.75	5000±10	5000±10	6	2500±15	500	S13 S14	3~10 3~5
E	63~75 53~63 37.5~53	2500±50 2500±50 5000±50	10000±100	12	5000±25	1000	S1 S2	40~75 40~60
F	37.5~53 26.5~37.5	5000±50 5000±25	10000±75	12	5000±25	1000	S3 S4	30~60 25~50
G	26.5~37.5 19~26.5	5000±25 5000±25	10000±50	12	5000±25	1000	S5	20~40

注:①表中16mm也可用13.2mm代替。

②A级适用于未筛分碎石混合料及水泥混凝土用集料。

③C级中S12可全部采用4.75~9.5mm颗粒5000g;S9及S10可全部采用9.5~16mm颗粒5000g。

④E级中S2中缺63~75mm颗粒,可用53~63mm颗粒代替。

(3)分级称量(准确至5g),称取总质量(m_1),装入磨耗机圆筒中。

(4)选择钢球,使钢球的数量及总质量符合表5-47中规定。将钢球加入钢筒中,盖好筒盖,紧固密封。

(5)将计数器调整到零位,设定要求的回转次数,对水泥混凝土集料,回转次数为500转,对沥青混合料集料,回转次数应符合表5-47的要求。开动磨耗机,以30~33r/min转速转动至要求的回转次数为止。

(6)取出钢球,将经过磨耗后的试样从投料口倒入接受容器(搪瓷盘)中。

(7)将试样用1.7mm的方孔筛过筛,筛去试样中被撞击磨碎的细屑。

(8)用水冲干净留在筛上的碎石,置105℃±5℃烘箱中烘干至恒量(通常不少于4h),准确称量(m_2)。

4. 计算

计算粗集料洛杉矶磨耗损失,精确至0.1%。

$$Q=\frac{m_1-m_2}{m_1}\times 100 \tag{5-89}$$

式中:Q——洛杉矶磨耗损失(%);

m_1——装入圆筒中试样质量(g);

m_2——试验后在1.7mm筛上洗净烘干的试样质量(g)。

5. 试验报告

(1)试验报告应记录所使用的粒级类别和试验条件。

(2)粗集料的磨耗损失取两次平行试验结果的算术平均值作为测定值,两次试验的差值应不大于2%,否则须重做试验。

(二)道瑞试验(T 0323—2000)

1. 目的与适用范围

本试验用于评定公路路面表层所用粗集料抵抗车轮撞击及磨耗的能力。

2. 仪具与材料

(1)道瑞磨耗试验机:主要由直径不小于600mm的经过加工的圆形铸铁或钢研磨平板组成,圆平板(或称转盘)能以28~30r/min的速度作水平旋转。试验机装有转数计数器并配有下列附件:

①至少2个经过机加工的金属模子,用于制备试件。试模的端板可拆卸,其内部尺寸为91.5mm×53.5mm×16.0mm,公差均为±0.1mm。

②至少2个经过机加工的金属托盘,用于固定制备好的试件。盘子用5mm厚的低碳钢板制成,其内部尺寸为92.0mm×54.0mm×8.0mm,公差均为±0.1mm。

③至少2块用5mm厚低碳钢板通过机加工制成的平板(垫板),用于制备试件。其尺寸为115mm×75mm,公差均为±0.1mm。

④托盘固定装置:两个托盘支架径向相对且长边转盘转动的方向一致。托盘在支架中应能纵向自由活动而在水平面内不能移动。

⑤两只配重:圆底,用于保证试件对转盘表面的压力。可调整自重以使试件、托盘和配重的总质量满足2kg±10g。

⑥溜砂装置和砂的清除及收集装置:这些装置能以700~900g/min的速率将砂连续不断地撒布在试件前面的转盘上,在通过试件之后再将砂清除并重新收集起来。

(2)标准筛:方孔筛13.2mm、9.5mm、1.18mm、0.9mm、0.6mm、0.45mm、0.3mm。

(3)烘箱:要求能控温105℃±5℃。

(4)天平:感量不大于0.1g。

(5)磨料:石英砂,粒径0.3~0.9mm,其中0.45~0.6 mm的含量不少于75%;应干燥而且未使用过。每块试件约需用石英砂3kg。

(6)胶结料:环氧树脂(6010)和固化剂(793)。在保证同等黏结性能的条件下可用其他型号代替。

(7)作为脱模剂的肥皂水和作为清洁剂的丙酮。

(8)细砂:0.1~0.3mm、0.1~0.45mm。

(9)其他:医用洗耳球、调剂匙、镊子、油灰刀、小毛刷、20mL量筒、100mL烧杯、电炉、小号医用托盘或其他容器。

3. 试验准备

(1)试样准备

①按T 0301的方法取样。

②将试样筛分,取9.5~13.2mm的部分用于制作试件。

③试样在使用前应清洗除尘,并保持表面干燥状态。加热干燥时,加热时间不得超过4h,加热温度不得超过110℃,且必须在做试件前将其冷却至室温。

(2)试件制作

①试模准备。清洁试模,然后拧紧端板螺钉;在试模内表面用细毛刷涂刷少量肥皂水,将试模放在烘箱内烘干。

②排料。用镊子夹起集料,单层排放在试模内,且较平的面放在模底;试模中应排放尽可能多的粒料,在任何情况下集料颗粒都不得少于24粒;集料颗粒须具有代表性。

③吹砂。集料颗粒之间的空隙要用细砂(0.1~0.3mm)充填,充填高度约为集料颗粒高度的3/4。充填时先用调剂匙均匀撒布,然后再用洗耳球吹实找平,并吹去多余的砂。

④拌制环氧树脂砂浆。先将环氧树脂和固化剂搅匀,然后加入0.1~0.45mm干砂拌和均匀。砂浆按环氧树脂:固化剂:细砂=1g:0.25mL:3.8g的比例配制。2块试件约需环氧树脂30g,固化剂7.5mL,干细砂114g。

⑤填模成型。将拌制好的环氧树脂砂浆填入试模,尽量填充密实,但注意不可碰动排好的集料,然后用烧热的油灰刀在试模表面来回刮抹,使砂浆表面平整。

⑥养生。在垫板的一面涂上肥皂水,然后将填好砂浆的模子倒放在垫板上(以防砂浆渗到集料表面)。常温下的养生时间一般为24h。

⑦拆模。拧松端板螺钉,卸下2个端板,用橡皮锤轻敲将试件取出。用刮刀或砂纸去除多余的砂浆,用细毛刷清除松散的砂。

4. 试验步骤

(1)分别称出2块试件的质量(m_1),准确至0.1g。在操作之前应使机器在溜砂状态下空转一圈,以便在转盘上留有一层砂。

(2)将2块试件分别放入2个托盘内,注意确保试件与托盘之间紧密配合。称出试件、托盘和配重的质量并将合计质量调整到2kg±10g。

(3)将试件连同托盘放入磨耗机内,使其径向相对,试件中心到研磨转盘中心的距离为260mm,集料裸露面朝向转盘;然后将相应的配重放在试件上。

(4)以28~30r/min的转速转动转盘100圈,同时将符合如上要求的研磨石英砂装入料斗,使其连续不断地溜在试件前面的转盘上。溜砂宽度要能覆盖整个试件的宽度,溜砂速率为700~900g/min(料斗溜砂缝隙约为1.3mm)。

用橡胶刮片将砂清除出转盘,刮片的安装要使得橡胶边轻轻地立在转盘上,刮片宽度应与研磨转盘的外缘环部宽度相等。

(5)将集料斗中回收的砂过 1.18mm 的筛,重复使用数次,直至整个试验完成时废弃。

(6)取出试件,检查有无异常情况。

(7)重复上述步骤,再磨 400 圈。可分 4 个 100 圈重复 4 次磨完,也可连续 1 次磨完。在作连续磨时必须经常掀起磨耗机的盖子观察溜砂情况是否正常。

(8)转完 500 转后从磨耗机内取出试件,拿开托盘,用毛刷清除残留的砂,称出试件的质量(m_2),准确至 0.1g。

如果由于集料易磨耗而磨到砂浆衬时要中断试验,记录转数。相反,有些非常硬的集料可能会划伤研磨盘,在这种情况下应对研磨转盘进行刨削处理。

5. 计算

每块试件的集料磨耗值按式(5-90)计算。

$$AAV = \frac{3(m_1 - m_2)}{\rho_s} \tag{5-90}$$

式中:AAV——集料的道瑞磨耗值;

m_1——磨耗前试件的质量(g);

m_2——磨耗后试件的质量(g);

ρ_s——集料的表干密度(g/cm^3)。

6. 试验报告

用两块试件的试验平均值作为集料磨耗值,如果单块试件磨耗值与平均值之差大于后者的 10%,则试验重做,并以 4 块试件的平均值作为集料磨耗值的试验结果。

十六、粗集料软弱颗粒试验(T 0320—2000)

1. 目的与适用范围

测定碎石、砾石及破碎砾石中软弱颗粒含量。

2. 仪具与材料

(1)天平或台秤:量程 5kg,感量不大于 5g。

(2)标准筛:孔径为 4.75mm、9.5mm、16mm 方孔筛。

(3)压力机。

(4)其他:浅盘、毛刷等。

3. 试验步骤

称风干试样 2kg(m_1),如颗粒粒径大于 31.5mm,则称 4kg,过筛分成 4.75 ~ 9.5mm、9.5 ~ 16mm、16mm 以上各 1 份;将每份中每一个颗粒大面朝下稳定平放在压力机平台中心,按颗粒大小分别加以 0.15kN、0.25kN、0.34kN 荷载,破裂之颗粒即属于软弱颗粒,将其弃去,称出未破裂颗粒的质量(m_2)。

4. 计算

计算软弱颗粒含量,精确至 0.1%。

$$P = \frac{m_1 - m_2}{m_1} \times 100 \tag{5-91}$$

式中:P——粗集料的软弱颗粒含量(%);

m_1——各粒级颗粒总质量(g);

m_2——试验后各粒级完好颗粒总质量(g)。

十七、粗集料磨光值试验(T 0321—2005)

1. 目的与适用范围

(1)集料磨光值是利用加速磨光机磨光集料,用摆式摩擦系数测定仪测定的集料经磨光后的摩擦系数值,以 PSV 表示。

(2)本方法适用于各种粗集料的磨光值测定。

2. 仪具与材料

(1)加速磨光试验机,如图 5-21,应符合相关仪器设备的标准,由下列部分组成。

①传动机构:包括电机、同步齿轮等。

②道路轮:外径 406mm,用于安装 14 块试件,能在周边夹紧,以形成连续的石料颗粒表面,转速 320 r/min ± 5 r/min。

③橡胶轮:直径 200mm,宽 44mm,用于磨粗金刚砂的橡胶轮(标记 C)、用于磨细金刚砂的橡胶轮(标记 X),轮胎初期硬度 69IRHD ± 3IRHD。

注:橡胶轮过度磨损时(一般 20 轮次后)必须更换。

④磨料供给系统:用于储存磨料和控制溜砂量。

⑤供水系统。

⑥配重:包括调整臂、橡胶轮和配重锤。

⑦试模:8 副。

⑧荷载调整机构:包括手轮、凸轮,能支撑配重,调节橡胶轮对道路轮的压力为 725N ± 10N 并保持使用过程中恒定。

⑨控制面板。

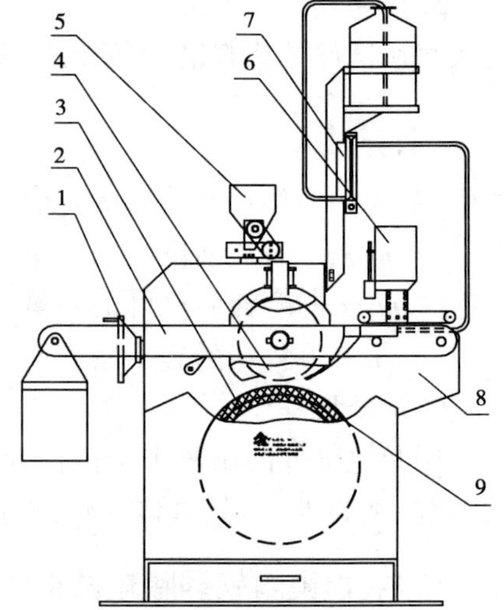

图 5-21 加速磨光试验机

1-荷载调整系统;2-调整臂(配重);3-道路轮;4-橡胶轮;5-细料储砂斗;6-粗料储砂斗;7-供水系统;8-机体;9-试件(14 块)

(2)摆式摩擦系数测定仪,简称摆式仪,见图 5-22,应符合相关仪器设备的标准,由下列部分组成。

①底座:由 T 形腿、调平螺丝和水准泡组成。

②立柱:由立柱、导向杆和升降机构组成。

③悬臂和释放开关:能挂住摆杆使之处于水平位置,并能释放摆杆使摆落下摆动。

④摆动轴心:连接和固定摆的位置,保证摆在摆动平面内能自由摆动。由摆动轴、轴承和紧固螺母组成。

⑤示数系统:指示摆值。

⑥摆头及橡胶片:它对摆动中心有规定力矩,对路面有规定压力,本身有前与后、左与右的力矩平衡,橡胶片尺寸为 31.75mm × 25.4mm × 6.35mm。

(3)磨光试件测试平台:供固定试件及摆式摩擦系数测定仪用。

(4)天平:感量不大于 0.1g。

(5)烘箱:装有温度控制器。

(6)黏结剂:能使集料与砂、试模牢固黏结,确保在试验过程中不致发生试件摇动或脱落,

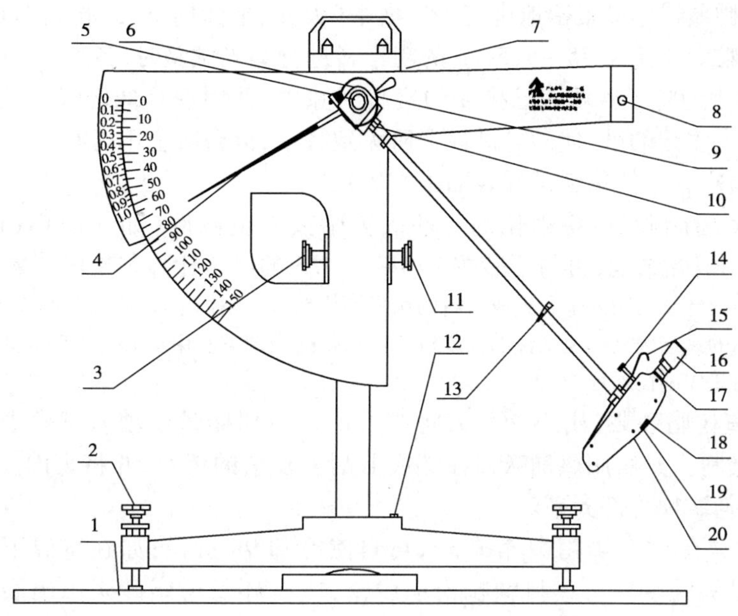

图 5-22　摆式摩擦系数测定仪

1-底座;2-调平螺栓;3、11-升降把手;4-指针;5-转向节螺盖;6-调节螺母;7-紧固把手;8-释放开关;9-针簧片或毡垫;10-连接螺母;12-水准泡;13-卡环;14-定位螺丝;15-举升柄;16-平衡锤;17-并紧螺母;18-滑溜块;19-橡胶片;20-止滑螺丝

常用环氧树脂 6101(E—44)及固化剂等。

(7)丙酮。

(8)砂:<0.3mm,洁净、干燥。

(9)金刚砂:30 号(棕刚玉粗砂),280 号(绿碳化硅细砂),用作磨料,只允许一次性使用,不得重复使用。

(10)橡胶石棉板:厚 1mm。

(11)标准集料试样:由指定的集料产地生产的符合规格要求的集料,每轮两块,只允许使用一次,不得重复使用。

(12)其他:油灰刀、洗耳球、各种工具等。

3. 试验准备

(1)试验前应按相关试验规程对摆式仪进行检查或标定。

(2)将集料过筛,剔除针片状颗粒,取 9.5 ~ 13.2mm 的集料颗粒用水洗净后置于温度为 105℃ ±5℃的烘箱中烘干。

注:根据需要,也可采用 4.75 ~ 9.5mm 的粗集料进行磨光值试验。

(3)将试模拼装并涂上脱模剂(或肥皂水)后烘干。安装试模端板时要注意使端板与模体齐平(使弧线平滑)。

(4)用清水淘洗小于 0.3mm 的砂,置 105℃ ±5℃的烘箱中烘干成为干砂。

(5)预磨新橡胶轮:新橡胶轮正式使用前要在安装好试件的道路轮上进行预磨,C 轮用粗金刚砂预磨 6h,X 轮用细金刚砂预磨 6h,然后方能投入正常试验。

4. 试件制备

(1)排料:每种集料宜制备 6 ~ 10 块试件,从中挑选 4 块试件供两次平行试验用。将

9.5～13.2mm集料颗粒尽量紧密地排列于试模中(大面、平面向下)。排料时应除去高度大于试模的不合格颗粒。采用4.75～9.5mm的粗集料进行磨光试验时,各道工序需更加仔细。

(2)吹砂:用小勺将干砂填入已排妥的集料间隙中,并用洗耳球轻轻吹动干砂,使之填充密实。然后再吹去多余的砂,使砂与试模台阶大致齐平,但台阶上不得有砂。用洗耳球吹动干砂时不得碰动集料,且不使集料试样表面附有砂粒。

(3)配制环氧树脂砂浆:将固化剂与环氧树脂按一定比例(如使用6101环氧树脂时为1:4)配料、拌匀制成黏结剂,再与干砂按1:4～1:4.5的质量比拌匀制成环氧树脂砂浆。

注:一块试模中的环氧树脂砂浆各组成材料的用量通常为:环氧树脂9.0g、固化剂2.4g、干砂48g。允许根据所选用的黏结剂品种及试件的强度对此用量作适当调整。用4.75～9.5mm的集料试验时,环氧树脂砂浆用量应酌情增加。

(4)填充环氧树脂砂浆:用小油灰刀将拌好的环氧树脂砂浆填入试模中,并尽量填充密实,但不得碰动集料。然后用热油灰刀在试模上刮去多余的填料,并将表面反复抹平,使填充的环氧树脂砂浆与试模顶部齐平。

(5)养护:通常在40℃烘箱中养护3h,再自然冷却9h拆模;如在室温下养护,时间应更长,使试件达到足够强度。有集料颗粒松动脱落,或有环氧树脂砂浆渗出表面时,试件应予废弃。

5. 磨光试验

(1)试件分组:每轮1次磨14块试件,每种集料为2块试件,包括6种试验用集料和1种标准集料。

(2)试件编号:在试件的环氧树脂砂浆衬背和弧形侧边上用记号笔对6种集料编号为1～12,1种集料赋以相邻两个编号,标准试件为13、14号。

(3)试件安装:按表5-48的序号将试件排列在道路轮上,其中1号位和8号位为标准试件。试件应将有标记的一侧统一朝外(靠活动盖板一侧),每两块试件间加垫一片或数片1mm厚的橡胶石棉板垫片,垫片与试件端部断面相仿,但略低于试件高度2～3mm。然后盖上道路轮外侧板,边拧螺钉边用橡胶锤敲打外侧板,确保试件与道路轮紧密配合,以避免磨光过程中试件断裂或松动。随后将道路轮安装到轮轴上。

试件在道路轮上的排列次序　　表5-48

位置号	1	2	3	4	5	6	7	8	9	10	11	12	13	14
试件号	13	9	3	7	5	1	11	14	10	4	8	6	2	12

(4)磨光过程操作

①试件的加速磨光应在室温20℃±5℃的房间内进行。

②粗砂磨光

a. 把标记C的橡胶轮安装在调整臂上,盖上道路轮罩,下面置一积砂盘,给储水支架上的储水罐加满水,调节流量阀,使水流暂时中断。

b. 准备好30号金刚砂粗砂,装入专用储砂斗,将储砂斗安装在橡胶轮侧上方的位置上并接上微型电机电源。转动荷载调整手轮,使凸轮转动放下橡胶轮,将橡胶轮的轮幅完全压着道路轮上的集料试件表面。

c. 调节溜砂量:用专用接料斗在出料口接住溜出的金刚砂,同时开始计时,1min后移出料斗,用天平称出溜砂量,使流量为27g/min±7g/min。如不满足要求,应用调速按钮或调节储料斗控制闸板的方法调整。

d. 在控制面板上设定转数为 57600 转，按下电源开关启动磨光机开始运转，同时按动粗砂调速按钮，打开储砂斗控制闸板，使金刚砂溜砂量控制为 27g/min ± 7g/min。此时立即调节流量计，使水的流量达 60mL/min。

e. 在试验进行 1h 和 2h 时磨光机自动停机（注意不要按下面板上复零按钮和电源开关），用毛刷和小铲清除箱体上和沉在机器底部积砂盘中的金刚砂，检查并拧紧道路轮上有可能松动的螺母，再起动磨光机，至转数显示屏上显示 57600 转时磨光机自动停止，所需的磨光时间约为 3h。

f. 转动荷载调整手轮使凸轮托起调整臂，清洗道路轮和试件，除去所有残留的金刚砂。

③细砂磨光

a. 卸下 C 标记橡胶轮，更换为 X 标记橡胶轮按"粗砂磨光"中 a 的方法安装。

b. 准备好 280 号金刚砂细砂，按"粗砂磨光"中 b 的方法装入专用储砂斗。

c. 重复"粗砂磨光"中步骤 c，调节溜砂量使流量为 3g/min ± 1g/min。

d. 按"粗砂磨光"中步骤 d 设定转数为 57600 转，开始磨光操作，控制金刚砂溜砂量为 3g/min ± 1g/min，水的流量达 60mL/min。

e. 将试件磨 2h 后停机作适当清洁，按"粗砂磨光"中 e 的方法检查并拧紧道路轮螺母，然后再起动磨光机至 57600 转时自动停机。

f. 按"粗砂磨光"中 f 的方法清理试件及磨光机。

（5）磨光值测定

①在试验前 2h 和试验过程中应控制室温为 20℃ ±2℃。

②将试件从道路轮上卸下并清洗试件，用毛刷清洗集料颗粒的间隙，去除所有残留的金刚砂。

③将试件表面向下放在 18 ~20℃的水中 2h，然后取出试件，按下列步骤用摆式摩擦系数测定仪测定磨光值。

a. 调零：将摆式仪固定在测试平台上，松开固定把手，转动升降把手使摆升高并能自由摆动，然后锁紧固定把手，转动调平旋钮，使水准泡居中。当摆从右边水平位置落下并拨动指针后，指针应指零。若指针不指零，应拧紧或放松指针调节螺母，直至空摆时指针指零。

b. 固定试件：将试件放在测试平台的固定槽内，使摆可在其上面摆过，并使滑溜块居于试件轮迹中心。应使摆式仪摆头滑溜块在试件上的滑动方向与试件在磨光机上橡胶轮的运行方向一致，即测试时试件上作标记的弧形边背向测试者。

c. 测试：调节摆的高度，使滑溜块在试件上的滑动长度为 76mm，用喷水壶喷洒清水润湿试件表面（注意，在试验中的任何时刻，试件都应保持湿润）。将摆向右提起挂在悬臂上，同时用左手拨动指针使之与摆杆轴线平行。按下释放开关使摆回落向左运动，当摆达到最高位置后下落时，用左手将摆杆接住，读取指针所指（小度盘）位置上的值，记录测试结果，准确到 0.1。

注：摆式仪在使用新橡胶片时应该预磨使之达到稳定状态，预磨的方法是用新橡胶片在干燥的试块上（不用磨光后的试件）摆动 10 次，然后在湿润的试块上摆动 20 次。另外，橡胶片不得被油类污染。

d. 一块试件重复测试 5 次，5 次读数的最大值和最小值之差不得大于 3。取 5 次读数的平均值作为该试件的磨光值读数（PSV_r）。标准试件的磨光值读数用 PSV_{br} 表示。

（6）一种集料重复测试 2 次，每次都需同时对标准集料试件进行测试。

6. 计算

（1）按式（5-92）计算两次平行试验 4 块试件（每轮 2 块）的算术平均值 PSV_{ra}，精确到 0.1。

但4块试件的磨光值读数 PSV_r 的最大值与最小值之差不得大于4.7，否则试验作废，应重新试验。

$$PSV_{ra} = \sum PSV_{ri}/4 \tag{5-92}$$

式中：PSV_{ri}——4块试件的磨光值读数，$i=1\sim4$。

（2）按式（5-93）计算两次平行试验4块标准试件（每轮2块）的算术平均值 PSV_{bra}，准确到0.1。但4块标准试件的磨光值读数的平均值 PSV_{bra} 必须在46～52范围内，否则试验作废，应重新试验。

$$PSV_{bra} = \sum PSV_{bri}/4 \tag{5-93}$$

式中：PSV_{bri}——4块标准试件的磨光值读数，$i=1\sim4$。

（3）按式（5-94）计算集料的PSV值，取整数。

$$PSV = PSV_{ra} + 49 - PSV_{bra} \tag{5-94}$$

7.试验报告

试验报告应报告集料的磨光值PSV、两次平行试验的试样磨光值读数平均值 PSV_{ra} 和标准试件磨光值读数平均值 PSV_{bra}。

十八、粗集料冲击值试验（T 0322—2000）

1.目的与适用范围

粗集料冲击值试验用以测定路面用粗集料抗冲击的性能，以击碎后小于2.36mm部分的质量百分率表示。

2.仪具与材料

（1）冲击试验仪：形状及尺寸如图5-23，冲击锤的质量为13.75kg±0.05kg。

（2）量筒：内径76mm，内高51mm，壁厚3mm。

（3）冲击杯：内径102mm、内高50mm的圆形网筒，内侧表面经钢化处理。

（4）捣棒：钢棒，直径10mm，长230mm，一端为半球面。

（5）标准筛：2.36mm、9.5mm、13.2mm的方孔筛。

（6）天平：量程1kg，感量不大于0.1g。

（7）其他：小铲、浅盘、恒温箱、钢板、橡胶锤、毛刷等。

3.试验准备

（1）将集料通过13.2mm及9.5mm的筛，取粒径为9.5～13.2mm的部分作为试样。

（2）将试样在空气中风干或在温度为105℃±5℃的烘箱中烘干后冷却至室温，试样应不少于1kg。

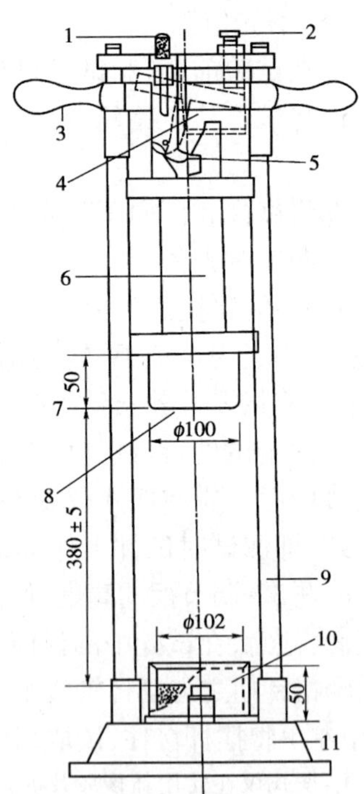

图5-23 冲击试验仪（尺寸单位：mm）

1-卸机销钉；2-可调的卸机制动螺栓；3-手提把；4-冲击计数器；5-卸机钩；6-冲击锤；7-削角；8-钢化表面；9-冲击锤导杆；10-圆形钢筒内侧钢化表面；11-圆形基座

4.试验步骤

（1）用铲将集料的1/3从量筒上方不超过50mm处装入量筒，用捣棒半球形端将集料捣实25次，每次捣实应从量筒上方不超过50mm处自由落下，落点应在集料表面均匀分布。用同样方法，再装入1/3集料并捣实，然后再装入另1/3集料并捣实。3次盛料完成后，用捣棒在容器顶滚动，除去多余的集料，对阻碍棒滚动的集料用手除去，并外加集料填满空隙。

(2)将量筒中盛满的集料倒于天平中，称取集料质量(m)(准确至0.1g)，以此进行试验。

(3)将冲击试验仪置于试验室坚硬地面上并在仪器底座下放置铸铁垫块。

(4)将称好的集料倒入仪器底座上的金属冲击杯中，并用捣杆单独捣实25次，以便压实。

(5)调整锤击高度，使冲击锤在集料表面以上380mm±5mm。

(6)使锤自由落下连续锤击集料15次，每次锤击间隔不少于1s。第一次锤击后，对落高不再调整。

(7)筛分和称量

将杯中击碎的集料倒至清洁的浅盘上，并用橡胶锤锤击金属杯外面，用硬毛刷刷内表面，直至集料细颗粒全部落在浅盘上为止。

将冲击试验后的集料用2.36mm筛筛分，分别称取保留在2.36mm筛上及筛下的石屑质量(m_1、m_2)，准确至0.1g。如m_1+m_2与m之差超过1g，试验无效。

(8)用相同质量(m)的试样，进行第二次平行试验。

5. 计算

集料的冲击值按式(5-95)计算。

$$\mathrm{AIV}=\frac{m_2}{m}\times 100 \tag{5-95}$$

式中：AIV——集料的冲击值(%)；

m——试样总质量(g)；

m_2——冲击破碎后通过2.36mm筛的试样质量(g)。

十九、集料碱活性检验(T 0324、T 0325—1994)

(一)岩相法(T 0324—1994)

1. 目的与适用范围

鉴定所用集料(包括砂、石)的种类和成分，从而确定碱活性集料的种类和数量。

2. 仪具与材料

(1)套筛：孔径为0.15mm、0.3mm、0.6mm、1.18mm方孔筛。

(2)磅秤：量程100kg，感量100g。

(3)天平：量程1kg，感量不大于0.5g。

(4)切片机、磨光机、镶嵌机。

(5)实体显微镜、偏光显微镜。

(6)试剂：盐酸、茜素红、折光率浸油以及酒精等。

(7)其他：金刚砂、树胶(如冷杉胶)、载玻片、地质锤、砧板、酒精灯等。

3. 取样

(1)用四分法或分料器法选取集料，风干后进行筛分，按表5-49所规定的数量称取试样。

石料试样质量　　表5-49

集料粒径(mm)	37.5～19	19～4.75
试样质量(kg)	50	10

(2)将砂样用四分法或分料器法缩减至5kg，取约2kg砂样冲洗干净，在105℃±5℃烘箱

中烘干，冷却后按 T 0327 的方法进行筛分，然后按表 5-50 规定的数量称取砂样。

砂 样 质 量 表 5-50

砂样粒径(mm)	砂样质量(g)	砂样粒径(mm)	砂样质量(g)
4.75~2.36	100	0.6~0.3	10
2.36~1.18	50	0.3~0.15	10
1.18~0.6	25	<0.15	—

4. 集料的鉴定

(1)将试样逐粒进行肉眼鉴定。需要时可将颗粒放在砧板上用地质锤击碎(注意应使岩石片损失最小)，观察颗粒新鲜断口。

(2)集料鉴定按下列准则分类：

①岩石名称及物理性质。包括主要的矿物成分、风化程度、有无裂缝、坚硬性、有无包裹体和断口形状等。

②化学性质。分为在混凝土中可能或不能产生碱集料反应两种。

③对初步确定为碱活性集料的岩石颗粒，应制成薄片，在显微镜下鉴定矿物组成、结构等，应特别测定其隐晶质、玻璃质成分的含量。

注：集料鉴定可参考表 5-51。

碱活性集料分类参考 表 5-51

岩石结构	火成岩		沉积岩			变质岩
胶凝结构			蛋白质			
玻璃质结构	松脂岩 珍珠岩 墨曜岩					
显微粒状结构 隐晶质结构			玉髓、鳞石英、方英石、燧石、碧玉、玛瑙	硅镁石灰岩及某些含泥质、白云质灰岩		
斑状结构 基质隐晶质结构或玻璃质结构		安山岩、英安岩、流纹岩、粗面岩				
碎屑结构 角砾结构					凝灰岩火同角砾石	
鳞片状结构 鳞片变晶结构						某些千枚岩、硅质板岩、硬绿泥石片岩
主要矿物成分	酸性火山玻璃	酸性到中性斜长石、钾长石、石英火山玻璃等	蛋白石、玉髓、鳞石英、方英石、石英	方解石、白云石、玉髓、石英	根据岩石屑、晶屑角砾的成分而定	石英、绢云母、玉髓、硬绿泥石

5. 砂料鉴定

将砂样放在实体显微镜下挑选，鉴别出碱活性集料的种类及含量。小粒径砂在实体显微镜下挑选有困难时，需在镶嵌机上压型（用树胶或环氧树脂胶结）制成薄片，在偏光显微镜下鉴定。

6. 试验结果处理

（1）集料如进行全分析，按表5-52列出各种岩石的成分及其含量；如只分析碱活性集料，按表5-53列出集料中碱活性集料的种类和含量；按表5-54列出砂料中碱活性集料的种类和含量。

集料岩相鉴定　　表5-52

项目 / 岩石名称	质量百分数（%）		岩相描述（颜色、硬度、风化程度等）	物理性质（以优、良、劣评定）	化学性质（注明有害或无害）
	31.5～16mm	16～4.75mm			

集料中碱活性集料含量　　表5-53

碱活性集料名称	粒　径（mm）	
	31.5～19	19～4.75

砂料中碱活性集料含量　　表5-54

样品组成		碱活性集料含量（%）		
粒径（mm）	筛余量（%）	占本级样品量	占总样品量	合计

（2）根据鉴定结果，集料被评定为非碱活性时即作为最后结论，如评定为碱活性集料或可疑时，应进行砂浆长度法等检验。

（二）砂浆长度法（T 0325—1994）

1. 目的与适用范围

（1）测定水泥砂浆试件的长度变化，以鉴定水泥中的碱与活性集料间的反应所引起的膨胀是否具有潜在危害。

（2）用岩相法T 0324试验评定集料为碱活性或可疑时宜采用本方法，但不适用于碱碳酸盐反应。

2. 仪具与材料

（1）标准筛：按细集料（砂）筛分试验规定选用。

（2）拌和锅、铲、量筒、秒表、跳桌等。

（3）镘刀及截面为14mm×13mm、长120～150mm的硬木捣棒。

（4）试模和测头（埋钉）：金属试模，规格为25.4mm×25.4mm×285mm。试模两端正中有小孔，测头以不锈金属制成。

（5）养护筒：用耐腐材料（塑料）制成，应不漏水，不透气，加盖后放在养护室中能确保筒内空气相对湿度为95%以上。筒内设有试件架，架下盛有水，试件垂直立于架上并不与水接触。

(6)测长仪:测量范围275~300mm,精密度0.01mm。

(7)储存室(箱)的温度为38℃±2℃。

3.试验准备

(1)试样制备

①水泥:检定一般集料活性时,应使用含碱量高于0.8%的硅酸盐水泥。对于具体工程,如使用几种水泥,含碱量大于0.6%的水泥均应进行试验。

注:水泥含碱量以氧化钠(Na_2O)计,氧化钾(K_2O)换算为氧化钠时乘以换算系数0.658。

②集料:对于砂料使用工程实际采用的或拟用的砂;对于集料应把活性、非活性集料分别破碎成表5-55所示的级配,并根据岩相检验的结果将活性与非活性集料按比例组合成试验用砂。

砂料级配表　　表5-55

筛孔尺寸(mm)	4.75~2.36	2.36~1.18	1.18~0.6	0.60~0.3	0.3~0.15
分级质量比(%)	10	25	25	25	15

③砂浆配合比:水泥与砂的质量比为1∶2.25。一组3个试件共需水泥400g,砂900g。砂浆用水量按现行《水泥胶砂流动度测定方法》(GB 2419)选定,但跳桌跳动次数改为10次/6s,以流动度在105~120mm为准。

(2)试件制作

①成型前24h,将试验所用材料(水泥、砂、拌和用水等)放入20℃±2℃的恒温室中。

②砂浆制备:将水倒入拌和锅内,加入水泥拌和30s,再加入砂料的一半拌和30s,最后加入剩余的砂料拌和90s。

③砂浆分两层装入试模内,每层捣实20次;浇第一层后安放测头再浇第二层(注意测头周围砂浆应填实),浇捣完毕后用镘刀刮除多余砂浆,抹平表面并编号。

4.试验步骤

(1)试件成型完毕后,带模放入标准养护室,养护24h±4h后脱模。脱模后立即测量试件的长度,此长度为试件的基准长度。测长应在20℃±2℃的恒温室中进行。每个试件至少重复测试两次,取差值在仪器精密度范围内的2个读数的平均值作为长度测定值。待测的试件须用湿布覆盖,以防止水分蒸发。

(2)测长后将试件放入养护筒中,筒壁衬以吸水纸使筒内空气为水饱和蒸汽,盖严筒盖放入38℃±2℃养护室(箱)里养护(一个筒内的试件品种应相同)。

(3)测长龄期自测基长后算起分14d、1、2、3、6、9、12个月几个龄期,如有必要还可适当延长。在测长的前一天,应把养护筒从38℃±2℃的养护室(箱)中取出,放入20℃±2℃的恒温室。试件的测长方法与测基长时相同,每个龄期测长完毕后,应将试件放入养护筒中,盖好筒盖,放回38℃±2℃的养护室(箱)中继续养护到下一个测试龄期。

(4)测长时应观察试件的变形、裂缝、渗出物,特别要注意有无胶体物质出现,并作详细记录。

5.计算

(1)试件的膨胀率按式(5-96)计算。

$$\sum_t=\frac{L_t-L_0}{L_0-2\Delta}\times 100 \tag{5-96}$$

式中:$\sum_t$——试件在龄期t内的膨胀率(%);

L_t——试件在龄期 t 的长度(mm)；

L_0——试件的基准长度(mm)；

Δ——测头(即埋钉)的长度(mm)。

以 3 个试件测值的平均值作为某一龄期膨胀度的测定值。

注：一组 3 个试件测值的离散程度应符合下述要求：膨胀率小于0.02%时，单个测值与平均值的差值不得大于0.003%；膨胀率大于0.02%时，单个测值与平均值的差值不得大于平均值的15%。超过以上规定时需查明原因，取其余 2 个测值的平均值作为该龄期膨胀率的测定值。当一组试件的测值少于 2 个时，该龄期的膨胀率通过补充试验确定。

(2)评定标准

对于砂料，当砂浆半年膨胀率超过 0.1% 或 3 个月的膨胀率超过 0.05% 时(只在缺少半年膨胀率时才有效)，即评为具有危害性的活性集料。反之，如低于上述数值时，则评为非活性集料。

对于集料，当砂浆半年膨胀率低于 0.1% 或 3 个月的膨胀率低于 0.05% 时(只在缺少半年膨胀率时才有效)，即评为非活性集料。如超过上述数值时，尚不能作最后结论，应根据混凝土的试验结果作出最后的评定。

二十、抑制集料碱活性效能试验(T 0326—1994)

1. 目的与适用范围

(1)评定矿物混合材对高碱硅酸盐水泥与高活性集料(硬质玻璃)反应引起过量膨胀的抑制效能。以高活性的硬质玻璃砂与高碱硅酸盐水泥制成的砂浆标准试件，与掺有抑制材料的砂浆对比试件进行同一龄期膨胀率的比较，衡量材料的抑制效能。

(2)当有的活性集料危害性不能及时作出定论时，也可用这种方法检定水泥砂浆试件的膨胀率，判别集料是否合乎安全的要求，用以选择合适的水泥品种、混合材及外加剂。

2. 仪具与材料(同 T 0325—1994)

3. 试验步骤

(1)水泥

①标准试件。衡量材料抑制效能试验用高碱硅酸盐水泥，含碱量约为 1.0%(以氧化钠计)，或 14d 膨胀率不低于 0.1% 的其他硅酸盐水泥；膨胀率判别试验用低碱硅酸盐水泥，含碱量小于 0.6%(以氧化钠计)或选用 14d 膨胀率不超过 0.02% 的其他硅酸盐水泥。

②对比试件。为了衡量混合材的抑制效能，对比试件用的水泥与标准试件用的高碱水泥相同。混合材的掺量按绝对体积计为 25%，其余 75% 为高碱水泥；为了判别外加剂的抑制效能，可用与标准试件相同的高碱水泥。对于具体工程，可用工程所用水泥进行膨胀率判定试验。

(2)集料

用耐热玻璃破碎而成，级配见表 5-56。

注：经破碎分级后的硬质玻璃砂需冲洗干净，存放于干燥器中备用。

玻璃砂级配　　表 5-56

筛孔尺寸(mm)	4.75～2.36	2.36～1.18	1.18～0.6	0.6～0.3	0.3～0.15
分级质量(%)	20	20	20	20	20

(3)砂浆配合比。水泥与砂的质量比为 1∶2.5，每组 3 个试件需水泥 400g、玻璃砂 900g。

对比试件掺混合材时,则水泥为300g,混合材掺量为100g水泥用体积的质量。如为具体工程试验,混合材掺量应与工程推荐的掺量相同。

砂浆用水量按现行《水泥胶砂流动度测定方法》(GB 2419)选定,但跳桌跳动次数改为10次/6s,以流动度在105~120mm为准。掺混合材的试件,成型前应将混合材与水泥先拌和均匀,外加剂要预先配成溶液随拌和水加入。

(4)按T 0325的方法制备试件,养护并测长。测长龄期为14d、56d。

4. 试验结果处理

(1)试件的膨胀率计算同T 0325—1994。

(2)结果评定。

①碱集料反应的抑制效能掺混合材或外加剂的对比试件14d龄期砂浆膨胀率降低值应符合式(5-97)的要求。

$$R_e = \frac{E_s - E_t}{E_s} \times 100 \geqslant 75 \tag{5-97}$$

式中:R_e——膨胀率降低值(%);

E_s——高碱水泥标准试件14d龄期膨胀率(%);

E_t——对比试件14d龄期膨胀率(%)。

对比试件56d龄期的膨胀率小于0.05%,则认为所试验的材料及相应的掺量具有碱集料反应的抑制效能。

②膨胀率的判别试验。

对比试件14d和56d龄期的膨胀率不超过同条件下低碱硅酸盐水泥标准试件的膨胀率;或者14d龄期膨胀率不超过0.02%,56d龄期膨胀率不超过0.05%,则认为所试验的水泥不会产生有害的碱集料膨胀。

二十一、破碎砾石含量试验(T 0346—2000)

1. 目的与适用范围

测定砾石经破碎机破碎后,具有要求数量(一个或两个)破碎面的粗集料占粗集料总量的比例,以百分率表示。本方法规定被机械破碎的砾石破碎面大于或等于该颗粒最大横截面积的1/4者为破碎面(图5-24),具有符合要求破碎面的集料称为破碎砾石。

2. 仪具与材料

(1)天平:感量不大于1g。

(2)标准筛。

(3)刮刀。

3. 试验准备

将已干燥的试样用4.75mm标准筛过筛,利用四分法或分料器法分样。取大于4.75mm的粗集料供试验用。试样质量应符合表5-57的要求。当最大粒径大于或等于19.0mm时,再用9.5mm筛筛分成两部分,每一部分的试样均不得少于200g,两部分试样分别测试后取平均值。

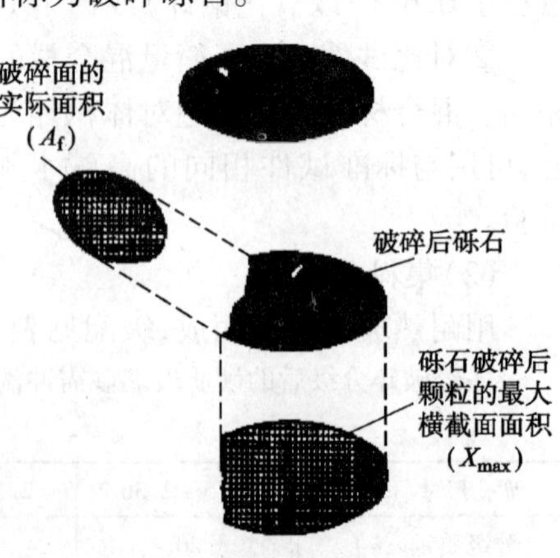

图5-24 破碎面的定义

试 样 质 量 要 求　　表 5-57

公称最大粒径(mm)	最少试样质量(g)	公称最大粒径(mm)	最少试样质量(g)
9.5	200	26.5	3000
13.2	500	31.5	5000
16.0	1000	37.5	7500
19.0	1500	50	15000

4. 试验步骤

(1)将两部分的试样置 4.75mm 或 9.5mm 筛上,用水冲洗,至干净为止,用烘箱烘干至恒量,冷却,准确称量至 1g。

(2)将试样摊开在面积足够大的平面上,以符合 $A_f > 0.25X_{max}$ 要求的面作为破碎面,如图 5-24 所示。逐颗目测判断挑出具有一个以上破碎面的破碎砾石,以及肯定不满足一个破碎面的砾石分别堆放成两堆,将难以判断是否满足一个破碎面定义的砾石另堆成一堆。

(3)分别对 3 堆集料称质量,计算难以判断是否满足一个破碎面定义的砾石试样占集料总量的百分率,若其大于 15%,则应从中再次仔细挑拣,直至此部分比例小于 15% 为止。重新称量,计算各部分的百分率。

(4)重复上述的步骤(2)、(3),从具有一个以上破碎面的破碎砾石中挑出两个以上破碎面的破碎砾石以及只有一个破碎面的砾石分别堆放成两堆,将难以判断是否满足两个破碎面定义的砾石堆成第 3 堆。计算第 3 堆集料占集料总量的百分率,复挑至此百分率小于 15% 为止。对各部分称量,计算各部分的百分率。

(5)每种试样需平行试验不少于两次。

5. 计算

破碎砾石占集料总量的百分率按式(5-98)计算。

$$P = \frac{F + Q/2}{F + Q + N} \times 100 \tag{5-98}$$

式中:P——具有一个以上或两个以上破碎面砾石占集料总量的百分率(%);

F——满足一个或两个破碎面要求的集料的质量(g);

N——不满足一个或两个破碎面要求的集料的质量(g);

Q——难以判断是否满足具有一个或两个破碎面要求的集料的质量(g)。

二十二、集料碱值试验(T 0347—2000)

1. 目的与适用范围

本方法适用于评价集料与沥青的黏附性。

2. 仪具与材料

(1)精密酸度计。

(2)硫酸:分析纯。

(3)碳酸钙:分析纯,粒径小于 0.075mm。

(4)移液管:100mL。

(5)圆底烧瓶:250mL,带标准磨口。

(6)球形回流冷凝器:60cm,具有与烧瓶相配合的标准磨口。

(7)控温油浴锅。

(8)烘箱。

(9)标准筛:0.075mm。

(10)精密天平:感量不大于0.0001g。

(11)粉碎集料用的锤、研钵。

(12)其他:蒸馏水、烧杯、1L容量瓶。

3.试验准备

(1)硫酸标准溶液的配制

取分析纯硫酸13.6mL慢慢地贴壁加入盛有500mL蒸馏水的1L容量瓶中,然后用蒸馏水稀释至1L刻度,即得到浓度约为0.25mol/L的硫酸标准溶液。

(2)用精密酸度计测定硫酸标准溶液的氢离子浓度N_0。

4.试验步骤

(1)按本规程规定的方法准备代表性集料试样,清洗后烘干,破碎,用研钵研磨粉碎,过0.075mm筛,称取石粉2g±0.0002g,置于圆底烧瓶中。

(2)用移液管向烧瓶中加入0.25mol/L浓度的硫酸标准溶液100mL,随后放入130℃的油浴锅中回流30min(回流时必须开启冷却管中的冷凝水),移去油浴锅,冷却至室温(约4~6h)。

(3)用精密酸度计插入上层清液中,测定清液的氢离子浓度N_1。

(4)称取2g±0.0002g的分析纯碳酸钙粉末,置于另一个圆底烧瓶中,按上述完全相同的步骤,测定氢离子浓度N_2。

5.计算

集料的碱值按式(5-99)计算。

$$C=\frac{N_0-N_1}{N_0-N_2} \tag{5-99}$$

式中:C——集料的碱值;

N_0——硫酸标准溶液的氢离子浓度;

N_1——检测集料与硫酸反应后的清液的氢离子浓度;

N_2——纯碳酸钙与硫酸反应后的清液的氢离子浓度。

二十三、钢渣活性及膨胀性试验(T 0348—2005)

1.目的与适用范围

本方法适用于评价钢渣用做基层和沥青层材料时的活性及膨胀性。

注:对钢渣性能评定时宜附加测定游离氧化钙或氧化镁的含量。

2.仪具与材料

(1)台秤、磅秤及天平:秤的量程20kg,感量10g;天平的量程2kg,感量1g。

(2)容量瓶:2000mL,带圆形玻璃皿盖。

(3)加热装置:煤气炉、电炉等。

(4)漏斗:直径50mm的玻璃漏斗。

(5)烘箱:能控温在105℃±5℃。

(6)标准筛:根据需要选用。

(7)土工击实试验设备一套:包括内径152mm、高170mm的金属圆筒,套环高50mm,直径151mm和高50mm的筒内垫块,底座,击实仪等。击实锤的底面直径50mm,总质量4.5g。击锤在导管内的总行程为450mm。

(8)多孔板：直径148mm，布满2mm圆孔，黄铜制，用于上方的多孔板中间有百分表触点，供安装百分表测定变形用，也可用多孔吸水板代替。

(9)恒温水浴：能同时放置150mm试件3个，持续保持水温80℃±3℃ 6h以上。

(10)水：蒸馏水、纯净水。

(11)比色管：工业用水标准比色管。

(12)其他：滤纸(化学分析用)、铲子、刷子、毛巾等。

3. 试验步骤

(1)试样准备

在钢渣的陈放地从料堆内部1m处取足够数量的钢渣样品，从3处以上取样混合后按分料器法或四分法处理，供试验使用。

注：钢渣试验结果与取样关系很大。如果钢渣已经破碎且在空气中经较长时间陈放，通常可基本上完成膨胀，试验结果不能反映实际集料中存在的未膨胀颗粒的情况。因此取样必须力求代表钢渣的实际破碎和陈放情况。由于钢渣有多孔与致密之分，需注意其比例接近实际情况。

(2)钢渣遇水后的比色试验按以下步骤进行：

①配制标准液：将重铬酸钾按0.006g/mL的浓度加入蒸馏水中配制标准比色液，装入100mL比色管中。

②称取天然状态的钢渣500g放在烧杯中，加入约1500mL纯净水，至烧杯的标线处，盖上玻璃皿盖。

③将烧杯放在热源上加热，调整火力，使其约在15min内沸腾，然后调为微火沸腾状态45min，合计为1h。

④加热结束后，立即移下烧杯，补充加水至烧杯的标线处，适当搅拌。

⑤用漏斗及滤纸过滤，将开始阶段的20mL过滤液废弃，再继续过滤得到300mL过滤液，作为比色液。

⑥将比色液100mL装入比色管中，在背后放一张白纸，与标准比色液比较，评定有无颜色异常。此步骤必须在加热结束后20min以内完成。

(3)钢渣膨胀性检测按下列步骤进行：

①利用工程的实际沥青混合料级配，按照基层材料击实试验方法进行重型击实试验。击实锤质量4.5kg，落高45cm，分3层装料，每次击实98次，确定最佳含水率和最大干密度。

②将自然干燥的钢渣筛分成各个粒级，按工程的实际级配配制不少于3个直径150mm的重型击实试验用试件的混合料，每个试件质量约7kg。按最佳含水率±1%加水充分拌和均匀，在密闭的容器内保存24h闷料。

③在试模内装入压头，铺滤纸，进行击实成型。击实完成后取下套筒，用直尺刮刀整平试件表面，被刮出的粗集料及所有的细空隙都用细料补齐找平，盖上平板。将试模连同盖板一起仔细倒转，取走底板及压头垫块。再次垫上滤纸，装上多孔底板，将试模倒置，上面加盖中央有触点的多孔板，擦净试模外部及上下顶面。

④将试模放进恒温水浴中，试模应全部浸没水中。

⑤在多孔板上压4块半圆形的荷载板，每个质量1.25kg，共5kg。其上装置试件膨胀量测定用的百分表架及百分表，百分表应准确对准中央触点并保持竖直状态。

⑥立即读取百分表的初读数d_0。

⑦开始加温至 80℃ ±3℃，自达到要求温度后起算连续 6h，停止加热，自然冷却，第 2 天开始加热前读取百分表读数 d_i。如此每日在相同时间加温及放冷一次，持续进行 10d。

⑧结束后的第 2 天读取百分表终读数 d_{10}。结束试验，拆除测定装置。

注：试验时 3 个试件宜在一个水浴中同时进行。

(4)钢渣沥青混凝土的膨胀量按以下方法进行测定：

①按使用钢渣的沥青混合料的实际配合比制作标准的马歇尔试件，数量不少于 3 个，用卡尺在直径方向仔细测定 3 个断面，在高度方向测定 4 处，计算试件体积 V_1。

②将试件在 60℃ ±1℃的恒温水浴中浸泡养生 72h。

③取出试件冷却至室温，观察有无裂缝或鼓包，立即按相同方法测量试件体积 V_2。

4. 计算

(1)钢渣膨胀量按式(5-100)计算。

$$C_1 = \frac{d_{10} - d_0}{125} \times 100 \tag{5-100}$$

式中：C_1——钢渣膨胀量(%)；

d_0——百分表的初读数(0.01mm)；

d_{10}——结束后的第 2 天读取的百分表终读数(0.01mm)。

(2)钢渣沥青混凝土膨胀量按式(5-101)计算。

$$C_2 = \frac{V_2 - V_1}{V_1} \times 100 \tag{5-101}$$

式中：C_2——钢渣沥青混凝土膨胀量(%)；

V_1——浸泡养生前试件体积(cm^3)；

V_2——浸泡养生后试件体积(cm^3)。

5. 试验报告

(1)钢渣遇水后的比色试验应记录比色变化情况。

(2)钢渣膨胀量平行试验 3 个试件，取其平均值作为试验结果。

(3)钢渣沥青混凝土膨胀量取 3 个试件的平均值，作为试验结果。报告应说明钢渣沥青混凝土试件有无裂缝及鼓包等情况。

第五节　细集料试验方法

一、细集料筛分试验(T 0327—2005)

1. 目的与适用范围

测定细集料(天然砂、人工砂、石屑)的颗粒级配及粗细程度。对水泥混凝土用细集料可采用干筛法，如果需要也可采用水洗法筛分；对沥青混合料及基层用细集料必须用水洗法筛分。

注：当细集料中含有粗集料时，可参照此方法用水洗法筛分，但需特别注意保护标准筛筛面不遭损坏。

2. 仪具与材料

(1)标准筛。

(2)天平：量程 1000g，感量不大于 0.5g。

(3)摇筛机。

(4)烘箱:能控温在105℃ ±5℃。

(5)其他:浅盘和硬、软毛刷等。

3. 试验准备

根据样品中最大粒径的大小,选用适宜的标准筛,通常为9.5mm筛(水泥混凝土用天然砂)或4.75mm筛(沥青路面及基层用天然砂、石屑、机制砂等)筛除其中的超粒径材料。然后将样品在潮湿状态下充分拌匀,用分料器法或四分法缩分至每份不少于550g的试样两份,在105℃ ±5℃的烘箱中烘干至恒量,冷却至室温后备用。

注:对于细集料,恒量系指相邻两次称量间隔时间大于3h(通常不少于6h)的情况下,前后两次称量之差小于该项试验所要求的称量精密度。

4. 试验步骤

(1)干筛法试验步骤

①准确称取烘干试样约500g(m_1),准确至0.5g,置于套筛的最上面一只,即4.75mm筛上,将套筛装入摇筛机,摇筛约10min,然后取出套筛,再按筛孔大小顺序,从最大的筛号开始,在清洁的浅盘上逐个进行手筛,直到每分钟的筛出量不超过筛上剩余量的0.1%时为止,将筛出通过的颗粒并入下一号筛,和下一号筛中的试样一起过筛,以此顺序进行至各号筛全部筛完为止。

注:①试样如为特细砂时,试样质量可减少到100g。

②如试样含泥量超过5%,不宜采用干筛法。

③无摇筛机时,可直接用手筛。

②称量各筛筛余试样的质量,精确至0.5g。所有各筛的分计筛余量和底盘中剩余量的总量与筛分前的试样总量,相差不得超过后者的1%。

(2)水洗法试验步骤

①准确称取烘干试样约500g(m_1),准确至0.5g。

②将试样置一洁净容器中,加入足够数量的洁净水,将集料全部淹没。

③用搅棒充分搅动集料,将集料表面洗涤干净,使细粉悬浮在水中,但不得有集料从水中溅出。

④用1.18mm筛及0.075mm筛组成套筛。仔细将容器中混有细粉的悬浮液徐徐倒出,经过套筛流入另一容器中,但不得将集料倒出。

注:不可直接倒至0.075mm筛上,以免集料掉出损坏筛面。

⑤重复上述步骤②~④,直至倒出的水洁净且小于0.075mm的颗粒全部倒出。

⑥将容器中的集料倒入搪瓷盘中,用少量水冲洗,使容器上黏附的集料颗粒全部进入搪瓷盘中。将筛子反扣过来,用少量的水将筛上的集料冲入搪瓷盘中。操作过程中不得有集料散失。

⑦将搪瓷盘连同集料一起置105℃ ±5℃烘箱中烘干至恒量,称取干燥集料试样的总质量(m_2),准确至0.1%。m_1与m_2之差即为通过0.075mm筛部分。

⑧将全部要求筛孔组成套筛(但不需0.075mm筛),将已经洗去小于0.075mm部分的干燥集料置于套筛上(通常为4.75mm筛),将套筛装入摇筛机,摇筛约10min,然后取出套筛,再按筛孔大小顺序,从最大的筛号开始,在清洁的浅盘上逐个进行手筛,直至每分钟的筛出量不超过筛上剩余量的0.1%时为止,将筛出通过的颗粒并入下一号筛,和下一号筛中的试样一起

过筛,这样顺序进行,直至各号筛全部筛完为止。

注:如为含有粗集料的集料混合料,套筛筛孔根据需要选择。

⑨称量各筛筛余试样的质量,精确至0.5g。所有各筛的分计筛余量和底盘中剩余量的总质量与筛分前后试样总量 m_2 的差值不得超过后者的1%。

5.计算

(1)计算分计筛余百分率。

各号筛的分计筛余百分率为各号筛上的筛余量除以试样总量(m_1)的百分率,精确至0.1%。对沥青路面细集料而言,0.15mm筛下部分即为0.075mm的分计筛余,由水洗法试验步骤⑦测得的 m_1 与 m_2 之差即为小于0.075mm的筛底部分。

(2)计算累计筛余百分率。

各号筛的累计筛余百分率为该号筛及大于该号筛的各号筛的分计筛余百分率之和,准确至0.1%。

(3)计算质量通过百分率。

各号筛的质量通过百分率等于100减去该号筛的累计筛余百分率,准确至0.1%。

(4)根据各筛的累计筛余百分率或通过百分率,绘制级配曲线。

(5)天然砂的细度模数按式(5-102)计算,精确至0.01。

$$M_x = \frac{(A_{0.15} + A_{0.3} + A_{0.6} + A_{1.18} + A_{2.36}) - 5A_{4.75}}{100 - A_{4.75}} \tag{5-102}$$

式中: M_x——砂的细度模数;

$A_{0.15}$、$A_{0.3}$、…、$A_{4.75}$——分别为0.15mm、0.3mm、……、4.75mm各筛上的累计筛余百分率(%)。

(6)应进行二次平行试验,以试验结果的算术平均值作为测定值。如两次试验所得的细度模数之差大于0.2,应重新进行试验。

二、细集料表观密度试验——容量瓶法(T 0328—2005)

1.目的与适用范围

用容量瓶法测定细集料(天然砂、石屑、机制砂)在23℃时对水的表观相对密度和表观密度。本方法适用于含有少量大于2.36mm部分的细集料。

2.仪具与材料

(1)天平:量程1kg,感量不大于1g。

(2)容量瓶:500mL。

(3)烘箱:能控温在105℃±5℃。

(4)烧杯:500mL。

(5)洁净水。

(6)其他:干燥器、浅盘、铝制料勺、温度计等。

3.试验准备

将缩分至650g左右的试样在温度为105℃±5℃的烘箱中烘干至恒量,并在干燥器内冷却至室温,分成两份备用。

4.试验步骤

(1)称取烘干的试样约300g(m_0),装入盛有半瓶洁净水的容量瓶中。

(2)摇转容量瓶,使试样在已保温至23℃±1.7℃的水中充分搅动以排除气泡,塞紧瓶塞,在恒温条件下静置 24h 左右，然后用滴管添水，使水面与瓶颈刻度线平齐，再塞紧瓶塞，擦干瓶外水分，称其总质量(m_2)。

(3)倒出瓶中的水和试样，将瓶的内外表面洗净，再向瓶内注入同样温度的洁净水(温差不超过 2℃)至瓶颈刻度线，塞紧瓶塞，擦干瓶外水分，称其总质量(m_1)。

注：在砂的表观密度试验过程中应测量并控制水的温度，试验期间的温差不得超过 1℃。

5. 计算

(1)细集料的表观相对密度按式(5-103)计算至小数点后 3 位。

$$\gamma_a = \frac{m_0}{m_0 + m_1 - m_2} \tag{5-103}$$

式中：γ_a——细集料的表观相对密度，无量纲；

m_0——试样的烘干质量(g)；

m_1——水及容量瓶总质量(g)；

m_2——试样、水及容量瓶总质量(g)。

(2)表观密度 ρ_a 按式(5-104)计算，精确至小数点后 3 位。

$$\rho_a = \gamma_a \times \rho_t \quad \text{或} \quad \rho_a = (\gamma_a - \alpha_t) \times \rho_w \tag{5-104}$$

式中：ρ_a——细集料的表观密度(g/cm^3)；

ρ_w——水在 4℃时的密度(g/cm^3)；

α_t——试验时水温对水密度影响的修正系数，按表 5-40 取用；

ρ_t——试验温度 t 时水的密度(g/cm^3)，按表 5-40 取用。

6. 试验报告

以两次平行试验结果的算术平均值作为测定值，如两次结果之差值大于 0.01g/cm^3 时，应重新取样进行试验。

三、细集料密度及吸水率试验(T 0330—2005)

1. 目的与适用范围

(1)用坍落筒法测定细集料(天然砂、机制砂、石屑)在 23℃时对水的毛体积相对密度、表观相对密度、表干相对密度(饱和面干相对密度)。

(2)用坍落筒法测定细集料(天然砂、机制砂、石屑)处于饱和面干状态时的吸水率。

(3)用坍落筒法测定细集料(天然砂、机制砂、石屑)的毛体积密度、表观密度、表干密度(饱和面干密度)。

(4)本方法适用于小于 2.36mm 的细集料。当含有大于 2.36mm 的成分时，如0～4.75mm 石屑，宜采用 2.36mm 的标准筛进行筛分，其中大于 2.36mm 的部分采用 T 0308“粗集料密度与吸水率测定方法”测定，小于 2.36mm 的部分用本方法测定。

2. 仪具与材料

(1)天平：量程 1kg，感量不大于 0.1g。

(2)饱和面干试模：上口径 40mm ± 3mm，下口径 90mm ± 3mm，高 75mm ± 3mm 的坍落筒(图 5-25)。

(3)捣棒：金属棒，直径 25mm ± 3mm，质量 340g ± 15g(图 5-25)。

(4)烧杯:500mL。

(5)容量瓶:500mL。

(6)烘箱:能控温在105℃ ±5℃。

(7)洁净水,温度为23℃ ±1.7℃。

注:可以用蒸馏水,也可以用纯净水。

(8)其他:干燥器、吹风机(手提式)、浅盘、铝制料勺、玻璃棒、温度计等。

3. 试验准备

(1)将来样用2.36mm标准筛过筛,除去大于2.36mm的部分。在潮湿状态下用分料器法或四分法缩分细集料至每份约1000g,拌匀后分成两份,分别装入浅盘或其他合适的容器中。

(2)注入洁净水,使水面高出试样表面20mm左右(测量水温并控制在23℃ ±1.7℃),用玻璃棒连续搅拌5min,以排除气泡,静置24h。

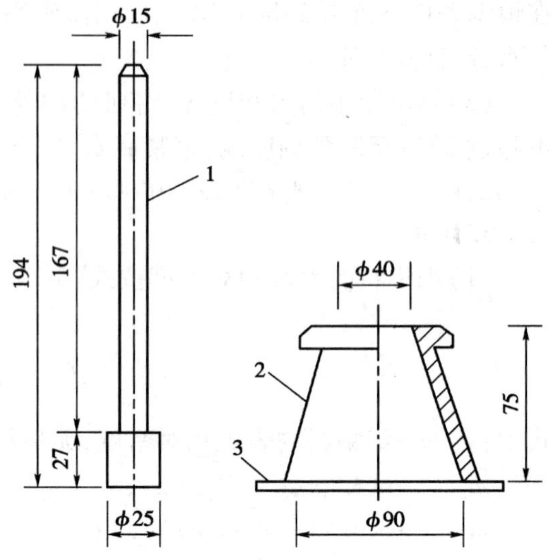

图5-25 饱和面干试模及其捣棒(尺寸单位:mm)
1-捣棒;2-试模;3-玻璃板

(3)细心地倒去试样上部的水,但不得将细粉部分倒走,并用吸管吸去余水。

(4)将试样在盘中摊开,用手提吹风机缓缓吹入暖风,并不断翻拌试样,使集料表面的水在各部位均匀蒸发,达到估计的饱和面干状态。注意吹风过程中不得使细粉损失。

(5)然后将试样松散地一次装入饱和面干试模中,用捣棒轻捣25次,捣棒端面距试样表面距离不超过10mm,使之自由落下,捣完后刮平模口,如留有空隙亦不必再装满。

(6)从垂直方向徐徐提起试模,如试样保留锥形没有坍落,则说明集料中尚含有表面水,应继续按上述方法用暖风干燥、试验,直至试模提起后试样开始出现坍落为止。如试模提起后试样坍落过多,则说明试样已干燥过分,此时应将试样均匀洒水约5mL,经充分拌匀,并静置于加盖容器中30min后,再按上述方法进行试验,至达到饱和面干状态为止。判断饱和面干状态的标准,对天然砂,宜以"在试样中心部分上部成为2/3左右的圆锥体,即大致坍塌1/3左右"作为标准状态;对机制砂和石屑,宜以"当移去坍落筒第一次出现坍落时的含水率即最大含水率作为试样的饱和面干状态"。

注:本试验方法的难点就是如何判断试样的表干状态,对于不同的细集料,要注意其判断标准是不同的。

4. 试验步骤

(1)立即称取饱和面干试样约300g(m_3)。

(2)将试样迅速放入容量瓶中,勿使水分蒸发和集料粒散失,而后加洁净水至约450mL刻度处,转动容量瓶排除气泡后,再仔细加水至500mL刻度处,塞紧瓶塞,擦干瓶外水分,称其总量(m_2)。

(3)全部倒出集料试样,洗净瓶内外,用同样的水(每次需测量水温,宜为23℃ ±1.7℃,两次水温相差不大于2℃),加至500mL刻度处,塞紧瓶塞,擦干瓶外水分,称其总量(m_1)。将倒出的集料样置105℃ ±5℃的烘箱中烘干至恒量,在干燥器内冷却至室温后,称取干样的质量(m_0)。

5. 计算

(1)细集料的表观相对密度 γ_a、表干相对密度 γ_s 及毛体积相对密度 γ_b 按式(5-105)~式

(5-107)计算至小数点后 3 位。

$$\gamma_a = \frac{m_0}{m_0 + m_1 - m_2} \tag{5-105}$$

$$\gamma_s = \frac{m_3}{m_3 + m_1 - m_2} \tag{5-106}$$

$$\gamma_b = \frac{m_0}{m_3 + m_1 - m_2} \tag{5-107}$$

式中:γ_a——集料的表观相对密度,无量纲;

γ_s——集料的表干相对密度,无量纲;

γ_b——集料的毛体积相对密度,无量纲;

m_0——试样烘干后质量(g);

m_1——水、瓶总质量(g);

m_2——饱和面干试样、水、瓶总质量(g);

m_3——饱和面干试样质量(g)。

注:表干相对密度是饱和面干试样质量与试样毛体积的比值,常用于水泥混凝土用量的计算;毛体积相对密度是烘干试样质量与试样毛体积的比值,常用于热拌沥青混合料体积指标的计算。

(2)细集料的表观密度 ρ_a、表干密度 ρ_s 及毛体积密度 ρ_b 按式(5-108)~式(5-110)计算至小数点后 3 位。

$$\rho_a = (\gamma_a - \alpha_t) \times \rho_w \tag{5-108}$$

$$\rho_s = (\gamma_s - \alpha_t) \times \rho_w \tag{5-109}$$

$$\rho_b = (\gamma_b - \alpha_t) \times \rho_w \tag{5-110}$$

式中:ρ_a——集料的表观密度(g/cm^3);

ρ_s——集料的表干密度(g/cm^3);

ρ_b——集料的毛体积密度(g/cm^3);

ρ_w——水在 4℃时的密度值(g/cm^3);

α_t——试验时水温对水密度影响的修正系数,按表 5-40 取用。

(3)细集料的吸水率按式(5-111)计算,精确至 0.01%。

$$w_x = \frac{m_3 - m_0}{m_0} \times 100 \tag{5-111}$$

式中:w_x——集料的吸水率(%);

m_3——饱和面干试样质量(g);

m_0——烘干试样质量(g)。

(4)如因特殊需要,需以饱和面干状态的试样为基准求取细集料的吸水率时,细集料的饱和面干吸水率按式(5-112)计算,精确至 0.01%,但需在报告中注明。

$$w'_x = \frac{m_3 - m_0}{m_3} \times 100 \tag{5-112}$$

式中:w'_x——集料的饱和面干吸水率(%);

m_3——饱和面干试样质量(g);

m_0——烘干试样质量(g)。

6. 精度与允许差

(1)毛体积密度及饱和面干密度以两次平行试验结果的算术平均值为测定值，如两次结果与平均值之差大于 0.01g/cm³ 时，应重新取样进行试验。

(2)吸水率以两次平行试验结果的算术平均值作为测定值，如两次结果与平均值之差大于 0.02%，应重新取样进行试验。

四、细集料堆积密度及紧装密度试验(T 0331—1994)

1. 目的与适用范围

测定砂自然状态下堆积密度、紧装密度及空隙率。

2. 仪具与材料

(1)台秤：量程 5kg，感量 5g。

(2)容量筒：金属制，圆筒形，内径 108mm，净高 109mm，筒壁厚 2mm，筒底厚 5mm，容积约为 1L。

(3)标准漏斗(图 5-26)。

(4)烘箱：能控温在 105℃ ±5℃。

(5)其他：小勺、直尺、浅盘等。

3. 试验准备

(1)试样制备：用浅盘装来样约 5kg，在温度为 105℃ ±5℃的烘箱中烘干至恒量，取出并冷却至室温，分成大致相等的两份备用。

注：试样烘干后如有结块，应在试验前先予捏碎。

(2)容量筒容积的校正方法：以温度为 20℃ ±5℃的洁净水装满容量筒，用玻璃板沿筒口滑移，使其紧贴水面，玻璃板与水面之间不得有空隙。擦干筒外壁水分，然后称量，用式(5-113)计算筒的容积 V。

$$V = m'_2 - m'_1 \tag{5-113}$$

式中：V——容量筒的容积(mL)；

m'_1——容量筒和玻璃板总质量(g)；

m'_2——容量筒、玻璃板和水总质量(g)。

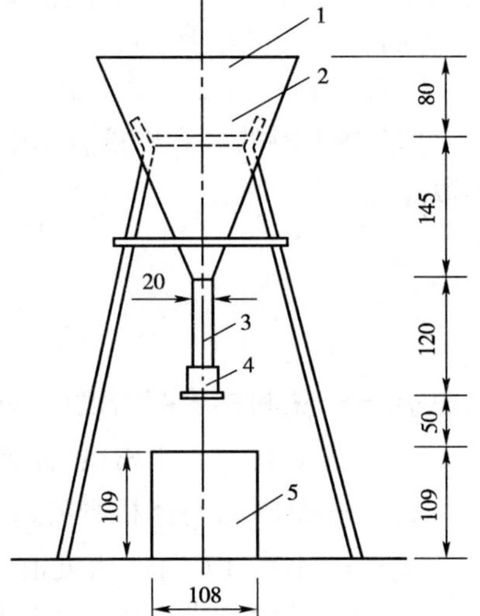

图 5-26　标准漏斗(尺寸单位：mm)
1-漏斗；2-筛；3-ϕ20mm 管子；4-活动门；5-金属量筒

4. 试验步骤

(1)堆积密度：将试样装入漏斗中，打开底部的活动门，将砂流入容量筒中，也可直接用小勺向容量筒中装试样，但漏斗出料口或料勺距容量筒筒口均应为 50mm 左右，试样装满并超出容量筒筒口后，用直尺将多余的试样沿筒口中心线向两个相反方向刮平，称取质量(m_1)。

(2)紧装密度：取试样 1 份，分两层装入容量筒。装完一层后，在筒底垫放一根直径为 10mm 的钢筋，将筒按住，左右交替颠击地面各 25 下，然后再装入第二层。

第二层装满后用同样方法颠实(但筒底所垫钢筋的方向应与第一层放置方向垂直)。两层装完并颠实后，添加试样超出容量筒筒口，然后用直尺将多余的试样沿筒口中心线向两个相反方向刮平，称其质量(m_2)。

5. 计算

(1)堆积密度及紧装密度分别按式(5-114)和式(5-115)计算至小数点后 3 位。

$$\rho = \frac{m_1 - m_0}{V} \tag{5-114}$$

$$\rho' = \frac{m_2 - m_0}{V} \tag{5-115}$$

式中：ρ——砂的堆积密度（g/cm^3）；

ρ'——砂的紧装密度（g/cm^3）；

m_0——容量筒的质量（g）；

m_1——容量筒和堆积砂的总质量（g）；

m_2——容量筒和紧装砂的总质量（g）；

V——容量筒容积（mL）。

（2）砂的空隙率按式（5-116）计算，精确至 0.1%。

$$n = \left(1 - \frac{\rho}{\rho_a}\right) \times 100 \tag{5-116}$$

式中：n——砂的空隙率（%）；

ρ——砂的堆积或紧装密度（g/cm^3）；

ρ_a——砂的表观密度（g/cm^3）。

6. 试验报告

以两次试验结果的算术平均值作为测定值。

五、细集料含水率试验（T 0332—2005）

1. 目的与适用范围

测定细集料的含水率。

2. 仪具与材料

（1）烘箱：能控温在 105℃ ±5℃。

（2）天平：量程 2kg，感量不大于 2g。

（3）容器：浅盘等。

3. 试验步骤

由来样中取各约 500g 的代表性试样两份，分别放入已知质量（m_1）的干燥容器中称量，记下每盘试样与容器的总量（m_2），将容器连同试样放入温度为 105℃ ±5℃ 的烘箱中烘干至恒量，称烘干后的试样与容器的总量（m_3）。

4. 计算

按式（5-117）计算细集料的含水率，精确至 0.1%。

$$w = \frac{m_2 - m_3}{m_3 - m_1} \times 100 \tag{5-117}$$

式中：w——细集料的含水率（%）；

m_1——容器质量（g）；

m_2——未烘干的试样与容器总质量（g）；

m_3——烘干后的试样与容器总质量（g）。

5. 试验报告

以两次试验结果的算术平均值为测定值。

六、细集料含泥量试验——筛洗法(T 0333—2000)

1. 目的与适用范围

(1)本方法仅用于测定天然砂中粒径小于0.075mm的尘屑、淤泥和黏土的含量。

(2)本方法不适用于人工砂、石屑等矿粉成分较多的细集料。

2. 仪具与材料

(1)天平:量程1kg,感量不大于1g。

(2)烘箱:能控温在105℃±5℃。

(3)标准筛:孔径0.075mm及1.18mm的方孔筛。

(4)其他:筒、浅盘等。

3. 试验准备

将来样用四分法缩分至每份约1000g,置于温度为105℃±5℃的烘箱中烘干至恒量,冷却至室温后,称取约400g(m_0)的试样两份备用。

4. 试验步骤

(1)取烘干的试样一份置于筒中,并注入洁净的水,使水面高出砂面约200mm,充分拌和均匀后,浸泡24h,然后用手在水中淘洗试样,使尘屑、淤泥和黏土与砂粒分离,并使之悬浮水中,缓缓地将浑浊液倒入1.18mm至0.075mm的套筛上,滤去小于0.075mm的颗粒。试验前筛子的两面应先用水湿润,在整个试验过程中应注意避免砂粒丢失。

注:不得直接将试样放在0.075mm筛上用水冲洗,或者将试样放在0.075mm筛上后在水中淘洗,以避免误将小于0.075mm的砂颗粒当做泥冲走。

(2)再次加水于筒中,重复上述过程,直至筒内砂样洗出的水清澈为止。

(3)用水冲洗剩留在筛上的细粒,并将0.075mm筛放在水中(使水面略高出筛中砂粒的上表面)来回摇动,以充分洗除小于0.075mm的颗粒;然后将两筛上筛余的颗粒和筒中已经洗净的试样一并装入浅盘,置于温度为105℃±5℃的烘箱中烘干至恒量,冷却至室温,称取试样的质量(m_1)。

5. 计算

(1)砂的含泥量按式(5-118)计算至0.1%。

$$Q_n = \frac{m_0 - m_1}{m_0} \times 100 \tag{5-118}$$

式中:Q_n——砂的含泥量(%);

m_0——试验前的烘干试样质量(g);

m_1——试验后的烘干试样质量(g)。

(2)以两个试样试验结果的算术平均值作为测定值。两次结果的差值超过0.5%时,应重新取样进行试验。

七、细集料砂当量试验(T 0334—2005)

1. 目的与适用范围

(1)本方法适用于测定天然砂、人工砂、石屑等各种细集料中所含的黏性土或杂质的含量,以评定集料的洁净程度。砂当量用 SE 表示。

(2)本方法适用于公称最大粒径不超过 4.75mm 的集料。

2. 仪具与材料

(1)仪具

①透明圆柱形试筒:如图 5-27,透明塑料制,外径 40mm ± 0.5mm,内径 32mm ± 0.25mm,高度 420mm ± 0.25mm。在距试筒底部 100mm、380mm 处刻画刻度线,试筒口配有橡胶瓶口塞。

②冲洗管:如图 5-28,由一根弯曲的硬管组成,不锈钢或冷锻钢制,其外径为 6mm ± 0.5mm,内径为 4mm ± 0.2mm。管的上部有一个开关,下部有一个不锈钢两侧带孔尖头,孔径为 1mm ± 0.1mm。

③透明玻璃或塑料桶:容积 5L,有一根虹吸管放置桶中,桶底面高出工作台约 1m。

④橡胶管(或塑料管):长约 1.5m,内径约 5mm,同冲洗管连在一起吸液用,配有金属夹,以控制冲洗液流量。

⑤配重活塞:如图 5-29,由长 440mm ± 0.25mm 的杆、直径 25mm ± 0.1mm 的底座(下面平坦、光滑,垂直杆轴)、套筒和配重组成。且在活塞上有三个横向螺丝可保持活塞在试筒中间,并使活塞与试筒之间有一条小缝隙。

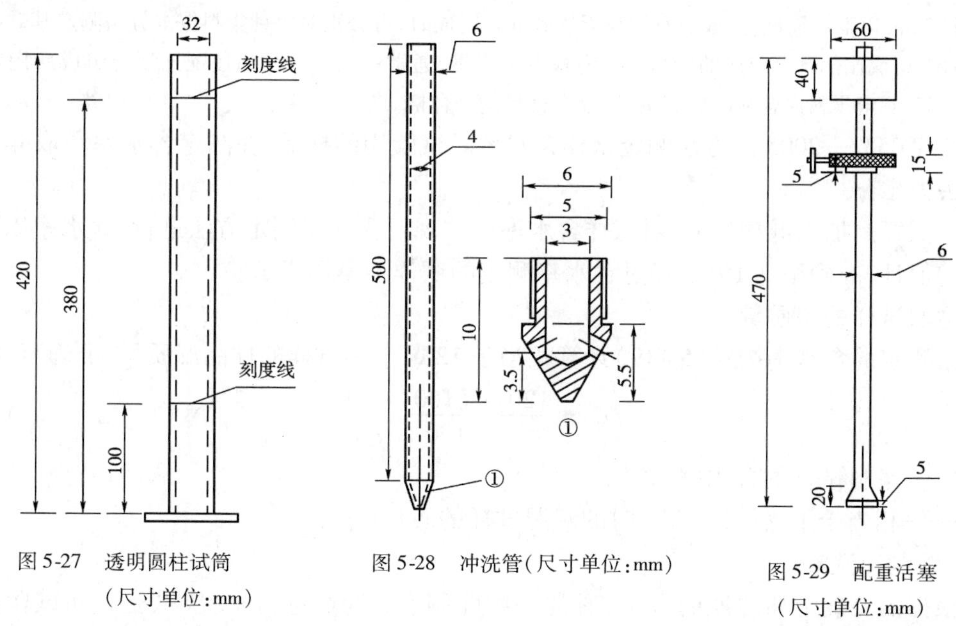

图 5-27　透明圆柱试筒(尺寸单位:mm)　　图 5-28　冲洗管(尺寸单位:mm)　　图 5-29　配重活塞(尺寸单位:mm)

套筒为黄铜或不锈钢制,厚 10mm ± 0.1mm,大小适合试筒并且引导活塞杆,能标记筒中活塞下沉的位置。套筒上有一个螺钉用以固定活塞杆。配重为 1kg ± 5g。

⑥机械振荡器:可以使试筒产生横向的直线运动振荡,振幅 203mm ± 1.0mm,频率 180 次/min ± 2 次/min。

⑦天平:量程 1kg,感量不大于 0.1g。

⑧烘箱:能使温度控制在 105℃ ±5℃。

⑨秒表。

⑩标准筛:筛孔为 4.75mm。

⑪温度计。

⑫广口漏斗:玻璃或塑料制,口的直径100mm左右。

⑬钢板尺:长50cm,刻度1mm。

⑭其他:量筒(500mL),烧杯(1L),塑料桶(5L)、烧杯、刷子、盘子、刮刀、勺子等。

(2)试剂

①无水氯化钙($CaCl_2$):分析纯,含量96%以上,分子量110.99,纯品为无色立方结晶,在水中溶解度大,溶解时放出大量热。它的水溶液呈微酸性,具有一定的腐蚀性。

②丙三醇($C_3H_8O_3$):又称甘油,分析纯,含量98%以上,分子量92.09。

③甲醛(HCHO):分析纯,含量36%以上,分子量30.03。

④洁净水或纯净水。

3.试验准备

(1)试样制备

①将样品通过孔径4.75mm筛,去掉筛上的粗颗粒部分,试样数量不少于1000g。如样品过分干燥,可在筛分之前加少量水分润湿(含水率约为3%),用包橡胶的小锤打碎土块,然后再过筛,以防止将土块作为粗颗粒筛除。当粗颗粒部分被在筛分时不能分离的杂质裹覆时,应将筛上部分的粗集料进行清洗,并回收其中的细粒放入试样中。

注:在配制稀浆封层及微表处混合料时,4.75mm部分经常是由两种以上的集料混合而成,如由3~5mm和3mm以下石屑混合,或由石屑与天然砂混合组成时,可分别对每种集料按本方法测定其砂当量,然后按组成比例计算合成的砂当量。为减少工作量,通常做法是将样品按配比混合组成后用4.75mm过筛,测定集料混合料的砂当量,以鉴定材料是否合格。

②按T 0332—2005的方法测定试样含水率。试验用的样品,在测定含水率和取样试验期间不要丢失水分。

由于试样是加水湿润过的,对试样含水率应按现行含水率测定方法进行,含水率以两次测定的平均值计,准确至0.1%。经过含水率测定的试样不得用于试验。

③称取试样的湿质量

根据测定的含水率按式(5-119)计算相当于120g干燥试样的样品湿质量,准确至0.1g。

$$m_1 = \frac{120 \times (100 + w)}{100} \tag{5-119}$$

式中:w——集料试样的含水率(%);

m_1——相当于干燥试样120g时的潮湿试样的质量(g)。

(2)配制冲洗液

①根据需要确定冲洗液的数量,通常一次配制5L,约可进行10次试验。如试验次数较少,可以按比例减少,但不宜少于2L,以减小试验误差。冲洗液的浓度以每升冲洗液中的氯化钙、甘油、甲醛含量分别为2.79g、12.12g、0.34g控制。称取配制5L冲洗液的各种试剂的用量:氯化钙14.0g;甘油60.6g;甲醛1.7g。

②称取无水氯化钙14.0g放入烧杯中,加洁净水30mL充分溶解,此时溶液温度会升高,待溶液冷却至室温,观察是否有不溶的杂质,若有杂质必须用滤纸将溶液过滤,以除去不溶的杂质。

③然后倒入适量洁净水稀释,加入甘油60.6g,用玻璃棒搅拌均匀后再加入甲醛1.7 g,用玻璃棒搅拌均匀后全部倒入1L量筒中,并用少量洁净水分别对盛过3种试剂的器皿洗涤3次,每次洗涤的水均放入量筒中,最后加入洁净水至1L刻度线。

④将配制的1L溶液倒入塑料桶或其他容器中，再加入4L洁净水或纯净水稀释至5L±0.005L。该冲洗液的使用期限不得超过2周，超过2周后必须废弃，其工作温度为22℃±3℃。

注：有条件时，可向专门机构购买高浓度的冲洗液，按照要求稀释后使用。

4. 试验步骤

（1）用冲洗管将冲洗液加入试筒，直到最下面的100mm刻度处（约需80mL试验用冲洗液）。

（2）把相当于120g±1g干料质量的湿样用漏斗仔细地倒入竖立的试筒中。

（3）用手掌反复敲打试筒下部，以除去气泡，并使试样尽快润湿，然后放置10min。

（4）在试样静止10min±1min后，在试筒上塞上橡胶塞堵住试筒，用手将试筒横向水平放置，或将试筒水平固定在振荡机上。

（5）开动机械振荡器，在30s±1s的时间内振荡90次。用手振荡时，仅需手腕振荡，不必晃动手臂，以维持振幅230mm±25mm，振荡时间和次数与机械振荡器同。然后将试筒取下竖直放回试验台上，拧下橡胶塞。

（6）将冲洗管插入试筒中，用冲洗液冲洗附在试筒壁上的集料，然后迅速将冲洗管插到试筒底部，不断转动冲洗管，使附着在集料表面的土粒杂质浮游上来。

（7）缓慢匀速向上拔出冲洗管，当冲洗管抽出液面，且保持液面位于380mm刻度线时，切断冲洗管的液流，使液面保持在380mm刻度线处，然后开动秒表在没有扰动的情况下静置20min±15s。

（8）如图5-30所示，在静置20min后，用尺量测从试筒底部到絮状凝结物上液面的高度（h_1）。

（9）将配重活塞徐徐插入试筒里，直至碰到沉淀物时，立即拧紧套筒上的固定螺丝。将活塞取出，用直尺插入套筒开口中，量取套筒顶面至活塞底面的高度h_2，准确至1mm。同时记录试筒内的温度，准确至1℃。

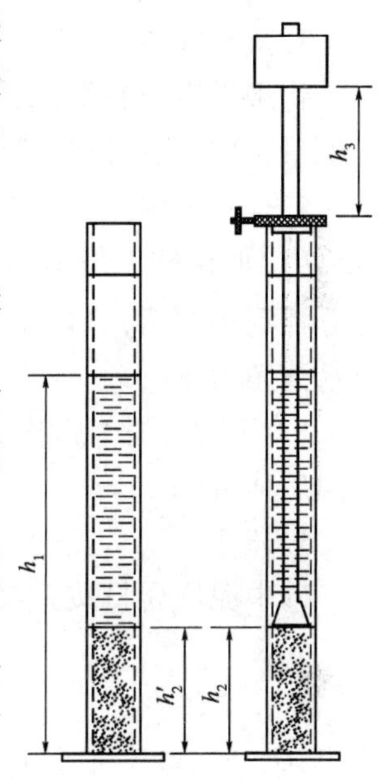

图5-30　读数示意图

（10）按上述步骤进行两个试样的平行试验。

注：①为了不影响沉淀的过程，试验必须在无振动的水平台上进行。随时检查试验的冲洗管口，防止堵塞。

②由于塑料在太阳光下容易变成不透明，应尽量避免将塑料试筒等直接暴露在太阳光下。盛试验溶液的塑料桶用毕要清洗干净。

5. 计算

（1）试样的砂当量值按式（5-120）计算。

$$SE = \frac{h_2}{h_1} \times 100 \qquad (5\text{-}120)$$

式中：SE——试样的砂当量（%）；

h_2——试筒中用活塞测定的集料沉淀物的高度（mm）；

h_1——试筒中絮凝物和沉淀物的总高度（mm）。

（2）一种集料应平行测定两次，取两个试样的平均值，并以活塞测得砂当量为准，并以整数表示。

八、细集料泥块含量试验(T 0335—1994)

1. 目的与适用范围

测定水泥混凝土用砂中颗粒大于 1.18mm 的泥块的含量。

2. 仪具与材料

(1)天平:量程 2kg,感量不大于 2g。

(2)烘箱:能控温在 105℃ ±5℃。

(3)标准筛:孔径 0.6mm 及 1.18 mm。

(4)其他:洗砂用的筒及烘干用的浅盘等。

3. 试验准备

将来样用分料器法或四分法缩分至每份约 2500g,置于温度为 105℃ ±5℃ 的烘箱中烘干至恒量,冷却至室温后,用 1.18mm 筛筛分,取筛上的砂约 400g 分为两份备用。

4. 试验步骤

(1)取试样 1 份 200g(m_1)置于容器中,并注入洁净的水,使水面至少超出砂面约 200mm,充分拌混均匀后,静置 24h,然后用手在水中捻碎泥块,再把试样放在 0.6mm 筛上,用水淘洗至水清澈为止。

(2)筛余下来的试样应小心地从筛里取出,并在 105℃ ±5℃ 的烘箱中烘干至恒量,冷却至室温后称量(m_2)。

5. 计算

砂中泥块含量按式(5-121)计算,精确至 0.1%。

$$Q_k = \frac{m_1 - m_2}{m_1} \times 100 \tag{5-121}$$

式中:Q_k——砂中大于 1.18mm 的泥块含量(%);

m_1——试验前存留于 1.18mm 筛上的烘干试样量(g);

m_2——试验后的烘干试样量(g)。

6. 试验报告

取两次平行试验结果的算术平均值作为测定值,两次结果的差值如超过 0.4%,应重新取样进行试验。

九、细集料有机质含量试验(T 0336—1994)

1. 目的与适用范围

本方法用于评定天然砂中的有机质含量是否达到影响水泥混凝土品质的程度。

2. 仪具与材料

(1)天平:感量不大于量程的 0.01%。

(2)量筒:250mL、100mL 和 10mL。

(3)氢氧化钠溶液:氢氧化钠与洁净水的质量比为 3:97。

(4)鞣酸、酒精等。

(5)其他:烧杯、玻璃棒和孔径为 4.75mm 的方孔筛。

3. 试验准备

(1)试样制备:筛去试样中4.75mm以上的颗粒,用分料器法或四分法缩分至约500g,风干备用。

(2)标准溶液的配制方法:取2g鞣酸粉溶解于98mL 10%酒精溶液中,即得所需的鞣酸溶液。然后取该溶液2.5mL注入97.5mL浓度为3%的氢氧化钠溶液中,加塞后剧烈摇动,静置24h即得标准溶液。

4. 试验步骤

(1)向250mL量筒中倒入试样至103mL刻度处,再注入浓度为3%的氢氧化钠溶液至200mL刻度处,剧烈摇动后静置24h。

(2)比较试样上部溶液和新配制标准溶液的颜色。盛装标准溶液与盛装试样的量筒规格应一致。

5. 结果

若试样上部的溶液颜色浅于标准溶液的颜色,则试样的有机质含量鉴定合格;如两种溶液的颜色接近,则应将该试样(包括上部溶液)倒入烧杯中,再将烧杯放在温度为60~70℃的水槽锅中加热2~3h,然后再与标准溶液比色。

如溶液的颜色深于标准色,则应按下法做进一步试验:

取试样1份,用3%氢氧化钠溶液洗除有机杂质,再用洁净水淘洗干净,至试样用比色法试验时溶液的颜色浅于标准色,然后用经洗除有机质和未洗除有机质的试样以相同的配合比分别配成流动性基本相同的两种水泥砂浆,测定其7d和28d的抗压强度,如未经洗除砂的砂浆强度不低于经洗除有机质后的砂的砂浆强度的95%时,则此砂可以采用。

十、细集料云母含量试验(T 0337—1994)

1. 目的与适用范围

测定砂中云母的近似含量。

2. 仪具与材料

(1)放大镜(5倍左右)。

(2)钢针。

(3)天平:量程100g,感量不大于0.01g。

3. 试验步骤

称取经缩分的试样50g,在温度为105℃±5℃的烘箱中烘干至恒量,冷却至室温后,先筛去大于4.75mm和小于0.3mm的颗粒,然后根据砂的粗细不同称取试样10~20g(m_0),放在放大镜下观察,用钢针将砂中所有云母全部挑出,称量所挑出的云母质量(m_1)。

4. 计算

砂中云母含量按式(5-122)计算,精确至0.1%。

$$Q_e = \frac{m_1}{m_0} \times 100 \tag{5-122}$$

式中:Q_e——砂中云母含量(%);

m_0——烘干试样质量(g);

m_1——挑出的云母质量(g)。

十一、细集料轻物质含量试验(T 0338—1994)

1. 目的与适用范围

测定砂中轻物质近似含量。

2. 仪具与材料

(1)烘箱:能控温在105℃ ±5℃。

(2)天平:量程1000g,感量不大于0.1g。

(3)玻璃仪器:量杯(1000mL)、量筒(250mL)、烧杯(150mL)。

(4)比重计:测定范围1.0 ~2.0。

(5)网篮:内径和高度均约为70mm,网孔孔径不大于0.3mm(可用坚固性试验用的网篮,也可用孔径0.3mm的筛)。

(6)氯化锌:化学纯。

3. 试验准备

(1)称取经缩分的试样约800g,在105℃ ±5℃的烘箱中烘干至恒量,冷却后将大于4.75mm和小于0.3mm的颗粒筛去,然后称取每份约200g的试样两份备用。

(2)配制相对密度为1.95 ~2.0的重液:向1000mL的量杯中加水至600mL刻度处,再加入1500g氯化锌,用玻璃棒搅拌使氯化锌全部溶解,待冷却至室温后(氯化锌在溶解过程中放出大量热量),将部分溶液倒入250mL量筒中测其相对密度。如溶液相对密度小于要求值,则将它倒回量杯,再加入氯化锌,溶解并冷却后测其相对密度,直至溶液相对密度达到要求数值为止。

4. 试验步骤

(1)将上述试样1份(m_0)倒入盛有重液(约500mL)的量杯中,用玻璃棒充分搅拌,使试样中的轻物质与砂分离,静置5min后,将浮起的轻物质连同部分重液倒入网篮中。轻物质留在网篮上,而重液则通过网篮流入另一容器。倾倒重液时应避免带出砂粒,一般当重液表面与砂表面相距约20 ~30mm时即停止倾倒。流出的重液倒回盛试样的量杯中,重复上述过程,直至无轻物质浮起为止。

(2)用清水洗净留存于网篮中的轻物质,然后将它倒入烧杯,在105℃ ±5℃的烘箱中烘干至恒量,用感量为0.01g的天平称量轻物质与烧杯总量(m_1)。

5. 计算

砂中轻物质的含量按式(5-123)计算,精确至0.1%。

$$Q_g = \frac{m_1 - m_2}{m_0} \times 100 \tag{5-123}$$

式中:Q_g——砂中轻物质的含量(%);

m_1、m_2——分别为烘干的轻物质与烧杯的总量(g)、烧杯的质量(g);

m_0——试验前烘干的试样质量(g)。

6. 试验报告

以两份试样试验结果的算术平均值作为测定值。

十二、细集料膨胀率试验(T 0339—1994)

1. 目的与适用范围

测定砂的膨胀率。

2. 仪具与材料

同砂的含水率试验和砂的堆积密度试验。

3. 试验步骤

(1)测定烘干砂的堆积密度(或紧装密度)。

(2)测定试样砂的堆积密度(或紧装密度)。

(3)测定相应状态砂的含水率。

4. 计算

砂的膨胀率按式(5-124)计算,精确至1%。

$$P = \frac{\rho_d(100 + w)}{\rho_w} - 100 \tag{5-124}$$

式中:P——砂的膨胀率(%);

ρ_d——干砂堆积密度(kg/m^3);

ρ_w——试样砂堆积密度(kg/m^3);

w——试样砂含水率(%)。

5. 试验报告

以两次试验结果的算术平均值作为测定值。

十三、细集料坚固性试验(T 0340—2005)

1. 目的与适用范围

本方法用以确定砂试样经饱和硫酸钠溶液多次浸泡与烘干循环,承受硫酸钠结晶压而不发生显著破坏或强度降低的性能,以评定砂的坚固性能(也称安定性)。

2. 仪具与材料

(1)烘箱:能控温在105℃±5℃。

(2)天平:量程200g,感量不大于0.2g。

(3)标准筛:孔径为0.3mm、0.6mm、1.18mm、2.36mm、4.75mm。

(4)容器:搪瓷盆或瓷缸,容量不小于10L。

(5)三脚网篮:内径及高均为70mm,由铜丝或镀锌铁丝制成,网孔的孔径不应大于所盛试样粒级下限尺寸的一半。

(6)试剂:无水硫酸钠或10水结晶硫酸钠(工业用)。

(7)波美比重计。

3. 试验准备

取一定数量的洁净水(多少取决于试样及容器大小),加温至30~50℃,每1000mL洁净水加入无水硫酸钠(Na_2SO_4)300~350g或10水硫酸钠($Na_2SO_4 \cdot 10H_2O$)700~1000g,用玻璃棒搅拌,使其溶解并饱和,然后冷却至20~25℃,在此温度下静置48h,其相对密度应保持在1.151~1.174(波美度为18.9~21.4)范围内。试验时容器底部应无结晶存在。

4. 试验步骤

(1)将试样烘干,称取粒级分别为0.3~0.6mm、0.6~1.18mm、1.18~2.36mm和2.36~4.75mm的试样各约100g,记为m_i,分别装入网篮并浸入盛有硫酸钠溶液的容器中。溶液体积应不小于试样总体积的5倍,其温度应保持在20~50℃范围内。三脚网篮浸入溶液时应先上下升降25次以排除试样中的气泡,然后静置于该容器中。此时网篮底面应距容器底面约30mm(由网篮脚高控制),网篮之间的间距应不小于30mm。试样表面至少应在液面以下30mm。

(2)浸泡20h后,从溶液中提出网篮,放在105℃±5℃的烘箱中烘烤4h,至此完成了第一个试验循环。待试样冷却至20~25℃后,即开始第二次循环。

从第二次循环开始,浸泡及烘烤时间均为4h。共循环5次。

(3)最后一次循环完毕后,将试样置于25~30℃的清水中洗净硫酸钠,再在105℃±5℃的烘箱中烘干至恒量,取出冷却至室温后,用筛孔孔径为试样粒级下限的筛,过筛并称量各粒级试样试验后的筛余量m'_i。

注:试样中硫酸钠是否干净,可按下法检验:取洗试样的水数毫升,滴入少量氯化钡($BaCl_2$)溶液,如无白色沉淀,即说明硫酸钠已被洗净。

5. 计算

(1)试样中各粒级颗粒的分计损失百分率按式(5-125)计算。

$$Q_i = \frac{m_i - m'_i}{m_i} \times 100 \tag{5-125}$$

式中:Q_i——试样中各粒级颗粒的分计损失百分率(%);

m_i——每一粒级试样试验前烘干质量(g);

m'_i——经硫酸钠溶液试验后,每一粒级筛余颗粒的烘干质量(g)。

(2)试样的坚固性损失总百分率按式(5-126)计算,精确至1%。

$$Q = \frac{\sum m_i Q_i}{\sum m_i} \tag{5-126}$$

式中:Q——试样的坚固性损失(%);

m_i——不同粒级的颗粒在原试样总量中的分计质量(g);

Q_i——不同粒级的分计质量损失百分率(%)。

十四、细集料三氧化硫含量试验(T 0341—1994)

1. 目的与适用范围

测定砂中是否含有有害的硫酸盐、硫化物,按SO_3计,并测定其含量。

2. 仪具与材料

(1)定性试验需用仪具与材料

①天平:量程1kg,感量不大于1g;量程100g,感量不大于0.001g。

②筛:筛孔0.075mm。

③烧杯:容量500mL。

④其他:纯盐酸、10%氯化钡($BaCl_2$)溶液、滤纸、玻璃棒及研钵等。

(2)定量试验需用仪具与材料

①分析天平:感量不大于0.0001g。

②摇瓶:1000mL。

③无灰滤纸:要求经灼烧后无质量。

④混合指示剂:1份甲基红和3份溴甲酚绿的0.1%酒精溶液。

⑤纯盐酸。

⑥10%氯化钡($BaCl_2$)溶液。

⑦其他:普通电炉、高温电炉、振荡器、搅拌器、抽气瓶、烧杯、坩埚及平底瓷漏斗等。

3. 试验步骤

(1)定性试验

①用分料器法或四分法取代表样约1000g,烘干至恒量。称取烘干样约200g,在研钵中研成粉末,通过0.075mm筛,仔细拌匀粉末并称取100g,放在500mL的烧杯中,注入250mL洁净水,搅拌1~2min(数次),经一昼夜后用滤纸过滤。然后向滤液中加2~3滴纯盐酸,注入5mL左右10%氯化钡溶液,加热至50℃,再静置一昼夜。

②如有白色沉淀物产生,即表示砂中有SO_3,须进行定量试验测定其含量。

(2)定量试验

①称取通过0.075mm筛孔的烘干试样200g,装入注有500mL洁净水的烧瓶中,加塞蜡封,经常摇动,经一昼夜后,再把溶液摇浑,用抽气法过滤。

②将100mL的过滤溶液放在250mL的烧杯中,加入4~5滴混合指示剂,使溶液变色,接着加入纯盐酸至溶液呈红色,再加4~5滴混合指示剂,煮沸后加入10%氯化钡溶液约15mL,然后搅拌均匀。为了得到较大的硫酸钡($BaSO_4$)结晶,可将溶液在60~70℃的温度内加热2h,然后静置数小时。

③用紧密滤纸将此溶液过滤,过滤前将滤纸微湿,过滤完后,把原装滤液的烧杯用洁净水洗几次至洁净,再将洗烧杯的水也加以过滤,最后把留在滤纸上的物质洗几遍(以1%硝酸银溶液检验Cl^-)。

④把过滤后留在滤纸上的物质连同滤纸一起放入已知质量的干坩埚中,将坩埚放在普通电炉上使滤纸炭化,然后再放在700~800℃高温电炉上灼烧15~20min,待灰化后取出,放在干燥器内冷却至室温,用分析天平称其总量(m_1)。

4. 计算

(1)计算SO_3含量,精确至0.01%。

$$P=\frac{(m_1-m_0)\times 0.343}{40}\times 100 \tag{5-127}$$

式中:P——SO_3含量(%);

m_0——坩埚质量(g);

m_1——坩埚和灰化物总质量(g);

0.343——硫酸钡($BaSO_4$)换算为SO_3的系数;

40——做定量试验的试样质量(g)。

(2)取两次试验结果的算术平均值作为测定值,若两次试验结果之差大于0.15%时,应重新取样进行试验。

十五、细集料含水率快速试验——酒精燃烧法(T 0343—1994)

1. 目的与适用范围

快速测定细集料(砂)的含水率。

2. 仪具与材料

(1)天平:量程200g,感量不大于0.2g。

(2)容器:铁或铝制浅盘。

(3)50mL 的量筒或量杯。

(4)酒精:普通工业酒精。

(5)其他:毛刷、玻璃棒等。

3. 试验步骤

(1)取干净容器,称取其质量(m_1)。

(2)将约 100g 试样置于容器中,称取试样和容器的总量(m_2)。

(3)向容器中的试样加入约 20mL 酒精,拌和均匀后点火燃烧并不断翻拌试样,待火焰熄灭后,过 1min 再加入约 20mL 酒精,仍按上述步骤进行。

(4)待第二次火焰熄灭后,称取干样与容器总质量(m_3)。

注:试样经两次燃烧后,表面应呈干燥颜色,否则须再加酒精燃烧一次。

4. 计算

(1)细集料(砂)的含水率按式(5-128)计算,精确至 0.1%。

$$w = (m_2 - m_3)/(m_3 - m_1) \times 100 \tag{5-128}$$

式中:w——砂的含水率(%);

m_1——容器质量(g);

m_2——燃烧前试样与容器总质量(g);

m_3——燃烧后干试样与容器总质量(g)。

(2)以两次平行试验结果的算术平均值作为测定值。

十六、细集料棱角性试验(T 0344、T 0345)

(一)间隙率法(T 0344—2000)

1. 目的与适用范围

(1)本方法测定一定量的细集料通过标准漏斗,装入标准容器中的间隙率,称为细集料的棱角性,以百分率表示。

(2)本方法适用于测定天然砂、人工砂、石屑等用于路面的细集料的棱角性,以预测细集料对沥青混合料的内摩擦角和抗流动变形性能的影响。

2. 仪具与材料

(1)细集料棱角性测定仪:如图 5-31 所示,上部为一个金属或塑料制的圆筒形容量瓶,容积不少于 250mL,下面接一个高 38mm 的金属制倒圆锥筒漏斗,角度为 60° ±4°,漏斗内部光滑,流出孔开口直径 12.7mm ±0.6mm。测定仪下方放置一个 100mL 的铜制接受容器,容器内径 39mm,高 86mm。此容器镶嵌在一块厚 6mm 的金属板上,容器与底板之间用环氧树脂填充固结。金属底板底部的正中央有一个凹坑,用以与底座位置对中。

(2)标准筛:孔径为 4.75mm、2.36mm 的方孔筛。

(3)天平:感量不大于 0.1g。

(4)烘箱:能控温在 105℃ ±5℃。

(5)玻璃板:60mm ×60mm,厚 4mm。

(6)刮尺:带刃直尺,长 100mm,宽 20mm。

(7)其他:搪瓷盘、毛刷等。

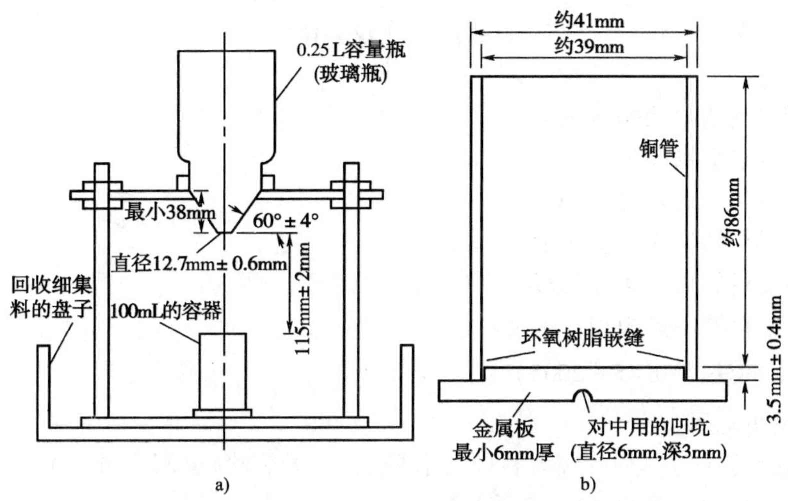

图 5-31　细集料棱角性测定装置

a)装配全图;b)接受容器

3. 试验步骤

(1)称取细集料接受容器的干质量 m_0。

(2)在容器中加满水,称取圆筒加水的质量 m_1,标定容器的容积 $V = m_1 - m_0$,此时可忽略温度对水密度的影响。

(3)将从现场取来的细集料试样,按照最大粒径的不同选择 2.36mm 或 4.75mm 的标准筛过筛,除去大于最大粒径的部分。通常对天然砂或 0~3mm 规格的机制砂、石屑采用 2.36mm 筛,对 0~5mm 机制砂、石屑可采用 4.75mm 筛。

(4)取约 2kg 试样放在搪瓷盘中,加水浸泡 24h,仔细淘洗,使泥土和粉尘悬浮在水中。分数次缓缓地将悬浊液通过 1.18mm、0.075mm 套筛倒去悬浮的混水,并用洁净的水冲洗集料,仔细冲走小于 0.075mm 部分。将 1.18mm 及 0.075mm 筛上部分均倒回搪瓷盘中,放入 105℃ ±5℃烘箱中烘干至恒量,冷却后适当拌和均匀,按分料器法或四分法称取190g ±1g的试样不少于 3 份。

(5)将漏斗与圆筒接好,成一整体。在漏斗下方置接受容器。用一块小玻璃板堵住开口处。

(6)将试样从圆筒中央上方(高度与筒顶齐平)徐徐倒入漏斗,表面尽量倒平。

(7)取走堵住漏斗开启门的小玻璃板。漏斗中的细集料随即通过漏斗开口处流出,进入接受容器中。

(8)用带刃的直尺轻轻刮平容器的表面,不加任何振动。

(9)称取容器与细集料的总质量 m_2,准确至 0.1g。

(10)按本规程 T 0330 的方法测定细集料的毛体积相对密度 γ_b。

(11)平行试验 3 次,以平均值作为细集料棱角性的试验结果。

4. 计算

计算容器中细集料的松装密度和间隙率,精确至小数点后 1 位,间隙率即为细集料的棱角性。

$$\gamma_{fa} = \frac{m_2 - m_0}{m_1 - m_0} \tag{5-129}$$

$$U = \left(1 - \frac{\gamma_{fa}}{\gamma_b}\right) \times 100 \quad (5\text{-}130)$$

式中：γ_{fa}——细集料的松装相对密度；

m_0——容器空质量(g)；

m_1——容器与水的总质量(g)；

m_2——容器与细集料的总质量(g)；

U——细集料的间隙率，即棱角性(%)；

γ_b——细集料的毛体积相对密度。

(二)流动时间法(T 0345—2005)

1. 目的与适用范围

(1)本方法测定一定体积的细集料(机制砂、石屑、天然砂)全部通过标准漏斗所需要的流动时间，称为细集料的棱角性，以 s 表示。

(2)本方法测定的细集料棱角性，适用于评定细集料颗粒的表面构造和粗糙度，预测细集料对沥青混合料的内摩擦角和抗流动变形性能的影响。

(3)当工程上同时使用不同品种的细集料，如将天然砂和机制砂、石屑混用时，应以实际配合比例组成的细集料混合料进行试验，并满足相应规范的要求。

2. 仪具与材料

(1)细集料流动时间测定仪：如图 5-32 所示，上部为直径 90mm，高 125mm 的金属圆筒，下部为可更换的开口 60°的金属或硬质塑料漏斗，漏斗内部应光滑，其流出孔直径有两种可更换的规格 12mm 或 16mm，上部由螺纹与圆筒连接成一整体。漏斗下方有一个可以左右转动的开启挡板。测定仪下方放置一个足以存下 3kg 细集料的容器，如铝盆、搪瓷盆等。

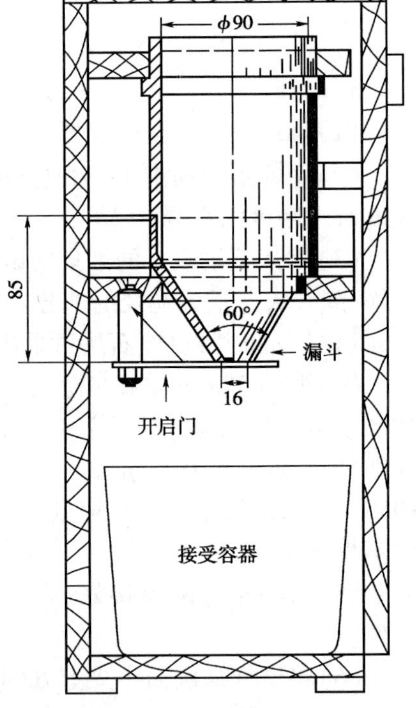

图 5-32　细集料流动时间测定仪(尺寸单位：mm)

注：流出孔径可更换。

(2)标准筛：孔径为 4.75mm、2.36mm、0.075mm 的方孔筛。

(3)天平：感量不大于 0.1g。

(4)烘箱：能控温在 105℃ ±5℃。

(5)秒表：准确至 0.1s。

(6)其他：搪瓷盘、毛刷等。

3. 试验步骤

(1)将从现场取来的细集料试样，按照最大粒径的不同选择 2.36mm 或 4.75mm 的标准筛过筛，除去大于最大粒径的部分。但当工程上同时使用不同品种的细集料，如将天然砂和机制砂、石屑混用时，应分别进行单一细集料品种的棱角性质量评定，同时以实际配合比例组成的细集料混合料进行试验，以评定其使用性能。

(2)按 T 0327 方法以水洗法除去小于 0.075mm 的粉尘部分，取 0.075 ~2.36mm 或 0.075 ~4.75mm的试样约 6kg 放入 105℃ ±5℃烘箱中烘干至恒量，在室温下冷却。

(3)按本规程 T 0328 的方法测定试样的表观相对密度 γ_a,用分料器法或四分法将试样分成不少于5份,按式(5-131)计算每份试样所需的质量,称量准确至0.1g。

$$m = 1.0 \times \gamma_a / 2.70 \tag{5-131}$$

式中:m——每份试样的质量(kg);

γ_a——该试样的表观相对密度,无量纲。

(4)根据试验的细集料规格选择漏斗,对规格0.075~2.36mm的细集料选用漏出孔径为12mm的漏斗,对规格0.075~4.75mm的细集料选用孔径为16mm的漏斗,将漏斗与圆筒连接安装成一整体。关闭漏斗下方的开启门,在漏斗下方置接受容器。

(5)将试样从圆筒中央开口处(高度与筒顶齐平)徐徐倒入漏斗,表面尽量倒平,但倒完后不得以任何工具扰动或刮平试样。

(6)在打开漏斗开启门的同时开动秒表。漏斗中的细集料随即从漏斗开口处流出,进入接受容器中。在细集料全部流完的同时停止秒表,读取细集料流出的时间,准确至0.1s,即为该细集料试样的流动时间。

(7)一种试样需平行试验5次,以流动时间的平均值作为细集料棱角性的试验结果。

十七、细集料亚甲蓝试验(T 0349—2005)

1.目的与适用范围

(1)本方法适用于确定细集料中是否存在膨胀性黏土矿物,并测定其含量,以评定集料的洁净程度,以亚甲蓝值MBV表示。

(2)本方法适用于小于2.36mm或小于0.15mm的细集料,也可用于矿粉的质量检验。

(3)当细集料中的0.075mm通过率小于3%时,可不进行此项试验即作为合格看待。

2.试剂、材料与仪器设备

(1)亚甲蓝($C_{16}H_{18}ClN_3S \cdot 3H_2O$):纯度不小于98.5%。

(2)移液管:5mL、2mL移液管各一个。

(3)叶轮搅拌机:转速可调,并能满足600转/min±60转/min的转速要求,叶轮数3个或4个,叶轮直径75mm±10mm。

注:其他类型的搅拌器也可使用,但试验结果必须与使用上述搅拌器时基本一致。

(4)鼓风烘箱:能使温度控制在105℃±5℃。

(5)天平:量程1000g、感量0.1g及量程100g、感量0.01g各一台。

(6)标准筛:孔径为0.075mm、0.15mm、2.36mm的方孔筛各一只。

(7)容器:深度大于250mm,要求淘洗试样时,保持试样不溅出。

(8)玻璃容量瓶:1L。

(9)定时装置:精度1s。

(10)玻璃棒:直径8mm,长300mm,2支。

(11)温度计:精度1℃。

(12)烧杯:1000mL。

(13)其他:定量滤纸、搪瓷盘、毛刷、洁净水等。

3.试验步骤

(1)标准亚甲蓝溶液(10.0g/L±0.1g/L标准浓度)配制

①测定亚甲蓝的含水率 w。称取5g左右的亚甲蓝粉末,记录质量 m_h,精确到0.01g。在

100℃ ±5℃的温度下烘干至恒量(若烘干温度超过105℃,亚甲蓝粉末会变质),在干燥器中冷却,然后称量,记录质量 m_g,精确到0.01g。按式(5-132)计算亚甲蓝的含水率 w:

$$w = (m_h - m_g)/m_g \times 100 \tag{5-132}$$

式中:m_h——亚甲蓝粉末的质量(g);

m_g——干燥后亚甲蓝的质量(g)。

注:每次配制亚甲蓝溶液前,都必须首先确定亚甲蓝的含水率。

②取亚甲蓝粉末(100 + w)(10g ±0.01g)/100(即亚甲蓝干粉末质量10g),精确至0.01g。

③加热盛有约600mL洁净水的烧杯,水温不超过40℃。

④边搅动边加入亚甲蓝粉末,持续搅动45min,直至亚甲蓝粉末全部溶解为止,然后冷却至20℃。

⑤将溶液倒入1L容量瓶中,用洁净水淋洗烧杯等,使所有亚甲蓝溶液全部移入容量瓶,容量瓶和溶液的温度应保持在20℃ ±1℃,加洁净水至容量瓶1L刻度。

⑥摇晃容量瓶以保证亚甲蓝粉末完全溶解。将标准液移入深色储藏瓶中,亚甲蓝标准溶液保质期应不超过28d。配制好的溶液应标明制备日期、失效日期,并避光保存。

(2)制备细集料悬浊液

①取代表性试样,缩分至约400g,置烘箱中在105℃ ±5℃条件下烘干至恒量,待冷却至室温后,筛除大于2.36mm颗粒,分两份备用。

②称取试样200g,精确至0.1g。将试样倒入盛有500mL ±5mL洁净水的烧杯中,将搅拌器速度调整到600r/min,搅拌器叶轮离烧杯底部约10mm。搅拌5min,形成悬浊液,用移液管准确加入5mL亚甲蓝溶液,然后保持400r/min ±40r/min转速不断搅拌,直到试验结束。

(3)亚甲蓝吸附量的测定

①将滤纸架空放置在敞口烧杯的顶部,使其不与任何其他物品接触。

②细集料悬浊液在加入亚甲蓝溶液并经400r/min ±40r/min转速搅拌1min起,在滤纸上进行第一次色晕检验。即用玻璃棒蘸取一滴悬浊液滴于滤纸上,液滴在滤纸上形成环状,中间是集料沉淀物,液滴的数量应使沉淀物直径在8 ~12mm之间。外围环绕一圈无色的水环。当在沉淀物周围边缘放射出一个宽度约1mm左右的浅蓝色色晕时(图5-33),试验结果称为阳性。

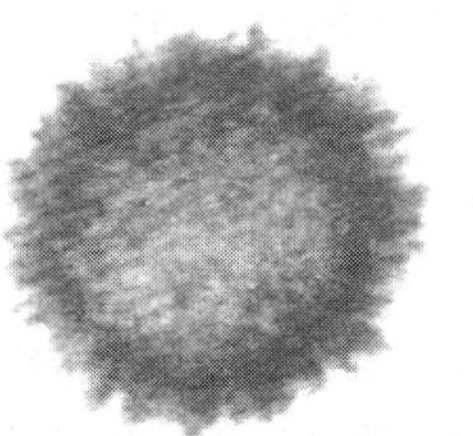

图5-33　亚甲蓝试验得到的色晕图像

注:左图符合要求,右图不符合要求。

注:由于集料吸附亚甲蓝需要一定的时间才能完成,在色晕试验过程中,色晕可能在出现后又消失了。为此,需每隔1min进行一次色晕检验,连续5次出现色晕方为有效。

③如果第一次的5mL亚甲蓝没有使沉淀物周围出现色晕,再向悬浊液中加入5mL亚甲蓝溶液,继续搅拌1min,再用玻璃棒蘸取一滴悬浊液,滴于滤纸上,进行第二次色晕试验;若沉淀物周围仍未出现色晕,重复上述步骤,直到沉淀物周围放射出约1mm的稳定浅蓝色色晕。

④停止滴加亚甲蓝溶液,但继续搅拌悬浊液,每1min进行一次色晕试验。若色晕在最初的4min内消失,再加入5mL亚甲蓝溶液;若色晕在第5min消失,再加入2mL亚甲蓝溶液。两种情况下,均应继续搅拌并进行色晕试验,直至色晕可持续5min为止。

⑤记录色晕持续5min时所加入的亚甲蓝溶液总体积,精确至1mL。

注:试验结束后应立即用水彻底清洗试验用容器。清洗后的容器不得含有清洁剂成分,建议将这些容器

作为亚甲蓝试验的专门容器。

(4)亚甲蓝的快速评价试验

①按(2)“制备细集料悬浊液”的要求制样及搅拌。

②一次性向烧杯中加入30mL亚甲蓝溶液，以400r/min ±40r/min转速持续搅拌8min，然后用玻璃棒蘸取一滴悬浊液，滴于滤纸上，观察沉淀物周围是否出现明显色晕。

(5)小于0.15mm粒径部分的亚甲蓝值MBV_F的测定

按上述步骤(1)~(3)的规定准备试样，进行亚甲蓝试验测试，但试样为0~0.15mm部分，取30g±0.1g。

(6)按T 0333的筛洗法测定细集料中含泥量或石粉含量。

4. 计算

(1)细集料亚甲蓝值MBV按式(5-133)计算，精确至0.1。

$$MBV = \frac{V}{m} \times 10 \tag{5-133}$$

式中：MBV——亚甲蓝值(g/kg)，表示每千克0~2.36mm粒级试样所消耗的亚甲蓝克数；

m——试样质量(g)；

V——所加入的亚甲蓝溶液的总量(mL)。

注：公式中的系数10用于将每千克试样消耗的亚甲蓝溶液体积换算成亚甲蓝质量。

(2)亚甲蓝快速试验结果评定

若沉淀物周围出现明显色晕，则判定亚甲蓝快速试验为合格；若沉淀物周围未出现明显色晕，则判定亚甲蓝快速试验为不合格。

(3)小于0.15mm部分或矿粉的亚甲蓝值MBV_F按式(5-134)计算，精确至0.1。

$$MBV_F = \frac{V_1}{m_1} \times 10 \tag{5-134}$$

式中：MBV_F——亚甲蓝值(g/kg)，表示每千克0~0.15mm粒级或矿粉试样所消耗的亚甲蓝克数；

m_1——试样质量(g)；

V_1——加入的亚甲蓝溶液的总量(mL)。

(4)细集料中含泥量或石粉含量计算和评定按T 0333的方法进行。

十八、细集料压碎指标试验(T 0350—2005)

1. 目的与适用范围

细集料压碎指标用于衡量细集料在逐渐增加的荷载下抵抗压碎的能力，以评定其在公路工程中的适用性。

2. 仪具与材料

(1)压力机：量程50~1000kN，示值相当误差2%，应能保持1kN/s的加荷速率。

(2)天平：感量不大于1g。

(3)标准筛。

(4)细集料压碎指标试模：由两端开口的钢制圆形试筒、加压块和底板组成，其形状和尺寸见图5-34，压头直径75mm，金属筒试模内径77mm，试模深70mm。试筒内壁、加压头的底面及底板的上表面等与石料接触的表面都应进行热处理硬化，并保持光滑状态。

(5)金属捣棒:直径 10mm,长 500mm,一端加工成半球形。

3. 试验准备

(1)采用风干的细集料样品,置烘箱中于 105℃ ±5℃条件下烘干至恒量,通常不超过 4h,取出冷却至室温。后用 4.75mm、2.36mm 至 0.3mm 各档标准筛过筛,去除大于 4.75mm 部分,分成 4.75 ~ 2.36mm、2.36 ~ 1.18mm、1.18 ~ 0.6mm、0.6 ~ 0.3mm 4 组试样,各组取 1000g 备用。

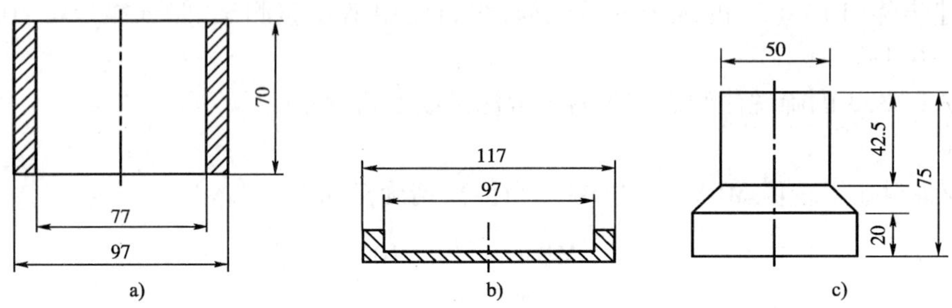

图 5-34　细集料压碎指标试模(尺寸单位:mm)

a)圆筒;b)底盘;c)加压头

(2)称取单粒级试样 330g,准确至 1g。将试样倒入已组装成的试样钢模中,使试样距底盘面的高度约为 50mm。整平钢模内试样表面,将加压头放入钢模内,转动 1 周,使其与试样均匀接触。

4. 试验步骤

(1)将装有试样的试模放到压力机上,注意使压头摆平,对中压板中心。

(2)开动压力机,均匀地施加荷载,以 500N/s 的速率,加压至 25kN,稳压 5s,以同样的速率卸荷。

(3)将试模从压力机上取下,取出试样,以该粒组的下限筛孔过筛(如对 4.75 ~2.36mm 以 2.36mm 标准筛过筛)。称取试样的筛余量(m_1)和通过量(m_2),准确至 1g。

5. 计算

计算各组粒级细集料的压碎指标,精确至 1%。

$$Y_i = \frac{m_2}{m_1 + m_2} \times 100 \tag{5-135}$$

式中:Y_i——第 i 粒级细集料的压碎指标值(%);

m_1——试样的筛余量(g);

m_2——试样的通过量(g)。

6. 试验报告

(1)每组粒级的压碎指标值以 3 次试验结果的平均值表示,精确至 1%。

(2)取最大单粒级压碎指标值作为该细集料的压碎指标值。

第六章　水泥混凝土

第一节　概　　述

1. 概念

水泥混凝土是公路工程建设中应用非常广泛、用量非常大的建筑材料之一。它是以水泥和水组成的水泥浆体为黏结介质，将分散于其间的不同粒径的粗、细集料胶结起来，在一定条件下硬化成为具有一定力学性能的一种人工石材。

2. 分类

水泥混凝土的分类方法较多，主要分类方法见表6-1。

水泥混凝土的分类　　表6-1

分类标准	名　称	主要特征
表观密度	普通混凝土	表观密度2400kg/m³左右
	轻混凝土	表观密度可轻达1900kg/m³
	重混凝土	表观密度可达3200kg/m³
抗压强度	低强度混凝土	抗压强度小于20MPa
	中强度混凝土	抗压强度20~50MPa
	高强度混凝土	抗压强度大于50MPa

第二节　水泥混凝土用水

1. 简介

水是生产混凝土的主要材料之一。用水量的多少和水质的好坏，都会对混凝土的性能产生很大影响。

在配制混凝土时，水的用量应严格按照配合比的要求掺加。如果水量太少，混凝土拌合物的和易性不好，坍落度不够大，会严重影响混凝土的使用性能；如果水量太多，会降低混凝土的后期强度，混凝土的外观质量也会受到影响。

混凝土拌和用水的水源，可分为饮用水、地表水、地下水、海水，以及经适当处理或处置后的工业废水。

混凝土拌和用水对水质有相应的要求。如果水质不纯，则可能产生多种有害作业，最常见的有：①影响混凝土的和易性和凝结；②有损于混凝土的强度发展；③降低混凝土的耐久性，加快钢筋的腐蚀和导致预应力钢筋的脆断；④使混凝土表面出现污斑。

符合国家标准的生活饮用水，可以用来拌制混凝土，不需再进行检验。

2. 技术要求

（1）混凝土拌和用水水质应符合表6-2的规定。对于设计使用年限为100年的结构混凝土，氯离子含量不得超过500mg/L；对使用经热处理钢筋的预应力混凝土，氯离子含量不得超过350mg/L。

混凝土拌和用水水质要求　　表6-2

项　　目	预应力混凝土	钢筋混凝土	素混凝土
pH值	≥5.0	≥4.5	≥4.5
不溶物（mg/L）	≤2000	≤2000	≤5000
可溶物（mg/L）	≤2000	≤5000	≤10000
Cl^-（mg/L）	≤500	≤1000	≤3500
SO_4^{2-}（mg/L）	≤600	≤2000	≤2700
碱含量（mg/L）	≤1500	≤1500	≤1500

注：碱含量按 Na_2O+K_2O 计算值表示，采用非碱活性集料时，可不检验碱含量。

（2）地表水、地下水、再生水的放射性应符合现行《生活饮用水卫生标准》（GB 5749）的规定。

（3）被检验水样应与饮用水进行水泥凝结时间对比试验。对比试验的水泥初凝时间差及终凝时间差不应大于30min；同时，初凝和终凝时间应符合现行《通用硅酸盐水泥》（GB 175）的规定。

（4）被检验水样与饮用水样进行水泥胶砂强度对比试验，被检水样配制的水泥胶砂3d和28d强度不应低于饮用水配制的水泥胶砂3d和28d强度的90%。

（5）混凝土拌和用水不应漂浮有明显的油脂和泡沫，不应有明显的颜色和异味。

（6）混凝土企业设备洗刷水不宜用于预应力混凝土、装饰混凝土或潜在碱活性集料的混凝土。

（7）未经处理的海水严禁用于钢筋混凝土和预应力混凝土。

（8）在无法获得水源的情况下，海水可用于素混凝土，但不宜用于装饰混凝土。

注：混凝土拌和用水的技术要求摘自《混凝土用水标准》（JGJ 63—2006），仅供参考。混凝土拌和用水的水质分析方法请参阅相关的国家、行业标准。

第三节　混凝土掺合料

混凝土生产中为改善其某些性能，调节混凝土强度等级，节约水泥材料，而加入的人造材料或工业废料以及天然的矿物材料，称为混凝土掺合料。混凝土掺合料可分为活性掺合料和非活性掺合料。活性掺合料指某些自身具有水硬性的材料，如碱性粒化高炉矿渣、增钙液态渣、烧页岩灰等；或者某些自身不具有水硬性，但经磨细与石灰或与石灰和石膏拌和在一起，加水后能在常温下具有胶凝性的水化产物，既能在水中又能在空气中硬化，这种材料称为具有活性水硬性材料，如酸性粒化高炉矿渣、硅粉、沸石粉、粉煤灰、烧页岩，以及火山灰质材料，如火山灰、浮石、凝灰岩、硅藻土、蛋白石等。非活性掺合料指某些不具有水硬性或活性甚低的人造或天然矿物材料，一般与水泥不起化学反应或反应很小，掺入混凝土中主要起填充作业和改善混凝土的和易性，如磨细石英砂、石灰石、黏土等。

一、粉煤灰（GB/T 1596—2005）

按煤种不同，粉煤灰分为两类：F类粉煤灰——由无烟煤或烟煤煅烧收集的粉煤灰；C类粉煤灰——由褐煤或次烟煤煅烧收集的粉煤灰,其氧化钙含量一般大于10%。拌制混凝土和砂浆用粉煤灰分为三个等级:I级、II级、III级。其技术要求见表6-3。

拌制混凝土和砂浆用粉煤灰技术要求 表6-3

项目		技术要求		
		I级	II级	III级
细度(45μm方孔筛筛余,%)	不大于	12.0	25.0	45.0
需水量比(%)	不大于	95	105	115
烧失量(%)	不大于	5.0	8.0	15.0
含水率(%)	不大于	1.0		
三氧化硫含量(%)	不大于	3.0		
游离氧化钙含量(%)	不大于	F类1.0;C类4.0		
安定性(雷氏夹沸煮后增加距离,mm)	不大于	C类5.0		

二、粒化高炉矿渣粉(GB/T 18046—2000)

用于混凝土的粒化高炉矿渣粉的相关技术要求见第四章第五节。

第四节 混凝土外加剂

混凝土外加剂指在混凝土拌制过程中,根据不同的要求,用于改善混凝土性能而掺入的物质。外加剂的掺量一般不超过水泥用量的5%(特殊情况除外)。

混凝土外加剂一般可根据其主要性质和功能进行分类,如图6-1所示。

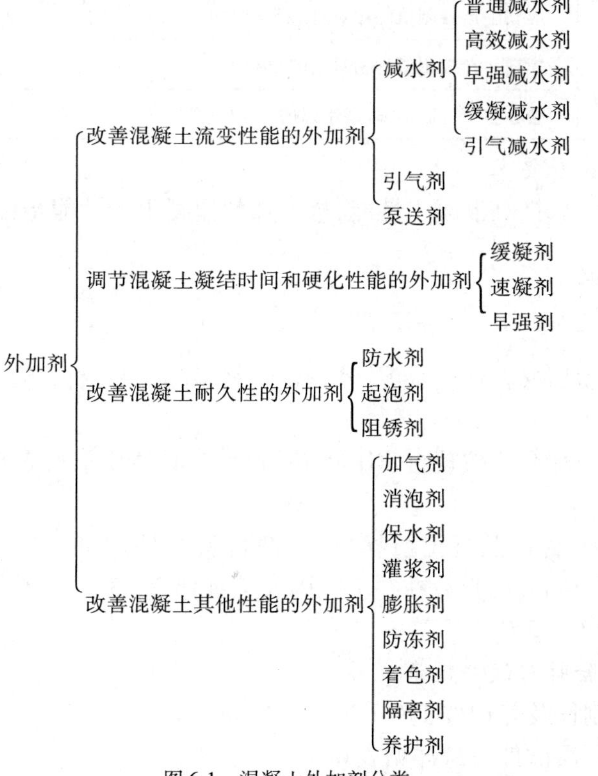

图6-1 混凝土外加剂分类

一、技术要求

混凝土外加剂的技术要求包括两项内容——外加剂的使用技术要求和外加剂的匀质性指标。

1. 外加剂的匀质性指标

外加剂的匀质性指标指外加剂自身质量稳定均匀的性能,用来控制外加剂生产质量和稳定、统一、均匀,以及用来检验产品质量和质量仲裁。

外加剂的匀质性指标见表6-4。

外加剂的匀质性指标　　表6-4

项　目	指　标
含固量或含水率	液体外加剂,应在生产控制值相对量的3%以内; 固体外加剂,应在生产控制值相对量的5%以内
密度	对液体外加剂,应在生产厂所控制值的 ±0.02g/cm^3 以内
氯离子含量	应在生产控制值相对量的5%以内
水泥净浆流动度	应不小于生产控制值的95%
细度	0.315mm 方孔筛,筛余应小于10%
pH 值	应在生产控制值 ±1 以内
表面张力	应在生产控制值 ±1.5 以内
还原糖含量	应在生产控制值 ±3%以内
总碱量($Na_2O+0.658K_2O$)	应在生产控制值的相对量的5%以内
硫酸钠含量	应在生产控制值的相对量的5%以内
砂浆减水率	应在生产控制值 ±1.5%以内

2. 外加剂的使用技术要求

外加剂掺入混凝土后提高混凝土性能,掺外加剂混凝土的性能指标见表6-5。

二、试验方法要求

1. 试验用材料

混凝土外加剂试验用材料包括水泥、砂、石子、水、外加剂。材料要求见表6-6。

2. 试验用配合比

试验用基准混凝土配合比按现行 JGJ 55 进行设计,具体要求见表6-7。

3. 混凝土搅拌

采用60L单卧轴强制式混凝土搅拌机,全部材料及外加剂一次投入,拌和量应不少于15L,不大于45L,搅拌3min,出料后在铁板上用人工翻拌2~3次。各种混凝土材料及试验环境温度均应保持在20℃ ±5℃。

4. 试件制作及试验所需试件数量

(1)混凝土试件制作及养护按 JTG E30—2005 进行。

(2)试验项目及所需试件数量详见表6-8。

掺外加剂混凝土性能指标 表 6-5

项目		外加剂品种										
		普通减水剂	高效减水剂	缓凝剂	缓凝减水剂	缓凝高效减水剂	引气剂	引气减水剂	引气高效减水剂	引气缓凝高效减水剂	早强剂	早强减水剂
减水率(%)	不小于	8	15	—	8	15	6	12	18	18	—	8
泌水率比(%)	不大于	95	90	100	100	100	70	70	70	70	100	95
含气量(%)		≤3.0	≤3.0	—	≤4.5	≤5.5	≥3.0	≥3.0	≥3.0	≥3.0	—	≤3.0
凝结时间之差(min)	初凝	-90 ~ +120	-90 ~ +120	> +90	> +90	> +90	-90 ~ +120	-90 ~ +120	-60 ~ +90	> +90	-90 ~ +90	-90 ~ +90
	终凝			—								
抗压强度比(%) 不小于	1d	—	140	—	—	—	—	—	—	—	135	140
	3d	115	130	90	100	125	95	115	120	115	130	130
	7d	115	125	95	110	125	95	110	115	110	110	115
	28d	110	120	100	110	120	90	100	105	105	100	105
抗折强度比(%) 不小于	7d	—	—	—	—	—	—	—	—	—	105	110
	28d	105	115	100	105	115	100	110	115	115	100	105
收缩率比(%) 不大于	28d	125	125	125	125	125	120	120	120	120	130	130
磨耗量(kg/m^2) 不大于	28d	2.0	2.0	2.0	2.0	2.0	2.5	2.5	2.5	2.5	2.0	2.0
冻融循环次数	不小于	100	100	—	—	100	200	200	200	200	100	100
碱含量(%)		测定值(以混凝土每立方米总碱量不超过3kg控制)										
对钢筋锈蚀作用		无锈蚀危害										

注:①表中所列减水率、泌水率比、凝结时间之差、抗压强度比、抗折强度比、收缩率比的数据为掺外加剂混凝土与基准混凝土的差值或比值。

②凝结时间指标:“-”号表示提前,“+”表示延缓。

③冻融循环次数:满足相对动弹性模量值不小于80%时的最大循环次数。

④抗折强度比、磨耗量为道面混凝土要求检项。

⑤有抗冻要求时,检冻融循环次数。

混凝土外加剂试验用材料要求　　表 6-6

材料名称	材料要求
水泥	采用现行 GB 8076 规定的基准水泥。在因故得不到基准水泥时,可采用 C_3A 含量 6% ~8%、总碱量(Na_2O +0.658K_2O)不大于 0.6% 的熟料,以二水石膏、矿渣共同磨制的强度等级不低于 42.5 的普通硅酸盐水泥。但仲裁仍需用基准水泥
砂	符合现行 GB/T 14685 要求的细度模数为 2.6 ~2.9 的中砂
石子	符合现行 GB/T 14685 要求,粒径为 4.75 ~16mm(方孔筛),采用二级配,其中 4.75 ~9.5mm 占 40%,9.5 ~16mm 占 60%。如有争议,以卵石试验结果为准
水	符合现行 JGJ 63 要求
外加剂	需要检测的外加剂

试验用基准混凝土配合比要求　　表 6-7

项目	具体要求
水泥用量	采用卵石时,310kg/m³ ±5kg/m³;采用碎石时 330kg/m³ ±5kg/m³
砂率	基准混凝土和掺外加剂混凝土的砂率为 36% ~40%,但掺引气型外加剂的混凝土砂率应比基准混凝土低 1% ~3%
外加剂掺量	按产品推荐掺量
用水量	当外加剂用于路面或桥面时,其基准混凝土和掺外加剂混凝土的用水量,应使混凝土坍落度控制在 40mm ±10mm;其他情况,混凝土坍落度控制在 80mm ±10mm

试验项目及所需试件数量　　表 6-8

试验项目	外加剂类别	试验类别	试验所需数量			
			混凝土拌和批数	每批取样数目	掺外加剂混凝土总取样数目	基准混凝土总取样数目
减水率	除早强剂、缓凝剂外各种外加剂	混凝土拌合物	3	1 次	3 次	3 次
泌水率比	各种外加剂	混凝土拌合物	3	1 个	3 个	3 个
含气量	各种外加剂	混凝土拌合物	3	1 个	3 个	—
凝结时间差	各种外加剂	混凝土拌合物	3	1 个	3 个	3 个
碱含量	各种外加剂	混凝土拌合物	3	1 个	3 个	—
抗压强度比	各种外加剂	硬化混凝土	3	9 或 12 块	27 或 36 块	27 或 36 块
抗折强度比	各种外加剂	硬化混凝土	3	1 或 2 块	3 或 6 块	3 或 6 块
收缩率比	各种外加剂	硬化混凝土	3	1 块	3 块	3 块
磨耗量	各种外加剂	硬化混凝土	3	1 块	3 块	—
冻融循环次数	除缓凝剂、缓凝减水剂	硬化混凝土	3	1 块	3 块	—
钢筋锈蚀	各种外加剂	新拌混凝土	3	1 块	3 块	—

注:①试验时,检验一种外加剂的三批混凝土要在同一天内完成。

②试验龄期见表 6-5 试验项目栏。

5. 混凝土拌合物

(1)减水率测定

减水率为坍落度基本相同时基准混凝土和掺外加剂混凝土单位用水量之差与基准混凝土

单位用水量之比。当外加剂用于路面或桥面混凝土时，基准混凝土和掺外加剂混凝土的坍落度应控制在 40mm ± 10mm，其他情况混凝土坍落度控制在 80mm ± 10mm，坍落度的测定方法按 JTG E30—2005 执行。减水率按式(6-1)计算，精确到小数点后 1 位。

$$W_R = \frac{W_0 - W_1}{W_0} \times 100 \tag{6-1}$$

式中：W_R——减水率(%)；

W_0——基准混凝土单位用水量(kg/m^3)；

W_1——掺外加剂混凝土单位用水量(kg/m^3)。

试验时，每批混凝土拌合物取一个试样，减水率 W_R 以三批三个试样的算术平均值计，精确到小数点后 1 位。若试验中三个试样的最大值或最小值有一个与中间值之差超过中间值的 15% 时，则把最大值与最小值一并舍去，取中间值作为该组试验的减水率；如最大值和最小值与中间值之差均大于中间值的 15% 时，则试验结果无效，应该重做。

(2)泌水率比测定

泌水率比按式(6-2)计算，精确到小数点后 1 位。

$$B_R = \frac{B_t}{B_c} \times 100 \tag{6-2}$$

式中：B_R——泌水率比(%)；

B_t——掺外加剂混凝土泌水率(%)；

B_c——基准混凝土泌水率(%)。

泌水率的测定和计算方法如下：先用湿布润湿容积为 5L 的带盖筒(内径为 185mm，高 200mm)，将混凝土拌合物一次装入，在振动台上振动 20s，然后用抹刀轻轻抹平，加盖以防水分蒸发。试样表面应比筒口边低约 20mm。自抹面开始计算时间，在前 60min，每隔 10min 用吸液管吸出泌水一次，以后每隔 20min 吸水一次，直至连续三次无泌水为止。每次吸水前 5min，应将筒底一侧垫高约 20mm，使筒倾斜，以便于吸水。吸水后，将筒轻轻放平盖好。将每次吸出的水都注入带塞的量筒，最后计算出总的泌水量，准确至 1g，并按式(6-3)、式(6-4)计算泌水率。

$$B = \frac{V_w}{(W/G)G_w} \times 100 \tag{6-3}$$

式中：B——泌水率(%)；

V_w——泌水总质量(g)；

W——混凝土拌合物的用水量(g)；

G——混凝土拌合物的总质量(g)；

G_w——试样质量(g)；

$$G_w = G_1 - G_0 \tag{6-4}$$

G_1——筒及试样质量(g)；

G_0——筒质量(g)。

试验时，每批混凝土拌合物取一个试样，泌水率 B 以三批三个试样的算术平均值计，精确到小数点后 1 位。若试验中三个试样的最大值或最小值有一个与中间值之差超过中间值的 15% 时，则把最大值与最小值一并舍去，取中间值作为该组试验的泌水率；如最大值和最小值与中间值之差均大于中间值的 15% 时，则试验结果无效，应该重做。

(3)含气量

含气量用气水混合式含气量测定仪测定,并按该仪器说明进行操作。混凝土拌合物一次装满并稍高于容器,掺非引气型外加剂的混凝土用振动台振实15~20s,掺引气型外加剂的混凝土先用振动台振实15~20s,再用高频插入式振动捣器在容器中心部位垂直插捣10s。

试验时,每批混凝土拌合物取一个试样,含气量以三批三个试样的算术平均值计,精确到小数点后1位。若试验中的最大值或最小值中有一个与中间值之差超过中间值的0.5%时,将最大值与最小值一并舍去,取中间值作为该组试验含气量的试验结果;如最大值和最小值与中间值之差均大于中间值的0.5%,试验结果无效,应该重做。

(4)凝结时间差测定

凝结时间差按式(6-5)计算。

$$\Delta T = T_t - T_c \tag{6-5}$$

式中:ΔT——凝结时间之差(min);

T_t——掺外加剂混凝土的初凝或终凝时间(min);

T_c——基准混凝土的初凝或终凝时间(min)。

凝结时间采用贯入阻力仪测定,仪器精度为5N,凝结时间测定方法如下:将混凝土拌合物用5mm(圆孔筛)振动筛筛出砂浆,拌匀后装入上口内径为160mm,下口内径为150mm,净高150mm刚性不渗水的金属圆筒,试样表面应低于筒口约10mm,用振动台振动实(约3~5s),置于20℃±3℃的环境中,容器加盖。一般基准混凝土在成型后3~4h,掺早强剂的混凝土在成型后1~2h,掺缓凝剂的混凝土在成型后4~6h开始测定,以后每0.5h或1h测定一次,但在临近初、终凝时,应缩短测定间隔时间。每次测点应避开前一次测孔,其净距为试针直径的两倍,但至少不小于15mm,试针与容器边缘之距离不小于25mm。测定初凝时间用截面积为100mm^{2}的试针,测定终凝时间用20mm^{2}的试针。贯入阻力按式(6-6)计算。

$$R = \frac{P}{A} \tag{6-6}$$

式中:R——贯入阻力值(MPa);

P——贯入深度达25mm时所需的净压力(N);

A——贯入仪试针的截面积(mm^2)。

根据计算结果,以贯入阻力值为纵坐标,测试时间为横坐标,绘制贯入阻力值与时间关系曲线,求出贯入阻力值达到3.5MPa时对应的时间作为初凝时间、贯入阻力值达28MPa时对应的时间作为终凝时间,凝结时间从水泥与水接触时开始计算。

试验时,每批混凝土拌合物取一个试样,凝结时间R以三批三个试样的算术平均值计。若试验中三个试样的最大值或最小值有一个与中间值之差超过30min时,则把最大值与最小值一并舍去,取中间值作为该组试验的凝结时间;如最大值和最小值与中间值之差均大于30min时,则试验结果无效,应该重做。

6. 硬化混凝土

(1)抗压强度比测定

抗压强度比以掺外加剂混凝土与基准混凝土同龄期抗压强度之比表示,按式(6-7)计算。

$$R_s = \frac{S_t}{S_c} \times 100 \tag{6-7}$$

式中:R_s——抗压强度比(%);

S_t——掺外加剂混凝土的抗压强度(MPa);

S_c——基准混凝土的抗压强度(MPa)。

掺外加剂混凝土与基准混凝土的抗压强度试件的成型和养护、抗压强度试验和计算按 JTG E30—2005 的规定进行。试验结果以三批试验测值的平均值表示,每批试验的取样量按表 6-8 中规定的数量。三批中的最大值或最小值有一个与中间值的差值超过中间值的 15%,则把最大值和最小值一并舍去,取中间值作为试验结果;如有两批测值与中间值的差均超过中间值的 15%,则试验结果无效,应该重做。

(2)抗折强度比测定

抗折强度比以掺外加剂混凝土与基准混凝土同龄期抗折强度之比表示,按式(6-8)计算。

$$R_y = \frac{y_t}{y_c} \times 100 \tag{6-8}$$

式中:R_y——抗折强度比(%);

y_t——掺外加剂混凝土的抗折强度(MPa);

y_c——基准混凝土的抗折强度(MPa)。

掺外加剂混凝土与基准混凝土的抗折强度试件的成型和养护、抗折强度试验和计算按 JTG E30—2005 的规定进行。试验结果以三批试验测值的平均值表示,每批试验的取样量按表 6-8 中规定的数量。三批中的最大值或最小值有一个与中间值的差值超过中间值的 15%,则把最大值和最小值一并舍去,取中间值作为试验结果;如有两批测值与中间值的差均超过中间值的 15%,则试验结果无效,应该重做。

(3)收缩率比测定

收缩率比以龄期 28d 掺外加剂混凝土与基准混凝土干缩率比值表示,按(6-9)式计算。

$$R_\varepsilon = \frac{\varepsilon_t}{\varepsilon_c} \times 100 \tag{6-9}$$

式中:R_ε——收缩率比(%);

ε_t——掺加外加剂的混凝土的收缩率(%);

ε_c——基准混凝土的收缩率(%)。

掺外加剂混凝土与基准混凝土的收缩率试件的成型和养护、收缩率试验和计算按 JTG E30—2005 的规定进行。每批混凝土拌合物取一个试样,以三批三个试样收缩率的算术平均值表示。

(4)磨耗量测定

磨耗量是以试件磨损面上单位面积的磨耗量表示,按(6-10)式计算。

$$G_c = \frac{m_1 - m_2}{A} \tag{6-10}$$

式中:G_c——单位面积的磨耗量(kg/m^2);

m_1——试件的初始质量(kg);

m_2——试件磨损后的质量(kg);

A——试件磨损面积(m^2)。

混凝土试件的成型和养护、试验和计算按 JTG E30—2005 的规定进行。每批混凝土拌合物取一个试样,以三批三个试样磨耗量的算术平均值表示。三个试样有一个磨耗量值超过平均值的 15% 时,应以剔除,取余下两个试样结果的平均值为试验结果;如两个试样的磨耗量超过平均值的15%时,则试验结果无效,应该重做。

(5)冻融循环次数

冻融循环次数是满足相对动弹性模量值不小于80%时的最大循环次数。

混凝土试件的成型和养护、试验和计算按JTG E30—2005的规定进行。每批混凝土拌合物取一个试样,动弹性模量以三批三个试样的算术平均值表示。

7. 碱含量

碱含量指外加剂所含各类钾盐、钠盐折合为Na_2O的当量含量。试验和计算按现行GB 8076进行。

8. 钢筋锈蚀

钢筋锈蚀采用钢筋在新拌砂浆中阳极极化电位曲线来表示,测定方法按现行GB 8076进行。

9. 外加剂匀质性

外加剂匀质性试验按现行GB/T 8077进行。总碱量测定方法按现行GB 8076进行。

第五节 普通水泥混凝土

普通水泥混凝土是以通用水泥为胶结材料,用普通砂、石集料,加水拌制而成的水泥混凝土。为了改善和调节水泥混凝土的使用性能和力学性能,有的还加入了各种化学外加剂和矿质掺合料。普通水泥混凝土具有原材料丰富,便于施工,硬化成型后性能优越,耐久性好,节约能源和成本低廉等优点。所以,普通水泥混凝土被广泛应用于公路工程建设中。

一、水泥混凝土拌合物

水泥混凝土在凝结硬化之前,称为水泥混凝土拌合物,简称混凝土拌合物,也称新拌混凝土。混凝土拌合物是由不同粒径的集料粒子作为分散相,以水泥浆体作为分散介质的一种复杂分散体系,具有黏—弹—塑性质。

水泥混凝土拌合物的技术性质主要用其工作性或称和易性来表示。通常认为,和易性包括四个方面的含义——流动性、可塑性、稳定性和易密性。水泥混凝土拌合物的和易性一般用稠度来表征。《公路工程水泥及水泥混凝土试验规程》(JTG E30—2005)规定,测定水泥混凝土拌合物的稠度可采用坍落度仪法和维勃仪法两种方法。水泥混凝土拌合物的稠度分级见表6-9。对于碾压混凝土,《公路工程水泥及水泥混凝土试验规程》(JTG E30—2005)规定用改进VC法测定其稠度。

水泥混凝土拌合物的稠度分级　　表6-9

级　别	坍落度(mm)	维勃时间(s)
特干硬	—	≥31
很干稠	—	30~21
干稠	10~40	20~11
低塑	50~90	10~5
塑性	100~150	≤4
流态	>160	—

除此以外，在工程实践中还需测定水泥混凝土拌合物的毛体积密度、含气量，以及凝结时间等。

二、硬化水泥混凝土

水泥混凝土的技术性能包括强度性能、变形性能和耐久性能等。

1. 强度指标

强度是水泥混凝土硬化后的主要力学性能指标。《公路工程水泥及水泥混凝土试验规程》(JTG E30—2005)规定，水泥混凝土的强度指标包括抗压强度、抗弯拉强度和劈裂抗拉强度。

(1)抗压强度

在抗压强度指标中，立方体抗压强度是最主要的，是用来确定水泥混凝土强度等级的依据。立方体抗压强度是按标准方法制成边长为150mm的立方体试件，在标准养护条件(温度20℃ ±2℃，相对湿度95%以上)下，经过28d养护，采用标准方法测得的水泥混凝土极限抗压强度。

除立方体抗压强度外，《公路工程水泥及水泥混凝土试验规程》(JTG E30—2005)中还包括圆柱体轴心抗压强度、棱柱体轴心抗压强度和抗弯拉试件断块抗压强度。

在公路工程中，由于水泥混凝土芯样常为圆柱体，所以《公路工程水泥及水泥混凝土试验规程》(JTG E30—2005)补充了圆柱体轴心抗压强度。据统计，对于相同配合比的水泥混凝土，立方体抗压强度(试件尺寸150mm×150mm×150mm)约为圆柱体轴心抗压强度(试件尺寸ϕ150mm×300mm)的1.25倍，但该换算关系不能用于水泥混凝土强度等级评定时的转换依据。

棱柱体轴心抗压强度值用于水泥混凝土抗压弹性模量试验，不能用于水泥混凝土强度等级评定。由于立方体试件在进行抗压强度试验时，试验机的承压板对试件端部产生摩阻效应，使其强度值有较大提高。圆柱体和棱柱体则基本消除了这种影响，其受力状态更接近于水泥混凝土受压构件的实际受力状态。

抗弯拉试件断块抗压强度值不宜用于水泥混凝土强度等级评定，只是水泥混凝土强度的一个参考值。

(2)抗弯拉强度

抗弯拉强度指构件在承受弯曲时达到破裂前单位面积上的最大应力，也称抗折强度，是水泥混凝土路面结构设计中的主要强度指标。

(3)劈裂抗拉强度

在普通钢筋混凝土结构中，通常不考虑抗拉强度，但抗拉强度对水泥混凝土的抗裂性具有重要作用，因此有时仍提出抗拉强度的要求。水泥混凝土的抗拉强度指试件受拉力作用断裂时所承受的最大负荷与试件截面积的比值。其值通常很低，约为抗压强度的1/18～1/9。

测定水泥混凝土的抗拉强度的方法有两种——轴心拉伸法和劈裂法。由于轴心拉伸法的试验装置比较复杂，对中困难，且握固设备易引入二次应力，所以通常采用劈裂法测得水泥混凝土的抗拉强度。一般来说，劈裂抗拉强度高于轴心拉伸强度。

2. 变形性能

水泥混凝土的变形包括弹性变形、徐变变形和收缩变形。

(1)弹性变形和徐变变形

对水泥混凝土而言,弹性变形指加荷瞬间所产生的变形,徐变变形指在持荷期间所产生的变形。

水泥混凝土作为一种多相复合材料,在持续增加的荷载作用下,其应力—应变关系如图6-2所示。当荷载卸除后,其变形并未完全消失。水泥混凝土的应变 ε_0 由两部分组成。

$$\varepsilon_0 = \varepsilon_e + \gamma \tag{6-11}$$

式中:ε_e——可逆的弹性应变;

γ——不可逆的残留应变。

采用反复加荷、卸荷的方法可以使徐变变形减小,从而测得弹性变形。经过若干次加荷、卸荷后,其残留应变不再增加,而且在加荷应力不超过水泥混凝土抗压强度50%~60%范围内,其应力—应变大致呈线性关系。

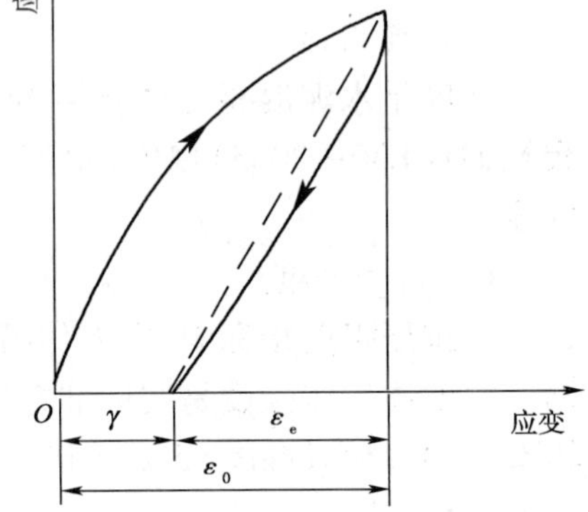

图6-2 水泥混凝土的应力—应变关系

(2)收缩变形

水泥混凝土的收缩变形指因物理、化学作用所产生的体积减小。按其产生的原因,收缩变形可分为塑性收缩、化学收缩、物理收缩和碳化收缩。

①塑性收缩:水泥混凝土拌合物在刚成型后,固体颗粒下沉,表面产生泌水而形成的混凝土体积缩小,称为塑性收缩。在桥梁墩台等大体积混凝土中,塑性收缩可能导致混凝土产生沉降裂缝。塑性收缩的可能值约1%。

②化学收缩:水泥混凝土终凝后,水泥水化引起的体积缩小,称为化学收缩,又称自身收缩。实际上,它发生于大体积混凝土内部。温度较高、水泥用量较大和水泥细度较细时,其值亦增大。水泥混凝土的化学收缩值为$(4\sim100)\times10^{-6}$mm/mm。

③物理收缩:水泥混凝土在未饱和的空气中,由于失水引起的体积缩小,称为物理收缩,又称干燥收缩。空气相对湿度越低,物理收缩发展越快。水泥混凝土物理收缩值为$(150\sim1000)10^{-6}$mm/mm。

④碳化收缩:由于空气中二氧化碳的作用而引起的体积缩小,称为碳化收缩。当空气相对湿度为30%~50%时,碳化最剧烈,收缩值也越大。

收缩变形的测定通常是测定以干燥收缩为主的总收缩值。《公路工程水泥及水泥混凝土试验规程》(JTG E30—2005)规定,用干缩率表示水泥混凝土的收缩变形。

3.耐久性能

公路工程用水泥混凝土除了要满足前述的工作性和强度要求外,还要具有良好的耐久性。对道路和桥梁用混凝土而言,由于暴露在大气中,长期经受气候变化的周期作用,因此耐久性的首要要求是抗冻性;其次对道路用水泥混凝土,因受车辆轮胎的作用,还要求其具有耐磨性;桥梁墩台混凝土受海水或污水的侵蚀,要求其具有抗化学侵蚀的耐蚀性,主要是抗渗性;此外,碱集料反应亦能造成水泥混凝土的破坏,需引起注意。

(1)抗冻性

水泥混凝土的抗冻性指其在饱水状态下遭受冰冻时,抵抗冰冻破坏的能力。抗冻性是评价水泥混凝土耐久性的重要指标。

《公路工程水泥及水泥混凝土试验规程》(JTG E30—2005)规定,水泥混凝土的抗冻性试验采用快冻法,其抗冻性用试件的质量变化率、最大抗冻循环次数和相对耐久性指数表示,冻融循环结束时还可测定试件的抗弯拉强度。

(2)耐磨性

水泥混凝土的耐磨性指其抵抗其他物体对其产生磨损的性能。耐磨性是路面和桥梁结构用水泥混凝土的重要性能之一。水泥混凝土路面必须具有抵抗车辆轮胎磨耗和磨光的性能，以保证行车安全；桥梁的墩台混凝土也需要具有抵抗湍流空蚀的能力。

《公路工程水泥及水泥混凝土试验规程》(JTG E30—2005)规定，水泥混凝土的耐磨性试验采用旋转磨耗法，以一定时间内试件的质量损失率作为磨耗量。

(3)抗渗性

水泥混凝土的抗渗性指其抵抗压力水渗透的能力，即防水性能。水泥混凝土渗透性的形成，是由于混凝土中多余水分蒸发后留下了孔洞或孔道，同时混凝土拌合物因泌水在粗集料颗粒与钢筋下缘之间形成水膜，或由于泌水留下孔道或水囊，在压力水的作用下会形成内部渗水的管道。水泥混凝土路面施工缝处理不好，振捣不密实等，都会引起混凝土渗水，严重的会引起钢筋锈蚀和保护层开裂、剥落等。

《公路工程水泥及水泥混凝土试验规程》(JTG E30—2005)规定，水泥混凝土的抗渗性用抗渗等级来评价。水泥混凝土的抗渗等级分为 S2、S4、S6、S8、S10、S12。还可通过水泥混凝土渗水高度试验测得渗水高度，以此来相对比较水泥混凝土的抗渗性。

(4)碱集料反应

水泥混凝土中水泥所含的碱与某些碱活性集料发生化学反应，可引起混凝土产生膨胀、开裂，甚至破坏，这种化学反应称为碱集料反应。含有这种碱活性矿物的集料，称为碱活性集料，简称碱集料。碱集料反应会引起水泥混凝土路面和桥梁墩台的开裂和破坏，并且这种破坏会持续发展，难以补救，因此，对水泥混凝土用砂石料的碱活性问题，必须引起足够的重视。

碱集料反应有两种类型：一是碱—硅反应，指碱与集料中活性二氧化硅发生的反应；二是碱—碳酸盐反应，指碱与集料中的活性碳酸盐发生的反应。碱集料反应机理非常复杂，且影响因素较多，但发生碱集料反应必须具备三个条件：①混凝土中的集料具有活性；②混凝土中含有一定量的可溶性碱；③有一定的湿度。

水泥混凝土碱集料试验方法见第五章。

三、水泥混凝土的强度评定

1. 强度等级

在进行结构设计时，水泥混凝土材料的强度是用强度等级作为设计依据的。强度等级是水泥混凝土各种力学强度标准值的基础，各种力学强度的标准值均可由强度等级换算得出。

水泥混凝土的强度等级根据立方体抗压强度标准值确定，用符号“C”和立方体抗压强度标准值表示。《混凝土强度检验评定标准》(GBJ 107—1987)将普通水泥混凝土按立方体抗压强度标准值分为 C7.5、C10、C15、C20、C25、C30、C35、C40、C45、C50、C55、C60 共 12 个等级。

2. 强度评定方法

1)抗压强度评定

(1)水泥混凝土试件的制备

评定水泥混凝土的抗压强度，应以标准养护 28d 龄期的试件为准。试件为边长 150mm 的立方体。3 个试件为 1 组，制备组数应符合下列规定：

①不同强度等级及不同配合比混凝土，应在浇筑地点或拌和地点分别随机制取试件；

②浇筑一般体积的结构物(如基础、墩台)时，每一结构物单元应制取 2 组。

③连续浇筑大体积结构物时,每 80 ~ 120m^3 或每一工作班应制取 2 组。

④上部结构,主要构件长 16m 以下应制取 1 组,16 ~ 30m 制取 2 组,31 ~ 50m 制取 3 组,50m 以上者制取不少于 5 组。小型构件每批或每工作班至少应制取 2 组。

⑤ 每根钻孔桩至少应制取 2 组。桩长 20m 以上者不少于 3 组;桩径大,浇筑时间很长时,不少与 4 组。换工作班时,每工作班应制取 2 组。

⑥构筑物(小桥涵、挡土墙)每座、每处或每工作班制取不少于 2 组。当原材料和配合比相同,并由同一拌和站拌和时,可几座或几处合并制取 2 组。

⑦应根据施工需要,只制取几组与结构物同条件养护的试件,作为拆模、吊装、张拉预应力、承受荷载等施工阶段的强度依据。

(2)水泥混凝土抗压强度的合格标准

①试件组数大于或等于 10 时,应以数理统计方法按下述条件进行评定。

$$R_n - K_1 S_n \geqslant 0.9R \tag{6-12}$$

$$R_{min} \geqslant K_2 R \tag{6-13}$$

式中:n——同批混凝土试件组数;

R_n——同批几组试件抗压强度的平均值(MPa);

S_n——同批几组试件抗压强度的标准差(MPa),当 $S_n < 0.06R$ 时,取 $S_n = 0.06R$;

R——水泥混凝土设计强度等级(MPa);

R_{min}——n 组试件中抗压强度最低一组的值(MPa);

K_1、K_2——合格判定系数,见表 6-10。

合格判定系数 K_1、K_2 值 表 6-10

n	10 ~ 14	15 ~ 24	≥25
K_1	1.70	2.65	1.60
K_2	0.90	0.85	0.85

②试件组数小于 10 时,可按下述条件进行评定:

只要材料和配合比不变,混凝土构件(如桩、盖梁和梁等)的混凝土强度都应尽可能采用数理统计评定。梁可以每孔或每两孔、三孔(较窄桥)作为一批进行评定,中小跨径桥的桩、盖梁,可以数孔作为一批进行评定。每批混凝土试件的组数也不宜太大,一般不超过 80 ~ 100 组。

如果在一些构件浇筑较长时间后才浇筑另一些同类构件,或虽然时间不久,但温度等气候条件变化较大时,则不应视作同批,而应分别评定。

$$R_n \geqslant 1.5R \tag{6-14}$$

$$R_{min} \geqslant 0.95R \tag{6-15}$$

2)抗弯拉强度评定

①试件组数大于 10 时,平均抗弯拉强度合格判定式为:

$$R = R_{sz} + K_{\sigma} \tag{6-16}$$

式中:R——合格平均强度(MPa);

R_{sz}——设计抗弯拉强度(MPa);

K——合格判定系数,见表 6-11;

σ——强度均方差。

合格判定系数 **K** 值　　表6-11

试件组数	11~14	15~19	≥20
K	0.75	0.70	0.65

当试件组数大于20时，允许有一组抗弯拉强度小于$0.85R_{sz}$，但不得小于$0.7R_{sz}$。高速公路和一级公路均不得小于$0.85R_{sz}$。

②试件组数小于或等于10时，平均抗弯拉强度不得小于$1.05R_{sz}$，但任一组抗弯拉强度均不得小于$0.85R_{sz}$。

③应尽可能采用更为科学合理的数理统计评定方法。

第六节　水泥混凝土试验方法

一、水泥混凝土拌合物的拌和与现场取样（T 0521—2005）

1. 目的和适用范围

本方法规定了在常温环境中室内水泥混凝土拌合物的拌和与现场取样方法。

轻质水泥混凝土、防水水泥混凝土、碾压水泥混凝土等其他特种水泥混凝土的拌和与现场取样方法，可以参照本方法进行，但因其特殊性所引起的对试验设备及方法的特殊要求，均应遵照对这些水泥混凝土的有关技术规定进行。

2. 仪器设备

（1）搅拌机：自由式或强制式。

（2）振动台：标准振动台，符合现行《混凝土试验用振动台》（JG/T 3020）的要求。

（3）磅秤：感量满足量程1%的磅秤。

（4）天平：感量满足量程0.5%的天平。

（5）其他：铁板、铁铲等。

3. 材料

（1）所有材料均应符合有关要求，拌和前材料应放置在温度20℃±5℃的室内。

（2）为防止粗集料的离析，可将集料按不同粒径分开，使用时再按一定比例混合。试样从抽取至试验完毕过程中，不要风吹日晒，必要时应采取保护措施。

4. 拌和步骤

（1）拌和时保持室温20℃±5℃。

（2）拌合物的总量至少应比所需量多20%以上。拌制混凝土的材料用量应以质量计，称量的精确度：集料为±1%，水、水泥、掺合料和外加剂为±0.5%。

（3）粗集料、细集料均以干燥状态*为基准，计算用水量时应扣除粗集料、细集料的含水率。

注：*干燥状态是指含水率小于0.5%的细集料和含水率小于0.2%的粗集料。

（4）外加剂的加入：

①对于不溶于水或难溶于水且不含潮解型盐类，应先和一部分水泥拌和，以保证充分分散。

②对于不溶于水或难溶于水但含潮解型盐类，应先和细集料拌和。

③对于水溶性或液体，应先和水拌和。

④其他特殊外加剂，应遵守有关规定。

(5)拌制混凝土所用各种用具,如铁板、铁铲、抹刀,应预先用水润湿,使用完后必须清洗干净。

(6)使用搅拌机前,应先用少量砂浆进行涮膛,再刮出涮膛砂浆,以避免正式拌和混凝土时水泥砂浆黏附筒壁造成损失。涮膛砂浆的水灰比及砂灰比,应与正式的混凝土配合比相同。

(7)用搅拌机拌和时,拌和量宜为搅拌机公称容量 1/4 ~ 3/4 之间。

(8)搅拌机搅拌。

按规定称好原材料,往搅拌机内顺序加入粗集料、细集料、水泥。开动搅拌机,将材料拌和均匀,在拌和过程中徐徐加水,全部加料时间不宜超过 2min。水全部加入后,继续拌和约 2min,而后将拌合物倾出在铁板上,再经人工翻拌 1 ~ 2min,务必使拌合物均匀一致。

(9)人工拌和。

采用人工拌和时,先用湿布将铁板、铁铲润湿,再将称好的砂和水泥在铁板上拌匀,加入粗集料,再混合搅拌均匀。而后将此拌合物堆成长堆,中心扒成长槽,将称好的水倒入约一半,将其与拌合物仔细拌匀,再将材料堆成长堆,扒成长槽,倒入剩余的水,继续进行拌和,来回翻拌至少 6 遍。

(10)从试样制备完毕到开始做各项性能试验不宜超过 5min(不包括成型试件)。

5. 现场取样

(1)新混凝土现场取样:凡由搅拌机、料斗、运输小车以及浇制的构件中采取新拌混凝土代表性样品时,均须从三处以上的不同部位抽取大致相同质量的代表性样品(不要抽取已经离析的混凝土),集中用铁铲翻拌均匀,而后立即进行拌合物的试验。拌合物取样量应多于试验所需数量的 1.5 倍,其体积不小于 20L。

(2)为使取样具有代表性,宜采用多次采样的方法,最后集中用铁铲翻拌均匀。

(3)从第一次取样到最后一次取样不宜超过 15min。取回的混凝土拌合物应经过人工再次翻拌均匀,而后进行试验。

二、水泥混凝土拌合物稠度试验(T 0522、T 0523—2005)

(一)坍落度仪法(T 0522—2005)

1. 目的和适用范围

本方法规定了采用坍落度仪测定水泥混凝土拌合物稠度的方法和步骤。

本方法适用于坍落度大于 10mm、集料公称最大粒径不大于 31.5mm 的水泥混凝土的坍落度测定。

2. 仪器设备

(1)坍落筒:如图 6-3 所示,符合现行《水泥混凝土坍落度仪》(JG 3021)中有关技术要求。坍落筒为铁板制成的截头圆锥筒,厚度不小于 1.5mm,内侧平滑,没有铆钉头之类的凸出物,在筒上方约 2/3 高度处有两个把手,近下端两侧焊有两个踏脚板,保证坍落筒可以稳定操作。坍落筒尺寸如表 6-12。

坍落筒尺寸　　表 6-12

集料公称最大粒径(mm)	筒的名称	筒的内部尺寸(mm)		
		底面直径	顶面直径	高度
<31.5	标准坍落筒	200 ± 2	100 ± 2	300 ± 2

(2)捣棒:符合现行《水泥混凝土坍落度仪》(JG 3021)中有关技术要求,为直径16mm,长约600mm并具有半球形端头的钢质圆棒。

(3)其他:小铲、木尺、小钢尺、镘刀和钢平板等。

3. 试验步骤

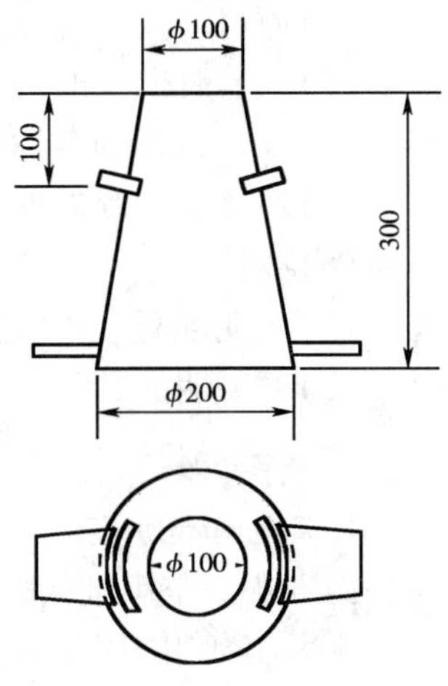

图6-3　坍落筒(尺寸单位:mm)

(1)试验前将坍落筒内外洗净,放在经水润湿过的平板上(平板吸水时应垫以塑料布),踏紧踏脚板。

(2)将代表样分三层装入筒内,每层装入高度稍大于筒高的1/3,用捣棒在每一层的横截面上均匀插捣25次。插捣在全部面积上进行,沿螺旋线由边缘至中心,插捣底层时插至底部,插捣其他两层时,应插透本层并插入下层约20～30mm,插捣须垂直压下(边缘部分除外),不得冲击。在插捣顶层时,装入的混凝土应高出坍落筒口,随插捣过程随时添加拌合物。当顶层插捣完毕后,将捣棒用锯和滚的动作,清除掉多余的混凝土,用镘刀抹平筒口,刮净筒底周围的拌合物。而后立即垂直地提起坍落筒,提筒在5～10s内完成,并使混凝土不受横向及扭力作用。从开始装料到提出坍落度筒整个过程应在150s内完成。

(3)将坍落筒放在锥体混凝土试样一旁,筒顶平放木尺,用小钢尺量出木尺底面至试样顶面最高点的垂直距离,即为该混凝土拌合物的坍落度,精确至1mm。

(4)当混凝土试件的一侧发生崩坍或一边剪切破坏,则应重新取样另测。如果第二次仍发生上述情况,则表示该混凝土和易性不好,应记录。

(5)当混凝土拌合物的坍落度大于220mm时,用钢尺测量混凝土扩展后最终的最大直径和最小直径,在这两个直径之差小于50mm的条件下,用其算术平均值作为坍落扩展度值;否则,此次试验无效。

(6)坍落度试验的同时,可用目测方法评定混凝土拌合物的下列性质,并予记录。

①棍度:按插捣混凝土拌合物时难易程度评定。分“上”、“中”、“下”三级。

“上”:表示插捣容易;

“中”:表示插捣时稍有石子阻滞的感觉;

“下”:表示很难插捣。

②含砂情况:按拌合物外观含砂多少而评定,分“多”、“中”、“少”三级。

“多”:表示用镘刀抹拌合物表面时,一两次即可使拌合物表面平整无蜂窝;

“中”:表示抹五六次才可使表面平整无蜂窝;

“少”:表示抹面困难,不易抹平,有空隙及石子外露等现象。

③黏聚性:观测拌合物各组分相互黏聚情况。评定方法是用捣棒在已坍落的混凝土锥体侧面轻打,如锥体在轻打后逐渐下沉,表示黏聚性良好;如锥体突然倒坍、部分崩裂或发生石子离析现象,即表示黏聚性不好。

④保水性:指水分从拌合物中析出情况,分“多量”、“少量”、“无”三级评定。

“多量”:表示提起坍落筒后,有较多水分从底部析出;

“少量”:表示提起坍落筒后,有少量水分从底部析出;

“无”:表示提起坍落筒后,没有水分从底部析出。

4. 试验结果

混凝土拌合物坍落度和坍落扩展度值以毫米(mm)为单位,测量精确至1mm,结果修约至最接近的5mm。

5.试验报告

(1)要求检测的项目名称、执行标准。

(2)原材料的品种、规格和产地以及混凝土配合比。

(3)试验日期及时间。

(4)仪器设备的名称、型号及编号。

(5)环境温度和湿度。

(6)搅拌方式。

(7)水泥混凝土拌合物坍落度(坍落扩展度值)。

(8)要说明的其他内容,如棍度、含砂情况、黏聚性和保水性。

(二)维勃仪法(T 0523—2005)

1.目的和适用范围

本方法规定用维勃稠度仪来测定水泥混凝土拌合物稠度的方法和步骤。

本方法适用于集料公称最大粒径不大于31.5mm的水泥混凝土及维勃时间在5~30s之间的干稠性水泥混凝土的稠度测定。

2.仪器设备

(1)稠度仪(维勃仪):如图6-4所示,符合现行《维勃稠度仪》(JG 3043)的规定。

①容器10:为金属圆筒,内径240mm±5mm,高200mm±2mm,壁厚3mm,底厚7.5mm。容器应不漏水并有足够刚度,上有把手,底部外伸部分可用螺母将其固定在振动台上。

②坍落筒9:为截头圆锥,筒底部直径200mm±2mm,顶部直径100mm±2mm,高度300mm±2mm,壁厚不小于1.5mm,上下开口并与锥体轴线垂直,内壁光滑,筒外安有把手。

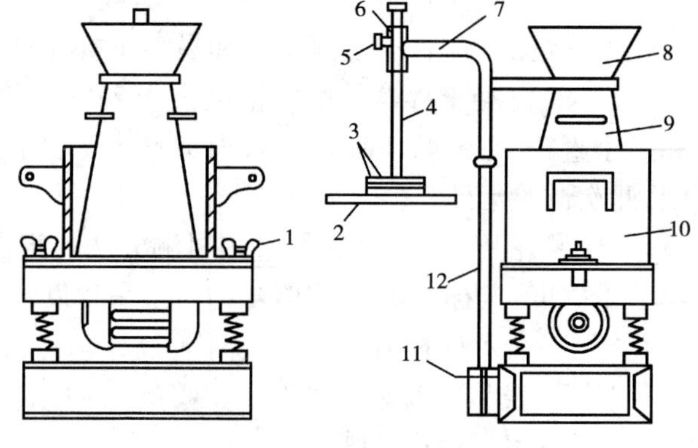

图6-4 稠度计(维勃仪)

1-元宝螺母;2-圆盘;3-荷重块;4-滑杆;5-螺钉;6-套筒;7-旋转架;8-漏斗;9-坍落筒;10-容器;11-定位螺丝;12-支柱

③圆盘2:用透明塑料制成,上装有滑杆4。滑棒可以穿过套筒6垂直滑动。套筒装在一个可用螺钉5固定位置的旋转悬臂上。悬臂上还装有一个漏斗8。坍落筒在容器中放好后,转动旋臂,使漏斗底部套在坍落筒上口。旋臂装在支柱12上,可用定位螺丝11固定位置。滑棒和漏斗的轴线应与容器的轴线重合。

圆盘直径230mm±2mm,厚10mm±2mm,圆盘、滑棒及荷重块组成的滑动部分总质量为2750g±50g。滑棒刻度可用来测量坍落度值。

④振动台:工作频率50Hz,空载振幅0.5mm,上有固定容器的螺栓。

(2)捣棒、镘刀等符合现行《水泥混凝土坍落度仪》(JG 3021)的要求。

(3)秒表:分度值为0.5s。

3.试验步骤

(1)将容器10用螺母固定在振动台上,放入润湿的坍落筒9,把漏斗8转到坍落筒上口,拧紧螺丝11,使漏斗对准坍落筒口上方。

(2)按坍落度试验步骤,分三层经漏斗装入拌合物,用捣棒每层捣25次,捣毕第三层混凝土后,拧松螺丝5,把漏斗转回到原先的位置,并将筒模顶上的混凝土刮平,然后轻轻提起筒模。

(3)拧紧螺丝11,使圆盘可定向地向下滑动,仔细转圆盘到混凝土上方,并轻轻与混凝土接触。检查圆盘是否可以顺利滑向容器。

(4)开动振动台并按动秒表,通过透明圆盘观察混凝土的振实情况,当圆盘底面刚为水泥浆布满时,迅即按停秒表和关闭振动台,记下秒表所记时间,精确至1s。

(5)仪器每测试一次后,必须将容器、筒模及透明圆盘洗净擦干,并在滑棒等处涂薄层黄油,以备下次使用。

4.试验结果

秒表所表示时间即为混凝土拌合物稠度的维勃时间,精确到1s。以两次试验结果的平均值作为混凝土拌合物稠度的维勃时间。

5.试验报告

(1)项目名称、执行标准。

(2)原材料的品种、规格和产地以及混凝土配合比。

(3)试验日期及时间。

(4)仪器设备的名称、型号及编号。

(5)环境温度和湿度。

(6)搅拌方式。

(7)混凝土拌合物维勃时间。

(8)要说明的其他内容。

三、碾压混凝土拌合物稠度试验——改进VC法(T 0524—2005)

1.目的和适用范围

本方法规定了碾压混凝土拌合物稠度测定的仪器设备和试验步骤。

本方法适用于试验室及现场测定路面碾压混凝土拌合物的稠度,为碾压混凝土配合比设计及现场质量控制提供依据。

2.仪器设备

(1)维勃稠度仪:该仪器由以下各部分组成(图6-5)。

①振动台:工作频率50Hz±3Hz,空载(含筒)振幅0.5mm±0.1mm。

②容量筒:金属制成,内径240mm,内高200mm,壁厚约3mm,底厚约7mm。容量筒应不漏水并有足够刚度,上有把手,底部外伸部分可用螺母固定在振动台上。

③透明圆盘:用透明有机玻璃制成,上装有滑杆。压板直径230mm±2mm,厚10 mm±2mm,荷重和滑杆的总质量为2.75kg±0.05kg,滑杆可通过套筒垂直滑动。滑杆及套筒的轴线与容器轴线重合。

④配重砝码:两块,共8700g。

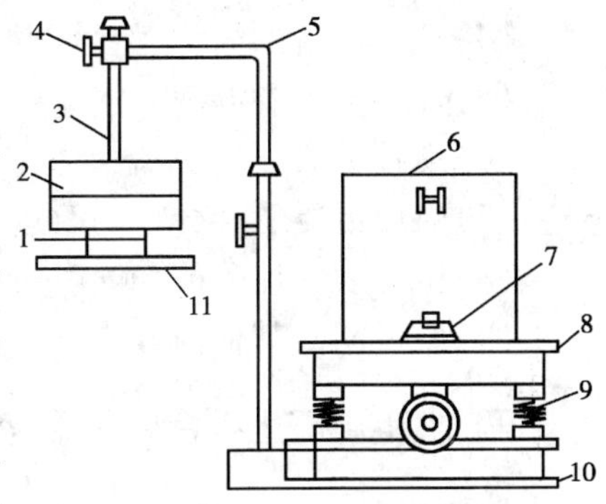

图6-5 维勃稠度仪简图

1-砝码;2-配重砝码;3-滑杆;4-螺栓;5-转向弯杆;6-容量筒;7-固定螺栓;8-台面;9-弹簧;10-底座;11-圆盘

(2)捣棒:直径16mm,长600mm,一端为弹头形;橡皮锤、镘刀等符合T 0522中第2条的要求。

(3)秒表:分度值为0.5s。

(4)磅秤:量程大于50kg。

3. 试验步骤

(1)试验前用湿布擦拭容量筒内壁及透明圆盘的上、下面。

(2)取质量均匀、有代表性的水泥混凝土试样约25kg。

(3)用铁勺等工具将试样分两层轻轻装入容量筒内,底层应超过半筒,上层应高出筒口。装料时应避免自由下倒,以防试样离析;每装一层用捣棒从容量筒周边向中心螺旋形均匀插捣25次。插捣底层时,捣棒应贯穿整个深度但不触及筒底;插捣上层时,捣棒应插入底层表面以下1~2cm。每层插捣后,用橡皮锤均匀敲击容量筒周围10次,以消除插捣产生的孔洞;上层插捣完毕后,用金属镘刀除去高出筒口的试样,并将表面抹平。

(4)将装有试样的容量筒固定于振动台上,并把透明圆盘连同荷重及配重砝码加到拌合物表面。

(5)开动振动台,同时按下秒表,注意观察透明圆盘下试样表面出浆情况。记下从振动开始到圆盘下的试样半面积出浆所经过的时间。此时间即为混凝土的改进VC值(s),记录精确至1s。

(6)当圆盘下的试模半面积出浆时,只记录VC值,但不关闭振动台,使其继续振至60s时再停机。停机后,提取圆盘及配重砝码,对试样表面的平整情况及出浆程度进行评分。评分标准参考表6-13。

试样表面评分标准值 表6-13

评　　分	5	4	3	2	1
表面评分	平整,出浆很好	平整,出浆较好	平整,基本出浆	有缺陷,出浆不足	不平整,且无浆

4. 试验结果

每个试样重复两次试验,以两次测值的平均值为试验结果,精确至1s。如果两次测值与平均值的误差均超过20%,试验结果无效。

5. 试验报告

(1)要求检测的项目名称、执行标准。

(2)原材料的品种、规格和产地以及混凝土配合比。

(3)试验日期及时间。

(4)仪器设备的名称、型号及编号。

(5)环境温度和湿度。

(6)搅拌方式。

(7)碾压混凝土拌合物的改进VC值。

(8)试样表面评分值。

(9)要说明的其他内容。

四、水泥混凝土拌合物表观密度试验(T 0525—2005)

1. 目的和适用范围

本方法规定了水泥混凝土拌合物表观密度测定的仪器设备和试验步骤。

本方法适用于测定水泥混凝土拌合物捣实后的密度,以备修正、核实水泥混凝土配合比计算中的材料用量。当已知所用原材料密度时,还可以算出拌合物近似含气量。

2. 仪器设备

(1)试样筒:为刚性金属圆筒,两侧装有把手,筒壁坚固且不漏水。对于集料公称最大粒径不大于31.5mm的拌合物采用5L的试样筒,其内径与内高均为186mm±2mm,壁厚为3mm。对于集料公称最大粒径大于31.5mm的拌合物所采用试样筒,其内径与内高均应大于集料公称最大粒径的4倍。

(2)捣棒:符合T 0522的规定。

(3)磅秤:量程100kg,感量为50g。

(4)振动台:应符合T 0521的规定。

(5)其他:金属直尺、镘刀、玻璃板等。

3. 试验步骤

(1)试验前用湿布将试样筒内外擦拭干净,称出质量(m_1),精确至50g。

(2)当坍落度不小于70mm时,宜用人工捣固:

①对于5L试样筒,可将混凝土拌合物分两层装入,每层插捣次数为25次。

②对于大于5L的试样筒,每层混凝土高度不应大于100mm,每层插捣次数按每10000mm²截面不小于12次计算。用捣棒从边缘到中心沿螺旋线均匀插捣。捣棒应垂直压下,不得冲击,捣底层时应至筒底,捣上两层时,须插入其下一层约20~30mm。每捣毕一层,应在量筒外壁拍打5~10次,直至拌合物表面不出现气泡为止。

(3)当坍落度小于70mm时,宜用振动台振实,应将试样筒在振动台上夹紧,一次将拌合物装满试样筒,立即开始振动。振动过程中如混凝土低于筒口,应随时添加混凝土,振动直至拌合物表面出现水泥浆为止。

(4)用金属直尺齐筒口刮去多余的混凝土,用镘刀抹平表面,并用玻璃板检验,而后擦净试样筒外部并称其质量(m_2),精确至50g。

4. 试验结果计算

(1)计算拌合物表观密度ρ_h,结果应精确至10 kg/m³。

$$\rho_h = \frac{m_2 - m_1}{V} \times 1000 \tag{6-17}$$

式中:ρ_h——拌合物表观密度(kg/m³);

m_1——试样筒质量(kg);

m_2——捣实或振实后混凝土和试样筒总质量(kg);

V——试样筒容积(L)。

(2)以两次试验结果的算术平均值作为测定值,精确到10 kg/m³,试样不得重复使用。

注:应经常校正试样筒容积:将干净的试样筒和玻璃板合并称其质量,再将试样筒加满水,盖上玻璃板,勿使筒内存有气泡,擦干外部水分,称出水的质量,即为试样筒容积。

5. 试验报告

(1)要求检测的项目名称,执行标准。

(2)原材料的品种、规格和产地以及混凝土配合比。

(3)试验日期及时间。

(4)仪器设备的名称、型号及编号。

(5)环境温度和湿度。

(6)搅拌方式。

(7)水泥混凝土拌合物表观密度。

(8)要说明的其他内容。

五、水泥混凝土拌合物含气量试验——混合式气压法(T 0526—2005)

1. 目的和适用范围

本方法规定了采用混合式气压法测定水泥混凝土拌合物含气量的仪器设备和试验步骤。

本方法适用于集料公称最大粒径不大于31.5mm、含气量不大于10%且有坍落度的水泥混凝土。

2. 仪器设备

(1)混合式气压法含气量测定仪:包括量钵和量钵盖,钵体与钵盖之间有密封圈,如图6-6所示。

(2)测定仪附件:校正管、100mL量筒、注水器、水平尺、插捣棒。

(3)压力表:量程为0.25MPa;分度值为0.01MPa。

(4)台秤:量程50kg,感量为50g。

(5)橡皮锤:应带有质量约250g的橡皮锤头。

(6)振动台:符合T 0521中的技术要求。

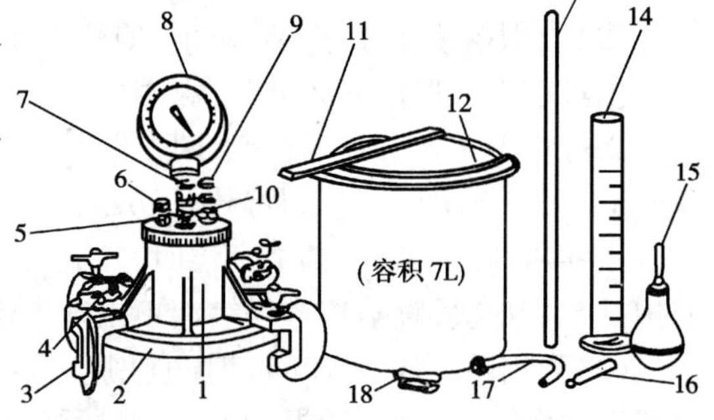

图6-6 混合式气压法含气量测定仪

1-气室;2-上盖;3-夹子;4-小龙头;5-出水口;6-微调阀;7-排气阀;8-压力表;9-手泵;10-阀门杆;11-刮尺;12-量钵;13-捣棒;14-量筒;15-注水器;16-校正管(2);17-校正管(1);18-水平尺

3. 试验步骤

(1)标定仪器

①量钵容积的标定

先称量含气量测定仪量钵和玻璃板总质量,然后将量钵加满水,用玻璃板沿量钵顶面平推,使量钵内盛满水且玻璃板下无气泡。擦干钵体外表面后连同玻璃板一起称量。两次质量的差值除以该温度下水的密度即为量钵的容积V。

②含气量0%点的标定

把量钵加满水,将校正管(2)接在钵盖下面小龙头的端部。将钵盖轻放在量钵上,用夹子夹紧使其气密良好并用水平仪检查仪器的水平。打开小龙头,松开排气阀,用注水器从小龙头处加水,直至排气阀出水口冒水为止。然后拧紧小龙头和排气阀,此时钵盖和钵体之间的空隙被水充满。用手泵向气室充气,使表压稍大于0.1MPa,然后用微调阀调整表压使其为0.1MPa。按下阀门杆1~2次,使气室的压力气体进入量钵内,读压力表读数,此时指针所示压力相当于含气量0%。

③含气量1%~10%的标定

含气量0%标定后,将校正管(1)接在钵盖小龙头的上端,然后按一下阀门杆,慢慢打开小龙头,量钵中的水就通过校正管(1)流到量筒中。当量筒中的水为量钵容积的1%时,关闭小龙头。

打开排气阀,使量钵内的压力与大气压平衡,然后重新用手泵加压,并用微调阀准确地调到0.1MPa。按1~2次阀门杆,此时测得的压力表读值相当于含气量1%,同样方法可测得含气量2%、3%、……、10%的压力表读值。

以压力表读值为横坐标、含气量为纵坐标,绘制含气量与压力表读值关系曲线。

(2)混凝土拌合物含气量测定

①擦净量钵与钵盖内表面,并使其水平放置。将新拌混凝土拌合物均匀适量地装入量钵内,用振动台振实,振动时间15~30s为宜。也可用人工捣实,将拌合物分三层装料,每层插捣25次,插捣上层时捣棒应插入下层10~20mm。

②刮去表面多余的混凝土拌合物,用镘刀抹平,并使其表面光滑无气泡。

③擦净钵体和钵盖边缘,将密封圈放于钵体边缘的凹槽内,盖上钵盖,用夹子夹紧,使之气密良好。

④打开小龙头和排气阀,用注水器从小龙头处往量钵中注水,直至水从排气阀出水口流出,再关紧小龙头和排气阀。

⑤关好所有的阀门,用手泵打气加压,使表压稍大于0.1MPa,用微调阀准确地将表压调到0.1MPa。

⑥按下阀门杆1~2次,待表压指针稳定后,测得压力表读数P_{01}。

⑦开启排气阀,压力仪表应归零,对容器中试样再测定一次压力值P_{02}。

⑧如果P_{01}和P_{02}的相对误差小于0.2%,以两次测值的算术平均值,按压力与含气量关系曲线查得所测混凝土样品的仪器测定含气量A_1值(精确至0.1%)作为试验结果;如果不满足,则应进行第三次试验,测得压力值P_{03}。当P_{03}与P_{01}、P_{02}中较接近一个值的相对误差不大于0.2%时,则取两值的算术平均值,按压力与含气量关系曲线查得所测混凝土样品的仪器测定含气量A_1值(精确至0.1%)作为试验结果。当仍大于0.2%时,须重做试验。

(3)集料含气量C测定

①在容器中先注入1/3高度的水,然后把集料慢慢倒入容器。水面升高25mm左右就应轻轻插捣10次,并略予搅动,以排除夹杂进去的空气;加料过程中应始终保持水面高出集料的顶面;集料全部加入后,应浸泡约5min,再用橡皮锤轻敲容器外壁,排净气泡,除去水面气泡,加水至满,擦净容器上口边缘;装好密封圈,加盖拧紧螺栓。

②关闭操作阀和排气阀,开启进气阀,用气泵向气室内注入空气,打开操作阀,使气室内的压力略大于0.1MPa。待压力表显示值稳定后,打开排气阀,并用操作阀调整压力至0.1MPa,然后关紧所有阀门。

③开启操作阀,使气室里的压缩空气进入容器,待压力表显示稳定后记录显示值P_{g1},然后开启排气阀,压力仪表应归零。

④重复②、③步骤,对容器内的试样再检测一次,记为P_{g2}。

⑤如果P_{g1}和P_{g2}的相对误差小于0.2%,以两次测值的平均值,按压力与含气量关系曲线查得集料的含气量C(精确至0.1%)作为试验结果。如果不满足,则应进行第三次试验,测得压力值P_{g3}。当P_{g3}与P_{g1}、P_{g2}中较接近一个值的相对误差不大于0.2%时,则取两值的算术平均值,按压力与含气量关系曲线查得集料的含气量C(精确至0.1%)作为试验结果。当仍大于0.2%时,须重做试验。

4.试验结果

含气量按下式计算,结果应精确至0.1%。

$$A = A_1 - C \tag{6-18}$$

式中:A——混凝土拌合物含气量(%);

A_1——仪器测定含气量(%);

C——集料含气量(%)。

5. 试验报告

(1)要求检测的项目名称,执行标准。

(2)原材料的品种、规格和产地以及混凝土配合比。

(3)试验日期及时间。

(4)仪器设备的名称、型号及编号。

(5)环境温度和湿度。

(6)搅拌方式。

(7)水泥混凝土拌合物含气量。

(8)要说明的其他内容。

六、水泥混凝土拌合物凝结时间试验(T 0527—2005)

1. 目的和适用范围

本方法规定了测定水泥混凝土拌合物凝结时间的方法,以控制现场施工流程。

本方法适用于各通用水泥和常见外加剂以及不同水泥混凝土配合比、坍落度值不为零的水泥混凝土拌合物的凝结时间测定。

2. 仪器设备

(1)贯入阻力仪:如图 6-7 所示,最大测量值不小于 1000N,刻度盘分度值为 10N。

(2)测针:长约 100mm,平面针头圆面积为 $100mm^2$、$50mm^2$ 和 $20mm^2$ 三种,在距离贯入端 25mm 处刻有标记。

(3)试模:上口径为 160mm,下口径为 150mm,净高 150mm 的刚性容器,并配有盖子。

(4)捣棒:直径 16mm,长 650mm,符合现行《水泥混凝土坍落度仪》(JG 3021)的规定。

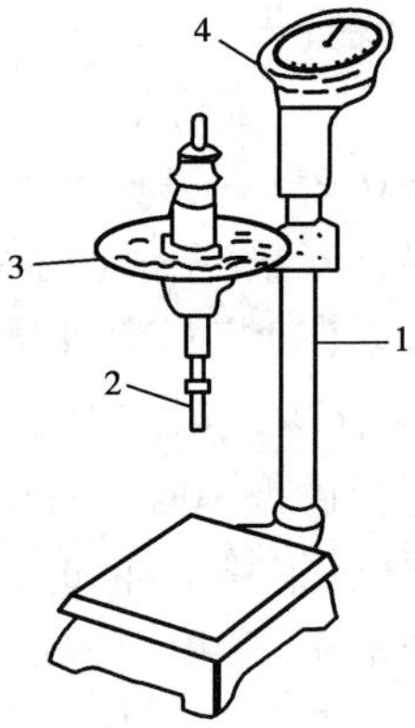

(5)标准筛:孔径 4.75mm,符合(GB/T 6005—1997)《试验筛　金属丝编织网、穿孔板和电成型薄板筛孔的基本尺寸》规定的金属方孔筛。

图 6-7　贯入阻力仪示意图

1-主体;2-测针;3-手轮;4-刻度盘

(6)其他:铁制拌和板、吸液管和玻璃片。

3. 试样制备

(1)取混凝土拌合物代表样,用 4.75mm 筛尽快地筛出砂浆,再经人工翻拌后,装入一个试模。每批混凝土拌合物取一个试样,共取三个试样,分装三个试模。

(2)对于坍落度不大于 70mm 的混凝土宜用振动台振实砂浆,振动应持续到表面出浆为止且应避免过振;对于坍落度大于 70mm 的宜用捣棒人工捣实,沿螺旋方向由外向中心均匀插捣 25 次,然后用橡皮锤轻击试模侧面以排除在捣实过程中留下的空洞。进一步整平砂浆的表面,使其低于试模上沿约 10mm,砂浆试样筒应立即加盖。

(3)试件静置于温度 20℃ ±2℃或尽可能与现场相同的环境中,并在以后的试验中,环境温度始终保持 20℃ ±2℃。在整个测试过程中,除在吸取泌水或贯入试验外,试筒应始终加盖。

(4)约 1h 后,将试件一侧稍微垫高约 20mm,使其倾斜静置约 2min,用吸管吸去泌水。以后每到测试前约 2min,同上步骤用吸管吸去泌水(低温或缓凝的混凝土拌合物试样,静置与吸

水间隔时间可适当延长)。若在贯入测试前还有泌水,也应吸干。

4. 试验步骤

(1)将试件放在贯入阻力仪底座上,记录刻度盘上显示的砂浆和容器总质量。

(2)根据试样的贯入阻力大小,选择适宜的测针。一般当砂浆表面测孔边出现微裂缝时,应立即改换较小截面积的测针,见表6-14。

测针选用参考　表6-14

单位面积贯入阻力(MPa)	0.2~3.5	3.5~20.0	20.0~28.0
平头测针圆面积(mm^2)	100	50	20

(3)先使测针端面刚刚接触砂浆表面,然后转动手轮,使测针在10s±2s内垂直且均匀地插入试样内,深度为25 mm±2mm,记下刻度盘显示的增量,精确至10N。并记下从开始加水拌和起所经过的时间(精确至1min)及环境温度(精确至0.5℃)。

测定时,测针应距试模边缘至少25mm,测针贯入砂浆各点间净距至少为所用测针直径的两倍且不小于15mm。三个试模每次各测1~2点,取其算术平均值为该时间的贯入阻力值。

(4)每个试样做贯入阻力试验应在0.2~28MPa间,且不少于6次,最后一次的单位面积贯入阻力应不低于28MPa。从加水拌和时算起,常温下普通混凝土3h后开始测定,以后每次间隔为0.5h;早强混凝土或在气温较高的情况下,则宜在2h后开始测定,以后每隔0.5h测一次;缓凝混凝土或在低温情况下,可在5h后开始测定,每隔2h测一次。在临近初凝、终凝时,可增加测定次数。

5. 试验结果

(1)单位面积贯入阻力f_{PR}按下式计算,结果应精确至0.1MPa。

$$f_{PR} = \frac{P}{A} \tag{6-19}$$

式中:f_{PR}——单位面积贯入阻力(MPa);

P——测针贯入深度为25mm时的贯入压力(N);

A——贯入测针截面面积(mm^2)。

(2)以单位面积贯入阻力为纵坐标、测试时间为横坐标,绘制单位面积贯入阻力与测试时间关系曲线。经3.5MPa及28MPa画两条平行于横坐标的直线,则直线与曲线相交点的横坐标即为初凝及终凝时间,如图6-8。

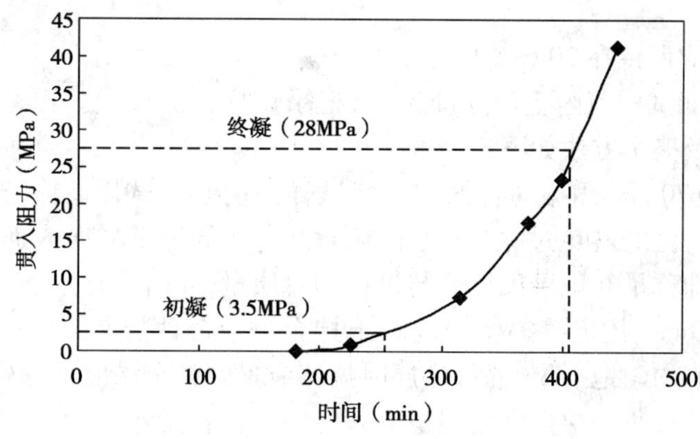

图6-8　时间—贯入阻力曲线

(3)凝结时间取三个试样的平均值。三个测值中的最大值或最小值,如果有一个与中间值之差超过中间值的10%,则以中间值为试验结果;如果最大值和最小值与中间值之差均超过中间值的10%时,则此试验无效。

凝结时间用 h:min 表示,并精确至5min。

6. 试验报告

(1)要求检测的项目名称、执行标准。

(2)原材料的品种、规格和产地以及混凝土配合比。

(3)试验日期及时间。

(4)仪器设备的名称、型号及编号。

(5)环境温度和湿度。

(6)每次贯入阻力试验时对应的环境温度、时间、贯入压力、测针面积和计算出来的贯入阻力值。

(7)贯入阻力和时间曲线、初凝时间和终凝时间。

(8)要说明的其他内容。

七、水泥混凝土拌合物泌水试验(T 0528—2005)

1. 目的和适用范围

本方法规定了测定水泥混凝土拌合物泌水性的方法和步骤。

本方法适用于集料公称最大粒径不大于31.5mm的水泥混凝土拌合物泌水的测定。

2. 仪器设备

(1)试样筒:试样筒为刚性金属圆筒,两侧装有把手,筒壁坚固且不漏水。对于集料公称最大粒径不大于31.5mm的拌合物采用5L的试样筒,其内径与内高均为186mm ±2mm,壁厚为3mm,并配有盖子。对于集料公称最大粒径大于31.5mm的拌合物采用的试样筒,其内径与内高均应大于集料公称最大粒径的4倍。

(2)台秤:量程为50kg,感量为50g。

(3)量筒:容量为10mL、50 mL、100 mL的量筒及吸管,量筒分度值均为1 mL。

(4)捣棒:符合现行《水泥混凝土坍落度仪》(JG 3021)的规定。

(5)秒表:分度值为1s。

3. 试验步骤

(1)试验中室温应保持在20℃ ±2℃。

(2)应用湿布湿润试样筒内壁后立即称量,记录试样筒的质量。再将混凝土试样装入试样筒,混凝土的装料及捣实方法如下:

①坍落度不大于70mm,用振动台振实。将试样一次装入试样筒内,开启振动台,振动应持续到表面出浆为止,且应避免过振;并使混凝土拌合物低于试样筒表面30mm ±3mm,并用抹刀抹平,抹平后立即称量并记录试样筒与试样的总质量,开始计时。

②坍落度大于70mm,用捣棒捣实。混凝土拌合物应分两层装入,每层的插捣次数为25次;捣棒由边缘向中心均匀地插捣,插捣底层时捣棒应贯穿整个深度,插捣第二层时,捣棒应插透本层至下一层的表面;每一层捣完后用橡皮锤轻轻敲击容器外壁5~10次,直到拌合物表面插捣孔消失并不见大气泡为止;并使混凝土拌合物表面低于试样筒表面30mm ±3mm,并用抹刀抹平,抹平后立即称量并记录试样筒与试样的总质量,开始计时。

(3)保持试样筒水平且不振动,试验过程中除了吸水操作外,应始终盖好盖子。

(4)拌合物加水拌和开始计时,从计时开始后的60min内,每10min吸取一次试样表面渗出的水。60min后,每30min吸取一次试样表面渗出的水,直到认为不再泌水为止。为便于吸水,每次吸水前2min,将一片35mm厚的垫块垫入筒底一侧使其倾斜;吸水后,恢复水平。吸出的水放入量筒中,记录每次吸水的水量并计算吸水累计总量,精确到1mL。当吸水累计总量用质量表述时,用 W_w 表示。

4. 试验结果

(1)泌水量按下式计算,结果应精确至0.01mL/mm²。

$$B_a = \frac{V}{A} \tag{6-20}$$

式中:B_a——泌水量(mL/mm²);

V——吸水累计总量(mL);

A——试件外露表面面积(mm²)。

泌水量取三个试样的平均值。如果其中一个与中间值之差超过中间值的15%,则以中间值为试验结果;如果最大值和最小值与中间值之差均超过中间值的15%,则试验无效。

(2)泌水率按下式计算,结果应精确至1%。

$$B = \frac{W_w}{(W/m)(m_1 - m_0)} \times 100 \tag{6-21}$$

式中:B——泌水率(%);

W_w——累计吸水总量(g);

m——拌和混凝土时,拌合物总质量(g);

W——拌和混凝土时,拌合物所需总用水量(g);

m_1——泌水前试样筒及试样总质量(g);

m_0——试样筒质量(g)。

泌水率取三个试样的平均值。如果其中一个与中间值之差超过中间值的15%,则以中间值为试验结果;如果最大值和最小值与中间值之差均超过中间值的15%,则试验无效。

5. 试验报告

(1)要求检测的项目名称、执行标准。

(2)原材料的品种、规格和产地以及混凝土配合比。

(3)试验日期及时间。

(4)仪器设备的名称、型号及编号。

(5)环境温度和湿度。

(6)搅拌方式。

(7)水泥混凝土拌合物总用水量和总质量。

(8)试样筒质量、试样筒和试样总质量。

(9)每次吸水时间和对应的吸水量。

(10)泌水量和泌水率。

(11)要说明的其他内容。

八、水泥混凝土拌合物配合比分析试验（T 0529—2005）

1. 目的和适用范围

本方法规定了水泥混凝土拌合物配合比分析试验的仪器设备和试验步骤。

本方法适用于用水洗分析法测定普通水泥混凝土拌合物中四组分（水泥、水、砂、石）的含量，但不适用于集料含泥量波动较大以及用特细砂和山砂配制的水泥混凝土。

2. 仪器设备

（1）广口瓶：容积为 2000 mL 的玻璃瓶，并配有玻璃盖板。

（2）台秤：量程为 50kg，感量为 50g。

（3）电子秤：量程不小于 5kg，感量不大于 1g。

（4）试样筒：符合 T 0525 要求的容积为 5L 和 10L 的试样筒并配有玻璃盖板。

（5）标准筛：孔径为 4.75mm 和 0.15mm 标准筛各一个。

3. 试验准备

在进行本试验前，应对混凝土下列原材料进行相关项目的试验与测定：

（1）水泥表观密度试验，按 T 0503 进行。

（2）粗集料、细集料的表观密度试验，按现行《公路工程集料试验规程》（JTG E42）进行。

（3）细集料修正系数按下述方法测定：向广口瓶中注水至筒口，再一边加水一边徐徐推进玻璃板，注意玻璃板下不带有任何气泡，盖严后擦净板面和广口瓶壁的余水，如玻璃板下有气泡，必须排除。测定广口瓶、玻璃板和水的总质量。取具有代表性的两个细集料试样，每个试样的质量为 2kg，精确至 1g。分别倒入盛水的广口瓶中，充分搅拌、排气后浸泡约半小时；然后向广口瓶中注水至筒口，再一边加水一边徐徐推进玻璃板，注意玻璃板下不得带有任何气泡，盖严后擦净板面和瓶壁的余水，称得广口瓶、玻璃板、水和细集料的总质量。则细集料在水中的质量为：

$$m_{ys} = m_{ks} - m_p \tag{6-22}$$

式中：m_{ys}——细集料在水中的质量（g）；

m_{ks}——细集料和广口瓶、水及玻璃板的总质量（g）；

m_p——广口瓶、玻璃板和水的总质量（g）。

应以两个试样试验结果的算术平均值作为测定值，计算应精确至 1g。

然后用 0.15mm 的标准筛将细集料过筛，用以上同样的方法测得大于 0.15mm 细集料在水中的质量。

$$m_{ysl} = m_{ksl} - m_p \tag{6-23}$$

式中：m_{ysl}——大于 0.15mm 的细集料在水中的质量（g）；

m_{ksl}——大于 0.15mm 的细集料和广口瓶、水及玻璃板的总质量（g）；

m_p——广口瓶、玻璃板和水的总质量（g）。

应以两个试样试验结果的算术平均值作为测定值，计算应精确至 1g。

细集料修正系数按下式计算，结果应精确至 0.01。

$$C_s = \frac{m_{ys}}{m_{ysl}} \tag{6-24}$$

式中：C_s——细集料修正系数；

m_{ys}——细集料在水中的质量（g）；

m_{ysl}——大于0.15mm的细集料在水中的质量(g)。

4.水泥混凝土拌合物的取样

(1)水泥混凝土拌合物的取样应按T 0521的规定进行。

(2)当水泥混凝土中粗集料的公称最大粒径≤37.5mm时,混凝土拌合物的取样量≥50kg;当混凝土中粗集料公称最大粒径>37.5mm时,混凝土拌合物的取样量≥100kg。

(3)进行混凝土配合比(水洗法)分析时,当混凝土中粗集料公称最大粒径≤37.5mm时,每份取12kg试样;当混凝土中粗集料的公称最大粒径>37.5mm时,每份取15kg试样。剩余的混凝土拌合物试样,按T 0525的规定,进行拌合物表观密度的测定,并测量其体积V。

5.试验步骤

(1)整个试验过程的环境温度应在15~25℃之间,从最后加水至试验结束,温差不应超过2℃;试验至少进行两次。

(2)用试样筒称取质量为m_0的混凝土拌合物试样,精确至50g并应符合第4条中的有关规定;然后按下式计算混凝土拌合物试样的体积。

$$V = \frac{m_0}{\rho_h} \tag{6-25}$$

式中:V——试样的体积(cm^3);

m_0——试样的质量(g);

ρ_h——混凝土拌合物的表观密度(g/cm^3)。

(3)把试样筒中混凝土拌合物和水的混合物全部移到4.75mm筛上水洗过筛,水洗时,要用水将筛上粗集料仔细冲洗干净,粗集料上不得粘有砂浆,筛子应备有不透水的底盘,以收集全部冲洗过筛的砂浆与水的混合物,称量洗净的粗集料试样质量m_g。粗集料表观密度符号为ρ_g,单位g/cm^3。

(4)将全部冲洗过筛的砂浆与水的混合物全部移到试样筒中,加水至试样筒三分之二高度,用棒搅拌,以排除其中的空气;如水面上有不能破裂的气泡,可以加入少量的异丙醇试剂以消除气泡;让试样静止10min以使固体物质沉积于容器底部。加水至满,再一边加水一边徐徐推进玻璃板,注意玻璃板下不得带有任何气泡,盖严后应擦净板面和筒壁的余水。称出砂浆与水的混合物和试样筒、水及玻璃板的总质量。应按下式计算砂浆在水中的质量,结果应精确至1g。

$$m'_m = m_k - m_D \tag{6-26}$$

式中:m'_m——砂浆在水中的质量(g);

m_k——砂浆与水的混合物和试样筒、水及玻璃板的总质量(g);

m_D——试样筒、玻璃板和水的总质量(g)。

(5)将试样筒中的砂浆与水的混合物在0.15mm筛上冲洗,然后将在0.15mm筛上洗净的细集料全部移至广口瓶中,加水至满,再一边加水一边徐徐推进玻璃板,注意玻璃板下不得带有任何气泡,盖严后应擦净板面和瓶壁的余水;称出细集料试样、广口瓶、水及玻璃板总质量,应按下式计算细集料在水中的质量,结果应精确至1g。

$$m'_s = C_s(m_{ks} - m_p) \tag{6-27}$$

式中:m'_s——细集料在水中的质量(g);

C_s——细集料修正系数;

m_{ks}——细集料试样、广口瓶、水及玻璃板总质量(g);

m_p——广口瓶、玻璃板和水的总质量(g)。

6. 试验结果

混凝土拌合物中四种组分的结果计算及确定应按下述方法进行：

(1)混凝土拌合物试样中四种组分的质量应按以下公式计算：

①试样中的水泥质量应按下式计算,结果应精确至1g。

$$m_c = (m'_m - m'_s) \times \frac{\rho}{\rho - 1} \tag{6-28}$$

式中：m_c——试样中的水泥质量(g)；

m'_m——砂浆在水中的质量(g)；

m'_s——细集料在水中的质量(g)；

ρ——水泥的密度(g/cm³)。

②试样中细集料的质量应按下式计算,结果应精确至1g。

$$m_s = m'_s \times \frac{\rho_s}{\rho_s - 1} \tag{6-29}$$

式中：m_s——试样中细集料的质量(g)；

m'_s——细集料在水中的质量(g)；

ρ_s——处于干燥状态下的细集料的密度(g/cm³)。

③试样中的水的质量应按下式计算,结果应精确至1g。

$$m_w = m_0 - (m_g + m_s + m_c) \tag{6-30}$$

式中： m_w——试样中的水的质量(g)；

m_0——拌合物试样质量(g)；

m_g、m_s、m_c——分别为试样中粗集料、细集料和水泥的质量(g)。

④混凝土拌合物试样中粗集料的质量为"试验步骤(3)"中得出的粗集料质量m_g,单位g。

(2)混凝土拌合物中水泥、水、粗集料、细集料的单位用量,分别按下式计算,结果应精确至1kg/m³。

$$C = \frac{m_c}{V} \times 1000 \tag{6-31}$$

$$W = \frac{m_w}{V} \times 1000 \tag{6-32}$$

$$G = \frac{m_g}{V} \times 1000 \tag{6-33}$$

$$S = \frac{m_s}{V} \times 1000 \tag{6-34}$$

式中： C、W、G、S——分别为水泥、水、粗集料、细集料的单位用量(kg/m³)；

m_c、m_w、m_g、m_s——分别为试样中水泥、水、粗集料、细集料的质量(g)；

V——试样体积(cm³)。

(3)以两个试样试验结果的算术平均值作为测定值,两次试验结果差值的绝对值应符合下列规定：水泥≤6kg/m³；水≤4kg/m³；砂≤20kg/m³；石≤30kg/m³,否则此次试验无效。

7. 试验报告

(1)要求检测的项目名称、执行标准。

(2)原材料的品种、规格和产地。

(3)仪器设备的名称、型号及编号。

(4)环境温度和湿度。

(5)试样的质量。

(6)水泥的密度。

(7)粗集料和细集料的表观密度。

(8)试样中水泥、水、细集料和粗集料的质量。

(9)水泥混凝土拌合物中水泥、水、粗集料和细集料的单位用量。

(10)水泥混凝土拌合物水灰比。

(11)其他要说明的问题。

九、水泥混凝土试件制作与硬化水泥混凝土现场取样(T 0551—2005)

1. 目的和适用范围

本方法规定了在常温环境中室内试验时水泥混凝土试件制作与硬化水泥混凝土现场取样方法。

轻质水泥混凝土、防水水泥混凝土、碾压混凝土等其他特种水泥混凝土的制作与硬化水泥混凝土现场取样方法,可以参照本方法进行,但因其特殊性所引起的对试验设备及方法的特殊要求,均应遵照对这些水泥混凝土试件制作和取样的有关技术规定进行。

2. 仪器设备

(1)搅拌机:自由式或强制式。

(2)振动台:标准振动台,应符合现行《混凝土试验用振动台》(JG/T 2030)的要求。

(3)压力机或万能试验机:压力机除符合现行《液压式压力试验机》(GB/T 3722)及《试验机通用技术要求》(GB/T 2611)中的要求外,其测量精度为±1%,试件破坏荷载应大于压力机全量程的20%且小于压力机全量程的80%。同时应具有加荷速度指示装置或加荷速度控制装置。上下压板平整并有足够刚度,可以均匀地连续加荷卸荷,可以保持固定荷载,开机停机均灵活自如,能够满足试件破型吨位要求。

(4)球座:钢质坚硬,面部平整度要求在100mm距离内高低差值不超过0.05mm,球面及球窝粗糙度Ra0.32μm,研磨、转动灵活。不应在大球座上作小试件破型,球座最好放置在试件顶面(特别是棱柱试件),并凸面朝上。当试件均匀受力后,一般不宜再敲动球座。

(5)试模

①非圆柱试模:应符合《混凝土试模》(JG 3019—1994)要求,内表面刨光磨光(粗糙度Ra3.2μm)。

内部尺寸允许偏差为±0.2%;相邻面夹角为90°±0.3°。试件边长的尺寸公差为1mm。

②圆柱试模:直径误差小于$\frac{1}{200}d$,高度误差应小于$\frac{1}{100}h$。试模底板的平面度公差不超过0.02mm。组装试模时,圆筒纵轴与底板应成直角,允许公差为0.5°。

为了防止接缝处出现渗漏,要使用合适的密封剂,如黄油。并采用紧固方法使底板固定在模具上。

常用的几种试件尺寸(试件内部尺寸)规定见表6-15。所有试件承压面的平面度公差不超过0.0005d(d为边长)。

试件尺寸 表6-15

试件名称	标准尺寸(mm)	非标准尺寸(mm)
立方体抗压强度试件	150×150×150(31.5)	100×100×100(26.5) 200×200×200(53)
圆柱抗压强度试件	ϕ150×300(31.5)	ϕ100×200(26.5) ϕ200×400(53)
芯样抗压强度试件	$\phi150\times l_m$(31.5)	$\phi100\times l_m$(26.5)
立方体劈裂抗拉强度试件	150×150×150(31.5)	100×100×100(26.5)
圆柱劈裂抗拉强度试件	ϕ150×300(31.5)	ϕ100×200(26.5) ϕ200×400(53)
芯样劈裂强度试件	$\phi150\times l_m$(31.5)	$\phi100\times l_m$(26.5)
轴心抗压强度试件	150×150×300(31.5)	200×200×400(53) 100×100×300(26.5)
抗压弹性模量试件	150×150×300(31.5)	200×200×400(53) 100×100×300(26.5)
圆柱抗压弹性模量试件	ϕ150×300(31.5)	ϕ100×200(26.5) ϕ200×400(53)
抗弯拉强度试件	150×150×600(31.5) 150×150×550(31.5)	100×100×400(26.5)
抗弯拉弹性模量试件	150×150×600(31.5) 150×150×550(31.5)	100×100×400(26.5)
水泥混凝土干缩试件	100×100×515(19)	150×150×515(31.5) 200×200×515(50)
抗渗试件	上口直径175mm,下口直径185mm,高150mm的锥台	上下直径与高度均为150mm的圆柱体

注:括号中的数字为试件中集料公称最大粒径,单位mm。标准试件的最短尺寸大于公称最大粒径4倍。

(6)捣棒:符合现行《水泥混凝土坍落度仪》(JG 3021)中有关技术要求,为直径16mm、长约600mm并具有半球形端头的钢质圆棒。

(7)压板:用于圆柱试件的顶端处理,一般为厚6mm以上的毛玻璃,压板直径应比试模直径大25mm以上。

(8)橡皮锤:应带有质量约250g的橡皮锤头。

(9)钻孔取样机:钻机一般用金刚石钻头,从结构表面垂直钻取。钻机应具有足够的刚度,保证钻取的芯样周面垂直且表面损伤最少。钻芯时,钻头应作无显著偏差的同心运动。

(10)锯:用于切割适于抗弯拉试验的试件。

(11)游标卡尺。

3. 非圆柱体试件成型

(1)水泥混凝土的拌和参照T 0521进行。成型前试模内壁涂一薄层矿物油。

(2)取拌合物的总量至少应比所需量高20%以上,并取出少量混凝土拌合物代表样,在5min内进行坍落度或维勃试验,认为品质合格后,应在15min内开始制件或作其他试验。

(3)对于坍落度小于25mm时*,可采用ϕ25mm的插入式振捣棒成型。将混凝土拌合物一次装入试模,装料时应用抹刀沿各试模壁插捣,并使混凝土拌合物高出试模口;振捣时振捣棒距底板10~20mm,且不要接触底板。振捣直到表面出浆为止,且应避免过振,以防止混凝土离析,一般振捣时间为20s。振捣棒拔出时要缓慢,拔出后不得留有孔洞。用刮刀刮去多余的混凝土,在临近初凝时,用抹刀抹平。试件抹面与试模边缘高低差不得超过0.5mm。

注:*这里不适于用水量非常低的水泥混凝土;同时不适于直径或高度不大于100mm的试件。

(4)当坍落度大于25mm且小于70mm时,用标准振动台成型。将试模放在振动台上夹牢,防止试模自由跳动,将拌合物一次装满试模并稍有富余,开动振动台至混凝土表面出现乳状水泥浆时为止,振动过程中随时添加混凝土使试模常满,记录振动时间(约为维勃秒数的2~3倍,一般不超过90s)。振动结束后,用金属直尺沿试模边缘刮去多余混凝土,用镘刀将表面初次抹平,待试件收浆后,再次用镘刀将试件仔细抹平,试件抹面与试模边缘的高低差不得超过0.5mm。

(5)当坍落度大于70mm时,用人工成型。拌合物分厚度大致相等的两层装入试模。捣固时按螺旋方向从边缘到中心均匀地进行。插捣底层混凝土时,捣棒应到达模底;插捣上层时,捣棒应贯穿上层后插入下层20~30mm处。插捣时应用力将捣棒压下,保持捣棒垂直,不得冲击,捣完一层后,用橡皮锤轻轻击打试模外端面10~15下,以填平插捣过程中留下的孔洞。

每层插捣次数100cm^{2}截面积内不得少于12次。试件抹面与试模边缘高低差不得超过0.5mm。

4. 圆柱体试件制作

(1)水泥混凝土的拌和参照T 0521进行。成型前试模内壁涂一薄层矿物油。

(2)取拌合物的总量至少应比所需量高20%以上,并取出少量混凝土拌合物代表样,在5min内进行坍落度或维勃试验,认为品质合格后,应在15min内开始制件或作其他试验。

(3)对于坍落度小于25mm时*,可采用ϕ25mm的插入式振捣棒成型。拌合物分厚度大致相等的两层装入试模。以试模的纵轴为对称轴,呈对称方式填料。插入密度以每层分三次插入。振捣底层时,振捣棒距底板10~20mm且不要接触底板;振捣上层时,振捣棒插入该层底面下15mm深。振捣直到表面出浆为止,且应避免过振,以防止混凝土离析。一般时间为20s。捣完一层后,如有棒坑留下,可用橡皮锤敲击试模侧面10~15下。振捣棒拔出时要缓慢。用刮刀刮去多余的混凝土,在临近初凝时,用抹刀抹平,使表面略低于试模边缘1~2mm。

注:*这里不适于用水量非常低的水泥混凝土;同时不适于直径或高度不大于100mm的试件。

(4)当坍落度大于25mm且小于70mm时,用标准振动台成型。将试模放在振动台上夹牢,防止试模自由跳动,将拌合物一次装满试模并稍有富余,开动振动台至混凝土表面出现乳状水泥浆时为止。振动过程中随时添加混凝土使试模常满,记录振动时间(约为维勃秒数的2~3倍,一般不超过90s)。振动结束后,用金属直尺沿试模边缘刮去多余混凝土,用镘刀将表面初次抹平,待试件收浆后,再次用镘刀将试件仔细抹平,使表面略低于试模边缘1~2mm。

(5)当坍落度大于70mm时,用人工成型。

对于试件直径为200mm时,拌合物分厚度大致相等的三层装入试模。以试模的纵轴为对称轴,呈对称方式填料。每层插捣25下,捣固时按螺旋方向从边缘到中心均匀地进行。插捣底层时,捣棒应到达模底,插捣上层时,捣棒插入该层底面下20~30mm处。插捣时应用力将捣棒压下,不得冲击,捣完一层后,如有棒坑留下,可用橡皮锤敲击试模侧面10~15下。用镘刀将试件仔细抹平,使表面略低于试模边缘 1 ~ 2mm。

而对于试件直径为 100mm 或 150mm 时,分两层装料,各层厚度大致相等。试件直径为 150mm 时,每层插捣 15 下;试件直径为 100mm 时,每层插捣 8 下。捣固时按螺旋方向从边缘到中心均匀地进行。插捣底层时,捣棒应到达模底,插捣上层时,捣棒插入该层底面下 15mm 深。用镘刀将试件仔细抹平,使表面略低于试模边缘 1 ~ 2mm。

当所确定的插捣次数使混凝土拌合物产生离析现象时,可酌情减少插捣次数至拌合物不产生离析的程度。

(6)对试件端面应进行整平处理,但加盖层的厚度应尽量薄。

①拆模前当混凝土具有一定强度后,用水洗去上表面的浮浆,并用干抹布吸去表面水之后,抹上干硬性水泥净浆,用压板均匀地盖在试模顶部。加盖层应与试件的纵轴垂直。为防止压板和水泥浆之间的黏结,应在压板下垫一层薄纸。

②对于硬化试件的端面处理,可采用硬石膏或硬石膏和水泥的混合物,加水后平铺在端面,并用压板进行整平。在材料硬化之前,应用湿布覆盖试件。

注:也可采用下面任一方法抹顶:

①使用硫黄与矿质粉末的混合物(如耐火黏土粉、石粉等)在 180 ~ 210℃间加热(温度更高时将使混合物烘成橡胶状,使强度变弱),摊铺在试件顶面,用试模钢板均匀按压,放置两小时以上即可进行强度试验;

②用环氧树脂拌水泥,根据需要硬化时间加入乙二胺,将此浆膏在试件顶面大致摊平,在钢板面上垫一层薄塑料膜,再均匀地将浆膏压平;

③在有充分时间时,也可用水泥浆膏抹顶,使用矾土水泥的养生时间在 18h 以上,使用硅酸盐水泥的养生时间在 3d 以上。

③对不采用端部整平处理的试件,可采用切割的方法达到端面和纵轴垂直。

整平后的端面应与试件的纵轴相垂直,端面的平整度公差在 ±0.1mm 以内。

5. 养护

(1)试件成型后,用湿布覆盖表面(或其他保持湿度办法),在室温 20℃ ±5℃,相对湿度大于 50% 的环境下,静放一个到两个昼夜,然后拆模并作第一次外观检查、编号。对有缺陷的试件应除去,或加工补平。

(2)将完好试件放入标准养护室进行养护,标准养护室温度 20℃ ±2℃,相对湿度在 95% 以上,试件宜放在铁架或木架上,间距至少 10 ~ 20mm,试件表面应保持一层水膜,并避免用水直接冲淋。当无标准养护室时,将试件放入温度 20℃ ±2℃的不流动的$Ca(OH)_2$饱和溶液中养护。

(3)标准养护龄期为 28d(以搅拌加水开始),非标准的龄期为 1d、3d、7d、60d、90d、180d。

6. 硬化水泥混凝土现场试样的钻取或切割取样

(1)芯样的钻取

①钻取位置:在钻取前应考虑由于钻芯可能导致的对结构的不利影响,应尽可能避免在靠近混凝土构件的接缝或边缘处钻取,且基本上不应带有钢筋。

②芯样尺寸:芯样直径应为混凝土所用集料公称最大粒径的 4 倍,一般为 150mm ± 10mm 或 100mm ± 10mm。

对于路面,芯样长径比宜为 1.9 ~ 2.1。对于长径比超过 2.1 的试件,可减少钻芯深度;也可先取芯样长度与路面厚度相等,再在室内加工成为长径比为 2 的试件;对于长径比不足 1.8 的试件,可按不同试验项目分别进行修正。

③标记:钻出后的每个芯样应立即清楚地编号,并记录所取芯样在混凝土结构中的位置。

(2)切割

对于现场采取的不规则混凝土试块,可按表 6-15 所列棱柱体尺寸进行切割,以满足不同试验的需求。

(3)检查

①外观检查

每个芯样应详细描述有关裂缝、接缝、分层、麻面或离析等不均匀性,必要时应记录以下事项:

a. 集料情况:估计集料的最大粒径、形状及种类,粗细集料的比例与级配。

b. 密实性:检查并记录存在的气孔、气孔的位置、尺寸与分布情况,必要时应拍下照片。

②测量

a. 平均直径 d_m:在芯样高度的中间及两个 1/4 处按两个垂直方向测量三对数值确定芯样的平均直径 d_m,精确至 1.0mm。

b. 平均长度 l_m:取芯样直径两端侧面测定钻取后芯样的长度及加工后的长度,其尺寸差应在 0.25mm 之内,取平均值作为试件平均长度 l_m,精确至 1.0mm。

c. 平均长、高、宽:对于切割棱柱体,分别测量所有边长,精确至 1.0mm。

十、碾压混凝土抗弯拉试件的制作(T 0552—2005)

1. 目的和适用范围

本方法规定了碾压混凝土抗弯拉试件制作的步骤。

本方法适于路面碾压混凝土抗弯拉试件成型。

2. 仪器设备

(1)改制平板振动器:如图 6-9 所示。频率 50Hz ± 3Hz,振幅 1 mm,功率 1.1kW,质量约 25kg。平板振动器下的压板应具有一定的刚度,其边长比试模尺寸小约 5mm。

(2)试模:内壁尺寸 100mm × 100mm × 400mm 或 150mm × 150mm × 550mm 或 150mm × 150mm × 600mm,铸铁制成;内表面磨光,拆装方便,内部尺寸允许偏差为:棱边长度不超过 1mm,直角不超过 0.5°。模板应有足够的刚度,在加压振动作用下,不易变形。

(3)套模:铸铁或钢制成,内轮廓尺寸与试模相同,高度约 100mm,不易变形并能固定于试模上。

(4)压板:如图 6-10,板的长度与宽度分别比试模内壁尺寸小约 5mm,厚度不小于 15mm,上部焊有限位杆(可用钢筋或角钢)。

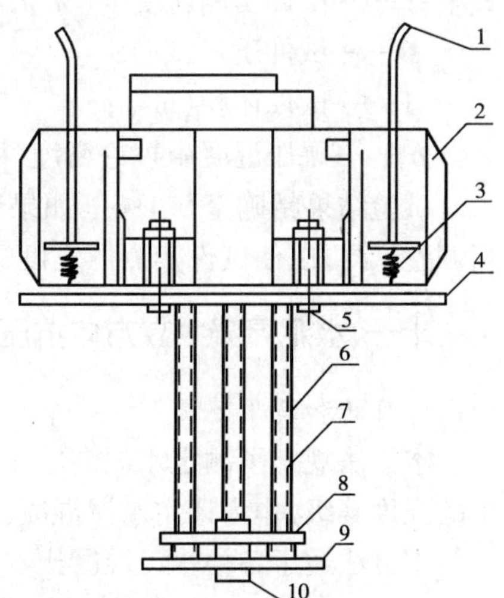

图 6-9 改制平板振动器的结构示意图
1-扶手;2-振捣器;3-弹簧;4-底板;5-螺栓;6-套管;7-螺杆;8-弹簧成型板;9-成型压板;10-压板连接螺栓

3. 试件的制作

(1)试验准备

①检查改进平板振动器等试验器具,确认具有良好的工作状态。

②检查试模外形,应采用外形整齐并能拼装紧固的试模;将试模和套模擦净,内壁涂一薄层矿物油,并将套模紧

固在试模上。

③将试模编号,测定、记录试模内腔(长、宽、深)尺寸,应以3个不同部位(中间和两端)的平均值为结果,测量精确至0.1mm。

④根据碾压混凝土的理论密度及试模内腔容积,按95%的压实度计算成型一个试件所需的试样质量。

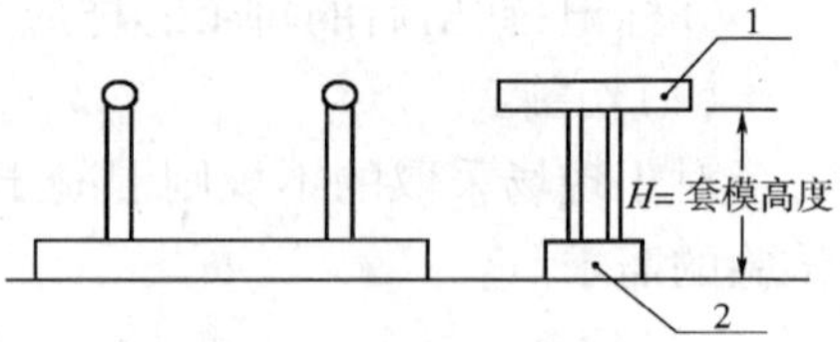

图6-10　压板结构示意图

1-限位杆;2-压头

(2)试件成型

①按所需试样用量称取有代表性的碾压混凝土试样,将试样分两层装入试模。装模时,应注意不使试样产生离析。每次试样入模后,先用镘刀沿试模内壁上下插捣一周,再用捣棒插捣。100mm×100mm×400mm的试件,每层插捣50下;150mm×150mm×550mm或150mm×150mm×600mm的试件,每层插捣100下。插捣按螺旋方向从边缘到中间均匀地进行。插捣下层时应插捣至模底,插捣上层时应插入下层2cm左右。插捣时应用力均匀,不得冲击。

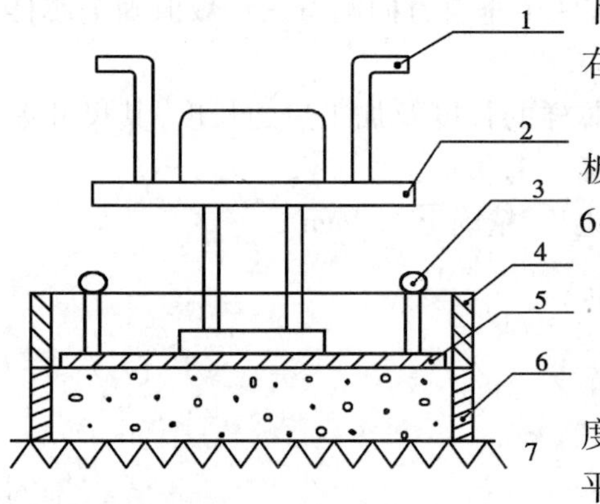

图6-11　试件成型示意图

1-把手;2-平板振捣器;3-限位杆;4-套模;5-压板;6-试模;7-地面

②将压板置于试样表面,把改制平板振动器放在压板上,打开振动器开关,振至试样与试模口齐平为止(图6-11)。

③去掉压板和套模,用镘刀将试样表面抹光。

(3)确认试件压实度

进行试件强度试验前,用游标卡尺测定其尺寸,高度和宽度至少测量3处取平均值,长度至少测量两处取平均值,用尺寸的平均值求出试件体积;称质量试件,最后求出试件的实测压实度。

$$P = [(G/V)/\rho_0] \times 100 \qquad (6\text{-}35)$$

式中:P——试件实测压实度(%);

G——试件质量(kg);

V——试件体积(m^3);

ρ_0——碾压混凝土理论密度(kg/m^3)。

试验结果精确至0.1%。如果试件的实测压实度与设计值(95%)的误差超过1%,应适当调整试样,以使试件实测压实度达到规定要求。

十一、水泥混凝土立方体抗压强度试验(T 0553—2005)

1.目的和适用范围

本方法规定了测定水泥混凝土抗压极限强度的方法和步骤。本方法可用于确定水泥混凝土的强度等级,作为评定水泥混凝土品质的主要指标。

本方法适于各类水泥混凝土立方体试件的极限抗压强度试验。

2.仪器设备

(1)压力机或万能试验机:应符合T 0551中2(3)的规定。

(2)球座:应符合T 0551中2(4)的规定。

(3)混凝土强度等级大于等于C60时,试验机上、下压板之间应各垫一钢垫板,平面尺寸应不小于试件的承压面，其厚度至少为 25mm。钢垫板应机械加工，其平面度允许偏差 ±0.04mm；表面硬度大于或等于 HRC55；硬化层厚度约 5mm。试件周围应设置防崩裂网罩。

3. 试件制备和养护

(1)试件制备和养护应符合 T 0551 中相关规定。

(2)混凝土抗压强度试件尺寸符合 T 0551 中表 6-15 规定。

(3)集料公称最大粒径符合 T 0551 中表 6-15 规定。

(4)混凝土抗压强度试件应同龄期者为一组，每组为 3 个同条件制作和养护的混凝土试块。

4. 试验步骤

(1)至试验龄期时，自养护室取出试件，应尽快试验，避免其湿度变化。

(2)取出试件，检查其尺寸及形状，相对两面应平行。量出棱边长度，精确至 1mm。试件受力截面积按其与压力机上下接触面的平均值计算。在破型前，保持试件原有湿度，在试验时擦干试件。

(3)以成型时侧面为上下受压面，试件中心应与压力机几何对中。

(4)强度等级小于 C30 的混凝土取 0.3 ~0.5MPa/s 的加荷速度；强度等级大于或等于 C30 小于 C60 时，则取 0.5 ~0.8MPa/s 的加荷速度；强度等级大于或等于 C60 的混凝土取 0.8 ~1.0MPa/s 的加荷速度。当试件接近破坏而开始迅速变形时，应停止调整试验机油门，直至试件破坏，记下破坏极限荷载 F(N)。

5. 试验结果

(1)混凝土立方体试件抗压强度按下式计算，结果精确至 0.1MPa。

$$f_{cu} = \frac{F}{A} \tag{6-36}$$

式中：f_{cu}——混凝土立方体抗压强度(MPa)；

F——极限荷载(N)；

A——受压面积(mm^2)。

(2)以 3 个试件测值的算术平均值为测定值。三个测值中的最大值或最小值中如有一个与中间值之差超过中间值的 15%，则取中间值为测定值；如最大值和最小值与中间值之差均超过中间值的 15%，则该组试验结果无效。

(3)混凝土强度等级小于 C60 时，非标准试件的抗压强度应乘以尺寸换算系数(表 6-16)，并应在报告中注明。当混凝土强度等级大于或等于 C60 时，宜用标准试件；使用非标准试件时，换算系数由试验确定。

立方体抗压强度尺寸换算系数　　表 6-16

试件尺寸(mm)	尺寸换算系数	试件尺寸(mm)	尺寸换算系数
100×100×100	0.95	200×200×200	1.05

6. 试验报告

(1)要求检测的项目名称和执行标准。

(2)原材料的品种、规格和产地。

(3)仪器设备的名称、型号及编号。

(4)环境温度和湿度。

(5)水泥混凝土立方体抗压强度值。

(6)要说明的其他内容。

十二、水泥混凝土圆柱体轴心抗压强度试验(T 0554—2005)

1. 目的和适用范围

本方法规定了测定圆柱体水泥混凝土极限抗压强度的方法。

本方法适用于各类水泥混凝土的圆柱体试件及现场芯样的极限抗压强度试验。

2. 仪器设备

(1)游标卡尺:量程300mm,分度值0.02mm。

(2)其他仪器设备同T 0553—2005。

3. 试件制备和养护

(1)试件制备和养护应符合T 0551中相关规定。

(2)混凝土抗压强度试件尺寸符合T 0551中表6-15规定。

(3)集料公称最大粒径也应符合T 0551中表6-15规定。

(4)对于现场芯样,长径比大于或等于1。适宜的长径比为1.9~2.1,最大长径比不能超过2.1。芯样最小直径为100mm,直径至少是公称最大粒径的2倍。

(5)混凝土抗压强度试件要求同龄期者为一组,每组为三个同条件制作和养护的混凝土试块。

4. 试验步骤

(1)圆柱试件在试验前,务必进行端面整平。

(2)在破型前,保持试件原有湿度,在试验时擦干试件。测量其尺寸并检查外观。首先测量沿试件高度中央部位相互垂直的两个方向的直径,分别记为d_1、d_2。再分别测量相互垂直两个方向直径端点的四个高度。

(3)将试件置于上下压板之间,试件轴中心应与压力机几何对中。

(4)强度等级小于C30的混凝土取0.3~0.5MPa/s的加荷速度;强度等级大于或等于C30小于C60时,则取0.5~0.8MPa/s的加荷速度;强度等级大于或等于C60的混凝土取0.8~1.0MPa/s的加荷速度。当试件接近破坏而开始迅速变形时,应停止调整试验机油门,直至试件破坏,记下破坏极限荷载F(N)。

5. 试验结果

(1)圆柱体试件抗压强度按下式计算,结果应精确至0.1MPa。

$$f_{cc}=\frac{4F}{\pi d^2} \tag{6-37}$$

式中:f_{cc}——混凝土圆柱体抗压强度(MPa);

F——极限荷载(N);

d——试件计算直径(mm);

$$d=\frac{d_1+d_2}{2}$$

d_1、d_2——两个垂直方向的直径(mm),精确至0.1mm。

(2)以3个试件测值的算术平均值为测定值。三个测值中的最大值或最小值中有一个与中间值之差超过中间值的15%,则取中间值为测定值;如最大值和最小值与中间值之差均超过中间值的15%,则该组试验结果无效。

(3)混凝土强度等级小于 C60 时,非标准试件的抗压强度应乘以尺寸换算系数(表 6-17),并应在报告中注明。当混凝土强度等级大于或等于 C60 时,宜用标准试件;使用非标准试件时,换算系数由试验确定。

圆柱体抗压强度尺寸换算系数　　表 6-17

试件尺寸(mm)	尺寸换算系数	试件尺寸(mm)	尺寸换算系数
ϕ100×200	0.95	ϕ200×400	1.05

(4)对于现场采取的非标准芯样,按表 6-18 修正。

抗压强度尺寸修正系数　　表 6-18

长度与直径比 L/d	修正系数	说明
2.00	1.00	当 L/d 为表列中间值时,修正系数可用插入法求得
1.75	0.98	
1.50	0.96	
1.25	0.93	
1.00	0.87	

注:本修正系数适用于强度介于 14～40MPa 之间的混凝土。

6. 试验报告

(1)要求检测的项目名称、执行标准。

(2)原材料的品种、规格和产地。

(3)仪器设备的名称、型号及编号。

(4)环境温度和湿度。

(5)混凝土圆柱体抗压强度。

(6)要说明的其他内容。

十三、水泥混凝土棱柱体轴心抗压强度试验(T 0555—2005)

1. 目的和适用范围

本方法规定了测定棱柱体水泥混凝土轴心抗压强度的方法。

本方法适用于各类水泥混凝土的棱柱体试件。

注:水泥混凝土棱柱体轴心抗压强度值用于抗压弹性模量试验,不能用于混凝土强度等级评定。

2. 仪器设备

(1)钢尺:分度值为 1mm。

(2)其他仪器设备同 T 0553—2005。

3. 试件制备和养护

(1)试件制备和养护应符合 T 0551 中相关规定。

(2)混凝土轴心抗压强度试件尺寸符合 T 0551 中表 6-15 规定。

(3)集料公称最大粒径符合 T 0551 中表 6-15 规定。

(4)混凝土轴心抗压强度试件以同龄期者为一组,每组为 3 根同条件制作和养护的混凝土试件。

4. 试验步骤

(1)至试验龄期时,自养护室取出试件,用湿布覆盖,避免其湿度变化。在试验时擦干试件,测量其高度和宽度,精确至 1mm。

(2)在压力机下压板上放好试件,几何对中。

(3)强度等级小于 C30 的混凝土取 0.3 ~ 0.5MPa/s 的加荷速度;强度等级大于或等于 C30 小于 C60 时,则取 0.5 ~ 0.8MPa/s 的加荷速度;强度等级大于或等于 C60 的混凝土取 0.8 ~ 1.0MPa/s的加荷速度。当试件接近破坏而开始迅速变形时,应停止调整试验机油门,直至试件破坏,记下破坏极限荷载 F(N)。

5. 试验结果

(1)混凝土棱柱体轴心抗压强度 f_{cp} 按下式计算,结果应精确至 0.1MPa。

$$f_{cp} = \frac{F}{A} \tag{6-38}$$

式中:f_{cp}——混凝土棱柱体轴心抗压强度(MPa);

F——极限荷载(N);

A——受压面积(mm^2)。

(2)以 3 个试件测值的算术平均值为测定值。3 个试件中最大值或最小值中如有一个与中间值之差超过中间值的 15%,则取中间值为测定值;如最大值和最小值与中间值之差均超过中间值的 15%,则该组试验结果无效。

(3)采用非标准尺寸试件测得的轴心抗压强度,应乘以尺寸换算系数,对 200mm × 200mm 截面试件为 1.05;对 100mm × 100mm 截面试件为 0.95。当混凝土强度等级大于或等于 C60 时,宜用标准试件。

6. 试验报告

(1)要求检测的项目名称、执行标准。

(2)原材料的品种、规格和产地。

(3)仪器设备的名称、型号及编号。

(4)环境温度和湿度。

(5)混凝土轴心抗压强度值。

(6)要说明的其他内容。

十四、水泥混凝土棱柱体抗压弹性模量试验(T 0556—2005)

1. 目的和适用范围

本方法规定了测定水泥混凝土在静力作用下的抗压弹性模量方法,水泥混凝土的抗压弹性模量取轴心抗压强度 1/3 时对应的弹性模量。

本方法适用于各类水泥混凝土的直角棱柱体试件。

2. 仪器设备

(1)压力机或万能试验机:应符合 T 0551 中 2(3)的规定。

(2)球座:应符合 T 0551 中 2(4)的规定。

(3)微变形测量仪:符合《杠杆千分表产品质量分等》中技术要求,千分表 2 个(0 级或 1 级);或精度不低于 0.001mm 的其他仪表,如引伸仪。

(4)微变形测量仪固定架两对,标距为 150mm,如图 6-12 和图 6-13。

(5)钢尺(量程 600mm,分度值为 1mm)、502 胶水、铅笔和秒表等。

3. 试件制备

(1)试件尺寸与棱柱体轴心抗压强度试件尺寸相同,符合 T 0551 中表 6-15 规定。

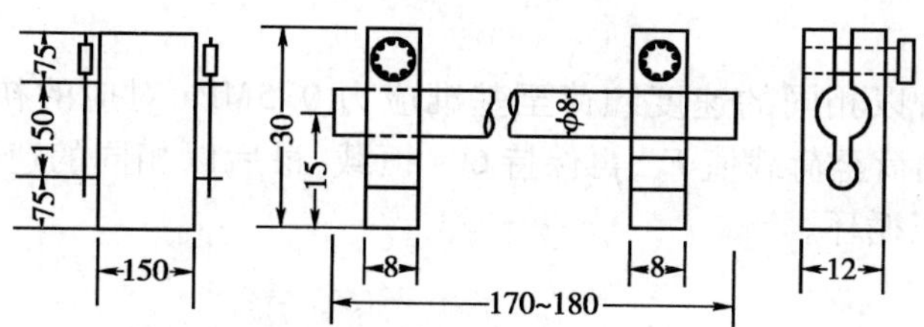

图 6-12 千分表座示意图(一对)(尺寸单位:mm)

(2)每组为同龄期同条件制作和养护的试件 6 根,其中 3 根用于测定轴心抗压强度,提出弹性模量试验的加荷标准,另 3 根则做弹性模量试验。

4. 试验步骤

(1)试件取出后,用湿毛巾覆盖并及时进行试验,保持试件干湿状态不变。

(2)擦净试件,量出尺寸并检查外形,尺寸量测精确至 1mm。试件不得有明显缺损,端面不平时须预先抹平。

(3)取 3 根试件按 T 0554 规定进行轴心抗压强度试验,计算棱柱体轴心抗压强度值 f_{cp}。

(4)取另 3 根试件做抗压弹性模量试验,微变形量测仪应安装在试件两侧的中线上并对称于试件两侧。

(5)将试件移于压力机球座上,几何对中。加荷方法见图 6-14。

(6)调整试件位置。

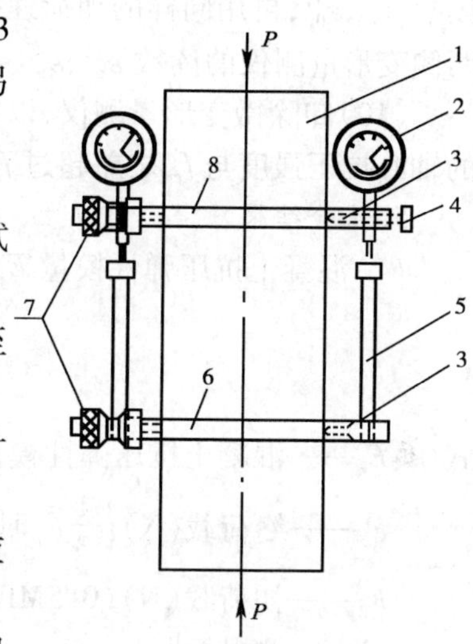

图 6-13 框式千分表座示意图(一对)

1-试件;2-量表;3-刀口;4-千分表固定螺丝;5-接触杆;6-下金属环;7-金属环固定螺丝;8-上金属环

开动压力机,当上压板与试件接近时,调整球座,使接触均衡。加荷至基准应力为0.5MPa对应的初始荷载值 F_0,保持恒载 60s 并在以后的 30s 内记录两侧变形量测仪的读数 $\varepsilon_0^{左}$、$\varepsilon_0^{右}$。应立即以 0.6MPa/s ± 0.4MPa/s的加荷速率连续均匀加荷至 1/3 轴心抗压强度 f_{cp} 对应的荷载值 F_a,保持恒载 60s 并在以后的 30s 内记录两侧变形量测仪的读数 $\varepsilon_a^{左}$、$\varepsilon_a^{右}$。

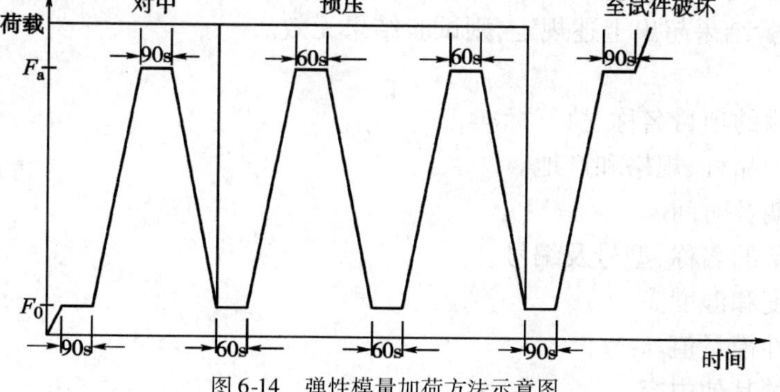

图 6-14 弹性模量加荷方法示意图

注:①90s 包括 60s 持荷时间、30s 读数时间。

②60s 为持荷时间。

(7)以上读数应和它们的平均值相差在 20% 以内,否则应重新对中试件后重复步骤(6)。如果无法使差值降低到 20% 以内,则此次试验无效。

(8)预压。

确认步骤(7)后,以相同的速度卸荷至基准应力0.5MPa对应的初始荷载值F_0并持荷60s。以相同的速度加荷至荷载值F_a,再保持60s恒载,最后以相同的速度卸荷至初始荷载值F_0,至少进行两次预压循环。

(9)测试。

在完成最后一次预压后,保持60s初始荷载值F_0,在后续的30s内记录两侧变形量测仪的读数$\varepsilon_0^{左}$、$\varepsilon_0^{右}$,再用同样的加荷速度加荷至荷载值F_a,再保持60s恒载,并在后续的30s内记录两侧变形量测仪的读数$\varepsilon_a^{左}$、$\varepsilon_a^{右}$。

(10)卸除微变形量测仪,以同样的速度加荷至破坏,记下破坏极限荷载F(N)。如果试件的轴心抗压强度与f_{cp}之差超过f_{cp}的20%时,应在报告中注明。

5. 试验结果

(1)混凝土抗压弹性模量E_c按下式计算,结果应精确至100MPa。

$$E_c = \frac{F_a - F_0}{A} \times \frac{L}{\Delta n} \tag{6-39}$$

式中:E_c——混凝土抗压弹性模量(MPa);

F_a——终荷载(N)$\left(\frac{1}{3}f_{cp}\text{时对应的荷载值}\right)$;

F_0——初荷载(N)(0.5MPa时对应的荷载值);

L——测量标距(mm);

A——试件承压面积(mm^2);

Δn——最后一次加荷时,试件两侧在F_a及F_0作用下变形差平均值(mm);

$$\Delta n = (\varepsilon_a^{左} + \varepsilon_a^{右})/2 - (\varepsilon_0^{左} + \varepsilon_0^{右})/2$$

ε_a——F_a时标距间试件变形(mm);

ε_0——F_0时标距间试件变形(mm)。

(2)以3根试件试验结果的算术平均值为测定值。如果其循环后的任一根与循环前轴心抗压强度与之差超过后者的20%,则弹性模量值按另两根试件试验结果的算术平均值计算;如有两根试件试验结果超出上述规定,则试验结果无效。

6. 试验报告

(1)要求检测的项目名称、执行标准。

(2)原材料的品种、规格和产地。

(3)试验日期及时间。

(4)仪器设备的名称、型号及编号。

(5)环境温度和湿度。

(6)抗压弹性模量值。

(7)要说明的其他内容。

十五、水泥混凝土圆柱体抗压弹性模量试验(T 0557—2005)

1. 目的和适用范围

本方法规定了在静力作用下测定水泥混凝土圆柱体抗压弹性模量的方法,水泥混凝土的抗压弹性模量取轴心抗压强度 1/3 时对应的弹性模量。

本方法适用于各类水泥混凝土的圆柱体试件。

2. 仪器设备(同 T 0556—2005)

3. 试件制备

(1)试件尺寸与圆柱体抗压强度试件相同,尺寸符合 T 0551 中表 6-15 的规定。

(2)每组为 6 根同龄期同条件制作和养护的试件,其中 3 根用于测定圆柱体抗压强度,提出弹性模量试验的加荷标准,另 3 根用于弹性模量试验。

4. 试验步骤

(1)试件取出后,用湿毛巾覆盖并及时进行试验,保持试件干湿状态不变。

(2)擦净试件,测量其尺寸并检查外观。首先测量沿试件高度中央部位相互垂直的两个方向的直径,分别记为 d_1、d_2。再分别测量相互垂直两个方向直径端点的四个高度。试件不得有明显缺损,端面须预先进行端部处理。

(3)取 3 根试件按 T 0554 进行圆柱体抗压强度试验,计算圆柱体抗压强度 f_{cc}。

(4)取另 3 根作抗压弹性模量试件,变形量测仪应安装在试件两侧的母线上。

(5)将试件移于压力机球座上。

(6)对中。

开动压力机,当上压板与试件接近时,调整球座,使接触均衡。加荷至基准应力为0.5MPa 对应的初始荷载值 F_0,保持恒载 60s 并在以后的 30s 内记录两侧变形量测仪的读数 $\varepsilon_0^{左}$、$\varepsilon_0^{右}$。应立即以 0.6 MPa/s ±0.4 MPa/s 的加荷速率连续均匀加荷至 1/3 圆柱体抗压强度 f_{cc} 对应的荷载值 F_a,保持恒载 60s 并在以后的 30s 内记录两侧变形量测仪的读数 $\varepsilon_a^{左}$、$\varepsilon_a^{右}$。

(7)以上读数应和它们的平均值相差在 20% 以内,否则应重新对中试件后重复步骤(6)。如果无法使差值降低到 20% 以内,则此次试验无效。

(8)预压。

确认步骤(7)后,以 0.6MPa/s ±0.4MPa/s 的速度卸荷至基准应力 0.5MPa 对应的初始荷载值 F_0,并持荷 60s。以相同的速度加荷至荷载值 F_a,再保持 60s 恒载,最后以相同的速度卸荷至初始荷载值 F_0,至少进行两次预压循环。

(9)测试。

在完成最后一次预压后,保持 60s 初始荷载值 F_0,在后续的 30s 内记录两侧变形量测仪的读数 $\varepsilon_0^{左}$、$\varepsilon_0^{右}$,再用 0.6 MPa/s ±0.4 MPa/s 的加荷速度加荷至荷载值 F_a,再保持 60s 恒载,并在后续的 30s 内记录两侧变形量测仪的读数 $\varepsilon_a^{左}$、$\varepsilon_a^{右}$。

(10)卸除变形量测仪,以 0.6MPa/s ±0.4MPa/s 速度加荷至破坏,记下破坏极限荷载 F(N)。如果试件的圆柱体抗压强度与 f_{cc} 之差超过 f_{cc} 的 20% 时,应在报告中注明。

5. 试验结果计算

(1)计算试件直径。

$$d = \frac{d_1 + d_2}{2}$$

式中: d——试件计算直径(mm),精确至 0.1mm;

d_1、d_2——两个垂直方向的直径(mm)。

(2)混凝土抗压弹性模量 E_c 按下式计算,结果应精确至 100MPa。

$$E_c = \frac{4(F_a - F_0)}{\pi d^2} \times \frac{L}{\Delta n} \tag{6-40}$$

式中：E_c——混凝土抗压弹性模量(MPa)；

F_a——终荷载(N)$\left(\frac{1}{3}f_{cc}\text{时对应的荷载值}\right)$；

F_0——初荷载(N)(0.5MPa 时对应的荷载值)；

L——测量标距(mm)；

d——试件的计算直径(mm)。

Δn——最后一次加荷时，试件两侧在 F_a 及 F_0 作用下变形差平均值(mm)；

$$\Delta n = (\varepsilon_a^{左} + \varepsilon_a^{右})/2 - (\varepsilon_0^{左} + \varepsilon_0^{右})/2$$

ε_a——F_a 时标距间试件变形(mm)；

ε_0——F_0 时标距间试件变形(mm)。

(3)以 3 根试件试验结果的算术平均值为测定值。如果其中有一根试件的轴心抗压强度值与用以确定检验控制荷载的轴心抗压强度值之差超过后者的 20% 时，则弹性模量值按另两根试件试验结果的算术平均值计算；如有两根试件超出上述规定，则试验结果无效。

6. 试验报告

(1)要求检测的项目名称、执行标准。

(2)原材料的品种、规格和产地。

(3)试验日期及时间。

(4)仪器设备的名称、型号及编号。

(5)环境温度和湿度。

(6)抗压弹性模量值。

(7)要说明的其他内容。

十六、水泥混凝土抗弯拉强度试验(T 0558—2005)

1. 目的和适用范围

本方法规定了测定水泥混凝土抗弯拉极限强度的方法，以提供设计参数，检查水泥混凝土施工品质和确定抗弯拉弹性模量试验加荷标准。

本方法适用于各类水泥混凝土棱柱体试件。

2. 仪器设备

(1)压力机或万能试验机：应符合 T 0551 中 2(3)的规定。

(2)抗弯拉试验装置(即三分点处双点加荷和三点自由支承式混凝土抗弯拉强度与抗弯拉弹性模量试验装置)：如图 6-15 所示。

注：抗弯试验装置必须符合规定要求，加荷头与试件应均匀接触，并不得产生扭矩。

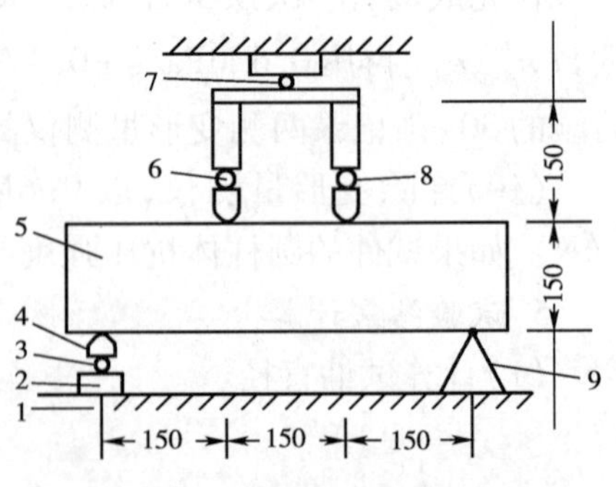

图 6-15　抗弯拉试验装置

(尺寸单位：mm)

1-机台；2-活动支座；3、8-两个钢球；4-活动船形垫块；5-试件；6、7-一个钢球；9-固定支座

3. 试件制备和养护

(1)试件尺寸应符合 T 0551 中表 6-15 的规定，同时在试件长向中部 1/3 区段内表面不得有直径超过 5mm、

深度超过 2mm 的孔洞。

(2)混凝土抗弯拉强度试件应取同龄期者为一组,每组 3 根同条件制作和养护的试件。

4. 试验步骤

(1)试件取出后,用湿毛巾覆盖并及时进行试验,保持试件干湿状态不变。在试件中部量出其宽度和高度,精确至 1mm。

(2)调整两个可移动支座,将试件安放在支座上,试件成型时的侧面朝上,几何对中后,务必使支座及承压面与活动船形垫块的接触面平稳、均匀,否则应垫平。

(3)加荷时,应保持均匀、连续。当混凝土的强度等级小于 C30 时,加荷速度为0.02 ~ 0.05MPa/s;当混凝土的强度等级大于或等于 C30 且小于 C60 时,加荷速度为0.05 ~ 0.08MPa/s;当混凝土的强度等级大于或等于 C60 时,加荷速度为 0.08 ~ 0.10MPa/s。当试件接近破坏而开始迅速变形时,不得调整试验机油门,直至试件破坏, 记下破坏极限荷载 F(N)。

(4)记录下最大荷载和试件下边缘断裂的位置。

5. 试验结果

(1)当断面发生在两个加荷点之间时,抗弯拉强度 f_f 按下式计算,结果应精确至 0.01MPa。

$$f_{\mathrm{f}} = \frac{FL}{bh^2} \tag{6-41}$$

式中:f_f——抗弯拉强度(MPa);

F——极限荷载(N);

L——支座间距离(mm);

b——试件宽度(mm);

h——试件高度(mm)。

(2)以 3 个试件测值的算术平均值为测定值。3 个试件中最大值或最小值中如有一个与中间值之差超过中间值的 15%,则把最大值和最小值舍去,以中间值作为试件的抗弯拉强度;如最大值和最小值与中间值之差值均超过中间值 15%,则该组试验结果无效。

3 个试件中如有一个断裂面位于加荷点外侧,则混凝土抗弯拉强度按另外两个试件的试验结果计算。如果这两个测值的差值不大于这两个测值中较小值的 15%,则以两个测值的平均值为测试结果,否则结果无效。

如果有两根试件均出现断裂面位于加荷点外侧,则该组结果无效。

注:断面位置在试件断块短边一侧的底面中轴线上量得。

(3)采用 100mm × 100mm × 400mm 非标准试件时,在三分点加荷的试验方法同前,但所取得的抗弯拉强度值应乘以尺寸换算系数 0.85。当混凝土强度等级大于或等于 C60 时,应采用标准试件。

6. 试验报告

(1)要求检测的项目名称、执行标准。

(2)原材料的品种、规格和产地。

(3)试验日期及时间。

(4)仪器设备的名称、型号及编号。

(5)环境温度和湿度。

(6)水泥混凝土抗弯拉强度值。

(7)要说明的其他内容。

十七、水泥混凝土抗弯拉弹性模量试验（T 0559—2005）

1. 目的和适用范围

本方法规定了测定水泥混凝土抗弯拉弹性模量的方法和步骤。抗弯拉弹性模量是以1/2抗弯拉强度时的加荷模量为准。

本方法适用于各类水泥混凝土棱柱小梁试件。

2. 仪器设备

（1）压力机、抗弯拉试验装置：仪器设备应符合T 0558的规定。

（2）千分表：一个。分度值为0.001mm，0级或1级。

（3）千分表架：一个。图6-16为金属刚性框架，正中为千分表插座，两端有三个圆头长螺杆，可以调整高度。

（4）毛玻璃片（每片约1.0cm²）、502胶水、平口刮刀、丁字尺、直尺、钢卷尺和铅笔等。

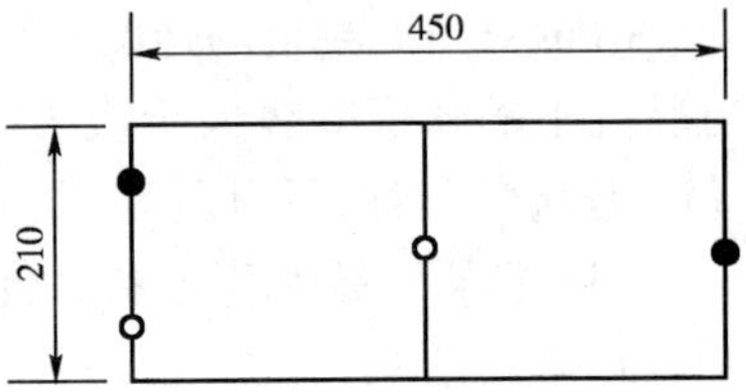

450
210

图6-16　千分表架
（尺寸单位：mm）

3. 试件制备

（1）试件尺寸符合T 0551中表6-15的规定，同时在试件长向中部1/3区段内表面不得有直径超过5mm、深度超过2mm的孔洞。

（2）每组6根同龄期同条件制作的试件，3根用于测定抗弯拉强度，3根则用作抗弯拉弹性模量试验。

4. 试验步骤

（1）至试验龄期时，自养护室取出试件，用湿布覆盖，避免其湿度变化。清除试件表面污垢，修平与装置接触的试件部分（对抗弯拉强度试件即可进行试验）。在试件上下面（即成型时两侧面）画出中线和装置位置线，在千分表架共四个脚点处，用干毛巾先擦干水分，再用502胶水粘牢小玻璃片，量出试件中部的宽度和高度，精确至1mm。

（2）将试件安放在支座上，使成型时的侧面朝上，千分表架放在试件上，压头及支座线垂直于试件中线且无偏心加载情况，而后缓缓加上约1kN压力。停机检查支座等各接缝处有无空隙（必要时需加金属薄垫片），应确保试件不扭动；而后安装千分表，其触点及表架触点稳立在小玻璃片上，如图6-17。

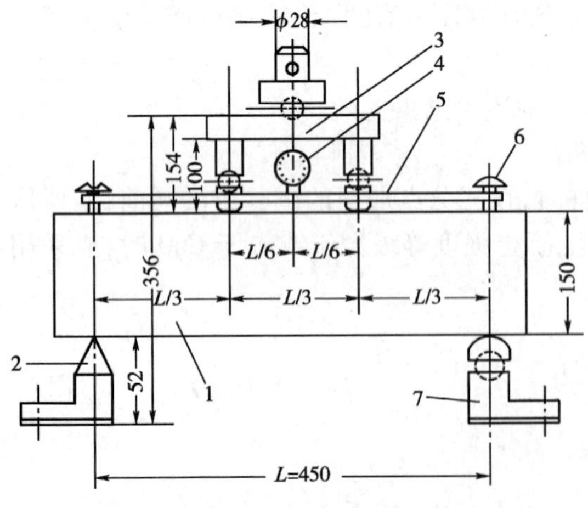

图6-17　抗弯拉弹性模量试验装置示意图
（尺寸单位：mm）

1-试件；2-固定支座；3-加荷支座；4-千分表；5-千分表架；6-螺杆；7-可移动支座

（3）取抗弯拉极限荷载平均值的1/2为抗弯拉弹性模量试验的荷载标准（即$F_{0.5}$），进行5次加卸荷载循环。由1kN起，以0.15～0.25kN/s的速度加荷，至3kN刻度处停机（设为F_0），保持约30s（在此段加荷时间中，千分表指针应能起动，否则应提高F_0至4kN等），记下千分表读数Δ_0；而后继续加至$F_{0.5}$，保持约30s，记下千分表读数$\Delta_{0.5}$；再以同样速度卸荷至1kN，保持约30s，为第一次循环，如图6-18。

（4）同第一次循环，共进行五次循环，以第五次循环的挠度值为准。如第五次与第四次循环挠度值相差大于0.5μm时，须进行第六次循环,直到两次相邻循环挠度值之差符合上述要求为止,以最后一次挠度值为准。

(5)当最后一次循环完毕,检查各读数无误后,立即去掉千分表,继续加荷直至试件折断,记下循环后抗弯拉强度f'_f,观察断裂面形状和位置。如断面在三分点外侧,则此根试件结果无效;如有两根试件结果无效,则该组试验无效。

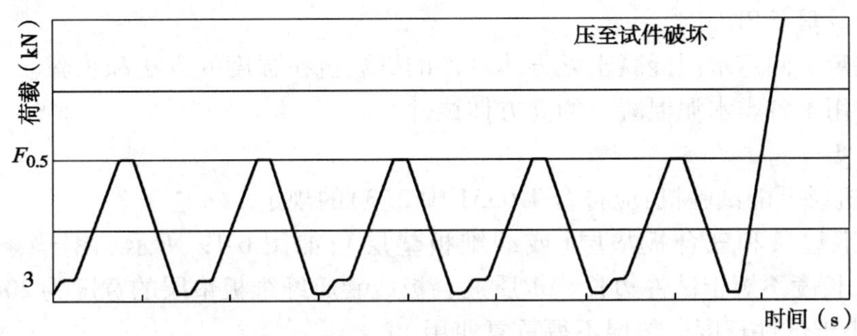

图6-18 抗弯拉弹性模量试验加荷示意图

5. 试验结果

(1)混凝土抗弯拉弹性模量E_f按简支梁在三分点各加荷载$\frac{F_{0.5}}{2}$的跨中挠度公式反算求得,结果应精确至100MPa。

$$E_f = \frac{23L^3(F_{0.5} - F_0)}{1296J|\Delta_{0.5} - \Delta_0|} \tag{6-42}$$

式中: E_f——混凝土抗弯拉弹性模量(MPa);

$F_{0.5}$、F_0——终荷载及初荷载(N);

$\Delta_{0.5}$、Δ_0——对应$F_{0.5}$及F_0的千分表读数(mm);

L——试件支座间距离($L=450$mm);

J——试件断面转动惯量(mm^4),$J=\frac{1}{12}bh^3$。

(2)以3个试件测值的算术平均值为测定值。3个试件中最大值或最小值中如有一个与中间值之差超过中间值的15%,则把最大值和最小值舍去,以中间值作为试件的抗弯拉强度;如有两个测值与中间值的差值均超过中间值的15%时,则该组试验结果无效。

3个试件中如有一个断裂面位于加荷点外侧,则混凝土抗弯拉强度按另外两个试件的试验结果计算。如果这两个测值的差值不大于这两个测值中较小值的15%,则以两个测值的平均值为测试结果,否则结果无效。

如果有两根试件均出现断裂面位于加荷点外侧,则该组结果无效。

注:断面位置在试件断块短边一侧的底面中轴线上量得。

6. 试验报告

(1)要求检测的项目名称、执行标准。

(2)原材料的品种、规格和产地。

(3)试验日期及时间。

(4)仪器设备的名称、型号及编号。

(5)环境温度和湿度。

(6)抗弯拉模量。

(7)断裂位置。

(8)要说明的其他内容。

十八、水泥混凝土立方体劈裂抗拉强度试验(T 0560—2005)

1.目的和适用范围

本方法规定了测定水泥混凝土立方体试件的劈裂抗拉强度的方法和步骤。

本方法适用于各类水泥混凝土的立方体试件。

2.仪器设备

(1)压力机或万能试验机:应符合 T 0551 中 2(3)的规定。

(2)劈裂钢垫条和三合板垫层(或纤维板垫层);如图 6-19 所示。钢垫条顶面为半径 75mm 的弧形,长度不短于试件边长。木质三合板或硬质纤维板垫层的宽度为 20mm,厚为 3~4mm,长度不小于试件长度。垫层不得重复使用。

(3)钢尺:分度值为 1mm。

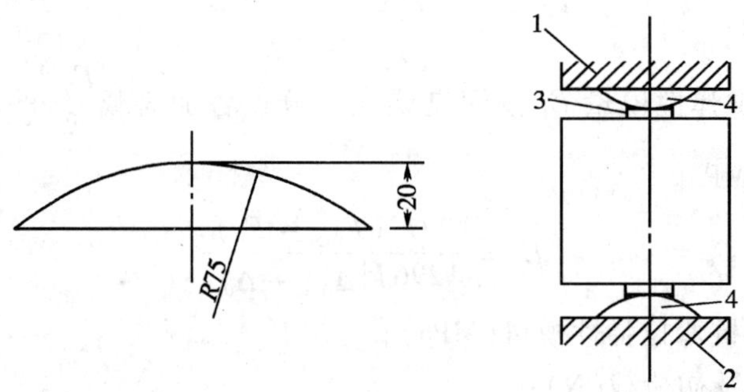

图 6-19　劈裂试验用钢垫条(尺寸单位:mm)

1-上压板;2-下压板;3-垫层;4-垫条

3.试件制备和养护

(1)试件尺寸应符合 T 0551 中表 6-15 的规定。

(2)本试件应同龄期者为一组,每组为 3 个同条件制作和养护的混凝土试块。

4.试验步骤

(1)至试验龄期时,自养护室取出试件,用湿布覆盖,避免其湿度变化。检查外观,在试件中部画出劈裂面位置线,劈裂面与试件成型时的顶面垂直。尺寸测量精确至 1mm。

(2)试件放在球座上,几何对中,放妥垫层垫条,其方向与试件成型时顶面垂直。

(3)当混凝土的强度等级小于 C30 时,加荷速度为 0.02~0.05MPa/s;当混凝土的强度等级大于或等于 C30 且小于 C60 时,加荷速度为 0.05~0.08MPa/s;当混凝土的强度等级大于或等于 C60 时,加荷速度为 0.08~0.10MPa/s。当试件接近破坏而开始迅速变形时,不得调整试验机油门,直至试件破坏,记下破坏极限荷载 F(N)。

5.试验结果计算

(1)混凝土立方体劈裂抗拉强度 f_{ts} 按下式计算,结果应精确至 0.01MPa。

$$f_{ts}=\frac{2F}{\pi A}=0.637\frac{F}{A} \tag{6-43}$$

式中:f_{ts}——混凝土立方体劈裂抗拉强度(MPa);

F——极限荷载(N);

A——试件劈裂面面积(mm^2),为试件横截面面积。

(2)劈裂抗拉强度测定值的计算及异常数据的取舍原则为:以3个试件测值的算术平均值为测定值。如3个试件中最大值或最小值中如有一个与中间值的差值超过中间值的15%时,则取中间值为测定值;如有两个测值与中间值的差值均超过上述规定时,则该组试验结果无效。

6. 试验报告

(1)要求检测的项目名称、执行标准。

(2)原材料的品种、规格和产地。

(3)试验日期及时间。

(4)仪器设备的名称、型号及编号。

(5)环境温度和湿度。

(6)立方体试件的劈裂抗拉强度值。

(7)要说明的其他内容。

十九、水泥混凝土圆柱体劈裂抗拉强度试验(T 0561—2005)

1. 目的和适用范围

本方法规定了测定圆柱试件和现场钻芯取样的劈裂抗拉强度方法。

本方法适用于各类水泥混凝土的圆柱试件和现场芯样。

2. 仪器设备

(1)压力机或万能试验机:应符合T 0551中2(3)的规定。

(2)劈裂夹具、木质三合板垫层、钢垫条:如图6-20所示。钢垫条为平面,厚度不小于10mm,长度不短于试件边长。木质三合板或硬质纤维板垫层的宽度为20mm,厚为3~4mm,长度不小于试件长度。垫层不得重复使用。支架为钢支架。

(3)钢尺:分度值为1mm。

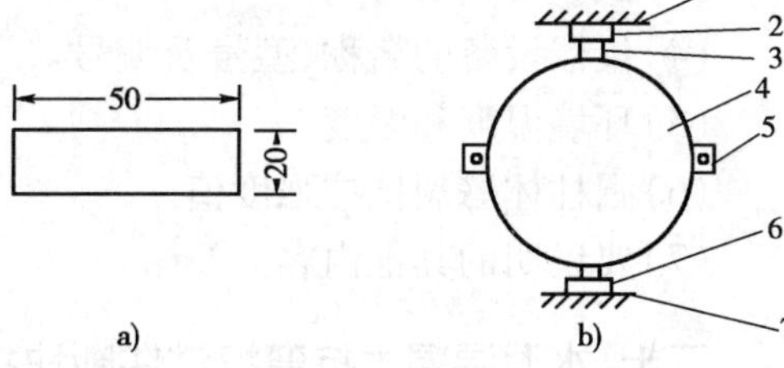

图6-20 圆柱体芯样劈裂抗拉试验装置示意图(尺寸单位:mm)

a)夹具钢垫条;b)劈裂夹具

1、7-压力机压板;2、6-夹具钢垫条;3-木质或纤维垫层;4-试件;5-侧杆

3. 试件制备和养护

(1)试件尺寸应符合T 0551中表6-15的规定。

(2)本试件应同龄期者为一组,每组为3个同条件制作和养护的混凝土试件。

(3)对于现场芯样,长径比大于或等于1。适宜的长径比在1.9~2.1之间,最大长径比不能超过2.1。芯样最小直径为100mm,直径至少是公称最大粒径的2倍。芯样在进行强度试验前需进行调湿,一般应在标准养护室养护24h。

4. 试验步骤

(1)至试验龄期时,自养护室取出试件,用湿布覆盖,避免其湿度变化。测量出直径、高度并检查外形,尺寸量测至1mm。

(2)在试件中部画出劈裂面位置线。圆柱体的母线公差为0.15mm。这两条母线应位于同一轴向平面内,彼此相对,两条线的末端在试件的端面上相连,应为通过圆心的直径,以明确标明承压面。将试件、劈裂夹具、垫条和垫层如图6-20b)所示放在压力机上,借助夹具两侧杆,将试件对中。开动压力机,当压力机压板与夹具垫条接近时,调整球座使压力均匀接触试件。当压力到 5kN 时,将夹具的侧杆抽掉。

(3)当混凝土的强度等级小于 C30 时,加荷速度为 0.02 ~0.05MPa/s;当混凝土的强度等级大于或等于 C30 且小于 C60 时,加荷速度为 0.05 ~0.08MPa/s;当混凝土的强度等级大于或等于 C60 时,加荷速度为 0.08 ~0.10MPa/s。当试件接近破坏而开始迅速变形时,不得调整试验机油门,直至试件破坏,记下破坏极限荷载 F(N)。

5. 试验结果

(1)圆柱体劈裂抗拉强度 f_{ct} 按下式计算,结果应精确至 0.01MPa。

$$f_{ct} = \frac{2F}{\pi d_m \times l_m} \tag{6-44}$$

式中:f_{ct}——圆柱体劈裂抗拉强度(MPa);

F——极限荷载(N);

d_m——圆柱体截面的平均直径(mm);

l_m——圆柱体平均长度(mm)。

(2)劈裂抗拉强度测定值的计算及异常数据的取舍原则为:以 3 个试件测值的算术平均值为测定值。如 3 个试件中最大值或最小值中有一个与中间值的差值超过中间值的 15% 时,则取中间值为测定值;如有两个测值与中间值的差值均超过上述规定时,则该组试验结果无效。

6. 试验报告

(1)要求检测的项目名称、执行标准。

(2)原材料的品种、规格和产地。

(3)试验日期及时间。

(4)仪器设备的名称、型号及编号。

(5)环境温度和湿度。

(6)圆柱体劈裂抗拉强度值。

(7)要说明的其他内容。

二十、水泥混凝土抗弯拉试件断块抗压强度试验(T 0562—2005)

1. 目的和适用范围

本方法规定了测定水泥混凝土抗弯拉试件断块试件抗压强度的方法和步骤。

本方法适于各种水泥混凝土抗弯拉试件断块的抗压强度测定。

注:本方法得到的抗压强度不宜用于混凝土强度等级评定。

2. 仪器设备

(1)压力机或万能试验机:应符合 T 0551 中 2(3)的规定。

(2)球座:应符合 T 0551 中 2(4)的规定。

(3)试件压板:如图 6-21 所示。上压板为 150mm 见方的钢板,厚度大于或等于 40mm,淬火并刨平(Ra2.5μm);导向轴使上下压板两侧对准在一个垂直面上;下压板长度应能使两侧板与试件间保留 10 ~13mm 的空隙,厚度、硬度等与上压板相同。

3. 试件制备

(1)本试件为进行抗弯拉强度试验后小梁的断块,其长度较梁高至少长 50mm,无显著裂纹及凹凸不平等缺陷。

(2)以成型时两侧面作为破型时上下加压面。

4. 试验步骤

(1)在完成抗弯拉试验后，应尽快试验，并对试件进行编号，描述断块情况。

(2)试件安置于压板中(图6-21)，将压板放置机台上，几何对中。

注:上下压板必须保持平行，严格对准，保证受压面为150mm×150mm。

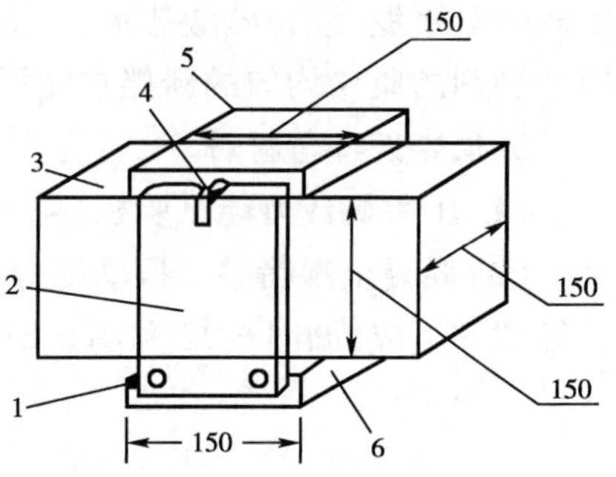

图6-21　试件压板

(尺寸单位:mm)

1-定位螺丝;2-导向侧板;3-试件;4-导向轴;5-上压板;6-下压板

(3)强度等级小于C30的混凝土取0.3～0.5MPa/s的加荷速度;强度等级大于或等于C30小于C60时，则取0.5～0.8MPa/s的加荷速度;强度等级大于或等于C60的混凝土取0.8～1.0MPa/s的加荷速度。当试件接近破坏而开始迅速变形时，不得调整试验机油门，直至试件破坏，记下破坏极限荷载F(N)。

5. 试验结果

(1)混凝土断块抗压强度f'按下式计算，结果应精确至0.1MPa。

$$f' = \frac{F}{A} \tag{6-45}$$

式中:f'——混凝土断块抗压强度(MPa);

F——极限荷载(N);

A——上压板面积(mm^2)。

(2)每根试件两断块试验结果的平均值(或一块)为该根试件的抗压强度。每组3根试件抗压强度测定值的计算及异常数据取舍原则为:以3个试件测值的算术平均值为测定值。三个试件中最大值或最小值中如有一个与中间值的差值超过中间值的15%时，则取中间值为测定值;如有两个测值与中间值的差值均超过上述规定时，则该组试验结果无效。

6. 试验报告

(1)要求检测的项目名称、执行标准。

(2)原材料的品种、规格和产地。

(3)仪器设备的名称、型号及编号。

(4)环境温度和湿度。

(5)断块抗压强度值。

(6)要说明的其他内容。

二十一、水泥混凝土强度快速试验——1h促凝压蒸法(T 0563—2005)

1. 目的和适用范围

本方法规定了快速测定水泥混凝土强度的方法和步骤。在事先已建立同材料的水泥混凝土强度推定式的条件下，通过测定新拌水泥混凝土湿筛砂浆试样促凝压蒸1h后的快硬强度，可即时预测出该水泥混凝土试样潜在的标准养护28d龄期(抗压和抗弯拉)强度，用于水泥混凝土现场质量管理或配合比设计及其调整。

本方法适用于硅酸盐水泥、普通硅酸盐水泥、矿渣硅酸盐水泥、粉煤灰硅酸盐水泥、火山灰质硅酸盐水泥、复合硅酸盐水泥、道路硅酸盐水泥及指定采用本方法的其他品种水泥及掺加常用外加剂的质量均匀的新拌水泥混凝土。

2. 仪器设备与材料

(1)压力机或万能试验机:应符合 T 0551 中 2(3)的规定。

(2)混凝土湿筛砂浆振动筛分、成型两用机(简称两用机):由机体、筛子、振动台、下料漏斗等部件组成,如图 6-22 和图 6-23 所示。

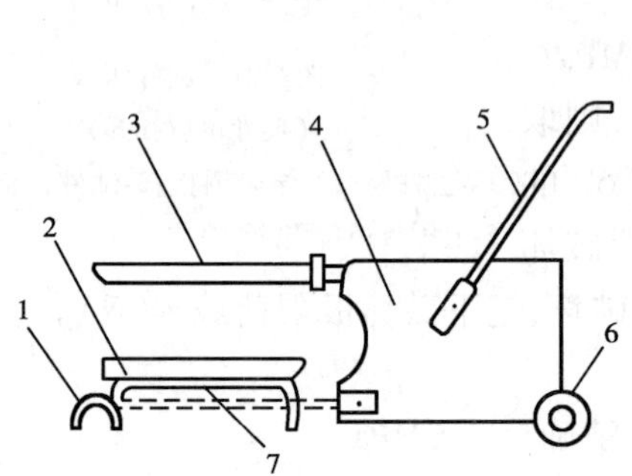

图 6-22 两用机筛分工作状态

1-筛分支撑;2-接料盘;3-筛子;4-机体;5-成型支撑;6-胶轮;7-接料盘架

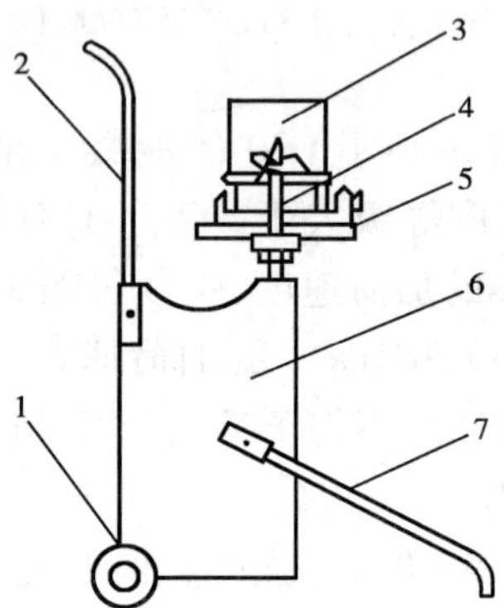

图 6-23 两用机成型工作状态

1-胶轮;2-筛分支撑;3-下料漏斗;4-试模;5-振动台面;6-机体;7-成型支撑

机体由 0.5kW 电机带动凸轮产生连续简谐振动,频率为 2800 ~ 3000 次/min,振幅为 1mm ±0.1mm。筛子孔径为 ϕ4.75mm。

将机体平放,装上筛子(图 6-22),可筛分混凝土中的砂浆;卸下筛子,将机体翻转 90°使之直立,装上振动台面、试模及下料漏斗(图 6-23),可振动成型湿筛砂浆试件。

(3)专用压蒸仪:采用装有压力表的 ϕ240mm 压蒸锅,如图 6-24 所示。压力表表盘尺寸为 ϕ55mm,量程为 0 ~ 250kPa。

压蒸仪配用 1.5kW 电炉加热。将试件带模放入盛有沸水的压蒸仪内压蒸养护时,正常情况下,加盖安全阀约 15min 后,锅内蒸汽压力达到并稳定在 100 kPa ± 10kPa,温度约为 120℃。

(4)湿筛砂浆专用试模:包括可装卸的三联钢模和钢盖板。钢模组装后内壁互相垂直,有效尺寸为 31.6mm × 31.6mm × 50mm。试模结构如图 6-25 所示,尺寸精度要求见表 6-19。

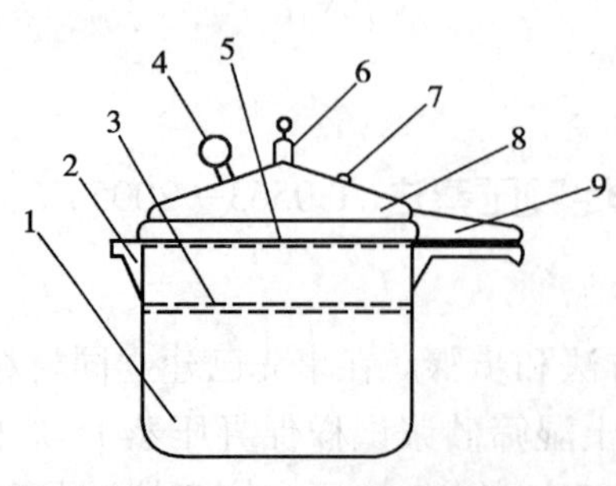

图 6-24 专用压蒸仪结构

1-锅体;2-小手柄;3-蒸屉;4-压力表;5-密封圈;6-限压阀;7-易熔塞;8-锅盖;9-把手

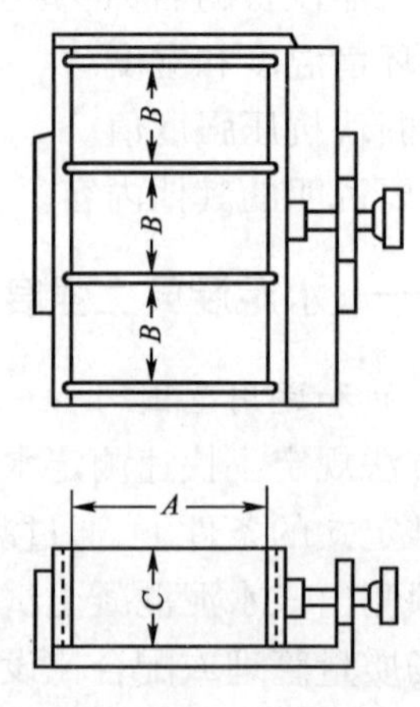

图 6-25 试模结构

(5)台秤:量程5kg,感量为5g。

(6)天平:量程100g,感量为0.1g。

(7)砂浆搅拌锅、拌和铲、小刀、方形搪瓷盘(或铁皮制作的料盘,尺寸约250mm×400mm)、秒表等。

试模尺寸　　表6-19

符　号	制造尺寸(mm)	磨损后允许尺寸(mm)
A	50	—
B	31.6 −0.1	31.6 +0.1
C	31.6 +0.1	31.6 −0.1

(8)专用促凝剂:CS或CAS专用促凝剂,每次试验用量5g,采用分析纯或化学纯的化学试剂按表4-18的配方配成。一般情况下用CS促凝剂,当混凝土掺用粉煤灰或缓凝型外加剂时,可用CAS促凝剂。为提高促凝剂的均匀分散性,应事先将所用化学试剂(白色颗粒)分别研细,再按一次用量以塑料袋密封分装,应在阴凉干燥处存放,防止受潮结块。

3. 试验步骤

(1)试验准备

①将试模擦净,四周模板与底座的接触面上涂抹黄油,紧密装配,防止漏浆。试模内壁均匀刷一薄层机油。

②压蒸锅内加水至离蒸屉约20mm的高度,将水烧沸并检查压蒸锅是否漏汽。如漏汽,须采取相应改善措施(更换密封圈等)。

(2)筛取新拌混凝土的湿筛砂浆试样

①在现场或试验室成型标准养护28d龄期混凝土(抗压、抗弯拉强度)试件的同时,取有代表性的新拌混凝土试样约4~5kg均匀摊放在两用机的筛子中。筛面及其他用具的表面均应事先用湿布擦拭。

②开动两用机,手持小铲轻轻翻拌筛内的混凝土拌合物,筛至粗集料表面不黏砂浆并基本不见砂浆落入接料盘为止。为防止试样中水分损失,筛分工作应力求快速。

③混凝土筛分完毕后,立即将接料盘中的湿筛砂浆试样拌匀,并用经湿布擦拭的拌和锅称取500g砂浆试样。

(3)在砂浆试样中加入促凝剂

将砂浆试样摊平,均匀撒入规定量的促凝剂,按动秒表开始记时并立即用湿布擦过的拌和铲迅速将砂浆翻拌、拨压30s。翻拌时,锅沿逆时针方向转动,铲沿顺时针方向翻拌、拨压,每翻拌一次,约拨压3~4次,共反复15次左右。

(4)成型试件

①将加有促凝剂的湿筛砂浆试样通过两用机的下料漏斗一次加入试模中。

②开动两用机,振动成型试件。振动成型时间参照表6-20选定。

③从两用机上取下试模,用小刀将高出试模的砂浆轻轻刮去、抹平并盖上事先刷过机油的钢盖板。

振动成型时间选用参考　　表6-20

混凝土坍落度(cm)	0~5	6~10	11~15	>15
试件振动成型时间(s)	60	50	40	30

(5)试件压蒸养护

①从加入促凝剂起至5min时,将带模的试件放入水已烧沸的压蒸仪内压蒸养护。压蒸时间从加盖、压阀后起计,一般为1h。采用快硬水泥时,可缩短为30~40min;使用缓凝型外加剂或掺粉煤灰混合料时,可延长至1.5h。适宜的压蒸时间应通过试验确定。

②记录压蒸过程中的升压时间(加盖锅盖后至蒸汽压力达到100kPa±10kPa并且开始释放蒸汽时),各次试验应基本相同,为15min左右。如发现异常,应查找原因并及时处理,重新进行试验。

③压蒸养护到规定时间(允许误差为±2min)时,切断电源,将压蒸锅从电炉上搬下,去阀放汽。在确认锅内无蒸汽压力后,开盖取出试模,立即拆模进行试件抗压强度试验。

(6)测定快硬砂浆抗压强度

①检查并放正压力机球座,球座应转动灵活,防止试件局部或偏心受压。

②清除试件端面和压力机加压板上的砂粒或杂物,将试件直立放在加压板的中心,均匀加荷,直至试件破坏。

4.试验结果

(1)按下式计算快硬湿筛砂浆抗压强度。

$$f_{1h}=\frac{F}{A} \tag{6-46}$$

式中:f_{1h}——促凝压蒸1h快硬湿筛砂浆抗压强度(MPa);

F——破坏荷载(N);

A——试件受压面积($1000mm^2$)。

注:压蒸养护时间为0.5h或1.5h时,强度相应记为$f_{0.5h}$或$f_{1.5h}$。

以三个试件测值的算术平均值作为试验结果。如任一测值与中间值的差值超过中间值的15%,则取中间值为试验结果;当有两个测值与中间值的差值超过上述规定时,则该组试验结果无效。

(2)推定混凝土强度。

①采用事先建立且推定精度满足使用要求的混凝土抗压、抗弯拉强度推定经验式[式(6-47)~式(6-50)],根据快硬湿筛砂浆抗压强度试验结果f_{1h},推定标准养护28d龄期的混凝土抗压强度$\hat{f}_{28}$及抗弯拉强度$\hat{f}_{f28}$。

$$\hat{f}_{28}=a_1+b_1f_{1h} \tag{6-47}$$

$$\hat{f}_{f28}=a_2+b_2f_{1h} \tag{6-48}$$

$$\text{或}\quad \hat{f}_{28}=A_1f_{1h}^{B_1} \tag{6-49}$$

$$\hat{f}_{f28}=A_2f_{1h}^{B_2} \tag{6-50}$$

式中:

$\hat{f}_{28}$——混凝土试件标准养护28d龄期的抗压强度(MPa);

$\hat{f}_{f28}$——混凝土试件标准养护28d龄期的抗弯拉强度(MPa);

f_{1h}——促凝压蒸1h的快硬湿筛砂浆试件抗压强度(MPa);

a_1、b_1、a_2、b_2或A_1、B_1、A_2、B_2——待定系数(与原材料性质有关,通过试验确定)。

注:进行预备试验建立混凝土强度推定经验式的方法应符合本规程T 0563附录的规定。

②确定标准养护28d抗压、抗弯拉强度时,快硬湿筛砂浆强度的测值应在预备试验所得强度经验式的回归线范围内,不得外推。

5. 试验报告

(1)要求检测的项目名称、执行标准。

(2)原材料的品种、规格和产地。

(3)仪器设备的名称、型号及编号。

(4)环境温度和湿度。

(5)1h 快硬强度和推定 28d 龄期时的强度。

(6)要说明的其他内容。

T 0563 附录　混凝土强度推定经验式的建立方法及精度要求

1. 目的和适用范围

建立混凝土(抗压、抗弯拉)强度推定经验式,用于 1h 促凝压蒸法快速推定混凝土强度试验。

2. 仪器设备与材料

(1)T 0563 所用仪器设备及促凝剂。

(2)T 0553、T 0558 所用仪器设备。

3. 试验步骤

(1)在试验室采用与现场混凝土相同的原材料,设计 4 ~6 种灰水比(如 1.50、1.75、2.00、2.25、2.50 等)的混凝土配合比。最大、最小灰水比之差不应小于 1,且现场混凝土的灰水比必须包括在此灰水比范围中。混凝土的石子用量或砂率适中,坍落度与施工要求相同。

(2)按照设计配合比相继拌制各级混凝土,每种配合比均同时取样分别按本规程测定促凝压蒸 1h 湿筛砂浆抗压强度 f_{1h}、混凝土 28d 抗压强度 f_{28} 及抗弯拉强度 f_{f28}。一般情况下,建立一个推定经验式的数据不宜少于 30 组,因此,各个配合比的重复试验次数不宜少于 5 ~ 8 次。

如直接取现场混凝土进行预备试验,应注意取样混凝土的强度等级范围(尽量取不同强度等级)及材料的均一性。

4. 试验结果计算

(1)建立混凝土强度推定经验式

将各组快硬湿筛砂浆抗压强度及相应的混凝土 28d 抗压、抗弯拉强度试验结果汇总,进行数据回归分析,得出直线型($y = a + bx$)或幂函数型($y = Ax^{B}$)混凝土抗压、抗弯拉强度推定经验式。

所建混凝土强度推定式的相关性必须高度显著(一般情况下,室内试验的相关系数可达 0.95 左右,现场试验可达 0.85 左右;在现场混凝土强度等级单一的情况下,相关系数有可能达不到显著性程度),回归离差系数一般不应超过 10%,最大不应超过 15%。

(2)验证混凝土强度经验式的推定精度

所建混凝土强度推定经验式须经现场试用验证其推定精度,在确认推定精度满足要求后方可正式采用。使用中的经验式,也须经常校核推定精度。

①在现场成型标准养护 28d 龄期混凝土抗压、抗弯拉强度试件的同时,取相同混凝土试样进行湿筛砂浆促凝压蒸 1h 快硬强度试验,根据所建强度经验式推定混凝土 28d 抗压强度或抗弯拉强度。

②按 T 0512 附录的方法统计 28d 龄期混凝土强度实测值与快速推定值的平均误差百分率 $\overline{V}$。

③在现场试验数据不少于 20～30 组的条件下，$\overline{V}$ 不宜超过 10%，最大不应超过 15%。否则，应分析原因，必要时对所建经验式进行适当修正或重新建立新的强度经验式。

(3)统计试验误差

在试验数据不少于 20～30 组的条件下，混凝土强度及湿筛砂浆快硬强度的平均组内试验误差 $\overline{V}_t$ 不应大于 5%，平均多天试验变异系数 $\overline{V}_d$ 不应大于 10%。否则，应分析原因，采取相应改进措施。

注：①$\overline{V}_t$ 及 $\overline{V}_d$ 的统计计算方法见 T 0512 附录。

②关于"混凝土强度推定经验式的建立及其推定精度计算方法"的详细内容，见《1h 推定混凝土强度新技术》(人民交通出版社出版)。

二十二、水泥混凝土动弹性模量试验——共振仪法(T 0564—2005)

1. 目的和适用范围

本方法规定了采用共振仪测定水泥混凝土动弹性模量的方法和步骤。

本方法适于各种符合尺寸要求的水泥混凝土试件的动弹性模量测定。测定水泥混凝土的动弹性模量，以检验水泥混凝土在经受冻融或其他侵蚀作用后遭受破坏的程度，评定其耐久性能。

2. 仪器设备

(1)共振法混凝土动弹性模量测定仪(简称共振仪)：输出频率可调范围为 100～20kHz，输出功率应能激励试件产生受迫振动，以便能用共振的原理测定出试件的基频振动频率。

在无专用仪器的情况下，可将各类仪器组合进行试验。

共振仪输出频率的可调范围应与所测试件的尺寸、密度及混凝土品种相匹配，一般为 100～20kHz，输出功率也应能激励试件产生受迫振动。其基本原理示意如图 6-26 所示。

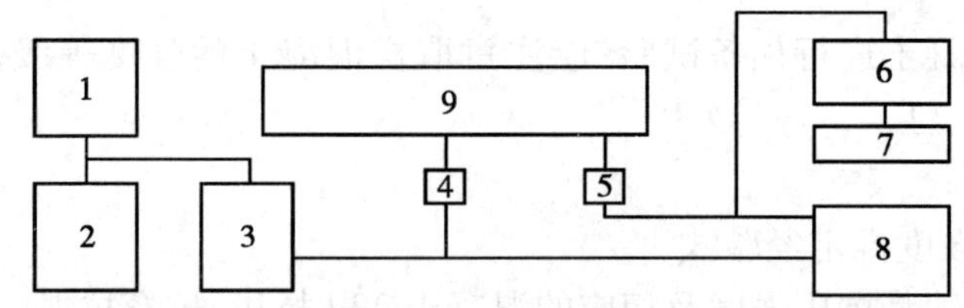

图 6-26 共振法混凝土动弹性模量测定工作原理图

1-振荡器；2-频率计；3-放大器；4-激振换能器；5-拾振换能器；6-放大器；7-微安表；8-示波器；9-试件

(2)试件支承件：硬橡胶韧性支座或约 20mm 厚的软泡沫塑料垫。

(3)台秤：量程 20kg，感量为 10g。

3. 试件制备

本试验采用截面为 100mm×100mm 的棱柱体试件，其长宽比一般为 3～5。标准试件尺寸为 100mm×100mm×400mm。

4. 试验步骤

(1)试验前测定试件的质量和尺寸。3 个试件质量与其平均值的允许偏差为 ±0.5%，尺寸与其平均值的允许偏差为 1%。每个试件的长度和截面尺寸均取 3 个部位的平均值。

(2)将试件安放在支承体上，并定出以共振法测量试件横向基频振动频率时，激振换能器和拾振器的位置，如图6-27所示。将激振器和拾振器的测杆轻轻地压在试件的表面上（测杆与试件接触面一般涂一薄层黄油或凡士林），测杆压力的大小以不出现噪声为宜。

（3）用共振仪进行测定时，可根据试件共振频率的大小，选择相应的频率测量范围。调整激振功率和接受增益旋钮至适当位置，以粗调迅速找到试件的共振点后，再进行细调。当微安表和示波器指示的幅度值一致增加，达到最大的幅度时即为共振。此时，从数字计数器上读出的频率，就是试件的自振频率。

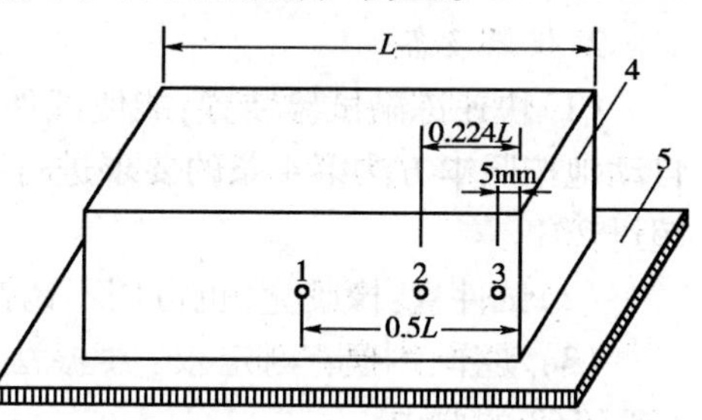

图6-27　测试位置示意图

1-激振器位置；2-节点；3-拾振器位置；4-试件（测量时试件成型面朝上）；5-泡沫塑料垫

（4）用组合仪器进行测定时，采用示波器作显示仪器，示波器的图形调成一个正圆时的频率作为共振频率。当仪器同时具有指示电表和示波器时，以电表指针达到最大值时的频率作为共振频率。

（5）观测时，应重复测试两次，测试结果的波动范围，以小于±0.5%为宜。以两次试验的平均值作为该试件的测值。

注：在测试过程中，如发现两个以上的峰值时，建议采用以下方法找出真实共振峰：

①将输出功率固定，反复调整仪器输出频率，从微安表上比较幅值的大小，幅值最大者为真实的共振峰。

②可把拾振器测杆移至节点处（距端部0.224倍的试件长度），如微安表指针为零，即为真实共振峰。

5. 试验结果

混凝土动弹性模量应按下式计算，结果应精确至100MPa。

$$E_d = 9.46 \times 10^{-4} \frac{WL^3f^2}{a^4} \times K \tag{6-51}$$

式中：E_d——混凝土动弹性模量（MPa）；

a——正方形截面试件的边长（mm）；

L——试件的长度（mm）；

W——试件的质量（kg）；

f——试件横向振动时的基振频率（Hz）；

K——试件尺寸修正系数：$L/a=3$时，$K=1.68$；$L/a=4$时，$K=1.40$；$L/a=5$时，$K=1.26$。

混凝土动弹性模量以3个试件的平均值作为试验结果。

6. 试验报告

（1）要求检测的项目名称、执行标准。

（2）原材料的品种、规格和产地。

（3）仪器设备的名称、型号及编号。

（4）环境温度和湿度。

（5）混凝土动弹性模量。

（6）要说明的其他内容。

二十三、水泥混凝土抗冻性试验——快冻法（T 0565—2005）

1. 目的和适用范围

本方法规定用快冻法测定水泥混凝土抵抗水和负温共同反复作用的能力。

本方法适用于以动弹性模量、质量损失率和相对耐久性指数作为评定指标的水泥混凝土抗冻性试验。本方法特别适用于抗冻性要求高的水泥混凝土。

2. 仪器设备

(1)快速冻融试验装置:能使试件固定在水中不动,依靠热交换液体的温度变化而连续、自动地按照本方法第4条的要求进行冻融的装置。满载运行时冻融箱内各点温度的极差不得超过2℃。

(2)试件盒:橡胶盒(也可用不锈钢板制成),净截面尺寸为110mm×110mm,高500mm。

(3)动弹性模量测定仪:共振法频率测量范围100~20kHz。若采用其他设备,应符合T 0563的要求。

(4)台秤:量程不小于20kg,感量不大于10g。

(5)热电偶电位差计:能测量试件中心温度,测量范围-20~20℃,允许偏差为±0.5℃。

3. 试样制备

(1)试样制备应符合T 0551的规定。

采用100mm×100mm×400mm的棱柱体混凝土试件,每组3根,在试验过程中可连续使用。除制作冻融试件外,尚应制备中心可插入热电偶电位差计测温的同样形状、尺寸的标准试件,其抗冻性能应高于冻融试件。

(2)也可以是现场切割的试件,尺寸为100mm×100mm×400mm。

4. 试验步骤

(1)按T 0551规定进行试件的制作和养护。试验龄期如无特殊要求一般为28d。在规定龄期的前4d,将试件放在20℃±2℃的饱和石灰水中浸泡,水面至少高出试件20mm(对水中养护的试件,到达规定龄期时,可直接用于试验)。浸泡4d后进行冻融试验。

(2)浸泡完毕,取出试件,用湿布擦去表面水分。按T 0564测横向基频,并称其质量,作为评定抗冻性的起始值,并做必要的外观描述。

(3)将试件放入橡胶试件盒中,加入清水,使其没过试件顶面约1~3mm(如采用金属试件盒,则应在试件的侧面与底部垫放适当宽度与厚度的橡胶板或多根直径3mm的电线,用于分离试件和底部)。将装有试件的试件盒放入冻融试验箱的试件架中。

(4)按规定进行冻融循环试验,应符合下列要求:

①每次冻融循环应在2~5h完成,其中用于融化的时间不得小于整个冻融时间的1/4。

②在冻结和融化终了时,试件中心温度应分别控制在-18℃±2℃和5℃±2℃。中心温度应以测温标准试件实测温度为准。

③在试验箱内,各个位置上的每个试件从3℃降至-16℃所用的时间,不得少于整个受冻时间的1/2;每个试件从-16℃升至3℃所用的时间,也不得少于整个融化时间的1/2。试件内外温差不宜超过28℃。

④冻和融之间的转换时间不应超过10min。

(5)通常每隔25次冻融循环对试件进行一次横向基频的测试并称量,也可根据试件抗冻性高低来确定测试的间隔次数。测试时,小心将试件从试件盒中取出,冲洗干净,擦去表面水,进行称量及横向基频的测定,并做必要的外观描述。测试完毕后,将试件掉头重新装入试件盒中,注入清水,继续试验。试件在测试过程中,应防止失水,待测试件须用湿布覆盖。

(6)如果试验因故中断,应将试件在受冻状态下保存在原试验箱内。如果达不到这个要求,试件处在融解状态下的时间不宜超过两个循环。

(7)冻融试验到达以下三种情况的任何一种时,即可停止试验。

①冻融至300次循环。

②试件的相对动弹性模量下降至60%以下。

③试件的质量损失率达5%。

5.试验结果

(1)相对动弹性模量 P 按下式计算,结果应精确至0.1%。

$$P = \frac{f_n^2}{f_0^2} \times 100 \tag{6-52}$$

式中:P——经 n 次冻融循环后试件的相对动弹性模量(%);

f_n——冻融 n 次循环后试件的横向基频(Hz);

f_0——试验前试件的横向基频(Hz)。

以3个试件的平均值为试验结果。

(2)质量变化率 W_n 按下式计算,结果应精确至0.1%。

$$W_n = \frac{m_0 - m_n}{m_0} \times 100 \tag{6-53}$$

式中:W_n——n 次冻融循环后的试件质量变化率(%);

m_0——冻融试验前的试件质量(kg);

m_n——n 次冻融循环后的试件质量(kg)。

以3个试件的平均值为试验结果。

(3)相对耐久性指数 K_n 按下式计算,结果应精确至0.1%。

$$K_n = P \times N/300 \tag{6-54}$$

式中:K_n——经 n 次冻融循环后的试件相对耐久性指数(%);

N——达到本试验试验步骤(7)规定的冻融循环次数;

P——经 n 次冻融循环后3个试件的相对动弹模量平均值(%)。

(4)当 P 不大于60%或质量损失率达5%时的冻融循环次数 n,即为试件的最大抗冻循环次数。

(5)冻融循环结束时试件的抗弯拉强度(可选):当试件外观完整时,可按照T 0558进行抗弯拉强度试验。

6.试验报告

(1)要求检测的项目名称、执行标准。

(2)原材料的品种、规格和产地。

(3)仪器设备的名称、型号及编号。

(4)环境温度和湿度。

(5)试件的质量变化率、最大抗冻循环次数和相对耐久性指数。

(6)冻融循环结束时试件的抗弯拉强度(可选)。

(7)要说明的其他内容。

二十四、水泥混凝土干缩性试验(T 0566—2005)

1.目的和适用范围

本方法规定了在恒温、恒湿条件下,测定水泥混凝土试件由于失水引起的轴向长度变形的方法。

本方法适用于不同水泥混凝土干缩性能的比较。本方法规定集料公称最大粒径不大于26.5mm。

2. 仪器设备

(1)试模：规格为100mm×100mm×400mm 或100mm×100mm×515mm 的金属试模，两个端板的中心有放置测钉的孔，用于安装测钉。

(2)测钉：以不锈的金属制成，如图6-28所示。

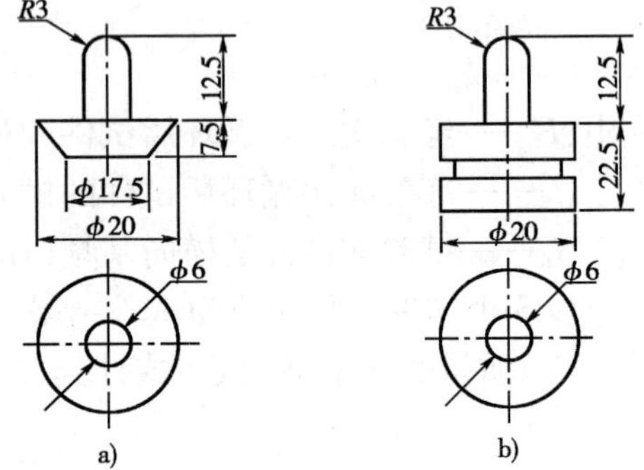

图6-28 轴心收缩仪测钉(尺寸单位：mm)

a)后埋测钉；b)预埋测钉

(3)测长仪器：

①测量标距为540～600mm，允许偏差为0.01mm的测微计(附有标准棒)。

②其他测长仪，至少达到0.002%的相对测量精度。

③测量混凝土变形的装置应具有殷钢或石英玻璃制作的标准杆，以便在测量前及测量过程中校核仪器的读数。

(4)干缩室(箱)：室(箱)内控温度为20℃±2℃，相对湿度为60%±5%。室(箱)内配有温度、湿度自动记录仪，记录温度、湿度变化。置于恒温室中的干缩箱内须放干燥剂除湿。

3. 试验步骤

(1)干缩率试验以三个试件为一组。混凝土的拌和、成型按T 0551的规定进行。

(2)如果采用预埋测钉，将干净的测钉安置在试模两头端板的中心孔中。成型试件的过程中，应防止测钉脱落。试件成型后送养护室养护，约2～4h后抹平表面，并防止水珠滴在试件表面。试件应带模养护1～2d(视当时混凝土实际强度而定)。

(3)如果采用后埋测钉，成型试件后，试件应带模养护1～2d(视当时混凝土实际强度而定)。拆模后，立即用环氧树脂或其他化学黏结剂加固轴心测钉。

(4)试件应在3d龄期(从搅拌混凝土加水时算起)从标准养护室取出，并立即移入干缩室内测定初始长度(含测头)。初始长度应重复测定三次，取算术平均值作为基准长度的测定值。

(5)从移入干缩室日起计算，在1d、3d、7d、14d、28d、60d、90d、120d、150d、180d测定试件的长度。

(6)测量前应先用标准杆校正仪器的零点，并应在半天的测定过程中至少校核1～2次(其中一次在全部试件测读完后)。如复核时发现零点与原值的偏差超过±0.01mm，应调零后重新测定。

(7)试件每次在收缩仪上放置的位置、方向应保持一致。为此，应在试件上标明相应的记号。试件在放置及取出时应仔细，不能碰撞表架及表杆，否则应重新校核零点。

每次读数应重复3次。

(8)试件经测长和称量后，将底面架空置于不吸水的硬质网格垫板上，连同垫板放在试件架上，试件之间的间距应不小于30mm。

注：湿试件和干试件应分开储存。

(9)需要测定混凝土自收缩的试件，在3d龄期时从标准养护室取出立即密封处理。密封处理可采用金属套或蜡封，采用金属套时试件装入后应盖严焊死，不得留有任何缝隙。外露的测头周围应用石蜡封堵。蜡封时至少应涂蜡3次，每次涂蜡前应用浸蜡的纱布裹严，蜡封完毕后应套塑料布。

收缩试验期间，试件应无质量变化，在180d内质量变化不超过10g，否则无效。

4. 试验结果计算

某一龄期混凝土的干缩率按下式计算，结果应精确至0.0001%。

$$S_d = \frac{X_{01} - X_{t1}}{L_0} \times 100 \tag{6-55}$$

式中：S_d——龄期d天的混凝土干缩率(%)；

L_0——试件的测量标距，等于混凝土试件的长度(不计测头凸出部分)减去2倍测头埋入深度(mm)；

X_{01}——试件的初始长度(含测头)(mm)；

X_{t1}——龄期t天时干缩长度测值(含测头)(mm)。

取3个试件干缩率的算术平均值作为试验结果。

5. 试验报告

(1)要求检测的项目名称、执行标准。

(2)原材料的品种、规格和产地。

(3)仪器设备的名称、型号及编号。

(4)环境温度和湿度。

(5)干缩率。

(6)要说明的其他内容。

二十五、水泥混凝土耐磨性试验(T 0567—2005)

1. 目的和适用范围

本方法规定了水泥混凝土耐磨性试验的方法和步骤。

本方法适用于检验水泥混凝土的耐磨性，按规定的磨损方式磨削，以试件磨损面上单位面积的磨损量作为评定水泥混凝土耐磨性的相对指标。

2. 仪器设备

(1)混凝土磨耗试验机：应符合T 0510附录的有关规定，并同时符合以下条件：

①水平转盘上的卡具，应能卡紧150mm×150mm×150mm立方体试件或直径为ϕ150mm的钻孔取芯试件，卡紧后试件不上浮和翘起。

②磨头与水平转盘间有效净空为160~180mm。

(2)磨头花轮刀片：应符合T 0510附录中有关花轮刀片的规定。

(3)试模：模腔有效容积为150mm×150mm×150mm，符合表6-15的规定。

(4)烘箱：调温范围为50~200℃，控制温度允许偏差为±5℃。

(5)电子秤：量程大于10kg，感量不大于1g。

3. 试样

混凝土磨耗试验采用150mm×150mm×150mm立方体标准试件，每组3个试件。试件的成型和养护按T 0551的规定进行。

4. 试验步骤

(1)试件养护至27d龄期从养护地点取出,擦干表面水分放在室内空气中自然干燥12h,再放入60℃ ±5℃烘箱中,烘12h至恒量。

(2)试件烘干处理后放至室温,刷净表面浮尘。

(3)将试件放至耐磨试验机的水平转盘上(磨削面应与成型时的顶面垂直),用夹具将其轻轻紧固。在200N负荷下磨30转,然后取下试件刷净表面粉尘称量,记下相应质量m_1,该质量作为试件的初始质量。然后在200N负荷下磨60转,然后取下试件刷净表面粉尘称量,并记录剩余质量m_2。

整个磨损过程应将吸尘器对准试件磨损面,使磨下的粉尘被及时吸走。如果混凝土具有高耐磨性,可再增加旋转次数,并应特别注明。

(4)每组花轮刀片只进行一组试件的磨耗试验,进行第二组磨耗试验时,必须更换一组新的花轮刀片。

5. 试验结果

(1)按下式计算每一试件的磨损量,以单位面积的磨损量来表示,结果应精确至0.001kg/m²。

$$G_c = \frac{m_1 - m_2}{0.0125} \tag{6-56}$$

式中:G_c——单位面积的磨损量(kg/m²);

m_1——试件的初始质量(kg);

m_2——试件磨损后的质量(kg);

0.0125——试件磨损面积(m²)。

(2)以3块试件磨损量的算术平均值作为试验结果。当其中一块磨损量超过平均值15%时,应予以剔除,取余下两块试件结果的平均值作为试验结果;如两块磨损量均超过平均值15%时,应重新试验。

6. 试验报告

(1)要求检测的项目名称、执行标准。

(2)原材料的品种、规格和产地。

(3)仪器设备的名称、型号及编号。

(4)环境温度和湿度。

(5)单位面积的磨损量。

(6)要说明的其他内容。

二十六、水泥混凝土抗渗性试验(T 0568—2005)

1. 目的和适用范围

本方法规定了水泥混凝土抗渗性试验的方法和步骤。

本方法适用于检测水泥混凝土硬化后的防水性能以及测定其抗渗等级。

2. 仪器设备

(1)水泥混凝土渗透仪:应能使水压按规定方法稳定地作用在试件上。

(2)成型试模:上口直径175mm、下口直径185mm、高150mm的锥台或上下直径与高度均为 150mm 的圆柱体。

(3)螺旋加压器、烘箱、电炉、浅盘、铁锅、钢丝刷等。

(4)密封材料:如石蜡,内掺松香约 2%。

3. 试件制备

(1)制备和养生符合 T 0551 的规定。试块养护期不少于 28d,不超过 90d。

(2)试件成型后 24h 拆模,用钢丝刷刷净两端面水泥浆膜,标准养护龄期为 28d。

4. 试验步骤

(1)试件到龄期后取出,擦干表面,用钢丝刷刷净两端面。待表面干燥后,在试件侧面滚涂一层熔化的密封材料;然后立即在螺旋加压器上压入经过烘箱或电炉预热过的试模中,使试件底面和试模底平齐。待试模变冷后,即可解除压力,装在渗透仪上进行试验。

如在试验过程中,水从试件周边渗出,说明密封不好,要重新密封。

(2)试验时,水压从 0.1MPa 开始,每隔 8h 增加水压 0.1MPa,并随时注意观察试件端面情况,一直加至 6 个试件中有 3 个试件表面发现渗水,记下此时的水压力,即可停止试验。

注:当加压至设计抗渗等级,经 8h 后第三个试件仍不渗水,表明混凝土已满足设计要求,也可停止试验。

5. 试验结果

混凝土的抗渗等级以每组 6 个试件中 4 个未发现有渗水现象时的最大水压力表示。抗渗等级按下式计算:

$$S = 10H - 1 \tag{6-57}$$

式中:S——混凝土抗渗等级;

H——第三个试件顶面开始有渗水时的水压力(MPa)。

注:混凝土抗渗等级分级为 S2、S4、S6、S8、S10、S12。若压力加至 1.2MPa,经过 8h,第三个试件仍未渗水,则停止试验,试件的抗渗等级以 S12 表示。

6. 试验报告

(1)要求检测的项目名称、执行标准。

(2)原材料的品种、规格和产地。

(3)仪器设备的名称、型号及编号。

(4)环境温度和湿度。

(5)抗渗等级。

(6)要说明的其他内容。

二十七、水泥混凝土渗水高度试验(T 0569—2005)

1. 目的和适用范围

本方法规定了在给定时间和水压力条件下水泥混凝土渗水高度的测定方法。

本方法适用于室内相对比较水泥混凝土的密实性,计算相对渗透系数,也可用于比较水泥混凝土的抗渗性。

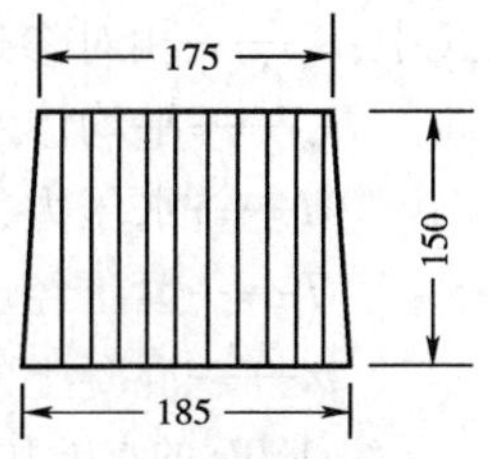

图 6-29　梯形板(尺寸单位:mm)

2. 仪器设备

(1)梯形板:尺寸如图 6-29 所示,画有十条等间距垂直于上下端的直线。亦可采用尺寸约为 200mm × 200mm 的玻璃或其他透明材料,将十条等间距线画在上面。

(2)钢尺:分度值为1mm。

(3)成型试模:上口直径175mm,下口直径185mm,高150mm的锥台或上下直径与高度均为150mm的圆柱体。

(4)钟表:分度值为min。

(5)螺旋加压器、烘箱、电炉、浅盘、铁锅、钢丝刷等。

3. 试件制备

试件到龄期后取出,擦干表面,用钢丝刷刷净两端面,待表面干燥后,在试件侧面滚涂一层熔化的密封材料,然后立即在螺旋加压器上压入经过烘箱或电炉预热过的试模中,使试件底面和试模底平齐,待试模变冷后,即可解除压力,装在渗透仪上进行试验。

如在试验过程中,水从试件周边渗出,说明密封不好,要重新密封。

比较不同水泥品种的混凝土时,试件养护至28d;比较水泥品种相同的混凝土时,试件可养护至14d。

4. 试验步骤

(1)试验时,水压控制恒定为0.8 MPa ±0.05MPa,同时开始记录时间(精确到1min),24h后停止试验,取出试件。

注:①在恒压过程中,如果试件顶端出现渗水,应立即停止试验,并记录下时间。此时该试件的渗水高度即为试件高度。

②当混凝土较为密实时,压力可改为1.0 MPa或1.2MPa。

(2)将试件放在压力机上,沿纵断面将试件劈裂成两半,待看清水痕后(约过2~3min)用墨汁描出水痕,即为渗水轮廓,笔迹不宜太粗。

(3)将梯形玻璃板放在试件劈裂面上,用尺测量十条线的渗水高度(精确至1mm)。

5. 结果计算

(1)以10个测点处渗水高度的算术平均值作为该试件的渗水高度;然后再计算6个试件的渗水高度的算术平均值,作为该组试件的平均渗水高度。

如试件的渗水高度均匀(3个试件渗水高度值中最大值与最小值之差不大于3个数的平均值的30%)时,允许从6个试件中先取3个试件进行试验,其渗水高度取3个试件的算术平均值。

根据试验所得渗水高度大小,相对比较混凝土的密实性。

(2)计算相对渗透系数。

$$S_k = \frac{mD_m^2}{2TH} \tag{6-58}$$

式中:S_k——相对渗透系数(mm/s);

D_m——平均渗水高度(cm);

H——水压力,以水柱高度表示(cm);

T——恒压经历的时间(h);

m——混凝土的吸水率,一般为0.03。

注:1MPa的水压力,以水柱高度表示为10200cm。

6. 试验报告

(1)要求检测的项目名称、执行标准。

(2)原材料的品种、规格和产地。
(3)仪器设备的名称、型号及编号。
(4)环境温度和湿度。
(5)渗水高度和相对渗透系数。
(6)要说明的其他内容。

第七章　水 泥 砂 浆

第一节　概　　述

1. 水泥砂浆的定义

水泥砂浆是由胶凝材料(水泥)、细集料(砂)、水和外加剂拌制而成的,用于砌筑、抹面和防水的建筑材料。

2. 水泥砂浆的分类

水泥砂浆在公路工程中,一般可按其用途分为三类:砌筑砂浆、抹面砂浆和防水砂浆。

3. 水泥砂浆的组成材料

(1)水泥

各种常用水泥均可作为砂浆的结合料。由于砂浆的强度等级较低,所以水泥的强度等级也没有必要很高。一则为了避免水泥的浪费,二则如果水泥用量太少,会导致砂浆的保水性不良。配制一般用途的砂浆使用强度等级 32.5 的水泥即可,有时也采用强度等级 42.5 的水泥。

(2)细集料

砂浆用细集料的质量要求在第五章中已有叙述。

(3)水

砂浆用水与混凝土拌制用水要求相同。

(4)外加剂

外加剂的作用是提高砂浆的和易性,节约水泥的用量。常用的外加剂有微沫剂,是一种松香热聚物,用量为水泥用量的0.005% ~0.01% 。

(5)掺合料

有的砂浆还掺加各种掺合料(如石灰、黏土和粉煤灰等)。掺合料的作用主要是提高砂浆的和易性、降低生产成本。

第二节　水泥砂浆的技术性质

一、水泥砂浆拌合物的技术性质

1. 水泥砂浆拌合物的和易性

和易性包括流动性和保水性。

(1)流动性

砂浆的流动性是指其在自身重力或外力作用下流动的性能。砂浆的流动性与用水量、胶结材料的品种和数量、细集料的级配和表面特征、掺合料及外加剂的特性和用量、拌和时间以及拌和方式等诸多因素有关。

砂浆的流动性用“稠度”来表示。稠度是采用稠度仪测定的。在选用砂浆的稠度时，可根据砌体的类型、气候条件、施工条件等因素确定，见表7-1。

砌筑砂浆流动性要求　　表7-1

砌体种类		砖砌体	普通毛石砌体	振捣毛石砌体	炉渣混凝土砌块
稠度（沉入度）(cm)	干燥气候或多孔砌块	8~10	6~7	2~3	7~9
	寒冷气候或密实砌块	6~8	4~5	1~2	5~7

（2）保水性

砂浆的保水性是指砂浆能保持水分的能力。砂浆在运输、静置或砌筑过程中，水分不应从砂浆中离析，并使砂浆保持必要的流动性，便于施工；同时使水泥正常水化，保证砌体强度。

砂浆的保水性与水泥的类型和用量，细集料的级配、用水量以及有无掺合料和外加剂等有关。为提高砂浆的保水性，可掺加石灰膏、粉煤灰和微沫剂等。

砂浆的保水性是用“分层度”表示的。分层度用分层度仪来测定。保水性良好的砂浆，其分层度应不大于2cm。分层度大于2cm的砂浆容易发生离析；但分层度小于1cm时，砂浆硬化后容易产生干缩裂缝。

2. 砂浆拌合物的密度

密度是指砂浆拌合物在捣实后单位体积的质量。砂浆拌合物的密度与组成材料之间的用量比例有关。

3. 砂浆拌合物的凝结时间

凝结时间是指砂浆拌合物自加水拌和起，在要求的试验条件下，在砂浆凝结时间测定仪上测定其贯入阻力达0.5MPa时所需的时间。

二、硬化后水泥砂浆的技术性质

1. 砂浆的强度

砂浆硬化后应具有足够的强度。而砂浆在圬工砌体中，主要是传递压力，所以要求砌筑砂浆应具有一定的抗压强度。砂浆抗压强度是确定其强度等级的重要依据。

砂浆抗压强度等级是以70.7mm×70.7mm×70.7mm的正方体试件，在标准温度（20℃±3℃）和规定湿度（水泥混合砂浆相对湿度为60%~80%，水泥砂浆和微沫砂浆相对湿度为90%以上）的条件下，养护28d龄期的平均极限抗压强度而确定的。

公路圬工桥涵常用砂浆的强度，根据结构物类型和用途而决定，参见表7-2。

桥涵圬工砌体用砂浆强度等级　　表7-2

结构物类型		砂浆强度等级	
		砌筑用	勾缝用
1. 拱圈	大中跨径及轻台拱桥	M7.5	≥M7.5
	小跨径桥涵	M5	
2. 大中跨径桥墩台及基础	圬工面层	M5	≥M7.5
	圬工里层	M2.5	
3. 小桥墩台及基础挡土墙	轻型桥台及轻台拱桥	M5	≥M5
	其余	M2.5	

砂浆的强度除了与水泥的强度和用量有关外,并与砌体材料的吸水性有关,因此其强度可分为下列两种方法计算。

(1)不吸水(密实)基底砂浆强度

对于毛石类砌体,属于不吸水基底,砂浆强度服从水灰比定则,故可用近似混凝土强度公式,如式(7-1)计算:

$$f_{mo,28} = Af_{ce,k}\left(\frac{C}{W} - B\right) \tag{7-1}$$

式中:$f_{mo,28}$——砂浆28d抗压强度(MPa);

$f_{ce,k}$——水泥强度等级(MPa);

$\frac{C}{W}$——灰水比;

A、B——经验系数,缺乏经验资料时可取$A=0.293$,$B=0.4$。

(2)吸水基底砂浆强度

对于砖、多孔混凝土或其他多孔材料用砂浆,其强度主要取决于水泥强度和用量,与水灰比无关,其强度按式(7-2)计算:

$$f_{mo,28} = \frac{am_{co}f_{ce,k}}{1000} \tag{7-2}$$

式中:$f_{mo,28}$——砂浆28d抗压强度(MPa);

$f_{ce,k}$——水泥强度等级(MPa);

m_{co}——每立方米砂浆中水泥用量(kg);

a——调整系数,其值随砂浆强度等级和水泥强度等级而变化,参见表7-3。

调整系数 表7-3

水泥强度等级 $f_{ce,k}$(MPa)	砂浆强度等级				
	M10.0	M7.5	M5.0	M2.5	M1.0
	a值				
52.5	0.885	0.815	0.725	0.584	0.412
42.5	0.931	0.855	0.758	0.608	0.427
32.5	0.998	0.915	0.806	0.643	0.450
27.5	1.048	0.957	0.839	0.667	0.466
22.5	1.113	1.012	0.884	0.698	0.486

2. 砂浆的静力抗压弹性模量

静力抗压弹性模量是指砂浆试体在静力受压下,其应力与应变的比值。

3. 砂浆的抗冻性

抗冻性是指砂浆抵御冻害的能力。抗冻性以N次冻融循环后的砂浆抗压强度损失率和质量损失率来衡量。

4. 砂浆的收缩性

收缩性是指砂浆因物理化学作用而产生体积缩小的现象。其表现形式为:

(1)干缩:由于水分散失和湿度下降而产生的收缩;

(2)冷缩:由于温度下降和内部热量的散失而引起的收缩;

(3)减缩:由于水泥水化而引起的收缩;

(4)沉缩:由于细集料颗粒沉降而引起的收缩;

(5)塑性收缩:由于表面失水而引起的收缩。

第三节　水泥砂浆试验方法

本节只介绍水泥砂浆的一个试验方法,即水泥砂浆立方体抗压强度试验(T 0570—2005)。其他水泥砂浆的试验方法请查阅《建筑砂浆基本性能试验方法》(JGJ/T 70—2009)。

水泥砂浆立方体抗压强度试验方法如下:

1. 目的和适用范围

本试验方法的目的是测定水泥砂浆抗压极限强度,以确定水泥砂浆的强度等级,作为评定水泥砂浆品质的主要指标。本试验方法适用于各类水泥砂浆的70.7mm×70.7mm×70.7mm立方体试件。

2. 仪器设备

(1)试模:70.7mm×70.7mm×70.7mm立方体,由铸铁或钢制成,应具有足够的刚度并拆装方便。试模的内表面应机械加工,其不平度应为每100mm不超过0.05mm,组装后各相邻面的不垂直度不应超过±0.5°。

(2)捣棒:直径10mm、长350mm的钢棒,端部应磨圆。

(3)压力试验机:符合现行JG/T 3020中压力机的要求。

(4)垫板:试验机上、下压板及试件之间可垫以钢垫板,垫板的尺寸应大于试件的承压面,其不平度应为每100mm不超过0.02mm。

3. 试件制备及养护

(1)制作砌筑砂浆试件时,将无底试模放在普通黏土砖上(砖的吸水率不小于10%,含水率不大于2%),试模内壁事先涂刷薄层机油或脱模剂。

(2)使用前预先在普通黏土砖上铺上吸水性较好的纸,如湿的新闻纸(或其他未粘过胶凝材料的纸),纸的大小要以能盖过砖的四边为准。砖的使用面要求平整,凡砖四个垂直面粘过水泥或其他胶结材料后,不允许再使用。

(3)向试模内一次注满砂浆,用捣棒均匀由外向里按螺旋方向插捣25次。为了防止低稠度砂浆插捣后可能留下孔洞,允许用油灰刀沿模壁插数次,使砂浆高出试模顶面6~8mm。

(4)当砂浆表面开始出现麻斑状态时(约15~30min),将高出部分的砂浆沿试模顶面削去抹平。

(5)试件制作后应在20℃±5℃温度环境下放置一昼夜(24h±2h),当气温较低时,可适当延长时间,但不应超过两昼夜,然后对试件进行编号并拆模。试件拆模后,应在标准养护条件下继续养护至28d,然后进行试压。

(6)标准养护的条件

①水泥混合砂浆:标准养护的条件为温度20℃±2℃,相对湿度60%~80%。

②水泥砂浆和微沫砂浆:标准养护的条件为温度20℃±2℃,相对湿度90%以上。

③养护期间,试件彼此间隔10mm以上。

4. 试验步骤

(1)试件从养护地点取出后,应尽快进行试验,以免试件内部的温、湿度发生显著变化。

先将试件擦拭干净，测量尺寸，并检查其外观。试件尺寸测量精确至1mm，如果实测尺寸与公称尺寸之差不超过1mm，按公称尺寸进行计算。

（2）将试件安放在试验机的下压板上（或下垫板上），试件的承压面应与成型时的顶面垂直，试件中心应与试验机下压板（或下垫板）中心对准。

开动试验机，当上压板与试件（或下垫板）接近时，调整球座，使接触面均衡受压。承压试验应连续而均匀加荷，加荷速度为0.5～5kN/s（砂浆强度5MPa及5MPa以下时，取下限为宜，砂浆强度5MPa以上取上限为宜），保持试验机油门，直至试件破坏。

5. 试验结果计算

（1）立方体抗压强度按下式计算，结果应精确至0.1MPa。

$$f_{m,cu} = \frac{F_u}{A} \tag{7-3}$$

式中：$f_{m,cu}$——砂浆立方体抗压强度（MPa）；

F_u——破坏荷载（N）；

A——试件承压面积（mm^2）。

（2）结果处理：以6个试件的算术平均值作为该组试件的抗压强度。

6. 试验报告

（1）要求检测的项目名称、执行标准。

（2）原材料的品种、规格和产地。

（3）仪器设备的名称、型号及编号。

（4）环境温度和湿度。

（5）立方体抗压强度。

（6）要说明的其他内容。

第八章 沥青材料

第一节 概 述

1. 沥青的概念

沥青是由一些极其复杂的高分子碳氢化合物以及它们的一些非金属（氧、硫、氮）的衍生物所组成的混合物。

在公路工程中，沥青材料主要用于高等级公路的路面工程，是铺筑路面的主要物资，也是桥梁工程中常用的防水材料和嵌缝材料。

2. 沥青的分类

沥青按其在自然界中获取的方式分类如图 8-1 所示。

- 沥青
  - 地沥青
    - 天然（地）沥青
    - 石油（地）沥青
  - 焦油沥青
    - 煤沥青（柏油）
    - 木沥青
    - 页岩沥青

图 8-1 沥青的分类

（1）地沥青：由天然产状或石油精制加工得到的沥青。按其产源又可分为天然沥青和石油沥青。

①天然沥青：石油在天然条件下，经长期的地球物理因素作用而形成的沥青。

②石油沥青：用人工的方法，由石油炼制加工而得到的沥青。

（2）焦油沥青：由各种有机物干馏而得的焦油，经再加工而得到的沥青。焦油沥青按其加工的有机物的名称来命名。

页岩沥青按其技术性质接近石油沥青，按其生产工艺接近焦油沥青，目前暂归焦油沥青。

公路工程中常用的是石油沥青和煤沥青，其次是天然沥青。

第二节 石油沥青

石油沥青呈黑色或黑褐色，性质较柔软，常温下呈固态、半固状或液态。石油沥青是炼制石油的副产品，是炼制石油的残油（渣油），经过再减压蒸馏或氧化等工艺制成的。

我国地下储藏的石油多为蜡基原油，由此生产的沥青含蜡量也较高。沥青中蜡的存在，在高温时会使沥青变软，导致沥青路面高温稳定性降低，出现车辙；在低温时会使沥青变得脆硬，导致路面低温抗裂性能降低，出现裂缝；蜡还会使沥青与石料的黏附性降低，在有水的情况下，会使路面石子产生剥落现象，造成路面破坏；更为严重的是，含蜡沥青会使沥青路面的抗滑性能降低，影响公路的行车安全性。

一、石油沥青的组成和结构

1. 元素组成

石油沥青是由多种碳氢化合物及其非金属（氧、硫、氮）的衍生物组成的混合物。所以它的组成主要是碳(80% ~87%)、氢(10% ~15%),其次是非烃元素,如氧、硫、氮等(<3%),此外,还含有一些微量的金属元素,如镍、钒、铁、锰、钙、镁钠等,但含量都很少,约为百万分之几至百万分之几十。典型的石油沥青元素组成示例如表 8-1。

石油沥青的分子量、元素组成和碳氢比　　表 8-1

序号	沥青标号	油源工艺		分子量 M_w	元素组成(质量%)					碳氢比(原子比) C/H	平均分子式
		油源基属	加工工艺		碳(C)	氢(H)	氧(O)	硫(S)	氮(N)		
1	A-60	低硫石蜡基	丙烷脱	955	86.0	11.00	1.78	0.38	0.74	0.657	$C_{68.5}H_{104.2}O_{1.1}S_{0.1}N_{0.5}$
2	A-60	含硫中间基	氧化	1 020	84.50	10.60	1.68	2.51	0.71	0.660	$C_{71.8}H_{107.3}O_{1.1}S_{0.8}N_{0.5}$
3	A-60	含硫中间环烷基	氧化	1 142	84.10	10.50	1.24	3.12	1.04	0.672	$C_{80.0}H_{119.0}O_{0.9}S_{1.1}N_{0.8}$
4	A-60	含硫环烷基	氧化	1 300	81.90	9.60	1.50	6.47	0.53	0.716	$C_{88.6}H_{123.8}O_{1.2}S_{2.0}N_{0.5}$

2. 化学组成

《公路工程沥青及沥青混合料试验规程》(JTJ 052—2000)中规定,对石油沥青有三组分和四组分两种分析法。

(1)三组分分析法

石油沥青的三组分分析法是将石油沥青分离为油分、树脂和沥青质 3 个组分。因我国富产石蜡基或中间基沥青,在油分中往往含有蜡,故在分析时还应将油蜡分离。由于这一组分分析方法,是兼用了选择性溶解和选择吸附的方法,所以又称为溶解—吸附法。

该方法分析流程是用正庚烷沉淀沥青质;继而将溶于正庚烷中的可溶分用硅胶吸附,装于抽提仪中抽提油蜡,再用苯—乙醇抽出树脂;最后将抽出的油蜡用丁酮—苯为脱蜡溶剂,在 -20℃的条件下,冷冻过滤分离油、蜡。此方法分析原理如图 8-2 所示。

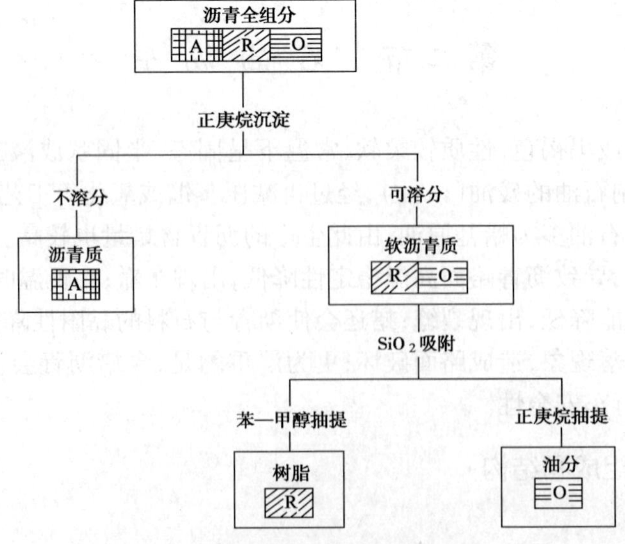

图 8-2　我国现行石油沥青三组分分析法原理图解

按三组分分析法所得各组分的性状见表8-2。

石油沥青三组分分析法的各组分性状　　表8-2

性状 / 组分	外观特征	平均分子量 M_w	碳氢比（原子比）C/H	物化特征
油分	淡黄色透明液体	200～700	0.5～0.7	几乎可溶于大部分有机溶剂，具有光学活性，常发现有荧光，相对密度约0.910～0.925
树脂	红褐色黏稠半固体	800～3 000	0.7～0.8	温度敏感性高，溶点低于100℃，相对密度大于1.000
沥青质	深褐色固体粉末状微粒	1000～5000	0.8～1.0	加热不熔化，分解为硬焦炭，使沥青呈黑色

注：本表参考L.R.哈巴德和K.E.斯坦费尔德资料编制。

按上述分析方法，对几种不同油源和工艺的典型国产沥青进行组分分析，其结果如表8-3。从表中分析结果可看出，相同黏度等级的沥青，由于原油基属的差异，其所含化学组分不同。通常是，环烷基沥青较石蜡基沥青含蜡量低，树脂和沥青质含量高；中间基沥青的组分则介于其间。以相同原油为原料所生产的沥青，由于工艺条件的不同，其沥青的化学组分亦不同。通常是，在相同稠度等级的沥青中，氧化沥青的沥青质含量增加，使沥青的高温稳定性得到提高；但低温抗裂性也相应降低。必须指出，氧化工艺不能降低沥青中的含蜡量，所以从总体来说，石蜡基原油生产的氧化沥青其性能得不到改善。丙烷脱沥青的含蜡量有了减少，使沥青的低温抗裂性有所改善；但沥青质的相对含量增加不多，故高温稳定性仍嫌不足。目前以石蜡基或中间基原油为原料，用直馏工艺尚不能生产符合A-60标号的路用沥青。

石油沥青化学组分（溶解—吸附法）　　表8-3

序号	沥青标号	沥青黏（稠）度	油源工艺		化学组分			
			油源基属	加工工艺	油分(O)	树脂(R)	沥青质(A)	蜡(P)
1	A(S)-4	$C_{60.5}=38$s	低馏石蜡基	直馏	36.41	30.35	10.32	22.92
2	A(S)-4	$C_{60.5}=32$s	含馏中间基	直馏	38.97	32.46	12.39	16.18
3	A(S)-4	$C_{60.5}=34$s	含馏环烷基	直馏	37.41	37.29	16.40	8.90
4	A-60	$p_{25℃}=70$ (1/10mm)	低馏石蜡基	氧化	13.64	19.97	33.86	32.53
5	A-60	$p_{25℃}=62$ (1/10mm)	低馏石蜡基	丙脱	4.06	77.05	14.86	4.03

注：本表列沥青质系用戊烷沉淀的分析结果。

溶解—吸附法的优点是组分界限很明确，组分含量能在一定程度上说明它的路用性能，但是它的主要缺点是分析流程复杂，分析时间很长。

（2）四组分分析法

L.W.科尔贝特首先提出将沥青分离为饱和分、环烷—芳香分、极性—芳香分和沥青质等的色层分析方法。后来也有人将上述4个组分称为饱和分、芳香分、胶质和沥青质。这一方法亦称SARA法。我国现行四组分分析法是将沥青试样先用正庚烷沉淀"沥青质(A_t)"，再将可溶分（即软沥青质）吸附于氧化铝谱柱上，先用正庚烷冲洗，所得的组分称为"饱和分(S)"；继而用甲苯冲洗，所得的组分称为"芳香分(A_r)"，最后用甲苯—乙醇、甲苯、乙醇冲洗，所得组分称为"胶质(R)"。此方法分析原理如图8-3所示。对于含蜡沥青，可将所分离得的饱和分与芳香分，以丁酮—苯为脱蜡溶剂，在20℃下冷冻分离固态烷烃，确定含蜡量。

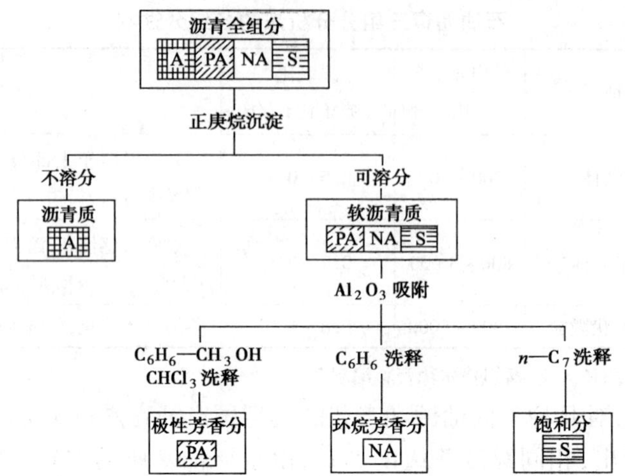

图8-3　我国现行石油沥青四组分分析原理图解

石油沥青按四组分分析法所得各组分的性状如表8-4。

石油沥青四组分分析法的各组分性状　　表8-4

性状 / 组分	外观特征	相对密度 ρ_4^{20}（平均）	平均分子量 $\overline{M}_w$	芳烃指数 f_a	环数/分子		化学结构
					环烷环	芳香环	
饱和分	无色液体	0.89	625	0.00	3.0	0.0	［纯链烷烃］+［纯环烷］+［混合链烷-环烷烃］
芳香分	黄色至红色液体	0.99	730	0.25	3.5	2.0	［混合链烷—环烷—芳香烃］+［芳香烃］+［含S化合物］
胶质	棕色黏稠液体	1.09	970	0.42	3.6	7.4	［（链烷—环烷—芳香烃）多环结构］+［含S、O、N化合物］
沥青质	深棕色至黑色固态	1.15	3 400	0.50	—	—	［（链烷—环烷—芳香烃）缩合环结构］+［含S、O、N化合物］

按照四组分分析法各组分对沥青性质的影响，根据L. W. 科尔贝特的研究认为：饱和分含量增加，可使沥青稠度降低（针入度增大）；树脂含量增大，可使沥青的延性增加；在有饱和分存在的条件下，沥青质含量增加，可使沥青获得低的感温性；树脂和沥青质的含量增加，可使沥青的黏度提高。

3. 化学结构

石油沥青是由带有烷侧链的高度缩合环烷和芳香环所组成，所以它主要是由链烷烃、环烷烃和芳香烃等3类烃所组成。对石油沥青化学结构的分析，目前最常用的方法是核磁共振（^{1}H-NMR）法。根据分子量、元素分析、红外光谱和核磁共振波谱等资料，通过电算求解，可以得到结构参数，并可绘出平均结构模型。例如大庆半氧化沥青平均结构模型如图8-4。

晏德福（T. F. Yen）用X—射线的方法，来研究沥青的化学结构。他认为：沥青是由芳香环多聚物及与其相联结的脂烷或环烷链所组成。沥青各组分的结构图示如图8-5。

现举两种大庆沥青的化学结构分析如表8-5。从表中可以看出，两种沥青的相同组分的结构参数是不相同的，应用这些参数可以进一步解释沥青的路用特性。

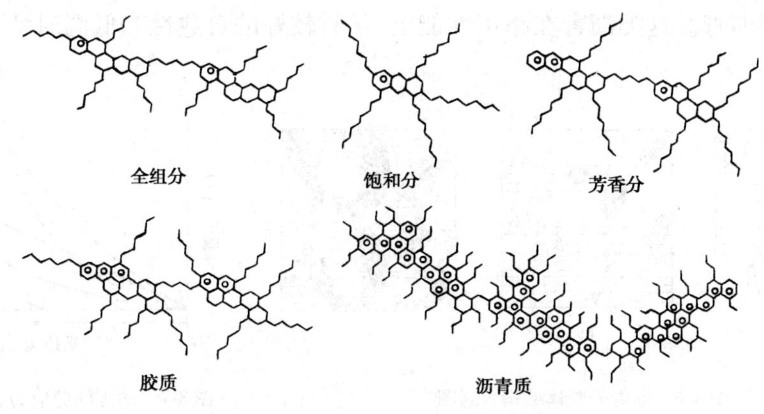

图 8-4　大庆半氧化沥青各组分平均结构模型

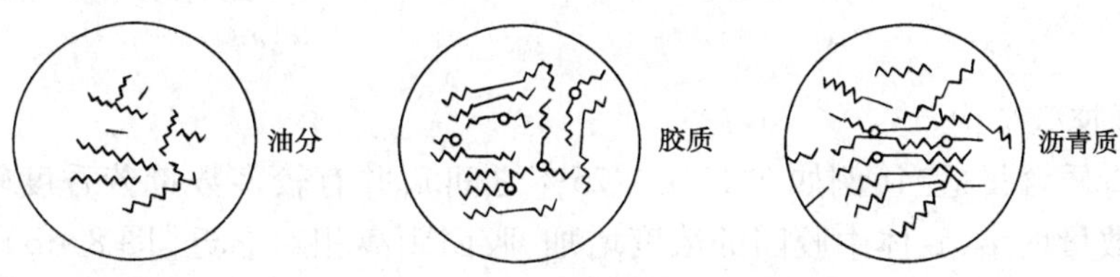

图 8-5　沥青各组分 X—射线法结构图(晏德福资料)
——-缩合芳香环;～～-饱和烃链或环烷烃;o-杂原子

国产沥青化学结构主要参数　　表 8-5

沥青试样名称		主要结构参数						
		聚合度 M	芳烃指数 f_a	总环数 R	芳香环数 R_A	芳烷环数 R_N	芳烃链数 n	侧链碳数 C_p
大庆减压渣油组分	饱和分	1	0.123	4	1.0	3.0	5.0	35
	芳香分	3	1.60	7.0	1.0	6.0	8.0	61
	胶　质	2	0.242	12.0	5.0	7.0	10.0	64
大庆半氧化沥青组分	饱和分	1	0.103	3.0	1.0	2.0	5.0	47
	芳香分	2	0.161	9.0	3.0	6.0	9.0	79
	胶　质	2	0.200	13.0	5.0	8.0	11.0	81

4. 胶体结构

由于各组分的化学组成和相对含量不同,沥青可以形成不同的胶体结构。沥青的胶体结构,可分下列 3 个类型。

(1)溶胶型结构

当沥青中沥青质分子量较低,并且含量很少(例如在 10% 以下),同时有一定数量的芳香度较高的胶质,这样使胶团能够完全胶溶而分散在芳香分和饱和分的介质中。在此情况下,胶团相距较远,它们之间吸引力很小(甚至没有吸引力),胶团可以在分散介质黏度许可范围之内自由运动,这种胶体结构的沥青,称为溶胶型沥青[如图 8-6a)]。

这类沥青的特点是,当对其施加荷载时,几乎没有弹性效应,剪应力(τ)与剪变率(γ)成直线关系[图 8-7a)],呈牛顿流型流动,所以这类沥青也称为“牛顿流沥青”。通常,大部分直馏沥青属于溶胶型沥青。这类沥青在路用性能上，具有较好的自愈性和低温时变形能力，但温度感应性较差。

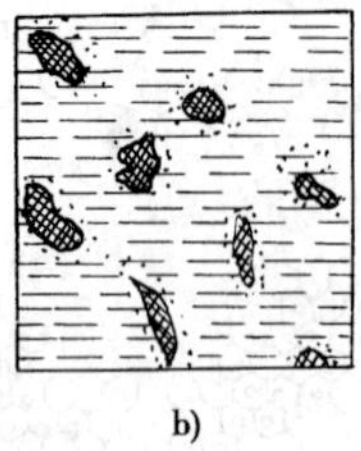

图 8-6　沥青的胶体结构示意图

a)溶胶型结构；b)溶—凝胶型结构；c)凝胶型结构

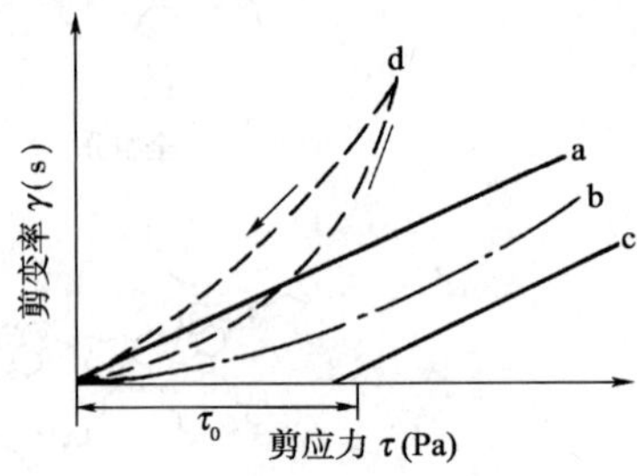

图 8-7　沥青的剪应力(τ)与剪变率(γ)关系图

a-牛顿流体；b-伪塑性体；c-似宾哈姆体；d-触变性

(2)溶—凝胶型结构

沥青中沥青质含量适当(例如在 15% ~25% 之间)，并有较多数量芳香度较高的胶质，这样形成的胶团数量增多，胶体中胶团的浓度增加，胶团距离相对靠近[图 8-6b)]，它们之间有一定的吸引力。这是一种介乎溶胶与凝胶之间的结构，称为溶—凝胶结构。这种结构的沥青，称为溶—凝胶型沥青。这类沥青的特点是，在变形时，最初阶段，表现出一定程度的弹性效应，但变形增加至一定数值后，则又表现出一定程度的黏性流动，是一种具有黏—弹特性的伪塑性体。它的剪应力(τ)和剪变率(γ)关系如图 8-7 中 b 曲线。这类具有黏—弹特性的沥青，称为"黏—弹性沥青"。这类沥青，有时还有触变性。修筑现代高等级沥青面用的沥青，都应属于这类胶体结构类型。通常，环烷基稠油的直馏沥青或半氧化沥青，以及按要求组分重(新)组(配)的溶剂沥青等，往往能符合这类胶体结构。这类沥青的路用性能，在高温时具有较低的感温性；低温时又具有较好的变形能力。

(3)凝胶型结构

沥青中沥青质含量很高(例如 >30%)，并有相当数量芳香度高的胶质来形成胶团，这样，沥青中胶团浓度大幅度提高，它们之间相互吸引力增强，使胶团靠得很近，形成空间网络结构。此时，液态的芳香分和饱和分在胶团的网络中成为"分散相"，连续的胶团成为"分散介质"[图 8-6c)]。这种胶体结构的沥青，称为凝胶型沥青。这类沥青的特点是，当施加荷载很小时，或在荷载时间很短时，具有明显的弹性变形。当应力超过屈服值(τ_0)之后，则表现为黏—弹性变形[图 8-7 中 c 曲线]，为一种似宾哈姆体。有时还具有明显的触变性。这类沥青称为弹性沥青。通常深度氧化的沥青多属于凝胶型沥青。这类沥青在路用性能上，虽具有较好的温度感应性，但低温变形能力较差。

蜡组分在沥青胶体结构中，可溶于分散介质芳香分和饱和分。在高温时，它的黏度很低，会降低分散介质的黏度，使沥青胶体结构向溶胶方向发展。在低温时，它能结晶析出，形成网络结构，使沥青胶体结构向凝胶方向发展。

二、石油沥青的技术性质

1. 物理特征常数

现代沥青路面的研究，对沥青材料的下列物理特征常数极为重视。

(1)密度

沥青密度是在规定温度条件下,单位体积的质量,单位为kg/m^3或g/cm^3。JTJ 052—2000规定温度为15℃。也可用相对密度表示,相对密度是指在规定温度下,沥青质量与同体积水质量之比。

沥青的密度与其化学组成有密切的关系,通过沥青的密度测定,可以概略地了解沥青的化学组成。通常黏稠沥青的密度波动在0.96~1.04g/cm^3范围内。我国富产石蜡基沥青,其特征为含硫量低、含蜡量高、沥青质含量少,所以密度常在1.00g/cm^3以下。

(2)热胀系数

沥青在温度上升1℃时的长度或体积的变化,分别称为线胀系数或体胀系数,统称热胀系数。

沥青路面的开裂,与沥青混合料的温缩系数有关。沥青混合料的温缩系数,主要取决于沥青的热学性质。特别是含蜡沥青,当温度降低时,蜡由液态转变为固态,比热容突然增大,沥青的温缩系数发生突变,因而易导致路面产生开裂。

(3)介电常数

沥青的介电常数与沥青使用的耐久性有关,这是早年就为人们所知的。但是,现代高速交通的发展,要求沥青路面具有高的抗滑性。英国道路研究所研究认为,沥青的介电常数与沥青路面抗滑性有很好的相关性。

2.黏滞性

沥青的黏滞性(简称黏性)是其技术性质中与沥青路面力学行为联系最密切的一种性质。在现代交通条件下,为防止路面出现车辙,沥青的黏度是首要考虑的参数。沥青的黏性通常用黏度表示,所以黏度是现代沥青等级(标号)划分的主要依据。

(1)沥青黏度的表达方式

①牛顿流型沥青的黏度

溶胶型沥青或沥青在高温条件下,可视为牛顿液体。设在两金属板中夹一层沥青(图8-8),按牛顿内摩擦定律可推导出牛顿流型沥青的黏度:

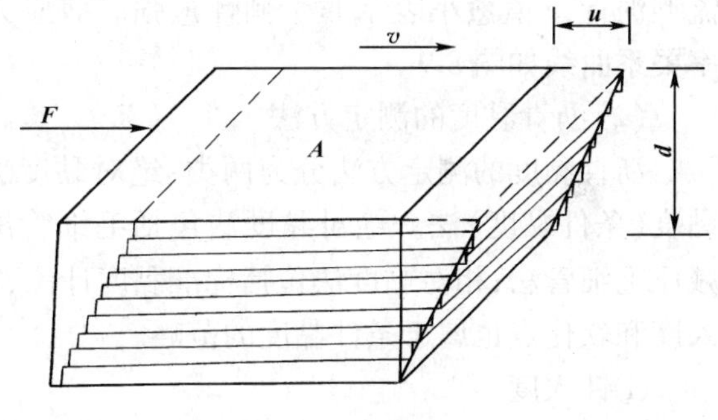

图8-8 沥青黏度参数

$$\eta = \frac{\tau}{\gamma} \tag{8-1}$$

式中:η——动力黏度系数(简称黏度)($Pa \cdot s^{-1}$);

τ——剪应力(Pa);

γ——剪应变速率(简称剪变率)(s)。

由式(8-1)可知,流体流层间速度梯度(即剪变率)为一单位时,每单位面积所受到的内摩擦力,称为“动力黏度”。如此采用长度、质量和时间等绝对单位表示的黏度称为“绝对黏度”。

动力黏度计量单位,按SI单位制为“帕·秒”(Pa·s)。目前还有沿用CGS制单位“泊”(P)的,泊等于0.1帕·秒(即1P=0.1Pa·s)。

在运动状态下,测定沥青黏度时,考虑到密度的影响,动力黏度还可采用另一种量描述,即沥青在某一温度下的动力黏度与同温度下沥青密度之比,称为“运动黏度”(或称“动比密黏

度”)。运动黏度($\dot{\gamma}$)表示如下:

$$\dot{\gamma} = \eta/\rho \tag{8-2}$$

式中:$\dot{\gamma}$——运动黏度($10^{-4}m^2/s$);

η——动力黏度(Pa·s);

ρ——密度(g/cm^3)。

运动黏度的计量单位,按 SI 单位制为“米^2/秒”(m^2/s)。目前还有沿用 CGS 制单位“斯(托克)”(ST)的,1 斯等于 10^{-4}米^2/秒(即 $1ST = 10^{-4}m^2/s$)

②非牛顿流型沥青的黏度

沥青是一种复杂的胶体物系,只有当其在高温时(例如加热至施工温度时)才接近于牛顿液体。而当其在路面的使用温度时,沥青均表现为黏弹性体,故其在不同剪变率时,表现为不同的黏度。因此沥青的剪应力与剪变率并非线性关系,通常以表观黏度(或称视黏度)表达如下:

$$\eta_a = \frac{\tau}{\dot{\gamma}c} \tag{8-3}$$

式中:η_a——沥青表观黏度(Pa·s);

τ、$\dot{\gamma}$——意义同前;

c——沥青的复合流动度系数。

沥青的复合流动系数 c 是评价沥青流变性质的重要指标。$c=1.0$ 表示牛顿流型沥青,$c<1.0$ 表示非牛顿流型沥青,c 值愈小表示非牛顿性愈强。剪应力和剪变率关系曲线如图 8-9。

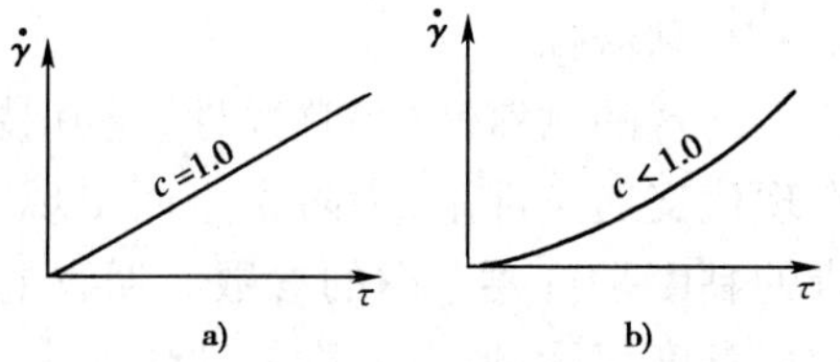

图 8-9　沥青流变曲线

a)牛顿流型沥青;B)非牛顿流型沥青

(2)沥青黏度的测定方法

沥青黏度的测定方法分为两类:绝对黏度法和相对黏度(条件黏度)法。绝对黏度法包括毛细管法和真空减压毛细管法;相对黏度法包括标准黏度计法、赛波特黏度计法和恩格拉黏度计法。此外,针入度和软化点也属于条件黏度的范畴。

①针入度

针入度是在规定温度和时间内,附加一定质量的标准针垂直贯入沥青试样的深度,以 0.1mm 表示。它是测定沥青稠度的一种指标。通常稠度高的沥青,其黏度也高。实质上,针入度是在规定温度下测定沥青的条件黏度。但是,由于沥青结构的复杂性,现在还找不到一种满意的方法将针入度换算为黏度。

②软化点

软化点是沥青达到规定条件黏度时的温度。沥青材料是一种非晶质高分子材料,它由液态凝结为固态,或由固状熔化为液态时,没有明显的固化点和液化点,通常采用规定条件的硬化点和滴落点来分别表示。沥青材料在硬化点和滴落点之间的温度阶段时,是一种黏滞流动状态。在工程实践中,为了保证沥青不致由于温度过高而产生流动的状态,取液化点与固化点之间温度间隔的 87.21% 作为沥青的软化点。

3. 延性和脆性

(1)延性

延性是当沥青受到外力的拉伸作用时,所能承受的塑性变形的总能力。沥青的延性指标用延度来表示。延度是规定形态的沥青试样，在规定温度下以一定速率受拉伸至断开时的长度，用 cm 表示。沥青的延度一般用延度仪来测定。

以上所讲的针入度、软化点和延度是评价黏稠石油沥青路用性能最基本的经验指标，通称为“三大指标”。

(2)脆性

脆性是指沥青材料在低温状态下，当受到瞬时荷载作用时，发生脆性破坏的性质。沥青脆性的测定极为复杂，通常采用弗拉斯脆点作为沥青的条件脆性指标。弗拉斯脆点是指涂于金属片上的沥青试样薄膜在规定条件下，因被冷却和弯曲而出现裂纹时的温度，用℃表示。

4. 流变特性

沥青是一种具有流变特性的典型材料。它的流动和变形不仅与应力有关，而且与时间和温度有关。沥青的流变特性所包括的内容非常广泛，在此我们只简要介绍感温性和感时性。

(1)感温性

感温性是指沥青材料的温度感应性，通常采用“黏度”随“温度”而变化的行为来表达。感温性与沥青路面的施工(如拌和、摊铺、碾压)和使用性能(如高温稳定性和低温抗裂性)都有密切关系。所以它是评价沥青技术性质的一个重要指标。

沥青材料的感温性指标最常用的是针入度指数，它反映针入度随温度而变化的程度，由不同温度的针入度按规定方法计算得到。根据沥青的针入度指数(PI)值，可以划分其胶体结构类型(表 8-6)。

沥青的针入度指数和胶体结构类型 表 8-6

沥青的针入度指数(PI)	沥青的胶体结构类型	沥青的针入度指数(PI)	沥青的胶体结构类型	沥青的针入度指数(PI)	沥青的胶体结构类型
< -2	溶 胶	$-2 \sim +2$	溶—凝胶	$> +2$	凝 胶

(2)感时性

感时性是指沥青材料的时间感应性，通常采用“针入度和贯入时间的关系”来表达。“针入度和贯入时间的关系”用针入度—贯入时间指数表示。指数值越大，表示在相同的荷载条件下，经历相同的时间，沥青的剪切变形越大，也就是说沥青的感时性越高。

5. 黏附性

沥青与集料的黏附性直接影响沥青路面的使用质量和耐久性，所以黏附性是评价沥青技术性能的一个重要指标。沥青裹覆集料后的抗水性(即抗剥性)不仅与沥青的性质有密切关系，而且亦与集料性质有关。

(1)黏附机理

沥青与集料的黏附作用，是一个复杂的物理—化学过程。目前，对黏附机理有多种解释。按润湿理论认为：在有水的条件下，沥青对石料的黏附性，可用沥青—水—石料三相体系(图 8-10)来讨论。设沥青与水的接触角为 θ，石料—沥青、石料—水和沥青—水的界面剩余自由能(简称界面能)分别为 γ_{sb}、γ_{sw}、γ_{bw}，沥青从石料单位表面积上置换水，所做的功 W 为：

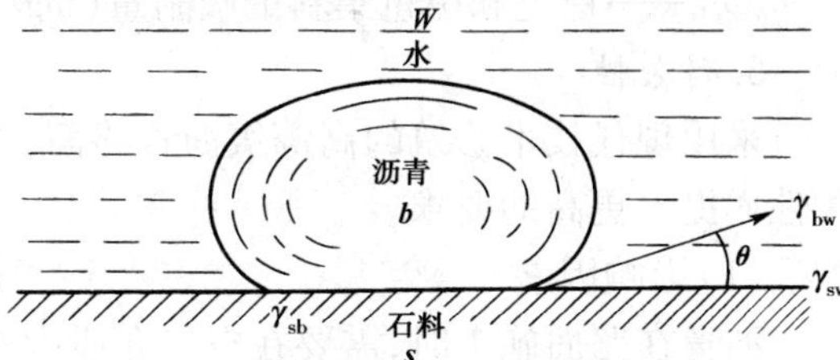

图 8-10 沥青—水—石料三相体系图

$$W = \gamma_{sb} + \gamma_{bw} - \gamma_{sw} \tag{8-4}$$

如沥青—水—石体系达到平衡时，必须满足杨格（Yong）和杜布尔（Dupre）方程：

$$\gamma_{sb} - \gamma_{sw} - \gamma_{bw}\cos\theta = 0$$

即

$$\gamma_{sb} = \gamma_{sw} + \gamma_{bw}\cos\theta \tag{8-5}$$

以式（8-5）代入式（8-4）得：

$$W = \gamma_{bw}(1 + \cos\theta) \tag{8-6}$$

由式（8-6）可知，沥青欲置换水而黏附于石料的表面，主要取决于：①沥青与水的界面能γ_{bw}；②沥青与水的接触角θ。在确定的石料条件下，γ_{bw}和θ均取决于沥青的性质。沥青的性质中主要为沥青的稠度和沥青中极性物质的含量（如沥青酸及其酸酐等）。随着沥青稠度和沥青酸含量的增加，沥青与石料的黏附性提高。

（2）评价方法

评价沥青与集料黏附性的方法最常采用的有下列几种：

①水煮法和水浸法

试验原理及方法见本章第六节。

②光电分光光度法

该法是基于沥青—水—集料的体系中，水对沥青起置换作用，而使沥青自集料的表面产生剥离或剥落的原理。以染料作为示踪剂，此染料的特点是对集料吸附，而对沥青不吸附。已知浓度为C_0的染料溶液，当染料吸附于剥离和剥落的集料表面后，溶液浓度就降低为C_1，应用分光光度计可以很快测出浓度的变化。按式（8-7）可计算得集料表面的染料吸附量：

$$q = \frac{(C_0 - C_1)V}{m} \tag{8-7}$$

式中：q——染料吸附量（mg/g）；

C_0、C_1——试验前和试验后染料溶液浓度（mg/mL）；

V——集料溶液的体积（mL）；

m——集料质量（g）。

根据式（8-7）计算出白色集料（未用沥青拌和的集料，作为测定的基准）和黑色集料（拌和沥青后并经剥落试验后的集料）的吸附量。即可按式（8-8）计算出沥青—集料的黏附性。

$$S_n = 1 - \frac{q_1}{q_0} \times 100 \tag{8-8}$$

式中：S_n——黏附性（%）；

q_0、q_1——白色和黑色集料的吸附量（mg/g）。

6.耐久性

采用现代技术修筑的高等级沥青路面，都要求具有很长的耐用周期，因此对沥青材料的耐久性亦提出更高的要求。

（1）影响因素

沥青在路面施工时，需要在空气介质中进行加热。路面建成后，长期裸露在现代工业环境中，经受日照、降水、气温变化等自然因素的作用。因此，影响沥青耐久性的因素主要有：大气（氧）、日照（光）、温度（热）、雨雪（水）、环境（氧化剂）以及交通（应力）等因素。

①热的影响

热能加速沥青分子的运动，除了引起沥青的蒸发外，还能促进沥青化学反应的加速，最终导致沥青技术性能降低。尤其是在施工加热（160～180℃）时，由于有空气中的氧参与共同作用,可使沥青性质产生严重的劣化。

②氧的影响

空气中的氧,在加热的条件下,能促使沥青组分对其吸收,并产生脱氢作用,使沥青的组分发生移行(如芳香分转变为胶质,胶质转变为沥青质)。

③光的影响

日光(特别是紫外线)对沥青照射后,能产生光化学反应,促使氧化速率加快,使沥青中羟基、羧基和碳氧基等基因增加。

④水的影响

水在与光、氧和热共同作用时,能起催化剂的作用。

此外,工业环境中的臭氧和交通因素等对沥青的耐久性也有影响。沥青在上述因素的综合作用下,产生"不可逆"的化学变化,导致路用性能的逐渐劣化,这种变化过程称为"老化"。

(2)评价方法

①热致老化

关于路面施工加热导致沥青性能变化的评价,我国现行行业标准规定:对中轻交通量道路用石油沥青,应进行"蒸发损失试验";对重交通道路用石油沥青应进行"薄膜加热试验";对液体沥青,应进行"蒸馏试验"。试验方法见本章第六节。

②耐候性

评价沥青在气候因素(光、氧、热和水)的综合作用下,路用性能衰降的程度,可以采用"自然老化"和"人工加速老化"试验。人工加速老化试验,是在由计算机程序控制有氙灯光源和自动调温、鼓风、喷水设备的耐候仪中进行的。通常只有在科研时才进行耐候性试验。

7.安全性

沥青材料在使用时必须加热,当加热至一定温度时,沥青材料中挥发的油分蒸气与周围空气组成混合气体,此混合气体遇火焰则易发生闪火。若继续加热,油分蒸气的饱和度增加,由于此种蒸气与空气组成的混合气体遇火焰极易燃烧,从而引起溶油车间发生火灾或将沥青烧杯损坏。为此,必须测定沥青加热闪火和燃烧的温度,即沥青的闪点和燃点。

闪点和燃点是保证沥青加热质量和施工安全的一项重要指标。公路行业标准《公路工程沥青及沥青混合料试验规程》(JTJ 052—2000)规定:对黏稠石油沥青,采用克利夫兰开口杯法(COC 法)测定闪点和燃点;对液体石油沥青,采用泰格开口杯法(TOC 法)测定闪点和燃点。

三、石油沥青的技术要求

道路石油沥青分为 A、B、C 三个等级,各等级的适用范围见表 8-7。

道路石油沥青的适用范围　　表 8-7

沥青等级	适用范围
A 级沥青	各等级公路,任何场合和层次
B 级沥青	1.高速、一级公路沥青下面层及以下的层次,二级及二级以下公路的各层次; 2.用做改性沥青、乳化沥青、改性乳化沥青、稀释沥青的基质沥青
C 级沥青	三级及三级以下公路的各层次

道路石油沥青的技术要求见表 8-8。

道路石油沥青的技术要求

表 8-8

指标	单位	等级	沥青标号																	试验方法[1]
			160 号[4]	130 号[4]	110 号			90 号					70 号[3]					50 号[3]	30 号[4]	
针入度(25℃,5s,100g)	0.1 mm		140 ~ 200	120 ~ 140	100 ~ 120			80 ~ 100					80 ~ 100					40 ~ 60	20 ~ 40	T 0604
适用的气候分区[6]			注[4]	注[4]	2-1	2-2	3-2	1-1	1-2	1-3	2-2	2-3	1-3	1-4	2-2	2-3	2-4	1-4	注[4]	注[6]
针入度指数 PI[2]		A	−1.5 ~ +1.0																	T 0604
		B	−1.8 ~ +1.0																	
软化点(R&B) 不小于	℃	A	38	40	43			45			44		46		45			49	55	T 0606
		B	36	39	42			43			42		44		43			46	53	
		C	35	37	41			42					43					45	50	
60℃动力黏度[2] 不小于	Pa · s	A	—	60	120			160		140			180		160			200	260	T 06020
10℃延度[2] 不小于	cm	A	50	50	40			45	30	20	30	20	20	15	25	20	15	15	10	T 0605
		B	30	30	30			30	20	15	20	15	15	10	20	15	10	10	8	
15℃延度 不小于	cm	A、B	100															80	50	T 0605
		C	80	80	60			50					40					30	20	
蜡含量(蒸馏法) 不大于	%	A	2.2																	T 0615
		B	3.0																	
		C	4.5																	
闪点 不小于	℃		230					245					260							T 0611

续上表

指　标	单位	等级	沥青标号							试验方法①
			160 号④	130 号④	110 号	90 号	70 号③	50 号③	30 号④	
溶解度　不小于	%		99.5							T 0607
密度(15℃)	g/cm^3		实测记录							T 0603
TFOT(或 RTFOT)后⑤										T 0610 或 T 0609
质量变化　不大于	%		±0.8							T 0610 或 T 0609
残留针入度比(25℃) 不小于	%	A	48	54	55	57	61	63	65	T 0604
		B	45	50	52	54	58	60	62	
		C	40	45	48	50	54	58	60	
残留延度(10℃) 不小于	cm	A	12	12	10	8	6	4	—	T 0605
		B	10	10	8	6	4	2	—	
残留延度(15℃) 不小于	cm	C	40	35	30	20	15	10	—	T 0605

注:①用于仲裁试验求取 PI 时的 5 个温度的针入度关系的相关系数不得小于 0.997。

②经建设单位同意,表中 PI 值、60℃动力黏度、10℃延度可作为选择性指标,也可不作为施工质量检验指标。

③70 号沥青可根据需要要求供应商提供针入度范围为 60 ~ 70 或 70 ~ 80 的沥青,50 号沥青可要求提供针入度范围为 40 ~ 50 或 50 ~ 60 的沥青。

④30 号沥青仅适用于沥青稳定基层。130 号和 160 号沥青除寒冷地区可直接在中低级公路上直接应用外,通常用作乳化沥青、稀释沥青、改性沥青的基质沥青。

⑤老化试验以 TFOT 为准,也可以 RTFOT 代替。

⑥气候分区见《公路沥青路面施工技术规范》(JTG F40—2004)附录 A。

道路用液体石油沥青适用于透层、黏层及拌制冷拌沥青混合料。液体石油沥青按凝结速度分为快凝 AL(R)、中凝 AL(M)、慢凝 AL(S)三个等级。快凝液体石油沥青按黏度分为 AL(R)-1、AL(R)-2 两个标号；中凝和慢凝液体石油沥青按黏度分为 AL(M)-1 ~ AL(M)-6 和 AL(S)-1 ~ AL(S)-6 等 6 个标号。道路用液体石油沥青的技术要求见表 8-9。

道路用液体石油沥青的技术要求 表 8-9

试验项目		单位	快凝		中凝						慢凝						试验方法
			AL(R)-1	AL(R)-2	AL(M)-1	AL(M)-2	AL(M)-3	AL(M)-4	AL(M)-5	AL(M)-6	AL(S)-1	AL(S)-2	AL(S)-3	AL(S)-4	AL(S)-5	AL(S)-6	
黏度	$C_{25.5}$	s	<20		<20						<20						T 0621
	$C_{60.5}$	s		5 ~ 15		5 ~ 15	16 ~ 25	26 ~ 40	41 ~ 100	101 ~ 200		5 ~ 15	16 ~ 25	26 ~ 40	41 ~ 100	101 ~ 200	
蒸馏体积	225℃前	%	>20	>15	<10	<7	<3	<2	0	0							T 0632
	315℃前	%	>35	>30	<35	<25	<17	<14	<8	<5							
	360℃前	%	>45	>35	<50	<35	<30	<25	<20	<15	<40	<35	<25	<20	<15	<5	
蒸馏后残留物	针入度(25℃)	0.1mm	60 ~ 200	60 ~ 200	100 ~ 300	100 ~ 300	100 ~ 300	100 ~ 300	100 ~ 300	100 ~ 300							T 0604
	延度(25℃)	cm	>60	>60	>60	>60	>60	>60	>60	>60							T 0605
	浮漂度(5℃)	s									<20	<20	<30	<40	<45	<50	T 0631
闪点(TOC 法)		℃	>30	>30	>65	>65	>65	>65	>65	>65	>70	>70	>100	>100	>120	>120	T 0633
含水率 不大于		%	0.2	0.2	0.2	0.2	0.2	0.2	0.2	0.2	2.0	2.0	2.0	2.0	2.0	2.0	T 0612

第三节 煤 沥 青

煤沥青是由煤干馏的产品——煤焦油再加工而获得的。根据煤干馏的温度不同，而分为：高温煤焦油(700℃以上)和低温煤焦油(450 ~ 700℃)两类。煤沥青是由煤干馏得到煤焦油再经蒸馏加工制成的沥青。以高温焦油为原料可获得数量较多且质量较佳的煤沥青。而低温焦油则相反，获得的煤沥青数量较少，且往往质量亦不稳定。

一、煤沥青的组成和结构

1. 元素组成

煤沥青的组成主要是芳香族碳氢化合物及其氧、硫和碳的衍生物的混合物。其元素组成主要为 C、H、O、S 和 N。它的元素组成与石油沥青相比较，如表 8-10。煤沥青元素组成的特点是"碳氢比"较石油沥青大得多，它的化学结构主要是由高度缩聚的芳核及其含氧、氮和硫的衍生物组成，在环结构上带有侧链，但侧链很短。

石油沥青和煤沥青元素组成比较 表 8-10

沥青名称	元素组成(%)					碳氢比(原子比)	沥青名称	元素组成(%)					碳氢比(原子比)
	C	H	O	S	N	C/H		C	H	O	S	N	C/H
石油沥青	86.7	9.7	1.0	2.0	0.6	0.8	煤沥青	93.0	4.5	1.0	0.6	0.9	1.7

2. 化学组分

煤沥青化学组分的分析方法，与石油沥青的方法相似，是采用选择性溶解将煤沥青分离为几个化学性质相近且与路用性能有一定联系的组。目前煤沥青化学组分分析的方法很多，最常采用的有 E. J. 狄金松法与 B. O. 葛列米尔德方法。E. J. 狄金松法，按图 8-11 流程可将煤沥青分离为：油分、树脂 A、树脂 B、游离碳 C_1 和游离碳 C_2 等 5 个组分。

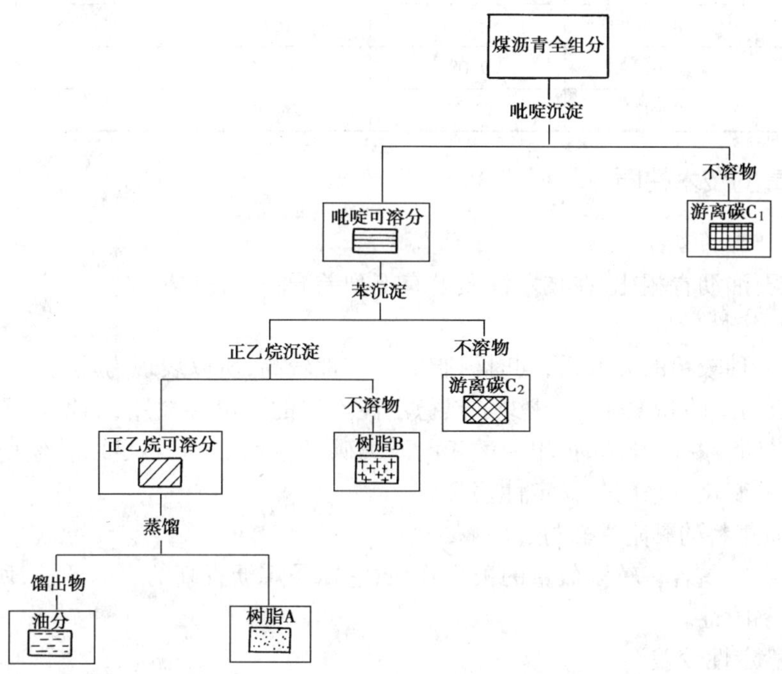

图 8-11　狄金松煤沥青化学组分分析流程图

煤沥青中各组分的性质简述如下：

(1) 游离碳

游离碳又称自由碳，是高分子的有机化合物的固态碳质微粒，不溶于苯；加热不熔，但高温分解。煤沥青的游离碳含量增加，可提高其黏度和温度稳定性；但随着游离碳含量增加，其低温脆性亦增加。

(2) 树脂

树脂为环心含氧碳氢化合物，分为：①硬树脂——类似石油沥青中的沥青质；②软树脂——赤褐色黏—塑性物，溶于氯仿，类似石油沥青中的树脂。

(3) 油分

油分是液态碳氢化合物，与其他组分比较，为最简单结构的物质。

除了上述的基本组分外，煤沥青的油分中还含有萘($C_{10}H_8$)、蒽($C_{14}H_{10}$)和酚(C_6H_5OH)等。萘和蒽能溶解于油分中，在含量较高或低温时能呈固态晶状析出，影响煤沥青的低温变形能力。酚为苯环中含羟物质，能溶于水，且易被氧化。煤沥青中酚、萘和水均为有害物质，对其含量必须加以限制。

现举几种道路煤沥青，按 E. J. 狄金松化学组分分析法所分析的结果见表 8-11。

3. 胶体结构

煤沥青和石油沥青相类似，也是一种复杂胶体分散系。游离碳和树脂组成的胶体微粒为分散相,油分为分散介质,而软树脂为保护物质,它吸附于固态分散胶粒周围,逐渐向外扩散,并溶解于油分中,分散形成稳定的胶体物系。

几种煤沥青的化学组分　　表 8-11

试样编号	化学组分(%)				
	游离碳 C_1	游离碳 C_2	树脂 A	树脂 B	油分
1	8.25	15.69	20.64	20.65	34.77
2	6.61	9.08	33.85	12.35	38.11
3	8.91	13.37	24.06	16.93	36.73

二、煤沥青的技术性质

1. *与石油沥青的差异*

煤沥青与石油沥青相比,在技术性质上有下列差异:

(1)温度稳定性较低

煤沥青是一种较粗的分散系,同时树脂的可溶性较高,所以表现为热稳定性较低。在一定温度下,随着煤沥青的黏度降低,减少了热稳定性不好的可溶性树脂,而增加了热稳定性好的油分含量;当煤沥青黏度升高时,粗分散相的游离碳含量增加,但不足以补偿由于同时发生的可溶树脂数量的变化带来的热稳定性损失。

(2)与矿质集料的黏附性较好

在煤沥青组成中含有较多数量的极性物质,它赋予煤沥青高的表面活性,所以它与矿质集料具有较好的黏附性。

(3)气候稳定性较差

煤沥青化学组成中含有较高含量的不饱和芳香烃,这些化合物有相当大的化学潜能,在周围介质(空气中的氧、日光的温度和紫外线以及大气降水)的作用下,老化进程(黏度增加,塑性降低)较石油沥青快。

2. *技术指标*

煤沥青的技术指标主要有下列各项:

(1)黏度

黏度是评价煤沥青质量最主要的指标,反映煤沥青的黏结性。煤沥青的黏度取决于液相组分和固相组分在其组成中的数量比例,当煤沥青中油分含量减少、固态树脂及游离碳含量增加时,则煤沥青的黏度增高。由于煤沥青的温度稳定性和大气稳定性均较差,故当温度变化或"老化"后其黏度即显著地变化。煤沥青的黏度测定方法与液体沥青相同,亦是用标准黏度计测定。黏度是确定煤沥青标号的主要指标。根据标号不同,常用的温度和流孔有 $C_{30,5}$、$C_{30,10}$、$C_{50,10}$和 $C_{60,10}$等四种。

(2)蒸馏试验

煤沥青中含有各种沸点的油分,这些油分的蒸发将影响其性质,因而煤沥青的起始黏滞度并不能完全表达其在使用过程中黏性的特征。为了预估煤沥青在路面中使用过程的性质变化,在测定其起始黏度的同时,还必须测定煤沥青在各馏程中所含馏分及其蒸馏后残留物的性质。

根据煤沥青化学组成特征,将其物理化学性质较接近的化合物分为:①170℃以前的轻油;②270℃以前的中油;③300℃以前的重油等三个馏程。其中300℃以后的馏分为煤沥青中最有价值的油质部分(主要为蒽油)。

煤沥青在分馏出300℃前的油质组分后其残渣，需测软化点环球法以表示其性质。

煤沥青各馏分含量的规定，是为了控制其由于蒸发而老化的安全性。煤沥青残渣性质试验，是为了保证其残渣具有适宜的黏结性。

（3）水分

煤沥青中含有水分，在施工加热时易产生泡沫或爆沸现象，不易控制；同时，煤沥青作为路面结合料，如含有水分会影响煤沥青与集料的黏附，降低路面强度，因此对其在煤沥青中的含量，必须要加以限制。

（4）甲苯不溶物含量

甲苯不溶物含量是煤沥青中不溶于热甲苯的物质的含量。这些不溶物主要为游离碳，并含有氧、氮和硫等，以及结构复杂的大分子有机物、少量的灰分。这些物质含量过多会降低煤沥青黏结性，因此必须加以限制。

（5）萘含量

萘在煤沥青中，低温时易结晶析出，使煤沥青失去塑性，导致路面冬季易产生裂缝。在常温条件下，萘易挥发、升华，加速煤沥青“老化”，并且挥发出的气体对人体有毒害。因此，煤沥青中的萘含量必须加以限制。

（6）焦油酸含量

煤沥青中的焦油酸是酚的同系物，能溶解于水。当沥青中焦油酸含量过多时，受雨水作用，将酚溶解冲走，加速沥青老化，影响路面的耐久性。因此，对道路用煤沥青大都列有焦油酸含量的限量标准。

三、煤沥青的技术要求

煤沥青按其在工程中的应用要求不同，首先按其稠度分为：软煤沥青（液体、半固体的）和硬煤沥青（固体的）两大类。

软煤沥青又按其黏度和有关技术性质分为T-1 ~ T-9共九个标号。其技术要求见表8-12。

道路用煤沥青的技术要求　　表8-12

试验项目		T-1	T-2	T-3	T-4	T-5	T-6	T-7	T-8	T-9	试验方法
黏度（s）	$C_{30,5}$	5 ~ 25	26 ~ 70								T 0621
	$C_{30,10}$			5 ~ 25	26 ~ 50	51 ~ 120	121 ~ 200				
	$C_{50,10}$							10 ~ 75	76 ~ 200		
	$C_{60,10}$									35 ~ 65	
蒸馏试验，馏出量（%）	170℃前　不大于	3	3	3	2	1.5	1.5	1.0	1.0	1.0	T 0641
	270℃前　不大于	20	20	20	15	15	15	10	10	10	
	300℃	15 ~ 35	15 ~ 35	30	30	25	25	20	20	15	
300℃蒸馏残留物软化点（环球法）（℃）		30 ~ 45	30 ~ 45	35 ~ 65	35 ~ 65	35 ~ 65	35 ~ 65	40 ~ 70	40 ~ 70	40 ~ 70	T 0606
水分（%）	不大于	1.0	1.0	1.0	1.0	1.0	0.5	0.5	0.5	0.5	T 0612
甲苯不溶物（%）	不大于	20	20	20	20	20	20	20	20	20	T 0646
萘含量（%）	不大于	5	5	5	4	4	3.5	3	2	2	T 0645
焦油酸含量（%）	不大于	4	4	3	3	2.5	2.5	1.5	1.5	1.5	T 0642

第四节　乳化沥青

乳化沥青是将黏稠沥青加热至流动状态，经机械力的作用，形成微滴（粒径约 2 ~ 5μm）分散在有乳化剂—稳定剂的水中，由于乳化剂—稳定剂的作用而形成均匀稳定的乳状液。乳化沥青又称沥青乳液，简称乳液。乳化沥青具有许多优越性，其主要优点为：

（1）冷态施工、节约能源。乳化沥青可以冷态施工，现场无须加热设备和能源消耗，扣除制备乳化沥青所消耗的能源后，仍然可以节约大量能源。

（2）便于施工、节约沥青。由于乳化沥青黏度低、和易性好，施工方便，可节约劳力。此外，由于乳化沥青在集料表面形成的沥青膜较薄，不仅提高沥青与集料的黏附性，而且可以节约沥青用量。

（3）保护环境、保障健康。乳化沥青施工不需加热，故不污染环境；同时，避免了劳动操作人员受沥青挥发物的毒害。

一、乳化沥青的组成和结构

乳化沥青主要是由沥青、乳化剂、稳定剂和水等组分所组成。

1. 沥青

沥青是乳化沥青组成的主要材料，沥青的质量直接关系到乳化沥青的性能。在选择作为乳化沥青用的沥青时，首先要考虑它的易乳化性。沥青的易乳化性与其化学结构有密切关系。以工程适用为目的，可认为易乳化性与沥青中的沥青酸含量有关。通常认为沥青酸总量大于1%的沥青，采用通用乳化剂和一般工艺即易于形成乳化沥青。一般说来，相同油源和工艺的沥青，针入度较大者易于形成乳液。但是针入度的选择，应根据乳化沥青在路面工程中的用途而决定。

2. 乳化剂

乳化剂是乳化沥青形成的关键材料。沥青乳化剂是表面活性剂的一种类型，从化学结构上考察，它是一种“两亲性”分子，分子的一部分具有亲水性质，而另一部分具有亲油性质。亲油部分一般由碳氢原子团，特别是由长链烷基构成，结构差别较小。亲水部分原子团则种类繁多，结构差异较大。因此乳化剂的分类，是以亲水基的结构为依据。

沥青乳化剂按其亲水基在水中是否电离而分为离子型和非离子型两大类。离子型乳化剂按其离子电性，又衍生为阴（或负）离子型、阳（或正）离子型和两性离子型等三类。

随着近代乳化沥青的发展，为适应各种特殊的要求，还衍生出许多化学结构更为复杂的复合乳化剂。现将几类主要乳化剂结构简述如下：

（1）阴离子型乳化剂

阴离子型沥青乳化剂是在溶于水中，能电离为离子或离子胶束，且与亲油基相连的亲水基团带有阴（或负）电荷的乳化剂。阴离子型沥青乳化剂（以十七烷基羧酸盐为例）溶于水时的分子结构模型示意如图 8-12。

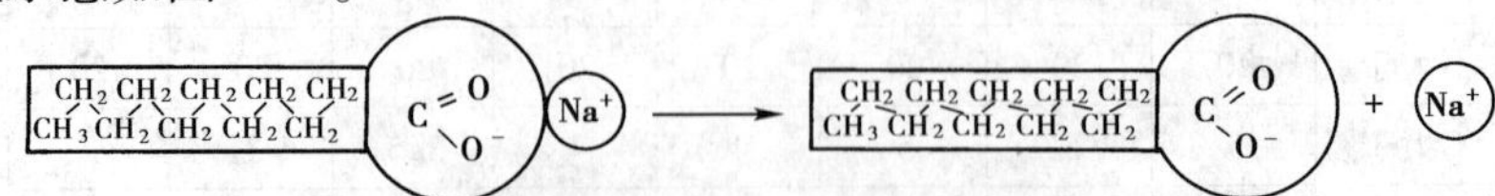

图 8-12　阴离子型沥青乳化剂及其在水中电离的示意图解

阴离子沥青乳化剂最主要的亲水基团有羧酸盐（如—$COON_2$）、硫酸酯盐（如—OSO_3Na）、磺酸盐（如—SO_3Na）等三种。

（2）阳离子型乳化剂

阳离子型沥青乳化剂是在溶于水中时，能电离为离子或离子胶束，且与亲油基相连接的亲水基团带有阳（或正）电荷的乳化剂。阳离子乳化剂（以十六烷基三甲基溴化铵为例）溶于水时的分子模型示意如图 8-13。

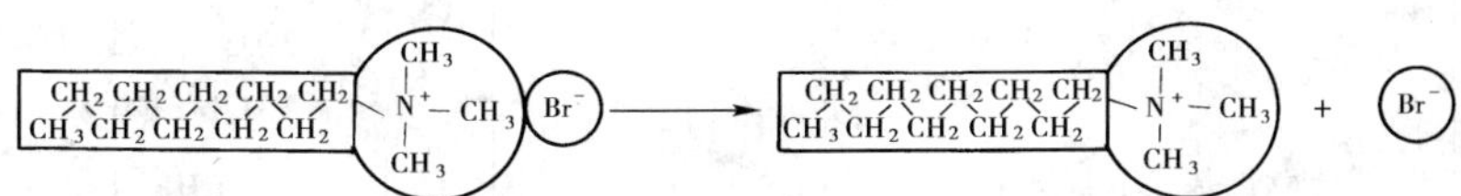

图 8-13　阳离子型沥青乳化剂及其在溶于水中电离示意图

阳离子型沥青乳化剂按其化学结构，主要有：季胺盐类、烷基胺类、酰胺类、咪唑啉类、环氧乙烷二胺类和胺化木质素类等。

（3）两性离子型乳化剂

两性离子型沥青乳化剂是在水中溶解时，电离成离子或离子胶团，且与亲油基相连接的亲水基团，既带有阴电荷又带有阳电荷的乳化剂。两性离子型沥青乳化剂（以十八烷基二甲基甜菜碱为例）溶于水时的分子结构模型示意如图 8-14。

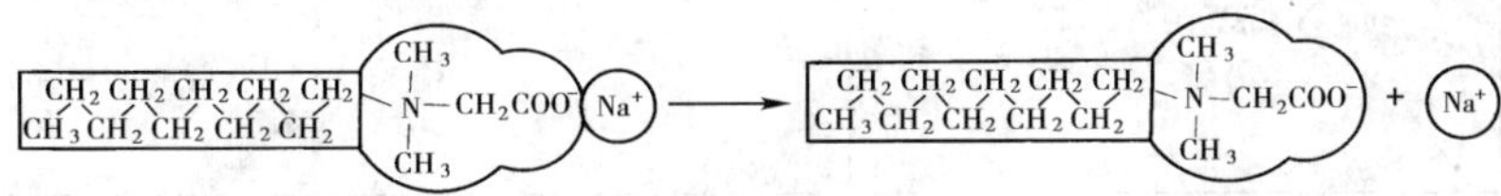

图 8-14　两性离子型沥青乳化剂及其在水中电离示意图

两性离子型沥青乳化剂按其两性离子的亲水基团的结构和特性，主要分为：氨基酸型、甜菜型和咪唑型等。最常用的两性离子乳化剂的亲水基团，均有羧酸基构成阴离子部分，其中由胺盐构成阳离子部分的称胺基酸型［如 $RNHCH_2COOH$］；由季胺盐构成阳离子部分的称为甜菜型［如 $RN(CH_3)_2COOH$］；咪唑啉则为环式结构。

（4）非离子型沥青乳化剂

非离子型沥青乳化剂是在水溶解时，不能离解成离子或离子胶束，而是依赖分子所含的羟基（—OH）和醚链（—O—）等作为亲水基团的乳化剂。非离子型沥青乳化剂（以脂肪族高级醇环氧乙烷加成物为例）溶解于水时的分子结构模型示意如图 8-15。

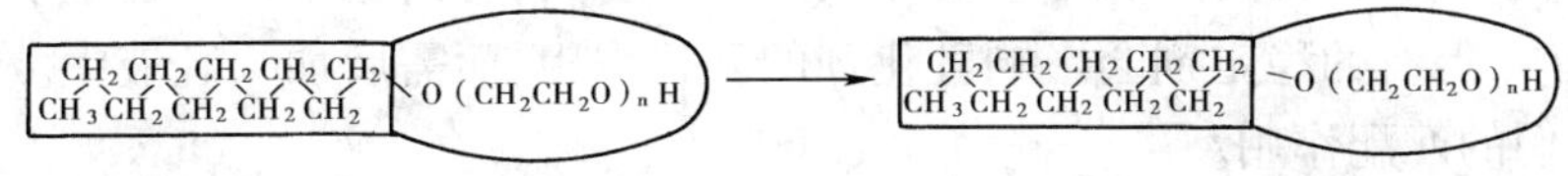

图 8-15　非离子型沥青乳化剂及其溶于水中的示意图

非离子型沥青乳化剂根据亲水基团的结构可分为：醚基类、酯基类、酰胺类和杂环类等，但应用最多的为环氧乙烷缩合物和一元醇或多元醇的缩合物。

目前，我国常用于乳化沥青的乳化剂见表 8-13。

3. 稳定剂

为使乳液具有良好的储存稳定性，以及在施工中喷洒或拌和的机械作用下的稳定性，必要时可加入适量的稳定剂。稳定剂可分为两类：

常用的各种乳化剂 表 8-13

试样编号	乳化剂名称	化学结构式
阴离子乳化剂	十二烷基碘酸钠	$CH_2(CH_2)_{11}OSO_3Na^+$
阳离子乳化剂	十八烷基三甲基氯化铵	$\left[C_{18}H_{37}-N(CH_3)_3\right]^+Cl^-$
	十六烷基三甲基溴化铵	$\left[C_{16}H_{33}-N(CH_3)_3\right]^+Br^-$
	十八叔胺二甲基硝酸季铵盐	$\left[C_{18}H_{37}-N(CH_3)_2-CH_3OH\right]^+NO_3^-$
	十七烷基二甲基苄基氯化铵	$\left[C_{17}H_{35}-N(CH_3)_2-CH_2-C_6H_5\right]^+Cl^-$
	N-烷基丙撑二胺	$R-NH-(CH_2)_2-NH_2$
两性离子乳化剂	氨基酸型两性乳化剂 甜菜碱型两性乳化剂	$RNH^+CH_2CH_2COO^-$ $RN^+(CH_3)_2CH_2COO^-$
非离子乳化剂	辛基酚聚氧乙烯醚	$C_8H_{17}-C_6H_4-O-(CH_2CH_3O)_{30}H$

(1)有机稳定剂

常用的有聚乙烯醇、聚丙烯酰胺、羧甲基纤维素纳、糊精、MF 废液等。这类稳定剂可提高乳液的储存稳定性和施工稳定性。

(2)无机稳定剂

常用的氯化钙、氯化镁、氯化铵和氯化铬等。这类稳定剂可提高乳液的储存稳定性。

稳定性对乳化剂的协同作用,与它们之间的性质有关,有的稳定剂可在生产乳液时同时加入乳化剂溶液中,但有的稳定剂会影响乳化剂的乳化作用,而需后加入乳液中。因此必须通过试验来确定它们的匹配作用。

4. 水

水是乳化沥青的主要组成部分,不可忽视水对乳化沥青性能的影响。水常含有各种矿物质或其他影响乳化沥青形成的物质。自然界获得的水,可溶融或悬浮各种物质,影响水的 pH 值,或者含有钙或镁的离子等,这些因素都可能影响某些乳化沥青的形成或引起乳化沥青的过早分裂。因此,生产乳化沥青的水应不含其他杂质。

二、乳化沥青的技术要求

乳化沥青的品种及适用范围见表 8-14。

乳化沥青的品种及适用范围　　表 8-14

分　　类	品种及代号	适 用 范 围
阳离子乳化沥青	PC-1	表处、贯入式路面及下封层用
	PC-2	透层油及基层养生用
	PC-3	黏层油用
	BC-1	稀浆封层或冷拌沥青混合料用
阴离子乳化沥青	PA-1	表处、贯入式路面及下封层用
	PA-2	透层油及基层养生用
	PA-3	黏层油用
	BA-1	稀浆封层或冷拌沥青混合料用
非离子乳化沥青	PN-2	透层油用
	BN-1	与水泥稳定集料同时使用(基层路拌或再生)

注:P-喷洒型;B-拌和型;C、N、A-分别表示阳离子、阴离子、非离子乳化沥青。

道路用乳化沥青的技术要求见表 8-15。

道路用乳化沥青的技术要求　　表 8-15

试验项目		单位	品种及代号										试验方法
			阳离子				阴离子				非离子		
			喷洒用			拌和用	喷洒用			拌和用	喷洒用	拌和用	
			PC-1	PC-2	PC-3	BC-1	PA-1	PA-2	PA-3	BA-1	PN-2	BN-1	
破乳速度			快裂	慢裂	快裂或中裂	慢裂或中裂	快裂	慢裂	快裂或中裂	慢裂或中裂	慢裂	慢裂	T 0658
粒子电荷			阳离子(+)				阴离子(-)				非离子		T 0653
筛上残留物(1.18mm 筛)不大于		%	0.1				0.1				0.1		T 0652
黏度	恩格拉黏度 E_{25}		2~10	1~6	1~6	2~30	2~10	1~6	1~6	2~30	1~6	2~30	T 0622
	道路标准黏度 $C_{25,3}$	s	10~25	8~20	8~20	10~60	10~25	8~20	8~20	10~60	8~20	10~60	T 0621
蒸发残留物	残留分含量 不小于	%	50	50	50	55	50	50	50	55	50	55	T 0651
	溶解度 不小于	%	97.5				97.5				97.5		T 0607
	针入度(25℃)	0.1mm	50~200	50~300	45~150		50~200	50~300	45~150		50~300	60~300	T 0604
延度(15℃),不小于		cm	40				40				40		T 0605
与粗集料的黏附性,裹覆面积 不小于			2/3			—	2/3			—	2/3	—	T 0654

续上表

试验项目	单位	品种及代号										试验方法
		阳离子				阴离子				非离子		
		喷洒用			拌和用	喷洒用			拌和用	喷洒用	拌和用	
		PC-1	PC-2	PC-3	BC-1	PA-1	PA-2	PA-3	BA-1	PN-2	BN-1	
与粗、细粒式集料拌和试验		—			均匀	—			均匀	—		T 0659
水泥拌和试验的筛上剩余 不大于	%	—				—				—	3	T 0657
常温储存稳定性: 1d　不大于 5d　不大于	%	1 5				1 5				1 5		T 0655

注:①黏度可选用恩格拉黏度计或沥青标准黏度计之一测定。

②表中的破乳速度、与集料的黏附性、拌和试验的要求与所使用的石料品种有关,质量检验时应采用工程上实际的石料进行试验,仅进行乳化沥青产品质量评定时可不要求此三项指标。

③储存稳定性根据施工实际情况选用试验时间,通常采用5d,乳液生产后能在当天使用时也可用1d的稳定性。

④当乳化沥青需要在低温冰冻条件下储存或使用时,尚需按T 0656进行-5℃低温储存稳定性试验,要求没有粗颗粒、不结块。

⑤如果乳化沥青是将高浓度产品运到现场经稀释后使用时,表中的蒸发残留物等各项指标指稀释前乳化沥青的要求。

第五节　改性沥青

高等级公路的交通特点是交通密度大、车轴轴载重、荷载作用间歇时间短,以及高速和渠化。这些特点造成沥青路面高温时出现车辙,低温时产生裂缝,抗滑性能很快衰减,使用年限不长。为使沥青路面高温不推,低温不裂,保证安全快速行车,延长使用年限,在沥青材料的技术性质方面,必须提高沥青的流变性能,改善沥青与集料的黏附性,延长沥青的耐久性,以适应现代交通的要求。

改性沥青是采用各种措施使性能得到改善的沥青。改性沥青可单独或复合采用高分子聚合物、天然沥青及其他改性材料制作。

一、聚合物改性沥青

目前,常用的改性沥青为聚合物改性沥青,改性剂主要分为SBS类、SBR类及EVA类、PE类,其技术要求见表8-16。

聚合物改性沥青的技术要求　　表8-16

指　　标	单位	SBS类(I类)				SBR类(II类)			EVA、PE类(III类)				试验方法
		I-A	I-B	I-C	I-D	II-A	II-B	II-C	III-A	III-B	III-C	III-D	
针入度(25℃,100g,5s)	0.1mm	>100	80~100	60~80	30~60	>100	80~100	60~80	>80	60~80	40~60	30~40	T 0604
针入度指数PI　不小于		-1.2	-0.8	-0.4	0	-1.0	-0.8	-0.6	-1.0	-0.8	-0.6	-0.4	T 0604

续上表

指　标	单位	SBS 类（I 类）				SBR 类（II 类）			EVA、PE 类（III 类）				试验方法
		I-A	I-B	I-C	I-D	II-A	II-B	II-C	III-A	III-B	III-C	III-D	
延度（5℃，5cm/min） 不小于	cm	50	40	30	20	60	50	40	—				T 0605
软化点 $T_{R\&B}$　不小于	℃	45	50	55	60	45	48	50	48	52	56	60	T 0606
运动黏度①（135℃） 不大于	Pa·s	3											T 0625 T 0619
闪点　不小于	℃	230				230			230				T 0611
溶解度　不小于	%	99				99			—				T 0607
弹性恢复（25℃）　不小于	%	55	60	65	75	—			—				T 0662
黏韧性　不小于	N·m	—				5			—				T 0624
韧性　不小于	N·m	—				2.5			—				T 0624
储存稳定性②离析，48h 软化点差　不大于	℃	2.5				—			无改性剂明显析出、凝聚				T 0661
TFOT（或 RTFOT）后残留物													
质量变化　不大于	%	1.0											T 0610 或 T 0609
针入度比 25℃　不小于	%	50	55	60	65	50	55	60	50	55	58	60	T 0604
延度 5℃　不小于	cm	30	25	20	15	30	20	10	—				T 0605

注：①表中 135℃运动黏度可采用《公路工程沥青及沥青混合料试验规程》（JTJ 052—2000）中的“沥青布氏旋转黏度试验方法（布洛克菲尔德黏度计法）”进行测定。若在不改变改性沥青物理力学性质并符合安全条件的温度下易于泵送和拌和，或经证明适当提高泵送和拌和温度时能保证改性沥青的质量，容易施工，可不要求测定。

②储存稳定性指标适用于工厂生产的成品改性沥青。现场制作的改性沥青对储存稳定性指标可不作要求，但必须在制作后，保持不间断的搅拌或泵送循环，保证使用前没有明显的离析。

二、改性乳化沥青

对乳化沥青进行改性，可得到改性乳化沥青。改性乳化沥青的品种和适用范围见表 8-17，技术要求见表 8-18。

改性乳化沥青的品种和适用范围　　表 8-17

品　种		代　号	适 用 范 围
改性乳化沥青	喷洒型改性乳化沥青	PCR	黏层、封层、桥面防水黏结层用
	拌和用乳化沥青	BCR	改性稀浆封层和微表处用

改性乳化沥青的技术要求　　表 8-18

试 验 项 目	单位	品种及代号		试 验 方 法
		PCR	BCR	
破乳速度		快裂或中裂	慢裂	T 0658
粒子电荷		阳离子（＋）	阳离子（＋）	T 0653
筛上剩余量（1.18mm）　不大于	%	0.1	0.1	T 0652

续上表

试验项目		单位	品种及代号		试验方法
			PCR	BCR	
黏度	恩格拉黏度 E_{25}		1～10	3～30	T 0622
	沥青标准黏度 $C_{25,3}$	s	8～25	12～60	T 0621
蒸发残留物	含量　不小于	%	50	60	T 0651
	针入度(100g,25℃,5s)	0.1mm	40～120	40～100	T 0604
	软化点　不小于	℃	50	53	T 0606
	延度(5℃)　不小于	cm	20	20	T 0605
	溶解度(三氯乙烯)　不小于	%	97.5	97.5	T 0607
与矿料的黏附性,裹覆面积　不小于			2/3	–	T 0654
储存稳定性	1d　不大于	%	1	1	T 0655
	5d　不大于	%	5	5	T 0655

注:①破乳速度、与集料黏附性、拌和试验,与所使用的石料品种有关。工程上施工质量检验时应采用实际的石料试验,仅进行产品质量评定时可不对这些指标提出要求。

②当用于填补车辙时,BCR 蒸发残留物的软化点宜提高至不低于 55℃。

③储存稳定性根据施工实际情况选择试验天数,通常采用 5d,乳液生产后能在第二天使用完时也可选用 1d。个别情况下改性乳化沥青 5d 的储存稳定性难以满足要求,如果经搅拌后能够达到均匀一致并不影响正常使用,此时要求改性乳化沥青运至工地后存放在附有搅拌装置的储存罐内,并不断地进行搅拌,否则不准使用。

④当改性乳化沥青或特种改性乳化沥青需要在低温冰冻条件下储存或使用时,尚需按 T 0656 进行 –5℃低温储存稳定性试验,要求没有粗颗粒、不结块。

第六节　沥青试验方法

一、沥青取样法(T 0601—2000)

1. 目的和适用范围

(1)本方法适用于在生产厂、储存或交货验收地点为检查沥青产品质量而采集各种沥青材料的样品。

(2)进行沥青性质常规检验的取样数量为:黏稠或固体沥青不少于 1.5kg;液体沥青不少于 1L;沥青乳液不少于 4L。

进行沥青性质非常规检验及沥青混合料性质试验所需的沥青数量,应根据实际需要确定。

2. 仪具与材料

(1)盛样器:根据沥青的品种选择。液体或黏稠沥青采用广口、密封带盖的金属容器(如锅、桶等);乳化沥青也可使用广口、带盖的聚氯乙烯塑料桶;固体沥青可用塑料袋,但需有外包装,以便携运。

(2)沥青取样器:金属制、带塞、塞上有金属长柄提手,形状见图 8-16。

3. 准备工作

检查取样和盛样器是否干净、干燥,盖子是否配合严密。使用过的取样器或金属桶等盛样容器必须洗净、干燥后才可使用。对供质量仲裁用的沥青试样,应采用未使用过的新容器存放,且由供需双方人员共同取样,取样后双方在密封上签字盖章。

4. 试验步骤

1)从储油罐中取样

(1)无搅拌设备的储罐

①液体沥青或经加热已经变成流体的黏稠沥青取样时,应先关闭进油阀和出油阀,然后取样。

②用取样器按液面上、中、下位置(液面高各为 1/3 等分处,但距罐底不得低于总液面高度的 1/6)各取规定数量样品。每层取样后,取样器应尽可能倒净。当储罐过深时,亦可在流出口按不同流出深度分 3 次取样。对静态存取的沥青,不得仅从罐顶用小桶取样,也不能仅从罐底阀门流出少量沥青取样。

③将取出的 3 个样品充分混合后取规定数量样品作为试样,样品也可分别进行检验。

(2)有搅拌设备的储罐

将液体沥青或经加热已经变成流体的黏稠沥青充分搅拌后,用取样器从沥青层的中部取规定数量试样。

2)从槽车、罐车、沥青洒布车中取样

(1)设有取样阀时,可旋开取样阀,待流出至少 4 kg 或 4L 后再取样。取样阀如图 8-17 所示。

(2)仅有放料阀时,俟放出全部沥青的一半时再取样。

(3)从顶盖处取样,可用取样器从中部取样。

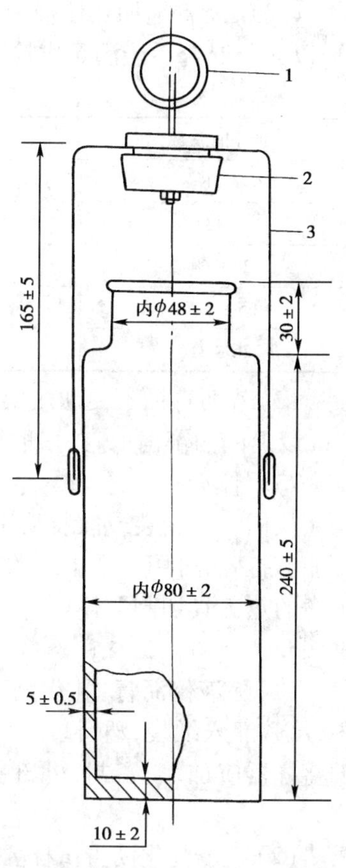

图 8-16　沥青取样器(尺寸单位:mm)

1-吊环;2-聚四氟乙烯塞;3-手柄

3)在装料或卸料过程中取样

在装料或卸料过程中取样时,要按时间间隔均匀地取至少 3 个规定数量样品,然后将这些样品充分混合后取规定数量样品作为试样。样品也可分别进行检验。

4)从沥青储存池中取样

沥青储存池中的沥青应待加热熔化后,经管道或沥青泵流至沥青加热锅之后取样。分间隔每锅至少取 3 个样品,然后将这些样品充分混匀后再取规定数量作为试样,样品也可分别进行检验。

5)从沥青运输船中取样

沥青运输船到港后,应分别从每个沥青舱取样,每个舱从不同的部位取 3 个样品,混合在一起,作为一个舱的沥青样品供检验用。在卸油过程中取样时,应根据卸油量,大体均匀地分间隔 3 次从卸油口或管道途中的取样口取样,然后混合作为一个样品供检验用。

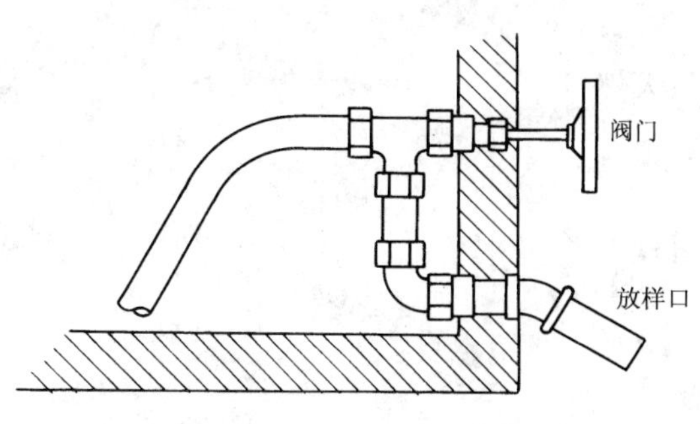

图 8-17　沥青取样阀

6)从沥青桶中取样

(1)当能确认是同一批生产的产品时,可随机取样。如不能确认是同一批生产的产品时,应根据桶数按照表 8-19 规定或按总桶数的立方根数随机选出沥青桶数。

(2)将沥青桶加热使桶中沥青全部熔化成流体后,按罐车取样方法取样。每个样品的数量,以充分混合后能满足供检验用样品的规定数量要求为限。

选取沥青样品桶数　　表 8-19

沥青桶总数	选取桶数	沥青桶总数	选取桶数
2~8	2	217~343	7
9~27	3	344~512	8
28~64	4	513~729	9
65~125	5	730~1000	10
126~216	6	1001~1331	11

(3)若沥青桶不便加热熔化沥青时,亦可在桶高的中部将桶凿开取样,但样品应在距桶壁5cm以上的内部凿取,并采取措施防止样品散落地面粘有尘土。

7)固体沥青取样

从桶、袋、箱装或散装整块中取样,应在表面以下及容器侧面以内至少5cm处采取。如沥青能够打碎,可用一个干净的工具将沥青打碎后取中间部分试样;若沥青是软塑的,则用一个干净的热工具切割取样。

5.试样的保护与存放

(1)除液体沥青、乳化沥青外,所有需加热的沥青试样必须存放在密封带盖的金属容器中,严禁灌入纸袋、塑料袋中存放。试样应存放在阴凉干净处,注意防止试样污染。装有试样的盛样器应加盖、密封,外部擦拭干净,并在其上标明试样来源、品种、取样日期、地点及取样人。

(2)冬季乳化沥青试样要注意采取妥善防冻措施。

(3)除试样的一部分用于检验外,其余试样应妥善保存备用。

(4)试样需加热采取时,应一次取够一批试验所需的数量装入另一盛样器,其余试样密封保存,应尽量减少重复加热取样。用于质量仲裁检验的样品,重复加热的次数不得超过两次。

二、沥青试样准备(T 0602—1993)

1.目的和适用范围

(1)本方法适用于黏稠道路石油沥青、煤沥青等需要加热后才能进行试验的沥青试样。

(2)本方法也适用于在试验室按照乳化沥青中沥青、乳化剂、水及外加剂的比例制备乳液的试样进行各项性能测试使用。

2.仪具与材料

(1)烘箱:200℃,装有温度调节器。

(2)加热炉具:电炉或其他燃气炉(丙烷石油气、天然气)。

(3)石棉垫:不小于炉具上面积。

(4)滤筛:筛孔孔径0.6mm。

(5)沥青盛样器皿:金属锅或瓷坩埚。

(6)乳化剂。

(7)烧杯:1000mL。

(8)温度计:0~100℃及200℃,分度为0.1℃。

(9)天平:量程2000g,感量不大于1g;量程100g,感量不大于0.1g。

(10)其他:玻璃棒、溶剂、洗油、棉纱等。

3. 方法与步骤

1)热沥青试样制备

(1)将装有试样的盛样器带盖放入恒温烘箱中,当石油沥青试样中含有水分时,烘箱温度80℃左右,加热至沥青全部熔化后供脱水用。当石油沥青中无水分时,烘箱温度宜为软化点温度以上90℃,通常为135℃左右。对取来的沥青试样不得直接采用电炉或煤气炉明火加热。

(2)当石油沥青试样中含有水分时,将盛样器皿放在可控温的砂浴、油浴、电热套上加热脱水,不得已采用电炉、煤气炉加热脱水时必须加放石棉垫。时间不超过30min,并用玻璃棒轻轻搅拌,防止局部过热。在沥青温度不超过100℃的条件下,仔细脱水至无泡沫为止,最后的加热温度不超过软化点以上100℃(石油沥青)或50℃(煤沥青)。

(3)将盛样器中的沥青通过0.6mm的滤筛过滤,不等冷却立即一次灌入各项试验的模具中。根据需要也可将试样分装入擦拭干净并干燥的一个或数个沥青盛样器皿中,数量应满足一批试验项目所需的沥青样品并有富余。

(4)在沥青灌模过程中如温度下降可放入烘箱中适当加热,试样冷却后反复加热的次数不得超过两次,以防沥青老化影响试验结果。注意在沥青灌模时不得反复搅动沥青,以避免混进气泡。

(5)灌模剩余的沥青应立即清洗干净,不得重复使用。

2)乳化沥青试样制备

(1)将按T 0601取有乳化沥青的盛样器适当晃动使试样上下均匀,试样数量较少时,宜将盛样器上下倒置数次,使上下均匀。

(2)将试样倒出要求数量,装入盛样器皿或烧杯中,供试验使用。

(3)当乳化沥青在试验室自行配制时,可按下列步骤进行:

①按上述方法准备热沥青试样。

②根据所需制备的沥青乳液质量及沥青、乳化剂、水的比例计算各种材料的数量。

a. 沥青用量按式(8-9)计算。

$$m_b = m_E \times P_b \tag{8-9}$$

式中:m_b——所需的沥青质量(g);

m_E——乳液总质量(g);

P_b——乳液中沥青含量(%)。

b. 乳化剂用量按式(8-10)计算。

$$m_e = m_E \times P_E / P_e \tag{8-10}$$

式中:m_e—— 乳化剂用量(g);

P_E—— 乳液中乳化剂的含量(%);

P_e—— 乳化剂浓度,即乳化剂中有效成分含量(%)。

c. 水的用量按式(8-11)计算。

$$m_w = m_E - m_E \times P_b \tag{8-11}$$

式中:m_w——配制乳液所需水的质量(g)。

③称取所需的乳化剂量放入1000mL烧杯中。

④向盛有乳化剂的烧杯中加入所需的水(扣除乳化剂中所含水的质量)。

⑤将烧杯放到电炉上加热并不断搅拌,直到乳化剂完全溶解,如需调节pH值时可加入适

量的外加剂,将溶液加热到 40 ~ 60℃。

⑥在容器中称取准备好的沥青并加热到 120 ~ 150℃。

⑦开动乳化机,用热水先把乳化机预热几分钟,然后把热水排净。

⑧将预热的乳化剂倒入乳化机中,随即将预热的沥青徐徐倒入,待全部沥青乳液在机中循环 1min 后放出,进行各项试验或密封保存。

三、沥青密度与相对密度试验(T 0603—1993)

1. 目的和适用范围

本方法可以测定沥青的 15℃密度,换算得相对密度(25℃/25℃);也可以测定相对密度(25℃/25℃),换算求得密度(15℃)。二者之间可由下式换算:

$$\text{沥青与水的相对密度}(25℃/25℃) = \text{沥青的密度}(15℃) \times 0.996$$

2. 仪具与材料

(1)比重瓶(也称密度瓶):玻璃制,瓶塞下部与瓶口须经仔细研磨。瓶塞中间有一个垂直孔,其下部为凹形,以便由孔中排除空气。比重瓶的容积为 20 ~ 30mL,质量不超过 40g, 形状和尺寸如图 8-18。

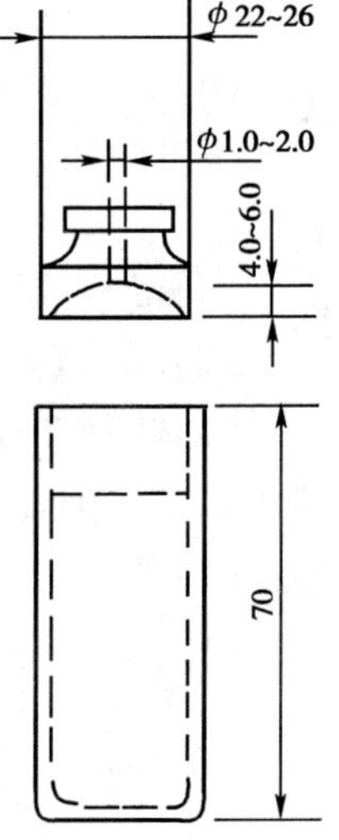

图 8-18 比重瓶(尺寸单位:mm)

(2)恒温水槽:控温的准确度为 0.1℃。

(3)烘箱:200℃,装有温度自动调节器。

(4)天平:感量不大于 1mg。

(5)滤筛:0.6mm、2.36mm 各一个。

(6)温度计:0 ~ 50℃,分度为 0.1℃。

(7)烧杯:600 ~ 800mL。

(8)真空干燥器。

(9)洗液:玻璃仪器清洗液、三氯乙烯(分析纯)等。

(10)蒸馏水(或去离子水)。

(11)表面活性剂:洗衣粉(或洗涤灵)。

(12)其他:软布、滤纸等。

3. 试验步骤

(1)准备工作

①用洗液、水、蒸馏水先后仔细洗涤比重瓶,然后烘干称其质量(m_1),准确至 1mg。

②将盛有新煮沸并冷却的蒸馏水的烧杯浸入恒温水槽中一同保温,在烧杯中插入温度计,水的深度必须超过比重瓶顶部 40mm 以上。

③使恒温水槽及烧杯中的蒸馏水达至规定的试验温度 ±0.1℃。

(2)比重瓶水值的测定步骤

①将比重瓶及瓶塞放入恒温水槽中,烧杯底浸没水中的深度应不少于 100mm,烧杯口露出水面,并用夹具将其固牢。

②待烧杯中水温再次达至规定温度后并保温 30min 后,将瓶塞塞入瓶口,使多余的水由瓶塞上的毛细孔中挤出。注意比重瓶内不得有气泡。

③将烧杯从水槽中取出,再从烧杯中取出比重瓶,立即用干净软布将瓶塞顶部擦拭一次,再迅速擦干比重瓶外面的水分,称其质量(m_2),准确至 1mg。注意瓶塞顶部只能擦拭一次,即

使由于膨胀瓶塞上有小水滴也不能再擦拭。

④以 $m_2 - m_1$ 作为试验温度时比重瓶的水值。

(3)液体沥青试样的试验步骤

①将试样过筛(0.6mm)后注入干燥比重瓶中至满,注意不要混入气泡。

②将盛有试样的比重瓶及瓶塞移入恒温水槽(测定温度 ±0.1℃)内盛有水的烧杯中,水面应在瓶口下约 40mm。注意勿使水浸入瓶内。

③从烧杯内的水温达到要求的温度后起算保温 30min 后,将瓶塞塞上,使多余的试样由瓶塞的毛细孔中挤出。仔细用蘸有三氯乙烯的棉花擦净孔口挤出的试样,并注意保持孔中充满试样。

④从水中取出比重瓶,立即用干净软布仔细地擦去瓶外的水分或黏附的试样(注意不得再揩孔口)后,称其质量(m_3),准确至 1mg。

(4)黏稠沥青试样的试验步骤

①按 T 0602 规定方法准备沥青试样,沥青的加热温度不高于估计软化点以上 100℃(石油沥青)或 50℃(煤沥青),仔细注入比重瓶中,约至 2/3 高度。注意勿使试样黏附瓶口或上方瓶壁,并防止混入气泡。

②取出盛有试样的比重瓶,移入干燥器中,在室温下冷却不少于 1h,连同瓶塞称其质量(m_4),准确至 1mg。

③从水槽中取出盛有蒸馏水的烧杯,将蒸馏水注入比重瓶,再放入烧杯中(瓶塞也放进烧杯中),然后把烧杯放回已达试验温度的恒温水槽中,从烧杯中的水温达到规定温度时起算保温 30min 后,使比重瓶中气泡上升到水面,用细针挑除。保温至水的体积不再变化为止。待确认比重瓶已经恒温且无气泡后,再用保温在规定温度水中的瓶塞塞紧,使多余的水从塞孔中溢出,此时应注意不得带入气泡。

④保温 30min 后,取出比重瓶,按前述方法迅速揩干瓶外水分后称其质量(m_5),准确至 1mg。

(5)固体沥青试样的试验步骤

①试验前,如试样表面潮湿,可用干燥、清洁的空气吹干,或置 50℃烘箱中烘干。

②将 50～100g 试样打碎,过 0.6mm 及 2.36mm 筛。取0.6～2.36mm 的粉碎试样不少于 5g 放入清洁、干燥的比重瓶中,塞紧瓶塞后称其质量(m_6),准确至 1mg。

③取下瓶塞,将恒温水槽内烧杯中的蒸馏水注入比重瓶,水面高于试样约 10mm,同时加入几滴表面活性剂溶液(如 1% 洗衣粉、洗涤灵),并摇动比重瓶使大部分试样沉入水底,必须使试样颗粒表面上附气泡逸出。注意摇动时勿使试样摇出瓶外。

④取下瓶塞,将盛有试样和蒸馏水的比重瓶置真空干燥箱(器)中抽真空,逐渐达到真空度 98kPa(735mmHg)不少于 15min。如比重瓶试样表面仍有气泡,可再加几滴表面活性剂溶液,摇动后再抽真空。必要时,可反复几次操作,直至无气泡为止。

抽真空不宜过快,防止样品被带出比重瓶。

⑤将保温烧杯中的蒸馏水再注入比重瓶中至满,轻轻地塞好瓶塞,再将带塞的比重瓶放入盛有蒸馏水的烧杯中,并塞紧瓶塞。

⑥将有比重瓶的盛水烧杯再置恒温水槽(试验温度 ±0.1℃)中保持至少 30min 后,取出比重瓶,迅速揩干瓶外水分后称其质量(m_7),准确至 1mg。

4. 结果整理

(1)试验温度下液体沥青试样的密度和相对密度按式(8-12)及式(8-13)计算。

$$\rho_b = \frac{m_3 - m_1}{m_2 - m_1} \times \rho_w \tag{8-12}$$

$$\gamma_b = \frac{m_3 - m_1}{m_2 - m_1} \tag{8-13}$$

式中:ρ_b——试样在试验温度下的密度(g/cm^3);

γ_b——试样在试验温度下的相对密度;

m_1——比重瓶质量(g);

m_2——比重瓶与盛满水时的合计质量(g);

m_3——比重瓶与盛满试样时的合计质量(g);

ρ_w——试验温度下水的密度,15℃水的密度为$0.99910g/cm^3$,25℃水的密度为$0.99703g/cm^3$。

(2)试验温度下黏稠沥青试样的密度和相对密度按式(8-14)及式(8-15)计算。

$$\rho_b = \frac{m_4 - m_1}{(m_2 - m_1) - (m_5 - m_4)} \times \rho_w \tag{8-14}$$

$$\gamma_b = \frac{m_4 - m_1}{(m_2 - m_1) - (m_5 - m_4)} \tag{8-15}$$

式中:m_4—— 比重瓶与沥青试样合计质量(g);

m_5—— 比重瓶与试样和水合计质量(g)。

(3)试验温度下固体沥青试样的密度和相对密度按式(8-16)及式(8-17)计算。

$$\rho_b = \frac{m_6 - m_1}{(m_2 - m_1) - (m_7 - m_6)} \times \rho_w \tag{8-16}$$

$$\gamma_b = \frac{m_6 - m_1}{(m_2 - m_1) - (m_7 - m_6)} \tag{8-17}$$

式中:m_6——比重瓶与沥青试样合计质量(g);

m_7——比重瓶与试样和水合计质量(g)。

5. 精密度或允许差

(1)对黏稠石油沥青及液体沥青,重复性试验的允许差为$0.003g/cm^3$,复现性试验的允许差为$0.007g/cm^3$。

(2)对固体沥青,重复性试验的允许差为$0.01g/cm^3$,复现性试验的允许差为$0.02g/cm^3$。

(3)相对密度的精密度要求与密度相同(无单位)。

6. 试验报告

同一试样应平行试验两次,当两次试验结果的差值符合重复性试验的精密度要求时,以平均值作为沥青的密度试验结果,并准确至3位小数。试验报告应注明试验温度。

四、沥青针入度试验(T 0604—2000)

1. 目的和适用范围

本方法适用于测定道路石油沥青、改性沥青针入度以及液体石油沥青蒸馏或乳化沥青蒸发后残留物的针入度。其标准试验条件为温度25℃,荷重100g,贯入时间5s,以0.1mm计。

用本方法评定聚合物改性沥青的改性效果时,仅适用于融混均匀的样品。

2.仪具与材料

(1)针入度仪:凡能保证针和针连杆在无明显摩擦下垂直运动,并能指示针贯入深度准确至0.1mm的仪器均可使用。针和针连杆组合件总质量为50g±0.05g,另附50g±0.05g砝码一只,试验时总质量为100g±0.05g。当采用其他试验条件时,应在试验结果中注明。

(2)标准针由硬化回火的不锈钢制成,洛氏硬度HRC54~60,表面粗糙度Ra0.2~0.3μm,针及针杆总质量2.5±0.05g,针杆上应打印有号码标志,针应设有固定用装置盒(筒),以免碰撞针尖,每根针必须附有计量部门的检验单,并定期进行检验,其尺寸及形状如图8-19。

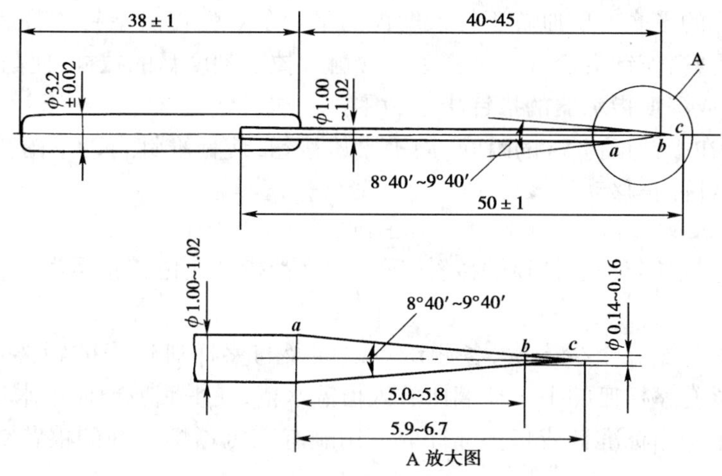

图8-19 针入度标准针(尺寸单位:mm)

(3)盛样皿:金属制,圆柱形平底。小盛样皿的内径55mm,深35mm(适用于针入度小于200);大盛样皿内径70mm,深45mm(适用于针入度200~350);对针入度大于350的试样需使用特殊盛样皿,其深度不小于60mm,试样体积不小于125mL。

(4)恒温水槽:容量不少于10L,控温的准确度为0.1℃。水槽中应设有一带孔的搁架,位于水面下不得小于100mm,距水槽底不得小于50mm处。

(5)平底玻璃皿:容量不少于1L,深度不小于80mm。内设有一不锈钢三脚支架,能使盛样皿稳定。

(6)温度计:0~50℃,分度为0.1℃。

(7)秒表:分度0.1s。

(8)盛样皿盖:平板玻璃,直径不小于盛样皿开口尺寸。

(9)溶剂:三氯乙烯等。

(10)其他:电炉或砂浴、石棉网、金属锅或瓷把坩埚等。

3.方法与步骤

(1)准备工作

①按T 0602规定方法准备试样。

②按试验要求将恒温水槽调节到要求的试验温度25℃,或15℃、30℃(5℃)……保持稳定。

③将试样注入盛样皿中,试样高度应超过预计针入度值10mm,并盖上盛样皿,以防落入灰尘。盛有试样的盛样皿在15~30℃室温中冷却1~1.5h(小盛样皿)、1.5~2h(大盛样皿)

或 2～2.5h（特殊盛样皿）后移入保持规定试验温度 ±0.1℃的恒温水槽中 1～1.5h（小盛样皿）、1.5～2h（大试样皿）或 2～2.5h（特殊盛样皿）。

④调整针入度仪使之水平。检查针连杆和导轨，以确认无水和其他外来物，无明显摩擦。用三氯乙烯或其他溶剂清洗标准针，并拭干。将标准针插入针连杆，用螺丝固紧。按试验条件，加上附加砝码。

（2）试验步骤

①取出达到恒温的盛样皿，并移入水温控制在试验温度 ±0.1℃（可用恒温水槽中的水）的平底玻璃皿中的三脚支架上，试样表面以上的水层深度不小于 10mm。

②将盛有试样的平底玻璃皿置于针入度仪的平台上。慢慢放下针连杆，用适当位置的反光镜或灯光反射观察，使针尖恰好与试样表面接触。拉下刻度盘的拉杆，使与针连杆顶端轻轻接触，调节刻度盘或深度指示器的指针指示为零。

③开动秒表，在指针正指 5s 的瞬间，用手紧压按钮，使标准针自动下落贯入试样，经规定时间，停压按钮使针停止移动。

注：当采用自动针入度仪时，计时与标准针落下贯入试样同时开始，至 5s 时自动停止。

④拉下刻度盘拉杆与针连杆顶端接触，读取刻度盘指针或位移指示器的读数，准确至 0.5（0.1mm）。

⑤同一试样平行试验至少 3 次，各测试点之间及与盛样皿边缘的距离不应小于 10mm。每次试验后应将盛有盛样皿的平底玻璃皿放入恒温水槽，使平底玻璃皿中水温保持试验温度。每次试验应换一根干净标准针或将标准针取下用蘸有三氯乙烯溶剂的棉花或布揩净，再用干棉花或布擦干。

⑥测定针入度大于 200 的沥青试样时，至少用 3 支标准针。每次试验后将针留在试样中，直至 3 次平行试验完成后，才能将标准针取出。

⑦测定针入度指数 PI 时，按同样的方法在 15℃、25℃、30℃（或 5℃）3 个或 3 个以上（必要时增加 10℃、20℃等）温度条件下分别测定沥青的针入度，但用于仲裁试验的温度条件应为 5 个。

4. 结果整理

根据测试结果可按以下方法计算针入度指数、当量软化点及当量脆点

（1）诺模图法

将 3 个或 3 个以上不同温度条件下测试的针入度值绘于图 8-20 的针入度温度关系诺模图中，按最小二乘法法则绘制回归直线，将直线向两端延长，分别与针入度为 800 及 1.2 的水平线相交，交点的温度即为当量软化点 T_{800} 和当量脆点 $T_{1.2}$。以图中 O 点为原点，绘制回归直线的平行线，与 PI 线相交，读取交点处的 PI 值即为该沥青的针入度指数。

此法不能检验针入度对数与温度直线回归的相关系数，仅供快速草算时使用。

（2）公式计算法

①对不同温度条件下测试的针入度值取对数，令 $y=\lg P$，$x=T$，按式（8-18）的针入度对数与温度的直线关系，进行 $y=a+bx$ 一元一次方程的直线回归，求取针入度温度指数 $A_{\lg Pen}$。

$$\lg P = K + A_{\lg Pen} \times T \tag{8-18}$$

式中：T——不同试验温度，相应温度下的针入度为 P；

K——回归方程的常数项 a；

A_{lgPen}——回归方程系数 b。

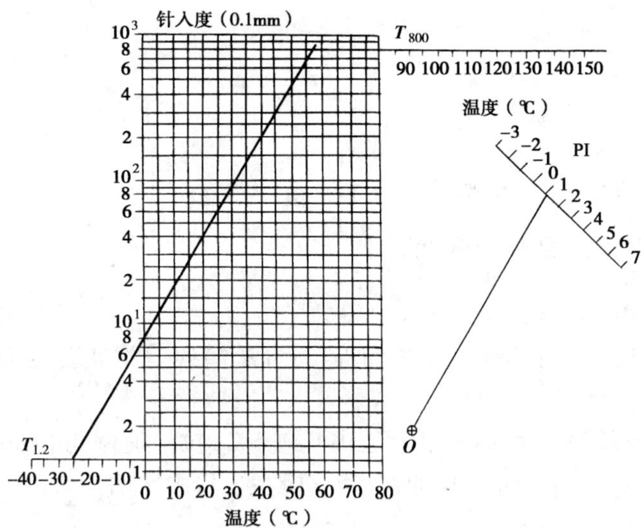

图 8-20　确定道路沥青 PI、T_{800}、$T_{1.2}$ 的针入度温度关系诺模图

按式(8-18)回归时必须进行相关性检验，直线回归相关系数 R 不得小于 0.997(置信度 95%)，否则，试验无效。

②按式(8-19)确定沥青的针入度指数 PI，并记为 PI_{lgPen}。

$$\mathrm{PI}_{lgPen} = \frac{20 - 500A_{lgPen}}{1 + 50A_{lgPen}} \tag{8-19}$$

③按式(8-20)确定沥青的当量软化点 T_{800}。

$$T_{800} = \frac{\lg 800 - K}{A_{lgPen}} = \frac{2.9031 - K}{A_{lgPen}} \tag{8-20}$$

④按式(8-21)确定沥青的当量脆点 $T_{1.2}$。

$$T_{1.2} = \frac{\lg 1.2 - K}{A_{lgPen}} = \frac{0.0792 - K}{A_{lgPen}} \tag{8-21}$$

⑤按式(8-22)计算沥青的塑性温度范围 ΔT。

$$\Delta T = T_{800} - T_{1.2} = \frac{2.8239}{A_{lgPen}} \tag{8-22}$$

5. 精密度或允许差

(1)当试验结果小于 50(0.1mm)时，重复性试验的允许差为 2(0.1mm)，复现性试验的允许差为 4(0.1mm)。

(2)当试验结果等于或大于 50(0.1mm)时，重复性试验的允许差为平均值的 4%，复现性试验的允许差为平均值的 8%。

6. 试验报告

(1)应包括标准温度(25℃)时的针入度 T_{25} 以及其他试验温度 T 所对应的针入度 P，及由此求取针入度指数 PI、当量软化点 T_{800}、当量脆点 $T_{1.2}$ 的方法和结果。当采用公式计算法时，应报告按式(8-18)回归的直线相关系数 R。

(2)同一试样 3 次平行试验结果的最大值和最小值之差在下列允许偏差范围内时，计算 3 次试验结果的平均值，取整数作为针入度试验结果，以 0.1mm 为单位。

针入度(0.1mm)	允许差值(0.1mm)
0 ~49	2
50~149	4
150~249	12
250~500	20

当试验值不符此要求时,应重新进行。

五、沥青延度试验(T 0605—1993)

1. 目的和适用范围

(1)本方法适用于测定道路石油沥青、液体沥青蒸馏残留物和乳化沥青蒸发残留物等材料的延度。

(2)通常采用的试验温度为25℃、15℃、10℃或5℃,拉伸速率为5cm/min ±0.25cm/min。当低温采用1cm/min ±0.05cm/min 拉伸速率时,应在报告中注明。

2. 仪具与材料

(1)延度仪:其形状及组成如图8-21。

(2)试模:黄铜制,由两个端模和两个侧模组成,其形状及尺寸如图8-22。试模内侧表面粗糙度Ra0.2μm,当装配完好后可浇筑成表8-20尺寸的试样。

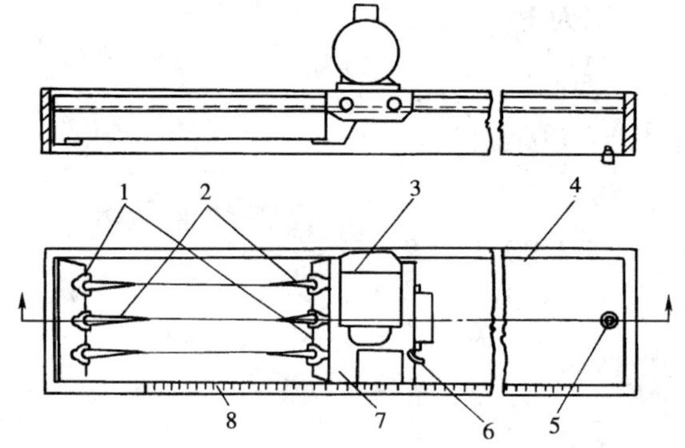

图8-21 延度仪

1-试模;2-试样;3-电机;4-水槽;5-泄水孔;6-开关柄;7-指针;8-标尺

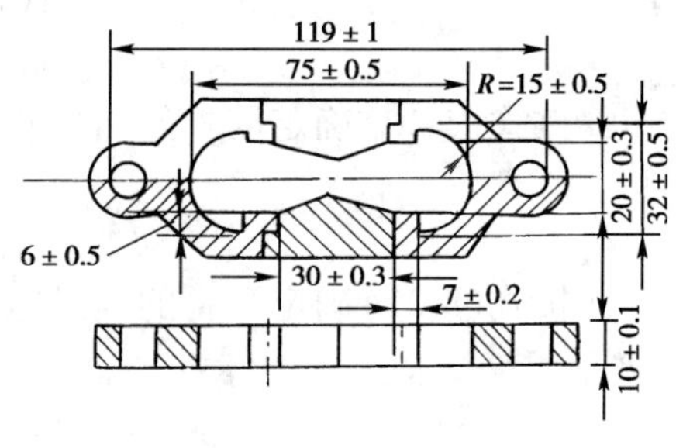

图8-22 延度试模(尺寸单位:mm)

(3)试模底板:玻璃板或磨光的铜板、不锈钢板(表面粗糙度Ra0.2μm)。

(4)恒温水槽:容量不少于10L,控制温度的准确度为0.1℃,水槽中应设有带孔搁架,搁架距水槽底不得少于50mm。试件浸入水中深度不小于100mm。

(5)温度计:0~50℃,分度为0.1℃。

(6)砂浴或其他加热炉具。

(7)甘油滑石粉隔离剂(甘油与滑石粉的质量比2∶1)。

(8)其他:平刮刀、石棉网、酒精、食盐等。

延度试样尺寸(mm) 表8-20

总　　长	74.5~75.5	最小横断面宽	9.9~10.1
中间缩颈部长度	29.7~30.3	厚度(全部)	9.9~10.1
端部开始缩颈处宽度	19.7~20.3		

3. 方法与步骤

(1)准备工作

①将隔离剂拌和均匀,涂于清洁干燥的试模底板和两个侧模的内侧表面,并将试模在试模底板上装妥。

②按 T 0602 规定的方法准备试样,然后将试样仔细自试模的一端至另一端往返数次缓缓注入模中,最后略高出试模,灌模时应注意勿使气泡混入。

③试件在室温中冷却 30 ~ 40min,然后置于规定试验温度 ±0.1℃的恒温水槽中,保持 30 min 后取出,用热刮刀刮除高出试模的沥青,使沥青面与试模面齐平。沥青的刮法应自试模的中间刮向两端,且表面应刮得平滑。将试模连同底板再浸入规定试验温度的水槽中 1 ~ 1.5h。

④检查延度仪延伸速率是否符合规定要求,然后移动滑板使其指针正对标尺的零点。将延度仪注水,并保温达试验温度 ±0.5℃。

(2)试验步骤

①将保温后的试件连同底板移入延度仪的水槽中,然后将盛有试样的试模自玻璃板或不锈钢板上取下,将试模两端的孔分别套在滑板及槽端固定板的金属柱上,并取下侧模。水面距试件表面应不小于 25mm。

②开动延度仪,并注意观察试样的延伸情况。此时应注意,在试验过程中,水温应始终保持在试验温度规定范围内,且仪器不得有振动,水面不得有晃动。当水槽采用循环水时,应暂时中断循环,停止水流。

在试验中,如发现沥青细丝浮于水面或沉入槽底时,则应在水中加入酒精或食盐,调整水的密度至与试样相近后,重新试验。

③试件拉断时,读取指针所指标尺上的读数,以 cm 表示。在正常情况下,试件延伸时应成锥尖状,拉断时实际断面接近于零。如不能得到这种结果,则应在报告中注明。

4. 精密度或允许差

当试验结果小于 100cm 时,重复性试验的允许差为平均值的 20%,复现性试验的允许差为平均值的 30%。

5. 试验报告

同一试样,每次平行试验不少于 3 个,如 3 个测定结果均大于 100cm,试验结果记作">100cm";特殊需要也可分别记录实测值。如 3 个测定结果中,有一个以上的测定值小于 100cm 时,若最大值或最小值与平均值之差满足重复性试验精密度要求,则取 3 个测定结果的平均值的整数作为延度试验结果。若平均值大于 100cm,记作">100cm";若最大值或最小值与平均值之差不符合重复性试验精密度要求时,试验应重新进行。

六、沥青软化点试验——环球法(T 0606—2000)

1. 目的和适用范围

本方法适用于测定道路石油沥青、煤沥青的软化点,也适用于测定液体石油沥青经蒸馏或乳化沥青破乳蒸发后残留物的软化点。

2. 仪具与材料

(1)软化点试验仪:如图 8-23,由下列部件组成:

①钢球:直径 9.53mm,质量 3.5g ±0.05g。

②试样环:黄铜或不锈钢等制成,形状尺寸如图 8-24。

③钢球定位环：黄铜或不锈钢制成，形状尺寸如图8-25。

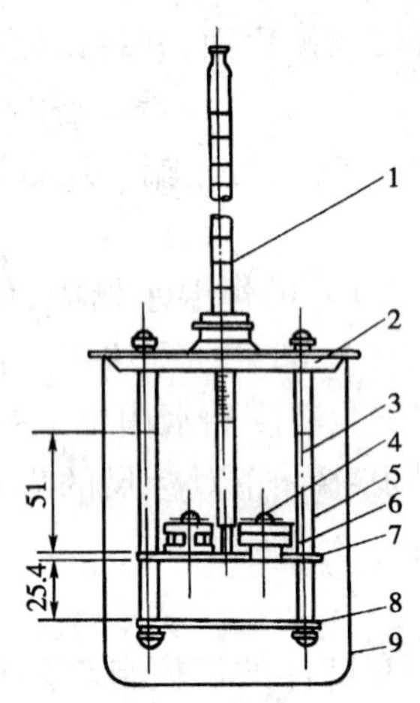

图8-23 软化点试验仪(尺寸单位:mm)
1-温度计;2-上盖板;3-立杆;4-钢球;5-钢球定位环;6-金属环;7-中层板;8-下底板;9-烧杯

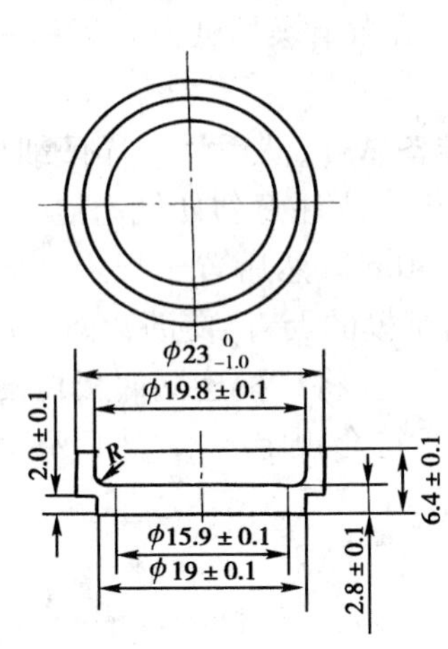

图8-24 试样环(尺寸单位:mm)

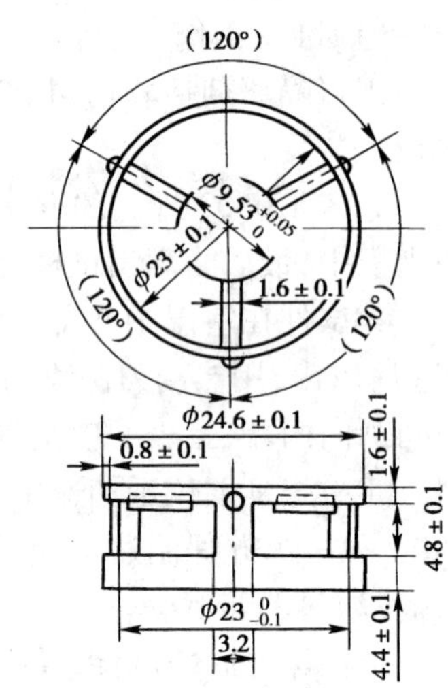

图8-25 钢球定位环(尺寸单位:mm)

④金属支架：由两个主杆和三层平行的金属板组成。上层为一圆盘，直径略大于烧杯直径，中间有一圆孔，用以插放温度计。中层板形状尺寸如图8-26，板上有两个孔，各放置金属环，中间有一小孔可支持温度计的测温端部。一侧立杆距环上面51mm处刻有水高标记。环下面距下层底板为25.4mm，而下底板距烧杯底不小于12.7mm，也不得大于19mm。三层金属板和两个主杆由两螺母固定在一起。

⑤耐热玻璃烧杯：容量800～1000mL，直径不小于86mm，高不小于120mm。

⑥温度计：0～80℃，分度为0.5℃。

(2)环夹：由薄钢条制成，用以夹持金属环，以便刮平表面，形状、尺寸如图8-27。

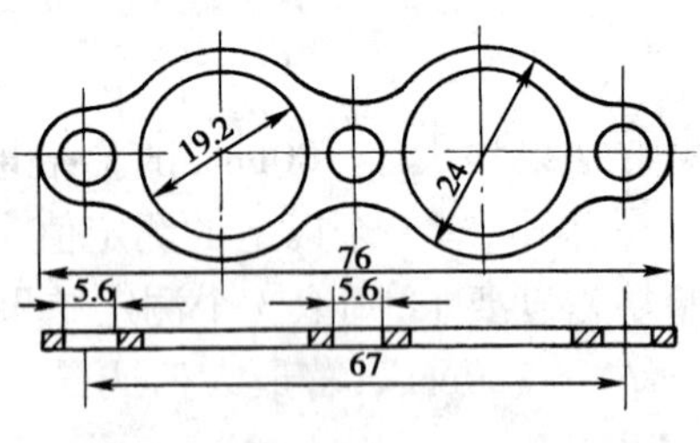

图8-26 中层板(尺寸单位:mm)

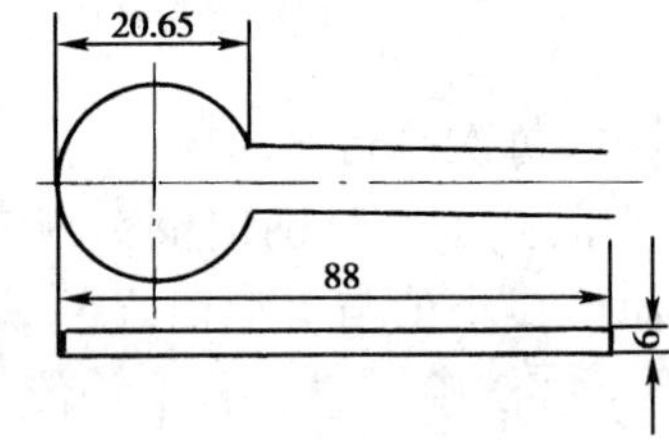

图8-27 环夹(尺寸单位:mm)

(3)装有温度调节器的电炉或其他加热炉具(液化石油气、天然气等)。应采用带有振荡搅拌器的加热电炉，振荡子置于烧杯底部。

(4)试样底板：金属板(表面粗糙度应达Ra0.8μm)或玻璃板。

(5)恒温水槽：控温的准确度为0.5℃。

(6)平直刮刀。

(7)甘油滑石粉隔离剂(甘油与滑石粉的比例为质量比2:1)。

(8)新煮沸过的蒸馏水。

(9)其他：石棉网。

3. 准备工作

(1)将试样环置于涂有甘油滑石粉隔离剂的试样底板上。按 T 0602 规定方法将准备好的沥青试样徐徐注入试样环内至略高出环面为止。

如估计试样软化点高于 120℃,则试样环和试样底板(不用玻璃板)均应预热至80～100℃。

(2)试样在室温冷却 30min 后,用环夹夹着试样杯,并用热刮刀刮除环面上的试样,务使与环面齐平。

4. 试验步骤

(1)试样软化点在 80℃以下者:

①将装有试样的试样环连同试样底板置于装有 5℃ ±0.5℃水的恒温水槽中至少 15min;同时将金属支架、钢球、钢球定位环等亦置于相同水槽中。

②烧杯内注入新煮沸并冷却至 5℃的蒸馏水,水面略低于立杆上的深度标记。

③从恒温水槽中取出盛有试样的试样环放置在支架中层板的圆孔中,套上定位环;然后将整个环架放入烧杯中,调整水面至深度标记,并保持水温为 5℃ ±0.5℃。环架上任何部分不得附有气泡。将 0～80℃的温度计由上层板中心孔垂直插入,使端部测温头底部与试样环下面齐平。

④将盛有水和环架的烧杯移至放有石棉网的加热炉具上,然后将钢球放在定位环中间的试样中央,立即开动振荡搅拌器,使水微微振荡,并开始加热,使杯中水温在 3min 内调节至维持每分钟上升 5℃ ±0.5℃。在加热过程中,应记录每分钟上升的温度值。如温度上升速度超出此范围时,则试验应重做。

⑤试样受热软化逐渐下坠,至与下层底板表面接触时,立即读取温度,准确至0.5℃。

(2)试样软化点在 80℃以上者:

①将装有试样的试样环连同试样底板置于装有 32℃ ±1℃甘油的恒温槽中至少 15min;同时将金属支架、钢球、钢球定位环等亦置于甘油中。

②在烧杯内注入预先加热至 32℃的甘油,其液面略低于立杆上的深度标记。

③从恒温槽中取出装有试样的试样环,按上述试验步骤(1)的方法进行测定,准确至1℃。

5. 精密度或允许差

(1)当试样软化点小于 80℃时,重复性试验的允许差为 1℃,复现性试验的允许差为 4℃。

(2)当试样软化点等于或大于 80℃时,重复性试验的允许差为 2℃,复现性试验的允许差为 8℃。

6. 试验报告

同一试样平行试验两次,当两次测定值的差值符合重复性试验精密度要求时,取其平均值作为软化点试验结果,准确至0.5℃。

七、沥青溶解度试验(T 0607—1993)

1. 目的和适用范围

本方法适用于测定石油沥青、液体石油沥青或乳化沥青蒸发后残留物的溶解度。非经注明,溶剂为三氯乙烯。

2. 仪具与材料

(1)分析天平:量程100g,感量不大于0.2mg。

(2)锥形烧瓶:200mL。

(3)古氏坩埚:50mL。

(4)玻璃纤维滤纸:直径2.6cm,最小过滤孔0.6μm。

(5)过滤瓶:250mL。

(6)橡胶管:固定古氏坩埚在吸滤瓶上用。

(7)洗瓶。

(8)量筒:100mL。

(9)干燥器。

(10)烘箱:装有温度自动调节器。

(11)水槽。

(12)双连球、水流泵或真空泵。

(13)三氯乙烯:化学纯。

3. 准备工作

(1)T 0602 规定的方法准备沥青试样。

(2)将玻璃纤维滤纸置于洁净的古氏坩埚中的底部,用溶剂冲洗滤纸和古氏坩埚,使溶剂挥发后,置温度为105℃ ±5℃的烘箱内干燥至恒量(一般为15min)。然后移入干燥器中冷却,冷却时间不少于30min,称其质量(m_1),准确至0.2mg。

(3)称取已烘干的锥形烧瓶和玻璃棒(m_2)的质量,准确至0.2mg。

4. 试验步骤

(1)用预先干燥的锥形烧瓶称取沥青试样2g(m_3),准确至0.2mg。

(2)在不断摇动下,分次加入三氯乙烯100mL,直至试样溶解后盖上瓶塞,并在室温下放置至少15min。

(3)将已称质量的滤纸及古氏坩埚,安装在过滤烧瓶上,用少量的三氯乙烯润湿玻璃纤维滤纸。然后,将沥青溶液沿玻璃棒倒入玻璃纤维滤纸中,并以连续滴状速度进行过滤。必要时,使用水流泵或真空泵过滤。过滤时,应尽量将在锥形烧瓶中的不溶物移入坩埚,直至全部溶液滤完。用少量溶剂分次清洗锥形烧瓶,并将全部不溶物移至坩埚中。再用溶剂洗涤古氏坩埚的玻璃纤维滤纸,直至滤液无色透明为止。

(4)取出古氏坩埚,置通风处,直至无溶剂气味为止;然后,将古氏坩埚移入温度为105℃ ±5℃的烘箱中至少20min;同时,将原锥形瓶、玻璃棒等也置于烘箱中烘至恒量。

(5)取出古氏坩埚及锥形瓶等置干燥器中冷却30min ±5min后,分别称其质量(m_4、m_5),直至连续称量的差不大于0.3mg为止。

5. 结果整理

沥青试样的可溶物含量按式(8-23)计算。

$$S_b = \left[1 - \frac{(m_4 - m_1) + (m_5 - m_2)}{m_3 - m_2}\right] \times 100 \tag{8-23}$$

式中:S_b——沥青试样的溶解度(%);

m_1——古氏坩埚与玻璃纤维滤纸合计质量(g);

m_2——锥形瓶与玻璃棒合计质量(g);

m_3——锥形瓶、玻璃棒与沥青试样合计质量(g)；

m_4——古氏坩埚、玻璃纤维滤纸与不溶物合计质量(g)；

m_5——锥形瓶、玻璃棒与黏附不溶物合计质量(g)。

6. 精密度或允许差

当试验结果平均值大于99.0%时，重复性试验的允许差为0.1%，复现性试验的允许差为0.5%。

7. 试验报告

同一试样至少平行试验两次，当两次结果之差不大于0.1%时，取其平均值作为试验结果。对于溶解度大于99.0%的试验结果，准确至0.01%；对于溶解度等于或小于99.0%的试验结果，准确至0.1%。

八、沥青蒸发损失试验(T 0608—1993)

1. 目的和适用范围

本方法适用于测定石油沥青材料的蒸发损失，蒸发损失后的残留物应进行针入度试验，计算残留物针入度占原试样针入度的百分率，并根据需要测定沥青残留物的延度、软化点等，以评定沥青受热时性质的变化。

2. 仪具与材料

(1)烘箱：内部尺寸不小于330mm×330mm，装有温度自动调节器，控制温度的准确度为1℃。箱内安装有一个直径大于250mm的转盘，中心由一垂直轴悬挂于烘箱中央，通过传动机构使转盘以5.5r/min±1r/min的速度转动。转盘呈水平装置，上有6个凹圆槽，供放置盛样皿使用。烘箱正面安装有大于100mm×100mm的铰接密封窗门，窗门内层为玻璃制成，试验时不必打开烘箱门，只要打开窗门，即可通过玻璃读取箱内温度计的读数。烘箱应至少有一个进气孔及一个出气孔。烘箱亦可用T 0609“沥青薄膜加热试验”所用的薄膜加热烘箱代替。

(2)盛样皿：金属或硬玻璃制成，不少于两个，平底，筒状，内径55mm±1mm，深35mm±1mm。亦可用洁净的针入度试验用盛样皿代替。

(3)温度计：0～200℃，分度为0.5℃。

(4)天平：感量不大于1mg。

(5)其他：沥青熔化锅、计时器等

3. 准备工作

(1)称洁净、干燥的盛样皿的质量(m_0)，准确至1mg。

(2)按T 0602沥青试样准备方法准备试样。缓缓倾入两个盛样皿中，质量约50g±0.5g，冷却至室温后再称试样与盛样皿合计质量(m_1)，准确至1mg。

(3)将烘箱调成水平，使转盘在水平面上旋转；再将温度计挂在转盘上方，位于转盘边缘内侧20mm，水银球底部在转盘顶面上的6mm处；然后打开烘箱的上下气孔，并加热保持温度163℃±1℃。

4. 试验步骤

(1)待温度恒温后，将两个已盛试样的盛样皿置于烘箱内，注意观察温度下降，从温度回升至163℃时开始计算，连续保持5 h。但全部时间不得超过5.25 h。

注：一般不宜将不同品种或标号的沥青同时放进一个烘箱中试验。

(2)加热终了后取出盛样皿，在不落入灰尘的条件下，在室温下冷却，称取质量(m_2)，准确至 1mg。

(3)将盛样皿置于加热炉具上徐徐加热将沥青熔化,并用玻璃棒上下搅匀;并按 T 0604 针入度试验法规定的步骤测定此残留物的针入度,如果试样数量不够要求时,应增加试样皿数量;然后合并在要求的试样皿内试验。

5. 结果整理

(1)沥青试样蒸发损失百分率按式(8-24)计算,当试样蒸发试验后质量减少时为负值(－),质量增加时为正值(＋)。

$$L_B = \frac{m_2 - m_1}{m_1 - m_0} \times 100 \tag{8-24}$$

式中:L_B——试样的蒸发损失(%);

m_0——盛样皿质量(g);

m_1——加热前盛样皿与试样合计质量(g);

m_2——加热后盛样皿与试样合计质量(g)。

(2)试样蒸发后残留物的针入度占原试样针入度的百分率按式(8-25)计算。

$$K_P = \frac{P_2}{P_1} \times 100 \tag{8-25}$$

式中:K_P——针入度比(%);

P_1——原试样的针入度(0.1mm);

P_2——蒸发损失后残留物的针入度(0.1mm)。

6. 精密度或允许差

(1)当蒸发损失小于 0.5% 时,重复性试验的允许差为0.10%,复现性试验的允许差为 0.20%。

(2)当蒸发损失等于或大于 0.5% 时,重复性试验的允许差为 0.20%,复现性试验的允许差为 0.40%。

(3)残留物针入度的精密度同 T 0604 针入度试验方法的规定,不符要求时应重新试验。

7. 试验报告

同一试样平行试验两次,两个盛样皿的蒸发损失百分率之差符合重复性试验的精密度要求时,求取其平均值作为试验结果,准确至小数点后 2 位。

九、沥青薄膜加热试验(T 0609—1993)

1. 目的和适用范围

本方法适用于测定道路石油沥青薄膜加热后的质量损失,并根据需要,测定薄膜加热后残留物的针入度、黏度、软化点、脆点及延度等性质的变化,以评定沥青的耐老化性能。

2. 仪具与材料

(1)薄膜加热烘箱:形状和尺寸如图 8-28,标称温度范围 200℃,控温的准确度为 1℃,装有温度调

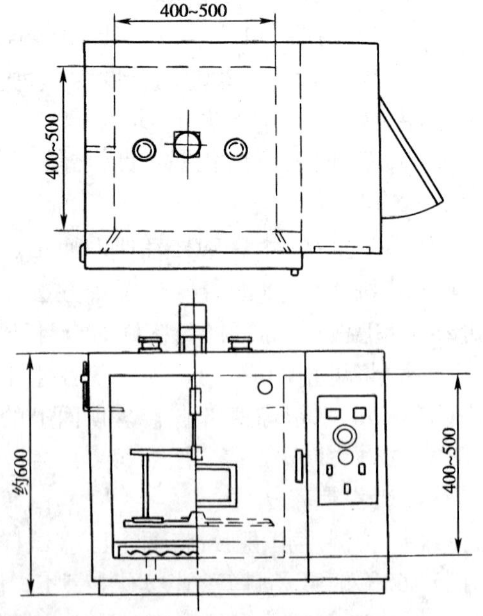

图 8-28 薄膜加热烘箱(尺寸单位:mm)

节器和可转动的圆盘架(图 8-29)。圆盘直径 360～370mm,上有浅槽 4 个,供放置盛样皿。转盘中心由一垂直轴悬挂于烘箱的中央,由传动机构使转盘水平转动,速度为 5.5r/min ± 1r/min。门为双层,两层之间应留有间隙,内层门为玻璃制,只要打开外门,即可通过玻璃读取烘箱中温度计的读数。烘箱应能自动通风,为此在烘箱上下部设有气孔,以供热空气和蒸气的逸出和空气进入。

(2)盛样皿:铝或不锈钢制成,不少于 4 个,形状及尺寸如图 8-30。

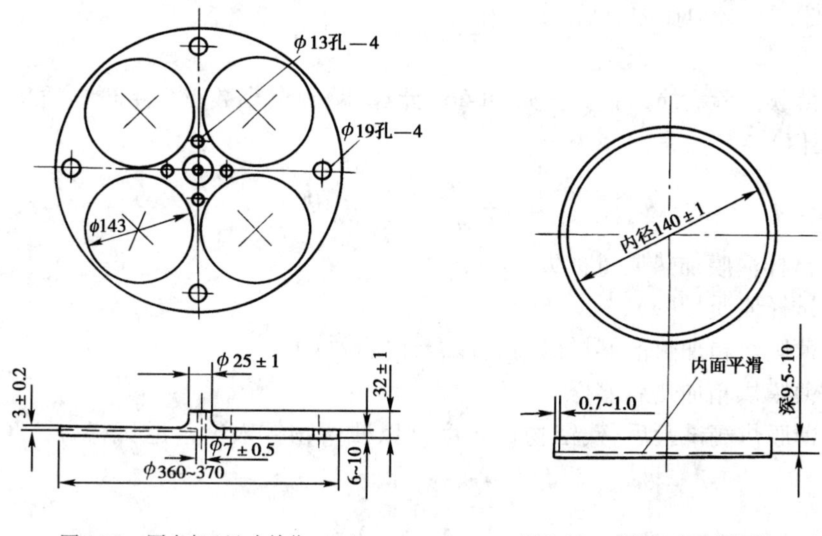

图 8-29　圆盘架(尺寸单位:mm)　　图 8-30　盛样皿(尺寸单位:mm)

(3)温度计:0～20℃,分度为0.5℃(允许由普通温度计代替)。

(4)天平:感量不大于 1mg。

(5)其他:干燥器、计时器等。

3. 准备工作

(1)将洁净、烘干、冷却后的盛样皿编号,称其质量(m_0),准确至 1mg。

(2)按 T 0602 沥青试样准备方法准备沥青试样,分别注入 4 个已称质量的盛样皿中 50g ± 0.5g,并形成沥青厚度均匀的薄膜,放入干燥器中冷却至室温后称取质量(m_1),准确至 1mg。同时按规定方法,测定沥青试样薄膜加热试验前的针入度、黏度、软化点、脆点及延度等性质。当试验项目需要,预计沥青数量不够时,可增加盛样皿数目,但不允许将不同品种或不同标号的沥青,同时放在一个烘箱中试验。

(3)将温度计垂直悬挂于转盘轴上,位于转盘中心,水银球应在转盘顶面上的 6mm 处,并将烘箱加热并保持至 163℃ ±1℃。

4. 试验步骤

(1)把烘箱调整水平,使转盘在水平面上以 5.5r/min ± 1r/min 的速度旋转,转盘与水平面倾斜角不大于 3°,温度计位置距转盘中心和边缘距离相等。

(2)在烘箱达到恒温 163℃后,将盛样皿迅速放入烘箱内的转盘上,并关闭烘箱门和开动转盘架;使烘箱内温度回升至 162℃时开始计时,连续 5h 并保持温度 163℃ ±1℃。但从放置盛样皿开始至试验结束的总时间,不得超过 5.25h。

(3)加热后取出盛样皿,放入干燥器中冷却至室温后,随机取其中两个盛样皿分别称其质量(m_2),准确至 1mg。注意,即使不进行质量损失测定的试样,亦应放入干燥器中冷却,但不称量，然后进行以下步骤。

(4)将盛样皿置一石棉网上，并连同石棉网放回163℃ ±1℃的烘箱中转动15min；然后，取出石棉网和盛样皿，立即将沥青残留物样品刮入一适当的容器内，置于加热炉上加热并适当搅拌使其充分融化达流动状态。

(5)将热试样倾入针入度盛样皿或延度、软化点等试模内，并按规定方法进行针入度等各项薄膜加热试验后残留物的相应试验。如在当日不能进行试验时，试样应在容器内冷却后放置过夜，但全部试验必须在加热后72 h内完成。

5. 结果整理

(1)沥青薄膜试验后质量损失按式(8-26)计算，精确至小数点后1位（质量损失为负值，质量增加为正值）。

$$L_T = \frac{m_2 - m_1}{m_1 - m_0} \times 100 \tag{8-26}$$

式中：L_T——试样薄膜加热质量损失(%)；

m_0——试样皿质量(g)；

m_1——薄膜烘箱加热前盛样皿与试样合计质量(g)；

m_2——薄膜烘箱加热后盛样皿与试样合计质量(g)。

(2)沥青薄膜烘箱试验后，残留物针入度比以残留物针入度占原试样针入度的比值按式(8-27)计算。

$$K_P = \frac{P_2}{P_1} \times 100 \tag{8-27}$$

式中：K_P——试样薄膜加热后残留物针入度比(%)；

P_1——薄膜加热试验前原试样的针入度(0.1mm)；

P_2——薄膜烘箱加热后残留物的针入度(0.1mm)。

(3)沥青薄膜加热试验的残留物软化点增值按式(8-28)计算。

$$\Delta T = T_2 - T_1 \tag{8-28}$$

式中：ΔT——薄膜加热试验后软化点增值(℃)；

T_1——薄膜加热试验前软化点(℃)；

T_2——薄膜加热试验后软化点(℃)。

(4)沥青薄膜加热试验黏度比按式(8-29)计算。

$$K_\eta = \frac{\eta_2}{\eta_1} \tag{8-29}$$

式中：K_η——薄膜加热试验前后60℃黏度比；

η_2——薄膜加热试验后60℃黏度(Pa·s)；

η_1——薄膜加热试验前60℃黏度(Pa·s)。

(5)沥青的老化指数按式(8-30)计算。

$$C = \lg\lg(\eta_2 \times 10^3) - \lg\lg(\eta_1 \times 10^3) \tag{8-30}$$

式中：C——沥青薄膜加热试验的老化指数。

6. 精密度或允许差

(1)当薄膜加热后质量损失小于或等于0.4%时，重复性试验的允许差为0.04%，复现性试验的允许差为0.16%。

(2)当薄膜加热后质量损失大于0.4%时,重复性试验的允许差为平均值的8%,复现性试验的允许差为平均值的40%。

(3)残留物针入度、软化点、延度、黏度等性质试验的精密度应符合相应的试验方法的规定。

7.试验报告

(1)当两个试样皿的质量损失符合重复性试验精密度要求时,取其平均值作为试验结果,准确至小数点后2位。

(2)根据需要报告残留物的针入度及针入度比、软化点及软化点增值、黏度及黏度比、老化指数、延度、脆点等各项性质的变化。

十、沥青闪点与燃点试验——克利夫兰开口杯法(T 0611—1993)

1.目的和适用范围

本方法适用于克利夫兰开口杯(简称COC)测定黏稠石油沥青、煤沥青及闪点在79℃以上的液体石油沥青材料的闪点和燃点,以评定施工安全性时使用。

2.仪具与材料

(1)克利夫兰开口杯式闪点仪:形状及尺寸如图8-31。它由下列部分组成:

①克利夫兰开口杯:用黄铜或铜合金制成,内口直径 ϕ63.5mm±0.5mm,深33.6mm±0.5mm,在内壁与杯上口的距离为9.4mm±0.4mm处刻有一道环状标线,带一个弯柄把手,形状及尺寸见图8-32。

②加热板:黄铜或铸铁制,直径145~160mm,厚约6.5mm的金属板,上有石棉垫板,中心有圆孔,以支承金属试样杯。在距中心58mm处有一个与标准试焰大小相当的 ϕ4.0mm±0.2mm电镀金属小球,供火焰调节的对照使用。加热板如图8-33。

③温度计:0~400℃,分度为2℃。

④点火器:金属管制,端部为产生火焰的尖嘴,端部外径约1.6mm,内径为0.7~0.8mm,与可燃气体压力容器(如液化丙烷气或天然气)连接,火焰大小可以调节。点火器可以150mm半径水平旋转,且端部恰好通过坩埚中心上方2mm以内,也可采用电动旋转点火用具,但火焰通过金属试验杯的时间应为1.0s左右。

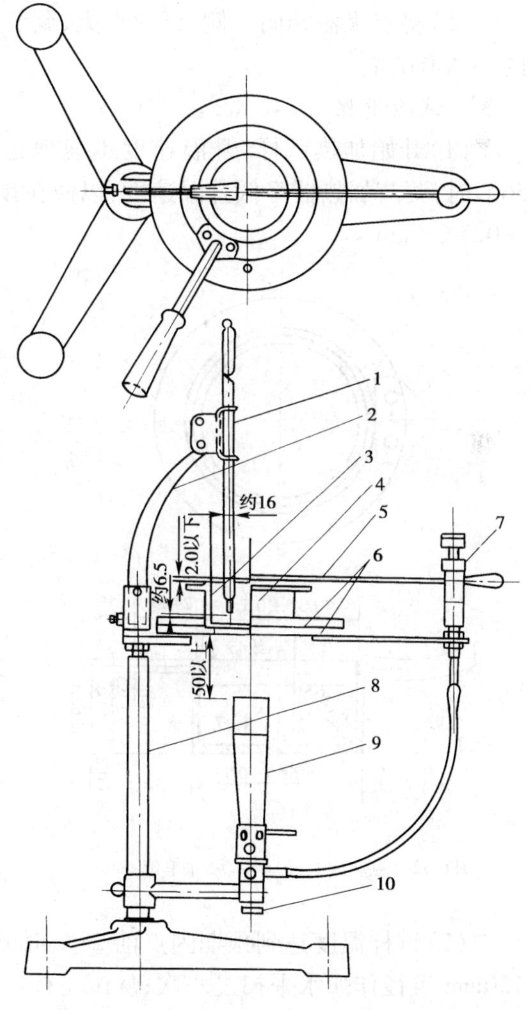

图8-31　克利夫兰开口杯式闪点仪(尺寸单位:mm)

1-温度计;2-温度计支架;3-金属试验杯;4-试验标准球;5-试验火焰喷嘴;6-加热板;7-试验火焰调节开关;8-加热板支架;9-加热器具;10-加热器调节钮

⑤铁支架:高约500mm,附有温度计夹及试样杯支架,支脚为高度调节器,使加热顶保持水平。

(2)防风屏:金属薄板制,三面将仪器围住挡风,内壁涂成黑色,高约600mm。

(3)加热源附有调节器的1kW电炉或燃气炉。根据需要,可以控制加热试样的升温速度为14~17℃/min、5.5℃/min±0.5℃/min。

3. 准备工作

(1)将试样杯用溶剂洗净、烘干,装置于支架上。加热板放在可调电炉上,如用燃气炉时,加热板距炉口约50mm,接好可燃气管道或电源。

(2)安装温度计,垂直插入试样杯中,温度计的水银球距杯底约6.5mm,位置在与点火器相对一侧距杯边缘约16mm处。

(3)按T 0602沥青试样准备方法准备试样后,注入试样杯中至标线处,并使试样杯其他部位不沾有沥青。

注:试样加热温度不能超过闪点以下55℃。

(4)全部装置应置于室内光线较暗且无显著空气流通的地方,并用防风屏三面围护。

(5)将点火器转向一侧,试验点火,调节火苗在成标准球的形状或成直径为4mm±0.8mm的小球形试焰。

4. 试验步骤

(1)开始加热试样,升温速度迅速地达到14~17℃/min。待试样温度达到预期闪点前56℃时,调节加热器降低升温速度,以便在预期闪点前28℃时能使升温速度控制在5.5℃/min±0.5℃/min。

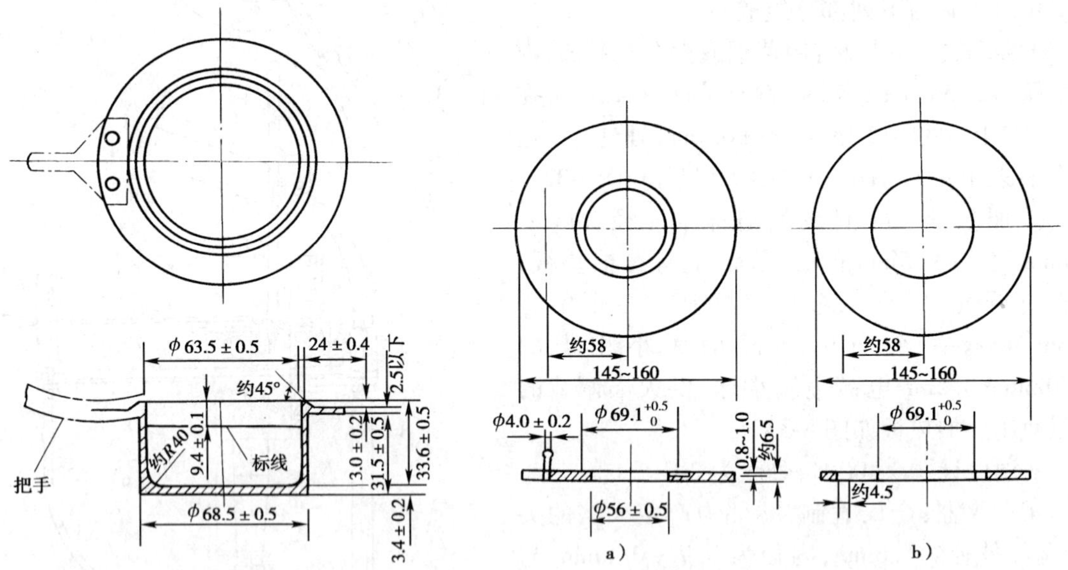

图8-32 克利夫兰开口杯(尺寸单位:mm)

图8-33 加热板(尺寸单位:mm)
a)金属板;b)硬质石棉板

(2)试样温度达到预期闪点前28℃时开始,每隔2℃将点火器的试焰沿试验杯口中心以150mm半径作弧水平扫过一次;从试验杯口的一边至另一边所经过的时间约1s。此时应确认点火器的试焰为直径4mm±0.8mm的火球,并位于坩埚口上方2~2.5mm处。

注:试验时不应对着试样杯呼气。

(3)当试样液面上最初出现一瞬即灭的蓝色火焰,立即从温度计上读记温度,作为试样的闪点。注意勿将试焰四周的蓝白色火焰误认为是闪点火焰。

(4)继续加热,保持试样升温速度 5.5℃/min ±0.5℃/min,并按上述操作要求用点火器点火试验。

(5)当试样接触火焰立即着火,并能继续燃烧不少于 5s 时,停止加热,并读记温度计上的温度,作为试样的燃点。

5. 精密度或允许差

重复性试验的允许差为:闪点 8℃,燃点 8℃;

复现性试验的允许差为:闪点 16℃,燃点 14℃。

6. 试验报告

(1)同一试样至少平行试验两次,两次测定结果的差值不超过重复性试验允许差 8℃时,取其平均值的整数作为试验结果。

(2)当试验时大气压在 95.3kPa(715mmHg)以下时,应对闪点或燃点的试验结果进行修正。若大气压为95.3 ~84.5kPa(715 ~634mmHg)时,修正值为增加2.8℃;当大气压为84.5 ~73.3kPa(634 ~550mmHg)时,修正值为增加 5.5℃。

十一、沥青含水率试验(T 0612—1993)

1. 目的和适用范围

本方法适用于测定石油沥青、煤沥青或乳化沥青等的含水率。

2. 仪具与材料

(1)含水率测定仪:如图 8-34,由下列几部分组成:

①玻璃烧瓶:硬玻璃制,圆底,短颈,直径 100mm,容积 500mL。

②水分接受器:形状及尺寸如图 8-35。容积在 0.3mL 以下设有 10 等分刻度;0.3 ~1mL 间设有 7 等分的刻度;1 ~10mL 间每分度为 0.2mL,但精密度相近的水分接受器也可使用。

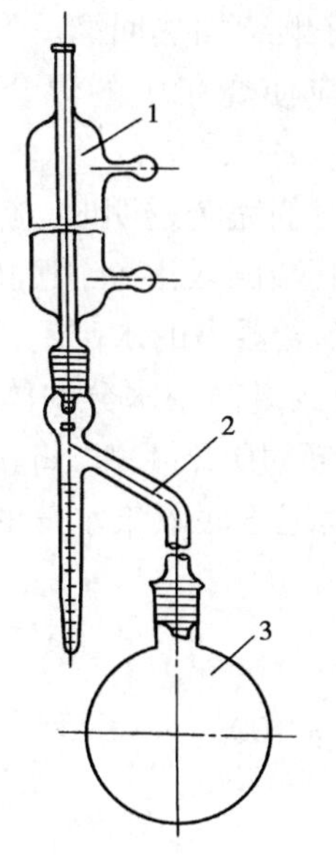

图 8-34　沥青含水率测定仪

1-冷凝管;2-水分接受器;3-烧瓶

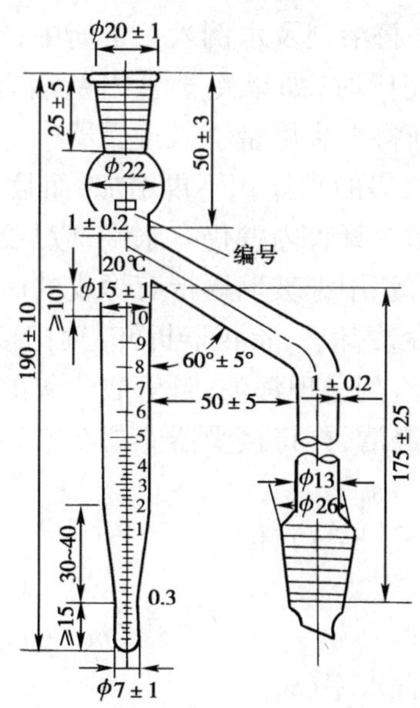

图 8-35　水分接受器(尺寸单位:mm)

③冷凝管:直形,内管直径 10mm ±1mm,全长 350 ~400mm,末端斜切,套管直径 40 ~50mm,长 250 ~300mm,进出水管口接近两端。但尺寸相近的冷凝管也可使用。

(2)铁架:附有铁环及铁夹。

(3)量筒:100mL,最小分度1mL。

(4)天平:感量不大于0.1g。

(5)加热器:装有温度调节器的电炉或燃气炉。

(6)石棉网。

(7)其他:玻璃毛细管(一端封闭)或烘干的无釉磁片、带橡皮头的玻璃棒等。

(8)溶剂:二甲苯或甲苯与二甲苯(体积比20:80)的混合物等,工业纯。

3. 准备工作

(1)称量洗净并烘干的玻璃烧瓶的质量(m_1),准确至0.1g。

(2)将试样充分摇匀,或预热至50~80℃,使成流体后注入玻璃烧瓶中约100g(水分少于25%)或50g(水分多于25%时),称其合计质量(m_2),准确至0.1g。

(3)用量筒量取200mL溶剂,注入烧瓶中。将烧瓶中的混合物仔细摇匀,勿使溅出瓶外,并投入一些玻璃毛细管或无釉磁片。

(4)仪器装置如图8-34。先将洗净并烘干的水分接受器2的支管紧密地安装在玻璃烧瓶3上,使支管的斜口进入烧瓶15~20cm;然后在接受器上连接冷凝管1。冷凝管的内壁要预先用棉花拭干。安装时,冷凝管与水分接受器的轴心线要互相重合,冷凝管的下端的斜口切面要与接受器的支管管口相对。为避免蒸气逸出,应在塞子缝隙上再涂抹火棉胶。进入冷凝管的水温与室温相差较大时,应在冷凝管的上端用棉花塞着,以免空气中的水蒸气进入冷凝管凝结。

4. 试验步骤

(1)加热烧瓶并控制冷凝液的回流速度,使冷凝管的斜口保持每秒滴下2~5滴液体。

(2)回馏过程中,水分接受器中的水将达到最大容积刻度前,停止加热,待无溶剂滴出时,迅速取下接受器,并将溶剂及水倒入一量筒中,然后装好继续加热回馏。

(3)回馏将近完毕时,如果冷凝管内壁沾有水滴,应使烧瓶中的混合液在短时间剧烈沸腾,利用冷凝的溶剂将水滴尽量洗入接受器中。

(4)接受器中收集的水体积不再增加,而且上层的溶剂完全透明时,应停止加热。

停止加热后,如冷凝管内壁仍有水滴,应从冷凝管上端倒入溶剂,把水滴冲进接受器。如溶剂冲洗依然无效,就用细玻璃棒带有橡皮的一端,把冷凝器内的水刮到接受器中。

(5)使玻璃烧瓶冷却后,将仪器拆卸,读记接受器内或量筒中水分的体积(V_w)。

当接受器内的溶剂呈现浑浊,且管底收集的水分不超过0.2mL时,将接受器放入热水中浸20~30min,使溶剂澄清,再将接受器冷却至室温后,才读记管底收集水分的体积。

5. 结果整理

试样含水率按式(8-31)计算。

$$P_w = \frac{V_w}{(m_2 - m_1) \times \rho_w} \times 100 \tag{8-31}$$

式中:P_w——试样含水率(%);

V_w——接受器中水分的体积(mL);

m_1——玻璃烧瓶质量(g);

m_2——玻璃烧瓶与试样合计质量(g);

ρ_w——水的密度,$\rho \approx 1$g/mL。

6. 精密度或允许差

(1)对黏稠石油沥青,若接受器中的水不足1mL时,重复性试验的允许差为0.1mL,复现性试验的允许差为0.2mL。若接受器中的水为1.1~25mL时,重复性试验的允许差为0.1mL或平均值的2%,复现性试验的允许差为0.2mL或平均值的10%。

(2)对乳化沥青,重复性试验的允许差为0.8%,复现性试验的允许差为2.0%。

7. 试验报告

同一试样至少平行试验两次,当两次平行试验结果的差数符合重复性试验精密度要求时,取其平均值作为试验结果。

十二、沥青脆点试验——弗拉斯法(T 0613—1993)

1. 目的和适用范围

本方法适用于测定各种沥青材料的弗拉斯脆点。

2. 仪具与材料

(1)弗拉斯脆点仪:如图8-36,由下列各部分组成:

①弯曲器:如图8-37,由两个同心圆管组成,它们由硬质玻璃或其他绝缘材料制成。在每一圆管的下端紧紧地装上夹钳,位于两夹钳之间的内管部分留有夹缝,下端有一圆孔,起固定温度计作用,以便插入内管中的温度计从缝隙可看到水银球固定在内管下端圆孔中。同心圆两管上端装置一个带有摇把的机械升降器。转动摇把,可使内管相对于外管上下移动,从而改变两夹钳之间的距离。夹钳(图8-38)之间的最大距离为40mm±0.1mm,摇动摇把10~13圈能使两夹钳之间的距离缩短3.5mm±0.2mm。

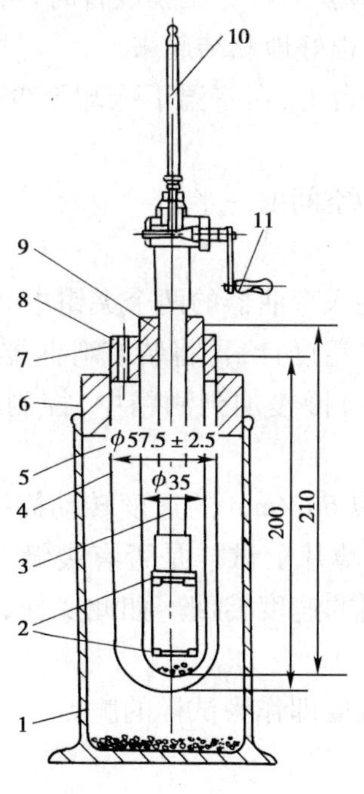

图8-36 弗拉斯脆点仪(尺寸单位:mm)

1-外筒;2-夹钳;3-硬塑料管;4-真空玻璃管;5-试样管;6、7、9-橡胶管;8-通冷却液管道;10-温度计;11-摇把

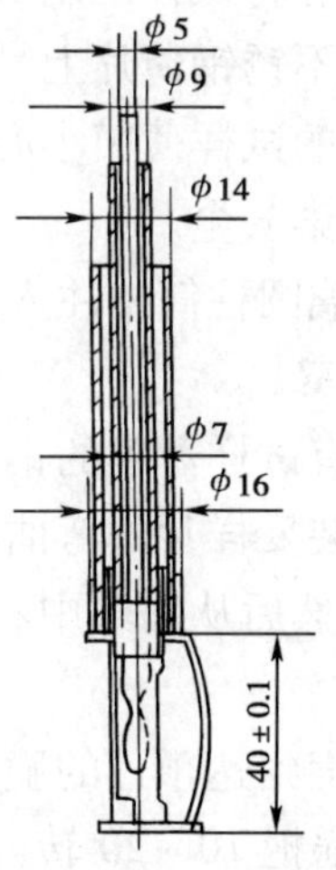

图8-37 弯曲器(尺寸单位:mm)

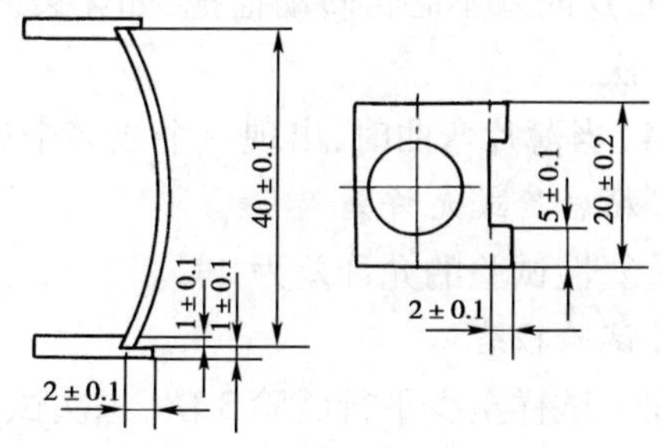

图8-38 夹钳(尺寸单位:mm)

②薄钢片：不锈钢制成，具有弹性，重复弯曲不变形，长41mm ±0.5mm，宽 20mm ±0.2mm，厚0.15mm ±0.02mm，不用时钢片必须展平。

③冷却装置：包括一个大试管（内径 35mm，长 210mm），该试管借橡皮塞偏轴固定在另一个较大的平底或带木座的已构成真空的双层壁的圆柱玻璃筒（内径 55mm，外径 65mm，长 220mm）内，橡皮塞上装有一个小漏斗。在需要时玻璃筒也可用一个合适尺寸的冷藏瓶或其他冷浴代替。

（2）温度计：测定范围不小于 -38 ~ +30℃，分度为 0.5℃。

（3）干冰或其他冷却剂。

（4）工业酒精。

（5）天平：感量不大于 0.01g。

（6）其他：电炉、滤筛等。

3. 准备工作

（1）按 T 0602 规定的方法准备沥青试样。

（2）在一块洁净的薄钢片上，称取试样 0.4g ±0.01g 后将薄钢片在电炉上慢慢加热；当沥青刚刚流动时，用镊子夹住薄钢片前后左右摆动，使试样均匀地布满在薄钢片表面上，形成光滑的薄膜。在制样过程中防止样品膜产生气泡，并从开始加热起应在 5 ~ 10min 内完成。

注：对于软化点高的试样，也可用干净的细针尖展开或用玻璃纸等薄片隔开按压。并经过适当加热制备成薄膜试件。

如仪器附有将试样压制成宽 20mm、厚 0.5mm 薄膜的特殊压膜设备时，可将压制的试样薄膜按长度贴在不锈钢薄片上，并加微热，使之与钢片很好地黏结起来。

将制备成的试样薄膜小心地移置于平稳的试验台上，在室温下冷却至少 30min，并保护试样薄膜不得沾染灰尘。

（3）在玻璃圆柱筒中注入工业酒精，注入量约为空间的一半。

4. 试验步骤

（1）将涂有试样薄膜的钢片稍稍弯曲，并仔细装入弯曲器的两个夹钳中间。

（2）将已装妥样片的弯曲器置于大试管中，装妥温度计，再将装有弯曲器的大试管置于圆柱玻璃筒内。然后从漏斗中将干冰（固体二氧化碳）慢慢加到酒精中，控制温度下降的速度 1℃/min。

（3）当温度到达预计的脆点以前 10℃时，开始以 60r/min 的速度转动摇把，直到摇不动为止（一般转动摇把 10 ~ 20 转）。不取出弯曲器观察薄片上试样是否有裂缝，有时也可听到断裂响声，这时就不必再转动摇把，如无裂缝则以相同的速度转回。如此操作，每分钟使薄钢片弯曲一次。

（4）当薄片弯曲时，出现一个或多个裂缝时的温度即作为试样的脆点。

5. 精密度或允许差

重复性试验的允许差为 2℃。

6. 试验报告

同一试样至少平行试验 3 次，每次试验都必须使温度回升到与第一次试验相同的状态，取误差在 3℃范围内的 3 个测定值的平均值作为试验结果，取整数作为试样的脆点。

十三、沥青灰分含量试验(T 0614—1993)

1. 目的和适用范围

本方法适用于测定石油沥青、煤沥青等材料试样的灰分含量。

2. 仪具与材料

(1)高温炉:950℃,有温度调节器,并附有热电偶与高温计。

(2)蒸发皿:50mL。

(3)天平:感量不大于0.2mg。

(4)其他:干燥器、坩埚钳、烘箱等。

3. 准备工作

将蒸发皿洗净、烘干后,置于已加热至恒温900℃ ±10℃(石油沥青)或815℃ ±10℃(煤沥青)的高温炉中煅烧至恒量(连续称量的差数不大于0.3mg)为止。

4. 试验步骤

(1)按T 0602准备沥青试样,注入蒸发皿内3g,准确至0.2mg。

(2)将盛有试样的蒸发皿置于高温炉中,逐渐提高温度,但注意升温不可过快,以防试样溅溢损失。使蒸发皿中试样的挥发物全部挥发后,并遗留为炭状物后,则将高温炉升至900℃ ±10℃(石油沥青)或815℃ ±10℃(煤沥青),煅烧2h。如煅烧后仍有黑色颗粒,则继续煅烧,至残留物无黑色为止。

(3)取出蒸发皿,置空气中冷却5min,然后置于干燥器中冷却至室温后称其质量,准确至0.2mg。

(4)重复进行煅烧,每次15~30min,直至冷却后连续称量的差数不大于0.6mg为止。

5. 结果整理

沥青试样的灰分含量按式(8-32)计算。

$$P_{\mathrm{a}} = \frac{m_2 - m}{m_1 - m} \times 100 \tag{8-32}$$

式中:P_{a}——灰分含量(%);

m——蒸发皿质量(g);

m_1——蒸发皿与试样合计质量(g);

m_2——蒸发皿与灰分合计质量(g)。

6. 精密度或允许差

重复性试验的允许差为0.03%;复现性试验的允许差为0.05%。

7. 试验报告

同一试样至少平行试验两次,两次平行试验结果的差值不大于0.03%时,取平均值作为试验结果。

十四、沥青蜡含量试验——蒸馏法(T 0615—2000)

1. 目的和适用范围

本方法适用于裂解蒸馏法测定道路石油沥青的蜡含量。

2. 仪具与材料

(1)蒸馏烧瓶:形状及尺寸如图8-39,耐热玻璃制成。

(2)冷却过滤装置:根据条件选择图 8-40 或图 8-41 的冷却过滤装置。

由砂芯过滤漏斗、吸滤瓶、试样冷却筒、塞子及冷浴等组成的冷却过滤装置如图 8-40 所示,过滤漏斗(P16)的孔径系数为 10~16μm。

由玻璃漏斗(G3 或 G4)、玻璃外套、吸滤瓶、橡皮垫圈等组成的冷却过滤装置如图 8-41 所示,其连接处均为玻璃磨口塞,玻璃外套外面还有保温外套。

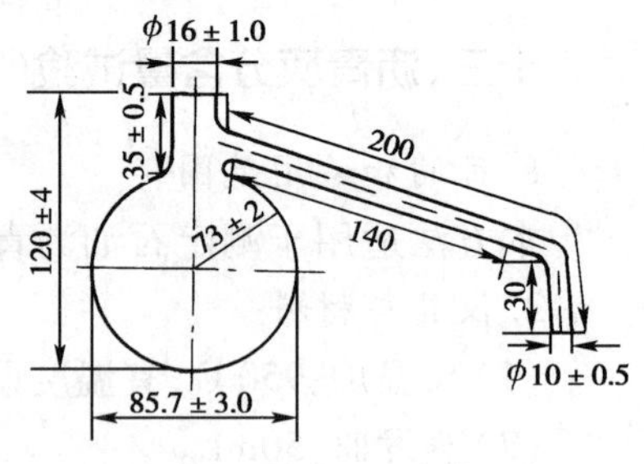

图 8-39　蒸馏烧瓶(尺寸单位:mm)

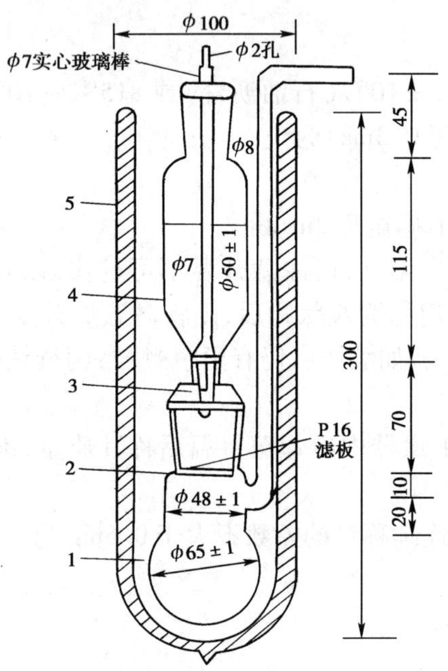

图 8-40　冷却过滤装置(尺寸单位:mm)

1-吸滤瓶;2-砂芯过滤漏斗;3-塞子;4-试样冷却筒;5-冷浴

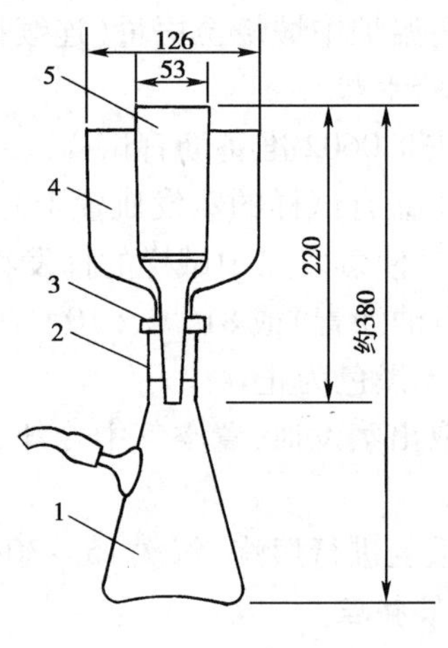

图 8-41　冷却过滤装置(尺寸单位:mm)

1-吸滤瓶;2-玻璃磨塞;3-橡胶垫圈;4-玻璃外套;5-玻璃漏斗

(3)立式高温电炉:950℃。

(4)天平:感量不大于 1mg 及不大于 0.1g 各一个。

(5)温度计:-50~+60℃,分度为 0.5℃。

(6)锥形烧瓶:150mL 或 250mL 数个。

(7)玻璃漏斗:直径 40mm。

(8)水流泵或真空泵。

(9)乙醚—无水乙醇混合液:分析纯,按体积比 1:1配制。

(10)石油醚经硅胶脱芳烃(60~90℃):分析纯。

(11)工业酒精及干冰(固体 CO_2)。

(12)低温水槽:-30~+60℃,冷却液介质可采用甲醇或乙二醇的水溶液等。

(13)冰块。

(14)其他:电热套、燃气炉、烘箱、恒温水槽、量筒、烧杯、铁架、U 形水银柱压力计(或真空表)、洗液、蒸馏水、温度计、电炉等。

3. 准备工作

(1)将蒸馏瓶洗净、干燥后称其质量,准确至0.1g,然后置烘箱中备用。

(2)将150mL或250mL锥形瓶洗净、烘干、编号后称其质量,准确至1mg,然后置干燥器中备用。

(3)将冷却装置各部洗净、干燥,其中过滤漏斗用洗液浸泡后用蒸馏水冲洗干净,然后烘干备用。

(4)按T 0602准备沥青试样。

(5)用高温炉蒸馏时,应预先加热并控制炉内恒温550℃ ±10℃。

(6)在烧杯内备好冰水。

4. 试验步骤

(1)沥青蒸馏,制备馏分试样。

①在蒸馏瓶中称取沥青试样质量(m_b)为50g ±1g,准确至0.1g,并将瓶塞塞妥用锥形瓶作接受器,装在盛有冰水的烧杯中。

②当用高温电炉时,将盛有试样的蒸馏瓶置已恒温550℃ ±10℃的电炉中,并迅速将瓶颈固定在铁架的弹簧支架上,蒸馏瓶支管与置于冰水中的锥形瓶连接。随后蒸馏瓶底将渐渐烧红。

如用燃气炉时,调节火焰高度将蒸馏瓶周围包住。

③调节加热强度(即调节蒸馏瓶至高温炉间距离或燃气炉火焰大小),从加热开始起5~8min内开始初馏(支管端口流出第一滴馏分)。然后以每秒两滴(4~5mL/min)的流出速度继续蒸馏至无馏分油,瓶内蒸馏残留物完全形成焦炭为止。

全部蒸馏过程必须在25min内完成。蒸馏后支管中残留的馏分不要流入接受器中。

④将盛有馏分油的锥形瓶从冰水中取出,拭干瓶外水分,置室温下冷却称其质量,得到馏分油总质量(m_1),准确至0.05g。

⑤将盛有馏分油的锥形瓶盖上盖,稍加热熔化,并摇晃锥形瓶使试样均匀。加热时温度不要太高,避免有蒸发损失。然后,将熔化的馏分油注入另一已知质量的锥形瓶(250mL)中,称取用于脱蜡的馏分油质量1~3g(m_2),准确至1mg。估计蜡含量高的试样馏分油数量宜少取,反之需多取,使其冷冻过滤后能得到0.05~0.1g蜡,但取样量不得超过10g。

(2)馏分油中蜡的冷冻分离(方法一)。

①将冷却过滤装置按图8-40装妥,并将吸滤瓶支管用橡胶管与水流泵(或真空泵)及U形水银柱压力计连接起来。向冷浴中注入适量的冷液(工业酒精),其液面比试样冷却筒内液面(乙醚—乙醇)高约70mm以上,以便向冷浴内加干冰不致溅入试样冷却筒内,用适当工具搅拌冷液,使之保持温度 -20℃ ±0.5℃。也可取低温水槽作冷浴,此时冷却液可采用1:1甲醇(或乙二醇)水溶液,低温水槽应能自动控温到 -20℃ ±0.5℃。

②将盛有馏分油的锥形瓶注入10mL乙醚,使其充分溶解,然后注入试样冷却筒中,再用15mL乙醚分两次清洗盛油的锥形瓶,并将清洗液倒入试样冷却筒中。再将25mL乙醇注入试样冷却筒内与乙醚充分混合均匀。从加入乙醚时间开始,冷却1h,使蜡充分结晶析出。

③预先在另一锥形瓶或试管(50mL)中量取50mL乙醚—乙醇体积比(1:1)混合液,使其冷却至 -20℃,至少恒冷15min以后再使用。

④当试样冷却筒中溶液冷却结晶后,拔起其中的塞子,过滤结晶析出的蜡,并将塞子用适

当方法或吊在试样冷却筒中，保持自然过滤 30min。

⑤当砂芯过滤漏斗内看不到液体时，启动水流泵（或真空泵），调节 U 形水银柱压力计真空度，使滤液的过滤速度为每秒一滴左右，抽滤至无液体滴落，然后小心地关闭水流泵（或真空泵）使压力计恢复常压。再将已冷却的乙醚—乙醇混合液一次加入 30mL，洗涤蜡层并清洗塞子及试样冷却筒内壁。继续过滤，当溶剂在蜡层上看不见时，继续抽滤 5min，将蜡中的溶剂抽干，以除去蜡中的溶液。

⑥从冷浴中取出试样冷却过滤装置，取下吸滤瓶，将其中溶液倾入一回收瓶中。吸滤瓶也用乙醚—乙醇混合液冲洗 3 次，每次用 10 ~ 15mL，洗液并入回收瓶中。

⑦将试样冷却筒、塞子及吸滤瓶重新装妥，再将 30mL 已预热至 50 ~ 60℃ 的石油醚清洗试样冷却筒及塞子，拔起塞子使溶液流至过滤漏斗。待漏斗中无溶液后，再用热石油醚溶解漏斗中的蜡两次，每次用量 35mL，然后立即用水流泵（或真空泵）吸滤，至无液滴滴落。

⑧将吸滤瓶中蜡溶液倾入已称质量的锥形瓶中，并用常温石油醚分 3 次清洗吸滤瓶，每次用量约 5 ~ 10mL。洗液倒入锥形瓶的蜡溶液中。

⑨将盛有蜡溶液的锥形瓶放在适宜的热源上回收溶剂或使溶剂蒸发净尽。然后，将锥形瓶置温度为 105℃ ±5℃ 的烘箱中除去石油醚，然后放入真空干燥箱（105℃ ±5℃，残压 21 ~ 35kPa）中 1h，再置干燥器中冷却 1h 后称其质量，得到析出蜡的质量 m_w，准确至 0.1mg。

（3）馏分油中蜡的冷冻分离（方法二）。

当缺乏图 8-40 所示的冷却过滤装置时，可采用图 8-41 的冷却过滤装置进行蜡的分离，并按以下步骤进行。

①将盛有馏分油的锥形瓶注入 30 ~ 50mL 乙醚—乙醇的混合液（体积比 1:1），所加混合液的数量视蜡含量高低调节，蜡含量高的样品应多加，以馏分能溶解成透明的溶液为度。

②在锥形瓶中插入一根温度计，然后将锥形瓶浸入低温水槽的冷却液（如甲醇或乙二醇水溶液等）中，此冷却液的温度应控制到 -20℃ 以下，此温度与环境温度有关，室温越高的温度要求越低，以便能使锥形瓶内的温度达到 -20℃。当缺乏低温水槽时，也可采用在保温瓶中加冷却液并不断加干冰的办法降温制造低温冷却液。在严密注视锥形瓶中的温度计保持 -20℃ 的同时，不断轻轻地晃动锥形瓶，从锥形瓶内的温度计达到 -20℃ 开始计时，冷却 1h，使蜡充分结晶析出。

③按图 8-41 所示安装冷却过滤装置。

④在玻璃漏斗里放一根温度计，向玻璃外套中注入已经冷却到 -20℃ 以下的冷却液至约容积 2/3 处，待玻璃漏斗内的温度计下降到 -20℃ 时，将锥形瓶中已经冷却了 1h 的含有蜡分的乙醚—乙醇混合液一起倒入玻璃漏斗内，开动真空泵或水流泵吸滤。此时仍应密切注意插在玻璃漏斗内的温度计，检测混合液的温度保持在 -20℃，俟溶液吸滤将尽时，再用预先冷却至 -20℃ 的洁净的乙醚—乙醇洗涤原锥形瓶，并将洗液倾至玻璃漏斗上吸滤，用乙醚—乙醇洗涤及吸滤的过程应该反复 1 ~ 2 次，每次洗涤用的混合液用量约为 10mL。吸滤结束后，关闭真空泵或水流泵。可见玻璃漏斗底部有一层洁净的蜡的结晶。

⑤卸下吸滤瓶，将瓶内的乙醚—乙醇混合液倒入回收瓶内，并用少量室温状态的纯净的乙醚—乙醇洗涤吸滤瓶 2 ~ 3 次，倒入回收瓶内。由于此混合液已不纯净，不能反复使用，应集中废弃。将玻璃外套中的冷却液倒回低温水槽中。

⑥装上吸滤瓶，用已预热至 50 ~ 60℃ 石油醚约 10mL 倒入玻璃漏斗上使蜡溶解，再次开动真空泵或水流泵吸滤。再用少量石油醚反复洗涤、吸滤 3 ~ 4 次，直至玻璃漏斗底部完全没有

蜡分为止,共使用石油醚 30～40mL。结束吸滤过程,关闭真空泵或水流泵。

⑦取下吸滤瓶,将吸滤瓶中石油醚蜡溶液倾入已称质量的锥形瓶中,并用常温石油醚分 3 次清洗吸滤瓶,每次用量约 5～10mL,洗液倒入锥形瓶中。

⑧将盛有蜡溶液的锥形瓶放在适宜的热源上回收溶剂或使溶剂蒸发净尽。然后,将锥形瓶置温度为 105℃ ±5℃的烘箱中烘去石油醚至恒量(约 1h),取出置干燥器中冷却 1～2h 至室温后称其质量,得到析出蜡的质量 m_w,准确至 0.1mg。

(4)同一沥青试样蒸馏后,应从馏分油中取两个以上试样进行平行试验。当取两个试样试验的结果超出重复性试验精密度要求时,需追加试验。当为仲裁性试验时,平行试验数应为 3 个。

5. 结果整理

(1)沥青试样的蜡含量按式(8-33)计算。

$$P_P = \frac{m_1 \times m_w}{m_b \times m_2} \times 100 \tag{8-33}$$

式中:P_P——蜡含量(%);

m_b——沥青试样质量(g);

m_1——馏分油总质量(g);

m_2——用于测定蜡的馏分油质量(g);

m_w——析出蜡的质量(g)。

(2)所进行的平行试验结果的最大值与最小值之差符合重复性试验精密度要求时,取其平均值作为蜡含量结果,取小数点后 1 位(%)。当超过重复性试验精密度时,以分离得到的蜡的质量(g)为横轴,蜡的质量百分率为纵轴,按直线关系回归求出蜡的质量为 0.075g 时的蜡的质量百分率,作为蜡含量结果,取小数点后 1 位(%)。

注:关系直线的方向系数应为正值,否则应重新试验。

6. 精密度或允许差

蜡含量测定时重复性或复现性试验的允许差应符合下列要求:

蜡含量(%)	重复性(%)	复现性(%)
0.0～1.0	0.1	0.3
1.0～3.0	0.3	1.0
>3.0	0.5	1.5

十五、沥青与粗集料的黏附性试验(T 0616—1993)

1. 目的和适用范围

本方法适用于检验沥青与粗集料表面的黏附性及评定粗集料的抗水剥离能力。对于最大粒径大于 13.2mm 的集料应用水煮法,对最大粒径小于或等于 13.2mm 的集料应用水浸法进行试验。对同一种料源集料最大粒径既有大于又有小于 13.2mm 不同的集料时,取大于 13.2mm水煮法试验为标准,对细粒式沥青混合料应以水浸法试验为标准。

2. 仪具与材料

(1)天平:量程 500g,感量不大于 0.01g。

(2)恒温水槽:能保持温度 80℃ ±1℃。

(3)拌和用小型容器:500mL。

(4)烧杯:1000mL。

(5)试验架。

(6)细线:尼龙线或棉线、铜丝线。

(7)铁丝网。

(8)标准筛:9.5mm、13.2mm、19mm 各 1 个。

(9)烘箱:装有自动温度调节器。

(10)电炉、燃气炉。

(11)玻璃板:200mm × 200mm 左右。

(12)搪瓷盘:300mm × 400mm 左右。

(13)其他:拌和铲、石棉网、纱布、手套等。

3. 水煮法试验

(1)准备工作

①将集料过 13.2mm、19mm 的筛,取粒径 13.2 ~ 19mm 形状接近立方体的规则集料 5 个,用洁净水洗净,置温度为 105℃ ±5℃的烘箱中烘干,然后放在干燥器中备用。

②将大烧杯中盛水,并置加热炉的石棉网上煮沸。

(2)试验步骤

①将集料逐个用细线在中部系牢,再置 105℃ ±5℃烘箱内 1h。按 T 0602 准备沥青试样。

②逐个取出加热的矿料颗粒用线提起,浸入预先加热的沥青(石油沥青 130 ~ 150℃,煤沥青 100 ~ 110℃)试样中 45s 后,轻轻拿出,使集料颗粒完全为沥青膜所裹覆。

③将裹覆沥青的集料颗粒悬挂于试验架上,下面垫一张纸,使多余的沥青流掉,并在室温下冷却 15min。

④待集料颗粒冷却后,逐个用线提起,浸入盛有煮沸水的大烧杯中央,调整加热炉,使烧杯中的水保持微沸状态,如图 8-42c)和 b),但不允许有沸开的泡沫,如图 8-42a)。

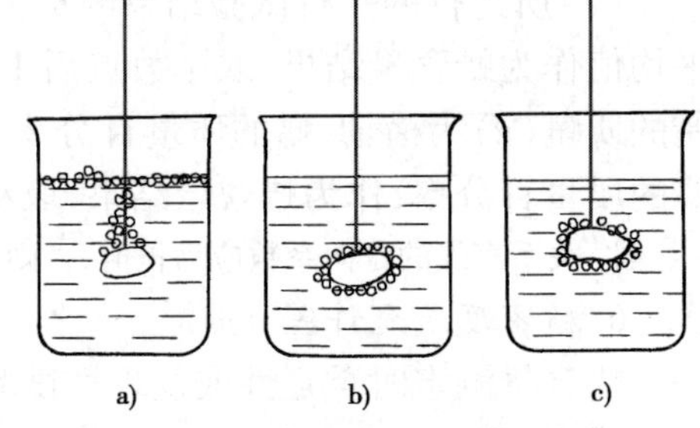

图 8-42 水煮法试验

⑤浸煮 3min 后,将集料从水中取出,观察矿料颗粒上沥青膜的剥落程度,并按表 8-21 评定其黏附性等级。

沥青与集料的黏附性等级 表 8-21

试验后石料表面上沥青膜剥落情况	黏附性等级
沥青膜完全保存,剥离面积百分率接近于 0	5
沥青膜少部为水所移动,厚度不均匀,剥离面积百分率少于 10%	4
沥青膜局部明显地为水所移动,基本保留在石料表面上,剥离面积百分率少于 30%	3
沥青膜大部为水所移动,局部保留在石料表面上,剥离面积百分率大于 30%	2
沥青膜完全为水所移动,石料基本裸露,沥青全浮于水面上	1

⑥同一试样应平行试验 5 个集料颗粒,并由两名以上经验丰富的试验人员分别评定后,取平均等级作为试验结果。

4. 水浸法试验

(1)准备工作

①将集料过 9.5mm、13.2mm 筛,取粒径 9.5 ~ 13.2mm 形状规则的集料 200g 用洁净水洗

净,并置温度为105℃ ±5℃的烘箱中烘干,然后放在干燥器中备用。

②按T 0602 沥青试样准备方法准备沥青试样,加热至按T 0702 沥青混合料试件制作方法(击实法)的要求决定的沥青与矿料的拌和温度。

③将煮沸过的热水注入恒温水槽中,并维持温度80℃ ±1℃。

(2)试验步骤

①按四分法称取集料颗粒(9.5~13.2mm)100g置搪瓷盘中,连同搪瓷盘一起放入已升温至沥青拌和温度以上5℃的烘箱中持续加热1h。

②按每100g矿料加入沥青5.5g±0.2g的比例称取沥青,准确至0.1g,放入小型拌和容器中,一起置入同一烘箱中加热15min。

③将搪瓷盘中的集料倒入拌和容器的沥青中后,从烘箱中取出拌和容器,立即用金属铲均匀拌和1~1.5min,使集料完全被沥青薄膜裹覆。然后,立即将裹有沥青的集料取20个,用小铲移至玻璃板上摊开,并置室温下冷却1h。

④将放有集料的玻璃板浸入温度为80℃ ±1℃的恒温水槽中,保持30min,并将剥离及浮于水面的沥青用纸片捞出。

⑤由水中小心取出玻璃板,浸入水槽内的冷水中,仔细观察裹覆集料的沥青薄膜的剥落情况。由两名以上经验丰富的试验人员分别目测,评定剥离面积的百分率,评定后取平均值表示。

注:为使估计的剥离面积百分率较为正确,宜先制取若干个不同剥离率的样本,用比照法目测评定。不同剥离率的样本,可用加不同比例抗剥离剂的改性沥青与酸性集料拌和后浸水得到,也可由同一种沥青与不同集料品种拌和后浸水得到,样本的剥离面积百分率逐个仔细计算得出。

⑥由剥离面积百分率按表8-21评定沥青与集料黏附性的等级。

5.试验报告

试验结果应报告采用的方法及集料粒径。

十六、沥青化学组分试验(T 0617、T 0618—1993)

(一)三组分法(T 0617—1993)

1.目的和适用范围

本方法适用于抽提法进行道路石油沥青的三组分成分分析。

2.仪具与材料

(1)锥形瓶:200mL,带磨口玻璃塞。

(2)冷凝管:直形或弯形。

(3)烧杯:250mL、1000mL。

(4)漏斗:直径约9cm。

(5)脂肪抽提器:500mL,形状如图8-43所示。

(6)玻璃漏斗:直径约4cm,编号G3或G4。

(7)吸滤瓶:500mL。

(8)定性滤纸:大张。

(9)定量滤纸:直径约12 cm。

(10)冷冻机或冷却过滤装置:冷却过滤装置如图8-41所示。

(11)保温瓶(桶)。

(12)真空泵或水流泵。

(13)砂浴或附有温度调节器的电炉。

(14)天平:感量不大于0.2mg。

(15)正庚烷、苯、无水乙醇、甲基乙基酮(丁酮):分析纯。

(16)硅胶:微球形、粒度0.35~0.125mm,孔径大于8mm。

(17)工业酒精及干冰。

(18)其他:烘箱、干燥器、洗液、蒸馏水、脱脂棉、牛角勺、吸液管、表面皿、玻璃棒、搪瓷盘、广口瓶等。

3.准备工作

(1)按T 0602准备沥青试样。

(2)将锥形瓶、烧杯、漏斗等用洗液、水及蒸馏水先后洗净,并置温度为110℃±5℃的烘箱中烘干。

(3)将烘干的锥形瓶冷却后编号,并置干燥器中备用。

4.沥青质含量测定步骤

(1)将锥形瓶洗净、烘干,称取质量m_1,用其称取约1g沥青试样(m),准确至0.2mg。

(2)将盛有试样的锥形瓶,置砂浴或电炉上微热,使沥青熔化,在瓶底上均匀分布成一薄层。注入正庚烷30mL(液体沥青)或40mL(黏稠沥青),装妥冷凝器,接通冷却水,置砂浴或砂盘(电炉)上,使溶剂煮沸回流0.5~1h,将试样充分溶解。

(3)使正庚烷溶液稍冷却,取下锥形瓶,用玻璃塞塞妥,并静置于暗橱中过夜,使沥青质充分沉淀。

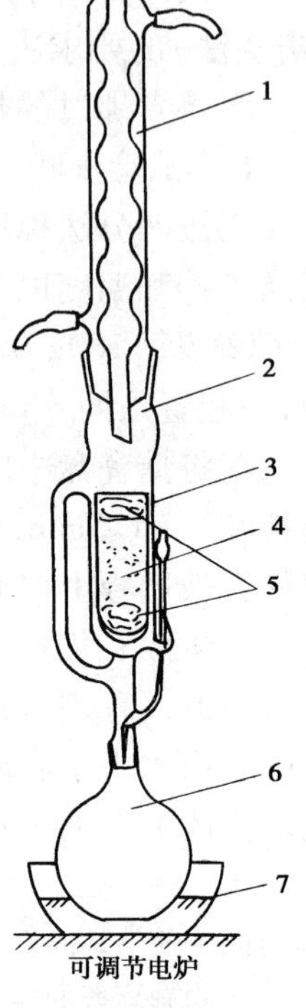

图8-43　脂肪抽提器

1-冷凝管;2-脂肪抽提器;3-滤纸筒;4-试样及硅胶;5-脱脂棉;6-烧瓶;7-砂浴

(4)次日,不经搅动将正庚烷溶液过滤至一干净的烧杯中。锥形瓶内的残留物及滤纸,用少量热正庚烷洗涤2~3次,最后用吸液管沿滤纸周边反复用正庚烷冲洗,直至滤纸及滤液无色为止。烧杯中的滤液,用表面皿盖妥,留待测定胶质及油蜡含量之用。

(5)滤纸上的残留物用热苯使之溶解至原锥形瓶(m_1)中,并用热苯洗涤滤纸,至滤液无色为止。

(6)将锥形瓶中苯溶剂回收后,置烘箱(110℃±5℃)中烘至恒量(m_2),准确至0.2mg。

5.胶质含量测定步骤

(1)活化硅胶:将硅胶置于一大烧杯中,加蒸馏水煮沸30min。注意,煮沸时要用玻璃棒勤加搅拌,以防迸溅。静置冷却后,倾析出上面清水,再用蒸馏水洗涤1~2次。然后,将硅胶倒入一搪瓷盘中,置烘箱(105℃±5℃)中烘干后,再将烘箱温度继续升高至150℃,并保持5h。取出搪瓷盘,在室温下冷却后,再将硅胶储存在一带塞的广口瓶中备用。

(2)卷制滤纸筒:当缺乏专用的滤纸筒时,将大张滤纸裁成18cm×40cm大小后,将滤纸放在一直径约4cm的玻璃管上,卷成一直径4cm、长14cm带底的滤纸筒。注意,随卷纸,随逐渐把底边折好。纸筒卷成后,用大头针将底别好,并用棉线把筒的上口系牢。

(3)将活化后的硅胶,逐步加入到盛有脱除沥青质的正庚烷溶液的烧杯中,并不停地用玻璃棒搅拌。硅胶的用量决定于沥青的种类,加入硅胶后,上层正庚烷溶液需呈浅黄色为度,一般用量为试样的30~50倍。硅胶加完后,用表面皿盖好,并静置6~8 h。

注:如无0.35~0.125mm粗孔硅胶时,也可使用粒度0.15~0.105mm(100~140目)的柱用层析硅胶,但

用量须酌情增加。

(4)在滤纸筒的底部,先铺一薄层脱脂棉后,再用牛角勺将烧杯内吸附有溶液的硅胶装(压)入滤纸筒中,并用一端裹有脱脂棉的玻璃棒仔细将烧杯内部及牛角勺擦净。擦净用的脱脂棉一并装入滤纸筒内。最后,在硅胶上面再用一薄层脱脂棉覆盖。

(5)抽提油蜡:将装好硅胶的滤纸筒放入脂肪抽提筒内,再将正庚烷200mL注入烧瓶中,然后装妥冷凝器,置砂浴或电炉的砂盘上加热回流,并保持冷凝管端2～3滴/s速度,抽提时间一般不少于16 h。

抽提结束后,稍冷,取下烧瓶,将正庚烷溶液用滤纸过滤至一已称质量的锥形瓶(m_3)中,以除去可能带入的硅胶粉末。烧瓶及滤纸用少量正庚烷洗涤2～3次,洗液一并装入锥形瓶内。此项正庚烷溶液留待测定油蜡含量之用。

(6)抽提胶质:将苯与乙醇的混合液(体积比4∶1)200mL注入烧瓶中,装妥抽提筒及冷凝器,继续在砂浴(砂盘)上加热,并保持冷凝管端口每秒滴2～3滴的速度,抽提时间一般不少于20h。

抽提结束后,稍冷取下烧瓶,并将瓶中苯—乙醇混合溶液用滤纸过滤至另一已称质量的锥形瓶(m_4)中,以除去可能带入的硅胶粉末。烧瓶及滤纸再用少量苯—乙醇混合液洗涤2～3次,洗液一并装入锥形瓶内。

(7)将盛有苯—乙醇滤液的锥形瓶回收苯—乙醇混合液后,置110℃±5℃的烘箱中烘至恒量(m_5),准确至0.2mg。

6. 油分与蜡含量测定步骤

(1)将玻璃漏斗、吸滤瓶、甲乙酮(丁酮)—苯混合液(体积比3∶2)等置预先冷却至-20℃的冷冻机内冷却。如使用图8-41的冷却过滤装置时,可仅将甲乙酮—苯混合液,置盛于酒精—干冰的保温瓶内冷却至-20℃。

(2)将盛有正庚烷溶液的锥形瓶(m_3)回收正庚烷后,置105℃±5℃的烘箱内烘至恒量(m_6),准确至0.2mg。

(3)将盛有烘干油蜡的锥形瓶置砂浴上微热,使油蜡熔化,并注入苯12mL,然后在不断摇动下逐渐注入甲乙酮18mL。如在注入甲乙酮后,有絮状结晶析出,则应将锥形瓶再置砂浴上小心地加热(不允许明火)至接近混合液的沸点,同时不断摇动,至溶液完全透明为止(如有地蜡,溶液可有轻微乳浊)。

(4)使盛有混合液的锥形瓶冷却至室温后,置预先冷却的冷冻机或盛有酒精—干冰的保温瓶内,使混合液冷却至-20℃,并继续保持30min。

(5)在冷冻机内,将混合液倾至装在吸滤瓶上、并已冷却至-20℃的玻璃漏斗中,用真空泵或流水泵抽滤。再用少量预先冷却至-20℃的甲乙酮—苯混合液洗涤圆锥形瓶及漏斗2～3次。

在使用图8-41所示的冷却过滤装置时,先在玻璃外套中注入工业酒精至容积的2/3处,并在酒精中悬挂一负温度计。将干冰逐渐加入酒精中,使温度下降至-20℃,并保持此温度。然后,将预先在保温瓶内冷却并保温为-20℃的混合液倾入玻璃漏斗中,用真空泵或流水泵吸滤。溶液吸滤将尽时,用预先冷却至-20℃的甲乙酮—苯混合液洗涤原锥形瓶及漏斗2～3次。

(6)吸滤结束后,将吸滤瓶内的滤液倾入一已称质量的锥形瓶(m_7)中,并用少量甲乙酮—苯洗涤吸滤瓶2～3次,洗液一并装入锥形瓶内。

(7)玻璃漏斗上的蜡,用热苯溶解,并用真空泵或流水泵吸滤。然后,用少量热苯再洗涤玻璃漏斗2~3次。吸滤后,将吸滤瓶内的苯溶液倾入原冷冻油蜡的锥形瓶(m_3)内。

(8)将盛有甲乙酮—苯溶液(m_7)及苯溶液(m_3)的锥形瓶分别回收溶剂后,置烘箱105℃±5℃中烘至恒量(m_9、m_8),准确至0.2mg。

7. 结果整理

(1)试样中沥青质的含量按式(8-34)计算。

$$A_s = \frac{m_2 - m_1}{m} \times 100 \tag{8-34}$$

式中:A_s——沥青质含量(%);

m——试样质量(g);

m_1——锥形瓶质量(g);

m_2——锥形瓶与沥青质合计质量(g)。

(2)试样的胶质含量按式(8-35)计算。

$$R = \frac{m_5 - m_4}{m} \times 100 \tag{8-35}$$

式中:R——试样中胶质含量(%);

m——试样质量(g);

m_4——锥形瓶质量(g);

m_5——锥形瓶与胶质合计质量(g)。

(3)试样的油分及蜡含量按式(8-36)~式(8-38)分别进行计算。

$$P_{OP} = \frac{m_6 - m_3}{m} \times 100 \tag{8-36}$$

$$P_O = \frac{m_9 - m_7}{m} \times 100 \tag{8-37}$$

$$P_P = \frac{m_8 - m_3}{m} \times 100 \tag{8-38}$$

式中:P_{OP}——试样的油蜡含量(%);

P_O——试样的油分含量(%);

P_P——试样的蜡含量(%);

m_3——锥形瓶质量(g);

m_7——锥形瓶质量(g);

m_6——锥形瓶与油蜡合计质量(g);

m_8——锥形瓶与蜡含量合计质量(g);

m_9——锥形瓶与油分含量合计质量(g)。

8. 试验报告

同一试样至少平行试验两次,当两次平行试验结果与其平均值的误差不超过10%时,取其平均值作为试验结果。

(二)四组分法(T 0618—1993)

1. 目的和适用范围

本方法适用于采用溶剂沉淀及色谱柱法进行道路石油沥青的四组分成分分析。

2. 仪具与材料

(1)沥青质抽提器:由球形冷凝器及100mL抽提器组装而成,见图8-44、图8-45。

(2)玻璃吸附柱:外面带夹套,热水循环保温,形状及尺寸如图8-46。

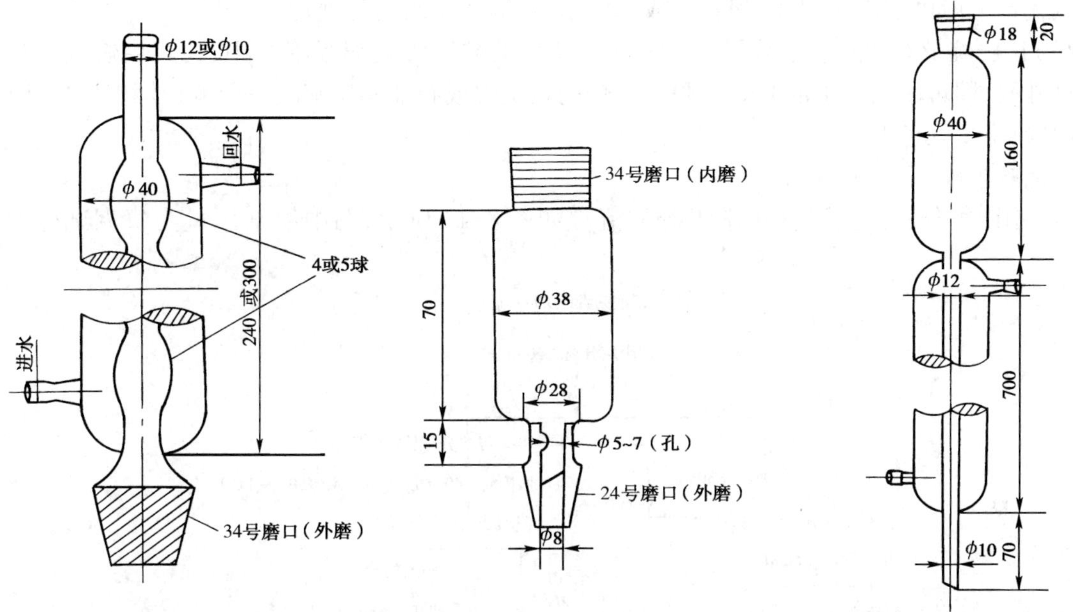

图8-44　冷凝器(尺寸单位:mm)　　图8-45　抽提器(尺寸单位:mm)　　图8-46　玻璃吸附柱(尺寸单位:mm)

(3)真空干燥箱。

(4)高温炉:0~1000℃,有自动温度控制器。

(5)恒温水槽:控温准确度为1℃。

(6)磨口锥形瓶(200~250mL)、磨口冷凝器、磨口弯管、牛角管。

(7)量筒(20mL、50mL、100mL)。

(8)氧化铝:层析用、中性,粒度0.15~0.075mm(100~200目),比表面积大于150m^2/g,孔体积250mm^3/g。

(9)石油醚:60~90℃,分析纯。

(10)正庚烷:分析纯。

(11)甲苯、无水乙醇、丙酮:分析纯。

(12)硅胶:细孔、粒度0.42~0.15mm(40~100目)。

(13)分析天平:感量不大于1g、1mg、0.1mg各一个。

(14)定量滤纸:中速φ110~125mm。

(15)干燥器。

(16)电热板(电热套)。

(17)其他:瓷蒸发皿(300mL)、吸液管、蒸馏水、大细口瓶、玻璃漏斗、漏斗架、二联橡皮球等。

3. 准备工作

(1)将沥青质测定器、玻璃吸附柱、锥形瓶等洗净、编号,并置105℃±5℃的烘箱中烘干至恒量,称其质量,准确至0.1mg。

(2)活化氧化铝:将氧化铝倾入瓷蒸发皿,并置于高温炉(500℃)中加热6h。然后,取出瓷蒸发皿置干燥器中,冷却至室温,将氧化铝装入已称质量的细口瓶中,并用吸液管加入氧化铝质量1%的蒸馏水,塞紧橡皮塞。剧烈摇动瓶中氧化铝及蒸馏水5min,放置24h备用。活化后的氧化铝一般可使用两周,时间较长或已吸水者,需要重新活化处理。

(3)正庚烷及石油醚脱去芳烃:将100g活化后的硅胶置玻璃吸附柱中,使正庚烷或石油醚通过硅胶,即可脱去其中的芳烃。脱去芳烃的正庚烷或石油醚用硫酸—甲醛(体积比20:1)溶液试验,不变红色即可。

4. 试验步骤

(1)用四组分法分析沥青化学组分的流程如图8-47所示,图中溶剂用量为每克试样的用量。

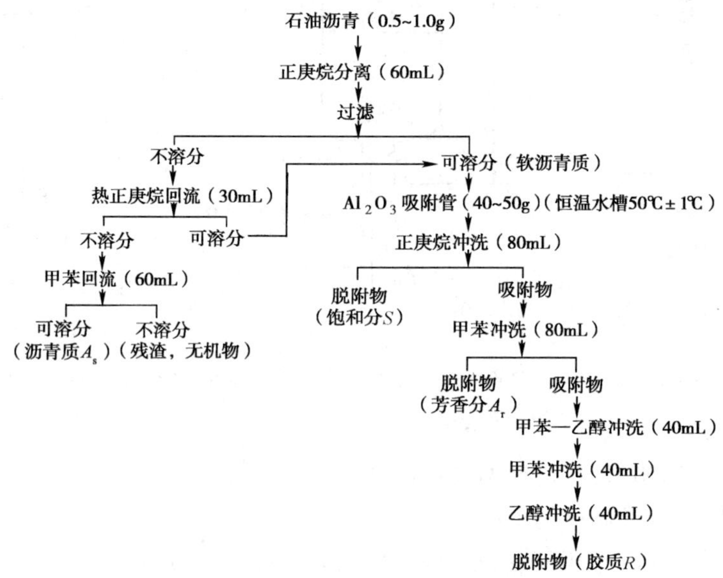

图8-47　沥青四组分分析流程图

(2)沥青质含量测定

①在已称量为恒质量的磨口锥形瓶(1号)中,称取试样1g ±0.1g(m)(对沥青质小于10%的试样)或0.5g±0.01g(对沥青质大于10%的试样),准确至0.1mg。注入正庚烷,用量为每克试样60mL。将锥形瓶与冷凝器连接好,用电热板或电热套加热回流0.5~1h,稍冷却后取下锥形瓶,盖上塞子,在暗处静置1.5~2.0h。

②将锥形瓶(1号)中的正庚烷溶液用定量滤纸慢慢地过滤至另一锥形瓶(2号)中,再用热正庚烷(60~70℃)30mL将锥形瓶(1号)中的沥青质残留物分次洗涤,尽可能完全地倒入滤纸中(注意:过滤时不要使沥青质粘到滤纸的上边缘处)。最后若锥形瓶中沾有沥青质洗涤不下时,不再洗涤,锥形瓶(1号)留后备用。

③取出滤纸及残留物,折叠后放入抽提器,装上盛有滤液的锥形瓶(2号),与冷凝器相连接,置于电热板或电热套上回流抽提1h,冲洗滤纸上的软沥青质部分,至滴下液体无色为止。冷却后取下锥形瓶(2号),抽提器及滤纸保留不动。

④向锥形瓶(1号)中注入60mL甲苯,再与沥青质抽提器相接,抽提1h,至滤纸及滤液无色为止。滤纸上的残留物为无机物与残留碳。

⑤待锥形瓶(1号)冷却至室温后,回收甲苯溶剂,再置入温度105℃ ±5℃、真空度

93kPa ± 1kPa(700mmHg ± 10mmHg)的真空干燥箱中 1h,使甲苯挥发干净,然后取出放入干燥器中,冷却至室温,称其质量(m_1),准确至 0.1mg。

(3)饱和分、芳香分及胶质含量的测定

①回收锥形瓶(2 号)中的大部分正庚烷,使溶液浓缩至约 10mL。

注:对沥青质含量小于 10% 的样品,也可直接称取 0.5g ± 0.01g 沥青试样,装入锥形瓶中(锥形瓶编号仍为 2 号,代替原来 2 号瓶),准确至 0.1 mg,加 10mL 正庚烷稀释,但最后得到的是胶质与沥青质的合计质量(m_5)。

②开动超级恒温水槽,使加热的水循环,并控制水温 50℃ ± 1℃。

③在洗净及干燥的玻璃吸附柱下端,塞以少量脱脂棉,并用漏斗从上端装入活化氧化铝 40 ~ 50g(准确至 0.1g),同时用带橡皮的玻璃棒轻轻敲打,使氧化铝密实。

④从玻璃吸附柱上口注入正庚烷 30mL 预湿氧化铝,全部正庚烷倾入氧化铝时,注入锥形瓶(2 号)中试样溶液或正庚烷溶解稀释的沥青试样。用 10mL 正庚烷分 2 ~ 3 次冲洗(正庚烷用量是后述冲洗饱和分 80mL 正庚烷的一部分),洗液倒入玻璃吸附柱中。当试样溶液全部进入氧化铝时,再加少量氧化铝(约 0.3g)覆盖在表面。再加一薄层脱脂棉。

⑤在玻璃吸附柱下端,放一量筒,接受一开始流出的纯正庚烷。

⑥按同样步骤,依次注入下列数量的冲洗溶剂(按每克 Al_2O_3 所需的溶剂数量计算总溶剂数量):

	冲洗溶剂	用量(mL/g, Al_2O_3)
第一次	正庚烷	80(总量中应扣除已用于冲洗的正庚烷数量)
第二次	甲苯	80
第三次	甲苯—乙醇(体积比 1∶1)混合液	40
第四次	甲苯	40
第五次	乙醇	40

注:第一次冲洗可用脱芳烃的石油醚代替正庚烷作饱和分的冲洗剂,但仲裁试验时,必须使用正庚烷。

⑦最初流出的为纯正庚烷 20mL,可作为总正庚烷 80mL 的一部分重复使用。以后,分别换上已编号及恒量的已称质量的锥形瓶,接受由玻璃吸附柱中流出的溶液。每瓶接受液不宜超过瓶容量的 2/3,以便回收溶剂。

流速可用二联橡皮球加压调节,开始时不宜太快,以保证充分吸附。当吸附柱中沥青组分的黑色带不再下移时,流速可稍加快,整个过程中保持 2 ~ 4mL/min。

当每一种溶剂全部注进氧化铝时,再换加另一种溶剂。在更换溶剂的同时,更换已恒量的接受锥形瓶(第三次冲洗剂甲苯—乙醇以下可接受于同一瓶中)。

⑧第一次冲洗剂为正庚烷时,流出物为饱和分溶液,无色。第二次冲洗剂为甲苯时,流出物为芳香分溶液,黄至深棕色。冲洗最后三种溶剂时,流出物为胶质溶液(当直接使用沥青试样时,为胶质与沥青质的混合液),深褐至黑色。如冲洗前两种溶剂时,有黑色溶剂流下,说明试样的氧化铝太少,应加大用量,重新试验。

⑨将冲洗出的各组分,在水槽(95 ~ 98℃)上回收溶剂。溶剂基本回收后,将盛有各组分的锥形瓶置真空干燥箱在温度 105℃ ± 5℃、真空度 93kPa ± 1kPa(700mmHg ± 10mmHg)条件下 1h,取出后在干燥器中冷却至室温,称其质量,即为饱和分质量(m_2)、芳香分质量(m_3)、胶质质量(m_4),准确至 0.1mg。

注：当直接使用沥青试样时，最后回收的应为胶质及沥青质合计质量(m_5)。

(4)若需测定饱和分及芳香分中的蜡含量时，按三组分法的有关步骤进行。

5. 结果整理

(1)试样的沥青质含量按式(8-39)计算。

$$A_s = \frac{m_1}{m} \times 100 \tag{8-39}$$

式中：A_s——试样的沥青质含量(%)；

m——试样质量(g)；

m_1——试样中沥青质含量(g)。

(2)试样的饱和分、芳香分的含量，分别按式(8-40)、式(8-41)计算。

$$S = \frac{m_2}{m} \times 100 \tag{8-40}$$

$$A_r = \frac{m_3}{m} \times 100 \tag{8-41}$$

式中：S——饱和分含量(%)；

A_r——芳香分含量(%)；

m_2——试样中饱和分质量(g)；

m_3——试样中芳香分质量(g)。

(3)试样的胶质含量

①试样的胶质含量可由已测定的沥青质、饱和分、芳香分含量用差减法按式(8-42)计算。

$$R = 100 - A_s - S - A_r \tag{8-42}$$

②当试样的饱和分、芳香分及胶质是利用正庚烷分离沥青质后的软沥青质溶液的浓溶液进行吸附柱冲洗时，试样的胶质含量由实测的胶质部分的含量按式(8-43)计算。

$$R = \frac{m_4}{m} \times 100 \tag{8-43}$$

式中：R——胶质含量(%)；

m_4——试样中胶质的质量(g)。

③当试样的沥青质含量小于10%，直接用沥青试样进行吸附柱冲洗，得到的是胶质加沥青质的合计质量时，胶质含量按式(8-44)计算。

$$R = \frac{m_5 - m_1}{m} \times 100 \tag{8-44}$$

式中：m_5——试样中胶质加沥青质的质量(g)。

(4)当胶质含量按式(8-43)或式(8-44)计算时，试验过程中各组分的实际回收率按式(8-45)计算。

$$C = A_s + S + A_r + R \tag{8-45}$$

式中：C——试验时各组分的总回收率(%)。

6. 精密度或允许差

试验结果的精密度应符合表 8-22 的要求。

四组分测定的精密度要求　　表 8-22

组　　分	测定值范围(%)	重复性试验的允许差(%)	复现性试验的允许差(%)
饱和分(S)	12～27	1.2	4.0
芳香分(A_r)	21～47	1.6	2.4
胶质(R)	31～55	1.6	4.3
沥青质(A_s)	≤10	0.5	1.2
	>10	1.6	2.4

7. 试验报告

(1)同一试样至少平行试验两次,两次试验的误差符合表 8-22 重复性试验精密度的允许差的要求时方属有效,取其平均值作为试样结果。

(2)试验应报告各组分的含量及回收率,根据需要,报告芳香分及饱和分中的蜡含量。

十七、沥青黏度试验(T 0619～T 0625)

(一)运动黏度试验——毛细管法(T 0619—1993)

1. 目的和适用范围

(1)本方法适用于采用毛细管黏度计测定黏稠石油沥青、液体石油沥青及其蒸馏后残留物的运动黏度。

(2)非经注明,试验温度为 135℃(黏稠石油沥青)及 60℃(液体石油沥青)。为得到黏稠石油沥青高温时的黏温曲线,以决定等黏温度作为施工温度时,宜用 120℃、150℃、180 ℃作为试验温度。

2. 仪具与材料

(1)毛细管黏度计:通常采用坎芬式(Cannon-Fenske)逆流毛细管黏度计,也可采用国外通用其他的类型,如翟富斯横臂式(Zeitfuchs Cross-Arm)黏度计、兰特兹—翟富斯(Lantg-Zeitfuchs)型逆流式黏度计以及 BS/IP/RT U 型逆式黏度计等毛细管黏度计进行测定。坎芬式黏度计的形状如图 8-48,其型号和尺寸见表8-23。

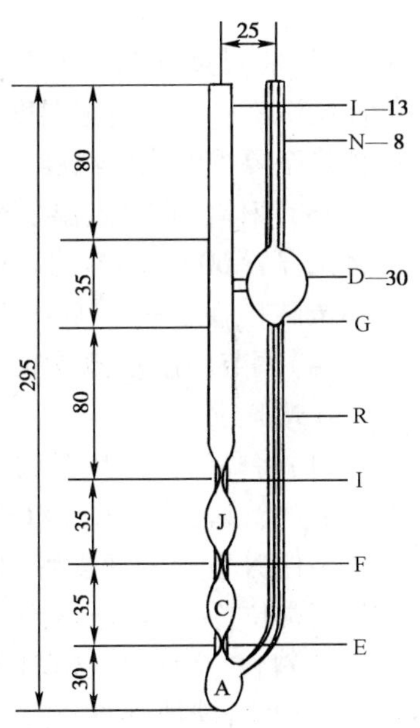

图 8-48　坎芬式逆流毛细管黏度计(尺寸单位:mm)

(2)恒温水槽或油浴:具有透明壁或装有观测孔,容积不少于 2L,并能使毛细管距浴壁的距离及试样距浴面至少为 20mm,并装有加热温度调节器、自动搅拌器及带夹具的盖子等,其控温精密度能达到测定要求。

(3)温度计:分度为 0.1℃。

(4)烘箱:装有温度自动调节器。

(5)秒表:分度 0.1s,15min 的误差不超过 ±0.05%。

(6)水流泵或橡皮球。

(7)硅油或闪点高于 215℃的矿物油。

(8)溶剂:三氯乙烯(化学纯)。

(9)其他:洗液、蒸馏水等。

坎芬式毛细管黏度计尺寸及适用的运动黏度范围　　表 8-23

型　号	近似测定常数(mm^2/s)	运动黏度范围(mm^2/s)	R 管内径(mm)(±2%)	N、G、E、F、I 管内径(mm)(±5%)	球 A、C、J 容积(mL)(±5%)	球 D 容积(mL)(±5%)
200	0.1	6~100	1.02	3.2	2.1	11
300	0.25	15~200	1.26	3.4	2.1	11
350	0.5	30~500	1.48	3.4	2.1	11
400	1.2	72~1200	1.88	3.4	2.1	11
450	2.5	150~2500	2.20	3.7	2.1	11
500	8	480~8000	3.10	4.0	2.1	11
600	20	1200~20000	4.00	4.7	2.1	13

3. 准备工作

(1)估计试样的黏度,根据试样流经毛细管规定体积的时间大于 60s 来选择黏度计的型号。

(2)将黏度计用三氯乙烯等溶剂洗涤干净。如黏度计沾有油污,应用洗液、蒸馏水或乙醚等仔细洗涤。洗涤后置温度 105℃ ±5℃的烘箱中烘干,或用通过棉花过滤的热空气吹干,然后预热至要求的测定温度。

(3)液体沥青在室温下充分搅拌 30min,注意勿带入空气形成气泡。如液体沥青黏度过大可将试样置 60℃ ±3℃的烘箱中,加热 30min。按沥青试样准备方法准备黏稠沥青试样,均匀加热至试验温度 ±5℃后倾入一个小盛样器中,其容积不少于 20mL,并用盖盖好。

(4)调节恒温水槽或油浴的液面及温度,使保持在试验温度 ±0.1℃。

4. 试验步骤

(1)将黏度计预热至试验温度后取出垂直倒置,使毛细管 N 通过橡皮管浸入沥青试样中。在管 L 的管口接一橡皮球(或水流泵)吸气,使试样经毛细管 N 充满 D 球并充满至 G 处后,用夹子夹住 N 管上的橡皮管,取出 N 管并迅速揩干 N 管口外部所黏附试样,并将黏度计倒转恢复到正常位置。然后用夹子夹紧 L 管上橡皮球的皮管。

(2)将黏度计移入恒温水槽或油浴(试验温度 ±0.1℃)中,用橡皮的夹子将 N 管夹持固定,并使 L 管保持垂直。注意,夹持时,D 球须浸入水或油面下 20mm 以上。

(3)放松 L 管夹子,使试样流入 A 球达一半时夹住夹子,停止试样流动。然后在恒温浴中保温 30min 后,放松 L 管夹子,让试样依靠重力流动。当试样弯液面达到标线 E 时,开动秒表,当试样液面流经标线 F 及 J 时,读取秒表,分别记录试样流经标志 E 到 F 和 F 到 J 的时间,准确至 0.1s。如试样流经时间小于 60s 时,应改选另一个毛细管直径较小型号的黏度计,重复上述操作。

5. 结果整理

(1)按式(8-46)、式(8-47)先分别计算流经 C 球和 J 球测定的运动黏度:

$$\nu_C = C_C \times t_C \tag{8-46}$$

$$\nu_J = C_J \times t_J \tag{8-47}$$

式中：ν_C、ν_J——试样流经 C、J 测定球的运动黏度（mm^2/s）；

C_C、C_J——C、J 球的黏度计标定常数（mm^2/s）；

t_C、t_J——试样流经 C、J 球的时间（s）。

（2）当 ν_C 及 ν_J 之差不超过平均值的 3% 时，试样的运动黏度按式（8-48）计算；若 ν_C 及 ν_J 之差超过平均值的 3% 时，试验应重新进行。

$$\nu_t = \frac{\nu_C + \nu_J}{2} \tag{8-48}$$

式中：ν_t——试样在温度 t℃时的运动黏度（mm^2/s）；

ν_C——试样流经 C 球测定的运动黏度（mm^2/s）；

ν_J——试样流经 J 球测定的运动黏度（mm^2/s）。

6. 精密度或允许差

（1）重复性试验的允许差：

对黏稠沥青：平均值的 3%。

对液体沥青：

60℃运动黏度范围（mm^2/s）	允许差（以平均值的%计）
<3000	1.5
3000~6000	2.0
>6000	8.9

（2）复现性试验的允许差：

对黏稠沥青：平均值的 8.8%。

对液体沥青：

60℃运动黏度范围（mm^2/s）	允许差（以平均值的%计）
<3000	3.0
3000~6000	9.0
>6000	10.0

7. 试验报告

同一试样至少用两根毛细管平行试验两次，取平均值作为试验结果。

（二）动力黏度试验——真空减压毛细管法（T 0620—2000）

1. 目的和适用范围

本方法适用于真空减压毛细管黏度计测定黏稠石油沥青的动力黏度。非经注明，试验温度为 60℃，真空度为 40kPa。

2. 仪具与材料

（1）真空减压毛细管黏度计：一组 3 支毛细管，通常采用美国沥青学会式（Asphalt Institute，即 AI 式），也可采用坎农曼宁式（Cannon-Manning，即 CM 式）或改进坎培式（Modified Koppers，即 MK 式）毛细管测定。AI 式毛细管的形状见图 8-49，型号和尺寸见表 8-24。

（2）温度计：50~100℃，分度为 0.03℃，不得大于 0.1℃。

（3）恒温水槽：硬玻璃制，其高度需使黏度计置入时，最高一条时间标线在液面下至少为

20mm，内设有加热和温度自动控制器，能使水温保持在试验温度 ±0.1℃，并有搅拌器及夹持设备。水槽中不同位置的温度差不得大于 ±0.1℃。保温装置的控温精密度宜达到 ±0.03℃。

真空减压毛细管黏度计（AI 式）尺寸和动力黏度范围　　表 8-24

型　号	毛细管半径（mm）	大致标定系数，40kPa 真空（Pa·s/s）			黏度范围（Pa·s）
		管 B	管 C	管 D	
25	0.125	0.2	0.1	0.07	4.2～80
50	0.25	0.8	0.4	0.3	18～320
100	0.50	3.2	1.6	1	60～1280
200	1.0	12.8	6.4	4	240～5200
400	2.0	50	25	16	960～20000
400R	2.0	50	25	16	960～140000
800R	4.0	200	100	64	3800～580000

（4）真空减压系统：应能使真空度达到40kPa ±66.5Pa（300mmHg ±0.5mmHg）的压力，全部装置简要示意如图 8-50。各连接处不得漏气，以保证密闭，在开启毛细管减压阀进行测定时，应不产生水银柱降低情况。在开口端连接水银压力计，可读至 133Pa（1mmHg）的刻度，用真空泵或吸气泵抽真空。

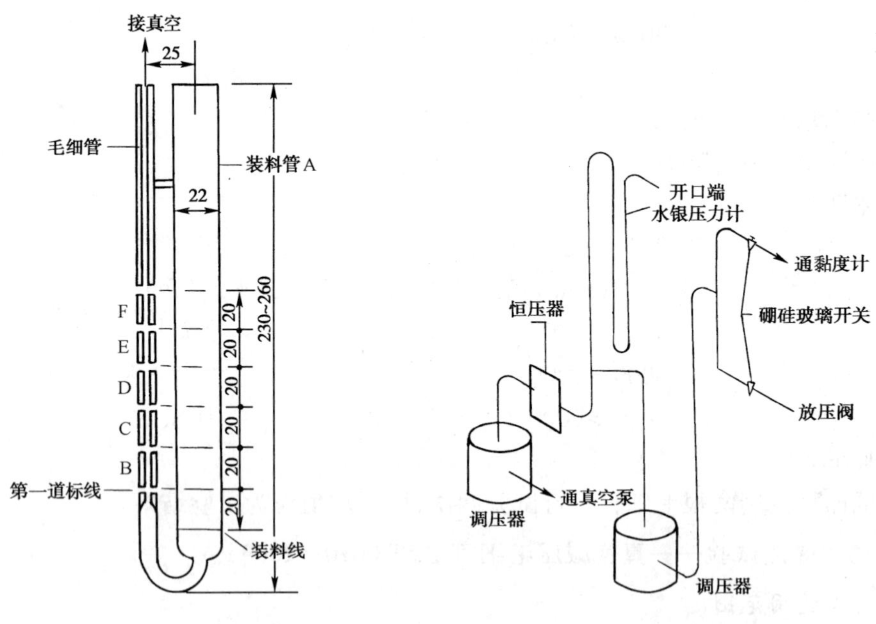

图 8-49　真空减压毛细管黏度计　　图 8-50　真空减压系统装置

（5）秒表：2 个，分度 0.1s，总量程 15min 的误差不大于 ±0.05%。

（6）烘箱：有自动温度控制器。

（7）溶剂：三氯乙烯（化学纯）等。

（8）其他：洗液、蒸馏水等。

3. 准备工作

（1）估计试样的黏度，根据试样流经规定体积的时间在 60s 以上，来选择真空毛细管黏度计的型号。

(2)将真空毛细管黏度计用三氯乙烯等溶剂洗涤干净。如黏度计粘有油污,可用洗液、蒸馏水等仔细洗涤。洗涤后置烘箱中烘干或用通过棉花的热空气吹干。

(3)按沥青试样准备方法准备沥青试样,将脱水过筛的试样仔细加热至充分流动状态。在加热时,予以适当搅拌,以保证加热均匀。然后将试样倾入另一个便于灌入毛细管的小盛样器中,数量约为50mL,并用盖盖好。

(4)将水槽加热,并调节恒温在60℃ ±0.1℃范围之内,温度计应预先校验。

(5)将选用的真空毛细管黏度计和试样置烘箱(135℃ ±5℃)中加热30min。

4. 试验步骤

(1)将加热的黏度计置一个容器中,然后将热沥青试样自装料管A注入毛细管黏度计,试样应不致粘在管壁上,并使试样液面在E标线处±2mm之内。

(2)将装好试样的毛细管黏度计放回电烘箱(135℃ ±5.5℃)中,保温10min±2min,以使管中试样所产生气泡逸出。

(3)从烘箱中取出3支毛细管黏度计,在室温条件下冷却2min后,安装在保持试验温度的恒温水槽中,其位置应使I标线在水槽液面以下至少为20mm。自烘箱中取出黏度计,至装好放入恒温水槽的操作时间应控制在5min之内。

(4)将真空系统与黏度计连接,关闭活塞或阀门。

(5)开动真空泵或抽气泵,使真空度达到40kPa(300mmHg±0.5mmHg)。

(6)黏度计在恒温水槽中保持30min后,打开连接减压系统阀门,当试样吸到第一标线时同时开动两个秒表,测定通过连续的一对标线间隔时间,准确至0.1s,记录第一个超过60s的标线符号及间隔时间。

(7)按此方法对另两支黏度计做平行试验。

(8)试验结束后,从恒温水槽中取出毛细管,按下列顺序进行清洗:

①将毛细管倒置于适当大小的烧杯中,放入预热至135℃的烘箱中约0.5~1h,使毛细管中的沥青充分流出,但时间不能太长,以免沥青烘焦附在管中。

②从烘箱中取出烧杯及毛细管,迅速用洁净棉纱轻轻地把毛细管口周围的沥青擦净。

③从试样管口注入三氯乙烯溶剂,然后用吸耳球对准毛细管上口抽吸,沥青渐渐被溶解,从毛细管口吸出,进入吸耳球,反复几次。直至注入的三氯乙烯抽出时为清澈透明为止,最后用蒸馏水洗净、烘干、收藏备用。

5. 结果整理

沥青试样的动力黏度按式(8-49)计算。

$$\eta = K \times t \tag{8-49}$$

式中:η——沥青试样在测定温度下的动力黏度(Pa·s);

K——选择的第一对超过60s的一对标线间的黏度计常数(Pa·s/s);

t——通过第一对超过60s标线的时间间隔(s)。

6. 精密度或允许差

重复性试验的允许差为平均值的7%;复现性试验的允许差为平均值的10%。

7. 试验报告

一次试验的3支黏度计平行试验结果的误差应不大于平均值的7%;否则,应重新试验。符合此要求时,取3支黏度计测定结果的平均值作为沥青动力黏度的测定值。

(三)标准黏度试验——道路沥青标准黏度计法(T 0621—1993)

1. 目的和适用范围

本方法采用道路沥青标准黏度计测定液体石油沥青、煤沥青、乳化沥青等材料流动状态时的黏度。本法测定的黏度应注明温度及流孔孔径,以 $C_{t,d}$ 表示(t 为试验温度,℃;d 为孔径,mm)。

2. 仪具与材料

(1)道路沥青标准黏度计:形状及尺寸如图 8-51,由下列部分组成:

①水槽:环槽形,内径 160mm,深 100mm,中央有一圆井,井壁与水槽之间距离不少于 55mm。环槽中存放保温用液体(水或油),上下方各设有一流水管。水槽下装有可以调节高低的三脚架,架上有一圆盘承托水槽,水槽底离试验台面约 200mm。水槽控温精密度 ±0.2℃。

②盛样管:形状及尺寸如图 8-52,管体为黄铜而带流孔的底板为磷青铜制成。盛样管的流孔 d 有 3mm ±0.025mm、4mm ±0.025mm、5mm ±0.025mm 和 10mm ±0.025mm 四种。根据试验需要,选择盛样管流孔的孔径。

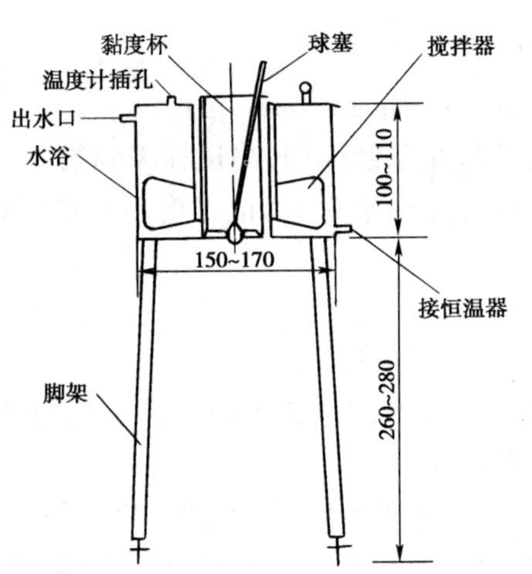

图 8-51 沥青黏度计(尺寸单位:mm)

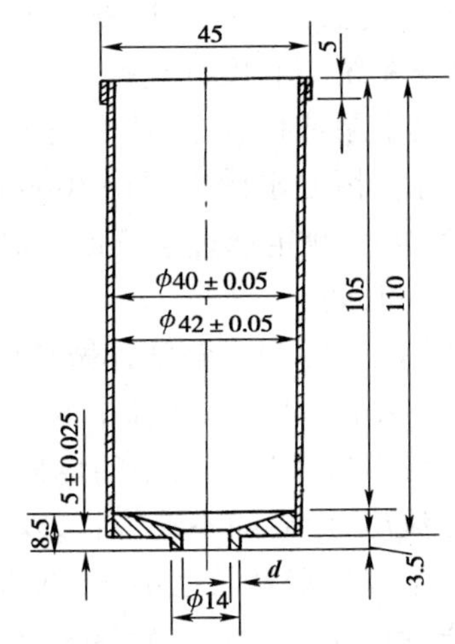

图 8-52 盛样管(尺寸单位:mm)

注:d 为流孔直径。

③球塞:用以堵塞流孔,形状尺寸如图 8-53,杆上有一标记。球塞直径 12.7mm ±0.05mm 的标记高为 92mm ±0.25mm,用以指示 10mm 盛样管内试样的高度,球塞直径 6.35mm ±0.05mm的标记高为 90.3mm ±0.25mm,用以指示其他盛样管内试样的高度。

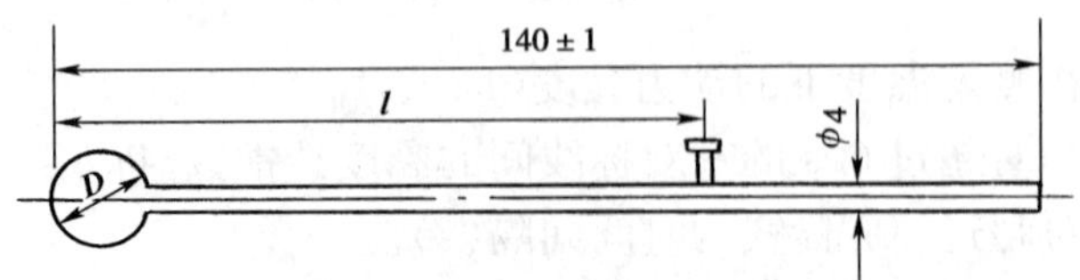

图 8-53 球塞(尺寸单位:mm)

④水槽盖:盖的中央有套筒,可套在水槽的圆井上,下附有搅拌叶,盖上有一把手,转动把手时可借搅拌叶调匀水槽内水温。盖上还有一插孔,可放置温度计。

⑤温度计:分度为 0.1℃。

⑥接受瓶：开口，圆柱形玻璃容器，100mL，在 25mL、50mL、75mL、100mL 处有刻度；也可采用 100mL 量筒。

⑦流孔检查棒：磷青铜制，长 100mm，检查 4mm 和 10mm 流孔及检查 3mm 和 5mm 流孔各一支，检查段位于两端，长度不少于 10mm，直径按流孔下限尺寸制造。

(2)秒表：分度 0.1s。

(3)循环恒温水槽。

(4)肥皂水或矿物油。

(5)其他：加热炉、大蒸发皿等。

3. 准备工作

(1)按 T 0602 准备沥青试样，根据沥青材料的种类和稠度，选择需要流孔孔径的盛样管，置水槽圆井中。用规定的球塞堵好流孔，流孔下放蒸发皿，以备接受不慎流出的试样。除 10mm 流孔采用直径12.7mm球塞外，其余流孔均采用直径为 6.35mm 的球塞。

(2)根据试验温度需要，调整恒温水槽的水温为试验温度 ±0.1℃，并将其进出口与黏度计水槽的进出口用胶管接妥，使热水流进行正常循环。

4. 试验步骤

(1)将试样加热至比试验温度高 2～3℃(如试验温度低于室温时，试样须冷却至比试验温度低 2～3℃)时注入盛样管，其数量以液面到达球塞杆垂直时杆上的标记为准。

(2)试样在水槽中保持试验温度至少 30min，用温度计轻轻搅拌试样，测量试样的温度为试验温度 ±0.1℃时，调整试样液面至球塞杆的标记处，再继续保温 1～3min。

(3)将流孔下蒸发皿移去，放置接受瓶或量筒，使其中心正对流孔。接受瓶或量筒可预先注入肥皂水或矿物油 25mL，以利洗涤及读数准确。

(4)提起球塞，借标记悬挂在试样管边上，待试样流入接受瓶或量筒达 25mL(量筒刻度 50mL)时，按动秒表，待试样流出 75mL(量筒刻度 100mL)时，按停秒表。

(5)记取试样流出 50mL 所经过的时间，以 s 计，即为试样的黏度。

5. 精密度或允许差

重复性试验的允许差为平均值的 4%。

6. 试验报告

同一试样至少平行试验两次，当两次测定的差值不大于平均值的 4% 时，取其平均值的整数作为试验结果。

(四)赛波特黏度试验——赛波特重质油黏度计法(T 0623—1993)

1. 目的和适用范围

本方法采用赛波特重质油黏度计测定较高温度时的黏稠石油沥青、乳化沥青、液体石油沥青等的条件黏度，并用于确定沥青的施工温度。通常情况下，黏稠石油沥青的测定温度为 120～180℃，乳化沥青及液体石油沥青的标准试验温度为 25℃及 50℃。

2. 仪具与材料

(1)赛波特重质油黏度计：形状及尺寸如图 8-54，由下列各部分组成：

①保温槽：耐腐蚀金属制，圆筒形。

②试样接受瓶：耐热玻璃制，形状及尺寸如图 8-55，其刻线下的容积在 20 ℃时为 60mL ± 0.05mL。

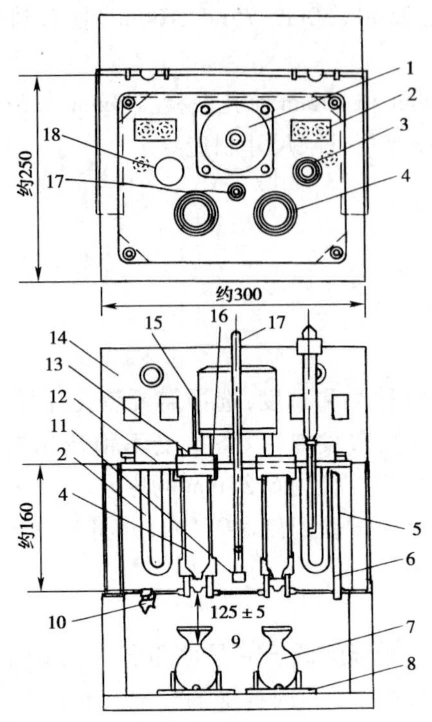

图 8-54　赛波特重质油黏度计(双管式)(尺寸单位:mm)

1-电动机;2-电热器;3-温度调节器;4-试料管;5-恒温槽;6-溢流口;7-试样接受瓶;8-试样瓶台;9-软木塞;10-保温液排出口;11-搅拌器;12-支架;13-温度计夹具;14-配电盘;15-试样温度计;16-替换胶圈;17-温度计;18-保温液注入口

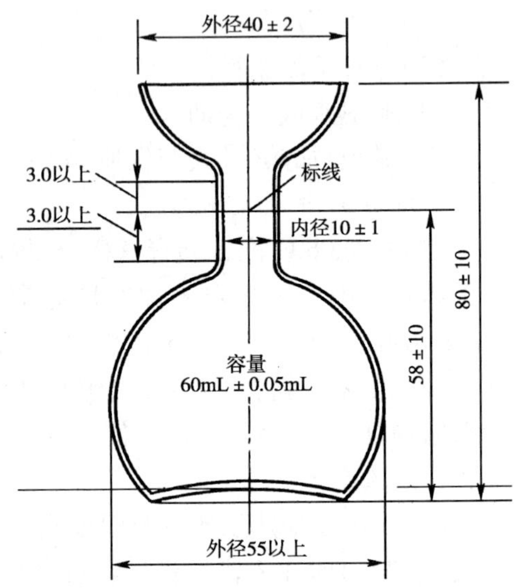

图 8-55　试样接受瓶(尺寸单位:mm)

③盛样管:形状及尺寸如图 8-56,管上有金属盖,直径为 56mm,厚为 7mm,盖上有孔,以备插入温度计。

④温度计:0~30℃、0~50℃,分度 0.1℃;0~100℃、0~200℃、0~300℃,分度 1℃。

⑤软木塞:底部设有拉手环。

(2)标准黏度油:附有标定用的标准流出时间(s)。

(3)滤筛网:0.15mm。

(4)秒表:分度 0.1s。

(5)其他:二甲苯、润滑油、沥青熔化锅、加热炉、烘箱等。

3. 准备工作

(1)将盛样管及流孔用二甲苯等溶剂洗净、干燥。

(2)按 T 0602 准备沥青试样。用一容器取试样约 450g,将其缓慢加热,不断搅匀(最后的 30℃温度内搅拌不能停止),加热至规定的试验温度以上 10~15℃。试样只允许加热使用一次,不允许重复加热测定。

(3)将保温槽的水或油加热,并保持规定的试验温度。当温度高于 80℃时,必须使用耐高温的汽缸油或导热油、硅油等。

(4)黏度计的标定:黏度计使用不多于 3 年即需重新标定一次。标定方法如下:

①在 50℃检验赛波特重质油黏度计所测定的黏度。

②如用黏度计所测定标准黏度油的流出时间(不少于 90s)与黏度计说明书所提供的标

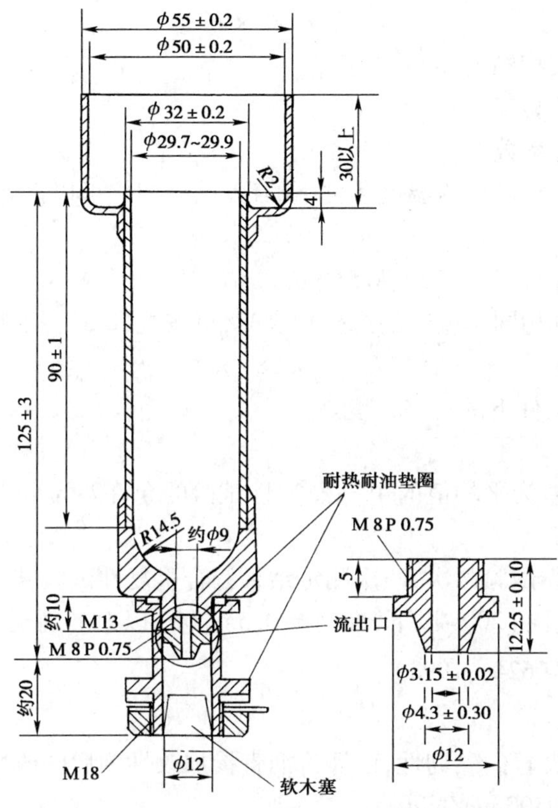

图 8-56　盛样管(尺寸单位:mm)

准流出时间差异在 0.2% 以上时,则测定的时间应按式(8-50)计算的标定系数进行修正;当误差超过 1% 时,仪器不得使用。

$$F = \frac{t_s}{t} \tag{8-50}$$

式中:F——标定系数;

t_s——黏度计提供的标准流出时间(s);

t——相同的标准黏度油在 50℃ 的实际流出时间(s)。

4. 试验步骤

(1)将软木塞塞紧盛样管底部空腔,深 6.5～9.5mm,其松紧程度既要使试样不致从流孔中流出,还要易于拉出软木塞。然后,将接受瓶置于流孔的下方,且使流孔正对着接受瓶的中心。

(2)将试样用 0.15mm 筛网过筛,并注入盛样管中,其数量以液面达到盛样管上的标线为准,盖上管盖。

(3)用插入管中的温度计水平搅拌试样,但不得碰到盛样管,搅拌速度 30～50r/min,使试样达到规定试验温度 ±0.1℃保持 1min。

(4)立即取出温度计、管盖,拔掉堵塞盛样管底部的软木塞,同时按动秒表,使试样流入接受瓶。至试样达到接受瓶的 60mL 标线处,再按停秒表,记取时间,准确至 0.1s。

5. 结果整理

(1)沥青的赛波特黏度按式(8-51)计算。

$$V_s = V_1 \times F \quad (8\text{-}51)$$

式中：V_s——试样的赛波特黏度（s）；

V_1——试样测定的黏度（s）；

F——黏度计标定系数。

（2）欲求取石油沥青相同试验温度条件下的运动黏度时，可以按式（8-52）换算得到：

$$\eta_s = 2.12 \times V_s \quad (8\text{-}52)$$

式中：η_s——测定温度条件下的运动黏度（mm^2/s）。

（3）欲求取乳化沥青相同温度时的恩格拉度时，可按式（8-53）换算得到：

$$E_v = 0.280 \times V_s \quad (8\text{-}53)$$

式中：E_v——测定温度条件下的恩格拉度。

6. 精密度或允许差

重复性试验的允许差为平均值的4%；复现性试验的允许差为平均值的6%。

7. 试验报告

同一种试样至少平行试验两次，两次测定结果符合重复性试验精密度要求时，取其平均值作为试验结果。试样黏度在200s以下，准确至0.5s；200s以上准确至1s。

（五）黏韧性试验（T 0624—1993）

1. 目的和适用范围

本方法适用于测定沥青的黏韧性，以评价沥青掺加改性剂后的改性效果。非经注明，试验温度为25℃，拉伸速率为500mm/min。

2. 仪具与材料

（1）黏韧性试验器：3套，形状及尺寸如图8-57所示，由不锈钢或铜制成。它由下列部分组成：

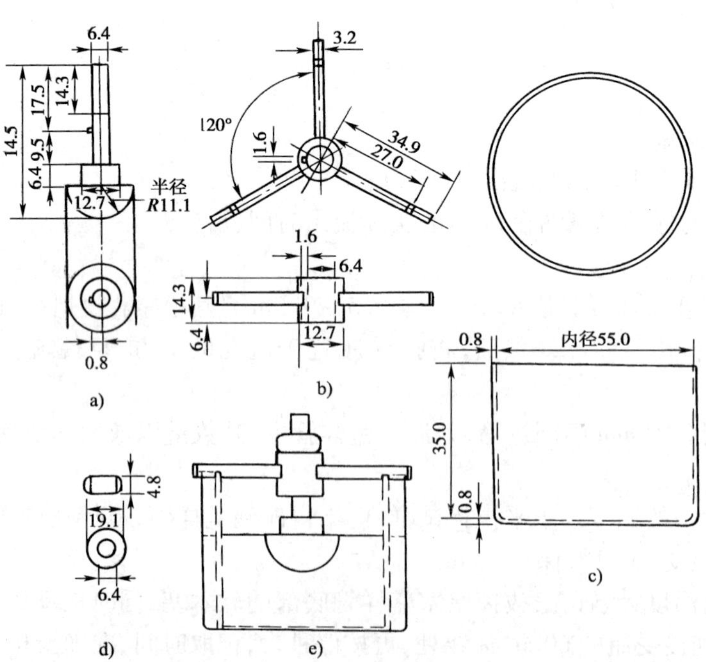

图8-57 黏韧性试验器（尺寸单位：mm）

a）拉伸半球销头；b）定位支架；c）试样容器；b）定位螺母；e）组装图

①拉伸半球圆头：半径11.1mm，表面粗糙度应达Ra 3.2μm，上有连接螺杆，用以安装定位螺母，并与拉伸试验机上夹具连接，连接杆上有定位销钉。

②定位螺母：拧在连接杆上。

③定位支架：由一中孔套筒及与其相接的三根支杆组成，支杆在半径27mm处有刻槽。支架通过定位销固定拉伸半球圆头位置。

④试样器：金属制内径55mm，深35mm。

(2)恒温水槽：能控制恒温25℃ ±0.1℃，内有多孔的安放试样器的架子。

(3)温度计：0～50℃，分度为0.1℃。

(4)拉伸试验机：能以500mm/min速率等速拉伸，最大加载能力为1kN，拉伸变形及荷载能同时由记录仪记录绘成曲线，试验机备有固定黏韧性试验器的上下夹具。

(5)烘箱：装有温度控制器。

(6)天平：感量不大于1g及不大于1mg两种。

(7)其他：三氯乙烯等。

3. 准备工作

(1)准备沥青试样，当试验改性沥青时，改性剂的加入应根据要求的方法操作并搅拌均匀。

(2)将试样容器放入60～80℃烘箱中，预热1h。

(3)用三氯乙烯溶剂擦净拉伸半球圆头，装入定位支架中干燥待用，将热沥青试样逐渐注入预热的试样容器中，质量为50g ±1g，注意试样中不得混入气泡。

(4)迅速将拉伸半球圆头浸入沥青试样中，定位支架架在试样容器上方，用定位螺母压紧固定，使半球圆头上面恰好与沥青试样齐平，在室温下静置1～1.5h，此时试样稍有收缩，适当调整定位螺母，使半球圆头高度保持与沥青上表面齐平。

(5)将安装好的黏韧性试验器连同试样一起置入温度为25℃ ±0.1℃的恒温水槽中的架子上保温1～1.5h。

4. 试验步骤

(1)将黏韧性试验器从恒温水槽中取出，倒掉沥青面上的水，迅速将试验器的上连接杆及试样器安装到拉伸试验机的上下压头夹具间。注意安装时不得使半球圆头与沥青的相对位置产生扰动。

(2)调整好记录仪及试验机，记录仪以Y轴表示荷载，X轴表示时间。立即以500mm/min的速率开始拉伸，拉至300mm时结束，此时记录仪记录荷载及拉伸时间，拉伸变形由拉伸速度与X轴记录的拉伸时间求取，如图8-58所示。为使记录曲线清晰，记录仪时间轴的走纸速度可选用500mm/min或1000mm/min。

(3)黏韧性试验器从恒温水槽中取出到试验结束的时间不能超过1min。

5. 结果整理

(1)在图8-58的荷重变形曲线上将曲线BC下降的直线部分延长至E，用虚线表示。

(2)分别量取曲线$ABCE$及$CDFE$所

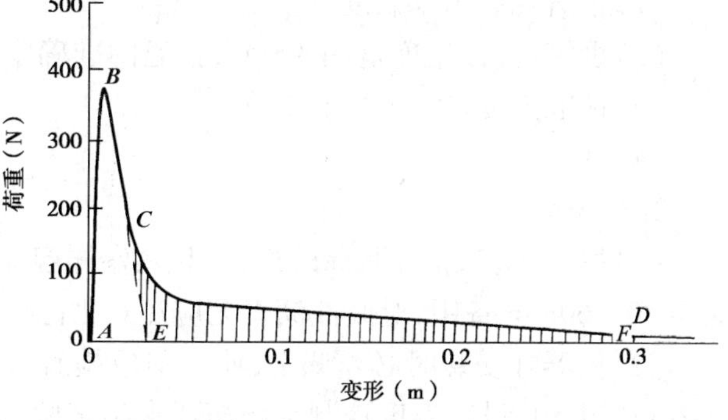

图8-58　黏韧性试验荷重—变形曲线

包围的面积,记作 A_1 及 A_2。面积可以用求积仪或数记录纸方格数求算,也可由记录纸张的质量比例法求出,此时用剪刀剪下 *ABCE* 及 *CDFE*,分别称取质量 m_1、m_2,准确至 1mg,再由已知面积的记录纸称取单位面积的记录纸质量 m_0,并按式(8-54)及式(8-55)求得到曲线面积 A_1、A_2。

$$A_1 = \frac{m_1}{m_0} \tag{8-54}$$

$$A_2 = \frac{m_2}{m_0} \tag{8-55}$$

式中:A_1——曲线 *ABCE* 的面积(N·m);

A_2——曲线 *CDFE* 的面积(N·m);

m_0——单位面积记录纸质量[g/(N·m)];

m_1——*ABCE* 部分记录纸质量(g);

m_2——*CDFE* 部分记录纸质量(g)。

(3)试样的黏韧性及韧性按式(8-56)及式(8-57)计算。

$$T_0 = A_1 + A_2 \tag{8-56}$$

$$T_e = A_2 \tag{8-57}$$

式中:T_0——沥青的黏韧性(N·m);

T_e——沥青的韧性(N·m)。

6. 试验报告

同一试样至少进行 3 次平行试验,当最大值或最小值与平均值之差不超过 3 倍标准差时,取平均值作为试验结果,准确至 1 位小数。

(六)布氏旋转黏度试验——布洛克菲尔德黏度计法(T 0625—2000)

1. 目的和适用范围

(1)本方法适用于布洛克菲尔德黏度计(Brookfield,简称布氏黏度计)旋转法测定道路沥青在 45℃以上温度范围内的表观黏度,以帕斯卡秒(Pa·s)计。

(2)由本方法测定的不同温度的黏度曲线,用于确定各种沥青混合料的施工温度。

2. 仪具与材料

(1)布洛克菲尔德黏度计。

(2)烘箱:标称温度范围 300℃,控温的准确度为 1℃。

(3)标准温度计,分度为 0.1℃。

(4)秒表。

3. 试验步骤

(1)按 T 0602 准备沥青试样,分装在盛样容器中,在烘箱中加热至软化点以上 100℃左右保温 30~60min 备用,对改性沥青尤应注意去除气泡。

(2)仪器在安装时必须调平,使用前应检查仪器的水准器气泡是否对中。开启黏度计温度控制器电源,设定温度控制系统至要求的试验温度。此系统的控温准确度应在使用前严格标定。

(3)根据估计的沥青黏度,不同型号的转子所适用的速率和黏度范围,选择适宜的转子。

(4)取出沥青盛样容器,适当搅拌,按转子型号所要求的体积向黏度计的盛样筒中添加沥青试样,根据试样的密度换算成质量。加入沥青试样后的液面应符合不同型号转子的规定要求,试样体积应与系统标定时的标准体积一致。

(5)将转子与盛样筒一起置于已控温至试验温度的烘箱中保温,维持1.5h。若试验温度较低时,可将盛样筒试样适当放冷至稍低于试验温度后再放入烘箱中保温。

(6)取出转子和盛样筒安装在黏度计上,降低黏度计,使转子插进盛样筒的沥青液面中,至规定的高度。

(7)使沥青试样在恒温容器中保温,达到试验所需的平衡温度(不少于15min)。

(8)按仪器说明书的要求选择转子速率。开动布洛克菲尔德黏度计,观察读数,扭矩读数应在10%~98%范围内。在整个测量黏度过程中,不能改变设定的转速,改变剪变率。

(9)待读数稍事稳定后,在每个试验温度下,每隔60s读数一次,连续读数3次。

(10)对每个要求的试验温度,重复以上过程进行试验。试验温度宜从低到高进行,盛样筒和转子的恒温时间应不小于1.5h。

(11)如果在试验温度下的扭矩读数不在10%~98%的范围内,必须更换转子或降低转子转速后重新试验。

(12)利用布洛克菲尔德黏度计测定的不同温度的表观黏度,通常以60℃、135℃及175℃测定的表观黏度为准,绘制黏温曲线。

4. 结果整理

(1)布洛克菲尔德黏度计的显示面板上一般都具有直接显示黏度、扭矩、剪切应力、剪变率、转速和试验温度等项目的功能,可直接根据需要记录数据,并以3次读数的平均值作为测定值。

(2)当黏度计不能直接显示读数装置,可按仪器厂家提供的仪器常数进行计算,或按式(8-58)计算沥青在该测定温度条件下的表观黏度。

$$\eta_a = k_n \times \theta \tag{8-58}$$

式中:η_a——沥青在测定温度条件下的表观黏度(Pa·s);

k_n——布洛克菲尔德仪器常数,由厂家按型号提供;

θ——3次黏度计读数的平均值。

(3)将在不同温度条件下测定的黏度,绘于图8-59所示的黏温曲线中,确定沥青混合料的施工温度。当使用石油沥青时,宜以黏度为0.17Pa·s±0.02Pa·s时的温度作为拌和温度范围;以0.28Pa·s±0.02Pa·s时的温度作为压实成型温度范围。

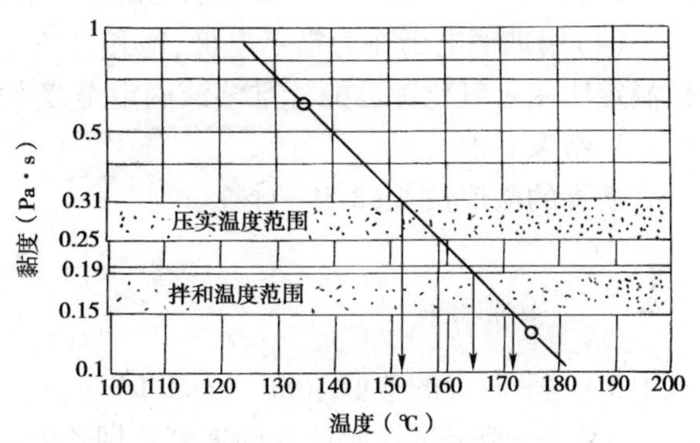

图8-59 由沥青结合料的黏温曲线确定施工温度

5. 精密度或允许差

重复性试验的允许差为平均值的3.5%;复现性试验的允许差为平均值的14.5%。

6. 试验报告

(1)报告试验温度、转子的型号和速度。

(2)绘制黏温曲线,给出推荐的拌和及压实施工温度范围。

十八、沥青酸值测定方法(T 0626—2000)

1. 目的和适用范围

本方法适用于测定道路石油沥青的酸值。

2. 仪具与材料

(1)氢氧化钾乙醇标准溶液:0.1mol/L。

(2)盐酸标准溶液:0.1mol/L。

(3)无水乙醇:化学纯。

(4)苯:化学纯。

(5)圆底烧瓶:带标准磨口。

(6)球形回流冷凝器:40cm,具有与烧瓶相配合的标准磨口。

(7)恒温水槽。

(8)玻璃电极。

(9)饱和甘汞电极。

(10)其他:烧杯、容量瓶、100mL 移液管。

3. 准备工作

(1)氢氧化钾乙醇标准溶液的配制

取5.6g 氢氧化钾于洁净的烧杯中,用少量的无水乙醇溶解并转移至1L 容量瓶中,反复用乙醇洗涤烧杯内的残余氢氧化钾,一并移至容量瓶中,最后用无水乙醇稀释至要求刻度,得到浓度约为0.1mol/L 的氢氧化钾乙醇标准溶液。

(2)氢氧化钾乙醇标准溶液的标定

用浓度为0.1mol/L 的标准盐酸溶液,按常规无机化学或分析化学中关于溶液配制及酸碱滴定的方法,对氢氧化钾乙醇标准溶液进行滴定,测定其准确的浓度,准确至0.00001mol/L。

4. 试验步骤

(1)按 T 0602 准备沥青试样。取沥青 3 ~ 5g,称量,精确至 0.0001g,置于 250mL 圆底烧瓶中。

(2)按每克沥青加 5mL 苯的用量加入 15 ~25mL 苯,在温度 65℃ ±5℃的恒温水槽锅内回流半小时。

(3)在沥青中加入 100mL 无水乙醇,密封静置过夜。

(4)用玻璃电极作为指示电极,饱和甘汞电极作为参考电极,按照分析化学的方法采用电位滴定法用氢氧化钾乙醇标准溶液滴定至终点。

5. 结果整理

沥青的酸值按式(8-59)计算。

$$A = \frac{56.1 \times (V - V_0) \times C}{m} \tag{8-59}$$

式中:A——沥青的酸值[(mL · mol/L)/g];

V——滴定试样所消耗的氢氧化钾乙醇标准溶液的体积(mL);

V_0——滴定空白试样消耗氢氧化钾乙醇标准溶液的体积(mL);

C——氢氧化钾乙醇标准溶液浓度(mol/L);

m——沥青用量(g)。

十九、沥青浮漂度试验(T 0631—1993)

1. 目的和适用范围

(1)非经注明,液体石油沥青蒸馏后,残留物的试验温度为50℃,煤沥青试验温度为32℃或50℃。

(2)本方法适用于测定慢凝液体石油沥青蒸馏后残留物、煤沥青等材料的浮漂度。

2. 仪具与材料

(1)浮漂仪:由铝或铝合金浮碟与铜管组成,其形状及尺寸如图8-60。浮碟壁厚1.4mm ±0.1mm,控制质量为37.9g ±0.2g;铜管壁厚为1.4mm ±0.1mm,控制质量为9.8g ±0.2g。铜管的螺丝部分,拧入浮碟的底孔后,应密封不漏水。带有试样的铜管与浮碟的总质量为53.2g,浮置水面上后,碟的边缘距水面应为8.5mm ±1.5mm。

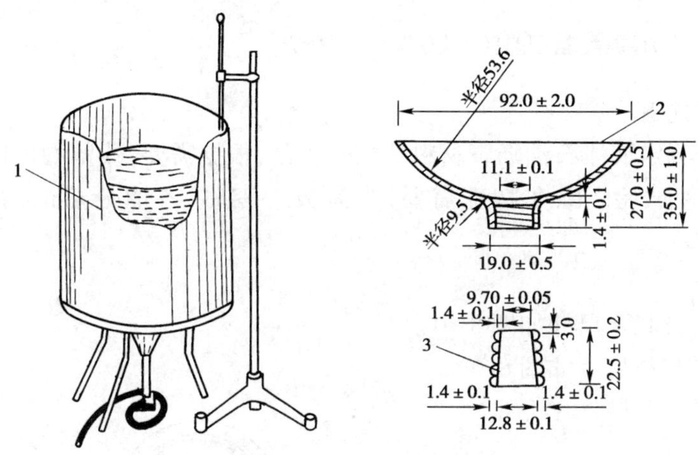

图8-60　浮漂仪(尺寸单位:mm)

1-水槽;2-浮碟;3-铜管

(2)水槽:直径不小于185mm,注水深度不小于185mm,水面距水槽上口至少100mm。

(3)水槽:能保持水温5℃ ±1℃。

(4)温度计:0 ~100℃,分度为1℃;0 ~30℃,分度为0.5℃。

(5)可以调节的加热炉。

(6)甘油滑石粉隔离剂:甘油与滑石粉的比例为2:1(质量比)。

(7)铜板或玻璃板。

(8)秒表:分度0.1s。

(9)其他:刮刀、冰或冰箱、酒精灯等。

3. 准备工作

(1)在铜板或玻璃板上涂以薄层甘油滑石粉隔离剂,并将铜管较小一端向下置于板上。

(2)按T 0602 准备沥青试样后注满铜管,并高出管面为止。

(3)将保温水槽用冰调节成水温5℃ ±1℃。

(4)将沥青试样在室温下冷却约15 ~60min 后,连底板置于水温为5℃ ±1℃的水槽中

5min。煤沥青在试样注入完后可立即置于水温为5℃±1℃的水槽中5min。随后,取出铜管,用热刀刮去凸出的试样,并务使管口齐平,然后再置回5℃水温的水槽中15~30min。

(5)将浮漂仪水槽中的水加热至试验温度,温度计的水银球底应在水面下40mm±2mm。

4. 试验步骤

(1)试样在5℃的水槽中保持15~30min后,将铜管拧紧于浮碟的底孔,再重新置5℃水中1min。

(2)1min后取出浮漂仪,迅速用布拭干碟上的水分,然后置于保持试验规定温度的浮漂仪水槽中,同时按动秒表。

(3)试样受热软化,并被逐渐冲出铜管。当规定温度的水使铜管内试样冲破后浸入浮碟内时,立即按停秒表,并记取时间,准确至s。

5. 试验报告

同一试样至少平行试验两次,当两次试验结果之差值不大于4s时,取平均值作为试验结果。

二十、液体石油沥青蒸馏试验(T 0632—1993)

1. 目的和适用范围

本方法适用于测定液体石油沥青材料的馏分含量,根据需要,残留物可进行针入度、黏度、延度、浮漂度等各种试验。除非特殊需要,当海拔为零时,各馏分蒸馏的标准切换温度为225℃、316℃、360℃。

2. 仪具与材料

(1)蒸馏烧瓶:形状及尺寸如图8-61。

(2)保温罩:形状与尺寸如图8-62。

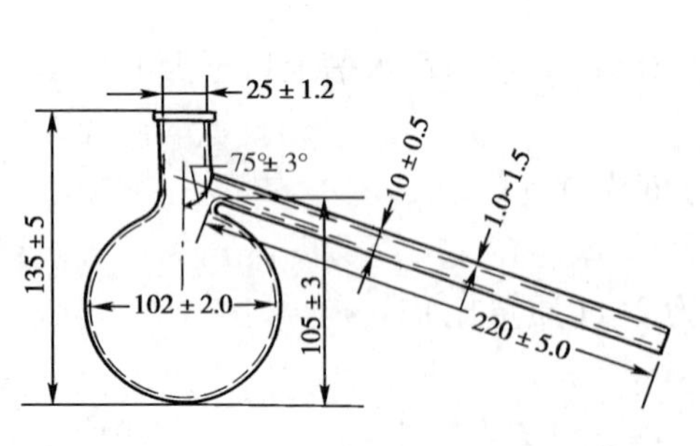

图8-61 蒸馏烧瓶(尺寸单位:mm)

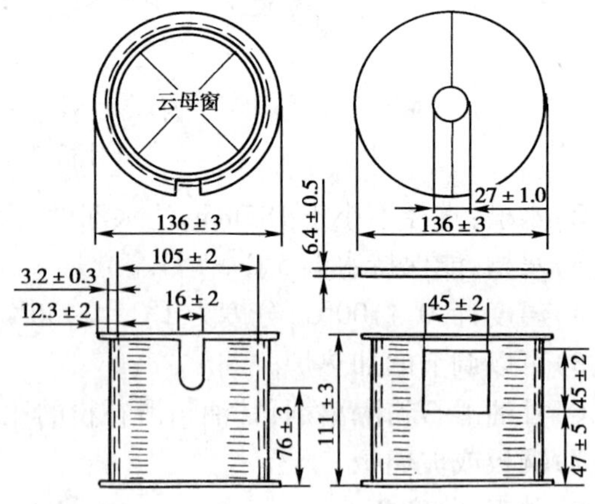

图8-62 保温罩(尺寸单位:mm)

(3)冷凝管。

(4)可调加热炉。

(5)铁架:两个,一个上有铁环,用以支承蒸馏瓶和保温罩;一个上有铁夹,用以夹持冷凝器。

(6)量筒:100mL,刻度0.5mL。

(7)温度计:0~360℃,分度为1℃。

(8)导接管:厚玻璃(约1mm)制,牛角形,弯角约105°,大端内径约18mm,小端内径不小于5mm。

(9)铁丝网。

(10)天平:感量不大于0.1g。

(11)其他:残留物盛样器、软木塞或橡胶塞等。

3. 准备工作

(1)将蒸馏烧瓶、冷凝器、导接管及量筒等洗净、烘干。

(2)将试样加热搅拌均匀后,注入已称质量的蒸馏烧瓶(m_1)内,其质量相当于按密度折算为200mL。当试样含水量超过2%时,则取质量相当于100mL试样。

(3)液体石油沥青蒸馏装置如图8-63。先将两层铁丝网置于铁架的铁环或加热炉具上,并在其上置保温罩。然后,将温度计插入蒸馏烧瓶带孔的木塞中,并用软木塞或橡胶塞塞紧瓶口,须注意温度计插入试样后,其水银球底距蒸馏烧瓶底约6~7mm。温度计装妥后,再将蒸馏烧瓶垂直置于保温罩内,并将保温罩的上盖盖妥。然后,用木塞将蒸馏烧瓶的支管与冷凝管连接,插入部分约25~50mm,但注意勿使两管壁相接触,并使冷凝管与蒸馏烧瓶的轴线平行。然后,在冷凝管的下端用软木塞与导接管连接,其角端伸入量筒中至少25mm,但不得低于100mL的刻度标志。为避免蒸馏出的馏分损失,量筒上可盖一厚纸板或木板,板上穿一洞以备导接管下端通过。仪器全部装妥后,在冷凝管的外套筒接通水源,使水由冷凝管的下端进入,由上端流出。

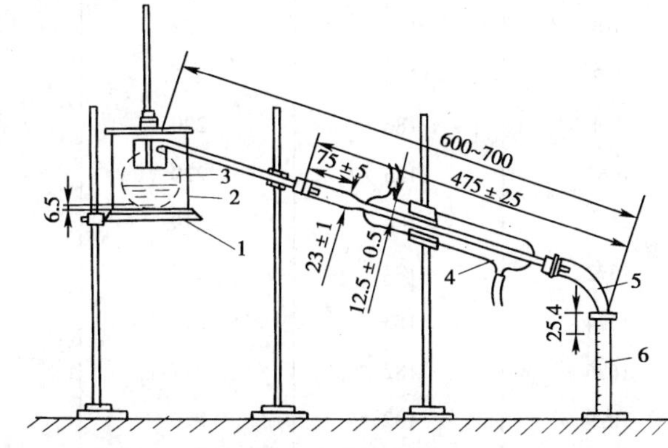

图8-63 液体石油沥青蒸馏装置(尺寸单位:mm)

1-调节加热器;2-蒸馏烧瓶;3-保温罩;4-冷凝管;5-牛角管;6-量筒

4. 试验步骤

(1)将蒸馏烧瓶均匀加热,使第一滴蒸馏液滴出时间不早于5min,亦不迟于15min。以后须调节加热温度使蒸馏速度:260℃前为50~70滴/min,260~316℃为20~70滴/min,316~360℃完成蒸馏时间不超过10min。在加热过程中,如试样起泡沫,蒸馏速度可略降低,但应尽快恢复正常。

注:如蒸馏至316℃时,蒸馏出的馏分数量很少,可保持蒸馏温度上升5℃/min以上。

(2)每当达到规定要求的蒸馏温度如:225℃、316℃和360℃时,立即读记量筒内蒸馏出馏分的体积(V),准确至0.5mL。如蒸馏出的馏分达到100mL,而温度尚未达到最后的温度时,应立即调换另一量筒。

(3)当蒸馏温度达到360℃时,停止加热,移走烧瓶,取走温度计。待蒸馏烧瓶及冷凝管中蒸馏液流入量筒后,立即将残留物摇匀后倾入一容器中,备做其他试验使用。从停止蒸馏至开始倾倒残留物的时间应不超过15s。

(4)根据需要(如仲裁试验等),试验的实际蒸馏切换温度可根据试验室的高程进行修正。通常在海拔150m以上时,温度修正按表8-25进行。也可根据大气压按表8-26进行修正。

高程与温度的换算 表 8-25

高程(m)	实际的蒸馏温度(℃)				
	(1)	(2)	(3)	(4)	(5)
-305	192	227	263	318	362
-152	191	226	261	317	361
0	190	225	260	316	360
152	189	224	259	315	359
305	189	224	258	314	358
457	188	223	258	313	357
610	187	222	257	312	356
762	186	221	256	312	355
914	186	220	255	311	354
1067	185	220	254	310	353
1219	184	219	254	309	352
1372	184	218	253	308	351
1524	183	218	252	307	350
1676	182	217	251	306	349
1829	182	216	250	305	349
1981	181	215	250	305	348
2134	180	215	249	304	347
2286	180	214	248	303	346
2438	179	213	248	302	345

注:本试验使用表中第(2)、(4)、(5)列的温度。

温度的气压修正系数 表 8-26

公称温度(℃)	每1.333kPa(10mmHg)气压差的修正系数(℃)	公称温度(℃)	每1.333kPa(10mmHg)气压差的修正系数(℃)
160	0.514	275	0.650
175	0.531	300	0.680
190	0.549	315.6	0.698
225	0.591	325	0.709
250	0.620	360	0.751
260	0.632		

注:不足101.325kPa(760mmHg)为减,大于101.325kPa(760mmHg)为加。

5.结果整理

(1)各规定蒸馏温度的馏分含量按式(8-60)计算。

$$P_i = \frac{V_i}{(m_2 - m_1)/\rho} \times 100 \tag{8-60}$$

式中:P_i——规定蒸馏温度的馏分含量(体积)(%);

V_i——规定蒸馏温度的馏分体积(mL);

m_1——蒸馏烧瓶质量(g);

m_2——蒸馏烧瓶及试样合计质量(g)；

ρ——试样密度(g/cm^3)。

(2)蒸馏后残留物含量按式(8-61)计算。

$$P_R = \frac{m_R - m_1}{m_2 - m_1} \times 100 \tag{8-61}$$

式中：P_R——蒸馏残留物含量(%)；

m_R——蒸馏烧瓶与残留物合计质量(g)。

6. 精密度或允许差

重复性试验的允许差为平均值的1.0%；复现性试验的允许差对175℃以下馏分为平均值的3.5%，对175℃以上馏分为平均值的2.0%。

7. 试验报告

同一试样至少平行试验两次，取其平均值作为试验结果。

二十一、液体石油沥青闪点试验——泰格开口杯法(T 0633—1993)

1. 目的和适用范围

本方法适用于泰格开口杯(简称TOC)测定闪点低于93℃的液体石油沥青材料的闪点。

2. 仪具与材料

(1)闪点仪：泰格开口杯式，形状及尺寸如图8-64。它由下列部分组成：

①泰格开口杯：耐热玻璃制，壁厚2.4mm±0.4mm，底部有一直径15.9mm、深0.8mm的凹陷，杯的总质量不超过95g，上口尺寸ϕ54.8mm±1.6mm，深47.6mm，杯上口外侧有一突缘，其高度为7.9mm±0.8mm，形状及尺寸见图8-65。

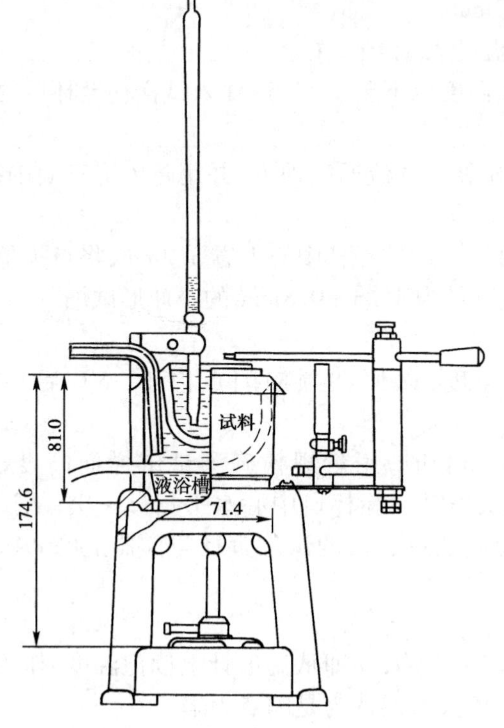

图8-64　闪点仪(尺寸单位：mm)

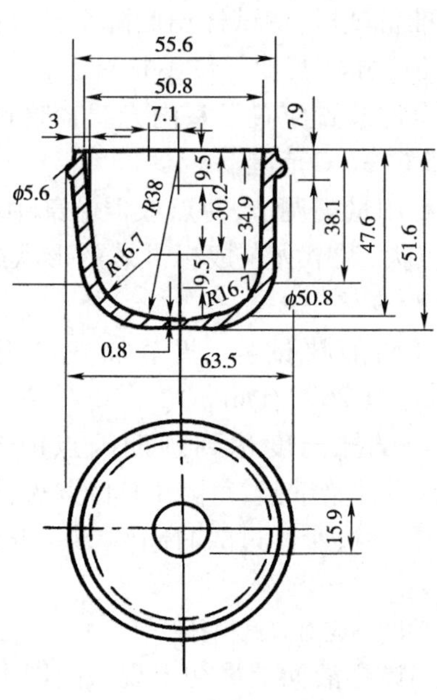

图8-65　泰格开口杯(尺寸单位：mm)

注:在缺乏标准的耐热玻璃制泰格开口杯时,允许用金属坩埚代替。坩埚深 47mm,上口直径 ϕ64mm,下口直径 ϕ38mm,在杯口下方 3.2mm 处有一刻线,但金属坩埚不得用砂浴或其他明火加热,必须支起在保温液浴中受热以保安全。

②量规:如图 8-66 所示,厚度3.2mm,下面有两 个 3.2mm ± 0.25mm的突起,距底部3.2mm 处有两个直径各为ϕ4.0mm及ϕ0.8mm的小孔。

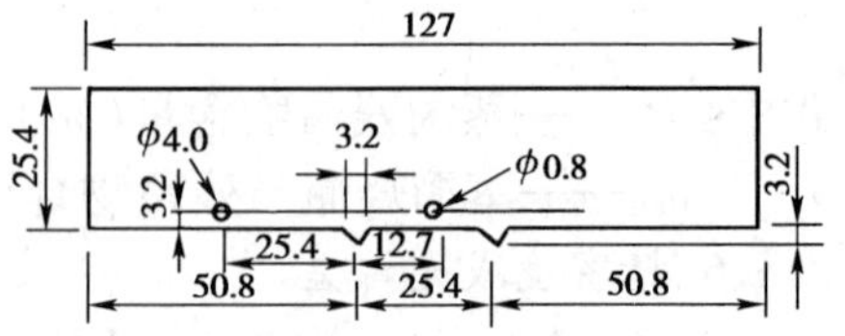

③保温液浴槽:铜制,对闪点低于 79.5℃的可直接用水槽,对闪点高于79.5℃的应采用水与乙二醇 1∶1混合液作介质。

④温度计:分度为 1℃。

图 8-66 量规(尺寸单位:mm)

⑤点火器:金属管制,端部为产生火焰的尖嘴,端部外径约1.6mm,内径为 0.7 ~0.8mm,与可燃气体压力容器(如液化丙烷气或天然气)连接,火焰大小可以调节成与仪器上口的直径 4mm 的小球相仿。点火器可以 152.4mm 半径水平旋转。也可采用电动旋转点火用具,但火焰通过试验杯的时间应为 1.0 s。

⑥铁支架:附有温度计夹及试样杯支架,支脚为高度调节器,使加热顶保持水平。

(2)防风屏:金属薄板制,三面将仪器围住挡风,内壁涂成黑色,高约 600mm。

(3)加热源:附有调节器的 1kW 电炉或燃气炉。根据需要,可以控制加热试样的升温速度为 10℃/min ±1℃/min 或 1℃/min ±0.3℃/min。

(4)秒表:精密度 0.1s,总量程 15min 的误差不大于 ±0.05%。

3. 准备工作

(1)将试样杯用溶剂洗净、烘干,装置于支架上。

(2)安装温度计,位置在与点火器相对一侧,距杯边缘与杯中心等距离约 16mm 处。垂直插入试样杯中,温度计的水银球距杯底约 6.3mm。

(3)调节保温液浴的温度低于预期闪点温度大于 16.5℃。

(4)准备试样,待试样温度降至预计闪点温度以下至少 11℃,注入试样杯至杯口约 3.2mm线处,并使试样杯其他部位不粘有沥青。

(5)全部装置应置于室内光线较暗且无显著空气流通的地方,并用防风屏三面围护,室温宜保持 25℃ ±5℃范围。

(6)利用量规调节,使点火器端部中心恰好通过试样杯中心上方 3.2mm,将点火器转向一侧,试验点火,调节火苗成标准球的形状或成直径为 4mm ±0.8mm 的小球形试焰。

4. 试验步骤

(1)开始加热试样,调节加热器升温速度,以便在预期闪点前 16.5℃后稳定控制在1℃/min ±0.25℃/min。

(2)当试样温度达到预期闪点前 10 ~15℃时,用量规精确测试试样面高度,调整为3.2mm,然后开始试验,每隔 1℃将点火器的试焰沿试验杯口中心水平扫过一次;从试验杯口的一边至另一边所经过的时间约 1s。此时应确认点火器的试焰直径与仪器上的 ϕ4mm 的小球相仿。

注:试验时不应对着试样杯呼气。

(3)当试样液面上最初出现一闪即灭的蓝色火焰,立即从温度计上读记温度,作为试样的闪点,准确至 1℃。注意勿将试焰四周的蓝白色火焰误认为是闪点火焰。

5. 精密度或允许差

重复性试验的允许差为 10℃,复现性试验的允许差为 15℃。

6. 试验报告

对同一试样至少平行试验两次,两次试验的差值不超过10℃时,以平均值为泰格闪点,准确至1℃。

二十二、煤沥青蒸馏试验(T 0641—1993)

1. 目的和适用范围

本方法适用于测定煤沥青的馏分含量。蒸馏的馏分用于焦油酸含量及萘含量测定。根据需要可用于测定蒸馏后残留物的软化点、脆点等性质。除非特殊需要,海拔为零时各馏分蒸馏的标准切换温度为170℃、270℃、300℃。

2. 仪具与材料

(1)蒸馏烧瓶:短颈的黏油类蒸馏瓶,容积250mL,尺寸如图8-67。

(2)保温罩及防护屏:形状及尺寸如图8-68。

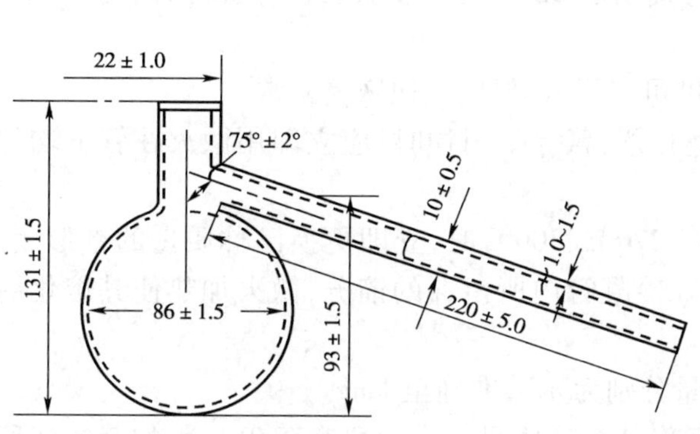

图8-67　蒸馏烧瓶(尺寸单位:mm)

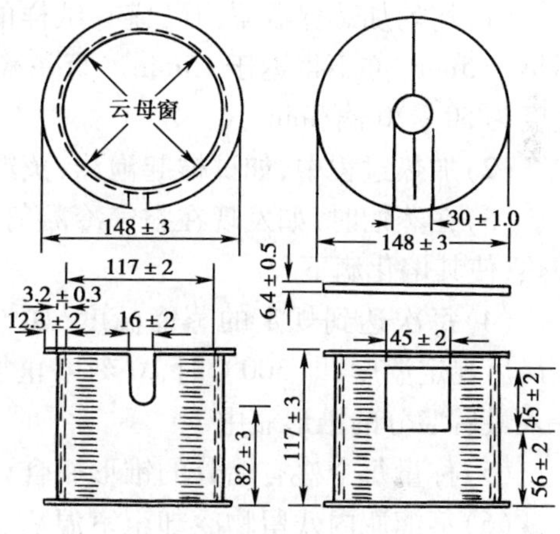

图8-68　保温罩及防护屏(尺寸单位:mm)

(3)冷凝管:形状及尺寸如图8-69。

(4)可调燃气炉或电炉(附电阻调节器)。

(5)铁架:两个,一个上附有铁环,用以支承蒸馏瓶和保温罩;一个附有铁夹子,用以夹持空气冷凝管。

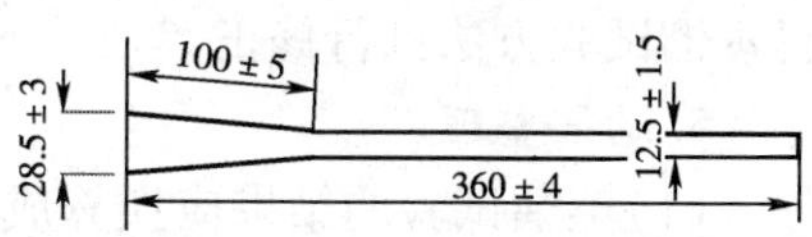

图8-69　冷凝管(尺寸单位:mm)

(6)锥形瓶:3~4个,50mL。

(7)温度计:0~360℃,分度为1℃。

(8)天平:感量不大于0.1g及不大于1mg的天平各1个。

(9)铁丝网。

(10)其他:烘箱、软木塞或橡胶塞等。

3. 准备工作

(1)将蒸馏烧瓶、空气冷凝管、锥形瓶洗净、烘干,并称其质量,3个锥形瓶(编号i为1、2、3)的质量分别为m_i,准确至0.1g。

(2)按T 0602准备试样(注意防止馏分挥发搅拌均匀),注入已称质量的蒸馏烧瓶(m_4)内100g±0.1g,称其合计质量(m_5)。

(3)根据需要,测定试样中的水分含量m_w,准确至0.1g。

(4)蒸馏装置如图8-70。先将两层铁丝网置于电炉或燃气炉铁架上,并在其上置保温罩。

然后，将温度计插入蒸馏烧瓶带孔的软木塞或橡胶塞中，并将软木塞塞紧蒸馏瓶的瓶口，须注意使温度计的水银球上端与蒸馏瓶的支管口下面齐平。将装妥温度计的蒸馏瓶垂直置于保温罩内，并将保温罩的盖盖好。随后将软木塞及蒸馏瓶支管与空气冷凝管相连接，支管插入冷凝管内约 30 ~ 50mm，注意勿使两管壁相接触，并使冷凝管与蒸馏瓶的轴线平行，如用燃气炉加热时，火焰与蒸馏瓶底须相距 5 ~ 7mm。

(5)蒸馏装置装妥后，在冷凝管的下端放置一已称量的锥形瓶，以接收加热后流出的馏分。

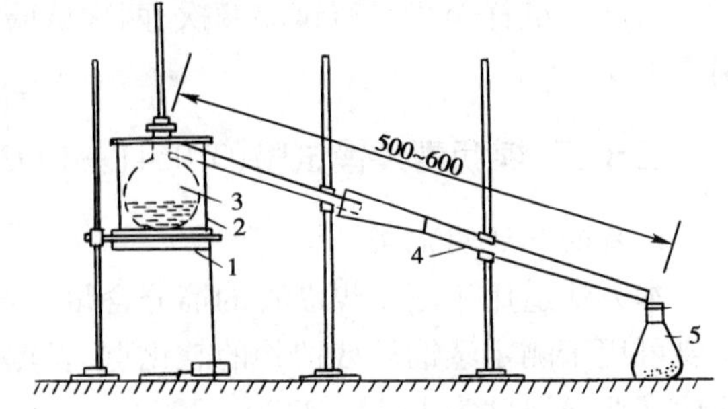

图 8-70 煤沥青蒸馏试验装置(尺寸单位:mm)

1-调节加热器;2-保温罩;3-蒸馏烧瓶;4-冷凝管;5-锥形瓶

4. 试验步骤

(1)均匀加热保温罩内已盛有试样的蒸馏瓶，使第一滴蒸馏出的馏分滴入锥形瓶的时间不早于 5min，亦不得迟于 15min。第一滴馏分馏出后 2min 内调节加热，使蒸馏的馏分馏出的速度为 50 ~ 70 滴/min。

(2)加热过程中，如试样起泡沫，蒸馏速度可略降低，但应尽快恢复正常。

(3)在蒸馏时，如发现在空气冷凝管内壁有萘、蒽等凝固物时，应立即用微火在管下均匀加热，使其熔化滴下。

(4)每次达到规定的蒸馏温度，如 170℃、270℃、300℃时，立即更换已称质量的锥形瓶。在最后规定温度，即 300℃时，立刻停止加热。冷凝管内所留存的馏分，微火加热使其熔化后并入最后馏分的锥形瓶中。

(5)称量每个盛有馏分的锥形瓶合计质量分别为 m'_i，准确至 1mg。

(6)蒸馏瓶内残留物冷却至室温后，取下称其合计质量(m_6)，准确至 0.1g。如蒸馏残留物准备进行其他试验时，应使其冷却至少 5min 以上并趁热将残留物倾出至一容器中备用。

(7)根据需要(如仲裁试验等)，试验时的实际切换温度可根据高程或气压按液体石油沥青蒸馏试验方法进行修正。

5. 结果整理

(1)蒸馏试验的结果应换算成无水分的含量。试样的净质量按式(8-62)计算。

$$m = m_5 - m_4 - m_w \tag{8-62}$$

式中：m——试样的净质量(g)；

m_w——试样中水分含量(g)；

m_4——蒸馏烧瓶质量(g)；

m_5——蒸馏烧瓶与试样合计质量(g)。

(2)各个蒸馏温度的馏分含量按式(8-63)、式(8-64)计算。

170℃前馏分：

$$P_i = \frac{(m'_i - m_i) - m_w}{m} \times 100 \tag{8-63}$$

270℃及 300℃前馏分：

$$P_i = \frac{m'_i - m_i}{m} \times 100 \tag{8-64}$$

式中：P_i——170℃、270℃、300℃各温度前的馏分含量(%)；

m_i——用于各规定馏分的锥形瓶质量(g)，$i=1、2、3$；

m'_i——各规定温度前的馏分质量与相应锥形瓶的合计质量(g)，$i=1、2、3$。

(3)蒸馏后残留物的含量按式(8-65)计算。

$$P_r = \frac{m_6 - m_4}{m} \times 100 \tag{8-65}$$

式中：P_r——蒸馏后残留物含量(%)；

m_6——蒸馏后蒸馏烧瓶及残留物合计质量(g)。

6.精密度或允许差

重复性试验的允许差对170℃前馏分为0.5%，对270℃前馏分为1.0%，对300℃前馏分为1.5%。

7.试验报告

同一试样至少平行试验两次，取其平均值作为试验结果。

二十三、煤沥青焦油酸含量试验(T 0642—1993)

1.目的和适用范围

本方法适用于测定道路用煤沥青的焦油酸含量。

2.仪具与材料

(1)双球测定管：玻璃制，形状及尺寸如图8-71。

(2)铁架：附有铁环，环内径不小于49mm，亦不得大于56mm。

(3)煤沥青蒸馏试验装置：同T 0641煤沥青蒸馏试验。

(4)氢氧化钠溶液：浓度18.3%。

(5)溶剂：三氯乙烯、苯。

(6)蒸馏水。

(7)恒温水槽。

(8)锥形瓶。

(9)其他：洗液等。

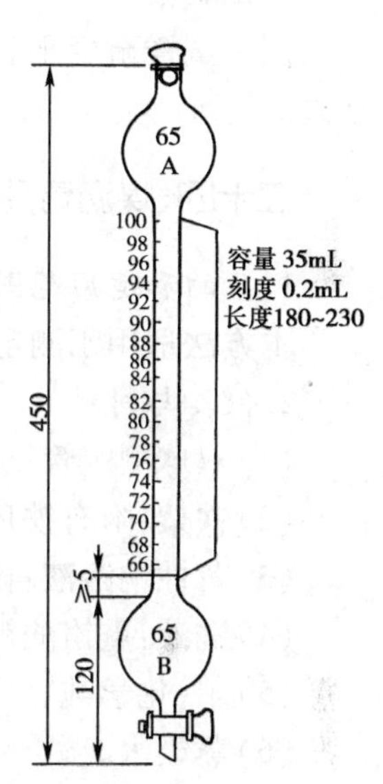

图8-71 双球测定管(尺寸单位：mm)

3.准备工作

(1)用三氯乙烯、洗液、水及蒸馏水先后洗涤双球测定管，再用氢氧化钠溶液摇洗数次。

(2)按照煤沥青蒸馏试验，蒸馏出各种温度范围的馏分，并称其总质量(m)。

4.试验步骤

(1)将盛有蒸馏出馏分的锥形瓶置水槽(60℃)中约20min，使馏分完全熔化。然后，将全部馏分注入双球测定管中，并用苯50mL分次冲洗锥形瓶，洗液并入双球测定管中。

(2)将50mL氢氧化钠溶液(浓度18.3%)注入双球测定管中，并将混合溶液猛烈摇动3min后，将双球测定管置铁架的铁环中静置，使溶液很好地分层。

(3)将分层的下部溶液从双球测定管的旋塞放出，流入一锥形瓶中。

(4)再将氢氧化钠溶液30mL注入双球测定管中，并继续摇动2min后静置。待溶液分层后再将下层溶液放出至盛第一次放出液的锥形瓶中。

(5)将65mL苯(25℃)注入原双球测定管中，使焦油酸在管中摇洗数次。然后将双球测定管静置，待管内液体分层清晰后，准确读记管上刻度值求算焦油酸的体积。

5. 结果整理

试样的焦油酸含量按式(8-66)计算。

$$P_f = \frac{\rho \times V}{m} \times 100 \tag{8-66}$$

式中：P_f——试样的焦油酸含量(%)；

m——馏分总质量(g)；

ρ——焦油酸的密度(g/cm^3)；

V——焦油酸的体积(mL)。

6. 精密度或允许差

重复性试验的允许差为1%。

7. 试验报告

同一试样至少平行试验两次，两次测定结果误差不大于1%时，取其平均值作为试验结果。

二十四、煤沥青酚含量试验(T 0643—1993)

1. 目的和适用范围

本方法适用于测定道路用煤沥青的酚含量。

2. 仪具与材料

(1)双球测定管：玻璃制成，形状及尺寸同T 0642煤沥青焦油酸含量试验要求。

(2)铁架：附有铁环，环和内径为49～56mm。

(3)苛性钠溶液：化学纯，浓度10%，加氯化钠至饱和。

(4)洗液：重铬酸钾与浓硫酸混合液。

(5)苯：化学纯。

(6)蒸馏水。

3. 准备工作

用洗液、水、蒸馏水先后洗涤双球测定管，再用苛性钠溶液摇洗数次。

4. 试验步骤

(1)将苛性钠溶液注入双球测定管的B球，至C管刻度0点以上，但不宜高于5mL。待溶液自管壁完全流下后，准确读记管上刻度数量(V_1)。

(2)把按蒸馏试验蒸馏出来的中油馏分(170～270℃馏出液)全部倾入测定管内。用10～15mL的苯，分数次冲洗原盛中油馏分的锥形瓶，并将冲洗液一并倒入测定管内。

(3)用手扶紧A球的瓶塞，将测定管倒转，使苛性钠溶液与中油馏分在A球内摇荡5min，然后再倒回测定管，垂直置于铁架的铁环上1h，使溶液分层。为加速分层，可将测定管转动片刻，然后根据分层界限，准确读记管上刻度数量(V_2)。

5. 结果整理

煤沥青酚含量按式(8-67)计算。

$$P_f = \frac{(V_2 - V_1) \times \rho}{m} \times 100 \tag{8-67}$$

式中：P_f——试样中酚含量(%)；

V_1——加入苛性钠溶液的读数(mL)；

V_2——苛性钠溶液与中油馏分作用分层界限的读数(mL)；

m——用于蒸馏试验的试样质量(g)；

ρ——煤沥青试样的密度(g/cm^3)。

6. 试验报告

同一试样至少平行试验两次,取平均值作为试验结果。

二十五、煤沥青萘含量试验（T 0644、T 0645—1993）

(一)色谱柱法(T 0644—1993)

1. 目的和适用范围

(1)本方法适用于测定道路用煤沥青的萘含量。

(2)本试验采用色谱柱法对中油(170～270℃)及重油(270～300℃)两种馏分测定煤沥青的萘含量。

2. 仪具与材料

(1)色谱仪:带有氢火焰离子化鉴定器。仪器的技术条件如下：

①柱温:190℃（实际温度)。

②汽化温度:340℃（表温)。

③检测温度:200℃（表温)。

④载气:柱前压力0.19MPa,流量27mL/min。

⑤燃气:氢气,流量55mL/min。

⑥空气:流量550mL/min。

⑦灵敏度:对萘含量为0.1g/mL的标样,进样量0.5mL时,其萘峰高不低于100mm。

⑧分离度R:不低于1.5。

(2)微量注射器:1μL。

(3)容量瓶:25mL。

(4)烧杯。

(5)分析天平:感量不大于0.2mg。

(6)注射器:10mL。

(7)阿皮松L。

(8)6210红色担体:粒度0.18～0.25mm(60～80目),在300℃烘箱中烘烤2h。

(9)苯、二甲苯:化学纯。

(10)氮气、氢气:纯度99.5%以上。

(11)压缩空气:经净化。

(12)其他:红外线灯、真空泵、气体流量计。

3. 准备工作

(1)色谱柱制备:阿皮松L与6210担体按10:90配合。先将称好的固定液阿皮松置于烧杯内,加适量苯溶解后,再缓慢地加入6210担体,轻轻搅动使其混合均匀。在红外线灯下干燥,待大部分苯挥发至无苯味时,放入温度为110～120℃的烘箱中烘2h。用真空泵抽吸装入2mL、内径ϕ3～4mm的洗净色谱柱内,在180℃时老化6h,然后再升温至250℃时老化4h。

(2)标样配制:

①称取2.5g纯萘于25mL容量瓶中,准确至0.2mg,注入20mL二甲苯溶解。待萘全部溶解后,再注入二甲苯至刻线,摇匀,密闭保存。

②线性范围的测定:

a.在与试验相同的色谱操作条件下,用1μL微量注射器注入0.2μL、0.4μL、0.6μL、0.8μL、1.0μL萘标样进行分析,分别量出萘峰高。

b.以萘峰高为纵坐标、萘标样进行量为横坐标,绘制关系曲线,找出浓度与萘峰高或直线关系的范围。

c.每换一次色谱柱或改变色谱操作条件都要进行一次线性范围的测定。

(3)将煤沥青试样按照蒸馏试验的方法馏出170~270℃及270~300℃的馏分。

(4)测定煤沥青试样的含水率(%),计算出所用沥青试样中的水分含量(m_w)。

4.试验步骤

(1)将170~270℃及270~300℃的馏分分别注入25mL的容量瓶中,并用少量二甲苯分次冲洗锥形瓶,冲洗溶液一并倒入容量瓶中,再将二甲苯注入至刻线,摇匀后静置备用。

(2)估计馏分样品中萘的含量,如在线性范围内,可直接进样;如超过线性范围,则将样品用二甲苯稀释至浓度在所测的线性范围内,并记录稀释倍数C。

(3)在同一色谱操作条件下,用1μL注射器注入0.5μL萘标样,平行两针。再注入样品0.5μL,平行两针。两针的最大误差以萘峰高计,不得超过4mm。

注:样品的稀释倍数与进样量,必须控制在线性范围之内。

(4)在色谱图上分别量出标样及样品的萘峰高。

5.结果整理

试样的萘含量按式(8-68)计算。

$$P_n = \frac{25 \times m}{100 - m_w} \times \frac{h_n}{h_0} \times C \times 100 \tag{8-68}$$

式中:P_n——试样中萘含量(%);

h_n——两针样品萘峰高的平均值(mm);

h_0——两针标样萘峰高的平均值(mm);

m——萘标样浓度(g/mL);

C——在样品浓度超出线性范围时,样品的稀释倍数;不稀释时$C=1$;

m_w——试样中水分含量(g)。

6.精密度或允许差

重复性试验的允许差,当萘含量小于3%时为0.3%,当萘含量等于或大于3%时为0.6%。

7.试验报告

同一试样至少平行试验两次,两次平行试验的结果符合重复性试验精密度要求时,取其平均值作为试验结果。

(二)抽滤法(T 0645—1993)

1.目的和适用范围

本方法适用于抽滤法对中油馏分(170~270℃)测定煤沥青的萘含量。

2.仪具与材料

(1)抽滤器:用胶皮管连接过滤烧瓶及抽气管或抽气机组成。

(2)压榨器。

(3)布氏漏斗:直径50mm。

(4)表面皿:直径50mm。

(5)滤纸:直径50mm。

(6)烧杯:50mL。

(7)天平:感量不大于0.01g。

(8)其他:玻璃棒等。

3.准备工作

将烧杯及表面皿洗净,烘干并称量,准确至0.01g。

4.试验步骤

(1)将按煤沥青蒸馏试验方法蒸馏出来的中油馏分(170~270℃馏出液)加热,待含有的萘完全熔化后倾入烧杯内,用于蒸馏试验的试样质量为 m。

(2)冷却至15℃,并在此温度下保持30min,然后在铺有滤纸并保持15 ℃的布氏漏斗上抽滤。

(3)将滤渣铺在滤纸层间,用压榨器压去油分至滤渣变为白色为止。

(4)将滤渣移至已称质量(m_1)的表面皿上,称其合质量(m_2),准确至1mg。

5.结果整理

试样的萘含量按式(8-69)计算。

$$P_n = \frac{m_2 - m_1}{m} \times 100 \tag{8-69}$$

式中:P_n——试样中萘含量(%);

m——用于蒸馏试验的试样质量(g);

m_1——表面皿质量(g);

m_2——表面皿与萘的合计质量(g)。

6.精密度或允许差

重复性试验的允许差,当萘含量小于3%时为0.3%,当萘含量等于或大于3%时为0.6%。

7.试验报告

同一试样至少平行试验两次,两次平行试验的结果符合重复性试验精密度要求时,取其平均值作为试验结果。

二十六、煤沥青甲苯不溶物含量试验(T 0646—1993)

1.目的和适用范围

本方法适用于测定道路用煤沥青的甲苯不溶物含量。

2.仪具与材料

(1)脂肪抽提器:250mL。

(2)称量瓶:直径35mm,高70mm。

(3)烘箱:装有温度控制器。

(4)天平:感量不大于0.2mg。

(5)甲苯:化学纯。

(6)标准筛:孔径0.3mm、0.6mm、1.18mm。

(7)定量滤纸(ϕ150mm、ϕ140mm)或滤纸筒成品。

(8)细砂:0.3~1.18mm。

(9)其他:砂浴、干燥器、细集料(砂)、铁支架等。

3. 准备工作

(1)将细砂浸水,漂走浮灰,晾干过筛,取粒径0.3~1.18mm部分,在甲苯中浸泡24h以上。然后将砂取出、晾干,再置烘箱(105℃ ±5℃)中烘干后备用。

(2)将ϕ150mm(外层)及ϕ140mm(内层)两层滤纸,折叠成直径约25mm的滤纸筒,筒的一端再折成封闭,然后在甲苯中浸泡24h后,再取出晾干并置烘箱(105℃ ±5℃)中烘干后置干燥器中备用。在采用滤纸筒时,可直接浸泡、晾干及烘干后置干燥器内备用。

(3)将煤沥青试样加热,温度不超过软化点以上50℃。

(4)将称量瓶洗净,在烘箱(105℃ ±5℃)中烘干。

4. 试验步骤

(1)在滤纸筒中称取约10g砂粒(0.3~1.18mm),置于称量瓶中,放入烘箱(105℃ ±5℃)中烘至恒量(m_1)。

(2)在已称质量的滤纸筒及砂中称取已加热的煤沥青试样(m)1g,准确至0.2mg。然后用玻璃棒将沥青试样与砂搅拌均匀。

(3)将脂肪抽提器的烧瓶注入120mL甲苯,安装抽提筒后,将盛有沥青砂的滤纸筒放入抽提筒中。然后用甲苯30mL,分次冲洗玻璃棒,冲洗溶剂接入滤纸筒中。滤纸中的溶剂不得高于虹吸管上口,以免使溶液虹吸下去。

(4)在抽提筒上装妥冷凝管,将脂肪抽提器用铁支架上铁夹固定在铁支架上,稳定放置于砂浴上。接通冷却水,加热回流速度控制在1min左右流满一次,至回流液接近无色透明,抽提筒内的滤纸上无明显黄色为止。

(5)停止加热,稍冷却后取出滤纸筒,置于原称量瓶中。待滤纸筒中的大部分甲苯挥发后,再置烘箱(105℃ ±5℃)中,烘干至恒量,取出置干燥器中,冷却至室温后称其质量(m_2),准确至0.2mg。

5. 结果整理

煤沥青试样中甲苯不溶物含量按式(8-70)计算。

$$P_{\mathrm{U}} = \frac{m_2 - m_1}{m} \times 100 \tag{8-70}$$

式中:P_{U}——试样甲苯不溶物含量(%);

m——试样质量(g);

m_1——滤纸筒、砂及称量瓶合计质量(g);

m_2——甲苯不溶物、滤纸筒、砂及称量瓶合计质量(g)。

6. 精密度或允许差

重复性试验的允许差为1.0%。

7. 试验报告

同一试样至少平行试验两次,当两次结果差值不超过1.0%时,取平均值作为试验结果。

二十七、乳化沥青蒸发残留物含量试验(T 0651—1993)

1. 目的和适用范围

本方法适用于测定各类乳化沥青中加热脱水后残留沥青的含量。

2. 仪具与材料

(1)试样容器:容量1500mL,高约60mm,壁厚0.5～1mm的金属盘,也可用小铝锅或瓷蒸发皿代替。

(2)天平:感量不大于1g。

(3)烘箱:装有温度控制器。

(4)电炉或燃气炉:有石棉垫。

(5)玻璃棒。

(6)其他:温度计、溶剂、洗液等。

3. 准备工作

将试样容器、玻璃棒等洗净、烘干并称其合计质量(m_1)。

4. 试验步骤

(1)在试样容器内称取搅拌均匀的乳化沥青试样300g±1g,称取容器、玻璃棒及乳液的合计质量(m_2),准确至1g。

(2)将盛有试样的容器连同玻璃棒一起置于电炉或燃气炉(放有石棉垫)上缓缓加热,边加热边搅拌,其加热温度不应致乳液溢溅,直至确认试样中的水分已完全蒸发(通常需20～30min),然后在163℃±3.0℃温度下加热1min。

(3)取下试样容器冷却至室温,称取容器、玻璃棒及沥青的合计质量(m_3),准确至1g。

5. 结果整理

乳化沥青试样的蒸发残留物含量按式(8-71)计算,并以整数表示。

$$P_b = \frac{m_3 - m_1}{m_2 - m_1} \times 100 \tag{8-71}$$

式中:P_b——乳化沥青中的沥青含量(%);

m_1——试样容器、玻璃棒合计质量(g);

m_2——试样容器、玻璃棒及乳液的合计质量(g);

m_3——试样容器、玻璃棒及残留物合计质量(g)。

6. 精密度或允许差

重复性试验的允许差为0.4%;复现性试验的允许差为0.8%。

7. 试验报告

同一试样至少平行试验两次,两次试验结果的差值不大于0.4%时,取其平均值作为试验结果。

二十八、乳化沥青筛上剩余量试验(T 0652—1993)

1. 目的和适用范围

本方法适用于测定各类乳化沥青的筛上剩余物含量,评定沥青乳液的质量。非经注明,筛孔尺寸为1.18mm。

2. 仪具与材料

(1)滤筛:筛孔为1.18mm。

(2)金属盘:尺寸不小于100mm。

(3)天平:感量不大于0.1g。

(4)烧杯:750mL和2000mL各1个。

(5)油酸钠溶液:含量2%。

(6)蒸馏水。

(7)烘箱:装有温度控制器。

(8)其他:玻璃棒、溶剂、干燥器等。

3. 准备工作

将滤筛、金属盘、烧杯等用溶剂擦洗干净,再用水和蒸馏水洗涤后用烘箱(105℃ ±5℃)烘干,分别称其质量,准确至0.1g。

4. 试验步骤

(1)在一烧杯中称取充分搅拌均匀的乳化沥青试样500g±5g(m),准确至0.1g。

(2)将筛(框)网用油酸钠溶液(阴离子乳液)或蒸馏水(阳离子乳液)润湿。

(3)将滤筛支在烧杯上,再将烧杯中的乳液试样边搅拌边徐徐注入筛内过滤。在过滤畅通情况下,筛上乳液试样仅可保留一薄层,如发现筛孔有堵塞或过滤不畅时,可用手轻轻拍打筛框。

注:过滤通常在室温条件下进行,如乳液稠度大,过滤困难时可将试样在水槽上加热至50℃左右后过滤。

(4)试样全部过滤后,移开盛有乳液的金属盘,并换置另一空金属盘。

(5)用蒸馏水多次清洗烧杯,并将洗液过筛,再用蒸馏水冲洗滤筛,直至过滤的水完全清洁为止。

(6)将滤筛置于另一已称质量和洁净的金属盘中,并置于烘箱(105℃ ±5℃)中烘干2~4h。

(7)取出滤筛,连同金属盘一起置于干燥器中冷却至室温(一般为30min以上)后称其质量(m_2),准确至0.1g。

5. 结果整理

乳化沥青试样过筛后筛上残留物含量按式(8-72)计算,准确至小数点后1位。

$$P_r = \frac{m_2 - m_1}{m} \times 100 \tag{8-72}$$

式中:P_r——筛上残留物含量(%);

m——乳化沥青试样质量(g);

m_1——滤筛及金属盘质量(g);

m_2——滤筛、金属盘与筛上残留物合计质量(g)。

6. 精密度或允许差

重复性试验的允许差为0.03%;复现性试验的允许差为0.08%。

7. 试验报告

同一试样至少平行试验两次,两次试验结果的差值不大于0.03时,取其平均值作为试验结果。

二十九、乳化沥青微粒离子电荷试验（T 0653—1993）

1. 目的和适用范围

本方法适用于测定各类乳化沥青微粒离子的电荷性质，即阳、阴离子的类型。

2. 仪具与材料

（1）烧杯：200mL 或 300mL。

（2）电极板：2 块，铜制，每块极板长 100mm，宽 10mm，厚 1mm。

（3）直流电源：6V。

（4）秒表。

（5）滤筛：筛孔为 1.18mm。

（6）其他：汽油、洗液等。

3. 准备工作

（1）将乳化沥青试样用孔径1.18mm滤筛过滤，并盛于一容器中。

（2）将电极板洗净、干燥，并将两块电极板平行固定于一个框架上，其间距约 30mm，然后将框架置于容积为 200mL 或 300mL 的洁净烧杯内，插入乳化沥青中约 30mm，装置如图 8-72。

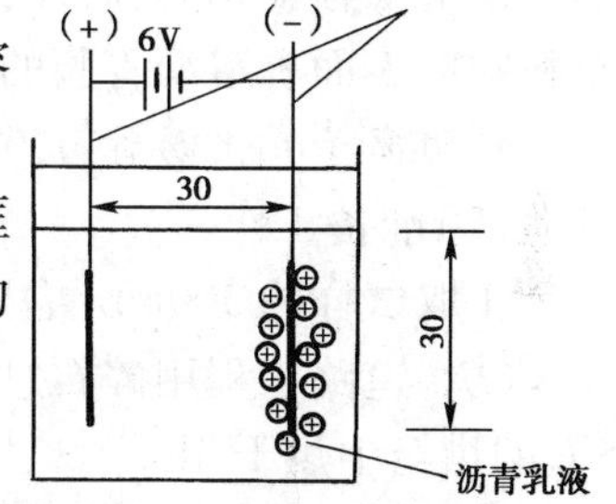

图 8-72　电极板装置（尺寸单位：mm）

4. 试验步骤

（1）将过滤的乳液试样注入盛有电极板的烧杯内，其液面的高度至少使电极板顶端浸没约 3cm。

（2）将两块电极板的引线分别接于 6V 直流电源的正负极上，接通电源开关并按动秒表。

（3）接通电流 3min 后，关闭开关，然后将固定有电极板的框架由烧杯内取出。

5. 结果分析

仔细观察电极板。如负极板上吸附有大量沥青微粒，说明沥青微粒带正电荷，则该乳液为阳离子型；反之，阳极板上吸附有大量沥青微粒，说明沥青微粒带负电荷，则该乳液为阴离子型。

三十、乳化沥青与矿料的黏附性试验（T 0654—1993）

1. 目的和适用范围

本方法适用于测定各类乳化沥青与矿料的黏附性，以评定其抗水损害的能力。

2. 仪具与材料

（1）标准筛：方孔筛 31.5mm、19.0mm、13.2mm、2.36mm。

（2）滤筛：筛孔为 1.18mm、0.6mm。

（3）烧杯：800 ~ 1000mL。

（4）烘箱：装有温度自动调节器。

（5）秒表。

（6）天平：感量不大于 0.1g。

（7）蒸馏水。

（8）道路工程实际使用的碎石。

（9）其他：细线或细金属丝、铁支架、电炉、玻璃棒等。

3. 阳离子乳化沥青与石料的黏附性试验方法

(1)准备工作

①将道路工程用碎石过筛,取19.0~31.5mm(方孔筛)的碎石颗粒洗净,然后置105℃±5℃的烘箱中烘干3h。

②从烘箱中取出3~4颗碎石冷却至室温逐个用细线或金属丝系好,留出尾线作悬挂用。

(2)试验步骤

①取两个烧杯,分别盛入400mL蒸馏水及经1.18mm滤筛过滤的300mL乳液试样。

②用线或金属丝系好的石料颗粒放进盛水烧杯中浸水1min后,取出再置试样中浸泡1min;然后,取出石料颗粒在室温下悬挂20min。

③将晾后的石料颗粒浸入已盛水1000mL的烧杯中,用手提尾线使石料上下移动水洗乳液薄膜,移动速度为30次/min,上下移动距离为50mm左右。

④上下移动3min后,用纸片粘出浮在水面上的沥青膜;然后将石料颗粒提出水面,观察在石料颗粒表面裹覆沥青膜的面积。

4. 阴离子乳化沥青与石料的黏附性试验方法

(1)准备工作

①取试样约300mL置入烧杯中。

②将道路工程用碎石过筛,取13.2~19.0mm(方孔筛)的碎石颗粒洗净,然后置105℃±5℃的烘箱中烘干3h。

③取出碎石约50g在室温以间距30mm以上排列冷却至室温,约1h。

(2)试验步骤

①将冷却的碎石颗粒排列在0.6mm滤筛上。

②将滤筛连同石料一起浸入乳液的烧杯中1min;然后取出架在支架上,在室温下放置24h。

③将滤网连同附有沥青薄膜的石料一起浸入另一个盛有1000mL洁净水并已加热至40℃±1℃保温的烧杯中浸5min,仔细观察石料颗粒表面沥青膜的裹覆面积,作出综合评定。

5. 试验报告

(1)同一试样至少平行试验两次,依多数颗粒的裹覆情况作出评定。

(2)试验结果以裹覆面积大于2/3或不足2/3的形式报告。

三十一、乳化沥青储存稳定性试验(T 0655—1993)

1. 目的和适用范围

本方法适用于测定各类乳化沥青的储存稳定性。非经注明,乳液的储存温度为乳液制造时的室温,储存时间为5d,根据需要也可为1d。

2. 仪具与材料

(1)沥青乳液稳定性试验管:玻璃制,形状和尺寸如图8-73,带有上下两个支管口,开口部配有橡胶塞或软木塞。

(2)试样容器:小铝锅或磁蒸发皿,300mL以上。

(3)电炉或电热板。

(4)天平:感量不大于0.1g。

(5)滤筛:筛孔为1.18mm。

(6)其他:温度计、气温计、玻璃棒、溶剂、洗液等。

3. 准备工作

(1)将稳定性试验管分别用溶剂(可用汽油)、洗液和洁净水洗净并置温度105℃ ±5 ℃的烘箱中烘干,冷却后用塞子塞好上下支管出口。

(2)将均匀的乳化沥青试样约300mL通过1.18mm滤筛过滤至试样容器内。

4. 试验步骤

(1)将过滤后的乳液试样用玻璃棒搅匀,缓缓注入稳定性试验管内,使液面达到管壁上的250mL标线处(注入时应注意支管上不得附有气泡)然后,用塞子塞好管口。

(2)将盛样封闭好的稳定性试验管置于试管架上,在室温下静置5昼夜。静置过程中,经常观察乳液有否分层、沉淀或变色等情况,作好记录并记录5d内的室温变化情况(最高及最低温度)。当生产的乳液计划在5d内即用完时,储存稳定性试验的试样也可静置一昼夜(24h)。

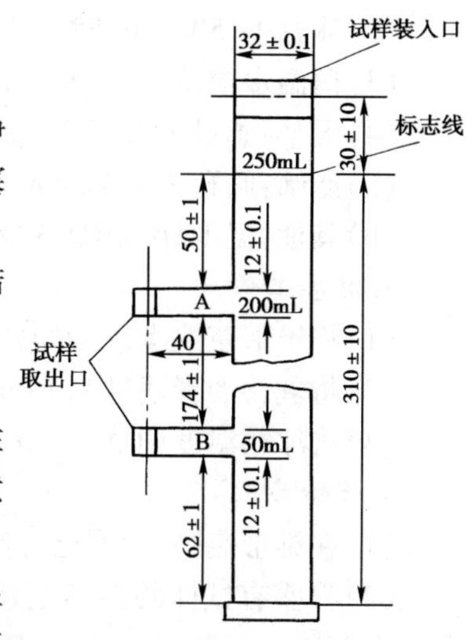

图8-73 稳定性试验管(尺寸单位:mm)

(3)静置后,轻轻拔出上支管口的塞子,从上支管口流出试样约50g接入一个已称质量的蒸发残留物试验容器中。再拔开下支管口的塞子,将下支管以上的试样全部放出,流入另一容器。然后充分摇匀下支管以下的试样,倾斜稳定性管,将管内的剩余试样从下支管口流出试样约50g,接入第三个已称质量的蒸发残留物试验容器内。

(4)分别称取上下的两部分试样质量,准确至0.2g,然后按T 0651"乳化沥青蒸发残留物含量试验"方法测定蒸发残留物含量 P_A 及 P_B。

5. 结果整理

乳化沥青的储存稳定性按式(8-73)计算,取其绝对值:

$$S_s = |P_A - P_B| \tag{8-73}$$

式中:S_s——试样的储存稳定性(%);

P_A——储存后上支管部分试样蒸发残留物含量(%);

P_B——储存后下支管部分试样蒸发残留物含量(%)。

6. 精密度或允许差

重复性试验的允许差为0.5%;复现性试验的允许差为0.6%。

7. 试验报告

(1)同一试样平行试验至少两次,两次测定的差值符合重复性试验精密度要求时,取平均值作为试验结果,以整数表示。

(2)试验报告应注明乳液储存的温度变化范围与储存时间。

三十二、乳化沥青低温储存稳定性试验(T 0656—1993)

1. 目的和适用范围

本方法适用于测定各类乳化沥青在低温储存过程中的稳定性。

2. 仪具与材料

(1)锥形瓶:250mL。

(2)冰箱:-5℃ ±0.5℃。

(3)恒温水槽:25℃ ±0.5℃。

(4)天平:感量不大于0.1g。

(5)滤筛:筛孔为1.18mm。

(6)其他:温度计、棉纱、软木塞或橡胶塞、溶剂、洗液、蒸馏水等。

3.准备工作

(1)将锥形瓶洗净,并置温度105℃ ±5℃的烘箱中烘干,冷却后称其质量,准确至0.1g。

(2)将乳化沥青通过1.18mm筛。

(3)将冰箱温度调节至-5℃ ±0.5℃,将恒温水槽水温调节至25℃ ±0.5℃,并保持恒温。

4.试验步骤

(1)在锥形瓶中,称取已过筛的试样100g,并盖好软木塞密闭。

(2)将盛有试样的锥形瓶置于-5℃ ±0.5℃的冰箱中存放30min。冷却后立即取出置于水温为25℃ ±0.5℃的恒温水槽中,保持10min。并照此步骤重复一次。

(3)取出盛样锥形瓶作适当搅拌,观察乳液试样状态与原试样有无变化,按T 0652做筛上剩余量试验,检查有无粗颗粒剩余物。

5.试验报告

试验应报告有无粗颗粒或结块情况。

三十三、乳化沥青水泥拌和试验(T 0657—1993)

1.目的和适用范围

本方法适用于慢裂乳化沥青与水泥材料的拌和试验,以评定用水泥及乳化沥青综合稳定材料时的施工性能,也适用于鉴别乳液是否属慢裂乳化沥青。

2.仪具与材料

(1)标准筛:孔径0.15mm。

(2)滤筛:筛孔为1.18mm。

(3)拌和容器:金属或搪瓷盘,容量约500mL。

(4)搅拌棒:直径约10mm,具有圆头的金属棒。

(5)量筒:100mL。

(6)天平:感量不大于0.1g。

(7)烘箱:装有温度自动调节控制器。

(8)蒸馏水。

(9)水泥:工程实际采用的水泥,通常为普通硅酸盐水泥。

(10)其他:秒表、烧杯、溶剂、镊子、棉纱等。

3.准备工作

(1)将烧杯、拌和器及1.18mm滤筛用溶剂及蒸馏水擦洗清洁,烘干后分别称其质量,准确至0.1g。

(2)将普通硅酸盐水泥过0.15mm筛备用。

(3)乳液试样的沥青含量按照T 0651“蒸发残留物含量试验”方法测定。

4.试验步骤

(1)称取已过筛的普通硅酸盐水泥50g ±0.5g置于拌和容器中。

(2)称取 50g ±0.1g 试样倾入拌和容器内的水泥中,立即用搅拌棒做圆周运动搅拌 2min,其速度为 120r/min。

(3)搅拌后立即加入 150mL 蒸馏水,再以 60r/min 的速度搅拌 3min。

(4)搅拌完毕后,立即将拌和容器中的水泥乳液混合料通过已称质量的 1.18mm 滤筛,同时用蒸馏水反复洗净拌和容器内部及搅拌棒上黏附的混合物,一并过筛。

(5)从筛上约 15cm 高度处用蒸馏水冲洗筛上残留物,直至无乳液颜色为止。

(6)将滤筛放在已称质量的金属盘中,置烘箱(105℃ ±5℃)中烘干 2h。

(7)将滤筛、金属盘取出在室温条件下冷却,再称取质量,准确至 0.1g。

5. 结果整理

水泥拌和试验筛上残留物含量按式(8-74)计算。

$$P_r = \frac{m - m_1 - m_2}{m_3 + m_4} \times 100 \tag{8-74}$$

式中:P_r——水泥拌和试验筛上残留物的含量(%);

m——滤筛、金属盘及筛上残留物合计质量(g);

m_1——滤筛质量(g);

m_2——金属盘质量(g);

m_3——水泥用量(g);

m_4——50g 乳液试样中的沥青蒸发残留物(g)。

6. 精密度或允许差

重复性试验的允许差为 0.2%;复现性试验的允许差为0.4%。

7. 试验报告

每一试样至少平行试验两次,两次试验结果的差值不大于0.2%时,取其平均值作为试验结果。

三十四、乳化沥青破乳速度试验(T 0658—1993)

1. 目的和适用范围

本方法适用于各种类型的乳化沥青的拌和稳定度试验,以鉴别乳液属于快裂(RS)、中裂(MS)或慢裂(SS)的型号。

2. 仪具与材料

(1)拌和锅:容量约 1000mL。

(2)金属勺。

(3)天平:感量不大于 0.1g。

(4)标准筛:孔径为 4.75mm、2.36mm、0.6mm、0.3mm、0.075mm。

(5)道路工程用粒径小于 4.75mm 的石屑。

(6)蒸馏水。

(7)其他:烧杯、量筒、秒表等。

3. 准备工作

(1)将工程实际使用的集料(石屑)过筛分级,并按表 8-27 的比例称料混合成两种标准级配矿料各 200g。

拌和试验用矿料颗粒组成比例(%) 表 8-27

<table>
<tr><th>矿料规格(mm)</th><th>A 组</th><th>B 组</th></tr>
<tr><td><0.075</td><td rowspan="2">3</td><td>10</td></tr>
<tr><td>0.3~0.075</td><td>30</td></tr>
<tr><td>0.6~0.3</td><td>5</td><td>30</td></tr>
<tr><td>2.36~0.6</td><td>7</td><td>30</td></tr>
<tr><td>4.75~2.36</td><td>85</td><td>—</td></tr>
<tr><td>合 计</td><td>100</td><td>100</td></tr>
</table>

(2)将拌和锅洗净、干燥。

4. 试验步骤

(1)将 A 组矿料 200g 在拌和锅中拌和均匀。当为阳离子乳化沥青时,先注入 5mL 蒸馏水拌匀,再注入乳液 20g;当为阴离子乳化沥青时,直接注入乳液 20g,用金属匙以 60r/min 的速度拌和 30s。观察矿料与乳液拌和后的均匀情况。

(2)将拌和锅中的 B 组矿料 200g 拌和均匀后注入 30mL 蒸馏水,拌匀后,注入 50g 乳液试样,再继续用金属匙以 60r/min 的速度拌和 1min,观察拌和后混合料的均匀情况。

(3)根据两组矿料与乳液试样拌和均匀情况按表 8-28 确定试样的破乳速度。

乳化沥青的破乳速度分级 表 8-28

A 组矿料拌和结果	B 组矿料拌和结果	破乳速度	代 号
混合料呈松散状态,一部分矿料颗粒未裹覆沥青,沥青分布不够均匀,有些凝聚成固块	乳液中的沥青拌和后立即凝聚成团块,不能拌和	快裂	RS
混合料混合均匀	混合料呈松散状态,沥青分布不均,并可见凝聚的团块	中裂	MS
—	混合料呈糊状,沥青乳液分布均匀	慢裂	SS

5. 试验报告

试验结果报告拌和情况及破乳速度分级、代号。

三十五、乳化沥青与矿料的拌和试验(T 0659—1993)

1. 目的和适用范围

本试验适用于规定级配的矿料与乳液在 25℃ ±5℃ 条件下拌和,检验乳液对矿料拌和时的状态和均匀性。

2. 仪具与材料

(1)拌和锅:容量约 1000mL,金属制、球形底有手柄。

(2)金属匙:长约 250mm。

(3)烘箱。

(4)天平:感量不大于 0.1g。

(5)标准筛:筛孔孔径 4.75mm、2.36mm、0.6mm、0.15mm、0.075mm。

(6)矿料:石屑(2.36~4.75mm)、粗砂(0.6~2.36mm)、细砂(0.15~0.6mm)及石灰石矿粉(<0.075mm)。

3.乳化沥青碎石混合料拌和试验

(1)准备工作

①将石屑(4.75~2.36mm)和粗砂(0.6~2.36mm)洗净、烘干,并在室温下摊开冷却1h。

②将拌和锅及金属匙洗净、烘干并称其质量。

(2)试验步骤

①在已称质量的拌和锅(盘)中称取石屑335g±1g、粗砂130g±1g,再加水10g±0.5g,用金属匙拌和均匀。

②立即称取已搅匀后的沥青乳液35g±0.1g加入拌和锅中,并用金属匙以60r/min的速度连续拌和2min。

③在拌和过程中及拌和终了后,仔细观察集料裹覆乳液是否均匀及是否有沥青结块或粗团粒的情况。

4.乳化沥青混凝土混合料拌和试验

(1)准备工作

①将石屑(4.75~2.36mm)和细砂(0.15~0.6mm)洗净、烘干,并在室温下摊开冷却1h。

②将拌和锅及金属匙洗净、烘干并称其质量。

(2)试验步骤

①在已称质量的拌和锅中称取石屑250g±1g、细砂180g±1g、石灰石矿粉15g±0.5g,再加水20g±0.5g,并拌和均匀。

②立即称取已搅匀后的沥青乳液55g±0.1g加入拌和锅中,并用金属匙以60r/min的速度连续拌和2min。

5.试验报告

在拌和过程中及拌和终了后,矿料裹覆乳液是否均匀及是否有沥青结块或粗团粒等情况。

三十六、沥青与石料的低温黏结性试验(T 0660—2000)

1.目的和适用范围

本方法适用于评定沥青或改性沥青与石料的低温黏结性能,以规定条件下试验板受冲击后碎石被振落的百分数表示。非经注明,试验温度为-18℃。

2.仪具与材料

(1)钢板:1块,200mm×200mm,厚2mm,四周边缘有高8mm、宽5mm的密封边框。

(2)钢球:1个,质量500g±1g。

(3)铁架:1个,在距钢板顶面500mm高度处有一小平台,高度可调节。

(4)电冰箱。

(5)水泥混凝土垫块:两块,垫块长度不小于200mm。

3.准备工作

(1)按图8-74将铁架支好,在支架的小平台下方放两块水泥混凝土垫块,将钢板两边的边框反扣于垫块边,调整铁架平台高度至铁板平面的距离为500mm。钢板的位置应使自小平台上落下钢球时恰好跌落在钢板的正中央。此位置调整好后不得移动。

(2)将碎石用4.75mm、9.5mm标准筛过筛,从粒径4.75~9.5mm的碎石中取出接近立方体形状规则的碎石100颗,用洁净水洗净,置温度为105℃±5℃的烘箱中烘干,然后放在干燥器中备用。

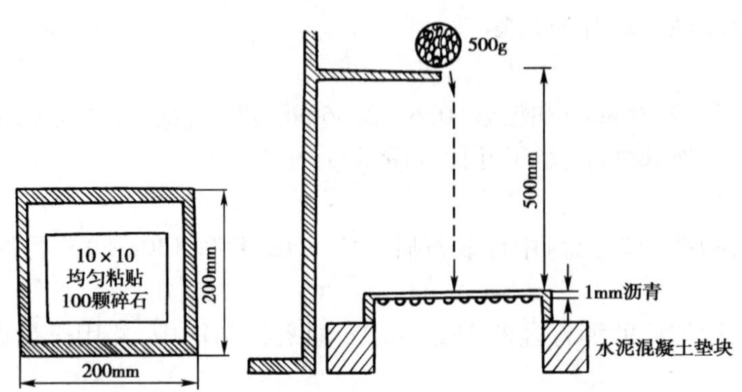

图 8-74　沥青与石料低温黏结力的板冲击试验

(3)将 200mm×200mm 的钢板置温度为 105℃ ±5℃的烘箱中预热备用。

(4)按 T 0602 沥青试样准备方法加热沥青,然后取出钢板,放在平台上,立即向钢板中浇灌沥青 40g,使沥青厚度为 1mm。此时应注意钢板不得倾斜,以防沥青流向一边。保持钢板不动置室温中冷却,均匀地放上 10 排,每排 10 颗,共 100 颗准备好的碎石,碎石与碎石之间的间距应大体均匀,距离边缘不应少于 10mm。

(5)将钢板连同摆好的碎石一起,放入 60℃烘箱中加热 5h,使碎石与沥青有良好的黏结,再放入 -18℃的冰箱中冷却 12h 以上。如没有专用的冰箱,可用家用冰箱的冷冻室替代。

4. 试验步骤

从冰箱中取出钢板,按图 8-74 放在水泥混凝土垫块的位置上,将钢板粘有沥青碎石的一面朝下,未粘试样的面朝上,将钢球置于平台边缘,用手指轻轻一碰,使钢球从边缘自由落下,恰好跌落在钢板反面的中心。观察钢板受钢球冲击振动后碎石被振落的情况。

5. 结果整理

计算被振落的石子数量占总石子数量的百分率。

6. 试验报告

同一试验平行试验两次,取平均值为试验结果。

三十七、聚合物改性沥青离析试验(T 0661—2000)

1. 目的和适用范围

本方法适用于测定聚合物改性沥青的离析性,以评价改性剂与基质沥青的相容性。

2. 仪具与材料

(1)沥青软化点仪:同 T 0606 沥青软化点试验(环球法)。

(2)试验用标准筛:0.3mm。

(3)盛样管:铝管,直径约 25mm,长约 140mm,一端开口。也可用玻璃试管代替,直径约 25mm,长约 200mm,一端开口,带塞。

(4)烘箱:能保温 163℃ ±5℃或 135℃ ±5℃。

(5)家用冰箱。

(6)支架:能支撑盛样管,竖立放入烘箱及冰箱中,也可用烧杯代替。

(7)剪刀。

(8)容器:标准的沥青针入度金属试样杯(高 48mm,直径 70mm)。

(9)其他:小夹子、样品盒、小烧杯、小刮刀、小锤、甘油滑石粉隔离液等。

3. 试验步骤

(1)对 SBS、SBR 类聚合物改性沥青,按如下试验步骤进行:

①准备好盛样管,当采用玻璃试管时,将其洗净、干燥,在试管内壁涂上一薄层甘油与滑石粉隔离液。将盛样管装在支架上。

②仔细加热改性沥青至能充分浇灌,避免局部过热,将试样用 0.3mm 筛过筛,然后稍加搅拌并徐徐注入竖立的盛样管中,数量约为 50g。

③当盛样管为铝管时,将开口的一端捏成一薄片,并折叠两次以上;然后用小夹子夹紧,密闭。当采用玻璃试管时,将开口端塞上尺寸合适的塞子(最好为软木塞)密闭。然后将盛样管连同架子一起放入 163℃ ±5℃的烘箱中,在不受任何扰动的情况下静放 48h ±1h。

④加热结束后,将盛样管连支架一起从烘箱中轻轻取出,放入家用冰箱的冷柜中,保持盛样管在竖立状态,不少于 4h,使改性沥青试样凝为固体。待沥青全部固化后将盛样管从冰箱中取出。当盛样管为玻璃试管时,用小锤轻轻敲碎玻璃并取净沥青试样上的玻璃碎屑,但不得敲碎改性沥青试样,用水洗去表面的滑石粉甘油,擦干水分。

⑤待试样温度稍有回升发软,用剪刀将改性沥青试样(或连同铝管)剪成相等的三截,取顶部和底部的各三分之一试样分别放入样品盒或小烧杯中,再放入 163℃ ±5℃的烘箱中融化,取出已剪断的铝管。

⑥稍加搅拌,分别灌入软化点试模中。

⑦对顶部和底部的沥青试样按沥青软化点试验(环球法)同时进行软化点试验,计算其差值。

⑧应进行两次平行试验,取平均值。

(2)对 PE、EVA 类聚合物改性沥青,按如下试验步骤进行:

①将聚合物拌入沥青中成为混合物,在高温状态下充分浇灌入沥青针入度试样杯中,至杯内标线处(距杯口 6.35mm);将杯放入 135℃的烘箱中,持续 24h ±1h,不扰动表面,小心地从烘箱中取出样杯,仔细观察试样;经观察以后,用一小刮刀徐徐地探测试样,查看表面层稠度,检查底部及四周的沉淀物;这些检查和试验都应在沥青试样自烘箱中取出后 5min 之内进行。

②视沥青聚合物体系的相容性和离析程度,按表 8-29 记录。

如果表中记述项不适合特殊的试样,应正确地记录所发生的现象,并保留试样。

热塑性树脂改性沥青的离析情况　　表 8-29

记　　述	报　　告
均匀的,无结皮和沉淀	均匀
在杯边缘有轻微的聚合物结皮	边缘轻微结皮
在整个表面有薄的聚合物结皮	薄的全面结皮
在整个表面有厚的聚合物结皮(大于 0.8mm)	厚的全面结皮
无表面结皮但容器底部有薄的沉淀	薄的底部沉淀
无表面结皮但容器底部有厚的沉淀(大于 6mm)	厚的底部沉淀

三十八、沥青弹性恢复试验(T 0662—2000)

1. 目的和适用范围

本试验适用于评价热塑性橡胶类聚合物改性沥青的弹性恢复性能,即测定用延度试验仪拉长一定长度后的可恢复变形的百分率。非经注明,试验温度为 25℃,拉伸速率为 5cm/min

±0.25cm/min。

2. 仪具与材料

(1)试模:采用延度试验所用试模,但中间部分换为直线侧模,如图8-75。制作的试件截面积为$1cm^2$。

(2)水槽:能保持规定的试验温度,变化不超过0.1℃。水槽的容积不小于10L,高度应满足试件浸没深度不小于10cm,离水槽底部不少于5cm的要求。

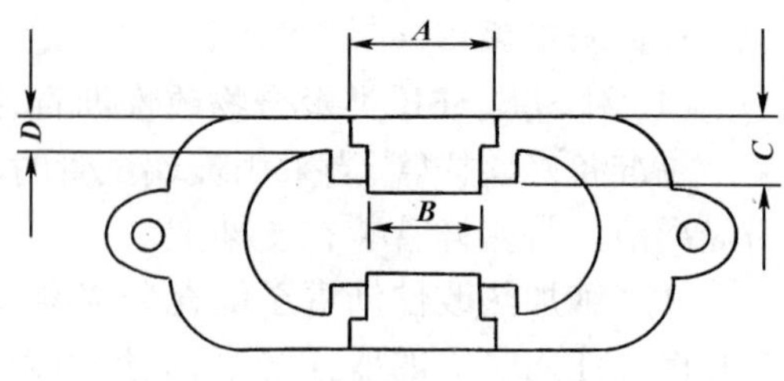

图8-75 弹性恢复试验用直线延度试模

注:$A=36.5mm\pm0.1mm$;$B=30mm\pm0.1mm$;$C=17mm\pm0.1mm$;$D=10mm\pm0.1mm$。

(3)延度试验机:同T 0605沥青延度试验。

(4)温度计:符合延度试验的要求。

(5)剪刀。

3. 试验步骤

(1)按T 0605沥青延度试验方法浇灌改性沥青试样、制模,最后将试样在25℃水槽中保温1.5h。

(2)将试样安装在滑板上,按延度试验方法以规定的5cm/min的速率拉伸试样达10cm±0.25cm时停止拉伸。

(3)拉伸一停止就立即用剪刀在中间将沥青试样剪断,保持试样在水中1h,并保持水温不变。注意在停止拉伸后至剪断试样之间不得有时间间歇,以免使拉伸应力松弛。

(4)取下两个半截的回缩的沥青试样轻轻捋直,但不得施加拉力,移动滑板使改性沥青试样的尖端刚好接触,测量试件的残留长度为X。

4. 结果整理

按式(8-75)计算弹性恢复率。

$$D=\frac{10-X}{10}\times 100 \tag{8-75}$$

式中:D——试样的弹性恢复率(%);

X——试样的残留长度(cm)。

三十九、沥青抗剥落剂性能评价试验(T 0663—2000)

1. 目的和适用范围

本方法适用于评价沥青在掺加抗剥落剂后与集料的黏附性及沥青混合料的水稳定性。

2. 仪具与材料

与T 0616沥青与粗集料的黏附性试验、T 0709沥青混合料马歇尔稳定度试验和T 0729冻融劈裂试验相同。

3. 试验步骤

(1)按T 0602沥青试样准备方法对沥青试样加热、过滤,加入要求比例的抗剥落剂,采用手工或搅拌器搅拌,使抗剥落剂均匀分散在沥青试样中。

(2)在评价沥青抗剥落剂性能时,必须按下列步骤进行试验检验:

①按T 0609沥青薄膜加热试验的方法对掺加抗剥落剂的沥青结合料进行加热老化,总质量不少于300g。

②对经加热老化的沥青结合料，按 T 0616 沥青与粗集料的黏附性试验的方法采用水浸法或水煮法检验沥青与粗集料的黏附性。试验应采用工程上实际使用的集料，当无工程针对性时，应选用有代表性的酸性石料（如花岗岩、砂岩、石英岩等）。

③按 T 0734 热沥青混合料加速老化试验方法对使用了抗剥落剂的热拌沥青混合料进行短期老化及长期老化处理。

④按 T 0709 沥青混合料马歇尔稳定度试验和 T 0729 冻融裂试验的方法分别对掺加了抗剥落剂并经老化处理的沥青混合料进行浸水马歇尔试验、冻融劈裂试验，评价沥青混合料的水稳定性。

⑤必要时可采用未经薄膜加热试验的沥青结合料试验与粗集料的黏附性，或采用未经老化处理的沥青混合料进行水稳定性试验，进行比较，以判断抗剥离剂的耐热性能及长期使用效果。

(3)在沥青路面工程中使用的抗剥落剂必须符合现行规范规定的沥青结合料与石料的黏附性等级，符合沥青混合料水稳定性要求，并具有长期抗剥离效果。

四十、改性沥青用合成橡胶乳液试验（T 0664—2000）

1. 目的和适用范围

本方法适用于对道路沥青改性用的合成橡胶乳液进行质量检验。

2. 仪具与材料

(1)烘箱：50～200℃，恒温控制准确度为 1℃。

(2)分析天平：感量不大于 0.1mg。

(3)玻璃皿：平底，有盖，直径约 60mm，高约 15mm。也可采用铝合金皿。

(4)酸度计：pH 值最小分度 0.02，附有玻璃电极和甘汞电极。当被测试样 pH 大于 10 时，应采用锂玻璃电极。

(5)硼砂：0.01M 溶液，将 3.814g 硼砂（$Na_2B_4O_7 \cdot 10H_2O$）溶于水，在容量瓶中稀释至 1000mL。

溶液应保存于耐化学腐蚀的玻璃瓶或聚乙烯瓶中，瓶塞上应装有吸收二氧化碳的钠石灰。此溶液有效使用期为 1 个月，在 23℃时，pH 值为 9.20。

(6)邻苯二甲酸氢钾：0.05M 溶液，将 0.210g 邻苯二甲酸氢钾溶于水，在容量瓶中稀释至 1000 mL。

溶液应保存于耐化学腐蚀的玻璃或聚乙烯瓶中，此溶液有效使用期为 1 个月。在 23℃时，pH 值为 4.00。

(7)L 形黏度计：适用黏度范围 0～2Pa·s。

(8)黏度计转子：如图 8-76 所示，其尺寸见表 8-30。

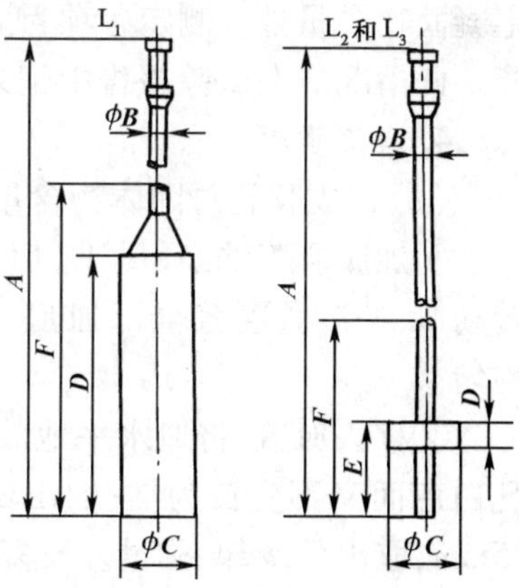

图 8-76　转子图

转子尺寸（mm）　　表 8-30

转子型号	A ±1.3	B ±0.03	C ±0.03	D ±0.06	E ±1.3	F ±0.15
L_1	115.1	3.18	18.84	65.10	—	81.0
L_2	115.1	3.18	18.72	6.86	25.40	50.0
L_3	115.1	3.18	18.70	1.65	25.40	50.0

(9)玻璃烧杯:内径不小于85mm,容量不小于600mL。

(10)水槽:控制温度25℃ ±2℃。

(11)蒸馏水:不含二氧化碳。

(12)其他:脱脂棉、干燥器、滤网等。

3. 准备工作

(1)桶装胶乳样品取样

若乳胶桶已用一带螺丝的盖旋紧,桶内空间大于2%,则可将桶放倒,来回轻轻地滚动不少于10min;然后把桶翻过来倒立15min,再重复滚动不少于15min。

若桶内空间小于2%,应将桶内胶乳转移到一更大的容器中,用带孔的不锈钢圆板提子上下搅动约10min,充分混匀。若桶是开盖式的,将盖打开,用带孔的不锈钢圆板提子上下搅拌约10min,充分混匀。

胶乳混匀后应立即取样。将内径为10~15mm两端开口的清洁而干燥的玻璃管慢慢地插入容器底部;然后将玻璃管上端压住密封,取出玻璃管,将管内胶乳移至一清洁而干燥的样品瓶内。重复此操作直到取得所要求的量。

(2)储罐或槽车装胶乳样品取样

取等体积三个样品,先在上半部中间取,再在中部取,最后在下半部的中间取;然后将三个样品放到一个清洁而干燥的样品瓶中,混匀后密封保存。

如怀疑发生分层现象,从距离顶部表面75mm和距离储罐底部75mm两处分别取样。如顶部和底部样品的总固物含量相差在1%以上,则应将储罐或槽车内胶乳充分混合,直到所取得的样品总固物含量相差小于1%,然后按上述规定取样。

(3)胶乳样品制备

若胶乳中可见到凝块、结皮或外来物,或者胶乳的凝固物含量超过0.05%(质量),则除测定凝固物含量外。测定各项目之前应仔细搅拌,并应用网径为0.18mm的尼龙或不锈钢网过滤。此情况应在试验报告中记录。

4. 试验步骤

(1)合成胶乳总固体物含量测定方法

①加胶乳于洗净、烘干、恒量的玻璃皿中,称取2.0g±0.5g(m_0),准确至1mg。平缓地转动皿,使胶乳覆盖全部皿底。如有必要,可沿皿壁加入1mL蒸馏水,缓缓转动皿使混合均匀。

②移去皿盖,将皿水平地放置在已调至105℃ ±2℃的烘箱内干燥(约2.5h),以试样失去乳白色而又不变黄为准,取出试样置于干燥器内冷却至室温,加盖称量。再将皿放入烘箱中15min,取出后冷却、称量。反复此步骤直至相邻两次称量之差小于1mg,记录胶乳总固体物质量m_1。

(2)合成胶乳pH值测定法

①酸度计的校正方法

a. 接通电源,按仪器使用说明书进行预热。

b. 依次用水和硼砂溶液洗涤电极,将电极浸泡在硼砂溶液中,酸度计和被测溶液保持在23℃ ±1℃条件下,将仪器调整至读数为9.20,再用另外一份硼砂溶液测定,连续测定pH值读数差值应小于0.05。

c. 依次用水和邻苯二甲酸氢钾溶液洗涤电极。将电极浸泡在邻苯二甲酸氢钾溶液中,酸度计和被测溶液保持在23℃ ±1℃条件下，如果测得邻苯二甲酸氢钾溶液的pH值在3.95～4.05之间，则认为仪器符合要求。由于个别电极的灵敏度不同，而不能按上述方法校正酸度计，可用与被测胶乳的pH值近似的已知pH值的单一溶液校正。

②测定合成胶乳pH值

a.用水洗涤电极并用柔软的吸水纸吸干，将电极泡在胶乳中，酸度计和胶乳均保持在23℃ ±1℃条件下，测定胶乳的pH值。每个试样要测定三次，其测定差值应不大于0.1。

b.若进行一系列测定，则每工作30min，应用硼砂溶液校正一次酸度计，根据逐次校核结果的变化确定是否需要更频繁地进行校正。

c.玻璃电极用完后，应立即用水冲洗玻璃电极上的胶乳，然后用脱脂棉蘸水小心清洗玻璃电极待用。如暂时不用，可将玻璃电极浸在水中，甘汞电极浸泡在饱和氯化钾溶液中保存。

(3)合成胶乳黏度测定法

①首先测定胶乳中的总固物含量，如有必要，可加入蒸馏水将胶乳稀释到实际应用所需的总固物含量。稀释时，应将水缓慢地加入胶乳中，搅拌混合物5min，注意避免空气混入。如果胶乳中夹带有空气，且其黏度小于0.2Pa·s，允许将胶乳在常温下放置24h以脱除空气。如果胶乳内夹带空气但不含有其他挥发性组成物，且黏度大于0.2Pa·s者，允许将胶乳在真空下脱气至无气泡为止。试样应用孔径0.5mm的不锈钢网仔细过滤。

②将胶乳注入烧杯，放在25℃ ±2℃的恒温水中，慢慢搅拌胶乳，直至温度达到浴温。为了避免带入空气，先将转子与防护器小心地倾斜着插入胶乳中，再将转子牢固地装于电动机轴上，并装好防护器。调整胶乳表面达到转子轴上凹槽的中间刻线处。转子应处于烧杯中间并与液面相垂直。

③选择黏度计的转速为60r/min ±0.2r/min。开动黏度计的电动机，经过20～30s，依照仪器操作说明方法，取平衡读数。应使用能测出黏度的最小型号的转子。读数应在3～98范围内。

合成胶乳是非牛顿液体，其表观黏度随剪变率和测试时间的变化而变化，故应在固定转子、转速和时间的条件下测定。

5.结果整理

(1)合成胶乳的总固体物含量按式(8-76)计算。

$$P = \frac{m_1}{m_0} \times 100 \tag{8-76}$$

式中：P——合成胶乳中的总固物含量(%)；

m_0——胶乳试样总质量(g)；

m_1——烘干后的总固物质量(g)。

(2)合成胶乳的表观黏度按式(8-77)计算。

$$\eta_r = k\theta \tag{8-77}$$

式中：η_r——胶乳在测定温度条件下的表观黏度(mPa·s)；

θ——黏度计平衡时的读数；

k——仪器的计算因子，由厂家按型号提供。

6. 精密度或允许差

(1)合成胶乳中的总固物含量平行测定的两个结果的相对误差不得大于0.5%。

(2)合成胶乳的pH值平行测定的两个结果之差不得大于0.1。

(3)成胶乳的表观黏度平行测定的两个结果之差不得大于1%。

7. 试验报告

(1)报告包括胶乳类型,胶乳的总固物含量、pH值、黏度。

(2)报告应说明试验所使用的仪器类型、黏度计转子型号、测定方法和标准依据,以及测定过程中的任何异常现象。

第九章　沥青混合料

第一节　概　　述

1. 概念

沥青混合料是矿质混合料(简称矿料,如碎石)与沥青结合料经拌制而成的混合料的总称。其中,矿料起骨架作用,沥青与填料起胶结和填充作用。沥青混合料是现代公路路面结构的主要材料之一。

2. 分类

(1)按结合料分类

①石油沥青混合料:以石油沥青为结合料的沥青混合料,包括黏稠石油沥青、乳化石油沥青、液体石油沥青混合料。

②煤沥青混合料:以煤沥青为结合料的沥青混合料。

(2)按生产工艺分类

①热拌沥青混合料:沥青和矿料在热态拌和、铺筑的沥青混合料。

②冷拌沥青混合料:以乳化沥青、液体沥青或改性乳化沥青与矿料在常温状态下拌和、铺筑的沥青混合料。

(3)按集料级配类型分类

①连续级配沥青混合料:集料按级配原则,从大到小各级粒径都有,按比例相互搭配组成的沥青混合料。

②间断级配沥青混合料:连续级配沥青混合料集料中缺少一个或几个档次粒径(或用量很少)的沥青混合料。

(4)按空隙率分类

①密级配沥青混合料:按密实级配原理设计组成的各种粒径颗粒的矿料与沥青结合料拌和而成,设计空隙率较小(对不同交通及气候情况、层位可作适当调整)的密实式沥青混凝土混合料(AC)和密实式沥青稳定碎石混合料(ATB)。

②开级配沥青混合料:矿料级配主要由粗集料嵌挤组成,细集料及填料较少,设计空隙率为18%的沥青混合料。

③半开级配沥青碎石混合料:由适当比例的粗集料、细集料及少量填料(或不加填料)与沥青结合料拌和而成,经马歇尔标准击实成型试件的剩余空隙率在6%~12%的半开式沥青碎石混合料(AM)。

(5)按集料粒径分类

①特粗式:集料公称最大粒径37.5mm,最大粒径53.0mm。

②粗粒式:集料公称最大粒径31.5mm或26.5mm,最大粒径37.5mm或31.5mm。

③中粒式:集料公称最大粒径19.0mm或16.0mm,最大粒径26.5mm或19.0mm。

④细粒式：集料公称最大粒径 13.2mm 或 9.5mm，最大粒径 16.0mm 或 13.2mm。

⑤砂粒式：集料公称最大粒径 4.75mm，最大粒径 9.5mm。

第二节　热拌沥青混合料

通常所说的沥青混合料均指热拌沥青混合料（HMA），其他类型的沥青混合料需加以说明。热拌沥青混合料按集料公称最大粒径、矿料级配、空隙率分类，见表 9-1。

热拌沥青混合料分类　　表 9-1

混合料类型	密级配			开级配		半开级配	公称最大粒径（mm）	最大粒径（mm）
	连续级配		间断级配	间断级配				
	沥青混凝土	沥青稳定碎石	沥青玛蹄脂碎石	排水式沥青磨耗层	排水式沥青碎石基层	沥青稳定碎石		
特粗式	—	ATB-40	—	—	ATPB-40	—	37.5	53.0
粗粒式	—	ATB-30	—	—	ATPB-30	—	31.5	37.5
	AC-25	ATB-25	—	—	ATPB-25	—	26.5	31.5
中粒式	AC-20	-	SMA-20	—	—	AM-20	19.0	26.5
	AC-16	—	SMA-16	OGFC-16	—	AM-16	16.0	19.0
细粒式	AC-13	—	SMA-13	OGFC-13	—	AM-13	13.2	16.0
	AC-10	—	SMA-10	OGFC-10	—	AM-10	9.5	13.2
砂粒式	AC-5	—	—	—	—	AM-5	4.75	9.5
设计空隙率*（%）	3~5	3~6	3~4	>18	>18	6~12		

注：*空隙率可按配合比设计要求适当调整。

一、沥青混合料的组成结构类型

沥青混合料通常按沥青—集料混合料的组成结构分为三种类型——悬浮—密实结构、骨架—空隙结构和密实—骨架结构。

1. 悬浮—密实结构

当采用连续型密级配集料混合料和沥青组成的沥青混合料时，为避免次级集料对前级集料密排的干涉，前级集料之间必须留出比次级集料粒径稍大的空隙供次级集料排布，这样集料混合料才能达到充分密实。按照此结构组成的沥青混合料，经过多级密垛，虽然可以获得很大的密实度，但是各级集料均被次级集料所隔开，不能紧密靠拢形成结构骨架，就像悬浮在次级集料和沥青胶质之间一样，如图 9-1a）。这种结构的沥青混合料虽然具有较高的黏聚力 c，但内摩擦角 φ 较小，因此高温稳定性较差。

2. 骨架—空隙结构

当采用连续型开级配集料混合料和沥青组成的沥青混合料时，由于这种集料混合料中，粗集料所占比例很高，细集料很少，甚至没有，由此形成的沥青混合料，细集料不足以填满粗集料之间的空隙，粗集料可以互相靠拢形成骨架。由此形成的骨架结构称为骨架—空隙结构，如图 9-1b）。这种结构的沥青混合料具有较高的内摩擦角 φ，但黏聚力 c 较低。

3. 密实—骨架结构

当采用间断型密级配集料混合料和沥青组成的沥青混合料时，这种集料混合料没有中间尺寸的集料,数量较多的粗集料可以形成空间骨架,骨架之间的空隙完全由细集料填充。这样便形成了密实—骨架结构,如图9-1c)。这种结构的沥青混合料既有较高的黏聚力 c,又有较高的内摩擦角 φ。

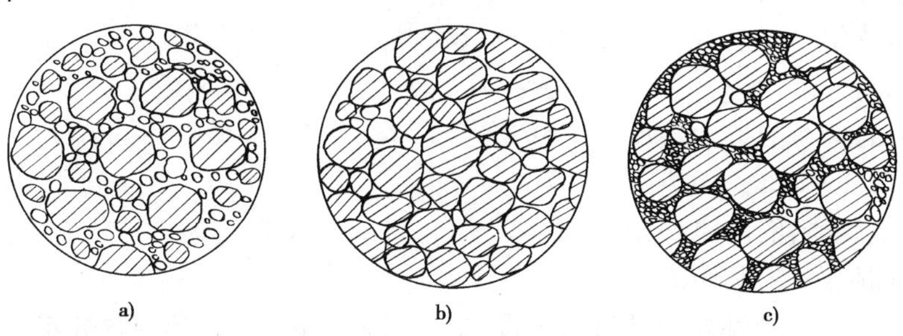

图9-1　三种典型沥青混合料结构组成示意图

a)悬浮—密实结构;b)骨架—空隙结构;c)密实—骨架结构

二、沥青混合料的技术性质

1. 物理特征常数

(1)密度和相对密度

沥青混合料的密度指压实沥青混合料在常温条件下单位体积的干燥质量,单位为 t/m^3;相对密度指同温度条件下的压实沥青混合料试件密度与水的密度的比值,无量纲。在计算沥青混合料的空隙率时,要用到沥青混合料的理论最大密度,它是指假设压实沥青混合料试件全部为矿料(包括矿料自身内部的孔隙)及沥青所占有,空隙率为零的理想状态下的最大密度。

《公路工程沥青及沥青混合料试验规程》(JTJ 052—2000)规定,沥青混合料的密度可采用表干法、水中重法、蜡封法和体积法测定,理论最大相对密度可采用真空法和溶剂法测定。

(2)空隙率

沥青混合料的空隙率指压实状态下混合料内矿料与沥青实体之外的空隙(不包括矿料自身内部或表面已被沥青封闭的孔隙)的体积占试件总体积的百分率,以 VV 表示。

(3)沥青饱和度

沥青混合料的沥青饱和度指压实沥青混合料试件中沥青部分的体积占矿料骨架以外的空隙部分体积的百分率,以 VFA 表示。

2. 力学性质

沥青混合料在路面结构中的破坏,主要是在高温时由于抗剪强度不足或塑性变形过剩而产生推挤等现象,以及低温时抗拉强度不足或变形能力较差而产生裂缝现象。对此,《公路工程沥青及沥青混合料试验规程》(JTJ 052—2000)要求测定沥青混合料的抗压强度、抗剪强度、抗弯强度、劈裂抗拉强度及其他相关力学指标。

(1)抗压强度

沥青混合料的抗压强度通过单轴压缩试验来测定。沥青混合料的单轴压缩试验分两种:一种是圆柱体单轴压缩试验,对沥青混合料试件按规定方法逐级加载卸载,测定试件的抗压弹性模量,以及一次性加载至破坏时的最大应力即抗压强度;另一种是棱柱体单轴压缩试验,对沥青混合料试件施加单轴压缩荷载至破坏,破坏时的最大应力为抗压强度,破坏时的垂直变形与试件的高度之比为破坏压缩应变,两者之比值为压缩破坏劲度模量。

(2)抗剪强度

沥青混合料的抗剪强度通过闭式三轴压缩试验来测定。试件置于一密闭的压力室中,根据其承受不同垂直应力作用下产生相应侧压力的关系,确定沥青混合料的黏聚力及内摩擦角。其抗剪强度应用莫尔—库仑包络线方程按下式求得。

$$\tau = \sigma \tan\varphi + c \tag{9-1}$$

式中:τ——沥青混合料的抗剪强度(MPa);

σ——正应力(MPa);

φ——沥青混合料的内摩擦角(°);

c——沥青混合料的黏聚力(MPa)。

由式(9-1)可知,沥青混合料的抗剪强度主要取决于黏聚力 c 和内摩擦角 φ 这两个参数。

(3)抗弯强度

沥青混合料的抗弯强度通过弯曲试验来测定。对规定尺寸的小梁试件,在跨中施加集中荷载至断裂破坏,由破坏时的最大荷载求得抗弯强度,由破坏时的跨中挠度求得破坏弯拉应变,两者之比值为破坏时的弯拉劲度模量。

(4)劈裂抗拉强度

沥青混合料的劈裂抗拉强度通过劈裂抗拉试验来测定。对规定尺寸的圆柱体试件,通过一定宽度的圆弧形压条施加荷载,将试件劈裂直至破坏,应用劈裂荷载—变形曲线,求得劈裂抗拉强度、泊松比、破坏拉伸应变和破坏劲度模量。

3. 使用性能

(1)高温稳定性

沥青混合料是一种典型的流变性材料,其强度和劲度模量随着温度的升高而降低。夏季高温时,沥青混合料在重交通的重复作业下,由于交通的渠化,在轮迹带逐渐形成中间下凹、两侧鼓起的所谓"车辙"。沥青混合料的高温稳定性指沥青混合料在夏季高温条件下,经车辆荷载长期重复作用后,不产生车辙和波浪等病害的能力。

《公路工程沥青及沥青混合料试验规程》(JTJ 052—2000)规定,用于评价沥青混合料高温稳定性的试验方法有马歇尔稳定度试验和车辙试验等。

(2)低温抗裂性

沥青混合料不仅应具备高温稳定性,同时还要具有低温抗裂性,以保证路面在冬季低温时不产生裂缝。

《公路工程沥青及沥青混合料试验规程》(JTJ 052—2000)规定,用线收缩系数评价沥青混合料在低温时的抗裂性。沥青混合料的线收缩系数指规定尺寸的棱柱体试件在规定的温度区间内,以规定速率降温时的收缩变形与试件长度的比值。

(3)耐久性

影响沥青混合料耐久性的因素很多,如沥青的化学性质、矿料的矿物成分、沥青混合料的组成结构等。此外,沥青路面的使用寿命还与沥青混合料中的沥青含量有很大的关系。当沥青用量较最佳用量减少时,则沥青膜变薄,混合料的延伸能力降低,脆性增加;如沥青用量明显偏少,将使沥青混合料的空隙率增大,沥青膜暴露较多,加速老化,同时增加渗水率,加大水对沥青的剥落作用。有研究认为,沥青用量较最佳用量少 0.5 个百分点的沥青混合料,能使路面使用寿命缩短一半以上。

《公路工程沥青及沥青混合料试验规程》(JTJ 052—2000)规定,采用空隙率、饱和度和残留稳定度等指标来表征沥青混合料的耐久性。

(4)抗滑性

沥青混合料路面的抗滑性与表面构造深度、矿质集料的微表面性质、混合料的级配组成以及沥青用量等因素有关。为保证长期高速行车的安全,配料时要特别注意粗集料的耐磨光性,应选择硬质有棱角的集料。硬质集料往往属于酸性集料,与沥青的黏附性差,为此,在沥青混合料施工时,应采用软硬复合集料或掺加抗剥落剂等措施。沥青用量对抗滑性的影响非常敏感,沥青用量超过最佳用量0.5个百分点即可使抗滑性明显降低。此外,沥青的蜡含量高时,沥青混合料的抗滑性也明显降低。

(5)施工和易性

要保证室内配料在现场施工条件下顺利实现,沥青混合料除了具备前述的技术要求外,还应具备适宜的施工和易性。影响沥青混合料施工和易性的因素很多,如当地气温、施工条件及混合料性质等。

单纯从沥青混合料材料性质方面而言,影响沥青混合料施工和易性的首要因素是混合料的级配情况,如粗细集料的颗粒大小相差过大,缺乏中间尺寸,混合料容易分层层积(粗集料集中在表面,细集料集中在底部);如细集料太少,沥青层就不容易均匀地分布在粗颗粒表面;如细集料太多,则拌和困难。此外,当沥青用量过少,或矿粉用量过多时,混合料容易产生疏松,不易压实;反之,如沥青用量过多,或矿粉质量不好,则容易使混合料结成团块,不易摊铺。

三、沥青混合料配合比设计

1.配合比设计步骤

《公路沥青路面施工技术规范》(JTG F40—2004)规定,高速公路、一级公路沥青混合料的配合比设计应在调查以往类同材料的配合比设计经验和使用效果的基础上,按以下步骤进行。

(1)目标配合比设计阶段。用工程实际使用的材料按《公路沥青路面施工技术规范》(JTG F40—2004)附录B、附录C、附录D的方法,优选矿料级配、确定最佳沥青用量,符合配合比设计技术标准和配合比设计检验要求,以此作为目标配合比,供拌和机确定各冷料仓的供料比例、进料速度及试拌使用。

(2)生产配合比设计阶段。对间歇式拌和机,应按规定方法取样测试各热料仓的材料级配,确定各热料仓的配合比,供拌和机控制室使用。同时选择适宜的筛孔尺寸和安装角度,尽量使各热料仓的供料大体平衡。并取目标配合比设计的最佳沥青用量OAC、OAC ±0.3%等3个沥青用量进行马歇尔试验和试拌,通过室内试验及从拌和机取样试验综合确定生产配合比的最佳沥青用量,由此确定的最佳沥青用量与目标配合比设计的结果的差值不宜大于±0.2%。对连续式拌和机可省略生产配合比设计步骤。

(3)生产配合比验证阶段。拌和机按生产配合比结果进行试拌、铺筑试验段,并取样进行马歇尔试验,同时从路上钻取芯样观察空隙率的大小,由此确定生产用的标准配合比。标准配合比的矿料合成级配中,至少应使包括0.075mm、2.36mm、4.75mm及公称最大粒径筛孔的通过率接近优选的工程设计级配范围的中值,并避免在0.3~0.6mm处出现“驼峰”。对确定的标准配合比,宜再次进行车辙试验和水稳定性检验。

(4)确定施工级配允许波动范围。根据标准配合比及各筛孔的允许波动范围,确定施工用的级配控制范围,用以检查沥青混合料的生产质量。

二级及二级以下公路热拌沥青混合料的配合比设计可按上述步骤进行。当材料与同类道路完全相同时,也可直接引用成功的经验。

2. *矿料级配*

《公路沥青路面施工技术规范》(JTG F40—2004)规定,沥青混合料的矿料级配应符合工程规定的设计级配范围。密级配沥青混合料宜根据公路等级、气候及交通条件按表 9-2 选择采用粗型(C 型)或细型(F 型)混合料,并在表 9-3 范围内确定工程设计级配范围。通常情况下,工程设计级配范围不宜超出表 9-3 的要求。其他类型的混合料宜直接以表 9-4 ~ 表 9-8 作为工程设计级配范围。

粗型和细型密级配沥青混凝土的关键性筛孔通过率 表 9-2

混合料类型	公称最大粒径(mm)	用以分类的关键性筛孔(mm)	粗型密级配		细型密级配	
			名称	关键性筛孔通过率(%)	名称	关键性筛孔通过率(%)
AC-25	26.5	4.75	AC-25C	<40	AC-25F	>40
AC-20	19	4.75	AC-20C	<45	AC-20F	>45
AC-16	16	2.36	AC-16C	<38	AC-16F	>38
AC-13	13.2	2.36	AC-13C	<40	AC-13F	>40
AC-10	9.5	2.36	AC-10C	<45	AC-10F	>45

密级配沥青混凝土混合料矿料级配范围 表 9-3

级配类型		通过下列筛孔(mm)的质量百分率(%)												
		31.5	26.5	19	16	13.2	9.5	4.75	2.36	1.18	0.6	0.3	0.15	0.075
粗粒式	AC-25	100	90 ~ 100	75 ~ 90	65 ~ 83	57 ~ 76	45 ~ 65	24 ~ 52	16 ~ 42	12 ~ 33	8 ~ 24	5 ~ 17	4 ~ 13	3 ~ 7
中粒式	AC-20		100	90 ~ 100	78 ~ 92	62 ~ 80	50 ~ 72	26 ~ 56	16 ~ 44	12 ~ 33	8 ~ 24	5 ~ 17	4 ~ 13	3 ~ 7
	AC-16			100	90 ~ 100	76 ~ 92	60 ~ 80	34 ~ 62	20 ~ 48	13 ~ 36	9 ~ 26	7 ~ 18	5 ~ 14	4 ~ 8
细粒式	AC-13				100	90 ~ 100	68 ~ 85	38 ~ 68	24 ~ 50	15 ~ 38	10 ~ 28	7 ~ 20	5 ~ 15	4 ~ 8
	AC-10					100	90 ~ 100	45 ~ 75	30 ~ 58	20 ~ 44	13 ~ 32	9 ~ 23	6 ~ 16	4 ~ 8
砂粒式	AC-5						100	90 ~ 100	55 ~ 75	35 ~ 55	20 ~ 40	12 ~ 28	7 ~ 18	5 ~ 10

沥青玛蹄脂碎石混合料矿料级配范围 表 9-4

级配类型		通过下列筛孔(mm)的质量百分率(%)											
		26.5	19	16	13.2	9.5	4.75	2.36	1.18	0.6	0.3	0.15	0.075
中粒式	SMA-20	100	90 ~ 100	72 ~ 92	62 ~ 82	40 ~ 55	18 ~ 30	13 ~ 22	12 ~ 20	10 ~ 16	9 ~ 14	8 ~ 13	8 ~ 12
	SMA-16		100	90 ~ 100	65 ~ 85	45 ~ 65	20 ~ 32	15 ~ 24	14 ~ 22	12 ~ 18	10 ~ 15	9 ~ 14	8 ~ 12
细粒式	SMA-13			100	90 ~ 100	50 ~ 75	20 ~ 34	15 ~ 26	14 ~ 24	12 ~ 20	10 ~ 16	9 ~ 15	8 ~ 12
	SMA-10				100	90 ~ 100	28 ~ 60	20 ~ 32	14 ~ 26	12 ~ 22	10 ~ 18	9 ~ 16	8 ~ 13

开级配排水式磨耗层混合料矿料级配范围 表 9-5

级配类型		通过下列筛孔(mm)的质量百分率(%)										
		19	16	13.2	9.5	4.75	2.36	1.18	0.6	0.3	0.15	0.075
中粒式	OGFC-16	100	90 ~ 100	70 ~ 90	45 ~ 70	12 ~ 30	10 ~ 22	6 ~ 18	4 ~ 15	3 ~ 12	3 ~ 8	2 ~ 6
	OGFC-13		100	90 ~ 100	60 ~ 80	12 ~ 30	10 ~ 22	6 ~ 18	4 ~ 15	3 ~ 12	3 ~ 8	2 ~ 6
细粒式	OGFC-10			100	90 ~ 100	50 ~ 70	10 ~ 22	6 ~ 18	4 ~ 15	3 ~ 12	3 ~ 8	2 ~ 6

密级配沥青碎石混合料矿料级配范围　　表 9-6

级配类型		通过下列筛孔(mm)的质量百分率(%)														
		53	37.5	31.5	26.5	19	16	13.2	9.5	4.75	2.36	1.18	0.6	0.3	0.15	0.075
特粗式	ATB-40	100	90~100	75~92	65~85	49~71	43~63	37~57	30~50	20~40	15~32	10~25	8~18	5~14	3~10	2~6
	ATB-30		100	90~100	70~90	53~72	44~66	39~60	31~51	20~40	15~32	10~25	8~18	5~14	3~10	2~6
粗粒式	ATB-25			100	90~100	60~80	48~68	42~62	32~52	20~40	15~32	10~25	8~18	5~14	3~10	2~6

半开级配沥青碎石混合料矿料级配范围　　表 9-7

级配类型		通过下列筛孔(mm)的质量百分率(%)											
		26.5	19	16	13.2	9.5	4.75	2.36	1.18	0.6	0.3	0.15	0.075
中粒式	AM-20	100	90~100	60~85	50~75	40~65	15~40	5~22	2~16	1~12	0~10	0~8	0~5
	AM-16		100	90~100	60~85	45~68	18~40	6~25	3~18	1~14	0~10	0~8	0~5
细粒式	AM-13			100	90~100	50~80	20~45	8~28	4~20	2~16	0~10	0~8	0~6
	AM-10				100	90~100	35~65	10~35	5~22	2~16	0~12	0~9	0~6

开级配沥青碎石混合料矿料级配范围　　表 9-8

级配类型		通过下列筛孔(mm)的质量百分率(%)														
		53	37.5	31.5	26.5	19	16	13.2	9.5	4.75	2.36	1.18	0.6	0.3	0.15	0.075
特粗式	ATPB-40	100	70~100	65~90	55~85	43~75	32~70	20~65	12~50	0~3	0~3	0~3	0~3	0~3	0~3	0~3
	ATPB-30		100	80~100	70~95	53~85	36~80	26~75	14~60	0~3	0~3	0~3	0~3	0~3	0~3	0~3
粗粒式	ATPB-25			100	80~100	60~100	45~90	30~82	16~70	0~3	0~3	0~3	0~3	0~3	0~3	0~3

3. 马歇尔试验

《公路沥青路面施工技术规范》(JTG F40—2004)规定，沥青混合料配合比设计采用马歇尔试验配合比设计方法，其技术要求应符合表 9-9 ~ 表 9-12 的规定，并有良好的施工性能。当采用其他方法设计沥青混合料时，应按《公路沥青路面施工技术规范》(JTG F40—2004)规定进行马歇尔试验及各项配合比设计检验，并报告不同设计方法各自的试验结果。二级公路宜参照一级公路的技术标准执行。长大坡度的路段按重载交通路段考虑。

密级配沥青混凝土混合料马歇尔试验技术标准　　表 9-9

试验指标		单位	高速公路、一级公路				其他等级公路	行人道路
			夏炎热区(1-1、1-2、1-3、1-4 区)		夏热区及夏凉区(2-1、2-2、2-3、2-4、3-2 区)			
			中轻交通	重载交通	中轻交通	重载交通		
击实次数(双面)		次	75				50	50
试件尺寸		mm	ϕ101.6mm × 63.5mm					
空隙率 VV	深约 90mm 以内	%	3 ~ 5	4 ~ 6	2 ~ 4	3 ~ 5	3 ~ 6	2 ~ 4
	深约 90mm 以下	%	3 ~ 6		2 ~ 4	3 ~ 6	3 ~ 6	—
稳定度 MS　不小于		kN	8				5	3
流值 FL		mm	2 ~ 4	1.5 ~ 4	2 ~ 4.5	2 ~ 4	2 ~ 4.5	2 ~ 5

续上表

试验指标		单位	高速公路、一级公路				其他等级公路	行人道路
			夏炎热区(1-1、1-2、1-3、1-4 区)		夏热区及夏凉区(2-1、2-2、2-3、2-4、3-2 区)			
			中轻交通	重载交通	中轻交通	重载交通		

矿料间隙率 VMA(%)不小于	设计空隙率(%)	相应于以下公称最大粒径(mm)的最小 *VMA* 及 *VFA* 技术要求(%)					
		26.5	19	16	13.2	9.5	4.75
	2	10	11	11.5	12	13	15
	3	11	12	12.5	13	14	16
	4	12	13	13.5	14	15	17
	5	13	14	14.5	15	16	18
	6	14	15	15.5	16	17	19
沥青饱和度 *VFA*(%)		55~70	65~75			70~85	

注:①对空隙率大于5%的夏炎热区重载交通路段,施工时应至少提高压实度1%。

②当设计的空隙率不是整数时,由内插确定要求的 VMA 最小值。

③对改性沥青混合料,马歇尔试验的流值可适当放宽。

④表中气候分区按《公路沥青路面施工技术规范》(JTG F40—2004)附录 A 执行。

⑤本表适用于公称最大粒径≤26.5mm 的密级配沥青混凝土混合料。

沥青稳定碎石混合料马歇尔试验配合比设计技术标准 表 9-10

试验指标	单位	密级配基层(ATB)		半开级配面层(AM)	排水式开级配磨耗层(OGFC)	排水式开级配基层(ATPB)
公称最大粒径	mm	26.5mm	等于或大于31.5mm	等于或小于26.5mm	等于或小于26.5mm	所有尺寸
马歇尔试件尺寸	mm	ϕ101.6mm×63.5mm	ϕ152.4mm×95.3mm	ϕ101.6mm×63.5mm	ϕ101.6mm×63.5mm	ϕ152.4mm×95.3mm
击实次数(双面)	次	75	112	50	50	75
空隙率 VV	%	3~6		6~10	不小于18	不小于18
稳定度　不小于	kN	7.5	15	3.5	3.5	—
流值	mm	1.5~4	实测	—	—	—
沥青饱和度 VFA	%	55~70		40~70	—	—

密级配基层 ATB 的矿料间隙率 VMA　不小于(%)	设计空隙率(%)	ATB-40	ATB-30	ATB-25
	4	11	11.5	12
	5	12	12.5	13
	6	13	13.5	14

注:在干旱地区,可将密级配沥青稳定碎石基层的空隙率适当放宽到8%。

SMA 混合料马歇尔试验配合比设计技术要求 表 9-11

试验项目	单位	技术要求		试验方法
		不使用改性沥青	使用改性沥青	
马歇尔试件尺寸	mm	ϕ101.6mm×63.5mm		T 0702
马歇尔试件击实次数①		两面击实50次		T 0702
空隙率 VV②	%	3~4		T 0708
矿料间隙率 VMA②　不小于	%	17.0		T 0708
粗集料骨架间隙率 VCA_{mix}③　不大于		VCA_{DRC}		T 0708
沥青饱和度 VFA	%	75~85		T 0708

续上表

试验项目	单位	技术要求		试验方法
		不使用改性沥青	使用改性沥青	
稳定度[④]　不小于	kN	5.5	6.0	T 0709
流值	mm	2~5	—	T 0709
谢伦堡沥青析漏试验的结合料损失	%	不大于0.2	不大于0.1	T 0732
肯塔堡飞散试验的混合料损失或浸水飞散试验	%	不大于20	不大于15	T 0733

注:①对集料坚硬不易击碎,通行重载交通的路段,也可将击实次数增加为双面75次。

②对高温稳定性要求较高的重交通路段或炎热地区,设计空隙率允许放宽到4.5%,VMA允许放宽到16.5%(SMA-16)或16%(SMA-19),VFA允许放宽到70%。

③试验粗集料骨架间隙率VCA的关键性筛孔,对SMA-19、SMA-16是指4.75mm,对SMA-13、SMA-10是指2.36mm。

④稳定度难以达到要求时,容许放宽到5.0kN(非改性)或5.5kN(改性),但动稳定度检验必须合格。

OGFC混合料技术要求　　表9-12

试验项目	单位	技术要求	试验方法
马歇尔试件尺寸	mm	ϕ101.6mm×63.5mm	T 0702
马歇尔试件击实次数		两面击实50次	T 0702
空隙率	%	18~25	T 0708
马歇尔稳定度　不小于	kN	3.5	T 0709
析漏损失	%	<0.3	T 0732
肯塔堡飞散损失	%	<20	T 0733

4.使用性能检验

《公路沥青路面施工技术规范》(JTG F40—2004)规定,对用于高速公路和一级公路的公称最大粒径等于或小于19mm的密级配沥青混合料(AC)及SMA、OGFC混合料需在配合比设计的基础上按下列步骤进行各种使用性能检验,不符要求的沥青混合料,必须更换材料或重新进行配合比设计。二级公路参照此要求执行。

(1)必须在规定的试验条件下进行车辙试验,并符合表9-13的要求。

沥青混合料车辙试验动稳定度技术要求　　表9-13

<table>
<tr><td colspan="2">气候条件与技术指标</td><td colspan="9">相应于下列气候分区所要求的动稳定度(次/mm)</td><td rowspan="4">试验方法</td></tr>
<tr><td colspan="2" rowspan="3">七月平均最高气温(℃)
及气候分区</td><td colspan="4">>30</td><td colspan="4">20~30</td><td><20</td></tr>
<tr><td colspan="4">1.夏炎热区</td><td colspan="4">2.夏热区</td><td>3.夏凉区</td></tr>
<tr><td>1-1</td><td>1-2</td><td>1-3</td><td>1-4</td><td>2-1</td><td>2-2</td><td>2-3</td><td>2-4</td><td>3-2</td></tr>
<tr><td colspan="2">普通沥青混合料　不小于</td><td colspan="2">800</td><td colspan="2">1000</td><td>600</td><td colspan="3">800</td><td>600</td><td rowspan="5">T 0719</td></tr>
<tr><td colspan="2">改性沥青混合料　不小于</td><td colspan="2">2400</td><td colspan="2">2800</td><td>2000</td><td colspan="3">2400</td><td>1800</td></tr>
<tr><td rowspan="2">SMA混合料</td><td>非改性　不小于</td><td colspan="9">1500</td></tr>
<tr><td>改性　不小于</td><td colspan="9">3000</td></tr>
<tr><td colspan="2">OGFC混合料</td><td colspan="9">1500(一般交通路段)、3000(重交通量路段)</td></tr>
</table>

注:①如果其他月份的平均最高气温高于七月时,可使用该月平均最高气温。

②在特殊情况下,如钢桥面铺装、重载车特别多或纵坡较大的长距离上坡路段、厂矿专用道路,可酌情提高动稳定度的要求。

③对因气候寒冷确需使用针入度很大的沥青(如大于100),动稳定度难以达到要求,或因采用石灰岩等不很坚硬的石料,改性沥青混合料的动稳定度难以达到要求等特殊情况,可酌情降低要求。

④为满足炎热地区及重载车要求,在配合比设计时采取减少最佳沥青用量的技术措施时,可适当提高试验温度或增加试验荷载进行试验,同时增加试件的碾压成型密度和施工压实度要求。

⑤车辙试验不得采用二次加热的混合料,试验必须检验其密度是否符合试验规程的要求。

⑥如需要对公称最大粒径等于或大于26.5mm的混合料进行车辙试验,可适当增加试件的厚度,但不宜作为评定合格与否的依据。

⑦表中气候分区按《公路沥青路面施工技术规范》(JTG F40—2004)附录A执行。

(2)必须在规定的试验条件下进行浸水马歇尔试验和冻融劈裂试验检验沥青混合料的水稳定性,并同时符合表9-14中的两个要求。达不到要求时必须采取抗剥落措施,调整最佳沥青用量后再次试验。

沥青混合料水稳定性检验技术要求 表9-14

气候条件与技术指标		相应于下列气候分区的技术要求(%)				试验方法
年降雨量(mm)及气候分区		>1000	500~1000	250~500	<250	
		1.潮湿区	2.湿润区	3.半干区	4.干旱区	
浸水马歇尔试验残留稳定度(%) 不小于						
普通沥青混合料		80		75		T 0709
改性沥青混合料		85		80		
SMA混合料	普通沥青	75				
	改性沥青	80				
冻融劈裂试验的残留强度比(%) 不小于						
普通沥青混合料		75		70		T 0729
改性沥青混合料		80		75		
SMA混合料	普通沥青	75				
	改性沥青	80				

注:表中气候分区按《公路沥青路面施工技术规范》(JTG F40—2004)附录A执行。

(3)宜对密级配沥青混合料在温度-10℃、加载速率50mm/min的条件下进行弯曲试验,测定破坏强度、破坏应变、破坏劲度模量,并根据应力应变曲线的形状,综合评价沥青混合料的低温抗裂性能。其中沥青混合料的破坏应变宜符合表9-15的要求。

沥青混合料低温弯曲试验破坏应变(με)技术要求 表9-15

气候条件与技术指标	相应于下列气候分区所要求的破坏应变(με)									试验方法
年极端最低气温(℃)及气候分区	<-37.0		-21.5~-37.0			-9.0~-21.5		>-9.0		
	1.冬严寒区		2.冬寒区			3.冬冷区		4.冬温区		
	1-1	2-1	1-2	2-2	3-2	1-3	2-3	1-4	2-4	
普通沥青混合料 不小于	2600		2300			2000				T 0728
改性沥青混合料 不小于	3000		2800			2500				

注:表中气候分区按《公路沥青路面施工技术规范》(JTG F40—2004)附录A执行。

(4)宜利用轮碾机成型的车辙试验试件,脱模架起进行渗水试验,并符合表9-16的要求。

沥青混合料试件渗水系数(mL/min)技术要求 表9-16

级配类型	渗水系数要求(mL/min)	试验方法
密级配沥青混凝土 不大于	120	
SMA混合料 不大于	80	T 0730
OGFC混合料 不小于	实测	

(5)对使用钢渣作为集料的沥青混合料,应进行活性和膨胀性试验,钢渣沥青混凝土的膨胀量不得超过1.5%。

(6)对改性沥青混合料的性能检验,应针对改性目的进行。以提高高温抗车辙性能为主要目的时,低温性能可按普通沥青混合料的要求执行;以提高低温抗裂性能为主要目的时,高温稳定性可按普通沥青混合料的要求执行。

第三节　其他沥青混合料

一、沥青表面处治

沥青表面处治适用于三级及三级以下公路的沥青面层。沥青表面处治可采用道路石油沥青、乳化沥青、煤沥青铺筑,沥青标号应按《公路沥青路面施工技术规范》(JTG F40—2004)相关规定选用。沥青表面处治的集料最大粒径应与处治层的厚度相等,其规格和用量宜按表9-17选用;沥青表面处治施工后,应在路侧另备 S12(5 ~ 10mm)碎石或 S14(3 ~ 5mm)石屑、粗砂或小砾石 2 ~ $3m^3/1000m^2$ 作为初期养护用料。

沥青表面处治材料规格和用量　　表 9-17

沥青种类	类型	厚度(mm)	集料($m^3/1000m^2$)						沥青或乳液用量(kg/m^2)			
			第一层		第二层		第三层		第一次	第二次	第三次	合计用量
			规格	用量	规格	用量	规格	用量				
石油沥青	单层	1.0	S12	7 ~ 9					1.0 ~ 1.2			1.0 ~ 1.2
		1.5	S10	12 ~ 14					1.4 ~ 1.6			1.4 ~ 1.6
	双层	1.5	S10	12 ~ 14	S12	7 ~ 8			1.4 ~ 1.6	1.0 ~ 1.2		2.4 ~ 2.8
		2.0	S9	16 ~ 18	S12	7 ~ 8			1.6 ~ 1.8	1.0 ~ 1.2		2.6 ~ 3.0
		2.5	S8	18 ~ 20	S12	7 ~ 8			1.8 ~ 2.0	1.0 ~ 1.2		2.8 ~ 3.2
	三层	2.5	S8	18 ~ 20	S12	12 ~ 14	S12	7 ~ 8	1.6 ~ 1.8	1.2 ~ 1.4	1.0 ~ 1.2	3.8 ~ 4.4
		3.0	S6	20 ~ 22	S12	12 ~ 14	S12	7 ~ 8	1.8 ~ 2.0	1.2 ~ 1.4	1.0 ~ 1.2	4.0 ~ 4.6
乳化沥青	单层	0.5	S14	7 ~ 9					0.9 ~ 1.0			0.9 ~ 1.0
	双层	1.0	S12	9 ~ 11	S14	4 ~ 6			1.8 ~ 2.0	1.0 ~ 1.2		2.8 ~ 3.2
	三层	3.0	S6	20 ~ 22	S10	9 ~ 11	S12 S14	4 ~ 6 3.5 ~ 4.5	2.0 ~ 2.2	1.8 ~ 2.0	1.0 ~ 1.2	4.8 ~ 5.4

注:①煤沥青表面处治的沥青用量可比石油沥青用量增加 15% ~ 20%。

②表中的乳液用量按乳化沥青的蒸发残留物含量 60% 计算,如沥青含量不同应予折算。

③在高寒地区及干旱风沙大的地区,可超出高限 5% ~ 10%。

二、稀浆封层和微表处

稀浆封层一般用于二级及二级以下公路的预防性养护,也适用于新建公路的下封层。微表处主要用于高速公路及一级公路的预防性养护以及填补轻度车辙,也适用于新建公路的抗滑磨耗层。微表处必须采用改性乳化沥青,稀浆封层可采用普通乳化沥青或改性乳化沥青,其品种和质量应分别符合表 9-14、表 9-15、表 9-17 和表 9-18 的规定。

稀浆封层和微表处应选择坚硬、粗糙、耐磨、洁净的集料。集料的各项性能应符合表 5-16 和表5-26的要求。其中微表处用通过 4.75mm 筛的合成矿料的砂当量不得低于 65%,稀浆封层用通过 4.75mm 筛的合成矿料的砂当量不得低于 50%。当用于抗滑表层时,还应符合表 5-18中有关磨光值的要求。细集料宜采用碱性石料生产的机制砂或洁净的石屑。对集料中的超粒径颗粒必须筛除。

根据铺筑厚度、处治目的、公路等级等条件，按照表 9-18 选用合适的矿料级配。

稀浆封层和微表处的矿料级配 表 9-18

筛孔尺寸(mm)	不同类型通过各筛孔的百分率(%)				
	微表处		稀浆封层		
	MS-2 型	MS-3 型	ES-1 型	ES-2 型	ES-3 型
9.5	100	100		100	100
4.75	95 ~ 100	70 ~ 90	100	95 ~ 100	70 ~ 90
2.36	65 ~ 90	45 ~ 70	90 ~ 100	65 ~ 90	45 ~ 70
1.18	45 ~ 70	28 ~ 50	60 ~ 90	45 ~ 70	28 ~ 50
0.6	30 ~ 50	19 ~ 34	40 ~ 65	30 ~ 50	19 ~ 34
0.3	18 ~ 30	12 ~ 25	25 ~ 42	18 ~ 30	12 ~ 25
0.15	10 ~ 21	7 ~ 18	15 ~ 30	10 ~ 21	7 ~ 18
0.075	5 ~ 15	5 ~ 15	10 ~ 20	5 ~ 15	5 ~ 15
一层的适宜厚度(mm)	4 ~ 7	8 ~ 10	2.5 ~ 3	4 ~ 7	8 ~ 10

稀浆封层和微表处的混合料中乳化沥青及改性乳化沥青的用量应通过配合比设计确定。混合料的质量应符合表 9-19 的技术要求。

稀浆封层和微表处混合料技术要求 表 9-19

项目	单位	微表处	稀浆封层	试验方法
可拌和时间	s	>120		手工拌和
稠度	cm	—	2 ~ 3	T 0751
黏聚力试验 30min(初凝时间) 60min(开放交通时间)	 N·m N·m	 ≥1.2 ≥2.0	(仅适用于快开放交通的稀浆封层) ≥1.2 ≥2.0	T 0754
负荷轮碾压试验(LWT) 黏附砂量 轮迹宽度变化率*	 g/m^2 %	 <450 <5	(仅适用于重交通道路表层) <450 —	T 0755
湿轮磨耗试验的磨耗值(WTAT) 浸水 1h 浸水 6d	 g/m^2 g/m^2	 <540 <800	 <800 —	T 0752

注 *：负荷轮碾压试验(LWT)的轮迹宽度变化率适用于需要修补车辙的情况。

稀浆封层和微表处混合料的配合比设计按下列步骤进行：

(1)根据选择的级配类型，按表 9-18 确定矿料的级配范围。计算各种集料的配合比例，使合成级配在要求的级配范围内。

(2)根据以往的经验初选乳化沥青、填料、水和外加剂用量，进行拌和试验和黏聚力试验。可拌和时间的试验温度应考虑最高施工温度，黏聚力试验的温度应考虑施工中可能遇到的最低温度。

(3)根据上述试验结果和稀浆混合料的外观状态，选择 1 ~ 3 个认为合理的混合料配方，按表 9-19 规定试验稀浆混合料的性能；如不符要求，适当调整各种材料的配合比例再试验，直至符合要求为止。

(4)当设计人员经验不足时，可将初选的1～3个混合料配方分别变化不同的沥青用量(沥青用量一般在6.0%～8.5%之间)，按照表9-19的要求重复试验，并分别将不同沥青用量的1h湿轮磨耗值及砂黏附量绘制成图9-2的关系曲线，以磨耗值接近表9-19中要求的沥青用量作为最小沥青用量 P_{bmin}，砂黏附量接近表9-19中要求的沥青用量为最大沥青用量 P_{bmax}，得出沥青用量的可选择范围 P_{bmin}～P_{bmax}。

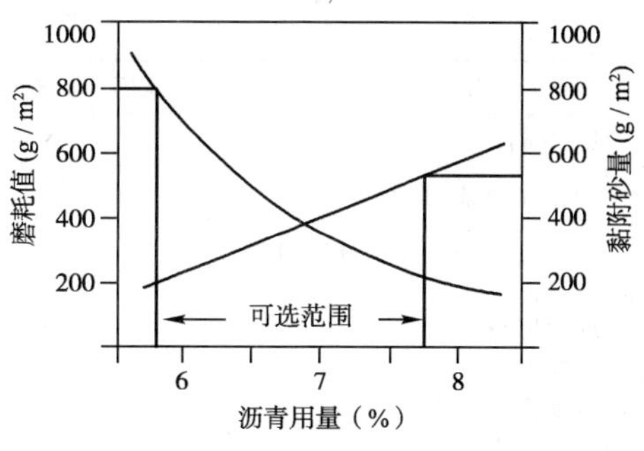

图9-2　确定稀浆封层和微表处最佳沥青用量的曲线

(5)根据经验在沥青用量的可选范围内选择适宜的沥青用量。对微表处混合料，以所选择的沥青用量检验混合料的浸水6d湿轮磨耗指标，用于车辙填充的增加检验负荷车轮试验的宽度变化率指标，不符要求时调整沥青用量重新试验，直至符合要求为止。

(6)根据以往经验及配合比设计试验结果，在充分考虑气候及交通特点的基础上综合确定混合料配方。

三、沥青贯入式路面

沥青贯入式路面的集料应选择有棱角、嵌挤性好的坚硬石料，其规格和用量宜根据贯入层厚度按表9-20或表9-21选用。当使用破碎砾石时，其破碎面应符合表5-19的要求。沥青贯入层主层集料中大于粒径范围中值的数量不宜少于50%。表面不加铺拌和层的贯入式路面，在施工结束后每1000m² 宜另备2～3m³ 与最后一层嵌缝料规格相同的细集料等供初期养护使用。

沥青贯入层的主层集料最大粒径宜与贯入层厚度相当。当采用乳化沥青时，主层集料最大粒径可采用厚度的0.8～0.85倍，数量宜按压实系数1.25～1.30计算。

沥青贯入式路面的结合料可采用道路石油沥青、煤沥青或乳化沥青，用量应按表9-20或表9-21选用，沥青标号按表8-8、表8-12、表8-15选用。

贯入式路面各层次沥青用量应根据施工气温及沥青标号等在规定范围内选用，在寒冷地带或当施工季节气温较低、沥青针入度较小时，沥青用量宜用高限。在低温潮湿气候下用乳化沥青贯入时，应按乳液总用量不变的原则进行调整，上层较正常情况适当增加，下层较正常情况适当减少。

沥青贯入式路面材料规格和用量

(用量单位，集料：m³/1000m²，沥青及沥青乳液：kg/m²)　　表9-20

沥青品种	石油沥青					
厚度(cm)	4		5		6	
规格和用量	规格	用量	规格	用量	规格	用量
封层料	S14	3～5	S14	3～5	S13(S14)	4～6
第三遍沥青		1.0～1.2		1.0～1.2		1.0～1.2
第二遍嵌缝料	S12	6～7	S11(S10)	10～12	S11(S10)	10～12
第二遍沥青		1.6～1.8		1.8～2.0		2.0～2.2
第一遍嵌缝料	S10(S9)	12～14	S8	12～14	S8(S6)	16～18
第一遍沥青		1.8～2.1		1.6～1.8		2.8～3.0
主层石料	S5	45～50	S4	55～60	S3(S4)	66～76
沥青总用量	4.4～5.1		5.2～5.8		5.8～6.4	

续上表

沥青品种	石油沥青				乳化沥青			
厚度(cm)	7		8		4		5	
规格和用量	规格	用量	规格	用量	规格	用量	规格	用量
封层料	S13(S14)	4~6	S13(S14)	4~6	S13(S14)	4~6	S14	4~6
第五遍沥青								0.8~1.0
第四遍嵌缝料							S14	5~6
第四遍沥青						0.8~1.0		1.2~1.4
第三遍嵌缝料					S14	5~6	S12	7~9
第三遍沥青		1.0~1.2		1.0~1.2		1.4~1.6		1.5~1.7
第二遍嵌缝料	S10(S11)	11~13	S10(S11)	11~13	S12	7~8	S10	9~11
第二遍沥青		2.4~2.6		2.6~2.8		1.6~1.8		1.6~1.8
第一遍嵌缝料	S6(S8)	18~20	S6(S8)	20~22	S9	12~14	S8	10~12
第一遍沥青		3.3~3.5		4.4~4.2		2.2~2.4		2.6~2.8
主层石料	S2	80~90	S1(S2)	95~100	S5	40~45	S4	50~55
沥青总用量	6.7~7.3		7.6~8.2		6.0~6.8		7.4~8.5	

注:①煤沥青贯入式的沥青用量可较石油沥青用量增加15%~20%。

②表中乳化沥青是指乳液的用量,并适用于乳液浓度约为60%的情况,如果浓度不同,用量应予换算。

③在高寒地区及干旱风沙大的地区,可超出高限,再增加5%~10%。

上拌下贯式路面的材料规格和用量

(用量单位,集料:$m^3/1000m^2$,沥青及沥青乳液:kg/m^2)　　表9-21

沥青品种	石油沥青					
厚度(cm)	4		5		6	
规格和用量	规格	用量	规格	用量	规格	用量
第二遍嵌缝料	S12	5~6	S12(S11)	7~9	S12(S11)	7~9
第二遍沥青		1.4~1.6		1.6~1.8		1.6~1.8
第一遍嵌缝料	S10(S9)	12~14	S8	16~18	S8(S7)	16~18
第一遍沥青		2.0~2.3		2.6~2.8		3.2~3.4
主层石料	S5	45~50	S4	55~60	S3(S2)	66~76
沥青总用量	3.4~3.9		4.2~4.6		4.8~5.2	

沥青品种	石油沥青		乳化沥青			
厚度(cm)	7		5		6	
规格和用量	规格	用量	规格	用量	规格	用量
第四遍嵌缝料					S14	4~6
第四遍沥青						1.3~1.5
第三遍嵌缝料			S14	4~6	S12	8~10
第三遍沥青				1.4~1.6		1.4~1.6
第二遍嵌缝料	S10(S11)	8~10	S12	9~10	S9	8~12
第二遍沥青		1.7~1.9		1.8~2.0		1.5~1.7
第一遍嵌缝料	S6(S8)	18~20	S8	15~17	S6	24~26
第一遍沥青		4.0~4.2		2.5~2.7		2.4~2.6
主层石料	S2(S3)	80~90	S4	50~55	S3	50~55
沥青总用量	5.7~6.1		5.9~6.2		6.7~7.2	

注:①煤沥青贯入式的沥青用量可较石油沥青用量增加15%~20%。

②表中乳化沥青是指乳液的用量,并适用于乳液浓度约为60%的情况。

③在高寒地区及干旱风沙大的地区,可超出高限,再增加5%~10%。

④表面加铺拌和层部分的材料规格及沥青(或乳化沥青)用量按热拌沥青混合料(或乳化沥青碎石混合料路面)的有关规定执行。

四、冷拌沥青混合料路面

1. 一般规定

(1)冷拌沥青混合料适用于三级及三级以下公路的沥青面层、二级公路的罩面层施工以及各级公路沥青路面的基层、联结层或整平层。冷拌改性沥青混合料可用于沥青路面的坑槽冷补。

(2)冷拌沥青混合料宜采用乳化沥青或液体沥青拌制，也可采用改性乳化沥青，各种结合料类型及规格应符合第八章的要求。

(3)冷拌沥青混合料宜采用密级配沥青混合料，当采用半开级配的冷拌沥青碎石混合料路面时应铺筑上封层。

2. 配合比设计

(1)冷拌沥青混合料可参照热拌沥青混合料相应的矿料级配使用，并根据已有的成功经验经试拌确定设计级配范围和施工配合比。

(2)乳化沥青碎石混合料的乳液用量应根据当地实践经验以及交通量、气候、集料情况、沥青标号、施工机械等条件确定，也可按热拌沥青混合料的沥青用量折算，实际的沥青残留物数量可较同规格热拌沥青混合料的沥青用量减少10%～20%。

3. 冷补沥青混合料

(1)用于修补沥青路面坑槽的冷补沥青混合料宜采用适宜的改性沥青结合料制造，并具有良好的耐水性。

(2)冷补沥青混合料的矿料级配宜参照表9-22的要求执行。沥青用量通过试验并根据实际使用效果确定，通常宜为4%～6%。其级配应符合补坑的需要，粗集料级配必须具有充分的嵌挤能力，以便在未经充分碾压的条件下可开放通车碾压而不松散。

冷补沥青混合料的矿料级配　　表9-22

类　型	通过下列筛孔的百分率(mm)											
	26.5	19.0	16.0	13.2	9.5	4.75	2.36	1.18	0.6	0.3	0.15	0.075
细粒式 LB-10				100	80～100	30～60	10～40	5～20	0～15	0～12	0～8	0～5
细粒式 LB-13			100	90～100	60～95	30～60	10～40	5～20	0～15	0～12	0～8	0～5
中粒式 LB-16		100	90～100	50～90	40～75	30～60	10～40	5～20	0～15	0～12	0～8	0～5
粗粒式 LB-19	100	95～100	80～100	70～100	60～90	30～70	10～40	5～20	0～15	0～12	0～8	0～5

(3)冷补沥青混合料的质量宜符合下列要求：

①制造冷补沥青混合料的集料必须符合热拌沥青混合料集料的质量要求。

②有良好的低温操作和易性。用于冬季寒冷季节补坑的混合料，应在松散状态下经-10℃的冰箱保持24h无明显的凝聚结块现象，且能用铁铲方便地拌和操作。

③有良好的耐水性，混合料按水煮法或水浸法检验的抗水剥落性能(裹覆面积)不得小于95%。

④冷补沥青混合料应有足够的黏聚性，马歇尔试验稳定度宜不小于3kN。

冷补沥青混合料黏聚性试验方法：将冷补材料800g装入马歇尔试模中，放入4℃恒温室中2～3h，取出后双面各击实5次，制作试件，脱模后放在标准筛上，将其直立并使试件沿筛框来回滚动20次，破损率不得大于40%。

冷补沥青混合料马歇尔试验方法：称混合料1180g在常温下装入试模中，双面各击实50次，连同试模一起以侧面竖立方式置于110℃烘箱中养生24h，取出后再双面各击实25次，再连同试模在室温中竖立放置24h，脱模后在60℃恒温水槽中养生30min，进行马歇尔试验。

五、透层、黏层

1. 透层

沥青路面各类基层都必须喷洒透层油，沥青层必须在透层油完全渗透入基层后方可铺筑。基层上设置下封层时，透层油不宜省略。根据基层类型选择渗透性好的液体沥青、乳化沥青、煤沥青作透层油。透层油的质量应符合第八章的要求。

透层油的黏度通过调节稀释剂的用量或乳化沥青的浓度得到适宜的黏度，基质沥青的针入度通常宜不小于100。透层用乳化沥青的蒸发残留物含量允许根据渗透情况作适当调整，当使用成品乳化沥青时可通过稀释得到要求的黏度。透层用液体沥青的黏度通过调节煤油或轻柴油等稀释剂的品种和掺量经试验确定。

透层油的用量通过试洒确定，不宜超出表9-23要求的范围。

沥青路面透层材料的规格和用量表 表9-23

用途	液体沥青		乳化沥青		煤沥青	
	规格	用量(L/m²)	规格	用量(L/m²)	规格	用量(L/m²)
无结合料粒料基层	AL(M)-1、2或3 AL(S)-1、2或3	1.0～2.3	PC-2 PA-2	1.0～2.0	T-1 T-2	1.0～1.5
半刚性基层	AL(M)-1或2 AL(S)-1或2	0.6～1.5	PC-2 PA-2	0.7～1.5	T-1 T-2	0.7～1.0

注：表中用量是指包括稀释剂和水分等在内的液体沥青、乳化沥青的总量。乳化沥青中的残留物含量以50%为基准。

2. 黏层

符合下列情况之一时，必须喷洒黏层油：① 双层式或三层式热拌热铺沥青混合料路面的沥青层之间；②水泥混凝土路面、沥青稳定碎石基层或旧沥青路面层上加铺沥青层；③路缘石、雨水口、检查井等构造物与新铺沥青混合料接触的侧面。

黏层油宜采用快裂或中裂乳化沥青、改性乳化沥青，也可采用快、中凝液体石油沥青，其规格和质量应符合第八章的要求，所使用的基质沥青标号宜与主层沥青混合料相同。

黏层油的品种和用量，应根据下卧层的类型通过试洒确定，并符合表9-24的要求。

沥青路面黏层材料的规格和用量表 表9-24

下卧层类型	液体沥青		乳化沥青	
	规格	用量(L/m²)	规格	用量(L/m²)
新建沥青层或旧沥青路面	AL(R)-3～AL(R)-6 AL(M)-3～AL(M)-6	0.3～0.5	PC-3 PA-3	0.3～0.6
水泥混凝土路面	AL(M)-3～AL(M)-6 AL(S)-3～AL(S)-6	0.2～0.4	PC-3 PA-3	0.3～0.5

注：表中用量是指包括稀释剂和水分等在内的液体沥青、乳化沥青的总量。乳化沥青中的残留物含量以50%为基准。

六、其他沥青铺装工程

1. 行人及非机动车道路

行人道路及非机动车道路宜选择针入度较大的石油沥青或乳化沥青，沥青混合料的沥青用量宜比车行道用量增加0.3%左右。

2. 重型车停车场、公共汽车站

高速公路服务区、停车场、公共汽车站等的沥青层应满足较长时间停驻重型车辆及承受反复启动制动水平力的功能要求。沥青混合料应有较高的抗永久性流动变形的能力。沥青混合料宜选择集料最大粒径较粗、嵌挤性能好的矿料级配，适当增加4.75mm以上的粗集料部分，减少天然砂用量。沥青结合料宜采用低针入度沥青或者改性沥青，沥青用量比标准配合比设计用量宜减少0.3%～0.5%左右。

3. 钢桥面铺装

钢桥面铺装必须具有以下功能性要求：①能与钢板紧密结合成为整体，变形协调一致；②防水性能良好，防止钢桥面生锈；③具有足够的耐久性和有较小的温度敏感性，满足使用条件下的高温抗流动变形能力、低温抗裂性能、水稳定性、抗疲劳性能、表面抗滑的要求；④与钢板黏结良好，具有足够的抗水平剪切重复荷载及蠕变变形的能力。

防水黏结层宜采用高黏度的改性沥青、环氧沥青、防水卷材。钢桥面铺装使用的改性沥青，宜单独提出相应的技术要求。沥青面层可采用聚合物或天然沥青改性沥青混凝土、环氧沥青混凝土、浇注式沥青混凝土、SMA等作合理的组合。

4. 路缘石与拦水带

沥青混凝土拦水带的矿料级配宜符合表9-25的要求，沥青用量宜在正常试验的基础上增加0.5%～1.0%，双面击实50次的设计空隙率宜为1%～3%。

沥青混凝土拦水带矿料级配范围　　表9-25

筛孔(mm)	16	13.2	4.75	2.36	0.3	0.075
通过质量百分率(%)	100	85～100	65～80	50～65	18～30	5～15

第四节　沥青混合料试验方法

一、沥青混合料取样(T 0701—2000)

1. 目的和适用范围

本方法适用于在拌和厂及道路施工现场采集热拌沥青混合料或常温沥青混合料试样，供施工过程中的质量检验或在试验室测定沥青混合料的各项物理力学性质。

2. 仪具与材料

(1)铁锹。

(2)手铲。

(3)搪瓷盘或其他金属盛样容器、塑料编织袋。

(4)温度计：分度为1℃。宜采用有金属插杆的热电偶沥青温度计，金属插杆的长度应不小于300mm，量程0～300℃，数字显示或度盘指针的分度0.1℃，且有留置读数功能。

(5)其他:标签、溶剂(汽油)、棉纱等。

3. 取样数量

(1)试样数量根据试验目的决定,宜不少于试验用量的 2 倍。按现行规范规定进行沥青混合料试验的每一组代表性取样,如表 9-26。

平行试验应加倍取样。在现场取样直接装入试模或盛样盒成型时,也可等量取样。

常用沥青混合料试验项目的样品数量　　表 9-26

试验项目	目的	最少试样量(kg)	取样量(kg)
马歇尔试验、抽提筛分	施工质量检验	12	20
车辙试验	高温稳定性检验	40	60
浸水马歇尔试验	水稳定性检验	12	20
冻融劈裂试验	水稳定性检验	12	20
弯曲试验	低温性能检验	15	25

(2)根据沥青混合料集料公称最大粒径,取样应不少于下列数量:

细粒式沥青混合料,不少于 4kg;

中粒式沥青混合料,不少于 8kg;

粗粒式沥青混合料,不少于 12kg;

特粗式沥青混合料,不少于 16kg。

(3)取样材料用于仲裁试验时,取样数量除应满足本取样方法规定外,还应保留一份有代表性试样,直到仲裁结束。

4. 取样方法

沥青混合料取样应是随机的,并具有充分的代表性。以检查拌和质量(如油石比、矿料级配)为目的时,应从拌和机一次放料的下方或提升斗中取样,不得多次取样混合后使用。以评定混合料质量为目的时,必须分几次取样,拌和均匀后作为代表性试样。

(1)在沥青混合料拌和厂取样

在拌和厂取样时,宜用专用的容器(一次可装 5 ~ 8kg)装在拌和机卸料斗下方(图 9-3),每放一次料取一次样,顺次装入试样容器中,每次倒在清扫干净的平板上,连续几次取样,混合均匀,按四分法取样至足够数量。

(2)在沥青混合料运料车上取样

在运料汽车上取沥青混合料样品时,宜在汽车装料一半后开出去于汽车车厢内,分别用铁锹从不同方向的 3 个不同高度处取样,然后混在一起用手铲适当拌和均匀,取出规定数量。这种车到达施工现场后取样时,应在卸掉一半后将车开出去从不同方向的 3 个不同高度处取样。宜从 3 辆不同的车上取样混合使用。

(3)在道路施工现场取样

在道路施工现场取样时,应在摊铺后未碾压前于摊铺宽度的两侧$\frac{1}{2}$ ~ $\frac{1}{3}$位置处取样,用铁锹将摊铺层的全厚铲出,但不得将摊铺层下的其他层料铲入。每摊铺一车料取一次样,连续 3 车取样后,混合均匀按四分法取样至足够数量。对现场制件的细粒式沥青混合料,也可

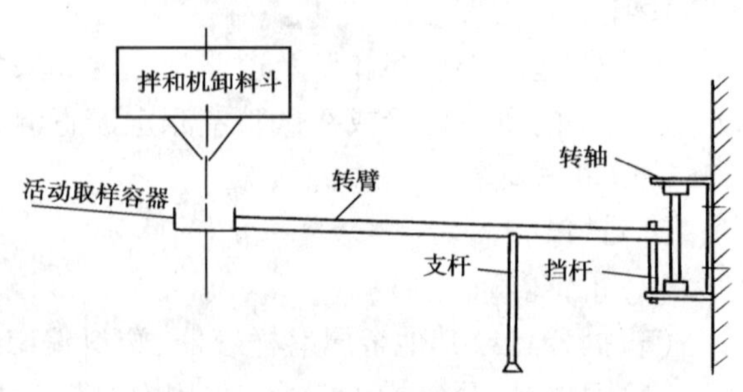

图 9-3　装在拌和机上的沥青混合料取样装置

在摊铺机经螺旋拨料杆拌匀的一端一边前进一边取样。

(4)对热拌沥青混合料每次取样时，都必须用温度计测量温度，准确至1℃。

(5)乳化沥青常温混合料试样的取样方法与热拌沥青混合料相同，但宜在乳化沥青破乳水分蒸发后装袋，对袋装常温沥青混合料亦可直接从储存的混合料中随机取样。取样袋数不少于3袋，使用时将3袋混合料倒出作适当拌和，按四分法取出规定数量试样。

(6)液体沥青常温沥青混合料的取样方法同上。当用汽油稀释时，必须在溶剂挥发后方可封袋保存。当用煤油或柴油稀释时，可在取样后即装袋保存，保存时应特别注意防火安全。其余与热拌沥青混合料同。

(7)从碾压成型的路面上取样时，应随机选取3个以上不同地点、钻孔、切割或刨取混合料至全厚度，仔细清除杂物及不属于这一层的混合料。需重新制作试件时，应加热拌匀按四分法取样至足够数量。

5. 试样的保存与处理

(1)热拌热铺的沥青混合料试样需送至中心试验室或质量检测机构作质量评定且二次加热会影响试验结果(如车辙试验)时，必须在取样后趁高温立即装入保温桶内，送试验室立即成型试件，试件成型温度不得低于规定要求。

(2)热混合料需要存放时，可在温度下降至60℃后装入塑料编织袋内，扎紧袋口，并宜低温保存，应防止潮湿、淋雨等，且时间不要太长。

(3)在进行沥青混合料质量检验或进行物理力学性质试验时，由于采集的热拌混合料试样温度下降或稀释沥青溶剂挥发结成硬块已不符合试验要求时，宜用微波炉或烘箱适当加热重塑，且只容许加热一次，不得重复加热。不得用电炉或燃气炉明火局部加热。用微波炉加热沥青混合料时不得使用金属容器和带有金属的物件。沥青混合料的加热温度以达到符合压实温度要求为度，控制最短的加热时间，通常用烘箱加热时不宜超过4h，用工业微波炉加热约5～10min。

6. 样品的标记

(1)取样后当场试验时，可将必要的项目一并记录在试验记录报告上。此时，试验报告必须包括取样时间、地点、混合料温度、取样数、取样人等栏目。

(2)取样后转送试验室试验或存放后用于其他项目试验时应附有样品标签，样品标签应记载下列事项：

①工程名称、拌和厂名称及拌和机型号。

②样品概况：包括沥青混合料种类及摊铺层次、沥青品种、标号、矿料种类、取样时混合料温度及取样位置或用以摊铺的路段桩号等。

③试样数量。

④取样人、提交试样单位及责任者姓名。

⑤取样目的或用途(送达单位)。

⑥样品标签填写人、取样日期。

⑦备考：其他应予注明的事项。

二、沥青混合料试件制作(T 0702～T 0704)

(一)击实法(T 0702—2000)

1. 目的和适用范围

(1)本方法适用于标准击实法或大型击实法制作沥青混合料试件，以供试验室进行沥青混合料物理力学性质试验使用。

(2)标准击实法适用于马歇尔试验、间接抗拉试验(劈裂法)等所使用的 ϕ101.6mm × 63.5mm圆柱体试件的成型。大型击实法适用于 ϕ152.4mm × 95.3mm 大型圆柱体试件的成型。

(3)沥青混合料试件制作时的矿料规格及试件数量应符合如下规定:

①沥青混合料配合比设计及在试验室人工配制沥青混合料制作试件时,试件尺寸应符合试件直径不小于集料公称最大粒径的 4 倍,厚度不小于集料公称最大粒径的 1 ~ 1.5 倍的规定。对直径 ϕ101.6mm 的试件,集料公称最大粒径应不小于26.5mm。对粒径大于26.5mm 的粗粒式沥青混合料,其大于26.5mm 的集料应用等量的13.2 ~ 26.5mm 集料代替(替代法),也可采用直径 ϕ152.4mm 的大型圆柱体试件。大型圆柱体试件适用于集料公称最大粒径不大于37.5mm 的情况。试验室成型的一组试件的数量不得少于4 个,必要时宜增加至5 ~ 6 个。

②用拌和厂及施工现场采集的拌和沥青混合料成品试样制作直径 ϕ101.6mm 的试件时,按下列规定选用不同的方法及试件数量:

a. 当集料公称最大粒径小于或等于26.5mm 时,可直接取样(直接法)。一组试件的数量通常为4 个。

b. 当集料公称最大粒径大于26.5mm,但不大于31.5mm 时,宜将大于26.5mm 的集料筛除后使用(过筛法),一组试件数量仍为4 个,如采用直接法,一组试件的数量应增加至6 个。

c. 当集料公称最大粒径大于31.5mm 时,必须采用过筛法。过筛的筛孔为26.5mm,一组试件仍为4 个。

2. 仪具与材料

(1)标准击实仪或大型击实仪。

(2)标准击实台。

(3)试验室用沥青混合料拌和机:能保证拌和温度并充分拌和均匀,可控制拌和时间,容量不小于10L,如图9-4 所示。搅拌叶自转速度70 ~ 80r/min,公转速度40 ~ 50r/min。

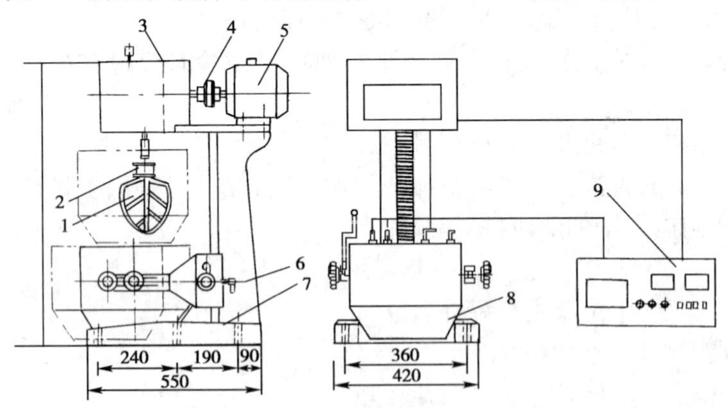

图9-4　试验室用沥青混合料拌和机

1-拌和叶片;2-弹簧;3-变速箱;4-联轴器;5-电机;6-升降手柄;7-底座;8-加热拌和锅;9-温度时间控制仪

(4)脱模器。

(5)试模:大型圆柱体试件的试模与套筒,如图9-5 所示。

(6)烘箱:大、中型各一台,装有温度调节器。

(7)天平或电子秤:用于称量矿料的,感量不大于0.5g;用于称量沥青的,感量不大于

0.1g。

(8)沥青运动黏度测定设备:毛细管黏度计、赛波特重油黏度计或布洛克菲尔德黏度计。

(9)插刀或大螺丝刀。

(10)温度计:分度为1℃。宜采用有金属插杆的热电偶沥青温度计,金属插杆的长度不小于300mm。量程0~300℃,数字显示或度盘指针的分度0.1℃,且有留置读数功能。

(11)其他:电炉或煤气炉、沥青熔化锅、拌和铲、标准筛、滤纸(或普通纸)、胶布、卡尺、秒表、粉笔、棉纱等。

3.准备工作

(1)确定制作沥青混合料试件的拌和与压实温度。

①测定沥青的黏度,绘制黏温曲线。按表9-27的要求确定适宜于沥青混合料拌和及压实的等黏温度。

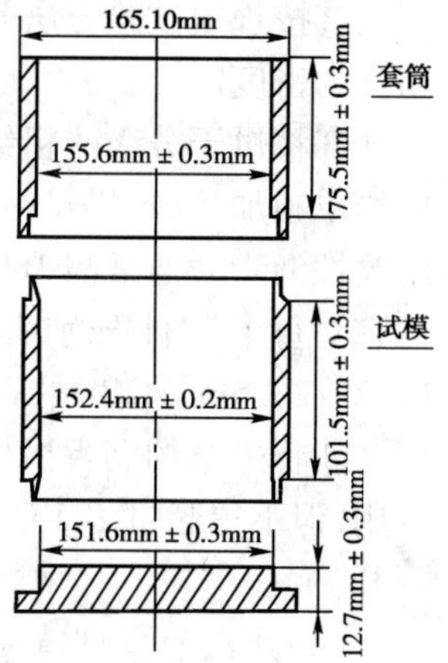

图9-5　大型圆柱体试件的试模与套筒

适宜于沥青混合料拌和及压实的沥青等黏温度　　表9-27

沥青结合料种类	黏度与测定方法	适宜于拌和的沥青结合料黏度	适宜于压实的沥青结合料黏度
石油沥青（含改性沥青）	表观黏度　T 0625 运动黏度　T 0619 赛波特黏度　T 0623	(0.17±0.02)Pa·s (170±20)mm^2/s (85±10)s	(0.28±0.03)Pa·s (280±30)mm^2/s (140±15)s
煤沥青	恩格拉度　T 0622	25±3	40±5

注:液体沥青混合料的压实成型温度按石油沥青要求执行。

②当缺乏沥青黏度测定条件时,试件的拌和与压实温度可按表9-28选用,并根据沥青品种和标号作适当调整。针入度小、稠度大的沥青取高限,针入度大、稠度小的沥青取低限,一般取中值。对改性沥青,应根据改性剂的品种和用量,适当提高混合料的拌和和压实温度。对大部分聚合物改性沥青,需要在基质沥青的基础上提高15~30℃左右,掺加纤维时,尚需再提高10℃左右。

沥青混合料拌和及压实温度参考表　　表9-28

沥青结合料种类	拌和温度(℃)	压实温度(℃)
石油沥青	130~160	120~150
煤沥青	90~120	80~110
改性沥青	160~175	140~170

③常温沥青混合料的拌和及压实在常温下进行。

(2)在拌和厂或施工现场采集沥青混合料试样。将试样置于烘箱中或加热的砂浴上保温,在混合料中插入温度计测量温度,待混合料温度符合要求后成型。需要适当拌和时可倒入已加热的小型沥青混合料拌和机中适当拌和,时间不超过1min。但不得用铁锅在电炉或明火上加热炒拌。

(3)在试验室人工配制沥青混合料时,材料准备按下列步骤进行:

①将各种规格的矿料置105℃±5℃的烘箱中烘干至恒量(一般不少于4~6h)。根据需要,粗集料可先用水冲洗干净后烘干。也可将粗细集料过筛后用水冲洗再烘干备用。

②按规定试验方法分别测定不同粒径规格粗、细集料及填料(矿粉)的各种密度,并测定沥青的密度。

③将烘干分级的粗细集料,按每个试件设计级配要求称其质量,在一金属盘中混合均匀,矿粉单独加热,置烘箱中预热至沥青拌和温度以上约15℃(采用石油沥青时通常为163℃,采用改性沥青时通常需180℃)备用。一般按一组试件(每组4~6个)备料,但进行配合比设计时宜对每个试件分别备料。当采用替代法时,对粗集料中粒径大于26.5mm的部分,以13.2~26.5mm粗集料等量代替。常温沥青混合料的矿料不应加热。

④将采集的沥青试样,用恒温烘箱或油浴、电热套熔化加热至规定的沥青混合料拌和温度备用,但不得超过175℃。当不得已采用燃气炉或电炉直接加热进行脱水时,必须使用石棉垫隔开。

(4)用蘸有少许黄油的棉纱擦净试模、套筒及击实座等,置100℃左右烘箱中加热1h备用。常温沥青混合料用试模不加热。

4.拌制沥青混合料

(1)黏稠石油沥青或煤沥青混合料

①将沥青混合料拌和机预热至拌和温度以上10℃左右备用(对试验室试验研究、配合比设计及采用机械拌和施工的工程,严禁用人工炒拌法热拌沥青混合料)。

②将每个试件预热的粗细集料置于拌和机中,用小铲子适当混合,然后再加入需要数量的已加热至拌和温度的沥青(如沥青已称量在一专用容器内时,可以倒掉沥青后用一部分热矿粉将粘在容器壁上的沥青擦拭一起倒入拌和锅中),开动拌和机一边搅拌一边将拌和叶片插入混合料中拌和1~1.5min,然后暂停拌和,加入单独加热的矿粉,继续拌和至均匀为止,并使沥青混合料保持在要求的拌和温度范围内。标准的总拌和时间为3min。

(2)液体石油沥青混合料

将每组(或每个)试件的矿料置已加热至55~100℃的沥青混合料拌和机中,注入要求数量的液体沥青,并将混合料边加热边拌和,使液体沥青中的溶剂挥发至50%以下。拌和时间应事先由试拌决定。

(3)乳化沥青混合料

将每个试件的粗细集料,置于沥青混合料拌和机(不加热,也可用人工炒拌)中,注入计算的用水量(阴离子乳化沥青不加水)后,拌和均匀并使矿料表面完全湿润,再注入设计的沥青乳液用量,在1min内使混合料拌匀,然后加入矿粉后迅速拌和,使混合料拌成褐色为止。

5.成型方法

(1)马歇尔标准击实法的成型步骤如下:

①将拌好的沥青混合料,均匀称取一个试件所需的用量(标准马歇尔试件约1200g,大型马歇尔试件约4050g)。当已知沥青混合料的密度时,可根据试件的标准尺寸计算并乘以1.03得到要求的混合料数量。当一次拌和几个试件时,宜将其倒入经预热的金属盘中,用小铲适当拌和均匀分成几份,分别取用。在试件制作过程中,为防止混合料温度下降,应连盘放在烘箱中保温。

②从烘箱中取出预热的试模及套筒,用蘸有少许黄油的棉纱擦拭套筒、底座及击实锤底面,将试模装在底座上,垫一张圆形的吸油性小的纸,按四分法从四个方向用小铲将混合料铲入试模中,用插刀或大螺丝刀沿周边插捣15次,中间10次。插捣后将沥青混合料表面整平成凸圆弧面。对大型马歇尔试件,混合料分两次加入,每次插捣次数同上。

③插入温度计，至混合料中心附近，检查混合料温度。

④待混合料温度符合要求的压实温度后，将试模连同底座一起放在击实台上固定，在装好的混合料上面垫一张吸油性小的圆纸，再将装有击实锤及导向棒的压实头插入试模中，然后开启电动机或人工将击实锤从457mm的高度自由落下击实规定的次数(75、50或35次)。对大型马歇尔试件，击实次数为75次(相应于标准击实50次的情况)或112次(相应于标准击实75次的情况)。

⑤试件击实一面后，取下套筒，将试模掉头，装上套筒，然后以同样的方法和次数击实另一面。

乳化沥青混合料试件在两面击实后，将一组试件在室温下横向放置24h；另一组试件置温度为105℃±5℃的烘箱中养生24h。将养生试件取出后再立即两面锤击各25次。

⑥试件击实结束后，立即用镊子取掉上下面的纸，用卡尺量取试件离试模上口的高度并由此计算试件高度，如高度不符合要求时，试件应作废，并按下式调整试件的混合料质量，以保证高度符合63.5mm±1.3mm(标准试件)或95.3mm±2.5mm(大型试件)的要求。

$$\text{调整后混合料质量}=\frac{\text{要求试件高度}\times\text{原用混合料质量}}{\text{所得试件的高度}} \tag{9-2}$$

(2)卸去套筒和底座，将装有试件的试模横向放置冷却至室温后(不少于12h)，置脱模机上脱出试件。该试件用于T 0709现场马歇尔指标检验。在施工质量检验过程中如急需试验，允许采用电风扇吹冷1h或浸水冷却3min以上的方法脱模，但浸水脱模法不能用于测量密度、空隙率等各项物理指标。

(3)将试件仔细置于干燥洁净的平面上，供试验用。

(二)轮碾法(T 0703—1993)

1. 目的和适用范围

(1)本方法规定了在试验室用轮碾法制作沥青混合料试件的方法，以供进行沥青混合料物理力学性质试验时使用。

(2)轮碾法适用于300mm×300mm×50mm(或40mm)或300mm×300mm×100mm板块状试件的成型，由此板块状试件用切割机切制成棱柱体试件，或在试验室用芯样钻机钻取试样，成型试件的密度应符合马歇尔标准击实试样密度100%±1%的要求。

(3)沥青混合料试件制作时的试件尺寸应符合如下要求：对轮碾板块试件，碾压层厚度不小于公称最大集料粒径的1～1.5倍；对切制棱柱体试件，长度不小于公称最大集料粒径的4倍，宽度或厚度不小于公称最大集料粒径的1～1.5倍；对轮碾成型板厚50mm的试件，矿料规格及试件数量应符合击实法的规定，但当试件厚度等于或大于100mm时，亦可用直接法制作试件。

2. 仪具与材料

(1)轮碾成型机：具有与钢筒式压路机相似的圆弧形碾压轮，轮宽300mm，压实线荷载为300N/cm，碾压行程等于试件长度，经碾压后的板块状试件可达到马歇尔试验标准击实密度的100%±1%。当无轮碾成型时，可用手动碾代替，手动碾轮宽与试件同宽，备有10kg砝码5个，以调整载重(手动碾成型的试件厚度不大于50mm)。在施工现场也可以采用压路机代替。

(2)试验室用沥青混合料拌和机：能保证拌和温度并充分拌和均匀，可控制拌和机时间，宜采用容量大于30L的大型沥青混合料拌和机，也可采用容量大于10L的小型拌和机。

(3)试模:由高碳钢或工具钢制成,试模尺寸应保证成型后符合要求试件尺寸的规定。试验室制作车辙试验板块状试件的标准试模如图9-6,内部平面尺寸为300mm×300mm,高50mm(或40mm)或100mm。

(4)手动碾压成型车辙试件的试模框架:硬木或钢板制,内部尺寸300mm×300mm×50mm,平面能与试模边缘齐平。

(5)切割机:试验室用金刚石锯片锯石机(单锯片或双锯片切割机)或现场用路面切割机,有淋水冷却装置,其切割厚度不小于试件厚度。

(6)钻孔取芯机:用电力或汽油机、柴油机驱动,有淋水冷却装置。金刚石钻头的直径根据试件的直径选择(通常为100mm,根据需要也可为150mm)。钻孔深度不小于试件厚度,钻头转速不小于1000r/min。

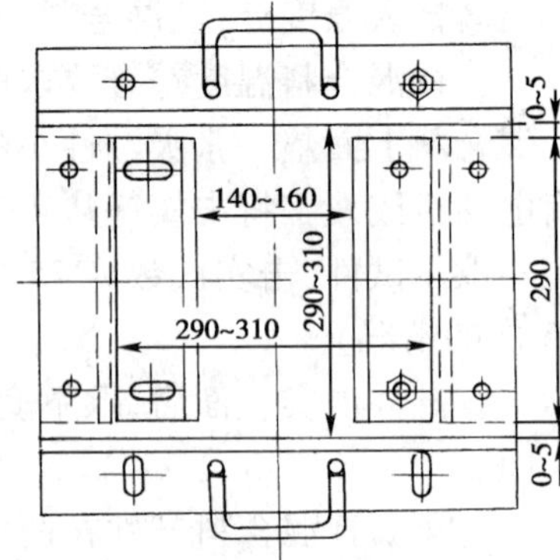

图9-6　车辙试验试模(尺寸单位:mm)

(7)烘箱:大、中型各一台,装有温度调节器。

(8)台秤、天平或电子秤:称量5kg以上的,感量不大于1g;称量5kg以下时,用于称量矿料的感量不大于0.5g,用于称量沥青的感量不大于0.1g。

(9)沥青运动黏度测定设备:布洛克菲尔德黏度计、毛细管黏度计或赛波特黏度计。

(10)小型击实锤:钢制,端部断面80mm×80mm,厚10mm,带手柄,总质量0.5kg左右。

(11)温度计:分度为1℃。宜采用有金属插杆的热电偶沥青温度计,金属插杆的长度不小于300mm,量程0~300℃,数字显示或度盘指针的分度0.1℃,且有留置读数功能。

(12)干冰:固体CO_2。

(13)其他:电炉或煤气炉、沥青熔化锅、拌和铲、标准筛、滤纸、胶布、卡尺、秒表、粉笔、垫木、棉纱等。

3. 准备工作

(1)按T 0702的方法决定制作沥青混合料试件的拌和与压实温度。常温沥青混合料的拌和及压实在常温下进行。

(2)按T 0701的方法在拌和厂或施工现场采集沥青混合料试样。如混合料温度符合要求,可直接用于成型。在试验室人工配制沥青混合料时,按击实法准备矿料及沥青,加热备用,常温沥青混合料的矿料不加热。

(3)将金属试模及小型击实锤等置100℃左右烘箱中加热1h备用。常温沥青混合料用试模不加热。

(4)按击实法拌制沥青混合料,混合料及各种材料数量由1块试件的体积按马歇尔标准击实密度乘以1.03的系数求算。对试验室试验研究、配合比设计检验及采用机械拌和施工的工程,不得用人工炒拌法拌制沥青混合料。当采用大容量沥青混合料拌和机时,宜全量一次拌和;当采用小型混合料拌和机时,可分两次拌和。

4. 轮碾成型方法

(1)试验室用轮碾成型机制备试件,试件尺寸通常为300mm×300mm×50mm(或40mm)。根据需要也可采用其他尺寸。但一层碾压的厚度不得超过100mm。

①将预热的试模从烘箱中取出,装上试模框架,在试模中铺一张裁好的普通纸(可用报纸),使底面及侧面均被纸隔离,将拌和好的全部沥青混合料(注意不得散失,分两次拌和的应倒在一起),用小铲稍加拌和后均匀地沿试模由边至中按顺序转圈装入试模,中部要略高于

四周。

②取下试模框架,用预热的小型击实锤由边至中转圈夯实一遍,整平成凸圆弧形。

③插入温度计,待混合料稍冷至 T 0702 规定的压实温度(为使冷却均匀,试模底下可用垫木支起)时,在表面铺一张裁好尺寸的普通纸。

④当用轮碾机碾压时,宜先将碾压轮预热至 100℃左右(如不加热,应铺牛皮纸)。然后,将盛有沥青混合料的试模置于轮碾机的平台上,轻轻放下碾压轮,调整总荷载为 9kN(线荷载 300 N/cm)。

⑤启动轮碾机,先在一个方向碾压 2 个往返(4 次),卸荷,再抬起碾压轮,将试件调转方向,再加相同荷载碾压至马歇尔标准密度 100% ±1% 为止。试件正式压实前,应经试压,决定碾压次数,一般 12 个往返(24 次)左右可达要求。如试件厚度为 100mm 时,宜按先轻后重的原则分两层碾压。

⑥当用手动碾碾压时,先用空碾碾压,然后逐渐增加砝码荷载,直至将 5 个砝码全部加上,进行压实,至马歇尔标准密度 100% ±1% 为止。碾压方法及次数应由试压决定,并压至无轮迹为止。

⑦压实成型后,揭去表面的纸,用粉笔在试件表面标明碾压方向。

⑧盛有压实试件的试模,置室温下冷却,至少 12h 后方可脱模。

(2)在工地制备试件

①按 T 0701 采取代表性的沥青混合料样品,数量需多于 3 个试件的需要量。

②按试验室方法称取一个试样混合料数量装入符合要求尺寸的试模中,用小锤均匀击实。试模应不妨碍碾压成型。

③碾压成型:在工地上,可用小型振动压路机或其他适宜的压路机碾压,在规定的压实温度下,每一遍碾压 3~4s,约 25 次往返,使沥青混合料压实密度达到马歇尔标准密度 100% ±1%。也可采用手动碾压实成型。注意碾压过程不得将试模撑开,影响试件尺寸。

④如将工地取样的沥青混合料送往试验室成型时,混合料必须放在保温桶内,不使温度下降,且在抵达试验室后立即成型。如温度低于要求可适当加热至压实温度后,用轮碾成型机成型。如系完全冷却后经二次加热重塑成型的试件,必须在试验报告上注明。

5. 用切割机切制棱柱体试件

试验室用切割机切制棱柱体试件的步骤如下:

(1)按试验要求的试件尺寸,在轮碾成型的板块状试件表面规划切割试件的数目,但边缘 20mm 部分不得使用。

(2)切割顺序如图 9-7 所示,首先在与轮碾法成型垂直的方向沿 A—A 切割第 1 刀作为基准面,再在垂直的 B—B 方向切割第 2 刀,精确量取试件长度后切割 C—C,使 A—A 及 C—C 切下的部分大致相等。使用金刚石锯片切割时,一定要开放冷却水。

(3)仔细量取试件切割位置,按图 9-7 顺碾压方向(B—B 方向)切割试件,使试件宽度符合要求,锯下的试件应按顺序放在平玻璃板上排列整齐,然后再切割试件的底面及表面。将切割好的试件立即编号,供弯曲试验用的试件应用胶布贴上标记,保持轮碾机成型时的上下位置,直至弯曲试验时上下方向始终保持不变,试件的尺寸应符合各项试验的规格要求。

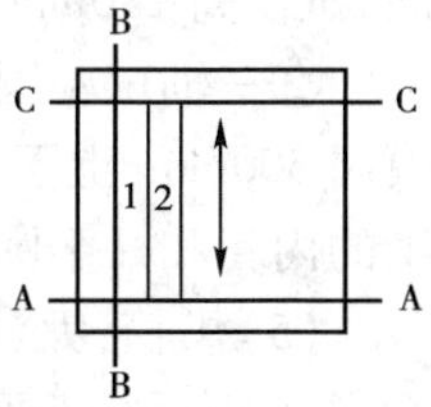

图 9-7　切割棱柱体试件的顺序

(4)将完全切割好的试件放在玻璃板上,试件之间留有 10mm 以上的间隙,试件下垫一层滤纸,并经常挪动位置,使其完全风干。如急需使用,可用电风扇或冷风机吹干，每隔1～2h，挪动试件一次，使试件加速风干，风干时间宜不小于24h。在风干过程中，试件的上下方向及排序不能搞错。

6. 用钻芯法钻取圆柱体试件

（1）在试验室用芯样钻机从板块状试件上钻取圆柱体试件的步骤如下：

①将轮碾成型机成型的板块状试件脱模，成型的试件厚度应不小于圆柱体试件的厚度。

②在试件下方作出取样位置标记，板块状试件边缘部分的20mm内不得使用。根据需要，可选用直径100mm或150mm的金刚石钻头。

③将板块状试件置于钻机平台上固定，钻头对准取样位置。

④在钻孔位置堆放干冰，使试件迅速冷却。一边开动钻机，一边添加干冰，冷却钻头和试件。如没有干冰时，可开放冷却水，开动钻机，均匀地钻透试块。为保护钻头，在试块下可垫上木板等。

⑤提起钻机，取出试件。

⑥按上述方法将试件吹干备用。

（2）根据需要，可再用切割机切去钻芯试件的一端或两端，达到要求的高度，但必须保证端面与试件轴线垂直且保持上下平行。

（三）静压法（T 0704—1993）

1. 目的和适用范围

（1）本方法规定用静压法制作沥青混合料试件的方法，以供在试验室进行沥青混合料物理力学性质试验。

（2）凡采用静压法制作的试件，有条件时均可用振动压实或搓揉成型设备代替，成型试件以密度达到马歇尔标准击实试件密度100% ±1%控制。

（3）沥青混合料试件制作时的试件尺寸应符合试件直径不小于公称最大集料粒径的4倍，试件厚度不小于公称最大集料粒径的1～1.5倍的规定，其矿料规格及试件数量应符合击实法的规定。

2. 仪具与材料

（1）压力机或带压力表的千斤顶：不小于300kN。

（2）试验室用沥青混合料拌和机：能保证拌和温度并充分拌和均匀，可控制拌和时间，拌和机的容量为10L（小型）或30L（大型）。

（3）脱模器：电动或手动，可无破损地推出圆柱体试件，备有要求尺寸的推出环。

（4）各种试模：包括压头，每种至少3组，由高碳钢或工具钢制成，试模尺寸应保证成型后符合要求试件尺寸的规定。

①抗压试验圆柱体试模：采用ϕ100mm×100mm的试件尺寸时，试模内径与试件直径相同，试模高180mm，上下压头直径100mm，上压头高50mm，下压头高90mm。

②三轴试验圆柱体试模：采用ϕ100mm×200mm的试件尺寸时，内径与试件直径相同，试模高300mm，上下压头直径100mm，上压头高50mm，下压头高90mm，试模也可由一个分成两半的内套和一个圆柱形外套组成。

（5）烘箱：大、中型各一台，装有温度调节器。

（6）台秤、天平或电子秤：称量5kg以上的感量不大于1g；称量5kg以下时，用于称量矿料的感量不大于0.5g，用于称量沥青的感量不大于0.1g。

（7）沥青运动黏度测定设备：毛细管黏度计或赛波特黏度计。

(8)插刀或大螺丝刀。

(9)垫块。

(10)温度计:分度为1℃。宜采用有金属插杆的热电偶沥青温度计,金属插杆的长度应不小于300mm,量程0~300℃,数字显示或度盘指针的分度0.1℃,且有留置读数功能。

(11)其他:电炉或煤气炉、沥青熔化锅、拌和铲、标准筛、滤纸(或普通纸)、胶布、卡尺、秒表、粉笔、棉纱等。

3. 准备工作

(1)同轮碾法准备工作步骤(1)~(3)。

(2)按T 0702的方法拌制沥青混合料,数量略多于试件质量需要。插入温度计检测温度。待温度符合成型需要时用于装模,通常的装模温度为125℃ ±5℃(石油沥青)及105℃ ±5℃(煤沥青)。

4. 成型方法

(1)按试件要求尺寸,准确称取混合料数量,应为1个试件的体积与马歇尔标准击实密度的乘积。

(2)将试模钢筒和承压头从烘箱中取出,立即在钢筒内部和承压头底面涂以很少量的润滑油,并将下承压头置于钢筒中。为使承压头突出钢筒底口2~3cm,下承压头应加垫圈或垫块,并在下承压头上放置一张圆形薄纸。

(3)用小铲将符合成型温度要求的混合料分2次(高为100mm的试件)或3次(高为200mm的试件)仔细铲入钢筒中,随之用插刀沿钢筒周边插捣15次,中间10次。然后,用热铲平整混合料表面。

(4)插入温度计至混合料中心附近,待温度符合T 0702要求的压实温度时,垫上一层薄纸及盖好上承压头(上下承压头伸进试模的高度应大体相同)。

(5)将装有混合料的试模及垫圈(块)一并置于压力机或千斤顶的平台上,加载至1MPa(对ϕ100mm的试件约为7.85kN)后撤去下面的垫圈(块),再逐渐均匀加载至要求的试件高度(约20~30MPa左右),并保持3min后卸荷,记录加载荷重。

(6)从试模中取出上、下承压头后,稍事降温,在未完全冷却时趁热置脱模器上推出试件。制成试件的高度与标准高度的误差不得大于±2.0mm,否则应予废弃。

注:脱模温度太低时,不仅脱模困难,还可能损伤试样。

(7)将试件竖立在平台上,在室温下冷却24h,测定试件密度、空隙率,不符合要求的应予废弃。

三、压实沥青混合料密度试验(T 0705~T 0708—2000)

(一)表干法(T 0705—2000)

1. 目的和适用范围

(1)表干法适用于测定吸水率不大于2%的各种沥青混合料试件,包括Ⅰ型或较密实的Ⅱ型沥青混凝土、抗滑表层混合料、沥青玛蹄脂碎石混合料(SMA)试件的毛体积相对密度或毛体积密度。

(2)本方法测定的毛体积密度适用于计算沥青混合料试件的空隙率、矿料间隙率等各项体积指标。

2.仪具与材料

(1)浸水天平或电子秤:最大称量3kg以下时,感量不大于0.1g;最大称量3kg以上时,感量不大于0.5g;最大称量10kg以上时,感量不大于5g。应有测量水中质量的挂钩。

(2)网篮。

(3)溢流水箱:如图9-8所示,使用洁净水,有水位溢流装置,保持试件和网篮浸入水中后的水位一定。

(4)试件悬吊装置:天平下方悬吊网篮及试件的装置,吊线应采用不吸水的细尼龙线绳,并有足够的长度。对轮碾成型机成型的板块状试件可用铁丝悬挂。

(5)秒表。

(6)毛巾。

(7)电风扇或烘箱。

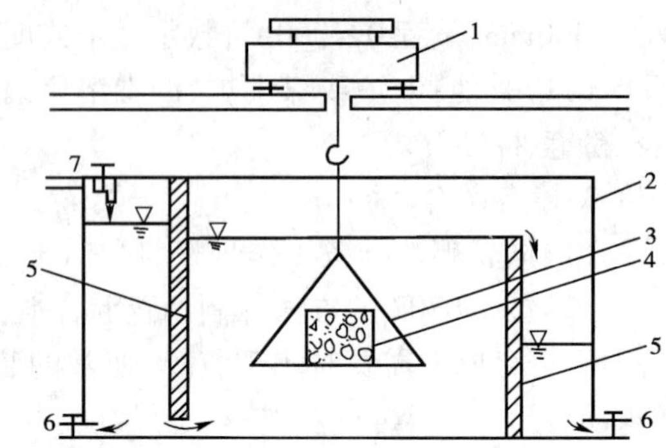

图9-8　溢流水箱及下挂法水中质量称量方法示意图
1-浸水天平或电子秤;2-溢流水箱;3-网篮;4-试件;5-水位搁板;6-放水阀门;7-注入口

3.试验步骤

(1)选择适宜的浸水天平或电子秤,最大称量应不小于试件质量的1.25倍,且不大于试件质量的5倍。

(2)除去试件表面的浮粒,称取干燥试件的空中质量(m_a),根据选择的天平的感量读数,准确至0.1g、0.5g或5g。

(3)挂上网篮,浸入溢流水箱中,调节水位,将天平调平或复零,把试件置于网篮中(注意不要晃动水)浸水中约3~5min,称取水中质量(m_w)。若天平读数持续变化,不能很快达到稳定,说明试件吸水较严重,不适用于此法测定,应改用T 0707的蜡封法测定。

(4)从水中取出试件,用洁净柔软的拧干湿毛巾轻轻擦去试件的表面水(不得吸走空隙内的水),称取试件的表干质量(m_f)。

(5)对从路上钻取的非干燥试件可先称取水中质量(m_w),然后用电风扇将试件吹干至恒量(一般不少于12h,当不需进行其他试验时,也可用60℃±5℃烘箱烘干至恒量),再称取空中质量(m_a)。

4.结果整理

(1)计算试件的吸水率,取1位小数。

试件的吸水率即试件吸水体积占沥青混合料毛体积的百分率,按式(9-3)计算。

$$S_a = \frac{m_f - m_a}{m_f - m_w} \times 100 \tag{9-3}$$

式中:S_a——试件的吸水率(%);

m_a——干燥试件的空中质量(g);

m_w——试件的水中质量(g);

m_f——试件的表干质量(g)。

(2)计算试件的毛体积相对密度和毛体积密度,取3位小数。

当试件的吸水率符合$S_a<2\%$要求时,试件的毛体积相对密度和毛体积密度按式(9-4)及式(9-5)计算;当吸水率$S_a>2\%$要求时,应改用T 0707的蜡封法测定。

$$\gamma_f = \frac{m_a}{m_f - m_w} \tag{9-4}$$

$$\rho_{f}=\frac{m_{a}}{m_{f}-m_{w}}\times\rho_{w}\tag{9-5}$$

式中：γ_f——用表干法测定的试件毛体积相对密度，无量纲；

ρ_f——用表干法测定的试件毛体积密度(g/cm^3)；

ρ_w——常温水的密度，$\rho_w\approx 1g/cm^3$。

(3)试件的空隙率按式(9-6)计算，取1位小数。

$$VV=\left(1-\frac{\gamma_{f}}{\gamma_{t}}\right)\times 100\tag{9-6}$$

式中：VV——试件的空隙率(%)；

γ——按真空法或溶剂法测定的沥青混合料理论最大相对密度，当实测理论最大相对密度有困难时，也可采用按式(9-7)或式(9-8)计算的理论最大相对密度；

γ_f——试件的毛体积相对密度，用表干法测定，当试件吸水率$S_a>2\%$时，由蜡封法或体积法测定；当按规定容许采用水中质量法测定时，也可用表观相对密度γ_a代替。

(4)计算试件的理论最大相对密度或理论最大密度，取3位小数。

①当已知试件的油石比时，试件的理论最大相对密度可按式(9-7)计算。

$$\gamma_{t}=\frac{100+P_{a}}{\frac{P_{1}}{\gamma_{1}}+\frac{P_{2}}{\gamma_{2}}+\cdots+\frac{P_{n}}{\gamma_{n}}+\frac{P_{a}}{\gamma_{a}}}\tag{9-7}$$

式中：γ_t——理论最大相对密度，无量纲；

P_a——油石比(%)；

γ_a——沥青的相对密度(25℃/25℃)；

P_1、…、P_n——各种矿料占矿料总质量的百分率(%)；

γ_1、…、γ_n——各种矿料对水的相对密度；对粗集料，宜采用与沥青混合料同一种相对密度，即混合料采用表干法、蜡封法或体积法测定的毛体积相对密度时，粗集料也采用毛体积相对密度；当混合料采用水中质量法测定的表观相对密度代替时，粗集料也采用表观相对密度；对细集料(砂、石屑)和矿粉均采用表观相对密度；矿料的相对密度按《公路工程集料试验规程》(JTG E42—2005)规定的方法测定，见第五章试验方法T 0304—2005和T 0330—2005。

②当已知试件的沥青含量时，试件的理论最大相对密度按式(9-8)计算。

$$\gamma_{t}=\frac{100}{\frac{P'_{1}}{\gamma_{1}}+\frac{P'_{2}}{\gamma_{2}}+\cdots+\frac{P'_{n}}{\gamma_{n}}+\frac{P_{b}}{\gamma_{a}}}\tag{9-8}$$

式中：P'_1、…、P'_n——各种矿料占沥青混合料总质量的百分率(%)；

P_b——沥青含量(%)。

③试件的理论最大密度按式(9-9)计算。

$$\rho_{t}=\gamma_{t}\times\rho_{w}\tag{9-9}$$

式中：ρ_t——理论最大密度(g/cm^3)。

④对于旧路面钻取芯样试样的混合料，当缺乏材料密度及配合比数据时，沥青混合料理论最大相对密度应采用真空法、溶剂法实测求得。

(5)试件中沥青的体积百分率可按式(9-10)或式(9-11)计算，取1位小数。

$$VA = \frac{P_b \times \gamma_f}{\gamma_a} \tag{9-10}$$

$$VA = \frac{100 \times P_a \times \gamma_f}{(100 + P_a) \times \gamma_a} \tag{9-11}$$

式中：VA——沥青混合料试件的沥青体积百分率（%）。

（6）试件中的矿料间隙率，可按式（9-12）或式（9-13）计算，式（9-12）适用于空隙率按计算的理论最大相对密度计算的情况；式（9-13）适用于空隙率按实测的理论最大相对密度计算的情况，取 1 位小数。

$$VMA = VA + VV \tag{9-12}$$

$$VMA = \left(1 - \frac{\gamma_f}{\gamma_{sb}} \times P_s\right) \times 100 \tag{9-13}$$

式中：VMA——沥青混合料试件的矿料间隙率（%）；

P_s——沥青混合料中各种矿料占沥青混合料总质量的百分率之和，即 $\sum P'_i$（%）；

γ_{sb}——全部矿料对水的平均相对密度，按式（9-14）计算：

$$\gamma_{sb} = \frac{100}{\frac{P_1}{\gamma_1} + \frac{P_2}{\gamma_2} + \cdots + \frac{P_n}{\gamma_n}} \tag{9-14}$$

（7）试件的沥青饱和度按式（9-15）计算，取 1 位小数。

$$VFA = \frac{VA}{VA + VV} \times 100 \tag{9-15}$$

式中：VFA——沥青混合料试件的沥青饱和度（%）。

（8）试件中的粗集料骨架间隙率可按式（9-16）计算，取 1 位小数。

$$VCA_{mix} = \left(1 - \frac{\gamma_f}{\gamma_{ca}} \times P_{ca}\right) \times 100 \tag{9-16}$$

式中：VCA_{mix}——沥青混合料中粗集料骨架之外的体积（通常指小于 4.75mm 的粗细集料、矿粉、沥青及空隙）占总体积的比例（%）；

P_{ca}——沥青混合料中粗集料的比例（由 $P_{ca} = P_s \times PA_{4.75}$）计算，$PA_{4.75}$ 为矿料级配中 4.75mm 筛余量，即 100 减去 4.75mm 通过率之差（%）；

γ_{ca}——矿料中所有粗集料颗粒部分对水的合成毛体积相对密度，按式（9-17）计算。

$$\gamma_{ca} = \frac{P_{1c} + P_{2c} + \cdots + P_{nc}}{\frac{P_{1c}}{\gamma_{1c}} + \frac{P_{2c}}{\gamma_{2c}} + \cdots + \frac{P_{nc}}{\gamma_{nc}}} \tag{9-17}$$

P_{1c}、…、P_{nc}——各种粗集料在矿料配合比中的比例（%）；

γ_{1c}、…、γ_{nc}——相应的各种粗集料对水的毛体积相对密度。

5. 试验报告

应在试验报告中注明沥青混合料的类型及采用的测定密度的方法。

（二）水中质量法（T 0706—2000）

1. 目的和适用范围

（1）水中质量法适用于测定几乎不吸水的密实的 I 型沥青混合料试件的表观相对密度或表观密度。

（2）当试件很密实，几乎不存在与外界连通的开口孔隙时，可采用本方法测定的表观相对密度代替按 T 0705 表干法测定的毛体积相对密度，并据此计算沥青混合料试件的空隙率、矿料间隙率等各项体积指标。

2. 仪具与材料

(1)浸水天平或电子秤：要求同 T 0705 表干法试验。

(2)网篮。

(3)溢流水箱：使用洁净水，有水位溢流装置，保持试件和网篮浸入水中后的水位一定。试验时的水温应在 15～25℃范围内，并与测定集料密度时的水温相同。

(4)试件悬吊装置：天平下方悬吊网篮及试件的装置，吊线应采用不吸水的细尼龙线绳，并有足够的长度。对轮碾成型机成型的板块状试件可用铁丝悬挂。

(5)秒表。

(6)电风扇或烘箱。

3. 试验步骤

(1)同 T 0705 表干法试验步骤(1)。

(2)同 T 0705 表干法试验步骤(2)。

(3)挂上网篮，浸入溢流水箱的水中，调节水位，将天平调平或复零，把试件置于网篮中(注意不要使水晃动)，待天平稳定后立即读数，称取水中质量(m_w)。若天平读数持续变化，不能在数秒钟内达到稳定，说明试件有吸水情况，不适用于此法测定，应改用 T 0705 表干法或 T 0707 蜡封法测定。

(4)同 T 0705 表干法试验步骤(5)。

4. 结果计算

(1)按式(9-18)及式(9-19)计算用水中质量法测定的沥青混合料试件的表观相对密度及表观密度，取 3 位小数。

$$\gamma_a = \frac{m_a}{m_a - m_w} \tag{9-18}$$

$$\rho_a = \frac{m_a}{m_a - m_w} \times \rho_w \tag{9-19}$$

式中：γ_a——试件的表观相对密度，无量纲；

ρ_a——试件的表观密度(g/cm^3)；

m_a——干燥试件的空中质量(g)；

m_w——试件的水中质量(g)；

ρ_w——常温水的密度，$\rho_w \approx 1 g/cm^3$。

(2)当试件为几乎不吸水的密实沥青混合料时，以表观相对密度代替毛体积相对密度，按上述的方法计算试件的理论最大相对密度及空隙率、沥青的体积百分率、矿料间隙率、粗集料骨架间隙率、沥青饱和度等各项体积指标。

5. 试验报告

应在试验报告中注明沥青混合料的类型及采用的测定密度的方法。

(三)蜡封法(T 0707—2000)

1. 目的和适用范围

(1)蜡封法适用于测定吸水率大于 2% 的沥青混凝土或沥青碎石混合料试件的毛体积相对密度或毛体积密度。

(2)本方法测定的毛体积相对密度适用于计算沥青混合料试件的空隙率、矿料间隙率等各项体积指标。

2. 仪具与材料

(1)浸水天平或电子秤:要求同T 0705表干法试验。

(2)网篮。

(3)溢流水箱。

(4)试件悬吊装置。

(5)熔点已知的石蜡。

(6)冰箱:可保持温度为4~5℃。

(7)铅或铁块等重物。

(8)滑石粉。

(9)秒表。

(10)电风扇。

(11)其他:电炉或燃气炉。

3. 试验步骤

(1)选择适宜的浸水天平或电子秤,最大称量应不小于试件质量的1.25倍,且不大于试件质量的5倍。

(2)称取干燥试件的空中质量(m_a),根据选择的天平感量读数,准确至0.1g、0.5g或5g。当为钻芯法取得的非干燥试件时,应用电风扇吹干12h以上至恒量作为空中质量,但不得用烘干法。

(3)将试件置于冰箱中,在4~5℃条件下冷却不少于30min。

(4)将石蜡熔化至其熔点以上5.5℃±0.5℃。

(5)从冰箱中取出试件立即浸入石蜡液中,至全部表面被石蜡封住后迅速取出试件,在常温下放置30min,称取蜡封试件的空中质量(m_p)。

(6)挂上网篮,浸入溢流水箱中,调节水位,将天平调平或复零。将蜡封试件放入网篮浸水约1min,读取水中质量(m_c)。

(7)如果试件在测定密度后还需要做其他试验时,为便于除去石蜡,可事先在干燥试件表面涂一薄层滑石粉,称取涂滑石粉后的试件质量(m_s),然后再蜡封测定。

(8)用蜡封法测定时,石蜡对水的相对密度按下列步骤实测确定:

①取一块铅或铁块之类的重物,称取空中质量(m_g);

②测定重物的水中质量(m'_g);

③待重物干燥后,按上述试件蜡封的步骤将重物蜡封后测定其空中质量(m_d)及水中质量(m'_d);

④按式(9-20)计算石蜡对水的相对密度。

$$\gamma_p = \frac{m_d - m_g}{(m_d - m_g) - (m'_d - m'_g)} \tag{9-20}$$

式中:γ_p——在常温条件下石蜡对水的相对密度;

m_g——重物的空中质量(g);

m'_g——重物的水中质量(g);

m_d——蜡封后重物的空中质量(g);

m'_d——蜡封后重物的水中质量(g)。

4. 结果整理

(1)计算试件的毛体积相对密度,取3位小数。

①蜡封法测定的试件毛体积相对密度按式(9-21)计算。

$$\gamma_f = \frac{m_a}{m_p - m_c - (m_p - m_a)/\gamma_p} \tag{9-21}$$

式中:γ_f——由蜡封法测定的试件毛体积相对密度;

m_a——试件的空中质量(g);

m_p——蜡封试件的空中质量(g);

m_c——蜡封试件的水中质量(g)。

②涂滑石粉后用蜡封法测定的试件毛体积相对密度按式(9-22)计算。

$$\gamma_f = \frac{m_a}{m_p - m_c - [(m_p - m_s)/\gamma_p + (m_s - m_a)/\gamma_s]} \tag{9-22}$$

式中:m_s——试件涂滑石粉后的空中质量(g);

γ_s——滑石粉对水的相对密度。

③试件的毛体积密度按式(9-23)计算。

$$\rho_f = \gamma_f \times \rho_w \tag{9-23}$$

式中:ρ_f——蜡封法测定的试件毛体积密度(g/cm^3);

ρ_w——常温水的密度,$\rho_w \approx 1g/cm^3$。

(2)按T 0706水中质量法计算试件的理论最大相对密度及空隙率、沥青的体积百分率、矿料间隙率、粗集料骨架间隙率、沥青饱和度等各项体积指标。

5. 试验报告

应在试验报告中注明沥青混合料的类型及采用的测定密度的方法。

(四)体积法(T 0708—2000)

1. 目的和适用范围

(1)本方法采用体积法测定沥青混合料的毛体积相对密度或毛体积密度。

(2)本方法仅适用于不能用表干法、蜡封法测定的空隙率较大的沥青碎石混合料及大空隙透水性开级配沥青混合料(OGFC)等。

(3)本方法测定的毛体积相对密度适用于计算沥青混合料试件的空隙率、矿料间隙率等各项体积指标。

2. 仪具与材料

(1)天平或电子秤:精度要求同T 0705表干法。

(2)卡尺。

3. 方法与步骤

(1)同T 0705表干法试验步骤(1)、(2)。

当为钻芯法取得的非干燥试件时,应用电风扇吹干12h以上至恒量作为空中质量,但不得用烘干法。

(2)用卡尺测定试件的各种尺寸,准确至0.01cm。圆柱体试件的直径取上下2个断面测定结果的平均值,高度取十字对称四次测定的平均值;棱柱体试件的长度取上下2个位置的平均值,高度或宽度取两端及中间3个断面测定的平均值。

4. 结果整理

(1)圆柱体试件毛体积按式(9-24)计算。

$$V = \frac{\pi \times d^2}{4} \times h \tag{9-24}$$

式中:V——试件的毛体积(cm^2);

d——圆柱体试件的直径(cm);

h——试件的高度(cm)。

(2)棱柱体试件的毛体积按式(9-25)计算。

$$V = l \times b \times h \tag{9-25}$$

式中:l——试件的长度(cm);

b——试件的宽度(cm);

h——试件的高度(cm)。

(3)试件的毛体积密度按式(9-26)计算,取3位小数。

$$\rho_s = \frac{m_a}{V} \tag{9-26}$$

式中:ρ_s——用体积法测定的试件的毛体积密度(g/cm^3);

m_a——干燥试件的空中质量(g)。

(4)按T 0706水中质量法计算试件的理论密度、空隙率、沥青的体积百分率、矿料间隙率、粗集料骨架间隙率、沥青饱和度等各项体积指标。

5. 试验报告

应在试验报告中注明沥青混合料的类型及采用的测定密度的方法。

四、沥青混合料马歇尔稳定度试验(T 0709—2000)

1. 目的和适用范围

(1)本方法适用于马歇尔稳定度试验和浸水马歇尔稳定度试验,以进行沥青混合料的配合比设计或沥青路面施工质量检验。浸水马歇尔稳定度试验(根据需要,也可进行真空饱水马歇尔试验)供检验沥青混合料受水损害时抵抗剥落的能力时使用,通过测试其水稳定性检验配合比设计的可行性。

(2)本方法适用于按T 0702击实法成型的标准马歇尔圆柱体试件和大型马歇尔圆柱体试件。

2. 仪具与材料

(1)沥青混合料马歇尔试验仪。

大型马歇尔试验仪的压头尺寸如图9-9所示。

(2)恒温水槽:控温准确度为1℃,深度不小于150mm。

(3)真空饱水容器:包括真空泵及真空干燥器。

(4)烘箱。

(5)天平:感量不大于0.1g。

(6)温度计:分度为1℃。

(7)卡尺。

(8)其他:棉纱、黄油。

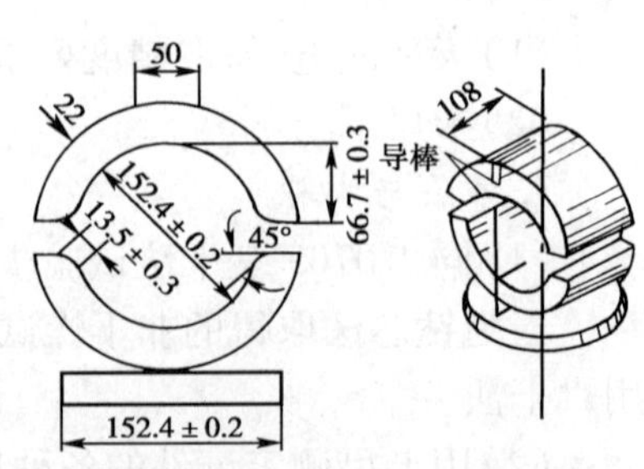

图9-9 大型马歇尔试验仪的压头
(尺寸单位:mm)

3. 标准马歇尔试验方法

(1)准备工作

①按 T 0702 击实法成型马歇尔试件,标准马歇尔试件尺寸应符合直径 101.6mm ± 0.2mm、高 63.5mm ±1.3mm 的要求。对大型马歇尔试件,尺寸应符合直径 152.4mm ± 0.2mm、高 95.3mm ±2.5mm 的要求。一组试件的数量最少不得少于 4 个,并符合击实法的规定。

②量测试件的直径及高度:用卡尺测量试件中部的直径,用马歇尔试件高度测定器或用卡尺在十字对称的 4 个方向量测离试件边缘 10mm 处的高度,准确至 0.1mm,并以其平均值作为试件的高度。如试件高度不符合 63.5mm ±1.3mm 或 95.3mm ±2.5mm要求或两侧高度差大于 2mm 时,此试件应作废。

③测定试件的密度、空隙率、沥青体积百分率、沥青饱和度、矿料间隙率等物理指标。

④将恒温水槽调节至要求的试验温度,对黏稠石油沥青或烘箱养生过的乳化沥青混合料为 60℃ ±1℃,对煤沥青混合料为33.8℃ ±1℃,对空气养生的乳化沥青或液体沥青混合料为 25℃ ±1℃。

(2)试验步骤

①将试件置于已达规定温度的恒温水槽中保温,保温时间对标准马歇尔试件需 30 ~ 40min,对大型马歇尔试件需 45 ~60min。试件之间应有间隔,底下应垫起,离容器底部不小于 5cm。

②将马歇尔试验仪的上下压头放入水槽或烘箱中达到同样温度。将上下压头从水槽或烘箱中取出擦拭干净内面。为使上下压头滑动自如,可在下压头的导棒上涂少量黄油。再将试件取出置于下压头上,盖上上压头,然后装在加载设备上。

③在上压头的球座上放妥钢球,并对准荷载测定装置的压头。

④当采用自动马歇尔试验仪时,将自动马歇尔试验仪的压力传感器、位移传感器与计算机或 *X—Y* 记录仪正确连接,调整好适宜的放大比例。调整好计算机程序或将 *X—Y* 记录仪的记录笔对准原点。

⑤当采用压力环和流值计时,将流值计安装在导棒上,使导向套管轻轻地压住上压头,同时将流值计读数调零。调整压力环中百分表,对零。

⑥启动加载设备,使试件承受荷载,加载速度为 50mm/min ±5 mm/min。计算机或 *X—Y* 记录仪自动记录传感器压力和试件变形曲线并将数据自动存入计算机。

⑦当试验荷载达到最大值的瞬间,取下流值计,同时读取压力环中百分表读数及流值计的流值读数。

⑧从恒温水槽中取出试件至测出最大荷载值的时间,不得超过 30s。

4. 浸水马歇尔试验方法

浸水马歇尔试验方法与标准马歇尔试验方法的不同之处在于,试件在已达规定温度恒温水槽中的保温时间为 48h,其余均与标准马歇尔试验方法相同。

5. 真空饱水马歇尔试验方法

试件先放入真空干燥器中,关闭进水胶管,开动真空泵,使干燥器的真空度达到 98.3kPa (730mmHg)以上,维持 15min,然后打开进水胶管,靠负压通入冷水流使试件全部浸入水中,浸水 15min 后恢复常压,取出试件再放入已达规定温度的恒温水槽中保温 48h,其余均与标准马歇尔试验方法相同。

6. 结果整理

(1)试件的稳定度及流值。

①当采用自动马歇尔试验仪时,将计算机采集的数据绘制成压力和试件变形曲线,或由 X—Y 记录仪自动记录荷载—变形曲线,按图 9-10 所示的方法在切线方向延长曲线与横坐标相交于 O_1,将 O_1 作为修正原点,从 O_1 起量取相应于荷载最大值时的变形作为流值(FL),以 mm 计,准确至 0.1mm。最大荷载即为稳定度(MS),以 kN 计,准确至 0.01kN。

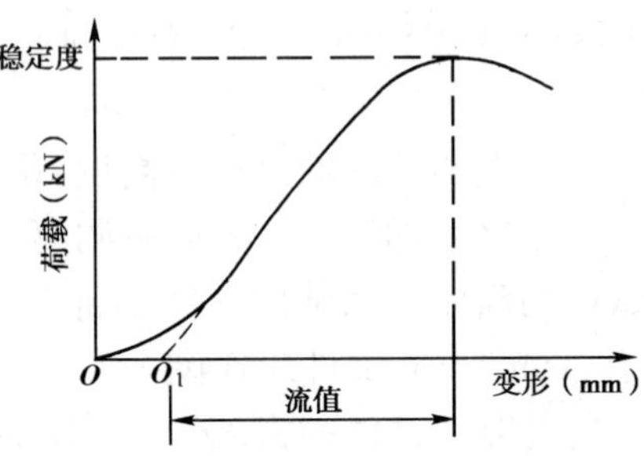

图 9-10　马歇尔试验结果的修正方法

②采用压力环和流量计测定时,根据压力环标定曲线,将压力环中百分表的读数换算为荷载值,或者由荷载测定装置读取的最大值即为试样的稳定度(MS),以 kN 计,准确至 0.01kN。由流值计及位移传感器测定装置读取的试件垂直变形,即为试件的流值(FL),以 mm 计,准确至 0.1mm。

(2)试件的马歇尔模数按式(9-27)计算。

$$T = \frac{\text{MS}}{\text{FL}} \tag{9-27}$$

式中:T——试件的马歇尔模数(kN/mm);

MS——试件的稳定度(kN);

FL——试件的流值(mm)。

(3)试件的浸水残留稳定度按式(9-28)计算。

$$\text{MS}_0 = \frac{\text{MS}_1}{\text{MS}} \times 100 \tag{9-28}$$

式中:MS_0——试件的浸水残留稳定度(%);

MS_1——试件浸水 48h 后的稳定度(kN)。

(4)试件的真空饱水残留稳定度按式(9-29)计算。

$$\text{MS}'_0 = \frac{\text{MS}_2}{\text{MS}} \times 100 \tag{9-29}$$

式中:MS'_0——试件的真空饱水残留稳定度(%);

MS_2——试件真空饱水后浸水 48h 后的稳定度(kN)。

7. 试验报告

(1)当一组测定值中某个测定值与平均值之差大于标准差的 k 倍时,该测定值应予舍弃,并以其余测定值的平均值作为试验结果。当试件数目 n 为 3、4、5、6 个时,k 值分别为 1.15、1.46、1.67、1.82。

(2)采用自动马歇尔试验仪时,试验结果应附上荷载—变形曲线原件或自动打印结果,并报告马歇尔稳定度、流值、马歇尔模数,以及试件尺寸、密度、空隙率、沥青用量、沥青体积百分率、沥青饱和度、矿料间隙率等各项物理指标。

五、沥青路面芯样马歇尔试验(T 0710—2000)

1. 目的和适用范围

本方法适用于从沥青路面钻取的芯样进行马歇尔试验,供评定沥青路面施工质量是否符合设计要求或进行路况调查。标准芯样钻孔试件的直径为100mm,适用的试件高度为30～80mm;大型钻孔试件的直径为150mm,适用的试件高度为80～100mm。

2. 仪具与材料

与T 0709沥青混合料马歇尔稳定度试验相同。

3. 试验步骤

(1)按现行《公路路基路面现场测试规程》(JTG E60)T 0924的方法用钻孔机钻取压实沥青混合料路面芯样试件。

(2)适当清扫混合料芯样表面,如果底面粘有基层泥土则应洗净;若底面凹凸不平严重,则应用锯石机将其锯平。

(3)如缺乏沥青用量、矿料配合比及各种材料的密度数据时,应按真空法或溶剂法测定沥青混合料的理论最大相对密度。

(4)按沥青混合料试件密度试验及空隙率等物理指标计算方法,测定试件的密度、空隙率等各项物理指标。

(5)用卡尺测定试件的直径,取两个方向的平均值。

(6)测定试件的高度,取4个对称位置的平均值,准确至0.1mm。

(7)按T 0709进行马歇尔稳定度试验,由试验实测稳定度乘以表9-29或表9-30的试件高度修正系数K得到试件的稳定度MS。

(8)其余与T 0709马歇尔稳定度试验方法相同。

现场钻取芯样试件高度修正系数(适用于ϕ100mm试件)　表9-29

试件高度(cm)	修正系数K	试件高度(cm)	修正系数K
2.47～2.61	5.56	5.16～5.31	1.39
2.62～2.77	5.00	5.32～5.46	1.32
2.78～2.93	4.55	5.47～5.62	1.25
2.94～3.09	4.17	5.63～5.80	1.19
3.10～3.25	3.85	5.81～5.94	1.14
3.26～3.40	3.57	5.95～6.10	1.09
3.41～3.56	3.33	6.11～6.26	1.04
3.57～3.72	3.03	6.27～6.44	1.00
3.73～3.88	2.78	6.45～6.60	0.96
3.89～4.04	2.50	6.61～6.73	0.93
4.05～4.20	2.27	6.74～6.89	0.89
4.21～4.36	2.08	6.90～7.06	0.86
4.37～4.51	1.92	7.07～7.21	0.83
4.52～4.67	1.79	7.22～7.37	0.81
4.68～4.87	1.67	7.38～7.54	0.78
4.88～4.99	1.56	7.55～7.69	0.76
5.00～5.15	1.47		

现场钻取芯样试件高度修正系数(适用于 ϕ150mm 试件)　　表 9-30

试件高度(cm)	试件体积(cm^3)	修正系数 K	试件高度(cm)	试件体积(cm^3)	修正系数 K
8.81～8.97	1608～1636	1.12	9.61～9.76	1753～1781	0.97
8.98～9.13	1637～1665	1.09	9.77～9.92	1782～1810	0.95
9.14～9.29	1666～1694	1.06	9.93～10.08	1811～1839	0.92
9.30～9.45	1695～1723	1.03	10.09～10.24	1840～1868	0.90
9.46～9.60	1724～1752	1.00			

六、沥青混合料理论最大相对密度试验(T 0711、T 0712—1993)

(一)真空法(T 0711—1993)

1.目的和适用范围

(1)本方法适用于真空法测定沥青混合料理论最大相对密度,供沥青混合料配合比设计、路况调查或路面施工质量管理计算空隙率、压实度等使用。

(2)本方法不适用于吸水率大于3%的多孔性集料的沥青混合料。

2.仪具与材料

(1)天平:量程10kg以上,感量不大于0.5g;量程5kg以上,感量不大于0.1g;量程2kg以下,感量不大于0.05g。

(2)负压容器:根据试样数量选用表9-31中的A、B、C任何一种类型。负压容器口带橡皮塞,上接橡胶管,管口下方有滤网,防止细料部分吸入胶管。

(3)真空负压装置:由真空泵及水银压力计(或真空表)组成,真空泵能使负压容器内造成4kPa(30mmHg)负压。

(4)恒温水槽:水温控制25℃ ±0.5℃。

(5)温度计:分度为0.5℃。

(6)其他:玻璃板等。

负压容器类型　　表 9-31

类　型	容　器	附属设备
A	耐压玻璃、塑料或金属制的罐,容积大于1000mL	有密封盖,接真空胶管,与真空泵连接
B	容积大于1000mL的真空容量瓶	带胶皮塞,接真空胶管,与真空泵连接
C	4000mL耐压真空干燥器	带胶皮塞,放气阀,接真空胶皮管与真空泵连接

3.准备工作

(1)按T 0701沥青混合料取样方法或从沥青路面上采取(或钻取)沥青混合料试样。试样数量不少于如下规定数量:

沥青混合料中集料公称最大粒径(mm)	最少试样数量(g)
37.5	4000
26.5	2500
19.0	2200
13.2、16.0	1500
9.5	1000
4.75	500

（2）将沥青混合料团块仔细分散，粗集料不破碎，细集料团块分散到小于6.4mm。若混合料坚硬时可用烘箱适当加热后分散，一般加热温度不超过60℃，分散试样应用手掰开，不得用锤打碎，防止集料破碎。当试样是从路上采取的非干燥混合料时，应用电风扇吹干至恒量后再操作。

（3）负压容器标定方法：将B、C类负压容器装满25℃±0.5℃的水（上面用玻璃板盖住保持完全充满水），正确称取负压容器与水的总质量m_b。

（4）采用A类容器时，将容器全部浸入25℃±0.5℃的恒温水槽中，称取容器的水中质量m_1。

（5）将负压容器干燥，编号称取其质量。

4. 试验步骤

（1）将沥青混合料试样装入干燥的负压容器中，称容器及沥青混合料总质量，得到试样的净质量m_a，试样质量应不小于上述规定的最小数量。

（2）在负压容器中注入约25℃的水，将混合料全部浸没。

（3）将负压容器与真空泵、真空表连接，开动真空泵，使真空度达到97.3kPa（730mmHg）持续15min±2min。

（4）然后强烈振荡负压容器，使水充分搅动混合料，除去剩余的气泡。每隔2min晃动若干次，直至不见气泡出现为止。

为使气泡容易除去，可在水中加有0.01%浓度的表面活性剂（如每100mL水中加0.01g洗涤灵）。

（5）当负压容器采用A类容器时，浸入保温至25℃±0.5℃的恒温水槽，约10min后，称取负压容器与沥青混合料的水中质量m_2。

当负压容器采用B、C类容器时，将装有沥青混合料试样的容器浸入保温至25℃±0.5℃的恒温水槽，约10min后取出，加上盖，使容器中没有空气，擦净容器外的水分，称取容器、水和沥青混合料试样的总质量m_c。

5. 结果整理

（1）采用A类容器时，沥青混合料的理论最大相对密度按式（9-30）计算。

$$\gamma_t = \frac{m_a}{m_a - (m_2 - m_1)} \tag{9-30}$$

式中：γ_t——沥青混合料理论最大相对密度；

m_a——干燥沥青混合料试样的空气中质量（g）；

m_1——负压容器在25℃水中的质量（g）；

m_2——负压容器与沥青混合料一起在25℃水中的质量（g）。

（2）采用B、C类容器作负压容器时，沥青混合料的最大相对密度按式（9-31）计算。

$$\gamma_t = \frac{m_a}{m_a + m_b - m_c} \tag{9-31}$$

式中：m_b——装满25℃水的负压容器质量（g）；

m_c——25℃时试样、水与负压容器的总质量（g）。

（3）沥青混合料25℃时的理论最大密度按式（9-32）计算。

$$\rho_t = \gamma_t \times \rho_w \tag{9-32}$$

式中：ρ_t——沥青混合料的理论最大密度（g/cm^3）；

ρ_w——25℃时水的密度，$\rho_w = 0.9971g/cm^3$。

6. 试验报告

同一试样至少平行试验两次，取平均值作为试验结果，计算至小数点后 3 位。

（二）溶剂法（T 0712—1993）

1. 目的和适用范围

（1）本方法适用于溶剂法测定沥青混合料理论最大相对密度，供沥青混合料配合比设计、路况调查或路面施工质量管理计算空隙率、压实度等使用。

（2）本方法不适用于吸水率大于 1.5% 的沥青混合料。

2. 仪具与材料

（1）恒温水槽：可使水温控制 25℃ ±0.5℃。

（2）天平：感量不大于 0.1g。

（3）广口容量瓶：1000mL、有磨口瓶塞。

（4）溶剂：三氯乙烯。

（5）温度计：分度为 0.5℃。

3. 准备工作

同 T 0711 真空法试验。

4. 试验步骤

①称取干燥的广口容量瓶质量 m_c。

②广口容量瓶充满三氯乙烯溶剂，加磨口瓶塞放入 25℃ ±0.1℃恒温水槽中保温 15min，取出擦净，称取瓶与溶剂合计质量 m_e。

③将瓶中溶剂倒出，干燥，取沥青混合料试样 200g 左右装入容量瓶，称取瓶与混合料合计质量 m_b。

④向瓶中混合料加入 250mL 三氯乙烯溶剂，将容量瓶浸入 25℃ ±0.1℃恒温水槽中，并不时摇晃，使沥青溶解，同时赶走气泡，持续 1 ~2h。

⑤待沥青完全溶解且已无气泡冒出时，注入已保温为 25℃的溶剂至满，加磨口瓶塞，称取瓶与沥青混合料及溶剂的总质量 m_a。

5. 结果整理

沥青混合料的理论最大相对密度按式（9-33）计算。

$$\gamma_t = \frac{m_b - m_c}{[(m_e - m_c) - (m_a - m_b)]/\gamma_c} \tag{9-33}$$

式中：γ_t——沥青混合料理论最大相对密度；

m_a——容量瓶充满混合料与溶剂的总质量（g）；

m_b——瓶加混合料的合计质量（g）；

m_c——容量瓶的质量（g）；

m_e——容量瓶充满溶剂的合计质量（g）；

γ_c——三氯乙烯溶剂对水的相对密度，常温条件下可取1.4642。

6. 试验报告

同一试样至少平行试验两次，取平均值作为试验结果，计算至小数点后 3 位。

七、沥青混合料单轴压缩试验(T 0713、T 0714)

(一)圆柱体法(T 0713—2000)

1. 目的和适用范围

(1)本方法适用于测定热拌沥青混合料的抗压回弹模量和抗压强度。按照现行《公路沥青路面设计规范》(JTG D50)确定沥青混合料结构层的设计参数时应按本方法执行。如无特殊规定,用于计算弯沉的抗压回弹模量的标准试验温度为20℃,用于验算弯拉应力的抗压回弹模量的标准试验温度为15℃。加载速率为2mm/min。

(2)本方法适用于直径100mm ±2.0mm、高100mm ±2.0mm 的沥青混合料圆柱体试件。

2. 仪具与材料

(1)万能材料试验机,其他可施加荷载并测试变形的路面材料试验设备也可使用,但均必须满足下列条件:

①最大荷载应满足不超过其量程的80%,且不小于量程的20%的要求,宜采用100kN,分度值100N。具有球形支座,压头可以活动与试件紧密接触。

②具有环境保温箱,控温准确度0.5℃。当缺乏环境保温箱时,试验室应设置空调,控温准确度1.0℃。

③能符合加载速率保持2mm/min 的要求。试验机宜有伺服系统,在加载过程中速度基本不变。当采用马歇尔试验仪手动控制时,应事先校正手摇速率,以达到2mm/min 加载速率的要求。

(2)变形量测装置。

抗压试验加载用上下压板,下压板下有带球面的底座。压板直径为120mm,在直径102mm 处有一浅的放置试件的圆周刻印。下压板直径线两侧有立柱顶杆,上压板直径线两侧装有千分表架,表架中心与顶杆中心位置一致(图9-11)。当试验机具有自动测定试件垂直变形或自动测记试件的压力与变形曲线功能时,可以直接使用,不必另外配备变形量测装置。

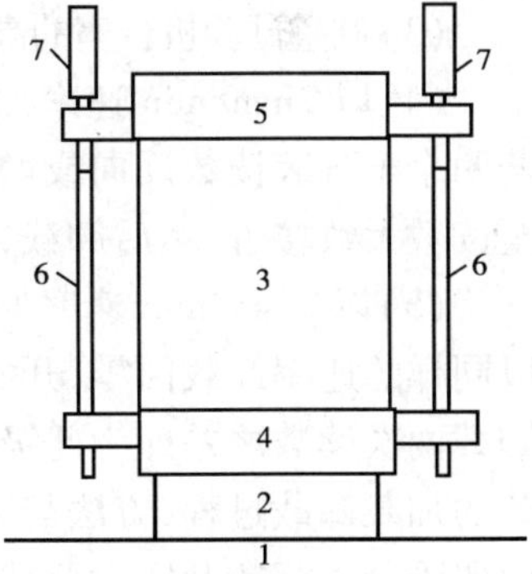

图9-11 变形量测装置

1-试验机台;2-球座;3-试件;4-下压板;5-上压板;6-顶杆;7-千分表或其他变形量测装置

(3)千分表:1/1000mm,2只。

(4)恒温水槽:用于试件保温,温度能满足试验温度要求,控温精密度±0.5℃。恒温水槽的液体应能不断循环回流。深度应大于试件高度50mm。

(5)台秤或天平:感量不大于0.5g。

(6)温度计:分度为0.5℃。

(7)秒表、卡尺。

3. 准备工作

(1)按T 0704 静压法成型沥青混合料试件。也可从轮碾机成型的板块试件上用钻芯钻取试件。试件尺寸应符合直径100mm ±2.0mm、高100mm ±2.0mm的要求,如有条件,可采用振动压实或搓揉法成型试件(试件尺寸及成型方法应在报告中注明)。试件的密度应符合马歇尔标准击实密度100% ±1.0%的要求。

(2)试件成型后不等完全冷却即可脱模,用卡尺量取试件高度,若最高部位与最低部位的高度差超过 2mm 时试件应作废。用于抗压强度试验的试件数不得少于 3 个,用于抗压回弹模量的一组试件数宜为 3 ~6 个。

(3)将试件放置在室温条件下 24h,用卡尺在各个试件上下两个断面的垂直方向上正确量取试件直径,取 4 个数的平均值作为试件的计算直径 d,准确至 0.1mm。

(4)用卡尺在各个试件的 4 个对称位置上正确量取试件高度,取 4 个数的平均值作为试件的计算高度 h,准确至 0.1mm。

(5)按本规程规定的方法测定试件的密度、空隙率等各项物理指标。

(6)将试件置于规定的试验温度(15℃或 20℃)的恒温水槽中保温 2.5h 以上,保温时试件之间的距离应不小于 10mm。此时压板、底座也应同时保温。在有空调的试验室内测试时,将室温调至要求的温度,试件放置 12h 以上。

(7)使试验机环境保温箱或空调试验室达到要求的试验温度。

4. 抗压强度试验步骤

(1)将下压板、底座置于试验机升降台座上对中,迅速取出试件放在下压板中央刻线位置,加上上压板。

(2)将试件从恒温水槽中取出,立即置于压力机台座上,以 2mm/min 的加载速率均匀加载直至破坏,读取荷载峰值 P,准确至 100N。

5. 抗压回弹模量试验步骤

(1)确定加载级别:按上述规定的步骤测试抗压强度平均值 P,大体均匀地分成 10 级荷载,分别取 $0.1P$、$0.2P$、$0.3P$、……、$0.7P$ 七级(可取成接近的整数)作为试验荷载。

(2)将下压板、底座置于试验机升降台座上对中,迅速取出试件放在下压板中央刻线位置,加上上压板,在两侧千分表架上安置千分表,与下压板相应位置的千分表顶杆接触(图 9-11)。如果利用试验机的压力与试件变形自动测试功能时,做好相应的测试准备。

(3)调整试验机台座的高度,使加载顶板与压头中心轻轻接触。

(4)以 2mm/min 速率加载至 $0.2P$ 进行预压保持 1min,观察两侧千分表增值是否接近。若两个千分表读数反向或增值差异大于 3 倍,则表明试件是偏心受压,应敲动球座适当调整,至读数大致接近,然后卸载,并重复预压一次。卸载至零后记录两个千分表的原始读数。

(5)以 2mm/min 速率加载至第 1 级荷载($0.1P$),立即记取千分表读数及实际荷载数,并以同样的速率卸载回零,开始启动秒表,待试件回弹变形 30s 后,再次记取千分表读数,加载与卸载两次读数之差即为此级荷载下试件的回弹变形(ΔL_1)。然后依次进行第 2、3、……7 级荷载的加载卸载过程,方法与第 1 级荷载相同,分别加载至 $0.2P$、$0.3P$、……、$0.7P$,卸载,并分别记取千分表读数及实际荷载,得出各级荷载的回弹变形 ΔL_i。

6. 结果整理

(1)沥青混凝土试件的抗压强度按式(9-34)计算。

$$R_c = \frac{4P}{\pi d^2} \tag{9-34}$$

式中:R_c——试件的抗压强度(MPa);

P——试件破坏时的最大荷载(N);

d——试件直径(mm)。

(2)按式(9-35)计算各级荷载下试件实际承受的压强 q_i。在方格纸上绘制各级荷载的压强 q_i 与回弹变形 ΔL_i,将 q_i—ΔL_i 关系绘成一平顺的连续曲线,使之与坐标轴相交得出修正原点，根据此修正原点坐标轴从第5级荷载（0.5P）读取压强 q_5 及相应的 ΔL_5。沥青混合料试件的抗压回弹模量按式（9-36）计算。

$$q_i = \frac{4P_i}{\pi d^2} \tag{9-35}$$

$$E' = \frac{q_5 \times h}{\Delta L_5} \tag{9-36}$$

式中：q_i——相应于各级试验荷载 P_i 作用下的压强（MPa）；

P_i——施加于试件的各级荷载值（N）；

E'——抗压回弹模量（MPa）；

q_5——相应于第5级荷载（0.5P）时的荷载压强（MPa）；

h——试件轴心高度（mm）；

ΔL_5——相应于第5级荷载（0.5P）时经原点修正后的回弹变形（mm）。

7. 试验报告

（1）当一组试件的测定值中某个测定值与平均值之差大于标准差的 k 倍时，该测定值应予舍弃，有效试件数为 n 时的 k 值列于表9-32。对其余测定值按式（9-37）的 t 分布法计算整理，得到供路面设计用的抗压回弹模量值。

$$E = E' - \frac{t}{\sqrt{n}}S \tag{9-37}$$

式中：E——供路面设计用的抗压回弹模量值（MPa）；

E'——一组试件实测的抗压回弹模量的平均值（MPa）；

S——一组试件样品实测值的标准差（MPa）；

n——一组试件的有效试件数；

t——随保证率而变的系数，高速公路及一级公路的保证率为95%，其他等级公路的保证率为90%，$t/\sqrt{n}$值如表9-32所列。

（2）试验结果均应注明试件尺寸、成型方法、试验温度、加载速率，以及试验结果的平均值、标准差、变异系数。必要时注明试件的密度、空隙率等。

有效试件数与 t 值的关系　　表9-32

有效试件数 n	临界值 k	$t/\sqrt{n}$	
		保证率95%	保证率90%
3	1.15	1.686	1.089
4	1.46	1.177	0.819
5	1.67	0.954	0.689
6	1.82	0.823	0.603
7	1.94	0.734	0.544
8	2.03	0.670	0.500
9	2.11	0.620	0.466
10	2.18	0.580	0.437

(二)棱柱体法(T 0714—1993)

1.目的和适用范围

(1)本方法适用于测定热拌沥青混合料在规定温度及加载速率时受压缩至破坏过程的力学性质。试验温度和加载速率根据有关规定和需要选用。如无特殊规定,宜采用加载速率50mm/min。

(2)本方法适用于由轮碾成型后切制的长40mm±1.0mm、宽40mm±1.0mm、高80mm±2.0mm棱柱体试件,若采用其他尺寸,应予注明。

2.仪具与材料

(1)万能材料试验机或压力机:荷载用传感器测定,最大荷载应满足不超过其量程的80%且不小于20%的要求,一般宜采用40kN,分度值100N,具有球形支座,压头可以活动与试件紧密接触,宜具有环境保温箱,控温准确度±0.5C,加载速率可以选择。试验机宜有伺服系统,在加载过程中速率基本不变。

(2)试件变形测定装置:可采用LVDT或电测百分表作为位移计。

(3)数据采集系统或$X—Y$记录仪:能自动采集传感器及位移计的电测信号,在数据采集系统中储存或在$X—Y$记录仪上绘制荷载与试件变形曲线。

(4)聚四氟乙烯薄膜。

(5)恒温水槽或冰箱、烘箱:用于试件保温,温度能满足试验温度要求,控温准确度±0.5℃。当试验温度低于0℃时,恒温水槽可采用1:1的甲醇水或防冻液作冷媒。恒温水槽的液体应能循环回流。

(6)卡尺。

(7)天平:感量不大于0.1g。

(8)温度计:分度为0.5℃。

(9)秒表。

(10)其他:平板玻璃等。

3.准备工作

(1)按T 0703轮碾法试件制作方法从轮碾机成型的板块试件上用切割法制作沥青混合料棱柱体试件,1个300mm×300mm×50mm的板块最多可切制18个试件。试件尺寸应符合长40mm±1.0mm、宽40mm±1.0mm、高80mm±2.0mm的要求,试件置平板玻璃上。

(2)用卡尺量取试件的三个方向的尺寸,长度与宽度取上下两个断面的平均值,高度取对称两个方向的平均值,准确至0.1mm。

(3)按规定的方法测定试件的密度、空隙率等各项物理指标。

(4)将试件置于要求的试验温度的恒温水槽中保温1h或恒温空气箱中保温4h以上,直到试件内部温度达到要求的试验温度±0.5℃为止,保温时试件之间的距离应不小于10mm。

(5)将试验机环境保温箱达到要求的试验温度,当加载速率等于或大于50mm/min时,允许不使用环境保温箱。

4.试验步骤

(1)将试件从恒温水槽(或冰箱、烘箱)中取出,立即置于压力机台座上,上下各垫一张聚四氟乙烯薄膜。

(2)安装位移计,支座固定在试验机身上。位移计测头支于试件上方压头上或两侧(用两个位移计)。

(3)将荷载传感器、位移计与数据采集系统或 $X—Y$ 记录仪连接，以 X 轴为位移，Y 轴为荷载，选择适宜的量程后调零。压缩变形可以用 LVDT、电测百分表或类似的位移测定仪具测定。当以高精密度电液伺服试验机压头的位移作为压缩变形时，可以由加载速率 $X—T$ 记录仪记录的时间求得变形。为正确记录跨中变形曲线，当采用 50mm/min 速率加载时，$X—T$ 记录仪 X 轴走纸速度(或扫描速度)根据温度高低宜采用 500 ~ 5000mm/min。

(4)立即以规定的加载速率均匀加载直至破坏，同时开动记录仪记录荷载—变形曲线，如图 9-12 所示。

(5)当压力机无环境保温箱时，自试件从恒温箱中取出至试验结束，应不超过 45s。

5. 结果整理

(1)将图 9-12 中的荷载变形曲线的直线段按图示方法沿切线方向延长与横坐标相交，以此为圆点，由图中读取曲线峰值处最大荷载 P_C 及相应于最大荷载处的破坏变形 Δl。

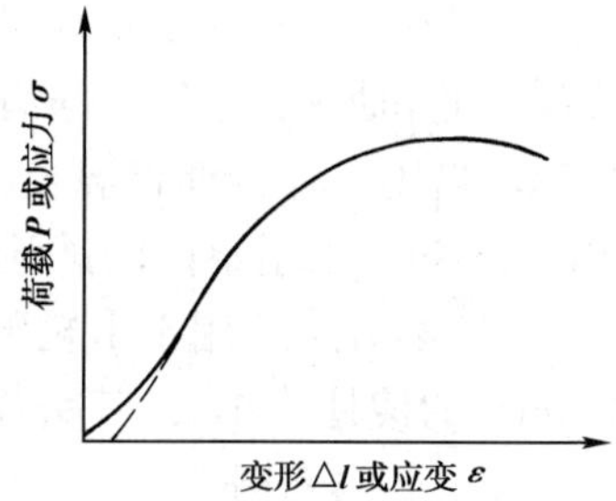

图 9-12　荷载—变形曲线

(2)试件破坏时抗压强度 R_C、压缩应变 ε_C、压缩破坏劲度模量 S_C 按式(9-38) ~ 式(9-40)计算。

$$R_C = \frac{P_C}{b \times h} \tag{9-38}$$

$$\varepsilon_C = \frac{\Delta l}{l} \tag{9-39}$$

$$S_C = \frac{R_C}{\varepsilon_C} \tag{9-40}$$

式中：R_C——试件的抗压强度(MPa)；

P_C——试件破坏时的最大荷载(N)；

b——试件的长度(mm)；

h——试件的宽度(mm)；

ε_C——试件破坏时的压缩应变；

Δl——试件破坏时的压缩变形(mm)；

l——试件的高度(mm)；

S_C——试件的压缩破坏劲度模量(MPa)。

(3)需要计算加载过程中任一加载时刻的应力、应变、劲度模量的方法同上，只需读取该时刻的荷载及变形代替上式的最大荷载及破坏变形即可。

(4)当记录的荷载—变形曲线在小变形区有一定的直线段时，可以试验的最大荷载 P_C 的 0.1 ~ 0.4 倍范围内的直线段部分的斜率按式(9-41)计算弹性阶段的压缩劲度模量。

$$S'_C = \frac{(P_{C2} - P_{C1}) \times l}{(\Delta l_2 - \Delta l_1) \times b \times h} \tag{9-41}$$

式中：S'_C——试件在弹性阶段的压缩劲度模量(MPa)；

P_{C2}、P_{C1}——直线段内两个不同的荷载值(N)；

Δl_2、Δl_1——相应于 P_{C2}、P_{C1} 荷载时试件的压缩变形(mm)。

6. 试验报告

(1)当一组测定值中某个数据与平均值之差大于标准差的 k 倍时，该测定值应予舍弃，并以其余测定值的平均值作为试验结果。当试验数目 n 为 3、4、5、6 个时，k 值分别为 1.15、1.46、1.67、1.82。

(2)试验结果均应注明试件尺寸、成型方法、试验温度及加载速率。

八、沥青混合料弯曲试验(T 0715—1993)

1.目的和适用范围

(1)本方法适用于测定热拌沥青混合料在规定温度和加载速率时弯曲破坏的力学性质。试验温度和加载速率根据有关规定和需要选用，如无特殊规定，采用试验温度为 15℃ ±0.5℃。当用于评价沥青混合料低温拉伸性能时，采用试验温度 -10℃ ±0.5℃，加载速率宜为 50mm/min。采用不同的试验温度和加载速率时应予注明。

(2)本方法适用于由轮碾成型后切制的长 250mm ±2.0mm、宽 30mm ±2.0mm、高 35mm ±2.0mm 的棱柱体小梁，其跨径为 200mm ±0.5mm。若采用其他尺寸时，应予注明。

2.仪具与材料

(1)万能材料试验机或压力机：荷载由传感器测定，最大荷载应满足不超过其量程的 80% 且不小于量程的 20% 的要求，一般宜采用 1kN 或 5kN，分度值为 10N。具有梁式支座，下支座中心距 200mm，上压头位置居中，上压头及支座为半径 10mm 的圆弧形固定钢棒，上压头可以活动与试件紧密接触。应具有环境保温箱，控温准确度 ±0.5℃，加载速率可以选择。试验机宜有伺服系统，在加载过程中速率基本不变。

(2)跨中位移测定装置：LVDT、电测百分表或类似的位移计。

(3)数据采集系统或 X—Y 记录仪。

(4)恒温水槽或冰箱、烘箱：要求同 T 0714 单轴压缩试验(棱柱体法)。

(5)卡尺。

(6)秒表。

(7)温度计：分度为 0.5℃。

(8)天平：感量不大于 0.1g。

(9)其他：平板玻璃等。

3.准备工作

(1)按 T 0702 沥青混合料试件制作方法(轮碾法)由轮碾成型的板块状试件上用切割法制作棱柱体试件，试件尺寸应符合长 250mm ±2mm、宽 30mm ±2mm、高 35mm ±2mm 的要求，一块 300mm ×300mm ×50mm 的板块最多可切制 8 根试件。

(2)在跨中及两支点断面用卡尺量取试件的尺寸，当两支点断面的高度(或宽度)之差超过 2mm 时，试件应作废。跨中断面的宽度为 b，高度为 h，取相对两侧的平均值，准确至 0.1mm。

(3)按 T 0703 的方法测量试件的密度、空隙率等各项物理指标。

(4)将试件置于规定温度的恒温水槽中保温 45min 或恒温空气浴中 3h 以上，直至试件内部温度达到要求的试验温度 ±0.5℃为止。保温时试件应放在支起的平板玻璃上，试件之间的距离应不小于 10mm。

(5)将试验机环境保温箱达到要求的试验温度，当加载速率等于或大于 50mm/min 时，允许不使用环境保温箱。

(6)将试验机梁式试件支座准确安放好，测定支点间距为 200mm ±0.5mm，使上压头与下压头保持平行，并两侧等距离，然后将位置固定住。

4. 试验步骤

(1)将试件从恒温水槽或空气浴中取出，立即对称安放在支座上，试件上下方向应与试件成型时方向一致。

(2)在梁跨下缘正中央安放位移测定装置，支座固定在试验机身上。位移计测头支于试件跨中下缘中央或两侧(用两个位移计)。选择适宜的量程，有效量程应大于预计的最大挠度的1.2倍。

(3)将荷载传感器、位移计与数据采集系统或X—Y记录仪连接，以X轴为位移，Y轴为荷载，选择适宜的量程后调零。跨中挠度可以用LVDT、电测百分表或类似的位移测定仪具测定。当以高精密度电液伺服试验机压头的位移作为小梁挠度时，可以由加载速率及X—T记录仪记录的时间求得挠度。为正确记录跨中挠度曲线，当采用50mm/min速率加载时，X—T记录仪X轴走纸速度(或扫描速度)根据温度高低宜采用500～5000mm/min。

(4)开动压力机以规定的速率在跨径中央施以集中荷载，直至试件破坏。记录仪同时记录荷载—跨中挠度的曲线，如图9-13所示。

(5)当试验机无环境保温箱时，自试件从恒温箱中取出至试验结束的时间应不超过45s。

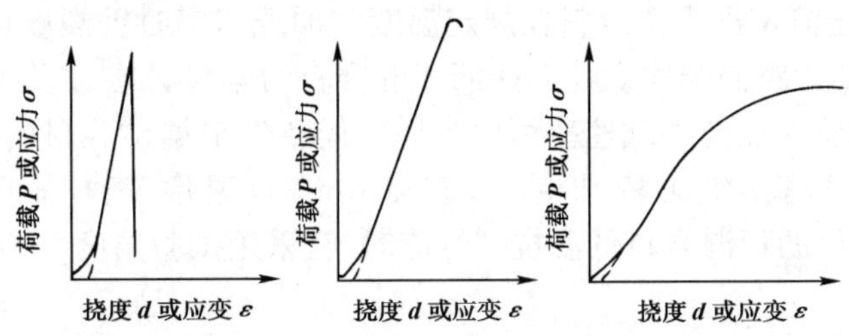

图9-13　荷载—跨中挠度曲线

5. 结果整理

(1)将图9-13中的荷载—挠度曲线的直线段按图示方法延长与横坐标相交作为曲线的原点，由图中量取峰值时的最大荷载P_B及跨中挠度d。

(2)按式(9-42)～式(9-44)计算试件破坏时的抗弯拉强度R_B、破坏时的梁底最大弯拉应变ε_B及破坏时的弯曲劲度模量S_B。

$$R_B = \frac{3LP_B}{2bh^2} \tag{9-42}$$

$$\varepsilon_B = \frac{6hd}{L^2} \tag{9-43}$$

$$S_B = \frac{R_B}{\varepsilon_B} \tag{9-44}$$

式中：R_B——试件破坏时的抗弯拉强度(MPa)；

ε_B——试件破坏时的最大弯拉应变；

S_B——试件破坏时的弯曲劲度模量(MPa)；

b——跨中断面试件的宽度(mm)；

h——跨中断面试件的高度(mm)；

L——试件的跨径(mm)；

P_B——试件破坏时的最大荷载(N)；

d——试件破坏时的跨中挠度(mm)。

注:计算时小梁的自重影响略去不计,故本方法不适用于试验温度高于30℃的情况。

(3)需要计算加载过程中任一加载时刻的应力、应变、劲度模量的方法同上,只需读取该时刻的荷载及变形代替上式的最大荷载及破坏变形即可。

(4)当记录的荷载—变形曲线在小变形区有一定的直线段时,可以试验的最大荷载 P_B 的 0.1~0.4 倍范围内的直线段的斜率计算弹性阶段的劲度模量,或以此范围内各测点的 σ、ε 数据计算的$S=\sigma/\varepsilon$ 的平均值作为劲度模量。σ、ε 及 S 的计算方法同上。

6. 试验报告

(1)当一组测定值中某个数据与平均值之差大于标准差的 k 倍时,该测定值应予舍弃,并以其余测定值的平均值作为试验结果。当试验数目 n 为 3、4、5、6 个时,k 值分别为 1.15、1.46、1.67、1.82。

(2)试验结果均应注明试件尺寸、成型方法、试验温度及加载速率。

九、沥青混合料劈裂试验(T 0716—1993)

1. 目的和适用范围

(1)本方法适用于测定沥青混合料在规定温度和加载速率时劈裂破坏或处于弹性阶段时的力学性质,亦可供沥青路面结构设计选择沥青混合料力学设计参数及评价沥青混合料低温抗裂性能时使用。试验温度与加载速率可由当地气候条件根据试验目的或有关规定选用,但试验温度不得高于 30℃,如无特殊规定,宜采用试验温度 15℃ ±0.5℃,加载速率为 50mm/min。当用于评价沥青混合料低温抗裂性能时,宜采用试验温度 -10℃ ±0.5℃及加载速率 1mm/min。

(2)本方法测定时采用沥青混合料的泊松比 μ 值如表 9-33 所示,其他试验温度的 μ 值由内插法决定。本方法也可由试验实测的垂直变形及水平变形计算实际的 μ 值,但计算的 μ 值必须在0.2~0.5 范围内。

劈裂试验使用的泊松比 μ 表 9-33

试验温度(℃)	≤10	15	20	25	30
泊松比 μ 值	0.25	0.30	0.35	0.40	0.45

(3)本方法采用的圆柱体试件应符合下列要求:

①最大粒径不超过 26.5mm(圆孔筛 30mm)时,用马歇尔标准击实法成型直径为 ϕ101.6mm ±0.25mm的试件,高为 63.5mm ±1.3mm。

②从轮碾机成型的板块试件或从道路现场钻取直径 ϕ100mm ±2mm 或 ϕ150mm ±2.5mm、高为 40mm ±5mm 的圆柱体试件。

2. 仪具与材料

(1)试验机:能保持规定的加载速率及试验温度的材料试验机,当采用 50mm/min 的加载速率时,也可采用具有相当传感器的自动马歇尔试验仪代替。但均必须配置有荷载及试件变形的测定记录装置。荷载由传感器测定,应满足最大测定荷载不超过其量程的 80% 且不小于其量程的 20% 的要求,一般宜采用 40kN 或 60kN 传感器,测定精密度为 10N。

(2)位移传感器可采用 LVDT 或电测百分表:水平变形宜用非接触式位移传感器测定,其量程应大于预计最大变形的 1.2 倍,通常不小于 5mm,测定垂直变形精密度不低于 0.01mm,测定水平变形的精密度不低于 0.005mm。

(3)数据采集系统或 X—Y 记录仪。

(4)恒温水槽或冰箱、烘箱。

(5)压条:如图 9-14 所示,上下各一根,试件直径为 100mm ±2mm 或 101.6mm ±0.25mm 时,压条宽度为 12.7mm,内侧曲率半径 50.8mm,试件直径为 150mm ±2.5mm 时,压条宽度为 19mm,内侧曲率半径 75mm,压条两端均应磨圆。

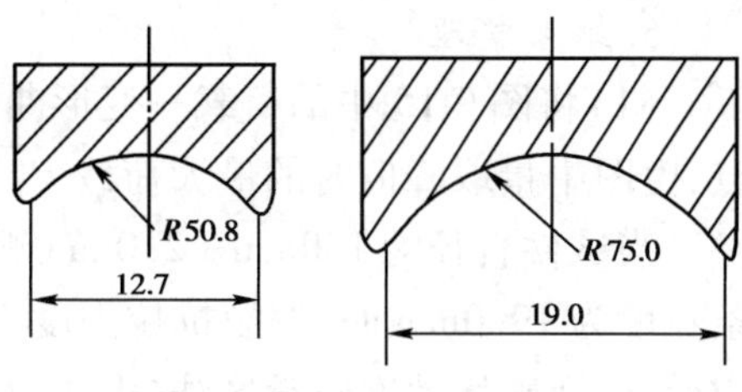

图 9-14　压条形状(尺寸单位:mm)

(6)劈裂试验夹具:下压条固定在夹具上,上压条可上下自由活动。

(7)其他:卡尺、天平、记录纸、胶皮手套等。

3. 准备工作

(1)按 T 0702 击实法制作圆柱体试件。

(2)按 T 0704 静压法试件制作方法的规定测定试件的直径及高度,准确至 0.1mm。在试件两侧通过圆心画上对称的十字标记。

(3)按 T 0703 轮碾法试件制作方法的规定测定试件的密度、空隙率等各项物理指标。

(4)使恒温水槽达到预定的试验温度 ±0.5℃。将试件浸入恒温水槽的水或冷媒中,不少于 1.5h。当为恒温空气浴时不少于 6h,直至试件内部温度达到要求的试验温度 ±0.5℃为止。保温时试件之间的距离不少于 10mm。

(5)将试验机环境保温箱达到要求的试验温度,当加载速率等于或大于 50mm/min 时,也可不用环境保温箱。

4. 试验步骤

(1)从恒温水槽中取出试件,迅速置于试验台的夹具中安放稳定,其上下均安放有圆弧形压条,与侧面的十字画线对准,上下压条应居中、平行。

(2)迅速安装试件变形测定装置,水平变形测定装置应对准水平轴线并位于中央位置,垂直变形的支座与下支座固定,上端支于上支座上。

(3)将记录仪与荷载及位移传感器连接,选择好适宜的量程开关及记录速度。当以压力机压头的位移作为垂直变形时,宜采用 50mm/min 加载,记录仪走纸速度根据温度高低可采用 500 ~ 5000mm/min。

(4)开动试验机,使压头与上下压条接触,荷载不超过 30N,迅速调整好数据采集系统或 X—Y 记录仪到零点位置。

(5)开动数据采集系统或记录仪,同时启动试验机,以规定的加载速率向试件加载劈裂至破坏,记录仪记录荷载及水平变形(或垂直位移)。当试验机无环境保温箱时,自恒温槽中取出试件至试验结束的时间应不超过 45s。记录的荷载—变形曲线如图 9-15 所示。

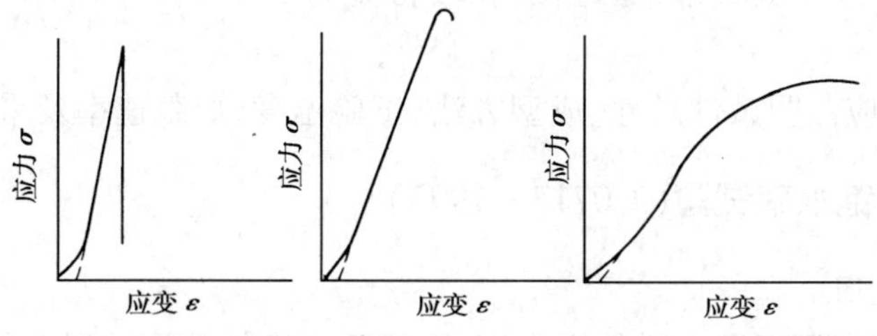

图 9-15　劈裂试验的荷载—变形(水平或垂直变形)曲线

5. 结果整理

(1)将图9-15中的荷载—变形曲线的直线段按图示方法延长与横坐标相交作为曲线的原点,由图中量取峰值时的最大荷载 P_T 及最大变形(Y_T 或 X_T)。

当试件直径为100mm ±2.0mm、压条宽度为12.7mm及试件直径为150.0mm ±2.5mm、压条宽度为19.0mm时,劈裂抗拉强度 R_T 分别按式(9-45)及式(9-46)计算,泊松比 μ、破坏拉伸应变 ε_T 及破坏劲度模量 S_T 按式(9-47)~式(9-49)计算。

$$R_T = 0.006287P_T/h \tag{9-45}$$

或

$$R_T = 0.00425P_T/h \tag{9-46}$$

$$\mu = (0.135A - 1.7940)/(-0.5A - 0.0314) \tag{9-47}$$

$$\varepsilon_T = X_T \times (0.0307 + 0.0936\mu)/(1.35 + 5\mu) \tag{9-48}$$

$$S_T = P_T \times (0.27 + 1.0\mu)/(h \times X_T) \tag{9-49}$$

式中:R_T——劈裂抗拉强度(MPa);

ε_T——破坏拉伸应变;

S_T——破坏劲度模量(MPa);

μ——泊松比;

P_T——试验荷载的最大值(N);

h——试件高度(mm);

A——试件垂直变形与水平变形的比值($A = Y_T/X_T$);

Y_T——试件相应于最大破坏荷载时的垂直方向总变形(mm);

X_T——按图9-15的方法量取的相应于最大破坏荷载时的水平方向总变形(mm);当试验仅测定垂直方向变形 Y_T 或由实测的 Y_T、X_T 计算的 μ 值大于0.5或小于0.2时,水平变形(X_T)可由表9-33规定的泊松比(μ)按式(9-50)求算。

$$X_T = Y_T \times (0.135 + 0.5\mu)/(1.794 - 0.0134\mu) \tag{9-50}$$

(2)需要计算加载过程中任一加载时刻的应力、应变、劲度模量的方法同上,只需读取该时刻的荷载及变形代替上式的最大荷载及破坏变形即可。

(3)当记录的荷载—变形曲线在小变形区有一定的直线段时,可以试验的最大荷载 P_T 的0.1~0.4倍范围内的直线段部分的斜率计算弹性阶段的劲度模量,或以此范围内各测点的应力 σ、应变 ε 数据计算的 $S=\sigma/\varepsilon$ 的平均值作为劲度模量,并以此作为路面设计用的力学参数。σ、ε 及 S 的计算方法同上述的 R_T、ε_T、S_T 的计算方法。

6. 试验报告

(1)当一组测定值中某个数据与平均值之差大于标准差的 k 倍时,该测定值应予舍弃,并以其余测定值的平均值作为试验结果。当试验数目 n 为3、4、5、6个时,k 值分别为1.15、1.46、1.67、1.82。

(2)试验结果均应注明试件尺寸、成型方法、试验温度、加载速率及采用的泊松比 μ 值。

十、沥青混合料饱水率试验(T 0717—1993)

1. 目的和适用范围

本方法适用于测定沥青混合料的饱水率,可用于沥青拌和厂的混合料的质量控制、旧路调查及路面压实沥青混合料质量评定。非经注明,试验均在室温条件下进行。

2. 仪具与材料

(1)浸水天平或电子秤:精度要求同 T 0705 密度试验(表干法)。

(2)真空干燥箱或真空干燥器:可保持真空度 97.3～98.7kPa(730～740mmHg)且可容纳要求水槽的容器,带有橡皮塞。

(3)压力计、真空表。

(4)真空泵:不小于 200W。

(5)水槽:不小于 200mm×200mm×100mm 或 ϕ200mm×100mm。

(6)其他:金属盘、金属容器、毛巾、秒表、电风扇等。

3. 试验步骤

(1)用马歇尔标准击实法成型试件,如采用现场路面芯样钻孔法操作规程用孔机在沥青路面上钻取的芯样,将其清理干净后用电风扇吹干。根据需要,也可按其他方式制作试件。

(2)称取试件的空中质量 m_a。

(3)将试件置常温的水槽中,被水浸没,并将盛有试件的水槽置真空干燥箱或真空干燥器中。

(4)将真空干燥箱或真空干燥器与真空泵、压力计(真空表)相联结,启动真空泵,使真空干燥箱或真空干燥器中保持 97.3～98.7kPa(730～740mmHg)的真空度下 15min。

(5)打开释气阀门,使真空干燥箱或真空干燥器恢复常压状态,并使试件在水中继续留放 0.5h。

(6)取出水槽,从水中取出试件,迅速用拧干的湿毛巾轻轻拭去表面多余的水分后,称取真空饱水后的表干试件质量 m_f。

注:毛巾不可拧得太干,以防擦拭试件时吸走试件内部的水分。

4. 结果整理

沥青混合料试件的饱水率按式(9-51)计算。

$$S_w = \frac{m_f - m_a}{m_a} \times 100 \tag{9-51}$$

式中:S_w——试件的饱水率(%);

m_a——干燥试件在空气中的质量(g);

m_f——真空饱水后试件在空气中的表干质量(g)。

5. 试验报告

一种试样至少平行试验 3 个,取其平均值作为试验结果。

十一、沥青混合料三轴压缩试验——闭式法(T 0718—1993)

1. 目的和适用范围

(1)本方法适用于由闭式三轴试验仪在规定温度及加载条件下,测定沥青混合料的抗剪切参数,以评价沥青混合料的高温稳定性。非经注明,三轴压缩试验的试验温度为 60℃(石油沥青)或 38℃(煤沥青)。

(2)本方法适用于直径 100mm±2.0mm、高 200mm±1.5mm 的圆柱体试件。沥青混合料的集料最大粒径应不大于 26.5mm。

2. 仪具与材料

(1)闭式三轴压力仪:构造示意如图 9-16。

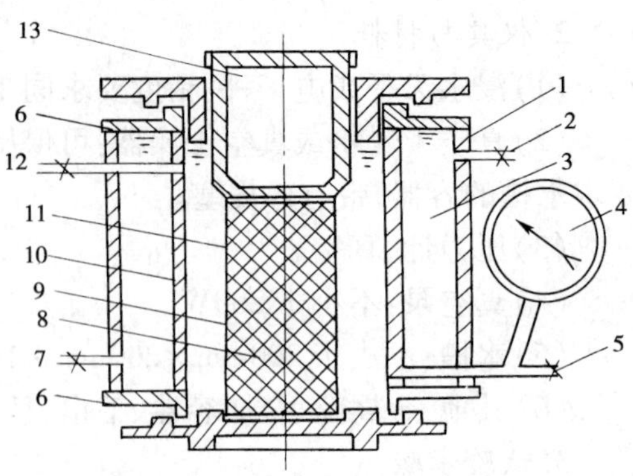

图 9-16　闭式三轴压力室构造示意图(尺寸单位:mm)
1-外筒;2-出水开关;3-保温室;4-压力表;5-进水阀门;6-法兰盘(上、下);7-进水开关;8-内腔;9-乳胶套;10-内筒;11-外腔;12-出水阀门;13-加荷压头

①主体为一个压力室,内径 140mm、高 260mm。

②精密压力表:量程 1.6MPa,分度 0.01MPa。

③空心压头:高 175mm,底面承压面直径 100mm。

(2)超级恒温水槽:可保温 60℃ ±0.5℃,有两对进出水管。

(3)压力机:100kN。

(4)千分表及表架。

(5)烘箱:装有温度调节器。

(6)乳胶套:直径 100mm,长 400mm。

注:乳胶套必须是未发生老化或粘连的不透气乳胶套。

(7)抽气机或真空泵。

(8)其他:温度计、秒表、天平、滤纸、滑石粉等。

3. 准备工作

(1)按 T 0704 静压法制作圆柱体试件,有条件时可用搓揉法或振动成型法成型,试件密度应符合马歇尔标准击实密度 100% ±2% 的要求,试件尺寸应符合直径 100mm ±2mm、高 200mm ±1.5mm 的要求。

(2)用卡尺测定试件的直径高度,取 4 个对称方向测量的平均值,准确至 0.1mm。

(3)按规定的方法量测试件的密度、空隙率等各项物理指标。

(4)将试件置温度 60℃(石油沥青)或 38℃(煤沥青)的烘箱中保温 4 ~5h。

(5)将超级恒温水槽中的水加热至 60℃ ±0.5℃(石油沥青)或 38℃ ±0.5℃(煤沥青),并保持恒温。

(6)将两端开口的乳胶套固定在压力室两端的凸缘法兰盘中,拧紧上下螺丝。

4. 试验步骤

(1)将预热后的试件从烘箱中取出,在试件表面扑一层滑石粉,并在两端各衬一张圆形滤纸,将其装于一端密封的乳胶套中。然后将试件连同乳胶套一起放进压力室中心座上。为使试件易于装入压力室的乳胶套中,使用抽气机将压力室心座与乳胶套之间的空气及水排出,使乳胶套紧贴于心座内壁上,将空心压头置于试件上。

(2)将保温室连通超级恒温水槽,使水槽的水进入保温室形成循环。

(3)将压力室的进水阀门及出水阀门与超级恒温水槽接通,打开进出口阀门,待保温套中的空气及残留的冷水驱除后,继续循环 10min。使试件保温达到试验温度,然后关闭出水阀门,进水阀门继续连通超级恒温水槽 ,逐渐增加水压,当侧压表的侧压力达到 0.02MPa 时,关闭进水阀门。

(4)将三轴压力仪置于压力机平台的中心。加上球座压头,启动压力机,在试件上预加初始压强 0.02MPa(荷载 160N)。

(5)在压头两侧各垂直安装一千分表,以供测试试件的垂直变形。千分表与压头接触,并使千分表位于较大的量程,读记千分表的初始读数。

(6)启动压力机,以 4.0 ~4.5mm/min 加载速度开始施加垂直荷载,每相邻两级垂直荷载之差为 0.15MPa,在每级垂直荷载达到形变速度小于 0.025mm/min 后持续稳定 3min,读取垂直荷载、侧压力及千分表的读数并记录时间。直至施加的荷载使各级侧压力的变化大致与垂直压力的变化成正比例时为止,通常需达到1MPa左右。

(7)卸除垂直荷载,开启进、出口阀门,待压力表回零后拆除压力室与恒温水槽水管,排出保温套积水,取出试件。

5.结果整理

(1)在方格纸上以垂直压力为纵坐标、侧压力为横坐标,根据实测数据绘制垂直压力(σ_V)和侧向压力(σ_L)的关系曲线,如图9-17。

(2)将σ_V—σ_L关系曲线的直线部分延长与纵坐标交于V_0点,即得截距I(MPa),并按式(9-52)计算直线部分的斜率S。

$$S = \frac{\sigma_{V0} - I}{\sigma_{L0}} \tag{9-52}$$

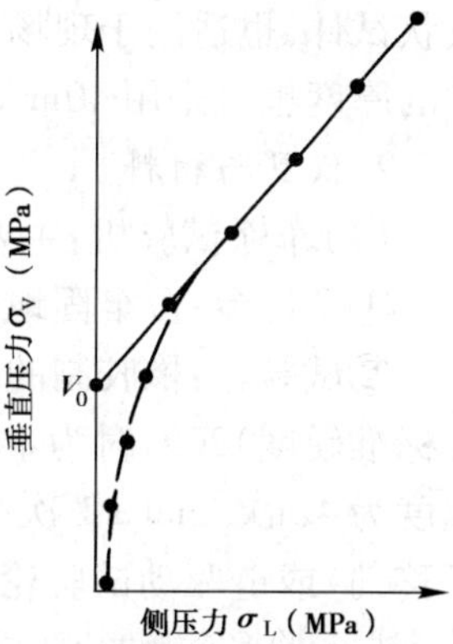

图9-17 垂直压力与侧压力关系曲线

式中:S——斜率;

σ_{V0}——位于直线上某一点的垂直压力(MPa);

σ_{L0}——相应于垂直压力σ_{V0}时的侧压力(MPa);

I——σ_V—σ_L曲线的直线部分延长在纵坐标上的截距(MPa)。

(3)亦可根据σ_V—σ_L曲线取直线部分各点用最小二乘法按式(9-53)、式(9-54)计算斜率S及截距I。

$$S = \frac{\sum\sigma_V \times \sum\sigma_L - n\sum(\sigma_V \times \sigma_L)}{(\sum\sigma_V)^2 - n\sum\sigma_{L^2}} \tag{9-53}$$

$$I = \frac{\sum\sigma_L \times \sum(\sigma_V\sigma_L) - \sum\sigma_V\sum\sigma_L{}^2}{(\sum\sigma_L)^2 - n\sum\sigma_L{}^2} \tag{9-54}$$

式中:n——实测σ_V—σ_L曲线上所取直线部分点的个数。

(4)由截距S及斜率I按式(9-55)、式(9-56)计算黏聚力c及内摩擦角φ:

$$c = \frac{I}{2\sqrt{S}} \tag{9-55}$$

$$\varphi = 2(\arctan\sqrt{S} - 45°) \tag{9-56}$$

式中:c——试件的黏聚力(MPa);

φ——内摩擦角(°)。

6.试验报告

同一混合料至少要有3个试件做平行试验,取其平均值作为试验结果。

十二、沥青混合料车辙试验(T 0719—1993)

1.目的和适用范围

(1)本方法适用于测定沥青混合料的高温抗车辙能力,供沥青混合料配合比设计的高温稳定性检验使用。

(2)车辙试验的试验温度与轮压可根据有关规定和需要选用,非经注明,试验温度为60℃,轮压为0.7MPa。根据需要,如在寒冷地区也可采用45℃,在高温条件下采用70℃等,但应在报告中注明。计算动稳定度的时间原则上为试验开始后45~60min之间。

(3)本方法适用于按T 0703用轮碾成型机碾压成型的长300mm、宽300mm、厚50mm的板块状试件,也适用于现场切割制作长300mm、宽150mm、厚50mm板块状试件。根据需要,试件的厚度也可采用40mm。

2. 仪具与材料

(1)车辙试验机:主要由下列部分组成。

①试件台:可牢固地安装两种宽度(300mm及150mm)的规定尺寸试件的试模。

②试验轮:橡胶制的实心轮胎,外径ϕ200mm,轮宽50mm,橡胶层厚15mm。橡胶硬度(国际标准硬度)20℃时为84±4,60℃时为78±2。试验轮行走距离为230mm±10mm,往返碾压速度为42次/min±1次/min(21次往返/min)。允许采用曲柄连杆驱动试验台运动(试验轮不移动)或链驱动试验轮运动(试验台不动)的任一种方式。

注:轮胎橡胶硬度应注意检验,不符合要求者应及时更换。

③加载装置:使试验轮与试件的接触压强在60℃时为0.7MPa±0.05MPa,施加的总荷重为78kg左右,根据需要可以调整。

④试模:钢板制成,由底板及侧板组成,试模内侧尺寸长为300mm,宽为300mm,厚为50mm(试验室制作),亦可固定150mm宽的现场切制试件。

⑤变形检测装置:自动检测车辙变形并记录曲线的装置,通常用LVDT、电测百分表或非接触位移计。

⑥温度测量装置:自动检测并记录试件表面及恒温室内温度的温度传感器、温度计,精密度0.5℃。

(2)恒温室:车辙试验机必须整机安放在恒温室内,装有加热器、气流循环装置及装有自动温度控制设备,能保持恒温室温度60℃±1℃(试件内部温度60℃±0.5℃),根据需要亦可为其他需要的温度。用于保温试件并进行试验。温度应能自动连续记录。

(3)台秤:量程15kg,感量不大于5g。

3. 准备工作

(1)试验轮接地压强测定:测定在60℃时进行,在试验台上放置一块50mm厚的钢板,其上铺一张毫米方格纸,上铺一张新的复写纸,以规定的700N荷载后试验轮静压复写纸,即可在方格纸上得出轮压面积,并由此求得接地压强。当压强不符合0.7MPa±0.05MPa时,荷载应予适当调整。

(2)按T 0703用轮碾成型法制作车辙试验试件。在试验室或工地制备成型的车辙试件,其标准尺寸为300mm×300mm×50mm,也可从路面切割得到300mm×150mm×50mm的试件。

当直接在拌和厂取拌和好的沥青混合料样品制作试件检验生产配合比设计或混合料生产质量时,必须将混合料装入保温桶中,在温度下降至成型温度之前迅速送达试验室制作试件,如果温度稍有不足,可放在烘箱中稍事加热(时间不超过30min)后使用。也可直接在现场用手动碾或压路机碾压成型试件,但不得将混合料放冷却后二次加热重塑制作试件。重塑制件的试验结果仅供参考,不得用于评定配合比设计检验是否合格使用。

(3)如需要,将试件脱模按规定的方法测定密度及空隙率等各项物理指标。如经水浸,应用电扇将其吹干,然后再装回原试模中。

(4)试件成型后,连同试模一起在常温条件下放置的时间不得少于12h。对聚合物改性沥青混合料,放置的时间以48h为宜,使聚合物改性沥青充分固化后方可进行车辙试验,但室温放置时间也不得长于一周。

注:为使试件与试模紧密接触,应记住四边的方向位置不变。

4. 试验步骤

(1)将试件连同试模一起,置于已达到试验温度60℃ ±1℃的恒温室中,保温不少于5h,也不得多于24h。在试件的试验轮不行走的部位上,粘贴一个热电偶温度计(也可在试件制作时预先将热电偶导线埋入试件一角),控制试件温度稳定在60℃ ±0.5℃。

(2)将试件连同试模移置于轮辙试验机的试验台上,试验轮在试件的中央部位,其行走方向须与试件碾压或行车方向一致。开动车辙变形自动记录仪,然后启动试验机,使试验轮往返行走,时间约1h,或最大变形达到25mm时为止。试验时,记录仪自动记录变形曲线(图9-18)及试件温度。

注:对300mm宽且试验时变形较小的试件,也可对一块试件在两侧1/3位置上进行两次试验取平均值。

5. 结果整理

(1)从图9-18上读取45min(t_1)及60min(t_2)时的车辙变形 d_1 及 d_2,准确至0.01mm。

当变形过大,在未到60min变形已达25mm时,则以达到25mm(d_2)时的时间为 t_2,将其前15min为 t_1,此时的变形量为 d_1。

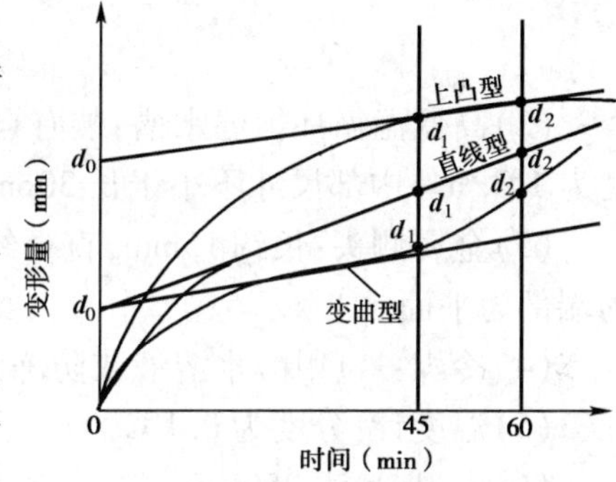

图9-18 车辙试验自动记录的变形曲线

(2)沥青混合料试件的动稳定度按式(9-57)计算。

$$DS = \frac{(t_2 - t_1) \times N}{d_2 - d_1} \times C_1 \times C_2 \tag{9-57}$$

式中:DS——沥青混合料的动稳定度(次/mm);

d_1——对应于时间 t_1 的变形量(mm);

d_2——对应于时间 t_2 的变形量(mm);

C_1——试验机类型修正系数,曲柄连杆驱动试件的变速行走方式为1.0,链驱动试验轮的等速方式为1.5;

C_2——试件系数,试验室制备的宽300mm的试件为1.0,从路面切割的宽150mm的试件为0.8;

N——试验轮往返碾压速度,通常为42次/min。

(3)重复性试验动稳定度变异系数的允许差为20%。

6. 试验报告

(1)同一沥青混合料或同一路段的路面,至少平行试验3个试件,当3个试件动稳定度变异系数小于20%时,取其平均值作为试验结果。变异系数大于20%时应分析原因,并追加试验。如计算动稳定度值大于6000次/mm时,记作:>6000次/mm。

(2)试验报告应注明试验温度、试验轮接地压强,试件密度、空隙率及试件制作方法等。

十三、沥青混合料线收缩系数试验(T 0720—1993)

1. 目的和适用范围

(1)本方法适用于测定沥青混合料的线收缩系数。

(2)本方法适用于从轮碾成型的板块状试件上切制的棱柱体试件,试件尺寸为长200mm ±2.0mm,宽200mm ±1.0mm,高20mm ±1.0mm。温度区间及降温速率根据当地气候条件决定,通常采用的温度区间为 +10 ~20℃,降温速率为 5℃/h。

2. 仪具与材料

(1)收缩仪:殷钢制,如图 9-19 所示,一端为球形测头,另一端装置千分表或位移计,也可采用能快速准确测定变形的其他仪器。

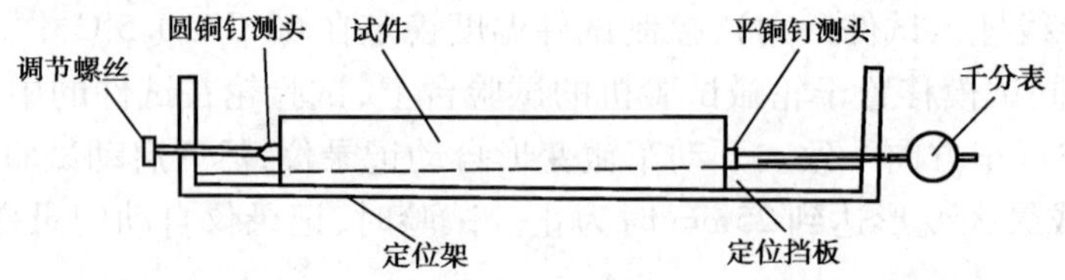

图 9-19 沥青混合料收缩试验仪

(2)高低温循环恒温水槽:装有自动温度控制器,控温准确度为 0.1℃,降温速率控制准确度为 1℃/h。内部尺寸不小于长 30cm、宽 20cm 及深 15cm。

(3)金属测头:长约 15mm,直径约 5mm,接在试件一端的端部为半球形,接在试件另一端的端部为平面。

(4)冷媒:1∶1甲醇水溶液或防冻液。

(5)温度计:分度为 0.1℃。

(6)卡尺:量程 250mm。

(7)其他:天平、铁盘、玻璃板、502 黏结剂等。

3. 准备工作

(1)按 T 0703 用轮碾法成型制作 300mm × 300mm × 50mm 的板块状试件。然后用锯石机顺序切割成 20mm × 20mm × 200mm 的棱柱形试件,一组试件不应少于 3 个。

(2)用卡尺量测试件的尺寸,长度为对面两次测定的平均值(L),高度(h)与宽度(b)为两端及中间 3 处不同方向的平均值,准确至 0.1mm。切割的试件与试件标准尺寸之差,长度不应超过 ±2mm,高度及宽度不应超过 ±1mm。

(3)按规定方法测定沥青混合料的密度及空隙率等各项物理指标。

4. 试验步骤

(1)将试件两端正中央粘上金属测头,与千分表接触的一端为平头形测头,另一端为半球测头,用 502 黏结剂粘好,并用手稍加压力待其固化粘牢。注意,测头应准确粘在试件两端的中轴线上,测头平面应与轴线垂直。粘好测头的试件,置于玻璃板上。

(2)在恒温水槽中注入甲醇水溶液作冷媒,深度应在试件上方 20mm 以上,并将水槽的温度控制至试验开始温度(+10℃)保温。

(3)将玻璃板及试件(一组 3 个)移置在恒温水槽中,玻璃板的架空高度距底面不少于 30mm,各试件之间的距离不少于 10mm。在整个试验过程中,试件的上下位置不得颠倒。在开始试验温度的水槽中恒温 30min。

(4)恒温后,将试件迅速从水槽中取出,一手拔出收缩仪千分表(或位移计)测杆,一手将试件置于试件架的左端紧靠测杆,里侧紧靠定位挡板,右手轻轻松开测杆与测头接触,在无受力状态下读取千分表(或位移计)读数(L_0)作为收缩零点,准确至 0.001mm。然后,迅速地将试件放回甲醇水溶液中。从恒温水槽中取出试件,至测出千分表读数的时间,不应超过 5s。否则,应将试件放回水槽中保温 10min 左右后再重测。

(5)将试件放回水槽中原来位置,3 个试件全部测量完后,水槽开始降温,降温速率为

5℃/h(或其他规定降温速率),直至预定的终点温度 -30℃,停止降温,并在此条件下保温 30min。重复上一步的测定,读取最终读数 L_e,准确至 0.001mm。

(6)为测定不同温度区间的收缩系数,可每降温 10℃并恒温 30min 后,按步骤(4)的方法测定各温度时的试件长度,再继续降温。

5. 结果整理

降温区间的平均收缩应变及平均收缩系数按式(9-58)、式(9-59)计算。

$$\varepsilon_e = \frac{L_e - L_0}{L_0} \tag{9-58}$$

$$C = \frac{\varepsilon_e}{\Delta T} \tag{9-59}$$

式中:ε_e——平均收缩应变;

L_e—— -20℃时试件收缩后的长度(mm);

L_0—— +10℃时试件的原始长度(mm);

C——沥青混合料的平均线收缩系数;

ΔT——温度区间,从起始温度(+10℃)至最终温度(-20℃)的差,即为30℃。

如分温度区间测定时,可按式(9-58)及式(9-59)的办法计算各温度区间的收缩系数。以该区间的温度中值为代表温度,由此得出不同温度的收缩系数变化曲线。

6. 试验报告

同一沥青混合料,至少平行试验 3 个试件。当测定结果最大值与最小值之差不超过平均值的 20% 时,取其平均值作为试验结果。

十四、沥青混合料中沥青含量试验(T 0721 ~ T 0724—1993)

(一)射线法(T 0721—1993)

1. 目的和适用范围

(1)本方法采用射线法测定用黏稠石油沥青拌制的热拌沥青混合料中的沥青含量(或油石比),不适用于其他沥青拌制的混合料。

(2)本方法适用于热拌热铺沥青混合料路面施工时的沥青用量检测,以快速评定拌和厂产品质量。

(3)本方法规定仪器标定的测定步骤的细节允许按所用仪器说明书规定有所变动。

2. 仪具与材料

(1)射线法沥青含量测定仪:符合放射性安全规定。

(2)试样容器:射线法沥青含量测定仪的规定附件。

(3)沥青混合料拌和机。

(4)磅秤或天平:量程 10kg,感量不大于 5g。

(5)木板:长 50cm,宽 10cm。

(6)其他:铁铲、大号金属盘、烘箱、温度计等。

3. 准备工作

(1)沥青含量测定仪参数标定。

①用检测对象的实际材料按施工要求的矿料配合比配合矿料 8kg,在烘箱中加热到 165℃,4h。

②按 T 0602 沥青试样准备方法准备施工实际使用的沥青试样，按设计沥青用量（或油石比）的 ±0.5% 称取 2 档或 3 档沥青用量，加热到要求的拌和温度。

③从小的沥青用量开始分别用沥青混合料拌和机拌和 3min。

④按仪器说明书要求称取沥青混合料（一般不少于 6kg）装入试样容器中压实，用木板压平放进射线法沥青含量测定仪中，用 16min 测定时间测定标定参数。

注：仪器应放在木制仪器箱上方，并远离水源。

⑤重复上述步骤，每次增加所需沥青用量，将每一档沥青用量的混合料进行测定，得出标定参数，储存入试验仪器中。

（2）在拌和厂从运料卡车上采取欲检测的沥青混合料试样。

4. 试验步骤

（1）按仪器操作说明书要求立即将热沥青混合料分别装入两个试样容器，称取质量，使之符合规定取样量，并量测沥青混合料温度。

（2）用木板压紧沥青混合料，达到规定的体积。

（3）依次将试样容器放入沥青含量测定仪中，开动仪器，输入试样号、沥青混合料温度、标定的沥青混合料编号或标定参数，进行测定，测定的时间一般为 8min（急需时也可采用 4min），到达时间后，测定仪自动显示沥青含量（或油石比），记录在测定报告中。

注：沥青含量测定仪测定时的放置条件应与标定时相同，挪动测定地点时，应重新标定后方可测定；测定时的沥青混合料数量应与标定时相同，混合料温度应接近标定温度，显示的数据是沥青含量还是油石比与标定用的相同。

5. 试验报告

同一沥青混合料试样，至少平行试验两次。其差值不大于0.2% 时，取平均值作为试验结果。

（二）离心分离法（T 0722—1993）

1. 目的和适用范围

（1）本方法采用离心分离法测定用黏稠石油沥青拌制的沥青混合料中的沥青含量（或油石比）。

（2）本方法适用于热拌热铺沥青混合料路面施工时的沥青用量检测，以评定拌和厂产品质量。此法也适用于旧路调查时检测沥青混合料的沥青用量，用此法抽提的沥青溶液可用于回收沥青，以评定沥青的老化性质。

2. 仪具与材料

（1）离心抽提仪。

（2）圆环形滤纸。

（3）回收瓶：容量 1700mL 以上。

（4）压力过滤装置。

（5）天平：感量不大于 0.01g、1mg 的天平各一台。

（6）量筒：最小分度 1mL。

（7）电烘箱：装有温度自动调节器。

（8）三氯乙烯：工业用。

（9）碳酸铵饱和溶液：供燃烧法测定滤纸中的矿粉含量用。

（10）其他：小铲、金属盘、大烧杯等。

3. 准备工作

(1)按 T 0701 沥青混合料取样方法,在拌和厂从运料卡车采取沥青混合料试样,放在金属盘中适当拌和,待温度稍下降后至100℃以下时,用大烧杯取混合料试样 1000～1500g(m)(粗粒式沥青混合料用高限,细粒式用低限,中粒式用中限),准确至 0.1g。

(2)如果试样是路上用钻机法或切割法取得的,应用电风扇吹风使其完全干燥,置微波炉或烘箱中适当加热后成松散状态取样,但不得用锤击以防集料破碎。

4. 试验步骤

(1)向装有试样的烧杯中注入三氯乙烯溶剂,将其浸没,浸泡 30min,用玻璃棒适当搅动混合料,使沥青充分溶解。

注:也可直接在离心分离器中浸泡。

(2)将混合料及溶液倒入离心分离器,用少量溶剂将烧杯及玻璃棒上的黏附物全部洗入分离容器中。

(3)称取洁净的圆环形滤纸质量,准确至 0.01g。注意,滤纸不宜多次反复使用,有破损者不能使用,有石粉黏附时应用毛刷清除干净。

(4)将滤纸垫在分离器边缘上,加盖紧固,在分离器出口处放上回收瓶,上口应注意密封,防止流出液成雾状散失。

(5)开动离心机,转速逐渐增至 3000r/min,沥青溶液通过排出口注入回收瓶中,待流出停止后停机。

(6)从上盖的孔中加入新溶剂,数量大体相同,稍停 3～5min 后,重复上述操作。如此数次直至流出的抽提液成清澈的淡黄色为止。

(7)卸下上盖,取下圆环形滤纸,在通风橱或室内空气中蒸发干燥,然后放入 105℃ ±5℃的烘箱中干燥,称取质量,其增重部分(m_2)为矿粉的一部分。

(8)将容器中的集料仔细取出,在通风橱或室内空气中蒸发后放入 105℃ ±5℃烘箱中烘干(一般需 4h),然后放入大干燥器中冷却至室温,称取集料质量 m_1。

(9) 用压力过滤器过滤回收瓶中的沥青溶液,由滤纸增加的质量(m_3)得出泄漏入滤液中矿粉。如无压力过滤器时,也可用燃烧法测定。

(10)用燃烧法测定抽提液中矿粉质量的步骤如下:

①将回收瓶中的抽提液倒入量筒中,准确定量至 mL(V_a)。

②充分搅匀抽提液,取出 10mL(V_b)放入坩埚中,在热浴上适当加热使溶液试样发成暗黑色后,置高温炉(500～600℃)中烧成残渣,取出坩埚冷却。

③向坩埚中按每 1g 残渣 5mL 的用量比例,注入碳酸铵饱和溶液,静置 1h,放入 105℃ ±5℃炉箱中干燥。

④取出放在干燥器中冷却,称取残渣质量(m_4),准确至 1mg。

5. 结果整理

(1)沥青混合料中矿料的总质量按式(9-60)计算。

$$m_a = m_1 + m_2 + m_3 \tag{9-60}$$

式中:m_a——沥青混合料中矿料部分的总质量(g);

m_1——容器中留下的集料干燥质量(g);

m_2——圆环形滤纸在试验前后增加的质量(g);

m_3——泄漏入抽提液中的矿粉质量(g)。

用燃烧法时可按式(9-61)计算。

$$m_3 = m_4 \times \frac{V_a}{V_b} \tag{9-61}$$

式中：V_a——抽提液的总量(mL)；

V_b——取出的燃烧干燥的抽提液数量(mL)；

m_4——坩埚中燃烧干燥的残渣质量(g)。

(2)沥青混合料中的沥青含量按式(9-62)计算,油石比按式(9-63)计算。

$$P_b = \frac{m - m_a}{m} \tag{9-62}$$

$$P_a = \frac{m - m_a}{m_a} \tag{9-63}$$

式中：m——沥青混合料的总质量(g)；

P_b——沥青混合料的沥青含量(%)；

P_a——沥青混合料的油石比(%)。

6. 试验报告

同一沥青混合料试样至少平行试验两次,取平均值作为试验结果。两次试验结果的差值应小于0.3%,当大于0.3%但小于0.5%时,应补充平行试验一次,以3次试验的平均值作为试验结果,3次试验的最大值与最小值之差不得大于0.5%。

(三)回流式抽提仪法(T 0723—1993)

1. 目的和适用范围

(1)本方法规定用回流式抽提仪法测定沥青混合料中沥青含量的试验方法。

(2)本方法适用于沥青路面施工的沥青用量检测使用,以评定施工质量,也适用于旧路调查中检测沥青路面的沥青用量。但对煤沥青路面,需有煤沥青的游离碳含量的原始测定数据。

2. 仪具与材料

(1)回流式沥青抽提仪:形状如图9-20。

(2)滤纸筒:壁厚2mm左右,大小与筛网筒内部尺寸匹配,亦可用大张定性滤纸或滤纸筒代替。

(3)天平:感量不大于1g。

(4)溶剂:三氯乙烯,工业纯。

(5)碳酸铵饱和溶液。

(6)其他:蒸馏烧瓶、滤纸、脱脂棉、烘箱、高温炉(1000℃)、量筒、金属盘、磁蒸发皿。

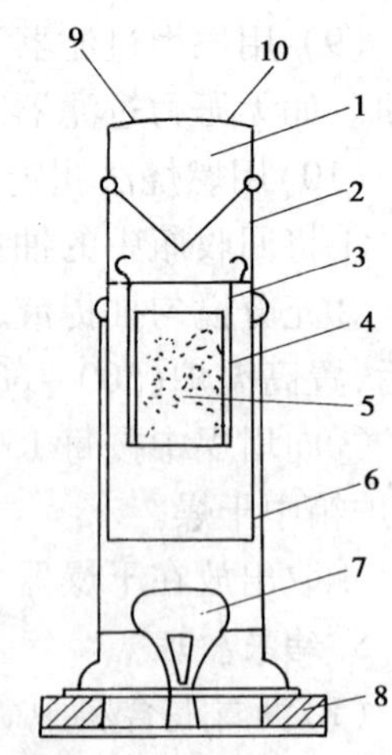

图9-20 回流式沥青抽提仪

1-水冷凝器;2-抽提筒;3-铜柱;4-铜筛筒;5-沥青混合料;6-外套筒;7-红外线灯泡;8-底座;9-进水管;10-出水管

3. 准备工作

(1)准备好滤纸筒,如没有滤纸筒时也可将大张定性滤纸卷成2~3层的圆筒状,下部摺成平底(大小接近铜筛网内部尺寸),用一细线捆好以防散开,底面再铺一张滤纸和一层脱脂棉,称合计质量(m_1)后,仔细置铜网筛筒内。

(2)将溶剂注入抽提筒内,其用量可根据试样质量确定,一般约为试样的1~1.5倍。

（3）按 T 0701 沥青混合料取样方法采集沥青混合料试样。当试样已冷却结块或系从路上钻取的芯样时，应置微波炉或烘箱内加热（石油沥青不高于 100℃，煤沥青不高于 80℃），使之呈松散状态（注意不得用锤打碎）。需要时，须用电风扇充分吹干 1h 以上，预先测定试样的水分含量。

（4）称取松散的沥青混合料试样 1kg（m），准确至 1g，轻轻放入铜网筛筒的滤纸筒内。

（5）将盛有试样的铜网筛筒放入抽提筒内的铜柱上，盖好水冷凝器。

4. 试验步骤

（1）检查抽提仪是否全部装妥。

（2）开放进水阀，使冷水流入冷凝器，充满后不断由排水阀流出。

（3）接通电路，加热抽提筒内的溶剂至沸腾后，其蒸汽上升遇冷凝器冷凝后滴入铜网筛筒溶洗混合料试样中的沥青，并通过滤纸流至抽提筒内。如此反复溶洗，至试样中的沥青被溶解洗净为止。这一过程一般需要 8 ~ 10h。

（4）抽提结束，关闭电源，待冷却后关闭进水阀，取下冷凝器，仔细将筒网筛筒取出，置通风橱内晾干，再将装有矿料的滤纸筒置干净的金属盘中，并置烘箱（105℃ ±5℃）内烘至恒量，一般需 4h。

（5）分别称取烘干的矿料质量（m_2）及带用矿粉的滤纸筒、脱脂棉质量（m_3）。

（6）测定抽提溶液中矿粉质量：

①将抽提筒中的抽提溶液搅动后倒入量筒中，并用少量溶剂摇洗抽提筒数次，清洗的溶液并入量筒中，记录量筒内抽提液的体积（V_1），准确至 1mL。

②搅匀量筒内抽提液后，约取 10mL 溶液倒入一已称质量的磁蒸发皿（m_4）中，并记录用于量测部分的抽提溶液的体积（V_2）。

③将蒸发皿移置电热板或砂浴上适当加热，使溶剂蒸发、干燥。

④将蒸发皿移入高温炉内加热至暗红色（500 ~ 600℃）后，冷却至室温。

⑤按每 1g 残余物约 5mL 的比例向蒸发皿内注入饱和碳酸铵溶液，在室温下使蒸发皿中残余物浸渍 1h，然后置烘箱（105℃ ±5℃）中烘至恒量。

⑥将恒重的蒸发皿置干燥器中冷却后称其质量（m_5），作为矿粉的一部分。

5. 结果整理

（1）沥青路面或混合料试样的沥青含量按式（9-64）计算。

$$P_b = \frac{(m - m_0) - m_2 - (m_3 - m_1) - m_6}{m - m_0} \times 100 \tag{9-64}$$

式中：P_b——试样的沥青含量（%）；

m——试样的质量（g）；

m_0——试样中水分含量（不需测定时，可省略）（g）；

m_1——滤纸筒及脱脂棉质量（g）；

m_2——抽提后矿料的质量（g）；

m_3——抽提后黏附有矿粉的滤纸筒和脱脂棉质量（g）；

m_6——抽提溶液中的矿粉质量（g）；

$$m_6 = m_7 \times \frac{V_1}{V_2} \tag{9-65}$$

m_7——10mL 试验部分抽提溶液中矿粉的质量（$m_5 - m_4$）（g）；

V_1——抽提液的全部体积(mL);

V_2——用于量测部分的抽提液体积(mL)。

(2)如试样为煤沥青路面时,煤沥青含量按式(9-66)进行修正。

$$P_B = P_b\left(1 + \frac{P_C}{100 - P_C}\right) \tag{9-66}$$

式中:P_B——煤沥青混合料中的煤沥青含量(%);

P_b——式(9-64)计算得的沥青含量(%);

P_C——煤沥青中游离碳含量(%)。

6. 试验报告

同一试样至少平行试验两次,其差值不大于0.3%时,取其平均值作为试验结果。

(四)脂肪抽提器法(T 0724—1993)

1. 目的和适用范围

(1)本方法规定用脂肪抽提器即索克斯里(Soxhlet)抽提仪测定用黏稠石油沥青拌制的沥青混合料中沥青含量(或油石比)的测定方法。

(2)本方法适用于热拌热铺沥青混合料路面施工时的沥青用量检测,以评定拌和厂产品质量使用。此法也适用于旧路调查时检测沥青混合料的沥青用量。

2. 仪具与材料

(1)索克斯里抽提仪:如图9-21所示。

(2)滤纸筒:直径40mm,高140mm。无滤纸筒时可用大张滤纸卷成筒状代替,滤纸应不通过矿粉。

(3)脱脂棉花。

(4)加热装置:可调电炉或燃气炉。

(5)压力过滤装置。

(6)天平:量程2kg,感量不大于0.1g;量程500g,感量不大于0.01g。

(7)电烘箱:装有温度自动调节器。

(8)三氯乙烯:工业或化学纯。

(9)碳酸铵饱和溶液:供燃烧法测定滤纸中的矿粉含量用。

(10)干燥器。

(11)其他:小铲、金属盘、玻璃杯、大烧杯等。

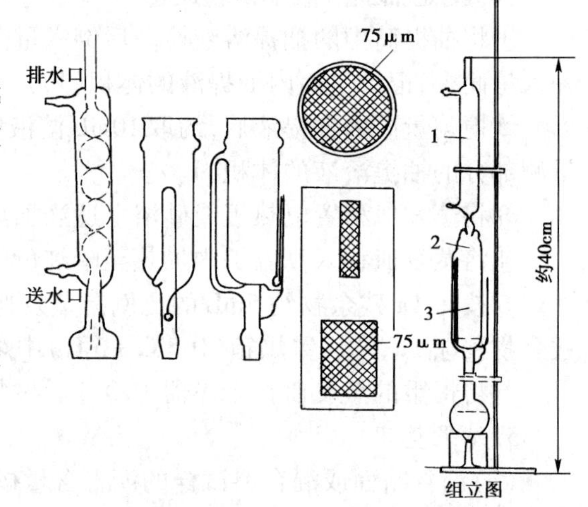

图9-21 索克斯里抽提仪

1-回流冷凝器;2-过滤部分;3-过滤器

3. 准备工作

(1)在拌和厂或施工现场采取沥青混合料试样,放在金属盘中适当拌和,待温度稍下降后至100℃以下时,取混合料试样质量200g左右(m),准确至0.1g。

(2)如果试样是路上用钻机法或切割法取得的,应待其干燥,置微波炉或烘箱中适当加热后成松散状态取样,但不得用锤击以防集料破碎。

(3)安装滤纸筒于脂肪抽提器中,如无滤纸筒时,可用大张滤纸裁成约180mm×400mm大小,然后将其卷成直径约40mm长140mm的纸筒。注意,卷纸时应一边卷一边将底边摺好,卷好后用线将纸筒上口系牢。然后用一块脱脂棉花垫在筒底,将已称质量的沥青混合料装入滤纸筒内,上面再盖一层脱脂棉,滤纸筒内的棉花均应称量(m_p),至0.01g。

4.试验步骤

(1)向蒸馏烧瓶中注入三氯乙烯溶剂至其容量的50%~70%,安装滤纸筒,再向脂肪抽提器中注入溶剂约200mL。并用少量溶剂将烧杯及玻璃棒上的黏附物全部洗入滤纸筒中。

(2)安装回流冷凝器,开放冷却水,试验过程中调节水量至回流冷凝器中溶剂蒸发为度。

(3)开始加热烧瓶,热量由小到大,至烧瓶中的三氯乙烯溶剂受热沸腾,在强热下,溶剂不断蒸发,经过冷凝器冷却滴入滤纸筒中,逐渐溶解、冲洗混合料中的沥青,冲洗的溶剂进入烧瓶。如此循环反复,直至溶剂清澈透明为止。

(4)停止加热,回流冷凝器继续通水回流约20min。

(5)关闭冷却循环水,拆下冷凝器,仔细从脂肪抽提仪中取出滤纸筒,将其竖立在大烧杯中,放通风橱内,让矿料中残留的溶剂滴尽;然后移入搪瓷盘中,待溶剂自然蒸发干燥,连同滤纸筒、棉花及矿料一起放入105℃±5℃烘箱中,烘干至恒量(通常为4h)。

(6)将滤纸筒、棉花、烘干的矿料从烘箱中取出,置干燥器中冷却至室温,然后分别称量滤纸筒及棉花的质量(m_s),准确至0.01g;称取矿料质量(m_1),准确至0.1g。滤纸及棉花增加的质量为矿粉的一部分。

(7)用压力过滤器过滤蒸馏烧瓶中的沥青溶液,由滤纸增加的质量(m_3)得出泄漏入滤液中矿粉,如无压力过滤器时,也可用燃烧法测定。

(8)用燃烧法测定抽提液中矿粉质量的步骤见离心分离法。

5.结果整理

同T 0723沥青混合料中沥青含量试验(离心分离法)。

6.试验报告

同一沥青混合料试样至少平行试验两次,其差值不大于0.3%时,取平均值作为试验结果,取1位小数。

十五、沥青混合料的矿料级配检验(T 0725—2000)

1.目的和适用范围

本方法适用于测定沥青路面施工过程中沥青混合料的矿料级配,供评定沥青路面的施工质量时使用。

2.仪具与材料

(1)标准筛:尺寸为53.0mm、37.5mm、31.5mm、26.5mm、19.0mm、16.0mm、13.2mm、9.5mm、4.75mm、2.36mm、1.18mm、0.6mm、0.3mm、0.15mm、0.075mm的标准筛系列中,根据沥青混合料级配选用相应的筛号,必须有密封圈、盖和底。

(2)天平:感量不大于0.1g。

(3)摇筛机。

(4)烘箱:装有温度自动控制器。

(5)其他:样品盘、毛刷等。

3.准备工作

(1)按T 0701的方法从拌和厂选取代表性样品。

(2)将沥青混合料试样按T 0722沥青混合料中沥青含量的试验方法抽提沥青后,将全部矿质混合料放入样品盘中置温度105℃±5℃烘干,并冷却至室温。

(3)按沥青混合料矿料级配设计要求,选用全部或部分需要筛孔的标准筛,作施工质量检验时,至少应包括0.075mm、2.36mm、4.75mm 及集料公称最大粒径等5个筛孔,按大小顺序排列成套筛。

4.试验步骤

(1)将抽提后的全部矿料试样称量,准确至0.1g。

(2)将标准筛带筛底置摇筛机上,并将矿质混合料置于筛内,盖妥筛盖后,压紧摇筛机,开动摇筛机筛分10min。取下套筛后,按筛孔大小顺序,在一清洁的浅盘上,再逐个进行手筛,手筛时可用手轻轻拍击筛框并经常地转动筛子,直至每分钟筛出量不超过筛上试样质量的0.1%时为止,但不允许用手将颗粒塞过筛孔,筛下的颗粒并入下一号筛,并和下一号筛中试样一起过筛。矿料的筛分方法,尤其是对最下面的0.075mm 筛,根据需要也可参照本书第五章集料的筛分方法,采用水筛法,或者对同一种混合料,适当进行几次干筛与湿筛的对比试验后,对0.075mm通过率进行适当的换算或修正。

(3)称量各筛上筛余颗粒的质量,准确至0.1g。并将粘在滤纸、棉花上的矿粉及抽提液中的矿粉计入矿料中通过0.075mm 的矿粉含量中。所有各筛的分计筛余量和底盘中剩余质量的总和与筛分前试样总质量相比,相差不得超过总质量的1%。

5.结果整理

(1)试样的分计筛余量按式(9-67)计算。

$$P_i = \frac{m_i}{m} \times 100 \tag{9-67}$$

式中:P_i——第i级试样的分计筛余量(%);

m_i——第i级筛上颗粒的质量(%);

m——试样的质量(g)。

(2)累计筛余百分率:该号筛上的分计筛余百分率与大于该号筛的各号筛上的分计筛余百分率之和,准确至0.1%。

(3)通过筛分百分率:用100减去该号筛上的累计筛余百分率,准确至0.1%。

(4)以筛孔尺寸为横坐标、各个筛孔的通过筛分百分率为纵坐标绘制矿料组成级配曲线,如图9-22,评定该试样的颗粒组成。

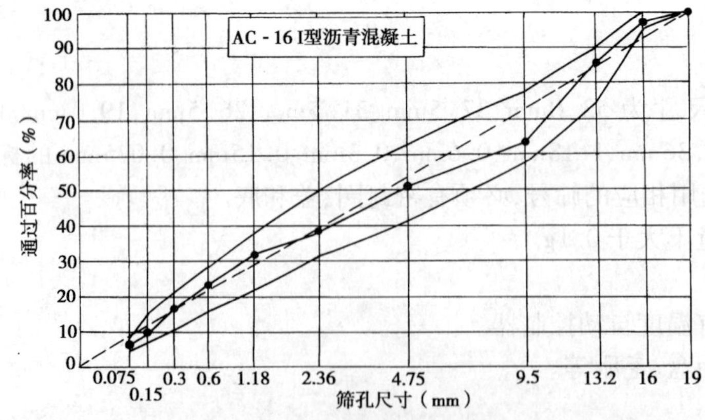

图9-22 沥青混合料矿料组成级配曲线示例

6.试验报告

同一混合料至少取两个试样平行筛分试验两次,取平均值作为每号筛上的筛余量的试验结果,报告矿料级配通过百分率及组配曲线。

十六、从沥青混合料中回收沥青(T 0726、T 0727—1993)

(一)阿布森法(T 0726—1993)

1. 目的和适用范围

(1)本方法采用阿布森法从沥青混合料中回收沥青。对沥青路面或沥青混合料用溶液抽提,再将抽提液中的溶剂除去,且在操作过程中不改变混合料中沥青的性质。

(2)按本方法从沥青路面或沥青混合料中回收的沥青,可供评定石油沥青混合料中沥青的老化程度,及分析沥青路面的破坏原因,进行再生沥青混合料的配合比设计等使用。根据需要对回收沥青测定各种性质及化学组分。本方法不适用于煤沥青混合料。

2. 仪具与材料

(1)蒸馏装置:如图 9-23,由下列部分组成:

①烧瓶:500mL、耐热玻璃制,磨口、平底。

②通气管:胶皮管长至少 180mm,外径 6mm,端球外径 10mm,有 6 个交错的边孔,孔径约 1.5mm。

③弯玻璃导管:内径 10mm。

④软木塞:与瓶颈有良好的密封性。

⑤冷凝管:直形,水夹套长至少 200mm。

⑥温度计:0 ~ 300℃,分度为 1℃,水银球长 6mm。

⑦锥形瓶:500mL。

⑧CO_2 气体及储气钢瓶。

⑨气体流量计:测定容量在 2000mL/min 以上。

⑩加热套。

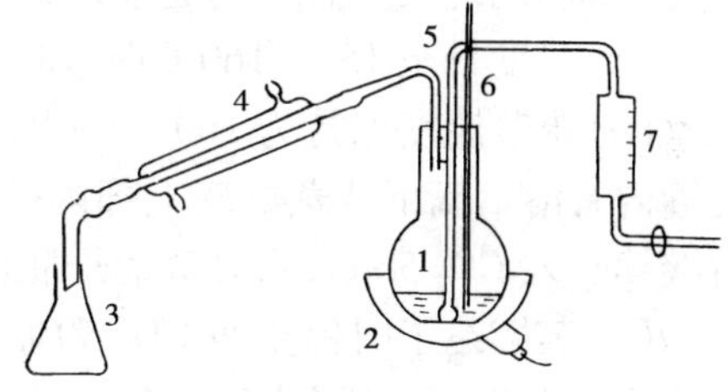

图 9-23 蒸馏装置

1-平底烧瓶;2-加热套;3-溶剂回收瓶;4-冷凝管;5-通气管;6-温度计;7-气体流量计

(2)高速离心分离器:可装置 4 个以上的离心管,离心力不小于 770 倍重力加速度(770g)。

(3)离心管:容量 250mL 以上。

(4)减压过滤器。

(5)电热保温套:大小与 500mL 蒸馏烧瓶吻合,也可用油浴或砂浴,并有调温装置。

(6)溶剂:三氯乙烯,工业用。

(7)其他:玻璃棉套、沸石、玻璃毛细管。

3. 准备工作

(1)准备沥青混合料试样,一次用量应预计可获得回收沥青试样 80 ~ 120g,不足沥青试验项目需要时可分次回收后混合使用。沥青混合料若是从路上钻取的试样,宜用电风扇吹干水分后再用微波炉或在烘箱内加热,使其成为松散状态,但加热温度不得超过 100℃,从开始加热至试样松散的时间不得超过 30min。

(2)将沥青混合料用离心法抽提出沥青溶液,至抽提液达澄清透明为止。

(3)将全部沥青抽提液分次装入离心管中,用高速离心分离法清除抽提液中的矿粉部分,施加离心力不小于 770 倍重力加速度(770g)以上,离心分离的时间不少于 30min。

(4)将干净的抽提液取出一部分置减压过滤器的滤纸上过滤,一边抽气一边向滤纸上加新的三氯乙烯溶液洗净。仔细观察滤纸上还有没有矿粉颗粒,检验高速离心分离法清除矿粉是否干净,如有应重复步骤(3)延长分离时间,直至确认抽提液中没有矿粉为止。

4. 试验步骤

(1)将抽提液全部(约350~400mL)倒入一个洁净的500mL蒸馏烧瓶中,用少量溶剂清洗后也并入瓶中。

(2)按图9-23装置蒸馏用烧瓶、冷凝管、温度计、流量计、通气管、溶剂回收的锥形瓶等,通气管的端球底应高于液面,蒸馏烧瓶置于电热套中,通气管与流量计、CO储气罐连接,在未通气前先用夹子将胶管夹紧,不使其通气。温度计端部离瓶底6mm。烧瓶上部用玻璃棉套等裹覆,使溶剂蒸汽不在上部遇冷滴回。

(3)开始加热烧瓶,调节加热温度使溶液流出后速度均匀保持为8mL/min±2mL/min。为防止突然沸腾,蒸馏烧瓶中可放入少量沸石或玻璃毛细管。

(4)保持此蒸馏速度加热,当溶液温度达到135℃时,将CO_2通气管向下伸,使端部轻轻接触蒸馏烧瓶底部。打开通气管调节CO_2气通过的流量200mL/min,使抽提液搅拌。注意:在此之前如果有突然沸腾的现象发生,也可迅速以200mL/min的速度通入CO_2防止沸腾。

(5)温度升至157~160℃时,CO_2通入流量增大至1400mL/min±50mL/min。

(6)调节温度保持为160~166℃,且保持CO_2的通入速度持续加热15min。15min后如冷凝管内有溶剂滴下或蒸馏瓶上部内壁附有溶剂蒸汽液滴,可继续吹入CO_2,待溶剂停止下滴,后继续吹入CO_2 5min,除去蒸馏烧瓶内壁的溶剂蒸气。在此过程中,加热温度保持不变。

(7)蒸馏终了时停止通CO_2和加热,并趁热将蒸馏烧瓶中的回收沥青倒入一容器中,接着试验回收沥青的性质(不得重复加热)。从抽提开始至回收结束的时间不得超过8h。

(8)对回收沥青进行黏度、针入度、软化点、组分分析等各项试验,方法与原样沥青的试验方法相同。

5. 试验报告

报告应注明回收沥青的方法,并综合报告回收沥青的各项性质测定结果。

(二)旋转蒸发器法(T 0727—1993)

1. 目的和适用范围

(1)本方法采用旋转蒸发器法从沥青混合料中回收沥青,对沥青路面或沥青混合料用溶液抽提,再将油提液中的溶剂除去,且在操作过程中不改变混合料中沥青的性质。

(2)按本方法从沥青路面或沥青混合料中回收的沥青,可供评定石油沥青混合料中沥青的老化程度,及分析沥青路面的破坏原因,进行再生沥青混合料的配合比设计等使用。根据需要对回收沥青测定各种性质及化学组分。本方法不适用于煤沥青混合料。

2. 仪具与材料

(1)旋转蒸发器沥青回收装置,如图9-24所示。主要由下列部分组成:

①旋转烧瓶:容量1000mL,置于加热装置(油浴)上,可通入CO_2气体。

②蒸馏烧瓶:回收溶剂的冷凝器及1000mL溶剂回收烧瓶。

③减压抽气装置:可用流水泵或抽气机,能形成负压小于6.67kPa(50mmHg)。

④凝气阱:冷凝回收溶剂,冷却液可用甲醇及干冰的混合液。

⑤气体流量计:量程2000mL/min。

(2)高速离心分离器:可装置4个以上的离心管,离心力不小于770倍重力加速度(770g)。

(3)离心管:容量250mL以上。

（4）减压过滤器。

（5）电热保温套：大小与500mL蒸馏烧瓶吻合，也可用油浴或砂浴，并有调温装置。

（6）溶剂：三氯乙烯，工业用。

（7）CO_2气体及储气钢瓶。

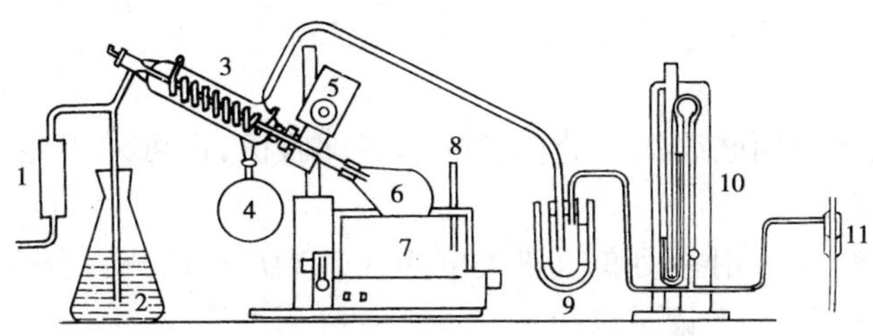

图9-24　旋转蒸发器沥青回收装置

1-气体流量计；2-沥青抽提液；3-冷凝器；4-溶剂回收烧瓶；5-电源及旋转速度控制器；6-旋转烧瓶；7-加热装置；8-温度计；9-凝气阱；10-真空计；11-抽气机或流水泵

3.准备工作

（1）同阿布森法准备工作内容。

（2）将旋转蒸馏回收装置按图9-24接妥，接头均应密封，不漏气。

（3）将加热装置的油浴调节至50℃±5℃。

4.试验步骤

（1）将沥青抽提液全部（约350～400mL）装入洁净的1000mL旋转烧瓶中，用少量溶剂清洗后也并入瓶中。

（2）开动真空泵或抽气机，使整个系统形成负压，真空度97.4kPa（719mmHg），即绝对负压6.67kPa（500mmHg）以下。

（3）开动旋转烧瓶，在不浸入加热油浴的状态下，以约50r/min的速度旋转5～10min。

（4）在保持上述速度旋转的状态下，缓慢地将旋转烧瓶底部浸入已达50℃±5℃的油浴中，烧瓶内的溶剂开始蒸发。当冷凝装置冷却的溶液流入溶剂回收烧瓶达到稳定状态后，逐渐增加旋转速度；并增大旋转烧瓶浸入油浴的加热面积，加快蒸馏速度。直至无溶剂汽凝回收时，蒸馏结束，将旋转速度降低至20r/min。

（5）旋转烧瓶继续保持旋转状态，同时将油浴升温，在15min内上升至155℃±2℃，再在此状态下保持15min；然后开放CO_2阀门，以1000mL/min的流速通过2min。

（6）关闭CO_2阀门，逐渐使旋转烧瓶内恢复至常压，停止旋转烧瓶旋转，离开油浴，拆开装置。

（7）迅速倒出烧瓶内的残留沥青，进行回收沥青的各项试验。

（8）对回收沥青进行黏度、针入度、软化点、组分分析等各项试验，方法与原样沥青的试验方法相同。

5.试验报告

报告应注明回收沥青的方法，并综合报告回收沥青的各项性质测定结果。

十七、沥青混合料弯曲蠕变试验（T 0728—2000）

1.目的和适用范围

（1）本方法适用于测定热拌沥青混合料试件在规定温度和加载应力水平条件下弯曲蠕变

的应变速率,以评价沥青混合料的变形性能。

试验温度根据试验目的需要或有关规定选用,如无特殊规定,试验沥青混合料的低温性能时宜采用0℃,试验高温性能时宜采用30~40℃。

(2)本方法适用于由轮碾成型后切制的长250mm、宽30mm、高35mm的棱柱体小梁,其跨径为200mm。

2. 仪具与材料

(1)蠕变试验机:可采用砝码加载的杠杆式蠕变试验机,也可采用能施加恒定荷载的电液伺服万能材料试验机或压力机。

(2)位移测定装置:可采用差动变压器式位移计(LVDT)、电测百分表等。

(3)数据采集系统或X—Y记录仪。

(4)恒温水槽。

(5)万能材料试验机:具有能控温的环境箱,最大荷载为5kN,准确至10N。

(6)卡尺。

(7)秒表。

(8)温度计:分度为0.1℃。

(9)天平:感量不大于0.1g。

(10)其他:平板玻璃等。

3. 准备工作

(1)将按T 0703轮碾法由轮碾成型的板块状试件用切割法制作棱柱体试件,试件尺寸应符合长250mm±2mm、宽30mm±2mm、高35mm ±2mm的要求,一块300mm×300mm×50mm的板块通常可切制6根试件。

(2)在跨中及两支点断面用卡尺量取试件的尺寸,当两支点断面的高度(或宽度)之差超过2mm时,试件应作废。跨中断面的宽度为b,高度为h,取相对两侧的平均值,准确至0.1mm。

(3)测量试件的密度、空隙率等各项物理指标。

(4)将试件置于规定温度的恒温水槽中保温1h,试件之间的距离应不小于10mm。当进行沥青混合料的高温弯曲蠕变试验时,试件必须平放在支起的平板玻璃上。

(5)将试验机环境箱调到规定温度±0.1℃。

(6)将试验机梁式试件支座准确安放好,测定支点间距为200mm±0.5mm,使上压头与下压头钢棒保持平行且距离相等,然后将位置固定。

(7)从一组6根试件中随机选取2根试件,在规定温度条件下进行弯曲试验,加载速率为50mm/min。测定试件的破坏荷载P,求取平均值。以破坏荷载的10%作为弯曲蠕变试验的荷载P_0。

4. 试验步骤

(1)将试件从恒温水槽中取出,立即对称安放在支座上,试件上下方向应与试件成型时方向一致。高温弯曲蠕变试验必须在恒温水槽中进行,低温弯曲蠕变试验可在恒温水槽或试验机的环境箱中进行。

(2)将荷载传感器、位移计与数据采集系统或双笔X—Y记录仪连接,以X轴为时间轴,Y轴记录荷载(Y_1)及位移(Y_2),选择适宜的量程后调零。

(3)在梁跨正中央安放位移测定装置,跨中挠度可以用LVDT、电测百分表测定。位移计支座固定在试验机机身上。位移计测头支于试件跨中中央（1 个位移计）或两侧（用 2 个位移计）。位移计有效量程应大于预计的最大挠度的 1.2 倍。当采用 X—Y 记录仪记录时间挠度曲线时，为正确地从曲线读取数据，在开始加载后的 60s 内，记录仪的走纸速度（或扫描速度）宜不小于 100mm/min，直至试验结束宜不小于 10mm/min。

当采用电子数据采集系统记录挠度变形时，为正确地根据输出数据绘制曲线，在开始加载后的 10s 内，采样频率宜不小于 100Hz，此后 5min 宜不小于 1Hz，然后以不小于 0.2Hz 的采样频率直至试验结束。

（4）施加荷载 P_0。当采用砝码加载的杠杆式蠕变试验机时，直接不加振动地一次加上要求的砝码荷载，施加在试件上的荷载应符合破坏荷载的 10% ±1% 的要求。当采用能施加恒定荷载的电液伺服万能材料试验机或压力机时，开动试验机，快速（宜为 50mm/min）在跨中施以集中荷载达到要求的恒定荷载，并符合破坏荷载的 10% ± 1% 的要求。

（5）在施加荷载的同时开动记录仪。记录荷载变化过程及跨中挠度曲线，如图 9-25 所示。直至变形进入直线稳定发展的时间不得少于 0.5h，根据需要可试验至试件断裂为止。

（6）按同样顺序对其他试件进行试验，一组试件重复试验的试件数不得少于 3 根。

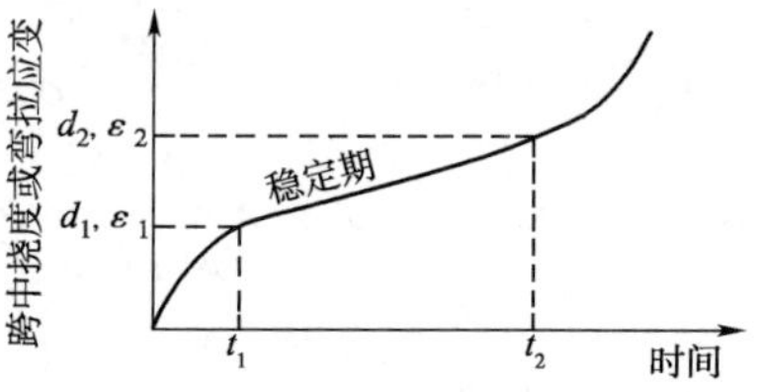

图 9-25　试验时间—跨中挠度曲线

5. 结果整理

（1）从图 9-25 试验时间—跨中挠度曲线上按试验数据采样频率读取不同时间 t_i 的跨中挠度 d_i 至时间—挠度曲线进入直线段（稳定期）后，读取直线段起点及终点的时间及变形（t_1，d_1 及 t_2，d_2）。

（2）当进行低温弯曲蠕变试验，且试验是在试验机环境箱中进行时，小梁的自重影响在计算时可略去不计，按式（9-68）~式（9-72）计算蠕变弯拉应力 σ_0、梁底弯拉应变 $\varepsilon(t)$ 及弯曲蠕变劲度模量 $S(t)$、弯曲蠕变柔量 $J(t)$、弯曲蠕变速率 ε_s。此组公式不适用于规定温度高于 20℃ 的情况。

$$\sigma_0 = \frac{3LP_0}{2bh^2} \times 10^{-6} \tag{9-68}$$

$$\varepsilon(t) = \frac{6hd(t)}{L^2} \tag{9-69}$$

$$S(t) = \frac{\sigma_0}{\varepsilon(t)} \tag{9-70}$$

$$J(t) = \frac{1}{S(t)} \tag{9-71}$$

$$\varepsilon_s = \frac{\varepsilon_2 - \varepsilon_1}{(t_2 - t_1)/\sigma_0} \tag{9-72}$$

式中：σ_0——试件的蠕变弯拉应力（MPa）；

$\varepsilon(t)$——试件梁底的弯拉应变；

$S(t)$——试件的弯曲蠕变劲度模量（MPa）；

$J(t)$——试件的弯曲蠕变柔量（1/MPa）；

ε_s——试件的弯曲蠕变速率［1/（s · MPa）］；

t_1、t_2——分别为蠕变稳定期直线段起始点及终点的时间(s)；

ε_1、ε_2——分别为对应于时间 t_1、t_2 时的蠕变应变；

b——跨中断面试件的宽度(m)；

h——跨中断面试件的高度(m)；

L——试件的跨径(m)；

P_0——试件在试验加载过程中承受的荷载(N)；

$d(t)$——试件在加载过程中随时间 t 变化的跨中挠度(m)。

(3)在恒温水槽中进行沥青混合料的弯曲蠕变试验时,均应计算小梁的自重,并考虑水的浮力,按式(9-73)~式(9-77)分别计算蠕变弯拉应力 σ_0、梁底弯拉应变 $\varepsilon(t)$ 及弯曲蠕变劲度模量 $S(t)$、弯曲蠕变柔量 $J(t)$、弯曲蠕变速率 ε_s。

$$\sigma_0 = \frac{3(2LP_0 + qL^2 - 4qL_1^2)}{4bh^2} \times 10^{-6} \tag{9-73}$$

$$\varepsilon(t) = \frac{24h(2LP_0 + qL^2 - 4qL_1^2)}{(8L^3P_0 + 5qL^4 - 24qL^2L_1^2)}d(t) = \alpha d(t) \tag{9-74}$$

$$S(t) = \frac{\sigma_0}{\varepsilon(t)} \tag{9-75}$$

$$J(t) = \frac{1}{S(t)} \tag{9-76}$$

$$\varepsilon_s = \frac{\varepsilon_2 - \varepsilon_1}{(t_2 - t_1)/\sigma_0} \tag{9-77}$$

式中:σ_0——试件的蠕变弯拉应力(MPa)；

$\varepsilon(t)$——试件梁底的弯拉应变；

$S(t)$——试件的弯曲蠕变劲度模量(MPa)；

$J(t)$——试件的弯曲蠕变柔量(1/MPa)；

ε_s——试件的弯曲蠕变速率(1/s/MPa)；

t_1、t_2——蠕变稳定期直线段起始点及终点的时间(s)；

ε_1、ε_2——对应于时间 t_1、t_2 的蠕变应变；

b——跨中断面试件的宽度(m)；

h——跨中断面试件的高度(m)；

L——试件的跨径(m),一般为0.2m；

L_1——试件的端部到支点的距离(m),一般为0.025m；

q——小梁试件单位长度的重量(N/m),由下式计算:

$$q = (D - 1) \times b \times h \times 1000 \times 9.81$$

D——沥青混合料密度(t/m^3)；

P_0——试件在试验加载过程中承受的荷载(N)；

$d(t)$——试件在加载过程中随时间 t 变化的跨中挠度(m)。

6. 试验报告

(1)每个试验温度下,一组平行试验的试件不得少于3个,取其平均值作为试验结果。

(2)试验结果均应注明试件尺寸、成型方法、试验温度及加载速率。

十八、沥青混合料冻融劈裂试验（T 0729—2000）

1. 目的和适用范围

（1）本方法适用于在规定条件下对沥青混合料进行冻融循环，测定混合料试件在受到水损害前后劈裂破坏的强度比，以评价沥青混合料水稳定性。非经注明，试验温度为25℃，加载速率为50mm/min。

（2）本方法采用马歇尔击实法成型的圆柱体试件，击实次数为双面各50次，集料公称最大粒径不得大于26.5mm。

2. 仪具与材料

（1）试验机：能保持规定加载速率的材料试验机，也可采用马歇尔试验仪。试验机负荷应满足最大测定荷载不超过其量程的80%且不小于其量程的20%的要求，宜采用40kN或60kN传感器，读数精密度为10N。

（2）恒温冰箱：能保持温度为－18℃，当缺乏专用的恒温冰箱时，可采用家用电冰箱的冷冻室代替，控温准确度为2℃。

（3）恒温水槽：用于试件保温，温度范围能满足试验要求，控温准确度为0.5℃。

（4）压条：上下各一根，试件直径100mm时，压条宽度为12.7mm，内侧曲率半径50.8mm，压条两端均应磨圆。

（5）劈裂试验夹具：下压条固定在夹具上，压条可上下自由活动。

（6）其他：塑料袋、卡尺、天平、记录纸、胶皮手套等。

3. 试验步骤

（1）按T 0702击实法制作圆柱体试件。用马歇尔击实仪双面击实各50次，试件数目不少于8个。

（2）测定试件的直径及高度，准确至0.1mm。试件尺寸应符合直径101.6mm±0.25mm、高63.5mm±1.3mm的要求。在试件两侧通过圆心画上对称的十字标记。

（3）测定试件的密度、空隙率等各项物理指标。

（4）将试件随机分成两组，每组不少于4个。将第一组试件置于平台上，在室温下保存备用。

（5）将第二组试件按T 0717饱水试验方法真空饱水，在98.3～98.7kPa（730～740mmHg）真空条件下保持15min，然后打开阀门，恢复常压，试件在水中放置0.5h。

（6）取出试件放入塑料袋中，加入约10mL的水，扎紧袋口。将试件放入恒温冰箱（或家用冰箱的冷冻室），冷冻温度为－18℃±2℃，保持16h±1h。

（7）将试件取出后，立即放入已保温为60℃±0.5℃的恒温水槽中，撤去塑料袋，保温24h。

（8）将第一组与第二组全部试件浸入温度为25℃±0.5℃的恒温水槽中不少于2h，水温高时可适当加入冷水或冰块调节，保温时试件之间的距离不小于10mm。

（9）取出试件立即按T 0716劈裂试验方法用50mm/min的加载速率进行劈裂试验，得到试验的最大荷载。

4. 结果整理

（1）劈裂抗拉强度按式（9-78）及式（9-79）计算。

$$R_{T1} = 0.006287P_{T1}/h_1 \tag{9-78}$$

$$R_{T2} = 0.006287P_{T2}/h_2 \tag{9-79}$$

式中：R_{T1}——未进行冻融循环的第一组试件的劈裂抗拉强度(MPa)；

R_{T2}——经受冻融循环的第二组试件的劈裂抗拉强度(MPa)；

P_{T1}——第一组试件的试验荷载的最大值(N)；

P_{T2}——第二组试件的试验荷载的最大值(N)；

h_1——第一组试件的试件高度(mm)；

h_2——第二组试件的试件高度(mm)。

(2)冻融劈裂抗拉强度比按式(9-80)计算。

$$TSR = (R_{T2}/R_{T1}) \times 100 \tag{9-80}$$

式中：TSR——冻融劈裂试验强度比(%)；

R_{T2}——冻融循环后第二组试件的劈裂抗拉强度(MPa)；

R_{T1}——未冻融循环的第一组试件的劈裂抗拉强度(MPa)。

5. 试验报告

(1)每个试验温度下，一组试验的有效试件数不得少于3个，取其平均值作为试验结果。当一组测定值中某个数据与平均值之差大于标准差的k倍时，该测定值应予舍弃，并以其余测定值的平均值作为试验结果。当试件数目n为3、4、5、6个时，k值分别为1.15、1.46、1.67、1.82。

(2)试验结果均应注明试件尺寸、成型方法、试验温度、加载速率。

十九、沥青混合料渗水试验(T 0730—2000)

1. 目的和适用范围

本方法适用于用路面渗水仪测定碾压成型的沥青混合料试件的渗水系数，以检验沥青混合料的配合比设计。

2. 仪具与材料

(1)路面渗水仪：形状及尺寸如图9-26。

(2)水筒及大漏斗。

(3)秒表。

(4)密封材料：黄油、玻璃腻子、油灰或橡皮泥等，也可采用其他任何能起到密封作用的材料。

(5)接水容器

(6)其他：水、红墨水、粉笔、扫帚等。

3. 准备工作

(1)在洁净的水桶内滴入几点红墨水，使水成淡红色。

(2)组合装妥路面渗水仪。

(3)按T 0703轮碾法制作沥青混合料试件。试件尺寸为30cm×30cm×5cm，脱模，揭去成型试件时垫在

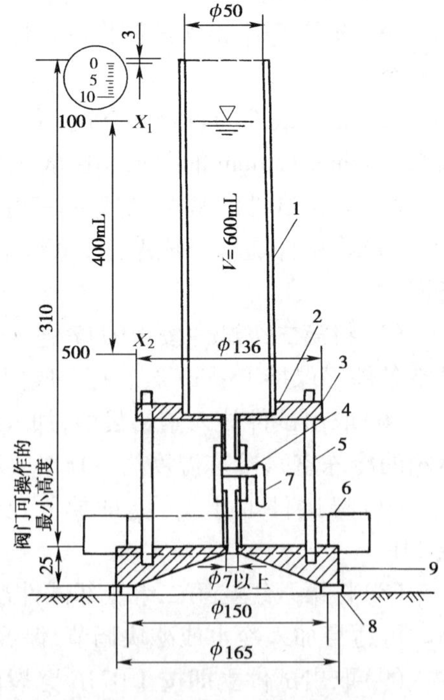

图9-26　渗水仪(尺寸单位:mm)

1-透明有机玻璃筒;2-螺纹连接;3-顶板;4-阀;5-立柱支架;6-压重钢圈;7-把手;8-密封材料;9-底座

表面的纸。

4. 试验步骤

(1)将试件放置于坚实的平面上,在试件表面上沿渗水仪底座圆圈位置抹一薄层密封材料,边涂边用手压紧,使密封材料嵌满试件表面混合料的缝隙,且牢固地黏结在试件上,密封料圈的内径与底座内径相同,约150mm。将渗水仪底座用力压在试件密封材料圈上,再加上铁圈压重压住仪器底座,以防压力水从底座与试件表面间流出。

(2)用适当的垫块如混凝土试件或木块在左右两侧架起试件,试件下方放置一个接水容器。关闭渗水仪细管下方的开关,向仪器的上方量筒中注入淡红色的水至满,总量为600mL。

(3)迅速将开关全部打开,水开始从细管下部流出,待水面下降100mL时,立即开动秒表,每间隔60s读记仪器管的刻度一次,至水面下降500mL时为止。测试过程中,应观察渗水的情况,正常情况下水应该通过混合料内部空隙从试件的反面及四周渗出。如水是从底座与密封材料间渗出,说明底座与试件密封不好,应另采用干燥试件重新操作。如水面下降速度很慢,从水面下降至100mL开始,测得3min的渗水量即可停止。若试验时水面下降至一定程度后基本保持不动,说明试件基本不透水或根本不透水,则在报告中注明。

(4)按以上步骤以同一种材料制作3块试件测定渗水系数,取其平均值,作为检测结果。

5. 结果整理

沥青混合料试件的渗水系数按式(9-81)计算。计算时以水面从100mL下降至500mL所需的时间为标准。若渗水时间过长,亦可采用3min通过的水量计算。

$$C_w = \frac{V_2 - V_1}{t_2 - t_1} \times 60 \tag{9-81}$$

式中:C_w——沥青混合料试件的渗水系数(mL/min);

V_1——第一次读数时的水量(通常为100mL)(mL);

V_2——第二次读数时的水量(通常为500mL)(mL);

t_1——第一次读数时的时间(s);

t_2——第二次读数时的时间(s)。

6. 试验报告

逐点报告每个试件的渗水系数及3个试件的平均值。若路面不透水,应在报告中注明。

二十、沥青混合料表面构造深度试验(T 0731—2000)

1. 目的和适用范围

本方法适用于测定碾压成型的沥青混合料试件的表面构造深度,用以检验沥青混合料的配合比设计。

2. 仪具与材料

(1)人工砂铺仪:由量砂筒、刮平尺和推平板组成。

(2)量砂:足够数量的干燥洁净的匀质砂,粒径0.15~0.3mm。

(3)量尺:钢板尺、钢卷尺,或采用已按式(9-82)将直径换算成构造深度作为刻度单位的专用的构造深度尺。

(4)其他:装砂容器(小铲)、扫帚或毛刷、挡风板等。

3. 准备工作

(1)按T 0703轮碾法制作沥青混合料试件,试件尺寸为30cm×30cm×5cm。

(2)量砂准备:取洁净的细砂、晾干,过筛,取 0.15 ~0.3mm 的砂置适当的容器中备用,量砂只能在路面上使用一次,不宜重复使用。回收砂必须干燥,过筛处理后方可使用。

4. 试验步骤

(1)应用小铲沿筒壁向圆筒中装满砂,手提圆筒上方,在地面上轻轻地叩打 3 次,使砂密实,补足砂面用钢尺一次刮平。注意不得直接用量砂筒装砂,以免影响量砂密度的均匀性。

(2)将砂倒在试件表面上,用底面粘有橡胶片的推平板,由里向外重复作摊铺运动,稍稍用力将砂细心地尽可能地向外摊开,使砂填入凹凸不平的试件表面的空隙中,尽可能将砂摊成圆形,并不得在表面上留有浮动余砂。摊铺时不可用力过大或向外推挤。当试件表面已不足以摊铺全部用砂时,在试验报告中注明。

(3)用钢板尺测量所构成圆的两个垂直方向的直径,取其平均值,读数至 1mm。

(4)按以上方法,同一种材料平行测定不少于 3 个试件。

5. 结果整理

沥青混合料表面构造深度测定结果按式(9-82)计算,准确至 0.01mm。

$$TD = \frac{1000V}{\pi D^2/4} = \frac{31831}{D^2} \tag{9-82}$$

式中:TD——沥青混合料表面构造深度(mm);

V——砂的体积,$V = 25m^3$;

D——摊平砂的平均直径(mm)。

6. 试验报告

取 3 个试件的表面构造深度的测定结果的平均值作为试验结果。当平均值小于 0.2mm 时,试验结果以 <0.2mm 表示。

二十一、沥青混合料谢伦堡沥青析漏试验(T 0732—2000)

1. 目的和适用范围

本方法用以检测沥青结合料在高温状态下从沥青混合料中析出并沥干多余的游离沥青的数量,供检验沥青玛蹄脂碎石混合料(SMA)、排水式大孔隙沥青混合料(OGFC)或沥青碎石类混合料的最大沥青用量使用。

2. 仪具与材料

(1)烧杯:800mL。

(2)烘箱。

(3)小型沥青混合料拌和机或人工炒锅。

(4)玻璃板。

(5)天平:感量不大于 0.1g。

(6)其他:拌和机、手铲、棉纱等。

3. 试验步骤

(1)根据实际使用的沥青混合料的配合比,对集料、矿粉、沥青、纤维稳定剂等按击实法用小型沥青混合料拌和机拌和混合料。拌和时纤维稳定剂应在加入粗细集料后加入,并适当干拌分散,再加入沥青拌和至均匀。每次只能拌和一个试件,对粗集料较多而沥青用量较少的混合料,小型沥青混合料拌和机拌匀有困难时,也可以采用手工炒拌的方法。一组试件分别拌和 4 份,每 1 份为 1kg。第 1 锅拌和后即予废弃不用,使拌和锅或炒锅黏附一定量的沥青结合料,以免影响后面 3 锅油石比的准确性。当为施工质量检验时,直接从拌和机取样使用。

(2)洗净烧杯,干燥,称取烧杯质量 m_0。

(3)将拌和好的 1kg 混合料,倒入 800mL 烧杯中,称烧杯及混合料的总质量 m_1。

(4)在烧杯上加玻璃板盖,放入 170℃ ±2℃(当为改性沥青 SMA 时,宜为 185℃)烘箱中,持续 60min ±1min。

(5)取出烧杯,不加任何冲击或振动,将混合料向下扣倒在玻璃板上,称取烧杯以及黏附在烧杯上的沥青结合料、细集料、玛蹄脂等的总质量 m_2,准确到 0.1g。

4. 结果整理

沥青析漏损失按式(9-83)计算。

$$\Delta m = \frac{m_2 - m_0}{m_1 - m_0} \times 100 \tag{9-83}$$

式中:m_0——烧杯质量(g);

m_1——烧杯及试验用沥青混合料总质量(g);

m_2——烧杯以及黏附在烧杯上的沥青结合料、细集料、玛蹄脂等的总质量(g);

Δm——沥青析漏损失(%)。

5. 试验报告

试验至少应平行试验 3 次,取平均值作为试验结果。

二十二、沥青混合料肯塔堡飞散试验(T 0733—2000)

1. 目的和适用范围

(1)本方法用以评价由于沥青用量或黏结性不足,在交通荷载作用下,路面表面集料脱落而散失的程度,以马歇尔试件在洛杉矶试验机中旋转撞击规定的次数、沥青混合料试件散落材料的质量的百分率表示。

(2)标准飞散试验可用于确定沥青路面表面层使用的沥青玛蹄脂碎石混合料(SMA)、排水式大孔隙沥青混合料(OGFC)、抗滑表层混合料、沥青碎石或乳化沥青碎石混合料所需的最少沥青用量。

(3)本方法的浸水飞散试验用以评价沥青混合料的水稳定性。

2. 仪具与材料

(1)沥青混合料马歇尔试件制作设备:同 T 0702。

(2)洛杉矶磨耗试验机。

(3)恒温水槽:可控制恒温为 20℃,控温准确为 0.5℃。

(4)烘箱:大、中型各一台,装有温度调节器。

(5)天平或电子秤:用于称量矿料的感量不大于 0.5g,用于称量沥青的感量不大于 0.1g。

(6)插刀或大螺丝刀。

(7)温度计:分度为 1℃。

(8)其他:电炉或煤气炉、沥青熔化锅、拌和铲、标准筛、滤纸(或普通纸)、胶布、卡尺、秒表、粉笔、棉纱等。

3. 准备工作

(1)根据实际使用的沥青混合料的配合比,按 T 0702 标准击实法成型马歇尔试件。除非另有要求,击实成型次数为双面各 50 次,试件尺寸应符合直径 101.6mm ±0.2mm、高 63.5mm

±1.3mm 的要求,一组试件的数量不得少于 4 个。对粗集料较多而沥青用量较少的混合料,小型沥青混合料拌和机拌匀有困难时,也可以采用手工炒拌的方法。拌和时应注意事先在拌和锅或炒锅中加入相当于拌和沥青混合料时在拌和锅内所黏附的沥青用量,以免影响油石比的准确性。

(2)量测试件的直径及高度准确至 0.1mm,尺寸不符合要求的试件应作废。

(3)测定试件的密度、空隙率、沥青体积百分率、沥青饱和度、矿料间隙率等物理指标。

(4)将恒温水槽调节至要求的试验温度,标准飞散试验的试验温度为 20℃ ±0.5℃;浸水飞散试验的试验温度为 60℃ ±0.5℃。

4. 试验步骤

(1)将试件放入恒温水槽中养生。对标准飞散试验,在 20℃ ±0.5℃ 恒温水槽中养生 48h,然后取出后在室温中放置 24h。

(2)从恒温水槽中逐个取出试件,称取试件质量 m_0,准确至 0.1g。

(3)立即将一个试件放入洛杉矶试验机中,不加钢球,盖紧盖子(一次只能试验一个试件)。

(4)开动洛杉矶试验机,以 30 ~ 33r/min 的速度旋转 300 转。

(5)打开试验机盖子,取出试件及碎块,称取试件的残留质量。当试件已经粉碎时,称取最大一块残留试件的混合料质量 m_1。

(6)重复以上步骤,一种混合料的平行试验不少于 3 次。

5. 结果整理

沥青混合料的飞散损失按式(9-84)计算。

$$\Delta S = \frac{m_0 - m_1}{m_0} \times 100 \tag{9-84}$$

式中:ΔS——沥青混合料的飞散损失(%);

m_0——试验前试件的质量(g);

m_1——试验后试件的残留质量(g)。

二十三、热拌沥青混合料加速老化试验(T 0734—2000)

1. 目的和适用范围

本方法用于模拟沥青混合料的短期老化及长期老化过程,试件在进行长期老化试验前必须先经过短期老化。

2. 仪具与材料

(1)烘箱:强制通风干燥箱。

(2)温度计:0 ~ 300℃,分度为 2℃。

(3)小型沥青混合料拌和机。

(4)其他:天平、搪瓷盘、铁铲。

3. 短期老化的方法

(1)根据要求的矿料级配和沥青用量,按规定的方法加热矿料和沥青,用小型沥青混合料拌和机在标准条件下拌和混合料。混合料数量根据试验需要确定。

(2)将沥青混合料均匀摊铺在搪瓷盘中,松铺厚度按约 21 ~ 22 kg/m^2 控制,将混合料放入 135℃ ±1℃ 的烘箱中在强制通风条件下加热 4h ±5min,每小时用铲在试样盘中翻拌混合料一次。加热4h后,从烘箱中取出混合料,供试验使用。

4. 长期老化的方法

(1)试样准备:在试验室拌和沥青混合料,或在施工现场取样,按上述步骤对松散混合料进行短期老化,然后按本规程要求的试件尺寸和成型方法制作试件。如试样温度低于要求的成型温度时,可对混合料适当加热。

(2)将试件连同试模一起置于室温条件下冷却不少于16h,然后脱模。

(3)将试件放置于试样架上送入85℃ ±3℃烘箱中,在强制通风条件下连续加热5d(120h ±0.5h)。注意在恒温过程中直至冷却前不得触摸试件和移动试件。

(4)5d后关闭烘箱,打开烘箱门,经自然冷却不少于16h至室温。取出试件,供试验使用。

二十四、乳化沥青稀浆封层混合料稠度试验(T 0751—1993)

1. 目的和适用范围

本方法规定用圆锥体测定乳化沥青稀浆封层混合料的稠度,用以检验乳化沥青稀浆封层混合料的摊铺和易性,在乳化沥青稀浆封层混合料的配合比设计中确定合适的用水量。

2. 仪具与材料

(1)乳化沥青稀浆封层混合料稠度仪:如图9-27所示。

(2)金属板。

(3)天平:感量不大于1g。

(4)其他:拌锅、拌铲。

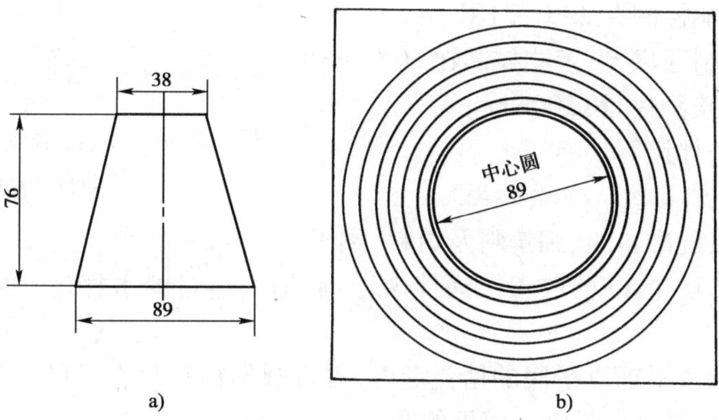

图9-27　乳化沥青稀浆封层混合料稠度仪(尺寸单位:mm)

a)截头圆锥体;b)底板

3. 准备工作

按要求的级配准备粗、细集料及填料,烘干,称混合料总质量500g,准确至1g。

4. 试验步骤

(1)拌锅内放入500g矿料拌匀。

(2)加入预定的用水量拌匀。

(3)加入定量的乳化沥青,拌和时间不少于1min,不超过3min,拌匀。

(4)把圆锥体小端向下,放在金属板上,然后装入拌匀的稀浆混合料并刮平。

(5)将稠度仪底板刻有同心圆的一面盖在圆锥体大端面上,使圆锥体大端外圆正好对准底板的中心圆上居中。

(6)把圆锥体连同底板一起拿住倒转过来，使圆锥体大端向下立在底板上，立即向上提起圆锥体，让里面的混合料自然向下坍落。

(7)量取坍下的稀浆混合料边缘离中心圆边的距离为稀浆的稠度，以 cm 计。

(8)记录试验时的气温和湿度。

5. 试验报告

(1)配制乳化沥青的乳化剂及沥青的品种、乳化剂用量、沥青含量。

(2)矿料种类及级配。

(3)用水量与稠度。

二十五、乳化沥青稀浆封层混合料湿轮磨耗试验(T 0752—1993)

1. 目的和适用范围

本方法适用于检验乳化沥青稀浆封层混合料成型后的耐磨耗性能，用以确定稀浆封层混合料的最佳沥青含量。

2. 仪具与材料

(1)湿轮磨耗仪：如图 9-28 所示。

(2)圆形模板：不小于 300mm × 300mm 厚 6mm 的塑料板，中间有一直径为 279mm 的圆孔。

(3)油毛毡圆片：直径 286mm。

(4)天平：量程 600g，感量不大于 1g。

(5)水槽：温度能控制在 25℃ ±1℃。

(6)烘箱：带强制通风，温度能控制在 60℃ ±3℃。

(7)刮板：有橡胶刮片，长 300mm。

(8)其他：拌锅、拌铲等。

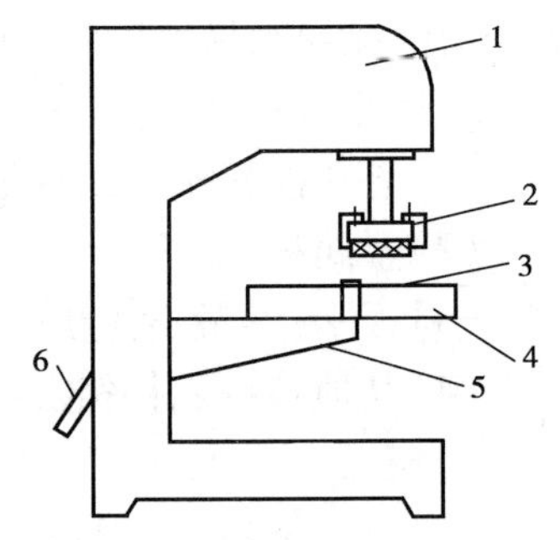

图 9-28 湿轮磨耗仪

1-机身；2-磨耗头；3-夹具；4-盛样盘；5-升降平台；6-升降摇杆

3. 准备工作

(1)按要求的级配准备粗、细集料及填料，烘干。

(2)称混合料总质量 800g 放入拌锅拌匀，然后加入适量的水拌匀，再加入定量的乳化沥青拌和 1 ~ 3min。

(3)将油毛毡圆片平铺直平底的搪瓷盘内，再将圆形模板放在平整的油毛毡圆片上居中，立即把拌匀的稀浆封层混合料倒入模板的圆孔中。

(4)用刮板刮平，刮掉多余的稀浆混合料。

(5)取走模板，把盛有试样的搪瓷盘放入 60℃ 的烘箱中烘至恒量，一般不少于 16h。

4. 试验步骤

(1)把试件从烘箱中取出冷却到室温，称取油毛毡圆片及试件的合计质量(m_a)准确至 1g。

(2)将试件及油毛毡放入 25℃ 的水槽中保温 60 ~ 70min。

(3)把试件及油毛毡从水槽中取出，放入盛样盘中，往盛样盘中加入 25℃ 的水，使试件完全浸入水中，水面到试件表面的深度不少于 6mm。

(4)把装有试件的盛样盘固定在磨耗仪升降平台上，提升平台并锁住，此时试件顶起磨耗头。

(5)开动仪器，使磨耗头转动 300s ± 2s 后停止。

注：每次试验后把磨耗头上的橡胶软管转动半圈，以获得一个新磨耗面(用过的面不得使用)，或换上新

的橡胶软管。

(6)降下平台将试件从盛样盘中取出,用水冲洗掉磨下的碎屑,放入60℃烘箱中烘至恒量。

(7)从烘箱中取出试件,冷却到室温,然后称取试件与油毛毡的总质量(m_b)。

5. 结果整理

乳化沥青稀浆封层混合料的磨耗值按式(9-85)计算。

$$m_d = (m_a - m_b) \times \alpha \tag{9-85}$$

式中:m_d——乳化沥青稀浆封层混合料的磨耗值(g/m^2);

m_a——磨耗前的试件质量(g);

m_b——磨耗后的试件质量(g);

α——系数,$\alpha = 1/A$;

A——磨耗头胶管的磨耗面积(由仪器说明书提供)(m^2)。

二十六、乳化沥青稀浆封层混合料初凝时间试验(T 0753—1993)

1. 目的和适用范围

本方法适用于确定乳化沥青稀浆封层混合料达到初凝所需的时间。

2. 仪具与材料

(1)滤纸:也可用餐巾纸代替。

(2)计时工具。

(3)油毛毡:面积152mm×152mm。

(4)其他:拌锅和拌铲等。

3. 准备工作

按要求的级配准备粗、细集料及填料,烘干。

4. 试验步骤

(1)取刚拌匀的稀浆封层混合料立即摊在油毛毡上铺平,厚度约6mm,开始计时。

(2)把试件放在室温下,隔15min,用一张滤纸或餐巾纸轻轻地压混合料表面,如果在纸上没有见到褐色的斑点,就认为稀浆已经初凝。如果有褐色斑点出现就再隔15min重复测试。如3h后仍未初凝,就每隔30min测试,直至达到初凝为止。记录初凝时间。

(3)记录试验时的气温和湿度。

5. 试验报告

(1)配制乳化沥青的乳化剂及沥青的品种、乳化剂用量、沥青含量。

(2)矿料种类及级配。

(3)乳化沥青稀浆封层混合料的初凝时间。

二十七、乳化沥青稀浆封层混合料固化时间试验(T 0754—2000)

1. 目的和适用范围

本方法适用于确定乳化沥青稀浆封层混合料的初凝时间早期开放交通时间。

2. 仪具与材料

(1)黏结力试验仪,如图9-29所示。它由以下部分组成:

①气压结构;

②压头;

③双向控制阀;

④测力扳手;

⑤圆形试模:6mm(高)×60mm(内径)或10mm(高)×60mm(内径)。

(2)计时装置:秒表等。

(3)天平:量程500g,感量不大于0.1g。

(4)油毛毡:面积150mm×150mm,若干块。

(5)其他:量筒、拌和锅、拌铲、刮刀等。

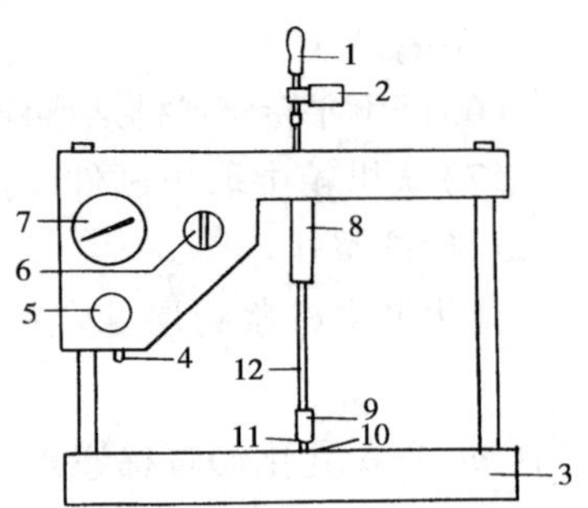

图9-29　黏结力测定仪

1-测力扳手;2-扭矩表;3-底座;4-气管接头;5-气压调节阀;6-释放钮;7-气压表;8-汽缸;9-压头;10-试件;11-橡胶垫;12-传力杆

3. 准备工作

(1)按要求的级配比例准备粗、细集料及填料,烘干。

(2)称矿料总质量500g放入拌和锅拌匀,然后按T 0751稠度试验确定的加水量,加入适量的水或添加剂水溶液拌匀,再加入定量的乳化沥青迅速拌匀,时间不超过1min。

(3)将环形试模放在油毛毡上,将达到要求配比的稀浆混合料立即倒入试模中并刮平。对细或中稀浆封层料,选用6mm高试模,对粗封层料选用10mm高试模。

(4)开动秒表,开始计时,等试样达到初凝。待初凝后,将试件脱模,重新启动秒表。

4. 试验步骤

(1)将试件置于黏结力试验仪的气动橡胶垫下面,放置15min。

(2)将气动橡胶底座压在试件上面,传力杆与试件中心接触,用自行车打气筒或空气压缩机向仪器加压。

(3)当仪器压力表达到0.72MPa时,保持此压力5~6s。此时橡胶底座对试件的压力为0.193MPa。

(4)将测力扳手测力表归零并套住汽缸杆上端,在0.7~1.0s内平稳、水平地扭转90°~120°,并读取扭矩表读数和相应的时间。

(5)升起橡胶底座,擦净底部,每隔15min重复上述步骤。当固化时间较长时,间隔时间可延长至30min重复试验一次。

(6)重复试验至最大扭矩,即此扭矩不再增大为止。

(7)记录达到最大扭矩时的时间即固化时间及试验时的气温和湿度。固化时间加上初凝时间即此稀浆混合料的“早期开放交通时间”。

5. 试验报告

(1)配制乳化沥青的乳化剂及沥青的品种、乳化剂用量、沥青含量。

(2)矿料种类及级配。

(3)乳化沥青稀浆封层混合料的固化时间。

二十八、乳化沥青稀浆封层混合料碾压试验(T 0755—2000)

1. 目的和适用范围

本试验适用于测定乳化沥青稀浆封层混合料中是否有过量沥青,控制沥青用量的上限,与湿轮磨耗试验一起确定乳化沥青稀浆封层混合料的最佳沥青用量。

2. 仪具与材料

(1)负荷轮碾压试验仪:如图9-30所示。

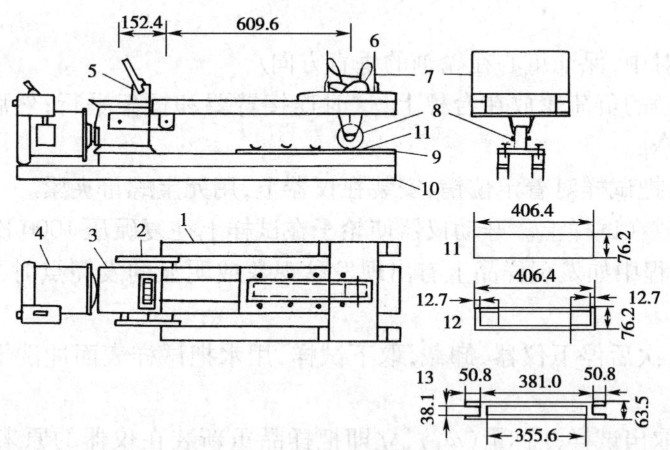

图 9-30　负荷轮碾压试验仪

1-可调从动连杆;2-曲柄;3-减速器;4-电机;5-计数器;6-加载物;7-荷重箱;8-负荷轮;9-试件托板;10-槽钢底座;11-试模底板;12-试模;13-砂框

(2)加载物:铁砂或铁块。

(3)样品盘:77mm×407mm 去毛口的镀锌钢板托盘。

(4)试模:有 3mm、5mm、6mm、8mm、10mm 厚数种,按需要选用,内部尺寸为 50mm×380mm。

(5)钢盖板:尺寸为 3mm×35mm×378mm。

(6)钢质砂框架:内尺寸为 38mm×355mm。

(7)台秤:量程 100kg,感量不大于 0.5kg。

(8)天平:量程 2000g,感量不大于 1g。

(9)烘箱:带强制通风,温度能控制在 60℃±3℃。

(10)筛子:孔径 0.6mm 和 0.15mm。

(11)油毛毡:尺寸为 77mm×407mm。

(12)水泥用标准砂。

(13)其他:拌和锅、拌铲、量筒等。

3. 准备工作

(1)按要求的级配比例准备粗、细集料及填料,烘干。

(2)称混合料总质量 500g 放入拌锅拌匀,然后加入适量的水或添加剂水溶液拌匀,再加入定量的乳化沥青迅速拌匀,时间不超过 1min。

(3)按要求的稀浆封层厚度选择试模厚度,试模厚度宜比稀浆公称最大粒径厚 25%。

(4)将试模放在油毛毡上,将达到要求配比的稀浆混合料立即倒入试模中。

(5)用刮板刮平,刮掉多余的稀浆混合料。

(6)取走试模,把试样放入 60℃的烘箱中烘至恒量,一般不少于 16h。取出试样,冷却至室温。

(7)准备好 0.15～0.6mm 的标准砂,也可从道路施工实际用砂中筛分出该粒级的砂代替。将砂放在烘箱中加热至 80℃。

4. 试验步骤

(1)调节连接臂轴和脚轮之间的距离为 61cm,轮子必须对中,保证轮子运动时框架保持平衡。

(2)将配重箱对中,保证重心在轮轴的垂直方向。

(3)将清洗干净的负荷轮放在台秤上,这时连接臂要和框架平行;然后往配重箱中加载,调节总质量为56.7kg。

(4)抬起轮子,把试样对着定位销,安装在仪器上,用元宝螺母夹紧。

(5)把负荷轮放在试样上。开动仪器使轮子在试样上往复碾压1000次,碾压的频率为44次/min。在碾压过程中如发现样品上有出现发黏现象或明显的发亮点时,可洒少量水以防止轮子粘起样品。

(6)碾压1000次后停下仪器,卸载,取下试样,用水把试样表面冲洗干净,放在60℃的烘箱中烘干至恒量。

(7)从烘箱中取出试样并称量(m_1),立即把样品重新装在仪器的原来位置上。把砂框放在样品上对好位置,称取200g 82℃的热砂倒入砂框中迅速摊平,将钢盖板放在砂框中间。

(8)把负荷轮放在钢盖板上。开动仪器以相同的频率碾压100次。

(9)碾压100次后停机,取下试样,用毛刷轻轻刷去试样上的浮砂,然后称试样及黏附的砂子总质量(m_2)。

5.结果整理

乳化沥青稀浆封层混合料单位面积黏附的砂量按式(9-86)计算。

$$LWT = \frac{m_2 - m_1}{A} \tag{9-86}$$

式中:LWT——乳化沥青稀浆封层混合料单位面积黏附的砂量(g/m^2);

A——试样负荷面积(m^2);

m_1——第一次1000次碾压后试样质量(g);

m_2——第二次100次碾压后试样与砂的总质量(g)。

第十章　钢　　材

第一节　概　　述

1. 概念

钢材是指以铁为主要元素，碳含量一般在2%以下，并含有其他多种元素的金属材料。

钢材是公路工程建设必不可少的重要材料。无论是在钢结构，还是在钢筋混凝土结构中，都要使用大量的钢材。

2. 分类

钢材的分类方法很多，常见的有如下几种。

(1)按冶炼设备分类

根据冶炼设备的不同，钢可分为转炉钢、平炉钢、电炉钢等。

(2)按化学成分分类

钢按化学成分分类，见表10-1。

钢按化学成分分类　　表10-1

分　类	名　称	分类标准	分类界限
碳素钢	低碳钢	碳含量(%)	<0.25
	中碳钢		0.25～0.6
	高碳钢		0.6～2
合金钢	低合金钢	合金含量(%)	<3.5
	中合金钢		3.5～10
	高合金钢		>10

(3)按形状分类

在公路工程中，钢材按形状可分为型材、线材、异型材等。

①型材

型材包括型钢和钢板，主要用于钢桥和交通工程设施。

②线材

线材包括普通钢筋、预应力钢筋、高强钢丝、钢绞线，主要用于钢筋混凝土结构和预应力钢筋混凝土结构。

③异型材

异型材主要指专为特殊用途(如锚具、夹片)而制作的钢材。

3. 钢材的基本技术性能

(1)强度

强度是钢材的主要力学性能指标，主要包括屈服强度、抗拉强度、抗弯强度、疲劳强度等。

在公路工程中,钢材的屈服强度和抗拉强度是着重要研究的对象。这两项力学指标可通过钢材拉伸试验来测定,试验中还需测定钢材的其他拉伸性能,如规定比例界限、规定残余伸长应力、屈服点、伸长率、断面收缩率。

(2)弹性和塑性

钢材的弹性指钢材受到外力作用产生了变形,当去掉外力后能迅速恢复原来形状和尺寸的能力。钢材的弹性通过弹性极限、比例极限来反映。

钢材的塑性指钢材在外力作用下产生永久变形,但不会发生破坏的能力。钢材的塑性用伸长率和断面收缩率来表示。

(3)硬度

钢材的硬度指钢材抵抗其他较硬物体压入的能力。硬度不是一个单纯的物理量,而是反映钢材的弹性、塑性和强度的综合性能指标。一般来说,钢材的硬度越高,耐磨性越好。

根据试验方法和适用范围的不同,硬度可分为布氏硬度、洛氏硬度、维氏硬度和邵氏硬度等多种。在公路工程中,金属的硬度通常采用布氏硬度、洛氏硬度。

(4)冲击韧性

钢材的冲击韧性指钢材在瞬间动荷载作用下抵抗破坏的能力。钢材在不同的温度条件下,所测得的冲击韧性值不同。钢材的冲击韧性分为低温冲击韧性、高温冲击韧性、常温冲击韧性。

钢材的冲击韧性试验采用一定尺寸和形状的钢材试样,在规定类型的试验机上试样受冲击荷载断裂时,测得试样刻槽处单位横截面积上所消耗的冲击功。在公路工程中,主要研究钢材的常温冲击韧性。

(5)脆性

钢材的脆性指钢材在外力作用时,没有显著的变形而突然断裂的性质。根据温度条件的不同,钢材的脆性分为热脆性和冷脆性两种。热脆性指钢材在高温状态下所表现出的脆性特征;冷脆性指钢材在常温下,其塑性、韧性急剧降低,并使脆性转化温度有所升高的脆性特征。

钢材的脆性取决于其化学成分和组织结构。钢材的热脆性是由硫元素引起的。硫在钢中以硫化铁(FeS)的形式存在,其塑性性能较差,并且形成熔点低(985℃)的硫化铁—铁(FeS—Fe)的共晶体存在于晶界处。当钢材在 1000 ~ 1200℃高温条件下加工时,硫化铁—铁的共晶体会先于钢熔化,使晶体脱开而造成钢材的脆断。

钢材的热脆性主要是由磷元素引起的。磷在钢中形成脆性很大的化合物磷化三铁(Fe_3P)。即使在常温状态下,含磷量高的钢材在外力作用下也很容易发生脆断。

钢材的脆性特征可通过特定条件下的弯曲试验来测定。试件在规定的弯曲角度、弯心直径以及反复弯曲数次后,弯曲处不产生裂纹、断裂和起层等现象时即认为合格。

(6)焊接性能

钢材的焊接性能指钢材的连接部分焊接后力学性能不低于焊件本身,能防止发生硬化脆裂和内应力过大等现象的性能,也称可焊性。可焊性好的钢材,易于用常用的焊接方法和焊接工艺进行焊接;可焊性差的钢材,则必须用特定的焊接方法和焊接工艺进行焊接;可焊性很差的钢材,甚至不能焊接。

第二节　结　构　钢

常用的结构用钢材主要有碳素结构钢、优质碳素结构钢、桥梁用结构钢等。

一、碳素结构钢(GB/T 700—2006)

1. 牌号和化学成分

碳素结构钢按其化学成分和力学性能(屈服强度)分为四个牌号:Q195、Q215、Q235、Q275。碳素结构钢的牌号由四部分组成:① Q——钢材屈服强度“屈”字汉语拼音首位字母;② 195、215、235、275——屈服强度(MPa)数值;③ A、B、C、D——质量等级符号;④ F、Z、TZ——沸腾钢“沸”、镇静钢“镇”、特殊镇静钢“特镇”汉语拼音首位字母。在牌号组成表示方法中,“Z”、“TZ”符号可以省略。如 Q235AF 表示屈服强度为 235MPa 的 A 级沸腾钢。

碳素结构钢的牌号和化学成分(熔炼分析)应符合表 10-2 的规定。

碳素结构钢的牌号和化学成分(熔炼分析)　　表 10-2

牌号	统一数字代号①	等　级	厚度(或直径)(mm)	脱氧方法	化学成分(质量分数)(%)　不大于				
					C	Si	Mn	P	S
Q195	U11952	—	—	F、Z	0.12	0.30	0.50	0.035	0.040
Q215	U12152	A	—	F、Z	0.15	0.35	1.20	0.045	0.050
	U12155	B							0.045
Q235	U12352	A	—	F、Z	0.22	0.35	1.40	0.045	0.050
	U12355	B			0.20②				0.045
	U12358	C		Z	0.17			0.040	0.040
	U12359	D		TZ				0.035	0.0.35
Q275	U12752	A	—	F、Z	0.24	0.35	1.50	0.045	0.050
	U12755	B	≤40	Z	0.21			0.045	0.045
			>40		0.22				
	U12758	C	—	Z	0.20			0.040	0.040
	U12759	D		TZ				0.035	0.035

注:①表中为镇静钢、特殊镇静钢牌号的统一数字,沸腾钢牌号的统一数字代号如下:

Q195F——U11950;

Q215AF——U12150,Q215BF——U12153;

Q235AF——U12350,Q235BF——U12353;

Q275AF——U12750。

②经需方同意,Q235B 的碳含量可不大于 0.22%。

2. 力学性能和工艺性能

碳素结构钢的拉伸和冲击试验结果应符合表 10-3 的规定,弯曲试验结果应符合表 10-4 的规定。

碳素结构钢的拉伸和冲击试验结果　　表 10-3

牌号	等级	屈服强度① Re_H (MPa)　不小于						抗拉强度② R_m (MPa)	断后伸长率 A(%)　不小于					冲击试验(V 形缺口)	
		厚度(或直径)(mm)							厚度(或直径)(mm)					温度(℃)	冲击吸收功(纵向)(J) 不小于
		≤16	>16~40	>40~60	>60~100	>100~150	>150~200		≤40	>40~60	>60~100	>100~150	>150~200		
Q195	—	195	185	—	—	—	—	315~430	33	—	—	—	—	—	—
Q215	A	215	205	195	185	175	165	335~450	31	30	29	27	26	—	—
	B													+20	27

续上表

牌号	等级	屈服强度①Re_H(MPa) 不小于						抗拉强度②R_m(MPa)	断后伸长率A(%) 不小于					冲击试验(V形缺口)	
		厚度(或直径)(mm)							厚度(或直径)(mm)					温度(℃)	冲击吸收功(纵向)(J)不小于
		≤16	>16~40	>40~60	>60~100	>100~150	>150~200		≤40	>40~60	>60~100	>100~150	>150~200		
Q235	A	235	225	215	215	195	185	370~500	26	25	24	22	21	—	—
	B													+20	27③
	C													0	
	D													-20	
Q275	A	275	265	255	245	225	215	410~540	22	21	20	18	17	—	—
	B													+20	27
	C													0	
	D													-20	

注:①Q195的屈服强度值仅供参考,不作为交货条件。

②厚度大于10mm的钢材,抗拉强度下限允许降低20MPa。宽钢带(包括剪切钢板)抗拉强度上限不作为交货条件。

③厚度小于25mm的Q235B级钢材,如供方能保证冲击吸收功值合格,经需方同意,可不做检验。

碳素结构钢的弯曲试验结果 表10-4

牌 号	试样方向	冷弯试验180° B=2a	
		钢材厚度(或直径)(mm)	
		≤60	>60~100
		弯心直径d	
Q195	纵	0	—
	横	0.5a	
Q215	纵	0.5a	1.5a
	横	a	2a
Q235	纵	a	2a
	横	1.5a	2.5a
Q275	纵	1.5a	2.5a
	横	2a	3a

注:①B为试样宽度,a为试样厚度(或直径)。

②钢材厚度(或直径)大于100mm时,弯曲试验由供需双方协商确定。

3.工程应用

(1)Q195、Q215号钢塑性好,易于冷弯和焊接,但强度较低,多用于受荷较小的构造和焊接构件。

(2)Q235号钢具有较高的强度和良好的塑性、韧性,也易于焊接,并且经焊接及气割后力学性能仍稳定,有利于冷热加工,广泛应用于桥梁构件和钢筋混凝土结构中的钢筋等,是目前应用最广的钢种。

(3)Q275号钢的屈服强度很高,但塑性、韧性和可焊性均较差,可用于钢筋混凝土结构中配筋及钢结构的构件和螺栓。

二、优质碳素结构钢(GB/T 699—1999)

1.分类

优质碳素结构钢按冶金质量等级分为三类:优质钢、高级优质钢(A)、特级优质钢(E);按使用加工方法分为两类:压力加工用钢(UP)、切削加工用钢(UC)。压力加工用钢(UP)又分为热压力加工用钢(UHP)、顶锻用钢(UF)、冷拔坯料用钢(UCD)。

2.牌号和化学成分

优质碳素结构钢按含碳量划分钢号,并按锰含量高低划分为普通锰含量钢和高锰含量钢两组。钢号用平均碳含量的万分数近似值表示,如系高锰含量钢,则在钢号后加代号 Mn。例如25Mn,表示碳含量为0.20%的高锰含量钢。

优质碳素结构钢的牌号和化学成分(熔炼分析)应符合表10-5 的规定。

优质碳素结构钢的牌号和化学成分(熔炼分析) 表10-5

序号	统一数字代号	牌号	化学成分(%)					
			C	Si	Mn	Cr	Ni	Cu
						不大于		
1	U20080	08F	0.05~0.11	≤0.03	0.25~0.50	0.10	0.30	0.25
2	U20100	10F	0.07~0.13	≤0.07	0.25~0.50	0.15	0.30	0.25
3	U20150	15F	0.12~0.18	≤0.07	0.25~0.50	0.25	0.30	0.25
4	U20082	08	0.05~0.11	0.17~0.37	0.35~0.65	0.10	0.30	0.25
5	U20102	10	0.07~0.13	0.17~0.37	0.35~0.65	0.15	0.30	0.25
6	U20152	15	0.12~0.18	0.17~0.37	0.35~0.65	0.25	0.30	0.25
7	U20202	20	0.17~0.23	0.17~0.37	0.35~0.65	0.25	0.30	0.25
8	U20252	25	0.22~0.29	0.17~0.37	0.50~0.80	0.25	0.30	0.25
9	U20302	30	0.27~0.34	0.17~0.37	0.50~0.80	0.25	0.30	0.25
10	U20352	35	0.32~0.39	0.17~0.37	0.50~0.80	0.25	0.30	0.25
11	U20402	40	0.37~0.44	0.17~0.37	0.50~0.80	0.25	0.30	0.25
12	U20452	45	0.42~0.50	0.17~0.37	0.50~0.80	0.25	0.30	0.25
13	U20502	50	0.47~0.55	0.17~0.37	0.50~0.80	0.25	0.30	0.25
14	U20552	55	0.52~0.60	0.17~0.37	0.50~0.80	0.25	0.30	0.25
15	U20602	60	0.57~0.65	0.17~0.37	0.50~0.80	0.25	0.30	0.25
16	U20652	65	0.62~0.70	0.17~0.37	0.50~0.80	0.25	0.30	0.25
17	U20702	70	0.67~0.75	0.17~0.37	0.50~0.80	0.25	0.30	0.25
18	U20752	75	0.72~0.80	0.17~0.37	0.50~0.80	0.25	0.30	0.25
19	U20802	80	0.77~0.85	0.17~0.37	0.50~0.80	0.25	0.30	0.25
20	U20852	85	0.82~0.90	0.17~0.37	0.50~0.80	0.25	0.30	0.25
21	U21152	15 Mn	0.12~0.18	0.17~0.37	0.70~1.00	0.25	0.30	0.25
22	U21202	20 Mn	0.17~0.23	0.17~0.37	0.70~1.00	0.25	0.30	0.25
23	U21252	25 Mn	0.22~0.29	0.17~0.37	0.70~1.00	0.25	0.30	0.25

续上表

序号	统一数字代号	牌号	化学成分(%)					
			C	Si	Mn	Cr	Ni	Cu
						不大于		
24	U21302	30 Mn	0.27~0.34	0.17~0.37	0.70~1.00	0.25	0.30	0.25
25	U21352	35 Mn	0.32~0.39	0.17~0.37	0.70~1.00	0.25	0.30	0.25
26	U21402	40 Mn	0.37~0.44	0.17~0.37	0.70~1.00	0.25	0.30	0.25
27	U21452	45 Mn	0.42~0.50	0.17~0.37	0.70~1.00	0.25	0.30	0.25
28	U21502	50 Mn	0.48~0.56	0.17~0.37	0.70~1.00	0.25	0.30	0.25
29	U21602	60 Mn	0.57~0.65	0.17~0.37	0.70~1.00	0.25	0.30	0.25
30	U21652	65 Mn	0.62~0.70	0.17~0.37	0.90~1.20	0.25	0.30	0.25
31	U21702	70 Mn	0.67~0.75	0.17~0.37	0.90~1.20	0.25	0.30	0.25

注:表中所列牌号为优质钢。如果是高级优质钢,在牌号后面加“A”(统一数字代号最后一位数字改为“3”);如果是特级优质钢,在牌号后面加“E”(统一数字代号最后一位数字改为“6”);对于沸腾钢,在牌号后面加“F”(统一数字代号最后一位数字改为“0”);对于镇静钢,在牌号后面加“b”(统一数字代号最后一位数字改为“1”)。

优质碳素结构钢的硫、磷含量应符合表10-6的规定。

优质碳素结构钢的硫、磷含量 表10-6

组别	P	S
	(%)不大于	
优质钢	0.035	0.035
高级优质钢	0.030	0.030
特级优质钢	0.025	0.020

3. 力学性能

优质碳素结构钢的力学性能应符合表10-7的规定。

优质碳素结构钢的力学性能 表10-7

序号	牌号	试样毛坯尺寸(mm)	推荐热处理(℃)			力学性能					钢材交货状态硬度 HBS10/3000 不大于	
			正火	淬火	回火	σ_b (MPa)	σ_s (MPa)	δ_5 (%)	ψ (%)	A_{kU2} (J)	未热处理钢	退火钢
						不小于						
1	08F	25	930			295	175	35	60		131	
2	10F	25	930			315	185	33	55		137	
3	15F	25	920			355	205	29	55		143	
4	08	25	930			325	195	33	60		131	
5	10	25	930			335	205	31	55		137	
6	15	25	920			375	225	27	55		143	
7	20	25	910			410	245	25	55		156	
8	25	25	900	870	600	450	275	23	50	71	170	
9	30	25	880	860	600	490	295	21	50	63	179	
10	35	25	870	850	600	530	315	20	45	55	197	

续上表

序号	牌号	试样毛坯尺寸(mm)	推荐热处理(℃)			力学性能					钢材交货状态硬度 HBS10/3000 不大于	
			正火	淬火	回火	σ_b (MPa)	σ_s (MPa)	δ_5 (%)	ψ (%)	A_{kU2} (J)	未热处理钢	退火钢
						不小于						
11	40	25	860	840	600	570	335	19	45	47	217	187
12	45	25	850	840	600	600	355	16	40	39	229	197
13	50	25	830	830	600	630	375	14	40	31	241	207
14	55	25	820	820	600	645	380	13	35		255	217
15	60	25	810			675	400	12	35		255	229
16	65	25	810			695	410	10	30		255	229
17	70	25	790			715	420	9	30		269	229
18	75	试样		820	480	1080	880	7	30		285	241
19	80	试样		820	480	1080	930	6	30		285	241
20	85	试样		820	480	1130	980	6	30		302	255
21	15 Mn	25	920			410	245	26	55		163	
22	20 Mn	25	910			450	275	24	50		197	
23	25 Mn	25	900	870	600	490	295	22	50	71	207	
24	30 Mn	25	880	860	600	540	315	20	45	63	217	187
25	35 Mn	25	870	850	600	560	335	18	45	55	229	197
26	40 Mn	25	860	840	600	590	355	17	45	47	241	207
27	45 Mn	25	850	840	600	620	375	15	40	39	255	217
28	50 Mn	25	830	830	600	645	390	13	40	31	269	217
29	60 Mn	25	810			695	410	11	35		285	229
30	65 Mn	25	830			735	430	9	30		285	229
31	70 Mn	25	790			785	450	8	30			229

注：①对于直径（或厚度）小于25mm的钢材，热处理是在与成品截面尺寸相同的试样毛坯上进行。

②表中所列正火推荐保温时间不少于30min，空冷；淬火推荐保温时间不少于30min，70、80、85号钢油冷，其余钢水冷；回火推荐保温时间不少于1h。

4. 工程应用

优质碳素结构钢适于热处理后使用，但也可不经过热处理而直接使用。在公路工程中，30、35、40、45号钢常用做高强螺栓，45号钢用做预应力钢筋的锚具，65、70、75、80号钢可用于生产预应力混凝土用碳素钢丝、刻痕钢丝和钢绞线。

三、桥梁用结构钢（GB/T 714—2000）

1. 牌号和化学成分

桥梁用结构钢的牌号由四部分组成：Q——钢材屈服强度"屈"字汉语拼音首位字母；235、345、370、420——屈服强度（MPa）数值；q——"桥"字汉语拼音的首位字母；C、D、E——质量等级符号。如Q345qC表示屈服强度为345MPa的C级桥梁用结构钢。

桥梁用结构钢的牌号和化学成分（熔炼分析）应符合表10-8的规定。

桥梁用结构钢的牌号和化学成分(熔炼分析) 表 10-8

牌 号	质量等级	统一数字代号	化学成分(%)					
			C	Si	Mn	P	S	Als
						不大于		
Q235q	C	U32353	≤0.20	≤0.30	0.40~0.70	0.035	0.035	
Q235q	D	U32354	≤0.18	≤0.30	0.50~0.80	0.025	0.025	≥0.015
Q345q	C	L13453	≤0.20	≤0.60	1.00~1.60	0.035	0.035	
Q345q	D	L13454	≤0.18	≤.60	1.10~1.60	0.025	0.025	≥0.015
Q345q	E	L13455	≤0.17	≤0.50	1.20~1.60	0.020	0.015	≥0.015
Q370q	C	L13703	≤0.18	≤0.50	1.20~1.60	0.035	0.035	
Q370q	D	L13704	≤0.17	≤0.50	1.20~1.60	0.025	0.025	≥0.015
Q370q	E	L13705	≤0.17	≤0.50	1.20~1.60	0.020	0.015	≥0.015
Q420q	C	L14203	≤0.18	≤0.50	1.20~1.60	0.035	0.035	
Q420q	D	L14204	≤0.17	≤0.60	1.30~1.70	0.025	0.025	≥0.015
Q420q	E	L14205	≤0.17	≤0.60	1.30~1.70	0.020	0.015	≥0.015

注:表中的酸溶铝(Als)可以用测定全铝含量代替,此时铝含量应不小于0.020%。

2. 力学性能和工艺性能

桥梁用结构钢的力学性能和工艺性能应符合表10-9的规定。

桥梁用结构钢的力学性能和工艺性能 表 10-9

牌号	质量等级	厚 度	σ_g (MPa)	σ_b (MPa)	伸长率 δ_5 (%)	V形冲击功(纵向) 温度(℃)	冲击功值(J)	时效(J)	180°弯曲试验 钢材厚度(mm)	
			不小于						≤16	>16
Q235q	C	≤16	235	390	26	0	27	27	$d=1.5a$	$d=2.5a$
		>16~35	225	380						
		>35~50	215	375						
		>50~100	205	375						
	D	≤16	235	390	26	−20				
		>16~35	225	380						
		>35~50	215	375						
		>50~100	205	375						
Q345q	C	≤16	345	510	21	0	27	34	$d=2a$	$d=3a$
		>16~35	325	490	20					
		>35~50	315	470	20					
		>50~100	305	470	20					
	D	≤16	345	510	21	−20				
		>16~35	325	490	20					
		>35~50	315	470	20					
		>50~100	305	470	20					
	E	≤16	345	510	21	−40				
		>16~35	325	490	20					
		>35~50	315	470	20					
		>50~100	305	470	20					

续上表

牌号	质量等级	厚 度	σ_g (MPa)	σ_b (MPa)	伸长率 δ_5 (%)	V形冲击功(纵向) 温度 (℃)	冲击功值 (J)	时效 (J)	180°弯曲试验 钢材厚度 (mm) ≤16	>16
			不小于						≤16	>16
Q370q	C	≤16	370	530	21	0	41		d = 2a	d = 3a
		>16 ~ 35	355	510	20					
		>35 ~ 50	330	490	20					
		>50 ~ 100	330	490	20					
	D	≤16	370	530	21	−20				
		>16 ~ 35	355	510	20					
		>35 ~ 50	330	490	20					
		>50 ~ 100	330	490	20					
	E	≤16	370	530	21	−40		41		
		>16 ~ 35	355	510	20					
		>35 ~ 50	330	490	20					
		>50 ~ 100	330	490	20					
Q420q	C	≤16	420	570	20	0	47			
		>16 ~ 35	410	550	19					
		>35 ~ 50	400	540	19					
		>50 ~ 100	390	530	19					
	D	≤16	420	570	20	−20				
		>16 ~ 35	410	550	19					
		>35 ~ 50	400	540	19					
		>50 ~ 100	390	530	19					
	E	≤16	420	570	20	−40		47		
		>16 ~ 35	410	550	19					
		>35 ~ 50	400	540	19					
		>50 ~ 100	390	530	19					

注:①Q420qE 级钢的 −40℃ 冲击功值由供需双方协议规定。

②d 为弯心直径;a 为试样厚度(或直径)。

3. 新牌号与旧牌号对照

桥梁用结构钢新牌号与旧牌号对照见表 10-10。

桥梁用结构钢新牌号与旧牌号对照 表 10-10

新 牌 号	旧 牌 号	新 牌 号	旧 牌 号
Q235q	16Q	Q370q	14MnNbq
Q345q	16Mnq	Q420q	15MnVNq

第三节　钢筋和钢绞线

一、热轧光圆钢筋(GB 1499.1—2008)

1. 牌号和化学成分

热轧光圆钢筋的牌号由两部分组成:① HPB——热轧光圆钢筋英文 Hot rolled Plain Bars 的缩写;② 235、300——屈服强度(MPa)特征值。

热轧光圆钢筋的牌号和化学成分(熔炼分析)应符合表 10-11 的规定。

热轧光圆钢筋的牌号和化学成分(熔炼分析)　表 10-11

牌号	化学成分(质量分数,%)　不大于				
	C	Si	Mn	P	S
HPB235	0.22	0.30	0.65	0.045	0.050
HPB300	0.25	0.55	1.50		

钢筋的成品化学成分允许偏差应符合现行 GB/T 222 的规定。

2. 力学性能和工艺性能

热轧光圆钢筋的力学性能和工艺性能应符合表 10-12 的规定。

热轧光圆钢筋的力学性能和工艺性能　表 10-12

牌号	屈服强度 R_{eL} (MPa)	抗拉强度 R_m (MPa)	断后伸长率 A (%)	最大力总伸长率 A_{gt} (%)	冷弯试验(180°)
	不大于				
HPB235	235	370	25.0	10.0	$d=a$
HPB300	300	420			

注:a 为钢筋公称直径;d 为弯心直径。

按规定的弯心直径弯曲 180°后,钢筋受弯部位表面不得产生裂纹。

二、热轧带肋钢筋(GB 1499.2—2007)

1. 牌号和化学成分

热轧钢筋分为两类:一类是普通热轧钢筋,即按热轧状态交货的钢筋;另一类是细晶粒热轧钢筋,即在热轧过程中,通过控轧和控冷工艺形成的细晶粒钢筋,晶粒度不粗于 9 级。热轧带肋钢筋的牌号由两部分组成:① HRB(或 HRBF)——热轧带肋钢筋的英文 Hot rolled Ribbed Bars 的缩写(F 是“细”的英文 Fine 的首字母);② 335、400、550——屈服强度(MPa)特征值。

热轧带肋钢筋的牌号及化学成分和碳当量(熔炼分析)应符合表 10-13 的规定。

热轧带肋钢筋的牌号及化学成分和碳当量(熔炼分析)　表 10-13

牌号	化学成分(质量分数,%)　不大于					
	C	Si	Mn	P	S	C_{eq}
HRB335 HRBF335	0.25	0.80	1.60	0.045	0.045	0.52
HRB400 HRBF400						0.54
HRB500 HRBF500						0.55

根据需要,钢中还可加入 V、Nb、Ti 等元素。钢的氮含量应不大于 0.012%。钢中如有足够数量的氮结合元素,氮含量限制可适当放宽。

碳当量 C_{eq}(百分比)值可按下式计算:

$$C_{eq} = C + Mn/6 + (Cr + V + Mo)/5 + (Cu + Ni)/15 \tag{10-1}$$

钢筋的成品化学成分允许偏差应符合现行 GB/T 222 的规定,碳当量 C_{eq} 的允许偏差为 +0.03%。

2. 力学性能和工艺性能

热轧带肋钢筋的力学性能和工艺性能应符合表 10-14 的规定。

热轧光圆钢筋的力学性能和工艺性能　　表 10-14

牌　号	屈服强度 R_{eL}(MPa)	抗拉强度 R_m(MPa)	断后伸长率 A(%)	最大力总伸长率 A_{gt}(%)	弯曲性能试验(180°)	
	不小于				公称直径 d(mm)	弯心直径
HRB335 HRBF335	335	455	17	7.5	6~25	3d
					28~40	4d
					>40~50	5d
HRB400 HRBF400	400	540	16		6~25	4d
					28~40	5d
					>40~50	6d
HRB500 HRBF500	500	630	15		6~25	6d
					28~40	7d
					>40~50	8d

直径 28~40mm 各牌号热轧带肋钢筋的断后伸长率 A 可降低 1%;直径大于 40mm 各牌号热轧带肋钢筋的断后伸长率 A 可降低 2%。

此外,对于有较高抗震要求的结构,其适用的热轧带肋钢筋牌号是在表 10-13 中已有牌号后面加 E(如 HRB335E、HRBF335E)。该类钢筋还应满足以下要求:实测抗拉强度与实测屈服强度之比不小于 1.25;实测屈服强度与屈服强度特征值之比不大于 1.30;最大力总伸长率 A_{gt} 不小于 9%。

根据需要,热轧带肋钢筋可进行反向弯曲性能试验。反向弯曲试验的弯心直径应比弯曲试验增加一个钢筋公称直径。先正向弯曲 90°再反向弯曲 20°。两个弯曲角度均应在去载之前测量。经弯曲试验或反向弯曲试验后,钢筋受弯部位表面都不得产生裂纹。

三、冷轧带肋钢筋(GB 13788—2000)

1. 牌号

冷轧带肋钢筋是热轧圆盘条经冷轧或冷拔减径后,在其表面带有沿长度方向均匀分布的三面或二面横肋的钢筋。冷轧带肋钢筋的牌号由 CRB 和钢筋抗拉强度(MPa)数值构成,分别为 CRB550、CRB650、CRB800、CRB970、CRB1170。其中,CRB550 用于普通钢筋混凝土,其他牌号用于预应力钢筋混凝土。

2. 力学性能和工艺性能

冷轧带肋钢筋的力学性能和工艺性能应符合表 10-15 的规定。

冷轧带肋钢筋的力学性能和工艺性能　表 10-15

牌　号	抗拉强度 σ_b (MPa) 不小于	伸长率(%)		180°弯曲试验 D (弯心直径)和 d (钢筋公称直径)	反复弯曲次数	松弛率(%) 初始应力 $\sigma_{con}=0.7\sigma_b$	
		δ_{10}	δ_{100}			(1000h) 不大于	(10h) 不大于
CRB550	550	8.0		$D=3d$			
CRB650	650		4.0		3	8	5
CRB800	800		4.0		3	8	5
CRB970	970		4.0		3	8	5
CRB1170	1170		4.0		3	8	5

四、预应力混凝土用螺纹钢筋(GB/T 20065—2006)

1. 简介

预应力混凝土用螺纹钢筋也称精轧螺纹钢筋,是一种热轧成带有不连续的外螺纹的直条钢筋。该钢筋在任意截面处,均可用带有匹配形状的内螺纹的连接器或锚具进行连接或锚固。其公称截面面积为不含螺纹的钢筋截面面积。其有效截面系数为钢筋公称截面面积与理论截面面积(含螺纹的截面面积)的比值。

2. 强度等级及化学成分

预应力混凝土用螺纹钢筋以屈服强度划分级别,其代号由两部分组成:①PSB——预应力混凝土用螺纹钢筋的英文 Prestressing Screw Bars 缩写;② 785、830、930、1080——强度等级,即规定屈服强度(MPa)最小值。例如,PSB830 表示屈服强度最小值为 830MPa 的预应力混凝土用螺纹钢筋。

预应力混凝土用螺纹钢筋钢的熔炼分析中,硫、磷含量不大于 0.035%。成品化学成分分析允许偏差应符合现行 GB/T 222 的规定。

3. 力学性能

预应力混凝土用螺纹钢筋的力学性能应符合表 10-16 的规定。

预应力混凝土用螺纹钢筋的力学性能　表 10-16

级　别	屈服强度 R_{eL} (MPa)	抗拉强度 R_m (MPa)	断后伸长率 A (%)	最大力总伸长率 A_{gt} (%)	应力松弛性能	
	不小于				初始应力	1000h 后应力不小于松弛率 V_r (%)
PSB785	785	980	7	3.5	$0.8R_{eL}$	≤3
PSB830	830	1030	6			
PSB930	930	1080	6			
PSB1080	1080	1230	6			

注:无明显屈服时,屈服强度用规定非比例延伸强度($R_{p0.2}$)代替。

在保证钢筋 1000h 松弛性能合格的基础上,可进行 10h 松弛试验,初始应力为公称屈服强度的 80%,松弛率不大于 1.5%。伸长率类型通常选用断后伸长率 A,经供需双方协商,也可选用最大力总伸长率 A_{gt}。如果需要,经供需双方协商,可进行疲劳试验。

五、预应力混凝土用钢丝(GB/T 5223—2002)

预应力混凝土用钢丝为高强度钢丝,使用优质碳素结构钢经过冷拔或再经回火等工艺处理制成。其按加工状态分为两类:冷拉钢丝(WCD)和消除应力钢丝。其中,消除应力钢丝按松弛性能又分为低松弛级钢丝（WLR）和普通松弛级钢丝（WNR）。钢丝按外形可分为光圆（P）、螺旋肋（H）、刻痕（I）三种。

经低温回火消除应力后，钢丝的塑性比冷拉钢丝要高。刻痕钢丝是经压痕轧制而成，刻痕后与混凝土之间的握裹力增大，可减轻混凝土裂缝。预应力混凝土用钢丝的力学性能应符合表 10-17 和表 10-18 的规定。

预应力混凝土用冷拉钢丝的力学性能　　表 10-17

名称代号	公称直径（mm）	抗拉强度 σ_b（MPa）	屈服强度 $\sigma_{0.2}$（MPa）	伸长率（L_0 = 200mm）（%）	弯曲试验			应力松弛性能	
					弯曲次数（180°）	弯曲半径 R（mm）	断面收缩率 ψ（%）	初始应力 $X_{\sigma b}$	1000h 后应力松弛率（%）
		不小于			不小于		不大于		不小于
WCD	3.00	1470	1100	1.5	4	7.5	—	0.7	8
	4.00	1570	1180		4	10	35		
	5.00	1670	1250		4	15			
	6.00	1470	1100		5	15	30		
	7.00	1570	1180		5	20			
	8.00	1670	1250		5	20			

预应力混凝土用消除应力钢丝的力学性能　　表 10-18

名称代号	公称直径（mm）	抗拉强度 σ_b（MPa）	屈服强度 $\sigma_{0.2}$（MPa）		伸长率（L_0 = 200mm）（%）	弯曲试验		应力松弛性能		
			WLR	WNR		弯曲次数（180°）	弯曲半径 R（mm）	初始应力 $X_{\sigma b}$	1000h 后应力松弛率（%）不小于	
		不小于				不小于			WLR	WNR
P，H	4.00	1470 1570 1670 1770	1100 1180 1250 1330	1250 1330 1410 1500	3.5	3	10	0.6	1.0	4.5
	4.80 5.00					4	15			
	6.00 6.25 7.00	1470 1570 1670 1770	1290 1380 1470 1560	1250 1330 1410 1500		4	15 20 20	0.7	2.0	8
	8.00 9.00	1470 1570 1470	1290 1380 1290	1250 1330 1250		4	20 25	0.8	4.5	12
	10.00 12.00					4	25 30			
I	≤5.00	1470 1570 1670 1770 1860	1290 1380 1470 1560 1640	1250 1330 1410 1500 1580	3.5	3	15	0.6 0.7	1.5 2.5	4.5 8
	>5.00	1470 1570 1670 1770	1290 1380 1470 1560	1250 1330 1410 1500			20	0.8	4.5	12

六、预应力混凝土用钢绞线(GB/T 5224—2003)

1. 简介

预应力混凝土用钢绞线由 2 根、3 根或 7 根高强碳素钢丝经绞捻后消除内应力而制成。钢绞线按结构分为五类,其代号见表 10-19。

钢绞线按结构分类 表 10-19

代 号	钢绞线的结构	代 号	钢绞线的结构
1×2	用两根钢丝捻制的钢绞线	1×7	用七根钢丝捻制的标准型钢绞线
1×3	用三根钢丝捻制的钢绞线	(1×7)C	用七根钢丝捻制又经模拔的钢绞线
1×3I	用三根刻痕钢丝捻制的钢绞线		

预应力混凝土用钢绞线的产品标记应包括:“预应力钢绞线”、结构代号、公称直径、强度级别、标准号。例如,公称直径为 15.20mm,强度级别为 1860MPa 的由七根钢丝捻制的标准型钢绞线的标记为:预应力钢绞线 1×3-15.20-1860-GB/T 5224—2003。

2. 牌号和化学成分

制造钢绞线用钢由供方根据产品规格和力学性能确定。其牌号和化学成分应符合现行 YB/T 146 或 YB/T 170 的规定,也可采用其他牌号。

3. 力学性能

预应力混凝土用钢绞线的力学性能应符合表 10-20 的规定.

预应力混凝土用钢绞线的力学性能 表 10-20

钢绞线结构	钢绞线公称直径 D_n (mm)	抗拉强度 R_m(MPa) 不小于	整根钢绞线的最大力 F_m (kN) 不小于	规定非比例延伸力 $F_{p0.2}$ (kN) 不小于	最大力总伸长率 ($L_0 \geq 400$mm) A_{gt} 不小于	应力松弛性能	
						初始负荷相当于公称最大力的百分数(%)	1000h 后应力松弛率 r(%) 不大于
1×2	5.00						
	5.80					60	1.0
	8.00				3.5	70	2.5
	10.00					80	4.5
	12.00						
1×3	6.20						
	6.50						
	8.60						
	8.74					60	1.0
	10.80				3.5	70	2.5
	12.90					80	4.5
1×3I	8.74	1570	60.6	54.5			
		1670	64.5	58.1			
		1860	71.8	64.6			

续上表

钢绞线结构	钢绞线公称直径 D_n（mm）	抗拉强度 R_m（MPa）不小于	整根钢绞线的最大力 F_m（kN）不小于	规定非比例延伸力 $F_{p0.2}$（kN）不小于	最大力总伸长率（$L_0 \geqslant 400$mm）A_{gt} 不小于	应力松弛性能	
						初始负荷相当于公称最大力的百分数（%）	1000h 后应力松弛率 r（%）不大于
1×7	9.5	1720	94.3	84.9	3.5		
		1860	102	91.8			
		1960	107	96.3		60	1.0
	11.10	1720	128	115			
		1860	138	124			
		1960	145	131			
	12.70	1720	170	153			
		1860	184	166			
		1960	193	174			
	15.20	1470	206	185		70	2.5
		1570	220	198			
		1670	234	211			
		1720	241	217			
		1860	260	234			
		1960	274	247			
	15.70	1770	266	239			
		1860	279	251		80	4.5
	17.80	1720	327	294			
		1860	353	318			
（1×7）C	12.70	1860	208	187			
	15.20	1820	300	270			
	18.00	1720	384	346			

注：规定非比例延伸力 $F_{p0.2}$ 值不小于整根钢绞线的最大力 F_m 的90%。

第四节　钢材试验

一、钢及钢产品力学性能试验取样位置及试样制备（GB/T 2975—1998）

1. 适用范围

本方法适用于钢及钢产品的取样。经供需双方协商，也可用于其他金属产品。如产品标准或供需双方协议对取样另有规定，则应按规定执行。

2. 定义

（1）试验单元

根据产品标准或合同要求，以在抽样产品上所进行的试验为依据，一次接收或拒收产品的件数或吨数,称为试验单元。

(2)抽样产品

抽样产品指检验、试验时,在试验单元中抽取的部分。

(3)试料

试料指为了制备试样,从抽样产品中切取的足量的材料。在某些情况下,试料即为抽样产品。

(4)样坯

样坯指为了制备试样,经机械处理或所需热处理后的试料。

(5)试样

试样指具有合格尺寸且满足试验要求的状态的样坯。

(6)标准状态

试料、样坯或试样经热处理后以代表最终产品的状态。

3. 符号说明

本方法所涉及的符号的说明见表 10-21。

试样符号说明 表 10-21

符号	名称	备注
w	宽度	
t	厚度	型钢指腿部厚度,钢管指管壁厚度
d	直径	对多边形条钢指内切圆直径
L	纵向试样	纵向轴线与主加工方向平行
T	横向试样	纵向轴线与主加工方向垂直

4. 取样位置要求

取样位置应具有代表性,具体要求如下:

(1)一般要求

①应在钢产品表面切取弯曲样坯,弯曲试样应至少保留一个表面。当机加工和试验机能力允许时,应制备全截面或全厚度弯曲试样。

②当要求取一个以上试样时,可在规定位置相邻处取样。

(2)型钢

①按图 10-1 在型钢腿部切取拉伸、弯曲和冲击样坯。如型钢尺寸不能满足要求,可将取样位置向中部位移。

对于腿部有斜度的型钢,可在腰部 1/4 处取样[图 10-1b)和 d)],经协商也可从腿部取样进行加工。

对于腿部长度不相等的角钢,可从任一腿部取样。

②对于腿部厚度不大于 50mm 的型钢,当机加工和试验机能力允许时,应按图 10-2a)切取拉伸样坯;当切取圆形横截面拉伸样坯时,按图 10-2b)规定。对于腿部厚度大于 50mm 的型钢,当切取圆形横截面样坯时,按图 10-2c)规定。

③按图 10-3 在型钢腿部厚度方向切取冲击样坯。

(3)条钢

①按图 10-4 在圆钢上选取拉伸样坯位置。当机加工和试验机能力允许时,按图 10-4a)取样。

②按图 10-5 在圆钢上选取冲击样坯位置。

③按图 10-6 在六角钢上选取拉伸样坯位置。当机加工和试验机能力允许时,按图 10-6a)取样。

④按图 10-7 在六角钢上选取冲击样坯位置。

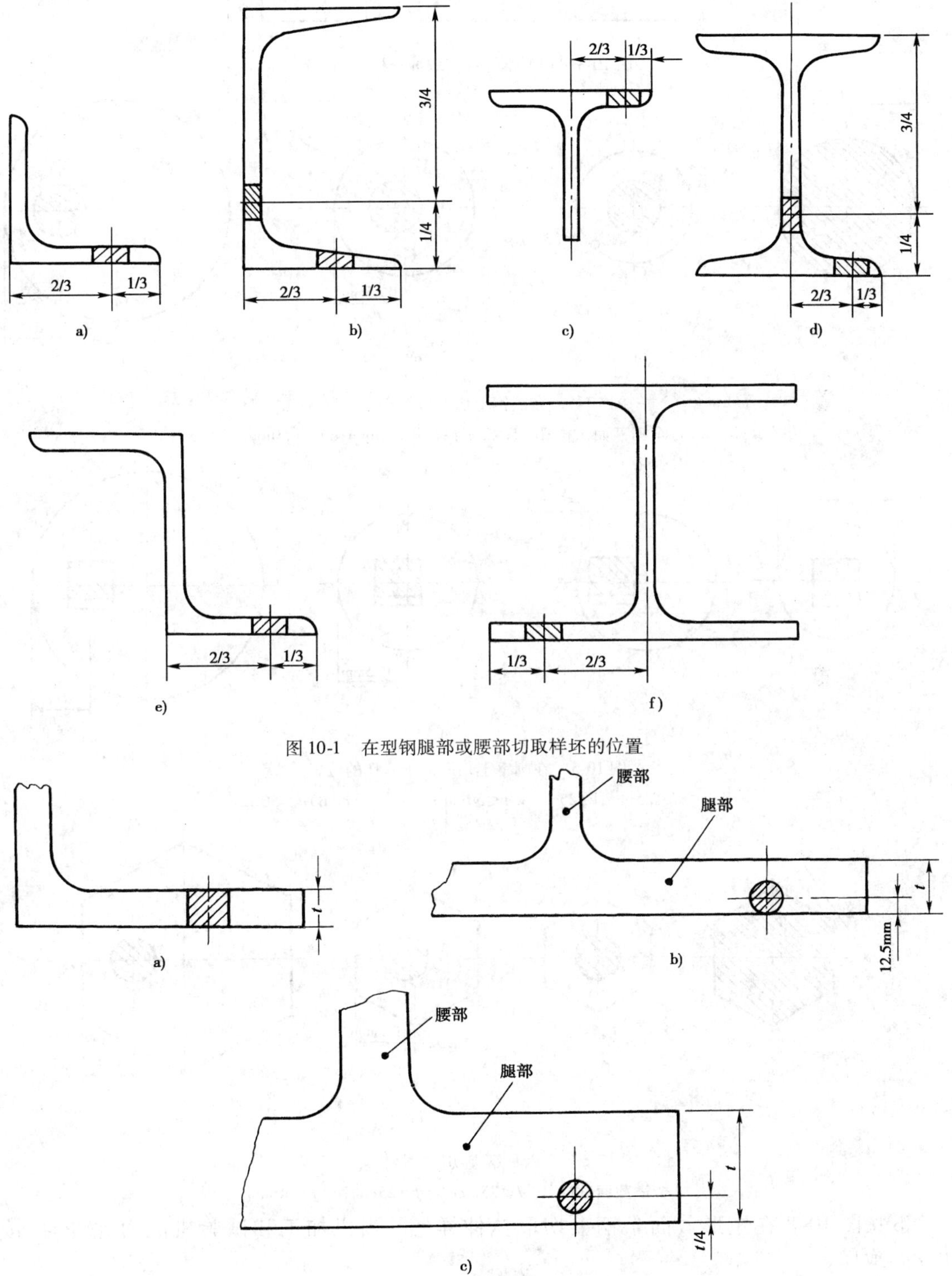

图 10-1　在型钢腿部或腰部切取样坯的位置

图 10-2　在型钢腿部切取拉伸样坯的位置

a) $t \leqslant 50$mm; b) $t \leqslant 50$mm; c) $t > 50$mm

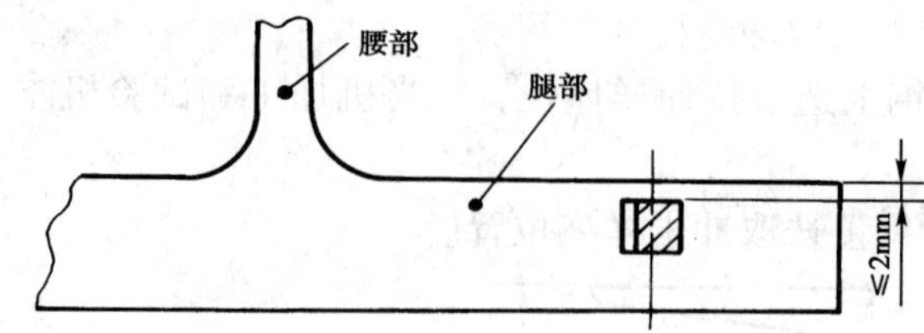

图 10-3　在型钢腿部切取冲击样坯的位置

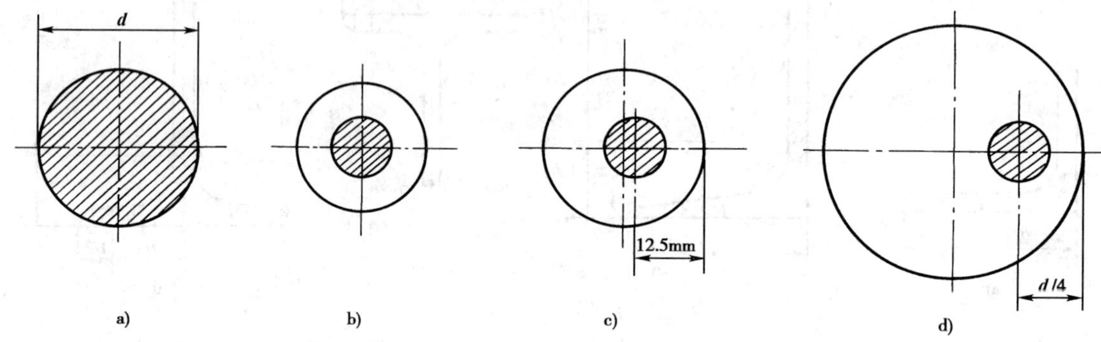

图 10-4　在圆钢上切取拉伸样坯的位置

a）全横截面试样；b）$d \leq 25$mm；c）$d > 25$mm；d）$d > 50$mm

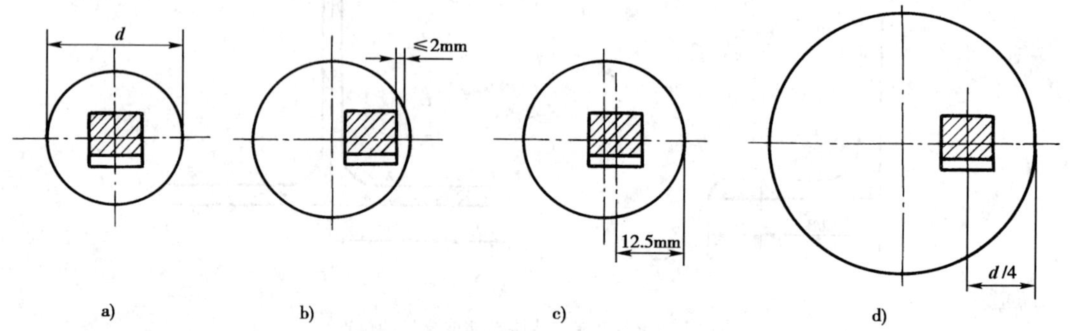

图 10-5　在圆钢上切取冲击样坯的位置

a）$d \leq 25$mm；b）25mm < $d \leq 50$mm；c）$d > 25$mm；d）$d > 50$mm

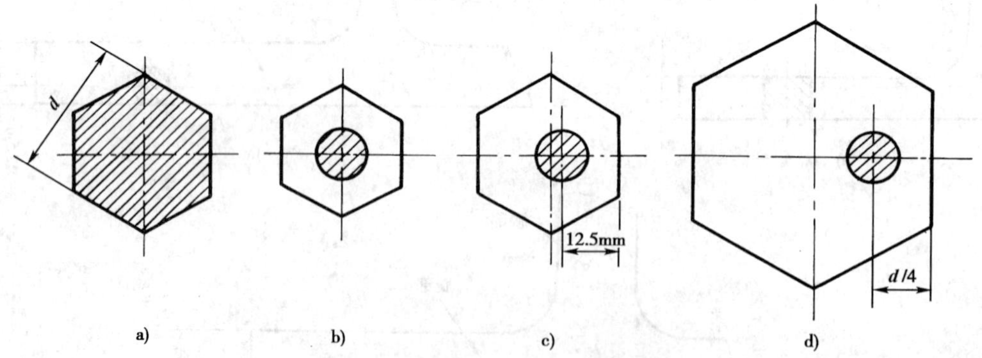

图 10-6　在六角钢上切取拉伸样坯的位置

a）全横截面试样；b）$d \leq 25$mm；c）$d > 25$mm；d）$d > 50$mm

⑤按图 10-8 在矩形截面条钢上切取拉伸样坯。当机加工和试验机能力允许时，按图 10-8a）取样。

⑥按图 10-9 在矩形截面条钢上切取冲击样坯。

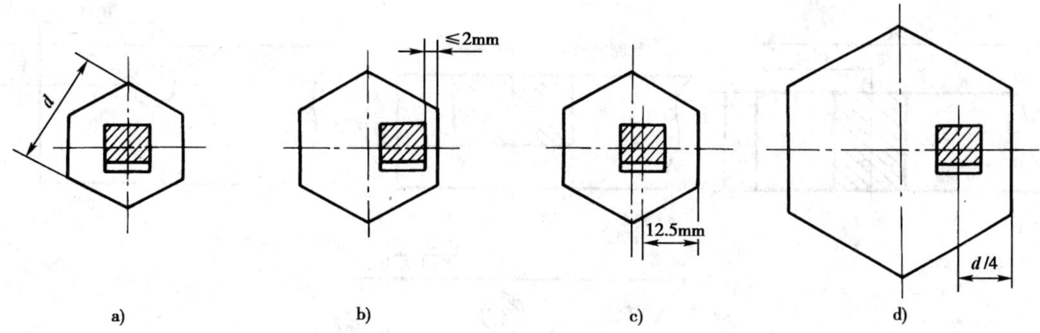

图 10-7 在六角钢上切取冲击样坯的位置

a) $d \leqslant 25$mm; b) 25mm < $d \leqslant 50$mm; c) $d > 25$mm; d) $d > 50$mm

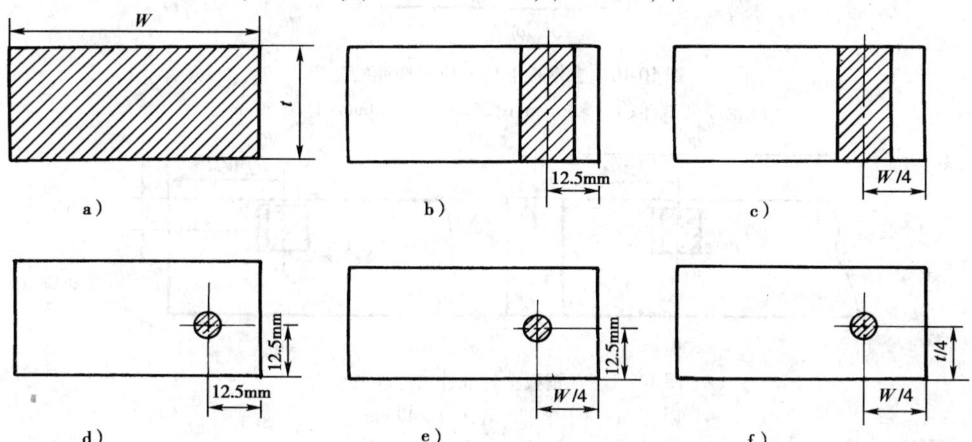

图 10-8 在矩形截面条钢上切取拉伸样坯的位置

a) 全横截面试样; b) $w \leqslant 50$mm; c) $W > 50$mm; d) $W \leqslant 50$mm 和 $t \leqslant 50$mm; e) $W > 750$mm 和 $t \leqslant 50$mm; f) $W > 50$mm 和 $t > 50$mm

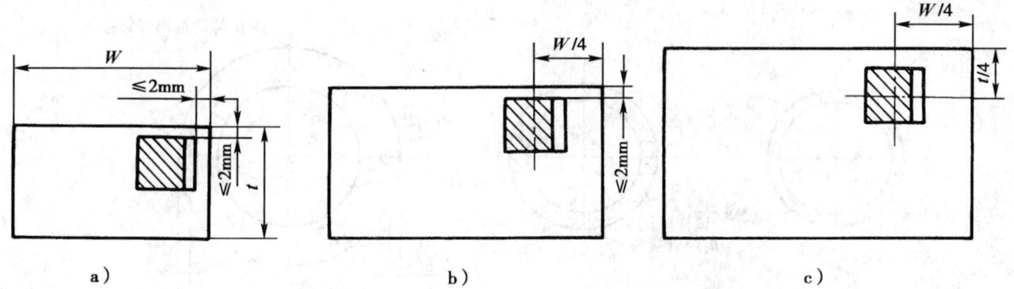

图 10-9 在矩形截面条钢上切取冲击样坯的位置

a) 12mm $\leqslant W \leqslant 50$mm 和 $t \leqslant 50$mm; b) $W > 50$mm 和 $t \leqslant 50$mm; c) $W > 50$mm 和 $t > 50$mm

(4) 钢板

①应在钢板宽度 1/4 处切取拉伸、弯曲或冲击样坯，如图 10-10 和图 10-11 所示。

②对于纵轧钢板，当产品标准没有规定取样方向时，应在钢板宽度 1/4 处切取横向样坯。如钢板宽度不足，样坯中心可以内移。

③应按图 10-10 在钢板厚度方向切取拉伸样坯。当机加工和试验机能力允许时，应按图 10-10a) 取样。

④在钢板厚度方向切取冲击样坯时，根据产品标准或供需双方协议选择图 10-11 规定的取样位置。

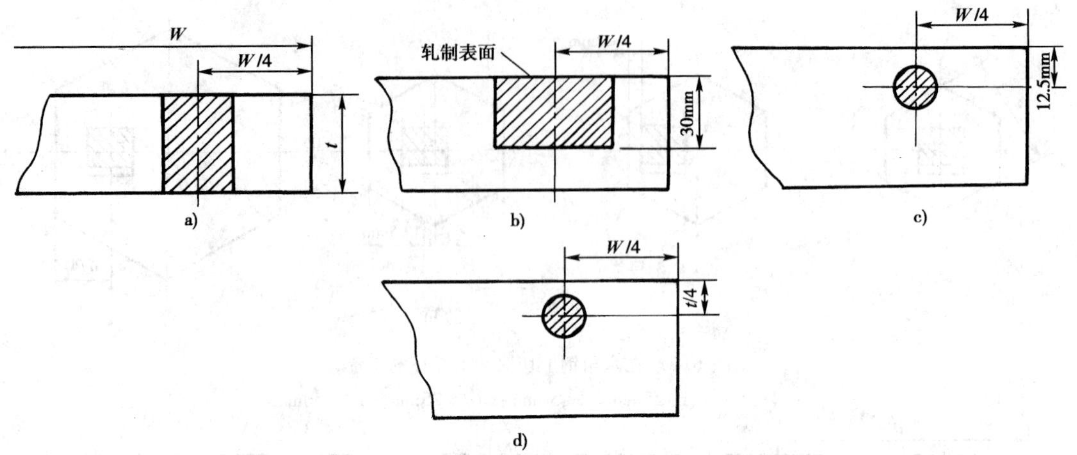

图 10-10　在钢板上切取拉伸样坯的位置

a)全厚度试样；b) $t>30\text{mm}$；c) $25\text{mm}<t<50\text{mm}$；d) $t\geqslant50\text{mm}$

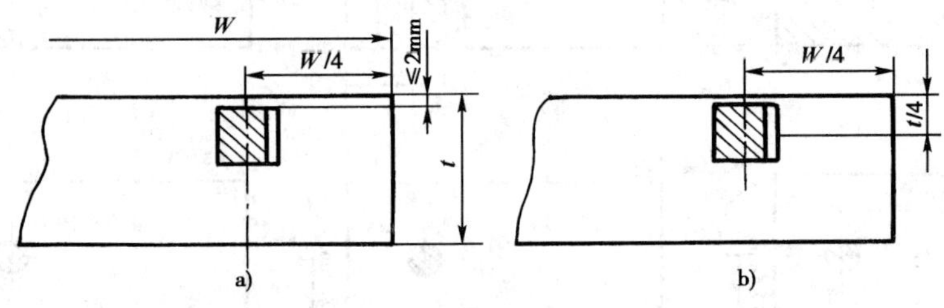

图 10-11　在钢板上切取冲击样坯的位置

a)对于全部 t 值；b) $t>40\text{mm}$

(5)钢管

①应按图 10-12 切取拉伸样坯。当机加工和试验机能力允许时，应按图 10-12a)取样。对于图 10-12c)，如钢管尺寸不能满足要求，可将取样位置向中部位移。

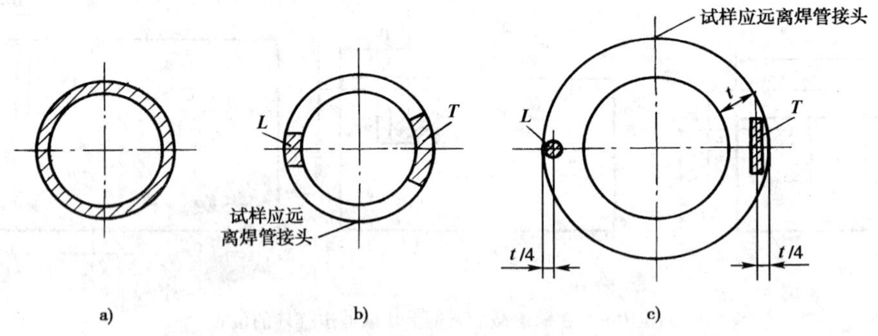

图 10-12　在钢管上切取拉伸及弯曲样坯的位置

a)全横截面试样；b)矩形横截面试样；c)圆形横截面试样

②对于焊管，当取横向试样检验焊接性能时，焊缝应在试样中部。

③应按图 10-13 切取冲击样坯。

如果产品标准没有规定取样位置，应由生产厂提供。

如果钢管尺寸允许，应切取 5～10mm 最大厚度的横向试样。切取横向试样的钢管最小外径 $D_{\min}$(mm)按下式计算：

$$D_{\min}=(t-5)+\frac{756.25}{t-5} \tag{10-2}$$

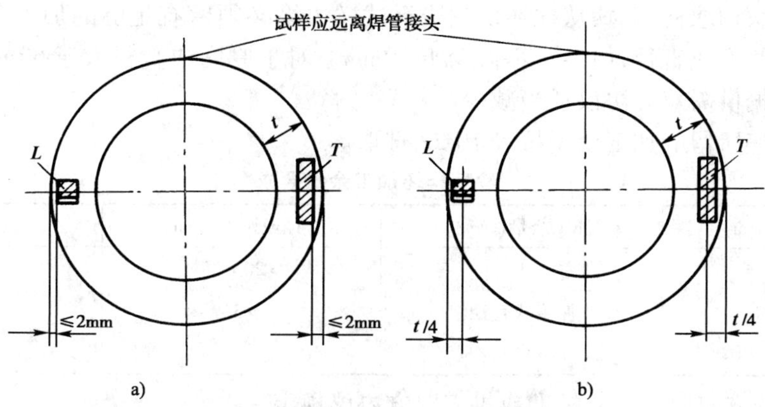

图 10-13 在钢管上切取冲击样坯的位置

a)冲击试样;b)$t>40$mm 冲击试样

如果钢管不能取横向冲击试样,则应切取 5 ~ 10mm 最大厚度的纵向试样。

④全截面圆形钢管可作为如下试验的试样:

a. 压扁试验;

b. 扩口试验;

c. 卷边试验;

d. 环扩试验;

e. 管环拉伸试验;

f. 弯曲试验。

⑤应按图 10-14 在方形钢管上切取拉伸或弯曲样坯。当机加工和试验机能力允许时,按图 10-14a)取样。

⑥应按图 10-15 在方形钢管上切取冲击样坯。

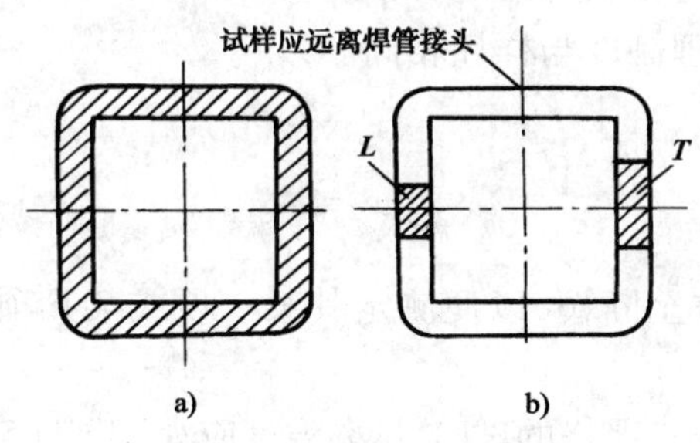

图 10-14 在方形钢管上切取拉伸及弯曲样坯的位置

a)全横截面试样;b)矩形横截面试样

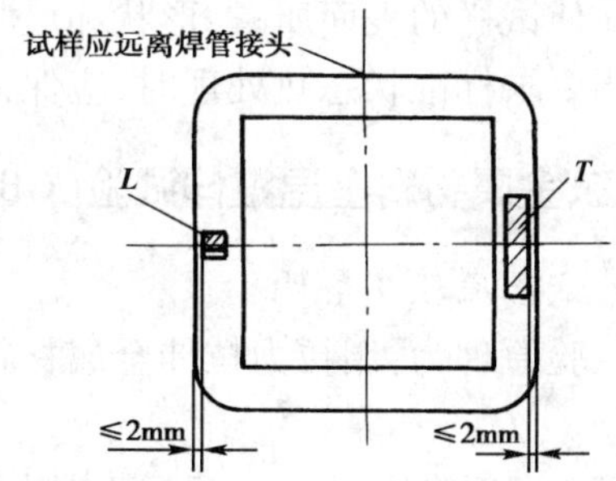

图 10-15 在方形钢管上切取冲击样坯的位置

5. 试样基本要求

(1)应在外观及尺寸合格的钢产品上取样。试料应有足够的尺寸以保证机加工出足够的试样进行规定的试验及复验。

(2)取样时,应对抽样产品、试料、样坯和试样作出标记,以保证始终能识别取样的位置及方向。

(3)取样时,应防止过热、加工硬化而影响力学性能。用烧割法和冷剪法取样时,应留有一定的加工余量。

①用烧割法切取样坯时,从样坯切割线至试样边缘必须留有足够的加工余量。一般应不小于钢产品的厚度或直径,但最小不得少于20mm。对于厚度或直径大于60mm的钢产品,其加工余量可根据供需双方协议适当减少。

②冷剪样坯所留的加工余量按表10-22选取。

冷剪样坯加工余量要求 表10-22

直径或厚度(mm)	加工余量(mm)	直径或厚度(mm)	加工余量(mm)
≤4	4	>20~35	15
>4~10	厚度或直径	>35	20
>10~20	10		

(4)取样的方向应由产品标准或供需双方协议规定。

6. 试料的状态要求

(1)按照产品标准规定,取样的状态分为交货状态和标准状态。

(2)在交货状态下取样时,可从以下两种条件中选择:

①产品成型和热处理完成之后取样。

②如在热处理之前取样,试料应在与交货产品相同的条件下进行热处理。当需要矫直试料时,应在冷状态下进行,除非产品标准另有规定。

(3)在标准状态下取样时,应按产品标准或订货单规定的生产阶段取样。如必须对试料矫直,可在热处理之前进行热加工或冷加工,热加工的温度应低于最终热处理温度。

①热处理之前的机加工:当处理要求试料尺寸较小时,产品标准应规定样坯的尺寸及加工方法。

②样坯的热处理应按产品标准或订货单要求进行。

7. 试样的制备

制备试样时应避免由于机加工使钢表面产生硬化及过热而改变其力学性能。机加工最终工序应使试样的表面质量、形状和尺寸满足相应试验方法标准的要求。

当要求标准状态热处理时,应保证试样的热处理制度与样坯相同。

二、金属材料室温拉伸试验(GB/T 228—2002)

1. 试验原理及条件

试验原理为:用拉力拉伸金属材料试样,一般拉至断裂,以便测定其某一项或某几项力学性能。

试验一般在室温10~35℃范围内进行;对温度要求严格的试验,试验温度应为23℃±5℃。

2. 试验术语

(1)标距:测量伸长用的试样圆柱或棱柱部分的长度。

①原始标距(L_0):施力前的试样标距。

②断后标距(L_u):试样断裂后的标距。

(2)平行长度(L_c):试样两头部或两夹持部分(不带头试样)之间平行部分的长度。

(3)伸长:试验期间任一时刻原始标距(L_0)的增量。

(4)伸长率:原始标距的伸长与原始标距(L_0)之比的百分率。

①断后伸长率(A):断后标距的残余伸长(L_u-L_0)与原始标距(L_0)之比的百分率(图10-16)。

对于比例试样，若原始标距（L_0）不为$5.65\sqrt{S_0}$（S_0为平行长度的原始横截面积），A应附以下脚注说明所使用的比例系数，如$A_{11.3}$表示原始标距（L_0）为$11.3\sqrt{S_0}$的断后伸长率。对于非比例试样，A应附以下脚注说明所使用的原始标距（mm），如A_{80mm}表示原始标距（L_0）为80mm的断后伸长率。

②断裂总伸长率（A_t）：断裂时刻原始标距的总伸长（弹性伸长加塑性伸长）与原始标距（L_0）之比的百分率（图10-16）。

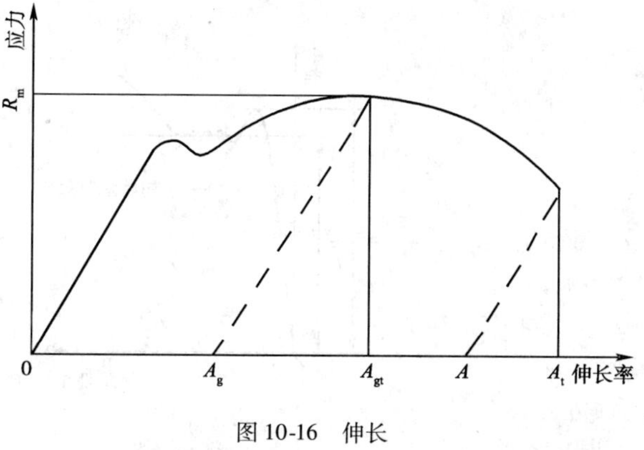

图10-16　伸长

③最大力伸长率：最大力时原始标距的伸长与原始标距（L_0）之比的百分率。应注意区分最大力总伸长率（A_{gt}）和最大力非比例伸长率（A_g）（图10-16）。

（5）引伸计标距（L_e）：用引伸计测量试样延伸时所使用试样平行长度部分的长度。测定屈服强度和规定强度性能时，推荐$L_e = L_0/2$；测定屈服点延伸率和最大力时或在最大力之后的性能，推荐$L_e = L_0$或$L_e \approx L_0$。

（6）延伸：试验期间任一给定时刻引伸计标距（L_e）的增量。

①残余延伸率：试样施加并卸除应力后，引伸计标距的延伸与引伸计标距（L_e）之比的百分率。

②非比例延伸率：试验期间任一给定时刻引伸计标距的非比例延伸与引伸计标距（L_e）之比的百分率。

③总延伸率：试验期间任一给定时刻引伸计标距的总延伸（弹性延伸加塑性延伸）与引伸计标距（L_e）之比的百分率。

④屈服点延伸率（A_e）：呈现明显屈服（不连续屈服）现象的金属材料，屈服开始至均匀加工硬化开始之间引伸计标距的延伸与引伸计标距（L_e）之比的百分率。

（7）断面收缩率（Z）：断裂后试样横截面积的最大缩减量（$S_0 - S_u$）与原始横截面积（S_0）之比的百分率。

（8）最大力（F_m）：试样在屈服阶段之后所能抵抗的最大力。对于无明显屈服（连续屈服）的金属材料，为试验期间的最大力。

（9）应力：试验期间任一时刻的力除以试样原始横截面积（S_0）之商。

①抗拉强度（R_m）：相应最大力（F_m）的应力。

②屈服强度：当金属材料呈现屈服现象时，在试验期间达到塑性变形发生而力不增加的应力点。应注意区分上屈服强度和下屈服强度。试样发生屈服而力首次下降前的最高应力称上屈服强度（R_{eH}）；在屈服期间，不计初始瞬时效应时的最低应力称下屈服强度（R_{eL}）（图10-17）。

③规定非比例延伸强度（R_p）：非比例延伸率等于规定的引伸计标距百分率时的应力（图10-18）。其符号应附以下脚注说明所规定的百分率，如$R_{p0.2}$表示规定非比例延伸率为0.2%时的应力。

④规定总延伸强度（R_t）：总延伸率等于规定的引伸计标距百分率时的应力（图10-19）。其符号应附以下脚注说明所规定的百分率，如$R_{t0.5}$表示规定总延伸率为0.5%时的应力。

⑤规定残余延伸强度（R_r）：卸除应力后残余延伸率等于规定的引伸计标距百分率时对应

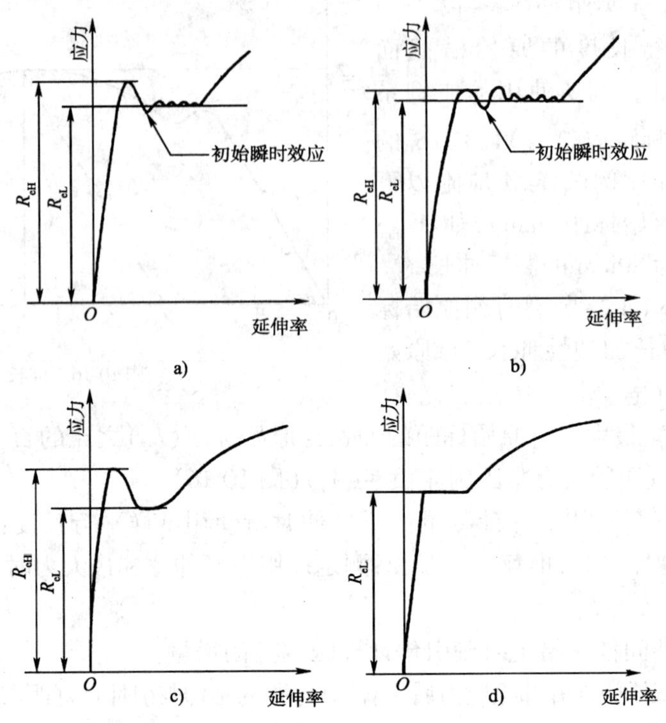

图 10-17　不同类型曲线的上屈服强度（R_{eH}）和下屈服强度（R_{eL}）

的应力（图 10-20）。其符号应附以下脚注说明所规定的百分率，如 $R_{r0.2}$ 表示规定残余延伸率为 0.2% 时的应力。

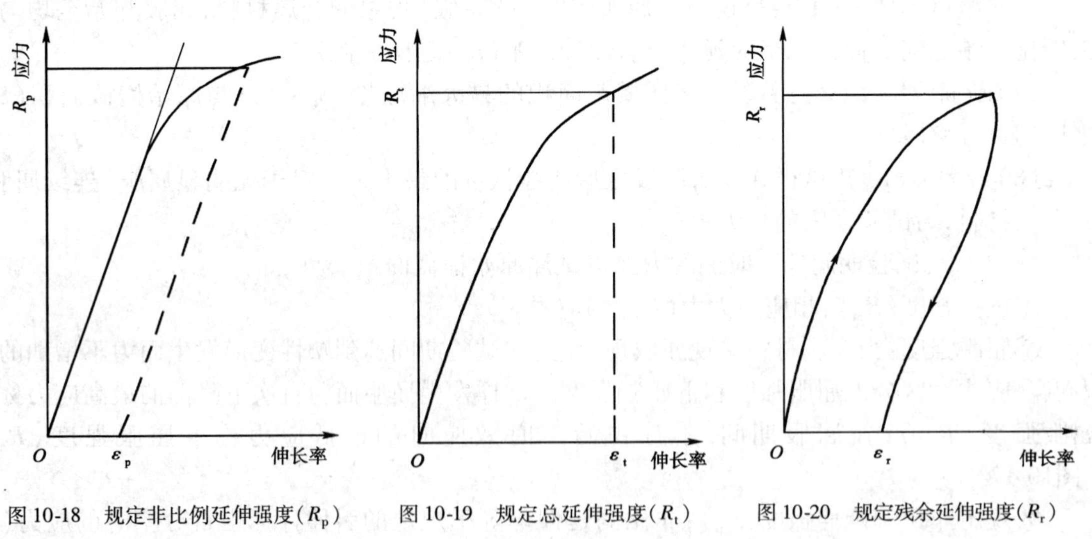

图 10-18　规定非比例延伸强度（R_p）　图 10-19　规定总延伸强度（R_t）　图 10-20　规定残余延伸强度（R_r）

3. 试样要求

（1）形状和尺寸

试样的形状和尺寸取决于被试验金属产品的形状和尺寸。通常从产品、压制坯或铸锭切取样坯经机加工制成试样；对于具有恒定横截面的产品（型材、棒材、线材等）和铸造试样，可以不经机加工直接进行试验。

(2)试样类型

试样类型应符合相关产品标准或 GB/T 228—2002 附录 A ~ D 的规定。

(3)试样制备

按照相关产品标准或现行 GB/T 2975 的要求切取样坯和制备试样。

4. 试验准备

(1)测定原始横截面(S_0)

按 GB/T 228—2002 附录 A ~ D 的规定测定试样的原始尺寸,并计算原始横截面积,计算结果至少保留 4 位有效数字。量具或测量装置可按表 10-23 的分辨力要求选用。

量具或测量装置的分辨力　　表 10-23

试样横截面尺寸(mm)	分辨力(mm)	试样横截面尺寸(mm)	分辨力(mm)
0.1 ~ 0.5	0.001	>2.0 ~ 10.0	0.01
>0.5 ~ 2.0	0.005	>10.0	0.05

(2)标记原始标距(L_0)

应用小标记、细画线或细墨线标记原始标距,不得用引起过早断裂的缺口作为标记。

对于比例试样,应将原始标距的计算值修约至最接近 5mm 的倍数,中间数值向较大一方修约。原始标距的标记应准确到 ±1%。

对于平行长度比原始标距长很多的试样,可以标记一系列套叠的原始标距。有时,可以在试样表面画一条平行于试样轴线的线,并在此线上标记原始标距。

(3)试验设备检验

试验机应按照现行 GB/T 16825 进行检验,并应具有 1 级或优于 1 级的准确度。

引伸计的准确度级别应符合现行 GB/T 12160 的要求。测定上屈服强度、下屈服强度、屈服点延伸率、规定非比例延伸强度、规定总延伸强度、规定残余延伸强度,以及规定残余延伸强度的验证试验,应使用不劣于 1 级准确度的引伸计;测定抗拉强度、最大力总伸长率、最大力非比例伸长率、断后伸长率、断裂总伸长率,应使用不劣于 2 级准确度的引伸计。

5. 试验要求

(1)试验速率

除非产品标准另有规定,试验速率取决于材料特性并应符合下列规定。

①测定屈服强度和规定强度的试验速率

测定上屈服强度时,在弹性范围和直至上屈服强度,试验机夹头分离速率应尽量保持恒定并符合表 10-24 关于应力速率的规定。

应力速率　　表 10-24

试验材料的弹性模量(MPa)	应力速率(MPa/s)	
	最大	最小
<150000	2	20
≥150000	6	60

测定下屈服强度时,在试样平行长度的屈服期间,应变速率应控制在(0.00025 ~ 0.0025)/s之间。平行长度内的应变速率应尽可能保持恒定。如不能直接调节这一应变速率,应通过调节屈服即将开始前的应力速率来调整,在屈服完成之前不再调节试验机的控制。任何情况下,弹性范围内的应力速率都不得超过表 10-24 规定的最大应力速率。

测定规定非比例延伸强度、规定总延伸强度和规定残余延伸强度时，应力速率应符合表10-24 的规定，在塑性范围和直至规定强度应变速率不应超过 0.0025/s。

如试验机不具备测量或控制应变速率的能力，直至屈服完成，应采用等效于表 10-24 规定的应力速率的试验机夹头分离速率。

②测定抗拉强度的试验速率

在塑性范围内，平行长度的应变速率不应超过 0.008/s。在弹性范围内，如试验项目不包括屈服强度或规定强度，试验机的速率可以达到塑性范围内允许的最大速率。

(2)夹持方法

应使用楔形夹头、螺纹夹头、套环夹头等合适的夹具夹持试样。应尽量保证试样受轴向拉力的作用，尤其当试验脆性材料或测定规定非比例延伸强度、规定总延伸强度、规定残余延伸强度或屈服强度时。

6. 试验项目

以下各项指标的测定，均应按照各自的定义进行。具体要求如下：

(1)断后伸长率(A)和断裂总伸长率(A_t)的测定

①将试样断裂的部分仔细地配接在一起，使其轴线处于同一直线上，并采取特别措施确保试样断裂部分适当接触，然后测量试样断后标距。此项要求对于小横截面试样和低伸长率试样尤为重要。

应使用分辨力优于 0.1mm 的量具或测量装置测定断后标距，准确到 0.25mm。如规定的最小断后伸长率小于 5%，建议采用特殊方法进行测定。

原则上，只有当断裂处与最接近的标距标记的距离不小于原始标距的 1/3 时，测量方为有效；但若断后伸长率大于或等于规定值，无论断裂位置处于何处，测量均为有效。

②能用引伸计测定断裂延伸的试验机，引伸计标距应等于试样原始标距，无需标出试样原始标距的标记。以断裂时的总延伸作为伸长测量时，为了得到断后伸长率，应从总延伸中扣除弹性延伸部分。

原则上，只有断裂发生在引伸计标距以内方为有效；但若断后伸长率大于或等于规定值，无论断裂位置处于何处均为有效。

③试验前通过协议，可以在一固定标距上测定断后伸长率，然后用换算公式或换算表将其换算成比例标距的断后伸长率。

④为了避免因发生①规定范围以外的断裂而造成试样报废，可以采用移位方法测定断后伸长率。

⑤用由②测定的断裂总延伸除以试样原始标距得到断裂总伸长率。

(2)最大力总伸长率(A_{gt})和最大力非比例伸长率(A_g)的测定

①首先根据力—延伸曲线确定最大力时的总延伸(ΔL_m)，然后按下式计算最大力总伸长率。

$$A_{gt} = (\Delta L_m / L_e) \times 100 \tag{10-2}$$

从 ΔL_m 中扣除弹性延伸部分即得到最大力时的非比例延伸，其除以引伸计标距即为最大力非比例伸长率。

②当力—延伸曲线在最大力时呈现为一平台时，取平台中点的最大力所对应的总延伸率作为最大力总伸长率。

③试验报告中应报告引伸计标距。

④如试验是在计算机控制的具有数据采集系统的试验机上进行，则直接在最大力点测定总伸长率和相应的非比例伸长率，可以不绘制力—延伸曲线图。

(3)屈服点延伸率(A_e)

①试验时记录力—延伸曲线，直至达到均匀加工硬化阶段。在曲线图上，经过屈服阶段结束点画一条平行于曲线的弹性直线段的平行线，此平行线在曲线图上的延伸轴上的截距即为屈服点延伸，屈服点延伸除以引伸计标距得到屈服点延伸率(图10-21)。

②若使用自动装置(如微处理机等)或自动测试系统测定屈服点延伸率，可以不绘制力—延伸曲线图。

③试验报告中应报告引伸计标距。

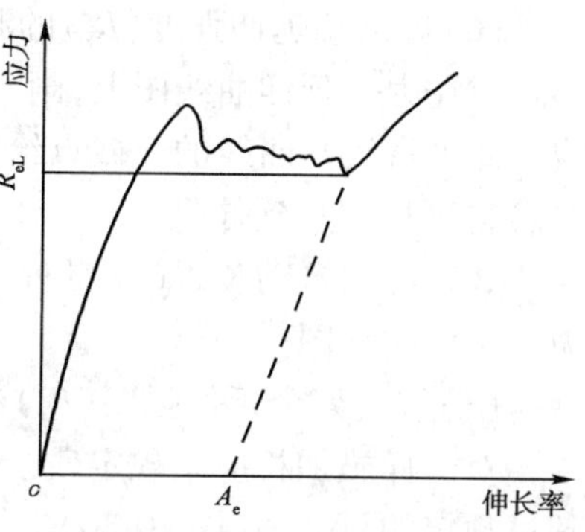

图10-21　屈服点延伸率(A_e)

(4)上屈服强度(R_{eH})和下屈服强度(R_{eL})的测定

①对于呈现明显屈服(不连续屈服)现象的金属材料，相关产品标准应规定测定上屈服强度或下屈服强度，或两者都测。如未具体规定，应测上屈服强度和下屈服强度，或只测下屈服强度。

②图解法：试验时记录力—延伸曲线或力—位移曲线。从曲线图上读取力首次下降前的最大力和不计初始瞬时效应时屈服阶段中的最小力或屈服平台的恒定力。将其分别除以试样原始横截面积(S_0)得到上屈服强度和下屈服强度。仲裁试验采用图解法。

③指针法：试验时读取测力度盘指针首次回转前指示的最大力和不计初始瞬时效应时屈服阶段中指示的最小力或首次停止转动指示的恒定力。将其分别除以试样原始横截面积(S_0)得到上屈服强度和下屈服强度。

④若使用自动装置(如微处理机等)或自动测试系统测定上屈服强度和下屈服强度，可以不绘制拉伸曲线图。

(5)规定非比例延伸强度(R_p)的测定

①根据力—延伸曲线图测定规定非比例延伸强度。在曲线图上，画一条与曲线的弹性直线段部分平行，且在延伸轴上与此直线段的距离等效于规定非比例延伸率(如0.2%)的直线。此平行线与曲线的交截点给出相应于所求规定非比例延伸强度的力。此力除以试样原始横截面积(S_0)得到规定非比例延伸强度。

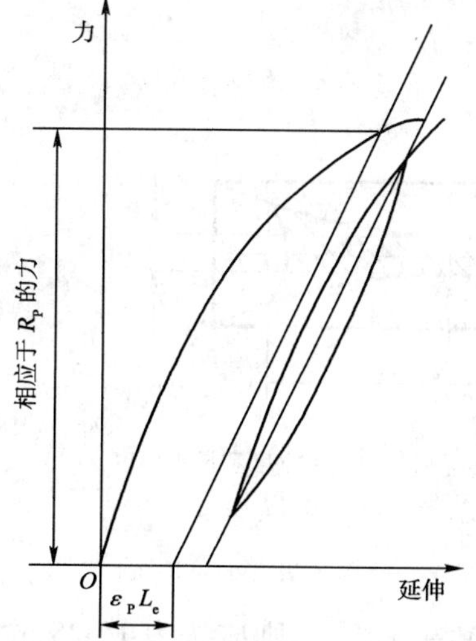

图10-22　规定非比例延伸强度(R_p)

准确绘制力—延伸曲线图十分重要。如力—延伸曲线图的弹性直线部分不能明确地确定，以致不能以足够的准确度画出这一平行线，推荐采用如下方法测定规定非比例延伸强度(图10-22)：试验时，当已超过预期的规定非比例延伸强度后，将力降至约为已达到力的10%，然后再施加力直至超过原已达到的力。过滞后环画一条直线，然后经过横轴上与曲线原点的距离等效于所规定的非比例延伸率的点，作此直线的平行线。平行线与曲线的交截点给出相应于规定非比例延伸强度的力。

②若使用自动装置(如微处理机等)或自动测试系统测定规定非比例延伸强度，可以不绘制力—延伸曲线图。

③日常一般试验允许采用绘制力—夹头位移曲线的方法测定规定非比例延伸率不小于0.2%的规定非比例延伸强度。仲裁试验不采用此法。

(6)规定总延伸强度(R_t)的测定

①在力—延伸曲线图上，画一条平行于力轴并与该轴的距离等效于规定总延伸率的平行线。此平行线与曲线的交截点给出相应于规定总延伸强度的力，此力除以试样原始横截面积(S_0)得到规定总延伸强度。

②若使用自动装置(如微处理机等)或自动测试系统测定规定总延伸强度，可以不绘制力—延伸曲线图。

(7)规定残余延伸强度(R_r)的测定

对试样施加相应于规定残余延伸强度的力，保持10～12s，卸除力后验证残余延伸率不应超过规定的百分率(图10-20)。

(8)抗拉强度(R_m)的测定

①对于呈现明显屈服(不连续屈服)现象的金属材料，从力—延伸或力—位移曲线图上，或从测力度盘上，读取屈服阶段之后的最大力(图10-23)；对于呈现无明显屈服(连续屈服)现象的金属材料，从力—延伸或力—位移曲线图上，或从测力度盘上，读取试验过程中的最大力。最大力除以试样原始横截面积(S_0)得到抗拉强度。

②若使用自动装置(如微处理机等)或自动测试系统测定抗拉强度，可以不绘制拉伸曲线图。

(9)断面收缩率(Z)的测定

①测定断面收缩率时，试样断裂后最小横截面积应准确到±2%。

②测量时，如果需要，可将试样断裂部分仔细地配接在一起，使其轴线处于同一直线上。对于圆形横截面试样，在缩颈最小处相互垂直方向测量直径，取其算术平均值计算最小横截面积；对于矩形横截面试样，测量缩颈处的最大宽度和最小厚度(图10-24)，两者之乘积为断后最小横截面积。

③对于薄板和薄带试样、管材全截面试样、圆管纵向弧形试样和其他复杂横截面试样，以及直径小于3mm的试样，一般不测定断面收缩率。如果需要测定，应由双方商定测定方法，试样断裂后最小横截面积也应准确到±2%。

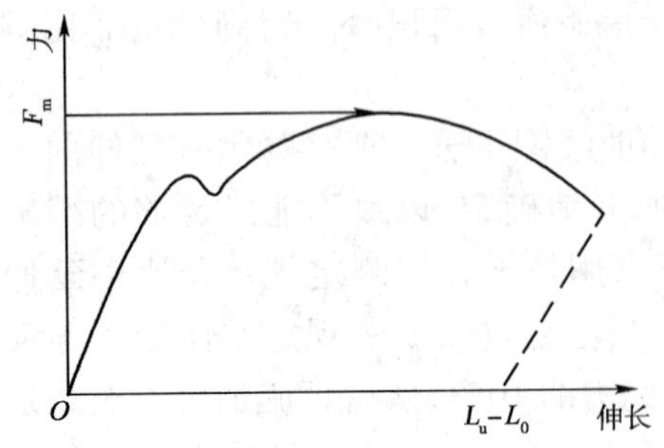

图10-23 最大力(F_m)

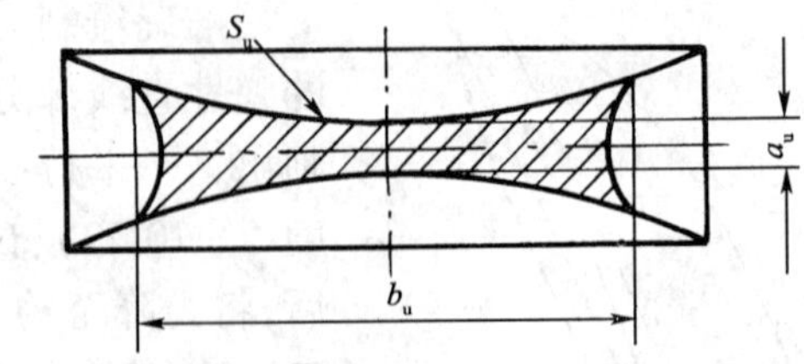

图10-24 矩形横截面试样缩颈处最大宽度和最小厚度

7.试验结果

(1)试验结果的修约

试验结果数值应按相关产品标准的要求进行修约；如未规定具体要求，则应按表10-25的要求进行修约。修约方法按照现行GB/T 8170的规定。

试验结果数值的修约间隔 表 10-25

性能符号	数值范围	修约间隔
R_{eH}、R_{eL}、R_p、R_t、R_r、R_m	≤200MPa	1 MPa
	>200～1000MPa	5 MPa
	>1000MPa	10 MPa
A_e		0.05%
A、A_t、A_{gt}、A_g		0.5%
Z		0.5%

(2)试验结果的准确度

试验结果的准确度取决于各种试验参数。试验参数包括两类:一类是计量参数,如试验机和引伸计的准确度级别、试样尺寸的测量准确度等;另一类是材料和试验参数,如材料特性、试样的几何形状和制备、试验速率、温度、数据采集和分析技术等。

(3)试验结果的处理

试验出现下列情况之一时,试验结果无效,应重新试验:试样断在标距外或断在机械刻划的标距标记上,且断后伸长率小于规定最小值;试验期间设备发生故障,影响了试验结果。

试验后试样出现两个或两个以上缩颈以及显示出肉眼可见的冶金缺陷(分层、气泡、夹渣、缩孔等)的,应在试验记录和报告中注明。

8. 试验报告

(1)所采用国家标准编号(GB/T 228—2002)。

(2)试样标识。

(3)材料名称、牌号。

(4)试样类型。

(5)试样的取样方向和位置。

(6)所测性能结果。

三、金属材料弯曲试验(GB/T 232—1999)

1. 试验原理及条件

弯曲试验采用横截面为圆形、方形或多边形的试样,在弯曲装置上经受弯曲塑性变形,不改变加力方向,直至达到规定的弯曲角度。

进行弯曲试验时,试样两臂的轴线保持在垂直于弯曲轴的平面内。如为180°弯曲试验,按照相关产品标准的要求,将试样弯曲至两臂相距规定距离且相互平行或两臂直接接触。

试验一般在室温 10～35℃ 范围内进行;对温度要求严格的试验,试验温度应为23℃±5℃。

2. 符号

a——试样厚度或直径或多边形横截面内切圆直径(mm);

b——试样宽度(mm);

l——试样长度(mm);

L——支辊间距或翻板间距离(mm);

d——弯曲压头或弯心直径(mm);

α——弯曲角度(°)。

3. 试验设备

进行弯曲试验的试验机或压力机应配备下列四种弯曲装置之一：支辊式弯曲装置（图 10-25）、V 形模具式弯曲装置（图 10-26）、虎钳式弯曲装置（图 10-27）、翻板式弯曲装置（图 10-28）。

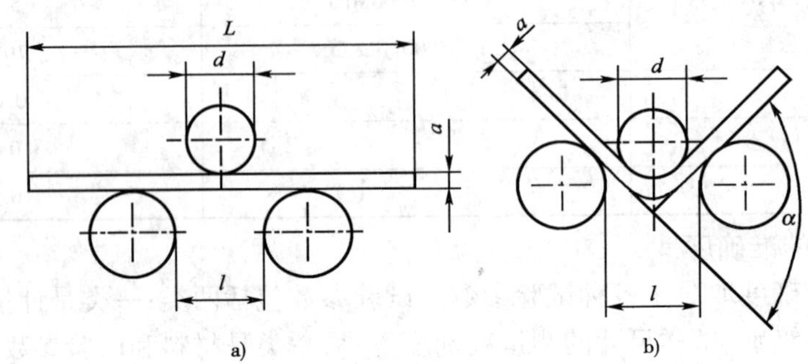

图 10-25 支辊式弯曲装置

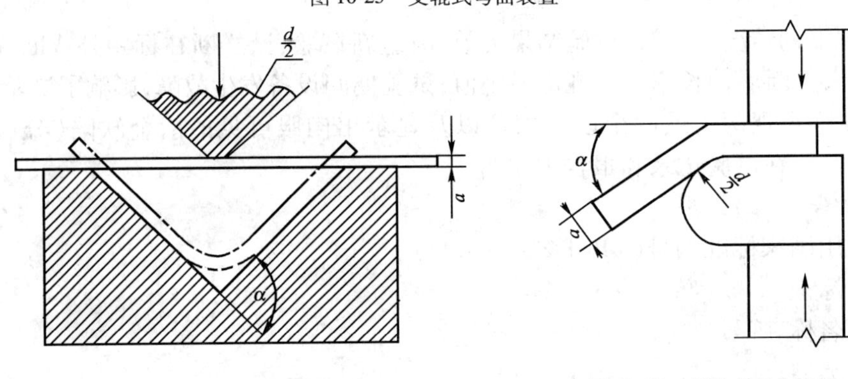

图 10-26 V 形模具式弯曲装置

图 10-27 虎钳式弯曲装置

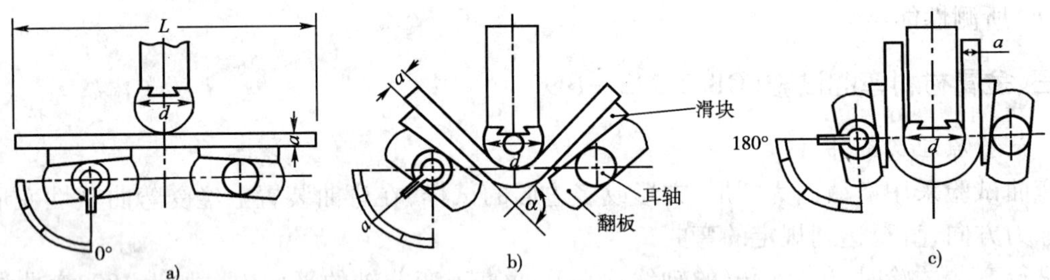

图 10-28 翻板式弯曲装置

（1）支辊式弯曲装置

①支辊长度应大于试样宽度或直径，半径应为 1 ~ 10 倍试样厚度，并具有足够的硬度。

②支辊间距一般按下式确定：

$$l = (d + 3a) \pm 0.5a \tag{10-3}$$

支辊间距离 l 在试验期间应保持不变。

③弯曲压头的直径应符合相关产品标准规定，宽度应大于试样宽度或直径，并具有足够的硬度。

（2）V 形模具式弯曲装置

V 形的角度应为 180° − α。弯曲角度应在相关标准中规定。弯曲压头的圆角半径为 $d/2$。

模具的支撑棱边应倒圆，倒圆半径应为 1～10 倍试样厚度。模具和弯曲压头的宽度均应大于试样宽度或直径。弯曲压头应具有足够的硬度。

(3)虎钳式弯曲装置

虎钳式弯曲装置由虎钳配备具有足够硬度的弯心构成，还可配备加力杠杆。弯心直径应符合相关产品标准要求，弯心宽度应大于试样宽度或直径。

(4)翻板式弯曲装置

①翻板所带楔形滑块的宽度应大于试样宽度或直径。滑块应具有足够的硬度。翻板固定在耳轴上，试验时能绕耳轴轴线转动。耳轴连接弯曲角度指示器，指示 0°～180°的弯曲角度。

②两翻板的试样支撑面同时垂直于水平轴线时，两支撑面间的距离定义为翻板间距离，按下式计算：

$$l=(d+2a)+e \tag{10-4}$$

e 的取值范围为 2～6mm。

③弯曲压头的直径应在相关产品标准中规定，宽度应大于试样宽度或直径，压杆厚度应略小于弯曲压头直径。弯曲压头应具有足够的硬度。

4. 试样要求

(1)试样形状

试样横截面形状分为圆形、方形、矩形、多边形四种。样坯的切取位置和方向应符合相关产品标准的规定；如未具体规定，应按照现行 GB/T 2975 的规定执行。应通过机加工去除试样上由于剪切或火焰切割等影响了材料性能的部分。

(2)表面要求

试样表面不得有划痕和损伤。方形、矩形、多边形横截面试样的棱边应倒圆，倒圆半径不超过试样厚度的 1/10。棱边倒圆时不应形成影响试验结果的横向毛刺、伤痕和刻痕。

(3)试样尺寸

①试样宽度应符合相关产品标准的规定。如未具体规定，应满足如下要求：产品宽度不大于 20mm 时，试样宽度为产品宽度。产品宽度大于 20mm，厚度小于 3mm 时，试样宽度取 20mm±5mm；厚度不小于 3mm 时，试样宽度在 20～50mm 之间取值。

②试样厚度或直径应按照相关产品标准的要求。如未具体规定，应按照以下要求：

对于板材、带材和型材，产品厚度不大于 25mm 时，试样厚度应为原产品厚度；产品厚度大于 25mm 时，试样厚度可以机加工减薄至不小于 25mm，并应保留一侧原表面。弯曲试验时，试样保留的原表面应位于受拉变形一侧。

直径或多边形横截面内切圆直径不大于 50mm 的产品，其试样横截面应为产品的横截面。如试验设备能力不足，对于直径或多边形横截面内切圆直径超过 30mm 的产品，可以按照图 10-29 将其机加工成横截面内切圆直径不小于 25mm 的试样。直径或多边形横截面内切圆直径大于 50mm 的产品，应按照图 10-29 将其机加工成横截面内切圆直径不小于 25mm 的试样。试验时，试样未经机加工的原表面应置于受拉变形的一侧。

除非另有规定，钢筋类产品均以其全截面进行试验。

③锻材、铸材和半成品，其试样尺寸应在交货要求或协议中规定。

④对于非仲裁试验，经协议可以用大于①和②规定的宽度和厚度的试样进行试验。

⑤试样长度应根据试样厚度和试验设备确定。当采用图 10-25 和图 10-28 的方法时，可以按下式确定试样长度：

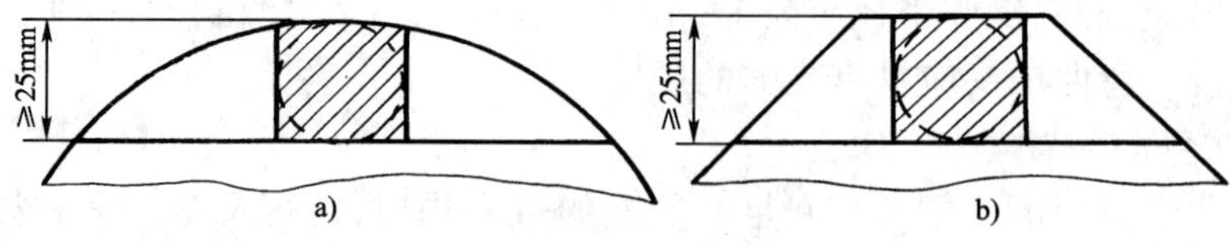

图 10-29　减薄试样横截面形状和尺寸

$$L = 0.5\pi(d + a) + 140\text{mm} \tag{10-5}$$

式中：π——圆周率，取值 3.1。

5. 试验程序

根据相关产品标准的规定，采用下列方法之一完成弯曲试验。

(1)试样弯曲至规定角度：将试样放于两支辊或 V 形模具或两水平翻板上，试样轴线与弯曲压头轴线垂直，弯曲压头在两支座之间的中点处对试样连续施加力使其弯曲，直至达到规定的弯曲角度。

如不能直接达到规定的弯曲角度，应将试样置于两平行压板之间(图 10-30)，连续施加力压其两端进一步弯曲，直至达到规定的弯曲角度。

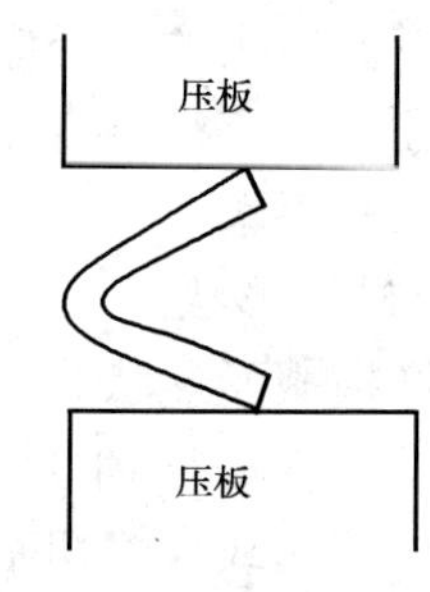

图 10-30　试样置于两平行压板之间

(2)试样弯曲至两臂相距规定距离且相互平行：采用支辊式弯曲装置时，首先对试样进行初步弯曲(弯曲角度尽可能大)，然后将试样置于两平行压板之间(图 10-30)，连续施加力压其两端进一步弯曲，直至两臂平行(图 10-31)；采用翻板式弯曲装置时，不改变作用力的方向，直至试样弯曲角度达到 180°。

(3)试样弯曲直至两臂直接接触：首先将试样初步弯曲(弯曲角度尽可能大)，然后将其置于两平行压板之间(图 10-30)，连续施加力压其两端进一步弯曲，直至两臂直接接触(图10-32)。

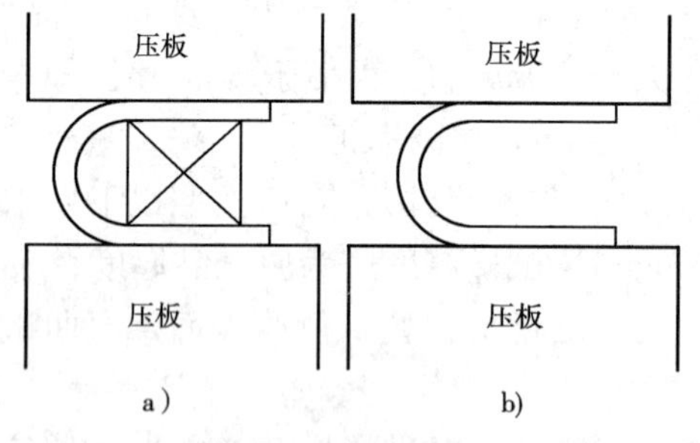

图 10-31　试样弯曲至两臂平行

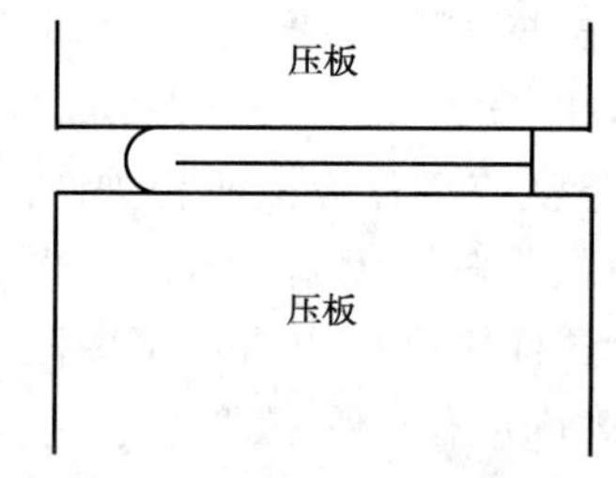

图 10-32　试样弯曲至两臂直接接触

(4)采用虎钳式弯曲装置时，试样一端固定，绕弯心进行弯曲，直至达到规定的弯曲角度。

(5)进行弯曲试验时，应缓慢施加弯曲力。

6. 试验结果评定

(1)应按照相关产品标准的要求评定弯曲试验结果。如没有具体要求，以弯曲试验后试样弯曲外表面无肉眼可见的裂纹为合格。

(2)相关产品标准规定的弯曲角度认作为最小值，规定的弯曲半径认作为最大值。

7. 试验报告

试验报告至少应包括下列内容：

(1)所采用国家标准编号(GB/T 232—1999)。

(2)试样标识(材料牌号、炉号、取样方向等)。

(3)试样形状和尺寸。

(4)试验条件(弯曲压头直径或弯心直径、弯曲角度)。

(5)试验结果。

四、金属应力松弛试验(GB/T 10120—1996)

1. 适用范围

本方法适用于测定金属材料的室温和高温(≤1000℃)拉伸和弯曲应力松弛性能。温度超过1000℃时,其试验要求可通过协商确定。

2. 试验原理

在规定温度下,对试样施加试验力,保持初始应变、变形或位移恒定,测定应力随时间变化的关系

3. 术语及定义

(1)约束条件:试验期间保持试样总应变(总变形或总位移)量恒定不变。

(2)应力松弛:在规定温度和规定约束条件下金属材料的应力随时间而减少的现象。

(3)初始应力(σ_0):应力松弛试验开始时对试样施加的应力。

(4)初始试验力(F_0):应力松弛试验开始时对试样施加的力。

(5)零时间(τ_0):施加全部试验力或达到规定约束条件试验开始的时间[图10-33a)和b)]。

(6)初始试验力保持时间(τ_h):试验开始前保持初始试验力恒定的时间[图10-33b)]。

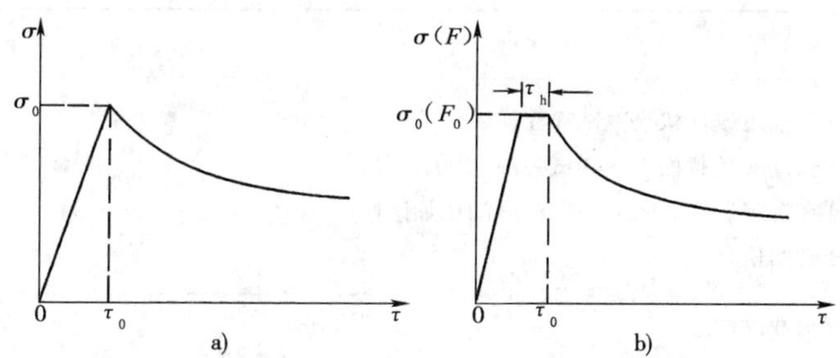

图10-33 应力松弛试验的零时间和初始试验力保持时间

(7)剩余应力(σ_r):应力松弛试验中任一时间试样上所保持的应力。

(8)剩余试验力(F_r):应力松弛试验中任一时间试样上所保持的力。

(9)松弛应力(σ_{re}):应力松弛试验中任一时间试样上所减小的应力,即初始应力与剩余应力之差。

(10)松弛力(F_{re}):应力松弛试验中任一时间试样上所减少的力,即初始试验力与剩余试验力之差。

(11)松弛率(R):松弛应力(或松弛力)与初应始力(或初始试验力)之比的百分率。

(12)应力松弛曲线:剩余应力或松弛应力与试验时间的关系曲线(图10-34)。

(13)应力松弛速率(v_r):应力松弛曲线在任一时间上其斜率的绝对值(图10-34)。

(14)与本标准有关的其他术语及定义见现行GB 10623。

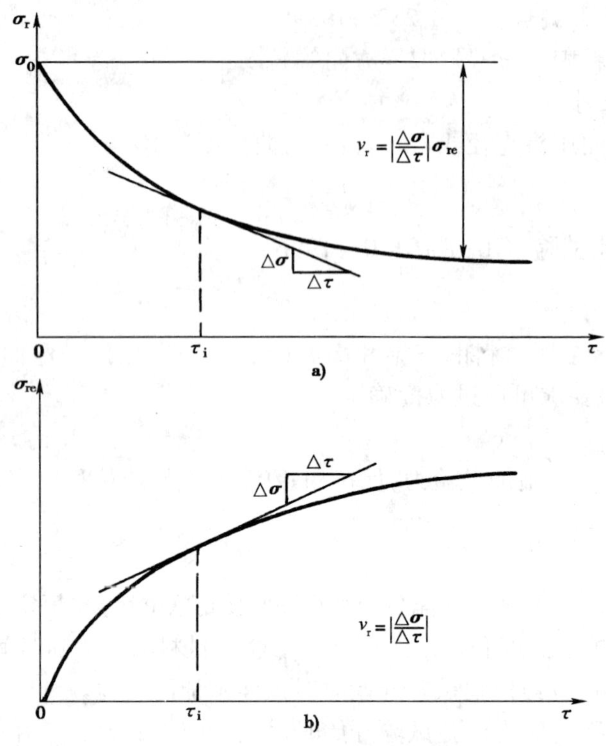

图 10-34　应力松弛曲线

4. 符号说明

本方法使用的符号、名称及单位见表 10-26。

符 号 说 明　　表 10-26

符号	名　　称	单　位
L_0 L L_r Δ_0	拉伸松弛试样的标距或环状松弛试样在初始位移时的压痕间距 拉伸松弛试样长度或环状松弛试样试验前的压痕间距 环状松弛试样在规定试验时间去除楔块后的压痕间距 环状松弛试样初始位移	mm
S_0	拉伸松弛试样横截面积	mm^2
A	系数(图 10-35 试样 $A=0.000583$)	mm^{-1}
σ σ_0 σ_r σ_{re}	应力 初始应力 剩余应力 松弛应力	MPa
E_t	高温弹性模量	MPa
F F_0 F_r F_{re}	力 初始试验力 剩余试验力 松弛力	N

续上表

符号	名称	单位
τ τ_0 τ_h τ_i	试验时间 零时间 初始试验力保持时间 试验中任一时间	h,min
v_r	应力松弛速率	MPa/h
R	松弛率	%
t	温度	℃

5. 试样要求

(1)切取样坯的部位、方向和数量应按相关产品标准或协议的规定。

(2)切取样坯和制备试样的方法不应影响材料的金相组织和力学性能。

(3)机加工的拉伸应力松弛试样推荐采用直径 10mm、标距 100mm 的圆形横截面试样,见图 10-35。试样头部的形状和尺寸可根据引伸计结构和试样夹持方式设计。

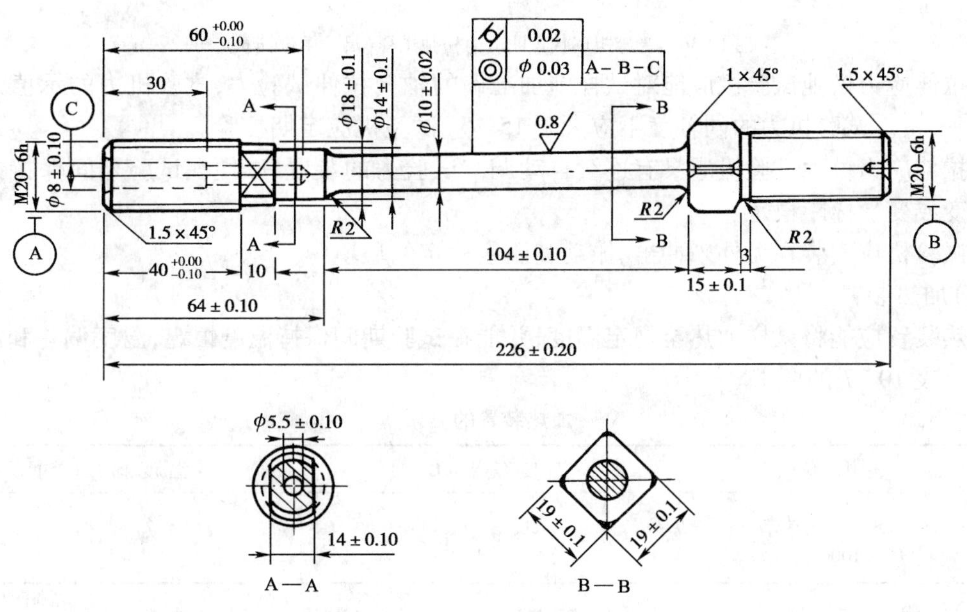

图 10-35 拉伸应力松弛试样

(4)弯曲应力松弛试样推荐使用等弯矩环状试样,见图 10-36。楔块材料一般应与试样材料相同。楔块厚度 K 由初始位移确定。测量试样位移的标记应使用维氏硬度压头压出。为保证长期试验时压痕清晰,可在试样标记处固定或嵌镶耐热材料,然后压出压痕。两压痕标记的中心连线应与直径 ϕ53.6mm 的圆相切,其偏差不应超过 ±1mm,并且垂直于试样缺口的对称线。

(5)经协商,也可采用其他形状和尺寸的试样。但只有形状和尺寸相同的试样得到的试验数据才具有可比性。

6. 试验设备

(1)试验机

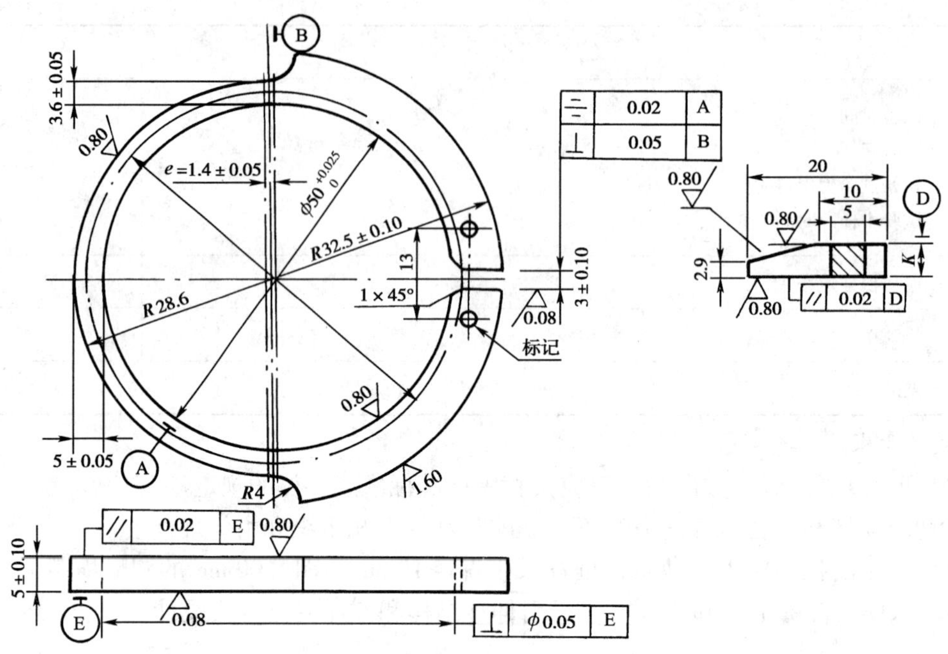

图 10-36　等弯矩环状弯曲应力松弛试样(尺寸单位:mm)

①拉伸应力松弛试验机应能对试样施加准确的轴向拉伸试验力,试验机力的示值误差不应超过 ±1%。试验机力的同轴度不应大于 15%。试验机应定期校验。

②拉伸应力松弛试验机应具有连续自动调节试验力的装置,以便在试验期间保持试样的初始应变或变形标距恒定。

③试验机应安装在无外来冲击、振动和温度稳定的环境中。

(2)加热装置

加热装置应能将试样加热至规定温度,并能在试验期间保持温度恒定,温度偏差和温度梯度应符合表 10-27 的要求。

加热装置的要求　　表 10-27

温 度 范 围(℃)	温 度 偏 差(℃)	温 度 梯 度(℃)
<900	±3	3
900～1000	±4	4

(3)温度测量仪器

①温度测量仪器误差不应超过 ±1℃,分辨力不应大于0.5℃,并应定期校验。

②测温热电偶应符合现行 JJG 141 或 JJG 351 中 2 级热电偶要求。热电偶冷端温度应保持恒定,偏差不超过 ±0.5℃。

(4)测量工具

①测量试样横截面尺寸的量具最小分度值不应大于 0.01mm。

②测量压痕间距的量具最小分度值不应大于 0.001mm。

7. 试验步骤

(1)高温拉伸应力松弛试验

①应在试样标距两端及中部各固定一支热电偶测量温度,在经证明能满足表 10-27 中所

规定的试验温度时，热电偶的数量可适当减少。热电偶测量端应与试样表面良好热接触，并应避免加热炉壁的直接热辐射。

②在升温期间应对试样施加预拉伸力，预拉伸力不超过初始应力的10%，并且不大于10MPa。

③将试样加热至规定温度的时间一般为1～8h，在加热过程中不得超过规定的温度范围，保温时间一般为8～14h。加热及保温总时间应以温度达到充分稳定为准。

④温度达到充分稳定后，应迅速而无冲击地施加试验力，施加全部初始试验力的时间不应超过10min。在零时间应立即使试样的初始总应变或总变形保持恒定。为此，应在施加试验力过程中不断调节总应变或总变形恒定控制系统，以保证在零时间处于平衡状态。在试验期间试样应变的波动应控制在$\pm 2.5\times 10^{-5}$mm/mm以内。

⑤在整个试验期间，试样的温度应控制在表10-27规定范围内。

⑥连续或定时记录试验力和温度，并监测试样的初始总应变或总变形。采用定时记录时，测量间隔应保证明确地绘出应力松弛曲线。如无其他规定，建议按下列时间间隔进行记录：5min、10min、30min、1h、2h、4h、8h、16h、24h，以后每隔24h记录一次，直至试验结束。

（2）高温弯曲应力松弛试验

①根据规定的初始应力，按式（10-6）计算初始位移Δ_0：

$$\Delta_0=\frac{\sigma_0}{AE} \tag{10-6}$$

②在室温（20℃±5℃）下测量和记录试样压痕间距L，然后打入楔块对试样施加位移，直到压痕间距达到按式（10-7）计算的L_0值。施加L_0的值应准确，偏差不超过±0.01mm。

$$L_0=L+\Delta_0 \tag{10-7}$$

③将试样置于恒温装置内，经一定时间间隔取出试样，冷却至室温后，除去楔块，测量并记录两压痕间距L_1。

④重新打入楔块，保持L_0值。重复上一步的试验程序，得到不同时间间隔的L_2、L_3、L_4、……L_τ……

⑤测量压痕间距变化的时间间隔，应保证能明确地绘出应力松弛曲线。

8.试验数据处理

（1）用式（10-8）计算环状弯曲应力松弛试样的剩余应力。

$$\sigma_\tau=AE_t(L_0-L_\tau) \tag{10-8}$$

（2）可以绘制剩余应力或松弛应力与时间或对数应力与时间的关系曲线；也可以绘制对数应力与对数时间的关系曲线。

（3）为了比较材料的相对松弛特性，可以绘制松弛率与时间的关系曲线。

（4）可以将应力松弛曲线的第二阶段曲线部分延长，对试验数据进行外推。对于高温应力松弛试验，外推时间一般不超过试验时间的3倍。外推时，对于材料在时间、温度及应力作用下的组织变化应予以充分考虑。

9.试验报告

（1）试验材料种类及标志。

（2）热处理制度及组织状态。

（3）试验机型号。

（4）试样形状、尺寸及编号。

(5)试验温度。

(6)初始应力(或初始试验力)。

(7)初始试验力保持时间。

(8)试验时间。

(9)试验数据、曲线及外推方法。

(10)规定试验时间的应力松弛性能(例如应力松弛速率、松弛应力、松弛率等)。

(11)试验中异常现象。

(12)试验日期、单位及试验者。

五、预应力钢材拉伸应力松弛试验(GB/T 10120—1996 附录 A)

1. 试样要求

(1)试样应从预应力钢材制品规定部位切取。试样在试验前,不应经受应力和冷、热加工处理。如相关产品标准允许,可以校直试样。

(2)试样标距应由相关产品标准规定。如无规定,建议试样标距不小于直径的60倍。如这一标距超过引伸计或试验机的能力,至小应为直径的40倍。

2. 试验步骤

(1)试验温度应为20℃ ±2℃。试样应置于试验环境中足够的时间,确认达到温度平衡后施加初始试验力。

(2)初始试验力应按相关产品标准或协议的规定。

(3)除非相关产品标准或协议另作规定,应在3~5min内均匀地施加全部初始试验力。在加力过程中不应超过初始试验力。初始试验力保持时间为1min。保持时间结束点作为零时间,在零时间应立即保持初始总应变或标距恒定。在试验期间试样应变的波动应控制在 $\pm 5\times 10^{-6}$mm/mm 以内。

(4)连续或定时记录试验力和试验温度,必要时监测试样的初始总应变或标距。采用定时记录时,如无其他规定,建议按下列时间间隔记录:1min、3min、6min、9min、15min、30min、45min、1h、1.5h、2h、4h、8h、10h、24h,以后每隔24h记录一次,直到试验结束。

3. 试验数据处理

(1)达到规定试验时间的松弛率按式(10-9)计算:

$$R(\%)=\frac{F_0-F_r}{F_r}\times 100 \tag{10-9}$$

(2)为了比较材料的相对松弛特性,可以绘制松弛率与对数时间或对数松弛率与对数时间的关系曲线。

(3)可以绘制剩余试验力或松弛力与时间或对数时间的关系曲线,或绘制对数剩余试验力或对数松弛力与对数时间的关系曲线。

(4)可以采用试验数据的线性回归分析方法对试验数据进行推算。推算1000h的应力松弛性能时,建议最短试验时间不少于100h。

六、金属布氏硬度试验(GB/T 231.1—2002)

1. 试验原理

金属布氏硬度试验原理如图10-37所示,对一定直径的硬质合金球施加试验力压入试样表面，经规定保持时间后，卸除试验力，测量试样表面压痕的直径。布氏硬度与试验力除以压痕表面积的商成正比，即：

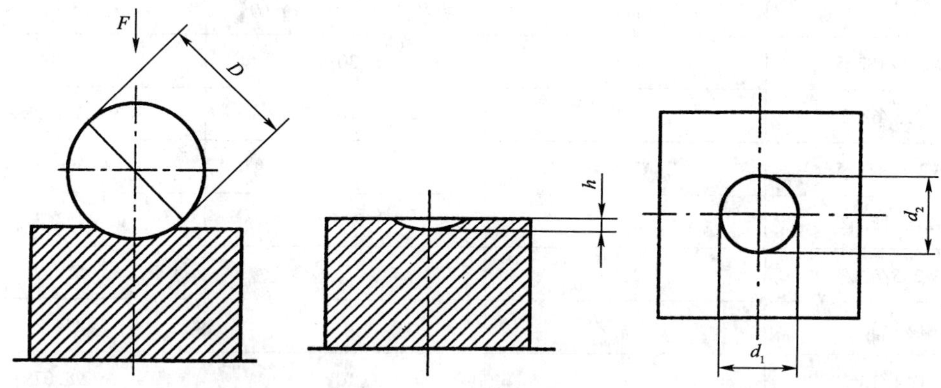

图 10-37　金属布氏硬度试验原理

$$布氏硬度 = 常数 \times 试验力/压痕表面积 = 0.102 \times 2F/[\pi d(D - \sqrt{D^2 - d^2})] \tag{10-10}$$

式中：0.102——常数，1/g = 1/9.80665 = 0.102，g 为标准重力加速度；

F——试验力（N）；

D——球直径（mm）；

d——压痕平均直径（mm）；

$$d = (d_1 + d_2)/2$$

d_1、d_2——在两相互垂直方向测量的压痕直径（mm）。

2. 布氏硬度符号

布氏硬度用符号 HBW 表示，符号前面为硬度值，符号后面为按如下顺序表示试验条件的指标：①球直径（mm）；②试验力数字（表 10-28）；③与规定时间（10～15s）不同的试验力保持时间（若采用规定时间，则没有此项）。

不同条件下的试验力　　表 10-28

硬度符号	球直径 D（mm）	试验力—压头球直径平方的比率 $0.102 \times F/D^2$	试验力 F（N）
HBW10/3000	10	30	29420
HBW10/1500	10	15	14710
HBW10/1000	10	10	9807
HBW10/500	10	5	4903
HBW10/250	10	2.5	2452
HBW10/100	10	1	980.7
HBW5/750	5	30	7355
HBW5/250	5	10	2452
HBW5/125	5	5	1226
HBW5/62.5	5	2.5	612.9
HBW5/25	5	1	245.2

续上表

硬度符号	球直径 D (mm)	试验力—压头球直径平方的比率 $0.102\times F/D^2$	试验力 F (N)
HBW2.5/187.5	2.5	30	1839
HBW2.5/62.5	2.5	10	612.9
HBW2.5/31.25	2.5	5	306.5
HBW2.5/15.625	2.5	2.5	153.2
HBW2.5/6.25	2.5	1	61.29
HBW1/30	1	30	294.2
HBW1/10	1	10	98.07
HBW1/5	1	5	49.03
HBW1/2.5	1	2.5	24.52
HBW1/1	1	1	9.807

例如:300HBW1/10/20 表示用直径 1mm 的硬质合金球在 98.07N($98.07\times0.102=10$)试验力下保持 20s 测定的布氏硬度值为 300。

3. 硬度计

硬度计、硬质合金球压头和压痕测量装置均应符合现行 GB/T 231.2 的规定。硬度计应能施加预定试验力或 9.807~29.42kN 范围内的试验力。

使用者应注意对布氏硬度计进行日常检查。直接检验方法会消耗很多时间和财力,建议采用如下方法对布氏硬度计进行日常检查:

(1)每天试验前对硬度计至少进行一次检查。

(2)检查前至少预压两个压痕,以保证试样和压头处于稳定状态。预测的数据不应使用。

(3)在标准硬度块上至少压出一个压痕。选择的标准块硬度值应与试验材料的硬度接近。如果硬度读数的平均值与标准块硬度值之差在表 10-28 规定的范围之内,则认为硬度计合格;如果超差,则应进行直接检验。

4. 试样要求

(1)试样表面应光滑、平坦,并且不应有氧化皮及外界污物,尤其不应有油脂。试样表面应能保证压痕直径的精确测量,表面粗糙度参数 Ra 一般不大于 1.6μm。

(2)制备试样时,应使过热或冷加工等因素对表面性能的影响减至最小。

(3)试样厚度至少应为压痕深度的 8 倍。试验后,若试样背面出现可见变形,则表明试样太薄。

5. 试验方法

(1)试验一般在 10~35℃ 室温下进行。对于温度要求严格的试验,在 23℃ ±5℃ 温度下进行。

(2)各级试验力根据表 10-28 选用。试验力的选择应保证压痕直径在(0.24~0.6)D 之间。试验力—压头球直径平方的比率($0.102\times F/D^2$)应根据材料和硬度值从表 10-29 中选择。

不同材料的试验力—压头球直径平方的比率　　表 10-29

材　　料	布氏硬度 HBW	试验力—压头球直径平方的比率 $0.102\times F/D^2$
钢、镍合金、钛合金		30
铸铁	<140	10
	≥140	30
铜及铜合金	<35	5
	35～200	10
	>200	30
轻金属及合金	<35	2.5
	35～80	5、10、15
	>80	10、15
铅、锡		1

注：对于铸铁的试验，压头球直径一般为 2.5mm、5mm 和 10mm。

当试样尺寸允许时，应优先选用直径 10mm 的压头球进行试验。

(3)试样应稳固地放置于刚性支承物上。试样背面和支承物之间应清洁且无外界污物(氧化皮、油、灰尘等)。

(4)使压头与试样表面接触，无冲击和震动地垂直于试样表面施加试验力，直至达到规定试验力。从施加力开始到施加完全部试验力的时间应在 2～8s 之间。试验力保持时间为 10～15s。对于要求试验力保持时间较长的材料，试验力保持时间允许误差为 ±2s。

(5)在整个试验期间，硬度计不应受到影响试验结果的冲击和震动。

(6)任一压痕中心距试样边缘的距离至少为压痕平均直径的 2.5 倍。两相邻压痕中心间距离至少为压痕平均直径的 3 倍。

(7)应在两相互垂直方向测量压痕直径。用两个读数的平均值计算布氏硬度，或查表(GB/T 231.1—2002 附录 B 表 B1)得到布氏硬度。对于某些硬度计，可采用如下值计算布氏硬度：多次对称测量数值的平均值、材料表面压痕投影面积数值。

6. 试验报告

(1)国家标准编号(GB/T 231.1—2002)。

(2)有关试样的详细资料。

(3)试验温度。

(4)试验结果。

(5)不在标准规定之内的各种操作。

(6)影响试验结果的各种细节。

注：①没有普遍适用的精确方法将布氏硬度值换算为其他硬度或抗拉强度。除非通过对比试验得到相关的换算依据，或产品标准另有规定，否则应避免这类换算。

②应注意材料的各向异性，例如经过大变形量冷加工，压痕直径在不同方向可能有较大差异。产品技术条件应规定这个差异的极限。

七、焊接接头机械性能试验取样(GB 2649—1989)

1. 适用范围

本方法适用于熔焊及压焊的焊接接头。

2. 术语

(1)试板:用以焊制试件的板材(包括型材、管材)。

(2)样坯:由试件上截取的试样毛坯。

3. 试件的制备

(1)试板的截取方位应符合相关的产品制造规范或冶金产品标准的规定。

(2)试板材料、焊接材料、焊接条件以及焊前预热和焊后热处理规范等,均应与相关标准或产品的制造规范相同,或者符合有关试验条件的规定。

(3)试件尺寸应根据样坯尺寸、数量、切口宽度、加工余量以及不能利用的区段(如电弧焊的引弧和收弧)予以综合考虑。不能利用区段的长度与试件的厚度和焊接工艺有关,但不得小于25mm(如用引弧板、收弧板及管件焊接例外)。

(4)从试件上截取样坯时,如相关标准或产品制造规范无另外注明时,样坯允许矫直。

(5)试件的角度偏差或错边,应符合相关标准或产品制造规范的要求。

(6)试件可用任意方法标记,但必须清晰,其标记部位应在受试部分之外。

4. 样坯的截取方位及数量

1)从试件中截取样坯时,尽量采用机械切削的方法。样坯亦可用剪床、热切割以及其他方法截取,但均应考虑其加工余量,在任何情况下都必须保证受试部分的金属不在切割影响区内。当采用热切割时,对于钢材自切割面至试样边缘的距离不得少于8mm,并随切割速度减小,切割厚度增加而增加。

2)各种试验法的样坯截取方位应符合下列规定。

(1)焊缝及熔敷金属拉伸及焊接接头冲击样坯截取方位如表10-30~表10-32所示。

①多层焊缝的样坯方位如无特殊规定时,应尽量靠近焊缝后焊一侧的表层截取,封底焊除外。

②当试件厚度大于100mm或焊缝厚度H大于60mm时,样坯截取方位按产品规定执行。

熔敷金属拉伸样坯截取方位 表10-30

试件厚度(mm)	焊接方法	样坯方位(mm)	说明
>12	电弧焊或气焊	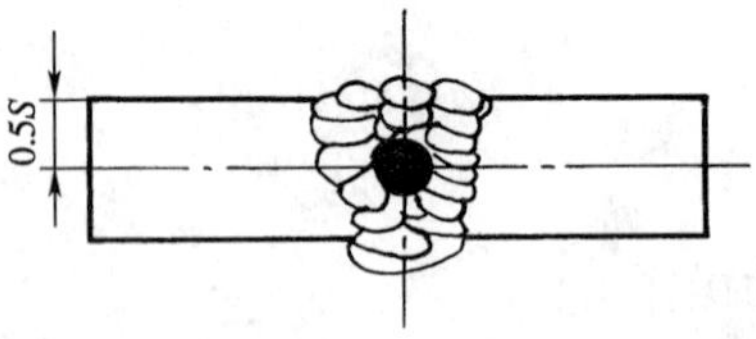 0.5S	适用于焊材与试板为同种材料时
		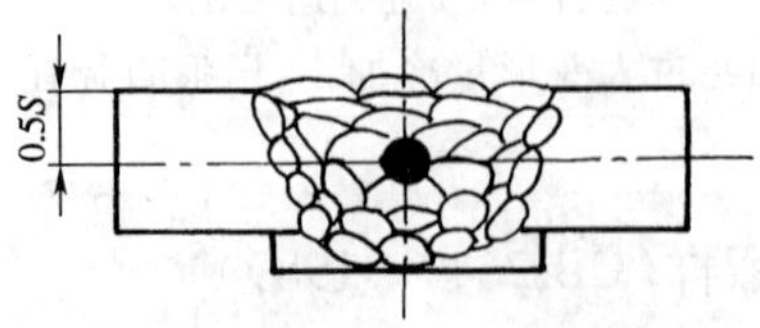 0.5S	坡口面上应施焊二层过渡层,并使其厚度大于3mm。适用于焊材与试板为非同种材料时

注:S——试件厚度。

焊缝金属拉伸样坯截取方位　　表 10-31

试件厚度(mm)	焊接方法	样坯方位(mm)	说　明
焊缝直角边 >6×6	电弧焊	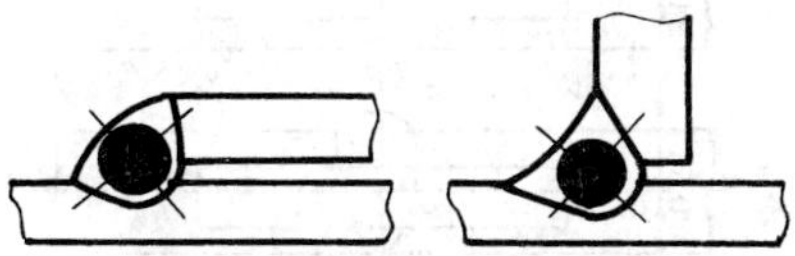	样坯位于焊缝中心
<16	气焊或电弧焊	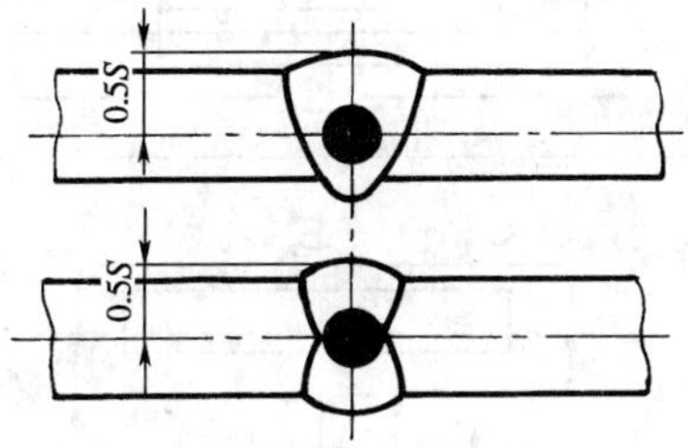 0.5S 0.5S	
>16~36	气焊或电弧焊	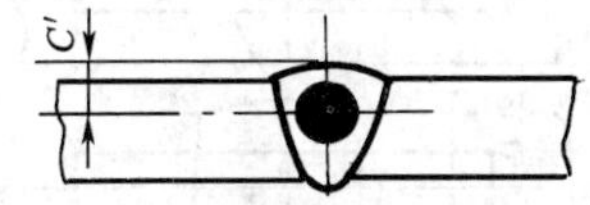 C'	
	电渣焊	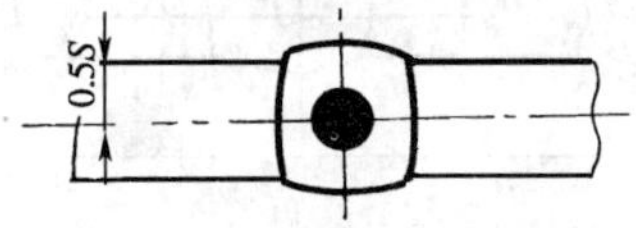 0.5S	
>36~60	电弧焊	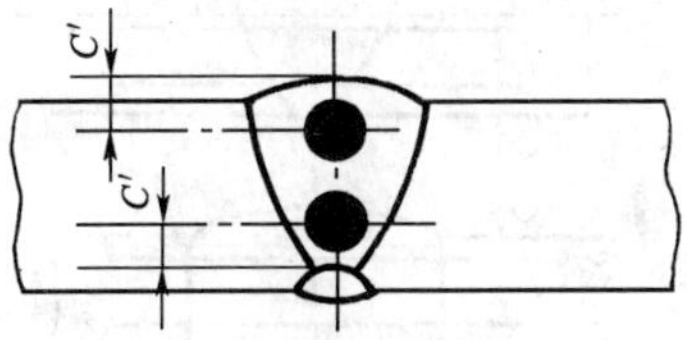 C' C'	C'不大于 0.5D+2
	电渣焊	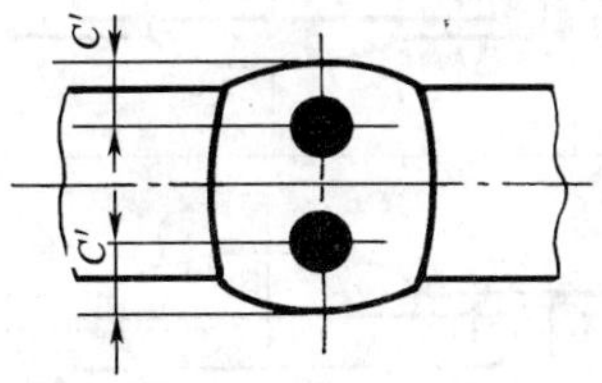 C' C'	
>36~60	电弧焊	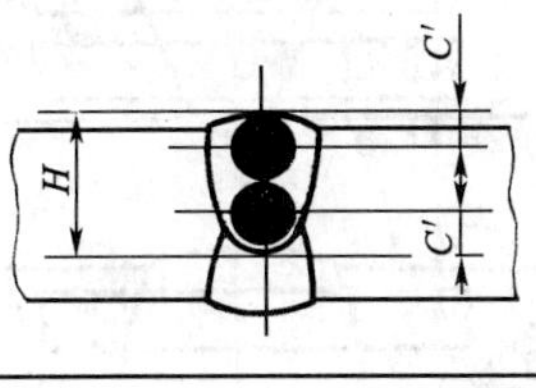 H C' C'	

注：S——试件厚度；

C'——从焊缝表面至样坯中心的距离；

D——样坯端头直径；

H——后焊一侧的焊缝厚度。

焊接接头冲击样坯截取方位　　表 10-32

试件厚度(mm)	焊接方法	样坯方位(mm)	说　明
<16	压力焊	0.5S	
	电弧焊或气焊	0.5S；0.5S	
>16~40	压力焊	C	C=1~3
	电弧焊	C	C=1~3
	电渣焊	0.5S	
>40~60	电弧焊	C；0.5S；C	C=1~3
	电渣焊	C；0.5S；C	C≥6
>60~100	电弧焊	C；0.5S；C	C=1~3
	电渣焊	C；0.5S；C	C≥6

续上表

试件厚度(mm)	焊接方法	样坯方位(mm)	说 明
$H = 18 \sim 40$ $H > 40 \sim 60$	电弧焊	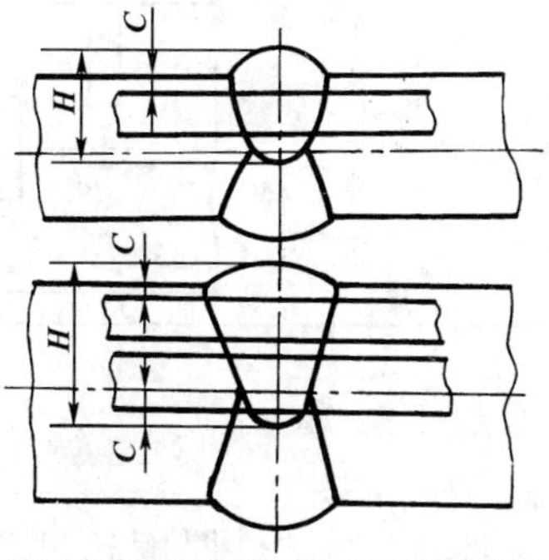	$C = 1 \sim 3$

注:C'——从焊缝表面至样坯中心的距离;

D——试样端头直径;

S——试件厚度;

C——从试件厚度表面至样坯边缘的距离;

H——后焊一侧的焊缝厚度。

(2)焊接接头拉伸样坯截取方位如表 10-33 所示。

焊接接头拉伸样坯截取方位 表 10-33

试件厚度(mm)	试 件 类 别	样坯方位(mm)	说明
>30	所有焊接方法的对接接头	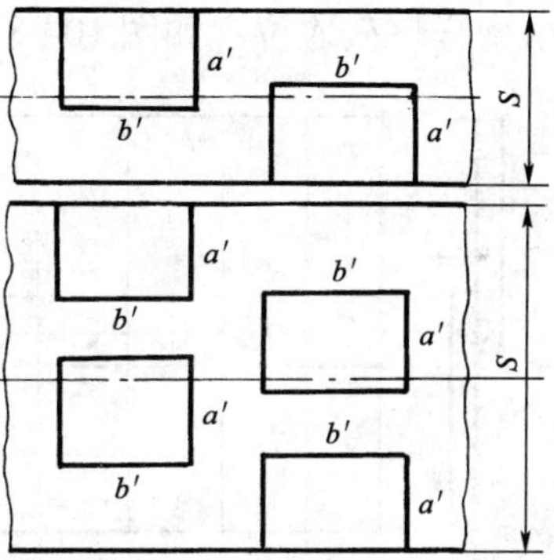	

注:S——试件厚度;

a'——样坯厚度;

b'——样坯宽度。

样坯原则上取试件的全厚度,如试件厚度超过 30mm 时,则按表 10-33 图示截取,且样坯应覆盖试件的全厚度。

(3)焊接接头弯曲样坯截取方位如表 10-34 所示。

焊接接头弯曲样坯截取方位 表 10-34

试件厚度(mm)	试 件 类 别	样坯方位(mm)	说明
>20	所有焊接方法的对接接头	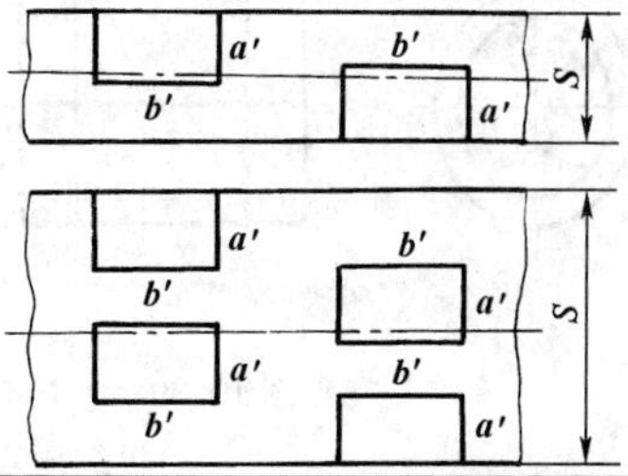	横弯

续上表

试件厚度(mm)	试 件 类 别	样坯方位(mm)	说明
>40	所有焊接方法的对接接头	b′ a′ b′ a′ a′ b′ S	侧弯

注:S——试件厚度;

a′——样坯厚度;

b′——样坯宽度。

①横弯样坯原则上取试件的全厚度,如试件厚度超过 20mm 时,则按表 10-34 图示截取,且样坯应覆盖试件的全厚度。

②侧弯样坯的宽度应为试件厚度,如试件厚度超过 40mm 时,则按表 10-34 图示截取,且样坯应覆盖试件的全厚度。

3)如相关标准或产品制造规范无另外注明时,各种试验方法的样坯数量:接头拉伸不少于 1 个;熔敷金属、焊缝金属拉伸各不少于 1 个;整管接头拉伸 1 个;管接头剖条拉伸不少于 2 个;正弯、背弯、侧弯各不少于 1 个;纵弯不少于 2 个;接头冲击不少于 3 个;点焊接头抗剪不少于 5 个;管接头压扁不少于 1 个;接头及堆焊硬度不少于 1 个。

4)点焊接头抗剪样坯截取位置如图 10-38 所示。

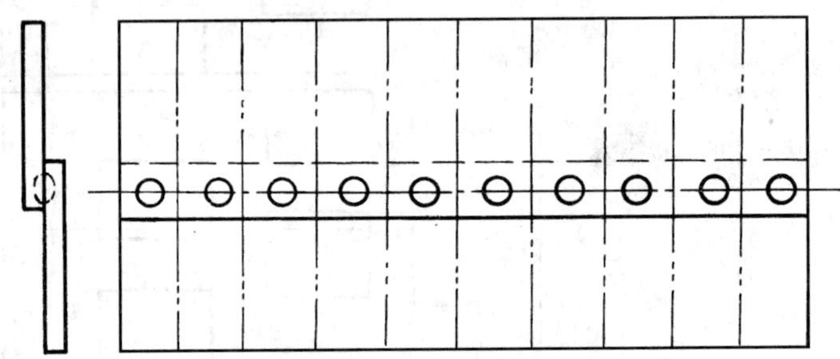

图 10-38 点焊接头抗剪样坯截取位置

5)焊接接头及堆焊金属硬度样坯,分别垂直于焊缝轴线和沿堆焊长度方向的相应区段截取。

6)样坯截取位置根据试件的焊缝外形及无损检测结果在试件的有效利用长度内作合理排列。

7)管接头压扁的样坯截取位置按图 10-39 执行。

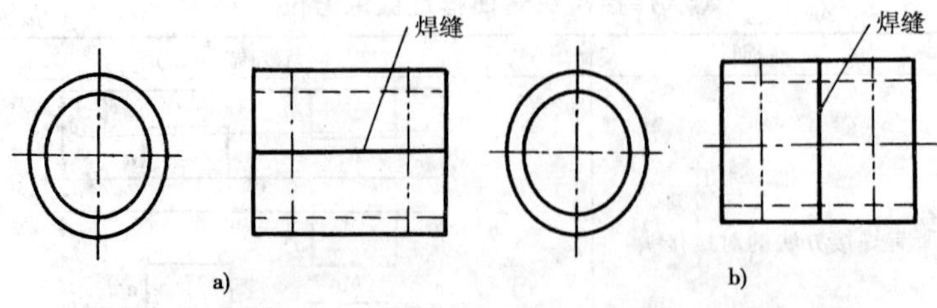

图 10-39 管接头压扁样坯截取位置

a)纵缝压扁;b)环缝压扁

八、焊接接头拉伸试验(GB/T 2651—2008)

1. 试验原理

金属材料熔化焊和压焊接头拉伸试验按现行 GB/T 228 进行。除非另有规定,试验应在23℃ ±5℃温度环境下进行。

2. 符号

焊接接头拉伸试验所使用的符号及相应说明如下:

b——平行长度部分宽度(mm);

b_t——夹持端宽度(mm);

d——管塞直径(mm);

D——管外径(mm);

L_c——平行长度(mm);

L_0——原始标距(mm);

L_s——加工后焊缝的最大宽度(mm);

L_t——试样总长度(mm);

r——过渡弧半径(mm);

t——焊接接头的厚度(mm);

t_s——试样厚度(mm)。

3. 试样制备

1)取样位置

试样应从焊接接头垂直于焊缝轴线方向截取,试样加工完成后,焊缝的轴线应位于试样平行长度部分的中间。小直径(相关标准或协议未作特殊规定时,小直径指外径小于或等于18mm)管试样可采用整管。

2)标记

每个试件均应做上标记,以便识别其从产品或接头中取出的位置。如果相关标准有要求,应标记机加工方向(如轧制方向或挤压方向)。每个试样也均应做上标记,以便识别其在试件中的准确位置。

3)热处理及(或)时效

焊接接头或试样一般不进行热处理,但若相关标准规定或允许被试验的焊接接头进行热处理,则应在试验报告中详细记录热处理的参数。对于会产生自然时效的铝合金,应记录焊接至开始试验的间隔时间。

注:钢铁类焊缝金属中有氢存在时,可能会对试验结果产生显著影响,这种情况下可能需要采取适当的去氢处理。

4)取样方法

(1)一般要求

取样所采用的机械加工方法或热加工方法不得对试样性能产生影响。

(2)钢

厚度超过 8mm 时,不得采用剪切方法。当采用热切割或可能影响切割面性能的其他切割方法从焊件或试件上截取试样时,应确保所有切割面距离试样表面 8mm 以上。平行于焊件或试件的原始表面的切割,不应采用热切割方法。

(3)其他金属材料

不得采用剪切方法或热切割方法,只能采用机械加工方法(如锯或铣、磨等)。

5)机械加工

(1)一般规定

机械加工的公差按照现行 GB/T 228 的规定。

(2)位置

试样厚度 t_s 一般应与焊接接头处母材的厚度相等,如图 10-40a)所示。当相关标准要求进行全厚度(厚度超过 30mm)试验时,可从接头截取若干个试样覆盖整个厚度,如图 10-40b)所示。在这种情况下,应记录试样相对接头厚度的位置。

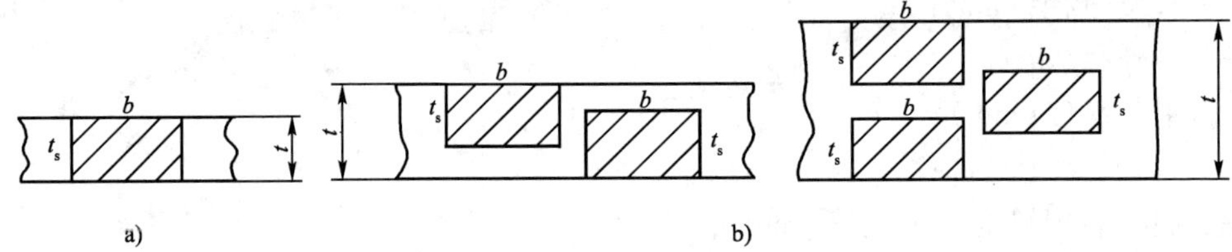

图 10-40 试样的位置示例

a)全厚度试验;b)多试样试验

注:试样可以相互搭接。

(3)尺寸

①板及管板状试样

试样厚度沿着平行长度 L_c 应均衡一致,其形状和尺寸应符合表 10-35 和图 10-41 的规定。

板及管板状试样的尺寸 表 10-35

名称		符号	尺寸(mm)
试样总长度		L_t	适用于所使用的试验机
夹持端宽度		b_t	$b+12$
平行长度部分宽度	板	b	$12(t_s \leqslant 2)$ $25(t_s > 2)$
	管子	b	$6(D \leqslant 50)$ $12(50 < D \leqslant 168)$ $25(D > 168)$
平行长度		L_c	$\geqslant L_s+60$
过渡弧半径		r	$\geqslant 25$

注:①对于压焊及高能束焊接头而言(根据 GB/T 5185—2005,其工艺方法代号为 2、4、51 和 52),焊缝宽度 L_s 为零。

②对于某些金属材料(如铝、铜及其合金)可以要求 $L_c \geqslant L_s+100$mm。

对于从管接头截取的试样,可能需要校平夹持端;然而,这种变平及可能产生的厚度的变化不应波及平行长度 L_c。

②整管试样

整管试样尺寸如图 10-42 所示。

③实心截面试样

实心截面试样尺寸应根据协议要求确定。当需要机加工成圆柱形试样时,试样尺寸应根据现行 GB/T 228 要求确定,但平行长度应不小于 L_c+60mm,如图 10-43 所示。

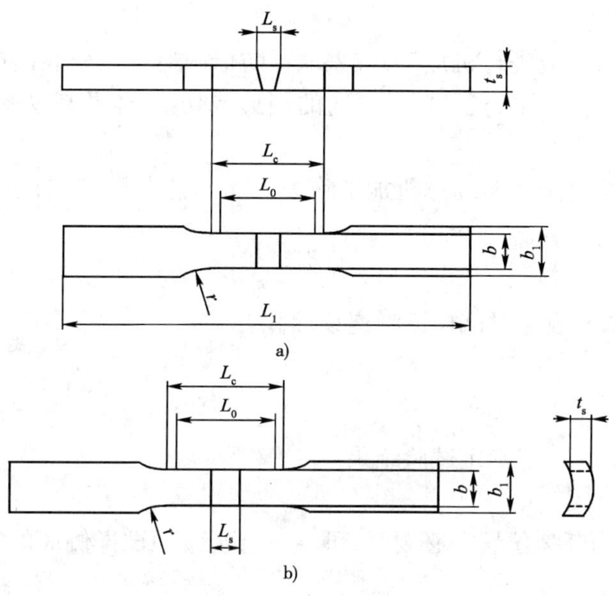

图 10-41　板和管接头板状试样

a）板接头；b）管接头

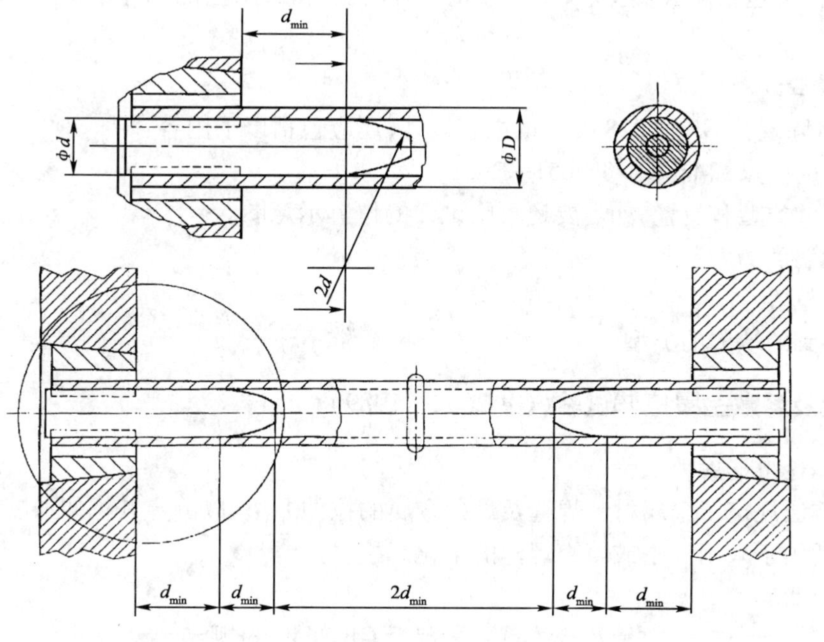

图 10-42　整管拉伸试样

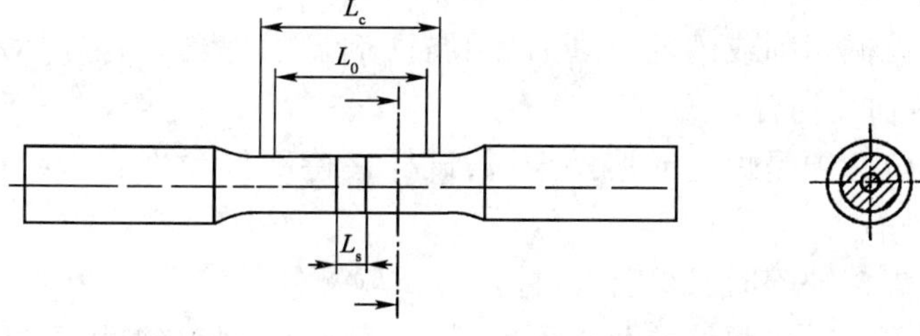

图 10-43　实心圆柱形试样

(4)表面制备

试样制备的最后阶段应进行机加工,应采取预防措施避免试样表面产生变形硬化或过热。试样表面应没有垂直于试样平行长度 L_c 方向的划痕或切痕,不得除去咬边,除非相关标准另有要求。

超出试样表面的焊缝金属应通过机加工除去。除非另有要求,对于有熔透焊道的整管试样应保留管内焊缝。

4. 试验步骤

依据现行 GB/T 228 规定对试样逐渐连续加载。

5. 试验结果

(1)一般要求

依据现行 GB/T 228 规定确定试验结果。

(2)断裂位置

试验报告中应写明断裂位置。必要时,可通过宏观侵蚀试样侧面的方式确定焊缝位置。

(3)断口表面检验

试样断裂后,应检验断口表面。断口上所有可能对试验产生有害影响的缺欠都应记录在报告中,记录内容包括缺欠类型、尺寸和数量。若出现白点,则应记录,白点的中心区域应视为缺欠。

6. 试验报告

试验报告除现行 GB/T 228 要求的内容以外,还应包括以下内容:

(1)依据的国家标准(GB/T 2651—2008)。

(2)试样的类型和位置,如需要还可附试样的位置示意图。

(3)试验温度。

(4)断口位置。

(5)观察到的缺欠的类型和尺寸。

九、焊缝及熔敷金属拉伸试验(GB 2652—1989)

1. 目的和适用范围

本试验方法规定了金属材料焊缝及熔敷金属的拉伸方法,以测定其拉伸强度和塑性。

本方法适用于采用焊条或填充焊丝的熔化焊接。

2. 样坯的截取

样坯截取方位、方法、数量及有关事项按现行 GB 2649 的规定。

3. 试样及其制备

(1)样坯端部经机械切削或砂轮打磨后,用腐蚀剂显示焊缝位置并标定试样中心。保证试样的纵轴与焊缝的轴线吻合。

(2)试样受试部位必须是焊缝或熔敷金属,试样夹持部位允许有未经加工的焊缝表面或母材。

(3)试样表面有焊接缺陷时,该试样不能进行试验。

(4)试样的形状、尺寸、极限偏差及表面粗糙度应符合图 10-44 和表 10-36 的规定。对软金属,经双方协议可采用较高的表面粗糙度。

试样要求 表10-36

一般尺寸			短试样		长试样	
d_0 (mm)	r(mm)		l (mm)	l (mm)	l (mm)	l (mm)
	单双肩	螺纹				
3 ±0.05	2	2	$5d_0$	$l+d_0$	$10d_0$	$l+d_0$
6 ±0.1	3	3.5				
10 ±0.2	4	5				

注:①试样直径 d_0 在 l 长度内的波动(最大值与最小值)不得超过:$d_p<5$ 为0.01mm;$5\geqslant d_0<10$ 为0.02mm;$d_0=10$ 为0.05mm。

②试样头部尺寸根据试验机夹具结构而定。

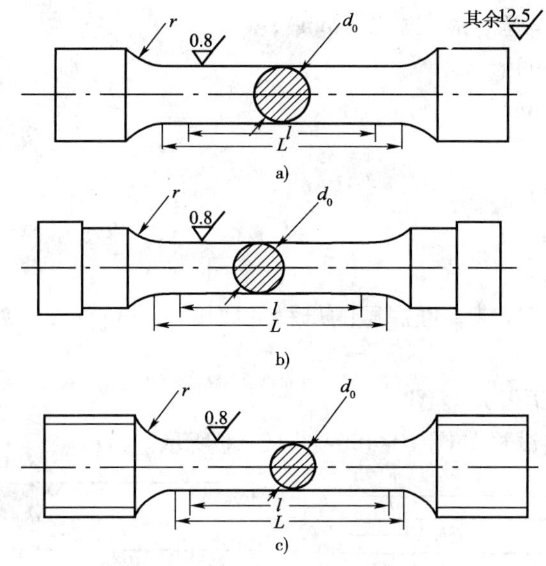

图10-44 试样的要求

4.试验步骤

(1)试验中所涉及的试样尺寸的测量、试验设备、试验条件、性能测定和测定性能数值的修约等有关事项,应符合现行 GB/T 228 的规定。

高温拉伸试验应符合现行 GB 4338 的规定。

(2)应根据相应的标准或产品技术条件对试验结果进行评定。

5.试验报告

(1)所测得的各项性能数值。

(2)试样的形式。

(3)试验温度。

(4)试样断口上发现的缺陷种类。

十、焊接接头弯曲试验(GB/T 2653—2008)

1.试验原理

试验原理为:对从焊接接头截取的横向或纵向试样进行弯曲,不改变弯曲方向,通过弯曲产生塑性变形,使焊接接头的表面或横截面发生拉伸变形。除非另有规定,试验环境温度应为

23℃ ±5℃。

2. 符号及缩略语

(1)符号及其说明

b——试样宽度(mm);

b_1——熔合线外宽度(mm);

d——压头直径(mm);

D——管外径(mm);

l——辊筒间距离(mm);

L_f——焊缝中心线与试样和辊筒接触点间初始距离(mm);

L_0——原始标距(mm);

L_s——加工后试样上焊缝的最大宽度(mm);

L_t——试样总长度(mm);

r——试样棱角半径(mm);

R——辊筒半径(mm);

t——试件厚度(mm);

t_c——堆焊层厚度(mm);

t_s——试样厚度(mm);

t_w——焊接接头的厚度或带有堆焊层的母材的厚度(mm);

α——弯曲角度(°)。

(2)弯曲试样的缩略语及示意图

与缩略语对应的弯曲试样如图 10-45 ~ 图 10-51 所示。

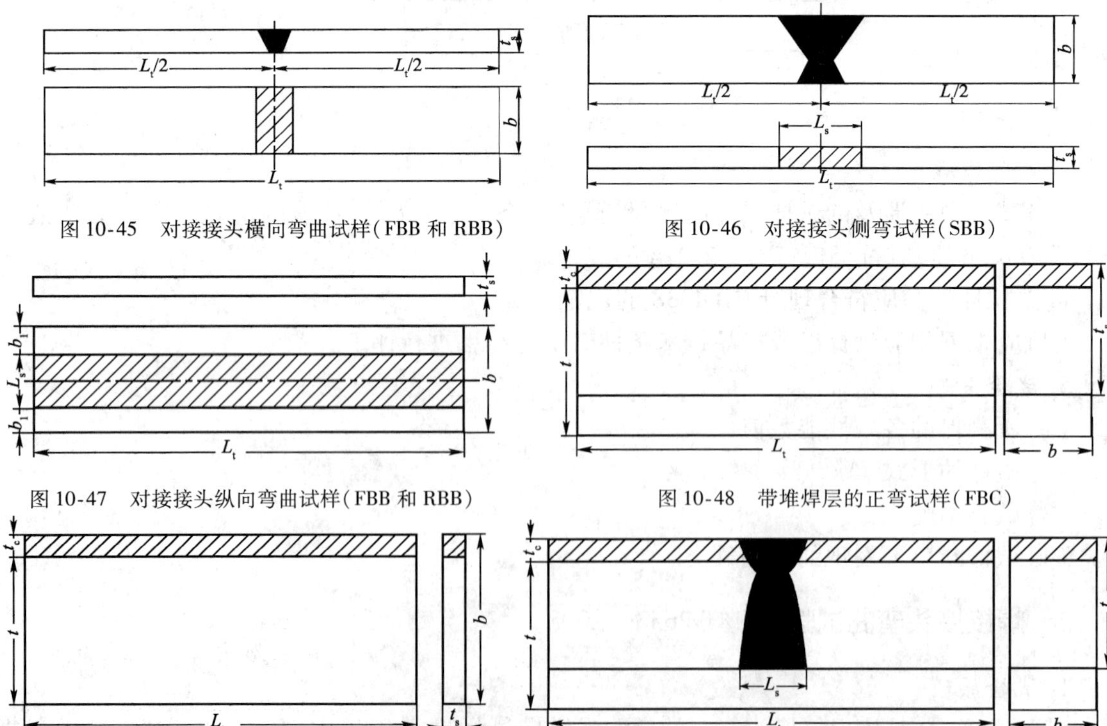

图 10-45　对接接头横向弯曲试样(FBB 和 RBB)

图 10-46　对接接头侧弯试样(SBB)

图 10-47　对接接头纵向弯曲试样(FBB 和 RBB)

图 10-48　带堆焊层的正弯试样(FBC)

图 10-49　带堆焊层的侧弯试样(SBC)

图 10-50　带堆焊层的对接接头正弯试样(FBCB)

3. 试样的制备

(1)一般要求

试样的制备应不影响母材和焊缝金属的性能。

(2)位置

①对于对接接头横向弯曲试验,应从产品或试件的焊接接头上横向截取试样,以保证加工后焊缝的轴线在试样的中心或适于试验的位置。

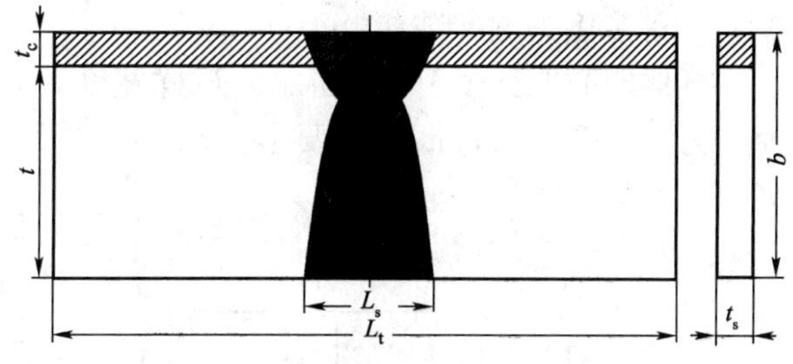

图 10-51　带堆焊层的对接接头侧弯试样(SBCB)

②对于对接接头纵向弯曲试验,应从产品或试件的焊接接头上纵向截取试样。

③对于带堆焊层的弯曲试验,试样的位置和方向应符合相关标准或协议的规定。

(3)标记

①每个试件都应标记,以便识别其在产品或接头中的准确位置。

②如相关标准有要求,应标记试样的加工方向(如轧制方向或挤压方向)。

③每个试样都应标记,以便识别其在试件中的准确位置。

(4)热处理和(或)时效处理

除非相关标准规定或允许被试验的焊接接头进行热处理,否则焊接接头和试样不进行热处理。如进行热处理,应在试验报告中详细记录热处理的参数。对于铝合金,如果产生了自然时效,则应记录焊接至开始试验的间隔时间。

(5)试样截取

①一般要求

采用机械加工方法或热加工方法截取的试样,不应改变试样的性能。

②钢

当钢材试件的厚度大于 8mm 时,不能采用剪切方法截取试样。如果采用热切割或其他可能产生影响切割表面的切割方法从试件上截取试样时,任意切割面距离试样表面应不小于 8mm。

③其他金属材料

对于其他金属材料的试样截取,不允许采用剪切方法或热切割方法,只能采用机械加工方法。

(6)试样的尺寸

①对接接头横向弯曲试样(FBB 和 RBB)

试样的截取如图 10-52 所示。试样厚度 t_s 应等于焊接接头处母材的厚度。当相关标准要求对整个厚度(30mm 以上)进行试验时,可以截取若干个试样覆盖整个厚度。在这种情况下,应对试样在焊接接头厚度方向的位置进行标识。

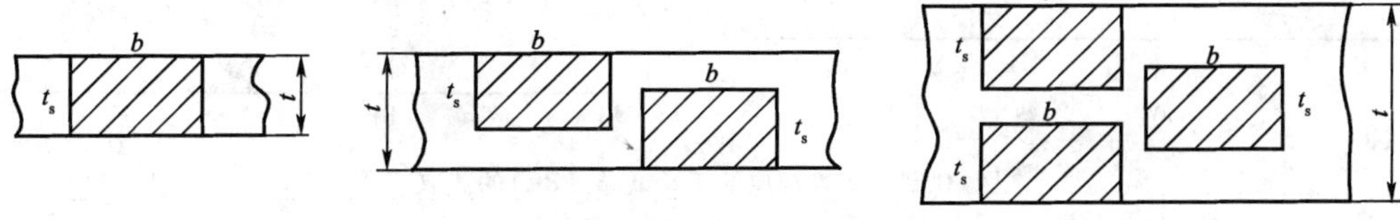

图 10-52　对接接头横向弯曲试样(FBB 和 RBB)的截取

②对接接头侧弯试样(SBB)

试样的截取如图 10-53 所示。试样宽度 b 应等于焊接接头处母材的厚度。试样厚度 t_s 至少应为 10mm ±0.5mm,而且要求 $b \geq 1.5t_s$。

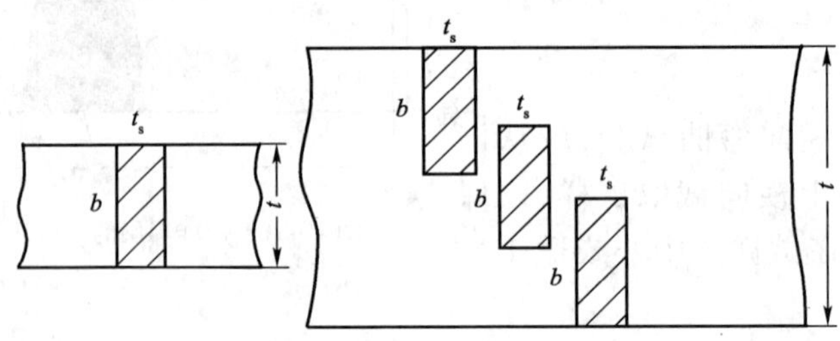

图 10-53　对接接头侧弯试样(SBB)的截取

当接头厚度超过 40mm 时,允许从焊接接头截取几个试样代替一个全厚度试样,试样宽度 b 的范围为 20 ~40mm。在这种情况下,应对试样在焊接接头厚度方向的位置进行标识。

③对接接头纵向弯曲试样(FBB 和 RBB)

试样的截取如图 10-54 所示。试样厚度 t_s 应等于焊接接头处母材的厚度。如果试件厚度 $t > 12$mm,试样厚度 t_s 应为 12mm ±0.5mm,而且试样应取自焊缝的正面或背面。

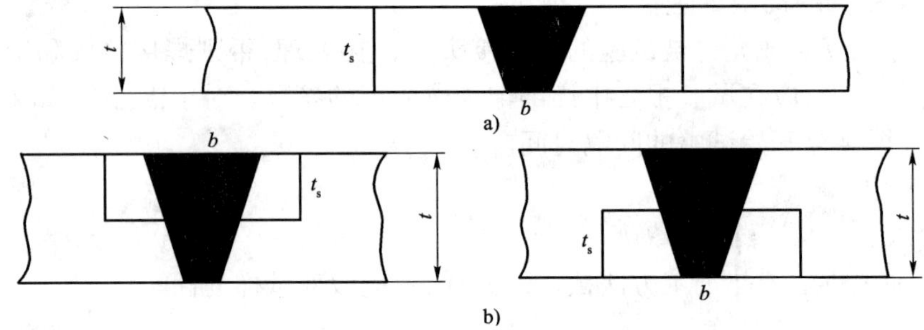

图 10-54　对接接头纵向弯曲试样(FBB 和 RBB)的截取

a) $t \leq 12$mm;b) $t > 12$mm

④带堆焊层的正弯试样(FBC)

试样的截取如图 10-55 所示。试样厚度 t_s 应等于基材厚度加上堆焊层的厚度,最大为 30mm。当基材厚度加上堆焊层的厚度超过 30mm 时,允许去除部分基材使加工好的试样厚度 t_s 符合相关标准或协议的要求。

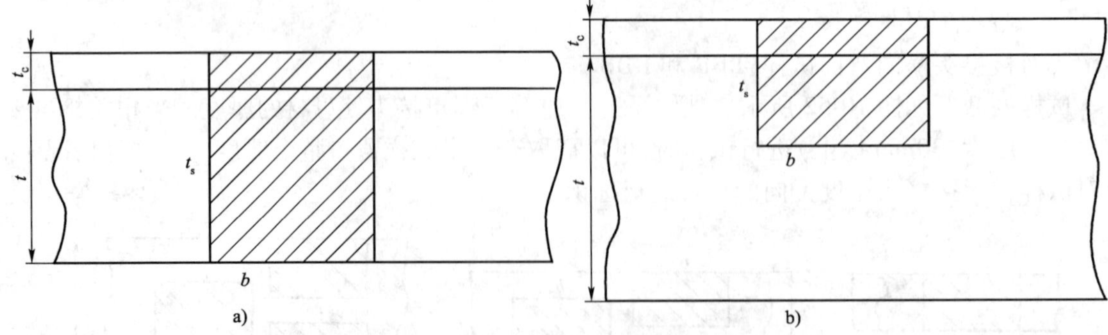

图 10-55　带堆焊层的正弯试样(FBC)的截取

a) $t_s = t + t_c$;b) $t + t_c > 30$mm

注:$b > t_s$,$t_s \leq 30$mm。

⑤带堆焊层的侧弯试样(SBC)

试样的截取如图10-56所示。试样宽度 b 应等于基材厚度加上堆焊层的厚度,最大为30mm。试样厚度 t_s 至少应为10mm ±0.5mm,而且要求 $b \geq 1.5t_s$。当基材厚度加上堆焊层的厚度超过30mm时,允许去除部分母材使加工好的试样宽度 b 符合相关标准或协议的要求。

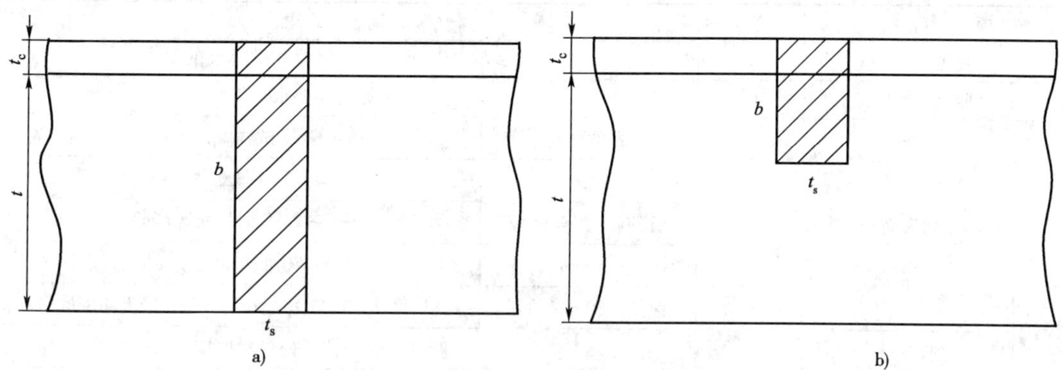

图10-56　带堆焊层的侧弯试样(SBC)的截取

a) $b = t + t_c$;b) $t + t_c > 30$mm

注:$b \leq 30$mm。

⑥带堆焊层的对接接头正弯试样(FBCB)

试样的截取如图10-57所示。试样厚度 t_s 应等于基材厚度加上堆焊层的厚度。在这种情况下,焊缝应位于试样的中心或适于试验的位置。

当试验要求覆盖整个接头既要有对接接头又要有堆焊层且接头的厚度超过30mm时,可按对接接头弯曲试样要求截取几个试样。

当试验的目的仅仅是检验堆焊层且试样的厚度超过30mm时,不需对基材部分进行试验。

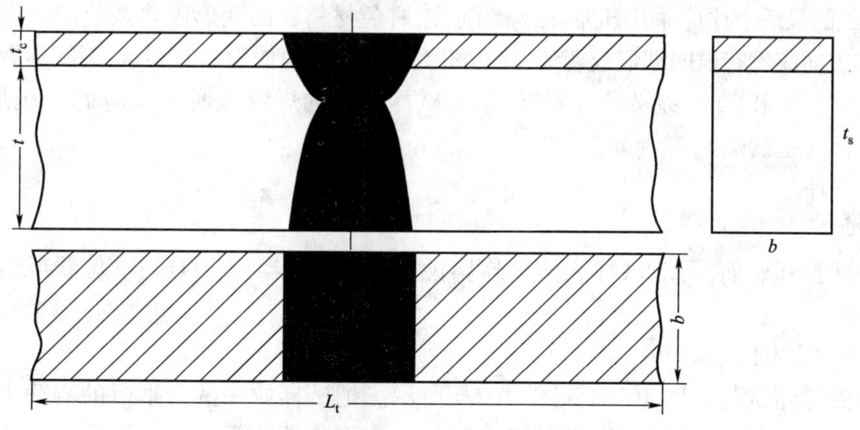

图10-57　带堆焊层的对接接头正弯试样(FBCB)的截取

注:$t_s = t + t_c$,$t_s \leq 30$mm。如果 $t + t_c > 30$mm,则参照图10-52。

⑦带堆焊层的对接接头侧弯试样(SBCB)

试样的截取如图10-51所示。试样宽度 b 应等于基材厚度加上堆焊层的厚度。试样厚度 t_s 至少应为10mm ±0.5mm,而且要求 $b \geq 1.5t_s$。在这种情况下,焊缝应位于试样的中心或适于试验的位置。

当试验要求覆盖整个接头既要有对接接头又要有堆焊层且接头的厚度超过30mm时,可按对接接头侧弯试样要求截取几个试样。

当试验的目的仅仅是检验堆焊层且试样的厚度超过 30mm 时，不需对基材部分进行试验。

⑧试样尺寸要求

试样尺寸要求见表 10-37。

试样尺寸要求 表 10-37

<table>
<tr><td colspan="2">项目</td><td>符号</td><td colspan="3">具体要求</td></tr>
<tr><td colspan="2">长度</td><td>L_t</td><td colspan="3">$L_t \geqslant l+2R$，且至少应满足相关标准的要求</td></tr>
<tr><td colspan="2">厚度</td><td>t_s</td><td colspan="3">t_s 见前述要求</td></tr>
<tr><td rowspan="12">宽度</td><td rowspan="5">横向正弯和背弯试样</td><td rowspan="12">b</td><td>试样类型</td><td colspan="2">试样宽度 b</td></tr>
<tr><td>钢板</td><td colspan="2">$\geqslant 1.5t_s$（最小为 20mm）</td></tr>
<tr><td>铝、铜及其合金板</td><td colspan="2">$\geqslant 2t_s$（最小为 20mm）</td></tr>
<tr><td>管径≤50mm 的管</td><td colspan="2">$\geqslant t+0.1D$（最小为 8mm）</td></tr>
<tr><td>管径 >50mm 的管</td><td colspan="2">$\geqslant t+0.05D$（最小为 8mm，最大 40mm）</td></tr>
<tr><td>侧弯试样</td><td colspan="3">一般等于焊接接头处母材厚度</td></tr>
<tr><td rowspan="6">纵向弯曲试样</td><td>材料</td><td>试样厚度 t_s（mm）</td><td>试样宽度 b（图 10-47）（mm）</td></tr>
<tr><td rowspan="2">钢</td><td>≤20</td><td>$L_s+2\times10$</td></tr>
<tr><td>>20</td><td>$L_s+2\times15$</td></tr>
<tr><td rowspan="2">铝、铜及其合金</td><td>≤20</td><td>$L_s+2\times15$</td></tr>
<tr><td>>20</td><td>$L_s+2\times25$</td></tr>
<tr><td colspan="3">其他金属材料试样宽度按协议要求</td></tr>
<tr><td colspan="2">棱角</td><td>—</td><td colspan="3">试样拉伸面棱角应加工成圆角，其半径 $r \leqslant 0.2t_s$，最大为 3mm</td></tr>
</table>

注：当外径 $D>25\times$ 管壁厚时，试样的截取按板要求。

⑨表面制备

试样加工的最后工序应采用机加工或磨削，以避免材料表面变形硬化或过热。在试验长度 l 范围内，试样表面应没有横向划痕或切痕，除非相关标准和（或）协议另有要求，否则不得除去咬边。

除非相关标准和（或）协议另有要求，超出试样表面的焊缝金属一般应通过机加工方法除去。小直径管内壁的熔透焊缝允许保留。

4. 试验条件

（1）腐蚀

在弯曲试验开始前，可对试样表面稍作腐蚀，以分清熔化区域的形状、位置或熔合线。

（2）试验

①圆形压头弯曲试验

圆形压头弯曲试验如图 10-58 ~ 图 10-60 所示。把试样放在两个平行的辊筒上进行试验。焊缝应在两个辊筒间中心线位置，纵向弯曲除外。在两个辊筒间中点，即焊缝的轴线上，垂直于试样表面通过压头施加荷载（三点弯曲），使试样逐渐连续弯曲。

②辊筒弯曲试验

辊筒弯曲试验如图 10-61 所示。辊筒弯曲适用于铝合金和异种材料接头。对于异种材料接头，其焊缝金属或一侧母材的屈服强度或规定非比例延伸强度低于母材或另一侧母材。

将试样的两端牢固地卡紧在两个平行辊筒试验装置内，对试样进行试验。通过外辊筒沿以内辊筒轴线为中心的圆弧转动，向试样施加荷载，使试样逐渐连续地弯曲。

（3）压头和辊筒尺寸

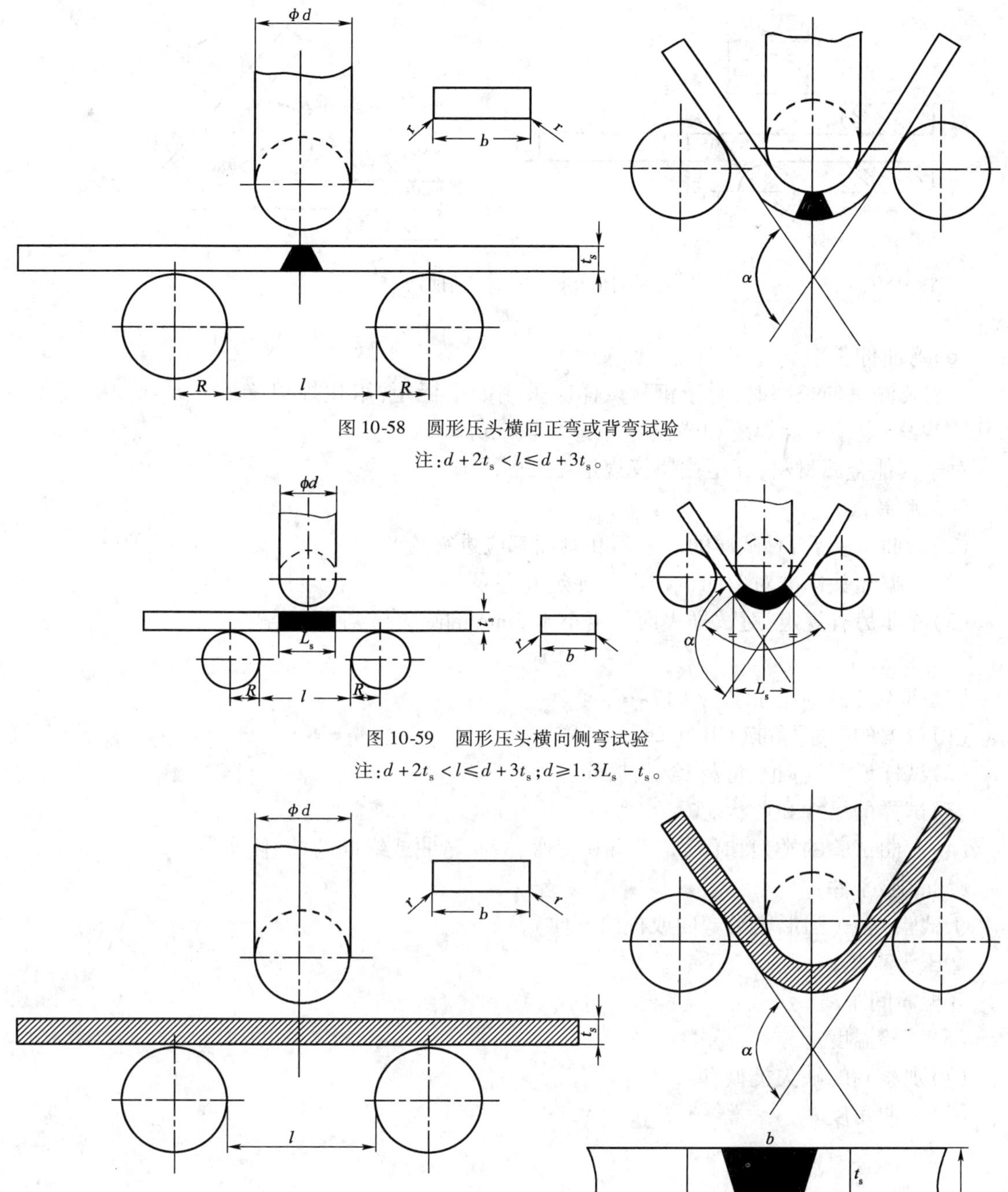

图 10-58 圆形压头横向正弯或背弯试验

注：$d+2t_s<l\leqslant d+3t_s$。

图 10-59 圆形压头横向侧弯试验

注：$d+2t_s<l\leqslant d+3t_s$；$d\geqslant 1.3L_s-t_s$。

图 10-60 圆形压头纵向弯曲试验

注：$d+2t_s<l\leqslant d+3t_s$。

压头的直径 d 应根据相关标准确定。辊筒的直径至少为 20mm，除非相关标准另有规定。

（4）辊筒间的距离

辊筒间的距离 l（图 10-58～图 10-60）应在 $d+2t_s$ 和 $d+3t_s$ 之间。

（5）弯曲角度

当弯曲角度 α（图 10-58～图 10-61）达到相关标准规定的值时，试验完成。

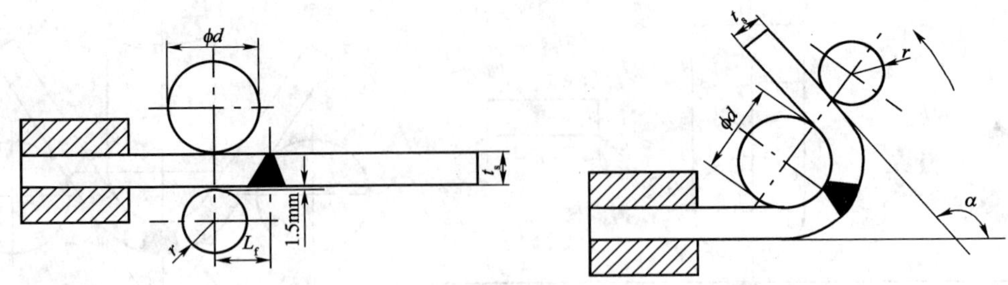

图 10-61　辊筒弯曲试验

注:$0.7d < L_f < 0.9d$。

(6)弯曲伸长率

当需要测量伸长率时,对于钢材试样应采用如下标距:熔化焊焊缝 $L_0 = L_s$ 或 $2L_s$ 或 $L_s + t_s$;压焊焊缝、电子束焊焊缝和激光焊焊缝 $L_0 = t_s$ 或 $2t_s$。

对于其他金属材料,标距按协议规定。

5. 试验结果

(1)弯曲试验后,对试样的外表面和侧面都应进行检验。

(2)依据相关标准对弯曲试样进行评定并记录。

(3)除非另有规定,对试样表面长度小于 3mm 的缺欠应判为合格。

6. 试验报告

试验报告至少应包括以下内容:

(1)依据的国家标准(GB/T 2653—2008)。

(2)试样说明(标记、母材类型、热处理等)。

(3)试样的尺寸和形状。

(4)弯曲试验的类型和代号(正弯和背弯、横向弯曲或纵向弯曲、侧弯等)。

(5)试验条件:

①试验方法(圆形压头弯曲或棍筒弯曲);

②压头直径;

③棍筒间距离。

(6)试验温度。

(7)观察到的缺欠类型和尺寸。

(8)弯曲角度。

第十一章　土工合成材料

第一节　概　　述

1. 土工合成材料的概念

土工合成材料是岩土工程中所应用的合成材料的总称。它是指以人工合成的聚合物如塑料、化纤、合成橡胶等为原料，制成各种类型的产品，置于土体内部、表面或各层土体之间，能发挥加强或保护土体的作用的岩土工程材料。

2. 土工合成材料的分类

根据《土工合成材料应用技术规范》(GB 50290—1998)的规定，土工合成材料分为四类：土工织物、土工膜、土工复合材料和土工特种材料，如图 11-1 所示。

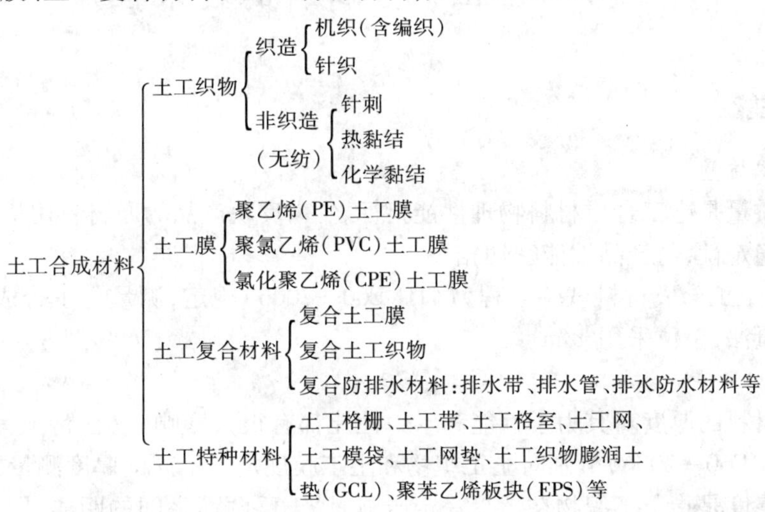

图 11-1　土工合成材料的分类

该分类方法未包括作为土体掺合料的土工合成材料。如砂中掺入合成纤维，形成纤维土。

3. 土工合成材料在公路工程中的应用

在公路工程中，土工合成材料的作用主要是：过滤、排水、隔离、加筋、防渗和防护。现举例如下：

(1)将土工织物置于挡土墙后的回填土中，作为排水系统的滤层，起过滤作用，阻止土粒通过，防止土颗粒的过量流失，如图 11-2a)。

(2)较厚的针刺型无纺织物和某些塑料排水管道或具有较多孔隙的复合型土工合成材料可以起排水作用。如挡土墙后面的排水系统，就是土工合成材料的过滤和排水作用的综合应用，如图 11-2a)。

(3)土工织物和土工膜都可以起隔离作用。将其铺设在软弱地基之上，利用其良好的抗拉强度和变形特性,可以避免其上部的填料在荷载作用下与地基土相混杂,如图11-2b)。

(4)将土工合成材料水平铺设在路基边坡内,可以提高路堤填土边坡施工质量和增加边坡的稳定性,如图11-2c)。

(5)土工膜和复合型土工合成材料,可以防止水的渗漏。在公路工程中主要用于修筑水下基础的施工围堰,如图11-2d)。

(6)将土工合成材料铺设在路堤边坡上,可以防止边坡被雨水冲刷;土工织物袋装砂石和土工网植草均可作为护坡,如图11-2e)。

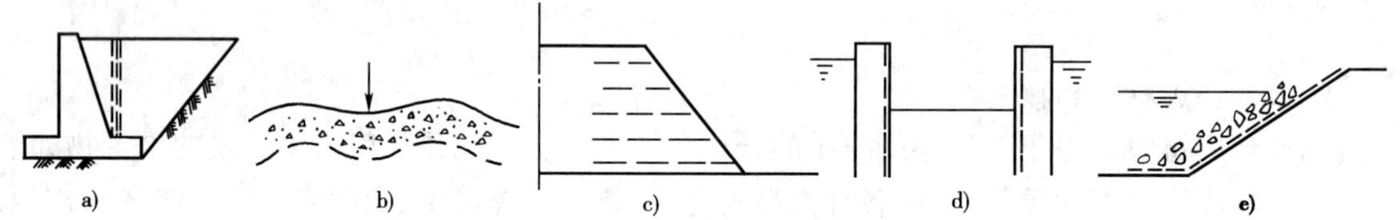

图11-2　土工合成材料的应用

a)过滤、排水作用;b)隔离作用;c)加筋作用;d)防渗作用;e)防护作用

第二节　土工合成材料的技术性质

一、物理性能

1. 单位面积质量

单位面积质量是土工合成材料物理性能指标之一,反映产品的原材料用量,以及生产的均匀性和质量的稳定性,与产品性能密切相关。

《公路工程土工合成材料试验规程》(JTG E60—2006)规定,测量土工合成材料的单位面积质量采用称量法,单位采用g/m^2。

2. 厚度

土工合成材料的厚度对其力学性能和水力性能都有很大影响。《公路工程土工合成材料试验规程》(JTG E60—2006)分别对土工织物和土工膜规定了不同的厚度测量方法。

土工织物厚度是指土工织物在承受一定压力时,正反两面之间的距离,用百分表测量,精确至0.01mm。土工膜厚度的测定是采用机械测量方法测定土工薄膜和薄片厚度,用千分表测量,精确至0.001mm。

3. 幅宽

幅宽指整幅样品经调湿,除去张力后,与长度方向垂直的整幅宽度。幅宽是土工合成材料规格中重要的指标之一,直接影响到产品的有效使用面积。

二、力学性能

反映土工合成材料力学性能的指标主要有拉伸强度、撕破强力、顶破强力、刺破强力、摩擦特性和蠕变特性等。

1. 拉伸强度

土工合成材料的拉伸强度和最大负荷下伸长率是各项工程设计中最基本的技术指标,拉伸性能的好坏,可以通过拉伸试验进行测试。

《公路工程土工合成材料试验规程》(JTG E60—2006)规定的土工合成材料拉伸性能试验方法有两种:一种是宽条样法,用于土工织物、复合土工织物,也包括土工格栅;另一种是单筋、单条拉伸试验,用于各类土工格栅和土工加筋带。

施工中土工合成材料的接头、接缝是不可避免的,而接头和接缝处往往是整个结构中的薄弱点。从某种意义上讲,接头、接缝的强度就是整个产品的强度,直接影响工程的质量和寿命,所以需要测定接头、接缝的拉伸强度。

2. 撕破强力

撕破强力指土工织物试样在受外力作用撕破过程中抵抗扩大破损裂口的最大拉力。《公路工程土工合成材料试验规程》(JTG E60—2006)中,测定土工织物的撕破强力采用梯形试样。该方法不适用于土工膜。

3. 顶破强力和刺破强力

土工合成材料在工程结构中,要承受各种法向静态力的作用,所以顶破强力是土工合成材料力学性能的重要指标之一。

《公路工程土工合成材料试验规程》(JTG E60—2006)中,采用 CBR 顶破强力试验方法测定土工织物、土工膜及其复合产品的顶破强力。顶破强力指顶压杆顶压试样直至破裂过程中测得的最大顶压力。该方法只适用于各种土工织物、土工膜及其相关的复合产品,对一些稀松或孔径较大的土工合成材料不适用,土工网和土工格栅不进行该项试验。

刺破强力的原理方法与 CBR 顶破强力类似,但在顶杆直径、试样面积和顶压速率上有所不同。刺破强力是反映土工合成材料抵抗小面积集中负荷的能力,适用于各种机织土工织物、针织土工织物、非织造土工织物、土工膜和复合土工织物等产品。但对一些较稀松或孔径较大的机织物不适用,土工网和土工格栅不进行该项试验。

4. 穿透孔径

穿透孔径指规定尺寸的落锥在土工合成材料上方一定高度处自由下落时,穿透土工合成材料的孔洞直径。它是反映土工合成材料抵御穿透能力的力学特性指标。

《公路工程土工合成材料试验规程》(JTG E60—2006)规定,穿透孔径的测定采用落锥穿透试验。落锥穿透试验是模拟具有尖角的石块或锐利物掉落在土工织物上对土工织物造成损坏的一种试验,用于评价土工织物抵抗冲击和穿透的能力。试验可用来检查土工织物是否符合现场施工对其性能的要求,由于土工格栅和土工网本身具有的网格形状,所以落锥穿透试验不适用于这类产品。

5. 摩擦特性

土工合成材料与土石料之间的摩擦特性是工程结构稳定性中必须考虑的因素。《公路工程土工合成材料试验规程》(JTG E60—2006)中,用于测定土工合成材料摩擦特性的试验方法包括直剪摩擦特性试验和拉拔摩擦特性试验。

拉拔摩擦与直剪摩擦的试验机理不同,结果通常存在差异。一般来讲,土工合成材料单面和土发生位移时,直剪摩擦试验较能反映实际情况;当双面均与土发生位移时,拉拔试验更为合适。直剪摩擦试验的目的是评价土工合成材料的摩擦特性,其剪切速率、法向加荷值,以及试验用标准砂土的规格和级配都是标准值,试样的制备、调湿也有一定的规定,试验结果有可比性。而拉拔摩擦试验的目的则是通过试验,取得土工合成材料与现场土石料的摩擦剪切强度,以保证在工程设计中土工合成材料与周围土石料之间的摩擦剪切强度大于土石料之间的摩擦剪切强度,这样才能保证工程结构的稳定性。

6. 蠕变特性

土工合成材料的一个重要特性是在恒定荷载下其变形是时间的函数,即表现出明显的蠕变特性。作为加强作用的土工合成材料应具有良好的抗蠕变性能,否则在长期荷载的作用下,材料如产生较大的变形将会使结构失去稳定。

土工合成材料蠕变性能的表征是有一定困难的,目前没有相关的国际标准和国家标准。《公路工程土工合成材料试验规程》(JTG E60—2006)规定的试验方法是测定土工合成材料在不受土壤约束条件下的拉伸蠕变性能,其结果不能真实代表土工合成材料在土壤中的蠕变特性,但可用于同一条件下不同产品的性能比较。

三、水力性能

1. 渗透性能

土工织物用做反滤材料时,流水的方向垂直于土工织物的平面,此时要求土工织物既能阻止土颗粒随水流失,又要求它具有一定的透水性。垂直渗透性能主要用于反滤设计,以确定土工织物的渗透性能。

《公路工程土工合成材料试验规程》(JTG E60—2006)规定,土工织物的渗透性能用水头差50mm时的流速指数以及垂直渗透系数和透水率表示。

2. 防渗性能

土工合成材料中的土工膜和复合土工膜,防渗性能是其重要的特征指标之一,在工程实际应用中对工程寿命有重要的影响。《公路工程土工合成材料试验规程》(JTG E60—2006)规定,土工合成材料的防渗性能用耐静水压指标表征。

耐静水压试验方法的原理是:将样品置于规定的测试装置内,对其两侧施加一定水力压差并保持一定时间,逐级增加水力压差,直至样品出现渗水现象,记录其能承受的最大水头压差即为样品的耐静水压;也可测定在要求的水力压差下样品是否有渗水现象,以判断其是否满足要求。

3. 有效孔径

孔径是土工织物水力学特性中的一项重要指标,它反映土工织物的过滤性能,既可评价土工织物阻止土颗粒通过的能力,又反映土工织物的透水性。表征土工织物孔径特征的指标是有效孔径。

有效孔径的测试原理是:用土工织物试样作为筛布,将已知粒径的标准颗粒材料放在土工织物上面振筛,称量通过土工织物的标准颗粒材料质量,计算出过筛率;调换不同粒径的标准颗粒进行试验,由此绘出有效孔径分布曲线,并求出有效孔径值。

目前测量有效孔径的方法主要有干筛法和湿筛法,《公路工程土工合成材料试验规程》(JTG E60—2006)规定采用干筛法。

四、耐久性能

1. 抗氧化性能

抗氧化性能是土工合成材料耐久性能的重要指标之一。《公路工程土工合成材料试验规程》(JTG E60—2006)规定了用于评价聚丙烯和聚乙烯类土工合成材料抗氧化性能的试验方法,目的在于提供一种方法,用于筛选抗氧化性能好的土工合成材料。由于没有与土工合成材料实际寿命之间的对比试验数据,该方法仅适用于材料的筛选,而不能获得材料的实际使用寿命。

2. 抗酸碱性能

土工合成材料在工程应用中,不可避免酸碱溶液的侵蚀,抗酸碱性能是土工合成材料耐久性能的重要指标之一。《公路工程土工合成材料试验规程》(JTG E60—2006)规定了可用于评价所有土工合成材料抗酸碱性能的试验方法,目的在于提供一种方法,筛选出抗酸碱的土工合成材料,而不是获得实际使用寿命。

3. 抗紫外线性能

抗紫外线性能是土工合成材料耐久性能的重要指标之一,其试验方法有多种,常见的方法有氙弧灯法、荧光紫外灯法、开放式碳弧灯法。《公路工程土工合成材料试验规程》(JTG E60—2006)规定采用氙弧灯法、荧光紫外灯法评价土工合成材料的耐久性能。

氙弧灯经过滤后的辐射与太阳光极相似。在暴晒过程中,按一定时间周期进行喷淋,模拟自然界的气候条件;在对试样进行长时间的暴晒后,进行拉伸试验,比较暴晒前后材料性能的变化,测定试样强力和伸长的保持率。由于人工气候毕竟与实际气候有一定的差距,所以试验结果多用于评价其老化趋势。

荧光紫外灯使用一种低压汞弧激发荧光物质而发射出紫外光,它能在较窄的波长区间产生连续光谱,通常只有一个波峰。其光谱分布是由荧光物质的发射光谱和玻璃的紫外透过性决定的。这种灯一般是使试样在某一局限光谱范围内的紫外光辐照下进行试验用的。

4. 碳黑含量

对于以聚烯烃为原材料的土工合成材料产品,碳黑含量对其防老化性能有着关键性作用。聚烯烃材料包括聚丙烯、聚乙烯等烃类材料,碳黑是聚烯烃塑料制品中的重要助剂,产品中添加一定量的碳黑,有屏蔽紫外线防止老化的作用。由于抗紫外线性能的试验方法、试验条件要求高,试验周期长,所以常用"碳黑含量"来评价和控制其抗紫外线老化性能。聚丙烯、聚乙烯塑料土工格栅和聚乙烯土工膜等,其产品标准规定碳黑含量不低于2%。

《公路工程土工合成材料试验规程》(JTG E60—2006)规定采用热失重法来测定碳黑含量。试验原理是:通过热裂解使聚烯烃成为低分子物质由氮气气流带走,然后通过煅烧使碳黑转化为二氧化碳,用裂解后的质量与煅烧后的质量之差,就可以得到样品中的碳黑含量值。该方法简单易行,准确度高。

第三节　土工合成材料系列产品

一、土工格栅(JT/T 480—2002)

1. 简介

土工格栅按使用时的受力方向分为两类:单向土工格栅(GD)、双向土工格栅(GS)。

土工格栅的原材料名称标识及技术要求见表11-1。

原材料的名称标识及技术要求　表11-1

类　型	名　称	标识符	技术要求
塑料格栅	聚丙烯	PP	必须是原始粒状颗粒原料，严禁使用粉状和再造粒状颗粒原料
	高密度聚乙烯	HDPE	
玻璃纤维格栅	无碱玻璃	GE	碱金属氧化物的含量不大于0.8%
经编格栅	高强聚酯长丝	HP	—
黏结格栅	聚丙烯或高密度聚乙烯	PP 或 HDPE	必须是原始粒状颗粒原料，严禁使用粉状和再造粒状颗粒原料
焊接格栅			

2. 技术要求

(1)理化性能

土工格栅的物理力学性能参数应符合表11-2～表11-7的规定。

单向拉伸(GDL)和高强聚酯长丝经编(GDJ)土工格栅技术参数　表11-2

项　目	规　格						
标称 GDL 或 GDJ	20	35	50	80	100	125	150
每延米极限抗拉强度(kN/m)	≥20	≥35	≥50	≥80	≥100	≥125	≥150
标称抗拉强度下的伸长率(%)	≤12	≤12	≤12	≤13	≤13	≤13	≤13
2%伸长率时的拉伸力(kN/m)	≥6	≥10	≥15	≥24	≥30	≥37	≥45
5%伸长率时的拉伸力(kN/m)	≥12	≥20	≥28	≥45	≥59	≥78	≥96

双向拉伸(GSL)和高强聚酯长丝经编(GSJ)土工格栅技术参数　表11-3

项　目	规　格						
标称 GSL 或 GSJ	20	35	50	80	100	125	150
每延米纵、横向极限抗拉强度(kN/m)	≥20	≥35	≥50	≥80	≥100	≥125	≥150
纵、横向标称抗拉强度下的伸长率(%)	≤13	≤13	≤13	≤13	≤13	≤14	≤14
纵、横向2%伸长率时的拉伸力(kN/m)	≥7	≥12	≥17	≥28	≥35	≥43	≥52
纵、横向5%伸长率时的拉伸力(kN/m)	≥14	≥24	≥34	≥56	≥70	≥86	≥104

单向经编玻纤土工格栅(GDB)技术参数　表11-4

项　目	规　格						
标称 GDB	25	40	60	80	100	125	150
每延米拉伸断裂强度(kN/m)	≥25	≥40	≥60	≥80	≥100	≥125	≥150
断裂伸长率(%)	≤4						

双向经编玻纤土工格栅(GDB)技术参数　表11-5

项　目	规　格						
标称 GSB	25	40	60	80	100	125	150
每延米纵、横向拉伸断裂强度(kN/m)	≥25	≥40	≥60	≥80	≥100	≥125	≥150
纵横向断裂伸长率(%)	≤4						

单向粘焊土工格栅(GDZ)技术参数　　表 11-6

项　目	规　格						
标称 GDZ	25	40	60	80	100	125	150
每延米纵向极限抗拉强度(kN/m)	≥25	≥40	≥60	≥80	≥100	≥125	≥150
纵向标称抗拉强度下的伸长率(%)	≤10	≤10	≤10	≤11	≤11	≤11	≤11
纵向 2% 伸长率时的拉伸力(kN/m)	≥10	≥20	≥22	≥35	≥55	≥60	≥85
纵向 5% 伸长率时的拉伸力(kN/m)	≥15	≥25	≥40	≥55	≥65	≥90	≥100
粘、焊点极限剥离力(N)	≥30						

双向粘焊土工格栅(GSZ)技术参数　　表 11-7

项　目	规　格						
标称 GDZ	25	40	60	80	100	125	150
每延米纵横向极限抗拉强度(kN/m)	≥25	≥40	≥60	≥80	≥100	≥125	≥150
纵横向标称抗拉强度下的伸长率(%)	≤12	≤12	≤12	≤13	≤13	≤13	≤13
纵横向 2% 伸长率时的拉伸力(kN/m)	≥10	≥20	≥22	≥35	≥55	≥60	≥85
纵横向 5% 伸长率时的拉伸力(kN/m)	≥15	≥25	≥40	≥55	≥65	≥90	≥100
粘、焊点极限剥离力(N)	≥30						

土工格栅的抗光老化等级应符合表 11-8 的规定。

土工格栅的抗光老化等级　　表 11-8

抗光老化等级	I	II	III	IV
紫外线辐射强度为 550W/m^2 照射 150h 强度保持率(%)	<50	50~80	80~95	>95
工程情况	无光老化要求	0.5~1 年临时工程	1~3 年施工期	3~8 年施工期
碳黑含量(%)	—	≥2.5 ±0.5		
碳黑粒径(10^{-9}m)	—	≤25.0		
碳黑在格栅材料中的分布要求	均匀、无明显聚块或条状物			

(2)蠕变性能

土工格栅的蠕变性能技术参数按下列规定计算确定。

$$\varepsilon_1 = \varepsilon_0 + b\lg(t) \tag{11-1}$$

式中：ε_1——在 P 荷载作用 t 时后的总应变量(%)；

ε_0——受力开始时初始应变量(%)；

t——试验历时(h)；

b——蠕变系数，$b \geq 0.0167$。

蠕变试验加荷水平：为产品标称极限(断裂)抗拉强度的 60%，试验温度为 20℃。

(3)外观质量

土工格栅产品颜色应色泽均匀，无明显油污。产品无损伤、无破裂。

(4)成品尺寸

宽度：土工格栅宽度不得小于标称值。

长度：土工格栅每卷的纵向基本长度不允许小于 50m，卷中不得有拼段。

二、土工网(JT/T 513—2004)

1. 简介

土工网的代号为 N,按材料和结构形式分为四类:

(1)塑料平面土工网(NSP)——以高密度聚乙烯(HDPE)或其他高分子聚合物为原料,加入一定的抗紫外线助剂等辅料,经挤出成型的平面网状结构制品。

(2)塑料三维土工网(NSS)——底面为一层或多层双向拉伸或挤出的平面网,表面为一层或多层非拉伸的挤出网,经点焊形成表面呈凹凸泡状的多层网状结构制品。

(3)经编平面土工网(NJP)——以无碱玻璃纤维或高强度聚酯长丝经经编机编织并经表面涂覆而成的平面网状结构制品。

(4)经编三维土工网(NJS)——以塑料长丝或可降解的纤维为原料经经编织造而成的三维土工网。

土工网可采用以下原材料制成:聚乙烯(PE)、聚丙烯(PP)、高密度聚乙烯(HDPE)、聚脂(PES)、无碱玻璃纤维(GE)、聚酰胺(PA)等。

2. 技术要求

(1)理化性能

土工网的物理性能参数应符合表 11-9 ~ 表 11-12 的规定。

n 层平面网组成的塑料平面土工网物理性能参数 表 11-9

项目	型号						
	NSP2(n)	NSP3(n)	NSP5(n)	NSP6(n)	NSP8(n)	NSP10(n)	NSP15(n)
纵横向拉伸强度(kN/m)	≥2	≥3	≥5	≥6	≥8	≥10	≥15
纵横向 10% 伸长率下的拉伸力(kN/m)	≥1.2	≥2	≥4	≥5	≥7	≥9	≥13
多层平网之间焊点抗拉力(N)	≥0.8	≥1.4	≥2	≥3	≥4	≥5	≥8

n 层平面网组成的经编平面土工网物理性能参数 表 11-10

项目	型号						
	NJP2(n)	NJP3(n)	NJP5(n)	NJP6(n)	NJP8(n)	NJP10(n)	NJP15(n)
纵横向拉伸强度(kN/m)	≥2	≥3	≥5	≥6	≥8	≥10	≥15
经编无碱剥离纤维平面土工网断裂伸长率(%)	≤4						

n 层平面网 k 层非平面网组成的塑料三维土工网物理性能参数 表 11-11

项目	型号						
	NSS0.8($n-k$)	NSS1.5($n-k$)	NSS2($n-k$)	NSS3($n-k$)	NSS4($n-k$)	NSS5($n-k$)	NSS6($n-k$)
纵横向拉伸强度(kN/m)	≥0.8	≥1.5	≥2	≥3	≥4	≥5	≥6
平网与非平网之间焊点抗拉力(N)	≥0.6	≥0.9	≥4		≥8		

n 层平面网 k 层非平面网组成的经编三维土工网物理性能参数 表 11-12

项目	型号						
	NJS0.8($n-k$)	NJS1.5($n-k$)	NJS2($n-k$)	NJS3($n-k$)	NJS4($n-k$)	NJS5($n-k$)	NJS6($n-k$)
纵向拉伸强度(kN/m)	≥0.8	≥1.5	≥2	≥3	≥4	≥5	≥6
横向拉伸强度(kN/m)	≥0.6	≥0.8	≥1	≥1.8	≥2.5	≥4	≥6

塑料土工网的抗光老化等级应符合表11-13的规定。

塑料土工网的抗光老化等级　　表11-13

光老化等级	I	II	III	IV
辐射强度为550W/m² 照射150h 标称拉伸强度保持率(%)	<50	50~80	80~95	>95
碳黑含量(%)	—	2+0.5		
碳黑在土工网材料中的分布要求	均匀、无明显聚块或条状物			

注:对采取非碳黑做抗光老化助剂的土工网,其抗光老化等级参照执行。

(2)外观质量及成品尺寸

产品颜色应色泽均匀,无明显油污。产品无损伤、无破裂。土工网每卷的纵向基本长度应不小于30m,卷中不得有拼段。

三、有纺土工织物(JT/T 514—2004)

1. 简介

有纺土工织物的代号为W,按编织类型可分为两类:

(1) 机织有纺土工织物(WJ)——由两组或两组以上纱线、条带或其他线条状物体,通过垂直相交编织而成的土工织物。

(2)针织有纺土工织物(WZ)——由一根或多根纱线或其他成分弯曲成圈,并互相穿套成的土工织物。

有纺土工织物可采用以下原材料制成:聚乙烯(PE)、聚丙烯(PP)、高密度聚乙烯(HDPE)、聚脂(PES)、无碱玻璃纤维(GE)、聚酰胺(PA)等。

2. 技术要求

(1)理化性能

有纺土工织物的物理性能参数应符合表11-14的规定

物理性能参数　　表11-14

项目	型号规格								
	WJ20	WJ35	WJ50	WJ65	WJ80	WJ100	WJ120	WJ150	WJ180
	WZ20	WZ35	WZ50	WZ65	WZ80	WZ100	WZ120	WZ150	WZ180
标称纵、横向拉伸强度(kN/m)	≥20	≥35	≥50	≥65	≥80	≥100	≥120	≥150	≥180
纵横向拉伸断裂伸长率(%)	≤30								
CBR 顶破强度(kN)	≥1.6	≥2	≥4	≥6	≥8	≥11	≥13	≥17	≥21
纵、横向梯形撕破强度(kN)	≥0.3	≥0.5	≥0.8	≥1.1	≥1.3	≥1.5	≥1.7	≥2.0	≥2.3
垂直渗透系数(cm/s)	$5\times(10^{-1}\sim10^{-4})$								
等效孔径 O_{95}(mm)	0.07~0.5								

高分子有机合成材料有纺土工织物的抗光老化等级应符合表11-15的规定。

有纺土工织物的抗光老化等级　　表11-15

抗光老化等级	I	II	III	IV
光照辐射强度为550W/m² 照射150h,拉伸强度保持率(%)	<50	50~80	80~95	>95
碳黑含量(%)	—	2+0.5		
碳黑在有纺土工织物材料中的分布要求	均匀、无明显聚块或条状物			

注:对不含碳黑或不采用碳黑做抗光老化助剂的土工有纺布,其抗光老化等级的确定参照执行。

(2)外观质量

有纺土工织物产品颜色应色泽均匀,无明显油污。产品无损伤,无破裂。有纺土工织物每卷的纵向基本长度不允许小于30m,卷中不得有拼段。外观质量还应符合表11-16的规定。

外观质量 表11-16

项目	要求
经、纬密度偏差	在100mm内与公称密度相比不允许缺两根以上
断丝	在同一处不允许有两根以上的断丝;同一处断丝两根以内(包括两根),$100m^2$ 内不超过6处
蛛丝	不允许有大于 $50mm^2$ 的蛛网,$100m^2$ 内不超过三个
布边不良	整卷不允许连续出现长度大于2000mm的毛边、散边

四、土工模袋(JT/T 515—2004)

1. 简介

土工模袋的代号为F,按编织类型可分为两类:机织布土工模袋(FJ)、针织布土工模袋(FZ)。

土工模袋可采用以下原材料制成:聚乙烯(PE)、聚丙烯(PP)、高密度聚乙烯(HDDE)、聚脂(PES)、无碱玻璃纤维(GE)、聚酰胺(PA)。以上未包括的原材料,对其名称应作特殊说明。

土工模袋的几何形状:矩形、铰链形、哑铃形、梅花形、框格形等。

土工模袋的最大填充厚度:100mm、150mm、200mm、250mm、300mm、350mm、400mm、500mm。

土工模袋的填充物:混凝土、砂浆、黏土、膨胀土等。

2. 技术要求

(1)理化性能

土工模袋的物理性能参数应符合表11-17的规定。

土工模袋的物理性能参数 表11-17

项目	型号规格								
	FJ40	FJ50	FJ60	FJ70	FJ80	FJ100	FJ120	FJ150	FJ180
	FZ40	FZ50	FZ60	FZ70	FZ80	FZ100	FZ120	FZ150	FZ180
标称纵、横向拉伸强度(kN/m)	≥40	≥50	≥60	≥70	≥80	≥100	≥120	≥150	≥180
纵横向拉伸断裂伸长率(%)	≤30								
CBR顶破强度(kN)	≥5								
纵、横向梯形撕破强度(kN)	≥0.9			≥1			≥1.1		
落锥穿透直径(mm)	≤6								
垂直渗透系数(cm/s)	$5\times(10^{-2}\sim10^{-4})$								
等效孔径 O_{95}(mm)	0.07~0.25								

高分子有机合成材料土工模袋抗光老化等级应符合表11-18的规定

土工模袋抗光老化等级 表11-18

抗光老化等级	I	II	III	IV
光照辐射强度为 $550W/m^2$ 照射150h,拉伸强度保持率(%)	<50	50~80	80~95	>95
碳黑含量(%)	—	2+0.5		
碳黑在土工模袋材料中的分布要求	均匀、无明显聚块或条状物			

注:对不含碳黑或不采用碳黑做抗光老化助剂的土工模袋,其抗光老化等级的确定参照执行。

(2)外观质量

土工模袋产品颜色应色泽均匀,无明显油污。产品无损伤,无破裂。外观质量还应符合表11-19规定。

外观质量　　表11-19

项　目	要　求
经、纬密度偏差	在100mm内与公称密度相比不允许缺两根以上
断丝	在同一处不允许有两根以上的断丝;同一处断丝两根以内(包括两根),$100m^2$内不超过6处
蛛丝	不允许有大于$50mm^2$的蛛网,$100m^2$内不超过三个
模袋边不良	整卷不允许连续出现长度大于2000mm的毛边、散边
接口缝制	不允许有断口和开口。若有断线必须重合缝制,重合缝制搭接长度不小于200mm
布边抽缩和边缘不良	允许距土工模袋边缘20mm内有布边抽缩和边缘不良现象

五、土工格室(JT/T 516—2004)

1. 简介

土工格室可分为塑料土工格室和增强土工格室两种类型:

(1)塑料土工格室——由长条形的塑料片材,通过超声波焊接等方法连接而成,展开后是蜂窝状的立体网格。长条片材的宽度即为格室的高度。格室未展开时,在同一条片材的同一侧,相邻两条焊缝之间的距离为焊接距离。

(2)增强土工格室——在塑料片材中加入低伸长率的钢丝、玻璃纤维、碳纤维等筋材所组成的复合片材,通过插件或扣件等形式连接而成,展开后是蜂窝状的立体网格。格室未展开时,在同一条片材的同一侧,相邻两连接处之间的距离为连接距离。

土工格室可采用以下原材料制成:聚乙烯(PE)、聚丙烯(PP)、钢丝(GSA)、钢丝绳(GSB)、玻璃纤维(EC)。

2. 技术要求

(1)理化性能

塑料土工格室的力学性能应符合表11-20的规定。

塑料土工格室的力学性能　　表11-20

测试项目		材质为PP的土工格室	材质为PE的土工格室
格室片单位宽度的断裂拉力(N/m)		≥275	≥220
格室片的断裂伸长率(%)		≤10	≤10
焊接处抗拉强度(N/m)		≥100	≥100
格室组间连接处抗拉强度(N/m)	格室片边缘	≥120	≥120
	格室片中间	≥120	≥120

增强土工格室的力学性能见表11-21。

增强土工格室的力学性能　　表11-21

型　号	格室片单位宽度断裂拉力(N/m)	格室片断裂伸长率(%)	格室片间连接处连接件抗剪切力(N)
GC100	≥300	≤3	≥3000
GC150			≥4500
GC200			≥6000
GC300			≥9000

塑料土工格室的抗光老化等级应符合表11-22的规定。

塑料土工格室的抗光老化等级　　表 11-22

抗光老化等级	I	II	III	IV
紫外线辐射强度为 550W/m² 照射 150h，格室片的拉伸屈服强度保持率（%）	<50	50～80	80～95	>95
碳黑含量（%）	—	2+0.5		

注：①对于高速公路、一级公路的边坡绿化，才需做紫外线辐射试验，其他情况该指标仅作参考。

②采用其他抗老化外加剂的土工格室无碳黑含量指标要求。

（2）原材料

用于制造土工格室的塑料材料应使用原始粒状原料，严禁使用粉状和再造粒状颗粒原料。并且聚乙烯应满足现行 GB/T 1116 的要求；聚丙烯应满足现行 GB/T 12023 的要求；钢丝应符合现行 GB/T 4357 规定的要求；钢丝绳应符合现行 GB/T 4357 规定的要求；玻璃纤维应符合现行 GB/T 18371 规定的要求。

（3）外观质量

塑料土工格室片为黑色或其他颜色聚乙烯塑料制成的片材，增强土工格室片用黑色聚乙烯塑料裹覆筋材制成的片材，其外观应色泽均匀。塑料土工格室的表面应平整、无气泡。增强土工格室片不应有裂缝、损伤、穿孔、沟痕和露筋等缺陷。

六、土工加筋带（JT/T 517—2004）

1. 简介

土工加筋带按加筋带的受力材料分为两类：塑料土工加筋带（SLLD）、钢塑土工加筋带（GSLD）。

2. 技术要求

（1）理化性能

塑料土工加筋带的技术参数应符合表 11-23 的规定。

塑料土工加筋带的技术参数　　表 11-23

项　目	规格（SLLD）			
	3	7	10	13
每根的断裂拉力（kN）	≥3	≥7	≥10	≥13
断裂伸长率（%）	≤8			
2% 伸长率时的拉力（kN）	≥1.2	≥3.0	≥3.5	≥4.0
似摩擦系数	≥0.4			
偏斜率（mm/m）	≤5			

钢塑土工加筋带的技术参数应符合表 11-24 的规定。

钢塑土工加筋带的技术参数　　表 11-24

项　目	规格（GSLD）				
	7	9	12	22	30
每根的断裂拉力（kN）	≥7	≥9	≥12	≥22	≥30
断裂伸长率（%）	≤3				
钢丝（钢丝绳）的握裹力（kN）	≥4	≥4	≥4	≥6	≥6
似摩擦系数	≥0.4				
偏斜率（mm/m）	≤5				
钢丝（钢丝绳）排列均匀、塑料均匀不包裹					

塑料土工加筋带抗光老化等级应符合表11-25的规定

塑料土工加筋带抗光老化等级 表11-25

光老化等级	I	II	III	IV
紫外线辐射强度为550W/m^2 照射150h,强度保持率(%)	<50	50~80	80~95	>95
碳黑含量(%)	—	2+0.5		

注:采用其他抗老化助剂时参照执行。

(2)蠕变性能

塑料土工加筋带的蠕变相对伸长率计算见式(11-1)。

蠕变试验加载水平为产品标称断裂拉力的60%;试验温度为20℃;试验总时间为500h。

(3)尺寸要求

土工加筋带每根的长度不允许小于100m,卷中不得有拼段。也可根据用户需要生产。土工加筋带产品的尺寸要求见表11-26。

土工加筋带产品的尺寸要求 表11-26

产品类型和规格	塑料土工加筋带				钢塑土工加筋带				
	3	7	10	13	7	9	12	22	30
最小宽度(mm)	18	25	30	35	30	30	30	50	60
最小厚度(mm)	1.0	1.3	1.5	1.5	2.0	2.0	2.0	2.2	2.2

(4)原材料

塑料材料应使用原始粒状原料,严禁使用粉状和再造粒状颗粒原料。聚丙烯应满足现行GB 12023的要求;高密度聚乙烯应满足现行GB 11116的要求;钢丝应符合现行GB/T 4357规定的要求;钢丝绳应符合现行YB/T 5197的要求。

(5)外观质量

土工加筋带应色泽均匀,无明显油污。产品无破裂、损伤、穿孔、无露筋等缺陷。产品表面有粗糙整齐的花纹。

七、土工膜(JT/T 518—2004)

1. 简介

土工膜的代号为M,按选用的原材料分类。

土工膜可用下列原材料制造:聚乙烯(PE)、聚丙烯(PP)、高密度聚乙烯(HDPE)、聚脂(PES)、聚丙烯腈(PAC)、聚酰胺(PA)等。

2. 技术要求

(1)理化性能

土工膜的物理性能应符合表11-27的规定。

物理性能 表11-27

项目	参数								
型号	M0.3	M0.4	M0.5	M0.6	M1	M1.5	M2	M2.5	M3
纵、横向拉伸强度(kN/m)	≥3	≥5	≥6	≥8	≥12	≥17	≥18	≥19	≥20
纵、横向拉伸断裂伸长率(%)	≥100		≥300			≥500			
纵、横向直角撕破强度(N/m)	≥10	≥15	≥20	≥30	≥40	≥80	≥100	≥120	≥150
CBR顶破强度(kN)	≥1	≥1.5	≥2.5	≥3	≥4	≥5	≥6	≥7	≥8
低温弯折性(-20℃)	无裂纹								
纵横向尺寸变化率(%)	≤5								

土工膜的抗光老化等级应符合表 11-28 的规定。

土工膜抗光老化等级 表 11-28

抗光老化等级	I	II	III	IV
光照辐射强度为 550W/m^2 照射 150h,拉伸强度保持率(%)	<50	50~80	80~95	>95
碳黑含量(%)	—	2+0.5		
碳黑在土工膜材料中的分布要求	均匀、无明显聚块或条状物			

注:对不含碳黑或不采用碳黑作抗光老化助剂的土工膜,其抗光老化等级的确定参照执行。

土工膜耐静水压力和抗渗透性应符合表 11-29 的规定。

土工膜耐静水压力和抗渗透性 表 11-29

项　目	型号规格								
	M0.3	M0.4	M0.5	M0.6	M1	M1.5	M2	M2.5	M3
耐静水压力(MPa)	≥0.3	≥0.4	≥0.5	≥0.6	≥1	≥1.5	≥2	≥2.5	≥3
垂直渗透系数(cm/s)	≤5×10^{-11}								

(2)外观质量和成品尺寸

土工膜产品颜色应色泽均匀,无明显油污。产品无损伤,无破裂、无气泡、不粘结、无孔洞,不应有接头、断头和永久性皱褶。外观质量还应符合表 11-30 规定。土工膜每卷的纵向基本长度不小于 30m,卷中不得有拼段。

外观质量 表 11-30

项　目	要　求
切口	平直,无明显锯齿现象
水云、云雾和机械划痕	不明显
杂质和僵块	直径 0.6~2.0mm 的杂质和僵块,允许每平方米 20 个以内;直径 20mm 以上的,不允许出现
卷端面错位	≤50mm

八、长丝纺粘针刺非织造土工布(JT/T 519—2004)

1. 简介

长丝纺粘针刺非织造土工布按纤维品种分为聚酯、聚丙烯、聚酰胺、聚乙烯等类型;按用途分为沥青铺面用和路基用。纤维原材料如下:聚乙烯(PE)、聚丙烯(PP)、聚酰胺(PA)、聚酯(PET)。

2. 技术要求

(1)性能要求

长丝纺粘针刺非织造土工布的性能要求分为基本项和选择项。基本性能要求见表 11-31。选择项包括动态穿孔(mm)、刺破强度(N)、纵横向强度比、平面内水流量、湿筛孔径(mm)、摩擦系数、抗紫外线性能、抗酸碱性能、抗氧化性能、抗磨损性能、蠕变性能、拼接强度等。性能指标应符合现行《公路土工合成材料应用技术规范》(JTJ/T 019)的规定。

长丝纺粘针刺非织造土工布的基本性能要求　表 11-31

性能		规格(g/m²)							
		150	200	250	300	350	400	450	500
纵、横向	断裂强度(kN/m)	≥7.5	≥10.0	≥12.5	≥15.0	≥17.5	≥20.5	≥22.5	≥25.0
	断裂伸长率(%)	30~80							
CBR 顶破强度(kN)		≥1.4	≥1.8	≥2.2	≥2.6	≥3.0	≥3.5	≥4.0	≥4.7
等效孔径 $O_{90}(O_{95})$(mm)		0.08~0.20							
垂直渗透系数(cm/s)		$5\times10^{-2}\sim5\times10^{-1}$							
纵横向撕破强度(kN)		≥0.21	≥0.28	≥0.35	≥0.42	≥0.49	≥0.56	≥0.63	≥0.70

沥青铺面用的长丝纺粘针刺非织造土工布，耐高温性应在 210℃以上，并须经单面烧毛工艺处理。可采用聚酯材料制造的 150g/m² 长丝纺粘针刺非织造土工布。路基用的长丝纺粘针刺非织造土工布，其耐腐蚀、抗老化、导排性能应满足设计要求。

(2)外观质量

长丝纺粘针刺非织造土工布的外观疵点分为轻缺陷和重缺陷，见表 11-32。

长丝纺粘针刺非织造土工布的外观疵点的评定　表 11-32

疵点名称	轻缺陷	重缺陷	要求
布面不匀、折痕	轻微	严重	
杂物、僵丝	软质，粗不大于 5mm	硬质，软质，粗大于 5mm	
边不良	≤300cm 时，每 50cm 计一处	>300cm	
破损	≤0.5cm	>0.5cm，破洞	以疵点最大长度计
其他	按相似疵点评定		

九、短纤针刺非织造土工布(JT/T 520—2004)

1. 简介

短纤针刺非织造土工布按纤维品种分为聚酯、聚丙烯、聚酰胺、聚乙烯等类型。

纤维原材料如下：聚乙烯(PE)、聚丙烯(PP)、聚酰胺(PA)、聚酯(PET)。

2. 技术要求

(1)性能要求

短纤针刺非织造土工布的性能要求分为基本项和选择项。基本性能要求见表 11-33。选择项包括动态穿孔(mm)、刺破强度(N)、纵横向强度比、平面内水流量、湿筛孔径(mm)、摩擦系数、抗紫外线性能、抗酸碱性能、抗氧化性能、抗磨损性能、蠕变性能、拼接强度等。性能指标应符合现行《公路土工合成材料应用技术规范》(JTJ/T 019)的规定。

短纤针刺非织造土工布的基本性能要求　表 11-33

性能		规格(g/m²)						
		200	250	300	350	400	450	500
纵、横向	断裂强度(kN/m)	≥6.5	≥8.0	≥9.5	≥11.0	≥12.5	≥14.0	≥16.0
	断裂伸长率(%)	30~80						
CBR 顶破强度(kN)		≥0.9	≥1.2	≥1.5	≥1.8	≥2.1	≥2.4	≥2.7
等效孔径 $O_{90}(O_{95})$(mm)		0.08~0.20						
垂直渗透系数(cm/s)		$5\times10^{-2}\sim5\times10^{-1}$						
纵横向撕破强度(kN)		≥0.16	≥0.20	≥0.24	≥0.28	≥0.33	≥0.38	≥0.42

做反滤层的无纺土工织物，应耐腐蚀、抗老化，具有较好的透水性能，等效孔径 O_{95} 应满足保土、透水、防淤堵设计准则等要求。

(2)外观质量

短纤针刺非织造土工布的外观疵点分为轻缺陷和重缺陷，见表 11-34。

短纤针刺非织造土工布外观疵点的评定　　表 11-34

疵点名称	轻缺陷	重缺陷	要求
布面不匀、折痕	轻微	严重	
杂物	软质，粗不大于 5mm	硬质，软质，粗大于 5mm	
边不良	≤300cm 时，每 50cm 计一处	>300cm	
破损	≤0.5cm	>0.5cm，破洞	以疵点最大长度计
其他	按相似疵点评定		

十、塑料排水板(带)(JT/T 521—2004)

1. 简介

塑料排水板(带)指以薄型土工织物包裹不同材料制成的不同形状的芯材，组合成一种具有一定宽度的复合型排水产品。一般将宽度为 10cm 的称为排水带，而将宽度不小于 100cm 的称为排水板。

塑料排水板(带)按打设软土地基深度可分为五类，见表 11-35。

塑料排水板(带)按打设软土地基深度分类　　表 11-35

类型	适用打设深度(m)	类型	适用打设深度(m)
A	10	B_0	25
A_0	15	C	35
B	20		

塑料排水板(带)按功能分为四类：双面反滤排水板(带)(FF)、单面反滤排水板(带)(F)、一面反滤排水另一面隔离防渗排水板(带)(FL)、加筋兼反滤排水板(带)(FI)。

2. 技术要求

(1)基本性能指标

塑料排水板(带)的基本性能要求见表 11-36。

塑料排水板(带)基本性能要求　　表 11-36

项目		型号规格				
		SPB-A	SPB-A_0	SPB-B	SPB-B_0	SPB-C
材质	芯带	高密度聚乙烯、聚丙烯等				
	滤膜	材料为涤纶、丙纶等无纺织物；单位面积质量宜大于 $85g/m^2$				
复合体	抗拉强度(干态)(kN/10cm)(延伸率为 10% 的强度)	>1.0	>1.0	>1.2	>1.2	>1.5
	延伸率(%)	>4				
纵向通水量 q_w (cm^3/s)(侧压力为 350kPa)		≥25	≥25	≥30	≥30	≥40
滤膜的拉伸强度(kN/m)	干拉强度	1.5	1.5	2.5	2.5	3.0
	湿拉强度	1.0	1.0	2.0	2.0	2.5
芯板压屈强度(kPa)		>250			>350	
滤膜渗透反滤特性	渗透系数(cm/s)	$k_g \geq 5\times10^{-4}$，$k_g \geq 10k_s$				
	等效孔径 O_{95}(mm)	<0.075				

注：①k_g——滤膜的渗透系数；k_s——地基土的渗透系数。

②塑料排水板(带)滤膜干拉强度为延伸 10% 的纵向抗拉强度，湿拉强度为浸泡 24h 后，延伸率 15% 的横向抗拉强度。

(2)原材料

芯板原材料为聚丙烯时,严禁使用再生料。

(3)外观质量

槽型塑料排水板(带)板芯槽齿无倒伏现象,钉型排水板(带)板芯乳头圆滑不带刺。塑料排水板(带)板芯无接头,表面光滑、无空洞和气泡,齿槽应分布均匀。塑料排水板(带)滤膜应符合下列规定:每卷滤膜接头不多于一个,接头搭接长度大于20cm;滤膜应包紧芯板,包覆时用热合法或黏合法;当用黏合法时,黏合缝应连续,缝宽为5mm+1mm。

第四节　土工合成材料试验方法

一、取样与试样准备(T 1101—2006)

1. 目的和适用范围

本试验方法规定了卷装土工合成材料的取样方法与试样准备方法,其他类型的土工合成材料可参照执行。后面的各项土工合成材料试验均应遵守本试验方法的基本内容。

2. 取样程序

(1)取卷装样品

①取样的卷装数符合相关文件规定。

②所选卷装材料应无破损,卷装呈原封不动状。

(2)裁取样品

①全部试验的试样应在同一样品中裁取。

②卷装材料的头两层不应取做样品。

③取样位置应尽量避开污渍、折痕、孔洞或其他损伤,否则要加放足够数量。

(3)样品的标记

①样品上应标明下列内容:

a. 商标、生产商、供应商;

b. 型号;

c. 取样日期;

d. 要加标记表示样品的卷装长度方向。

②当样品两面有显著差异时,在样品上加注标记,标明卷装材料的正面或反面。

③如果暂不制备试样,应将样品保存在干净、干燥、阴凉避光处,并且避开化学物品侵蚀和机械损伤。样品可以卷起,但不能折叠。

3. 试样准备

(1)用于每次试验的试样,应从样品长度和宽度方向上均匀地裁取,但距样品幅边至少10cm。

(2)试样不应包含影响试验结果的任何缺陷。

(3)对同一项试验,应避免两个以上的试样处在相同的纵向或横向位置上。

(4)试样应沿着卷装长度和宽度方向切割,需要时标出卷装的长度方向。除试验有其他要求外,样品上的标志必须标到试样上。

(5)样品经调湿后,再制成规定尺寸的试样。

(6)在切割结构型土工合成材料时可制订相应的切割方案。

(7)如果制样造成材料破碎,发生损伤,可能影响试验结果,则将所有脱落的碎片和试样放到一起,用于备查。

4. 调湿和状态调节

(1)土工织物

试样应在标准大气条件下调湿24h,标准大气应符合现行GB 6529规定的三级标准:温度20℃ ±2℃、相对湿度65% ±5%。

(2)塑料土工合成材料

按GB/T 2918—1998中第6条的规定,在温度23℃ ±2℃的环境下进行状态调节,时间不少于4h。

(3)如果确认试样不受环境影响,则可省去调湿和状态调节的处理程序,但应在记录中注明试验时的温度和湿度。

5. 试验报告

(1)试样的制取与准备方法。

(2)试样选择、制取、准备过程中观察到的详细情况,和做同一试验时在纵向和横向位置上的取样情况。

(3)任何与取样程序规定不符的详情。

(4)制样的日期、所选卷的来源。

(5)样品的名称、规格、供应商、生产商和型号。

二、试验数据整理与计算(T 1102—2006)

1. 目的和适用范围

本试验方法规定了土工合成材料试验数据的整理和计算方法,规定了算术平均值$\overline{X}$、标准差σ和变异系数C_v的计算方法,给出了异常试验数据的取舍原则。本试验方法适用于所有土工合成材料试验,后面各项土工合成材料试验均应遵守。

2. 算术平均值

$$\overline{X}=\frac{\sum_{i=1}^{n}X_i}{n} \tag{11-2}$$

式中:n——试样个数;

X_i——第i块试样的试验值;

$\overline{X}$——n块试样值的算术平均值。

3. 标准差

$$\sigma=\sqrt{\sum_{i=1}^{n}(X_i-\overline{X})^2/(n-1)} \tag{11-3}$$

式中符号意义同式(11-2)。

4. 变异系数

$$C_v=\frac{\sigma}{\overline{X}}\times 100\% \tag{11-4}$$

式中符号意义同式(11-2)、式(11-3)。

5. 试验数据的取舍

试验数据的取舍,应按各项试验的具体规定进行。如没有明确规定,可按 K 倍标准差作为取舍标准,即舍去那些在 $\overline{X} \pm K\sigma$ 范围以外的测定值。试件数量不同,K 值不同。K 值按表 11-37 选用。

统计量的临界值　　表 11-37

试件数量	3	4	5	6	7	8	9	10	11	12	13	14
K	1.15	1.46	1.67	1.82	1.94	2.03	2.11	2.18	2.23	2.28	2.33	2.37

三、单位面积质量测定(T 1111—2006)

1. 目的和适用范围

本试验方法规定了土工合成材料单位面积质量的测定方法。本试验方法适用于土工织物、土工格栅,其他类型的土工合成材料可参照执行。

2. 定义

单位面积质量:单位面积的试样,在标准大气条件下的质量。

3. 仪器设备及材料

(1)剪刀或切刀。

(2)称量天平:感量 0.01g。

(3)钢尺:刻度至毫米,精度 0.5mm。

4. 试验步骤

(1)取样:按 T 1101—2006 的有关规定取样。

(2)试样调湿和状态调节:按 T 1101—2006 第 5 条的规定进行。

(3)试样制备。

①土工织物:除符合 T 1101—2006 的有关规定外,用切刀或剪刀裁取面积为 10000mm^2 试样 10 块,剪裁和测量精度为 1mm。

②对于土工格栅、土工网这类孔径较大的材料,除符合 T 1101—2006 的有关规定外,试样尺寸应能代表该种材料的全部结构。可放大试样尺寸,剪裁时应从肋间对称剪取,剪裁后应测量试样的实际面积。

(4)称量:将裁剪好的试样按编号顺序逐一放在天平上称量,读数精确到 0.01g。

5. 结果整理

(1)计算每块试样的单位面积质量,按现行 GB/T 8170 修约,保留小数 1 位。

$$G = \frac{m \times 10^6}{A} \tag{11-5}$$

式中:G——试样单位面积质量(g/m^2);

m——试样质量(g);

A——试样面积(mm^2)。

(2)计算 10 块试样单位面积质量的平均值 $\overline{G}$,精确到 0.1 g/m^2;同时计算出标准差 σ 和变异系数 C_v。平均值 $\overline{G}$、标准差 σ 和变异系数 C_v 按 T1102—2006 的规定计算。

6. 试验报告

(1)试样名称、规格。

(2)试验结果。

(3)试验用大气条件。

(4)试验日期。

(5)试验中规定应注明的情况。

(6)任何偏离规定程序的详细说明。

四、厚度测定(T 1112—2006)

(一)土工织物厚度测定

1. 目的和适用范围

本试验方法规定了在一定压力下测定土工织物和相关产品厚度的方法。本试验方法适用于土工织物及复合土工织物。

2. 定义

(1)厚度:土工织物在承受规定的压力作用下,正反两面之间的距离。

(2)常规厚度:在 2kPa 压力作用下测得的试样厚度。

3. 仪器设备及材料

(1)基准板:面积应大于压块面积的 2 倍。

(2)压块:圆形,表面光滑,面积 $25cm^2$,重 5N、50N、500N 不等;其中常规厚度的压块重 5N,对试样施加 2kPa ±0.01kPa 的压力。

(3)百分表:最小分度值 0.01mm。

(4)秒表:最小分度值 0.1s。

4. 试验步骤

(1)取样:按 T 1101—2006 的有关规定取样。

(2)试样调湿和状态调节:按 T 1101—2006 第 5 条的规定进行。

(3)试样制备:除符合 T 1101—2006 的有关规定外,裁取有代表性的试样 10 块,试样尺寸应不小于基准板的面积。

(4)测定试样在 2kPa 压力作用下的常规厚度。

①擦净基准板和 5N 的压块,压块放在基准板上,调整百分表零点。

②提起 5N 的压块,将试样自然平放在基准板与压块之间,轻轻放下压块,使试样受到的压力为 2kPa ±0.01kPa,放下测量装置的百分表触头,接触后开始记时,30s 时读数,精确至 0.01mm。

③重复上述步骤,完成 10 块试样的测试。

(5)根据需要选用不同的压块,使压力为 20kPa ±0.1kPa,重复步骤(4)规定的程序,测定 20 kPa ±0.1kPa 压力下试样的厚度。

(6)根据需要选用不同的压块,使压力为 200kPa ±1kPa,重复步骤(4)规定的程序,测定 200kPa ±1kPa 压力下试样的厚度。

5. 试验结果

(1)计算在同一压力下所测定的 10 块试样厚度的算术平均值 $\bar{\delta}$,以毫米为单位,计算到小数点后 3 位,按现行 GB/T 8170 修约到小数点后两位。

(2)如果需要,同时计算出标准差 σ 和变异系数 C_v,标准差 σ 和变异系数 C_v 按 T1102—

2006 的规定计算。

6. 试验报告

(1)试样名称、规格。

(2)本次试验所采用的压力、压脚尺寸。

(3)试验结果。

(4)试验用大气条件。

(5)试验日期、试验人员。

(6)试验中规定应说明的情况。

(7)任何偏离规定程序的详细说明。

(二)土工膜厚度测定

1. 目的和适用范围

本试验方法规定了用机械测量法测定土工薄膜、薄片厚度的方法。本试验方法适用于没有压花和波纹的土工薄膜、薄片。

2. 仪器设备及材料

(1)基准板:表面应平整光滑,并有足够的面积。

(2)千分表:最小分度值 0.001mm。

3. 试验步骤

(1)取样:除符合 T 1101—2006 的有关规定外,沿样品的纵向距端部大约 1m 的位置横向截取试样,试样条宽 100mm,无折痕和其他缺陷。

(2)试样调湿和状态调节:按 T 1101—2006 第 5 条的规定进行。

(3)基准板、试样和千分表表头应无灰尘、油污。

(4)测量前将千分表放置在基准板上校准表读值基准点,测量后重新检查基准点是否变动。

(5)测量厚度时,要轻轻放下表测头,待指针稳定后读值。

(6)当土工膜(片)宽度大于 2000mm 时,每 200mm 测量一点;膜(片)宽度在 300 ~ 2000mm 时,以大致相等间距测量 10 点;膜(片)宽度在 100 ~ 300mm 时,每 50mm 测量一点;膜(片)宽度小于 100mm 时,至少测量 3 点。对于未裁毛边的样品,应在离边缘 50mm 以外进行测量。

4. 试验结果

(1)试验结果以试样的平均厚度和厚度的最大值、最小值表示,计算到小数点后 4 位,按现行 GB/T 8170 修约到小数点后 3 位,准确至 0.001mm。

(2)如果需要,按 T 1102—2006 的规定计算平均厚度的标准偏差 σ 和变异系数 C_v。

5. 试验报告

(1)试样的名称、规格。

(2)样条的数量。

(3)试验结果。

(4)试验用大气条件。

(5)试验日期、试验人员。

(6)任何偏离规定程序的详细说明。

五、幅宽测定(T 1113—2006)

1. 目的和适用范围

本试验方法规定了土工合成材料幅宽的测定方法。本试验方法适用于土工织物,其他类型的土工合成材料可参照执行。

2. 定义

幅宽:整幅样品经调湿,除去张力后,与长度方向垂直的整幅宽度。

3. 仪器设备及材料

(1)钢尺:分度值1mm,长度大于试样的宽度。

(2)测定桌。

4. 试验步骤

(1)取样及试样准备:按T 1101—2006的规定取样。

(2)长度超过5m的样品

①消除张力和临时标记

先将样品端头1~2m在测定桌上放平,除去张力,在离端头约1m处作第一对临时标记;然后轻拉样品致中段在测定桌上放平,除去张力,做第二对临时标记;再拉样品到最后的1~2m在测定桌上放平,除去张力,作第三对临时标记。

②调湿

样品除去张力后,将其充分暴露在标准大气中调湿。调湿按T 1101—2006第5条的规定进行,时间至少24h,直到连续测量3对临时标记处幅宽的差异小于每个标记处幅宽的0.25%为止。

③测量

将样品的临时标记抹去,放在测定桌上,以大致相等的间距(不超过10m),测量样品的幅宽至少5处,测点离样品头尾端至少1m。测量精确到1mm。

(3)长度小于5m的样品

将样品平放在测定桌上,除去张力,以大致相等的间距标出至少4个标记,但第一个和最后一个标记不应标在距样品两端小于样品长度五分之一处。测量每一标记处的幅宽,测量精确到1mm。

5. 试验结果

(1)对长度超过5m的样品,用试验步骤(2)测得的幅宽值计算算术平均值$\overline{w}$。

(2)对长度小于5m的样品,用试验步骤(3)测得的幅宽值计算算术平均值$\overline{w}$。

(3)计算精确到1mm。按表11-38所列,分档按GB/T 8170规定进行修约。

修约表　　表11-38

幅宽(mm)	100~500	500~1000	1000以上
精确度(mm)	1	5	10

(4)如需要,按T 1102—2006的规定计算标准差σ和变异系数C_v。

6. 试验报告

(1)样品名称、规格。

(2)试验日期。

(3)样品幅宽。

(4)样品最大和最小幅宽。

(5)测定的方法。

(6)任何偏离规定程序的详细说明。

六、土工格栅、土工网网孔尺寸测定(T 1114—2006)

1. 目的和适用范围

本试验方法规定了土工格栅、土工网网孔尺寸的测定方法。本试验方法适用于各类孔径较大的土工格栅、土工网,其他相同类型的土工合成材料可参照执行。

2. 定义

当量孔径:土工格栅、土工网等大孔径的土工合成材料,其网孔尺寸通过换算折合而成的与其面积相当的圆形孔的孔径。

3. 仪器设备及材料

(1)游标卡尺:量程 200mm,精度 0.02mm。

(2)其他:坐标纸、铅笔、求积仪。

4. 试验步骤

(1)取样:按 T 1101—2006 的规定取样。

(2)试样调湿和状态调节:按 T 1101—2006 第 5 条的规定进行。

(3)试样制备:除符合 T 1101—2006 的规定外,每块试样应至少包括 10 个完整的有代表性的网孔。

(4)测试方法。

①对较规则网孔的试样(图 11-3),当网孔为矩形或偶数多边形时,测量相互平行的两边之间的距离;当网孔为三角形或奇数多边形时,测量顶点与对边的垂直距离。同一测点平行测定两次,两次测定误差应小于 5%,取均值;每个网孔至少测 3 个测点,读数精确到 0.1mm,取均值。

②对于孔边呈弧线或不规则网孔的试样,检测时应将试样平整地放在坐标纸上固定好,用削尖的铅笔紧贴网孔内壁将网孔完整地描画在坐标纸上,用同一坐标纸一次描出所有的应测孔,每个网孔测描两次。

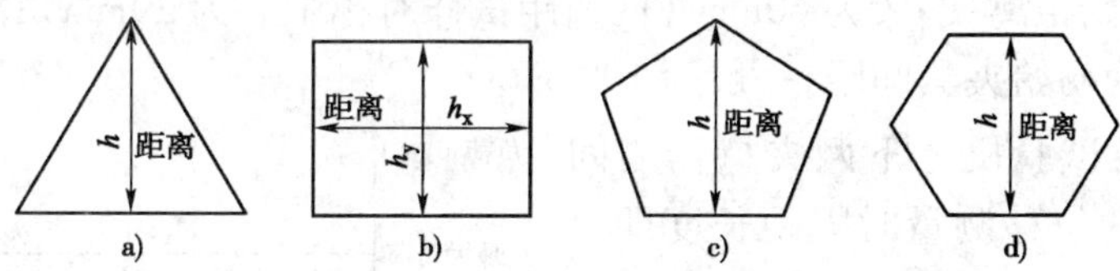

图 11-3　土工格栅、土工网网孔尺寸测试示意图

注:用卡尺测量时,应注意卡角紧贴孔边但不能使孔边受力变形;用铅笔描画时,也要求如此。

5. 结果整理

(1)计算网孔面积。

①对较规则网孔,按下列公式计算网孔面积:

三角形网孔:　$A = 0.5774h^2$

矩形网孔:　$A = h_x h_y$

五边形网孔:　$A = 0.7265h^2$

六边形网孔:　$A = 0.8860h^2$

式中：A——网孔面积(mm^2)；

H——网孔高度(mm)。

②对不规则网孔，用求积仪测出坐标纸上每个网孔两次测描的面积，两次测量值误差应小于3%，取均值。

(2)计算网孔的当量孔径，计算精确到0.1mm。

$$D_e = 2 \times \sqrt{A/\pi} \tag{11-6}$$

按T 1102—2006的规定计算10个网孔当量孔径的平均值$\overline{D}_e$，按现行GB/T 8170规定修约，精确到1mm。标准差σ和变异系数C_v按T 1102—2006的规定计算。

6. 试验报告

(1)试样名称、规格。

(2)本次试验所采用的试验方法。

(3)试验结果。

(4)试验用大气条件。

(5)试验日期。

(6)试验中规定应说明的情况。

(7)任何偏离规定程序的详细说明。

七、宽条拉伸试验(T 1121—2006)

1. 目的和适用范围

本试验方法规定了用宽条试样测定土工织物及其有关产品拉伸性能的方法。本试验方法适用于大多数土工合成材料，包括土工织物及复合土工织物，也适用于土工格栅，但不适用于土工膜。

试验方法包括测定调湿和浸湿两种试样拉伸性能的程序，包括单位宽度的最大负荷和最大负荷下的伸长率以及特定伸长率下的拉伸力的测定。

2. 定义

(1)名义夹持长度(L_0)：用伸长计测量时，名义夹持长度为在试样的受力方向上，标记的两个参考点间的初始距离，一般为60mm(两边距试样对称中心为30mm)；用夹具的位移测量时，名义夹持长度为初始夹具间距，一般为100mm。

(2)隔距长度：试验机上下两夹持器之间的距离，当用夹具的位移测量时隔距长度即为名义夹持长度。

(3)预负荷伸长：在相当于最大负荷1%的外加负荷下，所测的夹持长度的增加值，以mm表示(图11-4中的L'_0)。

(4)实际夹持长度：名义夹持长度加上预负荷伸长(预加张力夹持时)。

(5)最大负荷：试验中所得到的最大拉伸力，以kN表示(图11-4中的D点)。

(6)伸长率：试验中试样实际夹持长度的

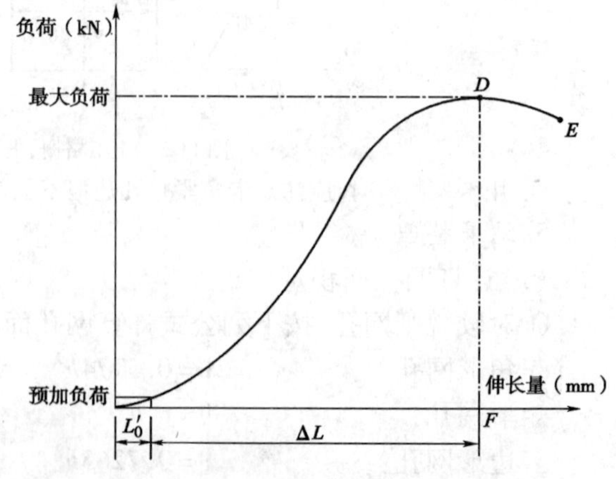

图11-4 松式夹持试样的负荷—伸长曲线图

增加与实际夹持长度的比值,以%表示。

(7)最大负荷下伸长率:在最大负荷下试样所显示的伸长率,以%表示。

(8)特定伸长率下的拉伸力:试样被拉伸至某一特定伸长率时每单位宽度的拉伸力,以kN/m表示。

(9)拉伸强度:试验中试样拉伸直至断裂时每单位宽度的最大拉力,以kN/m表示。

3. 仪器设备及材料

(1)拉伸试验机:具有等速拉伸功能,拉伸速率可以设定,并能测读拉伸过程中试样的拉力和伸长量,记录拉力—伸长曲线。

(2)夹具:钳口表面应有足够宽度,至少应与试样同宽(200mm),以保证能够夹持试样的全宽,并采用适当措施避免试样滑移和损伤。

注:对大多数材料宜使用压缩式夹具,但对那些使用压缩式夹具出现过多钳口断裂或滑移的材料,可采用绞盘式夹具。

(3)伸长计:能够测量试样上两个标记点之间的距离,对试样无任何损伤和滑移,能反映标记点的真实动程。伸长计包括力学、光学或电子形式的。伸长计的精度应不超过±1mm。

(4)蒸馏水:仅用于浸湿试样,见现行GB/T 6682。

(5)非离子润湿剂:仅用于浸湿试样。

4. 试样制备

(1)取样:按T 1101—2006的规定取样。

(2)试样数量:纵向和横向各剪取至少5块试样。

(3)试样尺寸。

①无纺类土工织物试样宽为200mm ±1mm(不包括边缘),并有足够的长度以保证夹具间距100mm;为控制滑移,可沿试样的整个宽度与试样长度方向垂直地画2条间隔100mm的标记线(不包含绞盘夹具)。

②对于机织类土工织物,将试样剪切约220mm宽,然后从试样的两边拆去数目大致相等的边线以得到200mm±1mm的名义试样宽度,这有助于保持试验中试样的完整性。

注:当试样的完整性不受影响时,则可直接剪切至最终宽度。

③对于土工格栅,每个试样至少为200mm宽,并具有足够长度。试样的夹持线在节点处,除被夹钳夹持住的节点或交叉组织外,还应包含至少1排节点或交叉组织;对于横向节距大于或等于75mm的产品,其宽度方向上应包含至少2个完整的抗拉单元。

如使用伸长计,标记点应标在试样的中排抗拉肋条的中心线上,两个标记点之间应至少间隔60mm,并至少含有一个节点或一个交叉组织。

④对于针织、复合土工织物或其他织物,用刀或剪子切取试样可能会影响织物结构,此时允许采用热切,但应在试验报告中说明。

⑤当需要测定湿态最大负荷和干态最大负荷时,剪取试样长度至少为通常要求的两倍。将每个试样编号后对折剪切成两块,一块用于测定干态最大负荷,另一块用于测定湿态最大负荷,这样使得每一对拉伸试验是在含有同样纱线的试样上进行的。

(4)试样调湿和状态调节。

①土工织物。

干态试验所用试样的调湿,按T 1101—2006第5条(1)的规定进行。

湿态试验所用试样应浸入温度为20℃ ±2℃的蒸馏水中,浸润时间应足以使试样完全润湿或者至少 24h。为使试样完全湿润,也可以在水中加入不超过 0.05% 的非离子型润湿剂。

②塑料土工格栅。

塑料土工格栅试样状态调节按 T 1101—2006 第 5 条(2)的规定进行。

③如确认试样不受环境影响,则可不进行调湿和状态调节,但应在报告中注明试验时的温度和湿度。

5. 试验步骤

(1)拉伸试验机的设定:对于土工织物,试验前将两夹具间的隔距调至 100mm ± 3mm。选择试验机的负荷量程,使断裂强力在满量程负荷的 30% ~90% 之间。设定试验机的拉伸速度,使试样的拉伸速率为名义夹持长度的(20% ±1%)/min。

如使用绞盘夹具,在试验前应使绞盘中心间距保持最小,并且在试验报告中注明使用了绞盘夹具。

(2)夹持试样:将试样在夹具中对中夹持,注意纵向和横向的试样长度应与拉伸力的方向平行。合适的方法是将预先画好的横贯试件宽度的两条标记线尽可能的与上下钳口的边缘重合。对湿态试样,从水中取出后 3 min 内进行试验。

(3)试样预张:对已夹持好的试件进行预张,预张力相当于最大负荷的 1%,记录因预张试样产生的夹持长度的增加值 L'_0。

注:如施加预张力夹持试样较为烦琐,而拉伸试验机又具有绘制应力—应变曲线的功能,也可采用松式法夹持试样,但在计算伸长率时要考虑预负荷伸长。

(4)使用伸长计时:在试样上相距 60mm 处分别设定标记点(分别距试样中心 30mm),并安装伸长计,注意不能对试样有任何损伤,并确保试验中标记点无滑移。

(5)测定拉伸性能:开动试验机连续加荷直至试样断裂,停机并恢复至初始标距位置。记录最大负荷,精确至满量程的 0.2%;记录最大负荷下的伸长量 ΔL,精确到小数点后 1 位。

如试样在距钳口 5mm 范围内断裂,结果应被剔除,纵横向每个方向至少试验 5 块有效试样。如试样在夹具中滑移,或者多于 1/4 的试样在钳口附近 5mm 范围内断裂,可采取下列措施:

①夹具内加衬垫;

②对夹在钳口内的试样加以涂层;

③改进夹具钳口表面。

无论采用了何种措施,均应在试验报告中注明。

(6)测定特定伸长率下的拉伸力:使用合适的记录测量装置测定在任一特定伸长率下的拉伸力,精确至满量程的 0.2%。

6. 结果整理

(1)计算每个试样的拉伸强度。

$$a_f = F_f C \tag{11-7}$$

式中:a_f——拉伸强度(kN/m);

F_f——最大负荷(kN);

C——由式(11-8)或式(11-9)求出。

对于非织造品、高密织物或其他类似材料:

$$C = 1/B \tag{11-8}$$

式中:B——试样的名义宽度(m)。

对于稀松土机织工织物、土工网、土工格栅或其他类似的松散结构材料：

$$C = N_m / N_s \tag{11-9}$$

式中：N_m——试样 1m 宽度内的拉伸单元数；

N_s——试样内的拉伸单元数。

（2）计算每个试样的伸长率（图 11-4）。

$$\varepsilon = \frac{\Delta L}{L_0 + L'_0} \times 100 \tag{11-10}$$

式中：ε——伸长率（%）；

L_0——名义夹持长度（使用夹具时为 100mm，使用伸长计时为 60mm）；

L'_0——预负荷伸长量（mm）；

ΔL——最大负荷下的伸长量（mm）。

（3）计算每个试样在特定伸长率下的拉伸力。例如伸长率 2% 时的拉伸力：

$$F_{2\%} = f_{2\%} \times C \tag{11-11}$$

式中：$F_{2\%}$——对应 2% 伸长率时每延米拉伸力（kN/m）；

$f_{2\%}$——对应 2% 伸长率时试样的测定负荷（kN）；

C——由式（11-8）或式（11-9）求出。

（4）按 T 1102—2006 的规定分别对纵向和横向两组试样的拉伸强度、最大负荷下伸长率及特定伸长率下的拉伸力计算平均值和变异系数，拉伸强度和特定伸长率下的拉伸力精确至 3 位有效数字，最大负荷下伸长率精确至 0.1%，变异系数精确至 0.1%。每组有效试样数为 5 块。

7. 试验报告

（1）试样名称、规格。

（2）试样状态：湿样或干样。

（3）每个方向的试样数量。

（4）纵向和横向的拉伸强度。

（5）纵向和横向最大负荷下的伸长率。

（6）如果需要，分别计算出与 2%、5% 和 10% 的伸长率相对应的拉伸力。

（7）测定值的标准偏差或变异系数。

（8）试验机的型号。

（9）夹具形式，包括夹具尺寸、钳口表面形式、变形测量系统和初始夹具隔距。

（10）如果需要，给出典型的负荷—伸长曲线。

（11）任何偏离规定程序的详细说明。

八、接头/接缝宽条拉伸试验（T 1122—2006）

1. 目的和适用范围

本试验方法规定了用宽条样测定土工合成材料接头和接缝拉伸性能的方法，包括测定调湿和浸湿两种试样拉伸性能的程序。本试验方法适用于大多数土工合成材料，包括土工织物、土工复合材料，也适用于土工格栅，但试样尺寸要作适当改变。

2. 定义

（1）接缝：两块或多块土工合成材料缝合起来的连续缝迹。

(2)接头:两块或多块分开的土工合成材料,由除缝合外的其他方法接合起来的联结处。

(3)接头/接缝强度:由缝合或接合两块或多块土工合成材料所形成联结处的最大抗拉力,以 kN/m 为单位。

(4)接头/接缝效率:接头/接缝强度与在同方向上所测定的土工合成材料的强度之比,以%表示。

3.仪器设备及材料

(1)拉伸试验机:具有等速拉伸功能,拉伸速率可以设定,并能测读拉伸过程中试样的拉力和伸长量,记录拉力—伸长曲线。

(2)夹具:钳口应有足够宽度,至少应与试样同宽(200mm),以保证能够夹持试样的全宽,并采用适当措施避免试样滑移和损伤。

(3)蒸馏水:符合现行 GB/T 6682 的要求。

(4)非离子润湿剂。

4.试样制备

(1)取样:按 T1101—2006 的规定取样。

(2)试样数量:剪取含接头/接缝试样至少 5 块,每块试样应含有一个接缝或接头。如需要湿态试验,另增加 5 块试样。

(3)制样:如样品无接缝或接头,需要制备接缝或接头时,应根据施工实际中接头/接缝的形式,和有关方面的协议制备试样。剪取试样单元至少 10 个(每两个为一组),每个单元尺寸应满足制备后的试样尺寸符合测定的要求。

注:试样制备时,两个接合或缝合在一起的单元应是同一方向(纵向或横向),而且接头/接缝应垂直于受力方向。为控制滑移,可沿试样的整个宽度与试样长度方向垂直地画两条间隔 100mm 的标记线。

(4)试样尺寸。

①从接合或缝合的样品中剪取试样,每块试样的长度不少于 200mm,接头/接缝应在试样的中间部位,并垂直于受力方向,每块试样最终宽度为 200mm,按图 11-5 所示剪取试样,A 角为 90°。

②对于机织土工织物,在距试样中心线 25mm + $b/2$ 的距离处剪 25mm 长的切口,以便拆去边纱得到 200mm 的名义宽度(图 11-5)。

③对于土工格栅和土工网,试样宽度至少为 200mm,包含不少于 5 个拉伸单元,长度应大于 100mm 加接头宽度,接头两侧应含有至少一排节点或交叉组织,这些节点或交叉组织不应包括被夹钳夹持住的及形成接头的节点或交叉组织,剪去离开该排节点 10mm 处的肋条或交叉组织(图 11-6)。试样的交叉组织至少应比被测试的拉伸单元宽 1 个节距,以利形成接头。

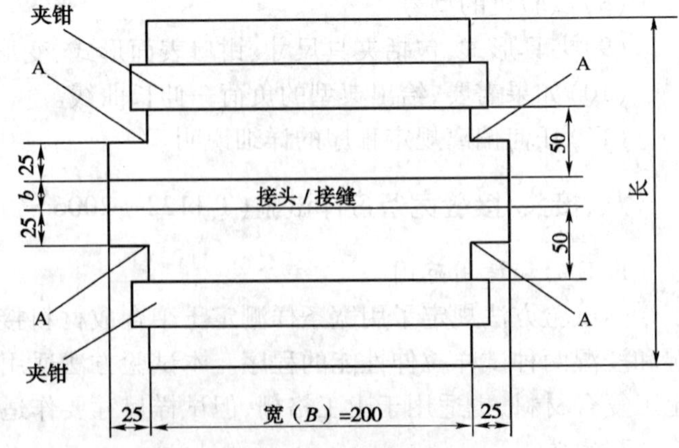

图 11-5　土工织物试样尺寸图(尺寸单位:mm)

④对于针织土工织物、复合土工织物或其他土工织物,用刀剪切试样可能会影响其结构,此时可采用热切,但应避免损伤图 11-5 中 A 的部位。

（5）试样调湿和状态调节：按 T 1121—2006 第 5 条的规定进行。

5. 试验步骤

（1）拉伸试验机的设定

调整两夹具间的隔距为 100mm ± 3mm 再加上接缝或接头宽度，土工格栅、土工网除外。选择试验机的负荷量程，使断裂强力在满量程负荷的 30% ~ 90% 之间。设定试验机的拉伸速度，使试样的拉伸速率为名义夹持长度的(20% ± 1%)/min。

（2）夹持试样

将试样放入夹钳中心位置，长度方向与受力方向平行，保证标记线与钳口吻合，以便观察试验过程中试样是否出现打滑。对于湿态试样，从水中取出 3min 内进行试验。

（3）测定接头/接缝拉伸强度

开启拉伸试验机，直至接头/接缝或材料本身断裂。记录最大负荷，精确至满量程的 2%，观察和记录断裂原因：

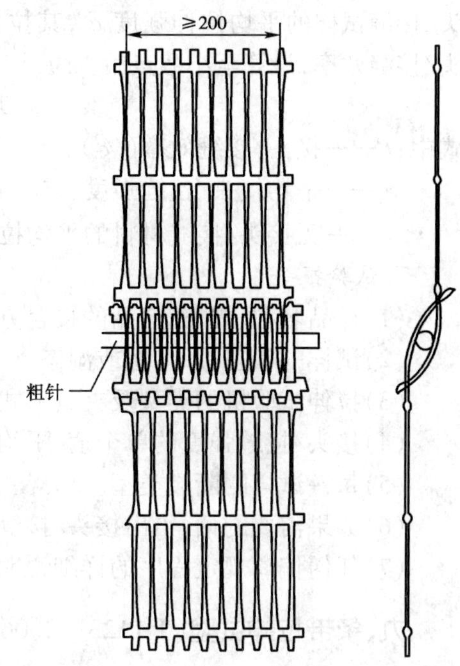

图 11-6　土工格栅试样图(尺寸单位：mm)

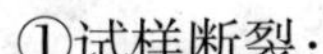
①试样断裂；

②缝线断裂；

③试样与接头/接缝滑脱；

④接缝开裂；

⑤上述两种或多种组合；

⑥其他。

如果试样是从图 11-5 中 A 处开始断裂，或试样在夹具中打滑，则应剔除该试验结果并另取一试样进行测试。

6. 结果整理

（1）计算纵向或横向的接头/接缝强度，精确至 3 位有效数字。

$$S_f = F_f \times C \tag{11-12}$$

式中：S_f——接头/接缝强度(kN/m)；

F_f——最大负荷(kN)；

C——计算系数，由式(11-13)或式(11-14)求得。

对于土工织物或类似小孔结构材料：

$$C = 1/B \tag{11-13}$$

对于土工网、土工格栅或类似材料：

$$C = N_m/N_s \tag{11-14}$$

B——试样宽度(m)；

N_m——样品 1m 宽内的拉伸单元数；

N_s——试样内的拉伸单元数。

（2）按 T 1102—2006 的规定计算 5 块试样的接头/接缝强度的平均值 $\overline{S}_f$、接头/接缝强度的变异系数 C_v。

(3)如果需要计算接头/接缝效率,按 T 1121—2006(宽条拉伸试验方法)测定5块无接头/接缝试样的平均拉伸强度 $\overline{a}_f$,其拉伸方向应与接头/接缝试样相同。按式(11-15)计算接头/接缝效率,计算至小数点后1位。

$$E=(\overline{S}_f/\overline{a}_f)\times 100 \tag{11-15}$$

式中:E——接头/接缝效率(%);

$\overline{S}_f$——平均接头/接缝强度(kN/m);

$\overline{a}_f$——无接头/接缝材料的平均拉伸强度(kN/m)。

7. 试验报告

(1)样品名称、规格、产品的接合方法及方向、试样是否采用热切。

(2)试样的状态,即干态或湿态。

(3)拉伸试验机的类型及夹具形式。

(4)接头/接缝强度的单个值、平均值和变异系数。

(5)每一试样的断裂类型。

(6)如果需要的话,给出接头/接缝效率。

(7)任何偏离规定程序的详细说明。

九、条带拉伸试验(T 1123—2006)

1. 目的和适用范围

本试验方法规定了单筋、单条试样测定土工合成材料拉伸性能的方法。本试验方法适用于各类土工格栅、土工加筋带。

2. 定义

(1)名义夹持长度(L_0):用伸长计测量时,在试样的受力方向上,标记的两个参考点间的初始距离,一般为60mm(两边距试样对称中心为30mm);用夹具的位移测量时,初始夹具的间距,一般为100mm。

(2)预负荷伸长(L'_0):在相当于最大负荷1%的外加负荷下,所测的夹持长度的增加值,以mm表示(图11-4)。

(3)隔距长度:试验机上下两夹持器之间的距离,当用夹具的位移测量时隔距长度即为名义夹持长度。

(4)实际夹持长度:名义夹持长度加预负荷伸长(预加张力夹持时)。

(5)最大负荷:试验中所得到的最大拉伸力,以kN表示(图11-4中的D点)。

(6)伸长率:试验中试样实际夹持长度内变形的增加量与实际夹持长度的比值,以%表示。

(7)最大负荷下伸长率:在最大负荷下试样所显示的伸长率,以%表示。

(8)拉伸强度:土工格栅试样被拉伸直至断裂时每单位宽度的最大拉伸力,以kN/m表示。

(9)断裂拉力:土工加筋带单条试样被拉伸直至断裂过程中所能承受的最大拉力,以kN表示。

3. 仪器设备及材料

(1)拉伸试验机:具有等速拉伸功能,拉伸速率可以设定,并能测读拉伸过程中试样的拉力和伸长量,记录拉力—伸长曲线。

(2)夹具:钳口应有足够的约束力,允许采用适当措施避免试样滑移和损伤。

注:对大多数材料宜使用压缩式夹具,但对那些使用压缩式夹具出现过多钳口断裂或滑移的材料,可采用绞盘式夹具。

(3)伸长计:能够测量试样上两个标记点之间的距离,对试样无任何损伤和滑移,能反映标记点的真实动程。伸长计包括力学、光学、或电子形式的。伸长计的精度应不超过 ±1mm。

4. 试样制备

(1)取样:按 T 1101—2006 的规定取样。

(2)试样数量:土工格栅纵向和横向各裁取至少 5 根单筋试样;土工加筋带裁取至少 5 条试样。

(3)试样尺寸。

①对于土工格栅,单筋试样应有足够的长度,试样的夹持线在节点处,除被夹钳夹持住的节点或交叉组织外,还应包含至少 1 个节点或交叉组织。

如使用伸长计,标记点应标在筋条试样的中心上,两个标记点之间应至少间隔 60mm,并至少含有一个节点或一个交叉组织,夹持长度应为数个完整节距。

②对于土工加筋带,试样应有足够的长度以保证夹具间距 100mm。为控制滑移,可沿试样的整个宽度与试样长度方向垂直地画两条间隔 100mm 的标记线(不包含绞盘夹具)。

(4)试样调湿和状态调节:按 T 1101—2006 第 5 条的规定进行。

5. 试验步骤

(1)拉伸试验机的设定

选择试验机的负荷量程,使断裂强力在满量程负荷的 30% ~90% 之间。设定试验机的拉伸速度,使试样的拉伸速率为名义夹持长度的(20% ±1%)/min。如使用绞盘夹具,在试验前应使绞盘中心间距保持最小,并且在试验报告中注明使用了绞盘夹具。

(2)试样的夹持和预张

将试样在夹具中对中夹持,对已夹持好的试件进行预张,预张力相当于最大负荷的 1%,记录因预张试样产生的夹持长度的增加值 L'_0(图 11-4)。

注:如施加预张力夹持试样较为烦琐,而拉伸试验机又具有绘制应力—应变曲线的功能,也可采用松式法夹持试样,但在计算伸长率时要考虑预负荷伸长。

(3)使用伸长计时

在分别距试样中心 30mm 的两个标记点处安装伸长计,不能对试样有任何损伤,并确保试验中标记点无滑移。

(4)测定拉伸性能

开动试验机连续加荷直至试样断裂,停机并恢复至初始标距位置。记录最大负荷,精确至满量程的 0.2%;记录最大负荷下的伸长量,精确到小数点后 1 位。

如试样在距钳口 5mm 范围内断裂,结果应被剔除。如试样在夹具中滑移,或者多于 1/4 的试样在钳口附近 5mm 范围内断裂,可采取下列措施:

①夹具内加衬垫;

②对夹在钳口内的试样加以涂层;

③改进夹具钳口表面。

无论采用了何种措施,均应在试验报告中注明。

(5)测定特定伸长率下的拉伸力

使用合适的记录测量装置测定在任一特定伸长率下的拉伸力，精确至满量程的0.2%。

6. 结果整理

(1)拉伸强度

①计算土工格栅试样拉伸强度。

$$a_f = fn/L \tag{11-16}$$

式中：a_f——拉伸强度(kN/m)；

f——试件的最大拉伸力(kN)；

n——样品宽度上的筋数；

L——样品宽度(m)。

②土工加筋带试样断裂拉力，以试件最大拉伸力表示，单位为kN。

(2)计算试样最大负荷下的伸长率(图11-4)。

$$\varepsilon = \frac{\Delta L}{L_0 + L'_0} \times 100 \tag{11-17}$$

式中：ε——最大负荷下的伸长率(%)；

L_0——名誉夹持长度(使用夹具时为100mm，使用伸长计时为60mm)；

L'_0——预负荷伸长量(mm)；

ΔL——最大负荷下的伸长量(mm)。

(3)特定伸长率下的拉伸力

①土工格栅试样特定伸长率下的拉伸力按式(11-18)计算。例如伸长率2%时的拉伸力：

$$F_{2\%} = f_{2\%} n/L \tag{11-18}$$

式中：$F_{2\%}$——对应2%伸长率时每延米拉伸力(kN/m)；

$f_{2\%}$——对应2%伸长率时试件的拉伸力(kN)；

n——样品宽度上的筋数；

L——样品宽度(m)。

②土工加筋带试样特定伸长率下的拉伸力，以试件特定伸长率下的拉力表示，单位为kN。

(4)平均值和变异系数

①按T 1102—2006的规定对土工格栅的拉伸强度、最大负荷下伸长率和特定伸长率下的拉伸力计算平均值和变异系数。

②按T 1102—2006的规定对土工加筋带的断裂拉力、最大负荷下伸长率和特定伸长率下的拉伸力计算平均值和变异系数。

③拉伸强度、断裂拉力和特定伸长率下的拉伸力精确至3位有效数字，最大负荷下伸长率计算到小数点后1位，按现行GB/T 8170修约到整数，变异系数精确至0.1%。

④每组有效试样数为5个。

7. 试验报告

(1)试样名称、规格型号。

(2)试样状态。

(3)每个方向的试样数量。

(4)纵向和横向的平均拉伸强度。

(5)纵向和横向最大负荷下的伸长率。

(6)如果需要，计算特定伸长率下的拉伸力。

(7)标准偏差或变异系数。

(8)试验机的型号。

(9)夹具形式,包括夹具尺寸、钳口表面形式、变形测量系统和初始夹具隔距。

(10)任何偏离规定程序的详细说明。

十、粘焊点极限剥离力试验(T 1124—2006)

1. 目的和适用范围

本试验方法规定了测定粘焊土工格栅粘焊点极限剥离力的方法。本试验方法适用于测定各类粘焊土工格栅粘焊点的极限剥离力,其他土工合成材料粘焊点极限剥离力的测定可参照执行。

2. 仪器设备及材料

(1)拉伸试验机:应具有等速拉伸功能,拉伸速率可以设定和控制。

(2)剥离试验专用夹具:应有足够宽度,以能够夹持不同宽度试样,并能保持剥离时试样不滑移和损伤。

3. 试样制备

(1)取样:按 T 1101—2006 的规定取样。

(2)制样:单向格栅横向截取 5 个剥离试样,双向格栅纵横向各截取 5 个剥离试样,每个剥离试样都含一个粘焊点,试件见图 11-7。

(3)试样调湿和状态调节:按 T 1101—2006 第 5 条的规定进行。

4. 试验步骤

(1)拉伸试验机的设定

选择量程范围,使剥离最大负荷在满量程负荷的 30% ~90% 范围之间,并设定拉伸速率为 50mm/min ± 5mm/min。

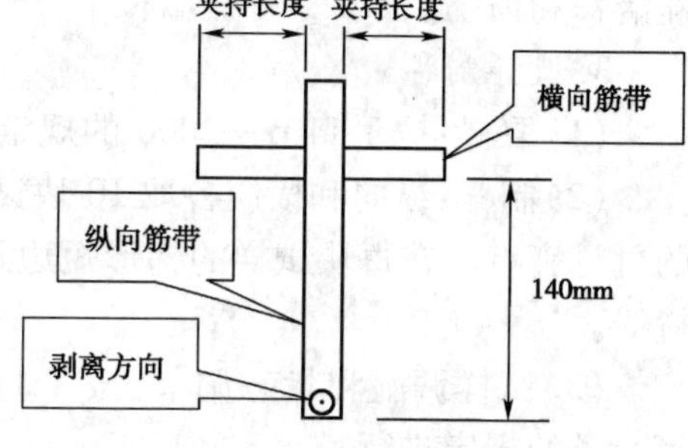

图 11-7　剥离试样示意图

(2)夹持试样

安装剥离拉伸试验专用夹具,将试样横向筋带夹持在夹具中,调整夹持器的间距,使夹具水平夹住试样粘焊点横向筋带的两端(靠近纵向筋带处),夹持长度为横向筋带宽度的两倍并且不小于 50mm,使两夹持面和剥离轴线处在同一平面上,以保证剥离时试样不发生扭曲,并使剥开面向着操作者(图 11-7)。

(3)启动试验机

开动拉伸试验机进行试样粘焊点的剥离试验,直到粘焊点完全剥离方可停机,并记录剥离时的最大剥离力,单位为 N。

5. 试验结果

(1)粘焊点极限剥离力

单向格栅粘焊点极限剥离力,以横向 5 个试样最大剥离力的算术平均值表示。

双向格栅粘焊点极限剥离力,分别以横向 5 个、纵向 5 个试样的最大剥离力的算术平均值表示。计算到小数点后 1 位,单位为 N,按现行 GB/T 8170 修约到整数。

(2)如果需要,按 T 1102—2006 的规定计算格栅粘焊点极限剥离力的变异系数 C_v,变异系数精确至 0.1%。

6. 试验报告

(1)样品名称、规格型号和状态描述。

(2)试验结果。

(3)试验日期。

(4)试验用的仪器类型。

(5)试验用的大气条件。

(6)试验中规定应注明的情况。

(7)任何偏离规定程序的详细说明。

十一、梯形撕破强力试验(T 1125—2006)

1. 目的和适用范围

本试验方法规定了用梯形试样测定土工织物撕破强力的方法。本试验方法适用于测定土工织物的梯形撕破强力。

2. 仪器设备及材料

(1)拉伸试验机:应具有等速拉伸功能,拉伸速率可以设定,并能测读拉伸过程中的应力、应变量,记录应力—应变曲线。

(2)夹具:钳口表面应有足够宽度,以保证能够夹持试样的全宽,并采用适当措施避免试样滑移和损伤。

3. 试样制备

(1)取样:按 T 1101—2006 的规定取样。

(2)制样:纵向和横向各取 10 块试样,试件尺寸见图 11-8。试样上不得有影响试验结果的可见疵点。在每块试样的梯形短边正中处剪一条垂直于短边的 15mm 长的切口,并画上夹持线。

(3)试样调湿和状态调节:按 T 1101—2006 第 5 条的规定进行。

4. 试验步骤

(1)调整拉伸试验机卡具的初始距离为 25mm,设定满量程范围,使试样最大撕破负荷在满量程负荷的 30% ~90% 范围内,设定拉伸速率为 100mm/min ±5mm/min。

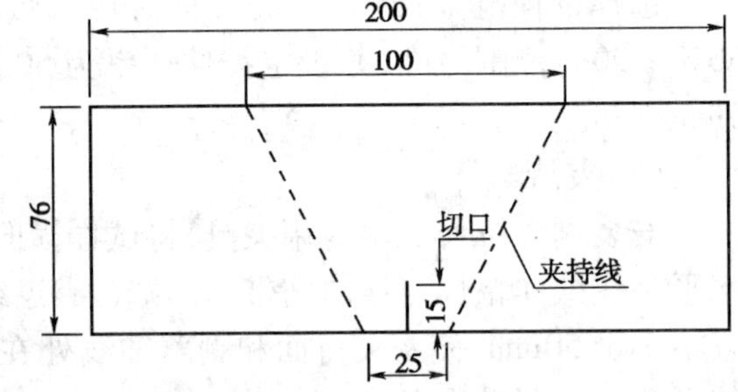

图 11-8 梯形试样平面图(尺寸单位:mm)

(2)将试样放入卡具内,使夹持线与夹钳钳口线相平齐,然后旋紧上、下夹钳螺栓,同时要注意试样在上、下夹钳中间的对称位置,使梯形试样的短边保持垂直状态。

(3)开动拉伸试验机,直至试样完全撕破断开,记录最大撕破强力值,单位为 N。

(4)如试样从夹钳中滑出或不在切口延长线撕破断裂,则应剔除此次试验数值,并在原样品上再裁取试样,补足试验次数。

5. 试验结果

(1)按 T 1102—2006 的规定分别计算纵、横向撕破强力的平均值和变异系数。

(2)纵、横向撕破强力以各自 10 次试验的算术平均值表示,单位为 N,计算到小数点后 1 位,按现行 GB/T 8170 修约到整数。变异系数精确至 0.1%。

6. 试验报告

(1)样品名称、规格型号和状态描述。

(2)试验结果。

(3)试验日期。

(4)试验用的仪器类型。

(5)试验用的大气条件。

(6)试验中规定应注明的情况。

(7)任何偏离规定程序的详细说明。

十二、CBR 顶破强力试验(T 1126—2006)

1. 目的和适用范围

本试验方法规定了测定土工织物顶破强力、顶破位移和变形率的方法。本试验方法适用于土工织物、土工膜及其复合产品。

注:本试验方法不适用于稀松或孔径较大的土工合成材料,土工网和土工格栅不进行该项试验。

2. 定义

(1)顶破强力:顶压杆顶压试样直至破裂过程中测得的最大顶压力。

(2)顶破位移:从顶压杆顶端开始与试样表面接触时起,直至达到顶破强力时,顶压杆顶进的距离。

(3)变形率:环形夹具内侧至顶压杆边缘之间试样长度变化的百分率。

3. 仪器设备及材料

(1)试验机:应具有等速加荷功能,加荷速率可以设定,并能测读加荷过程中的应力、应变量,记录应力—应变曲线。

(2)顶破夹具:夹具夹持环底座高度须大于 100mm,环形夹具内径为 150mm(图 11-9),其中心必须在顶压杆的轴线上。

注:在保证夹持环内径为 150mm、有效高度空间大于 100mm、能够夹紧试件的前提下,允许采用气压或液压夹具。

(3)顶压杆:直径为 50mm、高度为 100mm 的圆柱体,顶端边缘倒成 2.5mm 半径的圆弧(图 11-10)。

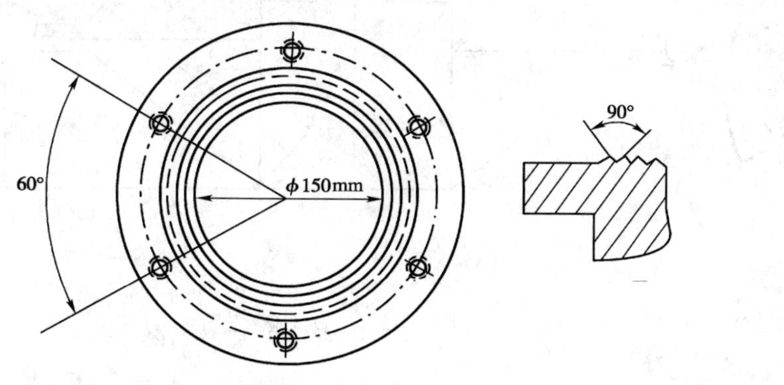

图 11-9　夹持设备

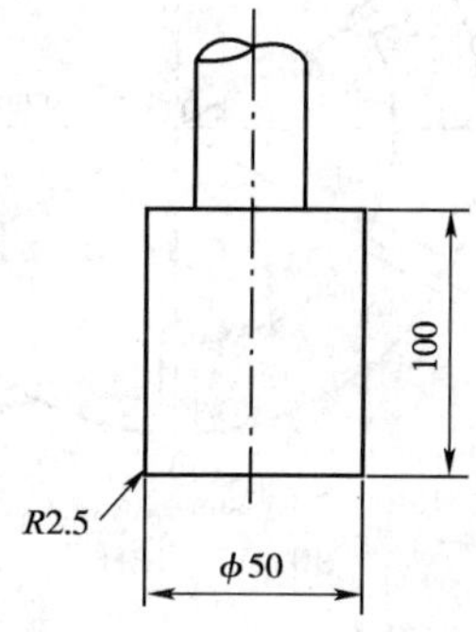

图 11-10　顶压杆(尺寸单位:mm)

4. 试样制备

(1)取样:按 T 1101—2006 的规定取样。

(2)制样:裁取 ϕ300mm 的圆形试样 5 块,试样上不得有影响试验结果的可见疵点,在每块试样离外圈 50mm 处均等开 6 条 8mm 宽的槽(图 11-11)。

(3)试样调湿和状态调节:按 T 1101—2006 第 5 条的规定进行。

5. 试验步骤

(1)试样夹持:将试样放入环形夹具内,使试样在自然状态下拧紧夹具,以避免试样在顶压过程中滑动或破损。

(2)将夹持好试样的环形夹具对中放于试验机上,设定试验机满量程范围,使试样最大顶破强力在满量程负荷的 30% ~90% 范围内,设定顶压杆的下降速度为 60mm/min ±5mm/min。

(3)启动试验机,直到试样完全顶破为止。观察和记录顶破情况,记录顶破强力(N)和顶破位移值(mm)。如土工织物在夹具中有明显滑动,则应剔除此次试验数据,并补做试验至 5 块。

6. 结果整理

(1)按 T 1102—2006 的规定,分别计算 5 块试样的顶破强力(N)、顶破位移(mm)的平均值和变异系数 C_v。顶破强力和顶破位移计算至小数点后 1 位,按现行 GB/T 8170 修约到整数。

(2)变形率计算至小数点后 1 位,按现行 GB/T 8170 修约到整数。

$$\varepsilon = \frac{L_1 - L_0}{L_0} \times 100 \tag{11-19}$$

$$L_1 = \sqrt{h^2 + L_0^2} \tag{11-20}$$

式中:h——顶压杆位移距离(图 11-12)(mm);

L_0——试验前夹具内侧到顶压杆顶端边缘的距离(图 11-12)(mm);

L_1——试验后夹具内侧到顶压杆顶端边缘的距离(图 11-12)(mm);

ε——变形率(%)。

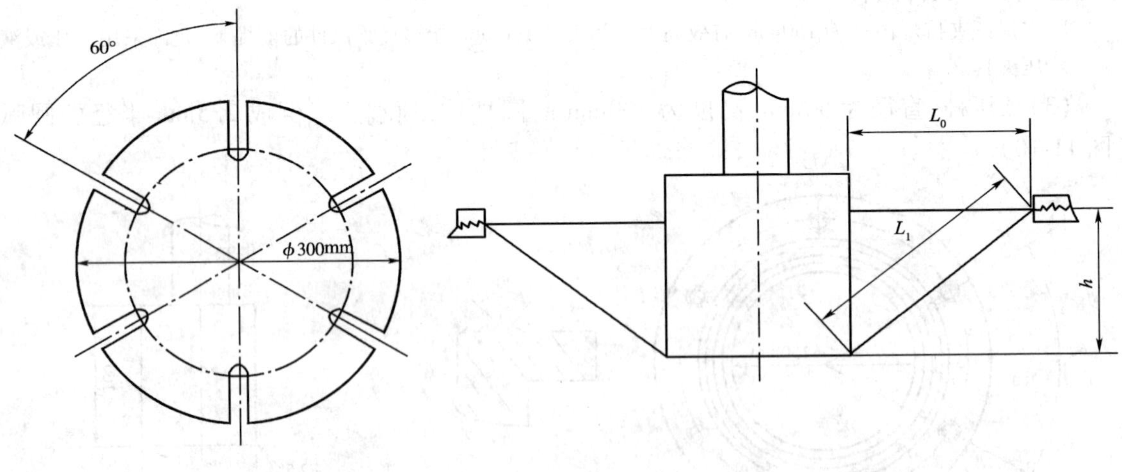

图 11-11 试样

图 11-12 顶破试验示意图

7. 试验报告

(1)样品名称、规格型号和状态描述。

(2)试验结果。

(3)试验日期。

（4）试验用仪器。

（5）试验用大气条件。

（6）任何偏离规定程序的详细说明。

十三、刺破强力试验（T 1127—2006）

1. 目的和适用范围

本试验方法规定了测定土工织物刺破强力的方法。本试验方法适用于土工织物、土工膜，及其复合产品。

2. 仪器设备及材料

（1）试验机：应具有等速加荷功能，加载速率可以设定，能测读加载过程中的应力、应变，记录应力—应变曲线，要求行程大于100mm，加载速率能达到300mm/min ±10mm/min。

（2）环形夹具：内径45mm ±0.025mm，底座高度大于顶杆长度，有较高的支撑力和稳定性。

（3）平头顶杆：钢质实心杆，直径8mm ±0.01mm，顶端边缘倒角0.5mm ×45°。

3. 试样制备

（1）取样：按T 1101—2006的规定取样。

（2）制样：裁取圆形试样10块，直径不小于100mm，试样上不得有影响试验结果的可见疵点，根据夹具的具体结构在对应螺栓的位置处开孔。

（3）试样调湿和状态调节：按T 1101—2006第5条的规定进行。

4. 试验步骤

（1）试样夹持，将试样放入环形夹具内，使试样在自然状态下拧紧夹具（图11-13）。

（2）将装好试样的环形夹具对中放于试验机上，夹具中心应在顶杆的轴心线上。

（3）设定试验机的满量程范围，使试样最大刺破力在满量程负荷的30% ~90%范围内，设定加载速率为300mm/min ±10mm/min。

（4）对于湿态试样，从水中取出后3 min内进行试验。

（5）开机，记录顶杆顶压试样时的最大压力值为刺破强力。如土工织物在夹具中有明显滑移，则应剔除此次试验数据。

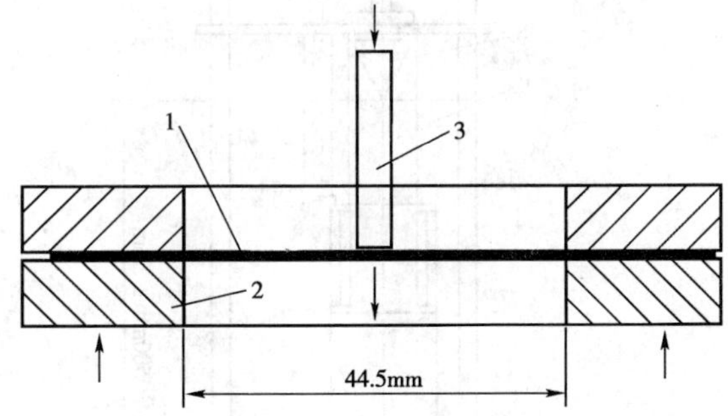

图11-13　刺破试验示意图

1-试样；2-环形夹具；3-ϕ8mm平头顶杆

（6）按照上述步骤，测定其余试样，直至得到10个测定值。

5. 结果整理

按T 1102—2006的规定计算10块试样刺破强力的平均值，以N表示，按现行GB/T 8170修约到3位有效数字。如果需要，按T 1102—2006的规定计算刺破强力的变异系数C_v，精确至0.1%。

6. 试验报告

（1）样品名称、规格型号和状态描述。

（2）试验日期。

（3）试验用仪器。

(4)试验用大气条件。

(5)试样刺破强力的平均值。

(6)如果需要,给出刺破强力的变异系数。

(7)任何偏离规定程序的详细说明。

十四、落锥穿透试验(T 1128—2006)

1. 目的和适用范围

本试验方法规定了测定土工织物及其有关产品抵抗从固定高度落下钢锥穿透的方法。本试验方法适用于土工织物、土工膜,及其复合产品。

2. 仪器设备及材料

(1)环形夹具:夹具的内径为 150mm ±0.5mm。

(2)落锥架:支撑环形夹具的框架和从 500mm ±2mm 的高度处(锥尖至试样的距离)释放落锥至试样中心的装置(图 11-14)。

注:可采用不限制落锥下落速率的导杆或借助于机械释放系统,以保证落锥锥尖朝下自由下落。

(3)不锈钢落锥:锥角 45°,最大直径为 50mm,表面抛光,总质量为 1000g ±5g。

(4)量锥:顶角比落锥小,最大直径为 50mm,质量为 600 g ±5g,标有刻度(图 11-15)。

注:必须使用专用量锥进行测量,而不能用长度测量工具例如卡尺代替。

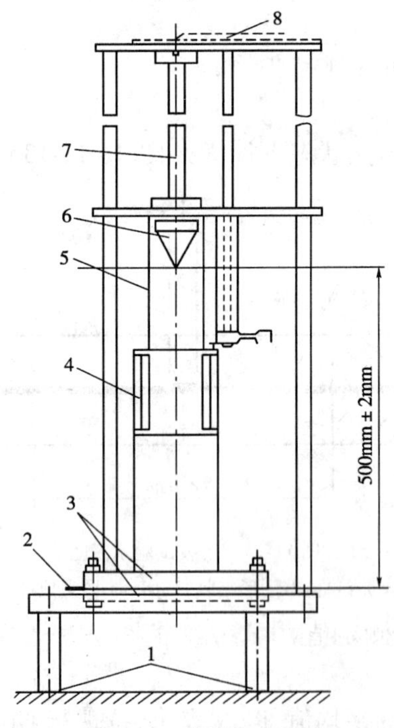

图 11-14　落锥架示意图

1-水平调节螺丝;2-试样;3-夹持环;4-屏蔽;5-金属屏蔽;6-落锥;7-导杆;8-释放系统

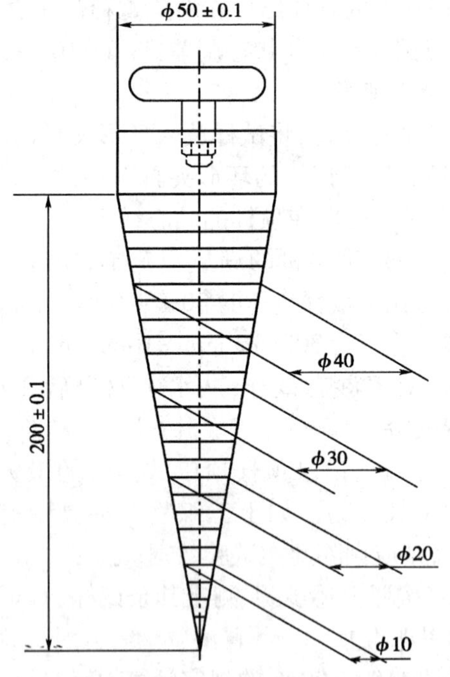

图 11-15　量锥示意图(尺寸单位:mm)

3. 试样制备

(1)取样:按 T 1101—2006 的规定取样。

(2)制样:裁取圆形试样 10 块,大小应与所用试验装置相适应,试样上不得有影响试验结果的可见疵点。如果已知被测试样品两面的特性不同,应对两面分别试验 10 块试样,并在试验报告中说明,给出每面的试验结果。

(3)试样调湿和状态调节:按 T 1101—2006 第 5 条的规定进行。

4. 试验步骤

(1)将试样无褶皱地在环形夹具中夹紧,避免对试样施加预张力,并防止试验过程中试样滑移。

(2)将装有试样的环形夹具放置在框架上(图 11-14),采用适当的方法,保证夹具在框架中对中水平放置。

(3)释放落锥,从锥尖离试样 500mm ± 2mm 的高度自由跌落在试样上,记录任何不正常的现象。如落锥在试样上跳动,第 2 次落下形成又一个破洞,在这种情况下,测量较大的破洞。

(4)立即从破洞中取出落锥,将量锥在自重的作用下放入破洞,10s 后测读该洞的直径,读数精确至毫米。测量值应当是在量锥处于垂直位置时的最大可见直径。如果材料的各向异性明显,即纵向和横向的性能不同,除测量较大的破洞外,有必要对其他破洞孔径进行说明。如完全穿透试样,则不需测量,记录为完全穿透。

注:放置量锥时,不要转,不要压,应使其在自重作用下自然垂直地进入破洞。

5. 结果整理

按 T 1102—2006 的规定计算 10 块试样破洞直径的平均值(mm)和变异系数 C_v,破洞直径计算至小数点后 1 位,按现行 GB/T 8170 修约到整数。

注:如果落锥完全穿透一块或多块试样,造成 50mm 的破洞,则不需计算平均值和变异系数。这种情况下,应在试验报告中报出单值,并就该性能作出专门的说明。

6. 试验报告

(1)样品名称、规格型号和状态描述。

(2)试验日期。

(3)试验用仪器。

(4)试验大气条件。

(5)破洞直径的平均值、变异系数。

(6)不正常的状态,如第 2 次穿透。

(7)根据破洞形状指出材料各向异性的程度。

(8)任何偏离规定程序的详细说明。

十五、直剪摩擦特性试验(T 1129—2006)

1. 目的和适用范围

本试验方法规定了使用直剪仪和标准砂土测定土工合成材料摩擦特性的方法。本试验方法适用于所有土工合成材料,当使用刚性基座试验土工格栅时,摩擦结果应进行校正。

注:当直剪试验用于工程设计时,需使用现场砂土,直剪仪剪切盒的位移速率、法向加载值均应根据实际情况而定,试验结果无可比性。

2. 定义

(1)相对位移(ΔL):剪切试验中试样与砂土之间的位移,单位为 mm。

(2)法向力(P):对试样施加的恒定垂直力,单位为 kN。

(3)剪切力(T):恒速位移条件下剪切试验中测得的水平力,单位为 kN。

(4)法向应力(σ):单位面积的法向力,单位为 kPa。

(5)剪应力(τ):砂土/土工织物摩擦试验中单位面积的剪切力,单位为 kPa。

(6)最大剪应力(τ_{max}):位移量在剪切面长度的 0 ~ 16.5% 范围内,沿砂土/土工织物界面产生的最大剪切力,单位为 kPa。

(7)摩擦角(φ_{sg}):土工织物和土之间的摩擦角,为最大剪应力对法向应力关系图中各点的"最佳拟合直线"的斜率,单位为度(°)。

(8)表观黏聚力(c_{sg}):土工织物与土之间的抱合力,为最佳拟合直线上法向应力等于 0 时的剪应力,单位为 kPa。

(9)砂土最大剪应力($\tau_{s,max}$):砂土在一定法向压力下的最大剪应力,单位为 kPa。

(10)砂土/基座最大剪应力($\tau_{sup,max}$):砂土/试样基座在剪切试验中的最大剪应力,单位为 kPa。

(11)摩擦比($f_{g(\delta)}$):在相同的法向应力下,砂土/土工织物间最大剪应力 τ_{max} 与砂土最大剪应力 $\tau_{s,max}$ 之比。

3. 仪器设备及材料

(1)直剪仪

直剪仪有接触面积不变和接触面积递减(标准土样直剪仪)两种,见图 11-16 和图 11-17。

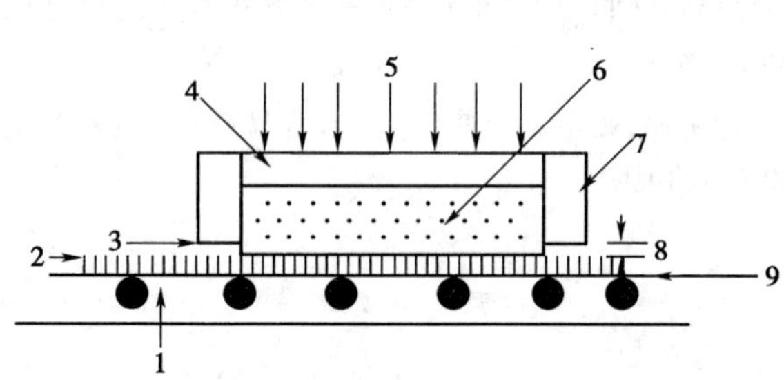

图 11-16 接触面积不变直剪仪示意图

1-刚性滑板;2-土工织物试样;3-水平反作用;4-法向力加载系统;5-法向力;6-标准砂土;7-刚性剪切盒;8-最大 0.5mm 隔距;9-水平力

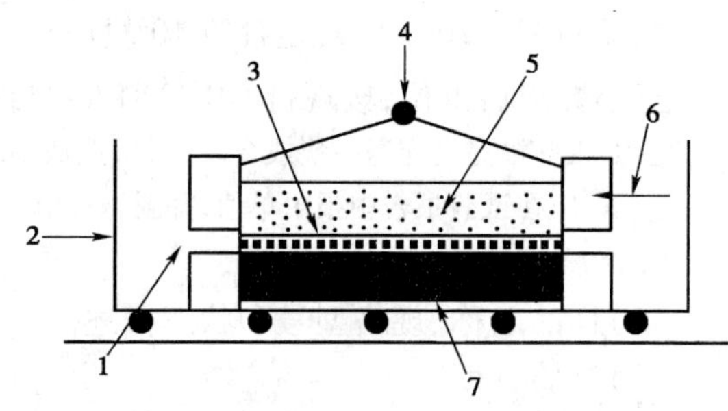

图 11-17 接触面积递减直剪仪示意图

1-标准剪切盒;2-水平力;3-土工织物试样;4-法向力;5-标准砂土;6-水平反作用;7-试样刚性基座

①剪切盒

a. 接触面积不变的剪切盒:剪切盒应具有足够的刚性,在承受负荷时不发生变形,盒内部尺寸不小于 300mm × 300mm,盒厚至少应为盒长的 50%,以能容纳砂土层和加压系统。试验土工格栅时,剪切盒的最小尺寸还应该增加。

剪切盒下部为刚性滑板,滑板的长度至少为剪切盒长度加上试样尺寸的 16.5%,以确保在相对剪切位移达 16.5% 时试样和砂土之间完全接触。

b. 接触面积递减的剪切盒:上下剪切盒大小相等,尺寸至少为 300mm × 300mm。

②刚性滑板

剪切盒应装在刚性滑板上,刚性滑板由低摩擦滚排或轴承支撑在机座上,滑板可在剪切方向上自由滑动。

③水平力加载装置

用于推动下剪切盒在水平方向上恒速位移,位移速率为 1mm/min ± 0.2mm/min。

④施加法向力的装置

能均匀地对剪切面施加法向力,在下剪切盒恒速位移中法向力始终保持垂直,精度为 2%。

⑤测定剪切力和相对位移的装置

剪切力测量装置的测量精度为0.5%。相对位移测量装置的测量精度为0.02mm。

注:①仪器的设计应考虑砂土膨胀,确保剪切盒上下部分之间的间隙等于试样厚度加0.5mm。

②填土及压密时上剪切盒与试样之间应装配密封条,以避免土粒堵塞上剪盒和土工织物或土工格栅之间的间隙。

(2)试样基座

试样基座用于放置试样,可为土质基座、硬木质基座、表面粒度为P80的氧化铝标准摩擦基座或其他刚性基座。

(3)标准砂土

与试样接触的砂土应为标准细颗粒砂土。其粒径级配见表11-39。

标准砂土规格　　表11-39

筛网孔径(mm)	筛余量(%)	筛网孔径(mm)	筛余量(%)
2.00	0	0.50	67±5
1.60	7±5	0.16	87±5
1.00	33±5	0.08	99±5

如果观察到细砂在试验中有丢失,砂土级配必须重新校正。

可以对砂土加水以避免砂粒分离,但含水率不得超过2%。应使用标准土样直剪仪测量砂土在不同法向压力下的最大剪应力及内摩擦角。

4.试样制备

(1)取样:按T 1101—2006的规定取样。

(2)试样数量和尺寸:每种样品,每个被测试方向取4块试样。试样的大小应适合于试验仪器的尺寸,宽度略大于剪切面宽度。如果样品两面不同,两面都应试验,每面试验4块试样。

(3)试样调湿和状态调节:按T 1101—2006第5条的规定进行。

5.试验步骤

(1)将试样平铺在位于剪切盒下边部分内的刚性水平基座上,前端夹持在剪切区的前面。试样与基座之间用胶黏合(如使用P80氧化铝标准摩擦基座可不黏合)。黏合后试样应平整、没有折叠和褶皱。试验中试样和基座之间不允许产生相对滑移。

注:对于大孔径(大于15mm)、高孔隙率(孔隙面积大于试样总面积的50%)的土工格栅,也可选用砂土基座(将下剪切盒用标准砂土填充至规定密度)。当选用刚性板作为高孔隙率土工格栅(或土工织物)的基座时,必须进行砂土和基座之间的摩擦试验,求出与每个法向应力相对应的最大剪应力($\tau_{sup,max}$)。

(2)安装上剪切盒:用预先称准质量的标准砂土填充上剪切盒,装填厚度50mm。砂土厚度应均匀,压密后的干密度为1750kg/m^3。

(3)安装水平力加载仪、位移测量仪、(传感器或刻度表),并对试样施加50kPa的法向压力。

(4)施加水平荷载,使上下剪切盒之间作速率为1mm/min±0.2mm/min的相对位移。连续或间隔测量剪切力T,同时记录对应的相对位移ΔL,间隔时间为12s,开始时也可视情况加密,直到达到剪切面长度的16.5%时结束试验。

(5)卸下试样,仔细地除去被测试样上的标准砂土,检查和记录试样是否发生伸长、褶皱或损坏。

(6)重复步骤(1)~(5),在100kPa、150kPa和200kPa法向应力下再各试验一块试样。

(7)如需要,试验样品的另一方向或另一面。

注:①应测定所用直剪仪的固有内阻,当固有内阻与剪切力相比不可忽略时,在进行数据处理时,应先从剪切力测量值中减去固有内阻对测量结果进行修正,再用修正后的结果进行计算。

②固有内阻测定方法:组装直剪仪,不放标准砂土,不加法向力,测定剪切盒以1.0mm/min±0.2mm/min速率移动50mm中的最大剪切力,即为直剪仪固有内阻。

6. 结果整理

(1)计算每块试样的法向应力。

$$\sigma = P/A \tag{11-21}$$

式中:σ——法向应力(kPa);

P——法向力(kN);

A——接触面积(m^2)。

(2)计算每块试样的剪应力。

$$\tau = T/A \tag{11-22}$$

式中:τ——剪应力(kPa);

T——剪切力(kN);

A——试样接触面积(m^2)。

如果使用接触面积递减的仪器,试样接触面积则为变值,每次计算均应使用与最大剪切力出现时相对应的实际接触面积值。

(3)根据剪应力和对应的相对位移作图11-18,求取每块试样的最大剪应力。当剪应力与位移关系曲线出现峰值时,该峰值即为最大剪应力;当关系曲线不出现峰值时,取位移量为剪切面积长度的10%时的剪应力作为最大剪应力。

(4)对于所有试样(4个),根据最大剪应力和对应的法向应力作图11-19,通过各点作出最佳拟合直线,直线与法向压力轴之间的夹角即为土工织物和砂土的摩擦角,φ_{sg}最大剪应力轴上的截距为土工织物和砂土的表观黏聚力c_{sg}。

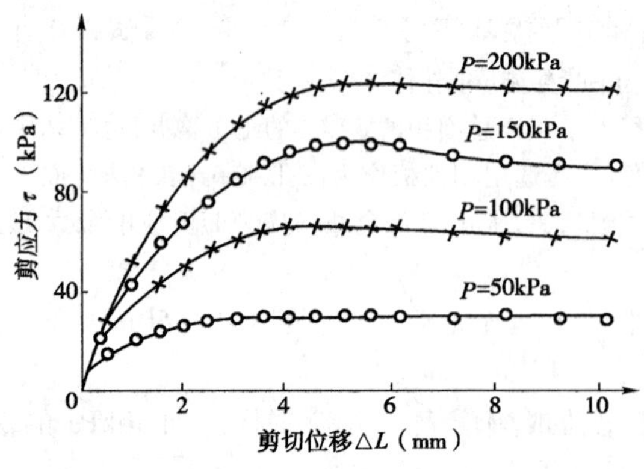

图11-18 剪应力与位移关系曲线

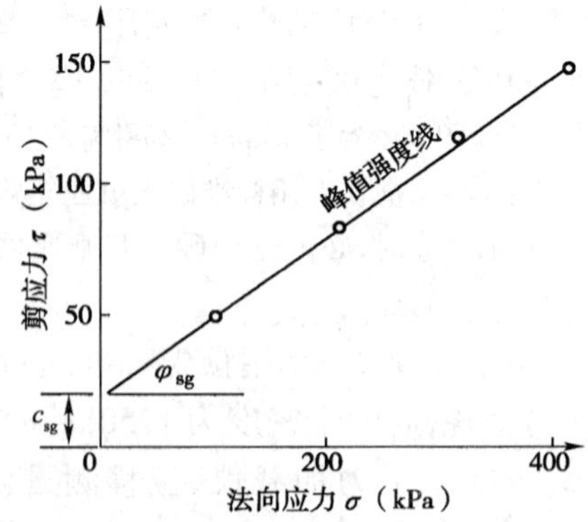

图11-19 最大剪应力与法向应力关系曲线

(5)计算每块试样的摩擦比$f_{g(\delta)}$。

$$f_{g(\delta)} = \frac{\tau_{max(\delta)}}{\tau_{s,max(\delta)}} \tag{11-23}$$

式中：$f_{g(\delta)}$——摩擦比；

$\tau_{max(\delta)}$——在不同法向应力下的最大剪应力，(kPa)；

$\tau_{s,max(\delta)}$——在不同法向应力下标准砂土的最大剪应力，(kPa)。

7. 试验报告

(1)样品名称、规格型号和状态描述。

(2)试验日期。

(3)试验用仪器。

(4)试验大气条件。

(5)试样的被测方向(纵向或横向)、正面或反面。

(6)剪应力与相对位移关系图，标示出计算中使用的最大剪应力。

(7)最大剪应力与法向应力的关系图。

(8)砂土直剪试验中剪应力与相对位移关系图。

(9)砂土直剪试验中最大剪应力与法向应力的关系图。

(10)给出试样与标准砂土之间的黏聚力、摩擦角和摩擦比。

(11)试验中是否有破损或不正常现象的观察记录。

(12)任何偏离规定程序的详细说明。

十六、拉拔摩擦特性试验(T 1130—2006)

1. 目的和适用范围

本试验方法规定了测定土内土工合成材料与周围土体拉拔摩擦阻力的方法。本试验方法适用于所有的土工合成材料。

2. 定义

(1)拉拔位移(ΔL)：拉拔试验中，试样与砂土之间的位移，单位为mm。

(2)法向力(P)：对试样施加的恒定垂直力，单位为kN。

(3)剪切力(T)：恒速位移条件下，试验中测得的水平力，单位为kN。

(4)法向应力(σ)：单位面积的法向力，单位为kPa。

(5)剪应力(τ)：土与土工合成材料拉拔试验中单位面积的剪切力，单位为kPa。

(6)拉拔摩擦系数(f)：在拉拔试验中测得的土与土工合成材料之间剪应力与法向应力的比值。

(7)摩擦角(φ)：土工织物和土之间的摩擦角，为最大剪应力对法向应力关系图中各点的“最佳拟合直线”的斜率，单位为度(°)。

(8)黏聚力(c_u)：土工织物与土之间的抱合力，为最佳拟合直线上法向应力等于0时的剪应力，单位为kPa。

3. 仪器设备及材料

(1)试验箱

试验箱为一矩形箱体，侧壁有足够的刚度，受力时不变形，箱体尺寸不宜小于25cm×20cm×20cm(长×宽×高)。箱一面侧壁的半高处开一贯穿全宽的窄缝，高约5mm，供试样引出箱体用，紧贴窄缝内壁，安置一可上下抽动的插板，用于调整窄缝的缝隙大小，防止土粒漏出(图11-20)。

(2)加荷系统

①法向压力的加压装置应在试验过程中保持恒压，且均匀地作用在土面上。

②水平加荷装置应能进行应变控制加荷。

(3)测量系统:

①法向和水平向测力装置可用拉压力传感器或其他测力装置。

②垂直和水平位移用百分表或位移传感器,测量精度为0.01mm。

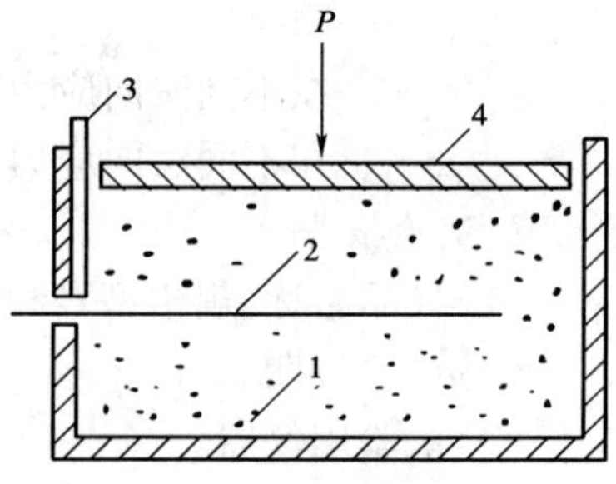

图11-20 拉拔试验箱示意图

1-土;2-试样;3-插板;4-加压板

4.试件制备

(1)取样:按T 1101—2006的规定取样。

(2)试样数量和尺寸:试样数量不少于5块,其宽度应小于试验箱宽度,长度视夹具情况而定至少为200mm,应保证有足够的长度固定试样。

(3)试样端部加固:从试验箱引出的试样应进行端部加固,可采用黏胶加固(如环氧树脂),将试样牢固地粘贴在加固板上。

5.试验步骤

(1)将土料填入试验箱,按要求的密度分层压实,压实后,土面水平面略高于试验箱一侧窄缝下缘。

(2)将试样平放于土面上,要求平整无皱。在长度方向,试样埋入土中的长度为100~150mm,并居中放置。试样一端从窄缝引出箱外,注意两边对称,并和水平夹具连接。插入可调整窄缝高度的插板,使插板下缘正好在试样表面之上,将插板固定。

(3)继续往箱内填土,分层压实直至到要求的密度,压实后土面平整,并略低于箱顶,放上加压板。

(4)安装垂直和水平位移百分表。将垂直加荷千斤顶对中于试验箱,对加压板施加一微量的垂直荷载,使加压板与土面接触良好,将百分表读数调零。将夹有试样的夹具连接到水平加荷装置上。

(5)施加要求的垂直荷载,使土料固结。固结时间视土性而定,对粒状土固结时间不少于15min;对黏性土,要求垂直变形增量每小时不大于0.00025h(h为土样高度,mm),作为固结稳定标准,测量并记录相应的压缩量。施加一微量水平荷载,使水平加荷装置的各处受力绷紧,将百分表读数调整为零。

(6)施加水平荷载,开始拉拔,测读并记录位移量和水平拉力,拉拔速率视土性而定,按应变控制加荷时,一般采用位移速率为0.2~3.0mm/min;对砂性土,可采用0.5mm/min。

(7)试验进行到下列情况时方可结束:

①如果水平荷载出现峰值,或试验进行至获得稳定值。

②如果不出现峰值或试样被拉断,表明试样埋在土内的长度超过拔出长度,应缩短埋在土内的长度,并重新试验。

(8)改变垂直荷载,重复步骤(1)~(7),进行不同垂直荷载下相应的拉拔摩擦试验。为求得拉拔摩擦强度,要求在四级不同垂直荷载下进行试验,其中最大的一级荷载(压力)应不小于设计荷载。

6.结果整理

(1)计算界面上的法向应力σ和剪应力τ。

$$\sigma = \frac{P}{A} \tag{11-24}$$

$$\tau = 0.5 \times \frac{T_d}{L \times B} \tag{11-25}$$

式中：P、T_d——分别为垂直荷载及水平荷载(kN)；

A——试验箱的水平面积(m^2)；

L、B——织物被埋在土内部分的长度和宽度(m)；

σ——法向应力(kPa)；

τ——剪应力(kPa)。

(2)计算界面上的拉拔摩擦系数f。

$$f = \frac{\tau}{\sigma} \tag{11-26}$$

(3)绘制各级垂直应力下剪应力与相应水平位移 $\tau—\Delta L$ 的关系曲线(图11-21)。

(4)绘制 $\tau—\sigma$ 曲线，求得界面的摩擦强度。

剪应力如有峰值时，绘制各级法向应力σ和剪应力峰值τ的关系曲线(图11-22)。图中φ为摩擦角，c_u为黏聚力。

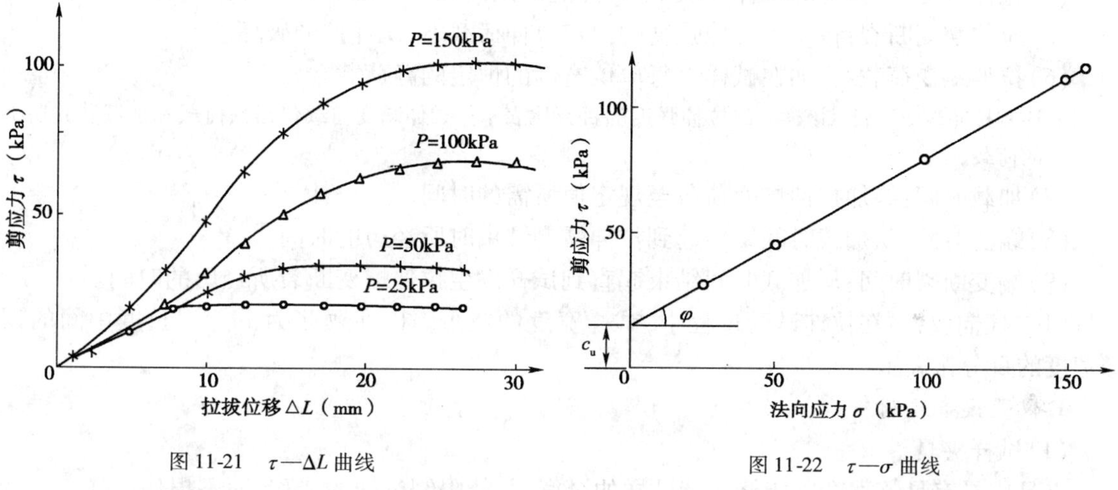

图11-21　$\tau—\Delta L$ 曲线

图11-22　$\tau—\sigma$ 曲线

7.试验报告

(1)样品名称、规格型号和状态描述。

(2)试验日期。

(3)试验用仪器。

(4)试样夹持方法。

(5)试样拔出长度。

(6)剪应力与法向应力的关系曲线图。

(7)剪应力与拉拔位移关系曲线图。

(8)黏聚力、摩擦角和拉拔摩擦系数。

(9)任何偏离规定程序的详细说明。

注：①当拉拔摩擦试验用于工程设计时，应模拟现场条件，使用现场土样进行试验，剪切速率根据现场土料的土性和排水条件选用，一般在0.2～3.0mm/min之间。另外，当土样固结速率较快时，可采用较高的拉拔速率；对于固结速率较慢的土样，宜采用较慢的速度进行拉拔。

②在拉拔试验中，要求被测试样必须是被拔出的而不是被拉断的。当试样刚度较低时，可采用黏胶加固(如环氧树脂)或将加固板牢固地粘贴在织物上，以保证拉拔过程中不脱开。

十七、拉伸蠕变与拉伸蠕变断裂性能试验(T 1131—2006)

1. 目的和适用范围

本试验方法规定了测定土工织物、土工格栅、土工网及其有关产品的拉伸蠕变和拉伸蠕变断裂性能的方法。本试验方法的适用范围限于,由于其过早毁坏或由于其蠕变影响了在结构中的加强作用,而可能造成结构塌陷的产品。

2. 定义

(1)拉伸强度:试样被拉伸直至断裂时每单位宽度的最大抗拉力,单位为kN/m。

(2)名义标记长度:未加预张力时,在平行于拉伸荷载方向的试样上两标记参考点之间的初始距离。

(3)技术代表宽度:试样宽度小于200mm,在规定的试验条件下,其拉伸断裂强力和伸长率与宽度为200mm的试样相比,分别在±5%和±20%的范围内,则该宽度试样可进行拉伸蠕变试验,其宽度为技术代表宽度。

(4)拉伸蠕变:在恒定的拉伸荷载下,试样随时间的拉伸变形。

(5)拉伸蠕变断裂:在小于拉伸强度的恒定拉伸荷载下,试样拉伸破坏。

(6)拉伸蠕变荷载:施加在试样上每单位宽度的恒定的静荷载。

注:通常拉伸蠕变荷载以该样品的拉伸强度的百分比表示。拉伸蠕变荷载包括预荷载和加载装置所加的荷载。

(7)加载时间:施加拉伸蠕变荷载至规定值所需的时间。

(8)蠕变时间:从加载时间结束起到拉伸蠕变结束时所经历的时间。

(9)蠕变断裂时间:从加载时间结束起直到试样发生拉伸蠕变断裂所经历的时间。

(10)横向收缩:在拉伸试验过程中,试样宽度的减少。以在预张力下标记长度中间的试样宽度的百分比表示。

3. 仪器设备及材料

(1)试样夹具

夹具应具有足够宽度以能够夹持试样的全宽,并能限制试样的滑移,而不损伤试样。

标记长度的标记点与两个夹持器的距离应不小于20mm。

(2)加载系统

加载框架应有足够的刚性,能支撑荷载。加载框架应与外部振动隔离,不受该框架上或相邻框架上其他试样断裂的影响。

可直接使用重锤或通过杠杆系统,或使用机械、液压或气压系统施加拉伸蠕变荷载。每次试验前应校验加载系统,以确认所需的荷载加到试样上。拉伸蠕变荷载应恒定,并精确至±1%。

注:需要特别注意,在使用除恒载外的加载系统时,应保证拉伸蠕变荷载是恒定的,并在要求的精度内。

加载系统应具有对试样施加预张力的能力。加载系统应使加载方便,加载时间不超过60s。

(3)变形测量系统

伸长计,能够测量试样上两参考点之间标记长度的变化,应能保证测量结果确实代表了参考点的真实动程。可使用任何仪器测量标记长度的变化,精度为标记长度的±0.1%。通常使用机械的、电子的或光学的伸长计测量仪器。

注:必须非常小心,保证读数的重现性和仪器的长期稳定性。仪器可连接到一个连续读数的系统上,或一个记录仪器上,也可按规定的时间间隔测量长度的变化。在试样上标记参考点时,应避免在试验过程中的位移或变形。

(4)记时系统

记时系统的精度为1%,具有设定时间为零的能力,并能在发生蠕变断裂时记录即时时间。

4. 试样制备

(1)取样:按T 1101—2006的规定取样。

(2)试样数量:用于拉伸蠕变性能的测定,4块试样;用于拉伸蠕变断裂的测定,12块试样;用于拉伸强度的测定,按T 1121—2006的规定。

注:如采用技术代表宽度的试样进行拉伸蠕变性能和拉伸蠕变断裂的测定,剪取试样时应考虑试样的数量。

(3)试样尺寸的确定:

①与使用仪器的尺寸相适应;

②与使用的测量装置的精度相适应;

③根据技术代表宽度确定;

④保证使标记长度的两个标记参考点与夹持器的距离不小于20mm。

(4)试样的最小标记长度:

①不小于200mm;

②对土工格栅,不少于两个完整的网格;

③对所有样品,能保证标记长度的测量精度为±0.1%。

(5)试样的宽度:

①对按T 1121—2006的规定试验时表现出明显横向收缩(≥10%)的产品,样宽200mm;

②对土工格栅,不少于3个完整的单元;

③对其他所有的产品,一个技术代表宽度。

注:试样尺寸主要影响试验的可行性和精度,所需的荷载依赖于试样的宽度。

(6)试样调湿和状态调节:按T 1101—2006第5条的规定进行。

5. 试验步骤

(1)拉伸蠕变性能的测定

在规定的温湿度环境条件下,将一恒定静荷载施加于试样上。荷载均匀分布于试样的整个宽度。连续记录或按规定的时间间隔记录试样的伸长,该荷载保持1000h。如果不足1000h试样发生断裂,则记录断裂时间。

①按T 1121—2006的规定测定样品的宽条拉伸特性,包括试样的拉伸强度、断裂伸长率和横向收缩率。

②按T 1121—2006的规定测定技术代表宽度试样的拉伸强度和断裂伸长率。如果需要,评价所使用的技术代表宽度试样的有效性。

注:按下述方法评价所使用的技术代表宽度试样的有效性。

示例1:土工格栅

①土工格栅宽度986mm内有43个拉伸单元,每米宽度的拉伸单元数为43.6。

②宽条拉伸试样有8个拉伸单元,其宽度为(8/43.6)×1000≈183.5mm。

测定的宽条试样的平均拉伸强度为10.8kN,伸长率为12.8%,横向收缩为0。每米宽度的拉伸强度为

(1000/183.5)×10.8≈58.9kN/m。

③减宽试样有3个拉伸单元,其宽度为3×1000/43.6≈68.8mm。

测定3个拉伸单元宽试样的平均拉伸力为4.086 kN,伸长率为13.4%。每米宽度的拉伸强度为:(1000/68.8)×4.086≈59.4kN/m。

④结论:3个拉伸单元宽试样的拉伸强度与宽条试样的拉伸强度偏差小于5%,伸长率偏差小于20%,所以允许用3个拉伸单元宽的试样为技术代表宽度试样进行拉伸蠕变试验。

示例2:土工织物

①测定的200mm宽度试样的平均拉伸强度为31.4kN/m,伸长率为10.7%。

②测定的60mm宽度试样的平均拉伸强度为30.2kN/m,伸长率为15.2%。

③结论:宽度为60mm试样与200mm试样的拉伸强度偏差在5%以内,伸长率偏差大于20%,所以不允许宽度为60mm的试样作为技术代表宽度试样进行拉伸蠕变试验。

③根据"试样的最小标记长度"要求在试样上标记参考点后,将试样安装在夹具上。

④施加预张力,预张力值等于拉伸强度的1%(以kN/m表示)。

⑤测定标记长度作为初始标记长度,精确至±0.1%。

⑥如适用,安装和固定伸长计,并设置初始伸长值为0。

⑦从以下范围选择4档荷载进行试验:拉伸强度的10%、20%、30%、40%、50%和60%。4块试样分别施加4档不同的荷载,加载时间不超过60s。

⑧加载结束时即为试验的零点时间。按下列时间测量标记长度的变化,精确至±0.1%:1min、2 min、4 min、8 min、15 min、30 min、60min、2h、4h、8h、24h、3d、7d、14d、21d、42d。

(2)拉伸蠕变断裂的测定

在规定的温湿度环境下,将一恒定静荷载施加于试样上,荷载均匀地分布于试样整个宽度。该荷载保持到试样断裂,由试样断裂即停止记时的记时系统记录断裂时间。

①按T 1121—2006的规定测定样品的宽条拉伸特性,包括试样的拉伸强度、断裂伸长率和横向收缩率。

②按T 1121—2006的规定测定技术代表宽度试样的拉伸强度和断裂伸长率。如需要,评价所使用的技术代表宽度的试样的有效性。

③将试样安装在夹具上。

④从试样拉伸强度的30%~90%范围内选择4档荷载进行试验。3块试样施加一档荷载,即共计试验12块试样。加载结束时即为试验的零点时间。

注:选择4个等距对数时间,如100h、500h、2000h、10000h。估计有可能导致进行的3个平行试验在100h时断裂的荷载水平。根据该结果,对有可能导致在500h断裂的荷载进行估计。然后是其他两个荷载水平。

⑤记录发生蠕变断裂时的时间。

6.技术代表宽度试样的使用规定

当使用小于200mm技术代表宽度的试样时,确定试样宽度的方法很重要。

(1)土工格栅、土工网技术代表宽度的试样应满足下列条件。

按T 1121—2006的规定测定宽条样的拉伸强度和伸长率;准备减宽试样,测量减宽试样的拉伸强度和伸长率。当减宽试样同时满足拉伸强度偏差≤±5%、伸长率偏差≤±20%时,可以确定为技术代表宽度。

计算拉伸强度时,还需确定每米宽度的拉伸单元。尽可能地把整卷宽度的样品放在一个平面上,使用长度至少1.5m的尺子测量约1m内的拉伸单元所对应的宽度,以毫米表示。根据该单元数计算每米宽度的拉伸单元个数，精确至 0.1 个单元。同时记录试样上的拉伸单元个数。

（2）土工织物技术代表宽度的确定。

准备减宽试样，其宽度应小于 200mm、大于 50mm；按 T 1121—2006 的规定测定宽条样和减宽试样的拉伸强度和伸长率，分别计算两种宽度试样的拉伸强度和伸长率。减宽试样如同时满足拉伸强度偏差不超出 ±5%、伸长率偏差不超出 ±20% 时，可以确定为技术代表宽度。

7. 试验报告

（1）样品名称、规格型号和状态描述。

（2）试验开始和结束的日期。

（3）试验用仪器。

（4）试样调湿和试验用大气条件。

（5）宽条拉伸试验的平均拉伸强度、伸长率和试样的横向收缩。

（6）如果需要，提供判断使用技术代表宽度试样进行蠕变试验的详细资料。

（7）如果需要，按送样者的规定尺寸试样进行蠕变试验的平均拉伸强度和伸长率。

（8）加载方式的描述。

（9）拉伸蠕变荷载以第（5）项拉伸强度的百分比表示。

（10）测量的蠕变伸长和时间关系的结果表示。

（11）名义标记长度。

（12）每个试样在每一荷载下的变形—时间对数的关系曲线图，图应包括所有的数据点。

（13）每个试样的拉伸蠕变断裂时间。

（14）任何偏离规定程序的详细说明。

十八、垂直渗透性能试验——恒水头法（T 1141—2006）

1. 目的和适用范围

本试验方法规定了土工织物及复合土工织物在系列恒定水头下垂直渗透性能的方法。本试验方法适用于土工织物和复合土工织物。

2. 定义

（1）流速指数：试样两侧 50mm 水头差下的流速，精确到 1mm/s。

注：也可取 100mm、150mm 水头差下的流速，但应在试验报告中注明。

（2）垂直渗透系数：在单位水力梯度下垂直于土工织物平面流动的水的流速，单位为 mm/s。

（3）透水率：垂直于土工织物平面流动的水，在水位差等于 1 时的渗透流速，单位为 1/s。

3. 仪器设备及材料

（1）恒水头渗透仪（图 11-23）

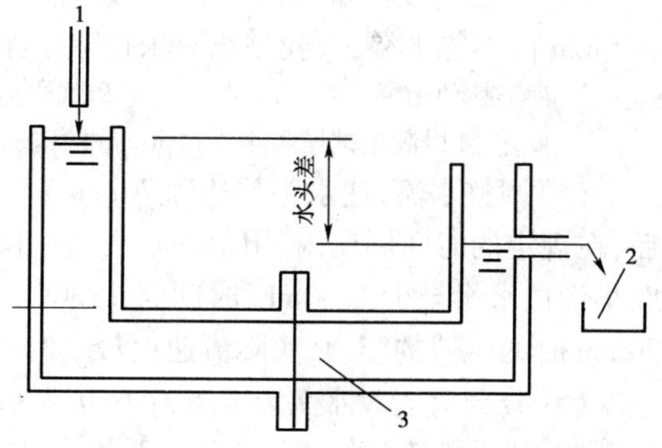

图 11-23　水平式恒水头渗透仪示意图
1-进水系统；2-出水收集；3-试样

①渗透仪夹持器的最小直径 50mm，能使试样与夹持器周壁密封良好，不渗漏。

②仪器能设定的最大水头差应不小于

70mm，有溢流和水位调节装置，能够在试验期间保持试件两侧水头恒定，有达到250mm恒定水头的能力。

③测量系统的管路应避免直径的变化，以减少水头损失。

④有测量水头高度的装置，精确到0.2mm。

(2)供水系统

①试验用水应按现行GB/T 7489对水质的要求采用蒸馏水或经过过滤的清水，试验前必须用抽气法或煮沸法脱气，水中的溶解氧不得超过10mg/kg。

②溶解氧含量的测定在水入口处进行，溶解氧的测定仪器或仪表应符合现行GB/T 7489的有关规定。

③水温控制在18~22℃。

注：由于温度校正只同层流相关，流动状态应为层流；工作水温宜尽量接近20℃，以减小因温度校正带来的不准确性。

(3)其他用具

①秒表：精确到0.1s。

②量筒：精确到10mL。

③温度计：精确到0.2℃。

4.试样制备

(1)取样：按T 1101—2006的规定取样。

(2)试样数量和尺寸：试样数量不小于5块，其尺寸应与试验仪器相适应。

(3)试样要求：试样应清洁，表面无污物，无可见损坏或折痕，不得折叠，并应放置于平处，上面不得施加任何荷载。

5.试验步骤

(1)将试样置于含湿润剂的水中，至少浸泡12h直至饱和并赶走气泡。湿润剂采用0.1% V/V的烷基苯磺酸钠。

注：试件必须经过浸泡处理，必要时可在浸泡过程中进行人工挤压排气，以保证试验结果的准确。

(2)将饱和试样装入渗透仪的夹持器内，安装过程应防止空气进入试样，有条件时宜在水下装样，并使所有的接触点不漏水。

注：试件装入渗透仪的夹持器内时，要注意旋紧夹持器压盖，以防止水从试样被压部分的内层渗漏；同时要保持夹持器的压盖与试样盒内壁密封，以防止侧漏影响试验结果。

(3)向渗透仪注水，直到试样两侧达到50mm的水头差。关掉供水，如果试样两侧的水头在5min内不能平衡，查找是否有未排除干净的空气，重新排气，并在试验报告中注明。

注：对于某种土工织物，若只装一片饱和试样达不到两侧50mm的水头差，可以考虑采用多层试样进行试验，但须以满足试样两侧达到50mm的水头差为前提。

(4)调整水流，使水头差达到70mm±5mm，记录此值，精确到1mm。待水头稳定至少30s后，在规定的时间周期内，用量杯收集通过仪器的渗透水量，体积精确到10mL，时间精确到s。收集渗透水量至少1000mL，时间至少30s。如果使用流量计，流量计至少应有能测出水头差70mm时的流速的能力，实际流速由最小时间间隔15s的3个连续读数的平均值得出。

(5)分别对最大水头差0.8、0.6、0.4和0.2倍的水头差，重复步骤(4)的程序，从最高流速开始，到最低流速结束，并记录下相应的渗透水量和时间。如果使用流量计，适用同样的原则。

注：如土工织物总体渗透性能已确定，为控制产品质量，也可只测50mm水头差下的流速。

（6）记录水温，精确到0.2℃。

（7）对剩下的试样重复步骤（2）～（6）。

6. 结果整理

（1）计算流速指数。

①20℃时的流速 v_{20}（mm/s）：

$$v_{20}=\frac{VR_T}{At} \tag{11-27}$$

式中：V——渗透水的体积（m^3）；

R_T——T℃水温时的水温修正系数（表11-40）；

A——试样过水面积（m^2）；

t——达到水体积 V 的时间（s）。

如果使用流速仪，流速 v_T 直接测定，则按式（11-28）计算20℃时的流速 v_{20}（mm/s）。

$$v_{20}=v_TR_T \tag{11-28}$$

②每块试样不同水头差下的流速 v_{20}：

使用计算法或图解法，用水头差 h 对流速 v_{20} 通过原点作曲线。在一张图上绘出5个试样的水头差 h 对流速 v_{20} 的曲线5条。

③通过计算法或图解法求出5个试样50mm水头差的流速值，给出平均值和最大、最小值。平均值为该样品的流速指数，精确到1mm/s。

（2）计算垂直渗透系数。

①实际水温下的垂直渗透系数 k：

$$k=v/i=\frac{v\delta}{\Delta h} \tag{11-29}$$

式中：k——实际水温下的垂直渗透系数（mm/s）；

v——垂直土工织物平面水的流动速度（mm/s）；

i——土工织物上下两侧的水力梯度；

δ——土工织物试样厚度（mm）；

Δh——对土工织物试样施加的水头差（mm）。

②20℃水温下的垂直渗透系数 k_{20}：

$$k_{20}=kR_T \tag{11-30}$$

式中：k_{20}——水温20℃时的垂直渗透系数（mm/s）；

k——实际水温下的垂直渗透系数（mm/s）；

R_T——T℃水温时的水温修正系数（表11-40）。

（3）计算水温20℃时的透水率 θ_{20}。

$$\theta_{20}=k_{20}/\delta=v_{20}/\Delta h \tag{11-31}$$

式中：θ_{20}——水温20℃时的透水率（1/s）；

k_{20}——水温20℃时的渗透系数（mm/s）；

δ——土工织物厚度（mm）；

v_{20}——温度（20℃）时，垂直土工织物平面水的流动速度（mm/s）；

Δh——对土工织物试样施加的水头差（mm）。

水温修正系数　表 11-40

温度(℃)	R_T	温度(℃)	R_T
18.0	1.050	20.5	0.988
18.5	1.038	21.0	0.976
19.0	1.025	21.5	0.965
19.5	1.012	22.0	0.953
20.0	1.000		

注：水温修正系数 R_T 即为水的动力黏滞系数比 η_T/η_{20}；η_T 为试验水温 T℃时水的动力黏滞系数，η_{20} 为试验水温 20℃时水的动力黏滞系数。

7. 试验报告

(1)样品名称、规格型号和状态描述。

(2)样品状态的描述。

(3)试验日期。

(4)渗透仪规格型号、主要技术指标。

(5)试样有效过水面积。

(6)测定全部渗透性能时，每个试样的流速对水头损失曲线的集合。

(7)水头差 50mm 时的流速指数(VI_{50})，如需要，给出垂直渗透系数和透水率。

(8)水温范围。

(9)供水方式和溶解氧值。

(10)任何偏离规定程序的详细说明。

十九、耐静水压试验(T 1142—2006)

1. 目的和适用范围

本试验方法的目的是测定土工合成材料防渗性能——耐静水压。本试验方法适用于土工膜和复合土工膜。

2. 仪器设备及材料

(1)进水调压装置(图 11-24)：包括水源、气源、调压阀等，调压范围至少 0～2.5MPa，应具有压力恒定功能，加压系统误差 ±2%。

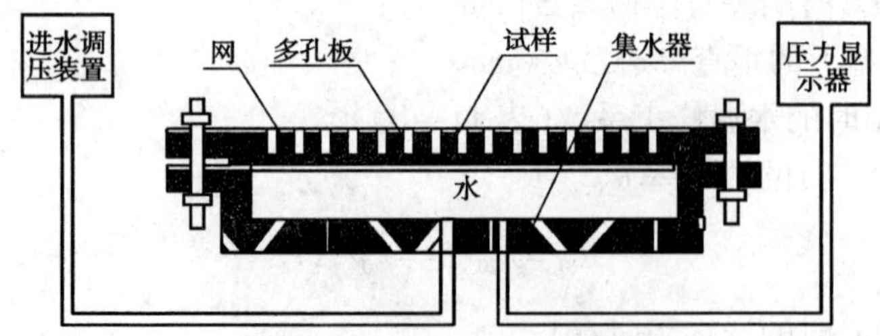

图 11-24　耐静水压装置示意图

(2)试样夹持及加压装置：由集水器、支撑网和多孔板组成。集水器一般为圆筒状，内腔直径为 200mm ±5mm；多孔板内均匀分布直径为 3mm ±0.05mm 的小透孔，孔的中心间距离 6mm；试样夹持后应保证无漏水。

注：①集水器内腔直径也可根据需要选用，但截面面积不小于 200cm^2。

②多孔板上小孔的直径和分布间距对试验结果有较大影响，要严格按标准要求制作多孔板。

③支撑网和多孔板表面应光滑无锐角，以免划伤试件造成漏水。

(3)压力测定装置：量程范围 0 ~ 2.5MPa，分辨率 0.05MPa。

(4)具有相同效果的仪器装置均可使用，例如 T 1141—2006 中规定的装置。

3. 试样制备

(1)取样：按 T 1101—2006 的规定取样。

(2)试样数量和尺寸：从样品上剪取 3 块试样，其大小应适合使用的仪器。试样上不能有损伤和疵点。

4. 试验步骤

(1)开启进水加压装置，使水缓慢地进入并充满集水器，直至刚好要溢出。

(2)将试样无褶皱地平放在集水器内的网上，溢出多余水以确保集水器内无气泡；将多孔板盖上，均匀地夹紧试样。

对于由纺织材料与膜材复合的试样，应使膜材一面对水面；对于两面是纺织材料而膜处于中间的复合材料，可将面对水面一侧的纺织材料边缘相应于将被夹持的环形部分小心地剥去，也可在被夹持的环形部分涂上玻璃胶等黏合剂，以确保试样被夹持的部分不漏水。

(3)缓慢调节加压装置，使集水器内的水压上升至 0.1MPa；如能估计出样品耐静水压的大致范围，也可将水压直接加到该范围的下限，开始测试。

(4)保持上述压力至少 1h，观察多孔板的孔内是否有水渗出。

(5)如试样未渗水，以每 0.1MPa 的级差逐级加压，每级均保持至少 1h，直至有水渗出时，表明试样有渗水孔或已出现破裂，记录前一级压力即为该试样的耐静水压值，精确至 0.1MPa。

(6)如只需判断试样是否达到某一规定的耐静水压值，则可直接加压到此压力值并保持至少 1h，如没有水渗出，则判定其符合要求。

注：多孔板的孔内出现水珠时，如将其擦去后不再有水渗出，则可判断这是试样边缘溢流造成的，可以继续试验；如果将其擦去后仍有水渗出，则可判断是由于试样渗水造成的，试验可以终止。

(7)按照步骤(1) ~ (6)程序测定其余试样。

(8)如果使用 T1141—2006 中规定的装置，则以渗流量判断是否渗水。在一定水力压差下渗流量极小时(如小于 0.1cm^3/h)，则可认为没有渗水，当渗流量急速增加时表明试样已出现破坏，试验可以终止。

5. 试验结果

以 3 个试样测得耐静水压值中的最低值作为该样品的耐静水压值，按现行 GB/T 8170 规定修约至 0.1MPa。

6. 试验报告

(1)样品名称、规格型号。

(2)样品状态的描述。

(3)试验日期。

(4)试验设备型号、主要技术指标。

(5)样品的耐静水压值(MPa)。

(6)任何不正常的状态，例如夹持装置边缘渗水等。

(7)任何偏离规定程序的详细说明。

二十、塑料排水带芯带压屈强度与通水量试验（T 1143—2006）

1. 目的和适用范围

本试验方法的目的是测定塑料排水带芯带压屈强度与复合体纵向通水量。本试验方法适用于各种类型的塑料排水带。

2. 芯带压屈强度试验

（1）仪器设备及材料

①压力机：具有等速率加荷和恒压功能，能测读加压过程中的应力、应变量，绘制应力、应变曲线。

②其他能满足要求的加压设备，如杠杆式加压仪。

③百分表：量程 10mm，分度值 0.01mm。

（2）试样制备

①取样：按 T 1101—2006 的规定取样。

②制样：裁取圆形试样 3 块，试样面积为 $30cm^2$（ϕ6.18cm）或面积为 $50cm^2$（ϕ7.98cm）。

③调湿和状态调节：按 T 1101—2006 第 5 条的规定进行。

（3）试验步骤

①将试样放在压力机上，上下垫刚性垫板，施加 1kPa 预压力，将百分表调零。

②对试样施加第一级压力（50kPa），随即记时，恒定压力，每 10min 从百分表上测读一次试样的压缩变形量。当相邻两次读数差小于试样厚的 1% 时，即以此读数作为该级压力下的压缩量。

③重复步骤①、②分别对试样施加 150kPa、250kPa、350kPa 及 450kPa 压力，测记各级压力下的压缩量，精确到 0.01mm。

④重复步骤①、②、③，对其余两块试样进行试验。

（4）结果整理

①计算试样在各级压力下的压缩应变 ε_i。

$$\varepsilon_i = \frac{\Delta h_i}{h_0} \times 100 \tag{11-32}$$

式中：ε_i——第 i 级压力下的压缩应变（%）；

Δh_i——第 i 级压力下的压缩变形量（mm）；

h_0——试样初始厚度（mm）。

②绘制试样的应力—应变曲线，取初始线性段的最大压力值作为芯板的压屈强度。

③计算 3 块试样压屈强度的平均值（kPa），按现行 GB/T 8170 修约到整数。

3. 纵向通水量试验

（1）仪器设备及用具

①通水能力测定仪有立式和卧式两种（图 11-25、图 11-26），应满足下列规定：

a. 在试样样长范围内受到均匀且恒定的侧压力；

b. 试样内部在常水头下进行渗流；

c. 试样两端连接处，必须密封良好，在侧压力作用下不漏水。

②连接管路宜短而粗。

③上下游水位容器应有溢水装置，保持常水头；水位容器应有较大容积，保证水流稳定。

④包封排水带用的乳胶膜套，应弹性良好、不漏水，膜厚宜小于0.3mm。

⑤其他：如量筒、秒表、温度计、水桶等。

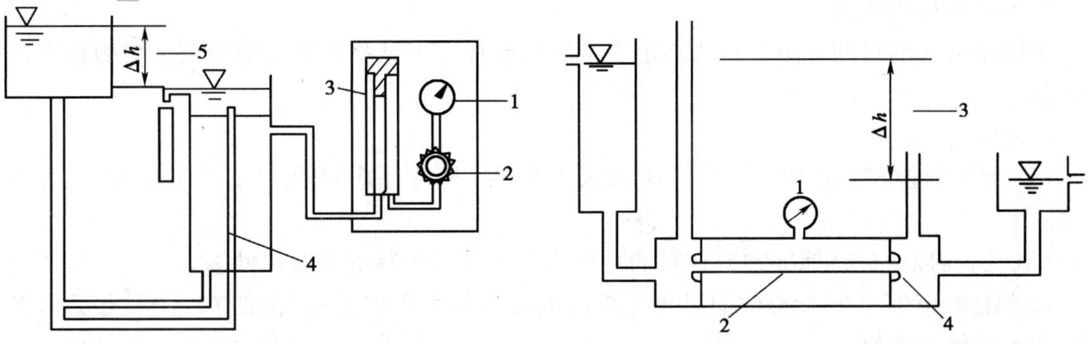

图11-25　立式通水能力测定仪

1-压力表；2-调压阀；3-体变管；4-排水带；5-水位差

图11-26　卧式通水能力测定仪

1-压力表；2-排水带；3-水位差；4-端部密封

(2)试样制备

①取样：按T 1101—2006的规定取样。

②制样：沿排水带长度方向随机裁取两块试样，试样长度与通水能力测定仪相匹配。

(3)试验步骤

①将包有乳胶膜的排水带装入通水仪内，密封好两端接头，安装好连接部分。

②对压力室施加侧压力，通用的侧压力350kPa，在整个试验过程中保持恒压。

③调节上、下游水位，使排水带在水力梯度$i=0.5$条件下进行渗流。

④在恒压及恒定水力梯度下渗流半小时后测量渗水量，并记录测量时间，以后每隔2h测量一次，直到前后两次通水量差小于前次通水量的5%为止，以此作为排水带的通水量。

⑤重复步骤①~④，测定另一块排水带的通水量。

(4)结果整理

①计算排水带通水量Q。

$$Q=\frac{W}{ti} \tag{11-33}$$

式中：Q——通水量(cm^3/s)；

W——在t时段内通过排水带的水量(cm^3)；

t——通过水量W所经历的时间(s)；

i——水力梯度，设定i为0.5。

②计算两块排水带通水量的平均值，按现行GB/T 8170修约到小数点后1位。

4.试验报告

(1)样品名称、规格型号。

(2)样品状态的描述。

(3)试验日期。

(4)试验设备型号、主要技术指标。

(5)样品的芯带压屈强度和复合体纵向通水量。

(6)任何不正常的状态，如密封端渗水等。

(7)任何偏离规定程序的详细说明。

二十一、有效孔径试验——干筛法(T 1144—2006)

1. 目的和适用范围

本试验方法的目的是用干筛法测定土工织物孔径。本试验方法适用于土工织物和复合土工织物。

2. 定义

(1)标准颗粒材料:洁净的玻璃珠或天然砂粒,其粒径应符合本试验方法的粒径分组要求。

(2)孔径:以通过其标准颗粒材料的直径表征的土工织物的孔眼尺寸。

(3)有效孔径(O_e):能有效通过土工织物的近似最大颗粒直径,例如O_{90}表示土工织物中90%的孔径低于该值。

3. 仪器设备及材料

(1)筛子:ϕ200mm。

(2)标准筛振筛机:横向振动频率220次/min±10次/min,回转半径12mm±1mm;垂直振动频率150次/min±10次/min,振幅10mm±2mm。

(3)标准颗粒材料粒径分组如下:0.045~0.063mm、0.063~0.071mm、0.071~0.090mm、0.090~0.125mm、0.125~0.180mm、0.180~0.250mm、0.250~0.280mm、0.280~0.355mm、0.355~0.500mm、0.500~0.710mm。

(4)天平:量程200g,感量0.01g。

(5)其他:秒表、细软刷子、剪刀等。

4. 试样制备

(1)取样:按T 1101—2006的规定取样。

(2)试样数量及尺寸:剪取5×n块试样,n为选取粒径的组数;试样直径应大于筛子直径。

(3)试样调湿:按本规程T 1101第5条(1)的规定进行。当试样在间隔至少2h的连续称重中质量变化不超过试样质量的0.25%时,可认为试样已经调湿。

5. 试验步骤

(1)试验前应将标准颗粒材料与试样同时放在标准大气条件下进行调湿平衡。

(2)将同组5块试样平整、无褶皱地放入能支撑试样而不致下凹的支撑筛网上。从较细粒径规格的标准颗粒中称50g,均匀地撒在土工织物表面上。

(3)将筛框、试样和接收盘夹紧在振筛机上。开动振筛机,摇筛试样10min。

(4)关机后,称量通过试样进入接收盘的标准颗粒材料质量,精确至0.01g。

(5)更换新的一组试样,用下一级较粗规格粒径的标准颗粒材料重复步骤(2)~(4),直至取得不少于三组连续分级标准颗粒材料的过筛率,并有一组的过筛率达到或低于5%。

6. 结果整理

(1)计算过筛率,结果按现行GB/T 8170修约到小数点后两位。

$$B=\frac{P}{T}\times 100 \tag{11-34}$$

式中:B——某组标准颗粒材料通过试样的过筛率(%);

P——5块试样同组粒径过筛量的平均值(g);

T——每次试验用的标准颗粒材料量(g)。

(2)以每组标准颗粒材料粒径的下限值作为横坐标(对数坐标),相应的平均过筛率作为纵坐标,描点绘制过筛率与粒径的分布曲线。找出曲线上纵坐标10%所对应的横坐标值,即为O_{90};找出曲线上纵坐标5%所对应的横坐标值,即为O_{95},读取两位有效数字。

(3)土工织物有效孔径分布曲线的绘制示例。

①曲线的绘制

以每组标准颗粒材料粒径的下限值为横坐标、过筛率的平均值为纵坐标绘制有效孔径分布曲线(图11-27)。

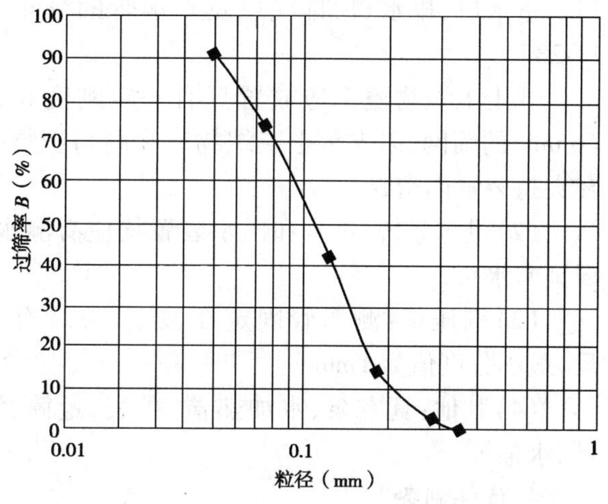

图11-27 有效孔径分布曲线

②O 90、O_{95}值的确定

O_{90}表示90%的标准颗粒材料留在土工织物上,其过筛率(B)为1－90%＝10%,曲线上纵坐标为10%点所对应的横坐标即定义为有效孔径O_{90},单位为mm。

O_{95}表示95%的标准颗粒材料留在土工织物上,其过筛率(B)为1－95%＝5%,曲线上纵坐标为5%点所对应的横坐标即定义为有效孔径O_{95},单位为mm。

7.试验报告

(1)样品名称、规格型号。

(2)样品状态的描述。

(3)试验日期。

(4)试验设备型号、主要技术指标。

(5)试验条件(标准颗粒材料的选用、摇筛时间等)。

(6)试验结果(孔径分布曲线、有效孔径)。

(7)任何偏离规定程序的详细说明。

二十二、淤堵试验(T 1145—2006)

1.目的和适用范围

本试验方法的目的是,采用梯度比方法测定一定水流条件下土与土工织物系统及其交界面上的渗透系数和渗透比,以及测定土工织物的含泥量。本试验方法适用于土工织物及复合土工织物,以判断土工织物作为某种土的滤层时,是否会产生不允许的淤堵。

2.定义

梯度比:淤堵试验中,土工织物试样至其上方25mm土样的水力梯度与织物上方25～75mm之间土样的水力梯度的比值。

3.仪器设备及材料

(1)梯度比渗透仪:

①渗透仪筒体的内径为100mm透明圆筒,有夹持单片或多片土工织物试样的装置,周边应密封良好,圆筒应有一定的高度,织物上方的土样高为100mm,土样上方应有一定的空间使水流均匀稳定。

②渗透仪圆筒侧壁的6根测压管,其内径不小于3mm,接头处应设滤层,防止土样堵塞管

口。进水口、排水口、排气口及 6 根管的分布见图 11-28。

③土工织物底部应放置具有一定刚度和孔径(6mm)的筛网,以支承土工织物。筛网与织物一起在夹持装置内密封。

(2)供水系统:进水和出水装置均应有溢水口,保证常水头。

(3)测压板:测压管固定在板上,应装有刻度尺,最小分度值为1mm。

(4)其他:真空泵、水加热器、秒表、量筒、温度计、水桶等。

4. 试样制备

(1)取样:按 T 1101—2006 的规定取样。

(2)试样数量及尺寸:试样尺寸应与渗透仪尺寸相适应;试样数量根据试验组合和设计滤层中织物的层数而定。

(3)试验前称量土工织物试样的质量,精确至 0.01g。

(4)土料:将土料风干后进行筛分,剔除粒径大于 5mm 的颗粒。

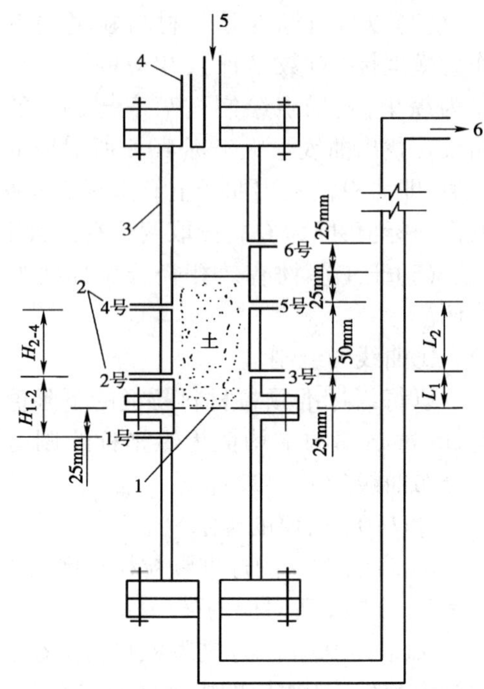

图 11-28　梯度比装置示意图

1-土工织物;2-测压管;3-内径 100mm 透明圆筒;4-排气口;5-连常水头水容器;6-排水口

(5)试验用水:试验应用脱气水,水温宜比室温高 3 ~4℃。

5. 试验步骤

(1)将织物试样和筛网一起放在夹持装置内,并密封好。

(2)装入土样,土样高 100mm。对于松土样,可用漏斗将风干土倒入渗透仪内整平即可;对于密实土样应分层击实至要求的密度。装样过程中应防止测压管的进口被堵塞。

(3)饱和土样。由排水口管进水,使水由试样底部缓慢流入,可控制进水水头小于 25mm,直至水位上升到土样顶面一定高度,始可从进水管注水,并使整个容器内充满水(为加速土样饱和,可采用真空泵抽气法或用充 CO_2 的方法)。

(4)调节水位,使水力梯度 i 达 1.0,观察测压管内的水位变化。

(5)当全部测压管读数达到稳定后,将上游进水容器保持常水头,打开出水口阀门,水流通过试样进行渗流。

(6)每小时测读一次测压管水位和渗水量,同时记录渗水时间和水温,连续测读 24h。如读数尚未完全稳定,可适当延长测读时间,直至稳定为止。

(7)当 $i=1.0$ 时的试验结束后调整水力梯度 i,分别对该试样进行 $i=2.5$、$i=4.0$、$i=10.0$ 时的试验。当 i 每增加一级后,应等测压管读数稳定,并在该级梯度下渗流达 1.5h 以上。当 i 达 10.0 时且测压管读数稳定后,重复步骤(5)、(6)。

(8)试验结束,取出土工织物试样,轻轻清除表面浮土,烘干后称量土工织物及其内部含土的总质量,精确至 0.01g。

6. 结果整理

(1)计算梯度比 GR。

$$GR = \frac{H_{1\text{-}2}/L_1 + \delta}{H_{2\text{-}4}/L_2} \tag{11-35}$$

式中：GR——梯度比；

δ—— 土工织物厚度(mm)；

$H_{1\text{-}2}$——测压管 1 号与 2 号间的水位差(mm)；

$H_{2\text{-}4}$——测压管 2 号与 4 号间的水位差(mm)；

L_1、L_2——渗径长(mm)。

不计土工织物厚度时：

$$GR = \frac{2H_{1\text{-}2}}{H_{2\text{-}4}} \tag{11-36}$$

(2)计算土工织物单位体积试样中的含土量μ。

$$\mu = \frac{m_1 - m_0}{A\delta} \tag{11-37}$$

式中：μ——织物单位体积试样中的含土量(g/cm^3)；

m_0——试验前织物试样的质量(g)；

m_1——试验后织物试样的烘干质量(g)；

A——织物试样面积(cm^2)；

δ——织物厚度(cm)。

7. 试验报告

(1)样品名称、规格型号。

(2)土样状态的描述。

(3)试验日期。

(4)试验时试样的层数。

(5)梯度比及梯度比随时间的变化过程曲线。

(6)试样单位体积的含土量。

(7)任何偏离规定程序的详细说明。

二十三、抗氧化性能试验(T 1161—2006)

1. 目的和适用范围

本试验方法的目的是测定聚丙烯和聚乙烯类土工合成材料的抗氧化性能。本试验方法适用于以聚丙烯和聚乙烯为原料的土工合成材料，但不适用于土工膜。

2. 仪器设备及用具

(1)拉伸试验机：应具有等速拉伸功能，拉伸速率可以设定，并能测读拉伸过程中的应力、应变量。

(2)恒温烘箱：烘箱有可调节的通风口，箱内有足够的空间供悬挂试样，并能保持设定的温度，温度精度为±1℃。

(3)耐热的试样夹持夹具：悬挂于烘箱内，能保持试样间有至少 10mm 的间隔，离烘箱壁的距离至少 100mm。

3. 试样制备

(1)取样：按 T 1101—2006 规定的方法抽取样品。

(2)试样数量和尺寸:从样品上剪取两组试样,一组用做加热老化的老化样;一组用做对照样。每组纵、横向各取5块试样,土工织物每块试样的尺寸至少300mm×50mm,土工格栅试样在宽度方向上应保持完整的抗拉单元,在长度方向至少有3个连接点,试样的中间有一个连接点。

注:①建议多老化几块试样,作为机械性能试验失败时的备用样。

②聚丙烯或聚乙烯材料试样在烘箱中长时间放置,可能会发生收缩,所以在剪取试样时可适当放大尺寸。但对照样和老化样的尺寸必须完全一致,以保证试验结果具有可比性。

(3)试样调湿和状态调节:试样在入烘箱内老化前不需进行调湿和状态调节。进行拉伸性能试验前,对老化样和对照样进行调湿和状态调节,按T 1101—2006第5条的规定进行。

4.试验步骤

(1)设定烘箱温度:对于聚丙烯材料试样,烘箱温度设定为110℃ ±1℃;对于聚乙烯材料试样,烘箱温度设定为100℃ ±1℃。

注:烘箱的温度是本试验的关键,烘箱在整个试验过程中应保持恒温。在14d、28d或更长时间的试验过程中,必须每天观察并记录试验温度,如发现温度达不到试验要求,应及时查找原因并处理问题。

(2)当烘箱温度稳定后,将试样夹持在夹具上,悬挂在烘箱内,试样间彼此不接触,试样的总体积不超过烘箱内空间体积的10%,试样距烘箱壁的距离至少100mm。

(3)对于起加强作用的土工合成材料试样,或使用时需要长时间拉伸的试样,聚丙烯材料试样需在烘箱内老化28d;聚乙烯材料试样老化56d。对于用于其他方面的土工合成材料试样,聚丙烯材料试样需老化14d;聚乙烯材料试样老化28d。

(4)由于耐热试验过程中试样可能产生收缩,所以拉伸试验前应将对照样在烘箱相同温度下放置6h后,再调湿进行拉伸试验(不能用原始样替代对照样直接进行试验)。

(5)拉伸性能测定:当试样在烘箱中达到规定的时间后,把试样取出,按T 1101—2006第5条的规定进行调湿和状态调节。按现行《纺织品　织物拉伸性能　第1部分:断裂强力和断裂伸长率的测定　条样法》(GB/T 3923.1)进行拉伸试验,拉伸速率为100mm/min。分别计算纵、横向断裂强力的平均值,对照样记为F_c,老化样记为F_e;分别计算纵、横向断裂伸长的平均值,对照样记为ε_c,老化样记为ε_e。如果其中一块试样的拉伸试验无效,则在相同方向上再取一块试样(经过相同处理)进行试验。

5.结果整理

(1)计算断裂强力保持率,按现行GB/T 8170修约至1位小数。

$$R_F = \frac{F_e}{F_c} \times 100 \tag{11-38}$$

式中:R_F——样品的断裂强力保持率(%);

F_e——老化样的平均断裂强力(N);

F_c——对照样的平均断裂强力(N)。

(2)计算断裂伸长的保持率,按现行GB/T 8170修约至1位小数。

$$R_\varepsilon = \frac{\varepsilon_e}{\varepsilon_c} \times 100 \tag{11-39}$$

式中:R_ε——样品的断裂伸长保持率(%);

ε_e——老化样的平均断裂伸长(mm);

ε_c——对照样的平均断裂伸长(mm)。

6. 试验报告

(1)样品名称、规格型号。

(2)样品状态的描述。

(3)试验日期。

(4)老化试验的时间。

(5)所用烘箱的型号。

(6)烘箱温度和最大偏差。

(7)温度对对照样的影响。

(8)断裂强力保持率 R_F。

(9)断裂伸长保持率 R_ε。

(10)任何偏离规定程序的详细说明。

二十四、抗酸、碱液性能试验(T 1162—2006)

1. 目的和适用范围

本试验方法的目的是测定土工合成材料的抗酸、碱液性能。本试验方法适用于所有的土工合成材料。

注:本方法仅考虑试样全部浸渍于酸、碱液体中的情况。对于其他情况,可修改试验条件以符合特殊应用的要求,也可适用于某些方法预处理后的试样,例如经风化、水萃取处理或者安装时受损的试样。

2. 仪器设备及材料

(1)拉伸试验机:应具有等速拉伸功能,拉伸速率可以设定,并能测读拉伸过程中的应力、应变。

(2)试验容器应具有下列装置:

①密封盖:以限制挥发性成分的蒸发,如果有必要的话,可使用回流冷凝器。

②搅拌器(或等效装置):保持液体以及液体和试样间物质交换均匀。

③试样架:确保试样位置适当,使试样间的距离至少为10mm。

④在密封盖上至少有一个可关闭的小孔,以便注入液体,控制液体的浓度。

试验容器应有足够大的容积,并且能保持试液恒定的温度为60℃ ±1℃。容器和装置所用的材料应能抗试验用化学品的腐蚀,通常可用玻璃或不锈钢。

注:由于没有定型仪器,可根据本试验方法提出的要求自行制作。试验容器应用不锈钢制作3个,分别为酸容器、碱容器和水容器。

(3)试液:无机酸采用0.025mol/L的硫酸;无机碱采用氢氧化钙[$Ca(OH)_2$]饱和悬浮液,例如可用约2.5g/L的$Ca(OH)_2$。应使用化学纯的试剂,试验用水为三级水。

注:在浸渍试验期间,应保持媒介的组成不变。在有效元素浓度降低,或者相态体系发生变化的情况下,按常规方法调节浓度或更换液体。

3. 试样制备

(1)取样:按T 1101—2006规定的方法抽取样品。

(2)试样的数量和尺寸:从样品上剪取3组试样,一组用做耐酸液的浸渍样;一组用做耐碱液的浸渍样;一组用做对照样。单位面积质量的测定:每组5块试样,每块试样的尺寸至少100mm×100mm;尺寸变化和拉伸性能的测定:纵横向应分别测定,试样的尺寸至少300mm×50mm。土工格栅试样在宽度上应保持完整的抗拉单元,在长度方向应至少有3个连接点,试样的中间有 1 个连接点。

注:①建议多备出几块试样,作为拉伸试验失败时的备用样。

②如果产品上有涂层,并且该涂层在使用过程中能够被溶液渗透,那么应分别对涂层试样和去掉涂层后试样进行试验。如果未按上述要求试验,就应在试验报告中注明:试样的涂层破损后有可能改变其抗化学性。

③复合产品应分别评定各层的耐酸、碱液性能。但应注意,复合材料的性能可能由于分成单层而受到影响。

④3 组试样的尺寸必须完全一致,以保证试验结果的可比性。

4. 试验步骤

(1)浸渍前的测定

①试样调湿和状态调节:按 T 1101—2006 第 5 条的规定进行。

②质量测定:按 T 1103—2006 规定的方法测定 5 块试样的单位面积质量,并计算其平均值 m_0。

③尺寸测定:分别在 5 块试样的中部沿长度方向画一条中心线,在垂直于长度方向上作两条标记线,标记线间的距离至少 250mm,沿中心线测量两个标记线之间的距离,并计算其平均值 d_0。

(2)浸渍试验

①试验用液体的量应是试样质量的 30 倍以上,并能使试样完全浸没。酸碱两种液体的温度均为 60℃ ±1℃。

②将耐酸液的浸渍样和耐碱液的浸渍样,在不受任何机械应力的情况下,分别放在盛硫酸溶液和氢氧化钙溶液的容器中,试样之间、试样与容器壁之间以及试样与液体表面之间的距离至少为 10mm。不同材料的试样不应在同一个容器内试验。试样分别在两种液体中浸渍 3d。

氢氧化钙溶液应连续搅拌,硫酸溶液每天至少搅拌一次。测定并记录液体的初始 pH 值。如液体连续使用,至少每七天要添加或者更换一次,以保持初始时的 pH 值。液体和试样应避光放置。

③浸渍样从酸、碱溶液中取出后,先在水中清洗,然后在 0.01mol/L 的碳酸钠溶液中清洗,最后再在水中清洗,要保证清洗充分。

如是涤纶土工织物,从氢氧化钙浸渍液中取出后,需去除附着的对苯二酸钙晶体,可采用以下方法:在一个不断搅拌的装置中,在 10%(按质量)的氮川三乙酸钠中清洗 5min,然后在 3%(按质量)的乙酸溶液中清洗,最后用水清洗。

④将对照样在温度为 60℃ ±1℃的清水中浸渍 1h,试验用水为三级水(不能用原样直接作为对照样使用)。

⑤浸渍样和对照样试样应在室温下干燥或在 60℃温度下干燥,在干燥过程中不要对试样施加过大的应力。

(3)浸渍后的测定

①表观检查:用肉眼检查酸、碱浸渍样与对照样的差异,例如变色等,并记录下来。

②质量测定:按 T 1103—2006 规定的方法,分别测定浸渍样和对照样的单位面积质量,并计算各自的平均值 m_e 和 m_c。

③尺寸测定:将浸渍样和水浸渍后的对照样调湿后,沿中心线测量两个平行线之间的距离,并计算其平均值 d_e 和 d_c。

④拉伸性能测定：按现行《纺织品　织物拉伸性能　第1部分：断裂强力和断裂伸长率的测定　条样法》（GB/T 3923.1）分别进行浸渍样和对照样的拉伸性能试验，拉伸速率为100mm/min。分别计算纵、横向断裂强力的平均值，浸渍样记为 F_e，对照样记为 F_c；计算断裂伸长的平均值，浸渍样记为 ε_e，对照样记为 ε_c。

⑤显微镜观察：用放大250倍的显微镜观察浸渍样和对照样之间的差异，并给出定性的结论。

注：该步骤用于评定有损伤试样的纱线破坏程度。

5. 结果整理

分别计算试样在酸、碱液体浸渍后的性能变化。

（1）计算质量变化率，按现行 GB/T 8170 修约到小数点后1位。

$$P_G = \frac{m_e - m_c}{m_0} \times 100 \tag{11-40}$$

式中：P_G——样品的单位面积质量变化率（%），为负值时表示质量损失，为正值时表示质量增加；

m_e——浸渍样的平均单位面积质量（g/m^2）；

m_c——对照样的平均单位面积质量（g/m^2）；

m_0——浸渍前试样的平均单位面积质量（g/m^2）。

注：应以浸渍前试样的面积为准，不用考虑浸渍后的尺寸变化。

（2）计算尺寸变化率，按现行 GB/T 8170 修约到小数点后1位。

$$P_d = \frac{d_e - d_c}{d_0} \times 100 \tag{11-41}$$

式中：P_d——样品的尺寸变化率（%），为负值时表示收缩，为正值时表示伸长；

d_e——浸渍样的平均尺寸（mm）；

d_c——对照样的平均尺寸（mm）；

d_0——浸渍前试样的平均尺寸（mm）。

（3）计算强力保持率，按现行 GB/T 8170 修约到小数点后1位。

$$R_F = \frac{F_e}{F_c} \times 100 \tag{11-42}$$

式中：R_F——样品的强力保持率（%）；

F_e——浸渍样的平均断裂强力（N）；

F_c——对照样的平均断裂强力（N）。

（4）计算断裂伸长的保持率，按现行 GB/T 8170 修约到小数点后1位。

$$R_\varepsilon = \frac{\varepsilon_e}{\varepsilon_c} \times 100 \tag{11-43}$$

式中：R_ε——样品断裂伸长的保持率（%）；

ε_e——浸渍样的平均断裂伸长（mm）；

ε_c——对照样的平均断裂伸长（mm）。

6. 试验报告

（1）样品名称、规格型号。

（2）样品状态的描述。

(3)试验日期。

(4)视觉评定结果,如果使用显微镜观察,标明放大倍数。

(5)分别报出试样在酸、碱液中浸渍后的性能变化:质量变化率 P_G;尺寸变化率 P_d;强力保持率 R_F;断裂伸长保持率 R_ε。

(6)任何偏离规定程序的详细说明。

二十五、抗紫外线性能试验

(一)氙弧灯法(T1163—2006)

1. 目的和适用范围

本试验方法的目的是测定土工合成材料的抗紫外线性能。本试验方法适用于所有的土工合成材料。

2. 仪器设备及材料

(1)光源

①石英套管氙弧灯的光谱范围包括波长大于270nm的紫外光、可见光和红外辐射。

为了模拟直接的自然暴露,辐射光源必须过滤,以便提供与地球上的日光相似的光谱能量分布(方法A),见表11-41。

采用可减少波长320nm以下光谱辐照度的滤光器来模拟透过窗玻璃滤光后的日光(方法B),见表11-42。

人工气候老化的相对光谱辐照度(方法A)

表11-41

波长λ(nm)	相对光谱辐照度[①](%)
290<λ≤800	100
λ≤290	0[②]
290<λ≤320	0.6±0.2
320<λ≤360	4.2±0.5
360<λ≤400	6.2±1.0

注:①290~800nm间的光谱辐照度定为100%。

②按方法A操作的氙弧灯光源发出少量低于290nm的辐射,在某些情况下这会引起试样在户外暴露时并不发生的降解反应。

透过窗玻璃的日光的相对光谱辐照度(方法B)

表11-42

波长λ(nm)	相对光谱辐照度*(%)
300<λ≤800	100
λ≤300	0
300<λ≤320	<0.1
320<λ≤360	3.0±0.5
360<λ≤400	6.0±1.0

注:*300~800nm之间的光谱辐照度定为100%。

当加热试样对光化学反应速度有不利影响,或在自然暴露下并不会引起热老化时,可以使用附加的滤光器来减少非光化作用的红外能量。

氙弧灯和滤光器的特性在使用时会因老化而变化,因此应定时更换。此外,氙弧灯和滤光器积聚污垢时也会改变其特性,因此应定时清洗。氙弧灯和滤光器的更换和清洗应按制造厂家的说明进行。

②经滤光的氙弧灯光源的紫外光辐射分布和允差列于表11-41和表11-42。表11-41列出的适用于人工气候老化(方法A),表11-42列出的适用于透过窗玻璃日光的模拟暴露(方法B)。

③波长290~800 nm之间的通带,选择550W/m^{2}的辐照度用作暴露试验时参考,这不一定是首选的辐照度。若经有关方面协商,也可以选择其他的辐照度,但应在试验报告中说明所选择的辐照度和通带。

④在平行于灯轴的试样架平面上的试样,其表面上任意两点之间的辐照度差别不应大于10%。

如果不能达到这种要求,应定期变换试样的位置,以保证试样在任意部位上有相同的暴露量。

注:只要使用满足本试验方法设计要求的试验箱,光谱辐照度可以是对时间的平均值。

(2)试验箱

试验箱内有一个框架,该框架能按需要,带动试样架转动,使试样表面空气流通以便温度的控制。

应相对于试样来确定辐射光源的位置,使试样表面的辐照度符合(1)中③、④的规定。

如果氙弧灯在工作时产生臭氧,应把灯和试样与操作人员隔离。如果空气流中存在臭氧,应抽风把它直接排出户外。

为了减少灯的偏心影响,或者在同一个试验箱中为增加辐照度而使用多支灯时,为改进暴露的均匀性,可以让框架携带试样围绕光源转动。如有需要,可定期变换每件试样的位置。

可以让试样架也围绕其自身的轴心转动,以使试样架上本来并不直接暴露的面能够直接暴露在光源的辐射下。

可以设定程序利用熄灭光源而得到黑暗循环,以模拟无日光辐射时的受控暴露条件。

无论使用何种操作方式或设定程序,都应在报告中详细说明。

(3)辐射仪

辐射仪应可任意设定测量试件表面辐照度或辐照量,它是用一个光电传感器来测量辐照度和辐照量的仪器。光电传感器的安装必须使它接受的辐射与试样表面接受的相同。如果光电传感器与试样表面不处于同一位置,就必须有一个足够大的观测范围,并校定它处于试样表面相同距离时的辐照度。辐射仪必须在使用的光源辐射区域内校定,每年至少进行一次全面的校定。

当进行辐照度测量时,必须报告有关双方商定的波长范围。通常使用 300 ~ 400 nm 或 300 ~ 800 nm 范围内的辐照度。

(4)黑标准温度计或黑板温度计

①黑标准温度计

当黑标准温度计与试样在试样架同一位置受到辐射时,黑标准温度近似于导热性差的深色试样的温度。这种温度计是由长 70mm、宽 40mm、厚 1mm 的平面不锈钢制成。平板对光源的一面,涂上一种耐老化的黑色平光涂层。涂覆后的黑板至少吸收 2500 nm 以内总入射光通量的 95%。用铂电阻传感器测量平板温度,传感器安装在背光源的一面,并以平板中心有良好的热接触。金属板的这一面用 5mm 厚的,有凹槽的聚偏二氟乙烯(PVDF)底座固定,使它仅在传感器范围形成空间。传感器与 PVDF 平板凹槽之间的距离约 1mm。PVDF 板的长度和宽度必须足够大,以确保在试验架上安装黑标准温度计时,金属板与试验架之间不存在金属接触。试验架上的金属支架与金属板的边缘至少相距 4mm。

为了测定试样表面的温度范围及更好地控制设备的辐照度和试验条件,除使用黑标准温度计外,还增加使用白标准温度计。白标准温度计和黑标准温度计设计相同,它用耐老化的白色涂层代替黑色平光涂层。白色涂层比黑色平光涂层在 300 ~ 1000nm 范围内的吸收至少降低 90%,在 1000 ~ 2500 nm 范围内至少降低 60%。

②黑板温度计

黑板温度计仍受到广泛应用,但各种型号的设备所使用的黑板温度计在设计上已有许多发展变化。黑板温度计是使用一种非绝热的黑色金属板底座。这就是黑板温度计与黑标准温度计的本质区别。在规定的操作条件下,黑板温度计的温度低于黑标准温度计所显示的温度。有一种使用的黑板温度计是由一块长约150mm、宽70mm、厚1mm的平面不锈钢制成。平板对光源的一面涂上一层黑色平光涂层。涂覆后的黑板至少吸收2500nm以内总入射光通量的90%。平板温度的测量是通过一个位于板的中心并与黑板的对光面牢固连接的、已涂黑的杆状双金属盘式传感器来进行的,或是通过测温电阻传感器来进行。对于尺寸不同、传感原件不同和传感原件固定方式不同的黑板温度计应在报告中说明。黑板温度计在试样架上安装的形式也应说明。

(5)控湿装置

试样表面流通空气的相对湿度应予以控制,并用适当的仪器进行测量,该仪器在箱内应不受灯辐射的影响。

(6)喷水系统

在规定条件下,可用蒸馏水或软化水间歇地喷淋试样表面。喷水系统应由不污染用水的惰性材料制成。喷水不应在试样面上留下明显的污迹和沉淀物,水的固体含量小于1mg/L或水的电导率小于5μs/cm。使用蒸馏、去离子和反渗透方法能得到符合质量要求的水。在试验报告中要说明水的pH值。

(7)试样架

试样架可以是有背板或无背板形式。应采用不影响试验结果的惰性材料(例如铝合金或不锈钢)制成。与试样接触的物件不应使用黄铜、钢或铜。使用有背板的暴露,可能会影响试验结果,特别是对透明试样,因此应由有关方面商定。

(8)评定性能变化的设备

用于评定试样暴露后性能变化的设备应符合国家标准的规定,见现行GB/T 15596。

3. 试样制备

见现行GB/T 16422.1。

4. 试验条件

(1)黑标准温度或黑板温度

选择以下两种黑标准温度用作暴露试验时参考:65℃ ±3℃或100℃ ±3℃。

注:较高的温度是为特殊试验而设置的,它有可能使试样更加容易经受热降解而影响试验结果。

以上温度并不一定是首选的试验温度,当有关方面协商一致时,也可以选择其他温度,但应在试验报告中说明。

如果使用喷水系统,在无水周期内应保持温度恒定。如果温度计不能达到规定温度,应在试验报告中说明在无水期间所达到的最高温度。

暴露装置即使以交替方式工作,黑标准温度计也应以连续方式进行测量。

如果使用黑板温度计,应在试验报告中说明温度计的类型、安置方式和所选择的工作温度。

(2)相对湿度

试验所用的相对湿度应由有关方面商定,但是最好选用以下任一种条件:50% ±5%或65% ±5%。

注:因为不同颜色和厚度试样的温度不同,所以试验箱内测得的相对湿度不一定等于试样表面邻近空气的相对湿度。

(3)喷水周期

试验所用的喷水周期应由有关方面商定。但是最好选用以下的喷水周期:每次喷水时间18min ±0.5min;两次喷水之间的无水时间102min ±0.5min。

(4)黑暗周期

前述(1)和(2)所规定的条件适用于连续光照的试验。黑暗周期可选用更复杂的循环周期,比如具有较高相对湿度的黑暗周期,在该周期内提高试验箱温度并形成凝露。

应在试验报告中说明黑暗周期循环试验的具体条件。

5. 试验步骤

(1)试样固定

将试样以不受任何外加应力的方式固定于试样架上,每件试样应作不易消除的标记,标记不应标在后续试验要用的部位上。为了检查方便,可以设计试样放置的布置图。

如果必要,在试样被用于测定颜色和外观的变化试验时,在整个试验期间可用不透明物遮盖每个试样的一部分,以比较遮盖面与暴露面,这对于检查试样的暴露过程是有用的。但试验结果应以试样暴露面与保存在暗处的对照试样的比较为准。

(2)暴露

在试样投入试验箱前,应保证设备是在所选定的试验条件下运转(见本方法"5 试验条件"),在试验过程中应保持恒定。

试样暴露应达到规定的暴露期。如果需要,可将辐照度测定装置同时暴露。最好是经常变换试样的位置,以减少任何暴露的局部不均匀性。变换试样的位置时,应保持试样初始固定时的取向。

如果需要取出试样作定期检查,应注意不要触摸或破坏试样表面。检查后,试样应按原状放回各自试样架或试验箱,保持试验表面的取向与检查前一致。

(3)辐射暴露的测量

如果使用光剂量测量仪,它的安装应使辐射计能够显示试样暴露面上的辐照度。

对于所选择的通带,在暴露周期内的辐照度,用在暴露平面上单位面积的入射光谱辐射能量表示,单位是 J/m^2。

(4)试样暴露后性能变化的测定

按现行 GB/T 15596 的规定进行。

6. 试验报告

(1)样品名称、规格型号和状态描述。

(2)试验方法。

(3)试验箱型号、灯及率光系统的详细说明,包括更换时间表和更换位置时间表、试样表面辐照度。

(4)黑标准温度计或黑板温度计型号及安装形式。

(5)黑标准温度或黑板温度及相对湿度的平均值和偏差、喷水和凝露周期。

(6)试样的背板、支撑架及附件的性质,试样转动条件。

(7)确定暴露阶段的方法,如果采用辐照量,说明其测量仪器。

(8)按现行 GB/T 15596 要求表示试验结果。

(9)如测定参照试样,应说明参照试样的变化情况。

(10)试验结果、试验人员、日期及其他。

(二)荧光紫外灯法(T 1164—2006)

1. 目的和适用范围

本试验方法的目的是测定土工合成材料的抗紫外线性能。本试验方法适用于所有的土工合成材料。

2. 定义

(1)荧光紫外灯:发射100nm以下紫外光的能量至少占总输出光能80%的荧光灯。

(2)I型荧光紫外灯:发射300nm以下的光能低于总输出光能2%的一种荧光紫外灯,通常称为UV-A灯。

(3)II型荧光紫外灯:发射600nm以下的光能大于总输出光能10%的一种荧光紫外灯,通常称为UV-B灯。

(4)冷凝暴露:试样表面经规定的辐照时间转入模拟夜间的无辐照状态,此时试样表面仍受暴露室内热空气和水蒸气的饱和混合物加热作用,而试样背面继续受到周围空间的空气冷却,形成试样表面凝露的暴露状态。

3. 仪器设备及材料

(1)光源

①I型灯是适用的,但I型灯有多种不同的辐射光谱分布可供选择,通常可区分为UV-A340、UV-A351、UV-A355和UV-A365,名称数字表示发射峰的特征波长(nm)。其中UV-A340更能模拟日光的300~340nm光谱分布。采用不同光谱的灯组合时,应有使试样表面辐射均匀的规定,例如使试样绕灯连续移位。

②II型灯发射光谱分布具有接近313nm汞线的峰值,在日光截止波长300nm以下有大量的辐射,可引起材料在户外不发生的老化。这种灯可在双方同意下采用,但协商的意见应在试验报告中详述。

③多数荧灯在使用过程中输出光能会逐渐衰减,应按照设备厂家关于使用方法要求的说明保持所需要的辐射。

(2)暴露室

①暴露室可有不同的形式,但应以惰性材料构成,并能提供符合前述"光源"中要求的均匀辐射以及控制温度的装置,需要时应能使试样表面凝露或提供喷水,或者能提供暴露室内控制湿度的方法。

②试样的安装应使暴露面处于均匀的辐照面上。正对灯管端部160mm范围和灯管排列面边上50mm范围的试样架四周边缘区不宜投放试样。为使所有试样能有均匀的辐照和温度,可规定灯管换位和试样重排的方法。可按照制造厂家说明进行灯管换位。

(3)辐射计

不强制要求使用辐射计监测辐照强度和试样表面辐照量。但如采用某一种辐射计,则应符合GB/T 16422.1—1996中5.2的要求。

(4)黑标准温度计或黑板温度计

黑标准温度计或黑板温度计应符合GB/T 16422.1—1996中5.1.5的要求。

(5)供湿装置

①在设备中通过湿气冷凝机理使试样暴露面凝露润湿。水蒸气是由设置在试样架下方的容器内的水加热而产生的。

②当设备不符合①的规定时,可采取提供控制暴露室内相对湿度的方法,或者用纯水或模拟酸雨的水溶液喷淋试样的方法。用水参照现行GB/T 9344。

(6)试样架

试样架应以不影响试验结果的惰性材料制成。背板的存在及其所用材料会影响试样的老化结果。因此,背板的采用应由双方商定。

(7)评价性能变化的设备

根据要求监测的性能项目,按照国家标准的规定选用仪器设备,见现行 GB/T 15596。

4. 试样制备

见现行 GB/T 16422.1 的规定。

5. 暴露条件

(1)暴露方式 1

试样经一段光暴露期后,继之为无辐照期(其时温度发生变化和在试样上形成凝露)的循环试验。试验期按有关标准规定,如无规定循环条件,推荐采用下述循环:在黑标准温度 60℃ ±3℃下辐照暴露 4h 或 8h;然后,在黑标准温度 50℃ ±3℃下无辐照冷凝暴露 4h。

注:有些聚合物(例如 PVC)的老化降解对于温度很敏感。这种情况下建议采用低于 60℃的辐照暴露温度(例如 50℃),以模拟较冷的气候。

选用辐照暴露继之冷凝暴露的程序时,可允许的辐照或冷凝暴露期最短为 2h,以保证各暴露期条件达到平衡。

(2)暴露方式 2

试样连续进行辐照暴露且有定时喷水的循环试验,试验期按有关标准规定。如无规定,推荐如下的试验条件:在黑标准温度 50℃ ±3℃、空气相对湿度 10% ±5% 条件下辐照暴露 5h;然后,在黑标准温度 20℃ ±3℃下继续辐照暴露并喷水 1h。

6. 试验步骤

(1)安放试样架,使试样暴露面朝向光源。如需要,用黑色平板填补所有空处以保证均匀的暴露条件。

(2)按选定的条件和程序以及要求的循环次数连续进行试验。维护设备和检查试样的间断时间应尽量缩短。

7. 试验报告

(1)样品名称、规格型号和状态描述。

(2)试验方法。

(3)试验箱型号、灯及滤光系统的详细说明,包括更换时间表和更换位置时间表、试样表面辐照度。

(4)黑标准温度计或黑板温度计型号及安装形式。

(5)黑标准温度或黑板温度及相对湿度的平均值和偏差、喷水和凝露周期。

(6)试样的背板、支撑架及附件的性质,试样转动条件。

(7)确定暴露阶段的方法,如果采用辐照量,说明其测量仪器。

(8)如测定参照试样,应说明参照试样的变化情况。

(9)试验结果、试验人员、日期及其他。

二十六、碳黑含量试验——热失重法(T 1165—2006)

1. 目的和适用范围

本试验方法的目的是测定聚烯烃材料(含聚丙烯、聚乙烯)的碳黑含量。本试验方法适用于聚烯烃塑料土工合成材料碳黑含量的测定。

2. 仪器设备及材料

(1)高纯度氮气(氮气中氧含量小于 20mg/kg),储存于配有减压阀和流量表的钢瓶中。

(2)石英样品舟:长50~60mm。

(3)管式电炉:温度可达600℃以上,用于裂解试样。

(4)马福炉:温度可达1000℃以上,用于煅烧试样。

(5)玻璃干燥器:用于放置样品舟。

(6)天平:感量0.0001g。

3. 试样制备

(1)取样:按T 1101—2006的有关规定进行。

(2)制样:从样品中取3份样,粉碎后称量,每份约1g,准确至0.0001g。

(3)称量环境:温度为23℃ ±2℃。

4. 试验步骤

(1)将管式电炉升温至550℃ ±50℃。打开氮气钢瓶,使高纯度氮气进入管式电炉。调节流量计,使氮气通入管式电炉的流速成为200mL/min,大约5min。

(2)将装有样品的样品舟推入管式电炉的中心,调节高纯度氮气流速为100mL/min,于550℃ ±50℃的温度下热解45min。

(3)热解终了时,将样品舟移回至管式炉的低温部分。继续保持通入高纯度氮气10min。

(4)取出样品舟,置于干燥器中冷却,称量,准确至0.0001g。

(5)将样品舟置于马福炉中煅烧,温度为900℃ ±50℃,直至碳黑全部消失为止。再放入干燥器中冷却,称量,准确至0.0001g。

5. 结果整理

(1)计算碳黑含量C(%),取三个试验结果的算术平均值,保留两位有效数字。

$$C = \frac{m_2 - m_3}{m_1} \times 100 \tag{11-44}$$

式中:m_1——试样质量(g);

m_2——样品舟和试样在550℃热解后的质量(g);

m_3——样品舟和灰分在900℃煅烧后的质量(g)。

(2)计算灰分含量C_1(%),取三个试验结果的算术平均值,保留两位有效数字。

$$C_1 = \frac{m_3 - m}{m_1} \times 100 \tag{11-45}$$

式中:m——样品舟质量(g);

m_1——试样质量(g);

m_3——样品舟和灰分在900℃煅烧后的质量(g)。

6. 试验报告

(1)样品名称、规格型号。

(2)样品状态的描述。

(3)试验日期。

(4)碳黑含量的平均值,以质量百分比表示。

(5)如果灰分含量大于试样质量的1%,则要报出灰分含量,并注明测定的碳黑含量可能超过实际值。

(6)本试验方法尚未列入的操作细节及可能影响测定结果的任何意外情况。

参考文献

[1] 中华人民共和国国家标准 GB 175—2007 通用硅酸盐水泥. 北京:中国标准出版社,2007.
[2] 中华人民共和国国家标准 GB 13693—2005 道路硅酸盐水泥. 北京:中国标准出版社,2005.
[3] 中华人民共和国国家标准 GB 748—2005 抗硫酸盐硅酸盐水泥. 北京:中国标准出版社,2005.
[4] 中华人民共和国国家标准 GB/T 1596—2005 用于水泥和混凝土中的粉煤灰. 北京:中国标准出版社,2005.
[5] 中华人民共和国国家标准 GB/T 18046—2000 用于水泥和混凝土中的粒化高炉矿渣粉. 北京:中国标准出版社,2000.
[6] 中华人民共和国国家标准 GB/T 2847—2005 用于水泥中的火山灰质混合材料. 北京:中国标准出版社,2005.
[7] 中华人民共和国国家标准 GB/T 700—2006 碳素结构钢. 北京:中国标准出版社,2006.
[8] 中华人民共和国国家标准 GB/T 5224—2003 预应力混凝土用钢绞线. 北京:中国标准出版社,2003.
[9] 中华人民共和国国家标准 GB/T 1499.1—2008 钢筋混凝土用钢　第1部分:热轧光圆钢筋. 北京:中国标准出版社,2008.
[10] 中华人民共和国国家标准 GB/T 1499.2—2007 钢筋混凝土用钢　第2部分:热轧带肋钢筋. 北京:中国标准出版社,2007.
[11] 中华人民共和国国家标准 GB/T 2975—1998 钢及钢产品力学性能试验取样位置及试样制备. 北京:中国标准出版社,1998.
[12] 中华人民共和国国家标准 GB/T 228—2002 金属材料室温拉伸试验. 北京:中国标准出版社,2002.
[13] 中华人民共和国国家标准 GB/T 232—1999 金属材料弯曲试验方法. 北京:中国标准出版社,1999.
[14] 中华人民共和国国家标准 GB/T 10120—1996 金属应力松弛试验方法. 北京:中国标准出版社,1996.
[15] 中华人民共和国国家标准 GB/T 231.1—2002 金属布氏硬度试验方法. 北京:中国标准出版社,2002.
[16] 中华人民共和国国家标准 GB 2649—1989 焊接接头机械性能试验取样方法. 北京:中国标准出版社,1989.
[17] 中华人民共和国国家标准 GB/T 2651—2008 焊接接头拉伸试验方法. 北京:中国标准出版社,2008.
[18] 中华人民共和国国家标准 GB 2652—1989 焊缝和熔敷金属拉伸试验方法. 北京:中国标准出版社,1989.
[19] 中华人民共和国国家标准 GB/T 2653—2008 焊接接头弯曲试验方法. 北京:中国标准出版社,2008.
[20] 中华人民共和国行业标准 JTG E40—2007 公路工程土工试验规程. 北京:人民交通出版社,2007.
[21] 中华人民共和国行业标准 JTJ 052—2000 公路工程沥青及沥青混合料试验规程. 北京:人

民交通出版社,2000.
[22] 中华人民共和国行业标准 JTG E30—2005 公路工程水泥及水泥混凝土试验规程. 北京:人民交通出版社,2005.
[23] 中华人民共和国行业标准 JTG E41—2005 公路工程岩石试验规程. 北京:人民交通出版社,2005.
[24] 中华人民共和国行业标准 JTJ 057—94 公路工程无机结合料稳定材料试验规程. 北京:人民交通出版社,1994.
[25] 中华人民共和国行业标准 JTG E42—2005 公路工程集料试验规程. 北京:人民交通出版社,2005.
[26] 中华人民共和国行业标准 JTJ 034—2000 公路路面基层施工技术规范. 北京:人民交通出版社,2000.
[27] 中华人民共和国行业标准 JTG F30—2003 公路水泥混凝土路面施工技术规范. 北京:人民交通出版社,2003.
[28] 中华人民共和国行业标准 JTG F40—2004 公路沥青路面施工技术规范. 北京:人民交通出版社,2004.
[29] 中华人民共和国行业标准 JTG D50—2006 公路沥青路面设计规范. 北京:人民交通出版社,2006.
[30] 中华人民共和国行业标准 JTG E50—2006 公路工程土工合成材料试验规程. 北京:人民交通出版社,2006.